LEHRBUCH DER THEORETISCHEN PHYSIK

VON

WALTER WEIZEL
O. PROFESSOR DER PHYSIK AN DER UNIVERSITÄT BONN

DRITTE VERBESSERTE AUFLAGE

ERSTER BAND

PHYSIK DER VORGÄNGE

BEWEGUNG · ELEKTRIZITÄT · LICHT · WÄRME

MIT 283 ABBILDUNGEN

SPRINGER-VERLAG
BERLIN · GÖTTINGEN · HEIDELBERG
1963

ISBN 978-3-642-87338-6 ISBN 978-3-642-87337-9 (eBook)
DOI 10.1007/ 978-3-642-87337-9

Vorwort zur dritten Auflage.

Der Inhalt des ersten Bandes der dritten Auflage ist gegenüber der zweiten Auflage nicht viel verändert worden, um den Umfang des Buches nicht weiter anschwellen zu lassen. Einige Abschnitte der Strömungslehre und der Thermodynamik sind umgearbeitet worden, um die enge Verknüpfung dieser Gebiete besser hervortreten zu lassen. Hierbei glaube ich eine gewisse Konzentration erzielt zu haben, so daß einige Ergänzungen aufgenommen werden konnten, ohne daß mehr Raum benötigt wurde. In der Elektrodynamik wurden zwei Abschnitte über Wellen-Hohlleiter und Resonatoren eingefügt, um auch der Mikrowellentechnik ein wenig Raum zu geben. Ein neuer Abschnitt über Zerfalls- und Stoßprozesse gibt einige einfache Beispiele für die relativistische Behandlung von Vorgängen, die sich bei der Wechselwirkung schneller Teilchen abspielen.

Bonn, im Juli 1963

Walter Weizel.

Vorwort zur ersten Auflage.

Ein neues Lehrbuch der Theoretischen Physik kann kaum völlig neue Wege beschreiten. Viele Teilgebiete haben ihre endgültige, ihre „klassische" Form schon vor geraumer Zeit erlangt und müssen in jedem Lehrbuch ungefähr in der gleichen Gestalt wiederkehren. Eine reizvolle Aufgabe besteht darin, die Quantentheorie, die dem System der Theoretischen Physik in den letzten Jahrzehnten zugewachsen ist, auch in einem Lehrbuch den ihr zukommenden Platz zuzuweisen. An einigen Stellen habe ich auch Gegenstände aufgenommen, die sonst in den Lehrbüchern nicht zu finden sind, um den Inhalt des Buches etwas näher an den Stand der Forschung heranzuführen oder die Brücke zu den technischen Anwendungen zu schlagen.

Die meisten Abschnitte sind so geschrieben, daß sie Studierenden der mittleren Semester keine großen Schwierigkeiten bereiten sollten. An mathematischen Hilfsmitteln wird demzufolge die sichere Beherrschung der Infinitesimalrechnung, die Kenntnis der Vektoranalysis, der Elemente der analytischen Geometrie und der Theorie der gewöhnlichen Differentialgleichung vorausgesetzt. Allerdings ist das Niveau der Darstellung etwas dem Gegenstand angepaßt. So konnten natürlich die Vorgänge der Kristalloptik nicht mit derselben Breite entwickelt werden wie die Grundgesetze der Elektrostatik. Schließlich ist damit zu rechnen, daß der Leser der Theorie der Siebketten oder der DIRACschen Theorie des Elektrons schon über weit größere Vorkenntnisse verfügt als der Leser der Punktmechanik. Schwierigere Absätze und Abschnitte sind deshalb durch einen Stern (*) gekennzeichnet. In ihnen sind mathematische Umformungen viel knapper behandelt und physikalische Zusammenhänge nur mit kurzen Hinweisen angedeutet. Bei einigen Abschnitten wird durch zwei Sterne (**) kenntlich gemacht, daß der Gang der Überlegung nur noch kurz skizziert und keine Beschränkung der mathematischen Hilfsmittel mehr eingehalten wird. Diese Abschnitte werden dem fortgeschrittenen Leser manche Anregung für eigene Studien bieten.

Es konnten einige Einrichtungen getroffen werden, welche die Orientierung in dem Buch erleichtern. Fast allen Abschnitten ist eine kurze Inhaltsangabe in einigen Stichworten vorausgesetzt. Nur wo der Inhalt schon aus der Überschrift hervorgeht, ist dies unterblieben. Ebenso findet man vor jedem Abschnitt diejenigen Bezeichnungen aufgezählt, die in vorausgehenden Abschnitten eingeführt oder erklärt wurden. Hierdurch hoffte ich, das überaus lästige Suchen nach der Bedeutung der in den Formeln vorkommenden Buchstaben zu vermindern. Bei Rückverweisen auf Formeln früherer Kapitel wurde fast immer die Seitenzahl angegeben. Nicht ganz leicht war es, dem Übelstande abzuhelfen, daß das Alphabet viel zuwenig Buchstaben hat. Um dies zu bessern, wurden außer den normalen Latein-, Fraktur- und griechischen Buchstaben nicht nur fette Buchstaben, sondern noch mehrere Arten von Zierbuchstaben verwendet. Vektoren sind gewöhnlich durch Fraktur gekennzeichnet. Ihre Komponenten sind entweder durch Frakturbuchstaben mit Index oder durch Lateinbuchstaben bezeichnet. Hier hat sich leider ein einheitliches Verfahren nicht durchführen lassen. Tensoren, Operatoren, Weltvektoren und einige andere besondere Größen sind durch Zierbuchstaben, Matrizen durch Fettdruck hervorgehoben. Die Verwendung ungewöhlicher Buchstabensymbole ist gewissermaßen als Signal für den Leser gedacht, seine Aufmerksamkeit zu erhöhen. Ich hoffe, daß durch diese Unterscheidung ein gewisser Ausweg aus den Bezeichnungsschwierigkeiten besonders in Relativitätstheorie und Quantentheorie gefunden ist. Auf jeden Fall ist die Flut der Indices ein wenig eingedämmt worden.

Von der leidigen Frage der Maßsysteme bleibt auch dieses Buch nicht verschont. Für die Theoretische Physik ist an sich das benutzte Maßsystem völlig unerheblich. Da aber die Formeln in irgendeinem Maßsystem geschrieben werden müssen, läßt sich dieses Problem nicht ganz ausschalten. Da das internationale elektrische Maßsystem sich mit der Zeit durchsetzen sollte, habe ich es verwendet, obwohl es besonders in der Optik und Atomphysik nicht angenehm ist. Ich hoffe, daß es mir einigermaßen gelungen ist, alle Formeln in dieses System überzuführen. Ich wage jedoch nicht zu hoffen, die Anerkennung der Maßsystemfanatiker für meine Bemühungen zu erringen. Aber es gewährt vielleicht manchem Physiker, der sich über die Maßsysteme ärgern muß, einen Trost zu wissen, daß er nicht allein mit seinem Kummer steht.

Das Lehrbuch ist in zwei Bände unterteilt. Der erste Band enthält eine Phänomenologie der Physikalischen Erscheinungen und damit im wesentlichen die Gebiete der klassischen Physik. Das gemeinsame Kennzeichen dieser Gebiete besteht darin, daß die Eigenschaften der Materie nur in einigen Materialkonstanten in die Theorie eingehen, während Struktur und Eigenschaften der Materie selbst nicht diskutiert werden. In diesem Sinne gehört die Relativitätstheorie zur klassischen Physik, und die kinetische Gastheorie gehört nicht dazu. Der erste Band umfaßt demgemäß die Teile: Mechanik der Punkte und starren Körper, Mechanik der Kontinua, Elektrodynamik, Optik, Relativitätstheorie und Thermodynamik. Der zweite Band stellt der klassischen Physik die Theorie der Materie gegenüber. Eine systematische Darstellung müßte mit der Quantentheorie beginnen und dann die Atomkerne, die Atome und die Moleküle behandeln. Nach einem Kapitel über die Statistische Methode müßte sich daran die Theorie der Gase und der kompakten Materie anschließen.

Zu einem so systematischen Verfahren konnte ich mich aus zwei Gründen nicht entschließen. Manche Benutzer des Buches werden es vorziehen, einen Einblick in den Bau der Atome zu gewinnen, ohne sich erst durch die begrifflichen und mathematischen Schwierigkeiten einer systematischen Quantentheorie durcharbeiten zu müssen. Deshalb beginnt der zweite Band mit einer elementaren

Atomtheorie, in der die Quantentheorie nur in einer primitiven Form zur Anwendung kommt. Als zweiter Teil schließt sich dann erst eine systematische Quantentheorie an. Die Theorie der Atomkerne ist als ein etwas kümmerliches Anhängsel an den Schluß des Buches gehängt. Diese Theorie ist zur Zeit erst im Werden. So interessant die gegenwärtigen Ansätze auch sind, es wäre nicht zu rechtfertigen, sie als Grundlage der Struktur der Materie an den Anfang eines Lehrbuches zu setzen. So ist die Systematik des Aufbaues im zweiten Band etwas durchbrochen, was sich aber durch den gegenwärtigen Stand der Forschung rechtfertigt.

Bonn, den 28. August 1949.

Walter Weizel.

Inhaltsverzeichnis.

* Diese Abschnitte sind schwieriger und stellen größere mathematische Anforderungen.

** In diesen Abschnitten ist der Gang der Überlegungen nur skizziert, Zwischenrechnungen sind eingespart.

Die Theorie als ordnendes Prinzip des Erkennens.

A. Mechanik der Massenpunkte und starren Körper.

B. Mechanik der Kontinua.

C. Elektrodynamik.

D. Optik.

E. Elektrodynamik bewegter Körper. Relativitätstheorie.

F. Thermodynamik.

Die Theorie als ordnendes Prinzip des Erkennens.

In verwirrender Vielfältigkeit bietet sich die Wirklichkeit unseren Sinnen dar. Jedes Geschehen wird von uns als einmaliger Eindruck erlebt. Und doch fügen sich auch dem naiven Beobachter da und dort Ereignisse in eine sinnvolle Reihe, er erahnt Zusammenhänge, vermutet Ordnung und Gesetz hinter der Flucht seiner Wahrnehmungen. Zu unübersichtlich und verwickelt ist aber die wirkliche Welt, um den geordneten Ablauf ihrer Erscheinungen zu überblicken, wir suchen nach einfachen Gesetzen, um die erlebte Wirklichkeit zu deuten. Einfach zu sein ist eine Forderung, die *wir* an die Gesetze stellen, mit denen wir die Natur verstehen wollen. Die Natur selbst *ist* kompliziert.

Das Experiment ist das Hilfsmittel, um der Natur eine „unnatürliche" Einfachheit abzuringen. Alle experimentelle Versuchsanordnung dient nur dem einen Zweck, besonders einfache Abläufe des Geschehens zu erzwingen, um sie studieren und verstehen zu können. Alle Störungen durch unerwünschte Einflüsse müssen ferngehalten werden oder so klein gemacht werden, daß sie „in die Fehlergrenzen" fallen und als unbedeutend außer acht gelassen werden können. So gewinnt man einfache Naturgesetze, gültig zunächst nur für die wenigen und absonderlichen Vorgänge, die wir in unseren Laboratorien unter Mühen und Fehlschlägen ablaufen lassen.

Nicht viel Beweiskraft haben also solche Experimente für sich allein, für die Gültigkeit von Gesetzen, welche die Natur beherrschen. Doch wenn sich am Versuch abgelesene Einzelgesetzmäßigkeiten in ein umfassendes System zusammenfügen, ohne sich zu widersprechen und ohne eine Lücke zu lassen, wenn dieses System nun auch andere als die Versuchsvorgänge zu deuten vermag, wenn es sich schließlich herausstellt, daß kein Naturvorgang mehr zu finden ist, der sichtlich diesem System widerstrebt, dann allerdings gewinnen wir die Überzeugung, die Ordnung erkannt zu haben, welche das Naturgeschehen regelt. Ein solches widerspruchsfreies und vollständiges System von Gesetzen nennen wir eine Theorie. Die Gewinnung einer Theorie ist das Ziel des Erkennens, die Aufgabe der Forschung.

Die Theorien, die wir zur Zeit besitzen, sind nicht „die Theorie". Sie sind Stückwerk, Teilausschnitte aus dem umfassenden System, welches wir als Ziel erstreben. Sie behandeln deshalb auch nicht die Wirklichkeit selbst, sondern eine fiktive Welt, einfacher als die wirkliche, ein Modell. Wir konstruieren es, indem wir von solchen Eigenschaften wirklicher Dinge und Vorgänge absehen, für die wir uns im Augenblick nicht interessieren und die wir deshalb als unwesentlich erklären. Jede Theorie gilt nur in dem Bereich, in welchem das Modell ein mehr oder weniger treues Abbild der Wirklichkeit ist, und deshalb ist es Aufgabe jeder Theorie, ihren eigenen Gültigkeitsbereich abzugrenzen.

Die Physik hatte zuerst die Aufgabe in Angriff genommen, die Erscheinungen zu beschreiben, welche an den unbelebten Körpern beobachtet werden können: Bewegung, Wärme, Licht, Elektrizität, Magnetismus. Mechanik, Thermodynamik, Optik, Elektrodynamik sind die Theorien, die sie von diesen Erscheinungen entworfen hat, kurz, das Gebäude der sog. klassischen Physik. Diese klassische theoretische Physik hat eine imponierende Geschlossenheit erreicht und beherrscht tatsächlich die genannten Erscheinungsgebiete in sehr erheblichem Umfang. Aber die Körper selbst werden in ihr vernachlässigt. Ein Körper ist in der klassischen Physik ein Stück des unendlichen Raumes, das sich von dem übrigen Raum durch gewisse Eigenschaften abhebt. Gestalt, Masse, Dichte, Elastizitätskoeffizienten, spez. Wärme, Dielektrizitätskonstanten, Permeabilität, Brechungsindex usw. kennzeichnen das Modell, welches von den wirklichen Gegenständen für die Zwecke der Theorie entworfen wird. Daß die Körper selbst eine Struktur besitzen, aus Bausteinen bestehen, die sich bewegen und verändern, findet keine Berücksichtigung. Über das Wesen und die innere Struktur der Materie hat deshalb die klassische Physik keine Aussagen gemacht, vielmehr dieses Feld der Chemie überlassen.

Das Problem der Materie, ihrer Struktur und ihrer Mitwirkung bei den Vorgängen, die sich an ihr abspielen, konnte aber nur zurückgestellt, nicht gänzlich beiseite geschoben werden. Seit etwa 50 Jahren hat sich deshalb ein Zweig der Physik neu entwickelt, den wir als die Theorie der Struktur der Materie bezeichnen. Andere Modelle, andere Methoden mußten entwickelt werden. Eine Theorie der Bausteine der materiellen Welt, der Elektronen, Atome und Moleküle ist entstanden, die man als Quantentheorie bezeichnet. Sie hat auch wieder zurückgewirkt auf die klassische Physik und einige dort ungelöste Probleme, besonders der Optik, neu beleuchtet. Aber es wurde auch ein Weg gefunden, die Quantentheorie und die Physik der Erscheinungen miteinander zu verknüpfen. Die statistische Methode schlägt die Brücke von den Bausteinen zu den Eigenschaften der Körper, die wir heute oft aus ihrer Zusammensetzung zu verstehen gelernt haben.

A. Mechanik der Massenpunkte und starren Körper.

Die Aufgabe der Mechanik ist die Beschreibung der Bewegungsvorgänge materieller Körper. Sie entwickelt dafür eine Reihe verschiedener Modellvorstellungen und daran besonders angepaßte Methoden. So entsteht zuerst die Punkt- und Körpermechanik, welche die Bewegung mehr oder weniger verwickelter Systeme von Einzelkörpern behandelt, die während der Bewegung keine innere Veränderung erleiden. Die Elastizitätstheorie befaßt sich mit den inneren Bewegungen fester Kontinua, während schließlich Hydro- und Aerodynamik die Strömungsvorgänge in Flüssigkeiten und in Gasen untersuchen. So verschieden diese Gebiete sind, zu ihrer Behandlung bedient sich die Mechanik der gleichen Grundprinzipien, der NEWTONschen Grundgesetze.

Neue Gesichtspunkte müssen hingegen eingeführt werden, wenn es sich um sehr schnelle Bewegungen handelt, deren Geschwindigkeiten mit der des Lichtes vergleichbar werden. Sie haben zur Relativitätstheorie geführt. Auch die Bewegungen der Elementarteilchen, der Elektronen insbesondere, erfordern eine Weiterentwicklung der mechanischen Grundgesetze in einer Richtung, wie sie jetzt in der Wellenmechanik, oder allgemein gesprochen in der Quantentheorie, vorliegen.

Die mechanische Beschreibung besteht darin, daß man für jeden Zeitpunkt den jeweiligen Zustand des mechanischen Systems angibt. Hierunter verstehen wir, daß die räumliche Lage eines jeden Teils des Systems durch geeignete Angaben eindeutig festgelegt wird. Außerdem soll die zeitliche Zustandsänderung des Systems auf die Kräfte zurückgeführt werden, die an seinen einzelnen Teilen angreifen. Die Ursache dieser Kräfte zu ermitteln ist in vielen Fällen nicht die Aufgabe der mechanischen Untersuchung, sondern gehört in andere Zweige der Physik. Häufig sind die Kräfte elektrischer oder magnetischer Herkunft, oft hängen sie mit den Eigenschaften des Materials zusammen, aus dem das mechanische System aufgebaut ist, und ihre Ermittlung ist eine Frage der Struktur der Materie.

I. Die freie Bewegung des einzelnen Massenpunktes.

Die einfachste mechanische Aufgabe scheint die Beschreibung der Bewegung eines einzigen Körpers zu sein, welche er unter dem Einfluß der Kräfte ausführt, die auf ihn wirken. Aber auch dieses Problem ist noch sehr verwickelt. Ein Körper kann sich als Ganzes durch den Raum fortbewegen, und an diese Bewegung denkt man wohl auch zunächst. Er kann aber außerdem noch mehr oder weniger komplizierte Drehungen ausführen, kann schließlich inneren Bewegungen unterliegen, er kann deformiert werden oder seine Teile können gegeneinander schwingen. Ganz allgemein gesehen darf man keine dieser verschiedenen Bewegungsarten als die wichtigste oder hauptsächliche ansehen und die anderen als nebensächlich übersehen. Sicher interessiert bei einem Geschoß vornehmlich die fortschreitende Bewegung des Geschoßkörpers. Bei einem Rad hingegen ist uns meistens gerade die Drehbewegung am wichtigsten. Bei der Membran eines Lautsprechers aber wäre es uns vor allem um ihre Schwingungen zu tun, während uns völlig unerheblich erscheint, daß sich die Membran als Ganzes mit der Erde fortbewegt.

§ 1. Das Modell des Massenpunktes.

Wenn ein Körper Entfernungen zurücklegt, denen gegenüber seine eigene Ausdehnung geringfügig ist, und wenn wir uns für diese Bewegung, nicht aber für gleichzeitig ausgeführte Drehungen oder Schwingungen (Deformationen) interessieren, idealisieren wir den Körper zweckmäßig durch das Modell eines Massenpunktes.

Der Massenpunkt ist ein mathematischer Punkt und als solcher natürlich ohne jede Ausdehnung. Zu seinen geometrischen Eigenschaften fügen wir noch eine Zahlgröße hinzu, die wir als seine Masse bezeichnen. Die oft gebräuchliche, aber durchaus verwirrende und unzweckmäßige Behauptung, daß der Massenpunkt kein mathematischer Punkt sei, sondern eine, wenn auch nur sehr kleine Ausdehnung besitze, wollen wir vermeiden. Statt dessen bleiben wir uns bewußt, daß er nur ein Modell ist, das nicht alle Züge eines wirklichen Körpers wiedergibt und auch nicht wiedergeben soll. Wir wollen sogar ausdrücklich feststellen, daß in der Vernachlässigung der Ausdehnung eine sehr grundsätzliche Abweichung von der Wirklichkeit liegt, da wir in der Ausdehnung eine der Fundamentaleigenschaften der Materie sehen. Wir werden uns daher auch nicht wundern, wenn wir mit dem Modell des Massenpunktes gelegentlich in ernste Schwierigkeiten geraten, wie sie sich besonders in der Atomphysik herausstellen. Gerade diese Schwierigkeiten machen eine Weiterentwicklung der klassischen Mechanik zur Quantentheorie notwendig.

Ersetzt man einen Körper durch das Modell eines Massenpunktes, so hat man den großen Vorteil, daß sein Momentanzustand einfach durch die Angabe des Ortes festgelegt ist, an dem sich der Massenpunkt befindet. Um eine Ortsangabe machen zu können, benötigen wir ein Bezugssystem, z. B. ein rechtwinkliges Koordinatensystem. Selbstverständlich kann man sich ebensogut auch eines Polarkoordinatensystems, eines Zylinderkoordinatensystems oder auch eines beliebigen anderen krummlinigen Koordinatensystems bedienen. Die Ortsangabe geschieht dann durch drei Koordinaten x, y, z oder r, ϑ, φ (Polarkoordinaten) oder ϱ, z, φ (Zylinderkoordinaten).

Die Angabe von 3 Koordinaten kann man auch in die Angabe eines Ortsvektors $\mathfrak{r}$ (Radiusvektor) zusammenziehen, der vom Koordinatenursprung zum Ort des Massenpunktes gezogen wird.

Die Bewegung des Massenpunktes bschreibt man jetzt in einfachster Weise, wenn man die Koordinaten als Funktionen der Zeit t angibt. Wir schreiben also

$$x = x(t); \quad y = y(t); \quad z = z(t); \tag{1}$$

oder

$$r = r(t); \quad \vartheta = \vartheta(t); \quad \varphi = \varphi(t) \tag{1a}$$

oder

$$\varrho = \varrho(t); \quad z = z(t); \quad \varphi = \varphi(t) \tag{1b}$$

oder am einfachsten in Vektorform

$$\mathfrak{r} = \mathfrak{r}(t). \tag{2}$$

Eine weitere Vereinfachung, die das Modell des Massenpunktes mit sich bringt, besteht darin, daß die Angriffspunkte der Kräfte keiner weiteren Untersuchung bedürfen. Von allen am Körper irgendwo angreifenden Kräften ist eine Resultante zu bilden, und diese ist einfach die wirksame Kraft. Ganz von selbst entfallen hierbei an dem Körper angreifende Kräftepaare, die nur ein Drehmoment bewirken würden.

§ 2. Bahn, Geschwindigkeit und Beschleunigung.

Die Beschreibung der Bewegung (1), ebenso auch (1a) und 1b), kann geometrisch als Parameterdarstellung einer Raumkurve aufgefaßt werden, die der Massenpunkt im Lauf der Zeit durchläuft. Wir bezeichnen sie als seine Bahn. Die Vektorformel

$$\mathfrak{r} = \mathfrak{r}(t) \tag{2}$$

ist nur eine Abkürzung für die drei Ausdrücke (1).

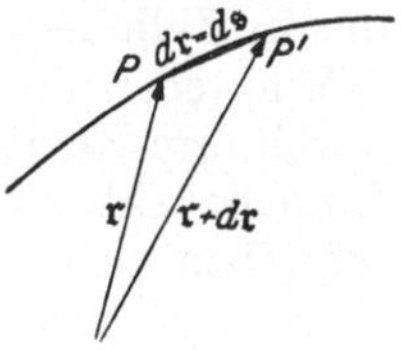

Ein Massenpunkt, der sich zur Zeit t am Ort $\mathfrak{r}$ (Punkt P), zur Zeit $t + dt$ am Ort $\mathfrak{r} + d\mathfrak{r}$ (Punkt P') befindet, hat während dt ein Wegelement

$$d\mathfrak{r} = d\mathfrak{s}$$

zurückgelegt (Abb. 1). Dieses Wegelement $d\mathfrak{r} \equiv d\mathfrak{s}$ ist ein infinitesimaler Vektor mit den rechtwinkligen Komponenten dx, dy, dz. Sein absoluter Betrag ist die Entfernung der Punkte P und P' und wird mit $|d\mathfrak{r}| = ds$ bezeichnet.

Abb. 1. Bahn, Ortsvektor $\mathfrak{r}$ und Wegelement $d\mathfrak{r} = d\mathfrak{s}$.

Es gilt

$$ds^2 = dx^2 + dy^2 + dz^2 \tag{3}$$

in rechtwinkligen (kartesischen) Koordinaten,

$$ds^2 = dr^2 + r^2 d\vartheta^2 + r^2 \sin^2\vartheta \, d\varphi^2 \tag{3a}$$

in Polarkoordinaten und

$$ds^2 = d\varrho^2 + dz^2 + \varrho^2 d\varphi^2 \tag{3b}$$

in Zylinderkoordinaten.

Während der endlichen Zeit $\Delta t = t_2 - t_1$ legt der Massenpunkt den endlichen Weg

$$s_2 - s_1 = \int_{t_1}^{t_2} ds \tag{4}$$

zurück.

Den Grenzwert des Verhältnisses

$$\dot{\mathfrak{r}} = \lim \frac{d\mathfrak{r}}{dt} = \lim \frac{d\mathfrak{s}}{dt} = \mathfrak{v} \tag{5}$$

für kleine dt bezeichnen wir als die (momentane) Geschwindigkeit des Massenpunktes im Zeitpunkt t. Sie ist der zeitliche Differentialquotient des Radiusvektors (ein Punkt über einer Größe soll in Zukunft ihre Differentiation nach der Zeit bedeuten). Die Geschwindigkeit $\mathfrak{v}$ ist ein Vektor mit den kartesischen Komponenten:

$$\dot{x} = \frac{dx}{dt} = v_x; \quad \dot{y} = \frac{dy}{dt} = v_y; \quad \dot{z} = \frac{dz}{dt} = v_z. \tag{5a}$$

Ihr absoluter Betrag ist in kartesischen Koordinaten

$$v = \frac{ds}{dt} = \sqrt{\left(\frac{dx}{dt}\right)^2 + \left(\frac{dy}{dt}\right)^2 + \left(\frac{dz}{dt}\right)^2} = \sqrt{v_x^2 + v_y^2 + v_z^2} \tag{6}$$

und in Polar- bzw. Zylinderkoordinaten

$$v = \frac{ds}{dt} = \sqrt{\dot{r}^2 + r^2\dot{\vartheta}^2 + r^2\sin^2\vartheta\,\dot{\varphi}^2} = \sqrt{v_r^2 + v_\vartheta^2 + v_\varphi^2} \tag{6a}$$

$$v = \frac{ds}{dt} = \sqrt{\dot{\varrho}^2 + \dot{z}^2 + \varrho^2\dot{\varphi}^2} = \sqrt{v_\varrho^2 + v_z^2 + v_\varphi^2}\,. \tag{6b}$$

$$v_r = \dot{r}\,; \quad v_\vartheta = r\dot{\vartheta}; \quad v_\varphi = r\sin\vartheta\,\dot{\varphi}$$

sind die Geschwindigkeitskomponenten in Polarkoordinaten,

$$v_\varrho = \dot{\varrho}; \quad v_z = \dot{z}\,; \quad v_\varphi = \varrho\,\dot{\varphi}$$

die in Zylinderkoordinaten.

Wie jeder Vektor kann die Geschwindigkeit auch durch ihren Betrag v und durch ihre Richtung angegeben werden. Letztere kennzeichnen wir durch einen Einheitsvektor $\mathfrak{t}$, der immer die Richtung der Tangente an die Bahn hat. Wir schreiben also

$$\mathfrak{v} = \mathfrak{t}\,v\,. \tag{7}$$

Sehen wir von der gleichförmigen Bewegung auf gerader Bahn ab, so ändert die Geschwindigkeit mit der Zeit sowohl ihre Größe (Betrag) wie auch ihre Richtung. Die zeitliche Änderung

$$\mathfrak{b} = \dot{\mathfrak{v}} = \frac{d\mathfrak{v}}{dt} = \frac{d^2\mathfrak{r}}{dt^2} = \ddot{\mathfrak{r}} = \frac{d}{dt}(\mathfrak{t}\,v) \tag{8}$$

heißt Beschleunigung. Durch Ausführen der Differentiation erhalten wir

$$\mathfrak{b} = \mathfrak{t}\frac{dv}{dt} + v\frac{d\mathfrak{t}}{dt}\,. \tag{8a}$$

Der erste Anteil ist ein Vektor, der die Richtung $\mathfrak{t}$ der Geschwindigkeit hat, d. h. die Richtung der Bahntangente. Wir nennen ihn deshalb Tangentialbeschleunigung. Sein Betrag ist der zeitliche Zuwachs des Betrages der Geschwindigkeit. Dieser Anteil erhöht also die Schnelligkeit der Bewegung. Da $\mathfrak{t}$ ein Einheitsvektor ist, kann sich sein Betrag nicht ändern, sondern nur seine Richtung. $d\mathfrak{t}$ ist also ein Vektor (natürlich kein Einheitsvektor, sondern ein infinitesimaler), der auf $\mathfrak{t}$, d. h. auf der Tangente bzw. der Geschwindigkeit senkrecht steht. Sein Betrag ist der Winkel $d\varepsilon$, um den die Bahntangente sich während der Zeit dt dreht. $d\mathfrak{t}/dt$ ist also ein Vektor in der Richtung der Haupt-

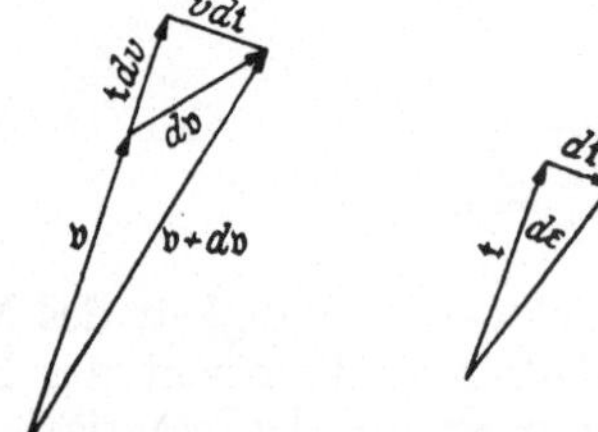

Abb. 2. Zerlegung der Beschleunigung in eine tangentiale und normale Komponente.

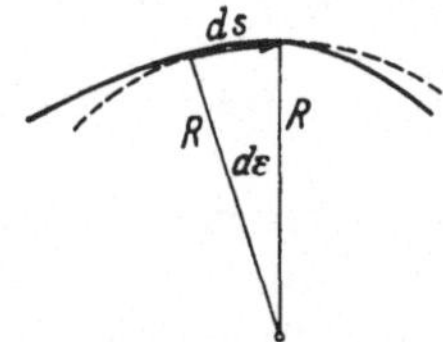

Abb. 3. Bahn. Schmiegungskreis punktiert und Krümmungsradius R.

normalen der Bahnkurve (nach der konkaven Seite hin) und vom Betrag der Drehgeschwindigkeit $\omega = d\varepsilon/dt$ der Bahntangente. Wegen seiner Richtung senkrecht zur Bahn, die wir durch den Einheitsvektor $\mathfrak{n}$ angeben, nennt man den zweiten Anteil Normalbeschleunigung.

Ein kurzes Stück der Bahn können wir durch einen Kreis ersetzen (Abb. 3). Sein Radius R ist der Krümmungsradius, seine Ebene ist die Schmiegungsebene. Da der Krümmungsradius sich gerade so schnell dreht wie die Bahntangente, besteht zwischen ihm, der Geschwindigkeit v und ω die einfache Beziehung

$$ds = R\,d\varepsilon$$

$$v = R\,\omega.$$

Wir erhalten deshalb für die Normalbeschleunigung die drei gleichwertigen Ausdrücke

$$\mathfrak{b}_n = \mathfrak{n}\,v\,\omega = \mathfrak{n}\,R\,\omega^2 = \mathfrak{n}\frac{v^2}{R}. \tag{8b}$$

Die Beschleunigung hat keine Komponente in der Richtung der Binormalen der Bahn, sie fällt also stets in die Schmiegungsebene.

§ 3. Die NEWTONschen Grundgesetze der Mechanik.

Inhalt: Trägheitsgesetz, Kraft = Masse mal Beschleunigung, Kräfteparallelogramm.
Bezeichnungen: $\mathfrak{r}$ Ortsvektor, $\mathfrak{v}$ Geschwindigkeit.

Als Grundlage der Mechanik betrachten wir zwei von NEWTON formulierte Sätze. Der erste, das sogenannte Trägheitsgesetz, lautet: *Jeder Körper verharrt im Zustand der Ruhe oder der gleichförmigen Bewegung auf geradliniger Bahn, solange keine äußeren Kräfte auf ihn wirken.* Dieser Satz ist zwar heute sehr plausibel, er mußte aber doch aus Erfahrungsmaterial geschöpft werden. Er sagt, daß jeder Körper (als Massenpunkt idealisiert) seine Geschwindigkeit beibehält, also keine Beschleunigung und natürlich auch keine Verzögerung erfährt, wenn keine äußere Einwirkung erfolgt, die als Ursache (Kraft) für die Beschleunigung verantwortlich gemacht werden kann. Eine Bewegung zu beobachten, die keiner äußeren Einwirkung unterliegt, ist jedoch so gut wie unmöglich. Der Satz formuliert aber die Erfahrung, daß Beschleunigungen um so geringfügiger sind, je kleiner die äußeren Einwirkungen werden und daß die Ursachen der nicht zu beseitigenden Beschleunigungen erkennbar sind. Das Trägheitsgesetz ist also keine Erfahrungstatsache schlechthin, sondern aus solchen durch Abstraktion gewonnen.

Die Auslegung des Trägheitsgesetzes, daß jede Beschleunigung eines Körpers auf einer äußeren Einwirkung beruhe, drängt zu einer quantitativen Formulierung. In diese müssen abermals Erfahrungstatsachen mitverarbeitet werden. Wir werden vermuten, daß auf verschiedene Körper unter gleichen äußeren Umständen gleichartige und gleich große äußere Einwirkungen ausgeübt werden. Es ist z. B. glaubhaft, daß dieselbe Feder, immer wieder in derselben Weise gespannt und an verschiedenen Körpern angreifend, immer eine gleich große Einwirkung (Kraft) darstellt. Beobachtbare Tatsache ist aber, daß bei diesem Versuch an verschiedenen Körpern aus gleichem Material, aber verschiedener Substanzmenge Beschleunigungen auftreten, die der Substanzmenge umgekehrt proportional sind. Dies führt uns dazu, den Körpern als Maß für den Widerstand gegen Beschleunigungen, für ihre Trägheit also, eine skalare Größe m zuzuweisen, die wir ihre Masse nennen und die ihrer Substanzmenge proportional ist. Körpern aus verschiedenem Material schreiben wir gleiche Massen zu, wenn dieselbe Kraft dieselbe Beschleunigung bewirkt. Haben wir die Masse so definiert, so gelangen wir zu dem zweiten NEWTONschen Grundgesetz: *Das Produkt der Beschleunigung eines Körpers und seiner Masse ist gleich der Kraft, welche die Beschleunigung hervorbringt.* In Formeln:

$$m\,\mathfrak{b} = m\frac{d^2\mathfrak{r}}{dt^2} = m\frac{d\mathfrak{v}}{dt} = \mathfrak{K}. \tag{9}$$

Sind X, Y, Z die kartesischen Komponenten der Kraft, so lautet das Gesetz in Komponenten

$$m\ddot{x} = X; \quad m\ddot{y} = Y; \quad m\ddot{z} = Z. \tag{9a}$$

Das zweite NEWTONsche Gesetz ist weder einfach eine Definition der Kraft noch eine Definition der Masse, sondern behauptet wenigstens zum Teil einen durch Experimente prüfbaren Sachverhalt. Allerdings verfahren wir heute häufig so, daß wir das Auftreten einer Beschleunigung als ein Kriterium für das Vorhandensein einer Kraft ansehen.

Die Möglichkeit, daß die Masse eines Körpers durch die Einwirkung einer Kraft oder durch die vorhandene Geschwindigkeit verändert werde, erörtern wir einstweilen noch nicht. In der Relativitätstheorie hat diese Frage große Bedeutung erlangt.

Wenn an einem Massenpunkt gleichzeitig mehrere Kräfte angreifen, so sind diese vektoriell zu einer Resultante zusammenzusetzen. Dieser Satz vom Parallelogramm der Kräfte ist keineswegs trivial, sondern enthält eine durch Versuche prüfbare Behauptung. Das Bewegungsgesetz erhält in diesem Falle die Form

$$m\frac{d^2\mathfrak{r}}{dt^2} = \Sigma\mathfrak{K} \tag{9b}$$

oder in Komponenten

$$m\ddot{x} = \Sigma X; \quad m\ddot{y} = \Sigma Y; \quad m\ddot{z} = \Sigma Z. \tag{9c}$$

§ 4. Impuls, Bewegungsgröße, Drehmoment, Drehimpuls.

Bezeichnungen: m Masse, $\mathfrak{r}$ Ortsvektor, $\mathfrak{v}$ Geschwindigkeit, $\mathfrak{K}$ Kraft.

Wirkt eine Kraft $\mathfrak{K}$ während einer Zeit dt auf einen Körper (Massenpunkt), so erteilt sie ihm einen Impuls

$$d\mathfrak{p} = \mathfrak{K}\,dt. \tag{10}$$

Drücken wir die Kraft nach dem Bewegungsgesetz (9) durch die Beschleunigung aus, so ergibt sich

$$d\mathfrak{p} = m\frac{d\mathfrak{v}}{dt}dt = m\,d\mathfrak{v} = d(m\mathfrak{v}) = d\mathfrak{g}. \tag{10a}$$

Das Produkt $\mathfrak{g}$ von Masse m und Geschwindigkeit $\mathfrak{v}$ nennen wir Bewegungsgröße des Körpers. Der Zuwachs der Bewegungsgröße während der Zeit dt ist gleich dem Impuls, den die Kräfte dem Körper erteilen. Aus (10) und (10a) folgt

$$\mathfrak{K} = \frac{d\mathfrak{p}}{dt} = \frac{d\mathfrak{g}}{dt}.$$

Die Kraft ist gleich der zeitlichen Änderung der Bewegungsgröße.

Die Kraft $\mathfrak{K}$, die auch mit der Zeit veränderlich sein kann, erteilt dem Massepunkt während einer endlichen Zeitspanne $t_2 - t_1$ den Impuls

$$\int_{t_1}^{t_2}\mathfrak{K}\,dt = m\int_{t_1}^{t_2}\frac{d\mathfrak{v}}{dt}dt = m\mathfrak{v}_2 - m\mathfrak{v}_1 = \mathfrak{g}_2 - \mathfrak{g}_1, \tag{10b}$$

der sich wegen der Bewegungsgleichung (9) gleich dem Zuwachs der Bewegungsgröße in dieser Zeit erweist. Impuls und Bewegungsgröße sind Vektoren, und demgemäß entsprechen den Vektorengleichungen (10) und (10a) je drei Gleichungen in Komponenten.

Die Bewegungsgröße ist eine Eigenschaft des Körpers, die seinen momentanen Bewegungszustand charakterisiert. Der Impuls ist hingegen keine Eigenschaft, die dem Körper in einem bestimmten Zeitpunkt zukommt, sondern er ist einem endlichen oder infinitesimalen Zeitabschnitt zugeordnet. Wegen des einfachen Zusammenhangs zwischen Impuls und Bewegungsgröße werden diese beiden Begriffe gewöhnlich miteinander völlig identifiziert. Wir werden uns diesem Sprachgebrauch anschließen, obwohl er nicht ganz korrekt ist und auch gelegentlich einige Unzuträglichkeiten mit sich bringt.

Das Vektorprodukt des Ortsvektors mit der Bewegungsgröße

$$\mathfrak{j} = [\mathfrak{r}\,\mathfrak{g}] = m[\mathfrak{r}\,\mathfrak{v}]$$

wird als Drall des Massenpunktes um den Koordinatenanfang bezeichnet. Seine zeitliche Änderung

$$\frac{d\mathfrak{j}}{dt} = m\frac{d}{dt}[\mathfrak{r}\,\mathfrak{v}] = m[\mathfrak{v}\,\mathfrak{v}] + m\left[\mathfrak{r}\frac{d\mathfrak{v}}{dt}\right] = m\left[\mathfrak{r}\frac{d\mathfrak{v}}{dt}\right] \tag{11}$$

erweist sich beim Einsetzen der Kraft für $m\frac{d\mathfrak{v}}{dt}$ als dem Drehmoment

$$\mathfrak{M} = [\mathfrak{r}\,\mathfrak{K}] = m\left[\mathfrak{r}\frac{d\mathfrak{v}}{dt}\right] = \frac{d\mathfrak{j}}{dt} \tag{11a}$$

um den Koordinatenumfang gleich. $\mathfrak{M}dt$ nennen wir den Drehimpuls (Impulsmoment) den das Drehmoment dem Massenpunkt in der Zeit dt erteilt. Da wir (11a) auch

$$d\mathfrak{j} = \mathfrak{M}\,dt$$

schreiben können, ist der Zuwachs des Dralls gleich dem Drehimpuls. Für eine längere Zeitspanne erhalten wir

$$\int_{t_1}^{t_2} \mathfrak{M}\,dt = \mathfrak{j}_2 - \mathfrak{j}_1 .$$

Der Drall, den ein Körper besitzt, ist der Drehimpuls, den er erhalten hat, seit er in Bewegung gekommen ist. Wegen dieser engen Beziehung werden Drall und Drehimpuls (Impulsmoment) gewöhnlich miteinander identifiziert.

§ 5. Arbeit. Kinetische Energie.

Inhalt: Arbeit der Kräfte am Körper = Zuwachs seiner kinetischen Energie.

Bezeichnungen: $\mathfrak{r}$ Ortsvektor, $\mathfrak{v}$ Geschwindigkeit, $\mathfrak{K}$ Kraft, X, Y, Z Kraftkomponenten, m Masse.

Legt ein Massenpunkt das Wegstück

$$d\mathfrak{s} = d\mathfrak{r} = \mathfrak{v}\,dt$$

zurück, so nennt man das Skalarprodukt

$$dA = (\mathfrak{K}\,d\mathfrak{s}) = (\mathfrak{K}\,\mathfrak{v})\,dt \tag{12}$$

die Arbeit, welche die Kraft $\mathfrak{K}$ während der Zeit dt an ihm leistet.

Die Arbeit ist kein Vektor, sondern eine skalare Größe. Demgemäß liefert (12) auch nur die einzige Komponentengleichung

$$dA = X\,dx + Y\,dy + Z\,dz = (X\,v_x + Y\,v_y + Z\,v_z)\,dt. \tag{12a}$$

Setzen wir in (12) für die Kraft

$$\mathfrak{K} = m\frac{d\mathfrak{v}}{dt}$$

ein, so erhalten wir

$$dA = m\left(\frac{d\mathfrak{v}}{dt}\,\mathfrak{v}\right)dt = \frac{m}{2}\,\frac{d}{dt}(\mathfrak{v}^2)\,dt = d\left(\frac{m}{2}\,\mathfrak{v}^2\right). \tag{12b}$$

Wenn wir

$$T = \frac{m}{2}\,\mathfrak{v}^2 = \frac{m}{2}\,v^2 \tag{13}$$

als kinetische Energie definieren, so gelangen wir zu der Formulierung

$$dA = dT \tag{12c}$$

und dem Satz: Der Zuwachs der kinetischen Energie während einer Zeitspanne dt ist gleich der Arbeit, die die Kraft in dieser Zeit leistet.

Die kinetische Energie ist, wie die Arbeit, eine skalare Größe. In Komponenten lautet die Gl. (12b)

$$dA = X\,dx + Y\,dy + Z\,dz = d\left[\frac{m}{2}\,(v_x^2 + v_y^2 + v_z^2)\right]. \tag{12d}$$

Summieren wir alle Arbeiten, welche die Kräfte in der Zeitspanne $t_2 - t_1$ leisten, und auch alle Änderungen der kinetischen Energie des Körpers in derselben Zeit, so müssen wir integrieren und finden

$$A = \int_{t_1}^{t_2} (\mathfrak{K}\,d\mathfrak{s}) = \frac{m}{2}\,v_2^2 - \frac{m}{2}\,v_1^2 = T_2 - T_1. \tag{13a}$$

Die Änderung der kinetischen Energie im Laufe einer endlichen Zeitspanne oder beim Durchlaufen eines endlichen Wegstücks ist gleich der Arbeit, die die Kraft während dieser Zeit und längs dieses Weges leistet.

Die kinetische Energie ist eine Eigenschaft des Körpers, die seinen momentanen Bewegungszustand charakterisiert. Die Arbeit ist keine Eigenschaft des Körpers. Sie ist nicht einem bestimmten Zeitpunkt, sondern einem Zeitintervall zugeordnet.

§ 6. Klassifikation der Kräfte.

Das Bewegungsgesetz, die Zusammenhänge von Impuls und Bewegungsgröße, von Arbeit und kinetischer Energie und von Drehimpuls und Drall sind die einzigen Aussagen, die man über die Bewegung eines Massenpunktes machen kann, wenn man über die Natur der Kräfte keine näheren Kenntnisse besitzt. Die Voraussetzung zu jeder weiteren fruchtbaren Untersuchung ist also eine Einteilung der Kräfte in gewisse einfache und besonders wichtige Typen. Wir begnügen uns hier damit, einige häufig vorkommende und leicht zu behandelnde Arten von Kräften herauszustellen.

In vielen Fällen wirkt auf einen Massenpunkt eine Kraft, die nur von dem Ort abhängt, an dem er sich gerade befindet. Die Kraft ist dann eine Funktion des Ortes und kann durch

$$\mathfrak{K} = \mathfrak{K}(\mathfrak{r}) \tag{14}$$

oder in Komponenten

$$X = X(x, y, z); \quad Y = Y(x, y, z); \quad Z = Z(x, y, z) \tag{14a}$$

beschrieben werden. Wir sprechen dann von einem Kraftfeld und meinen damit, daß jedem Raumpunkt eine Kraft von bestimmter Größe und Richtung zugeordnet ist. Dies ist so zu verstehen, daß die Kraft nur dann tatsächlich in

Aktion tritt, wenn der Massenpunkt an den betreffenden Ort gelangt. Auf einen elektrisch geladenen Körper z. B., der sich in einem elektrischen Feld befindet oder bewegt, wirkt eine Kraft, die nur von seinem Orte abhängt. Sie ist bekanntlich das Produkt der Ladung des Körpers und der elektrischen Feldstärke. Ein anderes Beispiel wäre die Kraft auf einen Magnetpol, der sich in dem Magnetfeld eines Stromkreises aufhält.

Einen anderen wichtigen und einfachen Fall haben wir, wenn die Kräfte nur von der Geschwindigkeit des Körpers abhängen. Von dieser Beschaffenheit sind z. B. die Reibungskräfte, wie der Luftwiderstand, die bremsenden Kräfte in einer reibenden Flüssigkeit und manche andere dämpfende Kräfte.

Für die theoretische Berechnung bequem, wenn auch physikalisch nicht leicht zu realisieren sind Kräfte, die unabhängig von Ort und Geschwindigkeit des Körpers eine vorgegebene Funktion der Zeit sind. Eine solche Kraft würde beispielsweise auf einen geladenen Körper in einem homogenen elektrischen Feld wirken, wenn die Feldstärke mit der Zeit veränderlich ist.

Neben diesen drei besonders einfachen Typen von Kräften gibt es natürlich auch kompliziertere. Bewegt sich z. B. ein elektrisch geladener Körper in einem Magnetfeld, so wirkt auf ihn eine Kraft, die von seiner Geschwindigkeit wie auch von seinem Ort abhängt. Die Richtung der Kraft ist senkrecht sowohl zur Geschwindigkeit wie zur magnetischen Feldstärke, ihre Größe ist dem Betrag der Geschwindigkeit und der Feldstärke, außerdem aber noch dem Sinus des von ihnen eingeschlossenen Winkels proportional.

Von Ort und Zeit abhängige Kräfte entstehen, wenn ein Kraftfeld (elektrisches Feld) sich selbst mit der Zeit verändert oder auch, wenn die Ortsangaben sich auf ein Koordinatensystem beziehen, das selbst in Bewegung ist.

Häufig kommt es vor, daß gleichzeitig Kräfte verschiedener Typen auf einen Massenpunkt einwirken und sich überlagern. Vor allem treten bei wirklichen Bewegungen immer geschwindigkeitsabhängige Reibungskräfte zu den anderen Kräften hinzu.

§ 7. Konservative Kräfte. Das Potential.

Inhalt: Konservatives Kraftfeld, Kraftfeld mit Potential und wirbelfreies Kraftfeld sind gleichbedeutend.

Ein Massenpunkt lege einen Weg I zurück, der von dem Punkt P_0 ausgeht und an einem Punkt P endet (s. Abb. 4). Die Kräfte leisten hierbei die Arbeit

$$A = \mathrm{I}\int_{P_0}^{P} (\mathfrak{K}\, d\mathfrak{s}). \tag{15}$$

Nun lassen wir den Massenpunkt vom Punkte P wieder nach dem Punkt P_0 zurückkehren, wobei entweder derselbe oder auch irgendein anderer Weg II durchlaufen werden möge. Die Arbeit, die die Kräfte auf dem Rückweg leisten, wird im allgemeinen auf verschiedenen Wegen verschieden groß sein. Geht man wieder auf den Weg I zurück, so braucht die Arbeit keineswegs entgegengesetzt gleich der Arbeit (15) zu sein. Wirken nämlich hauptsächlich Reibungskräfte, so ist ihre Arbeit immer negativ und vermindert die kinetische Energie des Körpers. Der Betrag der Reibungsarbeit hängt in erster Linie von der Länge des Weges ab.

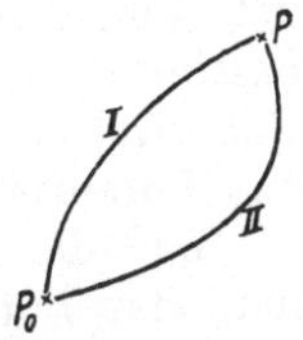

Abb. 4.

Konservativ nennen wir solche Kräfte, die an einem Massenpunkt insgesamt keine Arbeit leisten, wenn er auf einem beliebigen Weg wieder zu seinem Ausgangspunkt zurückkehrt. Bei solchen Kräften gilt

$$\oint (\mathfrak{K}\, d\mathfrak{s}) = 0 \tag{15a}$$

für alle geschlossenen Wege. Die kinetische Energie ist dann nach der Rückkehr ebenso groß wie beim Beginn der Bewegung. Man sieht zunächst ein, daß konservative Kräfte ein von der Zeit nicht abhängiges Kraftfeld bilden müssen, wie es in § 6 durch (14) und (14a) beschrieben ist. Führen wir nämlich den Massenpunkt von P_0 auf irgendeinem Weg zu irgendeinem Punkt P und auf dem gleichen Weg wieder zurück, so muß die Arbeit auf dem Rückweg die Arbeit auf dem Hinweg kompensieren, da ja auf dem Gesamtweg keine Arbeit geleistet wird. Dies ist offenbar nicht möglich, wenn die Kräfte außer vom Ort, an dem der Massenpunkt sich gerade befindet, noch von anderen Umständen beeinflußt werden. Konservative Kräfte sind ein Spezialfall der nur vom Ort abhängigen Kräfte.

Bewegt sich ein Massenpunkt vom Punkt P_0 zum Punkt P, so ist die Arbeit konservativer Kräfte vom Weg unabhängig. Aus

$$\mathrm{I}\int_{P_0}^{P} (\mathfrak{K}\, d\mathfrak{s}) + \mathrm{I}\int_{P}^{P_0} (\mathfrak{K}\, d\mathfrak{s}) = 0$$

für einen Hin- und Rückweg auf dem Weg I und

$$\mathrm{II}\int_{P_0}^{P} (\mathfrak{K}\, d\mathfrak{s}) + \mathrm{I}\int_{P}^{P_0} (\mathfrak{K}\, d\mathfrak{s}) = 0$$

für einen Hinweg II und Rückweg I folgt durch Gleichsetzen der linken Seiten

$$A = \mathrm{I}\int_{P_0}^{P} (\mathfrak{K}\, d\mathfrak{s}) = \mathrm{II}\int_{P_0}^{P} (\mathfrak{K}\, d\mathfrak{s}). \tag{16}$$

Die Arbeit

$$-A = -\int_{P_0}^{P} (\mathfrak{K}\, d\mathfrak{s}),$$

welche die Kräfte dem Massenpunkt entziehen, wenn er vom Punkt P_0 an den Punkt P gelangt, bezeichnen wir als die Potentialdifferenz zwischen den Punkten P und P_0. Sie hängt sichtlich nur von der Lage der Punkte P und P_0, aber nicht vom Integrationsweg ab. Bezeichnen wir den Wert des Potentials im Punkte P_0 mit V_0, im Punkt P mit V, so ist

$$V = V_0 - \int_{P_0}^{P} (\mathfrak{K}\, d\mathfrak{s}). \tag{17}$$

Die Größe V_0 ist völlig willkürlich und läßt sich nicht aus dem Kraftfeld ermitteln. Häufig wählt man V_0 so, daß das Potential im Unendlichen verschwindet. Von dieser Willkür abgesehen, ordnet (17) jedem Punkt des Raumes ein bestimmtes Potential zu. Ähnlich wie die Kräfte ein Kraftfeld bilden, bildet das Potential ein Potentialfeld. Während das Kraftfeld aber ein Vektorfeld ist, ist das Potentialfeld ein skalares Feld.

Sind die Kräfte konservativ und als Funktion des Ortes gegeben, so kann man das Potential durch die einfache Quadratur (17) finden.

Legt man von einem Punkt P ein Wegelement $d\mathfrak{s} = d\mathfrak{r}$ zu einem Nachbarpunkt P' zurück, so tritt die Potentialänderung

$$dV = -(\mathfrak{K}\, d\mathfrak{s}) = -K_s\, ds$$

ein. K_s bedeutet die Komponente der Kraft in der Richtung von $d\mathfrak{s}$. Dies gilt insbesondere auch für Wegelemente in der x-, y- und z-Richtung, und wir erhalten deshalb

$$X = -\frac{\partial V}{\partial x}; \quad Y = -\frac{\partial V}{\partial y}; \quad Z = -\frac{\partial V}{\partial z}. \tag{18}$$

Diese drei Gleichungen in kartesischen Koordinaten lassen sich in die Vektorgleichung

$$\mathfrak{K} = -\operatorname{grad} V = -\mathfrak{i}\frac{\partial V}{\partial x} - \mathfrak{j}\frac{\partial V}{\partial y} - \mathfrak{k}\frac{\partial V}{\partial z} \tag{18a}$$

zusammenfassen. Ein Kraftfeld läßt sich als Gradient eines Potentialfeldes durch einfaches Differenzieren gewinnen.

Die Einführung des Potentialfeldes bedeutet eine wesentliche Vereinfachung der Beschreibung der Kräfte. Das Kraftfeld muß als Vektorfeld durch drei Ortsfunktionen (für jede Komponente eine) angegeben werden, während das Potential nur eine einzige Ortsfunktion darstellt.

Die Bedingung für ein konservatives Kraftfeld und die Existenz eines Potentials kann außer durch (15a) auch noch auf andere Weise ausgedrückt werden. Da (15a) für jeden beliebigen geschlossenen Weg gilt, muß auch

$$\frac{1}{F}\oint (\mathfrak{K}\, d\mathfrak{s}) = 0$$

sein, wenn man um ein ebenes Flächenstück F parallel zur yz-Ebene integriert. Lassen wir F gegen Null gehen, so ergibt sich

$$\lim_{F=0} \frac{1}{F}\oint (\mathfrak{K}\, d\mathfrak{s}) = 0. \tag{18b}$$

Nun wird die x-Komponente von $\operatorname{rot}\mathfrak{K}$ gerade durch

$$\operatorname{rot}_x \mathfrak{K} = \lim_{F=0} \frac{1}{F}\oint (\mathfrak{K}\, d\mathfrak{s})$$

definiert, wo F eine Fläche senkrecht zur x-Achse ist. Die Gl. (18b) bedeutet also

$$\operatorname{rot}_x \mathfrak{K} = 0,$$

und Entsprechendes gilt auch für die beiden anderen Komponenten von $\operatorname{rot}\mathfrak{K}$. Ein konservatives Kraftfeld ist also wirbelfrei. Umgekehrt ist ein überall wirbelfreies Kraftfeld stets konservativ. Das Integral

$$\oint (\mathfrak{K}\, d\mathfrak{s})$$

über einen geschlossenen Weg kann man nämlich nach dem STOKESschen Satz in das Integral

$$\oint (\mathfrak{K}\, d\mathfrak{s}) = \int (\operatorname{rot}\mathfrak{K}\, d\mathfrak{f})$$

über die eingeschlossene Fläche verwandeln, welches bei einem wirbelfreien Kraftfeld verschwindet. Ein konservatives Kraftfeld ist also gleichbedeutend mit einem wirbelfreien. Die Bedingung (15a) für die Existenz des Potentials kann man deshalb auch

$$\operatorname{rot}\mathfrak{K} = 0 \tag{19}$$

schreiben. In rechtwinkligen Koordinaten lautet diese Gleichung

$$\frac{\partial Z}{\partial y} = \frac{\partial Y}{\partial z}; \quad \frac{\partial X}{\partial z} = \frac{\partial Z}{\partial x}; \quad \frac{\partial Y}{\partial x} = \frac{\partial X}{\partial y}. \tag{19a}$$

Aus (19) folgt demnach die Möglichkeit,

$$\mathfrak{K} = -\operatorname{grad} V \tag{18a}$$

und in Komponenten

$$X = -\frac{\partial V}{\partial x}; \quad Y = -\frac{\partial V}{\partial y}; \quad Z = -\frac{\partial V}{\partial z} \tag{18}$$

zu setzen.

Die Bedingungen (15a), (19) und (19a) sind gleichwertig und für die Existenz des Potentials notwendig und hinreichend.

§ 8. Der Energiesatz.

Inhalt: Die Summe von potentieller und kinetischer Energie ist im konservativen Kraftfeld konstant und wird Gesamtenergie genannt.

Die besondere Bedeutung der konservativen Kräfte liegt nicht nur in der einfachen Beschreibung durch das Potential. Man kann auch die Bewegungsgleichungen einen Schritt weit integrieren. Setzen wir in (12c)

$$dA = -dV$$

ein, so erhalten wir die einfache Formulierung

$$d\left(\frac{m}{2} v^2\right) + dV = dT + dV = 0. \tag{20}$$

Bei einer beliebigen Bewegung im konservativen Kraftfeld ändert sich die Summe von Potential und kinetischer Energie nicht. Jeder Verlust an kinetischer Energie wird durch die Vergrößerung des Potentials ausgeglichen und umgekehrt. Wir betrachten deshalb das Potential als eine Energieform, die wir potentielle Energie nennen. Sie kann sich im Laufe der Bewegung in kinetische Energie verwandeln und auch wieder zurückverwandeln. Die Summe beider Energien, die Gesamtenergie

$$E = T + V, \tag{20a}$$

bleibt konstant. In der Tat ergibt sich (20a) gerade durch Integration aus (20).

Natürlich kann man dieses Resultat auch direkt aus der Bewegungsgleichung

$$\mathfrak{K} = m \frac{d\mathfrak{v}}{dt}$$

durch skalare Multiplikation mit $\mathfrak{v}$ und Integration gewinnen. Aus der linken Seite erhält man

$$\int (\mathfrak{K}\mathfrak{v})\, dt = \int (\mathfrak{K}\, d\mathfrak{s}) = -V + V_0$$

und aus der rechten

$$m\int \left(\mathfrak{v}\frac{d\mathfrak{v}}{dt}\right) dt = m\int (\mathfrak{v}\, d\mathfrak{v}) = \frac{m}{2}(\mathfrak{v}^2 - \mathfrak{v}_0^2) = T - T_0.$$

Hieraus ergibt sich

$$V + T = V_0 + T_0 = E.$$

Wenn die Kräfte kein Potential besitzen, wird die kinetische Energie während der Bewegung gewöhnlich teilweise in andere Energieformen umgesetzt. Reibungskräfte z. B. erzeugen stets Wärme.

§ 9. Zentralkräfte. Flächensatz.

Inhalt: Zentralkräfte sind konservativ und erzeugen kein Drehmoment. Der Drehimpuls ist konstant. Die Bahn liegt in einer Ebene durch das Kraftzentrum. Die Bewegungsgleichungen lassen sich in ebenen Polarkoordinaten integrieren.

Bezeichnungen: $\mathfrak{K}$ Kraft, X, Y, Z Kraftkomponenten, $\mathfrak{r}$ Ortsvektor, r sein Betrag, Abstand vom Kraftzentrum, $\mathfrak{j}$ Drehimpuls, j_x, j_y, j_z seine Komponenten, E Gesamtenergie, m Masse, x, y, z kartesische Raumkoordinaten, φ Winkelkoordinate.

Ein wichtiger Spezialfall konservativer Kräfte sind die sogenannten Zentralkräfte. Es sind dies Kräfte, die zu einem Anziehungszentrum hin oder von einem Abstoßungszentrum weg gerichtet sind. Macht man das Zentrum zum Koordinatenanfang, so hat die Kraft die Richtung des Radiusvektors mit positivem (Abstoßung) oder negativem (Anziehung) Vorzeichen. Die Größe der Kraft hängt nur vom Abstand vom Kraftzentrum ab. In Formeln werden also die Zentralkräfte durch

$$\mathfrak{K} = \mathfrak{r}^0 f(r) = \frac{\mathfrak{r}}{r} f(r) \tag{21}$$

oder in Komponenten durch

$$X = \frac{x}{r} f(r); \quad Y = \frac{y}{r} f(r); \quad Z = \frac{z}{r} f(r) \tag{21a}$$

beschrieben. $\mathfrak{r}^0$ bedeutet hier einen radialen Einheitsvektor.

Auf das Wegintegral

$$\int_{P_0}^{P} (\mathfrak{K}\, d\mathfrak{s}) = \int_{P_0}^{P} f(r) \frac{(\mathfrak{r}\, d\mathfrak{r})}{r} = \int_{r_0}^{r} f(r)\, dr = V_0 - V(r)$$

hat der Integrationsweg keinen Einfluß, weil es nur davon abhängt, wie weit der Endpunkt vom Zentrum entfernt ist. Es gibt also ein Potential. Verlangt man, daß es im Unendlichen verschwinde, so wird es durch

$$V = -\int_{\infty}^{r} f(r)\, dr$$

ausgedrückt. Man kann leicht nachprüfen, daß die Bedingung (19) erfüllt ist. Es ist nämlich

$$\operatorname{rot}\mathfrak{K} = \left[\nabla \frac{\mathfrak{r}}{r} f(r)\right] = \frac{1}{r} f(r) [\nabla \mathfrak{r}] - \left[\mathfrak{r} \nabla \frac{1}{r} f(r)\right] = -[\mathfrak{r}\,\mathfrak{r}^0] \frac{d}{dr}\left\{\frac{1}{r} f(r)\right\} = 0. \tag{22}$$

Auch von der Gültigkeit der Gl. (19a) kann man sich leicht überzeugen. Es ist

$$\frac{\partial X}{\partial y} = x \frac{d}{dr}\left(\frac{f}{r}\right) \frac{\partial r}{\partial y}; \quad \frac{\partial Y}{\partial x} = y \frac{d}{dr}\left(\frac{f}{r}\right) \frac{\partial r}{\partial x}.$$

Aus

$$r^2 = x^2 + y^2 + z^2$$

$$r\, dr = x\, dx + y\, dy + z\, dz$$

folgt

$$\frac{\partial r}{\partial x} = \frac{x}{r}; \quad \frac{\partial r}{\partial y} = \frac{y}{r}; \quad \frac{\partial r}{\partial z} = \frac{z}{r}$$

und somit

$$\frac{\partial X}{\partial y} = \frac{x y}{r} \frac{d}{dr}\left(\frac{f}{r}\right) = \frac{\partial Y}{\partial x}.$$

In gleicher Weise kann man die beiden anderen Bedingungen (19a) kontrollieren.

Für Zentralkräfte gilt wegen der Existenz des Potentials der Energiesatz

$$T + V = \frac{m}{2} v^2 - \int_{\infty}^{r} f(r)\, dr = E = \text{const.} \tag{23}$$

Der Kraftansatz

$$\mathfrak{K} = \frac{\mathfrak{r}}{r} f(r) \tag{24}$$

liefert durch vektorielle Multiplikationen mit $\mathfrak{r}$

$$[\mathfrak{r}\,\mathfrak{K}] = [\mathfrak{r}\,\mathfrak{r}] \frac{1}{r} f(r) = 0.$$

Zentralkräfte verursachen kein Drehmoment um das Kraftzentrum, und infolgedessen ist der Drehimpuls (s. S. 9)

$$\mathfrak{j} = m[\mathfrak{r}\,\mathfrak{v}] \tag{25}$$

um dieses Zentrum zeitlich konstant. $\mathfrak{r}$ ist also stets senkrecht zu $\mathfrak{j}$ und bestreicht die Ebene $(\mathfrak{r}\,\mathfrak{j}) = 0$ durch den Koordinatenanfang senkrecht dazu. In dieser Ebene bewegt sich der Massenpunkt. In kartesischen Koordinaten liefert (25)

$$\begin{aligned} m(y\, v_z - z\, v_y) &= j_x, \\ m(z\, v_x - x\, v_z) &= j_y, \\ m(x\, v_y - y\, v_x) &= j_z. \end{aligned} \tag{25a}$$

Multipliziert man diese Gleichungen der Reihe nach mit x, y und z und addiert sie, so erhält man die Gleichung

$$(\mathfrak{r}\,\mathfrak{j}) = x\, j_x + y\, j_y + z\, j_z = 0 \tag{25b}$$

der Ebene senkrecht zu $\mathfrak{j}$, in der die Bewegung sich abspielt.

Daß die Bewegung in einer Ebene vor sich geht, vereinfacht die Untersuchung erheblich. Man braucht jetzt nicht mehr im Raum zu rechnen, sondern kann sich mit einem ebenen Koordinatensystem begnügen. Wir legen also die z-Achse in die Richtung von $\mathfrak{j}$, so daß die Bewegung in der xy-Ebene liegt. Da die Potentialfunktion nur von r abhängt, sind ebene Polarkoordinaten

$$x = r\cos\varphi; \quad y = r\sin\varphi$$

am zweckmäßigsten. Die kinetische Energie bilden wir, indem wir

$$\dot{x} = \dot{r}\cos\varphi - r\dot{\varphi}\sin\varphi; \quad \dot{y} = \dot{r}\sin\varphi + r\dot{\varphi}\cos\varphi$$

in den Ausdruck

$$T = \frac{m}{2} v^2 = \frac{m}{2}(\dot{x}^2 + \dot{y}^2) = \frac{m}{2}(\dot{r}^2 + r^2\dot{\varphi}^2)$$

einsetzen. Der Energiesatz $T + V = E$ nimmt dann die Form

$$\frac{m}{2}(\dot{r}^2 + r^2\dot{\varphi}^2) - \int f(r)\, dr = E \tag{23a}$$

an.

Von der Gl. (25) brauchen wir nur noch den absoluten Betrag. Die Richtung des Drehimpulses ist schon dadurch berücksichtigt, daß wir in der Ebene senkrecht zu ihm rechnen. Der Betrag von

$$[\mathfrak{r}\, d\mathfrak{s}] = [\mathfrak{r}\,\mathfrak{v}]\, dt$$

bedeutet geometrisch das Doppelte der Dreiecksfläche, die der Radiusvektor $\mathfrak{r}$ während dt bestreicht (s. Abb. 5). Die Konstanz des Drehimpulses besagt also, daß der Radiusvektor bei der Zentralbewegung in gleichen Zeiten gleiche Flächen bestreicht. Dies nennt man den Flächensatz.

Wir wollen nun den absoluten Betrag von (25) in Polarkoordinaten ausdrücken. Hierzu zerlegen wir die Geschwindigkeit in die radiale Komponente v_r und eine Komponente v_φ senkrecht dazu. Dann ist (Abb. 6)

$$v_\varphi = r\frac{d\varphi}{dt} = r\dot{\varphi}$$

und

$$|[\mathfrak{r}\,\mathfrak{v}]| = r v_\varphi = r^2\dot{\varphi}$$

(25) liefert also in Polarkoordinaten die Gleichung

$$m r^2 \dot{\varphi} = j. \tag{25c}$$

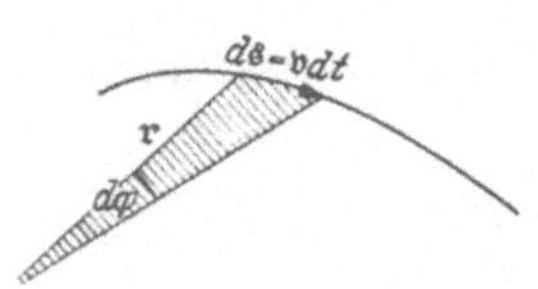

Abb. 5. Die schraffierte Fläche ist $\frac{1}{2}$ [r ds].

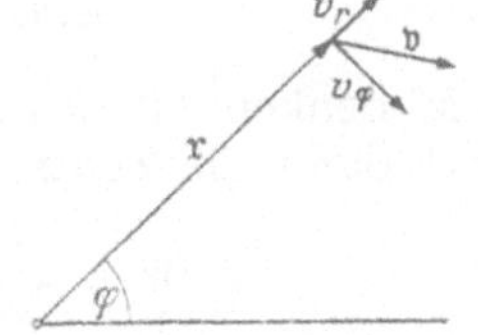

Abb. 6. $v_\varphi = r\dot{\varphi}$ und $|[\mathfrak{r}\mathfrak{v}]| = r v_\varphi$.

Eliminiert man aus (23a) und (25c) die Winkelgeschwindigkeit $\dot{\varphi}$ und löst nach $\dot{r}$ auf, so erhält man

$$\dot{r} = \frac{dr}{dt} = \sqrt{\frac{2}{m}\left(E + \int f(r)\,dr\right) - \frac{j^2}{m^2 r^2}} \tag{26}$$

$$dt = \frac{dr}{\sqrt{\frac{2}{m}\left(E + \int f(r)\,dr\right) - \frac{j^2}{m^2 r^2}}}.$$

Durch Integration gibt dies

$$t - t_0 = \int\limits_{r_0} \frac{dr}{\sqrt{\frac{2}{m}\left(E + \int f(r)\,dr\right) - \frac{j^2}{m^2 r^2}}}. \tag{26a}$$

Damit ist die Zeit als eine Funktion von r oder, was dasselbe ist, r als eine Funktion der Zeit ermittelt. Bilden wir aus (26) und (25c)

$$\frac{\dot{r}}{\dot{\varphi}} = \frac{dr}{dt}\cdot\frac{dt}{d\varphi} = \frac{dr}{d\varphi} = \frac{m r^2}{j}\sqrt{\frac{2}{m}\left(E + \int f(r)\,dr\right) - \frac{j^2}{m^2 r^2}}, \tag{27}$$

so erhalten wir durch Integration

$$\varphi - \varphi_0 = \frac{j}{m}\int\limits_{r_0} \frac{dr}{r^2\sqrt{\frac{2}{m}\left(E + \int f(r)\,dr\right) - \frac{j^2}{m^2 r^2}}}. \tag{27a}$$

Das ist ein Zusammenhang zwischen φ und r, nämlich die Gleichung der Bahn in Polarkoordinaten.

Damit ist das Problem der Zentralbewegung grundsätzlich gelöst, d. h. auf die Auswertung von Integralen zurückgeführt. Gl. (27a) gibt die Bahn, (26a) den zeitlichen Ablauf der Bewegung auf ihr.

Zur Auswertung der Integrale kann man natürlich erst schreiten, wenn man eine bestimmte Annahme über das Kraftfeld macht, d. h. wenn $f(r)$ gegeben ist. Der wichtigste Fall liegt vor, wenn f dem Quadrat des Abstands vom Anziehungszentrum umgekehrt proportional ist. Diesem Kraftgesetz genügen sowohl die Gravitationskräfte wie auch die COULOMBschen Kräfte der elektrischen und magnetischen Anziehung und Abstoßung.

§ 10. Gravitationskräfte. Planetenbewegung.

Inhalt: Berechnung der Planetenbahnen und Ableitung der KEPLERschen Gesetze.
Bezeichnungen: M Sonnenmasse, m Planetenmasse, a große Halbachse, ε Exzentrizität der Bahnellipse, τ Umlaufzeit, sonst wie in § 9, S. 15.

Zwei Massen m und M ziehen sich gegenseitig mit einer Kraft an, die ihrem Produkt proportional und dem Quadrat ihres Abstands umgekehrt proportional ist. Die Proportionalitätskonstante heißt Gravitationskonstante und hat den Wert

$$\gamma = 6{,}664 \cdot 10^{-8}\,\mathrm{cm}^3\,\mathrm{g}^{-1}\,\mathrm{sec}^{-2}.$$

Die Masse M denken wir uns ruhend und legen den Koordinatenanfang in sie. Auf m wirkt dann die Zentralkraft

$$\mathfrak{K} = -\gamma\frac{m M \mathfrak{r}^0}{r^2} = -\gamma\frac{m M \mathfrak{r}}{r^3}.$$

Für die in § 9 verwendete Funktion $f(r)$ ist also

$$f(r) = -\gamma\frac{m M}{r^2}$$

zu setzen. Das Potential nimmt dann die Form

$$V = -\int\limits_{\infty}^{r} f(r)\,dr = \gamma m M\int\limits_{\infty}^{r}\frac{dr}{r^2} = -\frac{\gamma m M}{r}$$

an. Setzt man dies in (27) ein, so erhält man die Gleichung

$$\frac{dr}{d\varphi} = \frac{m r^2}{j}\sqrt{\frac{2}{m}\left(E + \frac{\gamma m M}{r}\right) - \frac{j^2}{m^2 r^2}} \tag{27b}$$

der Bahnkurve.

Wenn

$$\frac{2}{m}\left(E + \frac{\gamma m M}{r}\right) - \frac{j^2}{m^2 r^2} = 0 \tag{27c}$$

ist, so verschwindet $dr/d\varphi$, und die Masse m hat den kleinsten oder größten Abstand von der Masse M. Lösen wir nach r auf, so erhalten wir

$$r_{\max,\min} = -\frac{m\gamma M}{2E} \pm \sqrt{\frac{m^2\gamma^2 M^2}{4E^2} + \frac{j^2}{2mE}}.$$

r muß seiner Bedeutung gemäß positiv sein. Für positive E kommt nur das $+$-Zeichen in Frage, und es gibt nur einen kleinsten Wert von r, den wir mit r_0 bezeichnen. Nach oben gibt es in diesem Fall für r keine Begrenzung, d. h. die Bahn verläuft ins Unendliche. Ist E negativ, so gibt das $-$-Zeichen den kleinsten Wert r_0, das $+$-Zeichen den größten Wert r_1. Die Abstände r sind nach oben und unten begrenzt, und die Bahn bleibt ganz im Endlichen. Ist schließlich $E = 0$, so verschwindet $dr/d\varphi$ für

$$r_0 = \frac{j^2}{2\gamma m^2 M}.$$

Auch in diesem Fall geht die Bahn ins Unendliche.

Setzen wir den zu r_0 gehörigen Wert φ_0 gleich Null, so ergibt sich aus (27a) die Bahnkurve

$$\varphi = \frac{j}{m}\int\limits_{r_0} \frac{dr}{r^2\sqrt{\frac{2}{m}\left(E + \frac{\gamma m M}{r}\right) - \frac{j^2}{m^2 r^2}}}\,.$$

Führen wir

$$u = \frac{1}{r}\,; \qquad du = -\frac{dr}{r^2}$$

ein, so nimmt das Integral die elementare Form

$$\varphi = -\int\limits_{u_0} \frac{du}{\sqrt{\frac{2mE}{j^2} + \frac{2\gamma m^2 M}{j^2}\,u - u^2}}$$

an, die beim Auswerten

$$\varphi = \arccos\frac{u - \frac{\gamma m^2 M}{j^2}}{\sqrt{\frac{\gamma^2 m^4 M^2}{j^4} + \frac{2mE}{j^2}}} - \arccos\frac{u_0 - \frac{\gamma m^2 M}{j^2}}{\sqrt{\frac{\gamma^2 m^4 M^2}{j^4} + \frac{2mE}{j^2}}}$$

ergibt. Da man

$$u_0 = \frac{\gamma m^2 M}{j^2} + \sqrt{\frac{\gamma^2 m^4 M^2}{j^4} + \frac{2mE}{j^2}}$$

[am besten direkt aus (27c)] findet, ergibt sich einfach

$$\varphi = \arccos\frac{u - \frac{\gamma m^2 M}{j^2}}{\sqrt{\frac{\gamma^2 m^4 M^2}{j^4} + \frac{2mE}{j^2}}}\,. \tag{28}$$

Setzen wir zur Abkürzung

$$\frac{\gamma m^2 M}{j^2} = \frac{1}{a(1-\varepsilon^2)} \quad \text{und} \quad \sqrt{\frac{\gamma^2 m^4 M^2}{j^4} + \frac{2mE}{j^2}} = \frac{\varepsilon}{a(1-\varepsilon^2)}\,, \tag{29}$$

oder nach a und ε aufgelöst

$$\varepsilon = \sqrt{1 + \frac{2E j^2}{\gamma^2 m^3 M^2}}\,; \qquad a = -\frac{\gamma m M}{2E}\,, \tag{29a}$$

so erhalten wir die Bahnkurve

$$\varphi = \arccos\frac{a u (1-\varepsilon^2) - 1}{\varepsilon} \quad \text{bzw.} \quad \frac{1}{r} = \frac{1 + \varepsilon\cos\varphi}{a(1-\varepsilon^2)} \tag{30}$$

durch Umkehren der arccos-Funktion.

Man kann zeigen, daß diese Bahn ein Kegelschnitt ist und daß der Koordinatenanfang (M) in einem seiner Brennpunkte liegt. Hierzu verwandeln wir (30) in

$$a(1-\varepsilon^2) = r + \varepsilon r \cos\varphi$$

und gehen mit $x = r\cos\varphi$ und $r = \sqrt{x^2 + y^2}$ zu rechtwinkligen Koordinaten über, wodurch

$$a(1-\varepsilon^2) - \varepsilon x = \sqrt{x^2 + y^2}$$

entsteht. Durch Quadrieren und Ordnen bekommt man

$$y^2 + (1-\varepsilon^2)(x + a\varepsilon)^2 = a^2(1-\varepsilon^2)\,,$$

was man schon als Gleichung einer Kurve 2. Ordnung erkennt. Mit der Transformation

$$\xi = x + a\varepsilon\,; \quad \eta = y$$

rückt man den Koordinatenanfang in den Mittelpunkt und hat dann die gewohnte Gleichung

$$\frac{\xi^2}{a^2} + \frac{\eta^2}{a^2(1-\varepsilon^2)} = 1$$

eines Kegelschnitts. a ist die große Halbachse und ε die Exzentrizität. Ist die Gesamtenergie E negativ, so ist $\varepsilon < 1$, und der Körper bewegt sich auf einer Ellipse. Wenn E positiv ist, so ist $\varepsilon > 1$, und der Körper durchläuft einen Ast einer Hyperbel. Ist schließlich $E = 0$, so ergibt sich aus (28) direkt

$$\frac{1}{r} = \frac{\gamma m^2 M}{j^2}(1 + \cos\varphi). \tag{30a}$$

Dies ist die Gleichung einer Parabel.

Bei positiver Gesamtenergie kann der Körper ins Unendliche vordringen, wo das Potential Null ist, weil ihm dann immer noch kinetische Energie verbleibt. Er kann sich also gänzlich aus dem Anziehungsbereich entfernen. Umgekehrt ist der Körper aus dem Unendlichen mit der Anfangsenergie E in den Anziehungsbereich eingetreten. Wenn die Gesamtenergie negativ ist, so kann der Körper den Anziehungsbereich nicht verlassen.

Ist M die Masse der Sonne und m die eines Planeten, so hat man das erste Keplersche Gesetz: Die Bahnen der Planeten sind Ellipsen, in deren Brennpunkt die Sonne steht. Das zweite Keplersche Gesetz: Der Radiusvektor bestreicht in gleichen Zeiten gleiche Flächen, ist mit dem Flächensatz des vorigen § identisch.

Den zeitlichen Ablauf der Bewegung auf der Bahn erhalten wir aus (26a). Zweckmäßig beginnen wir mit der Zeitzählung, wenn das Perihel r_0 durchlaufen wird. Dann wird

$$t = \int_{r_0} \frac{dr}{\sqrt{\frac{2}{m}\left(E + \frac{\gamma m M}{r}\right) - \frac{j^2}{m^2 r^2}}}. \tag{31}$$

Ohne die Integration wirklich auszuführen, können wir die Umlaufszeit τ aus dem Flächensatz entnehmen. Die Flächengeschwindigkeit ist $j/2m$ und die Ellipsenfläche $\pi a^2\sqrt{1-\varepsilon^2}$. Das Verhältnis beider ist die Umlaufszeit

$$\tau = \frac{2\pi m}{j} a^2 \sqrt{1-\varepsilon^2}. \tag{32}$$

Da nach (29)

$$\frac{m}{j}\sqrt{1-\varepsilon^2} = (\gamma M a)^{-\frac{1}{2}}$$

ist, gelangt man zu

$$\tau = a\sqrt{a}\,\frac{2\pi}{\sqrt{\gamma M}}. \tag{32a}$$

Hierin ist das dritte Keplersche Gesetz enthalten: Die Quadrate der Umlaufszeiten verhalten sich wie die Kuben der großen Halbachsen.

§ 11. Quasielastische Kräfte.

Inhalt: Bei elastischer Bindung an eine Gleichgewichtslage beschreibt der Körper eine Ellipse um sie.

Ein Körper besitze eine stabile Gleichgewichtslage (Ruhelage), in welcher keine Kräfte auf ihn wirken. Diese wählen wir als Ursprung eines Koordinatensystems. Entfernt er sich aus der Ruhelage, so entstehen Kräfte, die ihn ins Gleichgewicht zurückzubringen suchen. Ist die Verschiebung (Elongation)

$$\mathfrak{r} = \mathfrak{i}\,x + \mathfrak{j}\,y + \mathfrak{k}\,z$$

aus der Ruhelage klein, so sind die Kraftkomponenten den Verschiebungskomponenten proportional. Zum mindesten kann man sie nach Potenzen von x, y, z entwickeln und mit den Gliedern erster Ordnung abbrechen. Man kann also in jedem Falle bei genügend kleinen Verschiebungen

$$\left.\begin{aligned} X &= \alpha_{xx}\,x + \alpha_{xy}\,y + \alpha_{xz}\,z \\ Y &= \alpha_{yx}\,x + \alpha_{yy}\,y + \alpha_{yz}\,z, \\ Z &= \alpha_{zx}\,x + \alpha_{zy}\,y + \alpha_{zz}\,z \end{aligned}\right\} \tag{33}$$

ansetzen. In Vektorform schreiben wir hierfür

$$\mathfrak{K} = (\alpha\,\mathfrak{r}). \tag{33a}$$

Kräfte der Form (33) nennt man quasielastisch, weil elastische Kräfte ein einfaches Beispiel dieses Kräftetyps sind. Die Größe α ist im allgemeinen keine Zahl, sondern ein Tensor. Wenn alle Richtungen des Raumes gleichwertig sind (Isotropie), gilt

$$\alpha_{xx} = \alpha_{yy} = \alpha_{zz} = -a,$$

$$\alpha_{xy} = \alpha_{yx} = \alpha_{xz} = \alpha_{zx} = \alpha_{yz} = \alpha_{zy} = 0.$$

In diesem einfachen Falle ist α eine Zahl, und die quasielastische Kraft ist eine Zentralkraft, die immer zu der Gleichgewichtslage hin gerichtet ist.

Wir haben dann

$$\mathfrak{K} = -a\,\mathfrak{r}$$

und können die Formeln des § 9 benutzen, wenn wir

$$f(r) = -a r$$

setzen.

Wenn wir dem Potential im Gleichgewicht den Wert Null geben, so läßt es sich durch

$$V = -\int_0 (\mathfrak{K}\,d\mathfrak{r}) = a\int_0 r\,dr = \frac{a}{2}\,r^2$$

ausdrücken.

Wie bei allen Zentralkräften gilt der Energiesatz und der Flächensatz, und die Bewegung verläuft in einer Ebene. In ihr können wir Polarkoordianten einführen und dann weiter ganz wie in den §§ 9 und 10 verfahren. Einfacher ist es aber, direkt von der Bewegungsgleichung

$$m\,\frac{d^2\mathfrak{r}}{dt^2} = -a\,\mathfrak{r}$$

auszugehen. Sie wird durch

$$\mathfrak{r} = \mathfrak{A}\cos t\sqrt{\frac{a}{m}} \quad \text{und} \quad \mathfrak{r} = \mathfrak{B}\sin t\sqrt{\frac{a}{m}}$$

befriedigt, wenn $\mathfrak{A}$ und $\mathfrak{B}$ zwei ganz beliebige konstante Vektoren sind. Man kann dies einfach durch Einsetzen nachweisen. Dann ist aber auch

$$\mathfrak{r} = \mathfrak{A}\cos t\sqrt{\frac{a}{m}} + \mathfrak{B}\sin t\sqrt{\frac{a}{m}} \tag{34}$$

eine Lösung, und zwar die allgemeinste, die es gibt. Sie enthält alle Bewegungen, die ein Körper unter der Wirkung isotroper quasielastischer Kräfte ausführen kann. Wir müssen sie diskutieren.

Die Bewegung (34) wiederholt sich immer wieder nach der Zeit

$$\tau = 2\pi \sqrt{\frac{m}{a}},$$

ist also periodisch. Man nennt sie eine harmonische Schwingung. τ ist die Schwingungsdauer und

$$\nu = \frac{1}{\tau} = \frac{1}{2\pi} \sqrt{\frac{a}{m}} \tag{35}$$

die Zahl der Schwingungen pro Sekunde, die Frequenz. Man bezeichnet ν auch als Eigenfrequenz.

Wir können dann (34) auch die Form

$$\mathfrak{r} = \mathfrak{A} \cos 2\pi \nu t + \mathfrak{B} \sin 2\pi \nu t \tag{34a}$$

geben.

Wir suchen nun zuerst nach einem vernünftigen Anfangspunkt für die Zeitzählung und bilden zu diesem Zweck das Quadrat der Elongation

$$\begin{aligned} r^2 &= \mathfrak{A}^2 \cos^2 2\pi \nu t + \mathfrak{B}^2 \sin^2 2\pi \nu t + 2(\mathfrak{A}\,\mathfrak{B}) \sin 2\pi \nu t \cos 2\pi \nu t \\ &= \mathfrak{A}^2 \cos^2 2\pi \nu t + \mathfrak{B}^2 \sin^2 2\pi \nu t + \quad (\mathfrak{A}\,\mathfrak{B}) \sin 4\pi \nu t . \end{aligned}$$

Die größte Ausschwingung tritt ein, wenn

$$\frac{d}{dt} r^2 = 2\pi \nu \{(\mathfrak{B}^2 - \mathfrak{A}^2) \sin 4\pi \nu t + 2(\mathfrak{A}\,\mathfrak{B}) \cos 4\pi \nu t\} = 0$$

ist. Diesen Augenblick betrachten wir als geeignet für den Anfang der Zeitskala, d. h. für $t = 0$. Dann muß aber $(\mathfrak{A}\,\mathfrak{B})$ verschwinden, d. h. $\mathfrak{A}$ und $\mathfrak{B}$ aufeinander senkrecht stehen. Nach (34a) ist dann $\mathfrak{A}$ die maximale Ausschwingung. Legen wir nun ein Koordinatensystem x, y, z so, daß die x-Richtung mit $\mathfrak{A}$, die y-Richtung mit $\mathfrak{B}$ zusammenfällt und die z-Richtung auf $\mathfrak{A}$ und $\mathfrak{B}$ senkrecht steht, so liefert (34a) die Komponentengleichungen

$$x = A \cos 2\pi \nu t; \quad y = B \sin 2\pi \nu t; \quad z = 0. \tag{34b}$$

A und B sind die Beträge von $\mathfrak{A}$ und $\mathfrak{B}$.

Die Bahn

$$\frac{x^2}{A^2} + \frac{y^2}{B^2} = 1 \tag{36}$$

gewinnt man aus (34b), wenn man die Zeit eliminiert. Sie ist eine Ellipse mit der großen Achse A und der kleinen Achse B.

Für die Geschwindigkeit erhalten wir

$$\dot{x} = -2\pi \nu A \sin 2\pi \nu t; \quad \dot{y} = 2\pi \nu B \cos 2\pi \nu t; \quad \dot{z} = 0. \tag{34c}$$

Das Potential wird durch

$$V = \frac{a}{2} r^2 = \frac{a}{2} (A^2 \cos^2 2\pi \nu t + B^2 \sin^2 2\pi \nu t)$$

und die kinetische Energie durch

$$T = \frac{m}{2} (\dot{x}^2 + \dot{y}^2) = 2\pi^2 m \nu^2 (A^2 \sin^2 2\pi \nu t + B^2 \cos^2 2\pi \nu t)$$

wiedergegeben. Die Summe beider ist die Gesamtenergie E, für die man unter Benutzung von (35)

$$E = T + V = \frac{a}{2}(A^2 + B^2)$$

errechnet.

Ist ein Körper bei der größten Ausschwingung ($t = 0$) in Ruhe, so ist nach (34c) $B = 0$, und er schwingt linear in der x-Richtung. Ist $A = B$, so bewegt er sich auf einem Kreis um die Ruhelage mit konstanter Geschwindigkeit (da T konstant ist).

§ 12. Kraftfelder ohne Potential.

Als Beispiel für ein Kraftfeld ohne Potential untersuchen wir einen Magnetpol in der Umgebung eines geraden, stromführenden Drahtes. Die Drahtachse machen wir zur z-Achse eines Zylinderkoordinatensystems. Das Magnetfeld des Stroms hat dann nur eine azimutale Komponente H_φ, die im Drahtinnern dem Abstand ϱ von der Drahtachse proportional und außerhalb umgekehrt proportional ist. Auf den Pol der Stärke μ wirkt also eine Kraft in azimutaler Richtung vom Betrag

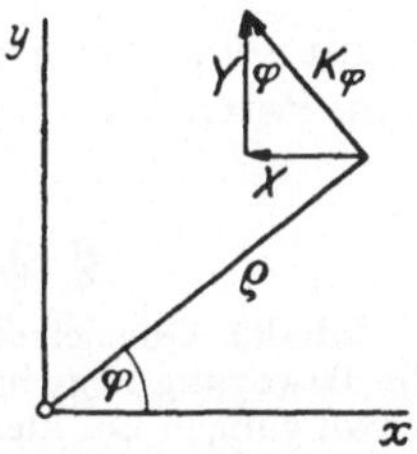

$$K_\varphi = \mu H_\varphi = \mu C \varrho$$

innen und

$$K_\varphi = \mu H_\varphi = \frac{\mu C R^2}{\varrho} \quad (R = \text{Drahtradius}) \tag{37}$$

außen. In rechtwinkligen Koordinaten haben wir dann nach Abb. 7 außen die Kraftkomponenten

Abb. 7. Kraft K_φ auf einen Magnetpol und ihre Komponenten.

$$X = -\frac{\mu C R^2}{\varrho}\sin\varphi = -\frac{\mu C R^2}{\varrho^2} y; \quad Y = \frac{\mu C R^2}{\varrho}\cos\varphi = \frac{\mu C R^2}{\varrho^2} x; \quad Z = 0 \tag{38}$$

bzw.

$$X = -\mu C \varrho \sin\varphi = -\mu C y; \qquad Y = \mu C \varrho \cos\varphi = \mu C x; \qquad Z = 0 \tag{39}$$

innen.

Bewegt man den Magnetpol auf einem Kreis mit dem Radius ϱ um den Draht herum, so leistet die magnetische Kraft die Arbeit

$$A = \oint (\mathfrak{K}\, d\mathfrak{s}) = \oint K_\varphi \varrho\, d\varphi = 2\pi \mu C R^2.$$

Bei einem Umlauf auf demselben Weg im entgegengesetzten Sinn wechselt die Arbeit das Vorzeichen. Hieraus folgt, daß die magnetischen Kräfte kein Potential besitzen.

Es ist interessant, nun auch die Ausdrücke

$$\frac{\partial X}{\partial y} - \frac{\partial Y}{\partial x}; \quad \frac{\partial Y}{\partial z} - \frac{\partial Z}{\partial y}; \quad \frac{\partial Z}{\partial x} - \frac{\partial X}{\partial z}$$

zu bilden. Wir finden außerhalb des Drahtes

$$\frac{\partial X}{\partial y} = -\frac{\mu C R^2}{\varrho^2} + \frac{2\mu C R^2 y}{\varrho^3}\frac{\partial \varrho}{\partial y} = \frac{\mu C R^2}{\varrho^2}\left(\frac{2y^2}{\varrho^2} - 1\right)$$

$$\frac{\partial Y}{\partial x} = \frac{\mu C R^2}{\varrho^2} - \frac{2\mu C R^2 x}{\varrho^3}\frac{\partial \varrho}{\partial x} = \frac{\mu C R^2}{\varrho^2}\left(1 - \frac{2x^2}{\varrho^2}\right)$$

und

$$\frac{\partial X}{\partial y} - \frac{\partial Y}{\partial x} = \frac{2\mu C R^2}{\varrho^2} \left(\frac{y^2 + x^2}{\varrho^2} - 1\right) = 0.$$

Außen ist also die Bedingung für die Existenz des Potentials erfüllt. Im Drahtinnern ist jedoch

$$\frac{\partial X}{\partial y} = -\mu C; \quad \frac{\partial Y}{\partial x} = \mu C$$

und wir erhalten

$$\frac{\partial X}{\partial y} - \frac{\partial Y}{\partial x} = -2\mu C.$$

Auch wenn der Magnetpol gar nicht ins Drahtinnere kommt, müssen dort die Bedingungen

$$\frac{\partial X}{\partial y} - \frac{\partial Y}{\partial x} = 0; \quad \frac{\partial Y}{\partial z} - \frac{\partial Z}{\partial y} = 0; \quad \frac{\partial Z}{\partial x} - \frac{\partial X}{\partial z} = 0$$

erfüllt sein, wenn ein Potential existieren soll. Das magnetische Kraftfeld hat kein Potential.

§ 13. Reibungskräfte. Gedämpfte Schwingungen.

Inhalt: Quasielastische Bewegung mit Reibung. Drehimpuls nimmt exponentiell ab. Die Bewegung liegt in einer Ebene. Aperiodische Bewegung bei großer Reibung, gedämpfte Schwingungen bei kleiner Reibung.

Bezeichnungen: $\mathfrak{K} = -a\mathfrak{r}$ elastische Kraft, $\mathfrak{K}'$ Reibungskraft, T kinetische Energie, V Potential von $\mathfrak{K}$, $\mathfrak{j}$ Drehimpuls, m Masse.

Reibungskräfte, die von der Geschwindigkeit abhängen, können niemals ein Potential besitzen, wie wir schon in § 7 festgestellt haben. Fügen wir zu den quasielastischen Kräften des § 11 noch eine der Geschwindigkeit entgegengerichtete Reibungskraft

$$\mathfrak{K}' = -b\mathfrak{v}$$

hinzu, so lautet die Bewegungsgleichung

$$m\frac{d\mathfrak{v}}{dt} = \mathfrak{K} + \mathfrak{K}' = -a\mathfrak{r} - b\mathfrak{v}. \tag{40}$$

Nennen wir das Potential der quasielastischen Kraft wieder V, so ergibt die skalare Multiplikation von (40) mit $\mathfrak{v}$

$$\frac{m}{2}\frac{d}{dt}\mathfrak{v}^2 = \frac{dT}{dt} = -\frac{dV}{dt} - b\mathfrak{v}^2$$

oder

$$\frac{dE}{dt} = \frac{d}{dt}(T + V) = -b\mathfrak{v}^2. \tag{40a}$$

Die Gesamtenergie ist nicht konstant, sondern nimmt dauernd ab. Die zeitliche Abnahme ist der jeweils vorhandenen kinetischen Energie proportional.

Vektorielles Multiplizieren der Bewegungsgleichung mit $\mathfrak{r}$ ergibt

$$m\left[\mathfrak{r}\frac{d\mathfrak{v}}{dt}\right] = m\frac{d}{dt}[\mathfrak{r}\mathfrak{v}] = -b[\mathfrak{r}\mathfrak{v}] \tag{40b}$$

und wenn wir den Drehimpuls

$$\mathfrak{j} = m[\mathfrak{r}\mathfrak{v}]$$

einführen

$$\frac{d\mathfrak{j}}{dt} = -\frac{b}{m}\mathfrak{j}. \tag{40c}$$

Das auf der rechten Seite der Gleichung stehende Drehmoment ist dem Drehimpuls proportional und hat die entgegengesetzte Richtung wie er. Die allgemeinste Lösung von (40c) ist

$$\mathfrak{j} = \mathfrak{j}_0 e^{-\frac{b}{m}t}.$$

Die Richtung des Drehimpulses ist also zeitlich unveränderlich, und sein Betrag nimmt exponentiell ab. Wegen der konstanten Richtung findet die Bewegung in einer Ebene senkrecht zu $\mathfrak{j}_0$ statt, und wir verlegen die weitere Rechnung in diese.

Bei Verwendung kartesischer Koordinaten zerfällt die Bewegungsgleichung (40) in die Komponenten

$$\left.\begin{aligned} m\ddot{x} + b\dot{x} + ax &= 0, \\ m\ddot{y} + b\dot{y} + ay &= 0. \end{aligned}\right\} \tag{40d}$$

Diese Differentialgleichungen 2. Ordnung kann man durch den Ansatz

$$x = e^{\lambda t} \quad \text{bzw.} \quad y = e^{\lambda t}$$

erfüllen. Beim Einsetzen findet man für λ die sogenannte charakteristische Gleichung

$$m\lambda^2 + b\lambda + a = 0,$$

welche zwei Wurzeln

$$\lambda_{1,2} = \frac{-b \pm \sqrt{b^2 - 4am}}{2m}$$

liefert. Die allgemeine Lösung der Gl. (40d) ist also

$$\left.\begin{aligned} x &= A e^{\lambda_1 t} + B e^{\lambda_2 t}, \\ y &= C e^{\lambda_1 t} + D e^{\lambda_2 t}. \end{aligned}\right\} \tag{41}$$

Die willkürlichen Konstanten A, B, C und D bestimmen sich aus den Anfangsbedingungen der Bewegung, also aus dem Ort, an dem sich der Massenpunkt zur Zeit $t = 0$ befindet, und aus der Geschwindigkeit, die er zu dieser Zeit besitzt.

Wir diskutieren nur die Bewegung in der x-Richtung. Dabei müssen wir 3 Fälle unterscheiden, je nachdem b^2 größer, kleiner oder gleich $4am$ ist.

$b^2 > 4am$.

Wir setzen zur Abkürzung

$$\frac{b}{2m} = \alpha; \qquad \frac{1}{2m}\sqrt{b^2 - 4am} = \beta$$

und erhalten

$$x = e^{-\alpha t}(A e^{\beta t} + B e^{-\beta t}), \tag{41a}$$

$$\dot{x} = e^{-\alpha t}\{(\beta - \alpha) A e^{\beta t} - (\beta + \alpha) B e^{-\beta t}\}. \tag{41b}$$

Durchläuft der Massenpunkt im Zeitpunkt $t = 0$ die Gleichgewichtslage $x = 0$ mit der Geschwindigkeit c, so bestimmen sich A und B aus

$$0 = A + B; \quad c = (\beta - \alpha) A - (\beta + \alpha) B,$$

und es ist

$$A = \frac{c}{2\beta}; \quad B = -\frac{c}{2\beta}.$$

(41a) und (41b) nehmen dann die Form

$$x = \frac{c}{2\beta} e^{-\alpha t}(e^{\beta t} - e^{-\beta t}) = \frac{c}{\beta} e^{-\alpha t} \operatorname{Sin} \beta t$$

$$\dot{x} = \frac{c}{2\beta} e^{-\alpha t}\{(\beta - \alpha) e^{\beta t} + (\beta + \alpha) e^{-\beta t}\}$$

an.

Die maximale Elongation ($\dot{x} = 0$) tritt ein, wenn

$$t = \frac{1}{2\beta} \ln \frac{\alpha + \beta}{\alpha - \beta}$$

ist. Die Ruhelage wird erst wieder nach unendlich langer Zeit erreicht (Abb. 8).

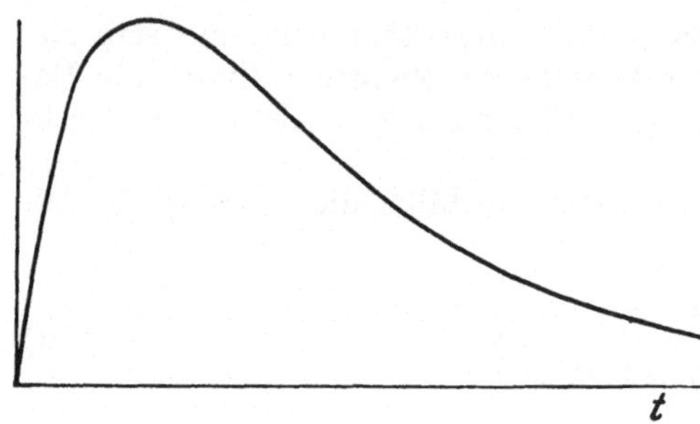

Abb. 8. Einmalige Ausschwingung bei starker Dämpfung.

War der Massenpunkt zur Zeit $t = 0$ in Ruhe an der Stelle x_0, so bestimmen sich A und B aus

$$x_0 = A + B;$$

$$0 = (\beta - \alpha) A - (\beta + \alpha) B,$$

und wir erhalten

$$x = \frac{x_0}{2\beta} e^{-\alpha t}\{(\alpha + \beta) e^{\beta t} - (\alpha - \beta) e^{-\beta t}\}.$$

Der Körper kriecht gewissermaßen in die Gleichgewichtslage zurück.

$b^2 < 4am$.

In diesem Falle setzen wir

$$\frac{b}{2m} = \alpha; \quad 2\pi\nu = \frac{1}{2m}\sqrt{4am - b^2} \tag{42}$$

und bekommen

$$x = e^{-\alpha t}\{A e^{2\pi i \nu t} + B e^{-2\pi i \nu t}\}.$$

Da x selbstverständlich reell sein muß, müssen A und B konjugiert komplex sein, und wir setzen

$$A = \frac{C}{2} e^{-i\psi}; \quad B = \frac{C}{2} e^{i\psi}$$

und erhalten

$$x = C e^{-\alpha t} \cos(2\pi\nu t - \psi) \tag{41c}$$

$$\dot{x} = -C e^{-\alpha t}\{\alpha \cos(2\pi\nu t - \psi) + 2\pi\nu \sin(2\pi\nu t - \psi)\}. \tag{41d}$$

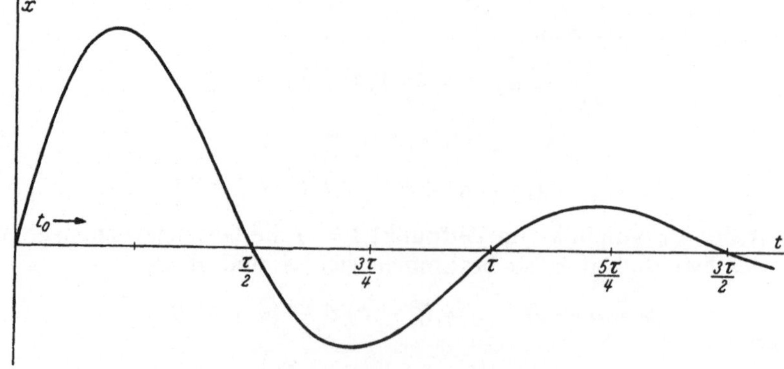

Abb. 9. Gedämpfte Schwingungen.

Lassen wir die Zeitzählung beginnen, wenn der Massenpunkt die Ruhelage passiert, so ist $\psi = \pi/2$, und (41c) reduziert sich auf

$$x = C e^{-\alpha t} \sin 2\pi \nu t \tag{41e}$$
$$\dot{x} = C e^{-\alpha t} \{2\pi \nu \cos 2\pi \nu t - \alpha \sin 2\pi \nu t\}. \tag{41f}$$

Die Bewegung ist eine gedämpfte Schwingung, deren maximale Elongation (Amplitude) mit der Zeit exponentiell abnimmt (s. Abb. 9). Extrema der Ausschwingung treten ein, wenn $\dot{x}$ verschwindet. (41f) liefert dafür die Bedingung

$$\operatorname{tg}(2\pi \nu t_{\text{extr}}) = \frac{2\pi \nu}{\alpha}.$$

Ist

$$t_0 = \frac{1}{2\pi \nu} \operatorname{arctg} \frac{2\pi \nu}{\alpha}$$

der kleinste positive Wert, der diese Gleichung befriedigt, so wird sie auch durch alle Werte

$$t_n = t_0 + \frac{n}{\nu}$$

erfüllt. Halbzahlige n liefern Minima, ganzzahlige n Maxima. Diese wiederholen sich also nach der Schwingungsdauer

$$\tau = \frac{1}{\nu}.$$

Die Frequenz ν der gedämpften Schwingungen nimmt nach (42) mit Verstärkung der Reibung b ab. Für das Verhältnis zweier aufeinanderfolgender Amplituden ergibt sich

$$\frac{x_n}{x_{n+1}} = e^{-\alpha(t_n - t_{n+1})} = e^{\frac{\alpha}{\nu}}.$$

Den Logarithmus

$$\frac{\alpha}{\nu} = \ln \frac{x_n}{x_{n+1}} = \frac{b}{2m\nu} = \Delta$$

hiervon nennt man das logarithmische Dekrement. Man kann es leicht messen, wenn man die Amplituden beobachtet und mit seiner Hilfe die Reibungskonstante b bestimmen.

$b^2 = 4am$.

In diesem Falle lautet die Bewegungsgleichung

$$m\ddot{x} + b\dot{x} + \frac{b^2}{4m} x = 0,$$

und ihre allgemeine Lösung ist

$$x = (A + Bt)\, e^{-\frac{b}{2m}t}; \quad \dot{x} = \left\{B - \frac{bA}{2m} - \frac{bB}{2m} t\right\} e^{-\frac{b}{2m}t}, \tag{41g}$$

wie man durch Einsetzen nachprüfen kann. Ist $x = 0$ für $t = 0$, so wird $A = 0$, und wir erhalten

$$x = Bt\, e^{-\frac{b}{2m}t}; \qquad \dot{x} = B\left(1 - \frac{b}{2m} t\right) e^{-\frac{b}{2m}t}.$$

Die Ausschwingung erreicht ein einziges Maximum

$$x_{\max} = \frac{2mB}{b} e^{-1}$$

im Zeitpunkt $t = 2m/b$.

Alle Arten von gedämpften Schwingungen kommen mit der Zeit von selbst zur Ruhe. Ihre Entstehung verdanken sie einem Impuls, der dem Massenpunkt vor Beginn der Schwingung (vor $t = 0$) erteilt worden ist, oder einer Verschiebung aus der Gleichgewichtslage, die vorher erfolgt ist. Ohne einen solchen vorhergegangenen Eingriff können keine gedämpften Schwingungen entstehen.

§ 14. Zeitabhängige Kräfte. Erzwungene Schwingungen.

Inhalt: Auf einen Körper wirkt eine elastische Kraft, eine Reibungskraft und eine zeitabhängige Kraft. Formel (46) beschreibt die Bewegung in der x-Richtung. Eine periodische Kraft regt erzwungene Schwingungen an. Bei kleiner Dämpfung erhält man große Amplituden, wenn mit der Eigenfrequenz angeregt wird.

Bezeichnungen: $-a\mathfrak{r}$ elastische Kraft, $-b\mathfrak{v}$ Reibungskraft, $\mathfrak{K}''$ zeitabhängige Kraft, X'', Y'', Z'' ihre Komponenten, m Masse, ν Frequenz von $\mathfrak{K}''$, ν_0 Eigenfrequenz, A Schwingungsamplitude, φ Phasenverschiebung zwischen Schwingung und $\mathfrak{K}''$.

Hängen die Kräfte nur von der Zeit ab, so kann man das Bewegungsproblem sehr einfach lösen. Die Bewegungsgleichungen

$$m\ddot{x} = X(t); \quad m\ddot{y} = Y(t); \quad m\ddot{z} = Z(t)$$

liefern bei zweimaliger Integration sofort die Bahnkurve in Parameterdarstellung und auch den zeitlichen Ablauf der Bewegung auf ihr.

Nur in den seltensten Fällen hängen aber die Kräfte allein von der Zeit ab. Viel häufiger kommt es vor, daß eine nur von der Zeit abhängende Kraft noch zu andern Kräften hinzukommt. Tritt z. B. zu einer quasielastischen und einer Reibungskraft noch eine zeitabhängige Kraft

$$\mathfrak{K}'' = \mathfrak{K}''(t),$$

so haben wir die Bewegungsgleichung

$$m\frac{d\mathfrak{v}}{dt} = -a\mathfrak{r} - b\mathfrak{v} + \mathfrak{K}''(t)$$

die in Komponenten geschrieben

$$m\ddot{x} + b\dot{x} + ax = X''(t) \tag{43a}$$

$$m\ddot{y} + b\dot{y} + ay = Y''(t) \tag{43b}$$

$$m\ddot{z} + b\dot{z} + az = Z''(t) \tag{43c}$$

lautet. Da alle drei Gleichungen von demselben Typ sind, genügt es, sich mit einer von ihnen zu beschäftigen.

Hätten wir irgendeine (partikuläre) Lösung

$$x = \xi(t)$$

von (43a), so könnten wir sogleich die allgemeine Lösung

$$x = \xi(t) + A e^{\lambda_1 t} + B e^{\lambda_2 t} \tag{44}$$

angeben, wenn

$$A e^{\lambda_1 t} + B e^{\lambda_2 t}$$

die allgemeine Lösung der im § 13 untersuchten „homogenen Gleichung"

$$m\ddot{x} + b\dot{x} + ax = 0 \tag{43d}$$

ist. Daß (44) wirklich eine Lösung von (43a) ist, ergibt sich sofort durch Einsetzen. Daß sie die allgemeine Lösung ist, sieht man daran, daß sie zwei willkürliche Konstanten A und B enthält.

Uns interessiert jetzt nur der Anteil $\xi(t)$, weil die ihm überlagerten gedämpften Schwingungen mit der Zeit sowieso abklingen und überhaupt nur bei einer vorangegangenen Störung auftreten.

Um $\xi(t)$ zu finden, machen wir den Ansatz

$$\xi = e^{\lambda t} f(t).$$

Die Exponentialfunktion soll dabei eine Lösung der homogenen Gl. (43d) sein, λ soll also der charakteristischen Gleichung

$$m\lambda^2 + b\lambda + a = 0$$

genügen. Gehen wir damit in (43a) ein, so gelangt man zu der neuen Differentialgleichung

$$\{m\ddot{f} + (2\lambda m + b)\dot{f}\} e^{\lambda t} = X''(t)$$

für f. Sie kann einmal integriert werden und liefert

$$m\dot{f} + (2\lambda m + b)f = \int e^{-\lambda t} X''(t)\,dt = S(t). \tag{45}$$

Damit haben wir die partikuläre Lösung der Differentialgleichung 2. Ordnung (43a) zurückgeführt auf eine partikuläre Lösung der Differentialgleichung 1. Ordnung (45).

Dasselbe Verfahren können wir nun noch einmal anwenden, um f zu ermitteln. Zu (45) gehört die homogene Gleichung

$$m\dot{f} + (2\lambda m + b)f = 0$$

mit der Lösung

$$e^{-\left(2\lambda + \frac{b}{m}\right)t}.$$

Gehen wir mit dem Ansatz

$$f(t) = e^{-\left(2\lambda + \frac{b}{m}\right)t} g(t)$$

in die inhomogene Gl. (45) ein, so findet man für g die Differentialgleichung

$$m\dot{g}e^{-\left(2\lambda + \frac{b}{m}\right)t} = S(t).$$

Ihr Integral ist

$$g = \frac{1}{m}\int e^{\left(2\lambda + \frac{b}{m}\right)t} S(t)\,dt.$$

Setzen wir jetzt alles rückwärts ein, so erhalten wir die gesuchte Lösung

$$\xi(t) = \frac{1}{m} e^{-\left(\lambda + \frac{b}{m}\right)t} \int e^{\left(2\lambda + \frac{b}{m}\right)t} \left(\int e^{-\lambda t} X''(t)\,dt\right) dt \tag{46}$$

unserer ursprünglichen Differentialgleichung (43a). Der Realteil von (46) beschreibt die Bewegung des Massenpunktes nach dem Abklingen etwaiger gedämpfter Schwingungen. Haben wir den Verlauf der Kraft $X''(t)$ schon genügend lange verfolgt, so ist dies immer der Fall. Soll dagegen die Bewegung auch schon kurze Zeit nach dem Einsetzen der zeitlich veränderlichen Kraft ermittelt werden, so greift man auf die allgemeine Lösung (44) zurück und bestimmt die Konstanten A und B aus den Anfangsbedingungen. Als solche können etwa die Kenntnis der Lage und Geschwindigkeit des Massenpunktes zur Zeit $t = 0$ verwendet werden.

Oft ist es jedoch einfacher, die Bewegung nicht aus der allgemeinen Formel (46) zu entnehmen, indem man die Integrale ausrechnet, sondern direkt auf die ursprüngliche Differentialgleichung (43a) zurückzugreifen. Dies gilt besonders, wenn die zeitabhängigen Kräfte periodisch sind.

Haben wir z. B.

$$X''(t) = K \sin 2\pi \nu t,$$

so kann man für die Lösung der Gleichung

$$m\ddot{x} + b\dot{x} + a x = K \sin 2\pi \nu t \tag{47}$$

eine periodische Funktion mit der Frequenz ν ansetzen. Wir versuchen

$$x = A \sin(2\pi \nu t - \psi) = A \sin 2\pi \nu t \cos\psi - A \cos 2\pi \nu t \sin\psi.$$

Setzen wir dies in (47) ein und ordnen die Glieder, so erhalten wir

$$\{(4\pi^2 \nu^2 m - a)\sin\psi + 2\pi \nu b \cos\psi\} A \cos 2\pi \nu t$$
$$= \sin 2\pi \nu t \{K - A[(a - 4\pi^2 \nu^2 m)\cos\psi + 2\pi \nu b \sin\psi]\}.$$

Die Gleichung wird befriedigt, wenn wir A und ψ so bestimmen, daß die geschweiften Klammern verschwinden. Hieraus berechnet sich

$$A = \frac{K}{\sqrt{(a - 4\pi^2 \nu^2 m)^2 + 4\pi^2 \nu^2 b^2}}; \quad \operatorname{tg}\psi = \frac{2\pi \nu b}{a - 4\pi^2 \nu^2 m}.$$

Führt man die Frequenz

$$\nu_0 = \frac{1}{2\pi}\sqrt{\frac{a}{m}}$$

der ungedämpften Eigenschwingung ein, die der Massenpunkt ohne zeitabhängige Kräfte und Reibungskräfte ausführen würde, so erhält man

$$A = \frac{K}{2\pi \sqrt{m^2(\nu_0^2 - \nu^2)^2 + \nu^2 b^2}}; \quad \operatorname{tg}\psi = \frac{\nu b}{2\pi m(\nu_0^2 - \nu^2)}.$$

Die Bewegung des Massenpunktes nennt man eine erzwungene Schwingung. Ihre Frequenz ist die der erregenden, zeitabhängigen Kraft. Die größte Ausschwingung tritt um die Zeit $\psi/2\pi\nu$ später als das Maximum der Kraft ein.

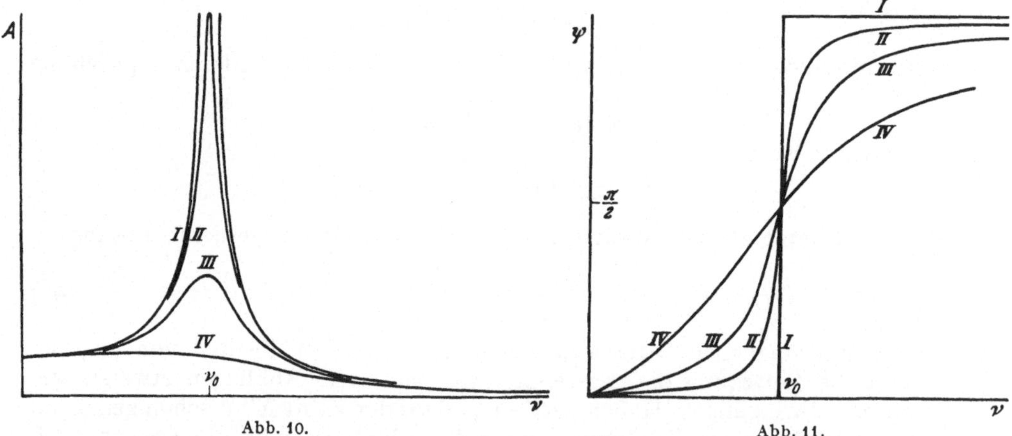

Abb. 10. Abb. 11.

Abb. 10. Amplitude A einer erzwungenen Schwingung in Abhängigkeit von der Erregerfrequenz ν. *I* ohne Dämpfung, *II* kleine Dämpfung, *III* mittlere Dämpfung, *IV* große Dämpfung.

Abb. 11. Phasenverschiebung zwischen Schwingung und erregender Kraft in Abhängigkeit von der Frequenz. *I* ohne Dämpfung, *II* kleine Dämpfung, *III* mittlere Dämpfung, *IV* große Dämpfung.

Zwischen Schwingung und Kraft besteht eine Phasenverschiebung ψ. Sie ist bei niederen Frequenzen klein, wächst aber mit den Frequenzen an, erreicht für die Eigenschwingung $\nu = \nu_0$ den Wert $\pi/2$ und nähert sich für hohe Frequenz dem Wert π. Die Amplitude der erzwungenen Schwingung hat bei kleinen Erregungsfrequenzen den Grenzwert

$$A_0 = \frac{K}{4\pi^2 m \nu_0^2},$$

wächst allmählich mit ν an, durchläuft ein Maximum (Resonanz) und nimmt für große Frequenzen wieder auf kleine Werte ab. Das Maximum ist um so höher und die Resonanz um so schärfer, je kleiner die Reibungskonstante b ist. Bei kleiner Dämpfung (Reibung) liegt das Amplitudenmaximum fast bei der Frequenz ν_0. Fehlt die Dämpfung fast völlig, so erregen auch kleine Kräfte der Frequenz ν_0 Schwingungen von sehr großer Amplitude. Die Amplitude A und die Phasenverschiebung ψ sind in den Abb. 10 und 11 gegen ν aufgetragen.

Die Schwingung nimmt die kinetische Energie

$$T = \frac{m}{2}\dot{x}^2 = 2\pi^2 \nu^2 m A^2 \cos^2(2\pi \nu t - \psi)$$

und im Zeitmitte $\left(\text{da } \overline{\cos^2} = \frac{1}{2}\right)$

$$\overline{T} = \pi^2 \nu^2 m A^2$$

auf. Am meisten kinetische Energie nimmt die Schwingung bei der Schwingung ν_0 auf, gleichgültig, wie groß die Dämpfung ist.

*§ 15. Stoßkräfte.

Stoßkräfte sind starke Kräfte, die nur während einer kurzen Zeit Δt wirken und in ihr einen endlichen Impuls

$$\mathfrak{p} = \mathfrak{K}\,\Delta t \tag{48}$$

erteilen.

Ein Massenpunkt, der dauernd quasielastischen und Reibungskräften unterliegt, erhalte in regelmäßigen Zeitabständen τ einen Impuls p durch einen Stoß in der x-Richtung. Zwischen den Stößen gehorcht er der Gleichung

$$m\ddot{x} + b\dot{x} + a x = 0.$$

Ist $b^2 < 4am$, so führt er nach (41c) von S. 26 die Bewegung

$$x = C e^{-\alpha t} \cos(2\pi \nu t - \psi)$$

aus.

Haben schon sehr viele Stöße stattgefunden, so wiederholt sich zwischen zwei Stößen stets die gleiche Bewegung. Legen wir den Zeitpunkt $t = 0$ in einen Stoß, so muß x für die Zeiten $t = 0$, τ, 2τ usw. stets denselben Wert haben. Dies liefert zur Bestimmung der Konstanten ψ die Beziehung

$$\cos\psi = e^{-\alpha\tau} \cos(2\pi \nu \tau - \psi). \tag{49a}$$

Die Bewegungsgröße p, welche der Massenpunkt durch den Stoß aufnimmt, muß er durch die Dämpfung im Intervall zwischen den Stößen wieder verlieren. Der Ausdruck

$$m\dot{x} = -m C e^{-\alpha t}\{\alpha \cos(2\pi \nu t - \psi) + 2\pi\nu \sin(2\pi \nu t - \psi)\}$$

ergibt für $t = 0$ und $t = \tau$ die Werte

$$-m C(\alpha \cos\psi - 2\pi\nu \sin\psi)$$

bzw.

$$-m C e^{-\alpha\tau}\{\alpha \cos(2\pi \nu \tau - \psi) + 2\pi\nu \sin(2\pi \nu \tau - \psi)\}.$$

Ihre Differenz muß gleich p sein, und dies ergibt die zweite Gleichung

$$p = m\,C\{\alpha\, e^{-\alpha\tau}\cos(2\pi\nu\tau - \psi) - \alpha\cos\psi + \\ + 2\pi\nu\, e^{-\alpha\tau}\sin(2\pi\nu\tau - \psi) + 2\pi\nu\sin\psi\}. \tag{49b}$$

Durch Auflösen findet man aus (49a) und (49b)

$$C^2 = \frac{p^2}{4\pi^2\nu^2 m^2(1 - 2e^{-\alpha\tau}\cos 2\pi\nu\tau + e^{-2\alpha\tau})}, \qquad \operatorname{tg}\psi = \frac{\sin 2\pi\nu\tau}{e^{\alpha\tau} - \cos 2\pi\nu\tau}.$$

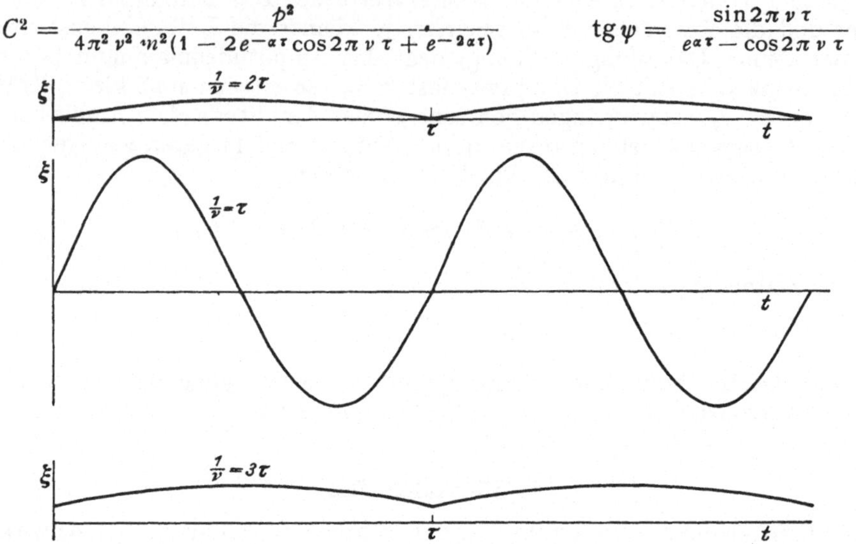

Abb. 12. Schwingungen durch Stöße mit der Periode τ angeregt. Mittlere Figur bei Resonanz. $\alpha\tau = 0{,}3$.

Wenn $\tau = 1/\nu$ ist, d. h. wenn die Stoßfrequenz gleich der Schwingungsfrequenz ist, tritt Resonanz ein, und die Schwingungsamplitude nimmt den Wert

$$C_1 = \frac{p}{2\pi\nu m(1 - e^{-\alpha\tau})}$$

an. Wenn zwei Stöße in eine Schwingungsperiode fallen, ist die Amplitude klein, und die Stöße haben fast gar keine Wirkung. C hat dann den Wert

$$C_2 = \frac{p}{2\pi\nu m(1 + e^{-\alpha\tau})}.$$

Bei kleiner Dämpfung nähern sich C_1 und C_2 den Ausdrücken

$$C_1 \approx \frac{p}{2\pi m\alpha}; \quad C_2 \approx \frac{p}{4\pi\nu m}.$$

In den Abb. 12 sind einige Bewegungen dieses Typs dargestellt.

§ 16. Allgemeine mathematische Gesichtspunkte für die Behandlung der Bewegungsgleichungen.

Inhalt: Die Bewegungsgleichungen sind ein System simultaner Differentialgleichungen 6. Ordnung. Sie können durch 6 Differentialgleichungen 1. Ordnung oder eine Differentialgleichung 6. Ordnung ersetzt werden. Ein Integral ist eine Gleichung zwischen den Koordinaten und Geschwindigkeiten mit einer willkürlichen Konstanten. Jedes Integral reduziert die Ordnung des Bewegungsproblems um 1.

Mit der Ermittlung der Kraftkomponenten

$$X(x, y, z, \dot{x}, \dot{y}, \dot{z}, t); \quad Y(x, y, z, \dot{x}, \dot{y}, \dot{z}, t); \quad Z(x, y, z, \dot{x}, \dot{y}, \dot{z}, t) \tag{50}$$

und der Aufstellung der Bewegungsgleichungen

$$m\ddot{x} = X; \quad m\ddot{y} = Y; \quad m\ddot{z} = Z \tag{51}$$

ist die Physik des einzelnen Massenpunktes bereits beendet. Alles Weitere ist nur die mathematische Auswertung dieser Gleichungen. Bei günstigen Eigenschaften der Kräfte kann, wie bei den Zentralkräften, der Energiesatz und der Flächensatz oder einer dieser beiden Sätze gewonnen werden. Bei der Zentralbewegung kann man mit ihrer Hilfe auch die Bahnkurve ermitteln und damit das Bewegungsproblem wirklich lösen. Bisher erscheint dies aber als bloßer Zufall, und es ist notwendig, das Verfahren zur Behandlung der Bewegungsgleichungen etwas methodischer zu gestalten. In manchen Fällen, wie bei den quasielastischen Kräften, gestatten die Bewegungsgleichungen auch eine direkte Integration, aber diese Möglichkeit läßt sich nicht auf andersartige Kräfte verallgemeinern.

Wir untersuchen jetzt die Aufgabe, drei Funktionen der Zeit $x(t)$, $y(t)$ und $z(t)$ zu finden, die den drei vorgelegten Bewegungsgleichungen genügen. Diese Aufgabe nennen wir ein Problem 6. Ordnung, da es in drei simultanen Differentialgleichungen 2. Ordnung formuliert ist. Einleuchtender wird dies noch, wenn wir 3 neue Funktionen der Zeit $u(t)$, $v(t)$ und $w(t)$ durch die Beziehungen

$$u = \dot{x}; \quad v = \dot{y}; \quad w = \dot{z} \tag{52}$$

einführen. Die Bewegungsgleichungen lauten dann

$$\begin{aligned} m\dot{u} &= X(x, y, z, u, v, w, t) \\ m\dot{v} &= Y(x, y, z, u, v, w, t) \\ m w &= Z(x, y, z, u, v, w, t)\,. \end{aligned} \tag{52a}$$

Jetzt hat man ein System der 6 simultanen Differentialgleichungen (52a), (52), die alle nur noch von der 1. Ordnung sind. Außerdem sind diese Gleichungen schon nach den zeitlichen Ableitungen der 6 gesuchten Funktionen aufgelöst. Hierdurch wird mathematisch eine gewisse Homogenisierung erzielt, die physikalisch bedeutungslos ist, da ja x, y und z Ortskoordinaten, u, v, und w aber Geschwindigkeitskomponenten sind.

Hat man auf irgendeine Weise einen funktionalen Zusammenhang zwischen irgendwelchen der gesuchten Funktionen x, y, z, u, v und w, etwa

$$F(x, y, z, u, v, w, t) = 0 \tag{53}$$

gefunden, und enthält F noch eine willkürliche Konstante, so nennt man diese Beziehung ein Integral des Systems der simultanen Differentialgleichungen. Daß der Besitz eines solchen Integrals einen Schritt zur Lösung des Gleichungssystems bedeutet, erkennt man folgendermaßen: Man löst das Integral z. B. nach w auf und setzt den erhaltenen Ausdruck in die Gleichungen (52a) und (52) ein. Die Gleichung $w = \dot{z}$ läßt man weg. In den restlichen 5 Differentialgleichungen hat man nun ein System gefunden, das nur noch x, y, z, u und v enthält, also nur noch von der 5. Ordnung ist. Hat man dieses System gelöst, so gewinnt man w aus dem Integral. Stehen 2 Integrale zur Verfügung, jedes eine willkürliche Konstante erhaltend, so kann man 2 der gesuchten Funktionen durch die anderen 4 ausdrücken und die Ordnung des Problems um 2 reduzieren. Bemerkenswert ist, daß ein Integral der Form

$$F(x, y, z, t) = 0\,,$$

wenn es 2 willkürliche Konstanten enthält, so viel wert ist wie 2 Integrale. Durch Differenzieren nach der Zeit erhält man aus ihm sogleich ein zweites Integral

$$\frac{\partial F}{\partial x}\dot{x}+\frac{\partial F}{\partial y}\dot{y}+\frac{\partial F}{\partial z}\dot{z}+\frac{\partial F}{\partial t}=u\frac{\partial F}{\partial x}+v\frac{\partial F}{\partial y}+w\frac{\partial F}{\partial z}+\frac{\partial F}{\partial t}=0\,.$$

Statt die Zahl der Differentialgleichungen zu vermehren, ihre Ordnung aber bis auf die erste zu erniedrigen, kann man auch umgekehrt verfahren. Differenziert man z. B. die Gleichung

$$m\ddot{x}=X(x,y,z,\dot{x},\dot{y},\dot{z},t) \tag{54}$$

nach der Zeit, so ergibt sich

$$m\dddot{x}=\dot{x}\frac{\partial X}{\partial x}+\dot{y}\frac{\partial X}{\partial y}+\dot{z}\frac{\partial X}{\partial z}+\ddot{x}\frac{\partial X}{\partial \dot{x}}+\ddot{y}\frac{\partial X}{\partial \dot{y}}+\ddot{z}\frac{\partial X}{\partial \dot{z}}+\frac{\partial X}{\partial t}$$
$$=G(x,y,z,\dot{x},\dot{y},\dot{z},\ddot{x},\ddot{y},\ddot{z},t).$$

G ist eine Funktion der angegebenen Argumente, die man leicht ermitteln kann. Ersetzt man in ihr die Beschleunigungen $\ddot{x}$, $\ddot{y}$ und $\ddot{z}$ mit Hilfe der Bewegungsgleichungen durch die Koordinaten und Geschwindigkeitskomponenten, so erhält man

$$m\dddot{x}=X_1(x,y,z,\dot{x},\dot{y},\dot{z},t)\,. \tag{55}$$

Differenziert man nochmals und eliminiert wieder mit Hilfe der Bewegungsgleichungen die zweiten Differentialquotienten, so ergibt sich

$$m\frac{d^4x}{dt^4}=X_2(x,y,z,\dot{x},\dot{y},\dot{z},t)\,. \tag{56}$$

Dieses Verfahren kann man noch zweimal anwenden und

$$m\frac{d^5x}{dt^5}=X_3(x,y,z,\dot{x},\dot{y},\dot{z},t) \tag{57}$$

$$m\frac{d^6x}{dt^6}=X_4(x,y,z,\dot{x},\dot{y},\dot{z},t) \tag{58}$$

gewinnen. Aus den 5 Gleichungen (54—58) für die zeitlichen Ableitungen von x der 2. bis 6. Ordnung kann man nun y, z, $\dot{y}$ und $\dot{z}$ eliminieren und erhält so eine Differentialgleichung 6. Ordnung für x.

Steht ein Integral zur Verfügung, so kann dieses die Gl. (58) ersetzen, und man erhält für x nur eine Differentialgleichung 5. Ordnung. Stehen mehr Integrale zur Verfügung, so kann man die Ordnung entsprechend weiter reduzieren.

Hiermit ist die Bedeutung der Integrale für die Möglichkeit der Lösung des Bewegungsproblems dargetan. Es wird insbesondere auch verständlich, warum eine Beziehung wie der Energiesatz, die noch immer die ersten Differentialquotienten enthält, als ein Integral bezeichnet wird.

Die mathematische Lösung eines speziellen mechanischen Problems läuft nunmehr darauf hinaus, eine genügende Anzahl von Integralen aufzufinden.

§ 17. Anfangsbedingungen und Integrationskonstanten.

Um die Bewegung eines freien Massenpunktes völlig zu ermitteln, müssen 6 Integrale aufgefunden werden. Da jedes der Integrale eine willkürliche Konstante enthalten soll, wird die Bewegung durch die Funktionen $x(t)$, $y(t)$ und $z(t)$ der Zeit mit 6 willkürlichen Konstanten beschrieben. Zu demselben Ergebnis, was die Konstanten betrifft, gelangt man auch, wenn man das Bewegungsproblem auf eine Differentialgleichung 6. Ordnung zurückführt. Das allgemeine

Integral einer solchen Gleichung muß 6 willkürliche Integrationskonstanten enthalten.

Die allgemeine Lösung des Bewegungsproblems erfaßt alle Bewegungen auf einmal, die bei dem betreffenden Kraftgesetz möglich sind. Eine einzelne Bewegung ergibt sich, wenn für alle Integrationskonstanten bestimmte Zahlenwerte eingesetzt werden. Diese Zahlwerte selbst kann man nicht aus dem Kraftgesetz herleiten. Sie müssen vielmehr aus anderen Bedingungen gewonnen werden, die die betreffende Bewegung genauer festlegen. Manchmal bestehen diese Bedingungen darin, daß Ort und Geschwindigkeit des Massenpunktes zu einer bestimmten Zeit t_0 vorgegeben sind. Aber auch andere Angaben, wie z. B. der Wert der Gesamtenergie oder Größe und Richtung des Drehimpulses, liefern Bestimmungsstücke für die Integrationskonstanten.

Wenn also die Differentialgleichungen des Bewegungsgesetzes das die Bewegung beherrschende Naturgesetz formulieren, so wird durch die Integrationskonstanten die besondere experimentelle Anordnung beschrieben, in der sich die Bewegung abspielt. Die Integrationskonstanten sind kein unwesentliches Element der Beschreibung, sondern für die Lösung des Bewegungsproblems von fundamentaler Wichtigkeit.

*§ 18. Relativbewegung. Zentrifugalkraft. Corioliskräfte.

Inhalt: Bezieht man die Bewegung eines Körpers auf ein bewegtes Koordinatensystem, so treten Scheinkräfte auf. In einem drehenden System findet man Zentrifugalkraft und Corioliskraft. Die Zentrifugalkraft infolge der Erddrehung bewirkt nur eine Abänderung der Vertikalenrichtung und eine Verkleinerung der Fallbeschleunigung. Die Corioliskraft verursacht bei einer Fallbewegung eine Abweichung nach Osten.

Bezeichnungen: Größen ohne Apostroph sind auf ein raumfestes Koordinatensystem Σ, mit Apostroph auf ein bewegtes System Σ' bezogen. $\mathfrak{r}$ Ortsvektor, $\mathfrak{v}$ Geschwindigkeit, $\mathfrak{w}$ Drehgeschwindigkeit, $\mathfrak{i}, \mathfrak{j}, \mathfrak{k}$ Einheitsvektoren in den Koordinatenachsen, m Masse, $\mathfrak{K}$ Kraft, g Fallbeschleunigung, φ geographische Breite.

Häufig ist es bequem oder notwendig, die Bewegungen eines Körpers (Massenpunktes) nicht auf ein ruhendes Koordinatensystem Σ zu beziehen, sondern auf ein System Σ', welches sich selbst bewegt. Bewegt sich Σ' mit einer gleichförmigen Geschwindigkeit $\mathfrak{u}$, so ist die Übertragung der Bewegung von einem ruhenden System auf das bewegte sehr einfach. Von der wahren Körpergeschwindigkeit $\mathfrak{v}$ gegen den Raum ist einfach die Geschwindigkeit $\mathfrak{u}$ abzuziehen, um die Relativgeschwindigkeit

$$\mathfrak{v}' = \mathfrak{v} - \mathfrak{u} \tag{59}$$

gegen das bewegte Bezugssystem zu erhalten. Die Beschleunigung des Körpers gegen das bewegte Koordinatensystem ist dagegen dieselbe wie gegen den Raum.

Nicht ganz so einfach ist die Beschreibung der Bewegung in einem beschleunigten Koordinatensystem. Am wichtigsten ist ein System, welches mit der Erde fest verbunden ist und ihre tägliche Drehung mitmacht. Es dreht sich dann um eine raumfeste Achse mit einer Drehgeschwindigkeit, welche wir mit $\mathfrak{w}$ bezeichnen wollen.

Im System Σ' führen wir die Einheitsvektoren $\mathfrak{i}', \mathfrak{j}', \mathfrak{k}'$ in drei Achsenrichtungen ein, die natürlich mit der Zeit ihre Richtung ändern. Ein Punkt A, der in Σ' festliegt und durch einen Ortsvektor $\mathfrak{a}'$ mit den Komponenten a'_x, a'_y, a'_z angegeben wird, bewegt sich im Raum mit der Geschwindigkeit

$$[\mathfrak{w}\,\mathfrak{a}'] = a'_x \frac{d\mathfrak{i}'}{dt} + a'_y \frac{d\mathfrak{j}'}{dt} + a'_z \frac{d\mathfrak{k}'}{dt}.$$

Setzt man $a_x' = 1$, $a_y' = a_z' = 0$, so ergibt sich

$$\frac{d\mathfrak{i}'}{dt} = [\mathfrak{w}\,\mathfrak{i}'] \tag{60a}$$

und natürlich auf die gleiche Weise

$$\frac{d\mathfrak{j}'}{dt} = [\mathfrak{w}\,\mathfrak{j}']; \qquad \frac{d\mathfrak{k}'}{dt} = [\mathfrak{w}\,\mathfrak{k}']. \tag{60b}$$

Jetzt bezeichnen wir den Ort eines Massenpunktes mit

$$\mathfrak{r} = \mathfrak{i}'x' + \mathfrak{j}'y' + \mathfrak{k}'z' = \mathfrak{i}x + \mathfrak{j}y + \mathfrak{k}z.$$

Seine Geschwindigkeit

$$\mathfrak{v} = \dot{\mathfrak{r}} = \mathfrak{i}'\frac{dx'}{dt} + \mathfrak{j}'\frac{dy'}{dt} + \mathfrak{k}'\frac{dz'}{dt} + x'\frac{d\mathfrak{i}'}{dt} + y'\frac{d\mathfrak{j}'}{dt} + z'\frac{d\mathfrak{k}'}{dt} \tag{61}$$

setzt sich aus seiner Relativgeschwindigkeit

$$\mathfrak{v}' = \mathfrak{i}'\frac{dx'}{dt} + \mathfrak{j}'\frac{dy'}{dt} + \mathfrak{k}'\frac{dz'}{dt} \tag{62}$$

gegen das bewegte System Σ' und aus der sog. Führungsgeschwindigkeit

$$x'\frac{d\mathfrak{i}'}{dt} + y'\frac{d\mathfrak{j}'}{dt} + z'\frac{d\mathfrak{k}'}{dt} = [\mathfrak{w}\,\mathfrak{r}] \tag{63}$$

zusammen. Vektoriell können wir für (61) auch

$$\mathfrak{v} = \mathfrak{v}' + [\mathfrak{w}\,\mathfrak{r}] \tag{61a}$$

schreiben. Jetzt bilden wir durch nochmaliges Differenzieren nach der Zeit die Beschleunigung

$$\begin{aligned}\ddot{\mathfrak{r}} = \frac{d\mathfrak{v}}{dt} &= \mathfrak{i}'\frac{d^2x'}{dt^2} + \mathfrak{j}'\frac{d^2y'}{dt^2} + \mathfrak{k}'\frac{d^2z'}{dt^2} + 2\left(\frac{dx'}{dt}\frac{d\mathfrak{i}'}{dt} + \frac{dy'}{dt}\frac{d\mathfrak{j}'}{dt} + \frac{dz'}{dt}\frac{d\mathfrak{k}'}{dt}\right)\\ &\quad + x'\frac{d^2\mathfrak{i}'}{dt^2} + y'\frac{d^2\mathfrak{j}'}{dt^2} + z'\frac{d^2\mathfrak{k}'}{dt^2}.\end{aligned} \tag{64}$$

Die relative Beschleunigung gegen Σ'

$$\mathfrak{b}' = \mathfrak{i}'\frac{d^2x'}{dt^2} + \mathfrak{j}'\frac{d^2y'}{dt^2} + \mathfrak{k}'\frac{d^2z'}{dt^2} \tag{64a}$$

bestreitet den ersten Anteil der rechten Seite von (64). Dem zweiten Glied können wir leicht unter Verwendung von (60a, b) und (62) die Form

$$2[\mathfrak{w}\,\mathfrak{v}'] \tag{64b}$$

geben. Für den dritten Anteil müssen wir die Beziehungen (60a, b) nach der Zeit differenzieren und erhalten

$$\frac{d^2\mathfrak{i}'}{dt^2} = \left[\mathfrak{w}\frac{d\mathfrak{i}'}{dt}\right] = [\mathfrak{w}\,[\mathfrak{w}\,\mathfrak{i}']] \quad \text{usw.}$$

Damit geht dieser Teil in

$$x'\frac{d^2\mathfrak{i}'}{dt^2} + y'\frac{d^2\mathfrak{j}'}{dt^2} + z'\frac{d^2\mathfrak{k}'}{dt^2} = [\mathfrak{w}\,[\mathfrak{w}\,\mathfrak{r}]] \tag{64c}$$

über. Wir erhalten also die Beschleunigung

$$\frac{d\mathfrak{v}}{dt} = \frac{d\mathfrak{v}'}{dt} + 2[\mathfrak{w}\,\mathfrak{v}'] + [\mathfrak{w}\,[\mathfrak{w}\,\mathfrak{r}]]. \tag{65}$$

Wirkt auf einen Körper der Masse m die eingeprägte Kraft $\mathfrak{K}$, so erhält man die Bewegungsgleichung

$$\mathfrak{K} = m\frac{d\mathfrak{v}}{dt} = m\frac{d\mathfrak{v}'}{dt} + 2m[\mathfrak{w}\,\mathfrak{v}'] + m\left[\mathfrak{w}\,[\mathfrak{w}\,\mathfrak{r}]\right].$$

Um sie auf das bewegte Koordinatensystem zu beziehen, schreiben wir sie in

$$m\frac{d\mathfrak{v}'}{dt} = \mathfrak{K} - 2m[\mathfrak{w}\,\mathfrak{v}'] - m\left[\mathfrak{w}\,[\mathfrak{w}\,\mathfrak{r}]\right] \tag{66}$$

um. Zu der wirklich vorhandenen eingeprägten Kraft $\mathfrak{K}$ treten noch zwei Scheinkräfte hinzu. Die Kraft

$$-m\left[\mathfrak{w}\,[\mathfrak{w}\,\mathfrak{r}]\right] \tag{67}$$

stellt sich auch ein, wenn der Körper relativ zu Σ' ruht, und ist als Zentrifugalkraft bekannt. Identifizieren wir vorübergehend die Drehachse mit der z'-Achse, so ist

$$-m\left[\mathfrak{w}\,[\mathfrak{w}\,\mathfrak{r}]\right] = -m\,\mathfrak{w}^2\left[\mathfrak{k}'\,[\mathfrak{k}'\,\mathfrak{r}]\right] = m\,\mathfrak{w}^2\,(\mathfrak{i}'\,x' + \mathfrak{j}'\,y').$$

Die Zentrifugalkraft steht also auf der Drehachse senkrecht. Ihr Betrag ist dem Quadrat der Drehgeschwindigkeit und dem Abstand

$$|\mathfrak{i}'\,x' + \mathfrak{j}'\,y'| = \sqrt{x'^2 + y'^2}$$

des Punktes von der Drehachse proportional.

Die zweite Scheinkraft (Trägheitskraft)

$$-2m[\mathfrak{w}\,\mathfrak{v}'] \tag{68}$$

wird Corioliskraft genannt. Sie ist der Masse und der Drehgeschwindigkeit proportional und entsteht nur, wenn sich der Körper im System Σ' bewegt. Sie steht senkrecht auf Relativgeschwindigkeit und Drehachse.

Die Corioliskräfte spielen bei Fall- und Schußbewegungen auf der Erdoberfläche eine gewisse Rolle. Die positive z'-Achse des bewegten Koordinatensystems legen wir vertikal nach oben. Die Vertikale ist die Richtung eines an einem Faden aufgehängten Lotes und zeigt also die Richtung der Resultante von Schwerkraft und Zentrifugalkraft. Die positive x'-Richtung legen wir nach Süden, so daß die positive y'-Richtung nach Osten zeigt. Für Schwerkraft und Zentrifugalkraft zusammen machen wir den Ansatz

$$-m\,g\,\mathfrak{k}'$$

und erhalten die Bewegungsgleichungen

$$m\frac{d\mathfrak{v}'}{dt} = -m\,g\,\mathfrak{k}' - 2m[\mathfrak{w}\,\mathfrak{v}']. \tag{69}$$

in unserem Bezugssystem.

Nun ist $\mathfrak{w}$ klein, und die Corioliskräfte verursachen nur eine geringfügige Änderung der Fallbewegung. $\mathfrak{v}'$ hat also fast die Richtung $\mathfrak{k}'$, und im Korrektionsglied können wir

$$[\mathfrak{w}\,\mathfrak{v}'] = v_z'\,[\mathfrak{w}\,\mathfrak{k}'] = \mathfrak{i}\,\mathfrak{w}_y\,v_z' - \mathfrak{j}\,\mathfrak{w}_x\,v_z'$$

setzen. $\mathfrak{w}$ hat aber keine y'-Komponente, und wir lesen aus der Abb. 13

$$\mathfrak{w}_x = -|\mathfrak{w}|\cos\varphi$$

ab, wenn φ die geographische Breite ist. Damit ist

$$[\mathfrak{w}\,\mathfrak{v}'] = \mathfrak{j}\,v_z'\,|\mathfrak{w}|\cos\varphi,$$

und wir können (69) in die drei Komponentengleichungen

$$\frac{dv_z'}{dt} = -g; \qquad \frac{dv_y'}{dt} = -2v_z'\,|\mathfrak{w}|\cos\varphi; \qquad \frac{dv_x'}{dt} = 0$$

aufspalten. Durch Integration erhalten wir die Lösungen

$$z' = z_0 - \frac{g t^2}{2}; \quad y' = \frac{g |\mathfrak{w}| t^3 \cos\varphi}{3}; \quad x' = 0.$$

Die Corioliskräfte bewirken eine Abweichung nach Osten, welche der 3. Potenz der Fallzeit proportional ist.

Auch die allgemeine Lösung von (69), welche die Abweichung einer Geschoßbahn infolge der Corioliskräfte liefert, kann man leicht näherungsweise finden. Setzt man

$$\mathfrak{v}' = \mathfrak{v}_0 - g t \mathfrak{k}' + \mathfrak{u} \tag{70}$$

und vernachlässigt die in $\mathfrak{w}$ bzw. $\mathfrak{u}$ quadratischen Glieder, so erhält man für $\mathfrak{u}$ die Gleichung

$$\frac{d\mathfrak{u}}{dt} = -2[\mathfrak{w}(\mathfrak{v}_0 - g t \mathfrak{k}')]. \tag{71}$$

Durch Integration liefert sie

$$\mathfrak{u} = -2\left[\mathfrak{w}\left(\mathfrak{v}_0 t - \frac{g t^2}{2}\mathfrak{k}'\right)\right].$$

Die Integration der Gl. (70) gibt den Ort

$$\mathfrak{r}' = \mathfrak{v}_0 t - \frac{g t^2}{2}\mathfrak{k}' + \int \mathfrak{u}\, dt$$

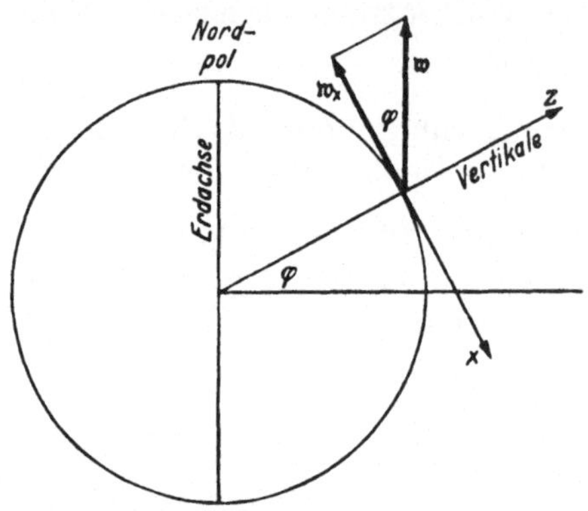

Abb. 13. Komponentenzerlegung der Erdrotation in der geographischen Breite φ.

des Geschosses, und das Integral rechts

$$\Delta\mathfrak{r} = \int \mathfrak{u}\, dt = -t^2[\mathfrak{w}\,\mathfrak{v}_0] + \frac{g t^3}{3}[\mathfrak{w}\,\mathfrak{k}']$$

ist die Abweichung durch die Corioliskraft zur Zeit t. Bei flachem Schuß bewirkt das erste Glied auf der nördlichen Halbkugel eine Rechtsabweichung des Geschosses, während sich bei Steilschüssen eine Westabweichung durchsetzt.

II. Mechanik eines Systems von vielen Massenpunkten.

Nur wenige mechanische Systeme können mit dem Modell eines einzigen Massenpunktes zureichend behandelt werden. Sogar bei der Planetenbewegung, die wir im ersten Kapitel untersucht haben, handelt es sich in Wirklichkeit nicht um die Bewegung der Planeten um ein festes Anziehungszentrum, sondern um die Bewegung zweier Körper, Planet und Sonne, die sich gegenseitig anziehen. Die Anwendung des Modells eines einzelnen Massenpunktes haben wir durch die Annahme ermöglicht, daß die Sonne ruhe. Dies ist jedoch eine Künstlichkeit.

Um mehr mechanische Systeme behandeln zu können, idealisieren wir sie als eine Anordnung vieler Massenpunkte, die sich an verschiedenen Orten des Raumes befinden bzw. auf verschiedenen Bahnen bewegen. Wir hoffen dabei, daß es sich als möglich erweisen wird, jedes beliebige mechanische System durch dieses Modell zu erfassen, wenn wir nur eine genügend große Anzahl von Massenpunkten nehmen.

Noch eines anderen Zusatzes bedarf das Modell des Massenpunktes. Bisher hatten wir stillschweigend vorausgesetzt, daß der Massenpunkt an jede Stelle des Raumes gelangen könne. Bei vielen wirklichen mechanischen Problemen unterliegen die Bewegungen der Körper aber von vornherein gewissen Beschränkungen. Bei einem Pendel, das aus einer schweren Kugel besteht, die an einer sehr dünnen und leichten Stange aufgehängt ist, mag man die Kugel als Massenpunkt beschreiben und die Masse der Stange vernachlässigen. Berücksichtigen muß man aber, daß die Kugel von der Stange in einem bestimmten Abstand vom Aufhängungspunkt gehalten wird. Der Massenpunkt der Pendelkugel kann sich also nicht frei bewegen, sondern muß auf einer Kugelfläche bleiben, deren Mittelpunkt im Aufhängungspunkt liegt. Einen Eisenbahnwagen auf einer Schiene als Massenpunkt zu beschreiben, mag manchmal berechtigt sein. Es muß aber beachtet werden, daß die Bahn des Wagens durch die Schiene vorgegeben ist und daß nur seine Geschwindigkeit auf ihr noch frei ist. Ein mechanisches System, das durch mehrere Massenpunkte beschrieben wird, kann auch noch durch andersartige Nebenbedingungen beschränkt sein. Es kann z. B. vorkommen, daß der Abstand zweier Massenpunkte fest vorgegeben ist.

Wir stehen also nicht nur vor der Notwendigkeit, ein Modell mehrerer Massenpunkte zu konstruieren, Bewegungsgesetze dafür aufzustellen und Methoden zu ihrer Behandlung zu entwickeln, sondern wir müssen auch die Möglichkeit vorsehen, Einschränkungen der Bewegungsfreiheit in die Beschreibung aufzunehmen.

Schließlich wollen wir noch auf einen dritten mehr formalen Umstand Bedacht nehmen. Schon bei der Bewegung eines einzelnen freien Massenpunktes haben sich zuweilen kartesische Koordinaten als wenig zweckmäßig erwiesen. Polarkoordinaten waren z. B. zur Behandlung von Zentralkräften geeigneter. Es wäre sehr ungeschickt, wollten wir uns bei schwierigeren mechanischen Aufgaben an die kartesischen Koordinaten klammern und auf andere vielleicht viel geeignetere Hilfsmittel verzichten. Bisher hatten wir das Bewegungsgesetz nur in Vektorform und in kartesischen Koordinaten formuliert. Jetzt nehmen wir in unser Programm auf, die Bewegungsgleichungen so zu formulieren, daß sie nicht an die Verwendung bestimmter Koordinatensysteme geknüpft sind.

§ 1. Die freie Bewegung vieler Massenpunkte.

Inhalt: Innere und äußere Kräfte III. NEWTONsches Gesetz: Kraft gleich Gegenkraft. Bewegungsgleichungen für viele Massenpunkte.

Unser mechanisches System bestehe aus n Massenpunkten, die wir durch einen Index ($i = 1, 2, \ldots, n$) unterscheiden. Ihre Massen können verschieden oder gleich sein und werden mit m_i bezeichnet. Die Bewegung der Punkte möge vorläufig nicht eingeschränkt sein.

Für jeden Massenpunkt gelten jetzt die NEWTONschen Bewegungsgleichungen

$$m_i \ddot{\mathfrak{r}}_i = \mathfrak{K}_i, \quad i = 1, 2, \ldots, n \tag{1}$$

Dies sind n Vektorgleichungen oder $3n$ Gleichungen

$$m_i \ddot{x}_i = X_i; \quad m_i \ddot{y}_i = Y_i; \quad m_i \ddot{z}_i = Z_i; \quad i = 1, 2, \ldots, n \tag{2}$$

in kartesischen Koordinaten.

Die Kraft $\mathfrak{K}_i$ am i-ten Massenpunkt kann sich aus verschiedenen Teilkräften zusammensetzen. Teilkräfte, die von einer gegenseitigen Einwirkung der Massenpunkte herrühren, heißen innere Kräfte. Sie unterliegen dem 3. NEWTONschen Gesetz, welches allgemein folgende Feststellungen trifft: Jede Kraft, die auf einen Körper wirkt, hat ihre Ursache in einem anderen Körper, und dieser erfährt eine gleich große, aber entgegengerichtete Gegenkraft. Auf die inneren Kräfte angewandt, bedeutet dies: *Übt die k-te Masse eine Kraft $\mathfrak{K}_{ik}$ auf den i-ten*

Massenpunkt aus, so übt dieser eine entgegengesetzte Kraft

$$\mathfrak{K}_{ki} = -\mathfrak{K}_{ik} \tag{3}$$

auf den k-ten Massenpunkt aus. Dieses Gesetz gilt unabhängig davon, aus welchem Grunde die Körper Kräfte aufeinander ausüben. Die inneren Kräfte zwischen zwei Massenpunkten hängen in der Regel nur von ihrem Abstand, nicht aber von ihrer absoluten Lage im Raum ab[1]. Zu den inneren Kräften können noch äußere Kräfte hinzukommen, die von dem Ort abhängen, an welchem die Massenpunkte sich befinden, oder von der Geschwindigkeit, mit der sie sich bewegen. Die Gegenkräfte der äußeren Kräfte greifen an Körpern an, die nicht zu unserem System gehören, und interessieren nicht. Schließlich können auch noch Kräfte auftreten, die in irgendeiner Weise von der Zeit abhängen.

Sehr allgemein werden wir sagen können, daß die Kraft auf einen beliebigen Massenpunkt von den Koordinaten und Geschwindigkeiten sämtlicher Massenpunkte und außerdem noch explizit von der Zeit abhängen kann. Wir setzen also

$$\begin{aligned} X_i &= X_i(x_1 \ldots x_n, y_1 \ldots y_n, z_1 \ldots z_n, \dot{x}_1 \ldots \dot{x}_n, \dot{y}_1 \ldots \dot{y}_n, \dot{z}_1 \ldots \dot{z}_n, t) \\ Y_i &= Y_i(x_1 \ldots x_n, y_1 \ldots y_n, z_1 \ldots z_n, \dot{x}_1 \ldots \dot{x}_n, \dot{y}_1 \ldots \dot{y}_n, \dot{z}_1 \ldots \dot{z}_n, t) \\ Z_i &= Z_i(x_1 \ldots x_n, y_1 \ldots y_n, z_1 \ldots z_n, \dot{x}_1 \ldots \dot{x}_n, \dot{y}_1 \ldots \dot{y}_n, \dot{z}_1 \ldots \dot{z}_n, t). \end{aligned} \tag{4}$$

Damit wäre das Bewegungsproblem für ein System von n Massenpunkten formuliert, wenn es keinen beschränkenden Bedingungen unterliegt. Mathematisch besteht die Aufgabe nunmehr darin, dieses System von $3n$ simultanen Differentialgleichungen 2. Ordnung zu lösen. Das Problem ist von der Ordnung $6n$.

Die Lösung dieser Aufgabe muß $6n$ willkürliche Integrationskonstanten enthalten, und ebenso viele Anfangsbedingungen sind notwendig, um sie zu bestimmen.

§ 2. Beschränkungen der Bewegungsfreiheit.

Inhalt: Zwangskräfte und eingeprägte Kräfte, holonome und nichtholonome, skleronome und rheonome Systeme. Bewegungsgleichungen mit Zwangskräften.

Wird einem einzelnen Massenpunkt vorgeschrieben, daß er eine bestimmte Fläche

$$F(x, y, z) = 0$$

nicht verlassen darf, so kann man seine Bewegung nicht einfach aus den Bewegungsgleichungen errechnen. Es kann nämlich vorkommen, daß ihre allgemeine Lösung keine einzige Bahnkurve liefert, die auf der Fläche $F = 0$ liegt.

Daß der Körper auf der Fläche $F = 0$ bleibt, muß in der Wirklichkeit durch eine Vorrichtung erzwungen werden, die dem Verlassen der Fläche einen Widerstand entgegensetzt. Die Stange, die den Körper eines Pendels mit dem Aufhängepunkt verbindet, reagiert auf Stauchung oder Zug mit elastischen Gegenkräften. Ein Eisenbahnwagen übt auf die Schiene in der Kurve Druckkräfte aus, die durch entgegengesetzte Reaktionskräfte erwidert werden. Ganz allgemein können wir annehmen, daß die Einhaltung beschränkender Bedingungen durch Reaktionskräfte der hierzu angewandten materiellen Vorrichtungen bewirkt wird. Im Gegensatz zu den bisher allein betrachteten Kräften, die wir

---

[1] Es gibt Fälle, wo dies nicht gilt. Befinden sich zwei elektrisch polarisierbare Körper in einem inhomogenen elektrischen Feld, so wird ihr Dipolmoment und damit die gegenseitige Einwirkung auch von ihrer absoluten Lage im Raum bestimmt.

in Zukunft als eingeprägte Kräfte $\mathfrak{K}$ bezeichnen wollen, sollen die von den Beschränkungen herkommenden Zusatzkräfte $\mathfrak{K}'$ Zwangskräfte heißen.

Berücksichtigt man die Zwangskräfte mit, so gelten wieder die Bewegungsgleichungen

$$m\ddot{\mathfrak{r}} = \mathfrak{K} + \mathfrak{K}'$$

(mit $\mathfrak{K}$ als eingeprägter, $\mathfrak{K}'$ als Zwangskraft) oder in Komponenten

$$m\ddot{x} = X + X'; \quad m\ddot{y} = Y + Y'; \quad m\ddot{z} = Z + Z'$$

Haben wir ein System von Massenpunkten, so gilt sinngemäß dasselbe. An jedem Massenpunkt, dessen Bewegung eingeschränkt ist, greifen außer den eingeprägten Kräften $\mathfrak{K}_i$ noch Zwangskräfte $\mathfrak{K}_i'$ an, so daß jetzt die Bewegungsgleichungen

$$m_i\ddot{\mathfrak{r}} = \mathfrak{K}_i + \mathfrak{K}_i', \tag{5}$$

in Komponenten

$$m_i\ddot{x}_i = X_i + X_i'; \quad m_i\ddot{y}_i = Y_i + Y_i'; \quad m_i\ddot{z}_i = Z_i + Z_i', \tag{6}$$

gelten.

Die beschränkenden Bedingungen bei einem System vieler Massenpunkte können irgendwelche Beziehungen zwischen ihren Koordinaten bedeuten und die Form

$$F_k(x_1 \ldots x_n;\ y_1 \ldots y_n;\ z_1 \ldots z_n) = 0 \tag{7}$$

haben. Solche Bedingungen kann es natürlich mehrere geben, und wir unterscheiden sie durch einen Index k. Ihre Zahl sei m. Bedingungsgleichungen der Form (7) haben wir z. B., wenn die Körper durch ein festes oder bewegliches, masseloses Gestänge miteinander verbunden sind. Grundsätzlich ist es auch möglich, daß in den F_k die Zeit noch explizit vorkommt. Dies träfe z. B. zu, wenn ein Körper auf einer Schiene läuft, welche selbst in Bewegung ist. Schließlich können die Bedingungsgleichungen auch noch die Geschwindigkeiten der Massenpunkte enthalten, sie können also im allgemeinsten Fall

$$F_k(x_1 \ldots x_n,\ y_1 \ldots y_n,\ z_1 \ldots z_n,\ \dot{x}_1 \ldots \dot{x}_n,\ \dot{y}_1 \ldots \dot{y}_n,\ \dot{z}_1 \ldots \dot{z}_n,\ t) = 0 \tag{7a}$$

lauten. Ein etwas triviales Beispiel wären zwei Körper, die durch ein Seil miteinander verbunden sind, welches über eine Rolle läuft. Bei mechanischen Problemen, die sich durch Systeme von Massenpunkten beschreiben lassen, sind geschwindigkeitsabhängige Bedingungsgleichungen meist etwas Künstliches. Sie kommen aber bei der Rollbewegung der festen Körper sehr häufig vor.

Mechanische Systeme, deren beschränkende Bedingungen keine Geschwindigkeiten enthalten, heißen holonom (Gegensatz: nichtholonom). Hängen die Bedingungsgleichungen von der Zeit nicht explizit ab, so nennt man das System skleronom, anderenfalls rheonom. Der einfachste Fall ist also ein holonomes, skleronomes System, der allgemeinste Fall ein nichtholonomes, rheonomes System.

Fürs erste nehmen wir im folgenden an, daß die Bedingungsgleichungen holonom und skleronom seien, wenn nicht ausdrücklich anderes gesagt wird.

§ 3. Die Zwangskräfte. Das Prinzip der virtuellen Verrückungen.

Inhalt: Definition der virtuellen Verrückung. Im Gleichgewicht leisten die Zwangskräfte bei einer virtuellen Verrückung keine Arbeit. Berechnung der Zwangskräfte aus den Beschränkungsgleichungen.

Bezeichnungen: Index i zur Unterscheidung der Massenpunkte. Index k zur Unterscheidung der Beschränkungsgleichungen. x_i, y_i, z_i Koordinaten des i-ten Punktes, δx_i, δy_i, δz_i ihre Variationen, X_i, Y_i, Z_i Komponenten der eingeprägten Kräfte, X_i', Y_i', Z_i' der Zwangskräfte am i-ten Massenpunkt.

An der Verwertung der Bewegungsgleichungen (6) hindert uns, daß die Zwangskräfte nicht bekannt sind.

Die Reaktionskräfte, welche von Schienen oder anderen Führungen herrühren, sind zunächst einmal Reibungskräfte. Sie sind der Geschwindigkeit entgegengerichtet und fallen also in die Richtung der Bahntangente der Massenpunkte. Diese Reibungkräfte spalten wir von den Zwangskräften ab und schlagen sie, wenn wir sie nicht vernachlässigen dürfen, zu den eingeprägten Kräften. Von den noch übrigbleibenden Zwangskräften wissen wir, daß sie einen ruhenden Körper nicht in Bewegung setzen. Er bleibt in Ruhe, wenn keine eingeprägten Kräfte auf ihn wirken. Der Impuls $\mathfrak{K}'_i\,dt$, den die Zwangskraft einem Massenpunkt erteilt, hat also keine Komponente in den Richtungen, die ihm einzuschlagen erlaubt sind. Er steht deshalb auf allen Verschiebungen $\delta\mathfrak{s}_i$ senkrecht, die ihm die Beschränkungsgleichungen gestatten, und dasselbe gilt für die Zwangskraft selbst. Würde eine solche Verschiebung, die wir virtuelle Verrückung nennen wollen, tatsächlich erfolgen, so würde die Zwangskraft an dem Massenpunkt keine Arbeit leisten.

Als virtuelle Verrückung eines Systems von n Massenpunkten definieren wir jede infinitesimale Veränderung ihrer Lage, die mit den beschränkenden Bedingungen verträglich ist. Sie hat nichts mit der Bewegung zu tun, die die Massenpunkte auszuführen im Begriffe sind. Eine virtuelle Verrückung beschreiben wir durch die Gesamtheit der Abänderungen

$$\delta x_1 \ldots \delta x_n; \quad \delta y_1 \ldots \delta y_n; \quad \delta z_1 \ldots \delta z_n,$$

welche die Koordinaten durch sie erfahren. Wegen der beschränkenden Bedingungen müssen jedoch die δx_i, δy_i, δz_i so beschaffen sein, daß auch die abgeänderten Koordinaten

$$x_1 + \delta x_1 \ldots x_n + \delta x_n; \quad y_1 + \delta y_1 \ldots \delta y_n + \delta y_n; \quad z_1 + \delta z_1 \ldots z_n + \delta z_n,$$

die Beschränkungsgleichungen erfüllen. Es muß also

$$\begin{aligned} F_k(x_1 + \delta x_1 \ldots x_n + \delta x_n,\ y_1 + \delta y_1 \ldots y_n + \delta y_n,\ z_1 + \delta z_1 \ldots z_n + \delta z_n) \\ = F_k(x_1 \ldots x_n,\ y_1 \ldots y_n,\ z_1 \ldots z_n) + \sum^i \frac{\partial F_k}{\partial x_i}\delta x_i + \sum^i \frac{\partial F_k}{\partial y_i}\delta y_i + \\ + \sum^i \frac{\partial F_k}{\partial z_i}\delta z_i = 0 \end{aligned} \tag{8}$$

gelten, woraus für die δx_i, δy_i, δz_i

$$\sum^i \left(\frac{\partial F_k}{\partial x_i}\delta x_i + \frac{\partial F_k}{\partial y_i}\delta y_i + \frac{\partial F_k}{\partial z_i}\delta z_i\right) = 0 \tag{9}$$

folgt. Jede Beschränkungsgleichung liefert eine solche Bedingung für die Variationen der Koordinaten. Eine virtuelle Verrückung ist jede Kombination der δx_i, δy_i, δz_i, die das Gleichungssystem (9) befriedigt.

Befindet sich das System der Massenpunkte in Ruhe, so würden die Zwangskräfte bei virtuellen Verrückungen keine Arbeit leisten, und es wäre also

$$\sum^i (X'_i\delta x_i + Y'_i\delta y_i + Z'_i\delta z_i) = 0\,. \tag{10}$$

Jetzt sind wir in der Lage, eine Bedingung dafür zu formulieren, daß ein System von n Massenpunkten dauernd in Ruhe bleibt, d. h. daß es sich im Gleichgewicht befindet. Soll ein ruhendes System in Bewegung geraten, so muß es kinetische Energie erhalten. Die Kräfte müssen bei der eintretenden Verrükkung an ihm (positive) Arbeit leisten. Gleichgewicht bedeutet deshalb, daß die eingeprägten und Zwangskräfte zusammen bei keiner virtuellen Verrückung Arbeit leisten. Da die Arbeit der Zwangskräfte für sich verschwindet, besteht also Gleichgewicht, wenn die Arbeit der eingeprägten negativ oder 0 ist, wenn also

$$\sum^i (X_i \delta x_i + Y_i \delta y_i + Z_i \delta z_i) \leqq 0 \tag{11}$$

gilt. Ist zu jeder Verrückung auch die entgegengesetzte möglich, so kann nur das Gleichheitszeichen gelten, da mit dem Vorzeichen der Verrückung auch das Vorzeichen der Arbeit wechselt. Wir erhalten dann die Gleichgewichtsbedingung

$$\sum^i (X_i \delta x_i + Y_i \delta y_i + Z_i \delta z_i) = 0\,. \tag{12}$$

Gleichgewicht herrscht, wenn die eingeprägten Kräfte bei einer virtuellen Verrückung keine Arbeit leisten. Dies ist das Prinzip der virtuellen Verrükkungen.

Von den $3n$ Variationen der Koordinaten δx_i, δy_i, δz_i sind nur $3n-m$ willkürlich, da zwischen ihnen die m Beziehungen (9) bestehen. Die letzten m Variationen sind durch die ersten $3n-m$ bereits mit festgelegt. Wir können jetzt die nicht willkürlichen Variationen in (12) eliminieren, indem wir die Gl. (9) mit geeigneten Faktoren λ_k multiplizieren und zu (12) addieren. Wir erhalten dann

$$\sum^i \left\{\left(X_i + \sum^k \lambda_k \frac{\partial F_k}{\partial x_i}\right)\delta x_i + \left(Y_i + \sum^k \lambda_k \frac{\partial F_k}{\partial y_i}\right)\delta y_i + \right. \\ \left. + \left(Z_i + \sum^k \lambda_k \frac{\partial F_k}{\partial z_i}\right)\delta z_i\right\} = 0\,. \tag{13}$$

Die λ_k bestimmen wir so, daß die Klammern

$$\left(X_i + \sum^k \lambda_k \frac{\partial F_k}{\partial x_i}\right) \quad \text{bzw.} \quad \left(Y_i + \sum^k \lambda_k \frac{\partial F_k}{\partial y_i}\right) \quad \text{bzw.} \quad \left(Z_i + \sum^k \lambda_k \frac{\partial F_k}{\partial z_i}\right),$$

mit denen die nicht willkürlichen δx_i, δy_i, δz_i versehen sind, verschwinden. In (13) kommen dann nur noch willkürliche Koordinatenvariationen vor. Von ihnen können wir alle bis auf eine gleich Null setzen, und in der Summe (13) bleibt nur ein Glied stehen. Der Klammerausdruck dieses Gliedes muß dann auch verschwinden, und indem wir dasselbe Verfahren nacheinander auf alle Koordinatenvariationen anwenden, finden wir, daß

$$X_i + \sum^k \lambda_k \frac{\partial F_k}{\partial x_i} = 0; \quad Y_i + \sum^k \lambda_k \frac{\partial F_k}{\partial y_i} = 0; \quad Z_i + \sum^k \lambda_k \frac{\partial F_k}{\partial z_i} = 0 \tag{14}$$

für alle i gilt.

Da die Gleichgewichtsbedingung aber auch so formuliert werden kann, daß die Summe der eingeprägten Kraft und der Zwangskraft an jedem Massenpunkt verschwindet, erfahren wir aus (14), daß die Zwangskräfte durch

$$X_i' = \sum^k \lambda_k \frac{\partial F_k}{\partial x_i}; \quad Y_i' = \sum^k \lambda_k \frac{\partial F_k}{\partial y_i}; \quad Z_i' = \sum^k \lambda_k \frac{\partial F_k}{\partial z_i} \tag{15}$$

gegeben sind.

Muß z. B. ein einzelner Massenpunkt auf der Fläche $F = 0$ bleiben, so ist

$$X' = \lambda \frac{\partial F}{\partial x}; \quad Y' = \lambda \frac{\partial F}{\partial y}; \quad Z' = \lambda \frac{\partial F}{\partial z}.$$

Die Gleichung der Tangentenebene der Fläche $F = 0$ im Punkt x, y, z lautet

$$(\xi - x)\frac{\partial F}{\partial x} + (\eta - y)\frac{\partial F}{\partial y} + (\zeta - z)\frac{\partial F}{\partial z} = 0$$

und die $\frac{\partial F}{\partial x}$, $\frac{\partial F}{\partial y}$ und $\frac{\partial F}{\partial z}$ sind den Richtungskosinus der Flächennormalen proportional. ξ, η, ζ bedeuten dabei die Koordinaten eines beliebigen Punktes der

Ebene. Die Zwangskraft steht also senkrecht auf der Fläche, und λ ist proportional zu ihrem Betrag.

Liegen zwei Beschränkungsgleichungen $F_1 = 0$ und $F_2 = 0$ vor, so haben wir

$$X' = \lambda_1 \frac{\partial F_1}{\partial x} + \lambda_2 \frac{\partial F_2}{\partial x}\,; \quad Y' = \lambda_1 \frac{\partial F_1}{\partial y} + \lambda_2 \frac{\partial F_2}{\partial y}\,; \quad Z' = \lambda_1 \frac{\partial F_1}{\partial z} + \lambda_2 \frac{\partial F_2}{\partial z}\,.$$

Die Zwangskraft erscheint jetzt in zwei Komponenten aufgespalten, von denen die eine auf $F_1 = 0$, die andere auf $F_2 = 0$ senkrecht steht.

§ 4. Das D'ALEMBERTsche Prinzip. Die LAGRANGEschen Gleichungen I. Art.

Inhalt: Auch bei Bewegung verschwindet die virtuelle Arbeit der Zwangskräfte. Hieraus gewinnt man das D'ALEMBERTsche Prinzip und die LAGRANGEschen Gleichungen I. Art.

Bezeichnungen: x_i, y_i, z_i Koordinaten, $\ddot{x}_i, \ddot{y}_i, \ddot{z}_i$ Beschleunigungen, X_i, Y_i, Z_i Kraftkomponenten, X'_i, Y'_i, Z'_i Zwangskraftkomponenten, m_i Masse, $\delta x_i, \delta y_i, \delta z_i$ Koordinatenvariationen des i-ten Massenpunktes.

Ein System von Massenpunkten befinde sich in Bewegung. In einem bestimmten Zeitpunkt t denken wir uns eine virtuelle Verrückung vorgenommen, d. h. die Lage der Massenpunkte abgeändert. Mit der ablaufenden Bewegung hat die Verrückung nichts zu tun, sondern sie kann in jeder beliebigen Lageveränderung bestehen, die mit den Beschränkungsgleichungen verträglich ist. Wir machen auch jetzt die Annahme, daß bei dieser virtuellen Verrückung von den Zwangskräften keine Arbeit geleistet wird. Dies ist nicht selbstverständlich, sondern kann eventuell durch eine experimentelle Untersuchung nachgeprüft werden. Die Annahme erweist ihre Berechtigung dadurch, daß sie uns gestattet, richtige Bewegungsgleichungen abzuleiten. In Formeln gilt also wie im vorigen Abschnitt

$$\sum^i (X'_i \delta x_i + Y'_i \delta y_i + Z'_i \delta z_i) = 0\,.$$

Dies ist der Inhalt des sog. D'ALEMBERTschen Prinzips.

Da nach den Bewegungsgleichungen (6)

$$X'_i = m_i \ddot{x}_i - X_i\,; \quad Y'_i = m_i \ddot{y}_i - Y_i\,; \quad Z'_i = m_i \ddot{z}_i - Z_i$$

ist, so können wir dieses Prinzip auch durch

$$\sum^i \{(m_i \ddot{x}_i - X_i)\,\delta x_i + (m_i \ddot{y}_i - Y_i)\,\delta y_i + (m_i \ddot{z}_i - Z_i)\,\delta z_i\} = 0 \tag{16}$$

formulieren.

Wir eliminieren nun wie im vorigen Paragraphen die nicht willkürlichen Koordinatenvariationen. Dazu multiplizieren wir die Beschränkungsgleichungen

$$\sum^i \left(\frac{\partial F_k}{\partial x_i} \delta x_i + \frac{\partial F_k}{\partial y_i} \delta y_i + \frac{\partial F_k}{\partial z_i} \delta z_i\right) = 0 \tag{9}$$

mit Parametern λ_k, subtrahieren sie von (16) und gelangen zu

$$\begin{aligned}\sum^i \Big\{\Big(m_i \ddot{x}_i - X_i - \sum^k \lambda_k \frac{\partial F_k}{\partial x_i}\Big)\,\delta x_i + \Big(m_i \ddot{y}_i - Y_i - \sum^k \lambda_k \frac{\partial F_k}{\partial y_i}\Big)\,\delta y_i + \\ + \Big(m_i \ddot{z}_i - Z_i - \sum^k \lambda_k \frac{\partial F_k}{\partial z_i}\Big)\,\delta z_i\Big\} = 0\,.\end{aligned} \tag{17}$$

Hieraus lesen wir wie auf S. 43 die $3n$ Gleichungen

$$\left.\begin{aligned} m_i \ddot{x}_i - X_i - \sum^k \lambda_k \frac{\partial F_k}{\partial x_i} &= 0 \\ m_i \ddot{y}_i - Y_i - \sum^k \lambda_k \frac{\partial F_k}{\partial y_i} &= 0 \\ m_i \ddot{z}_i - Z_i - \sum^k \lambda_k \frac{\partial F_k}{\partial z_i} &= 0 \end{aligned}\right\} \tag{18}$$

ab. Die Komponenten der Zwangskräfte werden wieder durch die Ausdrücke

$$X_i' = \sum^k \lambda_k \frac{\partial F_k}{\partial x_i}; \quad Y_i' = \sum^k \lambda_k \frac{\partial F_k}{\partial y_i}; \quad Z_i' = \sum^k \lambda_k \frac{\partial F_k}{\partial z_i}$$

dargestellt.

Die Gleichungen (18) sind nichts anderes als die $3n$ gesuchten Bewegungsgleichungen. Sie heißen LAGRANGEsche Gleichungen I. Art. Außer den $3n$ gesuchten Zeitfunktionen x_i, y_i, z_i enthalten sie noch die m unbekannten Zeitfunktionen λ_k. Andererseits stehen uns aber außer (18) auch noch die m Bedingungsgleichungen

$$F_k(x_i, y_i, z_i) = 0 \qquad k = 1 \ldots m \tag{19}$$

zur Verfügung.

Damit ist es uns endlich gelungen, die Bewegung eines Systems von n Massenpunkten vollständig zu formulieren, wenn sie m holonomen und skleronomen Bedingungsgleichungen unterliegen. Wir haben im ganzen $3n + m$ Gleichungen gewonnen, aus denen man die $3n$ Koordinaten und die m Zwangskräfte als Funktionen der Zeit berechnen kann.

Zur Ermittlung der Bewegungen sind die LAGRANGEschen Gleichungen I. Art nicht besonders geeignet. Ihre Integration ist umständlich. Sie dienen aber zur Berechnung der Zwangskräfte, wenn die Bewegung von vornherein bekannt ist oder auf eine andere Weise ermittelt wurde. Für die technische Mechanik ist diese Aufgabe äußerst wichtig, da Führungsschienen und ähnliche Vorrichtungen durch die Zwangskräfte beansprucht werden.

§ 5. Generalisierte Koordinaten. LAGRANGEsche Gleichungen II. Art.

Inhalt: Einführung generalisierter Koordinaten. Ableitung der LAGRANGEschen Gleichungen II. Art aus dem D'ALEMBERTschen Prinzip. LAGRANGE-Funktion oder kinetisches Potential.

Bezeichnungen: x_i, y_i, z_i kartesische Koordination des i-ten Massenpunktes, $q_1 \ldots q_f$ generalisierte Koordinaten, X_i, Y_i, Z_i kartesische Kraftkomponenten, V Potential der Kräfte, T kinetische Energie, L LAGRANGE-Funktion.

Die Integration der LAGRANGEschen Gleichungen I. Art müßte man in Angriff nehmen, indem man versucht, die Ordnung des Problems zu reduzieren. Hierbei zeigt sich zunächst, daß in den Beschränkungsgleichungen $F_k = 0$ bereits m Beziehungen vorliegen, die sich nur dadurch von Integralen unterscheiden, daß sie keine willkürlichen Konstanten enthalten. Als Integrale zählen sie sogar doppelt, da sie die Geschwindigkeiten (bei holonomen Systemen) nicht enthalten. Man kann sie nach m Koordinaten auflösen und diese in den Bewegungsgleichungen eliminieren, wodurch ein Gleichungssystem von der Ordnung $6n - 2m$ entsteht. Auch $2m$ Integrationskonstanten sind entbehrlich geworden, da ja die Anfangsbedingungen für die eliminierten Koordinaten ebenfalls schon durch die Bedingungsgleichungen festgelegt sind.

Diese Überlegung zeigt, daß man beim Bestehen von m Beschränkungsgleichungen offenbar ebenso viele Koordinaten zuviel eingeführt hat und nun durch die Rechnung mitschleppen oder eliminieren muß. Viel zweckmäßiger wäre es, gleich von vornherein auf die Beschränkung der Bewegung Rücksicht zu nehmen und nur so viele Koordinaten zu verwenden, als man braucht, um den Momentanzustand des Systems anzugeben. Bei einem ebenen Pendel ist es z. B. unzweckmäßig, drei kartesische Koordinaten einzuführen, statt gleich von Anfang an ebene Polarkoordinaten zu nehmen, bei denen man sogar den konstanten Wert der radialen Koordinate schon weiß und sich nur um die Winkelkoordinate zu kümmern braucht. Der Einführung zweckmäßiger Koordinaten steht aber im Weg, daß wir die Bewegungsgleichungen bisher nur in kartesischen Koordinaten formulieren können. Es ist unser nächstes Ziel, diesem Mangel abzuhelfen.

Den Begriff der Koordinate lösen wir jetzt vollständig von geometrischen Vorstellungen. Wir verzichten sogar darauf, jedem einzelnen Massenpunkt Koordinaten zuzuschreiben, sondern definieren als generalisierte Koordinaten des ganzen Systems eine Anzahl von Angaben, die geeignet sind, seine momentane Lage zu beschreiben. Man kann z. B. den Abstand zweier Massenpunkte als generalisierte Koordinate einführen, ebenso auch die Summe, die Differenz oder das Verhältnis der Abstände eines Punktes von zwei anderen. Die einzige Anforderung, die an die generalisierten Koordinaten gestellt wird, ist die, daß sich der Ort aller Massenpunkte in irgendeiner Weise durch sie ausdrücken lassen muß.

Bei einem System von n Massenpunkten und m Bedingungen bleiben $3n-m$ Koordinaten willkürlich. Ebenso viele Freiheitsgrade besitzt das System. Wir führen jetzt $3n - m = f$ beliebige Funktionen der kartesischen Koordinaten

$$\begin{aligned} q_1 &= q_1(x_i, y_i, z_i) \\ q_2 &= q_2(x_i, y_i, z_i) \\ &\vdots \\ q_f &= q_f(x_i, y_i, z_i) \end{aligned}$$

als generalisierte Koordinaten ein. Zusammen mit den m Bedingungsgleichungen

$$0 = F_k(x_i, y_i, z_i) \tag{19}$$

erhalten wir ein Gleichungssystem, das nach den x_i, y_i, z_i aufgelöst werden kann und

$$x_i = x_i(q_1 \ldots q_f); \quad y_i = y_i(q_1 \ldots q_f); \quad z_i = z_i(q_1 \ldots q_f) \tag{20}$$

ergibt. Hiermit ist gerade die Anforderung erfüllt, daß die Koordinaten der Massenpunkte durch die q_k ausdrückbar sein sollen.

Es ist klar, daß mindestens f Koordinaten q_k eingeführt werden müssen. Man kann natürlich auch mehr generalisierte Koordinaten verwenden, von denen dann einige überzählig sind, und dafür eine entsprechende Anzahl von Beschränkungsgleichungen beibehalten. In diesen drückt man selbstverständlich die x, y, z auch durch die q aus. In den meisten Fällen ist dies aber eine Komplikation, die keinen Nutzen bringt.

Der große Vorteil generalisierter Koordinaten besteht darin, daß ihre Zahl von Anfang an nicht größer als die der Freiheitsgrade ist. Die Beschränkungsgleichungen sind schon bei ihrer Einführung berücksichtigt und erledigen sich automatisch von selbst.

Jetzt drücken wir das D'ALEMBERTsche Prinzip

$$\sum_i \left\{ \left(m_i \frac{d^2 x_i}{dt^2} - X_i \right) \delta x_i + \left(m_i \frac{d^2 y_i}{dt^2} - Y_i \right) \delta y_i + \left(m_i \frac{d^2 z_i}{dt^2} - Z_i \right) \delta z_i \right\} = 0 \tag{16}$$

in den q_k aus. Die Variationen der kartesischen Koordinaten erhalten wir durch

$$\delta x_i = \frac{\partial x_i}{\partial q_1}\delta q_1 + \cdots + \frac{\partial x_i}{\partial q_f}\delta q_f; \quad \delta y_i = \frac{\partial y_i}{\partial q_1}\delta q_1 + \cdots + \frac{\partial y_i}{\partial q_f}\delta q_f;$$
$$\delta z_i = \frac{\partial z_i}{\partial q_1}\delta q_1 + \cdots + \frac{\partial z_i}{\partial q_f}\delta q_f. \tag{21}$$

Setzen wir dies in (16) ein, so entsteht

$$\sum^k \delta q_k \sum^i \left\{\left(m_i \frac{d^2 x_i}{d t^2} - X_i\right)\frac{\partial x_i}{\partial q_k} + \left(m_i \frac{d^2 y_i}{d t^2} - Y_i\right)\frac{\partial y_i}{\partial q_k} + \right.$$
$$\left. + \left(m_i \frac{d^2 z_i}{d t^2} - Z_i\right)\frac{\partial z_i}{\partial q_k}\right\} = 0.$$

Hierin muß man sich X_i, Y_i, Z_i und x_i, y_i, z_i überall durch die q_k ausgedrückt denken. X_i, Y_i, und Z_i sowie auch die

$$\frac{\partial x_i}{\partial q_k}, \quad \frac{\partial y_i}{\partial q_k}, \quad \frac{\partial z_i}{\partial q_k}$$

sind also bekannte Funktionen der q_k. Da die Variationen δq_k der generalisierten Koordinaten alle willkürlich sind, erhalten wir sofort die f Bewegungsgleichungen

$$\sum^i \left\{\left(m_i \frac{d^2 x_i}{d t^2} - X_i\right)\frac{\partial x_i}{\partial q_k} + \left(m_i \frac{d^2 y_i}{d t^2} - Y_i\right)\frac{\partial y_i}{\partial q_k} + \right.$$
$$\left. + \left(m_i \frac{d^2 z_i}{d t^2} - Z_i\right)\frac{\partial z_i}{\partial q_k}\right\} = 0. \tag{22}$$

Zur Abkürzung schreiben wir

$$Q_k(q_1 \ldots q_f) = \sum^i \left(X_i \frac{\partial x_i}{\partial q_k} + Y_i \frac{\partial y_i}{\partial q_k} + Z_i \frac{\partial z_i}{\partial q_k}\right) \tag{23}$$

und nennen Q_k die generalisierte Kraft, die zur Koordinate q_k gehört. Sie ist eine Funktion der q, und man erhält sie, wenn man die q_k in den X_i, Y_i, Z_i, x_i, y_i und z_i einsetzt. Hat die Kraft in kartesischen Koordinaten ein Potential V, so gilt

$$X_i = -\frac{\partial V}{\partial x_i}; \quad Y_i = -\frac{\partial V}{\partial y_i}; \quad Z_i = -\frac{\partial V}{\partial z_i}$$

und

$$Q_k = -\sum^i \left(\frac{\partial V}{\partial x_i}\frac{\partial x_i}{\partial q_k} + \frac{\partial V}{\partial y_i}\frac{\partial y_i}{\partial q_k} + \frac{\partial V}{\partial z_i}\frac{\partial z_i}{\partial q_k}\right) = -\frac{\partial V}{\partial q_k}. \tag{24}$$

In diesem besonderen Fall braucht man also nichts zu tun, als die potentielle Energie durch die q_k auszudrücken und zu differenzieren, um Q_k zu erhalten.

Die generalisierten Kräfte brauchen nicht die Dimensionen einer Kraft zu besitzen. Ist die Koordinate q_k ein Winkel, so ist die generalisierte Kraft Q_k ein Drehmoment. Die zu verschiedenen k gehörigen Q_k können sogar verschiedene Dimensionen haben.

Mit den Beschleunigungen nehmen wir die Umformung

$$\frac{d^2 x_i}{d t^2}\frac{\partial x_i}{\partial q_k} = \ddot{x}_i \frac{\partial x_i}{\partial q_k} = \frac{d}{dt}\left(\dot{x}_i \frac{\partial x_i}{\partial q_k}\right) - \dot{x}_i \frac{\partial \dot{x}_i}{\partial q_k} = \frac{d}{dt}\left(\dot{x}_i \frac{\partial x_i}{\partial q_k}\right) - \frac{1}{2}\frac{\partial}{\partial q_k}\dot{x}_i^2 \tag{24a}$$

vor. Die Geschwindigkeiten lassen sich durch

$$\dot{x}_i = \frac{\partial x_i}{\partial q_1}\dot{q}_1 + \cdots + \frac{\partial x_i}{\partial q_f}\dot{q}_f = \sum^k \frac{\partial x_i}{\partial q_k}\dot{q}_k$$

ausdrücken. Die $\dot{x}_i$, $\dot{y}_i$, $\dot{z}_i$ erscheinen jetzt als Funktionen q_k, welche in den $\partial x_i/\partial q_k$ stecken, und der generalisierten Geschwindigkeiten $\dot{q}_k$. In letzteren sind sie linear. Differenziert man jetzt $\dot{x}_i$ nach $\dot{q}_k$, so erhält man

$$\frac{\partial \dot{x}_i}{\partial \dot{q}_k} = \frac{\partial x_i}{\partial q_k}$$

Daraus folgt

$$\dot{x}_i \frac{\partial x_i}{\partial q_k} = \dot{x}_i \frac{\partial \dot{x}_i}{\partial \dot{q}_k} = \frac{1}{2} \frac{\partial}{\partial \dot{q}_k} \dot{x}_i^2 .$$

Verwendet man dies auf der rechten Seite von (24a), so gelangt man zu

$$\frac{d^2 x_i}{d t^2} \frac{\partial x_i}{\partial q_k} = \frac{1}{2} \frac{d}{d t} \frac{\partial}{\partial \dot{q}_k} \dot{x}_i^2 - \frac{1}{2} \frac{\partial}{\partial q_k} \dot{x}_i^2 . \tag{25}$$

Für die y- und z-Komponenten gelten entsprechende Ausdrücke. Wenn wir nun (23) und (25) in die Bewegungsgleichungen (22) einsetzen, so gehen sie in

$$Q_k = \sum^i \frac{d}{d t}\left[\frac{\partial}{\partial \dot{q}_k} \frac{m_i}{2}\left(\dot{x}_i^2 + \dot{y}_i^2 + \dot{z}_i^2\right)\right] - \sum^i \frac{\partial}{\partial q_k}\left[\frac{m_i}{2}\left(\dot{x}_i^2 + \dot{y}_i^2 + \dot{z}_i^2\right)\right]$$

über. Nun ist aber

$$T = \sum^i \frac{m_i}{2}\left(\dot{x}_i^2 + \dot{y}_i^2 + \dot{z}_i^2\right)$$

die kinetische Energie des ganzen Systems, und die Bewegungsgleichungen nehmen schließlich die einfache Form

$$Q_k = \frac{d}{d t} \frac{\partial T}{\partial \dot{q}_k} - \frac{\partial T}{\partial q_k} \tag{26}$$

an. Diese Gleichungen bezeichnet man als LAGRANGEsche Gleichungen II. Art.

Um diese Gleichungen aufzustellen, muß man folgendermaßen verfahren: Zuerst entschließt man sich zu bestimmten Koordinaten q_k, die besonders geeignet erscheinen. Durch sie und ihre Geschwindigkeiten $\dot{q}_k$ stellt man die kinetische Energie des Systems dar. Sie ist eine quadratische Funktion der Geschwindigkeiten, deren Koeffizienten noch Funktionen der Koordinaten sind. Besteht ein Potential, so muß es ebenfalls durch die q_k ausgedrückt werden, und man gewinnt aus ihm durch Differenzieren die generalisierte Kraft. Besteht kein Potential, so bildet man die Q_k nach der Vorschrift (23), indem man die generalisierten Koordinaten in die kartesischen einsetzt.

Die Ausdrücke

$$p_k = \frac{\partial T}{\partial \dot{q}_k} \tag{27}$$

nennt man die generalisierten Impulse, welche zu den Koordinaten q_k gehören. p_k bezeichnet man auch als kanonisch zu q_k konjugierten Impuls. Die generalisierten Impulse haben nur dann die Dimension einer Bewegungsgröße, wenn die Koordinate die Dimension einer Länge hat. Zu einer Winkelkoordinate ist ein Drehimpuls kanonisch konjugiert. Welche Dimensionen auch immer die generalisierten Koordinaten und Impulse für sich haben mögen, ihr Produkt hat immer die Dimension Energie mal Zeit, d. h. die Dimension einer Wirkung.

Wenn die Kräfte ein Potential besitzen, so kann man zweckmäßig die sog. LAGRANGE-Funktion oder das kinetische Potential

$$L = T - V \tag{28}$$

in die LAGRANGEschen Gleichungen II. Art einführen. Da das Potential von den Geschwindigkeiten nicht abhängt, ist

$$\frac{\partial L}{\partial \dot{q}_k} = \frac{\partial T}{\partial \dot{q}_k}$$

und wir erhalten die Bewegungsgleichungen in der Form

$$\frac{d}{dt}\frac{\partial L}{\partial \dot{q}_k} = \frac{\partial L}{\partial q_k}. \tag{29}$$

Die Vorzüge der LAGRANGEschen Gleichungen II. Art bestehen in folgendem: 1. Die Gleichungen sind von dem speziellen phvsikalischen Problem völlig abgelöst und deshalb von großer Allgemeinheit. Wir werden später sehen, daß ihre Anwendung nicht auf Systeme von Massenpunkten beschränkt ist. Dieser Vorteil zieht allerdings den Nachteil nach sich, daß die Lösungen der Gleichungen erst wieder anschaulich physikalisch ausgedeutet werden müssen. 2. Die Beschränkungsgleichungen sind verschwunden. Die Zahl der benutzten Koordinaten q_k ist nicht größer als die Zahl der Freiheitsgrade des Problems, d. h., alle Koordinaten sind voneinander unabhängig (explizit unabhängig). Da alle Koordinaten Funktionen der Zeit sind, besteht insofern natürlich Abhängigkeit. 3. Die Gleichungen sind für generalisierte Koordinaten aufgestellt, so daß man für jedes spezielle Problem die angemessenen Koordinaten wählen kann.

Will man mit den LAGRANGEschen Gleichungen II. Art arbeiten, so muß man sich zuerst für bestimmte Koordinaten entscheiden. Ihre Wahl ist von großer Bedeutung dafür, ob man die Gleichungen integrieren kann. Zuweilen läßt sich sofort erkennen, welche Koordinaten zweckmäßig sind, in anderen Fällen besteht die Hauptschwierigkeit gerade darin, geeignete Koordinaten zu ermitteln. Auf diese Frage müssen wir später zurückkommen. Die HAMILTON-JACOBIsche Theorie bringt eine gewisse Erledigung des Problems der Koordinatenwahl.

Hat man bestimmte Koordinaten gewählt, so muß man das Potential und die kinetische Energie durch sie und ihre Geschwindigkeiten ausdrücken. Dann bildet man das kinetische Potential und stellt die LAGRANGEschen Gleichungen II. Art auf. Waren die Koordinaten zweckmäßig, so kann man sie teilweise oder vollständig integrieren.

§ 6. Kräfte, die sich aus einem Vektorpotential herleiten.

Bezeichnungen: Wie § 5, S. 45.

Wenn auf ein System von Massenpunkten nicht nur Kräfte mit Potential wirken, sondern auch solche, die keines haben, so gibt es gewöhnlich kein kinetisches Potential. Eine sehr wichtige Ausnahme hiervon bilden aber die Kräfte eines Magnetfeldes auf bewegte Ladungen.

Zu den sonstigen Kräften, welche am i-ten Massenpunkt mit der Ladung e_i angreifen und die sich aus einem Potential V herleiten lassen, kommt im Magnetfeld noch die sog. LORENTZ-Kraft

$$\mathfrak{K}_i = e_i[\mathfrak{v}_i\,\mathfrak{B}_i] = e_i[\mathfrak{v}_i \operatorname{rot}\mathfrak{C}_i] \tag{30}$$

hinzu. $\mathfrak{B}_i$ bedeutet die magnetische Kraftflußdichte und $\mathfrak{C}_i$ ihr Vektorpotential am Ort des i-ten Körpers. Verändert sich das Magnetfeld überdies mit der Zeit, so wird die elektrische Feldstärke (s. S. 402)

$$\mathfrak{E}' = -\frac{\partial \mathfrak{C}_i}{\partial t}$$

am Ort des i-ten Körpers induziert. Das Magnetfeld bringt also am i-ten Körper die Kraft

$$\mathfrak{K}'_i = -e_i\frac{\partial \mathfrak{C}_i}{\partial t} + e_i[\mathfrak{v}_i \operatorname{rot}\mathfrak{C}_i] = -e_i\frac{\partial \mathfrak{C}_i}{\partial t} + e_i \operatorname{grad}(\mathfrak{v}_i\mathfrak{C}_i) - e_i(\mathfrak{v}_i \operatorname{grad})\mathfrak{C}_i$$

hervor.

Definieren wir M_i durch

$$M_i = e_i(\mathfrak{E}_i \mathfrak{v}_i) = e_i(\mathfrak{E}_{xi}\dot{x}_i + \mathfrak{E}_{yi}\dot{y}_i + \mathfrak{E}_{zi}\dot{z}_i), \tag{31}$$

so ist

$$\frac{\partial M_i}{\partial x_i} - \frac{d}{dt}\frac{\partial M_i}{\partial \dot{x}_i} = \frac{\partial M_i}{\partial x_i} - e_i \frac{d\mathfrak{E}_{xi}}{dt}.$$

Wegen

$$\frac{d\mathfrak{E}_{xi}}{dt} = \frac{\partial \mathfrak{E}_{xi}}{\partial t} + \frac{\partial \mathfrak{E}_{xi}}{\partial x_i}\dot{x}_i + \frac{\partial \mathfrak{E}_{xi}}{\partial y_i}\dot{y}_i + \frac{\partial \mathfrak{E}_{xi}}{\partial z_i}\dot{z}_i = \frac{\partial \mathfrak{E}_{xi}}{\partial t} + (\mathfrak{v}_i \operatorname{grad})\mathfrak{E}_{xi}$$

erfüllt M_i die Gleichung

$$\frac{\partial M_i}{\partial x_i} - \frac{d}{dt}\frac{\partial M_i}{\partial \dot{x}_i} = X_i'$$

und zwei analoge Beziehungen für die beiden anderen Koordinaten.

Führt man nun

$$M = \sum^i M_i \tag{31a}$$

ein, so gilt auch

$$\frac{\partial M}{\partial x_i} - \frac{d}{dt}\frac{\partial M}{\partial \dot{x}_i} = X_i'.$$

Gehen wir jetzt zu generalisierten Koordinaten über und bilden die generalisierte Kraft (der Kürze halber schreiben wir nur die Glieder an, welche sich auf die x-Koordinate beziehen)

$$\begin{aligned} Q_k' &= \sum^i X_i' \frac{\partial x_i}{\partial q_k} = \sum^i \left(\frac{\partial M}{\partial x_i}\frac{\partial x_i}{\partial q_k} - \frac{\partial x_i}{\partial q_k}\frac{d}{dt}\frac{\partial M}{\partial \dot{x}_i}\right) \\ &= \sum^i \left\{\frac{\partial M}{\partial x_i}\frac{\partial x_i}{\partial q_k} - \frac{d}{dt}\left(\frac{\partial M}{\partial \dot{x}_i}\frac{\partial x_i}{\partial q_k}\right) + \frac{\partial M}{\partial \dot{x}_i}\frac{\partial \dot{x}_i}{\partial q_k}\right\}, \end{aligned}$$

so ist wegen $\partial x_i/\partial q_k = \partial \dot{x}_i/\partial \dot{q}_k$

$$Q_k' = \sum^i \left\{\frac{\partial M}{\partial x_i}\frac{\partial x_i}{\partial q_k} + \frac{\partial M}{\partial \dot{x}_i}\frac{\partial \dot{x}_i}{\partial q_k} - \frac{d}{dt}\left(\frac{\partial M}{\partial \dot{x}_i}\frac{\partial \dot{x}_i}{\partial \dot{q}_k}\right)\right\} = \frac{\partial M}{\partial q_k} - \frac{d}{dt}\frac{\partial M}{\partial \dot{q}_k}.$$

Wenn man also das kinetische Potential nicht wie gewöhnlich als Differenz von kinetischer und potentieller Energie definiert, sondern

$$L = T - V + M \tag{32}$$

festsetzt, so entstehen nach wie vor die LAGRANGEschen Gleichungen II. Art in der Form

$$\frac{d}{dt}\frac{\partial L}{\partial \dot{q}_k} = \frac{\partial L}{\partial q_k}.$$

Die LAGRANGE-Funktion (32) kann also die Zeit sogar explizit enthalten. Der Anteil T ist ein Ausdruck 2. Ordnung in den Geschwindigkeiten, während M in den Geschwindigkeiten linear ist.

§ 7. Zyklische Koordinaten.

Inhalt: Jede zyklische Koordinate reduziert die Ordnung um 2.
Bezeichnungen: L LAGRANGE-Funktion, q_k generalisierte Koordinaten.

Wenn eine der Koordinaten q_k (es bedeutet keine Einschränkung, wenn wir sie q_1 nennen) im kinetischen Potential nicht vorkommt, sondern wenn nur ihre zeitliche Ableitung $\dot{q}_1$ auftritt, so nennt man q_1 eine zyklische Koordinate. Für sie gilt

$$\frac{d}{dt}\frac{\partial L}{\partial \dot{q}_1} = \frac{\partial L}{\partial q_1} = 0.$$

Hieraus erhalten wir sofort das Integral

$$\frac{\partial L}{\partial \dot{q}_1} = p_1 = \text{const}. \tag{33}$$

Es stellt eine Beziehung zwischen $\dot{q}_1$ (nicht aber q_1) und den übrigen q_k und $\dot{q}_k$ dar. Löst man nach $\dot{q}_1$ auf, so erhält man einen Ausdruck, der die Koordinaten $q_2 \ldots q_k$ und ihre zeitlichen Ableitungen enthält. Da q_1 in L nicht vorkommt, tritt es auch in keiner der Bewegungsgleichungen auf. Nur die Geschwindigkeit $\dot{q}_1$ erscheint in ihnen. Man kann dann in alle Gleichungen für $\dot{q}_1$ den Ausdruck einsetzen, den man aus dem Integral gewonnen hat, und so die Koordinate q_1 völlig eliminieren. Die Bewegungsgleichungen enthalten dann nur noch $f - 1$ Koordinaten. Die Ordnung des Problems ist um 2 reduziert. Eine zyklische Koordinate ersetzt somit nicht nur ein Integral, sondern zwei.

Aus diesem Grunde wird man bei der Wahl generalisierter Koordinaten stets danach streben, eine oder mehrere zyklische Koordinaten zu finden.

Falsch wäre es, $\dot{q}_1$ in L selbst einzusetzen, um so eine neue Funktion L' zu gewinnen, die eine Koordinate weniger enthält, und mit ihr wieder LAGRANGEsche Gleichungen II. Art aufzustellen. Ist nämlich

$$\dot{q}_1 = f(q_k, \dot{q}_k),$$

so wäre

$$\frac{\partial L'}{\partial q_k} = \frac{\partial L}{\partial q_k} + \frac{\partial L}{\partial \dot{q}_1}\frac{\partial f}{\partial q_k} = \frac{\partial L}{\partial q_k} + p_1 \frac{\partial f}{\partial q_k}$$

$$\frac{\partial L'}{\partial \dot{q}_k} = \frac{\partial L}{\partial \dot{q}_k} + \frac{\partial L}{\partial \dot{q}_1}\frac{\partial f}{\partial \dot{q}_k} = \frac{\partial L}{\partial \dot{q}_k} + p_1 \frac{\partial f}{\partial \dot{q}_k}$$

und der Ausdruck

$$\frac{d}{dt}\frac{\partial L'}{\partial \dot{q}_k} - \frac{\partial L'}{\partial q_k} = p_1\left(\frac{d}{dt}\frac{\partial f}{\partial \dot{q}_k} - \frac{\partial f}{\partial q_k}\right) = p_1\left(\frac{d}{dt}\frac{\partial \dot{q}_1}{\partial \dot{q}_k} - \frac{\partial \dot{q}_1}{\partial q_k}\right)$$

verschwindet nicht. Es gilt vielmehr

$$\frac{d}{dt}\frac{\partial}{\partial \dot{q}_k}(L' - p_1 \dot{q}_1) - \frac{\partial}{\partial q_k}(L' - p_1 \dot{q}_1) = 0.$$

Als neue LAGRANGEsche Funktion ist nicht L', sondern $L' - p_1 \dot{q}_1$ zu nehmen.

§ 8. Der Schwerpunktsatz. Impulssatz.

Bezeichnungen: m_i Masse, $\mathfrak{r}_i$ Ortsvektor des i-ten Massenpunktes.

Die Kräfte an jedem Massenpunkt eines Systems können wir in innere Kräfte zerlegen, die von den übrigen Massenpunkten herrühren, und in eine äußere Kraft, die andere Ursachen hat. Die Kraft, welche an dem i-ten Massenpunkt angreift und vom k-ten Massenpunkt ausgeht, bezeichnen wir mit $\mathfrak{K}_{ik}$. Am k-ten Massenpunkt greift dann die entgegengesetzte Kraft

$$\mathfrak{K}_{ki} = -\mathfrak{K}_{ik}$$

an, welche im i-ten Massenpunkt ihren Ursprung hat. Die äußere Kraft am i-ten Massenpunkt sei $\mathfrak{K}_{ia}$.

Summieren wir die Bewegungsgleichungen

$$m_i \ddot{\mathfrak{r}}_i = \mathfrak{K}_{ia} + \sum^k \mathfrak{K}_{ik} \tag{34}$$

über alle Massenpunkte, so erhalten wir

$$\sum^i m_i \ddot{\mathfrak{r}}_i = \sum^i \mathfrak{K}_{ia} + \sum^i \sum^k \mathfrak{K}_{ik}. \tag{34a}$$

Die Summe

$$\sum^i \sum^k \mathfrak{K}_{ik}$$

ist die Summe der inneren Kräfte, die an allen Punkten überhaupt angreifen, und verschwindet, weil zu jeder Kraft eine ebenso große Gegenkraft vorkommt. Bezeichnen wir mit

$$M = \sum^i m_i$$

die gesamte Masse des Systems, mit

$$\mathfrak{K}_a = \sum^i \mathfrak{K}_{ia}$$

die Resultante aller äußeren Kräfte ungeachtet ihrer Angriffspunkte und als Massenmittelpunkt oder Schwerpunkt den Ort

$$\mathfrak{r}_0 = \frac{1}{M} \sum^i m_i \mathfrak{r}_i, \tag{34b}$$

so geht (34a) in

$$M \ddot{\mathfrak{r}}_0 = \mathfrak{K}_a \tag{35}$$

über. Der Schwerpunkt bewegt sich so, als ob alle Massen in ihm vereinigt wären und als ob die Resultante alle Kräfte an ihm angriffe (Schwerpunktsatz).

Diese Feststellung ist besonders wichtig, weil sie unser Modell des Massenpunktes nachträglich rechtfertigt. Die Konstruktion dieses Modells beruht offenbar darauf, daß man den Körper durch seinen Schwerpunkt ersetzt, für den dann wieder das NEWTONsche Bewegungsgesetz (35) gilt.

Sind keine äußeren Kräfte vorhanden oder verschwindet ihre Resultante $\mathfrak{K}_a$, so kann (35) integriert werden und ergibt

$$M \dot{\mathfrak{r}}_0 = M \mathfrak{v}_0 = \mathfrak{g}_0 = \text{const}. \tag{35a}$$

Ein System, an dem keine äußeren Kräfte wirken, hat einen konstanten Gesamtimpuls $\mathfrak{g}_0$.

Nochmalige Integration von (35a) liefert

$$\mathfrak{r}_0 = \mathfrak{v}_0 t + \mathfrak{r}_{00}. \tag{35b}$$

Der Schwerpunkt bewegt sich auf gerader Bahn mit konstanter Geschwindigkeit (Trägheitsgesetz).

Da (35b) drei Gleichungen zwischen den Koordinaten (Schwerpunktskoordinaten) und der Zeit mit 6 Integrationskonstanten ($\dot{x}_0, \dot{y}_0, \dot{z}_0, x_{00}, y_{00}, z_{00}$) sind, liefert der Schwerpunktsatz bei einem System ohne äußere Kräfte 6 Integrale der Bewegungsgleichungen. Siehe hierzu auch S. 56.

§ 9. Der Drehimpulssatz.

Inhalt: Bei einem System von Massenpunkten ist die zeitliche Änderung des Drehimpulses gleich dem resultierenden Drehmoment der äußeren Kräfte. Der Drehimpuls kann in einen Anteil um den Schwerpunkt und in den Drehimpuls der im Schwerpunkt vereinigten Gesamtmasse um den Drehpunkt zerlegt werden. Eine ähnliche Zerlegung ist auch beim Drehmoment möglich.

Bezeichnungen: m_i Masse und $\mathfrak{r}_i$ Ortsvektor des i-ten Punktes, $\mathfrak{v}_i$ seine Geschwindigkeit bezogen auf den Koordinatenanfang und $\mathfrak{v}_{0i}$ bezogen auf den Schwerpunkt. $\mathfrak{K}_{ia}$ äußere Kraft am i-ten Punkt, $\mathfrak{K}_{ik}$ Kraft am i-ten Punkt vom k-ten herrührend, $\mathfrak{r}_0$ und $\mathfrak{v}_0$ Ort und Geschwindigkeit des Schwerpunkts, $\mathfrak{K}_a$ Resultante der äußeren Kräfte, $\mathfrak{j}$ und $\mathfrak{M}$ Resultanten von Drehimpuls und Drehmoment, $\mathfrak{j}_0$, $\mathfrak{M}_0$ dieselben Größen bezogen auf den Schwerpunkt, M Gesamtmasse des Systems.

Multiplizieren wir die Bewegungsgleichungen (34) vektoriell mit den Ortsvektoren $\mathfrak{r}_i$ und summieren über alle Massen, so erhalten wir

$$\sum^i m_i [\mathfrak{r}_i \ddot{\mathfrak{r}}_i] = \sum^i \sum^k [\mathfrak{r}_i \mathfrak{K}_{ik}] + \sum^i [\mathfrak{r}_i \mathfrak{K}_{ia}].$$

Statt $\sum^i \sum^k [\mathfrak{r}_i \mathfrak{K}_{ik}]$ hätten wir natürlich auch $\sum^i \sum^k [\mathfrak{r}_k \mathfrak{K}_{ki}]$ schreiben können, da diese beiden Ausdrücke gleich sind. Wir dürfen also auch

$$\begin{aligned} \sum^i \sum^k [\mathfrak{r}_i \mathfrak{K}_{ik}] &= \frac{1}{2} \sum^i \sum^k \{[\mathfrak{r}_i \mathfrak{K}_{ik}] + [\mathfrak{r}_k \mathfrak{K}_{ki}]\} = \\ &= \frac{1}{2} \sum^i \sum^k \{[\mathfrak{r}_i \mathfrak{K}_{ik}] - [\mathfrak{r}_k \mathfrak{K}_{ik}]\} = \frac{1}{2} \sum^i \sum^k [(\mathfrak{r}_i - \mathfrak{r}_k) \mathfrak{K}_{ik}] \end{aligned} \tag{36}$$

setzen. In den meisten Fällen sind die $\mathfrak{K}_{ik}$ Anziehungs- oder Abstoßungskräfte, haben deshalb die Richtung der Verbindungsstrecke $\mathfrak{r}_i - \mathfrak{r}_k$ der beiden Massenpunkte, und das Produkt

$$[(\mathfrak{r}_i - \mathfrak{r}_k) \mathfrak{K}_{ik}]$$

verschwindet. Wie in Kap. I, § 4, S. 9, können wir die Umformung

$$\sum^i m_i [\mathfrak{r}_i \ddot{\mathfrak{r}}_i] = \sum^i m_i \frac{d}{dt} [\mathfrak{r}_i \dot{\mathfrak{r}}_i] = \frac{d}{dt} \sum^i m_i [\mathfrak{r}_i \mathfrak{v}_i]$$

vornehmen und kommen dann zu der Gleichung

$$\frac{d}{dt} \sum^i m_i [\mathfrak{r}_i \mathfrak{v}_i] = \sum^i [\mathfrak{r}_i \mathfrak{K}_{ia}]. \tag{37}$$

Nun ist

$$\mathfrak{j}_i = m_i [\mathfrak{r}_i \mathfrak{v}_i] \tag{38}$$

der Drehimpuls des i-ten Massenpunktes um den Koordinatenanfang, und

$$\mathfrak{j} = \sum^i \mathfrak{j}_i = \sum^i m_i [\mathfrak{r}_i \mathfrak{v}_i] \tag{38a}$$

ist der Drehimpuls des ganzen Systems. Entsprechend ist

$$\mathfrak{M}_i = [\mathfrak{r}_i \mathfrak{K}_{ia}] \tag{39}$$

das Drehmoment der äußeren Kraft am i-ten Punkt, und

$$\mathfrak{M} = \sum^i \mathfrak{M}_i = \sum^i [\mathfrak{r}_i \mathfrak{K}_{ia}] \tag{39a}$$

ist das resultierende Drehmoment um den Koordinatenanfang, welches am ganzes System wirkt. Führen wir $\mathfrak{j}$ und $\mathfrak{M}$ in die Gl. (37) ein, so finden wir

$$\frac{d\mathfrak{j}}{dt} = \mathfrak{M}. \tag{37a}$$

Die inneren Kräfte tragen zum Drehmoment wegen (36) nichts bei. Die zeitliche Änderung des gesamten Drehimpulses ist gleich dem gesamten Drehmoment der äußeren Kräfte. Wirken an einem System keine äußeren Kräfte, so ist der Drehimpuls konstant (Drehimpulssatz). Dieser Satz repräsentiert immer drei Integrale der Bewegungsgleichungen.

Da der Koordinatenanfang völlig willkürlich gewählt werden kann, können Drehimpuls und Drehmoment auf jeden beliebigen Punkt bezogen werden, z. B. auch auf den momentanen Schwerpunkt des Systems. Bezeichnen wir Drehimpuls und Drehmoment um den Schwerpunkt mit $\mathfrak{j}_0$ und $\mathfrak{M}_0$, so gilt die Gleichung

$$\frac{d\mathfrak{j}_0}{dt} = \mathfrak{M}_0. \tag{37b}$$

Wir wollen nun versuchen, $\mathfrak{j}$ durch $\mathfrak{j}_0$ und $\mathfrak{M}$ durch $\mathfrak{M}_0$ auszudrücken. Zu diesem Zweck spalten wir von den Ortsvektoren der Massenpunkte den Ortsvektor des Schwerpunktes ab und verfahren ebenso mit den Geschwindigkeiten. Wir setzen also

$$\mathfrak{r}_i = \mathfrak{r}_0 + \mathfrak{r}_{0i}; \quad \mathfrak{v}_i = \mathfrak{v}_0 + \mathfrak{v}_{0i}.$$

$\mathfrak{r}_{0i}$ und $\mathfrak{v}_{0i}$ bedeuten also die Ortsvektoren und Geschwindigkeiten der Massen, wenn sie auf einen Koordinatenanfang im Schwerpunkt bezogen werden. Es gilt dann mit Rücksicht auf (34b)

$$\sum^i m_i \mathfrak{r}_{0i} = 0; \quad \sum^i m_i \mathfrak{v}_{0i} = 0. \tag{40}$$

Für den Gesamtdrehimpuls um den Koordinatenanfang erhalten wir damit

$$\begin{aligned} \mathfrak{j} &= \sum^i m_i[\mathfrak{r}_i \mathfrak{v}_i] = \sum^i m_i[(\mathfrak{r}_0 + \mathfrak{r}_{0i})(\mathfrak{v}_0 + \mathfrak{v}_{0i})] \\ &= [\mathfrak{r}_0 \mathfrak{v}_0] M + \left[\mathfrak{r}_0 \sum^i m_i \mathfrak{v}_{0i}\right] + \left[\left(\sum^i m_i \mathfrak{r}_{0i}\right) \mathfrak{v}_0\right] + \sum^i m_i [\mathfrak{r}_{0i} \mathfrak{v}_{0i}] \qquad (38\text{b}) \\ &= M[\mathfrak{r}_0 \mathfrak{v}_0] + \sum^i m_i [\mathfrak{r}_{0i} \mathfrak{v}_{0i}]. \end{aligned}$$

Der Drehimpuls um einen beliebigen Punkt (der Koordinatenanfang ist ganz beliebig) setzt sich zusammen aus dem Drehimpuls

$$\mathfrak{j}_0 = \sum^i m_i [\mathfrak{r}_{0i} \mathfrak{v}_{0i}] \tag{38c}$$

um den Schwerpunkt und dem Drehimpuls $M[\mathfrak{r}_0 \mathfrak{v}_0]$ der im Schwerpunkt vereinigten Masse M um den Koordinatenanfang. Fehlen äußere Kräfte, so ist wegen (37a, b) nicht nur der Gesamtdrehimpuls konstant, sondern auch seine beiden Anteile einzeln.

Führen wir dieselbe Zerlegung für das Drehmoment durch, so erhalten wir

$$\mathfrak{M} = \sum^i [\mathfrak{r}_i \mathfrak{K}_{ia}] = [\mathfrak{r}_0 \mathfrak{K}_a] + \sum [\mathfrak{r}_{0i} \mathfrak{K}_{ia}]. \tag{39b}$$

Das Drehmoment setzt sich aus dem Drehmoment um den Schwerpunkt

$$\mathfrak{M}_0 = \sum^i [\mathfrak{r}_{0i} \mathfrak{K}_{ia}] \tag{39c}$$

und dem Drehmoment $[\mathfrak{r}_0 \mathfrak{K}_a]$ zusammen, welches die im Schwerpunkt angreifende Resultante der äußeren Kräfte um den Drehpunkt bewirkt.

Erzeugen die äußeren Kräfte kein Drehmoment um den Schwerpunkt, so ist nach (37b) auch der Drehimpuls $\mathfrak{j}_0$ um den Schwerpunkt konstant.

§ 10. Kinetische Energie eines Systems von Massenpunkten. Energiesatz.

Inhalt: Abspaltung der Translationsenergie von der kinetischen Energie. Energiesatz für Kräfte mit Potential.

Bezeichnungen: T kinetische Energie, V und V_a Potential der inneren und äußeren Kräfte, E Gesamtenergie, sonst wie § 9, S. 52.

Die kinetische Energie

$$T = \frac{1}{2} \sum^i m_i \mathfrak{v}_i^2 \tag{41}$$

eines Systems ist natürlich die Summe der kinetischen Energien der einzelnen Massen. Durch

$$\mathfrak{v}_i = \mathfrak{v}_0 + \mathfrak{v}_{0i}$$

entsteht wegen (40)

$$T = \frac{1}{2}\sum^i m_i \mathfrak{v}_i^2 = \frac{1}{2}\mathfrak{v}_0^2 \sum^i m_i + \left(\mathfrak{v}_0 \sum^i m_i \mathfrak{v}_{0i}\right) + \frac{1}{2}\sum^i m_i \mathfrak{v}_{0i}^2$$
$$= \frac{1}{2} M \mathfrak{v}_0^2 + \frac{1}{2}\sum^i m_i \mathfrak{v}_{0i}^2 . \tag{42}$$

Der Anteil

$$T_{\text{trans}} = \frac{M}{2}\mathfrak{v}_0^2$$

wäre die kinetische Energie, welche die gesamte im Schwerpunkt vereinigte Masse des Systems hätte, und wird Translationsenergie genannt. Den zweiten Anteil

$$T_i = \frac{1}{2}\sum^i m_i \mathfrak{v}_{0i}^2$$

besäße das System, wenn sein Schwerpunkt in Ruhe wäre. Er ist die innere kinetische Energie.

Multiplizieren wir die Bewegungsgleichungen (34)

$$m_i \ddot{\mathfrak{r}}_i = \mathfrak{K}_{ia} + \sum^k \mathfrak{K}_{ik} = \mathfrak{K}_{ia} + \mathfrak{K}_i$$

der Massenpunkte mit ihren jeweiligen Verschiebungen $d\mathfrak{s}_i = \mathfrak{v}_i\,dt$ und summieren über alle Punkte, so ergibt sich

$$\sum^i m_i(\mathfrak{v}_i \dot{\mathfrak{v}}_i)\,dt = dT = \sum^i (\mathfrak{K}_i\,d\mathfrak{s}_i) + \sum^i (\mathfrak{K}_{ia}\,d\mathfrak{s}_i).$$

Haben die inneren Kräfte das Potential V, die äußeren das Potential V_a, mit denen sie durch

$$\mathfrak{K}_i = -\operatorname{grad}_i V; \quad \mathfrak{K}_{ia} = -\operatorname{grad}_i V_a$$

zusammenhängen, so gilt

$$dT = -dV - dV_a .$$

Durch Integration erhalten wir den Energiesatz

$$T + V + V_a = E = \text{const}. \tag{43}$$

Er liefert ein Integral der Bewegungsgleichungen, wenn alle Kräfte ein Potential besitzen.

§ 11. Das Zweikörperproblem.

Inhalt: Die Bewegung zweier Körper, die sich anziehen oder abstoßen, läßt sich auf die Bewegung eines Massenpunktes im Zentralfeld zurückführen.

Bezeichnungen: m_1 und m_2 Massen, x_1, y_1, z_1 und x_2, y_2, z_2 ihre Koordinaten, ξ_1, η_1, ζ_1 und ξ_2, η_2, ζ_2 ihre Koordinaten bezogen auf den Schwerpunkt, r ihr Abstand, ξ_0, η_0, ζ_0 Koordinaten des Schwerpunkts, T kinetische Energie, V potentielle Energie.

Zwei Körper mit den Massen m_1 und m_2 mögen sich mit einer Zentralkraft anziehen oder abstoßen. Bezeichnen wir mit r ihren jeweiligen Abstand, so greifen an den beiden Massen die Kräfte

$$\mathfrak{K}_1 = \mathfrak{r}^0 f(r) \quad \text{und} \quad \mathfrak{K}_2 = -\mathfrak{r}^0 f(r)$$

an. $\mathfrak{r}^0$ ist ein (in seiner Richtung zeitlich veränderlicher) Einheitsvektor, der vom Körper 1 zum Körper 2 zeigt.

Diese Kräfte leiten sich aus dem Potential

$$V = -\int f(r)\,dr \tag{44}$$

durch

$$\mathfrak{K}_1 = -\nabla_1 V; \quad \mathfrak{K}_2 = -\nabla_2 V$$

ab, wenn ∇_1 und ∇_2 die beiden auf die Koordinaten der Körper wirkenden Nabla-Operatoren bedeuten. Äußere Kräfte sollen nicht hinzukommen.

Für dieses System gelten Schwerpunktsatz, Drehimpulssatz und Energiesatz. Die LAGRANGEschen Gleichungen II. Art sind ein System von 6 Differentialgleichungen 2. Ordnung, das System ist also von 12. Ordnung. Der Schwerpunktsatz liefert 6, der Drehimpuls 3 und der Energiesatz 1 Integral, und man kann mit Hilfe dieser 10 Integrale voraussichtlich auf die 2. Ordnung reduzieren. Im Hinblick auf den Schwerpunktsatz führen wir zunächst die Schwerpunktskoordinaten als generalisierte Koordinaten ein. Außer ihnen müssen wir dann noch die Koordinaten eines der beiden Massenpunkte benutzen, die wir auf den Schwerpunkt beziehen.

Sind ξ_0, η_0, ζ_0 die Schwerpunktskoordinaten und ξ_1, η_1, ζ_1 bzw. ξ_2, η_2, ζ_2 die auf den Schwerpunkt bezogenen Koordinaten der Massenpunkte, so gilt

$$\left.\begin{aligned} x_1 &= \xi_0 + \xi_1; \quad x_2 = \xi_0 + \xi_2 = \xi_0 - \frac{m_1}{m_2}\xi_1 \\ y_1 &= \eta_0 + \eta_1; \quad y_2 = \eta_0 + \eta_2 = \eta_0 - \frac{m_1}{m_2}\eta_1 \\ z_1 &= \zeta_0 + \zeta_1; \quad z_2 = \zeta_0 + \zeta_2 = \zeta_0 - \frac{m_1}{m_2}\zeta_1. \end{aligned}\right\} \tag{45}$$

Hieraus errechnen wir die Geschwindigkeiten

$$\dot{x}_1 = \dot{\xi}_0 + \dot{\xi}_1; \quad \dot{y}_1 = \dot{\eta}_0 + \dot{\eta}_1; \quad \dot{z}_1 = \dot{\zeta}_0 + \dot{\zeta}_1$$

$$\dot{x}_2 = \dot{\xi}_0 - \frac{m_1}{m_2}\dot{\xi}_1; \quad \dot{y}_2 = \dot{\eta}_0 - \frac{m_1}{m_2}\dot{\eta}_1; \quad \dot{z}_2 = \dot{\zeta}_0 - \frac{m_1}{m_2}\dot{\zeta}_1.$$

Bildet man damit die kinetische Energie, so entsteht

$$T = \frac{m_1 + m_2}{2}(\dot{\xi}_0^2 + \dot{\eta}_0^2 + \dot{\zeta}_0^2) + \frac{m_1}{2}\left(1 + \frac{m_1}{m_2}\right)(\dot{\xi}_1^2 + \dot{\eta}_1^2 + \dot{\zeta}_1^2). \tag{46}$$

Statt ξ_1, η_1, ζ_1 führen wir nun die Zylinderkoordinaten $\varrho, \varphi, \zeta_1$ durch

$$\xi_1 = \varrho\cos\varphi; \quad \eta_1 = \varrho\sin\varphi; \quad \dot{\xi}_1^2 + \dot{\eta}_1^2 = \dot{\varrho}^2 + \varrho^2\dot{\varphi}^2$$

ein und erhalten

$$T = \frac{m_1 + m_2}{2}(\dot{\xi}_0^2 + \dot{\eta}_0^2 + \dot{\zeta}_0^2) + \frac{m_1}{2}\left(1 + \frac{m_1}{m_2}\right)(\dot{\varrho}^2 + \varrho^2\dot{\varphi}^2 + \dot{\zeta}_1^2). \tag{46a}$$

Für den Abstand der beiden Massen finden wir den Ausdruck

$$\begin{aligned} r &= \sqrt{(x_1 - x_2)^2 + (y_1 - y_2)^2 + (z_1 - z_2)^2} \\ &= \left(1 + \frac{m_1}{m_2}\right)\sqrt{\xi_1^2 + \eta_1^2 + \zeta_1^2} = \left(1 + \frac{m_1}{m_2}\right)\sqrt{\varrho^2 + \zeta_1^2}, \end{aligned} \tag{46b}$$

den wir für das Potential brauchen.

Im kinetischen Potential $L = T - V$ kommen φ und die Schwerpunktskoordinaten nicht vor. Wir haben also 4 zyklische Koordinaten. ξ_0, η_0, ζ_0 erfüllen die LAGRANGEschen Gleichungen

$$(m_1 + m_2)\ddot{\xi}_0 = 0; \tag{47a}$$

$$(m_1 + m_2)\ddot{\eta}_0 = 0; \tag{47b}$$

$$(m_1 + m_2)\ddot{\zeta}_0 = 0, \tag{47c}$$

die man sofort zweimal integrieren kann. Sie liefern dabei den Schwerpunktsatz zurück.

Für die Koordinate φ ergibt sich die Gleichung

$$m_1\left(1+\frac{m_1}{m_2}\right)\frac{d}{dt}\varrho^2\dot\varphi=0,$$

deren Integral

$$m_1\left(1+\frac{m_1}{m_2}\right)\varrho^2\dot\varphi=p_\varphi \tag{47d}$$

die Konstanz der ζ_1-Komponente des Drehimpulses bedeutet. Schließlich erhalten wir noch für ϱ und ζ_1 die beiden letzten Gleichungen

$$m_1\left(1+\frac{m_1}{m_2}\right)\ddot\varrho=m_1\left(1+\frac{m_1}{m_2}\right)\varrho\dot\varphi^2-\frac{dV}{dr}\frac{\partial r}{\partial\varrho}$$

$$m_1\left(1+\frac{m_1}{m_2}\right)\ddot\zeta_1=-\frac{dV}{dr}\frac{\partial r}{\partial\zeta_1},$$

aus denen wegen (46b)

$$m_1\ddot\varrho=m_1\varrho\dot\varphi^2-\frac{dV}{dr}\frac{\varrho}{\sqrt{\varrho^2+\zeta_1^2}} \tag{47e}$$

$$m_1\ddot\zeta_1=-\frac{dV}{dr}\frac{\zeta_1}{\sqrt{\varrho^2+\zeta_1^2}} \tag{47f}$$

hervorgeht.

Da keine äußeren Kräfte vorliegen, ist der Drehimpuls um den Schwerpunkt konstant. In seine Richtung legen wir die z- bzw. ζ-Achse, so daß die x- und y-Komponenten

$$j_\xi=m_1(\eta_1\dot\zeta_1-\zeta_1\dot\eta_1)+m_2(\eta_2\dot\zeta_2-\zeta_2\dot\eta_2)=m_1\left(1+\frac{m_1}{m_2}\right)(\eta_1\dot\zeta_1-\zeta_1\dot\eta_1)=0$$

$$j_\eta=m_1(\zeta_1\dot\xi_1-\xi_1\dot\zeta_1)+m_2(\zeta_2\dot\xi_2-\xi_2\dot\zeta_2)=m_1\left(1+\frac{m_1}{m_2}\right)(\zeta_1\dot\xi_1-\xi_1\dot\zeta_1)=0$$

verschwinden. Multiplizieren wir mit ξ_1 bzw. η_1 und addieren, so geht hieraus

$$m_1\left(1+\frac{m_1}{m_2}\right)(\eta_1\dot\xi_1-\xi_1\dot\eta_1)\zeta_1=-j_\zeta\zeta_1=0$$

hervor, Da aber j_ζ nicht verschwindet, folgt

$$\zeta_1=0 \tag{48}$$

und mit (45) zusammen

$$z_1=z_2=\zeta_0.$$

Die Massenpunkte bewegen sich also in der Ebene $\zeta_1=0$ durch den Schwerpunkt. Dieses Ergebnis befriedigt auch die Gl. (47f). Aus (46b) erhalten wir damit für r den einfachen Ausdruck

$$r=\left(1+\frac{m_1}{m_2}\right)\varrho \tag{48a}$$

und es verbleiben im wesentlichen nur noch die Gl. (47d) und (47e) zur Bearbeitung übrig.

Außer den LAGRANGEschen Gleichungen besitzen wir aber noch das Integral des Energiesatzes, das wir statt (47e) verwenden können. Bezeichnen wir mit E_t die konstante Translationsenergie

$$E_t=\frac{m_1+m_2}{2}(\dot\xi_0^2+\dot\eta_0^2+\dot\zeta_0^2)$$

des Gesamtsystems, so lautet der Energiesatz wegen (46a), (48), (48a)

$$E=E_t+\frac{m_1m_2}{2(m_1+m_2)}(\dot r^2+r^2\dot\varphi^2)+V(r). \tag{49}$$

Hieraus und aus dem konstanten Drehimpuls

$$j_\zeta = m_1\left(1 + \frac{m_1}{m_2}\right)\varrho^2\dot{\varphi} = \frac{m_1 m_2}{m_1 + m_2} r^2\dot{\varphi} = p_\varphi \tag{47d}$$

gewinnen wir die Lösung der Aufgabe wie in Kap. I, § 9, S. 15. Der Unterschied besteht nur darin, daß jetzt die reduzierte Masse

$$\frac{m_1 m_2}{m_1 + m_2}$$

an die Stelle von m tritt und daß $E - E_t$ steht, wo früher E stand.

Zum Schluß wollen wir uns noch Rechenschaft über den Verbleib der 12 Integrationskonstanten geben. 6 von ihnen sind die Konstanten der Schwerpunktsbewegung. Über 2 weitere Anfangsbedingungen ist dadurch verfügt, daß wir dem Drehimpuls die Richtung der z-Achse gegeben haben, wodurch $\zeta_1 = 0$ und $\dot{\zeta}_1 = 0$ wird. Die 9. und 10. Konstante sind $p_\varphi = j_\zeta$ und die Gesamtenergie E. Die beiden letzten Konstanten ergeben sich bei der Integration der Gl. (47d) und (49).

§ 12. Das ebene mathematische Pendel.

Bezeichnungen: T kinetische, V potentielle, E Gesamtenergie, L LAGRANGE-Funktion, m Pendelmasse r Pendellänge, g Fallbeschleunigung.

Als einfaches Beispiel einer Bewegung mit Beschränkungen untersuchen wir das Pendel. Wir beschreiben es als einen Massenpunkt, der sich nur auf einem vertikalen Kreis mit dem Radius r bewegen kann. Wir führen eine Winkelkoordinate ϑ für die Ausschwingung ein (s. Abb. 14) und erhalten das Potential

$$V = m g r(1 - \cos\vartheta) \tag{50}$$

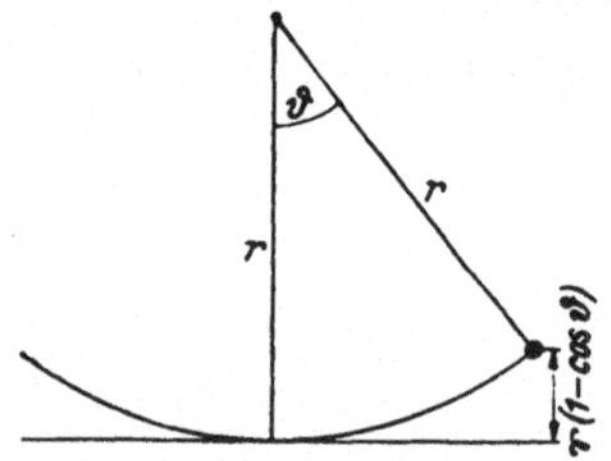

Abb. 14. ϑ als generalisierte Koordinate beim Pendel.

und die kinetische Energie

$$T = \frac{m r^2}{2}\dot{\vartheta}^2. \tag{51}$$

Das kinetische Potential lautet dann

$$L = \frac{m r^2}{2}\dot{\vartheta}^2 - m g r(1 - \cos\vartheta). \tag{52}$$

Die LAGRANGEschen Gleichungen anzusetzen, wäre hier nicht unbedingt notwendig, weil wir gleich den Energiesatz verwenden können, der schon das Integral

$$E = \frac{m r^2}{2}\dot{\vartheta}^2 + m g r(1 - \cos\vartheta) \tag{53}$$

gibt.

Bleiben die Ausschläge ϑ so klein, daß wir in genügender Näherung

$$\cos\vartheta = 1 - \frac{\vartheta^2}{2}$$

setzen können, so ist

$$L = \frac{m r^2}{2}\dot{\vartheta}^2 - \frac{m g r}{2}\vartheta^2,$$

$$\frac{\partial L}{\partial\dot{\vartheta}} = m r^2\dot{\vartheta}; \qquad \frac{\partial L}{\partial\vartheta} = -m g r\vartheta,$$

und die LAGRANGEsche Gleichung hat die einfache Form

$$m r^2\ddot{\vartheta} = -m g r\vartheta. \tag{54}$$

Sie läßt sich allgemein lösen und ergibt

$$\vartheta = \alpha \sin \sqrt{\frac{g}{r}}\, t + \beta \cos \sqrt{\frac{g}{r}}\, t. \tag{55}$$

Das Pendel führt also eine Schwingung mit der Frequenz

$$\nu = \frac{1}{2\pi} \sqrt{\frac{g}{r}}$$

und der Schwingungsdauer

$$\tau = \frac{1}{\nu} = 2\pi \sqrt{\frac{r}{g}}$$

aus. Beginnen wir die Zeitzählung mit einem Durchgang durch die Ruhelage, so ist $\vartheta = 0$ für $t = 0$, und wir müssen $\beta = 0$ setzen. Die Bewegung wird dann durch

$$\vartheta = \alpha \sin \sqrt{\frac{g}{r}}\, t = \alpha \sin 2\pi \nu t \tag{55a}$$

beschrieben. Die Frequenz hängt von der Amplitude α und der Masse m des Pendelkörpers nicht ab.

* Bei kleinen Ausschwingungen war die LAGRANGEsche Gleichung (54) dem Energieintegral vorzuziehen. Für größere Ausschläge gilt statt ihrer

$$r\ddot{\vartheta} = -g \sin \vartheta. \tag{54a}$$

Diesmal ist das Energieintegral

$$E = \frac{m r^2}{2} \dot{\vartheta}^2 + m g r (1 - \cos \vartheta) \tag{53}$$

vorteilhafter. Lösen wir es nach $\dot{\vartheta}$ auf, so erhalten wir

$$\dot{\vartheta} = \frac{1}{r} \sqrt{\frac{2}{m} [E - m g r (1 - \cos \vartheta)]}. \tag{53a}$$

Beginnt die Zeitskala, wenn das Pendel die Ruhelage durchläuft, so ist

$$t = r \int_0 \frac{d\vartheta}{\sqrt{\frac{2}{m} [E - m g r (1 - \cos \vartheta)]}}. \tag{56}$$

Das Maximum der Ausschwingung $\vartheta = \alpha$ tritt ein, wenn

$$\cos \vartheta = \cos \alpha = 1 - \frac{E}{m g r}$$

ist. Jetzt müssen wir zwei Fälle unterscheiden. Ist $E \leqq 2mgr$, so gibt es einen Winkel α, der diese Bedingung erfüllt, und das Pendel führt eine Schwingung mit der Amplitude α aus. Ist dagegen $E > 2mgr$, so gibt es keinen maximalen Wert von ϑ, und das Pendel macht keine schwingende, sondern eine umlaufende Bewegung, bei der ϑ monoton anwächst.

Setzen wir im ersten Fall

$$\frac{1 - \cos \alpha}{2} = \sin^2 \frac{\alpha}{2} = \frac{E}{2 m g r} = k^2 \tag{57}$$

und

$$\frac{1 - \cos \vartheta}{2} = \sin^2 \frac{\vartheta}{2} = k^2 \sin^2 \psi; \quad d\vartheta = \frac{2k \cos \psi \, d\psi}{\cos \frac{\vartheta}{2}}, \tag{57a}$$

so wird

$$t = \sqrt{\frac{r}{g}} \int_0 \frac{d\psi}{\sqrt{1-k^2\sin^2\psi}} = \sqrt{\frac{r}{g}} F(k, \psi). \tag{56a}$$

$F(k, \psi)$ ist das elliptische Integral 1. Gattung mit unbestimmter oberer Grenze und eine Funktion von ψ und dem Parameter k. Die inverse Funktion dazu ist die sog. JACOBIsche Amplitude, die ebenfalls den Parameter k enthält und durch das Funktionszeichen *am* angegeben wird. Wir erhalten also

$$\psi = am\, t \sqrt{\frac{g}{r}}. \tag{56b}$$

Kehren wir wieder zu dem Winkel ϑ zurück, so finden wir für ihn

$$\sin\frac{\vartheta}{2} = k \sin am\, t \sqrt{\frac{g}{r}} = k\, sn\, t \sqrt{\frac{g}{r}} = \sin\frac{\alpha}{2}\, sn\, t \sqrt{\frac{g}{r}}. \tag{56c}$$

Der Sinus der JACOBIschen Amplitude ist die mit *sn* bezeichnete JACOBIsche elliptische Funktion (s. JAHNKE-EMDE: Funktionentafeln).

Während einer Viertelperiode durchläuft ϑ die Werte von 0 bis α, dagegen ψ den Bereich von 0 bis $\pi/2$ [man vgl. (57) und (57a)]. Wir erhalten also aus (56a)

$$\frac{\tau}{4} = \sqrt{\frac{r}{g}} \int_0^{\frac{\pi}{2}} \frac{d\psi}{\sqrt{1-k^2\sin\psi}} = \sqrt{\frac{r}{g}} K(k) = \sqrt{\frac{r}{g}} K\left(\sin\frac{\alpha}{2}\right). \tag{58}$$

K bedeutet das vollständige elliptische Integral 1. Gattung. Es ist noch eine Funktion des Parameters k bzw. von $\sin\alpha/2$.

Die Schwingungsdauer des Pendels ist bei großen Schwingungen nicht mehr von der Amplitude unabhängig, sondern wächst mit dem elliptischen Integral K an. Das Verhältnis $2K/\pi$ der Schwingungsdauer τ bei der Amplitude α zur Schwingungsdauer

$$\tau_0 = 2\pi \sqrt{\frac{r}{g}}$$

bei kleinen Ausschlägen zeigt die Abb. 15.

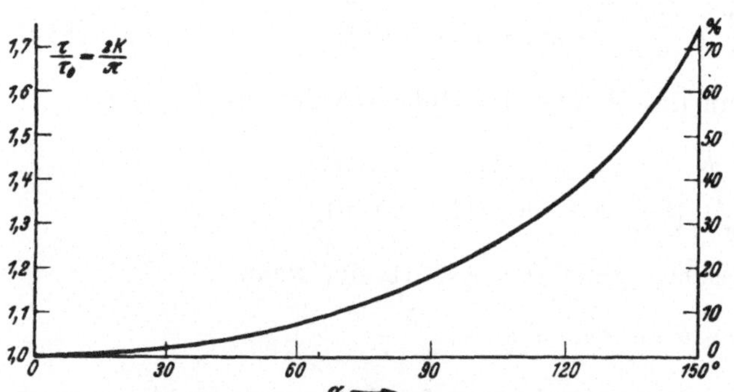

Abb. 15. Verhältnis τ/τ_0 der Schwingungsdauer eines Pendels beim Ausschlag α zur Schwingungsdauer τ_0 bei kleinem Ausschlag. Die Skala rechts gibt $(\tau-\tau_0)/\tau_0$ in % an.

Bei der umlaufenden Bewegung, wo $E > 2mgr$ ist, setzen wir

$$k^2 = \frac{2mgr}{E} \tag{59}$$

und erhalten aus (56)

$$t = k\sqrt{\frac{r}{g}} \int_0 \frac{d\frac{\vartheta}{2}}{\sqrt{1-k^2\sin^2\frac{\vartheta}{2}}} = k\sqrt{\frac{r}{g}} F\left(k, \frac{\vartheta}{2}\right). \tag{60}$$

Durch Umkehren ergibt sich

$$\vartheta = 2am\frac{t}{k}\sqrt{\frac{g}{r}} = 2am\frac{t}{r}\sqrt{\frac{E}{2m}}. \tag{60a}$$

In der halben Umlaufszeit durchläuft ϑ die Werte 0 bis π, und das Integral erstreckt sich über den Bereich von 0 bis $\pi/2$. Wir bekommen also

$$\frac{\tau}{2} = k\sqrt{\frac{r}{g}}\,K(k). \tag{61}$$

Für den Mittelwert der Drehgeschwindigkeit finden wir

$$\bar{\dot{\vartheta}} = \frac{2\pi}{\tau} = \frac{\pi}{k\,K(k)}\sqrt{\frac{g}{r}} = \frac{\pi}{K(k)}\sqrt{\frac{E}{2mr^2}}.$$

Da sich aus (53a) für $\vartheta = 0$ die maximale Drehgeschwindigkeit

$$\dot{\vartheta}_{\max} = \sqrt{\frac{2E}{mr^2}}$$

entnehmen läßt, erhalten wir das Verhältnis

$$\frac{\dot{\vartheta}_{\max}}{\bar{\dot{\vartheta}}} = \frac{2K(k)}{\pi}$$

von $\dot{\vartheta}_{\max}$ zu $\bar{\dot{\vartheta}}$, welches ein Maß für die Ungleichmäßigkeit (das Schlagen) der Umlaufsbewegung ist. Sie ist gering, wenn k klein ist, d. h. E den Wert $2mgr$ stark überschreitet, dagegen groß, wenn E sich diesem Wert nähert, wobei k stark wächst.

Das Modell des umlaufenden Pendels ist von beträchtlicher praktischer Wichtigkeit. Die Bewegung eines Körpers, der exzentrisch auf einer Achse sitzt, hat eine große Ähnlichkeit mit ihm. Wir kommen später bei den Bewegungen fester Körper darauf zurück.

Es sei bemerkt, daß ein an Fäden aufgehängter Körper nur bei kleinen Ausschlägen oder bei schnell umlaufender Bewegung als Pendel betrachtet werden kann. Wenn die Energie in der Nähe von $2mgr$ liegt, kann die Bedingung, daß der Körper sich auf einem Kreis bewegt, durch Fäden nicht realisiert werden. Diese können nämlich nur auf Zug und nicht auf Druck beansprucht werden und verhindern nicht, daß der Körper den Kreis nach innen verläßt. Dies kann nur durch eine Stange erzielt werden, die man allerdings als gewichtlos betrachten müßte.

*§ 13. Das Raumpendel.

Bezeichnungen: Wie in § 12.

Kann sich der Pendelkörper auf einer Kugel mit dem Radius r bewegen, so müssen wir auf ihr mit

$$x = r\sin\vartheta\cos\varphi; \quad y = r\sin\vartheta\sin\varphi; \quad z = r\cos\vartheta$$

sphärische Polarkoordinaten einführen. Das Potential ist wieder

$$V = mgr(1 - \cos\vartheta), \tag{62}$$

und wenn wir uns auf kleine ϑ beschränken, können wir dafür

$$V = \frac{mgr}{2}\vartheta^2$$

setzen. Die kinetische Energie ist

$$T = \frac{mr^2}{2}(\dot{\vartheta}^2 + \sin^2\vartheta\,\dot{\varphi}^2) = \frac{mr^2}{2}(\dot{\vartheta}^2 + \vartheta^2\dot{\varphi}^2) \tag{63}$$

und das kinetische Potential

$$L = \frac{m r^2}{2} (\dot{\vartheta}^2 + \vartheta^2 \dot{\varphi}^2) - \frac{m g r}{2} \vartheta^2 .$$

φ ist zyklische Koordinate.

Für φ finden wir die LAGRANGEsche Gleichung

$$\frac{d}{dt} (m r^2 \vartheta^2 \dot{\varphi}) = 0 \tag{64a}$$

und aus ihr das Integral

$$m r^2 \vartheta^2 \dot{\varphi} = p_\varphi = \text{const}. \tag{64b}$$

Für ϑ ergibt sich die Gleichung

$$m r^2 \ddot{\vartheta} = m r^2 \vartheta \dot{\varphi}^2 - m g r \vartheta . \tag{64c}$$

Statt ihrer verwenden wir zweckmäßiger den Energiesatz

$$\frac{m r^2}{2} (\dot{\vartheta}^2 + \vartheta^2 \dot{\varphi}^2) + \frac{m g r}{2} \vartheta^2 = E . \tag{65}$$

Eliminieren wir darin $\dot{\varphi}$ mit (64b) und setzen $\vartheta^2 = u$, so entsteht

$$\frac{m r^2}{8} \dot{u}^2 + \frac{p_\varphi^2}{2 m r^2} + \frac{m g r}{2} u^2 = E u$$

und beim Auflösen nach $\dot{u}$

$$\dot{u} = 2 \sqrt{\frac{g}{r} (u_1 - u)(u - u_2)} . \tag{66}$$

u_1 und u_2 sind zwei Konstanten, die sich nach der Formel

$$u_{1,2} = \frac{1}{m g r} \left(E \pm \sqrt{E^2 - \frac{g p_\varphi^2}{r}} \right) .$$

durch E und p_φ ausdrücken lassen. ϑ schwingt zwischen den Werten

$$\vartheta_1 = \sqrt{u_1} \quad \text{und} \quad \vartheta_2 = \sqrt{u_2}$$

hin und her. Die Integration von (66) führt zu

$$u = \frac{u_1 + u_2}{2} - \frac{u_1 - u_2}{2} \cos 2t \sqrt{\frac{g}{r}} ,$$

wenn wir die Zeitzählung bei u_1 beginnen. Führen wir wieder ϑ ein, so erhalten wir

$$\vartheta^2 = \frac{\vartheta_1^2 + \vartheta_2^2}{2} - \frac{\vartheta_1^2 - \vartheta_2^2}{2} \cos 2t \sqrt{\frac{g}{r}} . \tag{67}$$

Die Periode dieser schwingenden Bewegung ist

$$\tau_\vartheta = \pi \sqrt{\frac{r}{g}} , \tag{68}$$

d. h., diese Zeit verstreicht zwischen zwei Maximalwerten von ϑ.

Die Koordinate φ können wir leicht verfolgen, wenn wir die Zeitabhängigkeit von ϑ in (64b) einsetzen. Wir erhalten dann

$$\varphi = \frac{p_\varphi}{m r^2} \int\limits_0 \frac{dt}{\frac{\vartheta_1^2 + \vartheta_2^2}{2} - \frac{\vartheta_1^2 - \vartheta_2^2}{2} \cos 2t \sqrt{\frac{g}{r}}} \tag{69}$$

p_φ läßt sich durch u_1 und u_2 bzw. ϑ_1 und ϑ_2 ausdrücken, und man erhält

$$p_\varphi = m r \sqrt{r g u_1 u_2} = m r \vartheta_1 \vartheta_2 \sqrt{r g} .$$

Die Auswertung des Integrals (69) ist mühsam, aber elementar möglich. Sie ergibt:

$$\vartheta_2 \operatorname{tg} \varphi = \vartheta_1 \operatorname{tg} t \sqrt{\frac{g}{r}}.$$

Besonders einfach liegt der Fall, wenn $\vartheta_1 = \vartheta_2$ ist. Dann ergibt sich

$$\varphi = t \sqrt{\frac{g}{r}}.$$

Der Pendelkörper bewegt sich dann auf einem horizontalen Kreis mit der Umlaufszeit

$$\tau_\varphi = 2\pi \sqrt{\frac{r}{g}}. \tag{70}$$

Die Gleichung (67) liefert dann auch $\vartheta = \text{const}$.

Auch wenn ϑ_1 und ϑ_2 verschieden sind, hat die Umlaufzeit den Wert (70). τ_φ ist doppelt so groß wie τ_ϑ, weil bei einem Rundlauf der größte Wert von ϑ zweimal erreicht wird.

§ 14. Schwingungen um eine Gleichgewichtslage.

Inhalt: Ein System von Körpern mit einer Gleichgewichtslage führt um diese kleine Schwingungen aus, die sich in Normalschwingungen zerlegen lassen. Die Frequenzen der Normalschwingungen können verschieden sein.

Bezeichnungen: x_i, y_i, z_i kartesische Koordinaten der Körper, X_i, Y_i, Z_i Kraftkomponenten, V potentielle, T kinetische Energie, L LAGRANGE-Funktion, q_k generalisierte Koordinaten, ξ_l Normalkoordinaten, ν_l Eigenfrequenzen, f Zahl der Freiheitsgrade.

Wir betrachten ein System von n Körpern, dem m holonome Beschränkungen auferlegt sind. Der Ort der Körper kann dann durch $f = 3n - m$ generalisierte Koordinaten festgelegt werden. Die potentielle Energie des Systems besitze ein Minimum, wenn die Körper eine bestimmte Lage einnehmen, und es ist keine Beschränkung der Allgemeinheit, wenn wir den generalisierten Koordinaten im Minimum die Werte $q_k = 0$ zuordnen.

Bei jeder virtuellen Verrückung

$$\delta x_i = \sum^k \frac{\partial x_i}{\partial q_k} \delta q_k; \quad \delta y_i = \sum^k \frac{\partial y_i}{\partial q_k} \delta q_k; \quad \delta z_i = \sum^k \frac{\partial z_i}{\partial q_k} \delta q_k$$

aus dem Minimum heraus ist die virtuelle Arbeit

$$\sum^i (X_i \delta x_i + Y_i \delta y_i + Z_i \delta z_i) =$$

$$-\sum^k \delta q_k \sum^i \left(\frac{\partial V}{\partial x_i} \frac{\partial x_i}{\partial q_k} + \frac{\partial V}{\partial y_i} \frac{\partial y_i}{\partial q_k} + \frac{\partial V}{\partial z_i} \frac{\partial z_i}{\partial q_k}\right) = -\sum^k \frac{\partial V}{\partial q_k} \delta q_k = -\delta V$$

negativ. Im Zustand minimaler potentieller Energie besitzt das System also eine Gleichgewichtslage, in der es beliebig lange in Ruhe verbleiben kann.

Wir wollen nun die Bewegungen untersuchen, welche das System in der Nähe der Gleichgewichtslage ausführen kann. In der kinetischen Energie

$$T = \frac{1}{2} \sum^{ik} a_{ik} \dot{q}_i \dot{q}_k \tag{71}$$

sind die $a_{ik} = a_{ki}$ Funktionen der q_k, welchen man aber in der Umgebung der Gleichgewichtslage diejenigen konstanten Werte zuschreiben kann, die zu der Gleichgewichtslage gehören. Die potentielle Energie kann man in eine Reihe

$$V = V_0 + \frac{1}{2} \sum^{ik} b_{ik} q_i q_k + \cdots \tag{72}$$

entwickeln, die wegen des Minimums keine linearen Glieder besitzt und die man für kleine Bewegungen um die Gleichgewichtslage mit den Gliedern 2. Ordnung abbrechen kann.

Wenn wir eine lineare Transformation

$$q_k = \sum^l \alpha_{kl} \xi_l \tag{73}$$

der Koordinaten q_k ausführen, erhalten wir in den neuen Koordinaten ξ_l analoge Formen

$$T = \frac{1}{2} \sum^{lm} A_{lm} \dot{\xi}_l \dot{\xi}_m \tag{74}$$

und

$$V = V_0 + \frac{1}{2} \sum^{lm} B_{lm} \xi_l \xi_m$$

für kinetische und potentielle Energie. Die Koeffizienten A_{lm} und B_{lm} hängen mit den a_{ik} und b_{ik} durch

$$A_{lm} = \sum^{ik} \alpha_{kl} \alpha_{im} a_{ik} \tag{75}$$

$$B_{lm} = \sum^{ik} \alpha_{kl} \alpha_{im} b_{ik} \tag{76}$$

zusammen, wie man leicht durch Einsetzen von (73) in (71) und (72) findet. Wir können nun den Koeffizienten α_{kl} der Transformation (73) die Bedingungen auferlegen, daß

$$A_{lm} + A_{ml} = \sum^{ik} a_{ik} (\alpha_{kl} \alpha_{im} + \alpha_{km} \alpha_{il}) = 0 \tag{77}$$

ist, wenn l und m verschieden sind. Die Zahl dieser Bedingungen ist $\frac{1}{2} f(f-1)$. Ebenso können wir verlangen, daß

$$B_{lm} + B_{ml} = \sum^{ik} b_{ik} (\alpha_{kl} \alpha_{im} + \alpha_{km} \alpha_{il}) = 0 \tag{78}$$

ist, wenn m und l verschieden sind. Fügen wir noch die f Bedingungen

$$A_{ll} = \sum^{ik} a_{ik} \cdot \alpha_{kl} \alpha_{il} = 1 \tag{79}$$

hinzu, so haben wir den f^2 Transformationskoeffizienten α_{kl} gerade f^2 Bedingungen auferlegt, durch die ihre Werte bestimmt sind.

Durch die Bedingungen (77) bis (79) vereinfachen sich die kinetische und potentielle Energie auf

$$T = \frac{1}{2} \sum^l \dot{\xi}_l^2 \tag{80}$$

$$V = V_0 + \frac{1}{2} \sum^l B_l \xi_l^2 \tag{81}$$

Die B_l sind sämtlich positiv, da V ein Minimum für $\xi_l = 0$ besitzt, und sie hängen mit den b_{ik} durch

$$B_l = \sum^{ik} b_{ik} \alpha_{kl} \alpha_{il} \tag{82}$$

zusammen.

Jetzt kann man die Lagrange-Funktion

$$L = \frac{1}{2} \sum^l (\dot{\xi}_l^2 - B_l \xi_l^2) \tag{83}$$

bilden und die Bewegungsgleichungen

$$\ddot{\xi}_l + B_l \xi_l = 0 \tag{84}$$

aufstellen. Ihre allgemeinen Lösungen lauten

$$\xi_l = C_l \sin(t - t_l) \sqrt{B_l}. \tag{85}$$

Nun müssen wir noch ein Verfahren ausarbeiten, um die Koeffizienten α und die Werte B_l zu ermitteln. Zu diesem Zwecke stellen wir auch LAGRANGEsche Gleichungen in den Koordinaten q_k auf. Mit (71) und (72) finden wir leicht aus

$$\frac{d}{dt}\frac{\partial T}{\partial \dot{q}_i} + \frac{\partial V}{\partial q_i} = 0 \tag{86}$$

die Gleichung

$$\sum^k (a_{ik}\ddot{q}_k + b_{ik} q_k) = 0 .$$

Setzt man (73) ein, so entsteht daraus

$$\sum^l \sum^k (a_{ik}\alpha_{kl}\ddot{\xi}_l + b_{ik}\alpha_{kl}\xi_l) = 0 . \tag{87}$$

Verwendet man nun noch (84), um $\ddot{\xi}_l$ durch ξ_l auszudrücken, so ergibt sich

$$\sum^l \xi_l \sum^k \alpha_{kl}(b_{ik} - B_l a_{ik}) = 0 \tag{88}$$

Da diese Gleichungen für alle Werte der ξ_l gelten müssen, müssen alle Summen

$$\sum^k \alpha_{kl}(b_{ik} - B_l a_{ik}) = 0 \tag{89}$$

verschwinden. Halten wir einen Wert für l fest, so ist das ein System von f homogenen linearen Gleichungen für die f Koeffizienten α_{kl}. Damit das System eine nicht triviale Lösung besitzt, muß die Determinantengleichung (Säkulargleichung)

$$|b_{ik} - B_l a_{ik}| = 0 \tag{90}$$

gelten. Sie stellt eine Gleichung f-ten Grades für B_l dar und liefert f Werte von B_l. Hätte man einen anderen Wert von l festgehalten, so wäre dieselbe Gl. (90) herausgekommen, und deshalb erhält man auf diese Weise zunächst alle Werte B_l. Darnach kann man die α_{kl} selbst aus (89) und (79) bestimmen.

Die Koordinaten ξ_l werden Normalkoordinaten des Systems genannt, die zugehörigen Schwingungen heißen Normalschwingungen oder Eigenschwingungen. Die Frequenzen

$$\nu_l = \frac{1}{2\pi}\sqrt{B_l} \tag{91}$$

sind die Eigenfrequenzen des Systems.

Besonderheiten treten auf, wenn sich für einige B_l der Wert Null ergibt oder wenn mehrere B_l gleich sind. Ist $B_l = 0$, so erhält man

$$\xi_l = C_l; \quad \xi_l = C_l(t - t_l) . \tag{92}$$

Die betreffende Normalkoordinate erreicht dann mit der Zeit beliebig große Werte, was unserem Näherungsverfahren den Boden entzieht. In solchen Fällen wird der wirkliche Verlauf der Bewegung durch die höheren Glieder der Entwicklung der potentiellen Energie bestimmt.

Wirken zwischen den Körpern des Systems nur innere Kräfte und hat man die Schwerpunktsbewegung und die Rotation des ganzen Systems noch nicht abgetrennt, bevor man Normalkoordinaten einführt, so ergibt die Gl. (90) sechs Wurzeln $B_l = 0$. Zu ihnen gehören keine Schwingungen, sondern die Translation und Rotation des ganzen Systems.

Normalkoordinaten, zu denen sich die Frequenz Null ergibt, bezeichnet man als uneigentliche Schwingungen. Ihr wirklicher Verlauf muß durch dem jeweiligen Fall angepaßte Untersuchungen festgestellt werden und läßt sich mit den hier skizzierten allgemeinen Näherungsverfahren nicht ermitteln.

*§ 15. Berechnung der Zwangskräfte in generalisierten Koordinaten.

Inhalt: LAGRANGEsche Gleichungen I. Art und Zwangskräfte in generalisierten Koordinaten bzw. LAGRANGEsche Gleichungen II. Art mit Nebenbedingungen. Berechnung der Zugkräfte eines Pendels an der Aufhängung.

Bezeichnungen: x_i, y_i, z_i kartesische Koordinaten, X_i, Y_i, Z_i Kraftkomponenten an der Masse m_i, q_k und Q_k generalisierte Koordinaten und Kräfte, Q_k' generalisierte Zwangskraft, T kinetische Energie, r_0 Pendellänge, m Pendelmasse, E Gesamtenergie, g Fallbeschleunigung.

Die LAGRANGEschen Gleichungen II. Art sind ein vorteilhafter Ansatz zur Berechnung der Bewegung. Um die Zwangskräfte zu finden, muß man aber auf die LAGRANGEschen Gleichungen I. Art zurückgreifen. Eine Unbequemlichkeit besteht jetzt darin, daß diese noch nicht auf generalisierte Koordinaten abgestellt sind.

Diesem Mißstand können wir abhelfen, wenn wir zwar generalisierte Koordinaten einführen, wie bei der Ableitung der LAGRANGEschen Ableitung II. Art, die Bedingungsgleichungen aber alle oder zum Teil in der Rechnung mitführen. Wir verwenden also mehr Größen q_k, als den Freiheitsgraden des Systems entspricht, und behalten die Nebenbedingungen

$$F_r(q_k) = 0 \tag{93}$$

bei. Zwischen den Variationen δq_k bestehen jetzt die Beziehungen

$$\sum^k \frac{\partial F_r}{\partial q_k}\,\delta q_k = 0. \tag{94}$$

Genau wie in § 5 führen wir nun

$$\delta x_i = \sum^k \frac{\partial x_i}{\partial q_k}\,\delta q_k, \quad \delta y_i = \sum^k \frac{\partial y_i}{\partial q_k}\,\delta q_k; \quad \delta z_i = \sum^k \frac{\partial z_i}{\partial q_k}\,\delta q_k$$

in das D'ALEMBERTsche Prinzip ein und erhalten wie dort

$$\sum^k \delta q_k \sum^i \left\{(m_i\ddot{x}_i - X_i)\frac{\partial x_i}{\partial q_k} + (m_i\ddot{y}_i - Y_i)\frac{\partial y_i}{\partial q_k} + (m\ddot{z}_i - Z_i)\frac{\partial z_i}{\partial q_k}\right\} = 0.$$

Als generalisierte Kräfte Q_k definieren wir wieder

$$Q_k = \sum^i \left(X_i\frac{\partial x_i}{\partial q_k} + Y_i\frac{\partial y_i}{\partial q_k} + Z_i\frac{\partial z_i}{\partial q_k}\right). \tag{95}$$

Durch die Umformung

$$\sum^i \left(m_i\ddot{x}_i\frac{\partial x_i}{\partial q_k} + m_i\ddot{y}_i\frac{\partial y_i}{\partial q_k} + m_i\ddot{z}_i\frac{\partial z_i}{\partial q_k}\right)$$

$$= \sum^i \frac{m_i}{2}\left\{\frac{d}{dt}\frac{\partial}{\partial \dot{q}_k}(\dot{x}_i^2 + \dot{y}_i^2 + \dot{z}_i^2) - \frac{\partial}{\partial q_k}(\dot{x}_i^2 + \dot{y}_i^2 + \dot{z}_i^2)\right\} = \frac{d}{dt}\frac{\partial T}{\partial \dot{q}_k} - \frac{\partial T}{\partial q_k}$$

ergibt sich

$$\sum^k \delta q_k\left(\frac{d}{dt}\frac{\partial T}{\partial \dot{q}_k} - \frac{\partial T}{\partial q_k} - Q_k\right) = 0. \tag{96}$$

Hieraus folgen jetzt aber nicht die LAGRANGEschen Gleichungen II. Art, da die δq_k nicht alle willkürlich sind, sondern wir müssen die Gl. (94) zuerst noch mit Faktoren λ_r multiplizieren und von (96) subtrahieren. Dann erhalten wir

$$\sum^k \delta q_k\left\{\frac{d}{dt}\frac{\partial T}{\partial \dot{q}_k} - \frac{\partial T}{\partial q_k} - Q_k - \sum^r \lambda_r\frac{\partial F_r}{\partial q_k}\right\} = 0, \tag{97}$$

woraus die Bewegungsgleichungen

$$\frac{d}{dt}\frac{\partial T}{\partial \dot{q}_k} - \frac{\partial T}{\partial q_k} = Q_k + \sum^r \lambda_r \frac{\partial F_r}{\partial q_k} \tag{98}$$

hervorgehen.

Diese Gleichungen sind ein Mittelding zwischen den LAGRANGEschen Gleichungen I. und II. Art. Die Ausdrücke

$$Q'_k = \sum^r \lambda_r \frac{\partial F_r}{\partial q_k} \tag{99}$$

sind die generalisierten Zwangskräfte, die zur Koordinate q_k gehören.

Als Beispiel behandeln wir das ebene Pendel, bei dem wir aber jetzt die Pendellänge r und den Winkel ϑ als generalisierte Koordinate benutzen. Die Schwerkraft hat das Potential (s. Abb. 16)

$$V = m g r_0 - m g r \cos\vartheta$$

und wir erhalten daraus

$$Q_r = m g \cos\vartheta\,.$$

Für die kinetische Energie finden wir

$$T = \frac{m r^2 \dot{\vartheta}^2}{2} + \frac{m}{2}\dot{r}^2$$

und somit

$$\frac{\partial T}{\partial \dot{r}} = m\dot{r}\,; \quad \frac{\partial T}{\partial r} = m r \dot{\vartheta}^2\,.$$

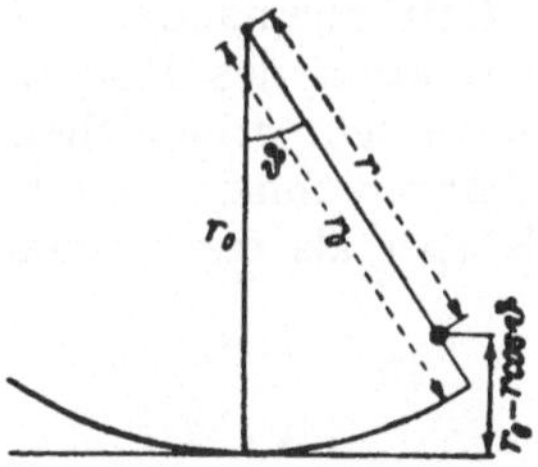

Abb. 16. ϑ und r als generalisierte Koordinaten beim Pendel.

Jetzt ergibt sich die radiale Zwangskraft

$$Q'_r = -Q_r + \frac{d}{dt}\frac{\partial T}{\partial \dot{r}} - \frac{\partial T}{\partial r} = -m g \cos\vartheta + m\ddot{r} - m r \dot{\vartheta}^2\,.$$

Nun haben wir aber noch die Nebenbedingung

$$r = r_0\,; \quad \dot{r} = 0\,; \quad \ddot{r} = 0$$

zu berücksichtigen, wodurch sich Q'_r auf

$$Q'_r = -m g \cos\vartheta - m r_0 \dot{\vartheta}^2$$

reduziert[1]. Setzen wir den Wert (53a) für $\dot{\vartheta}$ ein, so gelangen wir zu

$$\begin{aligned} Q'_r &= -3 m g \cos\vartheta - \frac{2E}{r_0} + 2 m g \\ &= 2 m g \cos\alpha - 3 m g \cos\vartheta\,. \end{aligned}$$

Für kleine Winkel ϑ ist Q'_r negativ und die Kraft ist nach innen gerichtet. Der Pendelkörper übt einen Zug auf die Pendelstange aus. Wenn α unter $\pi/2$ bleibt, sind $\cos\alpha$ und $\cos\vartheta$ positiv und $\cos\vartheta$ immer größer als $\cos\alpha$. Die Kraft Q'_r bleibt also negativ. Ist dagegen $\vartheta > \pi/2$, so ist Q'_r positiv, wenn

$$|\cos\vartheta| > \frac{2}{3}|\cos\alpha|$$

wird. Die Zwangskraft ist dann nach außen gerichtet. Eine solche Kraft kann nur eine Pendelstange, nicht aber ein Faden auf den Pendelkörper ausüben.

Bei der umlaufenden Bewegung findet ein Zug statt, wenn

$$\frac{2E}{r_0} + 3 m g \cos\vartheta > 2 m g$$

ist. Soll auch für $\vartheta = \pi$ noch Zug nach innen stattfinden, so muß

$$\frac{2E}{r_0} > 5 m g$$

sein.

[1] Der erste Anteil rührt vom Gewicht, der zweite von der Zentrifugalkraft her.

III. Die Bewegung des starren Körpers.

Ein wirklicher Körper von endlicher räumlicher Ausdehnung kann nicht immer als Massenpunkt beschrieben werden. Wenn man auch seine Translation durch den Raum als Bewegung seines Schwerpunktes auffassen kann, so ist doch seine Rotationsbewegung auf diese Weise nicht erfaßbar.

In vielen Fällen kann man die Bewegungen eines festen Körpers in zwei Typen zerlegen, nämlich in solche, die er als Ganzes ausführt (Translation und Rotation), und in Bewegungen, die nur Teile von ihm betreffen, die diese also relativ zueinander ausführen. Diese letzteren Bewegungen sind mit einer Deformation des Körpers verbunden. An festen Körpern, die der Verformung einen sehr erheblichen Widerstand entgegensetzen, kommt es nur zu kleinen Deformationen. In guter Näherung kann man von ihnen oft absehen und den Körper als starr behandeln.

§ 1. Das Modell des starren Körpers.

Inhalt: Der starre Körper als System von vielen Massenpunkten. Er besitzt 6 Freiheitsgrade und seine Bewegung kann durch 6 Koordinaten beschrieben werden.

Einen starren Körper können wir näherungsweise als ein System von vielen Massenpunkten beschreiben, indem wir sein Volumen in kleine Volumenelemente einteilen, deren Masse wir uns jeweils in einem Punkt vereinigt denken. Je größer die Zahl der Punkte ist, durch die wir den Körper ersetzen, desto besser ist die Annäherung. Die Abstände der so definierten Massenpunkte sind alle unveränderlich.

Wenn wir den starren Körper durch ein System von Massenpunkten ersetzt haben, können wir das D'ALEMBERTsche Prinzip und die LAGRANGEschen Gleichungen beider Arten anwenden. Zu diesem Zweck müssen wir zuerst die Zahl seiner Freiheitsgrade bestimmen und dann ebenso viele generalisierte Koordinaten einführen.

Faßt man einen bestimmten Punkt des Körpers ins Auge, so kann dieser im Raum eine dreidimensionale Bewegung ausführen. Nimmt man einen zweiten Punkt hinzu, so kann er sich noch auf einer Kugelfläche um den ersten bewegen. Diese Bewegung könnte man etwa durch zwei Polarkoordinaten beschreiben. Die Lage des Körpers im Raum ist damit noch nicht völlig bestimmt, sondern er kann sich noch um die Verbindungslinie der beiden Punkte drehen. Hierfür müssen wir noch eine dritte Winkelkoordinate einführen. Mit ihr liegt dann der Körper völlig fest. Was uns daran besonders interessiert, ist, daß es im ganzen 6 Freiheitsgrade gibt und daß wir also 6 Koordinaten brauchen. Ob man die hier angedeuteten oder andere Koordinaten wählen wird, hängt von den speziellen Problemen ab, die man lösen will.

Kann sich der Körper nicht frei im Raum bewegen, weil er noch Beschränkungen unterliegt, so vermindert sich die Zahl der Koordinaten entsprechend. Ist z. B. ein Punkt fixiert, um den der Körper sich drehen kann (Kreisel), so gehen drei Freiheitsgrade und somit drei Koordinaten verloren.

§ 2. Translation und Rotation eines starren Körpers.

Inhalt: Die Bewegung eines starren Körpers kann in eine Translation und eine Rotation zerlegt werden.

Bezeichnungen: $\mathfrak{r}_i$ und $\mathfrak{v}_i$ Ort und Geschwindigkeit des i-ten Punktes, $\mathfrak{r}_{ik}$ und $\mathfrak{v}_{ik}$ Ort und Geschwindigkeit des k-ten Punktes relativ zum i-ten, ω Drehgeschwindigkeit.

Die Orte der Punkte eines festen Körpers mögen durch die Ortsvektoren $\mathfrak{r}_i$ und die Geschwindigkeiten durch $\mathfrak{v}_i$ angegeben werden.

$$\mathfrak{r}_{ik} = \mathfrak{r}_k - \mathfrak{r}_i = -\mathfrak{r}_{ki} \tag{1}$$

ist daher ein Vektor, der vom i-ten zum k-ten führt, und

$$\mathfrak{v}_{ik} = \mathfrak{v}_k - \mathfrak{v}_i = -\mathfrak{v}_{ki} \tag{2}$$

ist die Relativgeschwindigkeit des k-ten Punktes gegen den i-ten. Wegen der Starrheit sind alle Abstände $|\mathfrak{r}_{ik}|$ unveränderlich, was wir durch die Bedingung

$$\mathfrak{r}_{ik}^2 = r_{ik}^2 = \text{const} \tag{3}$$

festlegen. Differenzieren wir nach der Zeit, so geht sie in

$$(\mathfrak{r}_{ik}\,\mathfrak{v}_{ik}) = 0 \tag{4}$$

über, d. h. die Relativgeschwindigkeit zweier Punkte steht senkrecht auf ihrer Verbindungsstrecke. Diese Forderung kann erfüllt werden, wenn man

$$\mathfrak{v}_{ik} = [\omega\,\mathfrak{r}_{ik}] \tag{5}$$

setzt. ω bedeutet die Drehgeschwindigkeit des Körpers, d. h. jeder Punkt dreht sich mit dieser Geschwindigkeit um jeden andern.

Die Bewegung

$$\mathfrak{v}_k = \mathfrak{v}_i + \mathfrak{v}_{ik} = \mathfrak{v}_i + [\omega\,\mathfrak{r}_{ik}] \tag{6}$$

eines beliebigen Punktes, den wir mit dem Index k bezeichnen, kann dann in die Bewegung eines Bezugspunktes (Index i) und eine Drehung mit der Winkelgeschwindigkeit ω zerlegt werden. Die Bewegung des Körpers besteht aus zwei Anteilen. Der erste ist eine Translation ($\mathfrak{v}_i$), die alle Punkte gleichmäßig betrifft, der zweite eine Rotation (ω).

Meist wird man den Schwerpunkt des Körpers als Bezugspunkt wählen und schreiben.

$$\mathfrak{v}_k = \mathfrak{v}_0 + \mathfrak{v}_{0k} = \mathfrak{v}_0 + [\omega\,\mathfrak{r}_{0k}] \tag{6a}$$

§ 3. Impuls, Drehimpuls und kinetische Energie eines starren Körpers.

Inhalt: Impuls ist gleich Gesamtmasse mal Schwerpunktsgeschwindigkeit. Drehimpuls ist gleich Trägheitsmoment mal Winkelgeschwindigkeit. Beziehung zwischen Rotationsenergie, Trägheitsmoment und Winkelgeschwindigkeit.

Bezeichnung: m_k Masse des k-ten Punktes, σ Dichte, M Gesamtmasse, $\mathfrak{r}_{0k}$ und $\mathfrak{v}_{0k}$ Ortsvektor und Relativgeschwindigkeit bezogen auf den Schwerpunkt, $\mathfrak{r}_0$ und $\mathfrak{v}_0$ Ort und Geschwindigkeit des Schwerpunkts, $\mathfrak{j}$ Drehimpuls, $\mathfrak{j}_0$ Drehimpuls um den Schwerpunkt, ω Winkelgeschwindigkeit, I_x, I_y, I_z Komponenten des Trägheitsmoments, D_{xy}, D_{yz}, D_{zx} Deviationsmomente, dV Volumenelement, T_{rot} Rotationsenergie.

Für den Impuls, Drehimpuls und die kinetische Energie eines starren Körpers gelten zunächst die Sätze, die wir für Systeme von Massenpunkten in Kap. II, § 8, 9, 10, S. 51ff., abgeleitet haben. Die Zwangskräfte, welche die Starrheit garantieren, sind als innere Kräfte anzusehen.

Für den Impuls erhalten wir

$$\mathfrak{G} = \sum^k m_k\,\mathfrak{v}_k = M\,\mathfrak{v}_0. \tag{7}$$

Ist σ die (eventuell ortsabhängige) Dichte und dV das Volumenelement im Körper, so können wir

$$m_k = \sigma\, d V$$

setzen und erhalten die Masse des Körpers

$$M = \int \sigma\, d V, \tag{8}$$

wenn wir die Integration über das Volumen des Körpers erstrecken.

Der Drehimpuls um einen beliebigen Punkt kann nach S. 54 berechnet werden. Zuerst können wir nach (38b) den Anteil

$$M\,[\mathfrak{r}_0\, \mathfrak{v}_0]$$

abspalten. $\mathfrak{r}_0$ und $\mathfrak{v}_0$ bedeuten Ort und Geschwindigkeit des Schwerpunkts. Dazu kommt noch der Drehimpuls

$$\begin{aligned} \mathfrak{j}_0 &= \sum^k m_k [\mathfrak{r}_{0k}\, \mathfrak{v}_{0k}] = \sum^k m_k [\mathfrak{r}_{0k} [\omega\, \mathfrak{r}_{0k}]] = \\ &= \omega \sum^k m_k\, \mathfrak{r}_{0k}^2 - \sum^k m_k\, \mathfrak{r}_{0k} (\omega\, \mathfrak{r}_{0k}) \end{aligned} \tag{9}$$

um den Schwerpunkt.

Schreiben wir Integrale statt der Summen und lassen die Indizes weg, so erhalten wir

$$\mathfrak{j}_0 = \omega \int \sigma\, \mathfrak{r}^2\, d V - \int \sigma\, \mathfrak{r} (\omega\, \mathfrak{r})\, d V. \tag{9a}$$

Die Drehimpulskomponenten sind

$$\begin{aligned} j_{0x} &= \int \sigma \{\omega_x (x^2 + y^2 + z^2) - x(\omega_x x + \omega_y y + \omega_z z)\}\, d V \\ &= \omega_x \int \sigma (z^2 + y^2)\, d V - \omega_y \int \sigma\, x\, y\, d V - \omega_z \int \sigma\, x\, z\, d V. \end{aligned} \tag{9b}$$

Entsprechende Ausdrücke finden wir auch für die y- und z-Komponenten. Bezeichnen wir jetzt die Größen

$$I_x = \int \sigma (y^2 + z^2)\, d V; \quad I_y = \int \sigma (x^2 + z^2)\, d V; \quad I_z = \int \sigma (x^2 + y^2)\, d V \tag{10}$$

als Trägheitsmomente des Körpers um die x-, y- und z-Achse und

$$D_{xy} = \int \sigma\, x\, y\, d V; \quad D_{yz} = \int \sigma\, y\, z\, d V; \quad D_{xz} = \int \sigma\, x\, z\, d V \tag{10a}$$

als Deviationsmomente, die zur xy-Ebene usw. gehören, so bestehen zwischen den Komponenten des Drehimpulses $\mathfrak{j}$ und der Drehgeschwindigkeit ω die Beziehungen

$$\left.\begin{aligned} j_{0x} &= \quad I_x\, \omega_x - D_{xy}\, \omega_y - D_{xz}\, \omega_z, \\ j_{0y} &= -D_{xy}\, \omega_x + \quad I_y\, \omega_y - D_{yz}\, \omega_z, \\ j_{0z} &= -D_{xz}\, \omega_x - D_{yz}\, \omega_y + I_z\, \omega_z. \end{aligned}\right\} \tag{11}$$

Der Drehimpuls ist also der Winkelgeschwindigkeit im allgemeinen nicht einfach proportional. Die Richtung beider Vektoren kann sogar verschieden sein. Sind z. B. alle Deviationsmomente gleich 0 und die drei Werte I_x, I_y und I_z verschieden, so erkennt man dies sofort. Die sechs Größen I und D kann man als die Komponenten eines Tensors

$$\mathcal{J} = \begin{vmatrix} I_x & -D_{xy} & -D_{xz} \\ -D_{xy} & I_y & -D_{yz} \\ -D_{xz} & -D_{yz} & I_z \end{vmatrix}$$

auffassen, die man auch Trägheitsmoment nennt.

Die kinetische Energie besteht nach S. 55 aus der Translationsenergie

$$T_{\text{trans}} = \frac{M}{2}\, \mathfrak{v}_0^2$$

und einem zweiten Anteil

$$T_{\text{rot}} = \frac{1}{2} \sum^k m_k \mathfrak{v}_{0k}^2 = \frac{1}{2} \sum^k m_k ([\omega\, \mathfrak{r}_{0k}]\, [\omega\, \mathfrak{r}_{0k}])$$
$$= \frac{\omega^2}{2} \sum^k m_k \mathfrak{r}_{0k}^2 - \frac{1}{2} \sum^k m_k (\omega\, \mathfrak{r}_{0k})^2,$$

den man beim starren Körper als Rotationsenergie ansehen muß. Ersetzen wir die Summen wieder durch Integrale, so erhalten wir

$$T_{\text{rot}} = \frac{\omega^2}{2} \int \sigma\, \mathfrak{r}^2\, dV - \frac{1}{2} \int \sigma\, (\omega\, \mathfrak{r})^2\, dV \qquad (12)$$
$$= \frac{1}{2} (\omega_x^2 I_x + \omega_y^2 I_y + \omega_z^2 I_z) - \omega_x \omega_y D_{xy} - \omega_x \omega_z D_{xz} - \omega_y \omega_z D_{yz}.$$

Man kann die Rotationsenergie auch leicht durch Drehimpuls und Winkelgeschwindigkeit ausdrücken, und bekommt dann

$$T_{\text{rot}} = \frac{1}{2} (\omega\, \mathfrak{j}_0). \qquad (13)$$

Die Identität von (12) und (13) erkennt man am besten, wenn man (13) in Komponenten ausschreibt.

Schließt die Richtung der Drehgeschwindigkeit ω mit den Achsen x, y, z Winkel mit den Richtungskosinus α, β, γ ein, so ist $\omega_x = \alpha |\omega|$, $\omega_y = \beta |\omega|$; $\omega_z = \gamma |\omega|$ und

$$T_{\text{rot}} = \frac{\omega^2}{2} (\alpha^2 I_x + \beta^2 I_y + \gamma^2 I_z - 2\alpha\beta D_{xy} - 2\alpha\gamma D_{xz} - 2\beta\gamma D_{yz}). \qquad (14)$$

Der Ausdruck

$$I = \alpha^2 I_x + \beta^2 I_y + \gamma^2 I_z - 2\alpha\beta D_{xy} - 2\alpha\gamma D_{xz} - 2\beta\gamma D_{yz} \qquad (15)$$

wird zweckmäßig als Trägheitsmoment um die betreffende Drehachse bezeichnet.

§ 4. Das Trägheitsmoment.

Inhalt: Eigenschaften des Trägheitsmoments. STEINERscher Satz. Hauptträgheitsachsen, Hauptträgheitsmomente. Trägheitsmoment als Tensor. Trägheitsellipsoid.

Bezeichnungen: ϱ Abstand eines Körperpunkts von der Drehachse, ξ, η, ζ Koordinaten bezogen auf das Hauptträgheitskreuz, $\mathcal{J}$ Trägheitstensor. Sonst wie § 3, S. 69.

Wollen wir das Trägheitsmoment um eine bestimmte Drehachse untersuchen, so gehen wir von der Form (12) der Energie aus und legen die z'-Achse eines Koordinatensystems x', y', z' parallel zu ω. Dann ist

$$\left.\begin{aligned} T_{\text{rot}} &= \frac{\omega^2}{2} \int \sigma (x'^2 + y'^2 + z'^2)\, dV - \frac{1}{2} \omega^2 \int \sigma z'^2\, dV. \\ &= \frac{\omega^2}{2} \int \sigma (x'^2 + y'^2)\, dV \end{aligned}\right\} \qquad (16)$$

Bezeichnen wir mit

$$\varrho = \sqrt{x'^2 + y'^2} \qquad (17)$$

den Abstand eines Körperpunkts von der Drehachse, so finden wir durch Vergleich von (14), (15), (16) und (17)

$$I = \int \sigma\, \varrho^2\, dV. \qquad (18)$$

Bilden wir die Drehimpulskomponente in Richtung der Drehachse, so finden wir wegen $\omega_{x'} = \omega_{y'} = 0$ nach (11)

$$j_{0z'} = I\, |\omega|.$$

Dies gilt zunächst für die Drehung um den Schwerpunkt. Wird um den Koordinatenanfang gedreht, so tritt zur Rotationsenergie der Anteil

$$\frac{M}{2}\mathfrak{v}_0^2 = \frac{M}{2}[\omega\,\mathfrak{r}_0]^2 = \frac{M}{2}\{\omega^2\mathfrak{r}_0^2 - (\omega\,\mathfrak{r}_0)^2\} = \frac{M\,\omega^2}{2}(x_0'^2 + y_0'^2) = \frac{M\,\varrho_0^2}{2}\omega^2$$

und zum Drehimpuls das Glied

$$M[\mathfrak{r}_0\,\mathfrak{v}_0] = M[\mathfrak{r}_0[\omega\,\mathfrak{r}_0]] = M\{\omega\,\mathfrak{r}_0^2 - \mathfrak{r}_0(\omega\,\mathfrak{r}_0)\}$$

hinzu. Die z'-Komponente davon ist

$$M\,|\omega|\,(r_0^2 - z_0'^2) = M\,|\omega|\,\varrho_0^2.$$

Liegt der Schwerpunkt nicht auf der Drehachse, sondern hat er von ihr den Abstand ϱ_0, so ist zum Trägheitsmoment bezogen auf den Schwerpunkt noch der Anteil

$$M\,\varrho_0^2$$

hinzuzufügen (STEINERscher Satz). Ist dies geschehen, so kann man die kinetische Energie wieder durch

$$T_{\text{rot}} = \frac{I}{2}\omega^2$$

und die Komponente des Drehimpulses in Richtung der Drehachse durch

$$j_{z'} = I\,|\omega|$$

ausdrücken.

Wir betrachten nun alle Drehachsen, welche sich in einem Punkt schneiden. Die zugehörigen Trägheitsmomente gehören dann zu den verschiedenen Drehungen des Körpers um diesen Punkt. Fixiert man auf jeder Achse einen weiteren Punkt mit den Koordinaten x, y, z im Abstand R vom Drehpunkt, so erhält man die Richtungskosinus der Achse

$$\alpha = \frac{x}{R}\,;\quad \beta = \frac{y}{R}\,;\quad \gamma = \frac{z}{R}\,.$$

Beim Einsetzen in (15) ergibt sich für das Trägheitsmoment

$$I = \frac{1}{R^2}(x^2 I_x + y^2 I_y + z^2 I_z - 2xy\,D_{xy} - 2xz\,D_{xz} - 2yz\,D_{yz}).$$

Die Punkte auf verschiedenen Achsen, für welche

$$\left[I = \frac{1}{R^2}\right] \tag{19}$$

gilt, liegen auf dem Ellipsoid

$$[1 = x^2 I_x + y^2 I_y + z^2 I_z - 2xy\,D_{xy} - 2xz\,D_{xz} - 2yz\,D_{yz}]. \tag{19a}$$

Hat man es konstruiert, so findet man das Trägheitsmoment zu jeder Achse als das reziproke Quadrat des Halbmessers in der Achsenrichtung. Die Gl. (19) und (19a) sind nicht dimensionsrichtig und gelten nur für die Maßzahlen der vorkommenden Größen. Sie sind aus diesem Grund eingeklammert.

Jetzt können wir in jedem Drehpunkte ein Koordinatensystem ξ, η, ζ einführen, dessen Achsen mit den Hauptachsen des Trägheitsellipsoids zusammenfallen. Die Deviationsmomente $D_{\xi\eta}$, $D_{\xi\zeta}$, $D_{\eta\zeta}$ verschwinden dann alle, und die Trägheitsmomente I_ξ, I_η, I_ζ bezeichnet man als Hauptträgheitsmomente. Die zugehörigen Richtungen heißen Hauptträgheitsachsen.

Das Trägheitsellipsoid und das Hauptträgheitskreuz gehört zu einem bestimmten Drehpunkt. Für einen anderen Drehpunkt ergibt sich ein anderes

Ellipsoid und ein anderes Hauptträgheitskreuz. Jedem Drehpunkt ist also ein eigenes Hauptträgheitskreuz zugeordnet.

Das Trägheitsmoment um eine beliebige Achse nimmt nunmehr die Form

$$I = \alpha^2 I_\xi + \beta^2 I_\eta + \gamma^2 I_\zeta \tag{20}$$

an, wenn α, β, γ deren Richtungskosinus gegen die Hauptträgheitsachsen bedeuten. Bezogen auf das Hauptträgheitskreuz erhalten wir statt (11) und (14) einfach

$$j_\xi = I_\xi \omega_\xi; \quad j_\eta = I_\eta \omega_\eta; \quad j_\zeta = I_\zeta \omega_\zeta \tag{21}$$

für den Drehimpuls und

$$T_{\text{rot}} = \frac{1}{2}(\omega_\xi^2 I_\xi + \omega_\eta^2 I_\eta + \omega_\zeta^2 I_\zeta) \tag{22}$$

für die Rotationsenergie.

Sind zwei Hauptträgheitsmomente einander gleich, so ist das Trägheitsellipsoid ein Rotationsellipsoid. Alle Achsen in der Ebene der gleichen Hauptachsen sind ebenfalls Hauptachsen mit demselben Trägheitsmoment. Sind alle drei Hauptträgheitsmomente gleich, so ist jede Achse Hauptachse mit demselben Trägheitsmoment. Das Trägheitsellipsoid ist dann eine Kugel.

Das Trägheitsellipsoid im Schwerpunkt eines Würfels oder eines Oktaeders ist eine Kugel, das eines quadratischen Prismas ein Rotationsellipsoid. Ein Körper braucht also keineswegs rotationssymmetrisch zu sein, damit sein Trägheitsellipsoid ein Rotationsellipsoid wird. Besitzt der Körper eine Symmetrieebene, so ist das Lot auf sie eine Hauptträgheitsachse für Drehungen um den Schwerpunkt. Hat ein Körper mehrere Symmetrieebenen, so sind ihre Schnittlinien und die Lote auf diese Ebenen Hauptträgheitsachsen. Ein Körper mit mehrzähliger Symmetrieachse hat stets zwei gleiche Hauptträgheitsmomente für Drehungen um den Schwerpunkt. Andererseits ist das Trägheitsellipsoid einer Kugel selbst keine Kugel, wenn um einen anderen Punkt als den Schwerpunkt gedreht wird.

Dreht sich der Körper, so drehen sich die Hauptträgheitsachsen mit ihm. Sie bilden also sozusagen ein körperfestes Koordinatenkreuz.

Unter dem Trägheitsmoment kann man offenbar mehrere Dinge verstehen, die etwas verschieden voneinander sind. Zuerst haben wir das Trägheitsmoment

$$I = \int \sigma \varrho^2 \, dV$$

um die momentane Drehachse, deren Produkt mit $\omega^2/2$ die Rotationsenergie liefert und das mit dem Betrage von ω die Komponente des Drehimpulses um die Drehachse gibt. Daneben haben wir die Trägheitsmomente I_x, I_y und I_z um die Koordinatenachsen, welche nach derselben Vorschrift gebildet werden wie I. Aus ihnen kann man aber nicht die Drehimpulskomponenten j_x, j_y, j_z durch einfache Multiplikation mit $|\omega|$ bekommen.

Schließlich können wir unter dem Trägheitsmoment auch den Tensor

$$\mathcal{J} = \begin{vmatrix} I_x & -D_{xy} & -D_{xz} \\ -D_{xy} & I_y & -D_{yz} \\ -D_{xz} & -D_{yz} & I_z \end{vmatrix} \tag{23}$$

verstehen. Bezeichnet $\mathfrak{A})(\mathfrak{B}$ das dyadische Produkt der beiden Vektoren $\mathfrak{A}$ und $\mathfrak{B}$, so können wir auch dafür

$$\mathcal{J} = \int \sigma\{\mathfrak{r}^2 - \mathfrak{r})(\mathfrak{r}\} \, dV \tag{24}$$

schreiben. Durch skalare Multiplikation mit der Drehgeschwindigkeit ω liefert der Tensor $\mathcal{J}$ den Drehimpuls $\mathfrak{j}$ und durch zweimaliges skalares Multiplizieren mit ω die doppelte Rotationsenergie. Dies wird durch die Formeln

$$\mathfrak{j} = (\mathcal{J}\,\omega) = \int \sigma\{\omega\,\mathfrak{r}^2 - \mathfrak{r}(\mathfrak{r}\,\omega)\}\,dV$$

und

$$2T_{\text{rot}} = (\omega\,\mathcal{J}\,\omega) = \int \sigma\{\omega^2\,\mathfrak{r}^2 - (\mathfrak{r}\,\omega)^2\}\,dV$$

ausgedrückt.

Bringt man den Tensor $\mathcal{J}$ auf die Hauptachsenform, so nimmt er die Gestalt

$$\mathcal{J} = \begin{vmatrix} I_\xi & 0 & 0 \\ 0 & I_\eta & 0 \\ 0 & 0 & I_\zeta \end{vmatrix}$$

an. Seine Eigenwerte sind die Hauptträgheitsmomente, seine Eigenvektoren fallen in die Richtungen der Hauptträgheitsachsen.

§ 5. Rotation um eine feste Achse. Physisches Pendel.

Inhalt: Physisches Pendel, Anlaufen eines Motors, Torsionsschwingungen.

Bezeichnungen: I Trägheitsmoment, T kinetische Energie, Q_φ generalisierte Kraft, $\mathfrak{M}$ Drehmoment, $\mathfrak{K}$ Kraft, X, Y, Z ihre Komponenten, g Fallbeschleunigung, D Direktionskraft.

Ein Körper sei um eine feste Achse drehbar, die nicht durch einen Schwerpunkt zu gehen braucht. Zur Beschreibung seiner Bewegung genügt dann der Drehwinkel φ. Ist I das Trägheitsmoment um diese Achse, so ist

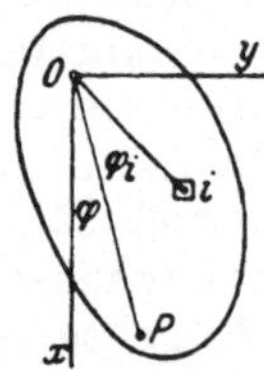

Abb. 17. O Drehachse, φ Winkel zwischen x-Achse und der im Körper festliegenden Richtung OP. ϱ_i Abstand des i-ten Punktes von der Drehachse, φ_i Winkel seiner Verbindung mit O gegen OP.

$$T = \frac{I}{2}\,\omega^2 = \frac{I}{2}\,\dot\varphi^2 \tag{25}$$

die kinetische Energie. Betrachtet man den Körper als ein System von Massenpunkten mit nur einem Freiheitsgrad der Bewegung, so kann man die LAGRANGEsche Gleichung II. Art aufstellen. Wir bilden

$$\frac{\partial T}{\partial\dot\varphi} = I\,\dot\varphi\,; \quad \frac{\partial T}{\partial\varphi} = 0$$

und erhalten

$$I\,\ddot\varphi = Q_\varphi. \tag{26}$$

Die generalisierte Kraft Q_φ (Drehmoment) finden wir nach S. 47 durch die Vorschrift

$$Q_\varphi = \sum^i \left(X_i\frac{\partial x_i}{\partial\varphi} + Y_i\frac{\partial y_i}{\partial\varphi} + Z_i\frac{\partial z_i}{\partial\varphi}\right).$$

Legen wir die z-Achse in die Richtung der Drehachse, so ist nach Abb. 17

$$x_i = \varrho_i\cos(\varphi+\varphi_i)\,; \qquad y_i = \varrho_i\sin(\varphi+\varphi_i)\,; \qquad z_i = \text{const}$$

$$\frac{\partial x_i}{\partial\varphi} = -\varrho_i\sin(\varphi+\varphi_i) = -y_i\,; \quad \frac{\partial y_i}{\partial\varphi} = \varrho_i\cos(\varphi+\varphi_i) = x_i\,; \quad \frac{\partial z_i}{\partial\varphi} = 0,$$

und wir bekommen

$$Q_\varphi = \sum^i (x_i\,Y_i - y_i\,X_i) = \sum^i [\mathfrak{r}_i\,\mathfrak{K}_i]_z = \mathfrak{M}_z = \mathfrak{M}_\varphi.$$

Die generalisierte Kraft ist das Drehmoment $\mathfrak{M}_\varphi$ um die Drehachse.

Die Bewegungsgleichung nimmt dann die Form

$$I\,\ddot\varphi = \mathfrak{M}_\varphi \tag{26a}$$

an. Trägheitsmoment mal Winkelbeschleunigung ist gleich Drehmoment. Hier zeigt sich eine gewisse Analogie zu dem NEWTONschen Bewegungsgesetz: Masse mal Beschleunigung ist gleich Kraft. Bei der Drehbewegung um eine feste Achse sind Trägheitsmoment, Winkelkoordinate, Winkelgeschwindigkeit, Winkelbeschleunigung, Drehimpuls, Drehmoment, Rotationsenergie analog zu Masse, kartesische Koordinate, Geschwindigkeitskomponente, Komponente der Beschleunigung, Impulskomponente, Kraftkomponente, Translationsenergie bei der Bewegung eines einzelnen Massenpunkts. Bei der Drehung um einen Punkt, wo drei Freiheitsgrade bestehen und man den Tensorcharakter des Trägheitsmoments berücksichtigen muß, ist der Nutzen dieser Analogie allerdings nicht sehr groß.

Die einfachste Drehbewegung haben wir vor uns, wenn die Drehachse durch den Schwerpunkt eines Körpers geht, auf den außer der Schwere sonst keine Kraft wirkt. Dann haben wir kein Drehmoment, und die Drehgeschwindigkeit ist konstant.

Ein konstantes Drehmoment hätten wir, wenn ein Schwungrad (Motor) anläuft. Wir erhalten dann eine gleichförmig beschleunigte Drehbewegung.

Reibungskräfte werden ein bremsendes Drehmoment hervorbringen, welches der Drehgeschwindigkeit proportional ist, und für den Bremsvorgang gilt die Gleichung

$$I\ddot{\varphi} = -b\dot{\varphi}.$$

Durch Integrieren ergibt sich, daß die Geschwindigkeit

$$\dot{\varphi} = A\,e^{-\frac{b}{I}t}$$

exponentiell abklingt.

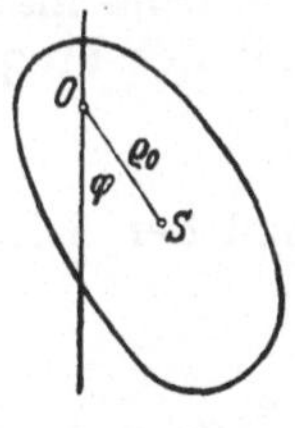

Abb. 18. Physisches Pendel.

Ist ein Körper um eine horizontale Achse drehbar, welche nicht durch seinen Schwerpunkt geht, so übt sein Gewicht das Drehmoment

$$\mathfrak{M}_\varphi = -Mg\varrho_0\sin\varphi$$

aus. ϱ_0 soll den Abstand des Schwerpunkts von der Drehachse und φ den Winkel bedeuten, den das Lot vom Schwerpunkt S auf die Achse O mit der Vertikalen bildet (s. Abb. 18). Einen solchen Körper bezeichnet man als physisches Pendel. Für ihn gilt die Bewegungsgleichung

$$I\ddot{\varphi} = -Mg\varrho_0\sin\varphi. \tag{26b}$$

Sie hat den gleichen Bau wie die Pendelgleichung (54a) von Kap. II, § 12, S. 59, nur daß der Winkel hier mit φ, statt mit ϑ bezeichnet ist und daß an Stelle der Pendellänge r jetzt die reduzierte Pendellänge

$$l = \frac{I}{M\varrho_0}$$

steht. Für kleine Ausschläge geht (26b) in die Schwingungsgleichung

$$\ddot{\varphi} = -\frac{g}{l}\varphi$$

über. Wir erhalten ihre Lösung

$$\varphi = \alpha\sin t\sqrt{\frac{g}{l}}, \tag{27}$$

wenn wir mit der Zeitzählung bei einem Durchgang durch die Gleichgewichtslage beginnen. (27) beschreibt eine Schwingung mit der Frequenz

$$\nu = \frac{1}{2\pi}\sqrt{\frac{g}{l}}$$

und der Schwingungsdauer

$$\tau = 2\pi \sqrt{\frac{l}{g}} = 2\pi \sqrt{\frac{I}{M g \varrho_0}}\,.$$

Für große Ausschläge kann man ebenso wie beim mathematischen Pendel verfahren und erkennt, daß die Schwingungsdauer mit der Amplitude allmählich zunimmt.

Wird ein Körper an einem Faden oder einem dünnen Draht aufgehängt, so liefert seine Verdrillung ein Drehmoment (S. 170)

$$M_\varphi = -\frac{\pi G R^4}{2L}\varphi = -D\varphi. \tag{28}$$

R bedeutet den Radius des Drahtes, G den Torsions- oder Schubmodul und L die Drahtlänge. D nennt man die Direktionskraft. Auch in diesem Fall kommt man zu der Bewegungsgleichung

$$I\ddot{\varphi} = -D\varphi$$

wie beim mathematischen Pendel. Der Körper führt eine Torsionsschwingung mit der Frequenz

$$\nu = \frac{1}{2\pi}\sqrt{\frac{D}{I}}$$

und der Schwingungsdauer

$$\tau = 2\pi\sqrt{\frac{I}{D}}$$

aus.

*§ 6. Drehung um einen festen Punkt. Eulersche Kreiselgleichungen.

Inhalt: Ableitung der Eulerschen Kreiselgleichungen. Ein fester Körper kann ohne äußeres Drehmoment nur um die Hauptträgheitsachsen mit gleichförmiger Geschwindigkeit rotieren. Die Rotation um die Achsen des größten und kleinsten Trägheitsmomentes ist stabil, um die mittlere Hauptträgheitsachse labil.

Bezeichnungen: ξ, η, ζ Hauptträgheitsachsen, ω Drehgeschwindigkeit, $\omega_\xi, \omega_\eta, \omega_\zeta$ ihre Komponenten bezogen auf die Hauptträgheitsachsen, $\mathfrak{j}$ Drehimpuls, $\mathfrak{M}$ Drehmoment, j_ξ, j_η, j_ζ und $\mathfrak{M}_\xi, \mathfrak{M}_\eta, \mathfrak{M}_\zeta$ Komponenten dieser Größen, I_ξ, I_η, I_ζ Hauptträgheitsmomente, $D_{x'y'}, D_{x'z'}, D_{y'z'}$ Deviationsmomente.

Ein Körper sei um einen festen Punkt (Kugelgelenk, Spitzenlager) drehbar. Seine Bewegung beschreiben wir einfach als Drehung seiner Hauptträgheitsachsen ξ, η, ζ gegen ein raumfestes Koordinatensystem x, y, z. Das Hauptträgheitskreuz verwenden wir dabei als körperfestes Koordinatensystem.

Einen beliebigen Vektor $\mathfrak{A}$ kann man in beiden Koordinatensystemen durch seine Komponenten ausdrücken. Sein Betrag ist in beiden Fällen gleich groß, nur seine Komponenten sind verschieden. Beide Darstellungen sind an sich völlig gleichwertig. Eine gewisse Schwierigkeit entsteht jedoch, wenn wir den Vektor zu verschiedenen Zeiten betrachten. Verändert er sich selbst nicht, so behält er im raumfesten System Größe und Richtung bei. Im körperfesten System, welches sich selbst bewegt, ändert der Vektor aber seine Richtung. Stellen wir $\mathfrak{A}$ durch einen Pfeil dar, den wir vom gemeinsamen Ursprung beider Koordinatensysteme aus ziehen, so ist sein Endpunkt im System xyz in Ruhe, im körperfesten System ξ, η, ζ, welches sich selbst mit der Geschwindigkeit ω dreht, bewegt sich dieser Punkt scheinbar mit der Geschwindigkeit $-[\omega\,\mathfrak{A}]$, weil ein mit diesem System fest verbundener Punkt die Geschwindigkeit $[\omega\,\mathfrak{A}]$ im wirklichen Raum hätte. Ist $\mathfrak{A}$ mit der Zeit veränderlich, so wandert der

Endpunkt des Vektorpfeils $\mathfrak{A}$ im Koordinatensystem x, y, z mit der Geschwindigkeit $d\mathfrak{A}/dt$. Im System ξ, η, ζ erscheint seine Geschwindigkeit aber um den Vektor $[\omega\mathfrak{A}]$ vermindert.

Bei der zeitlichen Änderung eines Vektors müssen wir also unterscheiden, ob wir die „totale" Änderung $d\mathfrak{A}/dt$ im wirklichen Raum meinen oder ob es sich um die Änderung handelt, die im drehenden Koordinatensystem beobachtet wird. Letztere ist die Relativgeschwindigkeit, die sich als Differenz der wirklichen Änderungsgeschwindigkeit und der Bewegung des Koordinatensystems berechnet. Wir bezeichnen sie mit $\left(\frac{d\mathfrak{A}}{dt}\right)_{\text{rel}}$. Zwischen beiden gilt der Zusammenhang

$$\frac{d\mathfrak{A}}{dt} = \left(\frac{d\mathfrak{A}}{dt}\right)_{\text{rel}} + [\omega\mathfrak{A}]. \tag{29}$$

Wenden wir dies auf den Vektor der Drehgeschwindigkeit selbst an, so finden wir

$$\frac{d\omega}{dt} = \left(\frac{d\omega}{dt}\right)_{\text{rel}}.$$

Für den Drehimpuls gilt aber im Gegensatz hierzu

$$\frac{d\mathfrak{j}}{dt} = \left(\frac{d\mathfrak{j}}{dt}\right)_{\text{rel}} + [\omega\mathfrak{j}]. \tag{30}$$

Ist $\mathfrak{M}$ das Drehmoment, welches sich am Körper betätigt, so gilt nach Kap. II, § 9, (37a), S. 53, der Drehimpulssatz

$$\mathfrak{M} = \frac{d\mathfrak{j}}{dt} = \left(\frac{d\mathfrak{j}}{dt}\right)_{\text{rel}} + [\omega\mathfrak{j}]. \tag{31}$$

Diese Gleichung drücken wir nun im körperfesten Koordinatensystem aus. Da seine Achsen die Hauptträgheitsachsen sind, gilt einfach

$$j_\xi = I_\xi\,\omega_\xi; \quad j_\eta = I_\eta\,\omega_\eta; \quad j_\zeta = I_\zeta\,\omega_\zeta,$$

und wir erhalten von (31) die Komponentendarstellung

$$\left.\begin{aligned} M_\xi &= I_\xi \frac{d\omega_\xi}{dt} + (I_\zeta - I_\eta)\,\omega_\eta\,\omega_\zeta, \\ M_\eta &= I_\eta \frac{d\omega_\eta}{dt} + (I_\xi - I_\zeta)\,\omega_\xi\,\omega_\zeta, \\ M_\zeta &= I_\zeta \frac{d\omega_\zeta}{dt} + (I_\eta - I_\xi)\,\omega_\eta\,\omega_\xi. \end{aligned}\right\} \tag{31a}$$

Dies sind die EULERschen Gleichungen für die Bewegung eines Körpers, von dem ein Punkt im Raume festgehalten wird. Ein solcher Körper wird Kreisel genannt.

Fehlen äußere Kräfte, so wirkt kein Drehmoment, und es gilt

$$\left.\begin{aligned} I_\xi \frac{d\omega_\xi}{dt} &= (I_\eta - I_\zeta)\,\omega_\eta\,\omega_\zeta, \\ I_\eta \frac{d\omega_\eta}{dt} &= (I_\zeta - I_\xi)\,\omega_\xi\,\omega_\zeta, \\ I_\zeta \frac{d\omega_\zeta}{dt} &= (I_\xi - I_\eta)\,\omega_\xi\,\omega_\eta. \end{aligned}\right\} \tag{31b}$$

Wenn kein Drehmoment vorhanden ist, ist zwar der Drehimpuls konstant, daraus folgt aber noch nicht die Konstanz der Winkelgeschwindigkeit. Sind nämlich alle drei Hauptträgheitmomente verschieden, so kann die zeitliche Ableitung von ω nur dann verschwinden, wenn zwei seiner Komponenten gleich 0 sind. Die Rotation erfolgt dann um eine der Hauptträgheitsachsen. Dreht sich der Körper um eine andere Achse, so verlagert sich deren Richtung im Körper, d. h. sie wandert in ihm herum. Nur um eine Hauptträgheitsachse kann der Körper mit gleichförmiger Geschwindigkeit rotieren. Die Hauptträgheitsachsen nennt man deshalb auch freie Achsen.

Dies wird noch deutlicher, wenn wir zu einem körperfesten Koordinatensystem x', y', z' greifen, dessen z'-Achse zur Zeit $t = t_0$ gerade mit der momentanen Drehgeschwindigkeit zusammenfällt. Ohne äußeres Drehmoment erhalten wir aus (31)

$$\left(\frac{d\mathfrak{j}}{dt}\right)_{\text{rel}} + [\omega \mathfrak{j}] = 0$$

und wegen (11) und ($\omega_{x'} = \omega_{y'} = 0$) in Komponenten

$$\begin{aligned} I_{x'} \frac{d\omega_{x'}}{dt} - D_{x'y'} \frac{d\omega_{y'}}{dt} - D_{x'z'} \frac{d\omega_{z'}}{dt} + \omega_{z'}^2 D_{y'z'} &= 0, \\ -D_{x'y'} \frac{d\omega_{x'}}{dt} + I_{y'} \frac{d\omega_{y'}}{dt} - D_{y'z'} \frac{d\omega_{z'}}{dt} - \omega_{z'}^2 D_{x'z'} &= 0, \\ -D_{x'z'} \frac{d\omega_{x'}}{dt} - D_{x'y'} \frac{d\omega_{y'}}{dt} + I_{z'} \frac{d\omega_{z'}}{dt} \qquad\qquad &= 0. \end{aligned}$$

Offenbar sind die Deviationsmomente daran schuld, daß die Komponenten der Drehgeschwindigkeit sich ändern.

Wir wollen jetzt die Bewegung des Körpers untersuchen, wenn die Drehachse zwar beinahe mit einer Hauptträgheitsachse zusammenfällt, aber doch nicht ganz. Mit I_ξ sei das größte, mit I_η das mittlere und mit I_ζ das kleinste Hauptträgheitsmoment bezeichnet. Zur Abkürzung führen wir die positiven Größen

$$A = \frac{I_\eta - I_\zeta}{I_\xi}; \quad B = \frac{I_\xi - I_\zeta}{I_\eta}; \quad C = \frac{I_\xi - I_\eta}{I_\zeta}$$

ein, wodurch die Gl. (31b) in

$$\frac{d\omega_\xi}{dt} = A\,\omega_\eta\,\omega_\zeta, \tag{32a}$$

$$\frac{d\omega_\eta}{dt} = -B\,\omega_\xi\,\omega_\zeta, \tag{32b}$$

$$\frac{d\omega_\zeta}{dt} = C\,\omega_\xi\,\omega_\eta \tag{32c}$$

übergehen. Fällt die Drehachse fast mit der ξ-Achse zusammen, so sind ω_η und ω_ζ klein, und wir erhalten bei Vernachlässigung der Glieder 2. Ordnung in diesen Größen

$$\frac{d\omega_\xi}{dt} = 0; \quad \omega_\xi = \text{const}$$

aus (32a). Nun können wir (32b) nach der Zeit differenzieren, wobei wir

$$\frac{d^2\omega_\eta}{dt^2} = -B\,\omega_\xi \frac{d\omega_\zeta}{dt}$$

erhalten und ω_ζ mit (32c) eliminieren. Wir gelangen dann zu

$$\frac{d^2\omega_\eta}{d^2t} = -BC\,\omega_\xi^2\,\omega_\eta \tag{33}$$

zur Berechnung von ω_η. Bei geeigneter Wahl der Zeitskala erhalten wir die Lösung

$$\omega_\eta = \alpha \sin(\omega_\xi\, t \sqrt{BC}).$$

ω_η schwankt also zwischen zwei Werten $\pm\alpha$ hin und her. Ein entsprechendes Resultat ergibt sich auch für ω_ζ. Das wesentliche ist, daß die η- und ζ-Komponenten der Drehgeschwindigkeit sich innerhalb gewisser Grenzen α halten, so daß die Rotation tatsächlich dauernd um eine Achse erfolgt, die von der ξ-Achse nicht allzusehr abweicht. Hierdurch rechtfertigt sich auch unser Näherungsverfahren.

Ein ganz ähnliches Resultat finden wir, wenn die Drehachse nahe bei der Achse des kleinsten Trägheitsmoments liegt. Dreht sich der Körper aber um eine Achse nicht weit von der mittleren Hauptträgheitsachse, so finden wir zuerst wie oben $\omega_\eta = \text{const}$, dann aber statt (33) die Gleichung

$$\frac{d^2\omega_\xi}{dt^2} = A\,C\,\omega_\eta^2\,\omega_\xi .$$

mit der Lösung

$$\omega_\xi = \alpha\, e^{\omega_\eta t \sqrt{AC}}$$

ω_ξ wächst also mit der Zeit monoton an, und das gleiche finden wir für ω_ζ. Unserer Näherungsrechnung wird hierdurch die Grundlage entzogen. Wir können deshalb auch das Ergebnis $\omega_\eta = \text{const}$ nicht als richtig ansehen. Die Drehachse bleibt nicht in der Nähe der mittleren Hauptträgheitsachse, sondern entfernt sich mit der Zeit weit von ihr.

Die Drehung um die Achse des größten und kleinsten Hauptträgheitsmoments ist stabil. Bei einer kleinen Störung der Bewegung, die der Drehgeschwindigkeit eine andere Richtung gibt, entsteht eine Bewegung, bei welcher die Drehachse in der Nähe der Hauptträgheitsachse bleibt. Die Rotation um die Achse des mittleren Hauptträgheitsmoments ist labil. Eine kleine Störung, welche die Bewegung etwas abändert, führt dazu, daß die Drehachse sich weit von der Hauptträgheitsachse entfernt. Die Bewegung des Körpers nimmt also durch die kleinste Störung einen völlig anderen Charakter an.

§ 7. Die EULERschen Winkel als generalisierte Koordinaten.

Inhalt: Die EULERschen Winkel werden eingeführt. Drehgeschwindigkeit, Drehimpuls, kinetische und potentielle Energie werden durch sie ausgedrückt.

Bezeichnungen: x, y, z raumfestes Koordinatensystem mit vertikaler z-Achse, ξ, η, ζ Hauptträgheitsachsen, x' Knotenlinie, ϑ, φ, χ EULERsche Winkel, ω_ξ, ω_η, ω_ζ Komponenten der Drehgeschwindigkeit, j_ξ, j_η, j_ζ des Drehimpulses, $\mathfrak{M}$ Drehmoment, T kinetische Energie, V potentielle Energie, M Masse des Körpers, g Fallbeschleunigung, I_ξ, I_η, I_ζ Hauptträgheitsmomente, ξ_0, η_0, ζ_0 Koordinaten des Schwerpunkts im Hauptträgheitskreuz.

Die EULERschen Gleichungen geben an, wie die Drehgeschwindigkeit des Körpers durch das Drehmoment verändert wird. Da sie auf das Hauptträgheitskreuz bezogen sind, beschreiben sie die Bewegung der Drehachse im Körper. Sie eignen sich dagegen nicht dazu, die jeweilige Lage des Körpers im Raume zu berechnen, welche durch die Stellung der Hauptträgheitsachsen ξ, η, ζ gegen ein raumfestes Koordinatensystem x, y, z festgelegt ist.

Die gegenseitige Lage der beiden Koordinatensysteme bestimmen wir durch drei Drehungen, mit denen wir die Achsen x, y, z in die Achsen ξ, η, ζ überführen können. Zuerst drehen wir um die z-Achse, die wir vertikal annehmen, bis die x-Achse in die Ebene ξ, η zu liegen kommt (s. Abb. 19). Der Drehwinkel sei φ. Die neue x-Achse, die wir mit x' bezeichnen, nennt man Knotenlinie. Zwischen x, y, z und den neuen Koordinaten x', y', z bestehen die Beziehungen

$$\left.\begin{aligned} x' &= x\cos\varphi + y\sin\varphi; & x &= x'\cos\varphi - y'\sin\varphi;\\ y' &= -x\sin\varphi + y\cos\varphi; & y &= x'\sin\varphi + y'\cos\varphi;\\ z &= z; & z &= z. \end{aligned}\right\} \tag{34a}$$

Darnach drehen wir das Achsenkreuz x', y', z um die Knotenlinie (x') so lange, bis sich die z-Achse mit der ζ-Achse deckt. Der Drehwinkel sei ϑ. Zwischen x', y', z und x', y'', ζ bestehen die Beziehungen

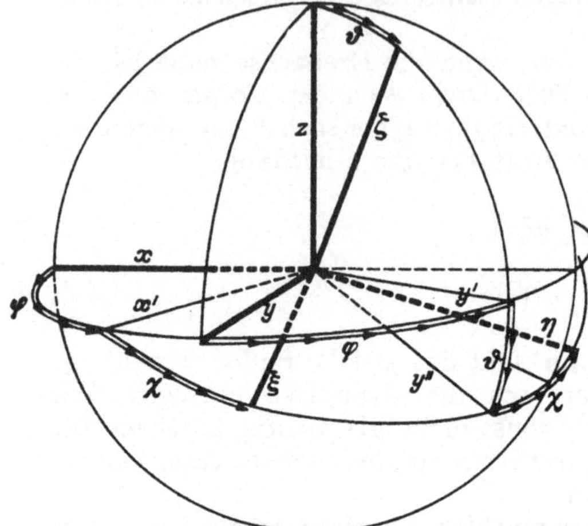

Abb. 19. Eulersche Winkel. (Um eine bessere perspektivische Wirkung zu erzielen, ist die Abbildung für einen negativen Winkel ϑ gezeichnet).

$$\left.\begin{aligned} x' &= x'; \\ y'' &= y'\cos\vartheta + z\sin\vartheta; \\ \zeta &= -y'\sin\vartheta + z\cos\vartheta; \\ x' &= x'; \\ y' &= y''\cos\vartheta - \zeta\sin\vartheta; \\ z &= y''\sin\vartheta + \zeta\cos\vartheta. \end{aligned}\right\} \quad (34\text{b})$$

Schließlich drehen wir noch das System x', y'', ζ um die ζ-Achse, bis es mit dem Koordinatensystem ξ, η, ζ zusammenfällt. Der Drehwinkel sei χ. Zwischen x', y'', ζ und ξ, η, ζ bestehen die Beziehungen

$$\left.\begin{aligned} \xi &= x'\cos\chi + y''\sin\chi; & x' &= \xi\cos\chi - \eta\sin\chi; \\ \eta &= -x'\sin\chi + y''\cos\chi; & y'' &= \xi\sin\chi + \eta\cos\chi; \\ \zeta &= \zeta; & \zeta &= \zeta. \end{aligned}\right\} \quad (34\text{c})$$

Der Übergang vom System x, y, z zum System ξ, η, ζ wird also durch die Transformationsgleichungen

$$\begin{aligned} \xi &= x(\cos\chi\cos\varphi - \sin\chi\sin\varphi\cos\vartheta) + y(\cos\chi\sin\varphi + \sin\chi\cos\varphi\cos\vartheta) + \\ &\quad + z\sin\chi\sin\vartheta; \\ \eta &= -x(\cos\chi\sin\varphi\cos\vartheta + \sin\chi\cos\varphi) + y(\cos\chi\cos\varphi\cos\vartheta - \sin\chi\sin\varphi) + \\ &\quad + z\cos\chi\sin\vartheta; \\ \zeta &= x\sin\varphi\sin\vartheta - y\cos\varphi\sin\vartheta + z\cos\vartheta \end{aligned} \quad (35\text{a})$$

vollzogen. Nach x, y, z aufgelöst lauten sie

$$\begin{aligned} x &= \xi(\cos\chi\cos\varphi - \sin\chi\sin\varphi\cos\vartheta) - \eta(\cos\chi\sin\varphi\cos\vartheta + \sin\chi\cos\varphi) + \\ &\quad + \zeta\sin\varphi\sin\vartheta; \\ y &= \xi(\cos\chi\sin\varphi + \sin\chi\cos\varphi\cos\vartheta) + \eta(\cos\chi\cos\varphi\cos\vartheta - \sin\chi\sin\varphi) - \\ &\quad - \zeta\cos\varphi\sin\vartheta; \\ z &= \xi\sin\chi\sin\vartheta + \eta\cos\chi\sin\vartheta + \zeta\cos\vartheta. \end{aligned} \quad (35\text{b})$$

Die Komponenten irgendeines Vektors $\mathfrak{A}$ in den beiden Systemen transformieren sich wie die Koordinaten selbst, d. h. nach dem leichtverständlichen Schema

	$\mathfrak{A}_x$	$\mathfrak{A}_y$	$\mathfrak{A}_z$
$\mathfrak{A}_\xi$	$\cos\chi\cos\varphi - \sin\chi\sin\varphi\cos\vartheta$	$\cos\chi\sin\varphi + \sin\chi\cos\varphi\cos\vartheta$	$\sin\chi\sin\vartheta$
$\mathfrak{A}_\eta$	$-\cos\chi\sin\varphi\cos\vartheta - \sin\chi\cos\varphi$	$\cos\chi\cos\varphi\cos\vartheta - \sin\chi\sin\varphi$	$\cos\chi\sin\vartheta$
$\mathfrak{A}_\zeta$	$\sin\varphi\sin\vartheta$	$-\cos\varphi\sin\vartheta$	$\cos\vartheta$

(35c)

Zur Angabe des Hauptträgheitskreuzes und damit der Lage des Körpers im Raum führen wir als generalisierte Koordinaten die drei Winkel φ, ϑ und χ ein, die man EULERsche Winkel nennt. Zuerst wollen wir die Drehgeschwindigkeit durch φ, ϑ, χ und ihre zeitlichen Ableitungen ausdrücken. $\dot\varphi$, $\dot\vartheta$, $\dot\chi$ sind selbst Drehgeschwindigkeiten um die Achsen z, x' und ζ, aus denen sich die Drehgeschwindigkeit ω des Körpers vektoriell zusammensetzt. Die z-Achse hat nach dem Schema (35c) gegen die Hauptträgheitsachsen ξ, η, ζ die Richtungskosinus

$$\cos(z\,\xi) = \sin\chi\sin\vartheta; \quad \cos(z\,\eta) = \cos\chi\sin\vartheta; \quad \cos(z\,\zeta) = \cos\vartheta,$$

und $\dot\varphi$ hat deshalb die Komponenten

$$\dot\varphi_\xi = \dot\varphi\sin\chi\sin\vartheta; \quad \dot\varphi_\eta = \dot\varphi\cos\chi\sin\vartheta, \quad \dot\varphi_\zeta = \dot\varphi\cos\vartheta.$$

Die Richtungskosinus der Knotenlinie x' gegen ξ, η, ζ sind nach (34c)

$$\cos(x'\,\xi) = \cos\chi; \quad \cos(x'\,\eta) = -\sin\chi; \quad \cos(x'\,\zeta) = 0,$$

die Komponenten von $\dot\vartheta$ sind deshalb

$$\dot\vartheta_\xi = \dot\vartheta\cos\chi; \quad \dot\vartheta_\eta = -\dot\vartheta\sin\chi; \quad \dot\vartheta_\zeta = 0.$$

Da $\dot\chi$ in der Richtung der ζ-Achse liegt, fällt es mit seiner ζ-Komponente zusammen, während seine ξ- und η-Komponenten verschwinden.

Die Komponenten ω_ξ, ω_η und ω_ζ der momentanen Drehgeschwindigkeit ω kann man aus den Komponenten von $\dot\varphi$, $\dot\vartheta$ und $\dot\chi$ additiv zusammensetzen, weil die Drehgeschwindigkeit selbst die Resultante der Drehgeschwindigkeiten $\dot\varphi$, $\dot\vartheta$, $\dot\chi$ ist, und man erhält

$$\left.\begin{aligned} \omega_\xi &= \dot\varphi\sin\chi\sin\vartheta + \dot\vartheta\cos\chi, \\ \omega_\eta &= \dot\varphi\cos\chi\sin\vartheta - \dot\vartheta\sin\chi, \\ \omega_\zeta &= \dot\varphi\cos\vartheta + \dot\chi. \end{aligned}\right\} \tag{36}$$

Hieraus gewinnt man nach (21) die Komponenten des Drehimpulses

$$\left.\begin{aligned} j_\xi &= I_\xi(\dot\varphi\sin\chi\sin\vartheta + \dot\vartheta\cos\chi), \\ j_\eta &= I_\eta(\dot\varphi\cos\chi\sin\vartheta - \dot\vartheta\sin\chi), \\ j_\zeta &= I_\zeta(\dot\varphi\cos\vartheta + \dot\chi) \end{aligned}\right\} \tag{37}$$

und nach (22) die kinetische Energie der Drehbewegung

$$\begin{aligned} T &= \frac{1}{2}(I_\xi\,\omega_\xi^2 + I_\eta\,\omega_\eta^2 + I_\zeta\,\omega_\zeta^2) \\ &= \frac{I_\xi}{2}(\dot\varphi\sin\chi\sin\vartheta + \dot\vartheta\cos\chi)^2 + \frac{I_\eta}{2}(\dot\varphi\cos\chi\sin\vartheta - \dot\vartheta\sin\chi)^2 + \\ &+ \frac{I_\zeta}{2}(\dot\varphi\cos\vartheta + \dot\chi)^2. \end{aligned} \tag{38}$$

Es gibt nun zwei Wege, zu Bewegungsgleichungen zu gelangen. Man kann von den EULERschen Gleichungen ausgehen und in sie die Ausdrücke (36) für ω_ξ, ω_η und ω_ζ einbringen. Dann muß man noch die Komponente des Drehmoments in den EULERschen Winkel bilden. Dazu kann man zuerst die Komponenten $\mathfrak{M}_x$, $\mathfrak{M}_y$, $\mathfrak{M}_z$ im raumfesten System berechnen, die dann natürlich zunächst die Koordinaten x, y und z enthalten, um mit Hilfe der EULERschen Winkel auf das Hauptträgheitskreuz überzugehen und die Komponenten $\mathfrak{M}_\xi$, $\mathfrak{M}_\eta$, $\mathfrak{M}_\zeta$ nach dem Schema (35c) zu finden.

Wenn die äußeren Kräfte ein Potential besitzen, ist es aber bequemer, die LAGRANGE-Funktion zu berechnen und aus ihr Bewegungsgleichungen zu gewinnen. Wirkt z. B. nur die Schwerkraft auf den Körper, so erhalten wir das Potential

$$V = M g z_0, \tag{39}$$

wenn z_0 die z-Koordinate des Schwerpunkts im raumfesten System, M die Körpermasse und g die Fallbeschleunigung bedeuten. Sind ξ_0, η_0, ζ_0 die Schwerpunktskoordinaten, bezogen auf das Hauptachsensystem, dessen Ursprung im Drehpunkt liegt, so findet man nach (35c)

$$V = M g(\xi_0 \sin\vartheta \sin\chi + \eta_0 \sin\vartheta \cos\chi + \zeta_0 \cos\vartheta). \tag{39a}$$

In diesem Fall lautet die LAGRANGE-Funktion

$$\begin{aligned} L = T - V = \frac{I_\xi}{2}(\dot\varphi \sin\chi \sin\vartheta + \dot\vartheta \cos\chi)^2 + \frac{I_\eta}{2}(\dot\varphi \cos\chi \sin\vartheta - \dot\vartheta \sin\chi)^2 + \\ + \frac{I_\zeta}{2}(\dot\varphi \cos\vartheta + \dot\chi)^2 - M g(\xi_0 \sin\vartheta \sin\chi + \eta_0 \sin\vartheta \cos\chi + \zeta_0 \cos\vartheta). \end{aligned} \tag{40}$$

Der Winkel φ kommt in ihr nicht vor und ist deshalb eine zyklische Koordinate.

§ 8. Der symmetrische Kreisel.

Inhalt: Bewegung des kräftefreien symmetrischen Kreisels. Seine Symmetrieachse führt eine Präzession um den konstanten Drehimpuls aus. Die momentane Drehachse beschreibt im Raum einen Kegel um den Drehimpuls und im Körper einen Kegel um die Symmetrieachse. Bewegung des Kreisels im Schwerefeld. Bei schneller Rotation präzessiert die Symmetrieachse um die Vertikale und führt außerdem eine Nutationsbewegung aus.

Bezeichnungen: A Trägheitsmoment senkrecht zur Symmetrieachse C Trägheitsmoment um die Symmetrieachse. Sonst wie § 7, S. 79.

Unter einem symmetrischen Kreisel (oder Kreisel schlechthin) versteht man einen Rotationskörper, der an einem Punkt seiner Symmetrieachse festgehalten wird und sich um diesen Punkt frei drehen kann. Die Symmetrieachse ist eine Hauptträgheitsachse, die wir mit der ζ-Achse identifizieren. Die Trägheitsmomente um alle Achsen senkrecht zur Symmetrieachse sind gleich groß, und wir setzen

$$I_\eta = I_\xi = A; \quad I_\zeta = C. \tag{41}$$

Der Ausdruck (38) für die kinetische Energie vereinfacht sich beim symmetrischen Kreisel auf

$$T = \frac{A}{2}(\dot\varphi^2 \sin^2\vartheta + \dot\vartheta^2) + \frac{C}{2}(\dot\varphi \cos\vartheta + \dot\chi)^2. \tag{42}$$

Zuerst untersuchen wir einen Kreisel, dessen Schwerpunkt unterstützt wird. Seine potentielle Energie ist Null, und es wirkt auf ihn kein Drehmoment. Die kinetische Energie ist gleichzeitig LAGRANGE-Funktion, und die Koordinaten φ und χ sind zyklisch. Für sie finden wir die LAGRANGEschen Gleichungen II. Art

$$\frac{d}{dt}\{C(\dot\varphi \cos\vartheta + \dot\chi)\} = 0,$$

$$\frac{d}{dt}\{A\,\dot\varphi \sin^2\vartheta + C\cos\vartheta(\dot\varphi \cos\vartheta + \dot\chi)\} = 0.$$

Durch Integrieren erhält man die beiden Integrale

$$C(\dot\varphi \cos\vartheta + \dot\chi) = k_2. \tag{43a}$$

$$A\,\dot\varphi \sin^2\vartheta + C\cos\vartheta(\dot\varphi \cos\vartheta + \dot\chi) = A\,\dot\varphi \sin^2\vartheta + k_2 \cos\vartheta = k_1. \tag{43b}$$

Auf die dritte Bewegungsgleichung verzichten wir, weil außerdem noch die Integrale des Energiesatzes und des Drehimpulssatzes zur Verfügung stehen. Da keine potentielle Energie vorhanden ist, ist die kinetische Energie T konstant. Da kein Drehmoment wirkt, ist der Drehimpuls im raumfesten System unveränderlich. Legen wir die z-Achse in seine Richtung (also nicht in die Vertikale), so ist

$$j_x = 0; \quad j_y = 0; \quad j_z = j.$$

Nach dem Schema (35c) finden wir leicht die Komponenten

$$j_\xi = j \sin\chi \sin\vartheta; \quad j_\eta = j \cos\chi \sin\vartheta; \quad j_\zeta = j \cos\vartheta$$

im Hauptträgheitskreuz. Wenn wir diese Ausdrücke mit (37) vergleichen, so gelangen wir zu den drei Drehimpulsintegralen

$$j \sin\vartheta \sin\chi = A(\dot\varphi \sin\vartheta \sin\chi + \dot\vartheta \cos\chi); \tag{44a}$$

$$j \sin\vartheta \cos\chi = A(\dot\varphi \sin\vartheta \cos\chi - \dot\vartheta \sin\chi); \tag{44b}$$

$$j \cos\vartheta \quad = C(\dot\varphi \cos\vartheta + \dot\chi). \tag{44c}$$

Da wir die z-Achse schon in die Richtung des Drehimpulses gelegt haben, kommt in ihnen nur die einzige Integrationskonstante j vor.

Von den 6 Integralen [(43a, b), (44a, b, c), T = const], welche wir im ganzen besitzen, sind nur drei voneinander unabhängig. Wir werden dies daran sehen, daß aus (43a), (44a) und (44c) die drei andern hergeleitet werden können. Aus (43a) und (44c) ergibt sich sofort

$$\cos\vartheta = \frac{k_2}{j} = \text{const.} \tag{45}$$

Die Symmetrieachse bildet mit dem Drehimpuls (z-Achse) einen unveränderlichen Winkel. Sie umwandert also einen Kegelmantel mit der Öffnung ϑ.

Wegen der Konstanz des Winkels ϑ vereinfacht sich (44a) auf

$$j = A\dot\varphi; \quad \varphi = \varphi_0 + \frac{j}{A} t. \tag{46}$$

(44b) ergibt dasselbe Resultat. Die Knotenlinie dreht sich also mit der konstanten Geschwindigkeit j/A um die z-Achse. Dies bedeutet, daß die Symmetrieachse den Kegel mit der Öffnung ϑ um den Drehimpuls mit konstanter Geschwindigkeit durchläuft. Diese Bewegung nennt man Präzession.

Für den Winkel χ finden wir schließlich noch aus (43a)

$$\dot\chi = \frac{k_2}{C} - \dot\varphi \cos\vartheta = k_2\left(\frac{1}{C} - \frac{1}{A}\right) = \text{const.} \tag{47}$$

$$\chi = \chi_0 + k_2\left(\frac{1}{C} - \frac{1}{A}\right) t.$$

Der Kreisel dreht sich mit konstanter Geschwindigkeit $\dot\chi$ um seine Symmetrieachse.

Wenn $\dot\varphi$, $\dot\chi$ und ϑ konstant sind, ist auch die Energie konstant, und das Integral des Energiesatzes ergibt sich von selbst. Dasselbe gilt für (43b). Durch die Drehgeschwindigkeit $\dot\chi$ und die Präzessionsgeschwindigkeit $\dot\varphi$ kann man alle Integrationskonstanten ausdrücken und erhält

$$j = A\dot\varphi; \quad k_2 = \frac{AC}{A-C}\dot\chi; \quad \cos\vartheta = \frac{C\dot\chi}{(A-C)\dot\varphi};$$

$$k_1 = A\dot\varphi = j; \quad T = \frac{A\dot\varphi^2}{2} + \frac{AC}{2(A-C)}\dot\chi^2.$$

Die Bewegung eines symmetrischen Kreisels, der im Schwerpunkt unterstützt ist, läßt sich also einfach beschreiben. Der Kreiselkörper rotiert mit beliebiger Geschwindigkeit $\dot{\chi}$ um seine Symmetrieachse. Diese Achse selbst durchwandert einen beliebigen Kegelmantel mit einer Geschwindigkeit, die von seiner Öffnung ϑ abhängt.

Der Vollständigkeit halber wollen wir auch noch die Bewegung der Drehachse untersuchen. $\dot{\varphi}$ ist eine Drehgeschwindigkeit um die z-Achse (Drehimpulsachse), $\dot{\chi}$ um die Symmetrieachse. Die Drehgeschwindigkeit ω ist die vektorielle Summe beider. ω ist die Diagonale des von $\dot{\varphi}$ und $\dot{\chi}$ gebildeten Parallelogramms und beschreibt wie die Symmetrieachse einen Kegelmantel um die Richtung des Drehimpulses, welcher eine Öffnung $\gamma < \vartheta$ hat (s. Abb. 20). Die ganze Ebene des Parallelogramms dreht sich mit der Geschwindigkeit $\dot{\varphi}$. Im körperfesten Koordinatensystem betrachtet, rotiert die Figur um die Symmetrieachse mit der Geschwindigkeit $\dot{\chi}$. Im Körper beschreibt also die Drehachse einen Kegel um die Kreiselachse mit der Öffnung $\vartheta - \gamma$. Sehr anschaulich wird die Kreiselbewegung, wenn man den körperfesten Kegel mit der Öffnung $\vartheta - \gamma$ auf einem raumfesten Kegel mit der Öffnung γ um den Drehimpuls abrollen läßt. Die Berührungslinie beider Kegel ist dann die jeweilige Drehachse (Abb. 21).

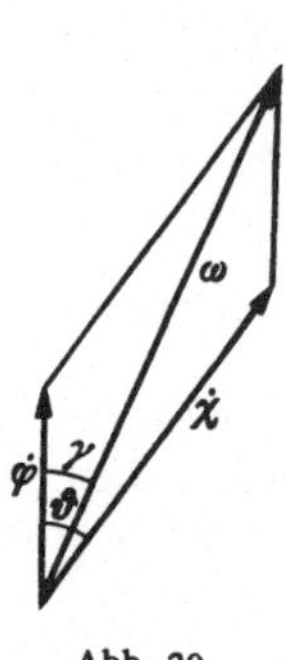

Abb. 20.

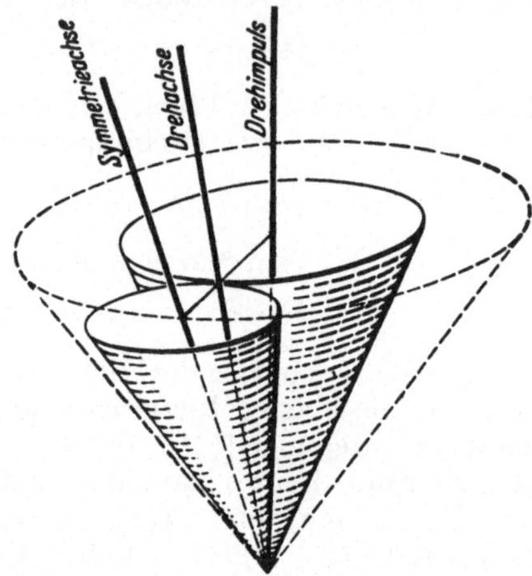

Abb. 21. Die Bewegung der Drehachse und der Symmetrieachse im Raum ergibt sich bei dem Abrollen des äußeren Kegels an den inneren.

*Nun untersuchen wir einen symmetrischen Kreisel, der nicht im Schwerpunkt festgehalten wird, sondern der sich um einen anderen Punkt der Symmetrieachse dreht. Bezeichnen wir den Abstand des Schwerpunkts vom Drehpunkt mit d, so ist

$$\xi_0 = 0; \quad \eta_0 = 0; \quad \zeta_0 = d,$$

und wir erhalten aus Gl. (39a) des § 7 die potentielle Energie

$$V = M g d \cos\vartheta, \tag{48}$$

wenn wir die z-Achse wieder vertikal legen. Jetzt können wir die LAGRANGEsche Funktion

$$L = \frac{A}{2}(\dot{\varphi}^2 \sin^2\vartheta + \dot{\vartheta}^2) + \frac{C}{2}(\dot{\varphi}\cos\vartheta + \dot{\chi})^2 - M g d \cos\vartheta \tag{49}$$

bilden. φ und χ sind auch in diesem Fall zyklische Koordinaten, und die LAGRANGEschen Gleichungen II. Art liefern wieder die beiden Integrale

$$C(\dot{\varphi}\cos\vartheta + \dot{\chi}) = k_2; \tag{43a}$$

$$A\,\dot{\varphi}\sin^2\vartheta + C\cos\vartheta(\dot{\varphi}\cos\vartheta + \dot{\chi}) = A\,\dot{\varphi}\sin^2\vartheta + k_2\cos\vartheta = k_1, \tag{43b}$$

wie bei Unterstützung im Schwerpunkt. An Stelle der 3. Bewegungsgleichung benutzen wir den Energiesatz und erhalten

$$E = \frac{A}{2}(\dot\varphi^2 \sin^2\vartheta + \dot\vartheta^2) + \frac{C}{2}(\dot\varphi\cos\vartheta + \dot\chi)^2 + Mgd\cos\vartheta. \tag{50}$$

Jetzt lösen wir die Integrale (43a) und (43b) nach $\dot\varphi$ bzw. $\dot\chi$ auf und setzen

$$\dot\varphi = \frac{k_1 - k_2\cos\vartheta}{A\sin^2\vartheta}; \quad \dot\chi = \frac{k_2}{C} - \frac{k_1 - k_2\cos\vartheta}{A\sin^2\vartheta}\cos\vartheta \tag{51}$$

in den Energiesatz ein, so daß sich

$$E = \frac{k_2^2}{2C} + \frac{A}{2}\left\{\dot\vartheta^2 + \frac{(k_1 - k_2\cos\vartheta)^2}{A^2\sin^2\vartheta}\right\} + Mgd\cos\vartheta \tag{50a}$$

ergibt. Durch Auflösen findet man

$$\dot\vartheta = \sqrt{\frac{2}{A}\left(E - \frac{k_2^2}{2C} - Mgd\cos\vartheta\right) - \frac{(k_1 - k_2\cos\vartheta)^2}{A^2\sin^2\vartheta}} \tag{52}$$

und erhält durch Integrieren

$$t - t_0 = \int\limits_{\vartheta_0} \frac{d\vartheta}{\sqrt{\frac{2}{A}\left(E - \frac{k_2^2}{2C} - Mgd\cos\vartheta\right) - \frac{(k_1 - k_2\cos\vartheta)^2}{A^2\sin^2\vartheta}}}.$$

Mit der Abkürzung $u = \cos\vartheta$ geht dies in

$$t - t_0 = -A\int\limits_{\vartheta_0} \frac{du}{\sqrt{2A(1-u^2)\cdot\left(E - \frac{k_2^2}{2C} - Mgdu\right) - (k_1 - k_2 u)^2}} \tag{53}$$

über. Dies ist ein elliptisches Integral mit einem Polynom 3. Grades unter der Wurzel. Man kann also u mit Hilfe der WEIERSTRASSschen $\wp$-Funktion durch die Zeit ausdrücken (s. JAHNKE-EMDE: Funktionentafeln). Die zeitliche Veränderung der Winkel φ und χ findet man, wenn man die gefundene Zeitabhängigkeit von ϑ einsetzt und die Gl. (51) noch einmal integriert. Die Bewegung des Kreisels ist damit grundsätzlich ermittelt, aber noch nicht durchsichtig geworden.

Der Ausdruck unter der Wurzel von (53)

$$R = 2A(1-u^2)\left(E - \frac{k_2^2}{2C} - Mgdu\right) - (k_1 - k_2 u)^2$$

wird negativ für $u = -1$, $\vartheta = \pi$ und für $u = +1$, $\vartheta = 0$. Zwischen diesen Stellen muß er aber positive Werte annehmen, da $\dot\vartheta$ irgendwo reell sein muß. Zwischen $u = -1$ und $u = +1$ liegen also zwei Nullstellen von R, d. h. es gibt zwei Werte ϑ_1 und ϑ_2, bei denen $\dot\vartheta$ verschwindet. Da R bei $u = \infty$ positiv unendlich wird, ist die dritte Wurzel u_3 größer als 1, der zugehörige Winkel ϑ_3 ist nicht reell und ohne Interesse. Die Symmetrieachse des Kreisels schwankt also zwischen den beiden Werten ϑ_1 und ϑ_2 auf und nieder. Diese Bewegung nennt man Nutation.

Ist $k_1 = k_2$, so ist $u = 1$, $\vartheta_1 = 0$ eine Wurzel des Ausdrucks R, und die Symmetrieachse wird durch die Nutation vorübergehend bis zur Vertikalen aufgerichtet. Ist umgekehrt $k_1 = -k_2$, so senkt die Nutation die Symmetrieachse bis zur Vertikalen nach unten.

Zu den Werten ϑ_1 und ϑ_2 gehören nach (51) die Präzessionsgeschwindigkeiten

$$\dot\varphi_1 = \frac{k_1 - k_2\cos\vartheta_1}{A\sin^2\vartheta_1}; \quad \dot\varphi_2 = \frac{k_1 - k_2\cos\vartheta_2}{A\sin^2\vartheta_2}.$$

Zwischen ihnen schwankt $\dot{\varphi}$ hin und her. Bezeichnen wir mit ϑ_1 den kleineren der beiden Winkel ϑ_1 und ϑ_2, so können wir 3 Fälle unterscheiden, je nachdem, ob

$$k_1 \gtreqless k_2 \cos\vartheta_1$$

ist. Im ersten Fall ist die Präzession eine monotone Bewegung, deren Geschwindigkeit periodisch ab- und zunimmt. Im zweiten Fall setzt sie für einen Augenblick aus, wenn die Nutation den Kreisel in die steilste Lage gebracht hat. Im dritten Fall ist die Präzession in dieser Lage sogar rückläufig, weil $\dot{\varphi}$ negativ wird.

Die Rotation $\dot{\chi}$ um die Symmetrieachse läuft nach (51) ebenfalls mit periodisch schwankender Geschwindigkeit ab. Sie erreicht an den Kulminationspunkten ϑ_1 und ϑ_2 der Nutation die extremen Werte

$$\chi_1 = \frac{k_2}{C} - \frac{k_1 - k_2\cos\vartheta_1}{A\sin^2\vartheta_1}\cos\vartheta_1; \quad \chi_2 = \frac{k_2}{C} - \frac{k_1 - k_2\cos\vartheta_2}{A\sin^2\vartheta_2}\cos\vartheta_2.$$

Einen Punkt auf der Symmetrieachse im Abstand 1 vom Drehpunkt nennt man die Kreiselspitze. Die Bahn der Symmetrieachse im Raum kann durch die Bahn der Kreiselspitze auf einer Einheitskugel veranschaulicht werden. Die drei oben angegebenen Typen der Präzessions- und Nutationsbewegung sind in den Abb. 22a bis 22c dargestellt. Die Kreiselspitze bewegt sich zwischen zwei Grenzkreisen, welche zu den Winkeln ϑ_1 und ϑ_2 gehören, und beschreibt im ersten Fall eine wellige, im zweiten eine zykloidische und im dritten eine epizykloidische Bahn.

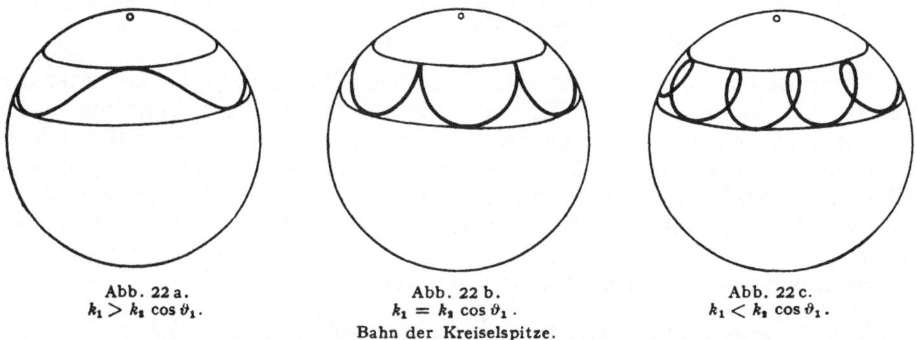

Abb. 22a. $k_1 > k_2 \cos\vartheta_1$. Abb. 22b. $k_1 = k_2 \cos\vartheta_1$. Abb. 22c. $k_1 < k_2 \cos\vartheta_1$.

Bahn der Kreiselspitze.

Rücken die beiden Grenzkreise zusammen, so wird der Winkel ϑ konstant. Die Nutation fällt weg. In diesem singulären Fall wird auch die Präzessionsgeschwindigkeit $\dot{\varphi}$ und die Drehgeschwindigkeit $\dot{\chi}$ um die Symmetrieachse konstant. Die Bewegung ist dann eine reguläre Präzession wie beim kräftefreien Kreisel.

Wir wollen den zykloidischen Fall noch weiterverfolgen, indem wir eine Näherungsrechnung durchführen. Wir haben dann

$$k_1 = k_2 \cos\vartheta_1,$$

und da ja $\dot{\vartheta}$ für $\vartheta = \vartheta_1$ verschwindet, findet man aus (50a)

$$E = \frac{k_2^2}{2C} + Mgd\cos\vartheta_1.$$

Geht man damit in (52) ein, so entsteht

$$\dot{\vartheta} = \sqrt{\frac{2}{A}Mgd(\cos\vartheta_1 - \cos\vartheta) - \frac{k_2^2(\cos\vartheta_1 - \cos\vartheta)^2}{A^2\sin^2\vartheta}}. \tag{54}$$

Bei kleiner Nutation setzen wir

$$\vartheta = \vartheta_1 + \varepsilon$$

und berücksichtigen Glieder bis zum 2. Grad in ε. Dann ist

$$\cos\vartheta = \cos(\vartheta_1 + \varepsilon) = \cos\vartheta_1 \cos\varepsilon - \sin\vartheta_1 \sin\varepsilon$$
$$\approx \cos\vartheta_1 - \frac{\varepsilon^2}{2}\cos\vartheta_1 - \varepsilon\sin\vartheta_1 .$$

Daraus folgt

$$\cos\vartheta_1 - \cos\vartheta = \varepsilon\sin\vartheta_1 + \frac{\varepsilon^2}{2}\cos\vartheta_1$$

und in dieser Näherung

$$\frac{k_2^2(\cos\vartheta_1 - \cos\vartheta)^2}{A^2\sin^2\vartheta} \approx \frac{k_2^2\,\varepsilon^2}{A^2}.$$

Setzen wir dies in (54) ein, so gelangen wir zu

$$\dot\vartheta = \dot\varepsilon = \sqrt{\frac{2}{A} M g\, d\,\varepsilon \sin\vartheta_1 - \varepsilon^2\left(\frac{k_2^2}{A} - \frac{M g\, d\cos\vartheta_1}{A}\right)}.$$

Mit der Abkürzung

$$\frac{k_2^2}{A^2} - \frac{M g\, d\cos\vartheta_1}{A} = 4\pi^2\nu^2 ; \tag{55a}$$

$$\frac{M g\, d\sin\vartheta_1}{A} = 4\pi^2\nu^2\alpha \tag{55b}$$

erhalten wir

$$\dot\varepsilon = 2\pi\nu\sqrt{2\alpha\,\varepsilon - \varepsilon^2}.$$

Wenn wir mit der Zeitzählung beginnen, wenn $\vartheta = \vartheta_1$ und $\varepsilon = 0$ ist, so finden wir bei der Integration

$$t = \frac{1}{2\pi\nu}\int\limits_0 \frac{d\varepsilon}{\sqrt{2\alpha\, s - \varepsilon^2}} = \frac{1}{2\pi\nu}\operatorname{arccos}\left(1 - \frac{\varepsilon}{\alpha}\right)$$

und umgekehrt

$$\varepsilon = \vartheta - \vartheta_1 = \alpha(1 - \cos 2\pi\nu t). \tag{56}$$

Die Nutation ist dann eine periodische Schwankung der Kreiselachse mit der Frequenz ν und der Amplitude α.

Aus (51) geht die Präzessionsgeschwindigkeit

$$\dot\varphi = \frac{k_1 - k_2\cos\vartheta}{A\sin^2\vartheta} = \frac{k_2(\cos\vartheta_1 - \cos\vartheta)}{A\sin^2\vartheta} = \frac{k_2\,\varepsilon}{A\sin\vartheta_1}$$
$$= \frac{k_2\,\alpha}{A\sin\vartheta_1}(1 - \cos 2\pi\nu t) \tag{57}$$

und die Drehgeschwindigkeit um die Symmetrieachse

$$\dot\chi = \frac{k_2}{C} - \frac{k_2\,\varepsilon}{A}\cot\vartheta_1 = \frac{k_2}{C} - \frac{k_2\,\alpha}{A}\cot\vartheta_1(1 - \cos 2\pi\nu t)$$

hervor, wenn wir nur bis zu den Gliedern 1. Ordnung in ε bzw. α gehen.

Die Näherung ist nur brauchbar, wenn α klein ist. Aus (55) leiten wir dafür die Bedingung

$$\frac{1}{\alpha} = \frac{k_2^2}{A\,M\,g\,d \sin\vartheta_1} - \cot\vartheta_1 \gg 1$$

ab, was

$$k_2^2 \gg A\,M\,g\,d$$

erfordert. Nun ist $k_2 \approx C\dot{\chi}$ die Komponente des Drehimpulses in Richtung der Symmetrieachse, und Mgd ist das größte Drehmoment, welches die Schwerkraft in horizontaler Lage des Kreisels hervorbringen kann. Unsere Rechnung ist also berechtigt, wenn der Drehimpuls des Kreisels groß ist im Vergleich zu dem Drehimpuls, den das Drehmoment während einer Umdrehung hinzufügt. Aus (55) finden wir dann einfach

$$\alpha \approx \frac{A\,M\,g\,d \sin\vartheta_1}{k_2^2}$$

und

$$2\pi\nu \approx \frac{k_2}{A}.$$

Die periodische Nutation

$$\vartheta - \vartheta_1 = \frac{A\,M\,g\,d \sin\vartheta_1}{k_2^2}\left(1 - \cos\frac{k_2}{A}t\right)$$

ist um so größer, je größer das Drehmoment der Schwere ist und je langsamer der Kreisel rotiert. Ihre Frequenz wächst mit der Rotationsgeschwindigkeit. Die Präzession

$$\dot{\varphi} = \frac{M\,g\,d}{k_2}\left(1 - \cos\frac{k_2}{A}t\right)$$

geht um so rascher, je langsamer sich der Kreisel um seine Achse dreht und je größer das Drehmoment der Schwerkraft ist. Sie geht pulsierend vorwärts, d. h. steigt von Null bis zu einer maximalen Präzessionsgeschwindigkeit an, um wieder auf Null abzusinken. Die Frequenz der Pulsation ist dieselbe wie die der Nutation. Die Drehgeschwindigkeit

$$\dot{\chi} = \frac{k_2}{C} - \frac{M\,g\,d}{k_2}\cos\vartheta_1\left(1 - \cos\frac{k_2}{A}t\right)$$

selbst schwankt ein wenig um den Wert k_2/C. Die Schwankung ist um so größer, je größer das Drehmoment der Schwere und je langsamer die Drehung ist. Die Schwankungsfrequenz ist gleich der Nutationsfrequenz.

IV. Die Prinzipien der Dynamik.

Das Newtonsche Grundgesetz kann nur auf die Translation (Schwerpunktsbewegung) von Körpern direkt Anwendung finden. Seinen Gültigkeitsbereich kann man allerdings durch die Modellkonstruktionen des Systems von Massenpunkten und des starren Körpers, der als ein System sehr vieler Massenpunkte aufgefaßt wird, gewaltig erweitern. Trotzdem sind wir aber für die praktische Lösung von Bewegungsaufgaben schon zu Formulierungen (Lagrangesche Gleichungen) geschritten, die mit dem ursprünglichen Gesetz nur mehr wenig Ähnlichkeit haben.

An die Spitze der Mechanik kann man statt des NEWTONschen Bewegungsgesetzes allgemeinere Prinzipien, wie etwa das D'ALEMBERTsche, stellen. Für freie Massenpunkte gehen aus ihm auch sofort wieder die NEWTONschen Bewegungsgleichungen

$$m_i \ddot{x}_i = X_i; \quad m_i \ddot{y}_i = Y_i; \quad m_i \ddot{z}_i = Z_i \tag{1}$$

für jeden Massenpunkt hervor.

Die Bedeutung solcher Prinzipien liegt nicht nur darin, daß sie die Gewinnung bequemerer Gleichungssysteme erlauben. Noch wichtiger als etwa die LAGRANGEschen Gleichungen II. Art herzuleiten, ist es, durch solche Prinzipien Überblick darüber zu gewinnen, welche Probleme man mit den Gesetzen der Mechanik bewältigen kann.

§ 1. Das D'ALEMBERTsche Prinzip.

Inhalt: Die Prinzipien von D'ALEMBERT, JOURDAIN und GAUSS.

Das Prinzip von D'ALEMBERT vergleicht den Zustand eines mechanischen Systems mit Nachbarzuständen, die aus ihm durch eine virtuelle Verrückung hervorgehen. Es verlangt, daß die virtuelle Arbeit der Zwangskräfte

$$\sum^i \{\delta x_i(m_i \ddot{x}_i - X_i) + \delta y_i(m_i \ddot{y}_i - Y_i) + \delta z_i(m_i \ddot{z}_i - Z_i)\} = 0$$

sei. Die abgeänderten Zustände müssen jedoch mit den beschränkenden Bedingungen verträglich sein. Haben diese die Form

$$F_k(x_i, y_i, z_i) = 0, \tag{2}$$

so führen die Überlegungen des Kap. II, § 4, S. 44, zur Aufstellung von LAGRANGEschen Bewegungsgleichungen I. Art und damit zum Ansatz des Bewegungsproblems.

Um die Schreibweise zu vereinfachen, werden wir von jetzt an die x-, y- und z-Koordinaten nicht mehr unterscheiden, sondern alle Koordinaten eines Systems von n Massenpunkten mit x bezeichnen und von 1 bis $3n$ durchnumerieren. Statt (2) schreiben wir also

$$F_k(x_i) = 0. \tag{2a}$$

Für die Variationen δx_i der Koordinaten gehen hieraus die Bedingungen

$$\sum^i \frac{\partial F_k}{\partial x_i} \delta x_i = 0 \tag{3}$$

hervor. Enthalten die Beschränkungsgleichungen alle oder teilweise die Geschwindigkeiten und sind deshalb von der Form

$$\varphi_r(x_i, \dot{x}_i) = 0, \tag{4}$$

so kann man aus ihnen nur Beziehungen (3) gewinnen, wenn sie in den $\dot{x}_i$ linear und homogen sind, wenn also

$$\varphi_r(x_i, \dot{x}_i) = \sum^i \dot{x}_i f_{ir}(x_i)$$

ist. An Stelle von (3) tritt dann

$$\sum^i f_{ir}(x_i) \delta x_i = 0.$$

Die Anwendung des D'ALEMBERTschen Prinzips

$$\sum^i \delta x_i(m_i \ddot{x}_i - X_i) = 0$$

ist also nur bei holonomen und gewissen besonders einfachen nichtholonomen Systemen möglich.

Es ist nicht schwer, aus dem Prinzip von D'ALEMBERT andere verwandte Prinzipien zu gewinnen. Gilt für den Zeitpunkt t_0

$$\sum^i \delta x_i^0 (m \ddot{x}_i^0 - X_i^0) = 0$$

und für den Zeitpunkt $t_1 = t_0 + dt$

$$\sum^i \delta x_i^1 (m_i \ddot{x}_i^1 - X_i^1) = 0,$$

so erhalten wir durch Subtrahieren beider Ausdrücke

$$\sum^i \delta x_i^1 \{(m_i \ddot{x}_i^1 - X_i^1) - (m_i \ddot{x}_i^0 - X_i^0)\} + \sum^i (\delta x_i^1 - \delta x_i^0)(m_i \ddot{x}_i^0 - X_i^0) = 0$$

oder

$$\sum^i \delta x_i^1 \frac{d}{dt}(m_i \ddot{x}_i - X_i)\, dt + \sum^i (\delta x_i^1 - \delta x_i^0)(m_i \ddot{x}_i^0 - X_i^0) = 0. \tag{5}$$

Nun fassen wir im Zeitpunkt t_1 keine virtuellen Verrückungen ins Auge. Dann sind alle δx_i^1 gleich Null. Wenn zur Zeit t_0 eine Verrückung vorhanden ist, so muß sie während der Zeit dt verschwinden, und wir haben in dieser Zeitspanne eine virtuelle Veränderung $\delta \dot{x}_i$ der Geschwindigkeiten. Für sie gilt

$$\delta x_i^0 = -\delta \dot{x}_i\, dt.$$

Damit kommen wir von (5) zu der Formulierung

$$\sum^i (m_i \ddot{x}_i - X_i)\, \delta \dot{x}_i = 0 \tag{6}$$

des JOURDAINschen Prinzips. Es geht aus dem Prinzip von D'ALEMBERT hervor, wenn man nach der Zeit differenziert, dabei

$$\sum^i \delta \dot{x}_i (m_i \ddot{x}_i - X_i) + \sum^i \delta x_i \frac{d}{dt}(m_i \ddot{x}_i - X_i) = 0$$

erhält und die virtuellen Verrückungen δx_i gleich Null setzt.

Das soeben eingeschlagene Verfahren kann man natürlich beliebig oft wiederholen und so zu immer neuen Prinzipien gelangen. Nochmaliges Differenzieren des JOURDAINschen Prinzips ergibt

$$\sum^i \delta \ddot{x}_i (m_i \ddot{x}_i - X_i) + \sum^i \delta \dot{x}_i \frac{d}{dt}(m_i \ddot{x}_i - X_i) = 0,$$

und wenn man die Variation der Geschwindigkeit gleich Null setzt, hat man das GAUSSsche Prinzip

$$\sum^i \delta \ddot{x}_i (m_i \ddot{x}_i - X_i) = 0, \tag{7}$$

welches auch Prinzip des kleinsten Zwanges genannt wird.

§ 2. Die Prinzipien von JOURDAIN und GAUSS.

Inhalt: Ableitung von Bewegungsgleichungen für nichtholonome Systeme aus den Prinzipien von JOURDAIN und GAUSS.

Um mit dem Prinzip von JOURDAIN oder dem Prinzip des kleinsten Zwanges Bewegungsgleichungen aufzustellen, ist folgendermaßen zu verfahren: Sind die Beschränkungsgleichungen von der allgemeinen Form

$$\varphi_r(x_i, \dot{x}_i) = 0, \tag{4}$$

d. h. enthalten sie zum mindesten eine der Geschwindigkeiten, so bildet man

$$\sum^i \frac{\partial \varphi_r}{\partial \dot{x}_i} \delta \dot{x}_i = 0 \tag{8}$$

und hat die gesuchten Beziehungen zwischen den Variationen $\delta \dot{x}_i$. Aus holonomen Beschränkungsgleichungen gewinnt man durch Differenzieren nach der Zeit

$$\dot{F}_k = \sum^i \frac{\partial F_k}{\partial x_i} \dot{x}_i = 0$$

und hieraus durch Variation der Geschwindigkeiten

$$\sum^i \frac{\partial F_k}{\partial x_i} \delta \dot{x}_i = 0. \tag{9}$$

Eliminiert man jetzt mit (8) und (9) die nicht unabhängigen $\delta \dot{x}_i$, indem man mit Faktoren λ_k bzw. λ_r multipliziert, so ergibt sich

$$\sum^i \delta \dot{x}_i \left\{ m_i \ddot{x}_i - X_i - \sum^k \lambda_k \frac{\partial F_k}{\partial x_i} - \sum^r \lambda_r \frac{\partial \varphi_r}{\partial \dot{x}_i} \right\} = 0$$

aus dem JOURDAINschen Prinzip. Daraus erhalten wir die LAGRANGEschen Gleichungen I. Art

$$m_i \ddot{x}_i = X_i + \sum^k \lambda_k \frac{\partial F_k}{\partial x_i} + \sum^r \lambda_r \frac{\partial \varphi_r}{\partial \dot{x}_i}, \tag{10}$$

und damit ist auch die Bestimmung der Zwangskräfte bei nicht holonomen Bedingungen grundsätzlich erledigt.

Das GAUSSsche Prinzip wird ähnlich angewandt. Nicht holonome Gleichungen liefern einmal nach der Zeit differenziert

$$\dot{\varphi}_r = \sum^i \frac{\partial \varphi_r}{\partial x_i} \dot{x}_i + \sum^i \frac{\partial \varphi_r}{\partial \dot{x}_i} \ddot{x}_i = 0.$$

Hieraus erhält man

$$\sum^i \frac{\partial \varphi_r}{\partial \dot{x}_i} \delta \ddot{x}_i = 0, \tag{11}$$

wenn man nur die Beschleunigungen variiert. Holonome Bedingungsgleichungen muß man zweimal differenzieren, wobei

$$\dot{F}_k = \sum^i \frac{\partial F_k}{\partial x_i} \dot{x}_i = 0,$$

$$\ddot{F}_k = \sum^l \sum^i \frac{\partial^2 F_k}{\partial x_i \partial x_l} \dot{x}_i \dot{x}_l + \sum^i \frac{\partial F_k}{\partial x_i} \ddot{x}_i = 0$$

entsteht. Durch Variieren der Beschleunigungen geht daraus

$$\sum^i \frac{\partial F_k}{\partial x_i} \delta \ddot{x}_i = 0 \tag{12}$$

hervor, und die Multiplikation mit den λ-Faktoren liefert dann auch aus dem GAUSSschen Prinzip wieder die Bewegungsgleichungen (10).

Das Prinzip des kleinsten Zwanges

$$\sum^i (m_i \ddot{x}_i - X_i) \delta \ddot{x}_i \tag{7}$$

läßt sich im Gegensatz zu den Prinzipien von JOURDAIN und D'ALEMBERT anschaulich interpretieren. Unter allen möglichen Beschleunigungen, die dem mechanischen System von den beschränkenden Bedingungen gestattet werden, erteilen ihm die Kräfte gerade solche, daß der Zwang

$$Z = \sum^i \frac{1}{m_i} (m_i \ddot{x}_i - X_i)^2$$

so klein wie möglich wird. Aus dieser Forderung folgt in der Tat gerade die Formulierung (7).

§ 3. Differential- und Integralprinzipien.

Für die drei bisher aufgestellten Prinzipien ist es charakteristisch, daß eine denkbare Abänderung des Systems in einem bestimmten Augenblick untersucht wird. Sie machen dementsprechend auch keine Aussage über den Ablauf der Bewegung auf einem größeren Stück der Bahn, sondern sagen nur etwas über die Beschleunigungen aus, die das System unter dem Einfluß der Kräfte erfährt. Diese Aussage ist nur bei dem GAUSSschen Prinzip anschaulich und leicht in Worten formulierbar.

Die bisher betrachteten Prinzipien nennt man Differentialprinzipien. Wertet man sie aus, so liefern sie das Bewegungsgesetz als System von Differentialgleichungen. Man kann aber auch die Frage stellen, welche Eigenschaften endliche Stücke der wirklichen Bahn vor anderen Bahnen des Systems auszeichnen, die man sich wohl denken könnte und die auch nicht gegen die beschränkenden Bedingungen verstoßen, die das System aber nicht wirklich durchläuft, weil sie nicht den Gesetzen der Mechanik entsprechen.

Wir denken uns jetzt an jedem Punkt der wirklichen Bahn virtuelle Verrückungen vorgenommen. Sie brauchen an sich keinerlei Zusammenhang zu besitzen, wenn sie nur den Beschränkungsgleichungen genügen. Sie brauchen insbesondere sich nicht unbedingt zu einer stetigen abgeänderten Bahnkurve zusammenfügen zu lassen. Wir wählen aber jetzt gerade solche Verrückungen, die eine beliebig oft differenzierbare Funktion der Zeit darstellen. Während also die wirkliche Bewegung des Systems durch die Zeitfunktionen $q_k(t)$ beschrieben wird, konstruieren wir in der Nachbarschaft der wirklichen Bahn eine variierte Bahn, auf der

$$q'_k = q_k + \delta q_k(t)$$

ist. Die Geschwindigkeit auf der abgeänderten Bahn ist natürlich auch verändert, nämlich

$$\dot{q}'_k = \dot{q}_k + \delta \dot{q}_k.$$

Sind die q_k generalisierte Koordinaten, welche keinen Beschränkungen mehr unterliegen, so kann man alle möglichen variierten Bahnen durch

$$q'_k = q_k + \varepsilon_k \eta_k(t); \quad \dot{q}'_k = \dot{q}_k + \varepsilon_k \dot{\eta}_k(t) \tag{13}$$

angeben. ε_k bedeutet hierzu einen infinitesimalen Zahlenparameter und η_k eine völlig beliebige Funktion der Zeit.

Neben die Differentialprinzipien der Mechanik treten nun Integralprinzipien. Sie sagen aus, daß das Integral einer Funktion F, die aus den Koordinaten und den Geschwindigkeiten, eventuell noch aus der Zeit aufgebaut ist, über ein endliches Stück der wirklichen Bahn sich durch irgendeine Eigenschaft gegenüber dem gleichen Integral über ein Stück einer variierten Bahn auszeichne. Die Integralprinzipien treffen also eine Feststellung über ein Integral

$$\int_{t_1}^{t_2} F(q_k, \dot{q}_k, t)\, dt.$$

Sie besteht meistens darin, daß sein Wert für die wirkliche Bahn größer oder kleiner sei als auf irgendeiner Nachbarbahn.

§ 4. Das HAMILTONsche Prinzip.

Inhalt: Die LAGRANGEschen Bewegungsgleichungen II. Art können aus dem HAMILTONschen Prinzip abgeleitet werden.

Bezeichnungen: q_k generalisierte Koordinaten, L LAGRANGE-Funktion.

Das wichtigste Integralprinzip ist das HAMILTONsche Prinzip, das man für holonome Systeme mit konservativen Kräften aussprechen kann. Es lautet: Unter allen denkbaren Bewegungen, die das System aus einem Zustand 1, den es zur Zeit t_1 innehat, während der Zeitspanne t_2-t_1 in einen bestimmten Zustand 2 überführt, ist das Integral

$$J = \int_{t_1}^{t_2} L(q_k, \dot q_k, t)\, dt \tag{14}$$

bei der wirklich eintretenden Bewegung am kleinsten. Zum Vergleich sind also alle variierten Bewegungen heranzuziehen, die zur Zeit t_1 mit der wirklichen Bewegung in der gleichen Anfangslage beginnen und zur Zeit t_2 dieselbe Endlage erreichen, wie die wirkliche Bewegung.

Bezeichnen wir eine variierte Bahn durch

$$q'_k = q_k + \varepsilon_k \eta_k; \quad \dot q'_k = \dot q_k + \varepsilon_k \dot\eta_k \tag{15}$$

mit

$$\eta_k(t_1) = 0 \quad \text{und} \quad \eta_k(t_2) = 0,$$

so soll also

$$\delta J = \sum^k \frac{\partial J}{\partial \varepsilon_k} \delta\varepsilon_k = \sum^k \delta\varepsilon_k \frac{\partial}{\partial\varepsilon_k} \int_{t_1}^{t_2} L(q'_k, \dot q'_k, t)\, dt = 0$$

gelten, ganz gleichgültig, welche Funktionen wir für die η_k einsetzen. Sind alle q_k und damit alle ε_k unabhängig, so muß

$$\frac{\partial}{\partial\varepsilon_k} \int_{t_1}^{t_2} L(q'_k,\ \dot q'_k,\ t)\, dt = \int_{t_1}^{t_2} \frac{\partial L}{\partial\varepsilon_k} dt = 0$$

sein. Nun ist aber wegen (15)

$$\frac{\partial q'_k}{\partial\varepsilon_k} = \eta_k; \quad \frac{\partial \dot q'_k}{\partial\varepsilon_k} = \dot\eta_k$$

und deshalb

$$\frac{\partial L}{\partial\varepsilon_k} = \frac{\partial L}{\partial q_k}\frac{\partial q'_k}{\partial\varepsilon_k} + \frac{\partial L}{\partial \dot q_k}\frac{\partial \dot q'_k}{\partial\varepsilon_k} = \frac{\partial L}{\partial q_k}\eta_k + \frac{\partial L}{\partial \dot q_k}\dot\eta_k,$$

so daß das HAMILTONsche Prinzip

$$\int_{t_1}^{t_2} \left(\frac{\partial L}{\partial q_k}\eta_k + \frac{\partial L}{\partial \dot q_k}\dot\eta_k\right) dt = 0 \tag{14a}$$

verlangt.

Durch partielle Integration ergibt sich daraus

$$\int_{t_1}^{t_2} \frac{\partial L}{\partial \dot q_k}\dot\eta_k\, dt = \left|\eta_k \frac{\partial L}{\partial \dot q_k}\right|_{t_1}^{t_2} - \int_{t_1}^{t_2} \eta_k \left(\frac{d}{dt}\frac{\partial L}{\partial \dot q_k}\right) dt.$$

Da η_k an den Grenzen t_1 und t_2 verschwindet, geht (14a) in

$$\int_{t_1}^{t_2} \eta_k \left(\frac{\partial L}{\partial q_k} - \frac{d}{dt}\frac{\partial L}{\partial \dot{q}_k}\right) dt = 0 \tag{14b}$$

über.

Die ganz beliebige Funktion η_k kann man immer so wählen, daß sie dasselbe Vorzeichen wie der Klammerausdruck unter dem Integral hat. Der Integrand ist dann im ganzen Integrationsbereich nirgends negativ und muß überall verschwinden, wenn das Integral verschwinden soll.

Aus dem HAMILTONschen Prinzip folgt also

$$\frac{\partial L}{\partial q_k} - \frac{d}{dt}\frac{\partial L}{\partial \dot{q}_k} = 0, \tag{16}$$

und dies sind gerade die LAGRANGEschen Gleichungen II. Art[1]. Umgekehrt kann man auch zeigen, daß das HAMILTONsche Prinzip aus dem D'ALEMBERTschen Prinzip gewonnen werden kann. Beide Prinzipien sind gleichwertige Formulierungen der mechanischen Gesetze, wenn es eine LAGRANGE-Funktion gibt. Auf den Beweis hierfür verzichten wir.

Das HAMILTONsche Prinzip gilt nicht oder wenigstens nicht mehr in der hier geschilderten Form des Variationsprinzips, wenn kein kinetisches Potential existiert. Hierdurch wird die Anwendung des HAMILTONschen Prinzips beschränkt. Es ist dagegen nicht notwendig, daß die Kräfte ein Potential im gewöhnlichen Sinne (s. Kap. II, § 6) besitzen, und noch weniger, daß das Potential unabhängig von der Zeit ist. Überall dort, wo seine Anwendung erlaubt ist, ist das HAMILTONsche Prinzip die eleganteste Formulierung der Gesetze der Mechanik und erweist sich auch als geeignet für die praktische Bewältigung des Bewegungsproblems.

V. Die HAMILTON-JACOBIsche Theorie.

Die Prinzipien setzen sich in der Mechanik die Aufgabe, ein beliebiges mechanisches Problem mathematisch zu formulieren. Das GAUSSsche Prinzip löst diese Aufgabe auch in sehr großer Allgemeinheit. Die eigentliche Berechnung der Bewegung aber, d. h. die Integration der gewonnenen Differentialgleichungen, wird durch diese Prinzipien nicht gefördert und tritt bei ihrer Erörterung ganz zurück. Nur in speziellen Fällen gelingt überhaupt die Durchführung der Rechnung. Die Möglichkeit, die Bewegungsgleichungen zu integrieren, hängt noch immer ganz davon ab, ob es mehr oder weniger zufällig gelingt, eine Anzahl Integrale aufzufinden.

Jetzt wollen wir aber das Problem, die Bewegung wirklich zu berechnen, systematisch in Angriff nehmen. Wir beschränken uns hierbei auf den Fall, daß es eine LAGRANGE-Funktion gibt und wir uns des HAMILTONschen Prinzips

---

[1] Es handelt sich hier um einen Spezialfall der Variationsaufgabe, daß

$$J = \int_{t_1}^{t_2} F(y_k, y_k', y_k'', y_k''' \dots x)\, dx$$

ein Extremum sein soll. Die Bedingungen dafür sind die zu diesem Variationsproblem gehörigen EULERschen Gleichungen

$$\frac{\partial F}{\partial y_k} - \frac{d}{dx}\frac{\partial F}{\partial y_k'} + \frac{d^2}{dx^2}\frac{\partial F}{\partial y_k''} - \frac{d^3}{dx^3}\frac{\partial F}{\partial y_k'''} + \cdots = 0.$$

Die LAGRANGEschen Gleichungen II. Art sind also die EULERschen Gleichungen zum HAMILTONschen Prinzip.

bedienen können. Das Ziel ist, ein Bewegungsproblem auf Quadraturen, d. h. die einfache Ausrechnung von Integralen, zurückzuführen. Im allgemeinen wird man dieses Ziel nicht erreichen können. Wir werden aber nach systematischen Verfahren suchen, mit denen die Integration gelingt, wenn sie überhaupt möglich ist, und mit denen man das Problem wenigstens in die einfachste Form bringen kann, wenn seine Lösung durch Quadraturen unmöglich ist.

Der erste Schritt besteht darin, daß wir aus dem HAMILTONschen Prinzip ein System von möglichst einfachen Bewegungsgleichungen zu gewinnen trachten, ohne den Gültigkeitsbereich durch spezielle Annahmen zu verengen. Auf diese Weise kommen wir zu den sog. kanonischen Gleichungen der Mechanik. Der zweite Schritt besteht darin, ein Verfahren aufzufinden, mit dessen Hilfe die kanonischen Gleichungen jeweils in die Form transformiert werden können, die der speziellen Aufgabe angemessen ist. Dies wird mit den kanonischen Transformationen geschehen. Schließlich muß die Integration selbst durchgeführt werden, und dazu werden wir die HAMILTONsche partielle Differentialgleichung als besonders bequemes Hilfsmittel aufstellen.

§ 1. Die kanonischen Gleichungen der Mechanik.

Inhalt: Kanonisch konjugierte Koordinaten und Impulse. Gewinnung der kanonischen Gleichungen aus dem HAMILTONschen Prinzip. Definition der HAMILTON-Funktion. Direkte Ableitung der kanonischen Gleichungen aus den LAGRANGEschen Gleichungen II. Art.

Bezeichnungen: q_k generalisierte Koordinate, $\dot{q}_k = k_k$ zugehörige Geschwindigkeit, p_k generalisierter Impuls, L LAGRANGE-Funktion, T kinetische Energie, H HAMILTON-Funktion.

Zum Ausgangspunkt unserer Überlegungen machen wir das HAMILTONsche Prinzip

$$\delta J = \delta \int_{t_1}^{t_2} L(q_k, \dot{q}_k, t)\, dt = 0. \tag{1}$$

Wir nehmen also an, daß es ein kinetisches Potential L (LAGRANGE-Funktion) gibt. Im allgemeinsten Fall kann es sich auch aus geschwindigkeitsabhängigen Kräften herleiten, wenn diese die Bedingungen erfüllen, die im Kap. II, § 6, S. 49, aufgestellt worden sind. Auch die Zeit darf im kinetischen Potential noch vorkommen.

Zunächst ist L als eine Funktion der Variablen q_k und der zugehörigen Geschwindigkeiten $\dot{q}_k$ aufzufassen. Wir nehmen aber eine Vereinfachung vor, indem wir die Geschwindigkeiten als neue Veränderliche k_k einführen. Weil die k_k aber mit den Geschwindigkeiten identisch sind, müssen wir die Nebenbedingungen

$$\dot{q}_k - k_k = 0 \tag{2}$$

hinzufügen, um diesen Zusammenhang festzuhalten. Statt eines Variationsproblems mit f gesuchten Funktionen ohne Nebenbedingungen haben wir jetzt ein Variationsproblem mit $2f$ gesuchten Funktionen und f Nebenbedingungen zu lösen.

Die Nebenbedingungen eliminieren wir wieder, indem wir (2) mit zeitabhängigen Parametern λ_k multiplizieren und zu dem Integral

$$\int_{t_1}^{t_2} L(q_k, k_k, t)\, dt$$

addieren, bevor wir die Variation vornehmen. Wir werden also

$$\delta \int_{t_1}^{t_2} \{L + \sum^k \lambda_k(\dot{q}_k - k_k)\}\, dt = 0 \tag{3}$$

verlangen. An die Stelle der Funktion L im HAMILTONschen Prinzip tritt jetzt der Klammerausdruck, und wir erhalten durch Ausführung der Rechnung genau wie im Kap. IV, § 4, S. 93, die EULERschen Gleichungen

$$\frac{\partial\{\ \}}{\partial q_k} - \frac{d}{dt}\frac{\partial\{\ \}}{\partial \dot{q}_k} = 0$$

$$\frac{\partial\{\ \}}{\partial k_k} - \frac{d}{dt}\frac{\partial\{\ \}}{\partial \dot{k}_k} = 0,$$

die dem neuen Problem entsprechen und an den Platz der LAGRANGEschen Gleichungen II. Art treten. Ausgerechnet lauten sie

$$\frac{\partial L}{\partial q_k} - \frac{d\lambda_k}{dt} = 0; \tag{4}$$

$$\frac{\partial L}{\partial k_k} - \lambda_k \quad = 0. \tag{5}$$

Zusammen mit den Nebenbedingungen (2) sind dies $3f$ Gleichungen, aus denen die Größen q_k, k_k und λ_k als Funktionen der Zeit zu bestimmen wären.

Wir wollen uns noch klarmachen, worin sich die Ableitungen der Gl. (4) und (5) von der Ableitung der LAGRANGEschen Gl. (16) aus dem HAMILTONschen Prinzip unterscheidet, die auf S. 94 durchgeführt wurde. In dem Integral (3) werden die Geschwindigkeiten k_k formal unabhängig von den Koordinaten q_k variiert. Die Nebenbedingungen (2), welche bereits in das Integral eingearbeitet sind, stellen jedoch den Zusammenhang zwischen den q_k und k_k wieder her. Das HAMILTONsche Prinzip vergleicht die wirkliche Bahn mit allen Nachbarbahnen, welche das System aus der gegebenen Anfangslage im Zeitpunkt t_1 in die gleiche Endlage im Zeitpunkt t_2 überführen wie die wirkliche Bewegung. Daß zu den Zeiten t_1 und t_2 auch die Geschwindigkeiten auf den variierten Bahnen dieselben sein sollen wie auf der wirklichen Bahn, ist ursprünglich nicht vorgeschrieben. Jetzt beschränken wir die Auswahl unter den variierten Bahnen, indem wir nur solche Vergleichsbahnen in Betracht ziehen, bei denen nicht nur die Lage, sondern auch Geschwindigkeiten am Anfang und Ende mit der wirklichen Bewegung übereinstimmen. Wir verwenden also nur einen Teil der Bedingungen, welche uns zur Ermittlung der wirklichen Bewegung zur Verfügung stehen. Es zeigt sich aber, daß schon die benutzten Bedingungen ausreichen, um die Bewegungsgleichungen aufzustellen.

Früher (S. 48) haben wir

$$p_k = \frac{\partial T}{\partial \dot{q}_k} = \frac{\partial T}{\partial k_k}$$

als die zu den Koordinaten q_k gehörigen generalisierten Impulse definiert. Wenn die Kräfte ein Potential besitzen, so stimmen die p_k genau mit den λ_k überein, da

$$\frac{\partial T}{\partial \dot{q}_k} = \frac{\partial L}{\partial \dot{q}_k} = \frac{\partial L}{\partial k_k} = \lambda_k$$

gilt, weil im Potential die Geschwindigkeiten nicht vorkommen. Treten zu den Kräften mit Potential noch Kräfte hinzu, welche von der Geschwindigkeit abhängen, aber doch die Bildung einer LAGRANGE-Funktion zulassen, zu der sie den Anteil M beitragen (s. S. 49), so bezeichnen wir den Ausdruck $\partial T/\partial \dot{q}_k$ als kinetischen Impuls, zu dem wir noch den „potentiellen Impuls" $\partial M/\partial \dot{q}_k$ hinzufügen. Unter dem generalisierten Impuls schlechthin verstehen wir also auch in diesem Falle

$$p_k = \frac{\partial L}{\partial \dot{q}_k} = \frac{\partial L}{\partial k_k} = \lambda_k. \tag{6}$$

p_k bezeichnet man gewöhnlich als kanonisch konjugierten Impuls zur Koordinate q_k, und wir verwenden dafür im weiteren den Buchstaben p_k statt λ_k.

Die Gleichungen (6) sind Beziehungen zwischen den p_k, q_k und k_k. Sie sind nach p_k aufgelöst und in den k_k linear. Die Geschwindigkeiten der einzelnen Massenpunkte

$$\dot{x}_i = \sum^i \frac{\partial x_i}{\partial q_k} \dot{q}_k$$

drücken sich nämlich linear durch die generalisierten Geschwindigkeiten aus, und die kinetische Energie ist infolgedessen eine bilineare Funktion der $\dot{q}_k$. Hieraus ergibt sich, daß die $\partial T/\partial \dot{q}_k$ lineare Ausdrücke in den $\dot{q}_k$ und damit in den k_k sind. Der Anteil M ist gewöhnlich in den Geschwindigkeiten linear, so daß $\partial M/\partial k_k$ die k_k überhaupt nicht enthält. Man kann die Gl. (6) also leicht nach den k_k auflösen und erhält diese dann als Funktionen der q_k und der p_k.

Wir können die k_k jetzt auch in unserem Variationsproblem (3) mit Hilfe der p_k ausdrücken und nun diese und die q_k als Funktionen der Zeit suchen. Wir müssen dann

$$\delta \int_{t_1}^{t_2} \{L(p_k, q_k) + \sum^k [p_k \dot{q}_k - p_k k_k(p_k, q_k)]\} \, dt = 0$$

fordern, wobei die p_k und q_k zu variieren sind. Zur Abkürzung führen wir dabei die sog. HAMILTONsche Funktion

$$H = \sum^k p_k k_k(p_k, q_k) - L(p_k, q_k) \tag{7}$$

ein, wodurch unser Variationsproblem die Fassung

$$\delta \int \Big\{ \sum^k p_k \dot{q}_k - H \Big\} dt = 0 \tag{8}$$

erhält. Aus ihm ergeben sich als EULERsche Gleichungen ein System der $2f$ Differentialgleichungen 1. Ordnung.

$$\frac{\partial H}{\partial q_k} + \frac{d p_k}{d t} = 0; \qquad \dot{p}_k = -\frac{\partial H}{\partial q_k}, \tag{9}$$

$$\frac{\partial H}{\partial p_k} - \dot{q}_k = 0; \qquad \dot{q}_k = \frac{\partial H}{\partial p_k}, \tag{10}$$

die schon nach den zeitlichen Ableitungen der Variablen p_k und q_k aufgelöst sind. Dies ist die einfachste Form, auf welche man die Bewegungsgleichungen überhaupt bringen kann. Die Gleichungen (9) und (10) werden als kanonische Gleichungen der Mechanik bezeichnet. $\partial H/\partial q_k$ und $\partial H/\partial p_k$ sind bekannte Funktionen der p_k und q_k, wenn wir die HAMILTONsche Funktion H ermittelt haben.

Wir haben die kanonischen Gleichungen aus dem HAMILTONschen Prinzip hergeleitet, weil uns später gerade der Zusammenhang mit ihm von Wert sein wird. Man kann sie indes auch auf anderem Wege ableiten. Bilden wir nämlich

$$H = \sum p_k k_k(p_k, q_k) - L(q_k, k_k(p_k, q_k)),$$

so ist

$$\frac{\partial H}{\partial p_i} = k_i + \sum^k p_k \frac{\partial k_k}{\partial p_i} - \sum^k \frac{\partial L}{\partial k_k}\frac{\partial k_k}{\partial p_i}, \tag{11a}$$

$$\frac{\partial H}{\partial q_i} = \sum^k p_k \frac{\partial k_k}{\partial q_i} - \frac{\partial L}{\partial q_i} - \sum^k \frac{\partial L}{\partial k_k}\frac{\partial k_k}{\partial q_i}. \tag{11b}$$

Da aber

$$p_k = \frac{\partial L}{\partial k_k}$$

und

$$\frac{\partial L}{\partial q_i} = \frac{d}{dt}\frac{\partial L}{\partial k_i} = \dot{p}_i$$

gilt, folgen die kanonischen Gleichungen

$$\dot{q}_i = k_i = \frac{\partial H}{\partial p_i}$$

$$\dot{p}_i = \frac{\partial L}{\partial q_i} = -\frac{\partial H}{\partial q_i}$$

aus (11a) und (11b).

§ 2. Die HAMILTON-Funktion.

Inhalt: Die HAMILTON-Funktion ist die Summe der kinetischen und potentiellen Energie. Aufstellung der HAMILTON-Funktion in verschiedenen Koordinaten.

Bezeichnungen: Wie in § 1, S. 95.

Will man die kanonischen Gleichungen aufstellen, so muß man sich zunächst die HAMILTON-Funktion

$$H = \sum p_k k_k - L = \sum^k \frac{\partial L}{\partial \dot{q}_k}\dot{q}_k - L$$

verschaffen. Für die LAGRANGE-Funktion setzen wir die allgemeine Form

$$L = T - V + M$$

von S. 50, Gl. (32) an. V enthält die Geschwindigkeit gar nicht, und M ist eine homogene lineare Funktion der $\dot{q}_k$. Es gilt also

$$\sum^k \frac{\partial M}{\partial \dot{q}_k}\dot{q}_k = M.$$

Wenn alle Kräfte ein Potential im gewöhnlichen Sinn besitzen, fällt M überhaupt weg. Die kinetische Energie ist eine bilineare Funktion der $\dot{q}_k$ von der Form

$$T = \sum^i \sum^k a_{ik}\dot{q}_i\dot{q}_k, \tag{12}$$

wo die a_{ik} noch Funktionen der q_k sein können. Durch Nachrechnen kann man sich leicht davon überzeugen, daß

$$\sum^k \frac{\partial T}{\partial \dot{q}_k}\dot{q}_k = 2T$$

ist. Wir erhalten also

$$\sum^k \frac{\partial L}{\partial \dot{q}}\dot{q}_k = 2T + M$$

und daraus die HAMILTON-Funktion

$$H = 2T + M - L = 2T + M - T + V - M = T + V. \tag{13}$$

Die HAMILTON-Funktion ist die Summe der kinetischen und der potentiellen Energie. Haben die Kräfte ein Potential, so bedeutet sie die Gesamtenergie. Treten zu den Kräften mit Potential noch Kräfte, welche zwar ein kinetisches, aber kein gewöhnliches Potential besitzen, so bleibt die HAMILTON-Funktion trotzdem die Summe der kinetischen und potentiellen Energie.

Um die HAMILTON-Funktion zu ermitteln, kann man nach folgendem Rezept verfahren. Man wähle zuerst ein System generalisierter Koordinaten und drücke die potentielle Energie in ihnen aus. Dann bilde man die kinetische Energie und stelle das kinetische Potential L auf (wobei unter Umständen der Anteil M zu berücksichtigen ist). Aus L errechne man die generalisierten Impulse. Nun drücke man die Geschwindigkeiten durch die Koordinaten und Impulse aus und eliminiere sie in der kinetischen Energie. Die Summe der auf diese Weise gewonnenen Ausdrücke für kinetische und potentielle Energie ist die gesuchte HAMILTON-Funktion. Man achte aber darauf, daß in der HAMILTON-Funktion die Geschwindigkeiten alle eliminiert sein müssen.

Als besonders einfaches Beispiel bilden wir die H-Funktion für einen einzelnen Massenpunkt. Die potentielle Energie möge schon in den gewählten Koordinaten ausgedrückt sein. Sind es kartesische Koordinaten, so ist

$$T = \frac{m}{2}(\dot{x}^2 + \dot{y}^2 + \dot{z}^2).$$

Das kinetische Potential lautet dann

$$L = \frac{m}{2}(\dot{x}^2 + \dot{y}^2 + \dot{z}^2) - V,$$

und die Impulse sind

$$p_x = m\,\dot{x}; \quad p_y = m\,\dot{y}; \quad p_z = m\,\dot{z}.$$

Führt man sie in T ein, so ergibt sich

$$T = \frac{1}{2m}(p_x^2 + p_y^2 + p_z^2)$$

und infolgedessen

$$H = \frac{1}{2m}(p_x^2 + p_y^2 + p_z^2) + V = \frac{\mathfrak{p}^2}{2m} + V.$$

Benutzen wir Zylinderkoordinaten, so ist

$$T = \frac{m}{2}(\dot{z}^2 + \dot{\varrho}^2 + \varrho^2\dot{\varphi}^2),$$

ferner

$$p_z = m\,\dot{z}; \quad p_\varrho = m\,\dot{\varrho}; \quad p_\varphi = m\,\varrho^2\,\dot{\varphi},$$

und wir erhalten die H-Funktion

$$H = \frac{1}{2m}\left(p_z^2 + p_\varrho^2 + \frac{p_\varphi^2}{\varrho^2}\right) + V.$$

Wenden wir schließlich sphärische Polarkoordinaten an, so finden wir

$$T = \frac{m}{2}(\dot{r}^2 + r^2\dot{\vartheta}^2 + r^2\sin^2\vartheta\,\dot{\varphi}^2)$$

$$p_r = m\,\dot{r}; \quad p_\vartheta = m\,r^2\,\dot{\vartheta}; \quad p_\varphi = m\,r^2\sin^2\vartheta\,\dot{\varphi}$$

und die HAMILTON-Funktion

$$H = \frac{1}{2m}\left(p_r^2 + \frac{p_\vartheta^2}{r^2} + \frac{p_\varphi^2}{r^2\sin^2\vartheta}\right) + V.$$

Etwas anders verläuft die Rechnung, wenn auch Kräfte vorhanden sind, die wohl kinetisches Potential, aber kein gewöhnliches Potential besitzen. Haben die Kräfte die Form

$$\mathfrak{K} = -\operatorname{grad} V + [\mathfrak{v}\operatorname{rot}\mathfrak{B}],$$

dann ist

$$M = (\mathfrak{v}\,\mathfrak{B}) = \dot{x}\,\mathfrak{B}_x + \dot{y}\,\mathfrak{B}_y + \dot{z}\,\mathfrak{B}_z$$

und das kinetische Potential lautet

$$L = \frac{m}{2}(\dot{x}^2 + \dot{y}^2 + \dot{z}^2) + (\dot{x}\,\mathfrak{B}_x + \dot{y}\,\mathfrak{B}_y + \dot{z}\,\mathfrak{B}_z) - V.$$

Hieraus finden wir die generalisierten Impulse

$$p_x = m\,\dot{x} + \mathfrak{B}_x; \quad p_y = m\,\dot{y} + \mathfrak{B}_y; \quad p_z = m\,\dot{z} + \mathfrak{B}_z,$$

welche beim Auflösen nach den Geschwindigkeiten

$$\dot{x} = \frac{1}{m}(p_x - \mathfrak{B}_x); \quad \dot{y} = \frac{1}{m}(p_y - \mathfrak{B}_y); \quad \dot{z} = \frac{1}{m}(p_z - \mathfrak{B}_z)$$

liefern. Setzen wir dies in die kinetische Energie ein, so erhält man

$$T = \frac{1}{2m}\{(p_x - \mathfrak{B}_x)^2 + (p_y - \mathfrak{B}_y)^2 + (p_z - \mathfrak{B}_z)^2\} = \frac{1}{2m}(\mathfrak{p} - \mathfrak{B})^2$$

und die HAMILTON-Funktion

$$H = \frac{1}{2m}(\mathfrak{p} - \mathfrak{B})^2 + V.$$

Ein Körper mit der Ladung e in einem Magnetfeld mit dem Vektorpotential $\mathfrak{A}$ besitzt also die H-Funktion[1]

$$H = \frac{1}{2m}(\mathfrak{p} - e\,\mu_0\,\mathfrak{A})^2 + V$$

(im internationalen elektrischen Maßsystem), wenn die anderen Kräfte das Potential V haben.

§ 3. Zyklische Koordinaten. Verwertung von Integralen.

Inhalt: Zu zyklischen Koordinaten gehören konstante Impulse. Zyklische Koordinaten eliminieren sich automatisch aus den kanonischen Gleichungen. Anwendung der kanonischen Gleichungen auf Planetenbewegung und Kreisel.

Als zyklisch werden solche Koordinaten q_r bezeichnet, die im kinetischen Potential nicht vorkommen. Ihre Geschwindigkeiten sind natürlich darin enthalten. Die Folge davon war (s. S. 50), daß

$$\frac{d}{dt}\frac{\partial L}{\partial \dot{q}_r} = \frac{dp_r}{dt} = 0; \quad p_r = \text{const}$$

wurde. In den Gleichungen

$$p_k = \frac{\partial L}{\partial \dot{q}_k}$$

kommen dann die zyklischen Koordinaten q_r auch nicht vor. Lösen wir nach den $\dot{q}_k$ auf, eliminieren die Geschwindigkeiten in der kinetischen Energie und bilden die HAMILTON-Funktion, so fehlen die q_r auch in dieser. Die zu ihnen gehörenden kanonisch konjugierten Impulse kommen natürlich vor, und für sie ergeben sich sofort die kanonischen Gleichungen

$$\dot{p}_r = -\frac{\partial H}{\partial q_r} = 0; \quad p_r = \text{const}$$

und damit ihre Konstanz.

Gerade in der Behandlung zyklischer Koordinaten zeigt sich der Vorteil der kanonischen Gleichungen vor den LAGRANGEschen Gleichungen II. Art. Dort mußten alle Gleichungen zuerst aufgestellt werden, und dann konnte man

[1] μ_0 ist die magnetische Maßkonstante $\mu_0 = 1{,}256 \cdot 10^{-6}$ Henry pro Meter.

die zyklischen Koordinaten eliminieren. Es war dagegen nicht statthaft, die Elimination schon an der LAGRANGE-Funktion selbst vorzunehmen und danach neue LAGRANGEsche Gleichungen II. Art aufzustellen. Bei den kanonischen Gleichungen ist dies alles viel einfacher. Gibt es zyklische Koordinaten, so fehlen sie in der HAMILTON-Funktion, und die zugehörigen Impulse sind konstant. Man braucht also auf diese Koordinaten überhaupt keine Rücksicht zu nehmen und stellt für sie gar keine Gleichungen auf. Das Problem reduziert sich automatisch für jede zyklische Koordinate um 2 Ordnungen, ohne daß wir irgend etwas dazu tun.

Die Feststellung, daß $p_r = \text{const}$ ist, bedeutet ein Integral der kanonischen Gleichungen. Die p_r selbst sind Integrationskonstanten. Besitzt man außer diesen Integralen noch ein weiteres Integral

$$F(p_k, q_k) = 0,$$

so darf man es nicht nach einer Koordinate oder einem Impuls auflösen, diese Größe in der HAMILTON-Funktion eliminieren und mit der neuen H-Funktion wieder kanonische Gleichungen aufstellen. Es würde sich sonst ergeben, daß die zur eliminierten Größe konjugierte konstant ist, was im allgemeinen falsch wäre. Etwa vorhandene Integrale müssen also verwertet werden, indem man eine entsprechende Anzahl von kanonischen Gleichungen durch sie ersetzt. Hierdurch erniedrigt sich die Ordnung des Problems für jedes Integral um Eins.

Unter diesen Gesichtspunkten betrachten wir jetzt noch einmal das Zweikörperproblem (s. S. 55). Für die kinetische Energie hatten wir den Ausdruck

$$T = \frac{m_1 + m_2}{2} (\dot\xi_0^2 + \dot\eta_0^2 + \dot\zeta_0^2) + \frac{m_1}{2} \left(1 + \frac{m_1}{m_2}\right) (\dot\varrho^2 + \varrho^2 \dot\varphi^2 + \dot\zeta_1^2)$$

gefunden, während das Potential eine Funktion von

$$r = \left(1 + \frac{m_1}{m_2}\right) \sqrt{\varrho^2 + \zeta_1^2}$$

war. Wir finden dann die Impulse

$$p_{\xi_0} = (m_1 + m_2)\, \dot\xi_0; \qquad p_{\eta_0} = (m_1 + m_2)\, \dot\eta_0; \qquad p_{\zeta_0} = (m_1 + m_2)\, \dot\zeta_0$$

$$p_\varrho = m_1 \left(1 + \frac{m_1}{m_2}\right) \dot\varrho; \quad p_\varphi = m_1 \left(1 + \frac{m_1}{m_2}\right) \varrho^2 \dot\varphi; \quad p_{\zeta_1} = m_1 \left(1 + \frac{m_1}{m_2}\right) \dot\zeta_1$$

und damit die HAMILTON-Funktion

$$H = \frac{1}{2(m_1 + m_2)} (p_{\xi_0}^2 + p_{\eta_0}^2 + p_{\zeta_0}^2) + \frac{m_2}{2 m_1 (m_1 + m_2)} \left(p_\varrho^2 + \frac{p_\varphi^2}{\varrho^2} + p_{\zeta_1}^2\right) + V(\varrho, \zeta_1).$$

ξ_0, η_0, ζ_0 und φ sind zyklische Koordinaten, und die zugehörigen Impulse sind Integrationskonstanten. Die kanonischen Gleichungen für ϱ und ζ_1 sowie ihre Impulse lauten

$$\dot p_\varrho = \frac{m_2 p_\varphi^2}{m_1 (m_1 + m_2) \varrho^3} - \frac{\partial V}{\partial \varrho}; \qquad \dot\varrho = \frac{m_2}{m_1 (m_1 + m_2)} p_\varrho$$

$$\dot p_{\zeta_1} = - \frac{\partial V}{\partial \zeta_1} = - \left(1 + \frac{m_1}{m_2}\right) \frac{\zeta_1}{\sqrt{\varrho^2 + \zeta_1^2}} \frac{\partial V}{\partial r}; \quad \dot\zeta_1 = \frac{m_2}{m_1 (m_1 + m_2)} p_{\zeta_1}.$$

Nun hatten wir früher durch eine andere Betrachtung noch das Integral $\zeta_1 = 0$ ermittelt. Daß $\zeta_1 = 0$, $p_{\zeta_1} = 0$ eine Lösung der Gleichungen für ζ_1 und p_{ζ_1} ist, sieht man sofort ein. Es bleiben also nur noch die Gleichungen für ϱ und p_ϱ zu lösen. Da wir aber außerdem noch das Energieintegral haben, welches hier die Form

$$H = E = \frac{1}{2(m_1 + m_2)} (p_{\xi_0}^2 + p_{\eta_0}^2 + p_{\zeta_0}^2) + \frac{m_2}{2 m_1 (m_1 + m_2)} \left(p_\varrho^2 + \frac{p_\varphi^2}{\varrho^2}\right) + V(\varrho)$$

annimmt, können wir die Gleichung für $\dot{p}_\varrho$ weglassen, p_ϱ eliminieren, und es hinterbleibt eine Gleichung 1. Ordnung für ϱ.

Als zweites Beispiel nehmen wir den symmetrischen Kreisel von S. 82. Drückt man die kinetische Energie durch die EULERschen Winkel aus, so erhält man

$$T = \frac{A}{2}(\dot{\varphi}^2 \sin^2\vartheta + \dot{\vartheta}^2) + \frac{C}{2}(\dot{\varphi}\cos\vartheta + \dot{\chi})^2$$

und für das Potential hatten wir

$$V = M g d \cos\vartheta$$

gefunden. Hieraus erhalten wir die Impulse

$$p_\vartheta = A\dot{\vartheta}; \quad p_\varphi = A\dot{\varphi}\sin^2\vartheta + C\cos\vartheta(\dot{\varphi}\cos\vartheta + \dot{\chi}); \quad p_\chi = C(\dot{\varphi}\cos\vartheta + \dot{\chi})$$

und gewinnen durch Eliminieren der Geschwindigkeiten die HAMILTON-Funktion

$$H = \frac{(p_\varphi - p_\chi\cos\vartheta)^2}{2A\sin^2\vartheta} + \frac{p_\vartheta^2}{2A} + \frac{p_\chi^2}{2C} + M g d\cos\vartheta.$$

Da φ und χ nicht vorkommen, sind p_φ und p_χ die Integrationskonstanten, welche wir früher mit k_1 und k_2 bezeichnet haben. Die kanonischen Gleichungen für ϑ und seinen Impuls lauten

$$\dot{\vartheta} = \frac{p_\vartheta}{A}$$

$$\dot{p}_\vartheta = -\frac{(p_\varphi - p_\chi\cos\vartheta)\,p_\chi}{A\sin\vartheta} + \frac{(p_\varphi - p_\chi\cos\vartheta)^2\cos\vartheta}{A\sin^3\vartheta} + M g d\sin\vartheta.$$

Statt der zweiten Gleichung benutzen wir natürlich den Energiesatz $H = E$ und eliminieren in ihm p_ϑ mit $p_\vartheta = A\dot{\vartheta}$, wodurch wir für $\dot{\vartheta}$ zu

$$E = \frac{(p_\varphi - p_\chi\cos\vartheta)^2}{2A\sin^2\vartheta} + \frac{A\dot{\vartheta}^2}{2} + \frac{p_\chi^2}{2C} + M g d\cos\vartheta$$

gelangen. Dies ist aber gerade der Ausgangspunkt gewesen, von dem aus wir auch früher die eigentliche Integration vornahmen (s. S. 85).

§ 4. Das Energieintegral.

Inhalt: Der Energiesatz gilt dann und nur dann, wenn die HAMILTON-Funktion nicht explizit von der Zeit abhängt.

Bezeichnungen: Wie in § 1, S. 95.

Leiten sich die Kräfte von einem zeitlich unveränderlichen Potential ab (sinngemäß auszudehnen auf Kräfte, die kein Potential, aber ein kinetisches Potential besitzen), so enthält die HAMILTON-Funktion die Zeit nicht explizit. Durch Differenzieren finden wir dann

$$\frac{dH}{dt} = \sum_k \left(\frac{\partial H}{\partial q_k}\dot{q}_k + \frac{\partial H}{\partial p_k}\dot{p}_k\right).$$

Setzen wir hier die kanonischen Gleichungen ein, so entsteht

$$\frac{dH}{dt} = \sum_k \left(\frac{\partial H}{\partial q_k}\frac{\partial H}{\partial p_k} - \frac{\partial H}{\partial p_k}\frac{\partial H}{\partial q_k}\right) = 0$$

und die Integration liefert

$$H = T + V = E. \tag{14}$$

Die Summe der potentiellen und kinetischen Energie ist konstant und wird als Gesamtenergie bezeichnet, wenn die HAMILTON-Funktion die Zeit nicht enthält.

Umgekehrt läßt sich zeigen, daß in H die Zeit nicht explizit vorkommt, wenn H konstant ist, also $H = E$ gilt. Es folgt dann nämlich

$$\frac{dH}{dt} = \frac{\partial H}{\partial t} + \sum \left(\frac{\partial H}{\partial q_k} \dot{q}_k + \frac{\partial H}{\partial p_k} \dot{p}_k \right) = 0$$

und wegen den kanonischen Gleichungen

$$\frac{\partial H}{\partial t} = 0. \tag{15}$$

Die Gültigkeit des Energiesatzes $H = E$ ist gleichbedeutend damit, daß die Zeit in der HAMILTON-Funktion nicht vorkommt.

§ 5. Kanonische Transformationen.

Inhalt: Eine Transformation der Variabeln q_k und p_k in einen Satz von $2f$ Variabeln Q_r und P_r heißt kanonisch, wenn es eine Funktion K der Q und P gibt, aus der Bewegungsgleichungen in kanonischer Form für die neuen Variabeln gewinnbar sind. Eine kanonische Transformation kann aus einer Erzeugenden abgeleitet werden. Als Erzeugende kann jede Funktion dienen, die die Hälfte der alten und die Hälfte der neuen Variabeln enthält. Die kanonischen Transformationen sind mit den Berührungstransformationen der Geometrie identisch.

Bezeichnungen: q_k, p_k Koordinaten und Impulse, P_r, Q_r transformierte Koordinaten und Impulse. H HAMILTON-Funktion, K transformierte HAMILTON-Funktion, Φ, R Erzeugende.

Die kanonischen Gleichungen sind die einfachsten Bewegungsgleichungen, die man für ein mechanisches Problem aufstellen kann, solange man an den einmal gewählten Koordinaten festhält. Natürlich besteht die Aussicht, noch einfachere Gleichungen zu erhalten, wenn man noch zweckmäßigere Koordinaten findet. Besonders wird man immer danach streben, möglichst viele zyklische Koordinaten einzuführen.

Würde man andere Koordinaten q'_r durch eine Koordinatentransformation

$$q'_1 = q'_1(q_k); \quad q'_2 = q'_2(q_k) \ldots \quad q'_f = q'_f(q_k)$$

oder allgemein

$$q'_r = q'_r(q_k) \tag{16}$$

statt der bisherigen einführen, so würden die neuen Impulse

$$p'_r = p'_r(q_k, p_k)$$

nicht nur Funktionen der früheren Impulse, sondern gewöhnlich auch der früheren Koordinaten sein. Dies gilt schon bei der einfachen Transformation von kartesischen Koordinaten in Zylinderkoordinaten, deren Transformationsgleichungen

$$z = z \qquad p_z = p_z$$

$$r = \sqrt{x^2 + y^2} \qquad p_r = \frac{x\,p_x + y\,p_y}{\sqrt{x^2 + y^2}}$$

$$\varphi = \operatorname{arctg} \frac{y}{x} \qquad p_\varphi = x\,p_y - y\,p_x$$

lauten. Bei einer Koordinatentransformation verhalten sich also Koordinaten und Impulse gar nicht symmetrisch.

Besitzen wir ein Integral, welches ja eine willkürliche Konstante C enthalten muß, und denken wir es uns in der Form

$$C = F(p_k, q_k) \tag{17}$$

nach C aufgelöst, so liegt der Wunsch nahe, gerade C als eine der Koordinaten einzuführen. Wenn F die Impulse p_k nicht enthielte, so stünde dem gar nichts im Wege. Wenn in F aber Impulse vorkommen, kann (17) nicht eine der Gleichungen sein, die eine Koordinatentransformation (16) definieren.

Wir werfen deshalb die Frage auf, ob man nicht allgemeinere Transformationen

$$\begin{aligned} Q_r &= Q_r(p_k, q_k) \\ P_r &= P_r(p_k, q_k) \end{aligned} \tag{18}$$

der $2f$ Größen p_k und q_k in einen Satz von $2f$ anderen Größen P_r und Q_r ausführen kann. Der wesentliche Unterschied gegen die gewöhnliche Transformation (16) besteht in folgendem: Die Koordinaten $q_1 \ldots q_f$ beschreiben für sich allein, ohne die Impulse, in jedem Zeitpunkt t die augenblickliche Lage des Systems vollständig. Über die Geschwindigkeiten erfährt man aber durch die q_k gar nichts, sondern dazu ist auch die Kenntnis von $p_1 \ldots p_f$ notwendig. Die transformierten Größen $Q_1 \ldots Q_f$ beschreiben die Lage des Systems zur Zeit nicht mehr, sondern machen gleichzeitig Aussagen über Lage und Geschwindigkeit, beide Aussagen aber nicht erschöpfend. Genau das gleiche gilt für $P_1 \ldots P_f$. Die Q und P zusammen geben allerdings eine vollständige Beschreibung des Systems, sowohl seiner Lage wie auch seiner Geschwindigkeiten.

Da sowohl die p wie auch die q Eigenschaften des Systems bedeuten, können wir beide Größen in erweitertem Sinn als Koordinaten ansehen. Der Unterschied zwischen ihnen wird dadurch ausgedrückt, daß wir die q als Lagekoordinaten oder Punktkoordinaten, die p als Impulskoordinaten bezeichnen. Bei den P und Q ist diese Unterscheidung jedoch unmöglich. Eine Transformation, die nur Lagekoordinaten in andere Lagekoordinaten überführt, nennt man eine Punkttransformation. Die Transformation der p und q in die P und Q ist demnach keine Punkttransformation.

Bei der Einführung der generalisierten (Punkt-) Koordinaten haben wir bewiesen, daß die LAGRANGEschen Gleichungen oder die kanonischen Gleichungen immer die Bewegungsgleichungen sind. Führt man eine Punkttransformation aus, so gelten daher die kanonischen Gleichungen auch für die neuen Koordinaten. Wenn wir dagegen die allgemeine Transformation (18) vornehmen, so müßte man erst noch zeigen, daß sich die Bewegungsgleichungen wieder in der Form

$$\dot{P}_r = -\frac{\partial K}{\partial Q_r}\,; \quad \dot{Q}_r = \frac{\partial K}{\partial P_r}$$

aus einer neuen Funktion $K(P_r, Q_r)$ herleiten, welche die Stelle der H-Funktion einnimmt. Das können wir aber nicht beweisen aus dem einfachen Grund, weil es gar nicht allgemein zutrifft.

Wenn auch nicht alle Transformationen der q und p in neue Koordinaten Q und P die Eigenschaft haben, daß die transformierten Bewegungsgleichungen wieder in kanonischer Form aufgestellt werden können, so gibt es doch immerhin Transformationen von dieser Beschaffenheit. Man nennt sie kanonische Transformationen. Sie sind identisch mit den Berührungstransformationen der Geometrie.

Wir müssen jetzt die Frage untersuchen, wann eine Transformation der q und p in Q und P kanonisch ist. Hierfür ist sicher hinreichend, wenn das Integral

$$\int_{t_1}^{t_2} \left\{ \sum^k P_k \dot{Q}_k - K(P_k Q_k) \right\} dt \tag{19a}$$

immer dann zu einem Extremum wird, wenn auch das Integral

$$\int_{t_1}^{t_2} \left\{ \sum^k p_k \dot{q}_k - H(p_k, q_k) \right\} dt \tag{19b}$$

ein Extremum ist. Es gelten dann nämlich für P und Q kanonische Gleichungen, die sich aus der Funktion K herleiten, wenn für p und q sich aus H solche Gleichungen ergeben, d. h. für wirkliche Bewegung. Es ist eine hinreichende Bedingung dafür, daß die beiden Integrale in denselben Fällen extremal werden, wenn sich ihre Integranden nur um das vollständige Differential einer beliebigen Funktion Φ unterscheiden. Dann unterscheiden sich die Integrale selbst nämlich nur um einen Wert, der völlig durch die Grenzen t_1 und t_2 bestimmt ist, sich aber bei der Variation der Bahnen nicht ändert und deshalb auch keinen Einfluß darauf hat, ob ein Extremum vorliegt oder nicht.

Eine Transformation ist also kanonisch, wenn

$$\sum^k p_k \dot{q}_k - H = \sum^k P_k \dot{Q}_k - K + \frac{d\Phi}{dt}$$

oder wenn

$$\sum^k p_k\, dq_k - H\, dt = \sum^k P_k\, dQ_k - K\, dt + d\Phi \tag{20}$$

gilt.

Φ ist zunächst als eine Funktion der p und q gedacht oder, nachdem die Transformation ausgeführt ist, als Funktion von P und Q. Die Transformation

$$Q_r = Q_r(q_k, p_k); \quad P_r = P_r(q_k, p_k)$$

kann man sich jedoch auch nach den p und P aufgelöst denken. Dementsprechend kann man in $\Phi(p_k, q_k)$ die p eliminieren und durch die Q ersetzen. Dann würde

$$\Phi(q_k, p_k) = R(Q_k, q_k) \tag{21}$$

eine Funktion der q und Q und eventuell noch der Zeit sein. Setzen wir ihr Differential

$$dR = \sum^k \frac{\partial R}{\partial q_k}\, dq_k + \sum^k \frac{\partial R}{\partial Q_k}\, dQ_k + \frac{\partial R}{\partial t}\, dt$$

in (20) ein, so entsteht

$$\sum^k \left(p_k - \frac{\partial R}{\partial q_k}\right) dq_k - H\, dt = \sum^k \left(P_k + \frac{\partial R}{\partial Q_k}\right) dQ_k - K\, dt + \frac{\partial R}{\partial t}\, dt.$$

Diese Gleichung kann man erfüllen, wenn man

$$p_k = \frac{\partial R}{\partial q_k}; \quad P_k = -\frac{\partial R}{\partial Q_k}; \quad K = \frac{\partial R}{\partial t} + H \tag{22}$$

setzt.

Schreibt man sich also eine beliebige Funktion $R(q_k, Q_k)$ an und bildet (22), so sind diese Gleichungen eine kanonische Transformation zwischen den p_k, q_k und P_k und Q_k. Man braucht nur nach den p und q oder den P und Q aufzulösen, um sie in der gewöhnlichen Gestalt vor sich zu haben. Die Funktion R heißt Erzeugende der Transformation. Die neue HAMILTON-Funktion K, die zu den Koordinaten P und Q gehört, ergibt sich, wenn man in die H-Funktion die neuen Koordinaten einführt und zu ihr noch die partielle zeitliche Ableitung der Erzeugenden hinzufügt. Hängt R von der Zeit nicht explizit ab, so ist K wieder die Summe der kinetischen und der potentiellen Energie.

Setzen wir statt (21)

$$\Phi = R(q_k, P_k) - \sum^k P_k Q_k$$

$$d\Phi = \sum^k \frac{\partial R}{\partial q_k}\, dq_k + \sum^k \frac{\partial R}{\partial P_k}\, dP_k + \frac{\partial R}{\partial t}\, dt - \sum^k P_k\, dQ_k - \sum^k Q_k\, dP_k,$$

so ergibt sich beim Einsetzen in (20)

$$\sum^k \left(p_k - \frac{\partial R}{\partial q_k}\right) dq_k - H\, dt = \sum^k \left(\frac{\partial R}{\partial P_k} - Q_k\right) dP_k - K\, dt + \frac{\partial R}{\partial t}\, dt$$

und wir gewinnen die kanonische Transformation

$$p_k = \frac{\partial R}{\partial q_k}; \quad Q_k = \frac{\partial R}{\partial P_k}; \quad K = H + \frac{\partial R}{\partial t}.$$

Noch allgemeiner können wir als Erzeugende R einer kanonischen Transformation eine beliebige Funktion wählen, die entweder von den bisherigen Koordinaten q_k oder von den bisherigen Impulsen p_k abhängt, außerdem aber noch f weitere Größen enthält, die wir als Koordinaten Q_k oder auch als Impulse P_k ansehen dürfen. Die Transformation findet man dann durch einen der vier folgenden Ansätze

$$\left.\begin{array}{llll}
\text{I.}\ R = R(q_k, Q_k); & p_k = \dfrac{\partial R}{\partial q_k}; & P_k = -\dfrac{\partial R}{\partial Q_k}; & K = H + \dfrac{\partial R}{\partial t} \\
\text{II.}\ R = R(p_k, Q_k); & q_k = -\dfrac{\partial R}{\partial p_k}; & P_k = -\dfrac{\partial R}{\partial Q_k}; & K = H + \dfrac{\partial R}{\partial t} \\
\text{III.}\ R = R(q_k, P_k); & p_k = \dfrac{\partial R}{\partial q_k}; & Q_k = \dfrac{\partial R}{\partial P_k}; & K = H + \dfrac{\partial R}{\partial t} \\
\text{IV.}\ R = R(p_k, P_k); & q_k = -\dfrac{\partial R}{\partial p_k}; & Q_k = \dfrac{\partial R}{\partial P_k}; & K = H + \dfrac{\partial R}{\partial t}.
\end{array}\right\} \tag{23}$$

Die Punkttransformationen sind Spezialfälle der kanonischen Transformationen. Ihre Erzeugenden haben die Form

$$R = -\sum^k p_k f_k(Q_k).$$

Man erhält daraus die Transformation

$$q_k = -\frac{\partial R}{\partial p_k} = f_k(Q_k).$$

Unter den Punkttransformationen befindet sich auch die identische Transformation mit der Erzeugenden

$$R = -\sum^k p_k Q_k.$$

Auch die Vertauschung von Koordinate und Impuls

$$Q_k = p_k; \quad q_k = -P_k$$

ist eine kanonische Transformation, die von

$$R = \sum^k p_k P_k$$

erzeugt wird. Die Vertauschung ist von einem Vorzeichenwechsel begleitet.

Die Eigenschaft einer Transformation, kanonisch zu sein, hängt nicht von der Gestalt der HAMILTON-Funktion ab, sondern ist von der speziellen Natur des mechanischen Problems ganz unabhängig.

§ 6. Die partielle HAMILTONsche Differentialgleichung.

Inhalt: Die Erzeugende $W(q_k, P_k)$ der kanonischen Transformation, welche die HAMILTON-Funktion zum identischen Verschwinden bringt, ist das vollständige Integral der HAMILTONschen partiellen Differentialgleichung. Hat man W gefunden, so erhält man die integrierten Bewegungsgleichungen durch

$$p_k = \frac{\partial W}{\partial q_k}; \quad Q_k = \frac{\partial W}{\partial P_k},$$

wo Q_k und P_k als Konstante zu betrachten sind.

Bezeichnungen: q_k, p_k Lage- und Impulskoordinaten, P_k, Q_k transformierte Koordinaten, H HAMILTON-Funktion, K transformierte HAMILTON-Funktion, R bzw. W Erzeugende kanonischer Transformationen, E Gesamtenergie.

Wendet man eine beliebige kanonische Transformation auf die kanonischen Gleichungen eines bestimmten mechanischen Problems an, so führt dies, von glücklichen Zufällen abgesehen, nicht zu einer Vereinfachung der Gleichungen. Wir wollen deshalb jetzt die Frage untersuchen, ob man kanonische Transformationen finden kann, welche die kanonischen Gleichungen integrierbar machen. Wir müssen hierzu danach streben, daß die transformierte HAMILTON-Funktion

$$K = H + \frac{\partial R}{\partial t} \tag{24}$$

möglichst einfach wird. Am einfachsten ist sie, wenn sie identisch verschwindet. Wenn man dies erreichen könnte, würden die kanonischen Gleichungen

$$\dot{P}_k = 0; \quad \dot{Q}_k = 0 \tag{25}$$

lauten, könnten sofort integriert werden und würden dann

$$P_k = \text{const}; \quad Q_k = \text{const} \tag{26}$$

liefern.

Wenn man also eine kanonische Transformation findet, die die transformierte HAMILTONsche Funktion verschwinden läßt, so werden die neuen Koordinaten und Impulse zu Integrationskonstanten des Bewegungsproblems. Die Erzeugende dieser besonderen Transformation sei eine Funktion

$$W(q_k, P_k)$$

der q_k und P_k. Aus ihr geht die Transformation

$$p_k = \frac{\partial W}{\partial q_k}; \quad Q_k = \frac{\partial W}{\partial P_k} \tag{27}$$

hervor. Außerdem soll die transformierte HAMILTON-Funktion verschwinden, wenn man für die p_k die Ausdrücke (27) einsetzt. Es muß also

$$K = H\left(\frac{\partial W}{\partial q_k}, q_k\right) + \frac{\partial W}{\partial t} = 0 \tag{28}$$

sein. Dies ist eine partielle Differentialgleichung für W. Gesucht wird eine Funktion W der f Koordinaten q_k, die noch weitere f Größen P_k enthält. Die Gl. (28) soll für jedes beliebige Wertsystem der P_k erfüllt sein. Wir suchen also eine Funktion der q_k, die noch von f Integrationskonstanten P_k abhängt. Das ist ein vollständiges Integral der partiellen Differentialgleichung.

Hat man W gefunden, so gewinnt man die gesuchte kanonische Transformation (27). Es ist indessen nicht nötig, diese Transformation wirklich durchzuführen, die Gl. (27) sind bereits die Lösungen des mechanischen Problems in integrierter Form. Ist nämlich W bekannt und enthält es vorschriftsmäßig f Konstanten P_k, so sind die Transformationsgleichungen $2f$ Beziehungen zwischen den Koordinaten q_k, den Impulsen p_k, der Zeit t, den f Integrationskonstanten P_k und den f Konstanten Q_k. Diese $2f$ Gleichungen kann man nach den q_k und p_k auflösen und erhält diese dann als Funktionen der Zeit, welche noch die $2f$ Integrationskonstanten P_k und Q_k enthalten. Daß eben die P_k und Q_k zeitlich unveränderlich sind, ist gerade die Aussage der transformierten kanonischen Gl. (26).

Die Integration der Bewegungsgleichungen läuft also darauf hinaus, ein vollständiges Integral der partiellen HAMILTONschen Differentialgleichung (28) zu finden. Im allgemeinen gibt es kein solches Integral, welches sich elementar durch die üblichen Funktionen ausdrücken läßt. Die HAMILTONsche partielle Differentialgleichung definiert vielmehr eine neue Funktion, die man durch

Reihenentwicklung oder andere Näherungsmethoden immer bestimmen kann. In den Fällen, welche eine Lösung auf elementarem Wege erlauben, ist die HAMILTONsche partielle Differentialgleichung der einfachste und sicherste Ausgangspunkt für die Rechnung.

Enthält die HAMILTONsche Funktion H die Zeit nicht explizit, so kann man

$$W = P_1 t + S \tag{29}$$

setzen. S soll hierbei nur noch eine Funktion der Koordinaten, nicht aber der Zeit sein und braucht außer P_1 nur noch $f - 1$ Integrationskonstanten zu enthalten. Geht man mit diesem Ansatz in die HAMILTONsche Differentialgleichung ein, so erhält man

$$H\left(\frac{\partial S}{\partial q_k}, q_k\right) + P_1 = 0. \tag{30}$$

Da wir wissen, daß der Wert der H-Funktion gleich der Gesamtenergie E ist, haben wir damit auch gleich die Bedeutung der Konstanten

$$P_1 = -E$$

gewonnen. Wir können also gleich

$$W = -E t + S \tag{30a}$$

ansetzen.

§ 7. Die Methode der Separation.

Inhalt: Lösung der partiellen HAMILTONschen Differentialgleichungen durch Separation. Anwendung auf Planetenbewegung.

Bezeichnungen: r, ϑ, φ sphärische Polarkoordinaten, H HAMILTON-Funktion, m Planetenmasse, M Sonnenmasse, γ Gravitationskonstante, W Lösung der HAMILTONschen Differentialgleichung.

Die Rechnung mit der HAMILTONschen partiellen Differentialgleichung vollzieht sich häufig in einer Weise, die man als Separation der Variablen bezeichnet. Wir wollen diese Methode auf die Planetenbewegung anwenden. Um die Überlegenheit der HAMILTONschen partiellen Differentialgleichung über die kanonischen Gleichungen oder die LAGRANGEschen Gleichungen II. Art zu zeigen, wollen wir dieses Problem nicht in der Ebene, sondern im Raum lösen. Wir wollen also die Rechnung von Grund aus vornehmen, ohne uns der Konstanz des Drehimpulses zu bedienen, die wir früher (Kap. I, § 9, S. 16) mehr zufällig durch einen vektoriellen Kunstgriff gefunden haben. Wenn wir auf die Kenntnis verzichten, daß sich die Bewegung in einer Ebene abspielt, liefern die LAGRANGEschen Gleichungen und die kanonischen Gleichungen kein leicht lösbares Gleichungssystem. Die HAMILTONsche partielle Differentialgleichung läßt sich aber ohne Schwierigkeit systematisch lösen.

Die Methode der Separation der Variablen besteht darin, daß man für W eine Summe von Funktionen ansetzt, die einzeln jeweils nur von einer Variablen abhängen. Wir setzen also zunächst

$$W = -E t + S$$

und denken uns auch S noch in eine Summe aufgespalten.

Die HAMILTONsche Funktion lautet in sphärischen Polarkoordinaten (s. S.99)

$$H = \frac{1}{2m}\left(p_r^2 + \frac{p_\vartheta^2}{r^2} + \frac{p_\varphi^2}{r^2 \sin^2\vartheta}\right) + V.$$

Das Potential eines Planeten der Masse m, der sich um die fest gedachte Sonne mit der Masse M bewegt, ist

$$V = -\frac{\gamma m M}{r}.$$

Wir erhalten die HAMILTON-Funktion

$$H = \frac{1}{2m}\left(p_r^2 + \frac{p_\vartheta^2}{r^2} + \frac{p_\varphi^2}{r^2 \sin^2\vartheta}\right) - \frac{\gamma m M}{r},$$

und daraus die partielle HAMILTONsche Differentialgleichung

$$\frac{1}{2m}\left\{\left(\frac{\partial W}{\partial r}\right)^2 + \frac{1}{r^2}\left(\frac{\partial W}{\partial \vartheta}\right)^2 + \frac{1}{r^2 \sin^2\vartheta}\left(\frac{\partial W}{\partial \varphi}\right)^2\right\} - \frac{\gamma m M}{r} + \frac{\partial W}{\partial t} = 0.$$

Sie liefert für S die Gleichung

$$\frac{1}{2m}\left\{\left(\frac{\partial S}{\partial r}\right)^2 + \frac{1}{r^2}\left(\frac{\partial S}{\partial \vartheta}\right)^2 + \frac{1}{r^2 \sin^2\vartheta}\left(\frac{\partial S}{\partial \varphi}\right)^2\right\} - \frac{\gamma m M}{r} = E.$$

Wir setzen jetzt

$$S = R(r) + \Theta(\vartheta) + \Phi(\varphi),$$

wobei $R(r)$ nur von r abhängt, $\Theta(\vartheta)$ nur eine Funktion von ϑ und $\Phi(\varphi)$ nur eine Funktion von φ ist, und erhalten

$$\frac{1}{2m}\left\{\left(\frac{dR}{dr}\right)^2 + \frac{1}{r^2}\left(\frac{d\Theta}{d\vartheta}\right)^2 + \frac{1}{r^2 \sin^2\vartheta}\left(\frac{d\Phi}{d\varphi}\right)^2\right\} - \frac{\gamma m M}{r} = E. \tag{31}$$

Denken wir uns diese Gleichung nach $d\Phi/d\varphi$ aufgelöst, so hängt die rechte Seite nicht von φ ab, allenfalls von r und ϑ. Die linke Seite hängt aber nicht von r und ϑ ab, allenfalls von φ. Hieraus geht hervor, daß beide Seiten von keiner der Variablen abhängen können, also konstant sein müssen. Wir finden daher

$$\frac{d\Phi}{d\varphi} = P_2 \tag{31a}$$

und erhalten

$$\frac{1}{2m}\left\{\left(\frac{dR}{dr}\right)^2 + \frac{1}{r^2}\left[\left(\frac{d\Theta}{d\vartheta}\right)^2 + \frac{P_2^2}{\sin^2\vartheta}\right]\right\} - \frac{\gamma m M}{r} = E. \tag{31b}$$

Damit haben wir unsere Gl. (31) in zwei Gleichungen separiert. Da wir keinesweg die allgemeinste Lösung für W zu suchen brauchen, sondern uns mit jeder Lösung begnügen dürfen, die 3 Integrationskonstanten enthält, werden wir

$$\Phi = P_2 \varphi$$

setzen und haben damit schon zwei Konstanten gewonnen. Wir müssen nun noch R und Θ so bestimmen, daß (31b) erfüllt ist. Lösen wir nach der eckigen Klammer auf, so hängt die linke Seite nicht von r, die rechte Seite nicht von ϑ ab, d. h. beide Seiten müssen konstant sein, und wir erhalten

$$\left(\frac{d\Theta}{d\vartheta}\right)^2 + \frac{P_2^2}{\sin^2\vartheta} = P_3.$$

Diese Gleichung kann man integrieren und erhält

$$\Theta = \int \sqrt{P_3 - \frac{P_2^2}{\sin^2\vartheta}}\, d\vartheta.$$

R muß dann noch die Bedingung

$$\frac{1}{2m}\left\{\left(\frac{dR}{dr}\right)^2 + \frac{P_3}{r^2}\right\} - \frac{\gamma m M}{r} = \mathrm{E}$$

erfüllen, und hieraus erhalten wir

$$\mathrm{R} = \int \sqrt{2m\left(E + \frac{\gamma m M}{r}\right) - \frac{P_3}{r^2}}\, dr.$$

Die gesuchte Funktion W lautet also

$$W = -Et + P_2\varphi + \\ + \int\sqrt{P_3 - \frac{P_2^2}{\sin^2\vartheta}}\,d\vartheta + \int\sqrt{2m\left(E + \frac{\gamma m M}{r}\right) - \frac{P_3}{r^2}}\,dr. \tag{32}$$

Durch Differenzieren nach den Integrationskonstanten E, P_2, P_3 erhalten wir die integrierten Bewegungsgleichungen

$$-Q_1 = \frac{\partial W}{\partial E} = -t + \int\frac{m\,dr}{\sqrt{2m\left(E + \frac{\gamma m M}{r}\right) - \frac{P_3}{r^2}}}$$

$$Q_2 = \frac{\partial W}{\partial P_2} = \varphi - \int\frac{P_2\,d\vartheta}{\sin^2\vartheta\sqrt{P_3 - \frac{P_2^2}{\sin^2\vartheta}}}$$

$$Q_3 = \frac{\partial W}{\partial P_3} = \frac{1}{2}\int\frac{d\vartheta}{\sqrt{P_3 - \frac{P_2^2}{\sin^2\vartheta}}} - \frac{1}{2}\int\frac{ar}{r^2\sqrt{2m\left(E + \frac{\gamma m M}{r}\right) - \frac{P_3}{r^2}}}.$$

Es darf uns nicht wundern, daß die Bewegungsgleichungen kompliziert aussehen. Wie wir früher festgestellt haben, läuft die Bewegung in einer Ebene durch den Koordinatenanfang ab, und zur Charakterisierung einer Ebene eignen sich sphärische Polarkoordinaten nicht besonders gut.

Die Methode der Separation läßt sich in den meisten anderen Fällen anwenden, wo das mechanische Problem überhaupt elementar gelöst werden kann.

*§ 8. Die Wirkungsfunktion.

Inhalt: W wird als Wirkungsfunktion definiert und beschreibt für einen einzelnen Massenpunkt ein Wellenfeld. Der Impuls ist Gradient der Wirkungsfunktion. Das HAMILTONsche Prinzip verlangt, daß die Bewegung so abläuft, daß die Wirkung sowenig wie möglich zunimmt. Wirkungsfeld der Fall- und Wurfbewegung als Beispiele.

Bezeichnungen: Wie in § 6, S. 106.

Die HAMILTONsche partielle Differentialgleichung bedeutet zunächt nur ein Rezept für die Integration des Bewegungsproblems. Ihr vollständiges Integral W hat noch keine physikalische Bedeutung. Wir führten es als Erzeugende derjenigen kanonischen Transformation ein, welche die transformierte HAMILTON-Funktion zum identischen Verschwinden bringt.

Es handelt sich jetzt darum, festzustellen, ob W irgendwelchen physikalischen Sinn besitzt, wenn ja, unter welchen Bedingungen oder bei welchen Problemen. Solange wir auf dem Boden der klassischen Mechanik bleiben, stellt sich merkwürdigerweise heraus, daß die Funktion W mit der Bewegung eines einzelnen mechanischen Systems nur wenig zu tun hat und physikalisch nur künstlich gedeutet werden kann, daß sie aber trotzdem den Ablauf der Bewegung regiert. Andererseits wird uns aber gerade die Beschreibung der Bewegung durch W zu zwei neuen Gebieten hinüberführen, nämlich zur statistischen Mechanik und zur Mechanik der Elementarteilchen, die man als Wellen-, Matrizen- oder Quantenmechanik ausgebaut hat.

Wenn wir die integrierten Bewegungsgleichungen

$$p_k = \frac{\partial W}{\partial q_k}; \quad Q_k = \frac{\partial W}{\partial P_k} \tag{27}$$

betrachten, so sehen wir, daß eine bestimmte Bewegung aus der Fülle der Bewegungen, welche in dem vorgegebenen Kraftfeld überhaupt möglich sind, dadurch herausgegriffen wird, daß sämtliche Integrationskonstanten P_k und Q_k feste Zahlwerte erhalten. Um die Konstanz dieser Größen hervorzuheben, bezeichnen wir sie im folgenden mit α_k und β_k. Jede Kombination von $2f$ Zahlwerten der α_k und β_k bedeutet eine ganz bestimmte Bewegung. Lassen wir die Integrationskonstanten willkürlich, so erfassen wir alle Bewegungen, die in dem betreffenden Kraftfeld vor sich gehen können.

Was aber vermag die Funktion W selbst zu beschreiben? W hängt nur von der Hälfte aller Integrationskonstanten ab. Alle diejenigen Bewegungen, welche sich nur durch die Konstanten β_k unterscheiden, gehören zu derselben Funktion W. Die Kenntnis von W erlaubt also nicht, zu entscheiden, welche Bewegung wirklich vorliegt, auch wenn alle Unbestimmtheit in W selbst beseitigt wird, indem wir den Integrationskonstanten α_k feste Zahlwerte verleihen. Die Funktion W faßt noch unendlich viele Bewegungen (eine f-fach unendliche Mannigfaltigkeit) zu einem Bündel zusammen. Haben die α_k feste Werte und halten wir auch einen bestimmten Zeitpunkt fest, so ist jedem Punkt des Raumes ein bestimmter Wert von W zugeordnet. Das Bündel der Bewegungen wird also nicht beschrieben, indem ein Ablauf auf gewissen Bahnen angegeben wird, sondern durch ein W-Feld, welches sich mit der Zeit noch ändert.

Um den Zusammenhang zwischen diesem Feld und der Bewegung etwas anschaulicher zu machen, untersuchen wir einen einzelnen Massenpunkt mit zeitunabhängigem Potential. Dann können wir

$$W = -Et + S$$

setzen, und S bedeutet ein räumliches Feld, welches sich mit der Zeit nicht ändert. Jetzt gilt für die Impulskomponenten

$$p_x = \frac{\partial W}{\partial x} = \frac{\partial S}{\partial x}\,; \quad p_y = \frac{\partial W}{\partial y} = \frac{\partial S}{\partial y}\,; \quad p_z = \frac{\partial W}{\partial z} = \frac{\partial S}{\partial z}$$

und dies fassen wir in die Vektorgleichung

$$\mathfrak{p} = \operatorname{grad} W = \operatorname{grad} S$$

zusammen. Stellen wir also das S-Feld durch die Flächen $S = \text{const}$ dar, so sind die Bahnkurven die orthogonalen Trajektorien dieser Flächenschar. Zu dem gleichen Feld S gehören also alle Bewegungen, deren Bahnen auf den Flächen $S = \text{const}$ senkrecht stehen, und auf jeder Bahn alle die Bewegungen, die an einem ihrer Punkte zu einer beliebigen Zeit beginnen.

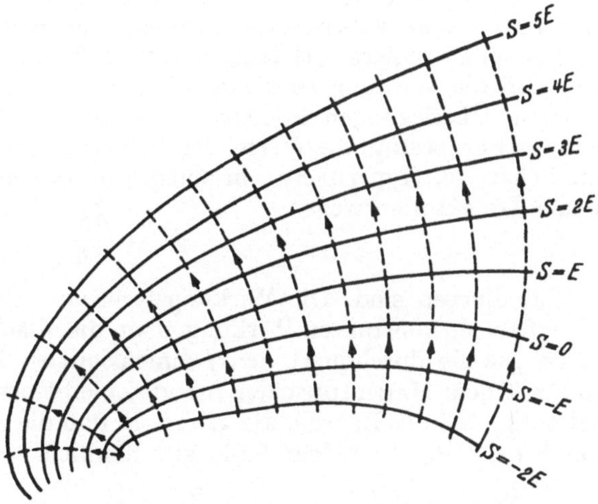

Abb. 23. Flächen $S = \text{const}$. Bahnkurven punktiert.

Damit haben wir das Bündel der Bewegungen ermittelt, die zu einem bestimmten Feld S und W gehören. Die Verhältnisse werden durch die Abb. 23 klargemacht, in der die Flächen $S = 0$, $S = E$, $S = 2E$ usw. eingezeichnet sind. Zur Zeit $t = 0$ hat W überall denselben Wert wie S. Die Fläche $W = 0$ fällt also auf die Fläche $S = 0$, die Fläche $W = E$ auf die

Fläche $S = E$ usw. Zur Zeit $t = 1$ fällt die Fläche $W = 0$ auf die Fläche $S = E$, die Fläche $W = E$ auf die Fläche $S = 2E$ usw. Wir können also die zeitliche Veränderung des W-Feldes darin sehen, daß Flächen konstanter W-Werte über die Flächen konstanter S-Werte hinwegwandern.

Einen solchen Vorgang bezeichnet man als Wellenbewegung. Wir werden also sagen, daß Wellen von konstantem W durch den Raum wandern.

So nützlich die Funktion W sich bei der Berechnung der Bewegung erweist, so undeutlich ist einstweilen noch ihre physikalische Bedeutung. Wir wissen noch nicht, was W wirklich ist. Zunächst geben wir W den Namen „Wirkung" bzw. nennen W die Wirkungsfunktion. Um ihre Bedeutung zu ermitteln, untersuchen wir den Wert des Hamiltonschen Integrals

$$\int_{t_1}^{t_2} L\,dt = \int_{t_1}^{t_2} \{p_x\,dx + p_y\,dy + p_z\,dz - H\,dt\}.$$

Setzen wir für die Impulse und die H-Funktion

$$p_x = \frac{\partial W}{\partial x}; \quad p_y = \frac{\partial W}{\partial y}; \quad p_z = \frac{\partial W}{\partial z}$$

$$H = -\frac{\partial W}{\partial t}$$

ein, so ergibt sich

$$\int_{t_1}^{t_2} = \int_{t_1}^{t_2} \left(\frac{\partial W}{\partial x}\,dx + \frac{\partial W}{\partial y}\,dy + \frac{\partial W}{\partial z}\,dz + \frac{\partial W}{\partial t}\,dt\right) = W_2 - W_1. \qquad (33)$$

Der Wert dieses Integrals ist gerade der Wirkungszuwachs in der Zeitspanne $t_2 - t_1$. Damit ist die Wirkung in Zusammenhang mit anderen physikalischen Größen gebracht, denn der Integrand war das kinetische Potential. Wir wissen jetzt jedenfalls, daß die Wirkung physikalisch etwas bedeutet, wenn auch diese Bedeutung nicht gerade einfach auszudrücken und leicht zu verstehen ist. Andererseits haben wir früher gesehen, daß das Hamiltonsche Integral die Bewegung regiert. Sie läuft so ab, daß das Integral möglichst klein wird, d. h. daß die Wirkung so wenig zunimmt wie möglich.

Diese Überlegungen können leicht auf beliebige Bewegungen übertragen werden. Für bestimmte Werte der Integrationskonstanten α_k stellt $S = \text{const}$ eine Schar von Hyperflächen in einem f dimensionalen Raum dar, deren orthogonale Trajektorien wegen

$$p_k = \frac{\partial S}{\partial q_k}$$

die Bahnkurven sind. Die Wirkungsfunktion beschreibt eine Wanderung von Hyperflächen konstanter Wirkung über die Flächen von konstantem S. Eine Wirkungswelle durchquert den f dimensionalen Raum. Auch der Zusammenhang mit dem Hamiltonschen Integral bleibt bestehen. Es ist sogar nicht einmal nötig, daß der Energiesatz gilt, d. h. daß die zeitlich unveränderliche Funktion S existiert. In jedem Falle gilt nämlich

$$\int_{t_1}^{t_2} \left\{\sum^k p_k\,dq_k - H\,dt\right\} = \int_{t_1}^{t_2} \left\{\sum^k \frac{\partial W}{\partial q_k}\,dq_k + \frac{\partial W}{\partial t}\,dt\right\} = W_2 - W_1. \qquad (33\,\text{a})$$

Um die Wirkungswellen anschaulich zu machen, betrachten wir ein einfaches Beispiel, bei dem man die Bewegung selbst leicht überblicken kann. Wir nehmen die Wurf- oder Fallbewegung im Schwerefeld. Die Hamilton-

Funktion lautet für sie

$$H = \frac{p_x^2 + p_y^2 + p_z^2}{2m} + m g z,$$

woraus wir die HAMILTONsche partielle Differentialgleichung

$$\frac{1}{2m}\left\{\left(\frac{\partial W}{\partial x}\right)^2 + \left(\frac{\partial W}{\partial y}\right)^2 + \left(\frac{\partial W}{\partial z}\right)^2\right\} + m g z + \frac{\partial W}{\partial t} = 0$$

bekommen. Für die Wirkungsfunktion können wir den Ansatz

$$W = -E t + S_x + S_y + S_z$$

machen, wobei sich

$$S_x = x p_x; \quad S_y = y p_y; \quad \frac{1}{2m}\left(\frac{\partial S_z}{\partial z}\right)^2 + m g z = E - \frac{p_x^2 + p_y^2}{2m} = \alpha_z$$

ergibt. p_x, p_y und α_z sind Integrationskonstanten. Auch S_z kann man leicht ausrechnen und findet

$$S_z = -\frac{2}{3g}\sqrt{\frac{2}{m}}\,(\alpha_z - m g z)^{\frac{3}{2}}.$$

Führt man statt α_z die neue Integrationskonstante

$$z_0 = \frac{\alpha_z}{m g}$$

ein, so kann man die Gesamtenergie

$$E = \frac{p_x^2 + p_y^2}{2m} + m g z_0$$

durch p_x, p_y und z_0 ausdrücken.

Wenn man alles einsetzt, gelangt man zu der Wirkungsfunktion

$$W = -\left(\frac{p_x^2 + p_y^2}{2m} + m g z_0\right) t + x p_x + y p_y - \frac{2m\sqrt{2g}}{3}(z_0 - z)^{\frac{3}{2}}.$$

Aus ihr ergeben sich die Bewegungsgleichungen

$$\beta_x = \frac{\partial W}{\partial p_x} = -\frac{p_x}{m} t + x; \quad \beta_y = \frac{\partial W}{\partial p_y} = -\frac{p_y}{m} t + y$$

$$\beta_z = \frac{\partial W}{\partial z_0} = -m g t - m\sqrt{2g}\,(z_0 - z)^{\frac{1}{2}}$$

in bekannter Weise.

Unter allen möglichen Bewegungen, die ein Körper im Schwefelfeld ausführen kann, wird ein Bündel herausgegriffen, wenn wir den Konstanten p_x, p_y und z_0 feste Zahlwerte zulegen. Setzen wir z. B. $p_x = 0$, $p_y = 0$ und $z_0 = 0$, so sind die Flächen $S = \text{const}$ lauter Ebenen parallel zur xy-Ebene. Das zugehörige Bündel von Bahnen besteht aus vertikalen Geraden. Da W nur für $z \leqq 0$ reell ist, handelt es sich um Wurfbewegungen, die bis zur Ebene $z = 0$ aufsteigen und dort umkehren. Gleichgültig, an welcher Stelle des Raumes ein solcher Wurf erfolgt, gehört er immer zu diesem Feld W und damit zur gleichen Wirkungswelle.

Als zweites Beispiel nehmen wir $p_x = 0$, $z_0 = 0$ und $p_y = \frac{2m\sqrt{2g}}{3}$. Hier erhalten wir

$$S = \frac{2m\sqrt{2g}}{3}\left\{y - (-z)^{\frac{3}{2}}\right\}$$

oder nach y aufgelöst

$$y = \frac{3}{2m\sqrt{2g}} S + (-z)^{\frac{3}{2}}.$$

Die Flächen $S = \text{const}$ sind Zylinderflächen parallel zur x-Achse. Sie schneiden die yz-Ebene in einer Schar NEILscher Parabeln, deren Spitzen auf der y-Achse liegen (Abb. 24). Mit wachsendem S verschieben sich die Spitzen nach rechts. Hierzu gehören Wurfbahnen, die keine Geschwindigkeitskomponente in der x-Richtung haben und als höchsten Punkt $z = 0$ erreichen. Die Ge-

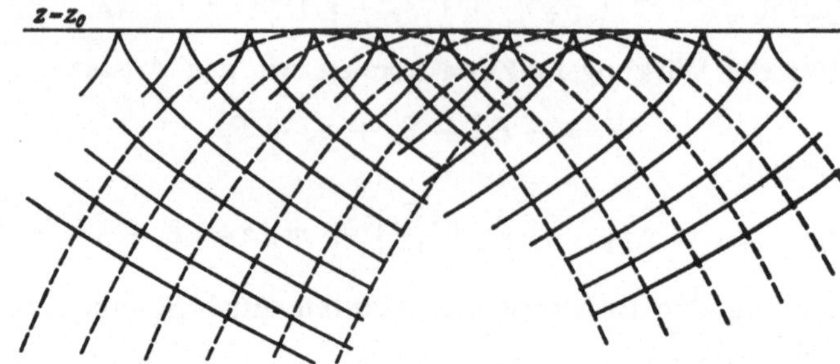

Abb. 24. Ausgezogen $S = \text{const}$, punktiert Bahnkurven. Links sind nur die rechten, rechts nur die linken Äste der NEILschen Parabeln gezeichnet.

schwindigkeit in der y-Richtung ist bei all diesen Würfen dieselbe, nämlich $\frac{2}{3}\sqrt{2g}$. Die rechten Äste der NEILschen Parabeln gehören zur aufsteigenden, die linken Äste zur absteigenden Bewegung.

*§ 9. Der Phasenraum.

Inhalt: Der Phasenraum ist die Vereinigung von Koordinatenraum und Impulsraum eines mechanischen Systems. Eine kanonische Transformation bildet ihn volumentreu ab.

Bezeichnungen: x, y, z kartesische Koordinaten eines Massenpunktes, x_i kartesische Koordinaten vieler Massenpunkte. q_k, p_k generalisierte Koordinaten bzw. Impulse, dv Volumenelement im Koordinatenraum, dv_p Volumenelement im kartesischen Impulsraum, $d\tau$, $d\tau_p$ Volumenelemente in den transformierten Räumen.

Für einen einzelnen Massenpunkt kann man mit den Impulskoordinaten p_x, p_y, p_z, die zu seinen kartesischen Koordinaten x, y, z kanonisch konjugiert sind, einen dreidimensionalen Impulsraum aufspannen. Diesen kann man mit dem Koordinatenraum zu einem sechsdimensionalen Raum, dem Phasenraum, vereinigen, in welchem die Orts- und Impulskoordinaten als ein kartesisches System betrachtet werden können. Die sechs Einheitsvektoren in den Achsenrichtungen stehen also sämtlich aufeinander senkrecht.

Die Bewegung eines Massenpunktes verläuft im Phasenraum genau wie im wirklichen Raum auf einer Bahn, welche man Phasenbahn nennt. Die wirkliche Bahn ist die Projektion der Phasenbahn in den Koordinatenraum.

Führen wir eine Punkttransformation aus, indem wir zu generalisierten Koordinaten q_1, q_2, q_3 übergehen, so werden durch $q_k = \text{const}$ drei Scharen von Flächen in den Koordinatenraum gelegt. Ändert sich nur eine Koordinate um dq_k, während die beiden anderen ihre Werte behalten, so findet eine Verschiebung $d\mathfrak{s}_k$ statt, deren Komponenten

$$dx_k = \frac{\partial x}{\partial q_k} dq_k; \quad dy_k = \frac{\partial y}{\partial q_k} dq_k; \quad dz_k = \frac{\partial z}{\partial q_k} dq_k$$

sind. Die Verschiebung ist der Vektor

$$d\mathfrak{s}_k = dq_k \left(\mathfrak{i} \frac{\partial x}{\partial q_k} + \mathfrak{j} \frac{\partial y}{\partial q_k} + \mathfrak{k} \frac{\partial z}{\partial q_k} \right). \tag{34}$$

Ändern wir alle drei generalisierten Koordinaten um dq_1, dq_2, dq_3, bilden die entsprechenden Verschiebungen $d\mathfrak{s}_1$, $d\mathfrak{s}_2$, $d\mathfrak{s}_3$ und aus ihnen das Volumenelement

$$dv = (d\mathfrak{s}_1 [d\mathfrak{s}_2\, d\mathfrak{s}_3]) \tag{35}$$

im Koordinatenraum, so drückt

$$dv = dq_1\, dq_2\, dq_3 \begin{vmatrix} \frac{\partial x}{\partial q_1} & \frac{\partial y}{\partial q_1} & \frac{\partial z}{\partial q_1} \\ \frac{\partial x}{\partial q_2} & \frac{\partial y}{\partial q_2} & \frac{\partial z}{\partial q_2} \\ \frac{\partial x}{\partial q_3} & \frac{\partial y}{\partial q_3} & \frac{\partial z}{\partial q_3} \end{vmatrix} = D\, dq_1\, dq_2\, dq_3 \tag{35a}$$

seine Größe in den generalisierten Koordinaten aus. D ist die Funktionaldeterminante der Transformation, welche x, y, z als Funktionen der q_1, q_2, q_3 angibt.

Denken wir uns jetzt einen anderen kartesischen Raum von der generalisierten Koordinaten q_1, q_2, q_3 aufgespannt, so ist

$$d\tau = dq_1\, dq_2\, dq_3 \tag{36}$$

das Volumenelement in ihm. Die Abbildung des xyz-Raums auf den $q_1q_2q_3$-Raum ist also nicht volumentreu, außer wenn zufällig $D = 1$ ist.

Für die Komponenten des Impulses können wir

$$p_x = \frac{\partial L}{\partial \dot{x}} = \sum^k \frac{\partial L}{\partial \dot{q}_k} \frac{\partial \dot{q}_k}{\partial \dot{x}} = \sum^k p_k \frac{\partial \dot{q}_k}{\partial \dot{x}}$$

schreiben. Da aber

$$\dot{q}_k = \frac{\partial q_k}{\partial x} \dot{x} + \frac{\partial q_k}{\partial y} \dot{y} + \frac{\partial q_k}{\partial z} \dot{z}$$

ist, gilt

$$\frac{\partial \dot{q}_k}{\partial \dot{x}} = \frac{\partial q_k}{\partial x}$$

und wir erhalten

$$p_x = \sum^k p_k \frac{\partial q_k}{\partial x}$$

und ebenso natürlich auch

$$p_y = \sum^k p_k \frac{\partial q_k}{\partial y}\,; \quad p_z = \sum^k p_k \frac{\partial q_k}{\partial z}\,.$$

Ändert man einen der generalisierten Impulse um dp_k ab, während man die anderen Impulse festhält, so tritt im Impulsraum eine Verschiebung $d\mathfrak{p}_k$ ein, deren Komponenten

$$dp_{kx} = dp_k \frac{\partial q_k}{\partial x}\,; \quad dp_{ky} = dp_k \frac{\partial q_k}{\partial y}\,; \quad dp_{kz} = dp_k \frac{\partial q_k}{\partial z}$$

sind. Als Vektor kann man sie durch

$$d\mathfrak{p}_k = dp_k \left(\mathfrak{i} \frac{\partial q_k}{\partial x} + \mathfrak{j} \frac{\partial q_k}{\partial y} + \mathfrak{k} \frac{\partial q_k}{\partial z} \right)$$

beschreiben. Ändern wir die drei generalisierten Impulse um dp_1, dp_2, dp_3, bilden die entsprechenden Verschiebungen $d\mathfrak{p}_1$, $d\mathfrak{p}_2$, $d\mathfrak{p}_3$ und aus ihnen das Volumenelement

$$dv_p = (d\mathfrak{p}_1 [d\mathfrak{p}_2\, d\mathfrak{p}_3]) \tag{37}$$

im Impulsraum, so wird seine Größe durch

$$dv_p = dp_1\,dp_2\,dp_3 \begin{vmatrix} \frac{\partial q_1}{\partial x} & \frac{\partial q_1}{\partial y} & \frac{\partial q_1}{\partial z} \\ \frac{\partial q_2}{\partial x} & \frac{\partial q_2}{\partial y} & \frac{\partial q_2}{\partial z} \\ \frac{\partial q_3}{\partial x} & \frac{\partial q_3}{\partial y} & \frac{\partial q_3}{\partial z} \end{vmatrix} = D'\,dp_1\,dp_2\,dp_3 \tag{37a}$$

in generalisierten Koordinaten ausgedrückt. D und D' sind zueinander reziprok als Funktionaldeterminanten zweier reziproker Transformationen.

Denken wir uns jetzt einen neuen kartesischen Impulsraum mit den generalisierten Impulsen p_1, p_2, p_3 aufgespannt, so ist

$$d\tau_p = dp_1\,dp_2\,dp_3 \tag{38}$$

das Volumenelement in ihm. Die Abbildung des $p_x p_y p_z$-Raumes auf den $p_1 p_2 p_3$-Raum ist nicht volumentreu, außer wenn zufällig $D' = 1$ ist.

Während eine Punkttransformation das Volumen des Koordinatenraumes wie auch das des Impulsraumes verändert, bildet sie den Phasenraum volumentreu ab. Es ist nämlich

$$dv\,dv_p = DD'\,d\tau\,d\tau_p = d\tau\,d\tau_p. \tag{39}$$

Besteht das mechanische System aus vielen Massenpunkten, so kann man die angestellten Überlegungen entsprechend verallgemeinern. Wir spannen zuerst für jeden Massenpunkt einen eigenen Phasenraum auf und vereinigen dann alle Phasenräume zu einem Phasenraum von $6n$ Dimensionen. Jede Beschränkungsgleichung holonomer oder nichtholonomer Art stelle eine Hyperfläche dar, auf der die Phasenbahn verlaufen muß.

Eine Transformation auf generalisierte Koordinaten hat im wesentlichen dieselben Eigenschaften wie bei einem einzelnen Massenpunkt. Ändert man nur eine Koordinate um dq_k, so findet im $3n$ dimensionalen Koordinatenraum die Verschiebung

$$d\mathfrak{s}_k = dq_k \sum^i \frac{\partial x_i}{\partial q_k}\,\mathfrak{e}_i \tag{40}$$

statt. Die $\mathfrak{e}_i$ sind hierbei Einheitsvektoren in Richtung der Koordinatenachsen. Aus den Verschiebungen bildet sich das Volumenelement

$$dv = d\mathfrak{s}_1 \ldots d\mathfrak{s}_f = D\,dq_1 \ldots dq_f. \tag{41}$$

D ist die Funktionaldeterminante der Transformation. Ganz ähnlich erhalten wir im Impulsraum

$$d\mathfrak{p}_k = dp_k \sum^i \frac{\partial q_k}{\partial x_i}\,\mathfrak{e}_i \tag{42}$$

und

$$dv_p = d\mathfrak{p}_1 \ldots d\mathfrak{p}_f = D'\,dp_1 \ldots dp_f. \tag{43}$$

D' ist zu D reziprok. Der Phasenraum beliebig vieler Massenpunkte wird von einer Punkttransformation volumentreu abgebildet, da

$$dv\,dv_p = DD'\,d\tau\,d\tau_p = d\tau\,d\tau_p \tag{44}$$

ist.

Diese Feststellung kann man noch verallgemeinern. Auch die kanonischen Transformationen sind volumentreue Abbildungen des Phasenraums. Um dies einzusehen, muß man beweisen, daß die Funktionaldeterminante einer kanonischen Transformation gleich 1 ist.

In der Determinante

$$\begin{vmatrix} \frac{\partial q_1}{\partial Q_1} \cdots\cdots \frac{\partial q_1}{\partial Q_f} & \frac{\partial q_1}{\partial P_1} \cdots\cdots \frac{\partial q_1}{\partial P_f} \\ \vdots & \vdots \qquad\quad \vdots \\ \frac{\partial q_f}{\partial Q_1} \cdots\cdots \frac{\partial q_f}{\partial Q_f} & \frac{\partial q_f}{\partial P_1} \cdots\cdots \frac{\partial q_f}{\partial P_f} \\ \frac{\partial p_1}{\partial Q_1} \cdots\cdots \frac{\partial p_1}{\partial Q_f} & \frac{\partial p_1}{\partial P_1} \cdots\cdots \frac{\partial p_1}{\partial P_f} \\ \vdots \qquad\quad \vdots & \vdots \qquad\quad \vdots \\ \frac{\partial p_f}{\partial Q_1} \cdots\cdots \frac{\partial p_f}{\partial Q_f} & \frac{\partial p_f}{\partial P_1} \cdots\cdots \frac{\partial p_f}{\partial P_f} \end{vmatrix} \tag{45}$$

einer Transformation

$$p_k = \frac{\partial R}{\partial q_k}; \quad Q_k = \frac{\partial R}{\partial P_k},$$

die von $R(q_k, P_k)$ erzeugt ist, subtrahieren wir die ersten f-Zeilen von der $(f+1)$-ten Zeile, nachdem wir sie mit den Faktoren $\frac{\partial^2 R}{\partial q_1 \partial q_f}$ multipliziert haben. Da nun

$$\frac{\partial p_1}{\partial Q_k} = \sum^l \frac{\partial^2 R}{\partial q_l \partial q_1} \frac{\partial q_l}{\partial Q_k}$$

$$\frac{\partial p_1}{\partial P_k} = \frac{\partial^2 R}{\partial P_k \partial q_1} + \sum^l \frac{\partial^2 R}{\partial q_l \partial q_1} \frac{\partial q_l}{\partial P_k}$$

$$= \frac{\partial Q_k}{\partial q_1} + \sum^l \frac{\partial^2 R}{\partial q_l \partial q_1} \frac{\partial q_l}{\partial P_k}$$

ist, erhalten wir

$$\begin{vmatrix} \frac{\partial q_1}{\partial Q_1} \cdots\cdots \frac{\partial q_1}{\partial Q_f} & \frac{\partial q_1}{\partial P_1} \cdots\cdots \frac{\partial q_1}{\partial P_f} \\ \vdots \qquad\quad \vdots & \vdots \qquad\quad \vdots \\ \frac{\partial q_f}{\partial Q_1} \cdots\cdots \frac{\partial q_f}{\partial Q_f} & \frac{\partial q_f}{\partial P_1} \cdots\cdots \frac{\partial q_f}{\partial P_f} \\ 0 \;\cdots\cdots\; 0 & \frac{\partial Q_1}{\partial q_1} \cdots\cdots \frac{\partial Q_f}{\partial q_1} \\ \frac{\partial p_2}{\partial Q_1} \cdots\cdots \frac{\partial p_2}{\partial Q_f} & \frac{\partial p_2}{\partial P_1} \cdots\cdots \frac{\partial p_2}{\partial P_f} \\ \vdots \qquad\quad \vdots & \vdots \qquad\quad \vdots \\ \frac{\partial p_f}{\partial Q_1} \cdots\cdots \frac{\partial p_f}{\partial Q_f} & \frac{\partial p_f}{\partial P_1} \cdots\cdots \frac{\partial p_f}{\partial P_f} \end{vmatrix}$$

Auf die gleiche Weise verfahren wir mit allen Zeilen von $f+1$ bis $2f$, wodurch die Funktionaldeterminante der kanonischen Transformation die Gestalt

$$\begin{vmatrix} \frac{\partial q_1}{\partial Q_1} \cdots \frac{\partial q_1}{\partial Q_f} & \frac{\partial q_1}{\partial P_1} \cdots \frac{\partial q_1}{\partial P_f} \\ \vdots \quad\quad \vdots & \vdots \quad\quad \vdots \\ \frac{\partial q_f}{\partial Q_1} \cdots \frac{\partial q_f}{\partial Q_f} & \frac{\partial q_f}{\partial P_1} \cdots \frac{\partial q_f}{\partial P_f} \\ 0 \cdots 0 & \frac{\partial Q_1}{\partial q_1} \cdots \frac{\partial Q_f}{\partial q_1} \\ \vdots \quad\quad \vdots & \vdots \quad\quad \vdots \\ 0 \cdots 0 & \frac{\partial Q_1}{\partial q_f} \cdots \frac{\partial Q_f}{\partial q_f} \end{vmatrix} = \begin{vmatrix} \frac{\partial q_1}{\partial Q_1} \cdots \frac{\partial q_1}{\partial Q_f} \\ \vdots \quad\quad \vdots \\ \frac{\partial q_f}{\partial Q_1} \cdots \frac{\partial q_f}{\partial Q_f} \end{vmatrix} \cdot \begin{vmatrix} \frac{\partial Q_1}{\partial q_1} \cdots \frac{\partial Q_f}{\partial q_1} \\ \vdots \quad\quad \vdots \\ \frac{\partial Q_1}{\partial q_f} \cdots \frac{\partial Q_f}{\partial q_f} \end{vmatrix} = D D' \tag{46}$$

erhält. Sie zerfällt also in das Produkt zweier Determinanten D und D'. Nun ist aber D die Funktionaldeterminante der Transformation zwischen q und Q bei festgehaltenen P, während D' die Funktionaldeterminante der umgekehrten Transformation ist. D und D' sind also zueinander reziprok, und die Funktionaldeterminante der kanonischen Transformation hat den Wert 1.

Führen wir eine kanonische Transformation aus und spannen mit den neuen Variablen P, Q einen kartesischen Phasenraum auf, so bildet sich der ursprüngliche Phasenraum auf ihn volumentreu ab. Dies ist der Satz von LIOUVILLE, der die Grundlage der statistischen Mechanik abgibt.

Die Bewegung des Systems wird im Phasenraum durch eine Raumkurve dargestellt. Hat man aber mit Hilfe der HAMILTONschen Differentialgleichung auf diejenigen Koordinaten Q_k und Impulse P_k transformiert, welche sich aus der Wirkungsfunktion W durch

$$p_k = \frac{\partial W}{\partial q_k}; \quad Q_k = \frac{\partial W}{\partial P_k}$$

ergeben, so behalten diese Variablen dauernd die Werte

$$Q_k = \beta_k; \quad P_k = \alpha_k$$

bei, und dem System entspricht ein ruhender Punkt in diesem Phasenraum.

*§ 10. Übergang zur statistischen Mechanik.

Inhalt: Das Volumen im Phasenraum, welches von vielen Teilchen eingenommen wird, ändert sich im Laufe ihrer Bewegung nicht, wenn die Teilchen aufeinander keine Kräfte ausüben. Satz von LIOUVILLE.

Bezeichnungen: p_k, q_k generalisierte Koordinaten und Impulse der Teilchen, W Wirkungsfunktion.

Wir betrachten jetzt eine große Anzahl gleichartiger Teilchen, von denen jedes ein mechanisches System bildet oder aus Bausteinen zusammengesetzt ist, die selbst mechanische Systeme sind. Dies bedeutet, daß das Verhalten der Teilchen, einschließlich ihrer inneren Bewegungen, den Gesetzen der Mechanik gehorcht. Alle diese Teilchen mögen unabhängig voneinander sein, sie sollen also keine Kräfte aufeinander ausüben. Andererseits dürfen sie sich aber alle in einem ganz beliebigen äußeren Kraftfelde befinden.

Zu einem Zeitpunkt $t = t_0$ soll nun ein bestimmtes Teilchen vollständig beschrieben werden. Dies kann durch ein System von Koordinaten q_k und zugehörigen Impulsen p_k geschehen, die uns die Eigenschaften dieses Teilchens repräsentieren. Es interessiert uns dabei besonders, daß jedes Teilchen Eigenschaften in gerader Zahl besitzt, die sich in kanonisch konjugierte Paare einordnen lassen. Den Phasenraum, der von den Koordinaten q_k und den Impulsen p_k aufgespannt wird, nennen wir den Eigenschaftsraum der Teilchen. Jedes Teilchen wird durch einen Punkt im Eigenschaftsraum dargestellt.

Jetzt betrachten wir alle diejenigen Teilchen, deren Bildpunkte zur Zeit $t = t_0$ in ein Volumenelement $d\varphi_0$ des Eigenschaftsraums fallen. In einem anderen Zeitpunkt t werden diese Teilchen in einem Volumenelement $d\varphi$ liegen. Die Bewegung dieser Teilchen wird durch die HAMILTON-Funktion H beschrieben, und W sei eine Lösung der HAMILTONschen partiellen Differentialgleichung

$$H\left(\frac{\partial W}{\partial q_k}, q_k\right) + \frac{\partial W}{\partial t} = 0.$$

Führen wir dann die kanonische Transformation

$$p_k = \frac{\partial W}{\partial q_k}; \quad Q_k = \frac{\partial W}{\partial P_k} \tag{47}$$

aus, so wird der Eigenschaftsraum p_k, q_k auf den Raum Q_k P_k abgebildet, in welchem jedes Teilchen einen festen, von der Zeit unabhängigen Ort hat. In diesem Raum verbleiben alle Teilchen dauernd in einem Volumenelement $d\tau$. Da die Transformation kanonisch ist, ist $d\tau$ ebenso groß wie $d\varphi_0$. Zur Zeit t kehren wir mit der Transformation (47) in den Eigenschaftsraum $p_k q_k$ zurück und finden die Teilchen in dem Volumenelement $d\varphi$ vor. Nun ist aber

$$d\varphi = d\tau = d\varphi_0, \tag{48}$$

d. h. das Volumen im Eigenschaftsraum, welches von einer großen Anzahl von Teilchen eingenommen wird, ändert sich nicht durch ihre Bewegung.

*VI. Periodische und bedingt periodische Bewegungen.

Sieht man von allen Einzelheiten ab, so fällt eine charakteristische Eigenschaft bei der Planetenbewegung auf. Sie kommt nicht zur Ruhe, führt aber auch nicht zu einer völligen Veränderung des Sonnensystems. Die Planeten bleiben immer in der Umgebung der Sonne und bewegen sich periodisch um sie. Auch die gegenseitige Anziehung verändert den periodischen Charakter der Bewegung nicht nachhaltig. Auf ähnliche Verhältnisse stoßen wir, wenn wir die Bewegung atomarer und molekularer Systeme untersuchen. Atome und Moleküle bestehen aus Bausteinen, welche in dauernder Bewegung sind, die aber doch keine wesentliche Änderung hervorbringt. Auch diese Bewegung muß in irgendeiner Form periodisch sein. Die Bausteine eines mechanischen Systems, welches für längere Zeit erhalten bleibt, können nicht völlig auseinanderlaufen, sondern ihre Bewegungen müssen nahezu periodisch sein. Dies verleiht den periodischen Bewegungen eine besondere Bedeutung.

*§ 1. Periodische Bewegungen mit einem Freiheitsgrad.

Inhalt: Die periodischen Bewegungen können in Librationen und Rotationen eingeteilt werden.

Bezeichnungen: q Koordinate, p Impuls, t Zeit, τ Periode, ν Frequenz.

Eine Bewegung mit einem Freiheitsgrad ist periodisch, wenn das System sich nach Ablauf der Zeitspanne τ wieder im gleichen Zustand befindet wie vorher. τ heißt die Periode der Bewegung und $\nu = 1/\tau$ ihre Grundfrequenz.

Die Lagekoordinate q erfüllt dann die Bedingung

$$q(t + \tau) = q(t) \tag{1}$$

und kann in eine FOURIER-Reihe

$$q(t) = \sum^{n} c_n e^{2\pi i n \nu t} \tag{2}$$

entwickelt werden. Die Koeffizienten c_n hängen von dem Verlauf der Bewegung während einer einzelnen Periode ab. Sie errechnen sich nach der Formel

$$\int_0^\tau q(t) e^{-2\pi i n \nu t} dt = \tau c_n, \tag{3}$$

welche man sofort erhält, wenn man (2) mit $e^{-2\pi i n \nu t}$ multipliziert und über die Periode integriert, wobei rechts alle Glieder bis auf eines verschwinden.

Die Periodizität kommt natürlich auch in den anderen Eigenschaften des Systems zum Ausdruck. Auch der Impuls muß z. B. die Periode τ aufweisen, d. h. es muß

$$p(t + \tau) = p(t) \tag{4}$$

gelten.

Dieser natürliche und leicht verständliche Sachverhalt kann aber durch die besondere Wahl der Koordinaten verschleiert sein. Bewegt sich ein Körper z. B. mit gleichförmiger Geschwindigkeit auf einem Kreis und hat man den Winkel φ als Koordinate gewählt, so lautet die Bewegungsgleichung

$$\varphi = c t.$$

Die Koordinate ist dann keine periodische Funktion der Zeit, sondern wächst monoton an, der Ort des Körpers hängt allerdings periodisch von φ ab. Der zugehörige Impuls, hier der Drehimpuls, ist sogar konstant und läßt nichts Periodisches erkennen. Durchläuft der Körper den Kreis mit periodisch veränderlicher Geschwindigkeit, so ist φ noch immer eine monotone Funktion von t, beim Impuls würde aber die Periodizität sichtbar werden.

Betrachten wir periodische Bewegungen im Phasenraum, so können wir deutlich 2 Typen unterscheiden. Bleibt die Koordinate zwischen festen Grenzen q_1, q_2, q_3, q_4, q_1, dann handelt es sich um eine sogenannte Libration (s. Abb. 25a). Durchläuft die Koordinate hingegen den ganzen Wertebereich (winkelartige Koordinate), wobei der Impuls eine periodische Funktion von ihr ist, so ist die Bewegung eine Rotation (s. Abb. 25b). Die gleichförmige Bewegung auf gerader Bahn kann als Grenzfall einer periodischen Bewegung betrachtet werden, und zwar als eine Rotation auf einem unendlich großen Kreis.

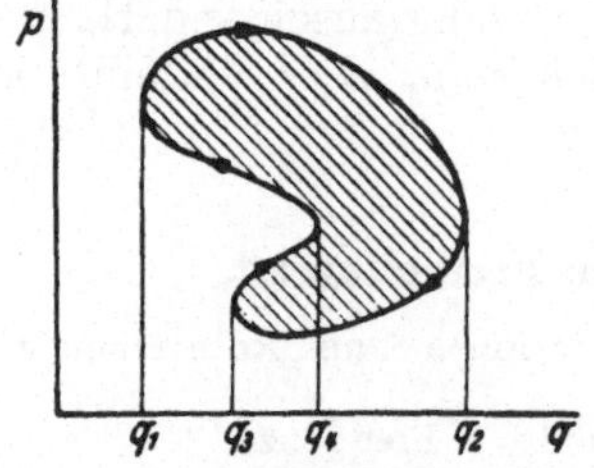

Abb. 25a. Phasenbahn einer Libration.

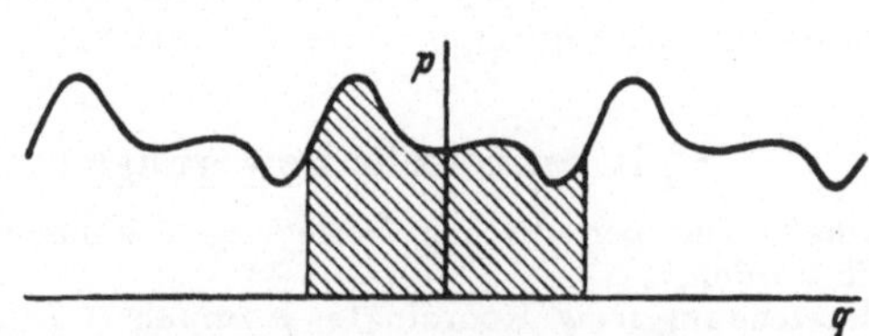

Abb. 25b. Phasenbahn einer Rotation.

Zu welchem der beiden Typen eine periodische Bewegung zu zählen ist, hängt offenbar von der Wahl der Koordinaten ab. Wir wollen versuchen, immer solche Koordinaten einzuführen, daß die Bewegung als Rotation erscheint. Eine Koordinate, welche dies ermöglicht, nennen wir Winkelvariable.

**§ 2. Winkelvariablen und Wirkungsvariablen.

Inhalt: Definition der Wirkungsvariablen, Winkelvariablen und Phasenkonstanten. Die Frequenz ergibt sich als Ableitung der Energie nach der Wirkungsvariablen.

Bezeichnungen: q Koordinate, p Impuls, J Wirkungsvariable, w Winkelvariable, W Wirkungsfunktion, E Gesamtenergie, τ Periode, ν Frequenz.

Das Phasenintegral

$$J = \int_t^{t+\tau} p\,dq = \oint p\,dq = \int_0 p\,dq = \oint \frac{\partial S}{\partial q}\,dq \tag{5}$$

über die Periode der Bewegung von einem Freiheitsgrad ist von der Zeit unabhängig und heißt Wirkungsvariable. Es ist in den Abb. 25a und 25b durch die schraffierte Fläche wiedergegeben, und wir können es als eine der beiden Integrationskonstanten ansehen, welche die Bewegung kennzeichnen. In der Wirkungsfunktion

$$W = -Et + S$$

können wir die Gesamtenergie E als eine Funktion der Wirkungsvariablen J auffassen. J kann als Impulskoordinate angesehen werden und hat für eine bestimmte Bewegung einen festen Wert. Verschiedene Werte der Wirkungsvariablen ergeben verschiedene mögliche periodische Bewegungen.

Jetzt führen wir die Winkelvariable w mit

$$w = 2\pi \frac{\partial S}{\partial J} \tag{6}$$

ein. Zu J ist nicht w, sondern die Phasenkonstante

$$\delta = \frac{\partial W}{\partial J} = -t\frac{\partial E}{\partial J} + \frac{\partial S}{\partial J} = -t\frac{\partial E}{\partial J} + \frac{w}{2\pi} \tag{7}$$

kanonisch konjugiert. Aus dieser Beziehung ergibt sich, daß w linear mit der Zeit anwächst, und zwar während einer Periode um den Betrag

$$\Delta w = 2\pi\tau \frac{\partial E}{\partial J}. \tag{8}$$

Wir können Δw aber auch durch das Integral

$$\Delta w = \int_0^\tau \frac{\partial w}{\partial q}\,dq = 2\pi \int_0^\tau \frac{\partial^2 S}{\partial q\,\partial J}\,dq = 2\pi \frac{\partial}{\partial J}\int_0^\tau p\,dq \tag{9}$$

berechnen. Wegen (5) finden wir, daß die Winkelvariable während einer Periode stets um 2π zunimmt, und aus (8) ergibt sich wiederum

$$\frac{\partial E}{\partial J} = \frac{1}{\tau} = \nu, \tag{10}$$

d. h. man erhält die Grundfrequenz ν der Bewegung, wenn man die Gesamtenergie E nach der Wirkungsvariablen J differenziert. Hierin liegt der Hauptvorteil der Einführung von Winkelvariablen und Wirkungsvariablen.

Ist die Bewegung eine einfache Sinusschwingung, so hat die Winkelvariable die Bedeutung der Phase (s. hierzu § 4, S. 123).

**§ 3. Mehrfach periodische Bewegungen.

Inhalt: Einführung von Winkelvariablen und Wirkungsvariablen bei mehreren Freiheitsgraden. Definition der Grundfrequenzen. Darstellung der Phasenbahn im Elementarwürfel. Entartung.

Bezeichnungen: Singgemäß wie in § 2.

Wir versuchen nun, die Ergebnisse des vorigen Abschnitts auf Bewegungen mit mehreren Freiheitsgraden zu übertragen.

Die Bahn des Systems im Phasenraum projizieren wir auf die Phasenebene p_1, q_1, die zu einem kanonisch konjugierten Paar gehört. Bei geeigneter Wahl der Variablen kann es vorkommen, daß die Projektion eine periodische Bahn vom Typ der Libration oder Rotation ergibt. Das kann dann eintreten, wenn die Wirkungsfunktion

$$W = -E\,t + S_1(q_1, \alpha_1) + S_2(q_2 \ldots q_f, \alpha_2 \ldots \alpha_f)$$

die Abspaltung eines Anteils S_1 erlaubt, der nur von der Koordinate q_1 abhängt und eine Konstante α_1 erhält. Definieren wir dann als Wirkungsvariable

$$J_1 = \oint p_1\,d\,q_1 = \oint \frac{\partial S_1}{\partial q_1}\,d\,q_1 \tag{11}$$

und führen sie statt α_1 ein (auch in E), so erhalten wir die zugehörige Winkelvariable

$$w_1 = 2\pi \frac{\partial S}{\partial J_1}, \tag{12}$$

die dann wegen

$$\delta_1 = \frac{\partial W}{\partial J_1} = -t\frac{\partial E}{\partial J_1} + \frac{w_1}{2\pi} \tag{13}$$

proportional zur Zeit anwächst. Während der Periode τ_1 vergrößert sie sich um den Betrag

$$\Delta w_1 = 2\pi\,\tau_1 \frac{\partial E}{\partial J_1}. \tag{14}$$

Analog wie oben können wir auch

$$\Delta w_1 = \oint \frac{\partial w_1}{\partial q_1}\,d\,q_1 = 2\pi \oint \frac{\partial^2 S}{\partial q_1\,\partial J_1}\,d\,q_1 = 2\pi \frac{\partial}{\partial J_1} \oint p_1\,d\,q_1 = 2\pi \tag{15}$$

berechnen. Die zur Koordinate q_1 gehörige Grundfrequenz finden wir durch

$$\nu_1 = \frac{\partial E}{\partial J_1}. \tag{16}$$

Die Koordinate q_1 selbst kann man in die FOURIER-Reihe

$$q_1 = \sum_{-\infty}^{\infty} c_{n\,1}\, e^{2\pi i n_1 \nu_1 t}$$

entwickeln.

Ist die Projektion der Phasenbahn auf mehrere Phasenebenen, oder gar auf alle periodisch, so kann man entsprechend viele Wirkungsvariablen

$$J_k = \int p_k\,d\,q_k = \oint \frac{\partial S}{\partial q_k}\,d\,q_k \tag{17}$$

und Winkelvariablen

$$w_k = 2\pi \frac{\partial S}{\partial J_k} \tag{18}$$

einführen. Die Energie

$$E = E(J_k) \tag{19}$$

wird dann eine Funktion aller Wirkungsvariablen, und man gewinnt die Frequenzen

$$\nu_k = \frac{\partial E}{\partial J_k} \tag{20}$$

durch Differenzieren. Von der Zeit hängen die Winkelvariablen

$$w_k = 2\pi(\nu_k t + \delta_k) \tag{21}$$

wie oben linear ab.

In diesem Fall können die Koordinaten q_k als FOURIER-Reihen

$$q_k = \sum_{-\infty}^{+\infty} {}^{n} c_{nk} e^{2\pi i n_k \nu_k t} \tag{22}$$

mit den Grundfrequenzen ν_k dargestellt werden.

Eine solche Bewegung ist f-fach periodisch und wird oft auch bedingt periodisch genannt. Eine Periodizität in dem Sinne, daß nach Ablauf einer gewissen Zeit alle Koordinaten und Impulse ihre ursprünglichen Werte wieder annehmen, ist nicht vorhanden, wohl kehrt aber jedes kanonische Paar p_k, q_k nach der Zeit τ_k wieder zu seinen Anfangswerten zurück, während die anderen Koordinaten dann andere Werte haben als vorher. Eine Ausnahme hiervon entsteht nur, wenn Frequenzen kommensurabel sind, d. h. wenn rationale Beziehungen zwischen ihnen bestehen. Gibt es solche Beziehungen, so ist die Bewegung nicht f-fach, sondern nur $(f - s)$-fach periodisch. Man bezeichnet das als s-fache Entartung.

Irgendwelche andere Koordinaten, die mit den q_k eindeutig zusammenhängen, z. B. kartesische Koordinaten, werden durch eine mehrfache FOURIER-Reihe

$$x_k = \sum^{n_1} \cdots \sum^{n_f} C^k_{n_1 \ldots n_f} e^{2\pi i (n_1 \nu_1 + \cdots n_f \nu_f) t} \tag{23}$$

wiedergegeben.

Den Ablauf der Bewegung überblickt man am besten in dem Raum, der von den Winkelvariablen aufgespannt wird. In ihm ist die Bahn des Systems eine Gerade, deren Richtungskosinus γ_k gegen die Achsen in den Verhältnissen

$$\gamma_1 : \gamma_2 \ldots : \gamma_f = \dot{w}_1 : \dot{w}_2 \ldots : \dot{w}_f = \nu_1 : \nu_2 \ldots : \nu_f$$

stehen. Da eine Vergrößerung der Winkelkoordinaten um den Betrag 2π zur gleichen Stelle im wirklichen Raum zurückführt, wird der von der Bewegung bestrichene Bereich auf jeden Würfel von der Kantenlänge 2π des w-Raumes abgebildet. Um sich ein Bild von der Bahn zu machen, kann man also alle Würfel von der Kantenlänge 2π, die ein Stück von ihr enthalten, miteinander zur Deckung bringen, so daß die Bahn in diesem Elementarwürfel aus lauter parallelen Stücken besteht. Besteht keine Entartung, d. h. gibt es keine rationalen Beziehungen zwischen den Frequenzen, so wird der Würfel von den Bahnabschnitten dicht erfüllt. Im wirklichen Raum bestreicht deshalb die Bewegung den ganzen Raum dicht, d. h. die Bahn kommt jedem Punkt beliebig nahe. Wenn das System auch niemals in den gleichen Anfangszustand zurückkehrt, so kommt es diesem doch nach genügend langer Zeit wieder beliebig nahe.

Bei s-facher Entartung wird im Einheitswürfel nur ein $(f - s)$-facher Bereich dicht erfüllt, und dasselbe gilt auch für den wirklichen Raum. Nur bei völliger Entartung gibt es im w-Raum und damit auch im wirklichen Raum eine isolierte Bahn, und es besteht eigentliche Periodizität. Dies ist der Grund, weshalb die mehrfach periodischen Bewegungen auch bedingt periodisch genannt werden.

*§ 4. Doppelt periodische Schwingungen.

Ein Massenpunkt bewege sich in der xy-Ebene unter dem Einfluß quasielastischer Kräfte, deren Komponenten den Komponenten der Entfernung aus der Ruhelage proportional sind. Die Proportionalitätskonstanten seien aber für die x- und die y-Richtung verschieden. Die Kraftkomponenten lauten also

$$X = -a x; \quad Y = -b y$$

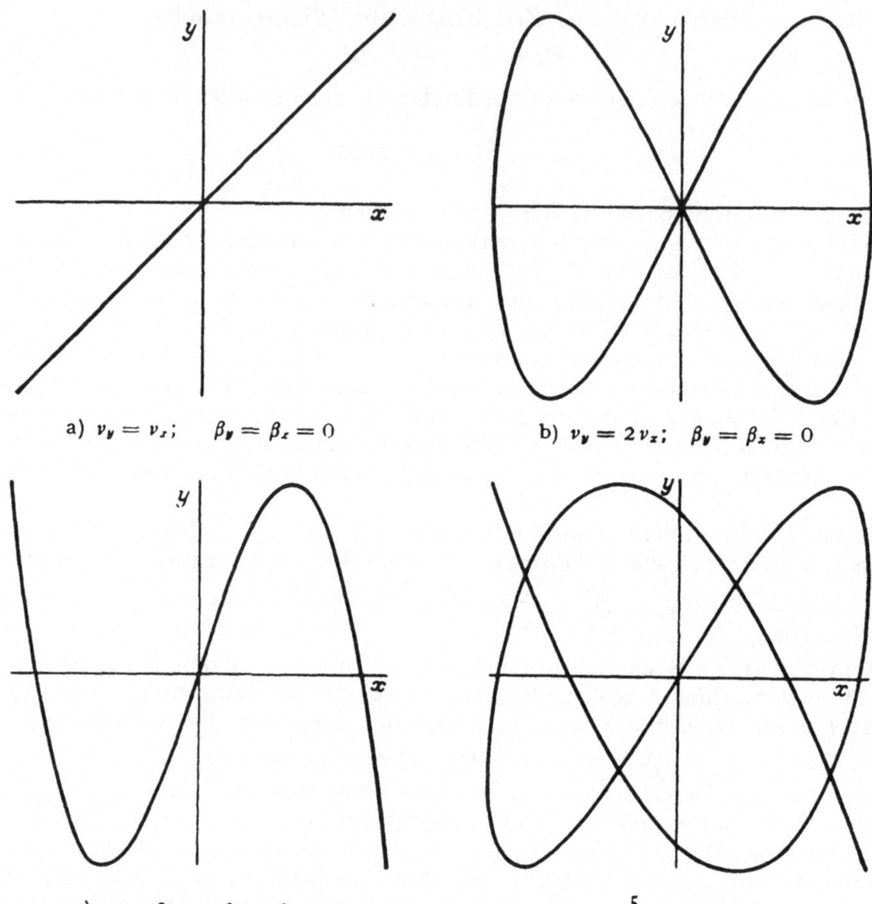

a) $\nu_y = \nu_x$; $\beta_y = \beta_x = 0$ b) $\nu_y = 2\nu_x$; $\beta_y = \beta_x = 0$

c) $\nu_y = 3\nu_x$; $\beta_x = \beta_y = 0$ d) $\nu_y = \frac{5}{3}\nu_x$; $\beta_x = \beta_y = 0$

Abb. 26a–d. LISSAJOUSsche Figuren.

und ihr Potential ist

$$V = \frac{a}{2}x^2 + \frac{b}{2}y^2.$$

Hieraus finden wir die HAMILTON-Funktion

$$H = \frac{1}{2m}(p_x^2 + p_y^2) + \frac{a}{2}x^2 + \frac{b}{2}y^2$$

und die HAMILTONsche partielle Differentialgleichung

$$\frac{\partial W}{\partial t} + \frac{1}{2m}\left\{\left(\frac{\partial W}{\partial x}\right)^2 + \left(\frac{\partial W}{\partial y}\right)^2\right\} + \frac{a}{2}x^2 + \frac{b}{2}y^2 = 0.$$

Sie kann durch den Ansatz

$$W = -Et + S_x + S_y$$

erfüllt werden. S_x und S_y bestimmen sich aus

$$\frac{1}{2m}\left(\frac{\partial S_x}{\partial x}\right)^2 + \frac{a}{2}x^2 = \alpha_x$$

$$\frac{1}{2m}\left(\frac{\partial S_y}{\partial y}\right)^2 + \frac{b}{2}y^2 = \alpha_y$$

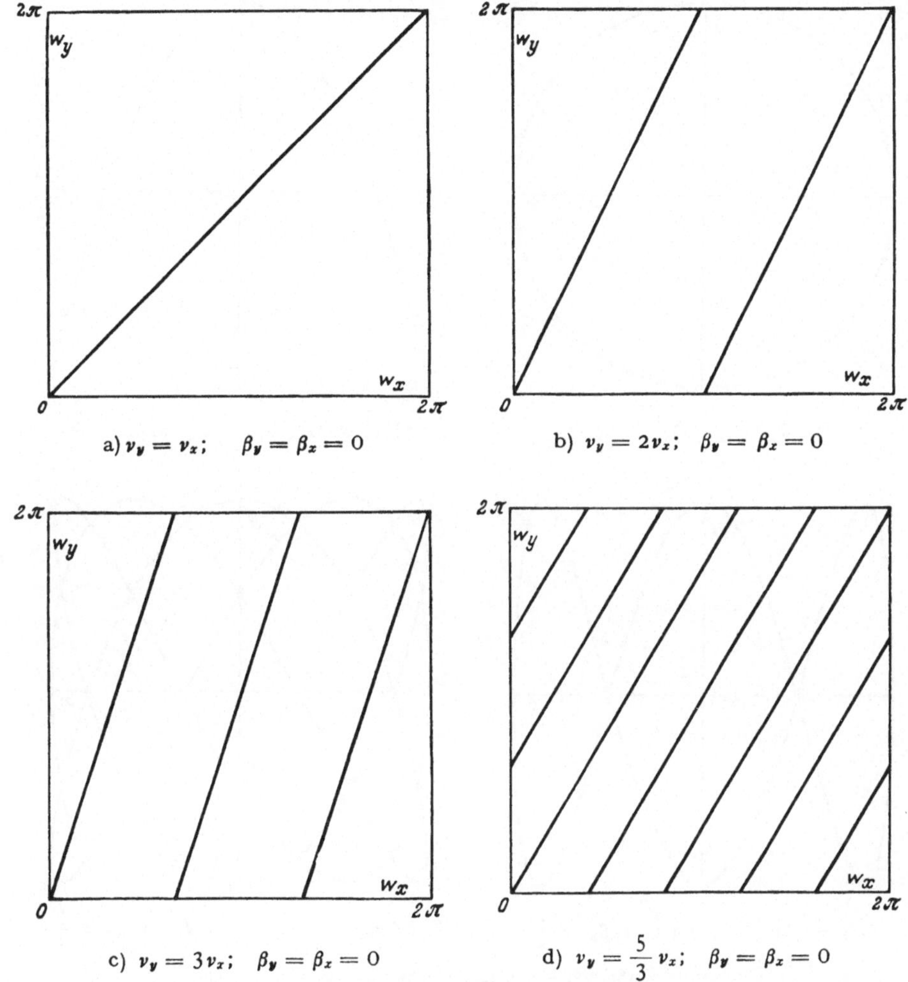

Abb. 27a—d. LISSAJOUSsche Figuren. Bahnen der Figuren 26 im w-Raum.

und wir erhalten

$$S_x = \frac{x}{2}\sqrt{2m\alpha_x - a m x^2} + \alpha_x \sqrt{\frac{m}{a}} \arcsin x \sqrt{\frac{a}{2\alpha_x}}$$

$$S_y = \frac{y}{2}\sqrt{2m\alpha_y - b m y^2} + \alpha_y \sqrt{\frac{m}{b}} \arcsin y \sqrt{\frac{b}{2\alpha_y}}$$

Die Gesamtenergie ist

$$E = \alpha_x + \alpha_y .$$

Die integrierten Bewegungsgleichungen lauten

$$\beta_x = -t + \frac{\partial S_x}{\partial \alpha_x} = -t + \sqrt{\frac{m}{a}} \arcsin x \sqrt{\frac{a}{2\alpha_x}}$$

$$\beta_y = -t + \frac{\partial S_y}{\partial \alpha_y} = -t + \sqrt{\frac{m}{b}} \arcsin y \sqrt{\frac{b}{2\alpha_y}}$$

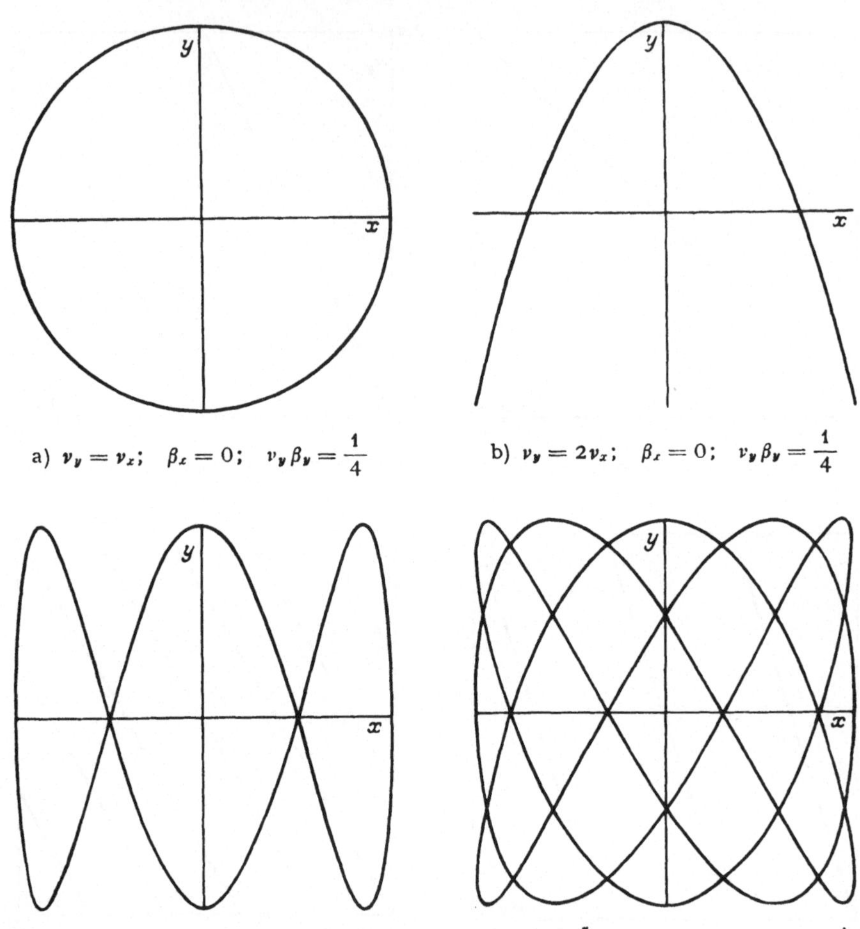

a) $\nu_y = \nu_x$; $\beta_x = 0$; $\nu_y \beta_y = \frac{1}{4}$ b) $\nu_y = 2\nu_x$; $\beta_x = 0$; $\nu_y \beta_y = \frac{1}{4}$

c) $\nu_y = 3\nu_x$; $\beta_x = 0$; $\nu_y \beta_y = \frac{1}{4}$ d) $\nu_y = \frac{5}{3}\nu_x$; $\beta_x = 0$; $\nu_y \beta_y = \frac{1}{4}$

Abb. 28a–d. Lissajoussche Figuren.

oder

$$\begin{aligned} x &= \sqrt{\frac{2\alpha_x}{a}} \sin \sqrt{\frac{a}{m}}\,(t+\beta_x) = \sqrt{\frac{2\alpha_x}{a}} \sin 2\pi\,\nu_x (t+\beta_x) \\ y &= \sqrt{\frac{2\alpha_y}{b}} \sin \sqrt{\frac{b}{m}}\,(t+\beta_y) = \sqrt{\frac{2\alpha_y}{b}} \sin 2\pi\,\nu_y (t+\beta_y). \end{aligned} \tag{24}$$

Die Wirkungsvariablen bekommen wir am besten durch

$$J_x = \oint p_x\, dx = \oint \frac{\partial S_x}{\partial x}\, dx = S_x(\tau) - S_x(0)$$

als Differenz der Werte von S_x vor und nach einem Umlauf. Da $\sqrt{2m\alpha_x - a m x^2}$ nach einer Periode wieder zu seinem Wert zurückkehrt, der arcsin sich aber um 2π vergrößert, haben wir

$$J_x = 2\pi\,\alpha_x \sqrt{\frac{m}{a}}\,; \qquad J_y = 2\pi\,\alpha_y \sqrt{\frac{m}{b}}\,.$$

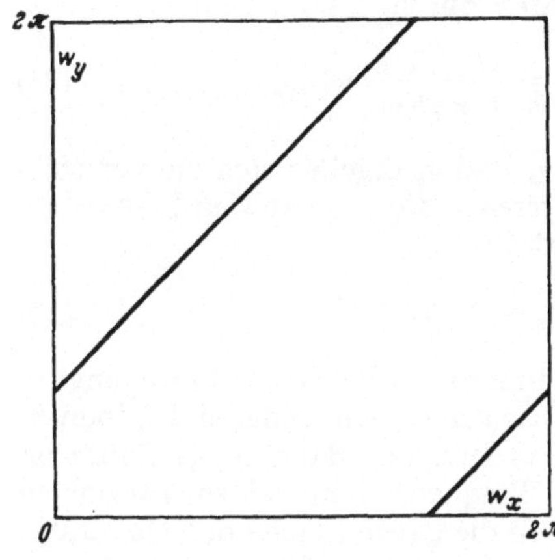

a) $\nu_y = \nu_x$; $\beta_x = 0$; $\nu_y \beta_y = \frac{1}{4}$

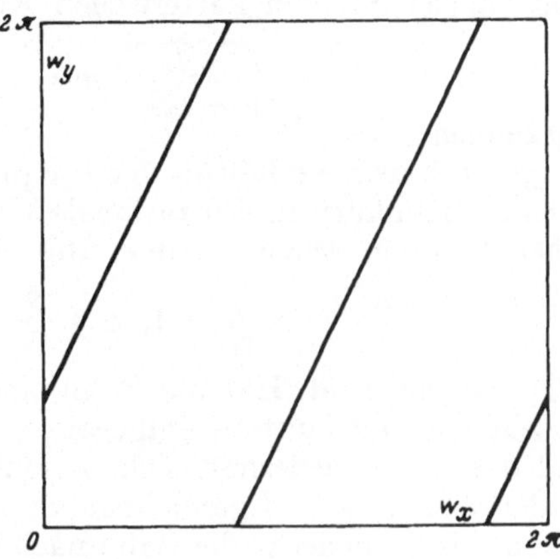

b) $\nu_y = 2\nu_x$; $\beta_x = 0$; $\nu_y \beta_y = \frac{1}{4}$

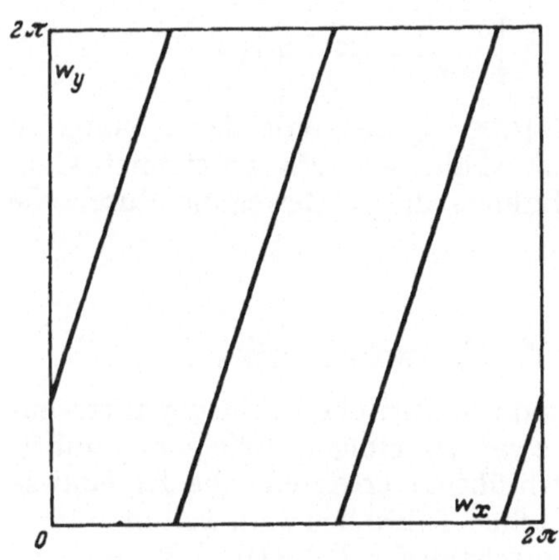

c) $\nu_y = 3\nu_x$; $\beta_x = 0$; $\nu_y \beta_y = \frac{1}{4}$

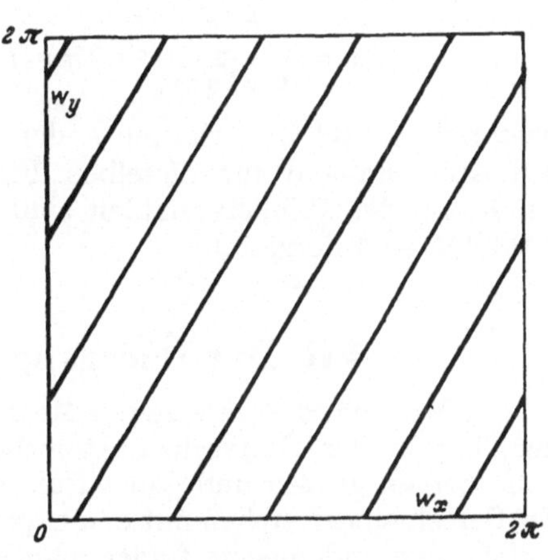

d) $\nu_y = \frac{5}{3}\nu_x$; $\beta_x = 0$; $\nu_y \beta_y = \frac{1}{4}$

Abb. 29a–d. Lissajoussche Figuren. Bahnen der Figuren 28 im w-Raum.

Setzen wir dies in die Energie ein, so ergibt sich

$$E = \frac{J_x}{2\pi}\sqrt{\frac{a}{m}} + \frac{J_y}{2\pi}\sqrt{\frac{b}{m}},$$

woraus wir die Frequenzen

$$\nu_x = \frac{\partial E}{\partial J_x} = \frac{1}{2\pi}\sqrt{\frac{a}{m}}; \quad \nu_y = \frac{\partial E}{\partial J_y} = \frac{1}{2\pi}\sqrt{\frac{b}{m}}$$

in Übereinstimmung mit (24) erhalten. Die Winkelvariablen sind

$$w_x = 2\pi\frac{\partial S_x}{\partial J_x} = \sqrt{\frac{a}{m}}\,\frac{\partial S_x}{\partial \alpha_x} = \sqrt{\frac{a}{m}}\,(t + \beta_x) = 2\pi\,\nu_x(t + \beta_x)$$

$$w_y = 2\pi\frac{\partial S_y}{\partial J_y} = \sqrt{\frac{b}{m}}\,\frac{\partial S_y}{\partial \alpha_y} = \sqrt{\frac{b}{m}}\,(t + \beta_y) = 2\pi\,\nu_y(t + \beta_y)$$

und hängen mit den kartesischen Koordinaten durch

$$x = \sqrt{\frac{J_x}{\pi\sqrt{a m}}}\,\sin w_x; \qquad y = \sqrt{\frac{J_y}{\pi\sqrt{b m}}}\,\sin w_y \tag{25}$$

zusammen.

Je nach dem Verhältnis der Frequenzen ν_x und ν_y ergeben sich die verschiedensten Bahnkurven. Für rationale Werte entstehen die sogenannten LISSAJOUSschen Figuren, welche in den Abb. 26a — d für

$$\frac{\nu_y}{\nu_x} = 1, 2, 3, \frac{5}{3}; \qquad \beta_x = \beta_y = 0 \tag{26}$$

aufgezeichnet sind. Hat die Bahn einen Endpunkt, so kehrt die Bewegung an diesem um und läuft in entgegengesetzter Richtung zum anderen Endpunkt, und das Spiel wiederholt sich periodisch. Das Bild der Bahn im w-Raum ist in den Abb. 27a — d gezeichnet. Stehen die Frequenzen in keinem rationalen Verhältnis, so bedeckt die Bahn nach und nach die ganze Fläche des Quadrates der Seitenlänge 2π. Bei komplizierteren rationalen Verhältnissen sieht man schon deutlich, wie man der völligen Bedeckung näherkommt.

Setzen wir $\beta_x = 0$; $\nu_y\beta_y = 1/4$, so werden die Bahnen durch

$$x = \sqrt{\frac{J_x}{\pi\sqrt{a m}}}\,\sin 2\pi\,\nu_x t; \qquad y = \sqrt{\frac{J_y}{\pi\sqrt{b m}}}\,\cos 2\pi\,\nu_y t$$

beschrieben, und wir erhalten andere LISSAJOUS-Figuren, von denen einige in den Abb. 28a — d für dieselben Frequenzverhältnisse (26) gezeichnet sind. Im Raum der Winkelvariablen sind die Bahnen dieser Bewegung durch die Abb. 29a — d dargestellt.

VII. Der Übergang zur Wellenmechanik.

Der Versuch, die Gesetze der Mechanik auf atomistische Probleme anzuwenden, hat in der BOHRschen Atomtheorie zwar zu einigen Erfolgen geführt, sich aber im großen und ganzen als undurchführbar erwiesen. Die Ergebnisse der Berechnungen stehen mit den experimentellen Tatsachen zum Teil in Widerspruch, und andererseits findet man keine mechanische Erklärung für manche experimentell völlig gesicherten Gesetzmäßigkeiten.

Man stößt auch auf methodische Bedenken, wenn die Mechanik auf das Elektron angewendet werden soll. Jeder mechanische Ansatz setzt voraus, daß man für das bewegte Gebilde ein Modell konstruiert, welches seine wesentlichen Eigenschaften richtig wiedergibt. Auf den ersten Blick liegt es nahe, das Elektron als Massenpunkt anzusehen. Dabei müßte man aber wissen, daß seine Ausdehnung klein ist, gemessen an den Bereichen, die es bei seiner Bewegung durchläuft. Der Durchmesser des Elektrons müßte also klein gegenüber dem Krümmungsradius der Bahn sein. Diese Kenntnis fehlt uns aber gerade. Es gibt zwar Versuche, aus denen man einen sehr kleinen Radius für das Elektron ableiten kann, viel kleiner als die atomaren Dimensionen. Man weiß aber nicht, ob die Ausdehnung eines Elektrons unter allen Bedingungen die gleiche ist. Es gibt im Gegenteil Gründe, anzunehmen, daß die Größe und Gestalt von Elektronen sehr verschieden sein kann. Am meisten spricht aber gegen die Beschreibung des Elektrons als Massenpunkt, daß dieser Versuch in der BOHRschen Theorie schon gemacht worden ist und zu vielen Unstimmigkeiten geführt hat. Man muß daraus schließen, daß sich das Elektron nicht wie ein Massenpunkt verhält, wenigstens nicht immer.

Man könnte nun versuchen, das Elektron als festen Körper, etwa als Kugel von bestimmtem Radius, zu betrachten. Auch für diese Konstruktion haben wir keine rechten Anhaltspunkte. Viele Eigenschaften der Atome sprechen gegen die Annahme, daß das Elektron ein starrer Körper ist, lassen sich aber gut verstehen, wenn man dem Elektron eine Gestalt zubilligt, die sich mit dem Kraftfeld ändert, in welchem es sich bewegt, und mit der Energie, welche es besitzt.

Schließlich kann man noch ein Modell entwerfen, das wir statistisch nennen wollen. Wir denken uns das Elektron aus vielen Volumenelementen zusammengesetzt, von denen jedes einen gewissen Bruchteil seiner Ladung und Masse enthält. Wenn diese Elemente keine Kräfte aufeinander ausüben würden, sondern nur Einwirkungen durch äußere Kräfte erführen, so würden sie Bahnen durchlaufen, die ein Bündel mit verschiedenen Anfangsbedingungen bilden. Diesen Vorgang könnten wir durch die Wirkungsfunktion beschreiben, welche ja viele Bahnen zu einem Bündel zusammenfaßt. Für dieses Modell besteht allerdings auch eine Schwierigkeit. Die Bahnen, welche durch das Wirkungsfeld zusammengefaßt werden, sind noch völlig unabhängig voneinander. In einem geeigneten Kraftfeld können sie gänzlich divergieren, und dann würde das Elektron auseinanderlaufen und sich in seine Bestandteile auflösen. Das tut ein Elektron aber nie. Wenn wir das Elektron zu den Elementarteilchen zählen, meinen wir gerade die Tatsache, daß es sich niemals vollkommen auflöst. Wir wissen also, daß die Bahnen der Volumenelemente nicht ganz unabhängig voneinander laufen, wissen aber nicht, wie sie sich gegenseitig beeinflussen. Wenn wir die Bewegungen eines Elektrons durch das Wirkungsfeld beschreiben, so kann dies nicht ganz richtig sein. Eine richtige Formulierung muß erst noch gefunden werden. Wir können vorläufig nur voraussehen, daß diese Formulierung in die Beschreibung durch das Wirkungsfeld übergehen muß, wenn das Kraftfeld so beschaffen ist, daß die Bahnen nicht divergieren.

Wir werden deshalb zuerst versuchen, die Bewegungsgesetze so auszusprechen, daß sie als eine Aussage über das Wirkungsfeld erscheinen. Wir wollen dabei vermeiden, Begriffe zu verwenden, die sich nur zur Beschreibung der Bewegung eines Massenpunktes eignen, sich aber nicht direkt auf das Wirkungsfeld beziehen. Damit erhalten wir Bewegungsgesetze, die für ein Elektron zwar nicht ganz richtig sind, hoffen aber, daß sie den wirklichen Bewegungsgesetzen so ähnlich sind, wie ihnen die Gesetze der bisherigen, klassischen Mechanik überhaupt ähnlich sein können.

§ 1. Wirkungswellen und Wellengleichung der klassischen Mechanik.

Inhalt: Fortpflanzungsgeschwindigkeit der Wirkungswellen. Wellengleichung für die Wirkungsfunktion.

Bezeichnungen: W Wirkungsfunktion, $\mathfrak{p}$ Impuls des Körpers, p sein Betrag, v Geschwindigkeit des Körpers, m Masse, T bzw. V kinetische bzw. potentielle Energie, E Gesamtenergie, u Fortpflanzungsgeschwindigkeit der Wirkungswelle.

Das Wirkungsfeld beschreibt eine Bewegung von Flächen konstanter Wirkung durch den Raum. Zuerst wollen wir ermitteln, mit welcher Geschwindigkeit diese Wirkungswellen wandern. Fassen wir einen Punkt xyz zur Zeit t ins Auge und außerdem einen Nachbarpunkt $x+\delta x$, $y+\delta y$, $z+\delta z$ zu einer etwas anderen Zeit $t+\delta t$, so ist der Unterschied der Wirkungsfunktion

$$\delta W = \frac{\partial W}{\partial t}\delta t + \frac{\partial W}{\partial x}\delta x + \frac{\partial W}{\partial y}\delta y + \frac{\partial W}{\partial z}\delta z. \tag{1}$$

Wir fragen jetzt, wie schnell wir uns vom Punkt xyz in einer bestimmten Richtung entfernen müssen, damit sich die Wirkung nicht ändert. Ist $\mathfrak{u}$ diese Geschwindigkeit, so wird während δt eine Strecke mit den Komponenten

$$\delta x = u_x \delta t; \qquad \delta y = u_y \delta t; \qquad \delta z = u_z \delta t$$

zurückgelegt. Es muß also

$$\begin{aligned} 0 &= \frac{\partial W}{\partial t} + \frac{\partial W}{\partial x} u_x + \frac{\partial W}{\partial y} u_y + \frac{\partial W}{\partial z} u_z \\ &= \frac{\partial W}{\partial t} + (\mathfrak{u} \operatorname{grad} W) \\ &= \frac{\partial W}{\partial t} + (\mathfrak{u}\, \mathfrak{p}) \end{aligned} \tag{2}$$

sein, wenn W sich nicht ändern soll.

Wenn $\mathfrak{u}$ dieselbe Richtung wie $\mathfrak{p}$ hat, also auf den Flächen konstanter Wirkung senkrecht steht, hat sein Betrag u den kleinsten Wert, den er überhaupt annehmen kann. Er ist die Fortpflanzungsgeschwindigkeit der Wirkungswellen. Für sie gilt

$$-\frac{\partial W}{\partial t} = p u = m v u. \tag{3}$$

Wegen der HAMILTONschen partiellen Differentialgleichung ist aber

$$-\frac{\partial W}{\partial t} = H = T + V = E$$

und wir erhalten daraus

$$E = m v u. \tag{4}$$

Enthält die HAMILTON-Funktion die Zeit nicht, so ist E konstant. Die Fortpflanzungsgeschwindigkeit ist bei konstanter Gesamtenergie umgekehrt proportional der Körpergeschwindigkeit v. Wegen

$$T = \frac{m}{2} v^2 = E - V; \qquad v = \sqrt{\frac{2(E-V)}{m}}$$

besteht zwischen Wellengeschwindigkeit u, Gesamtenergie E und Potential V die Beziehung

$$u = \frac{E}{\sqrt{2m(E-V)}}. \tag{5}$$

Liegt die Gesamtenergie in Form von kinetischer Energie vor, ist also die potentielle Energie Null, so erhält man $u = v/2$. Wenn der Körper ruht und die Gesamtenergie nur in potentieller Energie besteht, laufen die Wirkungswellen unendlich schnell. Die Wellengeschwindigkeit liegt also zwischen der halben Körpergeschwindigkeit und beliebig großen Werten.

Ein unscheinbarer Umstand verdient hierbei Beachtung. Bisher konnte der Anfang des Maßstabes für potentielle und Gesamtenergie nur willkürlich angenommen werden. Man konnte also zum Potential einen beliebigen Betrag hinzufügen, welcher im ganzen Kraftfeld gleich groß ist. Die Beschreibung der Bewegung durch Wirkungswellen verlangt jedoch, daß ein natürlicher Nullpunkt für die Zählung der Energie gefunden werde. Es erscheint uns befriedigend, daß sich jetzt wenigstens das Bedürfnis nach Beseitigung dieser Willkür zeigt, wenn damit auch noch kein Weg gefunden ist, um einen natürlichen Nullpunkt der Energie anzugeben.

Haben die Kräfte ein zeitlich unveränderliches Potential, so ist jedem Punkt des Raumes eine bestimmte Geschwindigkeit der Wirkungswellen zugeordnet, die sich aus der Gesamtenergie und dem Kraftfeld ergibt. Lösen wir (5) nach V auf und ersetzen E wieder durch $-\partial W/\partial t$, so geht die HAMILTONsche partielle Differentialgleichung

$$\frac{1}{2m}\left\{\left(\frac{\partial W}{\partial x}\right)^2 + \left(\frac{\partial W}{\partial y}\right)^2 + \left(\frac{\partial W}{\partial z}\right)^2\right\} + V + \frac{\partial W}{\partial t} = 0$$

in

$$\left(\frac{\partial W}{\partial x}\right)^2 + \left(\frac{\partial W}{\partial y}\right)^2 + \left(\frac{\partial W}{\partial z}\right)^2 = \frac{1}{u^2}\left(\frac{\partial W}{\partial t}\right)^2 \tag{6}$$

über. Vektoriell kann man dafür auch

$$(\operatorname{grad} W)^2 = \frac{1}{u^2}\left(\frac{\partial W}{\partial t}\right)^2 \tag{6a}$$

schreiben. Hiermit haben wir voraussichtlich die beste Formulierung erreicht, welche die klassische Mechanik für das Verhalten von Elementarteilchen zu geben vermag. (6a) ist die Wellengleichung der klassischen Mechanik. Ganz richtig ist sie aber nicht.

Bei der Bewegung von Elektronen und anderen geladenen Teilchen muß man oft auch magnetische Felder berücksichtigen. Nach Kap. V, § 2, S. 100 hat dann die HAMILTON-Funktion die Gestalt

$$H = \frac{1}{2m}(\mathfrak{p} + e\mathfrak{C})^2 + V, \tag{7}$$

wo $\mathfrak{C}$ das Vektorpotential der magnetischen Kraftflußdichte und $-e$ die Ladung des Teilchens ist. Führt man alle Überlegungen wie oben durch, so gelangt man zu der Wellengleichung

$$\left(\frac{\partial W}{\partial x} + e\mathfrak{C}_x\right)^2 + \left(\frac{\partial W}{\partial y} + e\mathfrak{C}_y\right)^2 + \left(\frac{\partial W}{\partial z} + e\mathfrak{C}_z\right)^2 = \frac{1}{u^2}\left(\frac{\partial W}{\partial t}\right)^2 \tag{8}$$

oder in Vektoren

$$(\operatorname{grad} W + e\mathfrak{C})^2 = \frac{1}{u^2}\left(\frac{\partial W}{\partial t}\right)^2. \tag{9}$$

§ 2. Analogien zur Optik.

Inhalt: Die geometrische Optik als Näherung für die Wellenoptik steht im gleichen Verhältnis zu dieser, wie die klassische Mechanik zur Mechanik der Elementarteilchen.

Bezeichnungen: $\mathfrak{E}$ Elektrische Feldstärke, u Lichtgeschwindigkeit, c Lichtgeschwindigkeit im Vakuum, n Brechungsindex, $\mathfrak{s}$ Einheitsvektor in der Strahlrichtung, φ Phase, ν Frequenz.

Da uns bekannt ist, daß die Wellengleichung der klassischen Mechanik nicht ganz richtig sein kann, müssen wir sie noch abändern, um eine korrekte Mechanik der Elementarteilchen zu erhalten. Wir suchen aber keine andere Formulierung für die bisherigen mechanischen Gesetze, sondern ein neues Gesetz, welches die klassische Mechanik enthält, aber einen weiteren Gültigkeitsbereich hat als diese. Die neue Fassung der Mechanik können wir natürlich nicht aus unseren bisherigen Kenntnissen deduzieren, sondern es bleibt uns nichts übrig, als einen möglichst naheliegenden Ansatz zu machen, ihn mit dem empirischen Befund zu vergleichen und festzustellen, ob er sich bewährt. Zum Glück liegt auf dem Gebiet der Atomphysik für diese Prüfung ein ungeheures Tatsachenmaterial vor. Es stammt zum großen Teil aus spektroskopischen Untersuchungen und besitzt eine Genauigkeit, wie sie nur selten bei Messungen erreicht wird. Wir können also die Gesetze für Elementarteilchen viel strenger prüfen als die meisten anderen physikalischen Gesetze.

Eine ähnliche Aufgabe ist in der Optik früher schon einmal bewältigt worden. Heute ist das Wesen des Lichtes als elektromagnetischer Vorgang weitgehend geklärt. Die elektrische Feldstärke $\mathfrak{E}$ genügt der Gleichung

$$\frac{\partial^2 \mathfrak{E}}{\partial x^2} + \frac{\partial^2 \mathfrak{E}}{\partial y^2} + \frac{\partial^2 \mathfrak{E}}{\partial z^2} = \frac{1}{u^2} \frac{\partial^2 \mathfrak{E}}{\partial t^2}. \tag{10}$$

u ist die Lichtgeschwindigkeit, welche im Vakuum den Wert

$$u = c = 3 \cdot 10^8 \text{ m/sec}$$

annimmt, in anderen Medien aber kleiner ist. Bedeutet n den Brechungsindex, so ist

$$u = \frac{c}{n}. \tag{11}$$

Ändert sich der Brechungsindex von Ort zu Ort, so ist die Lichtgeschwindigkeit eine Ortsfunktion. In Vektorschreibweise nimmt (10) dann die Form

$$\Delta \mathfrak{E} = \frac{n^2}{c^2} \frac{\partial^2 \mathfrak{E}}{\partial t^2} \tag{10a}$$

an.

Bei sehr vielen optischen Problemen braucht man aber nicht auf die elektromagnetische Theorie zurückzugreifen, sondern man spricht von Lichtstrahlen und konstruiert sie so, als ob sie Bahnen von Körpern wären. Einen einzelnen Lichtstrahl kann man allerdings nicht isolieren, sondern der Versuch, einen Strahl auszublenden, wird durch Beugungserscheinungen vereitelt. Die Eigenschaften der Lichtstrahlen, ihre Brechung und Reflexion, aber auch die Interferenzerscheinungen, werden verständlich, wenn wir das Licht als eine Wellenbewegung auffassen, bei der Flächen konstanter Phase mit der Geschwindigkeit u durch den Raum eilen. Die Lichtstrahlen sind dann die orthogonalen Trajektorien dieser Flächen. Die Phase selbst ist durch

$$\varphi = 2\pi\left(\frac{s}{\lambda} - \nu t\right) = 2\pi\nu\left(\frac{s}{u} - t\right) = 2\pi\nu\left(\frac{ns}{c} - t\right) \tag{12}$$

definiert, wo ν und λ Frequenz und Wellenlänge des Lichtes sind und s der auf dem Strahl zurückgelegte Weg ist. Wenn das Bündel der Lichtstrahlen nicht zu divergent und der Brechungsindex nur wenig veränderlich ist, liefert der Ansatz

$$\mathfrak{E} = \mathfrak{A}\, e^{i\varphi} \tag{13}$$

eine Näherungslösung der Gl. (10). Die Amplitude $\mathfrak{A}$ kann dann, wenigstens im Bereich von ziemlich vielen Wellenlängen, als konstant betrachtet werden. Setzen wir (13) in (10a) ein, so ergibt sich für φ die Bedingung

$$\begin{gathered} i\left\{\frac{\partial^2 \varphi}{\partial x^2} + \frac{\partial^2 \varphi}{\partial y^2} + \frac{\partial^2 \varphi}{\partial z^2}\right\} - \left\{\left(\frac{\partial \varphi}{\partial x}\right)^2 + \left(\frac{\partial \varphi}{\partial y}\right)^2 + \left(\frac{\partial \varphi}{\partial z}\right)^2\right\} \\ = \frac{i n^2}{c^2}\frac{\partial^2 \varphi}{\partial t^2} - \frac{n^2}{c^2}\left(\frac{\partial \varphi}{\partial t}\right)^2 \end{gathered} \tag{14}$$

oder in Vektorform

$$i \operatorname{div} \operatorname{grad} \varphi - (\operatorname{grad} \varphi)^2 = \frac{i n^2}{c^2}\frac{\partial^2 \varphi}{\partial t^2} - \frac{n^2}{c^2}\left(\frac{\partial \varphi}{\partial t}\right)^2.$$

Nun ist

$$\frac{\partial \varphi}{\partial t} = -2\pi\nu; \quad \frac{\partial^2 \varphi}{\partial t^2} = 0$$

und

$$\operatorname{grad} \varphi = \frac{2\pi\nu}{c} \operatorname{grad}(n s) = \frac{2\pi\nu}{c} n \mathfrak{s} + \frac{2\pi\nu}{c} s \operatorname{grad} n,$$

wenn $\mathfrak{s}$ einen Einheitsvektor in der Richtung der Lichtstrahlen bedeutet. Für div grad φ ergibt sich somit

$$\operatorname{div}\operatorname{grad}\varphi = \frac{2\pi\nu}{c}\operatorname{div}\operatorname{grad}(n\,s) = \frac{2\pi\nu}{c}(n\operatorname{div}\mathfrak{s} + 2\mathfrak{s}\operatorname{grad}n + s\operatorname{div}\operatorname{grad}n).$$

Ist der Brechungsindex nur wenig variabel und das Bündel wenig divergent, so bleibt für φ nur die Gleichung

$$(\operatorname{grad}\varphi)^2 = \frac{n^2}{c^2}\left(\frac{\partial\varphi}{\partial t}\right)^2 = \frac{1}{u^2}\left(\frac{\partial\varphi}{\partial t}\right)^2$$

oder in Komponenten

$$\left(\frac{\partial\varphi}{\partial x}\right)^2 + \left(\frac{\partial\varphi}{\partial y}\right)^2 + \left(\frac{\partial\varphi}{\partial z}\right)^2 = \frac{n^2}{c^2}\left(\frac{\partial\varphi}{\partial t}\right)^2 = \frac{1}{u^2}\left(\frac{\partial\varphi}{\partial t}\right)^2 \tag{15}$$

übrig (s. hierzu auch S. 515 ff.).

Die Gl. (15) stimmt formal mit der Wellengleichung der klassischen Mechanik überein und beherrscht die geometrische Optik einschließlich der Interferenz. Zwischen der klassischen Mechanik und der geometrischen Optik herrscht eine vollkommene Analogie, die schon HAMILTON aufgefallen ist und darin besteht, daß die klassische Mechanik über die Wirkung genau dieselben Aussagen macht, wie die geometrische Optik über die Phase.

Sind die Voraussetzungen

$$\operatorname{grad} n \approx 0; \quad \operatorname{div}\mathfrak{s} \approx 0$$

der geometrischen Optik nicht erfüllt, so treten Beugungserscheinungen auf. Geht man trotzdem mit dem Ansatz (13) in

$$\Delta\mathfrak{E} = \frac{n^2}{c^2}\frac{\partial^2\mathfrak{E}}{\partial t^2}$$

ein, so kann man φ nicht mehr als eine Lösung der Gl. (15) gewinnen. Da aber u nicht von der Zeit abhängt, enthält die Phase trotz der Beugung immer noch den zeitabhängigen Anteil $-2\pi i\nu t$. An der Frequenz des Lichtes wird nämlich auch durch Beugung nichts geändert. Der ortsabhängige Anteil von φ muß aber anders werden, weil durch Beugung Licht an andere Stellen des Raumes gelangt als ohne sie.

§ 3. Wellenmechanik.

Inhalt: Aufstellung der Wellengleichung und SCHRÖDINGER-Gleichung.

Bezeichnungen: W klassische Wirkungsfunktion, u Fortpflanzungsgeschwindigkeit der Wirkungswellen, E Gesamtenergie, h PLANCKsche Wirkungskonstante, V Potentialfunktion, m Masse des Teilchens, Ψ Wellenfunktion.

Wir wissen, daß die Gleichung

$$\left(\frac{\partial W}{\partial x}\right)^2 + \left(\frac{\partial W}{\partial y}\right)^2 + \left(\frac{\partial W}{\partial z}\right)^2 = \frac{1}{u^2}\left(\frac{\partial W}{\partial t}\right)^2 \tag{16}$$

das Verhalten eines Elementarteilchens nicht ganz richtig wiedergibt. In einem geeigneten Kraftfeld müßte es sich vollkommen zerstreuen und damit in seine Bestandteile auflösen. Ein solches Kraftfeld müßte sehr inhomogen sein, so daß die Bahnen stark gekrümmt sind. Auch die geometrische Optik versagt in dem analogen Fall, wenn die Lichtstrahlen stark gekrümmt sind oder divergieren.

Es liegt nahe, probeweise die klassische Mechanik zu einer Wellenmechanik auszubauen, wie man die geometrische Optik zur Wellenoptik ergänzt hat. Ob dieser Versuch das Richtige trifft oder nicht, läßt sich erst entscheiden, wenn er durchgeführt ist und seine Konsequenzen mit den experimentellen Tatsachen verglichen werden. Vorwegnehmend kann man aber sagen, daß eine Wellenmechanik, nach diesem Programm ausgestaltet, zu einer Theorie der Atome und der Struktur der Materie überhaupt führt, welche ganz überraschend mit dem empirischen Befund übereinstimmt.

Wir machen also die Annahme, daß das mechanische Verhalten von Elementarteilchen durch eine Gleichung

$$\frac{\partial^2 \Psi}{\partial x^2} + \frac{\partial^2 \Psi}{\partial y^2} + \frac{\partial^2 \Psi}{\partial z^2} = \frac{1}{u^2} \frac{\partial^2 \Psi}{\partial t^2} \tag{17}$$

beschrieben werden muß. Wir meinen damit, daß ein Wellenvorgang einer Größe Ψ unter dem Bewegungsvorgang verborgen ist, ganz ähnlich, wie sich hinter dem Licht ein elektromagnetischer Vorgang verbirgt. Heute glauben wir zu wissen, daß das Licht in Wahrheit ein elektromagnetischer Prozeß ist, die eigentliche Natur des der Bewegung unterliegenden Prozesses ist uns aber noch unbekannt. Wir kennen also die Bedeutung der Größe Ψ nicht und nennen sie einstweilen die Wellenfunktion. Die Lage in der Mechanik ist jetzt ungefähr dieselbe wie in der Optik nach der Aufstellung des HUYGHENSschen Prinzips und vor der Entwicklung der MAXWELLschen Theorie.

Aus der Gl. (17) soll die Gl. (16) der klassischen Mechanik hervorgehen, indem wir die Wirkung in dasselbe Verhältnis zu Ψ setzen, in welchem die Phase zur elektrischen Feldstärke steht. Dem steht allerdings noch entgegen, daß die Wirkung eine Dimension hat und deshalb nicht in den Exponenten gesetzt werden kann. Man muß sie also durch eine Größe von der Dimension einer Wirkung dividieren. Dies bedeutet, daß man sie in einem Wirkungsmaßstab messen muß und daß nur ihre Maßzahl im Exponenten stehen darf. Wenn dieses Verfahren aber frei von Willkür sein soll, so muß es einen universellen Maßstab für Wirkungen geben, der für alle Arten von Bewegungen gleichmäßig gilt. Merkwürdigerweise gibt es gerade für die Wirkung eine universelle Einheit in dem PLANCKschen Wirkungsquantum h. Außerdem kann es sein, daß man noch einen Zahlfaktor hinzufügen muß. Wie groß er gegebenenfalls ist, kann nur der Vergleich mit dem Experiment zeigen, und es ergibt sich, daß dieser Faktor 2π sein muß.

Analog zur Optik nehmen wir weiter an, daß auch in den Fällen, wo die Bahnen nicht gerade sind, Ψ ebenso von der Zeit abhängt wie in den Fällen, welche der klassischen Mechanik entsprechen. An Stelle des ortsabhängigen Anteils S der Wirkung werden wir jedoch eine andere Ortsfunktion S' nehmen müssen, welche von S um so mehr abweicht, je krummer die Bahnen nach der klassischen Mechanik wären. Wir setzen also

$$\Psi = e^{\frac{2\pi i}{h}(-Et + S')} \tag{18}$$

oder, wenn wir zur Abkürzung

$$S' = \frac{h}{2\pi i} \ln \psi \tag{18a}$$

einführen,

$$\Psi = \psi\, e^{-\frac{2\pi i E t}{h}} \tag{19}$$

Bringen wir dies in die Gleichung

$$\frac{\partial^2 \Psi}{\partial x^2} + \frac{\partial^2 \Psi}{\partial y^2} + \frac{\partial^2 \Psi}{\partial z^2} = \frac{1}{u^2} \frac{\partial^2 \Psi}{\partial t^2}$$

der Wellenmechanik ein, so erhalten wir für ψ

$$\frac{\partial^2 \psi}{\partial x^2} + \frac{\partial^2 \psi}{\partial y^2} + \frac{\partial^2 \psi}{\partial z^2} = -\frac{4\pi^2 E^2}{h^2 u^2}\psi. \tag{20}$$

Schließlich können wir noch für u^2 seinen Wert

$$u^2 = \frac{E^2}{2m(E-V)}$$

einsetzen und gelangen damit zu der sog. SCHRÖDINGER-Gleichung

$$\frac{\partial^2 \psi}{\partial x^2} + \frac{\partial^2 \psi}{\partial y^2} + \frac{\partial^2 \psi}{\partial z^2} + \frac{8\pi^2 m}{h^2}(E-V)\psi = 0, \tag{21}$$

welche die Grundlage der Atomphysik geworden ist. Dieselbe Gleichung wird auch von der Wellenfunktion erfüllt, wie man leicht durch Multiplizieren mit

$$e^{-\frac{2\pi i E t}{h}}$$

feststellt.

In den Formeln (17) bis (21) sehen wir jetzt die Niederschrift einer erweiterten klassischen Mechanik, welche wir Wellenmechanik nennen wollen. Sie hat den Vorzug, auch im Gebiet der Atomphysik mit den Beobachtungen übereinzustimmen. Sie hat den Nachteil, daß sie uns eine Gleichung für das raumzeitliche Verhalten einer Wellenfunktion Ψ gibt, deren wahre Natur uns unbekannt ist.

Wenn wir auch im Augenblick die Ψ-Funktion nicht interpretieren können, so können wir doch versuchen, sie zu andern physikalischen Größen in Beziehung zu setzen. Es ist insbesondere notwendig, alle anderen Größen durch Ψ auszudrücken. Wir stehen nämlich vor der merkwürdigen Situation, Ψ aus der Wellengleichung berechnen zu können, aber diese Kenntnis zunächst nicht verwerten zu können. Erst wenn wir andere Eigenschaften der Elementarteilchen durch Ψ ausgedrückt haben, kann uns der Besitz der Wellengleichung (17) etwas nützen.

§ 4. Die Wellenfunktion. Randbedingungen.

Inhalt: Die räumliche Dichte des Teilchens ist das Quadrat der Wellenfunktion. Normierung der Wellenfunktion, Forderung von Endlichkeit, Stetigkeit, Eindeutigkeit und Verschwinden im Unendlichen.

Bezeichnungen: dv Volumenelement des Elementarteilchens, ϱ Dichte, e und m Ladung und Masse des Teilchens, Ψ Wellenfunktion.

Das statistische Modell zerlegt die Elementarteilchen in Volumenelemente dv und legt in jedes dieser Elemente den Bruchteil ϱdv des ganzen Teilchens. Hat das Teilchen insgesamt die Ladung e, so trägt das Volumenelement den Anteil $e\varrho dv$. Besitzt das Teilchen die Masse m, so enthält das Volumenelement die Masse $m\varrho dv$. Danach ist ϱ die Teilchendichte, d. h. die Zahl der Teilchen in der Volumeneinheit, $e\varrho$ die Ladungsdichte und $m\varrho$ die Massendichte oder Dichte schlechthin. Vor allem müssen wir jetzt ϱ durch die Wellenfunktion ausdrücken. Hierzu greifen wir noch einmal auf die Optik zurück. Dort ist das Quadrat des absoluten Betrages $|\mathfrak{E}|$ der elektrischen Feldstärke ein Maß für die Intensität des Lichtes. Da die Teilchendichte gewissermaßen ein Maß für die Intensität ist, mit der das Teilchen sich im Volumenelement auswirkt, werden wir sie dem Quadrat des Betrages von Ψ gleichsetzen. Wenn Ψ komplex ist, tritt $\Psi\Psi^*$ an die Stelle des Quadrats. Wir setzen demnach

$$\varrho = |\Psi|^2 = \Psi\Psi^*. \tag{22}$$

Hierdurch werden der Ψ-Funktion noch einige neue Bedingungen auferlegt. Summieren wir alle Bruchteile des Teilchens, die in allen Volumenelementen des ganzen Raumes enthalten sind, so muß 1 herauskommen. Es muß also

$$\int \varrho \, dv = \int \Psi \Psi^* \, dv = 1 \tag{23}$$

gelten. Diese Forderung nennt man die Normierung der Ψ-Funktion.

Die Forderung (23) kann man nur erfüllen, wenn $\Psi\Psi^*$ im Unendlichen verschwindet und sich für größere Entfernungen so stark der Null nähert, daß das Normierungsintegral endlich bleibt. Außerdem muß $\Psi\Psi^*$ natürlich im ganzen Raum eindeutig sein, da man ja einem Punkt nur eine Dichte und nicht mehrere zuschreiben kann. Schließlich muß $\Psi\Psi^*$ auch endlich und stetig sein, und deshalb muß die Wellenfunktion Ψ eine eindeutige, stetige und überall endliche Funktion des Ortes und der Zeit sein, die im Unendlichen verschwindet. Diese zusätzlichen Bedingungen für die Wellenfunktion nennt man gewöhnlich zusammenfassend „die Randbedingungen"

Für eine ausführliche Begründung der Wellenmechanik sei auf Band II verwiesen.

B. Mechanik der Kontinua.

Wenn man sich eine Bewegung vorzustellen versucht, denkt man gewöhnlich zuerst an die Lageänderung eines einzelnen Gegenstandes, eines Körpers. Demgemäß drängt sich zuerst das Problem der Mechanik des Einzelkörpers in den Vordergrund, welches in seiner Eigenart und Einfachheit am klarsten als Mechanik des einzelnen Massenpunktes herausgearbeitet wird. Dieses Problem findet leicht eine sinngemäße Verallgemeinerung auf die Bewegung vieler Körper, für welche das Modell vieler Massenpunkte eine geeignete Idealisierung abgibt. Wenn wir von diesem Modell zu dem starren Körper übergehen, begegnet uns zum erstenmal ein Gebilde, dessen Raumerfüllung für seine Bewegungen wesentlich ist. Trotzdem handelt es sich dabei noch immer um ein bewegtes Objekt, dessen momentane Lage nur 6 Angaben (Koordinaten) erfordert. Der starre Körper ist zwar ein ausgedehntes materielles Medium, ein Kontinuum, doch kommt diese Eigenschaft wegen der Starrheit in seiner Mechanik noch nicht zur Geltung.

Dies ändert sich, wenn wir zu den wirklichen Bewegungen eines ausgedehnten materiellen Körpers übergehen, d. h. nicht nur seine Translation und Drehung untersuchen, welche er als Ganzes ausführt, sondern wenn wir auch die inneren Bewegungen seiner Teile gegeneinander beschreiben wollen. Wir sind dann genötigt, jedem Punkt des Körpers einen eigenen Bewegungszustand, eine eigene Geschwindigkeit, zuzuordnen, die von der Bewegung der übrigen Punkte verschieden, wenn auch nicht völlig unabhängig ist. Die Bewegung aller Punkte können wir nicht mehr, wie beim starren Körper, durch einige wenige Koordinaten erfassen, sondern wir müssen zu anderen Hilfsmitteln greifen.

I. Bewegungen und Spannungen in einem Kontinuum.

Eine Bewegung, die in einem Kontinuum stattfindet, können wir angeben, indem wir die Verschiebung eines jeden Punktes verzeichnen. Jeder Punkt des Raumes durchläuft ein Kurvenstück, eine Bahn. Verfolgt man die Bewegung während einer kurzen Zeit, so wird die Verschiebung jedes Punktes durch einen infinitesimalen Vektor $\mathfrak{u}$ gekennzeichnet. Das Resultat einer infinitesimalen Bewegung des ganzen Mediums wird also durch ein Verschiebungsfeld wiedergegeben, in welchem die Verschiebung als Funktion des Ortsvektors $\mathfrak{r}$ ausgedrückt ist.

Dividiert man die Verschiebung durch die Zeit, in welcher sie eingetreten ist, so erhält man die Geschwindigkeit $\mathfrak{v}$, mit der die Punkte des Mediums sich gerade bewegen. Sie ist ebenfalls eine Ortsfunktion und bildet ein Geschwindigkeitsfeld, das man gewöhnlich als Strömungsfeld bezeichnet.

§ 1. Drehung und Verzerrung (Deformation). Verzerrungstensor.

Inhalt: Die Verschiebung der Umgebung eines Punktes kann man durch einen Verschiebungstensor beschreiben; sie läßt sich in eine Drehung und eine Verzerrung zerlegen. Der Drehung entspricht ein antisymmetrischer, der Verzerrung ein symmetrischer Tensor. Die Hauptachsen des Verzerrungstensors sind die Hauptachsen der Deformation, seine Eigenwerte sind die Deformationshauptgrößen. Eine kleine Kugel wird zu einem Ellipsoid verzerrt. Die Verzerrung setzt sich aus drei Dehnungen in den Richtungen der Hauptachsen der Deformation zusammen.

Bezeichnungen: $\mathfrak{r}$ Ortsvektor, x, y, z seine Komponenten, $\mathfrak{u}$ Verschiebung, u_x, u_y, u_z ihre Komponenten, β Verzerrungstensor, $\beta_{xx}, \beta_{yy}, \beta_{zz}, \beta_{xy}, \beta_{xz}, \beta_{yz}$ seine Komponenten, $\mathfrak{e}_1, \mathfrak{e}_2, \mathfrak{e}_3$ Einheitsvektoren in den Hauptachsen der Deformation, $\varepsilon_1, \varepsilon_2, \varepsilon_3$ Deformationshauptgrößen.

Ein Punkt O mit dem Ortsvektor $\mathfrak{r}$ erfahre die Verschiebung $\mathfrak{u}$. Ein Nachbarpunkt P mit dem Ortsvektor $\mathfrak{r} + d\mathfrak{r}$ erfährt im allgemeinen eine etwas andere Verschiebung (s. Abb. 30)

$$\mathfrak{u} + d\mathfrak{u} = \mathfrak{u} + d\mathfrak{r}\frac{\partial \mathfrak{u}}{\partial \mathfrak{r}} = \mathfrak{u} + (d\mathfrak{r}\,\nabla)\,\mathfrak{u}. \tag{1}$$

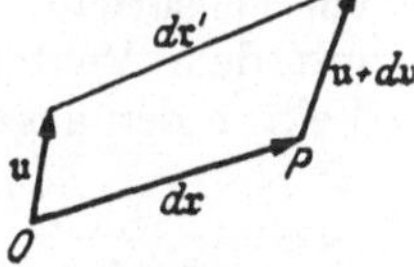

Abb. 30. Verschiebungen zweier Nachbarpunkte O und P.

Der Vektor $d\mathfrak{r}$, welcher O und P verbindet, geht dabei in

$$d\mathfrak{r}' = d\mathfrak{r} + (d\mathfrak{r}\,\nabla)\,\mathfrak{u}$$

über.

Bezeichnen (s. Abb. 30) wir die Entfernung OP vor der Verschiebung mit dl und nachher mit dl', so gilt

$$dl'^2 = \{d\mathfrak{r} + (d\mathfrak{r}\,\nabla)\,\mathfrak{u}\}^2 = d\mathfrak{r}^2 + 2(d\mathfrak{r}\,\nabla)(\mathfrak{u}\,d\mathfrak{r}) + ((d\mathfrak{r}\,\nabla)\,\mathfrak{u})^2$$
$$= dl^2\left\{1 + \frac{2(d\mathfrak{r}\,\nabla)(\mathfrak{u}\,d\mathfrak{r})}{dl^2} + \frac{((d\mathfrak{r}\,\nabla)\,\mathfrak{u})^2}{dl^2}\right\}.$$

Bei infinitesimaler Verschiebung $\mathfrak{u}$ können wir die Wurzel

$$dl' = dl\sqrt{1 + \frac{2(d\mathfrak{r}\,\nabla)(\mathfrak{u}\,d\mathfrak{r})}{dl^2} + \frac{((d\mathfrak{r}\,\nabla)\,\mathfrak{u})^2}{dl^2}}$$

nach Potenzen von $\mathfrak{u}$ und seinen Ableitungen entwickeln und uns mit den linearen Gliedern begnügen. Wir erhalten dann

$$dl' = dl + \frac{(d\mathfrak{r}\,\nabla)(\mathfrak{u}\,d\mathfrak{r})}{dl}. \tag{2}$$

Die relative Vergrößerung des Abstandes der beiden Punkte O und P ist die relative Dehnung

$$\frac{dl' - dl}{dl} = \frac{(d\mathfrak{r}\,\nabla)(\mathfrak{u}\,d\mathfrak{r})}{dl^2} \tag{2a}$$

der Strecke OP. Führen wir noch den Einheitsvektor $\mathfrak{c} = d\mathfrak{r}/dl$ ein, welcher die Richtung von OP angibt, so können wir die relative Dehnung bei der infinitesimalen Verschiebung durch

$$\frac{dl' - dl}{dl} = \varepsilon = (\mathfrak{c}\,\nabla)(\mathfrak{u}\,\mathfrak{c}) \tag{3}$$

angeben. Diese Größe hängt von der Richtung $\mathfrak{c}$ ab und ist ein Maß für die Verzerrung oder Deformation des Mediums, welche in der Umgebung des Punktes O bei der Verschiebung eintritt, wenn wir alle Richtungen auf einmal betrachten.

Nicht jede Verschiebung muß mit einer Verzerrung verbunden sein. Wenn

$$(\mathfrak{c}\nabla)(\mathfrak{u}\mathfrak{c}) \tag{4}$$

in der Umgebung von O verschwindet, gleichgültig, welche Richtung $\mathfrak{c}$ hat, wird die ganze Umgebung von O nur als Ganzes bewegt und nicht verzerrt. Wenn (4) an jedem Punkt, d. h. für alle $\mathfrak{r}$ und alle $\mathfrak{c}$, verschwindet, findet keine Verzerrung im ganzen Medium statt, sondern es bewegt sich im Ganzen wie ein starrer Körper.

Aus dem Verschiebungsvektor $\mathfrak{u}$ können wir durch Richtungsableitung den Verschiebungstensor bilden, welchen wir in dyadischer Schreibweise durch

$$\nabla)(\mathfrak{u} = \begin{Bmatrix} \frac{\partial u_x}{\partial x} & \frac{\partial u_y}{\partial x} & \frac{\partial u_z}{\partial x} \\ \frac{\partial u_x}{\partial y} & \frac{\partial u_y}{\partial y} & \frac{\partial u_z}{\partial y} \\ \frac{\partial u_x}{\partial z} & \frac{\partial u_y}{\partial z} & \frac{\partial u_z}{\partial z} \end{Bmatrix} \tag{5}$$

definieren. Seine 9 Komponenten sind Funktionen des Ortes. Wir haben also ein Tensorfeld. Multipliziert man den Verschiebungstensor auf der linken Seite mit dem Vektor $d\mathfrak{r}$, der zwei Nachbarpunkte verbindet, so erhält man den Vektor der gegenseitigen Verschiebung

$$d\mathfrak{u} = (d\mathfrak{r}\nabla)\,\mathfrak{u} \tag{6}$$

dieser Punkte mit den Komponenten

$$\begin{aligned} du_x &= dx\frac{\partial u_x}{\partial x} + dy\frac{\partial u_x}{\partial y} + dz\frac{\partial u_x}{\partial z} \\ du_y &= dx\frac{\partial u_y}{\partial x} + dy\frac{\partial u_y}{\partial y} + dz\frac{\partial u_y}{\partial z} \\ du_z &= dx\frac{\partial u_z}{\partial x} + dy\frac{\partial u_z}{\partial y} + dz\frac{\partial u_z}{\partial z} \end{aligned} \tag{6a}$$

Diese Multiplikation wird ausgeführt, indem man die Tensorkomponenten je einer Spalte mit den Komponenten dx, dy, dz von $d\mathfrak{r}$ multipliziert und addiert.

Die Dehnung (3) der Strecke OP erhalten wir, wenn wir den Verschiebungstensor zuerst links oder rechts mit dem Einheitsvektor $\mathfrak{c}$ multiplizieren, der in die Richtung OP fällt, und dann das Skalarprodukt des entstandenen Vektors mit $\mathfrak{c}$ bilden. Da die Komponenten von $\mathfrak{c}$ die Richtungskosinus α, β, γ von OP gegen die Koordinatenachsen sind, ergibt sich die Dehnung als die quadratische Form

$$\begin{aligned} \varepsilon = \frac{dl' - dl}{dl} &= \alpha^2\frac{\partial u_x}{\partial x} + \beta^2\frac{\partial u_y}{\partial y} + \gamma^2\frac{\partial u_z}{\partial z} \\ &+ \alpha\beta\left(\frac{\partial u_x}{\partial y} + \frac{\partial u_y}{\partial x}\right) + \alpha\gamma\left(\frac{\partial u_x}{\partial z} + \frac{\partial u_z}{\partial x}\right) + \beta\gamma\left(\frac{\partial u_y}{\partial z} + \frac{\partial u_z}{\partial y}\right) \end{aligned}$$

in α, β, γ, welche dem Verschiebungstensor zugeordnet ist.

Für einen starren Körper, bei dem keine Dehung eintreten kann, muß dieser Ausdruck identisch verschwinden. Es gibt bei ihm also nur solche Verschiebungen, bei denen

$$\frac{\partial u_x}{\partial y} = -\frac{\partial u_y}{\partial x}; \quad \frac{\partial u_x}{\partial z} = -\frac{\partial u_z}{\partial x}; \quad \frac{\partial u_y}{\partial z} = -\frac{\partial u_z}{\partial y}$$

$$\frac{\partial u_x}{\partial x} = \frac{\partial u_y}{\partial y} = \frac{\partial u_z}{\partial z} = 0$$

gilt. Ihr Verschiebungstensor

$$\begin{pmatrix} 0 & \frac{\partial u_y}{\partial x} & -\frac{\partial u_x}{\partial z} \\ -\frac{\partial u_y}{\partial x} & 0 & \frac{\partial u_z}{\partial y} \\ \frac{\partial u_x}{\partial z} & -\frac{\partial u_z}{\partial y} & 0 \end{pmatrix} \tag{7}$$

ist antisymmetrisch. Ein starrer Körper kann, abgesehen von der Translation, nach S. 69 nur eine Drehung ausführen, bei welcher der Verschiebungsvektor durch

$$\mathfrak{u} = [d\omega\,\mathfrak{r}]$$

$$u_x = z\,d\omega_y - y\,d\omega_z; \quad u_y = x\,d\omega_z - z\,d\omega_x; \quad u_z = y\,d\omega_x - x\,d\omega_y$$

ausgedrückt ist. Der Vektor $d\omega$ ist eine infinitesimale Drehung des ganzen Körpers und hat überall denselben Wert. Setzt man dies in den Verschiebungstensor (7) ein, so erhält man

$$\begin{pmatrix} 0 & d\omega_z & -d\omega_y \\ -d\omega_z & 0 & d\omega_x \\ d\omega_y & -d\omega_x & 0 \end{pmatrix}$$

und erkennt, daß er vom Orte unabhängig ist.

Den Verschiebungstensor können wir ganz allgemein in den symmetrischen Anteil

$$\mathfrak{B} = \begin{pmatrix} \frac{\partial u_x}{\partial x} & \frac{1}{2}\left(\frac{\partial u_y}{\partial x} + \frac{\partial u_x}{\partial y}\right) & \frac{1}{2}\left(\frac{\partial u_z}{\partial x} + \frac{\partial u_x}{\partial z}\right) \\ \frac{1}{2}\left(\frac{\partial u_y}{\partial x} + \frac{\partial u_x}{\partial y}\right) & \frac{\partial u_y}{\partial y} & \frac{1}{2}\left(\frac{\partial u_z}{\partial y} + \frac{\partial u_y}{\partial z}\right) \\ \frac{1}{2}\left(\frac{\partial u_z}{\partial x} + \frac{\partial u_x}{\partial z}\right) & \frac{1}{2}\left(\frac{\partial u_z}{\partial y} + \frac{\partial u_y}{\partial z}\right) & \frac{\partial u_z}{\partial z} \end{pmatrix} =$$

$$= \begin{pmatrix} \beta_{xx} & \beta_{xy} & \beta_{xz} \\ \beta_{xy} & \beta_{yy} & \beta_{yz} \\ \beta_{xz} & \beta_{yz} & \beta_{zz} \end{pmatrix} \tag{8}$$

und den antisymmetrischen Tensor

$$\begin{pmatrix} 0 & \frac{1}{2}\left(\frac{\partial u_y}{\partial x} - \frac{\partial u_x}{\partial y}\right) & -\frac{1}{2}\left(\frac{\partial u_x}{\partial z} - \frac{\partial u_z}{\partial x}\right) \\ -\frac{1}{2}\left(\frac{\partial u_y}{\partial x} - \frac{\partial u_x}{\partial y}\right) & 0 & \frac{1}{2}\left(\frac{\partial u_z}{\partial y} - \frac{\partial u_y}{\partial z}\right) \\ \frac{1}{2}\left(\frac{\partial u_x}{\partial z} - \frac{\partial u_z}{\partial x}\right) & -\frac{1}{2}\left(\frac{\partial u_z}{\partial y} - \frac{\partial u_y}{\partial z}\right) & 0 \end{pmatrix} =$$

$$= \frac{1}{2}\begin{pmatrix} 0 & \mathrm{rot}_z\mathfrak{u} & -\mathrm{rot}_y\mathfrak{u} \\ -\mathrm{rot}_z\mathfrak{u} & 0 & \mathrm{rot}_x\mathfrak{u} \\ \mathrm{rot}_y\mathfrak{u} & -\mathrm{rot}_x\mathfrak{u} & 0 \end{pmatrix} \tag{9}$$

zerlegen. Der antisymmetrische Bestandteil gibt bei linksseitiger Multiplikation mit einem Vektor $\mathfrak{a}$ den Ausdruck

$$-\frac{1}{2}[\mathfrak{a}\,\mathrm{rot}\,\mathfrak{u}] = \frac{1}{2}[\mathrm{rot}\,\mathfrak{u}\,\mathfrak{a}].$$

Er ist beim starren Körper konstant und bedeutet auch sonst nur eine Drehung der Umgebung des Punktes O um diesen Punkt, ist also mit keiner Verzerrung verbunden. Der symmetrische Anteil $\mathfrak{B}$ drückt an jedem Punkt die Verzerrung seiner Umgebung aus und wird Verzerrungstensor genannt.

Zwischen Verzerrungstensor $\mathfrak{B}$ und Verschiebungsvektor $\mathfrak{u}$ besteht allgemein die Beziehung

$$(\mathfrak{a}\,\mathfrak{B}) = (\mathfrak{a}\,\nabla)\,\mathfrak{u} + \frac{1}{2}[\mathfrak{a}\,\mathrm{rot}\,\mathfrak{u}], \tag{10}$$

wenn $\mathfrak{a}$ ein beliebiger Vektor ist. Setzt man $\mathfrak{a} = d\mathfrak{r}$, so erhält man

$$d\mathfrak{u} = (d\mathfrak{r}\,\nabla)\,\mathfrak{u} = (\mathfrak{B}\,d\mathfrak{r}) + \frac{1}{2}[\mathrm{rot}\,\mathfrak{u}\,d\mathfrak{r}],$$

d. h. die gegenseitige Verschiebung $d\mathfrak{u}$ zweier Nachbarpunkte kann in die Deformation $(\mathfrak{B}\,d\mathfrak{r})$ und die Drehung $\frac{1}{2}[\mathrm{rot}\,\mathfrak{u}\,d\mathfrak{r}]$ zerlegt werden.

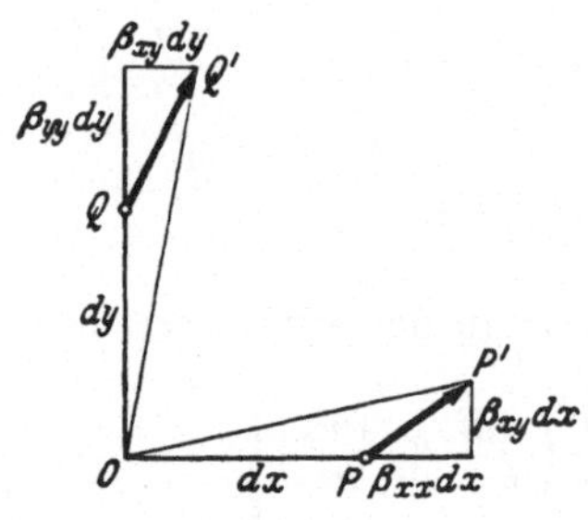

Abb. 31.
Verzerrung des Dreiecks POQ.

Die Drehung eines Volumenelementes, welche der Tensor (9) beschreibt, kann als Folge der Verzerrung anderer Stellen des Mediums eintreten. Biegt man einen Balken, der an zwei Stellen aufliegt, durch, so dreht sich die Umgebung der Unterstützungspunkte. Diese Drehung kommt von der Verzerrung im ganzen Balken bei der Biegung und ist nicht an eine Verzerrung in der Nähe der Unterstützungspunkte selbst geknüpft.

Um den Verzerrungsvorgang anschaulich zu machen, der von keiner Rotation überlagert ist, legen wir in den Punkt O ein Achsenkreuz und betrachten zwei Punkte P und Q in den Abständen dx bzw. dy auf der x- und y-Achse (Abb. 31). Bei der Deformation geht der Punkt P in den Punkt P' mit den Koordinaten

$$dx' = dx + \beta_{xx}dx; \quad dy' = \beta_{xy}dx; \quad dz' = \beta_{xz}dx$$

über. Aus der Strecke OP geht die Strecke

$$OP' = \sqrt{dx'^2 + dy'^2 + dz'^2} = dx\sqrt{(1+\beta_{xx})^2 + \beta_{xy}^2 + \beta_{xz}^2}$$

hervor. Bei einer infinitesimalen Deformation können wir die quadratischen Glieder in den β gegen die linearen vernachlässigen und die Wurzel entwickeln, wobei wir

$$OP' = dx\,(1 + \beta_{xx})$$

erhalten. Die Strecke in der x-Richtung wird bei der Deformation um $\beta_{xx}dx$ verlängert. Es tritt also eine Dehnung

$$\varepsilon_x = \frac{OP' - OP}{OP} = \beta_{xx}$$

ein. Analog wächst die Strecke $OQ = dy$, welche in der y-Richtung liegt, um den Betrag $\beta_{yy}dy$. Die relativen Dehnungen in der y- bzw. z-Richtung betragen entsprechend

$$\varepsilon_y = \beta_{yy}; \quad \varepsilon_z = \beta_{zz}.$$

Die Deformation verändert aber nicht nur die Länge, sondern auch die Richtung der Strecken OP und OQ. Die Richtungskosinus von OP' gegen das Achsenkreuz sind offenbar in erster Näherung

$$\frac{1+\beta_{xx}}{\sqrt{(1+\beta_{xx})^2+\beta_{xy}^2+\beta_{xz}^2}}\,;\quad \frac{\beta_{xy}}{\sqrt{(1+\beta_{xx})^2+\beta_{xy}^2+\beta_{xz}^2}}\,;\quad \frac{\beta_{xz}}{\sqrt{(1+\beta_{xx})^2+\beta_{xy}^2+\beta_{xz}^2}}$$

$$\approx 1 \qquad\qquad \approx \beta_{xy} \qquad\qquad \approx \beta_{xz}.$$

Entsprechende Ausdrücke

$$\beta_{xy};\quad 1;\quad \beta_{yz}$$

finden wir für die Richtungskosinus von OQ'. Den Kosinus des Winkels $P'OQ'$, der bei der Verzerrung aus dem rechten Winkel POQ entsteht, kann man leicht aus dem Richtungskosinus seiner Schenkel berechnen und bekommt

$$\cos P'O'Q' = \beta_{xy} + \beta_{xy} + \beta_{xz}\beta_{yz} \approx 2\beta_{xy}.$$

Die Verzerrung besteht also in einer Dehnung in Richtung der Koordinatenachsen, gegeben durch die Diagonalglieder des Verzerrungstensors, und in einer Winkeländerung (Schiebung), für welche die gemischten Glieder maßgebend sind.

Ein noch anschaulicheres Bild der Wirkung der Verzerrung bekommen wir, wenn wir eine kugelförmige Umgebung des Punktes O betrachten. An einem Punkt, der vor der Verzerrung von O aus durch den Vektor $d\mathfrak{r}$ erreicht wird, gelangt man nach der Deformation durch

$$d\mathfrak{r}' = d\mathfrak{r} + (d\mathfrak{r}\,\beta),$$

wenn keine Drehung hinzukommt. Löst man nach $d\mathfrak{r}$ auf, so erhält man

$$d\mathfrak{r} = d\mathfrak{r}' - (d\mathfrak{r}\,\beta) = d\mathfrak{r}' - (d\mathfrak{r}'\,\beta),$$

da man in dem kleinen Glied $(d\mathfrak{r}\,\beta)$ keinen Unterschied zwischen $d\mathfrak{r}$ und $d\mathfrak{r}'$ zu machen braucht. Die Punkte, welche vor der Deformation auf der Kugel

$$d\mathfrak{r}^2 = dx^2 + dy^2 + dz^2 = dl^2$$

liegen, fallen nachher auf die Fläche

$$\begin{aligned} dl^2 &= \{d\mathfrak{r}' - (d\mathfrak{r}'\,\beta)\}^2 = d\mathfrak{r}'^2 - 2(d\mathfrak{r}'\,\beta\,d\mathfrak{r}') \\ &= dx'^2(1-2\beta_{xx}) + dy'^2(1-2\beta_{yy}) + dz'^2(1-2\beta_{zz}) \\ &\quad - 4dx'\,dy'\,\beta_{xy} - 4dx'\,dz'\,\beta_{xz} - 4dy'\,dz'\,\beta_{yz}. \end{aligned} \tag{11}$$

Dies ist ein Ellipsoid. Die Kugel um den Punkt O wird also in ein Ellipsoid verzerrt.

Jetzt suchen wir nach einem Koordinatensystem, dessen Achsen mit den Hauptachsen dieses Ellipsoids zusammenfallen. Wir nennen sie die Hauptachsen der Deformation und kennzeichnen ihre Richtungen durch die Einheitsvektoren $\mathfrak{e}_1$, $\mathfrak{e}_2$, $\mathfrak{e}_3$. Die Koordinaten bezogen auf die Hauptachsen seien s_1, s_2 und s_3. Der Verzerrungstensor erhält dann die einfache Hauptachsenform

$$\beta = \begin{vmatrix} \varepsilon_1 & 0 & 0 \\ 0 & \varepsilon_2 & 0 \\ 0 & 0 & \varepsilon_3 \end{vmatrix}. \tag{12}$$

ε_1, ε_2 und ε_3 werden Deformationshauptgrößen genannt. Man findet sie als Wurzeln der Determinantengleichung

$$\begin{vmatrix} \beta_{xx}-\varepsilon & \beta_{xy} & \beta_{xz} \\ \beta_{xy} & \beta_{yy}-\varepsilon & \beta_{yz} \\ \beta_{xz} & \beta_{yz} & \beta_{zz}-\varepsilon \end{vmatrix} = 0, \tag{13}$$

welche ausführlich geschrieben

$$\varepsilon^3 - (\beta_{xx} + \beta_{yy} + \beta_{zz})\,\varepsilon^2 + (\beta_{xx}\beta_{yy} + \beta_{xx}\beta_{zz} + \beta_{yy}\beta_{zz} - \beta_{xy}^2 - \beta_{xz}^2 - \beta_{yz}^2)\,\varepsilon$$
$$- (\beta_{xx}\beta_{yy}\beta_{zz} - \beta_{xx}\beta_{yz}^2 - \beta_{yy}\beta_{xz}^2 - \beta_{zz}\beta_{xy}^2 + 2\beta_{xy}\beta_{xz}\beta_{yz}) = 0$$

lautet. Die drei Koeffizienten dieser Gleichung 3. Ordnung kann man sowohl durch die ursprünglichen Tensorkomponenten β_{xx}, β_{xy}, β_{xz} usw. wie auch durch die Deformationshauptgrößen ε_1, ε_2, ε_3 ausdrücken. Sie sind von der Wahl des Koordinatensystems unabhängig, deshalb Invarianten der Deformation und lauten

$$\begin{aligned} \beta_{xx} + \beta_{yy} + \beta_{zz} &= \varepsilon_1 + \varepsilon_2 + \varepsilon_3 \\ \beta_{xx}\beta_{yy} + \beta_{xx}\beta_{zz} + \beta_{yy}\beta_{zz} - \beta_{xy}^2 - \beta_{xz}^2 - \beta_{yz}^2 &= \varepsilon_1\varepsilon_2 + \varepsilon_1\varepsilon_3 + \varepsilon_2\varepsilon_3 \\ \beta_{xx}\beta_{yy}\beta_{zz} - \beta_{xx}\beta_{yz}^2 - \beta_{yy}\beta_{xz}^2 - \beta_{zz}\beta_{xy}^2 + 2\beta_{xy}\beta_{xz}\beta_{yz} &= \varepsilon_1\varepsilon_2\varepsilon_3 . \end{aligned} \tag{14}$$

Der letzte Ausdruck ist gleich der Determinante

$$\begin{vmatrix} \beta_{xx} & \beta_{xy} & \beta_{xz} \\ \beta_{xy} & \beta_{yy} & \beta_{yz} \\ \beta_{xz} & \beta_{yz} & \beta_{zz} \end{vmatrix} = \varepsilon_1\varepsilon_2\varepsilon_3$$

des Verzerrungstensors.

Auf seine Hauptachsen bezogen wird das Ellipsoid (11) durch die einfache Gleichung

$$dl^2 = ds_1^2(1 - 2\varepsilon_1) + ds_2^2(1 - 2\varepsilon_2) + ds_3^2(1 - 2\varepsilon_3)$$

ausgedrückt. Die drei Hauptachsenabschnitte sind

$$\begin{aligned} a_1 &= \frac{dl}{\sqrt{1-2\varepsilon_1}}\,; & a_2 &= \frac{dl}{\sqrt{1-2\varepsilon_2}}\,; & a_3 &= \frac{dl}{\sqrt{1-2\varepsilon_3}} \\ &\approx dl(1+\varepsilon_1) & &\approx dl(1+\varepsilon_2) & &\approx dl(1+\varepsilon_3) . \end{aligned} \tag{15}$$

Die Verzerrung einer kugelförmigen Umgebung besteht also in den drei Dehnungen ε_1, ε_2 und ε_3 in drei zueinander senkrechten Richtungen.

§ 2. Die Volumendilatation.

Inhalt: Die Divergenz des Verschiebungsvektors stellt die relative Volumenvergrößerung bei einer Verzerrung dar.

Bezeichnungen: Θ Volumendilatation, sonst wie § 1, S. 137.

Die Deformation ist mit einer Volumenänderung verbunden. Der Rauminhalt der Kugel $\frac{4\pi}{3}\,dl^3$ geht in den des Ellipsoids $\frac{4\pi}{3}\,a_1 a_2 a_3$ über. Als relative Volumenzunahme oder Dilatation definieren wir

$$\begin{aligned} \Theta = \frac{a_1 a_2 a_3 - dl^3}{dl^3} &= (1+\varepsilon_1)(1+\varepsilon_2)(1+\varepsilon_3) - 1 \\ &\approx \varepsilon_1 + \varepsilon_2 + \varepsilon_3 = \beta_{xx} + \beta_{yy} + \beta_{zz} . \end{aligned} \tag{16}$$

Führt man den Verschiebungsvektor $\mathfrak{u}$ ein, so erhält man

$$\Theta = \frac{\partial u_x}{\partial x} + \frac{\partial u_y}{\partial y} + \frac{\partial u_z}{\partial z} = \operatorname{div} \mathfrak{u} . \tag{17}$$

§ 3. Das Strömungsfeld.

Inhalt: Wie die Verschiebung, kann auch die Verschiebungsgeschwindigkeit durch einen Tensor dargestellt werden. Er kann in einen antisymmetrischen Anteil und einen symmetrischen Tensor zerlegt werden. Der antisymmetrische Anteil stellt das Wirbelfeld dar, während der symmetrische die Verzerrungsgeschwindigkeit repräsentiert.
Bezeichnungen: $\mathfrak{v}$ Verschiebungsgeschwindigkeit, $\mathfrak{W}$ Wirbelvektor.

Während wir im vorigen Abschnitt nur die Verschiebung $\mathfrak{u}$ in einem Kontinuum betrachtet haben, ohne uns für die Zeit zu interessieren, in der sie sich abwickelt, wollen wir uns jetzt mit der Verschiebungsgeschwindigkeit $\mathfrak{v}$ befassen.

Ist $\mathfrak{v}$ die Geschwindigkeit im Punkte O, so hat sie im Nachbarpunkte P den Wert

$$\mathfrak{v} + d\mathfrak{v} = \mathfrak{v} + d\mathfrak{r}\frac{\partial \mathfrak{v}}{\partial \mathfrak{r}} = \mathfrak{v} + (d\mathfrak{r}\,\nabla)\,\mathfrak{v}.$$

$d\mathfrak{v}$ ist die Relativgeschwindigkeit der Punkte O und P. Analog zum Verschiebungstensor bilden wir den Tensor der Verschiebungsgeschwindigkeit

$$\nabla)(\mathfrak{v} = \begin{Bmatrix} \frac{\partial v_x}{\partial x} & \frac{\partial v_y}{\partial x} & \frac{\partial v_z}{\partial x} \\ \frac{\partial v_x}{\partial y} & \frac{\partial v_y}{\partial y} & \frac{\partial v_z}{\partial y} \\ \frac{\partial v_x}{\partial z} & \frac{\partial v_y}{\partial z} & \frac{\partial v_z}{\partial z} \end{Bmatrix} \tag{18}$$

dessen Komponenten natürlich Funktionen des Ortes sein können. Aus ihm gewinnen wir die Komponenten der Relativgeschwindigkeit zweier Nachbarpunkte durch Multiplizieren mit dem Vektor $d\mathfrak{r}$, der diese Punkte verbindet.

Von dem Tensor (18) spalten wir den antisymmetrischen Anteil

$$\frac{1}{2}\begin{Bmatrix} 0 & \left(\frac{\partial v_y}{\partial x} - \frac{\partial v_x}{\partial y}\right) & -\left(\frac{\partial v_x}{\partial z} - \frac{\partial v_z}{\partial x}\right) \\ -\left(\frac{\partial v_y}{\partial x} - \frac{\partial v_x}{\partial y}\right) & 0 & \left(\frac{\partial v_z}{\partial y} - \frac{\partial v_y}{\partial z}\right) \\ \left(\frac{\partial v_x}{\partial z} - \frac{\partial v_z}{\partial x}\right) & -\left(\frac{\partial v_z}{\partial y} - \frac{\partial v_y}{\partial z}\right) & 0 \end{Bmatrix}$$

$$= \frac{1}{2}\begin{Bmatrix} 0 & \mathrm{rot}_z\,\mathfrak{v} & -\mathrm{rot}_y\,\mathfrak{v} \\ -\mathrm{rot}_z\,\mathfrak{v} & 0 & \mathrm{rot}_x\,\mathfrak{v} \\ \mathrm{rot}_y\,\mathfrak{v} & -\mathrm{rot}_x\,\mathfrak{v} & 0 \end{Bmatrix} \tag{19}$$

ab. Wenn wir ihn linksseitig mit einem beliebigen Vektor $\mathfrak{a}$ multiplizieren, erhalten wir

$$-\frac{1}{2}[\mathfrak{a}\,\mathrm{rot}\,\mathfrak{v}] = \frac{1}{2}[\mathrm{rot}\,\mathfrak{v}\,\mathfrak{a}],$$

so daß wir diesen Anteil auch mit Hilfe des sogenannten Wirbelvektors

$$\mathfrak{W} = \frac{1}{2}\,\mathrm{rot}\,\mathfrak{v}$$

ausdrücken können. Nach Abtrennung des antisymmetrischen Bestandteiles bleibt von dem Tensor der Verschiebungsgeschwindigkeit der symmetrische Tensor

$$\begin{Bmatrix} \frac{\partial v_x}{\partial x} & \frac{1}{2}\left(\frac{\partial v_y}{\partial x}+\frac{\partial v_x}{\partial y}\right) & \frac{1}{2}\left(\frac{\partial v_z}{\partial x}+\frac{\partial v_x}{\partial z}\right) \\ \frac{1}{2}\left(\frac{\partial v_y}{\partial x}+\frac{\partial v_x}{\partial y}\right) & \frac{\partial v_y}{\partial y} & \frac{1}{2}\left(\frac{\partial v_y}{\partial z}+\frac{\partial v_z}{\partial y}\right) \\ \frac{1}{2}\left(\frac{\partial v_z}{\partial x}+\frac{\partial v_x}{\partial z}\right) & \frac{1}{2}\left(\frac{\partial v_y}{\partial z}+\frac{\partial v_z}{\partial y}\right) & \frac{\partial v_z}{\partial z} \end{Bmatrix} \tag{20}$$

der Deformationsgeschwindigkeit übrig. (19) stellt die Drehgeschwindigkeit der Umgebung des Punktes O und (20) die Geschwindigkeit der Dehnung in drei zueinander senkrechten Richtungen dar.

Die Dilatationsgeschwindigkeit läßt sich durch $\operatorname{div} \mathfrak{v}$ angeben.

§ 4. Der Spannungstensor.

Inhalt: Definition von Spannungsvektor und Spannungstensor. Die Kraft pro Volumeneinheit heißt Kraftdichte und ist die Divergenz des Spannungstensors.

Bezeichnungen: $d\mathfrak{K}$ Kraft, $\mathfrak{f}$ Kraftdichte, $\mathfrak{t}^{\mathfrak{n}}$ Spannungsvektor an einer Fläche mit der Normalen $\mathfrak{n}$, $\mathfrak{T}$ Spannungstensor, $\tau_{xx}, \tau_{yy}, \tau_{zz}, \tau_{xy}, \tau_{yx}, \tau_{yz}, \tau_{zy}, \tau_{zz}, \tau_{zx}$ seine Komponenten, $d\mathfrak{F}$ gerichtetes Flächenelement, dF sein Betrag, dV Volumenelement im Kontinuum.

Kräfte können an einem Kontinuum entweder im Innern oder an seiner Oberfläche angreifen. Welcher Herkunft sie auch sind, sie können immer nur an den Atomen oder Molekülen ansetzen, aus welchen das Kontinuum besteht. Wirkt eine Kraft auf ein Molekül, so muß sich eine entsprechende auch an jedem Nachbarmolekül betätigen. In einem genügend kleinen Volumenelement dV muß also eine Kraft angreifen, die dem Volumen proportional ist. Wir können deshalb

$$d\mathfrak{K} = \mathfrak{f}\, dV$$

setzen und bezeichnen $\mathfrak{f}$ als Kraftdichte. Daß eine Kraft an einem bestimmten Punkte angreift, erscheint im Innern des Kontinuums unmöglich. Etwas Derartiges könnte nur vorkommen, wenn z. B. kleine Eisenflitter in ein anderes Material eingebettet wären, welches sich in einem Magnetfeld befände. Wären die Eisenstückchen klein genug, so könnte man sie als Punkte idealisieren. Ein solches Material würden wir aber nicht mehr als Kontinuum in unserem Sinne bezeichnen. Wenn wir solche disperse Medien ausscheiden, können wir Kräfte im Innern stets als Volumenkräfte ansehen.

An der Oberfläche wollen wir dagegen den Ansatz von Kräften in Punkten oder entlang von Linien zulassen. In Wirklichkeit setzen sie natürlich auch dort an Flächen an. Der punktförmige Ansatz ist aber eine vernünftige Idealisierung, wenn der Körper auf Spitzen gelagert ist, der linienhafte Ansatz, bei einer Lagerung auf Schneiden.

Der Herkunft nach unterscheiden wir innere Kräfte, die zwischen den Molekülen des Mediums selbst wirken, und äußere, die andere Ursachen haben. Der wichtigste Fall äußerer Kräfte ist die Schwerkraft.

Die inneren Kräfte, die ein Medium auf eines seiner Volumenelemente dV ausübt, rühren von den Nachbarelementen her und werden durch die Oberfläche von dV hindurch übertragen. An den Nachbarelementen treten entsprechende Gegenkräfte auf. Ist dF ein Flächenelement, welches die Volumenelemente dV_1 und dV_2 trennt, so wird dV_2 auf dV_1 eine Kraft

$$d\mathfrak{K}_{12} = \mathfrak{t}^{\mathfrak{n}}\, dF \tag{21}$$

ausüben, welche der Fläche dF proportional ist. Umgekehrt überträgt dV_1 auf dV_2 die Gegenkraft

$$d\mathfrak{K}_{21} = -\mathfrak{t}^{\mathfrak{n}}\, dF. \tag{21a}$$

Den Vektor $\mathfrak{t}^{\mathfrak{n}}$ nennen wir Spannungsvektor. Er hat die Dimension Kraft/Fläche, also die eines Druckes. Seine Größe und Richtung hängt nicht nur vom Ort ab, an welchem sich das Flächenelement befindet, sondern auch von der Richtung $\mathfrak{n}$ seiner Normalen. Wir geben diese Richtung deshalb durch den oberen Index $\mathfrak{n}$ an, wenn es nötig erscheint. Die Komponente des Spannungsvektors senkrecht zu dF wird Normalspannung, die Komponente parallel zu dF wird Schubspannung genannt.

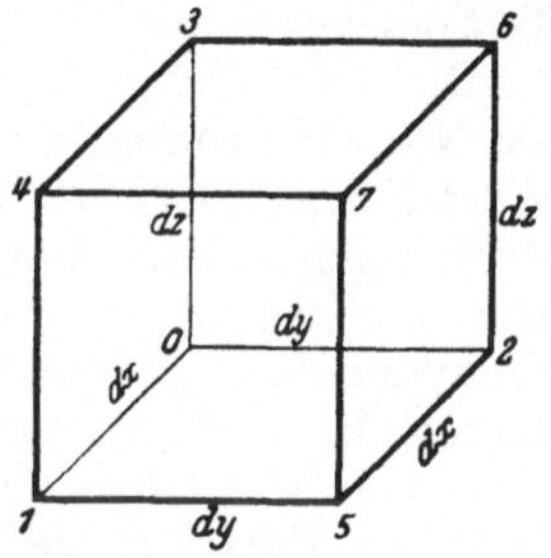

Wir betrachten jetzt den Würfel $dx\,dy\,dz$ in der Abb. 32 und berechnen die gesamte Kraft, die auf ihn wirkt. An den Flächen 0263 und 1574, die zur x-Achse senkrecht stehen, haben wir die Spannungsvektoren $\mathfrak{t}^x$ und $\mathfrak{t}^x + \frac{\partial \mathfrak{t}^x}{\partial x} dx$. Das Volumenelement dV erfährt an der Fläche 1574 die Kraft

Abb. 32.

$$\left(\mathfrak{t}^x + \frac{\partial \mathfrak{t}^x}{\partial x} dx\right) dy\, dz$$

vom angrenzenden Element und an der Fläche 0263 die Gegenkraft

$$-\mathfrak{t}^x\, dz\, dy.$$

Durch beide Flächen zusammen wird also die Kraft

$$\frac{\partial \mathfrak{t}^x}{\partial x}\, dx\, dy\, dz$$

übertragen. Bezeichnen wir die Spannungsvektoren an den Flächen, welche senkrecht zur y- und z-Achse stehen, mit $\mathfrak{t}^y$ und $\mathfrak{t}^z$, so wirkt auf das Volumenelement insgesamt die Kraft

$$d\mathfrak{K} = \left(\frac{\partial \mathfrak{t}^x}{\partial x} + \frac{\partial \mathfrak{t}^y}{\partial y} + \frac{\partial \mathfrak{t}^z}{\partial z}\right) dx\, dy\, dz. \tag{22}$$

Spalten wir die 3 Vektoren $\mathfrak{t}^x$, $\mathfrak{t}^y$ und $\mathfrak{t}^z$ in Komponenten

$$\begin{aligned} \mathfrak{t}^x &= \mathfrak{i}\,\tau_{xx} + \mathfrak{j}\,\tau_{xy} + \mathfrak{k}\,\tau_{xz} \\ \mathfrak{t}^y &= \mathfrak{i}\,\tau_{yx} + \mathfrak{j}\,\tau_{yy} + \mathfrak{k}\,\tau_{yz} \\ \mathfrak{t}^z &= \mathfrak{i}\,\tau_{zx} + \mathfrak{j}\,\tau_{zy} + \mathfrak{k}\,\tau_{zz} \end{aligned} \tag{23}$$

auf, so finden wir die Kraftdichte

$$\begin{aligned} \mathfrak{f} = \frac{d\mathfrak{K}}{dx\,dy\,dz} &= \mathfrak{i}\left(\frac{\partial \tau_{xx}}{\partial x} + \frac{\partial \tau_{yx}}{\partial y} + \frac{\partial \tau_{zx}}{\partial z}\right) \\ &+ \mathfrak{j}\left(\frac{\partial \tau_{xy}}{\partial x} + \frac{\partial \tau_{yy}}{\partial y} + \frac{\partial \tau_{zy}}{\partial z}\right) \\ &+ \mathfrak{k}\left(\frac{\partial \tau_{xz}}{\partial x} + \frac{\partial \tau_{yz}}{\partial y} + \frac{\partial \tau_{zz}}{\partial z}\right) \end{aligned} \tag{24}$$

Jetzt können wir aus den 9 Komponenten von $\mathfrak{t}^x$, $\mathfrak{t}^y$ und $\mathfrak{t}^z$ den Spannungstensor

$$\mathfrak{T} = \begin{Bmatrix} \tau_{xx} & \tau_{xy} & \tau_{xz} \\ \tau_{yx} & \tau_{yy} & \tau_{yz} \\ \tau_{zx} & \tau_{zy} & \tau_{zz} \end{Bmatrix} \tag{25}$$

bilden, aus dem wir die Volumenkräfte $\mathfrak{f}$ nach der Vorschrift

$$\mathfrak{f} = (\nabla \mathfrak{T}) = \operatorname{div} \mathfrak{T} \tag{26}$$

ableiten können. $(\nabla \mathfrak{T})$ bedeutet, daß $\mathfrak{T}$ links mit dem Operator ∇ multipliziert werden soll, wobei ein Vektor entsteht, den man als die Divergenz des Tensors bezeichnet.

Die Bedeutung der 9 Tensorkomponenten ist leicht zu verstehen. τ_{xx} ist die Normalspannung in Richtung der x-Achse. Ist sie positiv, so wirkt an der Würfelfläche 1574 der Abb. 32 eine Kraft nach vorn, an der Fläche 0263 eine Kraft nach hinten. Bei positivem τ_{xx} wird der Würfel in der x-Richtung auf Zug, bei negativem τ_{xx} auf Druck beansprucht. Entsprechendes gilt für die Komponenten τ_{yy} und τ_{zz}. Die gemischten Tensorelemente τ_{xy}, τ_{xz} usw. bedeuten die Komponenten der Schubspannungen an den Würfelflächen.

Geben wir einem Flächenelement eine negative und eine positive Seite und dem Vektor $\mathfrak{n}$ die Richtung, welche dF von der negativen zur positiven Seite durchsetzt, so erhalten wir den Spannungsvektor

$$\mathfrak{t}^{\mathfrak{n}} = (\mathfrak{n} \mathfrak{T}), \tag{27}$$

wenn wir den Spannungstensor $\mathfrak{T}$ links mit dem Einheitsvektor $\mathfrak{n}$ multiplizieren. Im nächsten Paragraphen werden wir sehen, daß die Multiplikation auf der rechten Seite zu dem gleichen Resultat führt, weil der Spannungstensor symmetrisch ist. Von der negativen Seite von dF wird auf die positive die Kraft

$$d\mathfrak{K} = -(\mathfrak{n} \mathfrak{T})\, dF = -(d\mathfrak{F} \mathfrak{T}) = -(\mathfrak{T}\, d\mathfrak{F}) \tag{28}$$

von der positiven auf die negative die Kraft

$$d\mathfrak{K} = (d\mathfrak{F} \mathfrak{T}) = (\mathfrak{T}\, d\mathfrak{F}) \tag{28a}$$

ausgeübt.

Zu den Volumenkräften $\mathfrak{f}$, welche mit der Spannung zusammenhängen. können auch äußere Kräfte (Schwerkraft) hinzutreten, die wir mit $\mathfrak{f}^*$ bezeichnen wollen.

§ 5. Symmetrie des Spannungstensors.

Inhalt: Der Spannungstensor ist ein symmetrischer Tensor.
Bezeichnungen: $\mathfrak{r}$ Ortsvektor, sonst wie § 4, S. 144.

Im Innern eines Kontinuums betrachten wir ein endliches Teilvolumen V. Auf jedes Volumenelement dV wirkt die Volumenkraft

$$\mathfrak{f}\, dV = (\nabla \mathfrak{T})\, dV,$$

die vom Spannungszustand herrührt. Von äußeren Volumenkräften sehen wir ab. Die Resultante aller im Volumen V angreifenden Kräfte ist

$$\iiint (\nabla \mathfrak{T})\, dV \tag{29}$$

und ihr Drehmoment um den Koordinatenanfang

$$\iiint [\mathfrak{r}(\nabla \mathfrak{S})]\, dV. \tag{30}$$

Jetzt betrachten wir den Teil dieser Spannungskräfte, welche die Oberfläche von V durchsetzen. Durch ein nach außen gerichtetes Oberflächenelement $d\mathfrak{F}$ wird nach (28) die Kraft $(d\mathfrak{F}\,\mathfrak{S})$ auf das Volumen V übertragen. Die Resultierende all dieser Kräfte ist

$$\iint (d\mathfrak{F}\,\mathfrak{S}) \tag{31}$$

und ihr Drehmoment

$$\iint [\mathfrak{r}(d\mathfrak{F}\,\mathfrak{S})]. \tag{32}$$

(31) ist die Resultante aller Kräfte, welche von außen auf das Volumen einwirken, (32) ist ihr Drehmoment. Da die Kräfte zwischen den Volumenelementen nach S. 52 und 53 weder zur Resultante noch zum Drehmoment etwas beitragen, müssen (29) und (31) bzw. (30) und (32) gleich sein, und der Spannungstensor muß die beiden Bedingungen

$$\iiint (\nabla \mathfrak{S})\, dV = \iint (d\mathfrak{F}\,\mathfrak{S}) \tag{33}$$

$$\iiint [\mathfrak{r}(\nabla \mathfrak{S})]\, dV = \iint [\mathfrak{r}(d\mathfrak{F}\,\mathfrak{S})] \tag{34}$$

erfüllen. Um die erste dieser Gleichungen zu untersuchen, gehen wir von

$$((\nabla \mathfrak{S})\,\mathfrak{a}) = (\nabla(\mathfrak{S}\,\mathfrak{a})) = \operatorname{div}(\mathfrak{S}\,\mathfrak{a})$$

aus. $\mathfrak{a}$ bedeutet einen ganz beliebigen konstanten Vektor. Integrieren wir über das Volumen V, so erhalten wir nach dem GAUSSschen Satz

$$\iiint ((\nabla \mathfrak{S})\,\mathfrak{a})\, dV = \iiint \operatorname{div}(\mathfrak{S}\,\mathfrak{a})\, dV = \iint ((d\mathfrak{F}\,\mathfrak{S})\,\mathfrak{a}).$$

Da dies für alle beliebigen Vektoren $\mathfrak{a}$ gilt, muß die Beziehung (33) für jeden Tensor $\mathfrak{S}$ richtig sein. Man kann also aus ihr für den Spannungstensor nichts folgern. Um die Gl. (34) zu analysieren, gehen wir von der Identität

$$(\mathfrak{a}[\mathfrak{r}(d\mathfrak{F}\,\mathfrak{S})]) = ([\mathfrak{a}\,\mathfrak{r}]\,(d\mathfrak{F}\,\mathfrak{S})) = (d\mathfrak{F}\,(\mathfrak{S}[\mathfrak{a}\,\mathfrak{r}]))$$

aus. Wir integrieren über die Oberfläche von V, erhalten

$$\left(\mathfrak{a}\iint [\mathfrak{r}(d\mathfrak{F}\,\mathfrak{S})]\right) = \iint (d\mathfrak{F}(\mathfrak{S}[\mathfrak{a}\,\mathfrak{r}]))$$

und verwandeln das Oberflächenintegral auf der rechten Seite nach dem GAUSSschen Satz in das Volumenintegral

$$\iiint (\nabla(\mathfrak{S}[\mathfrak{a}\,\mathfrak{r}]))\, dV = \iiint ((\nabla \mathfrak{S})\,[\mathfrak{a}\,\mathfrak{r}])\, dV$$
$$= -\iiint ([(\nabla \mathfrak{S})\,\mathfrak{r}]\,\mathfrak{a})\, dV = -\left(\mathfrak{a}\iiint [(\nabla \mathfrak{S})\,\mathfrak{r}]\right) dV.$$

Da $\mathfrak{a}$ ganz beliebig ist, muß auch

$$\iint [\mathfrak{r}(d\mathfrak{F}\,\mathfrak{S})] = -\iiint [(\nabla \mathfrak{S})\,\mathfrak{r}]\, dV$$

gelten. Aus (34) folgt jetzt

$$\iiint [\mathfrak{r}(\nabla\mathfrak{S})]\,dV = -\iiint [(\nabla\mathfrak{S})\,\mathfrak{r}]\,dV.$$

Diese Beziehung muß für jedes Volumen zutreffen. Das ist nur möglich, wenn an allen Punkten

$$[\mathfrak{r}\,(\nabla\mathfrak{S})] = -[(\nabla\mathfrak{S})\,\mathfrak{r}] \tag{35}$$

gilt. In dieser Gleichung soll der Operator ∇ auf alle Größen wirken, welche hinter ihm stehen, also nicht nur auf $\mathfrak{S}$, sondern auch auf $\mathfrak{r}$. Durch Ausdifferenzieren finden wir

$$-[(\nabla\mathfrak{S})\,\mathfrak{r}] = [\mathfrak{r}\,(\nabla\mathfrak{S})] - [(\nabla\underset{0}{\mathfrak{S}})\,\mathfrak{r}].$$

Das Zeichen 0 deutet an, daß $\mathfrak{S}$ nicht mehr differenziert werden soll. Setzen wir dies in (35) ein, so bleibt

$$0 = [(\nabla\underset{0}{\mathfrak{S}})\,\mathfrak{r}]$$

übrig. Die x-Komponente dieser Gleichung lautet

$$0 = (\nabla\underset{0}{\mathfrak{S}})_y\,z - (\nabla\underset{0}{\mathfrak{S}})_z\,y = (\nabla z\,\underset{0}{\mathfrak{S}})_y - (\nabla y\,\underset{0}{\mathfrak{S}})_z = (\mathfrak{k}\,\mathfrak{S})_y - (\mathfrak{j}\,\mathfrak{S})_z = \tau_{zy} - \tau_{yz},$$

die anderen Komponenten liefern

$$0 = \tau_{xy} - \tau_{yx}; \quad 0 = \tau_{xz} - \tau_{zx}. \tag{35a}$$

Der Spannungstensor ist symmetrisch. Ob man ihn rechts oder links mit einem Vektor multipliziert, ergibt dasselbe Resultat. Es ist also z. B.

$$(\mathfrak{n}\,\mathfrak{S}) = (\mathfrak{S}\,\mathfrak{n}). \tag{36}$$

§ 6. Spannungshauptachsen. Hauptspannungen.

Inhalt: Der Spannungstensor hat drei zueinander senkrechte Hauptachsen und drei reelle Eigenwerte, die Hauptspannungen. Invarianten des Spannungszustandes.

Bezeichnungen: $\mathfrak{S}$ Spannungstensor, τ_{xx}, τ_{xy} usw. seine Komponenten, τ_1, τ_2, τ_3 Hauptspannungen.

Genau wie beim Verzerrungstensor gibt es auch bei der Spannung ein besonderes Koordinatensystem, in welchem die gemischten Tensorkomponenten verschwinden. Seine Achsenrichtungen heißen Spannungshauptachsen. Bezieht man auf sie, so nimmt der Spannungstensor die einfache Hauptachsenform

$$\mathfrak{S} = \begin{pmatrix} \tau_1 & 0 & 0 \\ 0 & \tau_2 & 0 \\ 0 & 0 & \tau_3 \end{pmatrix} \tag{37}$$

an. Die drei Hauptspannungen τ_1, τ_2 und τ_3 sind die Wurzeln der Determinantengleichung

$$\begin{vmatrix} \tau_{xx} - \tau & \tau_{xy} & \tau_{xz} \\ \tau_{xy} & \tau_{yy} - \tau & \tau_{yz} \\ \tau_{xz} & \tau_{yz} & \tau_{zz} - \tau \end{vmatrix} = 0, \tag{38}$$

welche ausgeschrieben

$$\tau^3 - (\tau_{xx} + \tau_{yy} + \tau_{zz})\tau^2 + (\tau_{xx}\tau_{yy} + \tau_{yy}\tau_{zz} + \tau_{zz}\tau_{xx} - \tau_{xy}^2 - \tau_{yz}^2 - \tau_{xz}^2)\tau$$
$$- (\tau_{xx}\tau_{yy}\tau_{zz} + 2\tau_{xy}\tau_{xz}\tau_{yz} - \tau_{xx}\tau_{yz}^2 - \tau_{yy}\tau_{xz}^2 - \tau_{zz}\tau_{xy}^2) = 0 \qquad (38\text{a})$$

lautet.

Da der Spannungstensor symmetrisch ist, sind alle Hauptspannungen reell. Ist $\tau_1 \leqq \tau_2 \leqq \tau_3$, so sind τ_1 und τ_3 die kleinsten und größten Werte, welche die Normalspannung an einem Flächenelement annehmen kann, das beliebig im Raume orientiert wird. Die Koeffizienten der Gl. (38a) sind von der Wahl des ursprünglichen Koordinatensystems unabhängig, weil die Wurzeln τ_1, τ_2, τ_3 diese Eigenschaft besitzen. Sie sind deshalb Invarianten des Spannungszustands. Man kann sie durch die Spannungskomponenten $\tau_{xx}, \tau_{xy} \ldots$ usw. oder durch die Hauptspannungen τ_1, τ_2, τ_3 ausdrücken und erhält

$$\left.\begin{aligned} \tau_{xx} + \tau_{yy} + \tau_{zz} &= \tau_1 + \tau_2 + \tau_3 \\ \tau_{xx}\tau_{yy} + \tau_{yy}\tau_{zz} + \tau_{zz}\tau_{xx} - \tau_{xy}^2 - \tau_{xz}^2 - \tau_{yz}^2 &= \tau_1\tau_2 + \tau_1\tau_3 + \tau_2\tau_3 \\ \tau_{xx}\tau_{yy}\tau_{zz} + 2\tau_{xy}\tau_{yz}\tau_{xz} - \tau_{xx}\tau_{yz}^2 - \tau_{yy}\tau_{xz}^2 - \tau_{zz}\tau_{xy}^2 &= \tau_1\tau_2\tau_3. \end{aligned}\right\} \qquad (39)$$

§ 7. Klassifikation der Kräfte. Die drei Aggregatzustände.

Inhalt: Die Modelle des festen Körpers und des elastischen Körpers. Zähe und ideale Flüssigkeiten. Die Gase.

Bisher war es noch nicht nötig, einen Unterschied zwischen festen, flüssigen und gasförmigen kontinuierlichen Medien zu machen, weil wir nur ihre Kontinuitätseigenschaften betrachtet haben. In dem Augenblick aber, wo wir nähere Angaben über die Kräfte brauchen, müssen wir eine Einteilung der Medien vornehmen. Sie bezieht sich ausschließlich auf die Spannungskraft, da die äußeren Kräfte mit den Eigenschaften des Mediums nichts zu tun haben.

Einen Körper bezeichnen wir als fest, wenn er sich mit großen Kräften jeder Verzerrung widersetzt, d. h. wenn er mit starken Spannungen auf kleine Deformationen reagiert.

Ein Medium bezeichnen wir als flüssig, wenn es nur solchen Deformationen mit starken Kräften entgegenwirkt, die mit einer Volumenänderung einhergehen.

Ein Medium nennen wir gasförmig, wenn es allen Deformationen nur kleinen Widerstand entgegensetzt.

Diese etwas primitive Klassifikation müssen wir noch genauer präzisieren.

Die Körper, die man gewöhnlich als fest bezeichnet, wollen wir noch etwas idealisieren. Die Festigkeit besteht darin, daß kleine Verzerrungen schon große Spannungen hervorrufen. Den wirklichen Körper idealisieren wir zum Modell des festen Körpers, indem wir festsetzen, daß die Spannung nur von der Art und Größe der Verzerrung abhängen soll, nicht aber von der Verzerrungsgeschwindigkeit und auch nicht von der Vorbehandlung, d. h. nicht von Verzerrungen, die früher einmal stattgefunden haben, aber wieder zurückgebildet sind. In einem idealen festen Körper sollen die Spannungen also nicht erlahmen, wenn der Verzerrungszustand schon sehr lange besteht. Der Körper soll nicht im deformierten Zustand erstarren. Die Spannungen sollen auch den schnellsten Veränderungen der Deformation augenblicklich (trägheitslos) folgen. Kräfte, die von der Deformationsgeschwindigkeit abhängen (z. B. Reibungskräfte), sollen in diesem Modell ausgeschlossen sein.

Experimentell stellt man fest, daß die Spannung bei vielen festen Stoffen wirklich nur von der Verzerrung, kaum aber von der Verzerrungsgeschwindigkeit und der Verzerrungsdauer abhängt, solange die Verzerrung nicht zu groß wird. Bei großen Verzerrungen kommen jedoch viele Körper ins Fließen, d. h. der verzerrte Zustand bildet sich nicht mehr zurück, sondern führt zu einer dauernden Formänderung.

Kleine Verzerrungen sind den Spannungen meist proportional. Ist dies der Fall, so nennen wir den Körper elastisch.

Flüssige Körper setzen der Deformation keinen Widerstand entgegen, wenn keine Volumenänderung stattfindet und wenn der Verzerrungsvorgang hinreichend langsam verläuft. Die inneren Kräfte und Spannungen hängen also mit der Volumendilatation und der Strömungsgeschwindigkeit zusammen. Die geschwindigkeitsabhängigen Kräfte nennt man Reibungskräfte.

Eine Volumenänderung löst in Flüssigkeiten so große Kräfte aus, daß die Reibungskräfte oft zurücktreten. Vernachlässigt man die Reibung ganz, so entsteht das Modell der idealen Flüssigkeit. Müssen Reibungskräfte berücksichtigt werden, so ist die Flüssigkeit zäh. In Wirklichkeit gibt es nur zähe Flüssigkeiten, und es hängt ganz von der Art der Bewegung ab, ob das Modell der idealen Flüssigkeit anwendbar ist oder ob man auf die Zähigkeit Rücksicht nehmen muß.

Der Unterschied zwischen Flüssigkeiten und Gasen liegt in ihrem Verhalten gegenüber der Volumendilatation bzw. Kompression. Zum Komprimieren einer Flüssigkeit braucht man so große Kräfte, daß man sie praktisch oft als inkompressibel ansehen kann. Eine Dilatation kann man gewöhnlich überhaupt nicht erzielen, weil Zugkräfte an einer Flüssigkeit keinen Ansatzpunkt finden. Die Gase besitzen im spannungsfreien Zustand dagegen überhaupt kein endliches Volumen, sondern dehnen sich beliebig aus.

II. Elastizitätstheorie.

Die Theorie der festen bzw. elastischen Körper kann man in drei Abschnitten entwickeln. Zuerst muß man einen Zusammenhang zwischen Verzerrung und Spannung herstellen. Der zweite Schritt besteht in der Aufstellung von Bewegungsgleichungen, aus denen sich auch Gleichgewichtsbedingungen als Spezialfall ergeben. Man versteht darunter Beziehungen, aus welchen man die Verschiebungen berechnen kann, wenn die äußeren Kräfte bekannt sind. Statt für die Verschiebungen kann man auch solche Gleichungen für die Verzerrungen oder die Spannungen aufstellen. Schließlich sollen die Bewegungsgleichungen auf Einzelprobleme angewendet werden, was gewöhnlich ihre Integration erfordert.

Eine wesentliche Vereinfachung tritt ein, wenn man sich auf die Behandlung isotroper und homogener elastischer Körper und auf kleine Verzerrungen beschränkt. Die Homogenität bedeutet, daß die elastischen Eigenschaften an allen Punkten des Körpers die gleichen sein sollen (aber natürlich nicht, daß überall dieselbe Verzerrung besteht). Isotrop ist ein Körper, wenn keine Richtung in ihm ausgezeichnet ist. Nichtisotrope Medien sind die Kristalle, außer den regulären. Ihr elastisches Verhalten ist zu verwickelt, um hier untersucht zu werden.

§ 1. Die Beziehung zwischen Spannung und Verzerrung.

Bezeichnungen: $\mathfrak{B}$ Verzerrungstensor, β_{xx}, β_{xy} usw. seine Komponenten, $\varepsilon_1, \varepsilon_2, \varepsilon_3$ usw. seine Eigenwerte, $\mathfrak{T}$ Spannungstensor, τ_{xx}, τ_{xy} usw. seine Komponenten, τ_1, τ_2, τ_3 seine Eigenwerte, Θ Volumendilatation, p mittlerer Druck, E Elastizitätsmodul, G Schubmodul, Torsionsmodul, m Querkontraktionszahl, Φ Energiedichte.

In einem idealen festen Körper hängt die Spannung an einem Punkte nur von der Deformation der Umgebung dieses Punktes ab. Wir können deshalb die Komponenten des Spannungstensors $\mathfrak{T}$ nach den Komponenten des Verzerrungstensors $\mathfrak{B}$ in eine Reihe entwickeln und diese mit den linearen Gliedern in den β_{xx}, β_{xy} usw. abbrechen, wenn die Verzerrung klein ist. Die Komponenten τ_{xx}, τ_{xy} usw. sind dann lineare Ausdrücke in den β_{xx}, β_{xy} usw. Diesen Zusammenhang zwischen Spannungszustand und Deformation, der auf den ersten Blick ziemlich verwickelt aussieht, wollen wir genauer studieren, indem wir die Deformationsenergie betrachten.

Die potentielle Energie der elastischen Deformation.

Inhalt: Die potentielle Energie der elastischen Deformation ist eine quadratische Form der Komponenten der Verzerrung. Im isotropen Medium ist sie symmetrisch in den drei Deformationshauptgrößen und enthält zwei Materialkonstanten.

Da die elastische Verzerrung keine Reibungskräfte auslöst, findet sich die bei ihr aufgewandte Arbeit als potentielle Energie in dem Körper wieder. Sie ist auf die Volumenelemente verteilt, und im Volumen dV ist ein Anteil $\Phi\, dV$ enthalten. Die Größe Φ bedeutet die potentielle Energie pro Volumeneinheit, die wir als Energiedichte bezeichnen.

Die Energiedichte Φ an einer bestimmten Stelle $\mathfrak{r}$ ist bis auf eine additive Konstante durch die Verzerrung ihrer Umgebung völlig bestimmt und kann deshalb durch die Komponenten β_{xx}, β_{xy} usw. des Verzerrungstensors $\mathfrak{B}$ ausgedrückt werden. Ist $\mathfrak{B}$ von Ort zu Ort verschieden, so ist auch die Energiedichte eine skalare Ortsfunktion $\Phi(\mathfrak{r})$.

Wir setzen zuerst fest, daß Φ im unverzerrten Zustand verschwinden soll. Jede Verzerrung ist mit Arbeitsaufwand verbunden, und Φ erhält einen positiven Wert. Nehmen wir die entgegengesetzte Verzerrung vor, so müssen wir ebenfalls Arbeit aufbringen, und Φ wird wieder positiv. Die Energiedichte ist also eine stets positive Funktion der Komponenten von $\mathfrak{B}$ und hat im unverzerrten Zustand ein absolutes Minimum vom Werte Null. Denken wir uns Φ nach den Potenzen der β entwickelt, so beginnt die Entwicklung mit Gliedern 2. Ordnung. Ist die Verzerrung nur klein, so können wir uns mit ihnen auch begnügen, und Φ ist eine quadratische Form in den β.

Wir legen nun das Koordinatensystem in die Hauptachsen der Deformation und erhalten für die Energiedichte den Ausdruck

$$\Phi = a_1 \varepsilon_1^2 + a_2 \varepsilon_2^2 + a_3 \varepsilon_3^2 + b_1 \varepsilon_2 \varepsilon_3 + b_2 \varepsilon_1 \varepsilon_3 + b_3 \varepsilon_1 \varepsilon_2 \tag{1}$$

in ε_1, ε_2 und ε_3. In einem isotropen Medium muß dieselbe Energiedichte herauskommen, wenn wir die Hauptachsen vertauschen, d. h. Φ ist eine symmetrische Funktion von ε_1, ε_2 und ε_3. Wir können sie also aus Ausdrücken aufbauen, welche in diesen Größen selbst symmetrisch sind. Nun gibt es nur eine lineare symmetrische Kombination, nämlich die Volumendilatation

$$\Theta = \varepsilon_1 + \varepsilon_2 + \varepsilon_3 \tag{2}$$

und zwei quadratische, nämlich

$$\varepsilon_1^2 + \varepsilon_2^2 + \varepsilon_3^2 \tag{3}$$

und

$$\varepsilon_1 \varepsilon_2 + \varepsilon_2 \varepsilon_3 + \varepsilon_1 \varepsilon_3 .$$

Kombinationen von höherem Grade interessieren uns nicht, weil Φ nur quadratisch in den ε sein soll. Da aber

$$(\varepsilon_1 + \varepsilon_2 + \varepsilon_3)^2 = \varepsilon_1^2 + \varepsilon_2^2 + \varepsilon_3^2 + 2(\varepsilon_1\varepsilon_2 + \varepsilon_1\varepsilon_3 + \varepsilon_2\varepsilon_3) \tag{3a}$$

ist, muß sich jede symmetrische Form 2. Ordnung durch (2) und (3) ausdrücken lassen. Wir können also

$$\begin{aligned} \Phi &= G\{\varepsilon_1^2 + \varepsilon_2^2 + \varepsilon_3^2 + b\Theta^2\} \\ &= G\{\varepsilon_1^2 + \varepsilon_2^2 + \varepsilon_3^2 + b(\varepsilon_1 + \varepsilon_2 + \varepsilon_3)^2\} \end{aligned} \tag{4}$$

ansetzen. Die notwendige und hinreichende Bedingung dafür, daß Φ immer positiv ist, lautet

$$G \geqq 0; \quad b \geqq -\frac{1}{3}.$$

In Wirklichkeit sind G und b stets positive Konstanten, die von Material zu Material verschiedene Werte annehmen können.

Wenn wir statt der ε die Tensorkomponenten β_{xx}, β_{xy} usw. einführen, was mit Hilfe der Gl. (3a) und (14) von S. 142 leicht möglich ist, so erhalten wir

$$\begin{aligned} \Phi &= G\{(1 + b)(\varepsilon_1 + \varepsilon_2 + \varepsilon_3)^2 - 2(\varepsilon_1\varepsilon_2 + \varepsilon_1\varepsilon_3 + \varepsilon_2\varepsilon_3)\} \\ &= G\{(1 + b)(\beta_{xx} + \beta_{yy} + \beta_{zz})^2 - 2(\beta_{xx}\beta_{yy} + \beta_{yy}\beta_{zz} + \beta_{xx}\beta_{zz} \\ &\quad - \beta_{xy}^2 - \beta_{xz}^2 - \beta_{yz}^2)\}, \end{aligned}$$

Elastizitätsmodul und POISSONsche Querkontraktionszahl. HOOKEsches Gesetz.

Inhalt: Ein elastischer Körper wird in der Zugrichtung gedehnt und zieht sich quer dazu zusammen. Die Dehnung ist dem Zug proportional. Allgemeiner Zusammenhang zwischen Verzerrungstensor und Spannungstensor.

Die Spannung $\mathfrak{T}$ in einem elastischen Körper ist durch die Verzerrung $\mathfrak{B}$ an der gleichen Stelle völlig bestimmt. Ist der Körper isotrop, was wir in Zukunft annehmen, so müssen die Hauptachsen der Spannung und der Deformation zusammenfallen. Wir betrachten nun einen Würfel $ds_1\, ds_2\, ds_3$, dessen Flächen senkrecht auf den Hauptachsen $\mathfrak{e}_1$, $\mathfrak{e}_2$, $\mathfrak{e}_3$ stehen. Verstärken wir seine Dehnung in der Richtung $\mathfrak{e}_1$ um den Betrag $d\varepsilon_1$, während wir die Querdimensionen ds_2 und ds_3 beibehalten, so wird die Kante ds_1 um die Strecke $ds_1\, d\varepsilon_1$ verlängert. Die Hauptspannung τ_1 liefert bei dieser Operation die Kraft $\tau_1\, ds_2\, ds_3$, und zur Dehnung muß man die Arbeit

$$dA = \tau_1\, ds_1\, ds_2\, ds_3\, d\varepsilon_1$$

aufwenden. Der Zuwachs der potentiellen Energie $d\Phi\, ds_1\, ds_2\, ds_3$ ist der aufgewandten Arbeit gleich, woraus wir die Beziehung

$$d\Phi = \frac{\partial\Phi}{\partial\varepsilon_1} d\varepsilon_1 = \tau_1\, d\varepsilon_1 \tag{5}$$

ableiten. Zwischen τ_1 und den Komponenten der Verzerrung besteht also der Zusammenhang

$$\tau_1 = \frac{\partial\Phi}{\partial\varepsilon_1} = 2G\{\varepsilon_1 + b(\varepsilon_1 + \varepsilon_2 + \varepsilon_3)\}. \tag{5a}$$

Auf die gleiche Weise finden wir natürlich

$$\tau_2 = \frac{\partial\Phi}{\partial\varepsilon_2} = 2G\{\varepsilon_2 + b(\varepsilon_1 + \varepsilon_2 + \varepsilon_3)\} \tag{5b}$$

$$\tau_3 = \frac{\partial\Phi}{\partial\varepsilon_3} = 2G\{\varepsilon_3 + b(\varepsilon_1 + \varepsilon_2 + \varepsilon_3)\}. \tag{5c}$$

Soll eine Dehnung nur in einer Richtung eintreten, die Querdimensionen aber unverändert bleiben, so müssen die Normalspannungen (Zug)

$$\tau_1 = 2G(1 + b)\,\varepsilon_1$$
$$\tau_2 = \tau_3 = 2G\,b\,\varepsilon_1$$

angewandt werden. Es ist also nicht nur ein Zug in der Dehnungsrichtung erforderlich, sondern auch Querzug, wenn nur in einer Richtung gedehnt werden soll.

Löst man die Gl. (5) nach den Dehnungen auf, so findet man

$$\begin{aligned} \varepsilon_1 &= \frac{1}{2G}\left\{\tau_1 - \frac{b}{3b+1}(\tau_1 + \tau_2 + \tau_3)\right\} \\ \varepsilon_2 &= \frac{1}{2G}\left\{\tau_2 - \frac{b}{3b+1}(\tau_1 + \tau_2 + \tau_3)\right\} \\ \varepsilon_3 &= \frac{1}{2G}\left\{\tau_3 - \frac{b}{3b+1}(\tau_1 + \tau_2 + \tau_3)\right\}. \end{aligned} \tag{6}$$

Die Gl. (5) und (6) enthalten schon den gesuchten Zusammenhang zwischen dem Spannungstensor und dem Verzerrungstensor.

Eine Zugspannung τ_1 allein bewirkt eine Dehnung

$$\varepsilon_1 = \frac{2b+1}{2G(3b+1)}\tau_1 = \frac{\tau_1}{E} \tag{7}$$

in der Zugrichtung, welche mit einer Querkontraktion

$$\varepsilon_2 = \varepsilon_3 = -\frac{b}{2G(3b+1)}\tau_1 \tag{7a}$$

verbunden ist. Die Konstante G heißt Schubmodul (Scherungsmodul oder Torsionsmodul), die Größe

$$E = 2G\frac{3b+1}{2b+1} \tag{8}$$

wird Elastizitätsmodul genannt. Das Verhältnis

$$m = -\frac{\varepsilon_1}{\varepsilon_2} = \frac{2b+1}{b} = 2 + \frac{1}{b} \tag{9}$$

von Dehnung und Querkontraktion ist die Poissonsche Querkontraktionszahl. Zwischen E, G und m besteht die Beziehung

$$E = \frac{2G(m+1)}{m}. \tag{10}$$

Der lineare Zusammenhang (7) zwischen Dehnung und Spannung ist als Hookesches Gesetz bekannt.

Führen wir m statt b in die Gleichungen (5) und (6) ein, so erhalten wir

$$\begin{aligned} \tau_1 &= 2G\left\{\varepsilon_1 + \frac{1}{m-2}(\varepsilon_1 + \varepsilon_2 + \varepsilon_3)\right\} \\ \tau_2 &= 2G\left\{\varepsilon_2 + \frac{1}{m-2}(\varepsilon_1 + \varepsilon_2 + \varepsilon_3)\right\} \\ \tau_3 &= 2G\left\{\varepsilon_3 + \frac{1}{m-2}(\varepsilon_1 + \varepsilon_2 + \varepsilon_3)\right\} \end{aligned} \tag{11}$$

bzw.

$$\begin{aligned} \varepsilon_1 &= \frac{1}{2G}\left\{\tau_1 - \frac{1}{m+1}(\tau_1 + \tau_2 + \tau_3)\right\} \\ \varepsilon_2 &= \frac{1}{2G}\left\{\tau_2 - \frac{1}{m+1}(\tau_1 + \tau_2 + \tau_3)\right\} \\ \varepsilon_3 &= \frac{1}{2G}\left\{\tau_3 - \frac{1}{m+1}(\tau_1 + \tau_2 + \tau_3)\right\} \end{aligned} \tag{12}$$

Eine Gleichung zwischen den Tensoren $\mathfrak{T}$ und $\mathfrak{B}$ selbst findet man, wenn man die skalare Volumendilatation

$$\Theta = \varepsilon_1 + \varepsilon_2 + \varepsilon_3$$

als einen Tensor

$$\Theta = \begin{bmatrix} \Theta & 0 & 0 \\ 0 & \Theta & 0 \\ 0 & 0 & \Theta \end{bmatrix} \tag{13}$$

ansieht und den mittleren Druck

$$p = -\frac{1}{3}(\tau_1 + \tau_2 + \tau_3) = -\frac{1}{3}(\tau_{xx} + \tau_{yy} + \tau_{zz}) \tag{14}$$

ebenfalls als den Tensor

$$\mathbf{p} = \begin{bmatrix} p & 0 & 0 \\ 0 & p & 0 \\ 0 & 0 & p \end{bmatrix} \tag{15}$$

verwendet. Die Gl. (11) und (12) lassen sich dann in den Tensorformen

$$\mathfrak{T} = 2G\left(\mathfrak{B} + \frac{\Theta}{m-2}\right) \tag{16}$$

bzw.

$$\mathfrak{B} = \frac{1}{2G}\left(\mathfrak{T} + \frac{3}{m+1}\mathbf{p}\right) \tag{17}$$

schreiben. Aus (16) und (17) kann man sofort die Beziehungen

$$\left.\begin{aligned} \tau_{xx} &= 2G\left(\beta_{xx} + \frac{\Theta}{m-2}\right) = 2G\left(\beta_{xx} + \frac{\beta_{xx} + \beta_{yy} + \beta_{zz}}{m-2}\right) \\ \tau_{xy} &= 2G\,\beta_{xy} \end{aligned}\right\} \tag{16a}$$

und

$$\left.\begin{aligned} \beta_{xx} &= \frac{1}{2G}\left(\tau_{xx} + \frac{3}{m+1}p\right) = \frac{1}{2G}\left(\tau_{xx} - \frac{(\tau_{xx} + \tau_{yy} + \tau_{zz})}{m+1}\right) \\ \beta_{xy} &= \frac{1}{2G}\tau_{xy} \end{aligned}\right\} \tag{17a}$$

für die Tensorkomponenten, bezogen auf ein beliebiges Achsenkreuz, gewinnen. Durch Ausrechnen kann man sich auch leicht davon überzeugen, daß die Spannungskomponenten durch

$$\left.\begin{aligned} \tau_{xx} &= \frac{\partial\Phi}{\partial\beta_{xx}}; \quad \tau_{yy} = \frac{\partial\Phi}{\partial\beta_{yy}}; \quad \tau_{zz} = \frac{\partial\Phi}{\partial\beta_{zz}} \\ \tau_{xy} &= \frac{1}{2}\frac{\partial\Phi}{\partial\beta_{xy}}; \quad \tau_{xz} = \frac{1}{2}\frac{\partial\Phi}{\partial\beta_{xz}}; \quad \tau_{yz} = \frac{1}{2}\frac{\partial\Phi}{\partial\beta_{yz}} \end{aligned}\right\} \tag{18}$$

mit der Energiedichte zusammenhängen.

Zwischen Θ und p findet man die Beziehung

$$\Theta = -\frac{3(m-2)}{2G(m+1)}p, \tag{18a}$$

wenn man (11) oder (12) addiert.

§ 2. Die Differentialgleichungen für elastische Bewegungen.

Inhalt: Für die Komponenten der Verschiebung, der Verzerrung und der Spannung werden Bewegungsgleichungen aufgestellt.

Bezeichnungen: $\mathfrak{u}$, u_x, u_y, u_z Verschiebungsvektor und seine Komponenten, $\mathfrak{r}$ Ortsvektor, $\mathfrak{B}$, β_{xx} β_{xy}, usw. Verzerrungstensor und seine Komponenten, $\mathfrak{S}$, τ_{xx}, τ_{xy} usw. Spannungstensor und seine Komponenten, $\mathfrak{f}$ elastische Kraft pro Volumeneinheit, $\mathfrak{f}^*$ äußere Kraft pro Volumeneinheit, ϱ Dichte, G Schubmodul, m Querkontraktionszahl, Θ Volumendilatation, p mittlerer Druck.

Die Bewegungen eines elastischen Mediums sind uns bekannt, wenn wir die Verschiebung jedes Punktes als Funktion der Zeit kennen. Aus der Verschiebung kann man die Verzerrung berechnen, und man kann dann auch die Spannungen finden, weil zwischen ihnen und den Verzerrungen die Beziehungen (16a) bestehen. Wir müssen deshalb zunächst nach einer Gleichung suchen, aus der wir die Verschiebung als Funktion von Ort und Zeit berechnen können.

Zu diesem Zweck betrachten wir ein Volumenelement dV. Ist ϱ die Dichte, so enthält es die Masse $\varrho\, dV$. An diesem Volumenelement können äußere Kräfte $\mathfrak{f}^* dV$ angreifen, wofür die Schwerkraft ein anschauliches Beispiel abgibt. Dazu kommt die elastische Kraft $\mathfrak{f}\, dV$, welche vom Spannungszustand herrührt. Wenn wir die Beschleunigung des Volumenelementes vorübergehend mit $\mathfrak{b}$ bezeichnen, so gilt die Beziehung

$$\varrho\, \mathfrak{b} = \mathfrak{f} + \mathfrak{f}^*. \tag{19}$$

Die Beschleunigung müssen wir nun durch die Verschiebung ausdrücken. Normalerweise gehöre unser Volumenelement an den Ort $\mathfrak{r}_0$, befinde sich aber zur Zeit t an der Stelle $\mathfrak{r}$. Die Verschiebung $\mathfrak{u} = \mathfrak{r} - \mathfrak{r}_0$ hängt selbst vom Ort und der Zeit ab, so daß wir

$$\mathfrak{r} = \mathfrak{r}_0 + \mathfrak{u}(\mathfrak{r}_0, t)$$

erhalten. Beim Differenzieren ergibt sich die Verschiebungsgeschwindigkeit

$$\mathfrak{v} = \frac{d\mathfrak{r}}{dt} = \frac{\partial \mathfrak{u}}{\partial t}$$

und die Beschleunigung

$$\mathfrak{b} = \frac{\partial^2 \mathfrak{u}}{\partial t^2}.$$

Damit gelangen wir zu der Bewegungsgleichung

$$\varrho \frac{\partial^2 \mathfrak{u}}{\partial t^2} = \mathfrak{f} + \mathfrak{f}^*. \tag{19a}$$

Nach [Gl. (26), S. 146] können wir die elastische Volumenkraft $\mathfrak{f}$ durch die Divergenz des Spannungstensors ersetzen, und statt seiner können wir mit Gl. (16) den Verzerrungstensor einführen und dann

$$\mathfrak{f} = 2G\left(\nabla \mathfrak{B} + \frac{1}{m-2} \nabla \Theta\right)$$

schreiben. Verstehen wir in Gl. (10) von S. 140 unter dem Vektor $\mathfrak{a}$ den Nabla-Operator, so erhalten wir

$$\nabla \mathfrak{B} = \Delta \mathfrak{u} + \frac{1}{2}[\nabla[\nabla \mathfrak{u}]] = \frac{1}{2}\Delta \mathfrak{u} + \frac{1}{2}\nabla(\nabla \mathfrak{u}).$$

Wegen

$$\nabla \Theta = \nabla(\nabla \mathfrak{u})$$

ergibt sich endlich

$$\mathfrak{f} = G\left\{\varDelta\mathfrak{u} + \frac{m}{m-2}\,\nabla(\nabla\mathfrak{u})\right\}.$$

Beim Einsetzen in (19a) gelangen wir zu der Bewegungsgleichung

$$\varrho\frac{\partial^2\mathfrak{u}}{\partial t^2} = G\left\{\varDelta\mathfrak{u} + \frac{m}{m-2}\,\operatorname{grad}\operatorname{div}\mathfrak{u}\right\} + \mathfrak{f}^* \tag{20}$$

für das Volumenelement. Als Vektorbeziehung ersetzt sie die drei Komponentengleichungen

$$\varrho\frac{\partial^2 u_x}{\partial t^2} = G\left\{\varDelta u_x + \frac{m}{m-2}\frac{\partial}{\partial x}\left(\frac{\partial u_x}{\partial x} + \frac{\partial u_y}{\partial y} + \frac{\partial u_z}{\partial z}\right)\right\} + \mathfrak{f}_x^* \tag{20a}$$

$$\varrho\frac{\partial^2 u_y}{\partial t^2} = G\left\{\varDelta u_y + \frac{m}{m-2}\frac{\partial}{\partial y}\left(\frac{\partial u_x}{\partial x} + \frac{\partial u_y}{\partial y} + \frac{\partial u_z}{\partial z}\right)\right\} + \mathfrak{f}_y^* \tag{20b}$$

$$\varrho\frac{\partial^2 u_z}{\partial t^2} = G\left\{\varDelta u_z + \frac{m}{m-2}\frac{\partial}{\partial z}\left(\frac{\partial u_x}{\partial x} + \frac{\partial u_y}{\partial y} + \frac{\partial u_z}{\partial z}\right)\right\} + \mathfrak{f}_z^*. \tag{20c}$$

Das Verschiebungsfeld muß diesen drei partiellen Differentialgleichungen 2. Ordnung genügen. Ihre Lösungen geben alle möglichen Verschiebungen an, denen der Körper fähig ist. Im Prinzip kann man damit die elastischen Bewegungen des Körpers berechnen, wenn die äußeren Volumenkräfte bekannt sind.

Hat man die Verschiebungen ermittelt, so kann man aus ihnen die Verzerrungen und schließlich mit (16) auch die Spannungen finden. Man kann aber auch direkt Differentialgleichungen für die Komponenten von Verzerrung und Spannung aufstellen. Differenziert man (20a) nach x, so erhält man wegen

$$\frac{\partial u_x}{\partial x} = \beta_{xx};\quad \Theta = \frac{\partial u_x}{\partial x} + \frac{\partial u_y}{\partial y} + \frac{\partial u_z}{\partial z}$$

die Gleichung

$$\varrho\frac{\partial^2\beta_{xx}}{\partial t^2} = G\left(\varDelta\beta_{xx} + \frac{m}{m-2}\frac{\partial^2\Theta}{\partial x^2}\right) + \frac{\partial\mathfrak{f}_x^*}{\partial x}. \tag{21a}$$

Wenn man (20a) nach y, (20b) nach x differenziert und addiert, so findet man wegen

$$\beta_{xy} = \frac{1}{2}\left(\frac{\partial u_x}{\partial y} + \frac{\partial u_y}{\partial x}\right)$$

die Gleichung

$$\varrho\frac{\partial^2\beta_{xy}}{\partial t^2} = G\left(\varDelta\beta_{xy} + \frac{m}{m-2}\frac{\partial^2\Theta}{\partial x\,\partial y}\right) + \frac{1}{2}\frac{\partial\mathfrak{f}_x^*}{\partial y} + \frac{1}{2}\frac{\partial\mathfrak{f}_y^*}{\partial x} \tag{21b}$$

Für die anderen Komponenten von β gelten entsprechende Beziehungen.

Gleichungen für die Spannungen gewinnt man, wenn man die β mit Hilfe von (17a) durch die τ ersetzt. Dabei entsteht

$$\varrho\frac{\partial^2}{\partial t^2}\left(\tau_{xx} + \frac{3p}{m+1}\right) = G\left\{\varDelta\tau_{xx} + \frac{3}{m+1}\varDelta p - \frac{3m}{m+1}\frac{\partial^2 p}{\partial x^2}\right\} + 2G\frac{\partial\mathfrak{f}_x^*}{\partial x} \tag{22a}$$

$$\varrho\frac{\partial^2\tau_{xy}}{\partial t^2} = G\left\{\varDelta\tau_{xy} - \frac{3m}{m+1}\frac{\partial^2 p}{\partial x\,\partial y}\right\} + G\frac{\partial\mathfrak{f}_x^*}{\partial y} + G\frac{\partial\mathfrak{f}_y^*}{\partial x}. \tag{22b}$$

Für Θ und p kann man die Gleichungen

$$\varrho \frac{\partial^2 \Theta}{\partial t^2} = 2G \frac{m-1}{m-2} \Delta\Theta + \operatorname{div} \mathfrak{k}^* \tag{23}$$

$$\varrho \frac{\partial^2 p}{\partial t^2} = 2G \frac{m-1}{m-2} \Delta p - 2G \frac{m+1}{3(m-2)} \operatorname{div} \mathfrak{k}^* \tag{24}$$

erhalten, wenn man die Beziehungen für $\beta_{xx}, \beta_{yy}, \beta_{zz}$ bzw. $\tau_{xx}, \tau_{yy}, \tau_{zz}$ summiert. Ebenso wie (20a bis c) sind (21a u. b) und (22a u. b) Gleichungssysteme, welche das Verhalten des Körpers beschreiben.

§ 3. Randbedingungen für die Körperoberfläche.

Der Spannungszustand an der Oberfläche muß den Kräften entsprechen, die von außen auf den Körper einwirken. Ist also $d\mathfrak{F}$ ein nach außen gerichtetes Flächenelement vom Betrag dF und $\mathfrak{P}^* dF$ die Kraft, die von außen her übertragen wird, so muß

$$(d\mathfrak{F}\,\mathfrak{S}) = \mathfrak{P}^*\, dF \tag{25}$$

gelten. Bezeichnen wir mit $\mathfrak{n}$ einen nach außen gerichteten Einheitsvektor senkrecht zur Oberfläche, so gilt

$$(\mathfrak{n}\,\mathfrak{S}) = \mathfrak{P}^*. \tag{25a}$$

In Komponenten kann dies durch

$$\begin{aligned} n_x \tau_{xx} + n_y \tau_{xy} + n_z \tau_{xz} &= \mathfrak{P}_x^* \\ n_x \tau_{xy} + n_y \tau_{yy} + n_z \tau_{yz} &= \mathfrak{P}_y^* \\ n_x \tau_{xz} + n_y \tau_{yz} + n_z \tau_{zz} &= \mathfrak{P}_z^* \end{aligned} \tag{25b}$$

formuliert werden.

Während die Gl. (20) bis (22) die allgemeinen Bewegungsgesetze elastischer Körper enthalten, legen die Randbedingungen (25) bzw. (25a) oder (25b) die besonderen Verhältnisse fest, unter denen sich ein bestimmter elastischer Körper befindet. Der Körper selbst wird durch Angabe seiner Oberfläche beschrieben und sein besonderer Verzerrungszustand durch die äußeren Kräfte an seiner Oberfläche, die die Ursache der Verzerrung sind. Natürlich kann dem Körper eine Randbedingung auch dadurch auferlegt werden, daß man die Verschiebungen angibt, die jedes Oberflächenelement erfährt. Aus dieser Art von Randbedingung kann man aber nicht direkt die äußeren Oberflächenkräfte ablesen, welche den Körper verformen.

§ 4. Das Gleichgewicht elastischer Körper. Elastostatik.

Bei einem Körper, der sich im dauernden Gleichgewicht befindet, verschwinden alle zeitlichen Ableitungen in den Gleichungen des § 2. Für jedes Volumenelement gilt dann

$$\mathfrak{k} + \mathfrak{k}^* = 0. \tag{26}$$

Die Gleichgewichtsbedingung für die Verschiebung

$$G\left(\Delta \mathfrak{u} + \frac{m}{m-2} \operatorname{grad} \Theta\right) + \mathfrak{k}^* = 0 \tag{27}$$

gewinnt man aus (20), und für die Komponenten der Spannung gehen die Gl. (22a) und (22b) in

$$\Delta \tau_{xx} = -\frac{3m}{m+1} \frac{\partial^2 p}{\partial x^2} - \frac{3}{m+1} \Delta p - 2 \frac{\partial \mathfrak{k}_x^*}{\partial x} \tag{28a}$$

$$\Delta \tau_{xy} = \frac{3m}{m+1} \frac{\partial^2 p}{\partial x \partial y} - \frac{\partial \mathfrak{k}_x^*}{\partial y} - \frac{\partial \mathfrak{k}_y^*}{\partial x} \tag{28b}$$

über. p und Θ genügen den Beziehungen

$$\Delta p = \frac{m+1}{3(m-1)} \operatorname{div} \mathfrak{f}^* \tag{29}$$

$$2G\,\Delta\Theta = -\frac{m-2}{m-1} \operatorname{div} \mathfrak{f}^*, \tag{30}$$

die aus (23) und (24) entstehen.

Ersetzt man in (26) die elastische Volumenkraft $\mathfrak{f}$ durch $(\nabla\mathfrak{T})$, so erhält für die Spannung noch die Vektorgleichung

$$(\nabla\mathfrak{T}) + \mathfrak{f}^* = 0 \tag{26a}$$

mit den Komponenten

$$\begin{aligned} \frac{\partial \tau_{xx}}{\partial x} + \frac{\partial \tau_{xy}}{\partial y} + \frac{\partial \tau_{xz}}{\partial z} + \mathfrak{f}_x^* &= 0 \\ \frac{\partial \tau_{xy}}{\partial x} + \frac{\partial \tau_{yy}}{\partial y} + \frac{\partial \tau_{yz}}{\partial z} + \mathfrak{f}_y^* &= 0 \\ \frac{\partial \tau_{xz}}{\partial x} + \frac{\partial \tau_{yz}}{\partial y} + \frac{\partial \tau_{zz}}{\partial z} + \mathfrak{f}_z^* &= 0, \end{aligned} \tag{26b}$$

so daß man für die 6 Spannungsgrößen $\tau_{xx}, \tau_{xy}, \tau_{xz}, \tau_{yy}, \tau_{yz}, \tau_{zz}$ die 6 partiellen Differentialgleichungen 2. Ordnung (28a) und (28b) hat und außerdem die 3 partiellen Differentialgleichungen 1. Ordnung (26b). Letztere treffen unter den Lösungen der Gleichungen 2. Ordnung, die noch sehr viel Willkür enthalten, eine Auswahl und vertreten deshalb Anfangs- oder Randbedingungen.

In den meisten Fällen ist die Schwere die einzige äußere Kraft, die im Inneren eines Körpers angreift. Besitzt der Körper eine gleichmäßige (homogene) Dichte, so ist $\mathfrak{f}^*$ konstant, und alle Ableitungen verschwinden. Nach (26) sind dann auch die elastischen Kräfte im Innern konstant.

Die Beziehungen (30), (29), (28a) und (28b) vereinfachen sich für konstante Volumkräfte bedeutend. Aus (30) und (29) ergibt sich, daß

$$\Delta p = 0; \quad \Delta\Theta = 0 \tag{31}$$

gilt, und (28a) und (28b) reduzieren sich auf

$$\Delta\tau_{xx} = \frac{3m}{m+1} \frac{\partial^2 p}{\partial x^2} \tag{32}$$

$$\Delta\tau_{xy} = \frac{3m}{m+1} \frac{\partial^2 p}{\partial x \, \partial y}. \tag{33}$$

Wendet man hierauf nochmals den Δ-Operator an, so findet man für sämtliche Komponenten des Spannungstensors die Bedingungen

$$\Delta\Delta\tau_{xx} = \Delta\Delta\tau_{yy} = \Delta\Delta\tau_{zz} = \Delta\Delta\tau_{xy} = \Delta\Delta\tau_{xz} = \Delta\Delta\tau_{yz} = 0. \tag{34}$$

Sie sind gleichbedeutend mit der Tensorgleichung

$$\Delta\Delta\mathfrak{T} = 0. \tag{34a}$$

Auch (32) und (33) kann man in die Tensorgleichung

$$\Delta\mathfrak{T} = \frac{3m}{m+1} \nabla)(\nabla p \tag{34b}$$

zusammenziehen, wenn man den Tensoroperator

$$\nabla)(\nabla = \begin{bmatrix} \frac{\partial^2}{\partial x^2} & \frac{\partial^2}{\partial x \partial y} & \frac{\partial^2}{\partial x \partial z} \\ \frac{\partial^2}{\partial x \partial y} & \frac{\partial^2}{\partial y^2} & \frac{\partial^2}{\partial y \partial z} \\ \frac{\partial^2}{\partial x \partial z} & \frac{\partial^2}{\partial y \partial z} & \frac{\partial^2}{\partial z^2} \end{bmatrix}$$

benutzt.

§ 5. Minimalprinzipien.

In der Mechanik der Punktsysteme und der starren Körper erweisen sich die Minimalprinzipien als sehr nützlich, weil man mit ihnen die Bewegungsgesetze formulieren kann, ohne auf die spezielle Eigenart des mechanischen Systems einzugehen und ohne sich auf ein bestimmtes Koordinatensystem zu beziehen. Daß ähnliche Prinzipien auch für die Theorie der elastischen Körper wünschenswert wären, ist evident. Tatsächlich lassen sich diese Prinzipien auch auf die Elastizitätstheorie ausdehnen, und hierfür gibt es drei Wege.

Der erste Weg besteht darin, daß wir die Prinzipien analog zur Punktmechanik aussprechen, aus ihnen Folgerungen ziehen und diese an der Erfahrung prüfen. Das wäre eine experimentelle Begründung der Minimalprinzipien. Eine zweite Möglichkeit besteht darin, die Äquivalenz der elastischen Bewegungsgleichungen (19) mit den Minimalprinzipien nachzuweisen. Schließlich könnte man dartun, daß die elastischen Körper nur spezielle Punktsysteme seien und die Minimalprinzipien aus diesem Grunde einfach übernehmen. Der letzte Weg ist der bequemste, er erscheint plausibel und ist deshalb verführerisch.

Tatsächlich ist jeder elastische Körper ein System von vielen, aber doch nur endlich vielen Atomen, welche unter dem Einfluß gegenseitiger Kräfte zusammenhalten. Wenn die Gültigkeit der Minimalprinzipien für das einzelne Atom gesichert wäre, wäre sie deshalb auch für den ganzen Körper erwiesen. Solange man noch nicht wußte, daß die Atome den Gesetzen der Quantentheorie und nicht der klassischen Mechanik gehorchen, war es konsequent, sich auf den Standpunkt zu stellen, daß ein elastischer Körper sich mechanisch nicht nur wie ein System von vielen Massenpunkten verhalte, sondern daß er sogar ein solches wäre. Die Quantentheorie zwingt uns heute zu vorsichtigerer Formulierung. Jedes Volumenelement dV enthält die Masse ϱdV, und an ihm greifen die äußeren Kräfte $\mathfrak{f}^* dV$ und die elastische Kraft $\mathfrak{f} dV$ an. Jetzt denken wir uns die Masse und den Ansatzpunkt der Kräfte im Schwerpunkt von dV konzentriert. Der Körper ist dann durch das Modell eines Punktsystems ersetzt, in welchem die elastischen Kräfte als innere Kräfte anzusehen sind. Hierin liegt natürlich kein Beweis für die Brauchbarkeit der Modellkonstruktion. Man muß aber bedenken, daß man die Bewegungsgleichungen (19) schließlich auch mit dieser Vorstellung aufgestellt hat und vor allem, daß das Modell des Punktsystems dem tatsächlichen Sachverhalt der atomistischen Struktur sogar näher kommt als das Modell des Kontinuums. Hiermit scheint zum mindesten der Versuch gerechtfertigt, die Minimalprinzipien der Punktmechanik auf die festen Körper zu übertragen. Nur wenn man dabei mit experimentellen Tatsachen in Widerspruch käme, bestünde Veranlassung zu eingehenderer Diskussion.

Wenn wir uns auf elastische Körper beschränken, so besitzen die inneren Kräfte ein Potential Φ, das wir übrigens schon auf S. 151 durch die Verzerrung ausgedrückt haben.

§ 6. Virtuelle Verrückungen. D'ALEMBERTsches Prinzip.

Inhalt: Definition der virtuellen Verrückungen in einem elastischen Körper. Ableitung der Bewegungsgleichungen und Randbedingungen aus dem D'ALEMBERTschen Prinzip.

Bezeichnungen: $\mathfrak{f}$ und $\mathfrak{f}^*$ elastische und äußere Volumenkräfte, $\mathfrak{P}^*$ äußere Spannungen auf der Oberfläche, $\mathfrak{T}$ Spannungstensor, ϱ Dichte, $\mathfrak{u}$ Verschiebung, dV Volumenelement, dF Element der Oberfläche, $\mathfrak{n}$ Normalenrichtung der Oberfläche, Φ Dichte der potentiellen elastischen Energie, U gesamte potentielle Energie, β_{xx}, β_{xy} usw. Komponenten des Verzerrungstensors, τ_{xx}, τ_{xy} usw. Komponenten des Spannungstensors, G Schubmodul, m Querkontraktionszahl.

Wir beschreiben den augenblicklichen Zustand eines elastischen Körpers, indem wir jedem Punkte eine Verschiebung $\mathfrak{u}$ zuordnen. Diesen tatsächlichen Zustand vergleichen wir mit einem gedachten, den wir so entstehen lassen, daß wir jeden Punkt noch einmal um eine Strecke $\delta\mathfrak{u}$ verrücken, welche für verschiedene Punkte natürlich verschieden sein kann. Die Gesamtheit aller $\delta\mathfrak{u}$ bezeichnen wir als die virtuelle Verrückung des ganzen Körpers. Die einzelnen $\delta\mathfrak{u}$ sind daher vollkommen beliebig und müssen nur mit den Randbedingungen verträglich sein, denen der Körper unterliegt. Sind z. B. die Verschiebungen auf der ganzen Oberfläche oder einem ihrer Teile vorgeschrieben, so gilt als virtuelle Verrückung nur ein System von $\delta\mathfrak{u}$, bei dem diese Oberflächenstücke unverrückt bleiben.

Das D'ALEMBERTsche Prinzip verlangt, daß bei einer virtuellen Verrückung von den inneren, äußeren und Trägheitskräften zusammen keine Arbeit geleistet werde. Verrückt man ein Volumenelement dV um $\delta\mathfrak{u}$, so leisten diese Kräfte die Arbeit

$$\left(\mathfrak{f} + \mathfrak{f}^* - \varrho \frac{\partial^2 \mathfrak{u}}{\partial t^2}\right) \delta\mathfrak{u}\, dV.$$

Bei der Verrückung eines Oberflächenelementes dF leisten die vom Körper durch die Oberfläche auf die Umgebung übertragenen Kräfte die Arbeit

$$-(\mathfrak{n}\mathfrak{T})\,\delta\mathfrak{u}\, dF$$

während die äußere Spannung $\mathfrak{P}^*$ dem Körper die Arbeit $(\mathfrak{P}^* \delta\mathfrak{u})\, dF$ zuführt. Im ganzen gewinnt die Körperoberfläche die Arbeit

$$\int \{\mathfrak{P}^* \delta\mathfrak{u} - (\mathfrak{n}\mathfrak{T})\,\delta\mathfrak{u}\}\, dF.$$

Die virtuelle Arbeit bei der Verrückung ist also

$$\delta A = \int \left(\mathfrak{f} + \mathfrak{f}^* - \varrho \frac{\partial^2 \mathfrak{u}}{\partial t^2}\right) \delta\mathfrak{u}\, dV + \int \{\mathfrak{P}^* - (\mathfrak{n}\mathfrak{T})\}\,\delta\mathfrak{u}\, dF = 0 \qquad (35)$$

und muß nach dem D'ALEMBERTschen Prinzip verschwinden. Man sieht sofort, daß die Gültigkeit der Bewegungsgesetze (19a) und der Randbedingung (25a) hierfür hinreichend ist. Da die $\delta\mathfrak{u}$ alle voneinander unabhängig sind, sind (19a) und (25a) auch notwendig. Das D'ALEMBERTsche Prinzip ist also mit den Bewegungsgleichungen und Randbedingungen für elastische Körper äquivalent.

§ 7. Das Minimum der potentiellen Energie im Gleichgewicht.

Inhalt: Die potentielle Energie eines elastischen Körpers setzt sich aus der potentiellen Energie der Verzerrung und dem Potential der äußeren Kräfte zusammen. Im Gleichgewicht ist die gesamte potentielle Energie ein Minimum.

Bezeichnungen: wie § 6.

Die potentielle Energiedichte Φ der Verzerrung haben wir schon auf S. 151 ermittelt. Mit $b = 1/(m-2)$ lautet sie

$$\Phi = G\left\{\frac{m-1}{m-2}(\beta_{xx} + \beta_{yy} + \beta_{zz})^2 - 2(\beta_{xx}\beta_{yy} + \beta_{xx}\beta_{zz} + \beta_{yy}\beta_{zz} - \beta_{xy}^2 - \beta_{yz}^2 - \beta_{xz}^2)\right\}. \qquad (36)$$

Die Komponenten des Spannungstensors hängen nach S. 154 mit ihr durch

$$\begin{aligned}\tau_{xx} &= \frac{\partial \Phi}{\partial \beta_{xx}}; & \tau_{yy} &= \frac{\partial \Phi}{\partial \beta_{yy}}; & \tau_{zz} &= \frac{\partial \Phi}{\partial \beta_{zz}} \\ 2\tau_{xy} &= \frac{\partial \Phi}{\partial \beta_{xy}}; & 2\tau_{xz} &= \frac{\partial \Phi}{\partial \beta_{xz}}; & 2\tau_{yz} &= \frac{\partial \Phi}{\partial \beta_{yz}}\end{aligned} \tag{37}$$

zusammen. Als quadratische Form in den β genügt Φ der Gleichung

$$\Phi = \frac{1}{2}\left(\frac{\partial \Phi}{\partial \beta_{xx}}\beta_{xx} + \frac{\partial \Phi}{\partial \beta_{yy}}\beta_{yy} + \frac{\partial \Phi}{\partial \beta_{zz}}\beta_{zz} + \frac{\partial \Phi}{\partial \beta_{xy}}\beta_{xy} + \frac{\partial \Phi}{\partial \beta_{xz}}\beta_{xz} + \frac{\partial \Phi}{\partial \beta_{yz}}\beta_{yz}\right), \tag{38}$$

die beim Einsetzen der Spannungskomponenten für die partiellen Ableitungen in

$$\Phi = \frac{1}{2}(\tau_{xx}\beta_{xx} + \tau_{yy}\beta_{yy} + \tau_{zz}\beta_{zz} + 2\tau_{xy}\beta_{xy} + 2\tau_{xz}\beta_{xz} + 2\tau_{yz}\beta_{yz}) \tag{38a}$$

übergeht. Drückt man noch die β mit Hilfe von (17a) (S. 154) durch die τ aus, so kann man Φ durch die Spannungskomponenten allein darstellen und bekommt

$$\begin{aligned}\Phi = \frac{1}{4G}\Big\{&\frac{m}{m+1}(\tau_{xx} + \tau_{yy} + \tau_{zz})^2 + 2(\tau_{xy}^2 + \tau_{xz}^2 + \tau_{yz}^2 \\ &- \tau_{xx}\tau_{yy} - \tau_{xx}\tau_{zz} - \tau_{yy}\tau_{zz})\Big\}.\end{aligned} \tag{39}$$

Die Form (38a) eignet sich besonders dazu, den Verschiebungsvektor $\mathfrak{u}$ durch

$$\beta_{xx} = \frac{\partial u_x}{\partial x}; \qquad \beta_{yy} = \frac{\partial u_y}{\partial y}; \qquad \beta_{zz} = \frac{\partial u_z}{\partial z}$$

$$\beta_{xy} = \frac{1}{2}\frac{\partial u_x}{\partial y} + \frac{1}{2}\frac{\partial u_y}{\partial x}; \quad \beta_{xz} = \frac{1}{2}\frac{\partial u_x}{\partial z} + \frac{1}{2}\frac{\partial u_z}{\partial x}; \quad \beta_{yz} = \frac{1}{2}\frac{\partial u_y}{\partial z} + \frac{1}{2}\frac{\partial u_z}{\partial y}$$

einzuführen, wobei wir

$$\begin{aligned}\Phi = \frac{1}{2}\Big(&\tau_{xx}\frac{\partial u_x}{\partial x} + \tau_{xy}\frac{\partial u_x}{\partial y} + \tau_{xz}\frac{\partial u_x}{\partial z} + \tau_{xy}\frac{\partial u_y}{\partial x} + \tau_{yy}\frac{\partial u_y}{\partial y} + \tau_{yz}\frac{\partial u_y}{\partial z} \\ &+ \tau_{xz}\frac{\partial u_z}{\partial x} + \tau_{yz}\frac{\partial u_z}{\partial y} + \tau_{zz}\frac{\partial u_z}{\partial z}\Big)\end{aligned} \tag{40}$$

erhalten. Offenbar entsteht die rechte Seite durch skalare Anwendung des Vektoroperators. $\frac{1}{2}(\mathfrak{T}\nabla)$ auf den Verschiebungsvektor. In Tensorschreibweise lautet (40) einfach

$$\Phi = \frac{1}{2}\big((\mathfrak{T}\nabla)\,\mathfrak{u}\big). \tag{40a}$$

Integriert man Φ über den ganzen Körper, so erhält man die potentielle Energie der Verzerrung, welche man auch als Formänderungsarbeit bezeichnet.

Bei einer virtuellen Verrückung $\delta\mathfrak{u}$ erfahren auch die Verzerrungskomponenten gewisse Abänderungen $\delta\beta$. Die Energiedichte ändert sich dabei um

$$\begin{aligned}\delta\Phi &= \left(\frac{\partial \Phi}{\partial \beta_{xx}}\delta\beta_{xx} + \frac{\partial \Phi}{\partial \beta_{yy}}\delta\beta_{yy} + \frac{\partial \Phi}{\partial \beta_{zz}}\delta\beta_{zz} + \frac{\partial \Phi}{\partial \beta_{xy}}\delta\beta_{xy} + \frac{\partial \Phi}{\partial \beta_{xz}}\delta\beta_{xz} + \frac{\partial \Phi}{\partial \beta_{yz}}\delta\beta_{yz}\right) \\ &= (\tau_{xx}\delta\beta_{xx} + \tau_{yy}\delta\beta_{yy} + \tau_{zz}\delta\beta_{zz} + 2\tau_{xy}\delta\beta_{xy} + 2\tau_{xz}\delta\beta_{xz} + 2\tau_{yz}\delta\beta_{yz}).\end{aligned}$$

Nun ist

$$\delta\beta_{xx} = \frac{\partial\delta u_x}{\partial x}; \qquad \delta\beta_{xy} = \frac{1}{2}\frac{\partial\delta u_x}{\partial y} + \frac{1}{2}\frac{\partial\delta u_y}{\partial x} \text{ usw.}$$

und man findet

$$\begin{aligned}\delta\Phi &= \tau_{xx}\frac{\partial\delta u_x}{\partial x} + \tau_{xy}\frac{\partial\delta u_x}{\partial y} + \tau_{xz}\frac{\partial\delta u_x}{\partial z}\\ &+ \tau_{xy}\frac{\partial\delta u_y}{\partial x} + \tau_{yy}\frac{\partial\delta u_y}{\partial y} + \tau_{yz}\frac{\partial\delta u_y}{\partial z}\\ &+ \tau_{xz}\frac{\partial\delta u_z}{\partial x} + \tau_{yz}\frac{\partial\delta u_z}{\partial y} + \tau_{zz}\frac{\partial\delta u_z}{\partial z}.\end{aligned} \tag{41}$$

Dafür kann man auch die Tensorgleichung

$$\delta\Phi = ((\mathfrak{T}\nabla)\,\delta\mathfrak{u}) \tag{41a}$$

schreiben, mit der man die Umformung

$$\begin{aligned}((\mathfrak{T}\nabla)\,\delta\mathfrak{u}) &= ((\nabla\mathfrak{T})\,\delta\mathfrak{u}) - (\delta\mathfrak{u}\,(\nabla\mathfrak{T})) = (\nabla(\mathfrak{T}\,\delta\mathfrak{u})) - (\delta\mathfrak{u}\,(\nabla\mathfrak{T}))\\ &= \operatorname{div}(\mathfrak{T}\,\delta\mathfrak{u}) - (\mathfrak{f}\,\delta\mathfrak{u})\end{aligned}$$

vornehmen kann. Der ∇-Operator wirkt hierbei auf alle hinter ihm stehenden ortsabhängigen Größen, also auf $\mathfrak{T}$ und $\delta\mathfrak{u}$. Integrieren wir über das ganze Volumen, so bekommen wir

$$\delta\int\Phi\,dV = \int\operatorname{div}(\mathfrak{T}\,\delta\mathfrak{u})\,dV - \int(\mathfrak{f}\,\delta\mathfrak{u})\,dV.$$

Das erste Glied geht nach dem GAUSSschen Satz in das Integral

$$\int\operatorname{div}(\mathfrak{T}\,\delta\mathfrak{u})\,dV = \int(d\mathfrak{F}\,\mathfrak{T})\,\delta\mathfrak{u}$$

über die Körperoberfläche über. Mit

$$(d\mathfrak{F}\,\mathfrak{T}) = (\mathfrak{n}\,\mathfrak{T})\,dF$$

erhalten wir endlich

$$\delta\int\Phi\,dV = \int(\mathfrak{n}\,\mathfrak{T})\,\delta\mathfrak{u}\,dF - \int(\mathfrak{f}\,\delta\mathfrak{u})\,dV. \tag{42a}$$

Aus der Kombination dieser Gleichung mit dem D'ALEMBERTschen Prinzip (35) geht die Formel

$$\delta\int\Phi\,dV = \int\left(\mathfrak{f}^* - \varrho\frac{\partial^2\mathfrak{u}}{\partial t^2}\right)\delta\mathfrak{u}\,dV + \int(\mathfrak{P}^*\,\delta\mathfrak{u})\,dF \tag{42b}$$

hervor. Sie drückt die Formänderungsarbeit bei einer virtuellen Verrückung durch die äußeren Kräfte und Trägheitskräfte aus.

Im Gleichgewicht reduziert sich die virtuelle Formänderungsarbeit auf

$$\delta\int\Phi\,dV = \int(\mathfrak{f}^*\,\delta\mathfrak{u})\,dV + \int(\mathfrak{P}^*\,\delta\mathfrak{u})\,dF. \tag{42c}$$

Im Innern des Körpers sind die äußeren Volumenkräfte gegebene Funktionen des Ortes und werden bei der virtuellen Verrückung nicht mitverändert. Auf der Oberfläche können entweder Kräfte unabhängig von der Verrückung vorgegeben sein, oder es kann eine bestimmte Verschiebung vorgeschrieben werden. Im zweiten Fall weiß man zwar über die äußeren Oberflächenkräfte nichts, aber es findet auch keine Verrückung auf der Oberfläche statt. Das Oberflächenintegral (42c) erstreckt sich also nur auf die Gebiete, wo die Kräfte gegeben sind und bei der Verrückung nicht geändert werden. Nun ist $\int(\mathfrak{f}^*\delta\mathfrak{u})\,dV$ die Arbeit, welche die äußeren Volumenkräfte bei der Verschiebung $\delta\mathfrak{u}$ leisten und $\int(\mathfrak{P}^*\delta\mathfrak{u})\,dF$ die entsprechende Arbeit bei der Verschiebung der Oberfläche. Haben die äußeren Kräfte ein Potential, welchem wir den Wert 0 geben, wenn im Körper keine Verschiebung stattgefunden hat, so lautet es

$$-\int(\mathfrak{f}^*\,\mathfrak{u})\,dV - \int(\mathfrak{P}^*\,\mathfrak{u})\,dF.$$

Diesmal erstreckt sich das Oberflächenintegral auf die ganze Oberfläche.

Die gesamte potentielle Energie ist die Summe der Formänderungsarbeit und des Potentials der äußeren Kräfte. Sie lautet also

$$U = \int \Phi \, dV - \int (\mathfrak{k}^* \mathfrak{u}) \, dV - \int (\mathfrak{P}^* \mathfrak{u}) \, dF. \tag{43}$$

Bei einer virtuellen Verrückung aus dem Gleichgewicht erleidet sie die Änderung

$$\delta U = \delta \int \Phi \, dV - \delta \int (\mathfrak{k}^* \mathfrak{u}) \, dV - \delta \int (\mathfrak{P}^* \mathfrak{u}) \, dF.$$

Weil die äußeren Kräfte nicht von der Verrückung abhängen, kann man dafür auch

$$\delta U = \delta \int \Phi \, dV - \int (\mathfrak{k}^* \delta \mathfrak{u}) \, dV - \int (\mathfrak{P}^* \delta \mathfrak{u}) \, dF = 0$$

schreiben. Bei einer virtuellen Verrückung aus einem Gleichgewichtszustand behält die gesamte potentielle Energie ihren Wert. Die Gleichgewichtslage ist also durch ein Extremum der potentiellen Energie ausgezeichnet, und zwar durch ein Minimum, wie man durch Mitführen der in $\delta \mathfrak{u}$ quadratischen Glieder in der Rechnung zeigen könnte.

§ 8. Das HAMILTONsche Prinzip.

Inhalt: Ableitung der Bewegungsgleichungen aus dem HAMILTONschen Prinzip.
Bezeichnungen: Wie in § 6, S. 160.

Wenn die äußeren Kräfte ein Potential besitzen, kann man auch das HAMILTONsche Prinzip anwenden. Nach dem Muster der Punktmechanik definiert man zuerst das kinetische Potential L

$$L = T - U = \int \left\{ \frac{\varrho}{2} \left(\frac{\partial \mathfrak{u}}{\partial t} \right)^2 - \Phi + \mathfrak{k}^* \mathfrak{u} \right\} dV + \int (\mathfrak{P}^* \mathfrak{u}) \, dF \tag{44}$$

als Differenz der kinetischen und potentiellen Energie des ganzen Körpers. Dann bildet man das Integral

$$J = \int_{t_1}^{t_2} L \, dt \tag{45}$$

zwischen zwei festen Zeitpunkten t_1 und t_2. Bei der wirklichen Bewegung ist $\mathfrak{u}(\mathfrak{r}, t)$ eine bestimmte Funktion des Ortes und der Zeit, welche den Körper aus dem Zustand $\mathfrak{u}(\mathfrak{r}, t_1)$ während der Zeit $t_2 - t_1$ in den Zustand $\mathfrak{u}(\mathfrak{r}, t_2)$ überführt. Die wirkliche Bewegung vergleichen wir mit denkbaren Nachbarbewegungen $\mathfrak{u}'(\mathfrak{r}, t)$, die den Körper in der gleichen Zeit aus dem Anfangszustand $\mathfrak{u}(\mathfrak{r}, t_1)$ in den Endzustand $\mathfrak{u}(\mathfrak{r}, t_2)$ bringen, aber nicht nach den Gesetzen der Mechanik ablaufen. Bei ihnen ist $\mathfrak{u}'$ gegen $\mathfrak{u}$ etwas abgeändert. Das HAMILTONsche Prinzip verlangt dann, daß bei der wirklichen Bewegung der Wert des Integrals (45) kleiner ist als bei jeder denkbaren Nachbarbewegung. Wir formulieren dies durch die Forderung

$$J = \int_{t_1}^{t_2} L \, dt = \text{Minimum}$$

oder

$$\delta J = \delta \int_{t_1}^{t_2} L \, dt = 0. \tag{46}$$

Die EULERschen Gleichungen dieser Variationsaufgabe sind die Bewegungsgleichungen. Statt fertige Formeln für sie zu benutzen, ist es instruktiver und fast auch bequemer, die Variation wirklich durchzuführen. Wir setzen also für den variierten Bewegungszustand

$$\mathfrak{u}' = \mathfrak{u} + \delta\mathfrak{u} = \mathfrak{u} + \mathfrak{S}\,\delta\varepsilon$$

an, wo $\mathfrak{S}$ ein beliebiger, von Ort und Zeit abhängiger Vektor ist und ε ein von Ort und Zeit unabhängiger Zahlparameter, der ein Maß für die Größe der Variation abgibt. $\mathfrak{S}$ soll außerdem zu den Zeiten t_1 und t_2 überall verschwinden und an denjenigen Stellen des Randes, wo die Verschiebungen vorgeschrieben sind, zu allen Zeiten Null sein.

Wir erhalten dann [s. (41 a)]

$$\delta J = \int\!\!\int_{t_1}^{t_2} \left\{\varrho \frac{\partial \mathfrak{u}}{\partial t} \frac{\partial \delta\mathfrak{u}}{\partial t} - (\mathfrak{T} \nabla)\,\delta\mathfrak{u} + \mathfrak{f}^*\,\delta\mathfrak{u}\right\} dt\,dV + \int\!\!\int_{t_1}^{t_2} (\mathfrak{P}^*\,\delta\mathfrak{u})\,dt\,dF$$

$$= \delta\varepsilon\left[\int\!\!\int_{t_1}^{t_2} \left\{\varrho \frac{\partial \mathfrak{u}}{\partial t} \frac{\partial \mathfrak{S}}{\partial t} - (\mathfrak{T} \nabla)\,\mathfrak{S} + \mathfrak{f}^*\,\mathfrak{S}\right\} dt\,dV + \int\!\!\int_{t_1}^{t_2} (\mathfrak{P}^*\,\mathfrak{S})\,dt\,dF\right].$$

Durch partielle Integration über die Zeit findet man

$$\int_{t_1}^{t_2} \varrho \frac{\partial \mathfrak{u}}{\partial t} \frac{\partial \mathfrak{S}}{\partial t}\,dt = \left|\frac{\partial \mathfrak{u}}{\partial t}\,\mathfrak{S}\right|_{t_1}^{t_2} - \int_{t_1}^{t_2} \varrho \frac{\partial^2 \mathfrak{u}}{\partial t^2}\,\mathfrak{S}\,dt.$$

Das erste Glied verschwindet, weil $\mathfrak{S}$ für t_1 und t_2 gleich Null sein soll. Außerdem kann man die Umformung

$$\int ((\mathfrak{T}\nabla)\mathfrak{S})\,dV = \int (\nabla(\mathfrak{T}\mathfrak{S}))\,dV - \int (\mathfrak{S}(\nabla\mathfrak{T}))\,dV$$
$$= \int ((\mathfrak{n}\mathfrak{T})\,\mathfrak{S})\,dF - \int (\mathfrak{S}(\nabla\mathfrak{T}))\,dV$$

durchführen. Das HAMILTONsche Prinzip verlangt also

$$0 = \int\!\!\int_{t_1}^{t_2} \left\{\mathfrak{f}^* + \nabla\mathfrak{T} - \varrho \frac{\partial^2 \mathfrak{u}}{\partial t^2}\right\} \mathfrak{S}\,dt\,dV + \int\!\!\int_{t_1}^{t_2} \{\mathfrak{P}^* - (\mathfrak{n}\mathfrak{T})\}\,\mathfrak{S}\,dt\,dF.$$

Da dies für jede beliebige Funktion $\mathfrak{S}$ gelten soll, muß im ganzen Volumen

$$\varrho \frac{\partial^2 \mathfrak{u}}{\partial t^2} = \mathfrak{f}^* + (\nabla\mathfrak{T})$$

und auf der Oberfläche

$$(\mathfrak{n}\mathfrak{T}) = \mathfrak{P}^*$$

gelten. Damit sind die Bewegungsgleichungen ganz allgemein aus dem HAMILTONschen Prinzip hergeleitet.

Der Vorteil der Gewinnung der Bewegungsgleichungen aus den Minimalprinzipien besteht darin, daß man bei speziellen Problemen gleich die zu ihnen passenden Koordinaten einführen kann.

III. Einfache Anwendungen der Elastizitätstheorie.

Ob man ein Problem einfach überblicken kann, hängt in der Elastizitätstheorie, wie in der ganzen Mechanik, davon ab, ob man ein geeignetes Koordinatensystem eingeführt hat. Für seine Auswahl gibt es zwei vernünftige Gesichtspunkte. Die Koordinaten müssen der Form des Körpers angepaßt sein, d. h. seine Oberfläche muß sich mit ihnen einfach ausdrücken lassen. Außerdem muß man die Verteilung der äußeren Kräfte auf der Körperoberfläche mit den gewählten Koordinaten einfach beschreiben können. Leider kann man im allgemeinen beide Gesichtspunkte nicht gleichzeitig berücksichtigen. Es gibt deshalb nur in besonderen Fällen ein Koordinatensystem, in welchem sich die elastischen Gleichungen leicht diskutieren lassen.

Am leichtesten lassen sich noch Gleichgewichtsprobleme lösen. Bei ihnen soll man die Verformung eines Körpers ermitteln, der durch zeitlich unveränderliche äußere Kräfte beansprucht wird, und die Spannungen beschreiben, die in ihm herrschen.

Das kartesische Koordinatensystem, das wir bisher benutzt haben, ist auf Körper zugeschnitten, die von ebenen Flächen begrenzt sind, welche auf den Koordinatenachsen senkrecht stehen. Das sind Quader (Stäbe oder Balken mit rechteckigem Querschnitt), deren Kanten parallel zu den Achsen sind. Die Kantenlängen bezeichnen wir mit L_x, L_y und L_z.

Wir machen nun einfache Ansätze für den Spannungstensor und berechnen die Oberflächenkräfte, welche solche Spannungen erzeugen. Man könnte auch von übersichtlichen äußeren Flächenkräften ausgehen und versuchen, die zugehörigen Verschiebungen und Spannungen zu ermitteln. Äußere Volumenkräfte, auch die Schwerkraft, vernachlässigen wir ganz, da sie gewöhnlich nichts Wesentliches zur Verzerrung beitragen.

§ 1. Die Dehnung.

Inhalt: Die Dehnung eines zylindrischen Stabes ist dem Zug und der Länge direkt, dem Querschnitt und Elastizitätsmodul umgekehrt proportional. Sie geht mit einer Querkontraktion einher.

Bezeichnungen: τ_{xx}, τ_{xy} usw. Komponenten des Spannungstensors, E Elastizitätsmodul, m Querkontraktionszahl, L_z Stablänge, g Fallbeschleunigung, ϱ Dichte.

Verschwinden im Spannungstensor alle Elemente bis auf ein Diagonalelement, z. B. τ_{zz}, so erfährt der Körper eine Dehnung. Die Gleichungen (26b) von S. 158 verlangen

$$\frac{\partial \tau_{zz}}{\partial z} = 0$$

und erlauben, daß τ_{zz} im ganzen Körper konstant ist, wenn man keine äußeren Kräfte berücksichtigt. Dies ist auch mit den Beziehungen (28a) und (28b) von S. 158 verträglich.

Die Randbedingung (25b), S. 157, liefert dann

$$\mathfrak{P}_z^* = n_z \tau_{zz}; \quad \mathfrak{P}_x^* = \mathfrak{P}_y^* = 0.$$

An den Stirnflächen des rechteckigen Stabes der Abb. 33, welche senkrecht auf der z-Achse stehen, hat n_z die Werte ± 1 und verschwindet an den vier anderen Flächen. An der oberen Endfläche wirkt also die Kraft

$$\mathfrak{K}_z = -L_x L_y \tau_{zz}$$

nach oben und an der unteren Endfläche die Kraft

$$\mathfrak{K}_z = L_x L_y \tau_{zz}$$

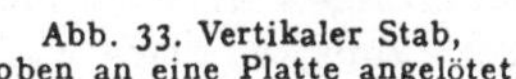

Abb. 33. Vertikaler Stab, oben an eine Platte angelötet.

nach unten. Die Zugspannung τ_{zz} wird durch diese einander entgegengesetzt gleichen Zugkräfte hervorgebracht.

Nach (17a), S. 154, erhalten wir die Komponenten

$$\beta_{xx} = \beta_{yy} = -\frac{\tau_{zz}}{2G(m+1)} = -\frac{\tau_{zz}}{Em}$$

$$\beta_{zz} = \frac{m\,\tau_{zz}}{2G(m+1)} = \frac{\tau_{zz}}{E}$$

$$\beta_{xy} = \beta_{xz} = \beta_{yz} = 0$$

des Verzerrungstensors, und nach S. 140 sind β_{xx}, β_{yy} und β_{zz} die relativen Verlängerungen in den Achsenrichtungen. Hieraus ergibt sich

$$\frac{dL_x}{L_x} = \frac{dL_y}{L_y} = -\frac{\tau_{zz}}{Em} = -\frac{|\mathfrak{K}_z|}{E\,m\,L_x L_y}$$

$$\frac{dL_z}{L_z} = \frac{\tau_{zz}}{E} = \frac{|\mathfrak{K}_z|}{E\,L_x L_y}.$$

Die Dehnung eines Stabes durch Längszug ist der Zugkraft $|\mathfrak{K}_z|$ proportional, dem Querschnitt $L_x\, L_y$ und dem Elastizitätsmodul E umgekehrt proportional. Sie ist mit einer Querkontraktion verbunden. Das Volumen dehnt sich um den Betrag

$$\frac{dV}{V} = \Theta = \beta_{xx} + \beta_{yy} + \beta_{zz} = \frac{\tau_{zz}(m-2)}{Em} = \frac{|\mathfrak{K}_z|\,(m-2)}{E\,m\,L_x L_y}$$

aus.

Spannt man das obere Ende des Stabes ($z = 0$) ein und legt die positive z-Achse nach unten, so findet die Verschiebung

$$u_z = \beta_{zz}\, z = \frac{|\mathfrak{K}_z|\, z}{E\,L_x L_y}; \quad u_y = -\frac{|\mathfrak{K}_z|\, y}{E\,m\,L_x L_y}; \quad u_x = -\frac{|\mathfrak{K}_z|\, x}{E\,m\,L_x L_y}$$

statt.

Soll die Schwerkraft mit berücksichtigt werden, so verlangt (26b), S. 158,

$$\frac{\partial \tau_{zz}}{\partial z} = -g\varrho; \quad \tau_{zz} = a - \varrho g z.$$

An der oberen Stirnfläche haben wir die Kraft $\mathfrak{K}_0 = -a L_x L_y$, an der unteren die Kraft

$$\mathfrak{K}_u = a\,L_x L_y - g\varrho\, L_x L_y L_z = a\,L_x L_y - Mg.$$

g bedeutet die Fallbeschleunigung, ϱ die Dichte und M die Masse des ganzen Stabes. Verzerrung und Verschiebung lassen sich ähnlich berechnen wie ohne Berücksichtigung der Schwerkraft.

Alle Überlegungen kann man auch durchführen, wenn der Stab einen beliebigen Querschnitt statt eines rechteckigen hat, z. B. zylindrisch ist.

§ 2. Die Scherung.

Inhalt: Eine Scherung wird an einem Quader durch vier Kräfte hervorgebracht, die man in zwei Kräftepaare mit entgegengesetztem Drehmoment zusammenfassen kann.

Bezeichnungen: τ_{xx}, τ_{xy} usw. Komponenten des Spannungstensors, β_{xx}, β_{xz} Komponenten des Verzerrungstensors, u_x, u_y, u_z Komponenten der Verschiebung, $\mathfrak{P}^*_x$, $\mathfrak{P}^*_y$, $\mathfrak{P}^*_z$ Komponenten der Schubspannung auf der Oberfläche, G Schubmodul, L_x, L_y, L_z Kantenlängen.

Wenn die Diagonalelemente des Spannungstensors verschwinden, liegt eine Scherung vor. Man hat die einfachste Scherung, wenn nur eine gemischte Komponente, etwa τ_{xz}, von Null verschieden ist. Wenn man die Volumenkräfte vernachlässigt, verlangt (26b), S. 158,

$$\frac{\partial \tau_{xz}}{\partial z} = \frac{\partial \tau_{xz}}{\partial x} = 0$$

und gestattet $\tau_{xz} = \text{const}$. Auch die Gl. (28a), S. 157, lassen zu, daß τ_{xz} konstant ist. Dies ist der einfachste Fall von Scherung, den wir genauer studieren.

Die Randbedingungen (25b), S. 157, liefern die Schubspannungen

$$\mathfrak{P}_x^* = n_z \tau_{xz}; \quad \mathfrak{P}_z^* = n_x \tau_{xz}; \quad \mathfrak{P}_y^* = 0.$$

An den beiden Flächen, welche senkrecht zur x-Achse stehen (s. Abb. 34), ist links $n_x = -1$, rechts $n_x = +1$. An diesen beiden Flächen haben wir das Kräftepaar

$$\mathfrak{K}_z^* = -L_y L_z \tau_{xz} \quad \text{bzw.} \quad \mathfrak{K}_z^* = L_y L_z \tau_{xz}.$$

An den Flächen senkrecht zur z-Achse ist unten $n_z = -1$, oben $n_z = +1$. Dort wirkt das Kräftepaar

$$\mathfrak{K}_x^* = -L_x L_y \tau_{xz} \quad \text{bzw.} \quad \mathfrak{K}_y^* = L_x L_y \tau_{xz}.$$

Wie man aus der Abb. 34 sieht, haben die Drehmomente der beiden Kräftepaare den gleichen Betrag

$$L_x L_y L_z \tau_{xz} = V \tau_{xz},$$

aber entgegengesetztes Vorzeichen. Die vier Scherungskräfte erzeugen am Körper kein resultierendes Drehmoment.

Nach (17a), S. 154, verschwinden alle Elemente des Verzerrungstensors außer

$$\beta_{xz} = \frac{\tau_{xz}}{2G}$$

und die Verschiebung genügt nach S. 139 den Gleichungen

$$\frac{\partial u_x}{\partial x} = \frac{\partial u_y}{\partial y} = \frac{\partial u_z}{\partial z} = 0$$

$$\frac{\partial u_x}{\partial y} + \frac{\partial u_y}{\partial x} = \frac{\partial u_y}{\partial z} + \frac{\partial u_z}{\partial y} = 0; \quad \frac{\partial u_x}{\partial z} + \frac{\partial u_z}{\partial x} = \frac{\tau_{xz}}{G}$$

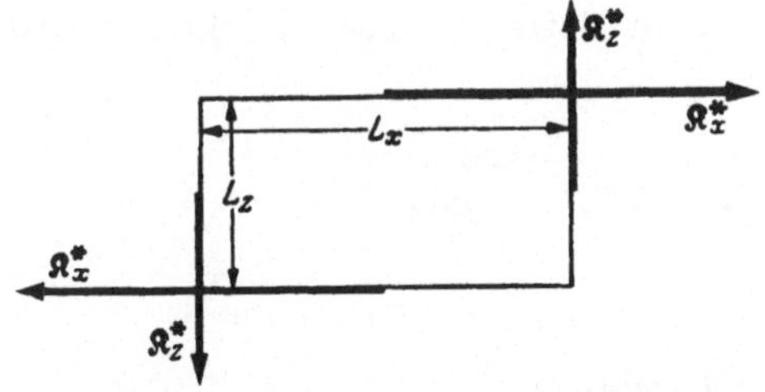

Abb. 34. Scherende Kräfte an einem Quader.

Abb. 35. Scherung mit Drehung kombiniert.

Die Scherung kann noch mit beliebigen Drehungen und Translationen des ganzen Körpers kombiniert werden. Am leichtesten kann man Verschiebungen beurteilen, die nur in einer Richtung, etwa der x-Richtung, erfolgen. Bei ihnen verschwinden u_y und u_z, und für u_x hinterbleibt

$$\frac{\partial u_x}{\partial x} = 0; \quad \frac{\partial u_x}{\partial y} = 0; \quad \frac{\partial u_x}{\partial z} = \frac{\tau_{xz}}{G}.$$

Daraus folgt

$$u_x = \frac{\tau_{xz}}{G} z.$$

Dies ist allerdings eine Bewegung des Körpers, welche sich aus einer scherenden Verzerrung und einer Drehung zusammensetzt (Abb. 35). Die Grundfläche $z = 0$ bleibt in ihrer Lage, während alle Querschnitte parallel zu ihr um so weiter in der x-Richtung verschoben werden, je höher sie über der Grundfläche liegen. Der rechte Winkel, den die Kanten bilden, welche vor der Deformation zur x- und z-Richtung parallel sind, wird um

$$d\varphi = \operatorname{tg}(d\varphi) = \frac{u_x}{z} = \frac{\tau_{xz}}{G}$$

verkleinert bzw. vergrößert. Die Scherung verzerrt den Quader in ein Parallelflach.

§ 3. Die gleichmäßige Kompression.

Bezeichnungen: β_{xx}, β_{xy} usw. Komponenten des Verzerrungstensors, τ_{xx}, τ_{xy} Komponenten des Spannungstensors. — Θ relative Volumenkompression, p Druck, G Schubmodul, m Querkontraktionszahl, E Elastizitätsmodul, $\varkappa$ Kompressibilität.

Eine besonders einfache Deformation ist die gleichmäßige elastische Volumenkompression. Am besten gehen wir vom Verzerrungstensor aus, welcher die Form

$$\beta_{xx} = \beta_{yy} = \beta_{zz} = \frac{\Theta}{3}\,; \quad \beta_{xy} = \beta_{xz} = \beta_{yz} = 0 \tag{1}$$

besitzen soll. Nach (16a), S. 154, finden wir sofort den Spannungstensor

$$\tau_{xx} = \tau_{yy} = \tau_{zz} = -p = \frac{2G\,\Theta(m+1)}{3(m-2)}\,; \quad \tau_{xy} = \tau_{xz} = \tau_{yz} = 0. \tag{2}$$

p wird als Druck bezeichnet. Die Ansätze (1) und (2) befriedigen die Bedingungen (28a), (28b), (26b), S. 157 u. S. 158.

Die äußeren Kräfte an der Oberfläche finden wir am schnellsten aus (25a), S. 157, woraus beim Einsetzen des Spannungstensors

$$\mathfrak{P}^* = -\mathfrak{n}\,p = \mathfrak{n}\,\frac{2G\,\Theta\,(m+1)}{3\,(m-2)}$$

hervorgeht. Die äußere Kraft steht senkrecht auf dem Oberflächenelement des Körpers und ist nach innen gerichtet. Ihr Betrag ist das Produkt von Druck und Oberfläche.

Das Verhältnis

$$\varkappa = -\frac{\Theta}{p} = \frac{3(m-2)}{2G(m+1)} = \frac{3(m-2)}{E\,m} \tag{3}$$

nennt man Kompressibilität.

§ 4. Die Torsion.

Inhalt: Nur Stäbe von kreisförmigem Querschnitt erfahren eine einfache Torsion ohne Querschnittsaufwölbung. Ableitung der Formel für die Verdrillung eines Stabes.

Bezeichnungen: $\mathfrak{u}$ Verschiebungsvektor, β_{xx}, β_{xy} usw. Komponenten des Verzerrungstensors, τ_{xx}, τ_{xy} usw. Komponenten des Spannungstensors, G Torsionsmodul, Schubmodul, M_z Drehmoment um die Torsionsachse, L_z Stablänge, R Stabradius.

Die Torsion ist eine Verzerrung, bei der jeder Querschnitt eines Stabes als Ganzes um einen Winkel ψ gedreht wird, welcher sich längs des Stabes ändert. Die Stabachse heißt auch Torsionsachse. Machen wir sie zur z-Achse eines Zylinderkoordinatensystems z, r, φ (s. Abb. 36), so erhalten wir die Verschiebungen

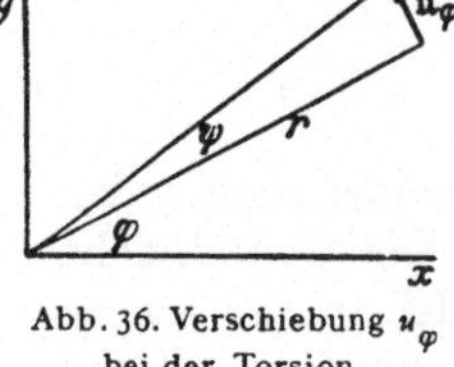

Abb. 36. Verschiebung u_φ bei der Torsion.

$$u_z = 0; \quad u_r = 0; \quad u_\varphi = r\,\psi, \tag{4}$$

deren kartesische Koordinaten sich durch

$$u_z = 0; \; u_x = -u_\varphi \sin\varphi = -y\,\psi; \; u_y = u_\varphi \cos\varphi = x\,\psi \tag{4a}$$

ausdrücken. Da innerhalb jedes Querschnittes keine Verzerrung eintreten soll, darf ψ nur von z abhängen.

Nach (8), S. 139, finden wir hieraus den Verzerrungstensor

$$\beta_{xx} = \frac{\partial u_x}{\partial x} = 0; \quad \beta_{yy} = \frac{\partial u_y}{\partial y} = 0; \quad \beta_{zz} = \frac{\partial u_z}{\partial z} = 0$$

$$\beta_{xy} = \frac{1}{2}\left(\frac{\partial u_x}{\partial y} + \frac{\partial u_y}{\partial x}\right) = 0; \quad \beta_{xz} = \frac{1}{2}\left(\frac{\partial u_x}{\partial z} + \frac{\partial u_z}{\partial x}\right) = -\frac{y}{2}\frac{d\psi}{dz}; \tag{5}$$

$$\beta_{yz} = \frac{1}{2}\left(\frac{\partial u_y}{\partial z} + \frac{\partial u_z}{\partial y}\right) = \frac{x}{2}\frac{\partial \psi}{\partial z}.$$

Bei der Torsion tritt keine Volumenänderung ein, weil

$$\Theta = \beta_{xx} + \beta_{yy} + \beta_{zz} = 0$$

ist.

Der Spannungstensor hat nach (16a), S. 154, die Komponenten

$$\begin{gathered} \tau_{xx} = \tau_{yy} = \tau_{zz} = \tau_{xy} = 0 \\ \tau_{xz} = -G y \frac{d\psi}{dz}; \quad \tau_{yz} = G x \frac{\partial \psi}{dz}, \end{gathered} \tag{6}$$

woraus sich $p = 0$ ergibt.

Sehen wir von Volumenkräften, insbesondere der Schwerkraft, ab, so verlangen die Bedingungen (26b), S. 158,

$$\begin{gathered} \frac{\partial \tau_{xz}}{\partial z} = -G y \frac{d^2\psi}{dz^2} = 0; \quad \frac{\partial \tau_{yz}}{dz} = G x \frac{d^2\psi}{dz^2} = 0 \\ \frac{\partial \tau_{xz}}{\partial x} + \frac{\partial \tau_{yz}}{\partial y} = 0. \end{gathered} \tag{7}$$

Die beiden ersten Forderungen können wir nur durch

$$\frac{d^2\psi}{dz^2} = 0; \quad \frac{d\psi}{dz} = a = \text{const} \tag{7a}$$

befriedigen, die letzte erfüllen die Spannungskomponenten schon von selbst. Der Ansatz (7a) genügt auch (28b), S. 157, während die Gültigkeit von (28a) schon durch (6) gewährleistet wird.

Nach (25b), S. 157, berechnen wir die äußeren Spannungen

$$\mathfrak{P}_x^* = -n_z G a y; \quad \mathfrak{P}_y^* = n_z G a x; \quad \mathfrak{P}_z^* = a G(n_y x - n_x y), \tag{8}$$

welche die Torsion hervorbringen, indem wir

$$\tau_{xz} = -a G y; \quad \tau_{yz} = a G x; \quad \tau_{xx} = \tau_{yy} = \tau_{zz} = \tau_{xy} = 0 \tag{9}$$

einsetzen. Bei einem Körper von beliebiger Form ist dies ein kompliziertes Spannungssystem. Handelt es sich um einen Zylinder, dessen Mantellinien parallel zur Torsionsachse liegen, der aber kein Kreiszylinder zu sein braucht, so ist auf den Endflächen $n_z = 1$ bzw. $n_z = -1$, während n_x und n_y dort verschwinden. Hier greifen die äußeren Spannungen

$$\mathfrak{P}_x^* = -G a y; \quad \mathfrak{P}_y^* = G a x$$

bzw. (an der anderen Fläche)

$$\mathfrak{P}_x^* = G a y; \quad \mathfrak{P}_y^* = -G a x$$

an. Auf der Mantelfläche ist $n_z = 0$, dagegen können n_y und n_x noch beliebige Werte haben. Soll also eine reine Torsion stattfinden, so müssen am Mantel noch Schubspannungen

$$\mathfrak{P}_z^* = a G(n_y x - n_x y)$$

liegen. Verdrillt man einen zylindrischen Stab von beliebigem Querschnitt, ohne diese Schubspannungen anzubringen, so entsteht keine einfache Torsion. Die Querschnitte werden dann nicht nur gedreht, sondern manche ihrer Teile verschieben sich auch in der z-Richtung, d. h. der Querschnitt wölbt sich auf. Nur wenn die Mantelfläche die Gleichung

$$\frac{n_y}{n_x} = \frac{y}{x} \tag{10}$$

erfüllt, unterbleibt die Wölbung. Sei $y = F(x)$ die Gleichung des Zylindermantels, so gilt

$$\frac{n_y}{n_x} = -\frac{dx}{dy},$$

was mit (10) zusammen die Differentialgleichung

$$x\,dx + y\,dy = 0$$

der Mantelfläche liefert. Die Integration führt zu der Gleichung

$$x^2 + y^2 = R^2$$

eines Kreiszylinders. Nur an ihm beobachtet man also eine reine Torsion ohne Wölbung der Querschnitte, wenn keine Schubspannungen an der Mantelfläche liegen. Die Verdrillung von Stäben mit anderer Querschnittsform läßt sich nur schwierig durchrechnen.

Jetzt fassen wir ein Flächenelement $dF = r\,dr\,d\varphi$ der Endfläche eines kreisrunden Stabes vom Radius R ins Auge. An ihm wirken die Kräfte

$$d\mathfrak{K}_x = \mathfrak{P}_x^*\,dF = -G\,a\,y\,r\,dr\,d\varphi$$

in der x-Richtung und

$$d\mathfrak{K}_y = \mathfrak{P}_y^*\,dF = +G\,a\,x\,r\,dr\,d\varphi$$

in der y-Richtung. Sie ergeben ein Drehmoment

$$d M_z = x\,d\mathfrak{K}_y - y\,d\mathfrak{K}_x = G\,a\,r^3\,dr\,d\varphi \tag{11}$$

um die Torsionsachse. An der entgegengesetzten Endfläche greifen entgegengesetzte Drehmomente an. Durch Integration ergibt sich das Moment

$$M_z = G\,a\int_0^{2\pi}\int_0^{R} r^3\,dr\,d\varphi = \frac{G\,a\,R^4\,\pi}{2} \tag{12}$$

der ganzen Endfläche.

Ist L_z die Stablänge und ψ_0 die gegenseitige Verdrehung der Stabenden, so ist $a = \psi_0/L_z$. Zwischen ψ_0 und dem Drehmoment M_z gilt der Zusammenhang

$$\psi_0 = \frac{2\,M_z\,L_z}{G\,\pi\,R^4}. \tag{13}$$

Die Torsion wird also durch zwei entgegengesetzt gleiche äußere Drehmomente hervorgebracht, die sich nach (11) über die Endflächen des Stabes verteilen müssen. Setzt das ganze Drehmoment an einem Punkte der Peripherie an, so entstehen besonders in der Nähe dieses Punktes noch andere Verzerrungen, welche sich der Torsion überlagern. Bei langen und dünnen Stäben (Drähten) erstrecken sich diese Störungen nur auf die äußeren Enden, so daß die Formel (13) kaum beeinträchtigt wird.

§ 5. Die gleichförmige Biegung.

Inhalt: Ein Stab wird durch zwei entgegengesetzte Drehmomente an den Enden gleichförmig gebogen und nimmt dabei Kreisform an. Berechnung des Biegungsmomentes, der Verzerrung und Verschiebung. Neutrale Schicht.

Bezeichnungen: β_{xx}, β_{xy} Komponenten des Verzerrungstensors, τ_{xx}, τ_{xy} Komponenten des Spannungstensors, u_x, u_y, u_z Komponenten der Verschiebung, $\mathfrak{P}_x^*$, $\mathfrak{P}_y^*$, $\mathfrak{P}_z^*$ Komponenten der Spannung auf der Oberfläche, M_y biegendes Drehmoment, J Biegungsmoment.

Wir betrachten jetzt einen elastischen Spannungszustand, bei dem alle Komponenten außer dem Diagonalelement

$$\tau_{xx} = c z \tag{14}$$

verschwinden. Diese Spannungsverteilung genügt den Gl. (28a, b), S. 157, und (26b), wenn man äußere Volumenkräfte vernachlässigt. Die Randbedingung (25b), S. 157, ergibt

$$\mathfrak{P}_x^* = n_x c z; \quad \mathfrak{P}_y^* = 0; \quad \mathfrak{P}_z^* = 0$$

für die Körperoberfläche.

Der Körper sei nun ein beliebiger Zylinder (im allgemeinsten Sinn), dessen Mantel zur x-Achse parallel liege und dessen Stirnflächen zu ihr senkrecht stehen. Es kann sich also um einen Balken von beliebigem Querschnitt, aber

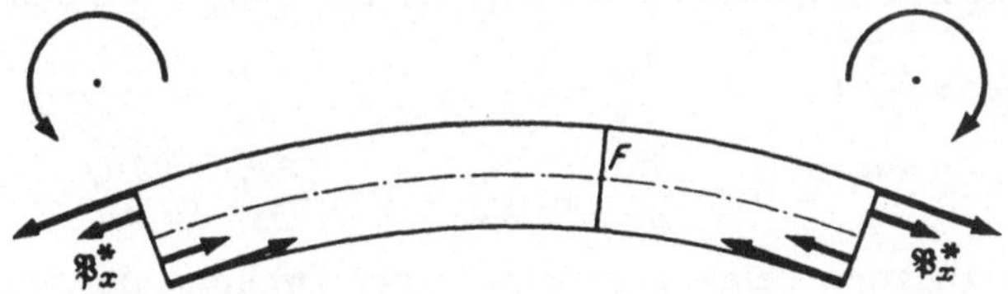

Abb. 37. Homogene Biegung eines Stabes durch zwei entgegengesetzte Drehmomente – die gebogenen Pfeile – an den Enden. Punktiert neutrale Schicht.

auch um ein Brett oder ein Rohr handeln. An der linken Endfläche ($n_x = -1$) muß die Normalspannung $\mathfrak{P}_x^* = -cz$ und an der rechten Endfläche ($n_x = +1$) die Spannung $\mathfrak{P}_x^* = +cz$ liegen (s. Abb. 37). Die x-Achse gehe durch den Schwerpunkt des Querschnitts, so daß die resultierende Kraft

$$\mathfrak{K}_x = \pm \iint \mathfrak{P}_x^* \, dy \, dz = \pm c \iint z \, dy \, dz$$

an den Endflächen verschwindet. An den Mantelflächen ($n_x = 0$) treten keine Kräfte auf. An den Stirnflächen haben wir die Drehmomente

$$M_y = \iint z \, \mathfrak{P}_x^* \, dy \, dz = \pm c \iint z^2 \, dy \, dz = \pm c J$$

um die y-Achse. Sie sind entgegengesetzt gleich und in der Abb. 37 durch die gebogenen Pfeile angedeutet.

Jetzt betrachten wir einen Querschnitt im Innern des Körpers. Durch jedes Flächenelement dF wird die Kraft

$$d\mathfrak{K} = (d\mathfrak{F}\,\mathfrak{T}) = \mathfrak{i}\,\tau_{xx}\, dF = \mathfrak{i}\, c z \, dF$$

übertragen. Die resultierende Kraft über dem Querschnitt verschwindet ebenso wie an den Balkenenden. Ihr Drehmoment um die y-Achse

$$M_y = \pm c \iint z^2 \, dy \, dz = \pm c J \tag{15}$$

hat überall den gleichen Wert. Jede dünne Scheibe dx, die man aus dem Balken schneidet, überträgt das Moment cJ auf die Nachbarscheibe nach links und das Moment $-cJ$ auf die Nachbarscheibe nach rechts. Sie empfängt selbst von den Nachbarn Momente entgegengesetzter Vorzeichen. Das sogenannte Biegungsmoment J

$$J = \iint z^2\,dy\,dz \tag{16}$$

hat bei kreisförmigem Querschnitt mit dem Radius R den Wert

$$J = \frac{R^4\pi}{4}. \tag{17a}$$

Ein rechteckiger Balken von der Breite b und der Höhe h besitzt das Biegungsmoment

$$J = \frac{h^3 b}{12}. \tag{17b}$$

Die Spannung (14) erzeugt eine Verzerrung, welche durch die Komponenten

$$\beta_{xx} = \frac{\tau_{xx}}{E} = \frac{cz}{E}; \quad \beta_{yy} = \beta_{zz} = -\frac{\tau_{xx}}{Em} = -\frac{cz}{Em} \tag{18}$$

$$\beta_{xy} = \beta_{xz} = \beta_{yz} = 0$$

beschrieben wird. In der Ebene $z = 0$, welche durch den Schwerpunkt parallel zur Mantellinie und den biegenden Drehmomenten geht, tritt keine Verzerrung ein. Ihre Umgebung wird neutrale Schicht genannt.

Aus der Verzerrung gewinnen wir die Verschiebung nach den Gleichungen (s. S. 139)

$$\frac{\partial u_x}{\partial x} = \frac{cz}{E}; \qquad \frac{\partial u_y}{\partial y} = -\frac{cz}{Em}; \qquad \frac{\partial u_z}{\partial z} = -\frac{cz}{Em} \tag{19a}$$

$$\frac{\partial u_x}{\partial y} + \frac{\partial u_y}{\partial x} = 0; \quad \frac{\partial u_x}{\partial z} + \frac{\partial u_z}{\partial x} = 0; \quad \frac{\partial u_y}{\partial z} + \frac{\partial u_z}{\partial y} = 0. \tag{19b}$$

Wenn sich der Biegung keine Translation oder Drehung des ganzen Körpers überlagert, so müssen $\mathfrak{u}$ und $\operatorname{rot}\mathfrak{u}$ im Koordinatenanfang verschwinden. Für den Anfangspunkt kommt dann die Bedingung

$$\frac{\partial u_x}{\partial y} - \frac{\partial u_y}{\partial x} = 0; \quad \frac{\partial u_x}{\partial z} - \frac{\partial u_z}{\partial x} = 0; \quad \frac{\partial u_y}{\partial z} - \frac{\partial u_z}{\partial y} = 0$$

hinzu, und zusammen mit (19b) gilt dort

$$\frac{\partial u_x}{\partial y} = \frac{\partial u_x}{\partial z} = \frac{\partial u_y}{\partial x} = \frac{\partial u_y}{\partial z} = \frac{\partial u_z}{\partial x} = \frac{\partial u_z}{\partial y} = 0.$$

Dies bedeutet, daß in der Entwicklung der Verschiebung nach den Koordinaten keine konstanten und linearen Glieder vorkommen.

Die Lösung der Gl. (19a, b) nehmen wir mit

$$u_x = \frac{czx}{E} + f_x(y, z); \quad u_y = -\frac{czy}{Em} + f_y(x, z); \tag{20}$$

$$u_z = -\frac{cz^2}{2Em} + f_z(x, y)$$

in Angriff, wodurch wir (19a) erfüllen. (19b) gibt für f_x, f_y und f_z die Bedingungen

$$\frac{\partial f_x}{\partial y} + \frac{\partial f_y}{\partial x} = 0; \quad \frac{cx}{E} + \frac{\partial f_x}{\partial z} + \frac{\partial f_z}{\partial x} = 0;$$

$$-\frac{cy}{Em} + \frac{\partial f_y}{\partial z} + \frac{\partial f_z}{\partial y} = 0. \tag{21}$$

Da f_x nicht von x und f_y nicht von y abhängt, folgt aus den ersten dieser Gleichungen, daß

$$\frac{\partial f_x}{\partial y} = -\frac{\partial f_y}{\partial x} = g(z)$$

nur eine Funktion von z ist. Durch Integrieren erhält man

$$f_x = y\,g(z) + h_x(z); \qquad f_y = -x\,g(z) + h_y(z).$$

Geht man damit in die beiden anderen Gl. (21) ein, so entsteht

$$\frac{\partial f_z}{\partial x} = -\frac{c\,x}{E} - y\frac{d\,g}{d\,z} - \frac{d\,h_x}{d\,z}$$

$$\frac{\partial f_z}{\partial y} = \frac{c\,y}{E\,m} + x\frac{d\,g}{d\,z} - \frac{d\,h_y}{d\,z}.$$

Differenziert man die erste dieser beiden Bedingungen nach y, die zweite nach x, so müssen die rechten Seiten gleich werden. Deshalb ist $d\,g/d\,z = 0$ und g ist eine Konstante. Da die linken Seiten von z nicht abhängen, müssen h_x und h_y in z linear sein. Dann kann man aber $f_x = 0$, $f_y = 0$ setzen, weil die Verschiebung keine linearen und konstanten Glieder enthalten soll. Für f_z hinterbleibt dann

$$\frac{\partial f_z}{\partial x} = -\frac{c\,x}{E}; \qquad \frac{\partial f_z}{\partial y} = \frac{c\,y}{E\,m}.$$

und man findet durch Integrieren

$$f_z = -\frac{c\,x^2}{2E} + \frac{c\,y^2}{2E\,m}.$$

Damit ist die Verschiebung mit den Komponenten

$$u_x = \frac{c\,z\,x}{E}; \quad u_y = -\frac{c\,z\,y}{E\,m}; \quad u_z = \frac{c}{2E}\left(\frac{y^2 - z^2}{m} - x^2\right) \tag{22}$$

gefunden.

Bezeichnen wir mit x', y' und z' die Koordinaten nach der Biegung, so gilt

$$x' = x\left(1 + \frac{c\,z}{E}\right); \quad y' = y\left(1 - \frac{c\,z}{E\,m}\right); \quad z' = z + \frac{c}{2E}\left(\frac{y^2 - z^2}{m} - x^2\right).$$

Die neutrale Ebene $z = 0$ geht in die Sattelfläche

$$z' = \frac{c}{2E}\left(\frac{y'^2}{m} - x'^2\right) \tag{23}$$

über. Eine Ebene $z = z_0$, welche zur neutralen Schicht parallel ist, bildet nach der Biegung die Sattelfläche

$$z' = z_0 + \frac{c}{2E}\left(\frac{y'^2 - z_0^2}{m} - x'^2\right),$$

wenn wir uns auf lineare Glieder in c beschränken. Die Ebenen $y = \text{const}$ neigen sich nur gegen die z-Achse. Die Abb. 38 zeigt schematisch, wie sich ein rechteckiger Balkenquerschnitt bei der Biegung verformt.

Unsere Überlegung ist bisher auf einen kurzen Balken oder ein kurzes Stück eines Balkens beschränkt. Das kommt daher, daß wir kleine Verschiebungen vorausgesetzt haben. Bei einem langen Balken wird aber u_z für große x groß, und es entstehen Fehler. Man kann leicht erkennen, worin sie bestehen. Nach (14) und (18) sind Spannung und Verzerrung längs des Balkens konstant, d. h. von x unabhängig. Der Balken wird also überall dieselbe Krümmung haben, die Biegung ist überall die gleiche. Wir können deshalb den Koordinatenanfang längs des Balkens verschieben. Die Balkenachse nimmt dann nicht die Form einer Parabel an, wie man aus (23) schließen möchte, sondern sie bildet einen Kreis. Seine Krümmung ist angenähert

Abb. 38. Querschnitt eines Stabes vor und nach der Biegung (schematisch übertrieben).

$$\frac{1}{r} = \left|\frac{d^2 z'}{d\,x'^2}\right| = \frac{c}{E}.$$

§ 6. Biegung eines am freien Ende belasteten Balkens.

Inhalt: Berechnung der Durchbiegung eines einseitig eingespannten, eines beidseitig aufgelegten und eines beidseitig eingespannten Balkens.

Bezeichnungen: $\mathfrak{u}$ Verschiebung, u_x, u_y, u_z ihre Komponenten, E Elastizitätsmodul, J Biegungsmoment, τ_{xx}, τ_{xy} usw. Komponenten der Spannung, $\mathfrak{P}_x^*, \mathfrak{P}_y^*, \mathfrak{P}_z^*$ Komponenten des Spannungsvektors auf der Körperoberfläche, L Balkenlänge, K Belastung des Balkens durch eine Einzelkraft.

Das wichtigste Problem der Biegung eines Balkens haben wir vor uns, wenn dieser einseitig eingespannt ist und am freien Ende mit einer Kraft K senkrecht zu seiner Längsrichtung belastet wird (Abb. 39).

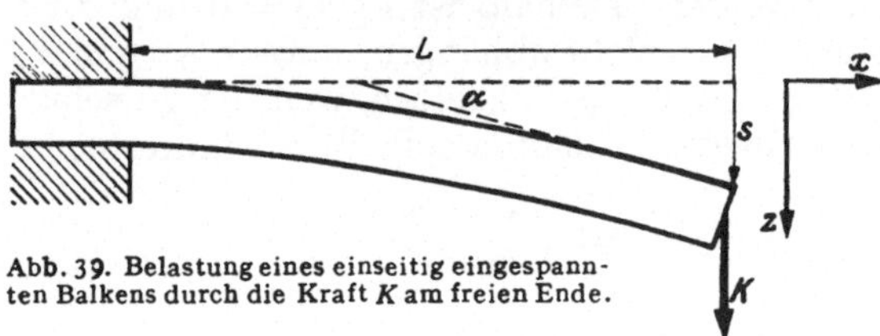

Abb. 39. Belastung eines einseitig eingespannten Balkens durch die Kraft K am freien Ende.

In der technischen Biegungslehre denkt man sich den Balken in Scheiben von der Länge dx unterteilt, welche einer gleichförmigen Biegung unterliegen sollen. Legt man die x-Achse in die Balkenrichtung, die z-Achse in die Richtung der belastenden Kraft, so bringt die Kraft K am Ende eines Balkens von der Länge L ein Drehmoment

$$M_y = -K(L - x)$$

an der Stelle x um die y-Richtung hervor. Ist J das Biegungsmoment, so bestimmt sich die Konstante c der Gl. (15) zu

$$c = \frac{M_y}{J} = -\frac{K(L-x)}{J}. \tag{24}$$

Aus der Formel (22) entnehmen wir

$$\frac{\partial^2 u_z}{\partial x^2} = -\frac{c}{E} = \frac{K(L-x)}{EJ}, \tag{25}$$

und haben damit eine Differentialgleichung 2. Ordnung für die Verschiebung gefunden. Die erste Integration ergibt

$$\frac{\partial u_z}{\partial x} = \frac{K\left(Lx - \frac{x^2}{2}\right)}{EJ} + \varphi(y, z), \tag{25a}$$

und beim nochmaligen Integrieren entsteht

$$u_z = \frac{K}{EJ}\left(\frac{Lx^2}{2} - \frac{x^3}{6}\right) + x\,\varphi(y,z) + \chi(y,z). \tag{25b}$$

Da der Balken an der Einspannstelle $x = 0$ weder verschoben noch geneigt werden soll, gilt $\varphi = 0$ und $\chi = 0$. Die Gleichung

$$u_z = \frac{K}{EJ}\left(\frac{Lx^2}{2} - \frac{x^3}{6}\right) \tag{26}$$

gibt also die Verschiebung einer zur x-Achse parallelen Balkenfaser an, welche den ganzen Balken repräsentieren kann, wenn dieser dünn gegen seine Länge ist.

Die Verschiebung am freien Ende $x = L$ ist der sogenannte Biegungspfeil

$$s = \frac{KL^3}{3EJ}. \tag{26a}$$

Die Balkenneigung am Ende ist (s. Abb. 39)

$$\mathrm{tg}\,\alpha = \frac{\partial u_z}{\partial x} = \frac{KL^2}{2EJ}. \tag{26b}$$

Die Verbiegung eines Balkens, der auf zwei Stützen aufliegt (Abb. 40) und in der Mitte von einer Einzelkraft K belastet wird, kann man sofort auf den einseitig eingespannten Balken zurückführen. Denkt man sich den Balken in der Mitte eingeklemmt und an den beiden Enden durch die Kräfte $K/2$ in der entgegengesetzten Richtung beansprucht, so erscheint er in zwei Balken halber Länge zerlegt, die mit der halben Kraft belastet sind. Die Einsenkung in der Mitte beträgt dann

$$s = \frac{K L^3}{48 E J}. \tag{27}$$

Einen Balken, der an beiden Enden eingespannt ist und in der Mitte von der Kraft K belastet wird, kann man in vier Balken zerlegen, deren Länge ein Viertel der Gesamtlänge beträgt (Abb. 41).

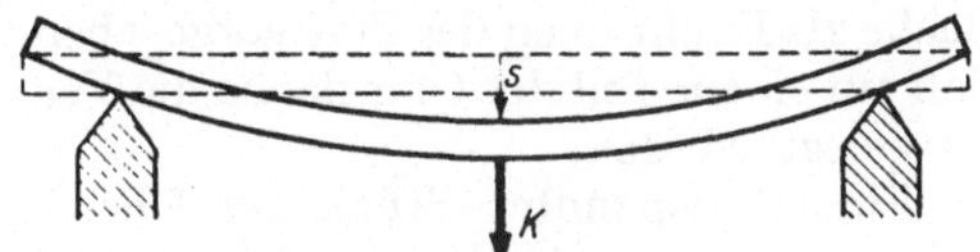

Abb. 40. Belastung eines beiderseits aufgelegten Balkens durch die Kraft K in der Mitte.

Abb. 41. Beiderseits eingespannter Balken.

Die abgeleiteten Formeln sind praktisch gut brauchbar. Trotzdem ist die skizzierte Überlegung keine vollkommene Theorie der Biegung eines Balkens durch eine Einzelkraft. Es blieb z. B. unerörtert, wie diese Kraft ein Drehmoment an einer entfernten Stelle hervorbringt. Dies kann natürlich nur durch die elastische Spannung im Balken selbst geschehen, deren Verteilung nicht untersucht wurde. Es liegt nahe, den Ausdruck (24) für c auch in (14) einzusetzen, wodurch man die Spannung

$$\tau_{xx} = -\frac{K(L-x)}{J} z \tag{28}$$

erhalten würde. Dieser Ansatz befriedigt zwar (28a), S. 157, nicht aber (28b) und (26b). Dazu kommt, daß wir am Rande $x = L$ aus den Randbedingungen (25b), S. 157, nicht die Kraft K in der z-Richtung ableiten können. Hieraus erkennt man deutlich, daß das Problem nicht wirklich gelöst ist.

In diesen Mängeln zeigt sich die Unzulänglichkeit der technischen Biegungslehre. Ihre Resultate kommen trotzdem der Wirklichkeit im allgemeinen sehr nahe. Nur wenn eine Querschnittsdimension sehr groß gegen die andere ist, z. B. bei sehr hohen Trägerprofilen oder bei dünnwandigen weiten Rohren, treten empfindliche Fehler ein. In Einzelfällen kann man eine strengere Rechnung durchführen. Dies ist aber so verwickelt, daß es sich in diesem Buche nicht lohnt.

§ 7. Bewegungen elastischer Körper.

Inhalt: Die Bewegungen eines elastischen Mediums sind durch die Bewegungsgleichung, die Randbedingung für die Oberfläche und eine Anfangsbedingung festgelegt. Besonders einfache Bewegungstypen sind die trägheitslose Bewegung, die fortschreitenden elastischen Wellen und die elastischen Eigenschwingungen.

Die Bewegung elastischer Kontinua wird durch die Differentialgleichung

$$\varrho \frac{\partial^2 \mathfrak{u}}{\partial t^2} = G \Delta \mathfrak{u} + \frac{G m}{m-2} \operatorname{grad} \operatorname{div} \mathfrak{u} + \mathfrak{k}^* \tag{29}$$

für die Verschiebung $\mathfrak{u}$ beherrscht. ϱ bedeutet die Dichte, G den Schubmodul, m die POISSONsche Querkontraktionszahl und $\mathfrak{k}^*$ die äußere Kraft pro Volumeneinheit. Für $\mathfrak{f}^*$ kommt meist nur die Schwerkraft in Frage, von der man sogar in vielen Fällen absehen kann.

Könnte man die Gl. (29) allgemein integrieren, so würde man die Verschiebung in Abhängigkeit von Ort und Zeit bekommen. Die Lösung würde noch so viele willkürliche Konstanten und Funktionen enthalten, daß sie alle Bewegungsvorgänge umfaßt, welche sich in beliebig geformten Körpern bei beliebig gearteten Einwirkungen auf die Oberfläche abspielen können.

Will man eine bestimmte Bewegung auswählen, so muß man zunächst eine Randbedingung für die Körperoberfläche hinzufügen. Durch sie wird vor allem die Form des Körpers bestimmt. Außerdem besteht die Randbedingung aber darin, daß die Verschiebungen oder die äußeren Kräfte auf der Körperoberfläche als Funktionen der Zeit vorgegeben werden. Sie kann auch darin bestehen, daß auf einem Teil der Oberfläche die Verschiebung und auf dem Rest die Kräfte festgelegt werden.

Ein eingespanntes Stück der Oberfläche erfährt keine oder eine mit der Zeit unveränderliche Verschiebung. An einer freien Oberfläche betätigen sich keine äußeren Kräfte.

Auch die Randbedingung legt die Bewegung noch nicht eindeutig fest. Man stelle sich z. B. vor, daß auf der Körperoberfläche keine Verschiebung zugelassen werde. Dann kann man noch für einen Zeitpunkt t_0 die Verschiebung und Verschiebungsgeschwindigkeit im Innern des ganzen Kontinuums willkürlich vorschreiben. Erst diese Anfangsbedingung macht das Bewegungsproblem zusammen mit der Randbedingung eindeutig.

Die Aufgabe, die Bewegung eines elastischen Körpers zu ermitteln, verlangt also eine Lösung der Differentialgleichung (29), welche der Randbedingung und einer vorgegebenen Anfangsbedingung genügt. Gewöhnlich kann man dieses Problem gar nicht oder nur durch numerische Näherungsverfahren lösen. Nur unter besonders günstigen Umständen ist eine geschlossene mathematische Behandlung möglich.

Drei besondere Bewegungsarten wollen wir etwas eingehender untersuchen:

1. Bei langsamen Bewegungen kann man die Beschleunigungen im elastischen Medium zuweilen vernachlässigen. Die Bewegungsgleichung reduziert sich dann auf die Gleichung eines Gleichgewichtsproblems. In jedem Zeitpunkt findet man im elastischen Medium diejenigen Verschiebungen, Verzerrungen und Spannungen, welche den augenblicklichen äußeren Kräften das Gleichgewicht halten. Sie folgen den Kräften trägheitslos. Dies kommt besonders bei elastischen Körpern vor, die einen Teil eines mechanischen Systems bilden, welches langsame Schwingungen oder ähnliche Bewegungen ausführt. Die Voraussetzung dafür ist, daß die Frequenz dieser Bewegungen klein gegen die Eigenfrequenz des elastischen Körpers ist.

2. Geht die Bewegung von einem Bezirk eines großen elastischen Körpers aus, welcher von der Oberfläche ziemlich weit entfernt ist, so kann man den Körper oft mit Vorteil als ein unendlich ausgedehntes elastisches Medium ansehen. Man gelangt dann zu fortschreitenden elastischen Wellen. Im Kap. IV werden wir uns klarmachen, daß man mit dieser Annahme dem wirklichen Bewegungsablauf manchmal näherkommen kann, als wenn man die Körpergrenzen berücksichtigt. Wegen der in geringem Maß immer vorhandenen Reibung klingen die Wellen nämlich schon ab, bevor sie an der Oberfläche reflektiert werden und wieder zurückkommen.

3. Es liegt in der Natur der festen Medien, daß nur kleine Verzerrungen in ihnen vorkommen können. Wenn wir also von der Translation und Drehung absehen, müssen sich die Verschiebungen in engen Grenzen halten, d. h. überall

periodische oder fast periodische Funktionen der Zeit sein. Der Bewegungsvorgang ist also eine Art Schwingung. Dies legt es nahe, die Bewegungen der elastischen Körper aus Schwingungen zusammenzusetzen, welche man als Eigenschwingungen bezeichnet.

§ 8. Trägheitslose Schwingungen elastischer Körper.

Inhalt: Dehnungsschwingungen, Torsionsschwingungen und Biegungsschwingungen von Stäben, die am Ende mit einer großen Masse belastet sind.

Bezeichnungen: L Länge des Stabes, Q Querschnitt, g Fallbeschleunigung, M Masse, E Elastizitätsmodul, G Schubmodul, R Radius des Stabes, J_x und J_y Biegungsmomente, a und b Seiten bei rechteckigem Stabquerschnitt.

Dehnungsschwingungen. Ein vertikaler elastischer Stab vom Querschnitt Q und der Länge L sei oben befestigt und am unteren Ende mit einer großen Masse M beschwert (s. Abb. 42). Durch ihr Gewicht Mg dehnt sie den Stab. Legen wir den Anfang eines Koordinatensystems in das obere Stabende, die positive z-Achse vertikal nach unten und geben dem unteren Ende die Koordinate z, so ist $(z-L)/L$ die jeweilige Dehnung. Nach S. 166 gilt im Gleichgewicht

$$\frac{z-L}{L} = \frac{Mg}{EQ}, \tag{30}$$

wenn E den Elastizitätsmodul bedeutet. Kann sich die Masse M nach oben und unten bewegen, so übt sie auf den Stab die Kraft

$$Mg - M\frac{d^2 z}{dt^2}$$

aus, da zu ihrem Gewicht noch die Trägheitskraft hinzutritt. Statt (30) erhalten wie die Beziehung

$$\frac{z-L}{L} = \frac{Mg - M\dfrac{d^2 z}{dt^2}}{EQ}, \tag{30a}$$

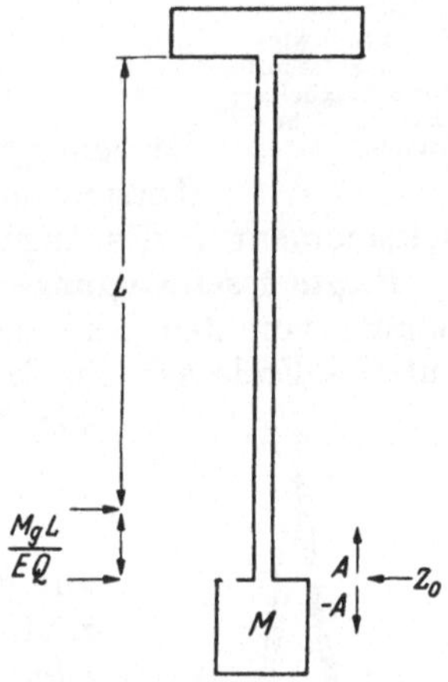

Abb. 42. Dehnungsschwingungen eines mit der Masse M belasteten Stabes.

welche wir durch die Substitution

$$z = y + L + \frac{MgL}{EQ}$$

in

$$\frac{d^2 y}{dt^2} + \frac{EQ}{ML} y = 0 \tag{30b}$$

überführen. Die allgemeine Lösung dieser Differentialgleichung

$$y = A \sin t\sqrt{\frac{EQ}{ML}} + B\cos t\sqrt{\frac{EQ}{ML}}$$

bzw.

$$z = L + \frac{MgL}{EQ} + A\sin t\sqrt{\frac{EQ}{ML}} + B\cos t\sqrt{\frac{EQ}{ML}}$$

beschreibt Dehnungsschwingungen um die Ruhelage

$$z_0 = L + \frac{MgL}{EQ}.$$

Ihre Frequenz

$$\nu = \frac{1}{2\pi}\sqrt{\frac{EQ}{ML}} \tag{31}$$

ist der Wurzel aus Elastizitätsmodul E und Stabquerschnitt Q direkt, der Wurzel aus Stablänge L und angebrachter Masse M umgekehrt proportional.

Torsionsschwingungen. Am unteren Ende eines kreisrunden Stabes (Draht) sei ein Körper mit dem Trägheitsmoment I so befestigt, daß er Drehungen ausführen kann (s. Abb. 43). Seine Trägheit übt auf den Stab das Drehmoment

$$-I\frac{d^2\psi}{dt^2}$$

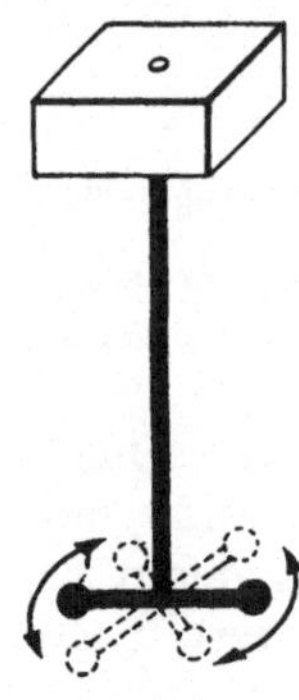

Abb. 43. Torsionsschwingungen eines mit einem Trägheitsmoment I belasteten Stabes.

aus, welches nach S. 170 mit der Verdrillung

$$\psi = -\frac{2IL}{G\pi R^4}\frac{d^2\psi}{dt^2}$$

im Gleichgewicht ist. Diese Gleichung bestimmt die Torsionsschwingungen, welche das System Stab—Körper ausführen kann. Ihre allgemeine Lösung lautet

$$\psi = A\sin\left(R^2 t\sqrt{\frac{G\pi}{2IL}}\right) + B\cos\left(R^2 t\sqrt{\frac{G\pi}{2IL}}\right)$$

und die Frequenz der Schwingung

$$\nu = \frac{R^2}{2\pi}\sqrt{\frac{G\pi}{2IL}} \tag{32}$$

ist dem Quadrat des Stabdurchmessers und der Wurzel aus dem Torsionsmodul G direkt, der Wurzel aus Stablänge und Trägheitsmoment I des angehängten Körpers umgekehrt proportional.

Biegungsschwingungen. Ein vertikaler Balken mit rechteckigem Querschnitt von den Seitenlängen a und b sei oben eingespannt (Abb. 44). Am unteren Ende sei eine Masse M befestigt, welche sich seitlich bewegen kann. Sie übt dabei die Trägheitskräfte

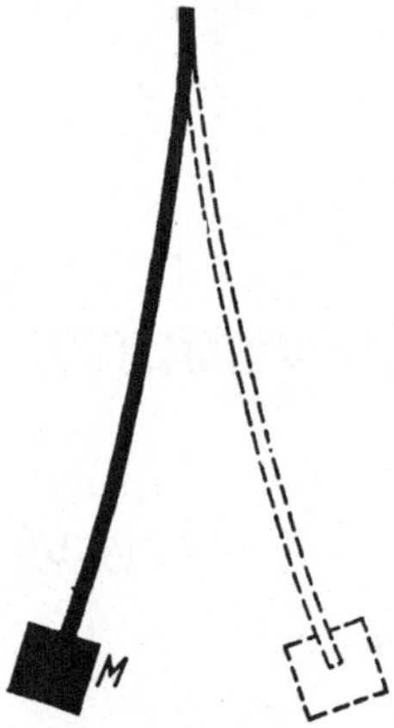

$$-M\frac{d^2x}{dt^2} \quad \text{bzw.} \quad -M\frac{d^2y}{dt^2} \tag{33}$$

auf den Balken aus. Die x- bzw. y-Achse legen wir horizontal und parallel zu den Begrenzungsflächen des Balkens. Die seitliche Verschiebung x bzw. y entspricht dem Biegungspfeil (s. S. 174) in diesen Richtungen, und die Kräfte (33) sind an die Stelle der Kraft K in die Formel (26a) einzusetzen. Wir erhalten dann die beiden Gleichungen

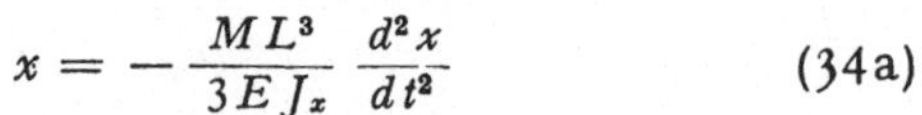

$$x = -\frac{ML^3}{3EJ_x}\frac{d^2x}{dt^2} \tag{34a}$$

$$y = -\frac{ML^3}{3EJ_y}\frac{d^2y}{dt^2}, \tag{34b}$$

welche die Biegungsschwingungen in zwei Richtungen beschreiben. J_x und J_y sind die Biegungsmomente, für welche man

Abb. 44. Biegungsschwingungen eines mit der Masse M belasteten Stabes.

$$J_x = \int_{-\frac{a}{2}}^{\frac{a}{2}}\int_{-\frac{b}{2}}^{\frac{b}{2}} x^2\,dx\,dy = \frac{a^3 b}{12} \quad \text{und} \quad J_y = \int_{-\frac{a}{2}}^{\frac{a}{2}}\int_{-\frac{b}{2}}^{\frac{b}{2}} y^2\,dx\,dy = \frac{a b^3}{12}$$

errechnet. Man erhält zwei Schwingungen mit den Frequenzen

$$\nu_x = \frac{a}{4\pi L}\sqrt{\frac{Eab}{ML}}; \quad \nu_y = \frac{b}{4\pi L}\sqrt{\frac{Eab}{ML}} \tag{35}$$

und das Balkenende beschreibt die LISSAJOUS-Figuren 26 und 28 von S. 124 und 126, die ihnen entsprechen. Ein Balken von quadratischem (oder kreisrundem) Querschnitt führt lineare, kreisförmige oder elliptische Schwingungen aus.

Den Elastizitätsmodul oder Torsionsmodul kann man bequem bestimmen, wenn man die Frequenz von Dehnungs-, Torsions- und Biegungsschwingungen mißt.

IV. Elastische Wellen und Eigenschwingungen.

Im Innern eines ausgedehnten elastischen Mediums werde eine Störung angebracht, welche einen Bewegungsvorgang im Kontinuum auslöst. Dieser ergreift zuerst die Umgebung der Störungsquelle, breitet sich aber dann immer weiter aus und erreicht schließlich die Oberfläche des Mediums. Dieser Ausbreitungsvorgang heißt elastische Welle. An der Oberfläche wird die Welle reflektiert und kehrt ins Innere zurück. Sie durchquert den Körper zum zweitenmal, wird nochmals reflektiert, und schließlich bildet sich ein Bewegungsbild aus, das man kaum noch überblicken kann. Sehr viel einfacher wird der Vorgang durch die Mitwirkung der Reibung. Bei der Ausbreitung wird die Bewegung gedämpft, und wenn der Körper groß genug ist, erreicht sie die Oberfläche gar nicht. Die Reflexion unterbleibt, und es kommt nicht zur Überlagerung der sich ausbreitenden Welle mit der reflektierten und mehrfach reflektierten. Der Vorgang läuft dann so ab, als ob das elastische Medium unendlich ausgedehnt wäre. Die Oberfläche des Körpers ins Unendliche zu rücken, bewirkt ungefähr dasselbe wie die Dämpfung.

§ 1. Fortschreitende Wellen in elastischen Medien.

Inhalt: Die elastischen Wellen setzen sich aus einem quellenfreien (transversalen) und einem wirbelfreien (longitudinalen) Anteil zusammen. Für beide Wellen gilt eine Wellengleichung.

Bezeichnungen: ϱ, G, m Dichte, Schubmodul und Querkontraktionszahl des elastischen Mediums, $\mathfrak{u}$ Verschiebung, c Fortpflanzungsgeschwindigkeit, $\mathfrak{s}$ Fortpflanzungsrichtung, $\mathfrak{r}$ Ortsvektor, x, y, z Ortskoordinaten, Φ Phase, A, $\mathfrak{A}$ Amplitude, ν Frequenz, λ Wellenlänge, χ, $\mathfrak{q}$ skalares und Vektorpotential, Index 1 bezieht sich auf longitudinale, Index 2 auf transversale Wellen.

Um von den elastischen Wellen in unendlichen Kontinuen eine Vorstellung zu bekommen, sehen wir von den äußeren Volumenkräften ab und behalten für die Verschiebung die Gleichung (s. S. 156)

$$\varrho \frac{\partial^2 \mathfrak{u}}{\partial t^2} = G \Delta \mathfrak{u} + \frac{m G}{m-2} \operatorname{grad} \operatorname{div} \mathfrak{u}. \tag{1}$$

Man kann sie wegen

$$\Delta \mathfrak{u} = \operatorname{grad} \operatorname{div} \mathfrak{u} - \operatorname{rot} \operatorname{rot} \mathfrak{u}$$

auch in die Form

$$\varrho \frac{\partial^2 \mathfrak{u}}{\partial t^2} = \frac{2(m-1)}{m-2} G \operatorname{grad} \operatorname{div} \mathfrak{u} - G \operatorname{rot} \operatorname{rot} \mathfrak{u}$$

bringen. Wie jedes Vektorfeld kann man auch $\mathfrak{u}$ aus einem skalaren Potential χ und einem Vektorpotential $\mathfrak{q}$ herleiten, indem man

$$\mathfrak{u} = \operatorname{grad} \chi + \operatorname{rot} \mathfrak{q} \tag{2}$$

schreibt. Bestimmt man χ und $\mathfrak{q}$ aus den Gleichungen

$$\frac{\partial^2 \chi}{\partial t^2} = \frac{2(m-1)}{\varrho(m-2)} G \varDelta \chi \tag{3}$$

$$\frac{\partial^2 \mathfrak{q}}{\partial t^2} = \frac{G}{\varrho} \varDelta \mathfrak{q}, \tag{4}$$

so erfüllt der Ansatz (2) die Bewegungsgleichung (1).

Die Bewegung setzt sich aus einem wirbelfreien Anteil

$$\mathfrak{u}_1 = \operatorname{grad} \chi \tag{2a}$$

und einem quellenfreien

$$\mathfrak{u}_2 = \operatorname{rot} \mathfrak{q} \tag{2b}$$

zusammen. Wegen

$$\operatorname{div} \mathfrak{u}_2 = 0$$

ist diese Teilwelle mit keiner Volumenveränderung verbunden. Die beiden Anteile genügen den Gleichungen

$$\frac{\partial^2 \mathfrak{u}_1}{\partial t^2} = \frac{2(m-1)}{\varrho(m-2)} G \varDelta \mathfrak{u}_1 \tag{5}$$

bzw.

$$\frac{\partial^2 \mathfrak{u}_2}{\partial t^2} = \frac{G}{\varrho} \varDelta \mathfrak{u}_2. \tag{6}$$

Mit den Abkürzungen

$$c_1^2 = \frac{2(m-1)}{\varrho(m-2)} G; \qquad c_2^2 = \frac{G}{\varrho} \tag{7}$$

gelten also für χ, $\mathfrak{q}$, $\mathfrak{u}_1$ und $\mathfrak{u}_2$ und ihre Komponenten Gleichungen vom Typus

$$\frac{\partial^2 \Psi}{\partial t^2} = c^2 \varDelta \Psi, \tag{8}$$

den man als Wellengleichung bezeichnet.

§ 2. Ebene elastische Wellen.

Inhalt: Die quellenfreie elastische Welle ist transversal, die wirbelfreie longitudinal. Die longitudinale Welle pflanzt sich schneller fort als die transversale. Periodische Wellen.
Bezeichnungen: wie S. 179.

Die Wellengleichung wird als Gleichung 2. Ordnung von allen Funktionen befriedigt, die in der Zeit und in den Koordinaten linear sind, also

$$\Phi = \alpha x + \beta y + \gamma z + \delta t \tag{9}$$

lauten. Diese Lösung kommt allerdings für die Bewegungen elastischer Medien nicht in Betracht, weil ein fester Körper nur kleine Verschiebungen erlaubt, Φ aber mit der Zeit beliebig anwächst.

Bilden wir nun eine beliebige Funktion

$$\Psi = f(\Phi) = f(\alpha x + \beta y + \gamma z + \delta t)$$

von Φ, so ist

$$\frac{\partial^2 \Psi}{\partial t^2} = \delta^2 f''; \quad \varDelta \Psi = (\alpha^2 + \beta^2 + \gamma^2) f'',$$

und Ψ ist eine Lösung der Wellengleichung, wenn

$$\delta^2 = (\alpha^2 + \beta^2 + \gamma^2)\, c^2$$

gilt. Betrachten wir α, β und γ als die Richtungskosinus eines Einheitsvektors $\mathfrak{s}$, so muß $\delta = \pm c$ sein, und wir finden den wichtigen Lösungstyp

$$\Psi = f(\alpha x + \beta y + \gamma z \pm c t) = f(\mathfrak{s}\mathfrak{r} \pm c t). \tag{10}$$

Die Funktion f und die Richtung $\mathfrak{s}$ sind ganz beliebig. Wir können uns auf das Minuszeichen beschränken, da das Pluszeichen für die umgekehrte Richtung von $\mathfrak{s}$ von selbst herauskommt.

$$\Phi = \mathfrak{s}\mathfrak{r} - c t \tag{9a}$$

nennt man die Phase von Ψ.

Bewegungsvorgänge, welche dieser Lösung der Wellengleichung entsprechen, heißen ebene Wellen. In jedem Zeitpunkt hat die Phase in jeder zu $\mathfrak{s}$ senkrechten Ebene einen einheitlichen Wert. Halten wir einen Punkt im Raume fest, so ist $\partial\Phi/\partial t = -c$ die Geschwindigkeit, mit welcher die Phase an dieser Stelle wächst. Bewegt sich der betrachtete Punkt selbst, so erhält man beim Differenzieren von (9a) nach der Zeit

$$\frac{d\Phi}{dt} = \mathfrak{s}\frac{d\mathfrak{r}}{dt} - c.$$

Die Phase bleibt konstant, wenn $d\mathfrak{r}/dt$ die Richtung $\mathfrak{s}$ und den Betrag c hat. Die Flächen konstanter Phase wandern also mit der Geschwindigkeit c durch den Raum. c nennt man die Fortpflanzungsgeschwindigkeit der Welle oder genauer die Phasengeschwindigkeit.

Jetzt können wir Ψ mit χ identifizieren und erhalten die wirbelfreie Verschiebung

$$\mathfrak{u}_1 = \operatorname{grad} f(\Phi) = f' \operatorname{grad} \Phi = \mathfrak{s} f'. \tag{11}$$

Sie hat dieselbe Richtung $\mathfrak{s}$ wie die Fortpflanzung der Welle. Diesen Vorgang nennt man eine longitudinale elastische Welle. Legen wir die z-Achse in die Richtung von $\mathfrak{s}$, so ist

$$\Phi = z - c_1 t$$

und

$$\mathfrak{u}_1 = \mathfrak{k} f'(z - c_1 t).$$

Die Abb. 45, in welcher $f'(z)$ gegen z aufgetragen ist, zeigt ein anschauliches Bild dieser Bewegung. Die Ordinate gibt die Verschiebung zur Zeit $t = 0$ an der Stelle z an, welche allerdings in der z-Richtung selbst und nicht wie in der Zeichnung senkrecht dazu erfolgt. Die Abbildung stellt gewissermaßen ein

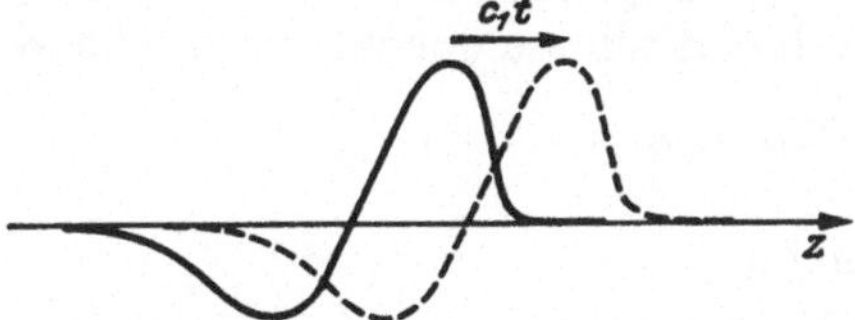

Abb. 45. Mit der Geschwindigkeit c_1 fortschreitende Welle. Ausgezogene Kurve: f' zur Zeit $t = 0$; punktierte Kurve: f' zur Zeit t.

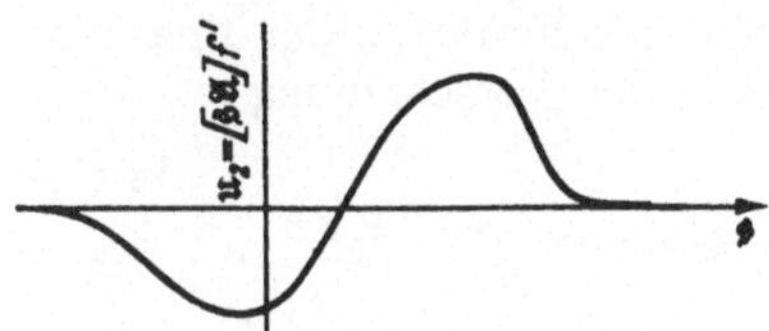

Abb. 46. Momentbild der Verschiebung einer Transversalwelle.

Momentbild des Verschiebungszustandes dar. Zur Zeit t ist die Kurve um das Stück $c_1 t$ nach rechts gerückt. Ein bestimmter, durch $f'(z)$ gekennzeichneter Verschiebungszustand bewegt sich also mit der Geschwindigkeit c_1 in der z-Richtung fort.

Die longitudinale Welle ist mit einer Volumendilatation

$$\Theta = \operatorname{div} \mathfrak{u}_1 = \operatorname{div}(\mathfrak{s} f') = (\mathfrak{s} \operatorname{grad} f') = f'' \tag{12}$$

verbunden. In der Abb. 45, wo schon f' eingezeichnet ist, haben wir eine Ausdehnung, wo die Kurve steigt, eine Kompression, wo sie fällt. Es wandern also Schichten der Verdünnung und Verdichtung mit der Geschwindigkeit c_1 durch den Körper.

Faßt man eine bestimmte Stelle ins Auge, so treten dort die in der Abbildung dargestellten Verschiebungen nacheinander ein. Trägt man als Abszisse $-c_1 t$ statt z auf, so wird an jedem Punkt des Raumes die Kurve im Laufe der Zeit von rechts nach links durchlaufen. Die Abb. 45 kann also auch als Registrierung der Verschiebung an einem festen Orte aufgefaßt werden.

Die Gleichung (4) kann durch

$$\mathfrak{q} = \mathfrak{A}\,\Psi = \mathfrak{A}\, f(\mathfrak{s}\,\mathfrak{r} - c_2 t) \tag{13}$$

befriedigt werden, wenn $\mathfrak{A}$ ein im ganzen Raum konstanter Vektor ist. Wir erhalten daraus eine ebene elastische Welle

$$\mathfrak{u}_2 = \operatorname{rot} \mathfrak{A} f = -[\mathfrak{A} \operatorname{grad} f] = [\mathfrak{s}\,\mathfrak{A}] f'. \tag{14}$$

Die Richtung der Verschiebung steht jetzt auf der Fortpflanzungsrichtung $\mathfrak{s}$ senkrecht, die Welle ist transversal. Betrag und Richtung der Verschiebung einer Transversalwelle wird durch die Abb. 46 wiedergegeben. Eine transversale Welle ist quellenfrei und nicht mit Verdichtungen oder Verdünnungen verknüpft.

Die Fortpflanzungsgeschwindigkeit der longitudinalen Welle ist immer größer als die der transversalen. Das Verhältnis beider Geschwindigkeiten ist

$$\frac{c_1}{c_2} = \sqrt{\frac{2(m-1)}{m-2}}. \tag{15}$$

Wegen ihrer Einfachheit eignen sich die ebenen Wellen sehr zur Veranschaulichung der Wellenvorgänge überhaupt. Sie in einem Medium wirklich entstehen zu lassen, ist nicht ganz leicht. Zu diesem Zweck müßte man in einer bestimmten Ebene überall dieselben Verschiebungen in solchem zeitlichen Rhythmus vornehmen, wie er durch die Funktion f' vorgeschrieben ist. Praktisch kann man das natürlich nur an einem endlichen Flächenstück ausführen. Ein derartiger Eingriff würde ebene Wellen auslösen, die von der Störebene nach beiden Seiten in das Medium hineinlaufen. Den meisten wirklichen Vorgängen wäre eine Welle besser angepaßt, welche nicht von einer Ebene ausgeht, sondern von einem Punkt. Solche Wellen werden Kugelwellen genannt.

Die wichtigsten elastischen Wellen sind die periodischen, bei denen f eine periodische Funktion der Phase ist. Eine longitudinale ebene periodische Welle ist mit der Verschiebung

$$\mathfrak{u}_1 = \mathfrak{s} A\, e^{\frac{2\pi i}{\lambda_1}(\mathfrak{s}\mathfrak{r} - c_1 t)}, \tag{16}$$

eine transversale Welle mit der Verschiebung

$$\mathfrak{u}_2 = [\mathfrak{s}\,\mathfrak{A}]\, e^{\frac{2\pi i}{\lambda_2}(\mathfrak{s}\mathfrak{r} - c_2 t)} \tag{16a}$$

verbunden. Die Größe

$$\nu = \frac{c_1}{\lambda_1} \quad \text{bzw.} \quad \nu = \frac{c_2}{\lambda_2} \tag{17}$$

ist die Frequenz, λ_1 bzw. λ_2 sind die Wellenlängen. Die Verschiebung wiederholt sich nach der Strecke λ in der Fortpflanzungsrichtung. A und $\mathfrak{A}$ können auch komplex sein. Man kann dann

$$A = |A|\, e^{i\delta}$$

in seinen Betrag $|A|$ und den Phasenfaktor $e^{i\delta}$ aufspalten, während $\mathfrak{A}$ zunächst in zwei Anteile, die zueinander und zur Fortpflanzungsrichtung $\mathfrak{s}$ senkrecht sind, zerlegt werden kann. Spaltet man jeden von ihnen noch in Betrag und Phasenfaktor, so erhält man

$$\mathfrak{A} = \mathfrak{a}_1 A_1 e^{i\gamma_1} + \mathfrak{a}_2 A_2 e^{i\gamma_2}, \tag{18}$$

wo $\mathfrak{a}_1$ und $\mathfrak{a}_2$ zwei zu $\mathfrak{s}$ und zueinander senkrechte Einheitsvektoren sind. $|A|$, A_1 und A_2 nennt man die Amplituden. Gelegentlich werden auch A und $\mathfrak{A}$ als komplexe Amplituden bezeichnet.

Es ist bemerkenswert, daß die Fortpflanzungsgeschwindigkeit der longitudinalen Welle größer ist als die der transversalen. Bei gleicher Frequenz ist deshalb die longitudinale Wellenlänge größer als die transversale. Die Richtung des Vektors $\mathfrak{A}$ der Transversalwelle heißt Polarisationsrichtung. Transversale elastische Wellen zeigen ähnliche Polarisationserscheinungen wie das Licht.

§ 3. Elastische Kugelwellen.

Die Ausbreitung einer Welle von einem Punkte aus beschreibt man am besten in sphärischen Polarkoordinaten. In ihnen nimmt die Wellengleichung die Gestalt

$$\frac{\partial^2 \Psi}{\partial t^2} = c^2 \left\{ \frac{1}{r^2} \frac{\partial}{\partial r} r^2 \frac{\partial \Psi}{\partial r} + \frac{1}{r^2 \sin\vartheta} \frac{\partial}{\partial \vartheta} \sin\vartheta \frac{\partial \Psi}{\partial \vartheta} + \frac{1}{r^2 \sin^2\vartheta} \frac{\partial^2 \Psi}{\partial \varphi^2} \right\} \tag{19}$$

an. Wir suchen zuerst eine Funktion Ψ, die nicht von den Winkeln abhängt, und erhalten für sie einfache Bedingungsgleichung

$$\frac{\partial^2 \Psi}{\partial t^2} = \frac{c^2}{r^2} \frac{\partial}{\partial r} r^2 \frac{\partial \Psi}{\partial r}. \tag{19a}$$

Sie kann durch

$$\Psi = \frac{1}{r} f(r - c\,t) \tag{19b}$$

befriedigt werden.

Die Flächen konstanter Phase sind jetzt Kugeln um den Koordinatenanfang, welche sich mit der Geschwindigkeit c nach außen ausbreiten. Identifizieren wir Ψ mit χ (s. S. 179), so gelangen wir zu der longitudinalen Welle

$$\mathfrak{u}_1 = \operatorname{grad} \Psi = \mathfrak{r}^0 \frac{d}{dr} \frac{f}{r} = \mathfrak{r}^0 \left(\frac{f'}{r} - \frac{f}{r^2} \right). \tag{20}$$

Die Verschiebungen liegen in radialer Richtung ($\mathfrak{r}^0$), also in der Richtung der Wellenfortpflanzung. In großer Entfernung vom Wellenzentrum, von dem die Welle ausgeht, nimmt die Verschiebung wie $1/r$ ab. Hat man eine bestimmte Funktion $f(r - ct)$ gewählt, so ist der zeitliche Verlauf der Verschiebung auf einer Kugel vom Radius R durch

$$\mathfrak{u}_1(R, t) = \mathfrak{r}^0 \left(\frac{f'(R - c_1 t)}{R} - \frac{f(R - c_1 t)}{R^2} \right) \tag{20a}$$

völlig bestimmt. Wenn man aus einem Medium eine Kugel von diesem Radius ausschneidet und auf ihr die Verschiebungen (20a) erzeugt, so breitet sich die Welle (20) in dem Medium aus.

Wir untersuchen genauer eine periodische Welle, für die wir den Ansatz

$$f = A\, e^{\frac{2\pi i}{\lambda}(r - c_1 t)} = A\, e^{2\pi i \nu \left(\frac{r}{c_1} - t\right)}$$

machen, von dem entweder der Realteil oder der Imaginärteil Verwendung finden kann. Dann ist

$$\mathfrak{u}_1 = \frac{\mathfrak{r}^0 A}{r}\left(\frac{2\pi i}{\lambda} - \frac{1}{r}\right) e^{\frac{2\pi i}{\lambda}(r-c_1 t)} \tag{20b}$$

Auf der Kugel R muß man die Verschiebung

$$\mathfrak{u}_1(R, t) = \frac{\mathfrak{r}^0 A}{R}\left(\frac{2\pi i}{\lambda} - \frac{1}{R}\right) e^{\frac{2\pi i}{\lambda}(R-c_1 t)} \tag{20c}$$

anbringen, welche eine periodische Funktion der Zeit von der Frequenz $\nu = c_1/\lambda$ ist. Diese Verschiebung könnte man durch eine Schwingung einer Kugel vom Radius R zuwege bringen, die man in das Medium einbettet.

Beim Vergleichen von (20b) und (20c) finden wir

$$\mathfrak{u}_1 = \mathfrak{u}_1(R)\frac{R^2(2\pi i r - \lambda)}{r^2(2\pi i R - \lambda)} e^{\frac{2\pi i}{\lambda}(r-R)}$$

Die Amplitude der Welle nimmt mit r wie

$$\frac{R^2}{r^2}\left|\frac{2\pi i r - \lambda}{2\pi i R - \lambda}\right| = \frac{R^2}{r^2}\sqrt{\frac{4\pi^2 r^2 + \lambda^2}{4\pi^2 R^2 + \lambda^2}}$$

ab. Sind R und r beide groß gegen λ, so gilt näherungsweise

$$\mathfrak{u}_1 = \frac{R}{r}\mathfrak{u}_1(R) e^{\frac{2\pi i}{\lambda}(r-R)}$$

Ist R klein und r groß gegen λ, so erhalten wir

$$\mathfrak{u}_1 = -\mathfrak{u}_1(R)\frac{2\pi i R^2}{r\lambda} e^{\frac{2\pi i}{\lambda}(r-R)}$$

Ebenso wie Ψ genügen auch die Komponenten

$$u_{1x} = \sin\vartheta\cos\varphi\left(\frac{f'}{r} - \frac{f}{r^2}\right) = \frac{x}{r}\left(\frac{f'}{r} - \frac{f}{r^2}\right)$$

$$u_{1y} = \sin\vartheta\sin\varphi\left(\frac{f'}{r} - \frac{f}{r^2}\right) = \frac{y}{r}\left(\frac{f'}{r} - \frac{f}{r^2}\right)$$

$$u_{1z} = \cos\vartheta\left(\frac{f'}{r} - \frac{f}{r^2}\right) = \frac{z}{r}\left(\frac{f'}{r} - \frac{f}{r^2}\right)$$

von $\mathfrak{u}_1$ der Gl. (19) und können daher an die Stelle von Ψ treten. Damit sind 3 winkelabhängige Funktionen Ψ gewonnen, aus denen neue Verschiebungen $\mathfrak{u}_1$ gebildet werden können. Auf diesem Wege lassen sich sukzessiv Wellen mit komplizierter Winkelabhängigkeit aufbauen (s. hierzu auch S. 291, Schallabstrahlung).

Eine transversale Welle finden wir durch den Ansatz

$$\mathfrak{q} = \mathfrak{A}\Psi, \tag{21}$$

wo $\mathfrak{A}$ ein konstanter Vektor ist. Dann ergibt sich die transversale Verschiebung

$$\mathfrak{u}_2 = \operatorname{rot}\mathfrak{A}\Psi = -[\mathfrak{A}\operatorname{grad}\Psi] = [\mathfrak{r}^0\mathfrak{A}]\frac{d}{dr}\frac{f}{r} = [\mathfrak{r}^0\mathfrak{A}]\left(\frac{f'}{r} - \frac{f}{r^2}\right). \tag{22}$$

Sie steht überall auf der Fortpflanzungsrichtung und dem konstanten Vektor $\mathfrak{A}$ senkrecht. Die Bewegung besteht darin, daß jede Kugelfläche in dem Medium eine Drehung um den Vektor $\mathfrak{A}$ erfährt. Ihr Betrag

$$\frac{|\mathfrak{A}|}{r}\frac{d}{dr}\frac{f}{r}$$

ändert sich mit der Zeit. Man kann die transversale Welle deshalb erzeugen, wenn man eine Kugel in das Medium einbettet und in einem bestimmten Rhythmus dreht. Im übrigen kann man alle Überlegungen genau wie bei der longitudinalen Welle durchführen.

Elastische Wellen werden zuweilen auch als Schallwellen bezeichnet. Diesen Ausdruck wollen wir aber für Wellen in Luft oder Wasser vorbehalten.

§ 4. Die Reflexion elastischer Wellen an den Grenzflächen zweier Medien.

Inhalt: Gesetze für Reflexion und Eindringen bei senkrechtem Auffall.

Bezeichnungen: $\mathfrak{u}$ Verschiebung, A Amplitude der Welle, ν Frequenz, c Fortpflanzungsgeschwindigkeit, β_{xz}, β_{xy} Komponenten der Verzerrung, τ_{xz}, τ_{xy} Komponenten der Spannung, G Schubmodul, m Querkontraktionszahl, ϱ Dichte.

Der Index 1 gehört zur longitudinalen, der Index 2 zur transversalen Welle. Die reflektierte Welle ist durch einen Apostroph, die eindringende Welle durch zwei Apostrophe gekennzeichnet.

An einer ebenen Grenzfläche, die wir zur xy-Ebene machen, mögen zwei elastische Medien zusammenstoßen. Aus dem ersten Medium falle eine longitudinale Welle senkrecht ein. Sie bringt an der Grenzfläche Verschiebungen in der z-Richtung hervor, die Anlaß zu zwei neuen Wellen sind, welche von der Grenzschicht ausgehen. Die eine von ihnen wird ins erste Medium reflektiert, die andere tritt ins zweite Medium ein. In der xy-Ebene müssen beide Medien dieselben Verschiebungen erfahren. Der Spannungsvektor auf beiden Seiten der Grenzfläche muß derselbe sein, da die Medien an ihrer Berührungsfläche aufeinander nur Kraft und Gegenkraft übertragen.

Ohne besondere Untersuchung nehmen wir an, daß alle drei Wellen dieselbe Frequenz haben und sich senkrecht zur Grenzfläche fortpflanzen. Wir können dann die Ansätze

$$\begin{aligned} \mathfrak{u}_1 &= \mathfrak{k} A e^{2\pi i \nu\left(\frac{z}{c_1}-t\right)} \\ \mathfrak{u}_1' &= -\mathfrak{k} A' e^{2\pi i \nu\left(\frac{-z}{c_1}-t\right)} \\ \mathfrak{u}_1'' &= \mathfrak{k} A'' e^{2\pi i \nu\left(\frac{z}{c_1''}-t\right)} \end{aligned} \tag{23}$$

für die einfallende, reflektierte und eindringende Welle machen. Aus der Grenzbedingung für $z = 0$

$$\mathfrak{u}_1 + \mathfrak{u}_1' = \mathfrak{u}_1'' \tag{24}$$

ergibt sich sofort

$$A - A' = A'' \tag{25}$$

Sind $\mathfrak{S}$, $\mathfrak{S}'$ und $\mathfrak{S}''$ die Spannungen, die von den einzelnen Wellen herrühren, so lautet die zweite Randbedingung

$$\mathfrak{k}\mathfrak{S} + \mathfrak{k}\mathfrak{S}' = \mathfrak{k}\mathfrak{S}'' \tag{26}$$

oder in Komponenten

$$\mathfrak{i}(\tau_{xz} + \tau_{xz}' - \tau_{xz}'') + \mathfrak{j}(\tau_{yz} + \tau_{yz}' - \tau_{yz}'') + \mathfrak{k}(\tau_{zz} + \tau_{zz}' - \tau_{zz}'') = 0. \tag{26a}$$

Die Komponenten der Verzerrung verschwinden alle außer

$$\begin{aligned} \beta_{zz} &= \frac{\partial u_z}{\partial z} = \frac{2\pi i \nu}{c_1} A e^{2\pi i \nu\left(\frac{z}{c_1}-t\right)} \\ \beta_{zz}' &= \frac{\partial u_z'}{\partial z} = \frac{2\pi i \nu}{c_1} A' e^{2\pi i \nu\left(-\frac{z}{c_1}-t\right)} \\ \beta_{zz}'' &= \frac{\partial u_z''}{\partial z} = \frac{2\pi i \nu}{c_1''} A'' e^{2\pi i \nu\left(\frac{z}{c_1''}-t\right)} \end{aligned} \tag{27}$$

und wir erhalten nach S. 154 die Spannungskomponenten

$$\begin{aligned}
\tau_{zz} &= \frac{4\pi i \nu G(m-1)}{c_1(m-2)} A\, e^{2\pi i \nu\left(\frac{z}{c_1}-t\right)} \\
\tau'_{zz} &= \frac{4\pi i \nu G(m-1)}{c_1(m-2)} A'\, e^{2\pi i \nu\left(\frac{-z}{c_1}-t\right)} \\
\tau''_{zz} &= \frac{4\pi i \nu G''(m''-1)}{c''_1(m''-2)} A''\, e^{2\pi i \nu\left(\frac{z}{c_1''}-t\right)}.
\end{aligned} \tag{27a}$$

Die Randbedingung (26a) für $z = 0$ reduziert sich auf

$$\tau_{zz} + \tau'_{zz} - \tau''_{zz} = 0, \tag{26b}$$

weil die gemischten Komponenten verschwinden. Setzen wir die Werte ein, so ergibt sich

$$\frac{G(m-1)}{c_1(m-2)}(A+A') = \frac{G''(m''-1)}{c''_1(m''-2)} A'' \tag{28}$$

und mit Rücksicht auf (7)

$$\varrho\, c_1(A + A') = \varrho''\, c''_1\, A''. \tag{28a}$$

Mit Hilfe von (25) berechnen wir daraus

$$A' = \frac{-1 + \frac{\varrho''\, c''_1}{\varrho\, c_1}}{1 + \frac{\varrho''\, c''_1}{\varrho\, c_1}} A; \qquad A'' = \frac{2A}{1 + \frac{\varrho''\, c''_1}{\varrho\, c_1}}. \tag{28b}$$

Vollständige Reflexion findet statt, wenn

$$\frac{\varrho''\, c''_1}{\varrho\, c_1} = \sqrt{\frac{G''\, \varrho''(m''-1)(m-2)}{G\, \varrho(m-1)(m''-2)}} \tag{29}$$

verschwindet oder unendlich ist, gar keine Reflexion, wenn dieser Ausdruck gleich 1 wird.

Eine freie Oberfläche reflektiert gut, weil in der angrenzenden Luft oder im Vakuum näherungsweise $G'' = 0$ und $\varrho'' = 0$ gilt. An einer festen Einspannung findet ebenfalls vollständige Reflexion statt, da die Festigkeit ja nur darauf beruhen kann, daß die Einspannvorrichtung entweder ein sehr starres $(G'' = \infty)$ oder ein sehr schweres $(\varrho'' = \infty)$ Medium ist. Auch an einem inkompressiblen Medium $(m'' = 2)$ ist die Reflexion vollständig, und es dringt keine longitudinale Welle ein. Dies sind die Gründe, weshalb Schallwellen aus der Luft nur sehr schwer in feste Körper eindringen und auch der Übergang mit umgekehrter Richtung kaum stattfindet.

Läuft eine transversale Welle auf eine Grenzfläche zu, so sind die Verhältnisse ganz ähnlich. Die einfallende, reflektierte und eindringende Welle werden durch

$$\begin{aligned}
\mathfrak{u}_2 &= (\mathfrak{j}\, A_x - \mathfrak{i}\, A_y)\, e^{2\pi i \nu\left(\frac{z}{c_2}-t\right)} \\
\mathfrak{u}'_2 &= (-\mathfrak{j}\, A'_x + \mathfrak{i}\, A'_y)\, e^{2\pi i \nu\left(-\frac{z}{c_2}-t\right)} \\
\mathfrak{u}''_2 &= (\mathfrak{j}\, A''_x - \mathfrak{i}\, A''_y)\, e^{2\pi i \nu\left(\frac{z}{c_2''}-t\right)}
\end{aligned} \tag{30}$$

beschrieben. In der Grenzschicht verursachen die drei Wellen die Verzerrung

$$\beta_{xz} = -\frac{i\pi\nu}{c_2} A_y e^{-2\pi i\nu t}; \quad \beta_{yz} = \frac{i\pi\nu}{c_2} A_x e^{-2\pi i\nu t}$$
$$\beta'_{xz} = -\frac{i\pi\nu}{c_2} A'_y e^{-2\pi i\nu t}; \quad \beta'_{yz} = \frac{i\pi\nu}{c_2} A'_x e^{-2\pi i\nu t} \tag{31}$$
$$\beta''_{xz} = -\frac{i\pi\nu}{c''_2} A''_y e^{-2\pi i\nu t}; \quad \beta''_{yz} = \frac{i\pi\nu}{c''_2} A''_x e^{-2\pi i\nu t}$$

deren andere Komponenten verschwinden. Damit die Verschiebung auf beiden Seiten dieselbe ist, muß

$$A_x - A'_x = A''_x; \quad A_y - A'_y = A''_y \tag{32}$$

gelten. Die Gleichheit der Spannungsvektoren (26a) an der Grenzfläche verlangt

$$\tau_{xz} + \tau'_{xz} = \tau''_{xz}; \quad \tau_{yz} + \tau'_{yz} = \tau''_{yz}. \tag{33}$$

Mit Rücksicht auf die Gl. (16a), S. 154, und (7) von S. 180 geht hieraus

$$\varrho c_2 (A_y + A'_y) = \varrho'' c''_2 A''_y; \quad \varrho c_2 (A_x + A'_x) = \varrho'' c''_2 A''_x$$

hervor. Mit Hilfe von (32) berechnen wir

$$A'_y = \frac{-1 + \frac{\varrho'' c''_2}{\varrho c_2}}{1 + \frac{\varrho'' c''_2}{\varrho c_2}} A_y; \quad A''_y = \frac{2A_y}{1 + \frac{\varrho'' c''_2}{\varrho c_2}} \tag{34}$$

und entsprechende Ausdrücke für A'_x und A''_x.

Vollständige Reflexion tritt ein, wenn

$$\frac{\varrho'' c''_2}{\varrho c_2} = \sqrt{\frac{\varrho'' G''}{\varrho G}} \tag{35}$$

entweder 0 oder unendlich ist, d. h. wenn G'' oder ϱ'' verschwinden oder unendlich sind. An freien Oberflächen und an Grenzflächen gegen sehr schwere oder sehr starre Medien werden Transversalwellen fast vollständig reflektiert.

Fallen die Wellen schräg auf die Grenzfläche oder ist diese gekrümmt, so wird ebenfalls ein Teil reflektiert, und ein anderer Teil der Welle dringt ein. In diesem allgemeinen Fall bewirkt aber eine longitudinale Welle die Reflexion zweier Wellen, einer transversalen und einer longitudinalen. Auch eine einfallende Transversalwelle kann die Reflexion eines longitudinalen Anteils zur Folge haben.

§ 5. Stehende Wellen.

Inhalt: Die Entstehung einer stehenden Welle durch mehrfache Reflexion.

Bezeichnungen: u Verschiebung, A Amplitude, ν Frequenz, λ Wellenlänge, c Fortpflanzungsgeschwindigkeit der Welle, η Reflexionsvermögen, d Plattendicke.

Infolge der geringen, aber unvermeidlichen Reibungskräfte wird eine Welle bei ihrer Ausbreitung geschwächt. Die Schwächung besteht darin, daß die Amplitude einer ebenen Welle abnimmt und die einer Kugelwelle sich stärker als $1/r$ verkleinert. Wellen, die schon einen großen Weg zurückgelegt haben, erlöschen allmählich.

Die Reibung ist der Grund, weshalb in einem sehr ausgedehnten Medium überhaupt fortschreitende Wellen beobachtet werden können. Wäre nämlich keine Dämpfung vorhanden, so müßte jede Welle die Oberfläche erreichen, dort reflektiert werden, das Medium ein zweites Mal durchqueren, bis sie wieder die Oberfläche trifft und sich das Spiel durch nochmalige Reflexion wiederholt. Dabei würde sich ein komplizierter Bewegungszustand des Körpers herausbilden. Wird die Welle aber auf dem Weg zur Oberfläche und zurück so sehr geschwächt, daß sie nicht mehr merklich ist, so können wir in der Nähe der Erzeugungsstätte von fortschreitenden Wellen sprechen. Der tatsächlich ablaufende Vorgang wird dann viel besser beschrieben, wenn man sich das Medium unendlich ausgedehnt denkt und den Vorgang als fortschreitende Welle auffaßt, als wenn man die reflektierte Welle berücksichtigt, aber die Dämpfung vernachlässigt. Einen großen Körper als unendlich groß anzusehen, ist in gewissem Sinn ein einfacher Ersatz für die vernachlässigten Reibungskräfte.

In Körpern von nur kleinen Ausmaßen geben die reflektierten und mehrfach reflektierten Wellen zu eigenartigen Bewegungsformen Anlaß. Als Beispiel betrachten wir eine longitudinale Welle, die sich quer durch eine ebene Platte von der Dicke d fortpflanzt. Die ursprüngliche Welle

$$\mathfrak{u} = \mathfrak{k} A e^{2\pi i \nu \left(\frac{z}{c} - t\right)} \tag{36}$$

hat die reflektierte[1] Welle

$$\mathfrak{u}' = \pm \mathfrak{k} \eta A e^{2\pi i \nu \left(\frac{2d-z}{c} - t\right)}, \tag{36a}$$

diese die doppelt reflektierte

$$\mathfrak{u}'' = \mathfrak{k} \eta^2 A e^{2\pi i \nu \left(\frac{2d+z}{c} - t\right)} \tag{36b}$$

usw. zur Folge. η ist ein Faktor, der das Reflexionsvermögen der Oberfläche angibt. Sein Wert ergibt sich aus (28b). Der Bewegungszustand im Medium wird durch

$$\begin{aligned} &\mathfrak{u} + \mathfrak{u}' + \mathfrak{u}'' + \cdots \\ &= \mathfrak{k} A e^{-2\pi i \nu t} \left\{ e^{\frac{2\pi i \nu z}{c}} \left(1 + \eta^2 e^{\frac{4\pi i \nu d}{c}} + \eta^4 e^{\frac{8\pi i \nu d}{c}} + \cdots\right) \right. \\ &\qquad \left. \pm \eta e^{\frac{2\pi i \nu (2d-z)}{c}} \left(1 + \eta^2 e^{\frac{4\pi i \nu d}{c}} + \eta^4 e^{\frac{8\pi i \nu d}{c}} + \cdots\right) \right\} \\ &= \frac{\mathfrak{k} A e^{-2\pi i \nu t}}{1 - \eta^2 e^{\frac{4\pi i \nu d}{c}}} \left\{ e^{\frac{2\pi i \nu z}{c}} \pm \eta e^{\frac{2\pi i \nu (2d-z)}{c}} \right\} \end{aligned} \tag{37}$$

dargestellt. Wenn die doppelte Plattendicke ein Vielfaches der Wellenlänge ist, gilt

$$d = \frac{n\lambda}{2} = \frac{n c}{2\nu}, \tag{38}$$

und wir erhalten

$$\sum \mathfrak{u} = \frac{\mathfrak{k} A e^{-2\pi i \nu t}}{1 - \eta^2} \left\{ e^{\frac{2\pi i \nu z}{c}} \pm \eta e^{-\frac{2\pi i \nu z}{c}} \right\}.$$

Bei ziemlich vollständiger Reflexion ($\eta \approx 1$) kommt dies dem Ausdruck

$$\sum \mathfrak{u} = \frac{2\mathfrak{k} A}{1 - \eta^2} e^{-2\pi i \nu t} \begin{matrix} \cos \\ i \sin \end{matrix} 2\pi \frac{z}{\lambda} \tag{37a}$$

sehr nahe[2]. Diese Bewegung bedeutet eine Schwingung der Platte im ganzen, deren Amplitude im Verhältnis zur ursprünglichen Anregungsursache der Welle

[1] Das $+$-Zeichen für freie, das $-$-Zeichen für feste Oberfläche.

[2] cos für freie, sin für feste Oberfläche.

sehr groß ist. An verschiedenen Stellen schwingt die Platte verschieden weit aus. In der Abb. 47 ist das Schwingungsbild für $n = 1, 2, 3$ gezeichnet. Die Schwingung, die sich in der Platte ausbildet, nennt man eine stehende Welle. Sie ist an die Frequenzen gebunden, die durch die Beziehung (38) festgelegt sind.

Die Eigentümlichkeit der stehenden Welle besteht darin, daß ihre Amplitude unverhältnismäßig groß gegen die Wellenanregung A ist, wenn die Reflexion vollständig und die Dämpfung unbeachtlich ist. Unter diesen Bedingungen kann die Schwingung in der Platte auch ohne äußere Anregung längere Zeit bestehen und kommt nur allmählich durch die Dämpfung zur Ruhe. Sie ist eine ausgezeichnete Bewegungsform der Platte und wird als Eigenschwingung bezeichnet.

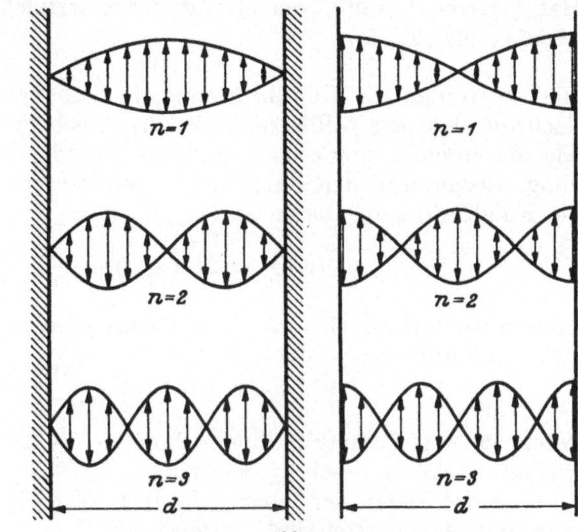

Abb. 47.
Stehende Wellen in einer Platte.
Links feste, rechts freie Oberfläche.

V. Eigenschwingungen elastischer Körper.

Inhalt: Differentialgleichungen und Randbedingungen für die Eigenschwingungen elastischer Körper.

Bezeichnungen: $\mathfrak{u}$ Verschiebung, ν Frequenz, ϱ Dichte, G Schubmodul, m Querkontraktionszahl, $\mathfrak{S}$, $\mathfrak{Z}$ Spannungs- und Verzerrungstensor, Θ Volumendilatation.

Besonders interessant sind diejenigen Bewegungen eines elastischen Körpers, bei denen er als Ganzes synchron schwingt. Die Verschiebungen verändern sich dann überall im gleichen Rhythmus periodisch mit der Zeit, die Amplitude wechselt von Ort zu Ort. Eine solche Schwingung heißt Eigenschwingung. Man kann sie durch den Ansatz

$$\mathfrak{u} = \mathfrak{u}_1 e^{2\pi i \nu t} + \mathfrak{u}_0 \tag{1}$$

beschreiben, wobei ν die Frequenz und $\mathfrak{u}_1$ und $\mathfrak{u}_0$ nur vom Ort abhängige Vektorfelder bedeuten.

Wir wollen zuerst die Frage untersuchen, unter welchen Bedingungen derartige Bewegungen überhaupt möglich sind. Wenn keine äußeren Volumenkräfte wirken, wird die Bewegungsgleichung (20) (s. S. 156)

$$\varrho \frac{\partial^2 \mathfrak{u}}{\partial t^2} = G \Delta \mathfrak{u} + \frac{G m}{m-2} \operatorname{grad} \operatorname{div} \mathfrak{u} \tag{2}$$

von (1) erfüllt, wenn $\mathfrak{u}_1$ der Gleichung

$$G \Delta \mathfrak{u}_1 + \frac{G m}{m-2} \operatorname{grad} \operatorname{div} \mathfrak{u}_1 + 4\pi^2 \nu^2 \varrho\, \mathfrak{u}_1 = 0 \tag{3}$$

und $\mathfrak{u}_0$ der Gleichung

$$G \Delta \mathfrak{u}_0 + \frac{G m}{m-2} \operatorname{grad} \operatorname{div} \mathfrak{u}_0 = 0 \tag{4}$$

genügt.

Außer den Bewegungsgleichungen müssen noch die Randbedingungen untersucht werden. Ist der Rand fest eingespannt, so sind auf ihm zeitlich unveränderliche Werte der Verschiebung vorgeschrieben, die wir mit $\mathfrak{u}_R$ bezeichnen. Hat (3) eine Lösung, welche auf der Oberfläche verschwindet, und (4) eine Lösung, für die dort

$$\mathfrak{u}_0 = \mathfrak{u}_R \tag{5}$$

gilt, so werden die Randbedingungen auch von (1) befriedigt. Ist die Oberfläche des Körpers völlig frei, d. h. nirgends befestigt, eingeklemmt, eingespannt oder durch ein angrenzendes Medium behindert, so gibt es auf ihr keine Spannung. Bedeutet $\mathfrak{n}$ den nach außen gerichteten Einheitsvektor, so ergibt dies die Randbedingung [nach Gl. (16), S. 154]

$$(\mathfrak{n}\mathfrak{S}) = 2G(\mathfrak{n}\mathfrak{B}) + \frac{2G\,\Theta}{m-2}\,\mathfrak{n} = 0. \tag{6}$$

Führen wir mit Gl. (10) von S. 140 statt $\mathfrak{B}$ die Verschiebung ein, so unterliegt diese der Forderung

$$(\mathfrak{n}\nabla)\,\mathfrak{u} + \nabla(\mathfrak{n}\,\mathfrak{u}) + \frac{2\mathfrak{n}}{m-2}\operatorname{div}\mathfrak{u} = 0. \tag{6a}$$

Wenn wir eine Lösung $\mathfrak{u}_1$ finden können, welche (3) und diese Bedingung befriedigt, so können wir $\mathfrak{u}_0 = 0$ setzen.

Sind auf Teilen der Oberfläche feste Verschiebungen vorgeschrieben, während andere Teile frei sind, so muß eine Lösung der Gl. (4) gefunden werden, die auf den eingespannten Oberflächenstücken $\mathfrak{u}_0 = \mathfrak{u}_R$ gibt und auf den freien Teilen der Oberfläche verschwindet. Dazu kommt eine Lösung von (3), die auf den eingespannten Oberflächenstücken verschwindet und auf den freien (6a) genügt.

Das Aufsuchen der Lösung von (4) erfordert augenscheinlich die Behandlung eines Gleichgewichtsproblems, womit wir uns hier nicht befassen wollen. Es kommt dann nur noch auf die Lösung der Differentialgleichung (3) für $\mathfrak{u}_1$ an, deren Randbedingung an den eingespannten Oberflächen $\mathfrak{u}_1 = 0$ und an der freien Oberfläche

$$(\mathfrak{n}\nabla)\,\mathfrak{u}_1 + \nabla(\mathfrak{n}\,\mathfrak{u}_1) + \frac{2\mathfrak{n}}{m-2}\operatorname{div}\mathfrak{u}_1 = 0$$

lautet.

Diese Aufgabe bezeichnet man als das zu dem Schwingungsproblem gehörende Eigenwertproblem.

Die Randbedingungen sind aber im allgemeinen mit keiner Lösung der Gl. (3) vereinbar, sondern können nur erfüllt werden, wenn die Frequenz ganz bestimmte Werte ν_n annimmt, welche man Eigenfrequenzen nennt. Die zu ihnen gehörigen Funktionen $\mathfrak{u}_n$ heißen ausgezeichnete oder Eigenfunktionen, und die ihnen entsprechenden Schwingungen sind die Eigenschwingungen oder Normalschwingungen des Körpers.

Damit ist die Beschreibung der Schwingung mathematisch formuliert und der Anschluß an die Methoden der Variationsrechnung oder der Integralgleichungen hergestellt, worauf wir aber nicht näher eingehen wollen. Für die praktische Lösung einfacher spezieller Probleme ist hiermit allerdings noch wenig gewonnen, da sogar in den einfachsten Fällen das Eigenwertproblem nur auf umständlichem Wege gelöst werden kann.

Ganz bedeutende Vereinfachungen können gemacht werden, wenn es sich um Körper handelt, deren Ausmaße in einer Richtung viel größer als in den beiden anderen sind. Zu ihnen gehören Fäden, Saiten, Seile, dünne Stäbe oder Balken. Auch wenn es sich um wesentlich zweidimensionale Kontinua handelt (Membrane, Häute, Platten, Schalen), entstehen große Vorteile.

Statt nun die Bewegungsgleichungen für solche ausgearteten Gebilde aus den Gleichungen für dreidimensionale Körper zu gewinnen, ist es bequemer, sie unmittelbar neu aufzustellen, wobei man sich zweckmäßig des HAMILTONschen Prinzips bedienen kann.

§ 1. Schwingungen gespannter Saiten.

Inhalt: Vollkommen biegsamer Faden. Ein gespannter Faden ist eine Saite. Ableitung der Bewegungsgleichungen für transversale und longitudinale Saitenschwingungen aus dem HAMILTONschen Prinzip. Die Eigenfrequenzen sind ganzzahlige Vielfache einer Grundfrequenz, welche von Saitenlänge, Saitenspannung und Dichte abhängt.

Bezeichnungen: x, y Koordinaten quer, z Koordinate längs der Saite, u v w Verschiebungen in der x-, y- bzw. z-Richtung, L_0 Länge, β_0 Dehnung, τ_0 Spannung, ϱ Dichte, q Querschnitt, E Elastizitätsmodul der Saite, Φ Energiedichte, ν Frequenz, ν_1 Grundfrequenz, ν_n Eigenfrequenz.

Einen gestreckten Körper von kleinem Querschnitt (Faden, Draht, Seil, Stab) können wir als lineares Gebilde auffassen, d. h. als Kontinuum von nur einer Dimension. Da in die Biegesteifheit die vierte Potenz der Querdimensionen, in den Widerstand gegen die Dehnung aber nur der Querschnitt eingeht, werden solche dünnen Körper immer biegsamer, wenn ihr Querschnitt kleiner wird, und können schließlich durch das Modell eines vollkommen biegsamen Fadens ersetzt werden. Bezeichnen wir mit β die Dehnung und mit τ die Spannung in der Fadenrichtung, so gilt

$$\tau = E\beta, \tag{7}$$

wenn E der Elastizitätsmodul ist.

Nun spannen wir einen vollkommen biegsamen Faden, d. h. bewirken eine Dehnung β_0 durch die Spannung $\tau_0 = E\beta_0$. Die Fadenlänge im gespannten Zustand sei L_0. Der gespannte Faden heißt auch Saite.

Ein kartesisches Koordinatensystem möge nun so gelegt werden, daß der eine Endpunkt der Saite in den Anfang, der andere auf die Stelle $z = L_0$ der z-Achse zu liegen kommt. Die Bewegung der Saite beschreiben wir durch die Verschiebungen u, v, w in der x-, y- und z-Richtung, welche die Elemente dz der Saite erfahren. Näherungsweise machen wir die Annahme, daß die Saite bei transversalen Bewegungen, bei denen nur u und v von Null verschieden sind, eine zu β hinzutretende gleichmäßige Dehnung

$$\varDelta\beta = \frac{\varDelta L}{L_0} = \frac{1}{L_0}\left\{\int\limits_0^{L_0}\sqrt{1+\left(\frac{\partial u}{\partial z}\right)^2+\left(\frac{\partial v}{\partial z}\right)^2}\,dz - L_0\right\} \tag{8}$$

erfahre, welche gleich ihrer relativen Verlängerung ist. Bei kleinen Verschiebungen können wir die Wurzel entwickeln und angenähert

$$\varDelta\beta = \frac{1}{2L_0}\int\limits_0^{L_0}\left\{\left(\frac{\partial u}{\partial z}\right)^2+\left(\frac{\partial v}{\partial z}\right)^2\right\}dz \tag{8a}$$

setzen. Jetzt benutzen wir die Formel (38a), S. 161, für die potentielle Energiedichte, die sich hier auf

$$\Phi = \frac{E}{2}\beta^2 = \frac{E}{2}(\beta_0+\varDelta\beta)^2 = \frac{E}{2}\beta_0^2 + E\beta_0\varDelta\beta + \frac{E}{2}\varDelta\beta^2 \tag{9}$$

reduziert. Ist die Dehnung $\varDelta\beta$, welche bei der Bewegung neu hinzukommt, klein gegen die Dehnung β_0 bei der ursprünglichen Spannung der Saite, so kann man das Glied mit $\Delta\beta^2$ vernachlässigen und erhält

$$\Phi = \frac{E}{2}\beta_0^2 + E\beta_0\Delta\beta = \frac{E\beta_0^2}{2} + \tau_0\Delta\beta. \tag{9a}$$

Bezeichnet q den Querschnitt der Saite, so findet man die potentielle Energie der Transversalschwingung

$$\frac{E\beta_0^2 L_0 q}{2} + \frac{\tau_0 q}{2}\int_0^{L_0}\left\{\left(\frac{\partial u}{\partial z}\right)^2 + \left(\frac{\partial v}{\partial z}\right)^2\right\}dz. \tag{9b}$$

Bei einer longitudinalen Schwingung ist $u = 0$, $v = 0$ und nur w von Null verschieden. Jetzt bewirkt die Schwingung eine Dehnung

$$\Delta\beta = \frac{\partial w}{\partial z}$$

an der Stelle z und die Dichte der potentiellen Energie

$$\Phi = \frac{E}{2}\beta^2 = \frac{E}{2}\beta_0^2 + E\beta_0\frac{\partial w}{\partial z} + \frac{E}{2}\left(\frac{\partial w}{\partial z}\right)^2,$$

aus der man für die ganze Saite die potentielle Energie

$$\frac{E\beta_0^2 q L_0}{2} + E\beta_0 q\int_0^{L_0}\frac{\partial w}{\partial z}dz + \frac{Eq}{2}\int_0^{L_0}\left(\frac{\partial w}{\partial z}\right)^2 dz \tag{10}$$

erhält. Der mittlere Anteil entfällt, da w an den beiden Einspannstellen $z = 0$ und $z = L_0$ verschwindet, und wir finden die potentielle Energie bei beliebigen Bewegungen, die aus transversalen und longitudinalen Schwingungen zusammengesetzt sind,

$$\frac{E\beta_0^2 L_0 q}{2} + \frac{\tau_0 q}{2}\int_0^{L_0}\left\{\left(\frac{\partial u}{\partial z}\right)^2 + \left(\frac{\partial v}{\partial z}\right)^2\right\}dz + \frac{Eq}{2}\int_0^{L_0}\left(\frac{\partial w}{\partial z}\right)^2 dz. \tag{11}$$

Für die kinetische Energie erhalten wir

$$T = \frac{\varrho q}{2}\int_0^{L_0}\left\{\left(\frac{\partial u}{\partial t}\right)^2 + \left(\frac{\partial v}{\partial t}\right)^2 + \left(\frac{\partial w}{\partial t}\right)^2\right\}dz, \tag{12}$$

wenn ϱ die Dichte des Saitenmaterials ist. Jetzt können wir das HAMILTONsche Prinzip anwenden und verlangen, daß

$$\delta\int_{t_1}^{t_2}\int_0^{L_0}\left\{\frac{\varrho q}{2}\left[\left(\frac{\partial u}{\partial t}\right)^2 + \left(\frac{\partial v}{\partial t}\right)^2 + \left(\frac{\partial w}{\partial t}\right)^2\right] - \frac{\tau_0 q}{2}\left[\left(\frac{\partial u}{\partial z}\right)^2 + \left(\frac{\partial v}{\partial z}\right)^2\right] - \right.$$
$$\left. - \frac{Eq}{2}\left(\frac{\partial w}{\partial z}\right)^2\right\}dt\,dz = 0 \tag{13}$$

wird. Wir führen die Variation aus, indem wir

$$\delta u = U\delta\varepsilon; \qquad \delta v = V\delta\varepsilon; \qquad \delta w = W\delta\varepsilon$$

$$\delta\frac{\partial u}{\partial t} = \frac{\partial U}{\partial t}\delta\varepsilon; \quad \delta\frac{\partial v}{\partial t} = \frac{\partial V}{\partial t}\delta\varepsilon; \quad \delta\frac{\partial w}{\partial t} = \frac{\partial W}{\partial t}\delta\varepsilon$$

$$\delta\left(\frac{\partial u}{\partial z}\right) = \frac{\partial U}{\partial z}\delta\varepsilon; \quad \delta\frac{\partial v}{\partial z} = \frac{\partial V}{\partial z}\delta\varepsilon; \quad \delta\frac{\partial w}{\partial z} = \frac{\partial W}{\partial z}\delta\varepsilon$$

setzen, wo U, V und W drei ganz beliebige Funktionen von t und z bedeuten, die für $t = t_1$, $t = t_2$, $z = 0$ und $z = L_0$ verschwinden. Hierdurch geht (13) in

$$\int_{t_1}^{t_2}\int_0^{L_0}\Big\{\varrho\left[\frac{\partial u}{\partial t}\frac{\partial U}{\partial t}+\frac{\partial v}{\partial t}\frac{\partial V}{\partial t}+\frac{\partial w}{\partial t}\frac{\partial W}{\partial t}\right]-\tau_0\left[\frac{\partial u}{\partial z}\frac{\partial U}{\partial z}+\frac{\partial v}{\partial z}\frac{\partial V}{\partial z}\right]- -E\frac{\partial w}{\partial z}\frac{\partial W}{\partial z}\Big\}\,dz\,dt=0$$

über, woraus durch partielle Integration über die Zeit bzw. die Saitenlänge

$$\int_{t_1}^{t_2}\int_0^{L_0}\Big\{U\left(\varrho\frac{\partial^2 u}{\partial t^2}-\tau_0\frac{\partial^2 u}{\partial z^2}\right)+V\left(\varrho\frac{\partial^2 v}{\partial t^2}-\tau_0\frac{\partial^2 v}{\partial z^2}\right)+ +W\left(\varrho\frac{\partial^2 w}{\partial t^2}-E\frac{\partial^2 w}{\partial z^2}\right)\Big\}\,dz\,dt=0$$

hervorgeht. Wegen der Willkürlichkeit von U, V und W kann diese Gleichung nur erfüllt werden, wenn überall die 3 Gleichungen

$$\begin{aligned}\varrho\frac{\partial^2 u}{\partial t^2}&=\tau_0\frac{\partial^2 u}{\partial z^2}\\ \varrho\frac{\partial^2 v}{\partial t^2}&=\tau_0\frac{\partial^2 v}{\partial z^2}\\ \varrho\frac{\partial^2 w}{\partial t^2}&=E\frac{\partial^2 w}{\partial z^2}\end{aligned}\tag{14}$$

gelten. Dies sind die Bewegungsgleichungen der Saite, und zwar gelten die beiden ersten für die transversalen, die letzte für die longitudinalen Schwingungen. Zu diesen Gleichungen kommen noch die Randbedingungen

$$\begin{aligned}z=0:&\quad u=0;\quad v=0;\quad w=0\\ z=L_0:&\quad u=0;\quad v=0;\quad w=0\end{aligned}\tag{15}$$

hinzu.

Wir suchen jetzt die synchronen Schwingungen (Eigenschwingungen) der ganzen Saite auf, indem wir den Ansatz

$$u=\xi(z)\sin(2\pi\nu t+\delta_u)$$

machen, der für ξ die Gleichung

$$\frac{d^2\xi}{dz^2}+\frac{4\pi^2\nu^2\varrho}{\tau_0}\xi=0$$

mit der allgemeinen Lösung

$$\xi=A\sin\left(2\pi\nu z\sqrt{\frac{\varrho}{\tau_0}}+\varphi_u\right)$$

hinterläßt. Die Randbedingung für $z = 0$ wird erfüllt, wenn $\varphi_u = 0$ ist. Damit ξ auch für $z = L_0$ verschwinde, muß die Frequenz der Bedingung

$$\nu=\nu_n=\frac{n}{2L_0}\sqrt{\frac{\tau_0}{\varrho}}\tag{16}$$

auferlegt werden, wo n eine ganze Zahl ist. Die Eigenfrequenzen sind also die ganzzahligen Vielfachen einer Grundfrequenz

$$\nu_1=\frac{1}{2L_0}\sqrt{\frac{\tau_0}{\varrho}},\tag{16a}$$

welche mit der Saitenspannung τ_0 steigt und mit der Saitenlänge L_0 und Dichte ϱ abnimmt. Die Frequenzen ν_n werden auch als Oberfrequenzen der Grundfrequenz ν_1 bezeichnet. Die Eigenschwingungen in der x-Richtung werden also durch

$$u_n = A_n \sin \frac{\pi n z}{L_0} \sin\left(\frac{\pi n t}{L_0} \sqrt{\frac{\tau_0}{\varrho}} + \delta_{un}\right) \tag{17}$$

dargestellt. Zu der y-Richtung gehört sinngemäß die Eigenfunktion

$$v_n = B_n \sin \frac{\pi n z}{L_0} \sin\left(\frac{\pi n t}{L_0} \sqrt{\frac{\tau_0}{\varrho}} + \delta_{vn}\right). \tag{17a}$$

Die allgemeinste Transversalbewegung der Saite kann aus den Eigenschwingungen superponiert werden, wobei man

$$\begin{aligned} u &= \sum_n A_n \sin \frac{\pi n z}{L_0} \sin\left(\frac{\pi n t}{L_0} \sqrt{\frac{\tau_0}{\varrho}} + \delta_{un}\right) \\ &= \sum_n B_n \sin \frac{\pi n z}{L_0} \sin\left(\frac{\pi n t}{L_0} \sqrt{\frac{\tau_0}{\varrho}} + \delta_{vn}\right) \end{aligned} \tag{18}$$

erhält.

Bei der Grundschwingung bewegt sich die Saite als Ganzes. Bei der ersten Oberschwingung ($n = 2$) führen die beiden Saitenhälften gegenphasige Schwingungen aus, während die Saitenmitte ruht. In ihr befindet sich ein Knoten. Im ersten und letzten Viertel der Saitenlänge haben wir einen Schwingungsbauch. Bezeichnet man

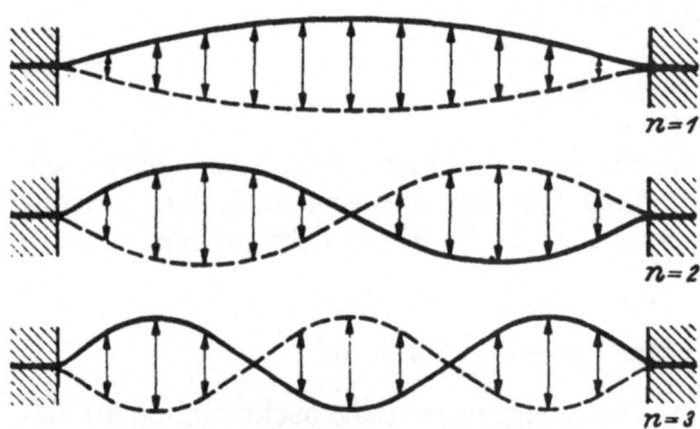

Abb. 48. Grundschwingung und die beiden ersten Oberschwingungen einer Saite.

$$c = \sqrt{\frac{\tau_0}{\varrho}}$$

als die Fortpflanzungsgeschwindigkeit einer Welle auf der Saite und $\lambda_n = c/\nu_n = 2L_0/n$ als ihre Wellenlänge, so ist bei der Grundschwingung die Saitenlänge gleich der halben Wellenlänge, bei der ersten Oberschwingung gleich der ganzen Wellenlänge. Bei höheren Oberschwingungen entstehen mehr Knoten, und zwar hat die n-te Schwingung jeweils $n - 1$ Knoten. Die Abb. 48 geben das Schwingungsbild der Saite in einigen Eigenschwingungen an.

Die Frequenzen der longitudinalen Schwingungen werden durch

$$\nu = \nu_n = \frac{n}{2L_0} \sqrt{\frac{E}{\varrho}} \tag{19}$$

gegeben und liegen sehr viel höher als die transversalen Bewegungen, da ja

$$E \gg \beta_0 E = \tau_0$$

ist. Im übrigen kann man die dort gemachten Überlegungen sinngemäß übertragen.

Auf die Komplikationen, welche sich bei Berücksichtigung von Reibungskräften ergeben oder die bei ungleichmäßiger Dichte der Saite (inhomogene Saite) entstehen, gehen wir nicht ein.

§ 2. Stabschwingungen.

Inhalt: Längsschwingungen eines gar nicht, eines am Ende oder eines in der Mitte eingeklemmten geraden Stabes. Torsionsschwingungen. Biegeschwingungen eines am Ende befestigten Stabes.

Bezeichnungen: β_{zz}, β_{xz} usw., τ_{zz}, τ_{xz} usw. Komponenten des Verzerrungs- und Spannungstensors, E Elastizitätsmodul, G Torsionsmodul, m Querkontraktionszahl, ϱ Dichte, ν_n Eigenfrequenz, L Stablänge, λ Wellenlänge, J Biegungsmoment, c Fortpflanzungsgeschwindigkeit, ζ_n Eigenfunktion.

Im Gegensatz zu einer Saite oder einem Faden verstehen wir unter einem Stab ein wesentlich eindimensionales Gebilde, dessen Biegungssteifigkeit nicht vernachlässigt werden kann. Dementsprechend besitzen Stäbe eine stabile Gleichgewichtsform, um die sie Schwingungen ausführen können, während die Saite die Gleichgewichtslage erst durch die beiderseitige Einspannung erhält.

Fällt die Stabachse in der Ruhelage mit der z-Achse zusammen, so beschreiben wir die Schwingungen durch die Verschiebungen, die jedes Stabelement dz ausführt.

Längsschwingungen. Längsschwingungen oder Dehnungsschwingungen eines Stabes sind dadurch gekennzeichnet, daß nur Verschiebungen in der Stabrichtung (z-Richtung) vorkommen, die wir durch eine von z abhängige Verschiebung $w(z, t)$ angeben. Die Dehnung ist dann

$$\beta_{zz} = \frac{\partial w}{\partial z}, \tag{20}$$

die Spannung

$$\tau_{zz} = E \frac{\partial w}{\partial z}. \tag{21}$$

Hieraus erhalten wir die Dichte der potentiellen Energie

$$\Phi = \frac{1}{2} \beta_{zz} \tau_{zz} = \frac{E}{2} \left(\frac{\partial w}{\partial z}\right)^2 \tag{22}$$

und die potentielle Energie des ganzen Stabes

$$\frac{E q}{2} \int_0^L \left(\frac{\partial w}{\partial z}\right)^2 dz.$$

Das HAMILTONsche Prinzip verlangt, daß

$$\delta \int_{t_1}^{t_2} \int_0^L \left\{\frac{\varrho q}{2} \left(\frac{\partial w}{\partial t}\right)^2 - \frac{E q}{2} \left(\frac{\partial w}{\partial z}\right)^2\right\} dt\, dz = 0$$

werde, woraus sich die EULERsche Gleichung

$$\varrho \frac{\partial^2 w}{\partial t^2} = E \frac{\partial^2 w}{\partial z^2} \tag{23}$$

ergibt. Bezüglich seiner Längsschwingungen verhält sich ein Stab genau wie eine Saite. Der Unterschied besteht nur in den Randbedingungen. An einer Einspannstelle muß $w = 0$, an einem freien Ende $\tau_{zz} = 0$ sein, woraus $\partial w / \partial z = 0$ folgt.

Die Gleichung (23) kann man auch so interpretieren, daß sich auf einem unendlich langen Stab Wellen mit der Geschwindigkeit

$$c = \sqrt{\frac{E}{\varrho}} \tag{24}$$

fortpflanzen können.

Die Eigenschwingungen erhalten wir durch den Ansatz

$$w = \zeta(z) \sin(2\pi\nu t + \delta),$$

aus dem wir für ζ die Gleichung

$$\frac{d^2\zeta}{dz^2} + \frac{4\pi^2\nu^2\varrho}{E}\zeta = 0$$

mit der allgemeinen Lösung

$$\zeta = A \sin\left(2\pi\nu z\sqrt{\frac{\varrho}{E}} + \varphi\right) \tag{25}$$

bekommen.

Ist der Stab überhaupt nicht eingespannt, so legen wir den Koordinatenanfang in das eine Ende, und

$$\frac{d\zeta}{dz} = 2\pi\nu A\sqrt{\frac{\varrho}{E}}\cos\left(2\pi\nu z\sqrt{\frac{\varrho}{E}} + \varphi\right)$$

muß für $z = 0$ und $z = L$ verschwinden. An der Stelle $z = 0$ erreichen wir dies, indem wir $\varphi = \pi/2$ setzen, während die Randbedingung für $z = L$

$$\nu = \nu_n = \frac{n}{2L}\sqrt{\frac{E}{\varrho}} \tag{26}$$

erfordert. Führen wir die Fortpflanzungsgeschwindigkeit der Wellen auf dem Stab ein und definieren die Wellenlängen

$$\lambda_n = \frac{c}{\nu_n} = \frac{2L}{n},$$

so müssen diese einen ganzzahligen Bruchteil der doppelten Stablänge betragen. Zur Grundschwingung gehört eine Wellenlänge von der doppelten Länge des Stabes. Bei ihr liegt ein Knoten in der Mitte, je ein Bauch an den beiden freien Enden. Bei der ersten Oberschwingung mit der Frequenz

$$\nu_2 = \frac{1}{L}\sqrt{\frac{E}{\varrho}}$$

und der Eigenfunktion

$$\zeta_2 = A_2 \sin\left(\frac{2\pi z}{L} + \frac{\pi}{2}\right) = A_2 \cos\frac{2\pi z}{L}$$

haben wir zwei Knoten, die sich im ersten und letzten Viertel des Stabes befinden, und drei Bäuche in der Mitte und an den Enden. Offenbar würde es für diese Eigenschwingungen nichts ausmachen, wenn wir den Stab an der Stelle eines Knotens einspannen würden. Eine solche Einspannung unterdrückt allerdings andere Eigenschwingungen, die dort keinen Knoten haben.

Nun betrachten wir einen Stab, der an der Stelle $z = 0$ eingespannt ist mit den freien Enden bei $z = -a$ und $z = +b$. Damit ζ bei $z = 0$ verschwindet, müssen wir $\varphi = 0$ setzen, und an den beiden Enden muß

$$\cos 2\pi\nu a\sqrt{\frac{\varrho}{E}} = \cos 2\pi\nu b\sqrt{\frac{\varrho}{E}} = 0 \tag{27}$$

gelten. Wenn die Einspannung an einem Stabende erfolgt ($a = 0$, $b = L$), entfällt eine dieser Bedingungen, und es bleibt für das freie Ende ($b = L$)

$$\nu = \nu_n = \frac{n - \frac{1}{2}}{2L}\sqrt{\frac{E}{\varrho}}; \qquad \lambda_n = \frac{2L}{n - \frac{1}{2}}$$

bestehen. Die Grundfrequenz ist bei einseitiger Einspannung nur halb so groß wie beim freien Stab und die Grundwellenlänge gleich der vierfachen Stablänge. Das eingespannte Ende ist Knoten, das freie Ende Bauch. Bei der ersten Oberschwingung kommt ein zweiter Knoten in $^2/_3$ der Stablänge hinzu.

Ist der Stab an einer beliebigen Stelle eingespannt, so können im allgemeinen die Bedingungen (27) nicht erfüllt werden, da sie

$$\nu = \frac{n - \frac{1}{2}}{2a} \sqrt{\frac{E}{\varrho}} = \frac{\left(m - \frac{1}{2}\right)}{2b} \sqrt{\frac{E}{\varrho}}$$

verlangen, was für b und a ein Verhältnis

$$\frac{b}{a} = \frac{m - \frac{1}{2}}{n - \frac{1}{2}} = \frac{2m - 1}{2n - 1}$$

zweier ungerader Zahlen voraussetzt. Aus leicht begreiflichen Gründen müssen sogar m und n ziemlich kleine Zahlen sein. Ist dies nicht der Fall, so ist der Stab überhaupt nicht als Ganzes schwingungsfähig. Für $b = a = L/2$ erhalten wir

$$\nu_n = \frac{n - \frac{1}{2}}{L} \sqrt{\frac{E}{\varrho}}; \quad \lambda_n = \frac{L}{n - \frac{1}{2}}. \tag{28}$$

Die Grundwellenlänge eines in der Mitte eingeklemmten Stabes ist die doppelte Stablänge. Der Stab hat die ungeraden Frequenzen des freien Stabes. Ist $b = 2L/3$, $a = L/3$, so kann der Stab nicht schwingen, da es keine ungeraden Zahlen geben kann, die im Verhältnis 2:1 stehen.

Wenn der Stab im allgemeinen seine Schwingungsfähigkeit schon verliert, wenn man ihn an einer Stelle einklemmt, so muß dies erst recht geschehen, wenn er an mehreren Stellen eingespannt wird. In besonderen Fällen allerdings bleiben Schwingungen möglich. Hält man z. B. beide Enden fest, so ergibt sich

$$\nu_n = \frac{n}{2L} \sqrt{\frac{E}{\varrho}}; \quad \lambda_n = \frac{2L}{n}. \tag{29}$$

Etwas allgemeiner lassen zwei Einspannstellen Schwingungen zu, wenn sie den Stab in drei Stücke zerlegen, deren Längen in geeigneten einfachen Verhältnissen zueinander stehen.

Torsionsschwingungen. Torsionsschwingungen entstehen, wenn jedes Stabelement eine Drehung ψ um die Stabachse ausführt, welche von z und der Zeit abhängt. Nach S. 169 [Gl. (5) und (6)] ist bei der Torsion

$$\begin{aligned} \beta_{xz} &= -\frac{y}{2}\frac{\partial \psi}{\partial z}; \quad \beta_{yz} = \frac{x}{2}\frac{\partial \psi}{\partial z} \\ \tau_{xz} &= -G y \frac{\partial \psi}{\partial z}; \quad \tau_{yz} = G x \frac{\partial \psi}{\partial z}. \end{aligned} \tag{30}$$

Man findet die Dichte der potentiellen Energie

$$\Phi = \tau_{xz}\beta_{xz} + \tau_{yz}\beta_{yz} = \frac{G}{2}\left(\frac{\partial \psi}{\partial z}\right)^2 (x^2 + y^2) = \frac{G r^2}{2}\left(\frac{\partial \psi}{\partial z}\right)^2$$

nach (38a), S. 161, und die gesamte potentielle Energie ist dann

$$G\pi \int_0^L \int_0^R \left(\frac{\partial \psi}{\partial z}\right)^2 r^3 \, dr \, dz = \frac{G\pi R^4}{4} \int_0^L \left(\frac{\partial \psi}{\partial z}\right)^2 dz.$$

Bildet man die kinetische Energie [s. Gl. (4a), S. 168]

$$T = \pi \int_0^L \int_0^R \varrho \left(\frac{\partial \psi}{\partial t}\right)^2 r^3 \, d r \, d z = \frac{\varrho \pi R^4}{4} \int_0^L \left(\frac{\partial \psi}{\partial t}\right)^2 dz,$$

so verlangt das HAMILTONsche Prinzip

$$\delta \int_{t_1}^{t_2} \int_0^R \left\{ \varrho \left(\frac{\partial \psi}{\partial t}\right)^2 - G \left(\frac{\partial \psi}{\partial z}\right)^2 \right\} dt \, dz = 0,$$

woraus die EULERsche Gleichung

$$\varrho \frac{\partial^2 \psi}{\partial t^2} = G \frac{\partial^2 \psi}{\partial z^2} \tag{31}$$

hervorgeht. Da die Form dieser Gleichung genau mit der für die Längsschwingung übereinstimmt, kann sie ebenso diskutiert werden.

***Querschwingungen, Biegeschwingungen.** Ein Balken liege parallel zur x-Achse, welche durch seinen Schwerpunkt gelegt ist. Um Biegeschwingungen zu beschreiben, die sich in der x-, z-Ebene abspielen, legen wir jedem Balkenelement dx eine Verschiebung $w(x, t)$ in der z-Richtung zu. Bedienen wir uns nun der Formeln (14) und (18)

$$\tau_{xx} = c z; \qquad \beta_{xx} = \frac{c z}{E}$$

von S. 171 und 172, so finden wir die potentielle Energiedichte

$$\Phi = \frac{1}{2} \tau_{xx} \beta_{xx} = \frac{c^2 z^2}{2E},$$

und die potentielle Energie des Balkenelementes dx

$$dx \iint \Phi \, dy \, dz = \frac{c^2 \, dx}{2E} \iint z^2 \, dy \, dz = \frac{c^2 J \, dx}{2E}$$

erhalten wir durch Integration über den Querschnitt. J ist das auf S. 172 eingeführte Biegungsmoment.

Nun müssen wir noch c durch w ausdrücken, wozu uns die Gl. (22) von S. 173 dienen kann. Aus ihr ergibt sich

$$c = -E \frac{\partial^2 w}{\partial x^2},$$

wo w mit u_z zu identifizieren ist, und somit die potentielle Energie des ganzen Balkens

$$\frac{E J}{2} \int_0^L \left(\frac{\partial^2 w}{\partial x^2}\right)^2 dx.$$

Da wir für die kinetische Energie beim Querschnitt q

$$\frac{\varrho q}{2} \int_0^L \left(\frac{\partial w}{\partial t}\right)^2 dx$$

finden, führt das HAMILTONsche Prinzip zu der Forderung

$$\delta \int_{t_1}^{t_2} \int_0^L \left\{ \varrho q \left(\frac{\partial w}{\partial t}\right)^2 - E J \left(\frac{\partial^2 w}{\partial x^2}\right)^2 \right\} dt \, dx = 0.$$

Führt man die Variation

$$\delta w = W\,\delta\varepsilon; \quad \delta\left(\frac{\partial w}{\partial t}\right) = \frac{\partial W}{\partial t}\,\delta\varepsilon; \quad \delta\left(\frac{\partial^2 w}{\partial x^2}\right) = \frac{\partial^2 W}{\partial x^2}\,\delta\varepsilon$$

aus, so erhält man

$$\int_0^L \int_{t_1}^{t_2} \left\{\varrho q \frac{\partial w}{\partial t}\,\frac{\partial W}{\partial t} - E J \frac{\partial^2 w}{\partial x^2}\,\frac{\partial^2 W}{\partial x^2}\right\} dx\,dt = 0.$$

Durch partielle Integrationen gewinnt man daraus:

$$\int_0^L \int_{t_1}^{t_2} W\left\{\varrho q \frac{\partial^2 w}{\partial t^2} + E J \frac{\partial^4 w}{\partial x^4}\right\} dx\,dt = 0.$$

Da W willkürlich ist, entsteht die EULERsche Gleichung

$$\varrho q \frac{\partial^2 w}{\partial t^2} + E J \frac{\partial^4 w}{\partial x^4} = 0. \tag{32}$$

Die Randbedingungen für die Biegeschwingungen sind etwas vielfältiger als für die Längs- und Torsionsschwingungen, weil die Differentialgleichung von der 4. Ordnung ist. An einem freien Ende gilt

$$\frac{\partial^2 w}{\partial x^2} = 0; \qquad \frac{\partial^3 w}{\partial x^3} = 0, \tag{33}$$

an einer Auflagestelle haben wir

$$w = 0 \tag{34}$$

und an einer Einspannstelle

$$w = 0; \qquad \frac{\partial w}{\partial x} = 0. \tag{35}$$

Der Ansatz

$$w = \zeta(x)\sin(2\pi\nu t + \delta)$$

für die Eigenschwingungen liefert die Gleichung

$$\frac{d^4\zeta}{dx^4} = 4\pi^2\nu^2 \frac{\varrho q}{E J}\zeta$$

für die Eigenfunktionen, von der man sofort die partikulären Lösungen

$$\zeta = \sin\alpha x; \quad \zeta = \cos\alpha x; \quad \zeta = \operatorname{Sin}\alpha x; \quad \zeta = \operatorname{Cos}\alpha x$$

mit

$$\alpha = \sqrt{2\pi\nu\sqrt{\frac{\varrho q}{E J}}} \tag{36}$$

erkennt. Die allgemeine Eigenfunktion lautet also

$$\zeta = A_1\cos\alpha x + A_2\sin\alpha x + A_3\operatorname{Cos}\alpha x + A_4\operatorname{Sin}\alpha x. \tag{37}$$

Ist ein Stab von der Länge L an einem Ende eingeklemmt, so folgt aus der Randbedingung (35)

$$x = 0\colon \quad \zeta = 0; \quad \frac{d\zeta}{dx} = 0.$$

$A_3 = -A_1$ und $A_4 = -A_2$, und wir erhalten die Eigenfunktion

$$\zeta = A_1(\cos\alpha x - \operatorname{Cos}\alpha x) + A_2(\sin\alpha x - \operatorname{Sin}\alpha x).$$

Aus den Randbedingungen (33) für das freie Ende

$$x = L: \quad \frac{d^2\zeta}{dx^2} = 0; \quad \frac{d^3\zeta}{dx^3} = 0$$

ergeben sich die beiden Beziehungen

$$0 = A_1(\cos\alpha L + \mathfrak{Cof}\,\alpha L) + A_2(\sin\alpha L + \mathfrak{Sin}\,\alpha L)$$
$$0 = A_1(\sin\alpha L - \mathfrak{Sin}\,\alpha L) - A_2(\cos\alpha L + \mathfrak{Cof}\,\alpha L),$$

die nur miteinander verträglich sind, wenn

$$(\cos\alpha L + \mathfrak{Cof}\,\alpha L)^2 + \sin^2\alpha L - \mathfrak{Sin}^2\alpha L = 0$$

gilt. Durch Ausrechnen vereinfacht sich dies zur Gleichung

$$1 + \cos\alpha L\,\mathfrak{Cof}\,\alpha L = 0$$

oder

$$\cos\alpha L = -\frac{1}{\mathfrak{Cof}\,\alpha L}.$$

Die großen Wurzeln dieser Gleichung liegen nahe bei

$$\alpha_n L = \left(n - \frac{1}{2}\right)\pi,$$

für kleine n findet man

$$\alpha_1 L = \frac{\pi}{2} + 0{,}304; \quad \alpha_2 L = \frac{3\pi}{2} - 0{,}018; \quad \alpha_3 L = \frac{5\pi}{2} + 0{,}001;$$

$$\alpha_4 L = \frac{7\pi}{2} \text{ usw.}$$

Die Grundfrequenz der Biegungsschwingung ist also

$$\nu_1 = \frac{\alpha_1^2}{2\pi}\sqrt{\frac{EJ}{\varrho q}} = \frac{1{,}875^2}{2\pi L^2}\sqrt{\frac{EJ}{\varrho q}}.$$

Die hohen Frequenzen nähern sich den Werten

$$\nu_n = \frac{\left(n - \frac{1}{2}\right)^2 \pi}{2L^2}\sqrt{\frac{EJ}{\varrho q}}.$$

Die Oberfrequenzen sind also nicht harmonisch.

Die zugehörigen Eigenfunktionen kann man auf die Form

$$\zeta_n = C_n\{(\sin\alpha_n L + \mathfrak{Sin}\,\alpha_n L)(\cos\alpha_n x - \mathfrak{Cof}\,\alpha_n x) - (\cos\alpha_n L + \mathfrak{Cof}\,\alpha_n L)(\sin\alpha_n x - \mathfrak{Sin}\,\alpha_n x)\}$$

bringen. Sie sind in Abb. 49 veranschaulicht.

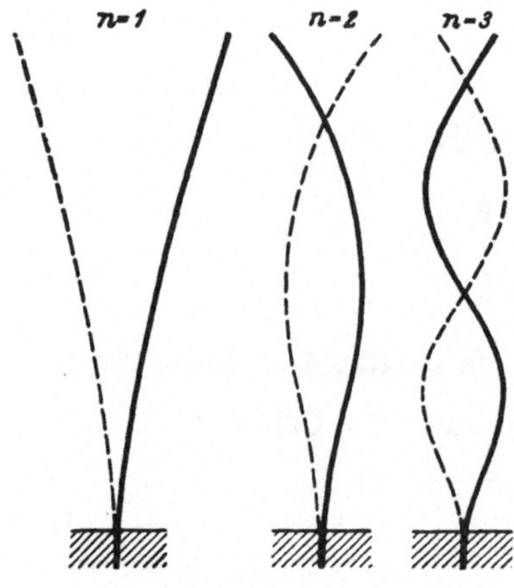

Abb. 49.
Die drei einfachsten Querschwingungen eines einseitig eingeklemmten Stabes.

Kompliziertere Probleme. Die einfache Berechnung der Stabschwingungen ist nur für dünne und gerade Stäbe brauchbar. Bei größeren Querschnitten ist eine Korrektion notwendig, die wir aber nicht ausrechnen wollen.

Praktisch noch wichtiger als die Berücksichtigung endlicher Querschnitte ist die Behandlung von anfänglich gekrümmten Stäben, zu denen unter anderem auch Zylinderfedern (Schraubenfedern), Spiralfedern (ebene Federn) und konische Federn (Pufferfedern) gehören. Die Durchrechnung der Schwingungen dieser Gebilde ist keinesfalls einfach, und wir müssen deshalb darauf verzichten.

*§ 3. Die schwingende Membran.

Inhalt: Schwingungsgleichung einer Membran und Eigenschwingungen einer kreisförmigen und einer rechteckigen Membran.

Bezeichnungen: ϱ Dichte, τ Spannung, w Verschiebung eines Flächenelements, ν Frequenz, R Radius einer kreisrunden Membran, J_p BESSEL-Funktion p-ter Ordnung.

Wir betrachten jetzt ein zweidimensionales elastisches Gebilde, das so dünn sein möge, daß es einer Verbiegung oder Torsion keinen Widerstand mehr entgegensetzt. Eine solche Haut besitzt dann natürlich keine feste Form mehr, sondern erhält diese erst, wenn sie gespannt wird. Entsteht beim Ausspannen überall eine gleichmäßige Dehnung und ihr entsprechende Spannung, so spricht man von einer Membran.

Wir betrachten jetzt eine in der xy-Ebene ausgespannte Membran, welche transversale Bewegungen ausführt, bei denen ihre Elemente Verschiebungen w in der z-Richtung erfahren. Bei jeder Auswölbung der Membran wird ihre Fläche vergrößert, und wenn die Vorspannung genügend groß ist, so kann man den Zuwachs an potentieller Energie der Flächenvergrößerung proportional setzen. Die Proportionalitätskonstante τ wird als Spannung bezeichnet.

Jeder Auswölbungszustand der Membran kann durch die Fläche

$$z = w(x, y, t) \tag{38}$$

dargestellt werden. Die Richtungskosinus der Flächennormale sind bei kleiner Auswölbung proportional zu

$$-\frac{\partial w}{\partial x}; \quad -\frac{\partial w}{\partial y}; \quad 1$$

und haben die Werte

$$\cos\alpha = -\frac{\dfrac{\partial w}{\partial x}}{\sqrt{1+\left(\dfrac{\partial w}{\partial x}\right)^2+\left(\dfrac{\partial w}{\partial y}\right)^2}}; \quad \cos\beta = -\frac{\dfrac{\partial w}{\partial y}}{\sqrt{1+\left(\dfrac{\partial w}{\partial x}\right)^2+\left(\dfrac{\partial w}{\partial y}\right)^2}};$$

$$\cos\gamma = \frac{1}{\sqrt{1+\left(\dfrac{\partial w}{\partial x}\right)^2+\left(\dfrac{\partial w}{\partial y}\right)^2}}.$$

Da γ gleichzeitig der Neigungswinkel gegen die xy-Ebene ist, hat ein Flächenelement im ausgewölbten Zustand die Größe

$$\frac{dx\,dy}{\cos\gamma} = dx\,dy\sqrt{1+\left(\frac{\partial w}{\partial x}\right)^2+\left(\frac{\partial w}{\partial y}\right)^2},$$

Für die potentielle Energie der ganzen Membran errechnen wir also

$$\tau\int\left(\sqrt{1+\left(\frac{\partial w}{\partial x}\right)^2+\left(\frac{\partial w}{\partial y}\right)^2}-1\right)dx\,dy \approx \frac{\tau}{2}\int\left\{\left(\frac{\partial w}{\partial x}\right)^2+\left(\frac{\partial w}{\partial y}\right)^2\right\}dx\,dy.$$

Die kinetische Energie bei Bewegung ist

$$\frac{\varrho}{2}\int\left(\frac{\partial w}{\partial t}\right)^2 dx\,dy,$$

wenn ϱ die Flächendichte des Membranmaterials ist. Das HAMILTONsche Prinzip fordert nun

$$\delta\iint\limits_{t_2}^{t_1}\left\{\frac{\varrho}{2}\left(\frac{\partial w}{\partial t}\right)^2-\frac{\tau}{2}\left[\left(\frac{\partial w}{\partial x}\right)^2+\left(\frac{\partial w}{\partial y}\right)^2\right]\right\}dx\,dy\,dt = 0.$$

Die Variation können wir durch

$$\delta w = W\delta\varepsilon;\quad \delta\frac{\partial w}{\partial t} = \frac{\partial W}{\partial t}\delta\varepsilon;\quad \delta\frac{\partial w}{\partial x} = \frac{\partial W}{\partial x}\delta\varepsilon;\quad \delta\frac{\partial w}{\partial y} = \frac{\partial W}{\partial y}\delta\varepsilon$$

ausführen und erhalten

$$\iint\limits_{t_2}^{t_1}\left\{\varrho\frac{\partial w}{\partial t}\frac{\partial W}{\partial t} - \tau\frac{\partial w}{\partial x}\frac{\partial W}{\partial x} - \tau\frac{\partial w}{\partial y}\frac{\partial W}{\partial y}\right\}dt\,dx\,dy = 0,$$

was durch partielle Integration in

$$\iint\limits_{t_2}^{t_1} W\left\{\varrho\frac{\partial^2 w}{\partial t^2} - \tau\frac{\partial^2 w}{\partial x^2} - \tau\frac{\partial^2 w}{\partial y^2}\right\}dt\,dx\,dy = 0$$

übergeht und die EULERsche Gleichung

$$\varrho\frac{\partial^2 w}{\partial t^2} = \tau\left(\frac{\partial^2 w}{\partial x^2} + \frac{\partial^2 w}{\partial y^2}\right) \tag{39}$$

liefert.

Die Eigenschwingungen finden wir durch den Ansatz

$$w = \zeta(x, y)\sin(2\pi\nu t + \delta), \tag{40}$$

der für ζ die Gleichung

$$\frac{\partial^2\zeta}{\partial^2 x} + \frac{\partial^2\zeta}{\partial y^2} + \frac{4\pi^2\nu^2\varrho}{\tau}\zeta = 0 \tag{41}$$

hinterläßt.

Bei einer kreisförmigen Membran mit dem Radius R kommt die Randbedingung

$$r = \sqrt{x^2 + y^2} = R:\quad \zeta = 0 \tag{42}$$

hinzu. Führt man ebene Polarkoordinaten r und φ ein, so geht (41) in

$$\frac{1}{r}\frac{\partial}{\partial r}r\frac{\partial\zeta}{\partial r} + \frac{1}{r^2}\frac{\partial^2\zeta}{\partial\varphi^2} + \frac{4\pi^2\nu^2\varrho}{\tau}\zeta = 0 \tag{41a}$$

über. Diese Gleichungen kann man durch den Ansatz

$$\zeta = \Phi(\varphi)\cdot\chi(r) \tag{43}$$

in die 2 Gleichungen

$$\frac{d^2\Phi}{d\varphi^2} + p^2\Phi = 0 \tag{44a}$$

$$\frac{1}{r}\frac{d}{dr}r\frac{d\chi}{dr} + \left(\frac{4\pi^2\nu^2\varrho}{\tau} - \frac{p^2}{r^2}\right)\chi = 0 \tag{45a}$$

separieren. Die erste von ihnen besitzt die allgemeine Lösung

$$\Phi = C\cos p\varphi + D\sin p\varphi. \tag{44b}$$

Damit der Schwingungszustand eindeutig ist, muß $\Phi(\varphi + 2\pi) = \Phi(\varphi)$ sein, d. h., p kann eine beliebige ganze Zahl einschließlich Null sein. Die an der Stelle $r = 0$ endliche Lösung der Gl. (45a) ist die BESSELsche Funktion

$$\chi = J_p\left(2\pi\nu r\sqrt{\frac{\varrho}{\tau}}\right) \tag{45b}$$

der Ordnung p. Sie verschwindet für ganz bestimmte Werte $x_1, x_2, \ldots, x_n$ des Argumentes, wodurch die Frequenzen ν auf eine Reihe von Werten $\nu_{n,p}$ beschränkt werden. Wir erhalten nämlich

$$\nu_{n,p} = \frac{x_{n,p}}{2\pi R}\sqrt{\frac{\tau}{\varrho}}, \tag{46}$$

worin die $x_{n,p}$ die Nullstellen der BESSELschen Funktion der Ordnung p sind. Die Frequenzen sind dem Radius der Membran und der Wurzel aus der Dichte umgekehrt, der Wurzel aus der Spannung direkt proportional. Die Tabelle gibt einige $x_{n,p}$ an.

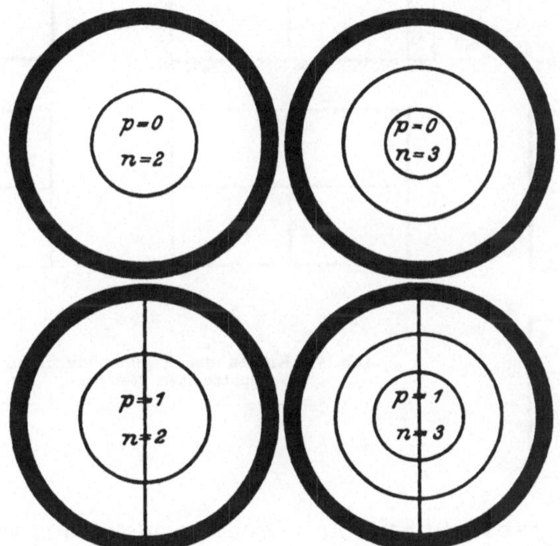

Abb. 50. Eigenschwingungen einer kreisförmigen Membran durch ihre Knoten dargestellt.

Tabelle der Werte $x_{n,p}$.

n	$p=0$	$p=1$	$p=2$	$p=3$	$p=4$	$p=5$
1	2,405	3,832	5,135	6,379	7,586	8,780
2	5,520	7,016	8,417	9,760	11,064	12,339
3	8,654	10,173	11,620	13,017	14,373	15,700
4	11,792	13,323	14,796	16,224	17,616	18,982
5	14,931	16,470	17,960	19,410	20,827	22,220

Die Eigenfunktionen

$$\zeta_{n,p} = (C_{n,p}\cos p\,\varphi + D_{n,p}\sin p\,\varphi)\,J_p\left(r\,\frac{x_{n,p}}{R}\right), \tag{47}$$

welche die Amplitude der Schwingungen angeben, verschwinden auf gewissen Radien, ferner auch an den Nullstellen der BESSEL-Funktion, d. h. auf bestimmten Kreisen. Diese Linien sind die Knoten der Schwingung, in denen die Membran in Ruhe bleibt. Die Abb. 50 stellen einige der Schwingungen durch ihre Knoten dar.

Bei einer rechteckigen Membran mit den Seitenlängen a und b hat man die Eigenfunktionen

$$\zeta_{m,n} = A\sin\frac{(m+1)\pi x}{a}\sin\frac{(n+1)\pi y}{b} \tag{48}$$

zu denen die Eigenfrequenzen

$$\nu_{m,n} = \frac{1}{2}\sqrt{\frac{\tau}{\varrho}\left(\frac{(m+1)^2}{a^2} + \frac{(n+1)^2}{b^2}\right)} \tag{49}$$

gehören (s. Abb. 51).

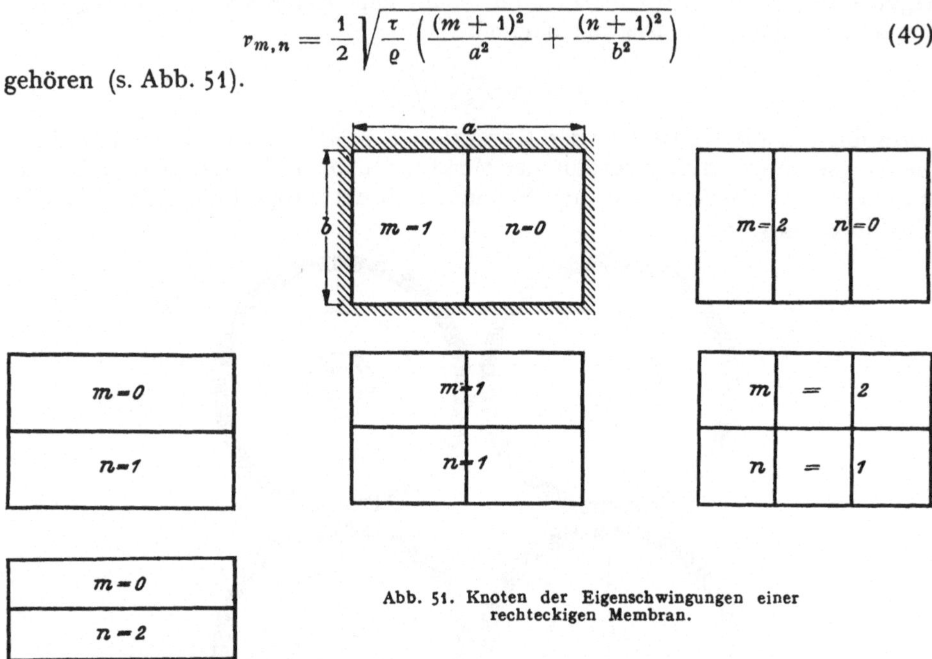

Abb. 51. Knoten der Eigenschwingungen einer rechteckigen Membran.

Während eine gespannte Saite im Gleichgewichtszustand immer gerade ist, braucht eine Membran nicht unbedingt eben zu sein. Dies ist z. B. nicht der Fall, wenn sie zwischen 2 windschiefen Geraden ausgespannt ist. Durch diesen Umstand entstehen bei Membranen Möglichkeiten, die es bei der Saite nicht gibt.

§ 4. Schwingungen von Platten und Schalen.

Im gleichen Verhältnis, in dem ein gerader Stab zu einer Saite steht, befindet sich eine ebene Platte zu einer ebenen Membran. Bei ihr verlangt der Widerstand gegen Biegung und Torsion Berücksichtigung, doch kann man die

Abb. 52. Knotenlinien drei verschiedener Oberschwingungen einer quadratischen Platte.

Platte noch als zweidimensionales Kontinuum ansehen. Auf die Schwingungen von Platten gehen wir nicht näher ein, doch sind einige von ihnen als Beispiele in den Abb. 52 durch ihre Knoten dargestellt. Man kann die Knoten leicht sichtbar machen, wenn man die Platten mit einem feinen Pulver bestreut, das sich in den Knotenlinien sammelt, wenn man die Platte zum Schwingen bringt (CHLADNYsche Klangfiguren).

Eine ursprünglich gebogene Platte bezeichnet man als Schale. Sie ist gegeben durch eine beliebige Fläche, der man eine gleichmäßige Dicke verleiht. Die Schwingungen von Schalen sind natürlich noch schwieriger zu berechnen als die ebener Platten.

* § 5. Anregung von Schwingungen, Anfangsbedingungen.

Inhalt: Die Anregung bestimmt die Kombination von Eigenschwingungen, welche in einem elastischen Körper entsteht. Anregung von Saitenschwingungen durch Zupfen oder Anschlagen. Anregung von Stabschwingungen. Die gezupfte Membran.

Bezeichnungen: $\mathfrak{u}_n$ Verschiebung, A_n Amplitude und δ_n Phase der n-ten Schwingung, L Saitenlänge, Stablänge.

Sind die Eigenschwingungen eines Körpers ermittelt, so kann man aus ihnen allgemeinere Bewegungen zusammensetzen. Bezeichnet

$$\mathfrak{u}_n \sin(2\pi \nu_n t + \delta_n)$$

eine Eigenschwingung, so ist auch

$$\mathfrak{u} = \sum^n A_n \mathfrak{u}_n \sin(2\pi \nu_n t + \delta_n) \tag{50}$$

eine mögliche Bewegung des Körpers. Die A_n und δ_n sind willkürliche Konstanten und bedeuten die Amplituden und Phasen der einzelnen Schwingungen. Man kann sogar zeigen, daß alle möglichen Bewegungen, welche von den Randbedingungen erlaubt werden, in (50) enthalten sind.

Welche Bewegung im Einzelfalle vor sich geht, kann man festlegen, indem man zu einem bestimmten Zeitpunkt t_0 die Verschiebung $\mathfrak{u}(t_0)$ und die Verschiebungsgeschwindigkeit $\left(\frac{\partial \mathfrak{u}}{\partial t}\right)_{t=t_0}$ für alle Punkte des Körpers angibt. Ist

$$\mathfrak{u}(t_0) = \mathfrak{f}(x, y, z); \quad \left(\frac{\partial \mathfrak{u}}{\partial t}\right)_{t_0} = \mathfrak{g}(x, y, z), \tag{51}$$

so findet man beim Einsetzen in (50)

$$\mathfrak{f}(x, y, z) = \sum^n A_n \mathfrak{u}_n \sin(2\pi \nu_n t_0 + \delta_n) \tag{52}$$

und beim Differenzieren nach der Zeit

$$\mathfrak{g}(x, y, z) = \sum^n 2\pi \nu_n A_n \mathfrak{u}_n \cos(2\pi \nu_n t_0 + \delta_n). \tag{53}$$

Diese Gleichungen stellen eine Entwicklung von $\mathfrak{f}$ und $\mathfrak{g}$ nach den Eigenfunktionen dar, aus denen man die Größen δ_n und A_n gewinnen muß.

Wir machen dieses abstrakte Rezept etwas anschaulicher, indem wir es auf einige Beispiele anwenden.

Anregungen von Saitenschwingungen. Eine Saite hat die Eigenschwingungen

$$u_n = \sin\frac{\pi n z}{L} \sin(2\pi n \nu_1 t + \delta_n), \tag{54}$$

wenn wir uns auf die Transversalschwingung in der xz-Ebene beschränken. Zur Zeit $t = 0$ möge die Lage der Saite durch

$$u(z, 0) = f(z) \tag{55}$$

und die Geschwindigkeit ihrer Bewegung durch

$$\left(\frac{\partial u}{\partial t}\right) = g(z) \tag{56}$$

gegeben sein. Aus der Gesamtheit der möglichen Bewegungen

$$u = \sum^n A_n \sin \frac{\pi n z}{L} \sin(2\pi n \nu_1 t + \delta_n) \tag{57}$$

muß dann diejenige ausgesucht werden, für welche

$$f(z) = \sum^n A_n \sin \frac{\pi n z}{L} \sin \delta_n \tag{52a}$$

$$g(z) = \sum^n 2\pi n \nu_1 A_n \sin \frac{\pi n z}{L} \cos \delta_n \tag{53a}$$

gilt. Um die A_n bzw. δ_n zu ermitteln, multiplizieren wir diese beiden Gleichungen mit $\sin \frac{\pi m z}{L}$ und integrieren über die ganze Saite, wobei wir

$$\int_0^L f(z) \sin \frac{\pi m z}{L} dz = \sum^n A_n \sin \delta_n \int_0^L \sin \frac{\pi n z}{L} \sin \frac{\pi m z}{L} dz \tag{58}$$

$$\int_0^L g(z) \sin \frac{\pi m z}{L} dz = \sum^n 2\pi n \nu_1 A_n \cos \delta_n \int_0^L \sin \frac{\pi n z}{L} \sin \frac{\pi m z}{L} dz \tag{58a}$$

finden. Die Integrale auf der rechten Seite verschwinden alle, wenn n verschieden von m ist. Für $n = m$ erhalten wir

$$\int_0^L \sin^2 \frac{n \pi z}{L} dz = \frac{L}{2}$$

und (58) und (58a) reduzieren sich auf

$$\frac{2}{L} \int_0^L f(z) \sin \frac{\pi m z}{L} dz = A_m \sin \delta_m \tag{58b}$$

$$\frac{2}{L} \int_0^L g(z) \sin \frac{\pi m z}{L} dz = 2\pi m \nu_1 A_m \cos \delta_m . \tag{58c}$$

Hieraus gewinnt man leicht A_m und δ_m.

Die Saite möge nun zur Zeit $t = 0$ an der Stelle $z = a$ gezupft werden. Sie bildet in diesem Zeitpunkt zwei gerade Stücke, wie es die Abb. 53 andeutet.

Abb. 53. Gezupfte Saite vor dem Loslassen.

Für $t = 0$ befindet sie sich in Ruhe, und das bedeutet $g = 0$. Es ist also

$$f(z) = \frac{z}{a} h \quad \text{für} \quad z < a ; \quad f(z) = \frac{z - L}{a - L} h \quad \text{für} \quad z > a . \tag{59}$$

Beim Einsetzen in (58b) und (58c) erhalten wir

$$A_m \sin\delta_m = \frac{2h}{aL}\int_0^a z \sin\frac{\pi m z}{L}\,dz + \frac{2h}{L(a-L)}\int_a^L (z-L)\sin\frac{\pi m z}{L}\,dz$$

$$= \frac{2hL^2}{m^2\pi^2 a(L-a)}\sin\frac{m\pi a}{L}$$

$$A_m \cos\delta_m = 0.$$

Hieraus ergibt sich

$$\cos\delta_m = 0\,; \quad \sin\delta_m = 1\,; \quad \delta_m = \frac{\pi}{2}$$

$$A_m = \frac{2hL^2}{m^2\pi^2 a(L-a)}\sin\frac{m\pi a}{L}.$$

Zupft man in der Mitte ($a = L/2$), so wird

$$A_m = \pm\frac{8h}{m^2\pi^2} \quad \text{für ungerade } m$$

$$= 0 \quad \text{für gerade } m,$$

in diesem Fall werden nur die geraden Oberschwingungen ($m =$ ungerade) angeregt, und ihre Amplituden nehmen mit m^2 ab. Die ungeraden Oberschwingungen ($m =$ gerade) fehlen.

Zupft man an anderen Stellen, so erhält man andere Werte der Konstanten A_m. Die Klangfarbe der Saite hängt also davon ab, an welcher Stelle man sie zupft.

Als zweites Beispiel betrachten wir eine Saite, die von einem Klavierhammer angeschlagen wird. Der Anschlag möge dem Saitenstück zwischen $z = a$ und $z = b$ eine Geschwindigkeit g_0 verleihen. In diesem Fall gilt zur Zeit $t = 0$

$$f = 0$$

überall und

$$g = 0 \quad \text{für} \quad z < a \quad \text{und} \quad z > b,$$

$$g = g_0 \quad \text{für} \quad a \leqq z \leqq b$$

Die Formeln (58b) und (58c) liefern jetzt

$$A_m \sin\delta_m = 0\,; \quad \delta_m = 0\,; \quad \cos\delta_m = 1$$

$$A_m = \frac{g_0}{\pi m v_1 L}\int_a^b \sin\frac{\pi m z}{L}\,dz = \frac{g_0}{\pi^2 m^2 v_1}\left(\cos\frac{\pi m a}{L} - \cos\frac{\pi m b}{L}\right).$$

Läßt man a und b zusammenrücken, so erhält man beim Grenzübergang

$$A_m = \frac{(b-a)\,g_0}{\pi m v_1 L}\sin\frac{\pi m a}{L}.$$

Hier bedeutet

$$q\varrho(b-a)\,g_0$$

den Impuls, welchen der Hammer auf die Saite abgibt (q Seitenquerschnitt, ϱ Dichte).

Stabschwingungen. Ein Stab von der Länge L sei an beiden Enden eingespannt und um den Betrag ΔL gedehnt. Zur Zeit $t = 0$ werden das eine Ende losgelassen.

Nach S. 196 hat der einseitig eingespannte Stab die Eigenschwingung

$$w_n = \sin \frac{\pi\left(n - \frac{1}{2}\right) z}{L} \sin(2\pi \nu_n t + \delta_n),$$

und seine allgemeine Bewegung wird durch

$$w = \sum^n A_n \sin \frac{\pi\left(n - \frac{1}{2}\right) z}{L} \sin(2\pi \nu_n t + \delta_n)$$

beschrieben. Hieraus ergibt sich die Geschwindigkeit

$$\frac{\partial w}{\partial t} = \sum^n 2\pi \nu_n A_n \sin \frac{\pi\left(n - \frac{1}{2}\right) z}{L} \cos(2\pi \nu_n t + \delta_n).$$

Zur Zeit $t = 0$ ist der Stab in Ruhe, und die Anfangsbedingungen

$$w(z, 0) = f(z) = \frac{\Delta L}{L} z; \quad \left(\frac{\partial w}{\partial t}\right)_0 = 0$$

verlangen

$$\frac{\Delta L}{L} z = \sum^n A_n \sin \frac{\pi\left(n - \frac{1}{2}\right) z}{L} \sin \delta_n$$

$$0 = \sum^n A_n \nu_n \sin \frac{\pi\left(n - \frac{1}{2}\right) z}{L} \cos \delta_n.$$

Verfährt man wie oben bei der Saite, so findet man

$$\cos \delta_m = 0; \quad \sin \delta_m = 1; \quad \delta_m = \frac{\pi}{2}$$

$$A_m = \frac{2\Delta L}{L^2} \int_0^L z \sin \frac{\pi\left(m - \frac{1}{2}\right) z}{L} dz = \pm \frac{2\Delta L}{\pi^2 \left(m - \frac{1}{2}\right)^2}.$$

Das $+$-Zeichen gilt für $m = 1, 3, 5 \ldots$, das $-$-Zeichen für $m = 2, 4, 6 \ldots$

Nach dem gleichen Verfahren können wir die Torsionsschwingungen bestimmen, welche ein verdrillter Stab ausführt, wenn man ihn losläßt. Auch die Bewegung eines gebogenen Stabes nach dem Freilassen kann man mit dieser Methode berechnen. Seine allgemeine Bewegung

$$w = \sum A_n \zeta_n \sin(2\pi \nu_n t + \delta_n)$$

wird aus den Eigenfunktionen ζ_n (s. S. 199) aufgebaut und muß zur Zeit $t = 0$ in die Funktion

$$f(x) = \frac{K}{EJ}\left(\frac{L x^2}{2} - \frac{x^3}{6}\right)$$

übergehen, die auf S. 174, Gl. (26), bestimmt wurde. Da bei $t = 0$ der Stab noch ruht, kommt die zweite Bedingung

$$0 = \sum \nu_n A_n \zeta_n \cos \delta_n$$

hinzu. Aus ihr schließen wir

$$\cos \delta_n = 0; \quad \sin \delta_n = 1; \quad \delta_n = \frac{\pi}{2}.$$

Die Koeffizienten A_n bestimmen wir wieder durch

$$A_n \int_0^L \zeta_n^2 \, dx = \int_0^L f(x) \, \zeta_n \, dx,$$

da auch hier wieder

$$\int_0^L \zeta_m \zeta_n \, dx = 0$$

gilt, was allerdings nicht ohne Rechnung ersichtlich ist.

****Anregung von Membranschwingungen.** Wir untersuchen noch die Schwingungen, die durch Zupfen einer kreisförmigen Membran im Mittelpunkt entstehen. Die allgemeine Membranbewegung wird durch (s. S. 202)

$$w = \sum^n \sum^p A_{np} \zeta_{np} \sin(2\pi \nu_{np} t + \delta_{np})$$

beschrieben. Zur Zeit $t = 0$ verschwindet $\partial w / \partial t$, während w selbst durch die Kegelfläche

$$w = \frac{h(R-r)}{R}$$

gegeben wird. Dies liefert die beiden Bedingungen

$$0 = \sum^{np} \nu_{np} A_{np} \zeta_{np} \cos \delta_{np}$$

$$\frac{h(R-r)}{R} = \sum^{np} A_{np} \zeta_{np} \sin \delta_{np}.$$

Aus der ersten von ihnen lesen wir sogleich

$$\cos \delta_{np} = 0; \qquad \sin \delta_{np} = 1; \qquad \delta_{np} = \frac{\pi}{2}$$

ab, während die zweite durch Multiplizieren mit $\zeta_{n'p'}$ und Integrieren über die ganze Membran in

$$\frac{h}{R} \int_0^{2\pi} \int_0^R (R-r) \zeta_{n'p'} r \, dr \, d\varphi = \sum^{np} A_{np} \int_0^R \int_0^{2\pi} \zeta_{np} \zeta_{n'p'} r \, dr \, d\varphi$$

übergeht. Die Integrale

$$\int_0^R \int_0^{2\pi} \zeta_{np} \zeta_{n'p'} r \, dr \, d\varphi = \int_0^R J_p\left(x_{np} \frac{r}{R}\right) J_{p'}\left(x_{n'p'} \frac{r}{R}\right) r \, dr \times$$

$$\times \int_0^{2\pi} (C_{np} \cos p\varphi + D_{np} \sin p\varphi)(C'_{n'p'} \cos p'\varphi + D'_{n'p'} \sin p'\varphi) \, d\varphi$$

verschwinden immer, wenn $p \neq p'$ ist, da die winkelabhängigen Anteile gleich Null sind. Ist $p = p'$, so haben wir

$$\int_0^R \int_0^{2\pi} \zeta_{np} \zeta_{n'p} r \, dr \, d\varphi = \pi (C_{np} C'_{n'p} + D_{np} D'_{n'p}) \int_0^R J_p\left(x_{np} \frac{r}{R}\right) J_p\left(x_{n'p} \frac{r}{R}\right) r \, dr$$

$$= 0 \quad \text{für} \quad n \neq n'$$

$$= \frac{\pi}{2} (C_{np}^2 + D_{np}^2) R^2 \left(\frac{dJ_p}{dx}\right)_{x_{np}}^2 \quad \text{für} \quad n' = n.$$

Dies ergibt

$$\frac{(C_{np}^2 + D_{np}^2)\pi R^2}{2}\left(\frac{dJ_p(x_{np})}{dx}\right)^2 A_{np}$$

$$= \frac{h}{R}\int_0^R\int_0^{2\pi}(R-r)\,J_p\left(x_{np}\frac{r}{R}\right)(C_{np}\cos p\,\varphi + D_{np}\sin p\,\varphi)\,r\,dr\,d\varphi.$$

Die rechte Seite verschwindet offenbar, wenn $p \neq 0$ ist, während für $p = 0$

$$\frac{C_n^2\pi R^2}{2} A_{no}\left(\frac{dJ_o(x_{no})}{dx}\right)^2 = \frac{2\pi h\,C_n}{R}\int_0^R J_0\left(x_{no}\frac{r}{R}\right)(R-r)\,r\,dr$$

$$= \frac{2\pi h\,C_n R^2}{x_{no}^2}\int_0^{x_{no}} J_0(x)\left(1-\frac{x}{x_{no}}\right)x\,dx$$

gilt. Durch Umformung und partielle Integration erhält man

$$A_{no} = \frac{4h}{C_n\,x_{no}^3\{J_1(x_{no})\}^2}\int_0^{x_{no}} J_1(x)\,x\,dx.$$

*§ 6. Erzwungene Schwingungen.

Inhalt: Anregungen von Saitenschwingungen und Membranschwingungen durch eine periodische Kraft.

Bezeichnungen: ν Frequenz der Kraft K, q Querschnitt, ϱ Dichte, τ_0 Spannung, L Länge der Saite, A_n Amplitude, ν_n Frequenz der n-ten Eigenschwingung, A_{np} und ν_{np} entsprechende Größen für die Membran, J_p BESSEL-Funktion, x_{np} ihre Nullstellen.

Unter dem Einfluß periodischer äußerer Kräfte führt ein elastischer Körper sogenannte erzwungene Schwingungen aus. Die Kräfte können entweder in seinem Innern oder an seiner Oberfläche angreifen. Die erzwungenen Schwingungen sind natürlich in den Lösungen der allgemeinen Bewegungsgleichungen (29), S. 175, enthalten. Bei speziellen einfachen Problemen ist es aber zweckmäßig, nicht auf diese fertigen Gleichungen zurückzugreifen, sondern die dem Problem angepaßten Gleichungen neu aufzustellen. Dies gilt insbesondere dann, wenn es sich um Körper handelt, die als ein- oder zweidimensionale Gebilde idealisiert werden können.

Erzwungene Saitenschwingungen. Auf das Element dz einer Saite möge in der x-Richtung die periodische Kraft

$$dz\,K(z)\sin 2\pi\nu t$$

wirken. Entlang der Saite kann $K(z)$ veränderlich sein. Beschränken wir uns auf Bewegungen in der xz-Ebene, so wird der Momentanzustand durch die Verschiebung $u(z)$ bezeichnet. Zu ihm gehört die potentielle Energie (s. auch S. 192).

$$\int_0^L\left\{\frac{\tau_0 q}{2}\left(\frac{\partial u}{\partial z}\right)^2 - u\,K(z)\sin 2\pi\nu t\right\}dz,$$

und das HAMILTONsche Prinzip fordert

$$\delta\int_{t_1}^{t_2}\int_0^L\left\{\frac{\varrho q}{2}\left(\frac{\partial u}{\partial t}\right)^2 - \frac{\tau_0 q}{2}\left(\frac{\partial u}{\partial z}\right)^2 + u\,K(z)\sin 2\pi\nu t\right\}dz\,dt = 0.$$

Wie auf S. 193 gewinnen wir hieraus die EULERsche Gleichung

$$\varrho q \frac{\partial^2 u}{\partial t^2} = \tau_0 q \frac{\partial^2 u}{\partial z^2} + K(z) \sin 2\pi \nu t. \tag{60}$$

Wir versuchen nun eine Lösung

$$u = \xi(z) \sin 2\pi \nu t \tag{61}$$

zu finden, welche für ξ die Gleichung

$$\tau_0 q \frac{d^2 \xi}{d z^2} + K(z) + 4\pi^2 \nu^2 q \varrho \xi = 0 \tag{62}$$

erfordert. Nun entwickeln wir ξ und $K(z)$ nach den Eigenfunktionen der Saite, um die Erfüllung der Randbedingungen zu sichern, schreiben also

$$K(z) = \sum_n K_n \sin \frac{\pi n z}{L} \tag{63}$$

$$\xi = \sum_n A_n \sin \frac{\pi n z}{L}. \tag{64}$$

Die Koeffizienten K_n finden wir aus

$$K_n = \frac{2}{L} \int_0^L K(z) \sin \frac{\pi n z}{L} dz, \tag{65}$$

wenn $K(z)$ gegeben ist. Gehen wir mit (63) und (64) in die Gl. (62) ein, so finden wir

$$\sum_n \sin \frac{\pi n z}{L} \left\{ - \frac{\tau_0 q \pi^2 n^2}{L^2} A_n + 4\pi^2 \nu^2 q \varrho A_n + K_n \right\} = 0,$$

woraus sich

$$A_n = \frac{K_n}{4\pi^2 \varrho q \left(\frac{\tau_0 n^2}{4 \varrho L^2} - \nu^2 \right)} = \frac{K_n}{4\pi^2 \varrho q (\nu_n^2 - \nu^2)} \tag{66}$$

errechnet. ν_n bedeutet die n-te Eigenfrequenz der Saite. Unter dem Einfluß der Kraft $K(z)$ entsteht also die Schwingung

$$u = \frac{\sin 2\pi \nu t}{4\pi^2 q \varrho} \sum_n \frac{K_n}{\nu_n^2 - \nu^2} \sin \frac{\pi n z}{L} \tag{67}$$

der gleichen Frequenz wie die Kraft. Ihr kann sich noch eine beliebige Kombination von Eigenschwingungen überlagern, zu deren Anregung es bei irgendeiner Gelegenheit gekommen ist. Besteht jedoch die periodische Kraft längere Zeit und ist die Saite sonst keinen Einwirkungen ausgesetzt, so klingen die Eigenschwingungen durch Reibungskräfte allmählich ab, und es bleibt nur die Schwingung (67) übrig.

Die Amplitude dieser erzwungenen Schwingung wächst außerordentlich an, wenn ihre Frequenz einer Eigenfrequenz nahekommt (s. Abb. 54).

Am wichtigsten ist der Fall, daß die äußere Kraft nur an einem kurzen Saitenstück zwischen $z = a$ und $z = b$ angreift und von z unabhängig gleich K ist. Dann gilt

$$K_n = \frac{2K}{L} \int_a^b \sin \frac{\pi n z}{L} dz = \frac{2K}{\pi n} \left(\cos \frac{\pi n a}{L} - \cos \frac{\pi n b}{L} \right)$$

$$\approx \frac{2K(b-a)}{L} \sin \frac{\pi n a}{L}.$$

Greift die Kraft an der Saitenmitte an, so ist

$$K_n = \pm \frac{2K(b-a)}{L} \quad \text{für} \quad n = 1, 3, 5 \ldots$$

$$= \quad 0 \quad \text{für} \quad n = 2, 4, 6 \ldots$$

Erzwungene Längs- und Torsionsschwingungen eines Stabes kann man ganz ähnlich wie Saitenschwingungen behandeln. Auch Biegungsschwingungen lassen sich nach dieser Methode durchrechnen, doch ist die Rechnung mühsamer.

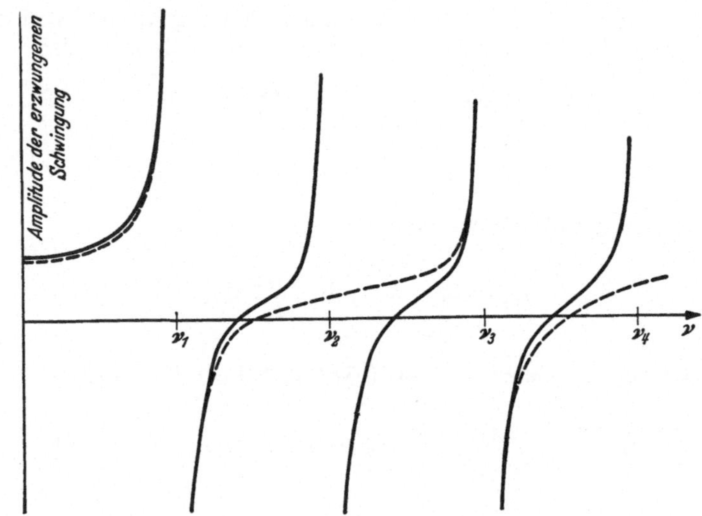

Abb. 54. Amplitude erzwungener Saitenschwingungen in Abhängigkeit von der Frequenz. Bei Anregung in der Mitte entfallen die geraden Resonanzen (punktierte Kurven).

****Erzwungene Membranschwingungen.** Wirkt die periodische äußere Kraft

$$dx\,dy\,K(x, y)\sin 2\pi\nu t \tag{68}$$

auf die Elemente einer kreisrunden Membran (s. S. 201), so tritt zur potentiellen Energie der Anteil

$$-\sin 2\pi\nu t \iint w\,K(x, y)\,dx\,dy$$

hinzu, und durch Anwendung des HAMILTONschen Prinzips erhalten wir die Bewegungsgleichungen

$$\varrho \frac{\partial^2 w}{\partial t^2} = \tau\left(\frac{\partial^2 w}{\partial x^2} + \frac{\partial^2 w}{\partial y^2}\right) + K(x, y)\sin 2\pi\nu t. \tag{69}$$

Der Ansatz

$$w = \sin 2\pi\nu t \sum_{np} A_{np}\,\zeta_{np} \tag{70}$$

$$K(x, y) = \sum_{np} K_{np}\,\zeta_{np} \tag{71}$$

mit

$$K_{np}\iint \zeta_{np}^2\,dx\,dy = \iint K(x, y)\,\zeta_{np}\,dx\,dy$$

erfüllt die Randbedingungen.

Wegen (s. S. 202) Gl. (41)

$$\tau\left(\frac{\partial^2 \zeta_{np}}{\partial x^2} + \frac{\partial^2 \zeta_{np}}{\partial y^2}\right) = -4\pi^2 \nu_{np}^2 \varrho \zeta_{np}$$

führt er auf

$$\sum_{np} \{4\pi^2 \varrho A_{np} (\nu^2 - \nu_{np}^2) + K_{np}\} \zeta_{np} = 0$$

und

$$A_{np} = \frac{K_{np}}{4\pi^2 \varrho (\nu_{np}^2 - \nu^2)}. \tag{72}$$

Wir behandeln etwas ausführlicher den besonders wichtigen Fall, daß die Kraft $K(x, y)$ an allen Punkten der Membran gleich groß ist. Dies würde zutreffen, wenn die Membran durch eine Luftschwingung in Bewegung gesetzt wird. Dann ist

$$\iint K(x, y) \zeta_{np} \, dx \, dy = K \int_0^{2\pi} \int_0^R \zeta_{np} \, r \, dr \, d\varphi$$

$$= K \int_0^R J_p\left(x_{np} \frac{r}{R}\right) r \, dr \int_0^{2\pi} (C_{np} \cos p\,\varphi + D_{np} \sin p\,\varphi) \, d\varphi.$$

Alle K_{np} verschwinden, außer wenn $p = 0$ ist. Für $p = 0$ finden wir

$$K_{no} \int_0^R C_n^2 J_0^2\left(x_{no} \frac{r}{R}\right) r \, dr = C_n K \int_0^R J_0\left(x_{no} \frac{r}{R}\right) r \, dr$$

$$K_{no} = \frac{K \int_0^{x_{no}} J_0(x) \, x \, dx}{C_n \int_0^{x_{no}} J_0^2(x) \, x \, dx}$$

$$= \frac{2K}{C_n \, x_{no} \, J_1(x_{no})},$$

und daraus ergibt sich

$$A_{no} = \frac{2K}{4\pi^2 \varrho (\nu_{no}^2 - \nu^2) \, C_n \, x_{no} \, J_1(x_{no})}.$$

Für $x_{no} J_1(x_{no})$ findet man die Werte

n	1	2	3	4	5	6
$x_{no} J_1(x_{no})$	1,25	−1,88	2,34	−2,74	3,08	−3,39

VI. Die Grundgleichungen der Hydrodynamik.

Die Bewegung von Flüssigkeiten muß mit Methoden beschrieben werden, die durch die Eigentümlichkeiten des flüssigen Zustandes vorgezeichnet werden. Ein fester Körper läßt sich durch eine Einteilung in Volumenelemente in substantielle Bausteine zerlegen, aus denen er in ganz bestimmter Weise zusammengesetzt ist. Diese einzelnen Bausteine lassen sich durch den Ort unterscheiden, an dem sie sich befinden, und jederzeit wiedererkennen. Auch wenn der Körper Deformationen unterworfen wird, bei denen die Bausteine Verschiebungen erfahren, wird daran nichts geändert. Jedes einzelne substantielle Volumenelement bleibt immer durch die Lage gekennzeichnet, in die es wieder zurückkehrt, wenn die Deformation des ganzen Körpers wieder wegfällt. Der jeweilige Zustand des festen Körpers wird deshalb zweckmäßig durch die Verschiebung aller seiner Elemente beschrieben, und diese Beschreibung ist auch vollständig und endgültig.

Bei einer Flüssigkeit herrschen gerade in diesem Punkte wesentlich andere Verhältnisse. In einem bestimmten Zeitpunkt können wir natürlich auch eine Einteilung in Volumenelemente vornehmen und so substantielle Bausteine konstruieren, aus denen die Flüssigkeit sich zusammensetzt. Für den Augenblick können sie auch durch die Orte gekennzeichnet werden, an denen sie sich befinden. Es ist aber unmöglich, die substantiellen Bausteine nach einiger Zeit wieder aufzufinden, wenn inzwischen eine Bewegung stattgefunden hat. An den betreffenden Orten befinden sich zwar wieder Volumenelemente, diese sind aber nicht mehr dieselben. Auch wenn man die Bewegung während ihres ganzen Ablaufes verfolgt, kann man die ursprünglichen Volumenelemente nicht wiederfinden, da ja nicht nur eine Verschiebung, sondern sogar eine Durchmischung stattgefunden haben kann. Gerade in dieser Unmöglichkeit, wiedererkennbare und längere Zeit verfolgbare substantielle Volumenelemente zu kennzeichnen, besteht das Wesen des flüssigen Zustandes.

Dies wird noch klarer, wenn wir den Versuch unternehmen, die Verschiebung der Flüssigkeitselemente ähnlich wie beim festen Körper zu verfolgen. Wir gehen von ihrer Lage aus, die sie im Zeitpunkt $t = t_0$ einnehmen, und zeichnen die Bahnen, die sie bis zum Zeitpunkt $t = t_1$ durchlaufen. Von jedem Punkt geht dann ein Kurvenstück aus, das in einem zweiten Punkte endigt. Gegenüber derselben Konstruktion beim festen Körper besteht folgender Unterschied: Im festen Körper bietet der undeformierte Zustand einen ausgezeichneten Anfangspunkt für die Konstruktion, während die Wahl des Zustandes der Flüssigkeiten im Zeitpunkte t_0 ganz willkürlich ist.

Bei einer Flüssigkeit hat es also keinen rechten Sinn, von der Verschiebung an sich zu sprechen, welche die Flüssigkeitsteilchen erfahren haben, weil kein bestimmter Zustand ausgezeichnet ist, relativ zu dem wir die Verschiebungen angeben. Wohl aber ist es vernünftig, die Verschiebungen anzumerken, die sich während eines kurzen Zeitintervalls dt in der Flüssigkeit einstellen. Ihr Verhältnis zum Zeitintervall dt, die Verschiebungsgeschwindigkeit $\mathfrak{v}$, ist eine sinnvolle Größe und wird Strömungsgeschwindigkeit genannt. Sie kennzeichnet zwar nicht die Lage der Flüssigkeitsteilchen, dafür aber ihre Bewegung.

§ 1. Das Strömungsfeld.

Inhalt: Darstellung des Strömungsfeldes durch die Stromlinien. Die Stromlinien sind bei stationärer Bewegung die Bahnen der Flüssigkeitsteilchen. Zusammensetzung der Beschleunigung aus der Geschwindigkeitsänderung an festem Ort und dem Konvektionsanteil. Zerlegung der Richtungsableitung der Geschwindigkeit in die Tensoren der Verzerrungsgeschwindigkeit und der Drehgeschwindigkeit. Die Drehgeschwindigkeit ist gleich dem Wirbelvektor. Die Erhaltung der Masse einer Flüssigkeit wird durch die Kontinuitätsgleichung ausgedrückt.

Bezeichnungen: $\mathfrak{r}$ Ortsvektor, $\mathfrak{v}$ Geschwindigkeit der Strömung, u, v, w ihre Komponenten, $\mathcal{B}$ Tensor der Deformation eines Flüssigkeitsteilchens, β_{xx}, β_{xy} usw. seine Komponenten, $\mathfrak{W}$ Wirbelvektor, Θ Volumendilatation, ϱ Dichte der Flüssigkeit, dV Volumenelement, p hydrostatischer Druck, $\varkappa$ Kompressibilität, η Zähigkeit, $\mathcal{R}$ Spannungstensor der Reibungskräfte, $\mathfrak{f}_p$ elastische Volumenkraft (Druckkraft), $\mathfrak{f}^*$ äußere Volumenkraft (Schwerkraft), $\mathfrak{f}_r$ Reibungskraft.

In einer bewegten Flüssigkeit können wir in jedem Zeitpunkt t jedem Orte $\mathfrak{r}$ eine Strömungsgeschwindigkeit $\mathfrak{v}$ zuordnen, mit der sich das dort befindliche

Flüssigkeitsteilchen augenblicklich bewegt. $\mathfrak{v}$ ist als eine Funktion des Ortsvektors $\mathfrak{r}$ anzusehen und bildet ein Vektorfeld, welches man Strömungsfeld nennt. Wenn sich der Bewegungszustand der Flüssigkeit im Laufe der Zeit ändert, ist die Strömung nicht stationär, und $\mathfrak{v}$ hängt auch noch von der Zeit ab.

Die Kurven, welche im Zeitpunkt t überall die Richtung der Geschwindigkeit haben, heißen Stromlinien. Sie geben ein Bild der augenblicklichen Bewegung. Bei stationärer Strömung fallen die Bahnen der Flüssigkeitsteilchen mit den Stromlinien zusammen. Bei nicht stationärer Strömung sind die Stromlinien von den Bahnen verschieden. Dies machen wir uns mit Hilfe der Abb. 55 klar. Zur Zeit t führe die Stromlinie vom Punkte P zum Nachbarpunkt Q und dann weiter zum Punkte R. Ein Flüssigkeitsteilchen, welches sich in diesem Zeitpunkt bei P befindet, schlägt den Weg nach Q ein. Bis es dort eintrifft, hat sich aber die Stromlinie geändert, und es wandert jetzt nicht nach R, sondern nach S weiter. Während also PQR ein Stück der Stromlinie zur Zeit t ist, gibt PQS die Bahn an.

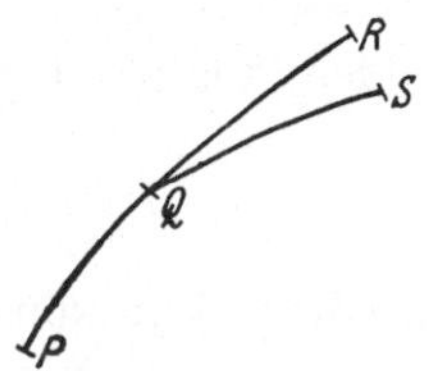

Abb. 55. PQR ist die momentane Stromlinie, PQS die Bahn des Flüssigkeitsteilchens.

Die Beschleunigung. Die Bewegung der Flüssigkeitsteilchen können wir auch rechnend verfolgen. Daß die Geschwindigkeit von Ort und Zeit abhängt, drücken wir durch

$$\mathfrak{v} = \mathfrak{v}(\mathfrak{r}, t)$$

aus. Ein Flüssigkeitsteilchen legt in der Zeit dt den Weg

$$d\mathfrak{r} = d\mathfrak{s} = \mathfrak{v}\, dt$$

zurück und gelangt vom Orte $\mathfrak{r}$ an den Ort $\mathfrak{r} + \mathfrak{v}\, dt$. Im Zeitpunkt $t + dt$ hat es die Geschwindigkeit

$$\mathfrak{v} + d\mathfrak{v} = \mathfrak{v}(\mathfrak{r} + \mathfrak{v}\, dt, t + dt) = \mathfrak{v}(\mathfrak{r}, t) + (\mathfrak{v}\, dt\, \nabla)\, \mathfrak{v} + \frac{\partial \mathfrak{v}}{\partial t}\, dt.$$

Der Anteil $\frac{\partial \mathfrak{v}}{\partial t}\, dt$ kommt daher, daß sich das Strömungsfeld im späteren Zeitpunkt verändert hat. Der Anteil $(\mathfrak{v}\, dt\, \nabla)\, \mathfrak{v}$ ist die Folge davon, daß unser Flüssigkeitsteilchen im späteren Zeitpunkt an einer anderen Stelle liegt. Seine Beschleunigung

$$\frac{d\mathfrak{v}}{dt} = \frac{\partial \mathfrak{v}}{\partial t} + (\mathfrak{v}\, \nabla)\, \mathfrak{v} \tag{1}$$

soll substantielle Beschleunigung heißen, weil sie die Beschleunigung der materiellen Teilchen bedeutet. Sie setzt sich aus der örtlichen Beschleunigung $\partial \mathfrak{v}/\partial t$ und der Konvektionsbeschleunigung $(\mathfrak{v}\, \nabla)\, \mathfrak{v}$ infolge der Mitführung der Teilchen durch die Strömung zusammen.

Ganz ähnlich kann man auch jede Eigenschaft $A = A(\mathfrak{r}, t)$ behandeln, welche von Ort und Zeit abhängt. Die Änderung dieser Eigenschaft an einem Flüssigkeitsteilchen

$$\frac{dA}{dt} = \frac{\partial A}{\partial t} + (\mathfrak{v}\, \nabla)\, A \tag{1a}$$

bezeichnen wir als substantielle oder totale Änderung. Sie setzt sich aus der örtlichen Änderung $\partial A/\partial t$ und dem Konvektionsanteil $(\mathfrak{v}\, \nabla)\, A$ zusammen.

Die Deformation eines Flüssigkeitselementes. Das Wirbelfeld. Herrscht an einem Punkt P die Geschwindigkeit $\mathfrak{v}$ mit den Komponenten u, v und w, so haben wir im gleichen Zeitpunkt an einem Nachbarpunkt Q, der von P durch den infinitesimalen Vektor $d\mathfrak{r}$ erreicht wird, die Geschwindigkeit

$$\mathfrak{v} + d\mathfrak{v} = \mathfrak{v} + (d\mathfrak{r}\, \nabla)\, \mathfrak{v} = \mathfrak{v} + dx \frac{\partial \mathfrak{v}}{\partial x} + dy \frac{\partial \mathfrak{v}}{\partial y} + dz \frac{\partial \mathfrak{v}}{dz}.$$

Aus $\mathfrak{v}$ können wir durch Richtungsableitung den Tensor

$$\nabla)(\mathfrak{v} = \begin{Bmatrix} \frac{\partial u}{\partial x} & \frac{\partial v}{\partial x} & \frac{\partial w}{\partial x} \\ \frac{\partial u}{\partial y} & \frac{\partial v}{\partial y} & \frac{\partial w}{\partial y} \\ \frac{\partial u}{\partial z} & \frac{\partial v}{\partial z} & \frac{\partial w}{\partial z} \end{Bmatrix} \tag{2}$$

bilden, aus welchem wir durch skalare Multiplikation mit $d\mathfrak{r}$

$$d\mathfrak{v} = (d\mathfrak{r}\,\nabla)\,\mathfrak{v} = dx\frac{\partial \mathfrak{v}}{\partial x} + dy\frac{\partial \mathfrak{v}}{\partial y} + dz\frac{\partial w}{\partial z}$$

erhalten. Wir können $\nabla)(\mathfrak{v}$ in den symmetrischen Anteil

$$\mathfrak{D} = \frac{\partial \mathfrak{B}}{\partial t} = \begin{Bmatrix} \frac{\partial \beta_{xx}}{\partial t} & \frac{\partial \beta_{xy}}{\partial t} & \frac{\partial \beta_{xz}}{\partial t} \\ \frac{\partial \beta_{xy}}{\partial t} & \frac{\partial \beta_{yy}}{\partial t} & \frac{\partial \beta_{yz}}{\partial t} \\ \frac{\partial \beta_{xz}}{\partial t} & \frac{\partial \beta_{yz}}{\partial t} & \frac{\partial \beta_{zz}}{\partial t} \end{Bmatrix}$$

$$= \begin{Bmatrix} \frac{\partial u}{\partial x} & \frac{1}{2}\left(\frac{\partial v}{\partial x} + \frac{\partial u}{\partial y}\right) & \frac{1}{2}\left(\frac{\partial w}{\partial x} + \frac{\partial u}{\partial z}\right) \\ \frac{1}{2}\left(\frac{\partial v}{\partial x} + \frac{\partial u}{\partial y}\right) & \frac{\partial v}{\partial y} & \frac{1}{2}\left(\frac{\partial w}{\partial y} + \frac{\partial v}{\partial z}\right) \\ \frac{1}{2}\left(\frac{\partial w}{\partial x} + \frac{\partial u}{\partial z}\right) & \frac{1}{2}\left(\frac{\partial w}{\partial y} + \frac{\partial v}{\partial z}\right) & \frac{\partial w}{\partial z} \end{Bmatrix} \tag{3}$$

und den antisymmetrischen Anteil

$$-\mathfrak{W} = \begin{Bmatrix} 0 & \frac{1}{2}\left(\frac{\partial v}{\partial x} - \frac{\partial u}{\partial y}\right) & \frac{1}{2}\left(\frac{\partial w}{\partial x} - \frac{\partial u}{\partial z}\right) \\ \frac{1}{2}\left(\frac{\partial u}{\partial y} - \frac{\partial v}{\partial x}\right) & 0 & \frac{1}{2}\left(\frac{\partial w}{\partial y} - \frac{\partial v}{\partial z}\right) \\ \frac{1}{2}\left(\frac{\partial u}{\partial z} - \frac{\partial w}{\partial x}\right) & \frac{1}{2}\left(\frac{\partial v}{\partial z} - \frac{\partial w}{\partial y}\right) & 0 \end{Bmatrix} \tag{4}$$

zerlegen. $\mathfrak{D}$ ist die Geschwindigkeit, mit der die Flüssigkeit sich deformiert bzw. verzerrt (s. die ganz analoge Bildung des Verzerrungstensors $\mathfrak{B}$ auf S. 139).

Multipliziert man $-\mathfrak{W}$ links mit einem beliebigen Vektor $\mathfrak{a}$, so erhält man

$$-(\mathfrak{a}\,\mathfrak{W}) = -\frac{1}{2}[\mathfrak{a}\operatorname{rot}\mathfrak{v}]. \tag{5}$$

Den antisymmetrischen Tensor $\mathfrak{W}$ kann man deshalb auch durch einen Vektor

$$\mathfrak{W} = \frac{1}{2}\operatorname{rot}\mathfrak{v} \tag{6}$$

ersetzen, welcher als Wirbelvektor des Strömungsfeldes $\mathfrak{v}$ bezeichnet wird. Man erhält damit leicht die Beziehungen

$$(\mathfrak{a}\,\nabla)\,\mathfrak{v} = \left(\mathfrak{a}\frac{\partial \mathfrak{B}}{\partial t}\right) - \frac{1}{2}[\mathfrak{a}\operatorname{rot}\mathfrak{v}], \tag{7}$$

$$= \left(\mathfrak{a}\frac{\partial \mathfrak{B}}{\partial t}\right) - [\mathfrak{a}\,\mathfrak{W}].$$

Wenn $\mathfrak{a}$ im speziellen Fall ∇ bedeutet, gilt

$$\Delta \mathfrak{v} = \left(\nabla \frac{\partial \mathfrak{B}}{\partial t}\right) - \frac{1}{2} \operatorname{rot} \operatorname{rot} \mathfrak{v} \tag{7a}$$

$$= \left(\nabla \frac{\partial \mathfrak{B}}{\partial t}\right) - \operatorname{rot} \mathfrak{W}.$$

Der Wirbelvektor selbst ist im allgemeinen Fall von Ort zu Ort verschieden und bildet ein Wirbelfeld, das wir dem Strömungsfeld zuordnen können. Seine Feldlinien besitzen in jedem Punkte die Richtung von $\mathfrak{W}$ und heißen Wirbellinien. Der Betrag von $\mathfrak{W}$ ist die Drehgeschwindigkeit der Flüssigkeitsteilchen um eine Achse, die mit der Richtung von $\mathfrak{W}$ zusammenfällt.

Die Volumendilatation. Kontinuitätsgleichung. Mit der Strömung kann eine Volumendilatation (Expansion) verbunden sein, welche mit der Geschwindigkeit

$$\operatorname{div} \mathfrak{v} = \frac{\partial \Theta}{\partial t} = \frac{\partial u}{\partial x} + \frac{\partial v}{\partial y} + \frac{\partial w}{\partial z} = \frac{\partial}{\partial t}(\beta_{xx} + \beta_{yy} + \beta_{zz}) \tag{8}$$

vor sich geht (s. hierzu auch S. 142). Ist die Flüssigkeit inkompressibel, so gilt

$$\operatorname{div} \mathfrak{v} = 0, \tag{9}$$

sonst ist $\operatorname{div} \mathfrak{v}$ immerhin klein.

Ein substantielles Volumenelement dV, das während der Bewegung von denselben Flüssigkeitsteilchen erfüllt bleibt, nimmt an der Volumendilatation teil. Die substantielle Änderung seiner Größe ist deshalb

$$\frac{d}{dt} dV = dV \operatorname{div} \mathfrak{v}. \tag{10}$$

Die in ihm enthaltene Masse $\varrho\, dV$ bleibt bei der Bewegung unverändert. Es gilt deshalb

$$\frac{d}{dt} \varrho\, dV = \varrho \frac{d}{dt} dV + dV \frac{d\varrho}{dt} = 0. \tag{11}$$

Aus (10) und (11) geht die Gleichung

$$\frac{d\varrho}{dt} = -\varrho \operatorname{div} \mathfrak{v} = -\varrho \frac{\partial \Theta}{\partial t} \tag{12}$$

hervor, welche die Erhaltung der Masse ausspricht. Die relative Dichte nimmt ebenso zu, wie das Volumen abnimmt.

Jetzt betrachten wir ein im Raum fest abgegrenztes Volumen V, welches die Bewegung nicht mitmacht. Es enthält zur Zeit t die Masse

$$\int \varrho\, dV$$

In der Zeit dt strömt aus seiner Oberfläche die Masse

$$dt \oint \varrho (\mathfrak{v}\, d\mathfrak{F}) = dt \int \operatorname{div}(\varrho \mathfrak{v})\, dV$$

heraus, die dem Volumen V verlorengeht. Der Verlust kann aber auch durch

$$-dt \int \frac{\partial \varrho}{\partial t} dV$$

ausgedrückt werden, so daß die Gleichung

$$\int \frac{\partial \varrho}{\partial t} dV + \int \operatorname{div}(\varrho \mathfrak{v})\, dV = 0$$

zustande kommt. Lassen wir V zusammenschrumpfen, so entsteht die sog. Kontinuitätsgleichung

$$\frac{\partial \varrho}{\partial t} + \operatorname{div}(\varrho \mathfrak{v}) = 0. \tag{13}$$

Sie sagt aus, daß bei der Strömung keine Masse verlorengeht. $\partial\varrho/\partial t$ bedeutet die Dichteänderung an einem festen Ort, $d\varrho/dt$ die Dichteänderung eines bewegten substantiellen Flüssigkeitselementes. Nach (1a) ist

$$\frac{d\varrho}{dt} = \frac{\partial\varrho}{\partial t} + (\mathfrak{v}\nabla)\varrho. \tag{14}$$

womit (12) in (13) übergeht.

§ 2. Die Kräfte in der Flüssigkeit.

Inhalt: Die elastischen Volumenkräfte erhält man als Gradient des hydrostatischen Druckes mit negativem Vorzeichen. — Die Reibungskräfte kann man in einen Tensor R zusammenfassen, der aus zwei Anteilen besteht. Der eine ist der Deformationsgeschwindigkeit, der andere der Volumendilatation proportional. Der hydrostatische Druck wird bei einer Expansion durch Reibungskräfte nicht geändert.

Bezeichnungen: Wie § 1, S. 214.

Die Kräfte, welche auf eine Flüssigkeitselement einwirken, teilen wir nach ihren Ursachen ein. Als äußere Kräfte kommen bei astronomischen Problemen Gravitationskräfte in Betracht, und auch auf der Erde hat man es gewöhnlich nur mit der Schwerkraft zu tun. Gelegentlich werden auch Zentrifugalkräfte wie äußere Kräfte behandelt, was aber nicht ganz konsequent ist. Alle äußeren Kräfte sind dem Volumen proportional, d. h., wir können sie für ein Volumenelement mit

$$\mathfrak{f}^* \, dV$$

in Rechnung setzen. Dies wurde schon auf S. 144 näher begründet.

Neben äußeren Kräften haben wir in jedem Volumenelement noch innere Kräfte zu berücksichtigen, die von den Nachbarelementen herrühren. Unter ihnen unterscheidet man Druckkräfte und Reibungskräfte.

Der hydrostatische Druck. In der ruhenden Flüssigkeit entstehen Kräfte, die sich der Volumenänderung (Kompression) widersetzen. Sie entsprechen durchaus den elastischen Kräften im Innern eines festen Körpers. Der Unterschied besteht nur darin, daß die Scherkräfte fehlen. Ist $\varkappa$ die Kompressibilität, ϱ die Dichte, ϱ_0 die Dichte der unkomprimierten Flüssigkeit, so kann man die Volumendilatation

$$\Theta = -\frac{\varrho - \varrho_0}{\varrho_0}$$

als einen Tensor mit den Komponenten

$$\Theta_{xx} = \Theta_{yy} = \Theta_{zz} = \Theta; \qquad \Theta_{xy} = \Theta_{xz} = \Theta_{yz} = 0$$

auffassen und daraus den Spannungstensor $-\boldsymbol{p}$ mit den Komponenten

$$-p_{xx} = -p_{yy} = -p_{zz} = \frac{\Theta}{\varkappa} = -p; \qquad p_{xy} = p_{xz} = p_{yz} = 0 \tag{15}$$

genau wie bei einem elastischen Körper bilden. Dieser Tensor ist allerdings zu einer skalaren Größe entartet. p nennt man den hydrostatischen Druck. Die auf ein Volumenelement wirkende Kraft erhält man als Divergenz

$$\mathfrak{f}_p = -(\nabla \boldsymbol{p})$$

des Spannungstensors, was in Komponenten geschrieben

$$\begin{aligned} \mathfrak{f}_p &= -\mathfrak{i}\frac{\partial p_{xx}}{\partial x} - \mathfrak{j}\frac{\partial p_{yy}}{\partial y} - \mathfrak{k}\frac{\partial p_{zz}}{\partial z} \\ &= -\operatorname{grad} p \end{aligned} \tag{16}$$

ergibt.

Reibungskräfte. In jeder bewegten Flüssigkeit treten Reibungskräfte zu den Druckkräften hinzu. Um von ihnen eine Vorstellung zu gewinnen, betrachten wir eine Flüssigkeitsströmung in der x-Richtung, deren Geschwindigkeit u in der y-Richtung zunimmt (s. Abb. 56). Durch ein Flächenelement $df = dx\,dz$ parallel zur xz-Ebene wird eine Reibungskraft

$$\mathrm{i}\,\eta\,dx\,dz\,\frac{\partial u}{\partial y}$$

nach unten und eine Gegenkraft

$$-\mathrm{i}\,\eta\,dx\,dz\,\frac{\partial u}{\partial y}$$

nach oben übertragen, die dem Geschwindigkeitsgefälle in der y-Richtung und dem Flächenelement proportional ist. Ihre Richtung ist parallel bzw. entgegengesetzt zur Strömung. Die Proportionalitätskonstante η heißt Zähigkeit oder innere Reibung der Flüssigkeit. Diesen Sachverhalt können wir auch so ausdrücken, daß das Geschwindigkeitsgefälle $\partial u/\partial y$ wegen der Zähigkeit eine Spannung

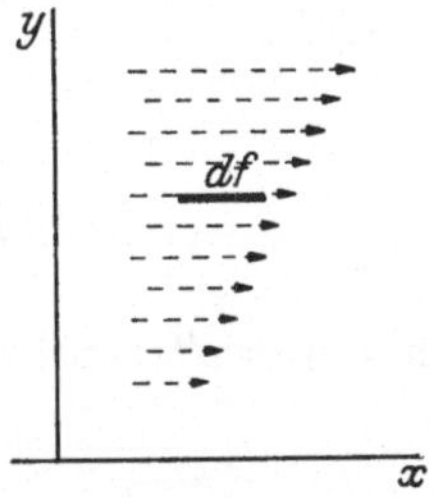

$$R_{xy} = \eta\,\frac{\partial u}{\partial y} \tag{17}$$

erzeugt.

Abb. 56. Durch df wird die Reibungskraft $\eta\,dx\,dz\,\partial u/\partial y$ übertragen. Die punktierten Pfeile stellen die Geschwindigkeitskomponente u dar.

Da die Reibung sich zwischen den Molekülen abspielt, kann die Reibungskraft nicht von der Bewegung selbst, sondern nur von der mit ihr verbundenen Deformation der Flüssigkeit herkommen. Wir werden also die Spannung (17) zu dem Spannungstensor

$$\mathfrak{R} = \begin{vmatrix} 0 & \eta\,\frac{\partial u}{\partial y} & 0 \\ \eta\,\frac{\partial u}{\partial y} & 0 & 0 \\ 0 & 0 & 0 \end{vmatrix} \tag{18}$$

ergänzen müssen, welcher der Deformationsgeschwindigkeit (Scherungsgeschwindigkeit) proportional ist.

Den Zusammenhang zwischen der Deformationsgeschwindigkeit und dem durch die Reibung bewirkten Spannungszustand müssen wir auf beliebige Flüssigkeitsströmungen übertragen, indem wir die Reibung in jedem Fall mit einem Spannungstensor $\mathfrak{R}$ erfassen. Es ist fast trivial, seine Komponenten in linearen Zusammenhang mit den Komponenten von $\partial\mathfrak{B}/\partial t$ zu setzen. Die Schubspannungen sind als Verallgemeinerung von (17) direkt den gemischten Komponenten der Deformationsgeschwindigkeit proportional, d. h.,

$$R_{xy} = \eta\left(\frac{\partial u}{\partial y} + \frac{\partial v}{\partial x}\right); \quad R_{xz} = \eta\left(\frac{\partial u}{\partial z} + \frac{\partial w}{\partial x}\right); \quad R_{yz} = \eta\left(\frac{\partial v}{\partial z} + \frac{\partial w}{\partial y}\right). \tag{19}$$

Für die Normalspannungen wird man zunächst einmal die Reibungsglieder

$$R_{xx} = 2\eta\,\frac{\partial u}{\partial x}; \quad R_{yy} = 2\eta\,\frac{\partial v}{\partial y}; \quad R_{zz} = 2\eta\,\frac{\partial w}{\partial z} \tag{20}$$

ansetzen. Wenn die Strömung mit Volumenänderung verbunden ist, müssen zum mindesten vorsichtshalber zu den Normalspannungen noch Glieder hinzugefügt werden, die zu $\partial\Theta/\partial t$ proportional sind, da die Flüssigkeiten (und Gase) ihren Widerstand gegen Kompression auch noch in anderer Weise als gegen Scherung äußern könnten. Damit kommen wir zu den Normalspannungen

$$\left.\begin{aligned} R_{xx} &= 2\eta\frac{\partial u}{\partial x} - \lambda\left(\frac{\partial u}{\partial x} + \frac{\partial v}{\partial y} + \frac{\partial w}{\partial z}\right) \\ R_{yy} &= 2\eta\frac{\partial v}{\partial y} - \lambda\left(\frac{\partial u}{\partial x} + \frac{\partial v}{\partial y} + \frac{\partial w}{\partial z}\right) \\ R_{zz} &= 2\eta\frac{\partial w}{\partial z} - \lambda\left(\frac{\partial u}{\partial x} + \frac{\partial v}{\partial y} + \frac{\partial w}{\partial z}\right). \end{aligned}\right\} \tag{21}$$

In tensorieller Schreibweise können wir dann die Beziehung

$$\mathfrak{R} = -\lambda\frac{\partial\Theta}{\partial t} + 2\eta\frac{\partial\mathfrak{B}}{\partial t} = -\lambda\,\mathrm{div}\,\mathfrak{v} + 2\eta\frac{\partial\mathfrak{B}}{\partial t} \tag{22}$$

zwischen Reibung und Deformationsgeschwindigkeit anschreiben.

Die Summe der Normalspannungen

$$\begin{aligned} R_{xx} + R_{yy} + R_{zz} &= (2\eta - 3\lambda)\left(\frac{\partial u}{\partial x} + \frac{\partial v}{\partial y} + \frac{\partial w}{\partial z}\right) \\ &= (2\eta - 3\lambda)\,\mathrm{div}\,\mathfrak{v} \end{aligned}$$

hängt von der Lage des Koordinatensystems nicht ab und gibt den dreifachen Betrag an, den die Reibungskräfte zum mittleren Druck in der Flüssigkeit beitragen. Gewöhnlich nimmt man an, daß

$$\lambda = \frac{2\eta}{3} \tag{23}$$

gilt, d. h., daß der hydrostatische Druck durch die Expansionsgeschwindigkeit nicht beeinflußt wird. Die Beziehung (23) ist allerdings hypothetisch und müßte experimentell gesichert werden. Dies ist aber gar nicht so einfach, weil in allen Fällen, wo die Kompressibilität groß ist (Gase), die Reibung klein wird und deshalb bei den meisten Problemen entweder die Reibung oder die Kompressibilität vernachlässigt werden kann.

Wenn man (23) in (22) verwendet, erhält man für den Reibungstensor den Ausdruck

$$\mathfrak{R} = 2\eta\left(\frac{\partial\mathfrak{B}}{\partial t} - \frac{1}{3}\,\mathrm{div}\,\mathfrak{v}\right) = 2\eta\left(\frac{\partial\mathfrak{B}}{\partial t} - \frac{1}{2}\frac{\partial\Theta}{\partial t}\right). \tag{24}$$

Auf die Volumeneinheit wirkt die Reibungskraft

$$\mathfrak{f}_r = (\nabla\mathfrak{R}) = -\frac{2}{3}\eta\,\mathrm{grad}\frac{\partial\Theta}{\partial t} + 2\eta\left(\nabla\frac{\partial\mathfrak{B}}{\partial t}\right) \tag{25}$$

$$= -\frac{2}{3}\eta\,\mathrm{grad}\,\mathrm{div}\,\mathfrak{v} + 2\eta\left(\nabla\frac{\partial\mathfrak{B}}{\partial t}\right). \tag{26}$$

Wenn man $\left(\nabla\frac{\partial\mathfrak{B}}{\partial t}\right)$ aus (7a) einsetzt, entsteht

$$\begin{aligned} (\nabla\mathfrak{R}) &= \frac{\eta}{3}\,\mathrm{grad}\,\mathrm{div}\,\mathfrak{v} + \eta\,\Delta\mathfrak{v} \\ &= \frac{\eta}{3}\,\mathrm{rot}\,\mathrm{rot}\,\mathfrak{v} + \frac{4}{3}\eta\,\Delta\mathfrak{v} \\ &= \frac{4\eta}{3}\,\mathrm{grad}\,\mathrm{div}\,\mathfrak{v} - \eta\,\mathrm{rot}\,\mathrm{rot}\,\mathfrak{v}. \end{aligned} \tag{27}$$

Fassen wir alle Volumenkräfte zusammen, so erhalten wir

$$\mathfrak{f}^* + \mathfrak{f}_p + \mathfrak{f}_r = \mathfrak{f}^* - \mathrm{grad}\,p + \frac{\eta}{3}\,\mathrm{grad}\,\mathrm{div}\,\mathfrak{v} + \eta\,\nabla\mathfrak{v} \tag{28}$$

oder in Komponenten

$$\begin{aligned}
f_x^* + f_{px} + f_{rx} &= f_x^* - \frac{\partial p}{\partial x} + \frac{\eta}{3}\frac{\partial}{\partial x}\left(\frac{\partial u}{\partial x} + \frac{\partial v}{\partial y} + \frac{\partial w}{\partial z}\right) + \eta\left(\frac{\partial^2 u}{\partial x^2} + \frac{\partial^2 u}{\partial y^2} + \frac{\partial^2 u}{\partial z^2}\right)\\
f_y^* + f_{py} + f_{ry} &= f_y^* - \frac{\partial p}{\partial y} + \frac{\eta}{3}\frac{\partial}{\partial y}\left(\frac{\partial u}{\partial x} + \frac{\partial v}{\partial y} + \frac{\partial w}{\partial z}\right) + \eta\left(\frac{\partial^2 v}{\partial x^2} + \frac{\partial^2 v}{\partial y^2} + \frac{\partial^2 v}{\partial z^2}\right)\\
f_z^* + f_{pz} + f_{rz} &= f_z^* - \frac{\partial p}{\partial z} + \frac{\eta}{3}\frac{\partial}{\partial z}\left(\frac{\partial u}{\partial x} + \frac{\partial v}{\partial y} + \frac{\partial w}{\partial z}\right) + \eta\left(\frac{\partial^2 w}{\partial x^2} + \frac{\partial^2 w}{\partial y^2} + \frac{\partial^2 w}{\partial z^2}\right).
\end{aligned} \tag{28a}$$

§ 3. Die NAVIER-STOKESschen Bewegungsgleichungen.

Inhalt: Für eine zähe Flüssigkeit gelten die NAVIER-STOKESschen Bewegungsgleichungen und die Kontinuitätsgleichung. Sie vereinfachen sich für reibungslose oder ideale Flüssigkeiten zu den EULERschen Gleichungen.

Bezeichnungen: Wie § 1, S. 214.

Wir betrachten jetzt ein Flüssigkeitsteilchen, welches sich im Volumenelement dV befindet. Seine Masse ist $dm = \varrho\, dV$, und seine Beschleunigung ist nach (1)

$$\frac{d\mathfrak{v}}{dt} = \frac{\partial \mathfrak{v}}{\partial t} + (\mathfrak{v}\,\nabla)\,\mathfrak{v}.$$

Jetzt können wir die Bewegungsgleichung der Hydrodynamik erhalten, indem wir das NEWTONsche Bewegungsgesetz anwenden. Unter Weglassen von dV bei allen Gliedern finden wir

$$\begin{aligned}
\varrho\frac{d\mathfrak{v}}{dt} = \varrho\frac{\partial \mathfrak{v}}{\partial t} + \varrho(\mathfrak{v}\,\nabla)\,\mathfrak{v} &= \mathfrak{f}^* - \operatorname{grad} p + \nabla \mathfrak{R}\\
&= \mathfrak{f}^* - \operatorname{grad} p + \frac{\eta}{3}\operatorname{grad}\operatorname{div}\mathfrak{v} + \eta\,\Delta\mathfrak{v}.
\end{aligned} \tag{29}$$

In Komponenten bedeutet dies

$$\left.\begin{aligned}
&\varrho\frac{\partial u}{\partial t} + \varrho\left(u\frac{\partial u}{\partial x} + v\frac{\partial u}{\partial y} + w\frac{\partial u}{\partial z}\right) = f_x^* - \frac{\partial p}{\partial x}\\
&\qquad + \frac{\eta}{3}\frac{\partial}{\partial x}\left(\frac{\partial u}{\partial x} + \frac{\partial v}{\partial y} + \frac{\partial w}{\partial z}\right) + \eta\left(\frac{\partial^2 u}{\partial x^2} + \frac{\partial^2 u}{\partial y^2} + \frac{\partial^2 u}{\partial z^2}\right)\\
&\varrho\frac{\partial v}{\partial t} + \varrho\left(u\frac{\partial v}{\partial x} + v\frac{\partial v}{\partial y} + w\frac{\partial v}{\partial z}\right) = f_y^* - \frac{\partial p}{\partial y}\\
&\qquad + \frac{\eta}{3}\frac{\partial}{\partial y}\left(\frac{\partial u}{\partial x} + \frac{\partial v}{\partial y} + \frac{\partial w}{\partial z}\right) + \eta\left(\frac{\partial^2 v}{\partial x^2} + \frac{\partial^2 v}{\partial y^2} + \frac{\partial^2 v}{\partial z^2}\right)\\
&\varrho\frac{\partial w}{\partial t} + \varrho\left(u\frac{\partial w}{\partial x} + v\frac{\partial w}{\partial y} + w\frac{\partial w}{\partial z}\right) = f_z^* - \frac{\partial p}{\partial z}\\
&\qquad + \frac{\eta}{3}\frac{\partial}{\partial z}\left(\frac{\partial u}{\partial x} + \frac{\partial v}{\partial y} + \frac{\partial w}{\partial z}\right) + \eta\left(\frac{\partial^2 w}{\partial x^2} + \frac{\partial^2 w}{\partial y^2} + \frac{\partial^2 w}{\partial z^2}\right).
\end{aligned}\right\} \tag{30}$$

Hinzu kommt noch die Kontinuitätsgleichung (13) von S. 217

$$\frac{\partial \varrho}{\partial t} + \operatorname{div}\varrho\,\mathfrak{v} = 0. \tag{13}$$

Die Bewegungsgleichung (29) reicht zusammen mit der Kontinuitätsgleichung (13), welche die Massenerhaltung ausdrückt, noch nicht zur vollständigen Beschreibung des Strömungsvorganges aus. Wir haben nämlich zwei skalare abhängige Variable ϱ und p und eine vektorielle Variable $\mathfrak{v}$, aber nur eine skalare (13) und eine vektorielle (29) Gleichung.

Die Flüssigkeiten, deren Dichte nur wenig verändert werden kann, darf man gewöhnlich als inkompressibel ansehen. Man kann dann $\varrho = \text{const}$ setzen. Eine weitere Gleichung erübrigt sich dann. Die Kontinuitätsgleichung reduziert sich dann auf

$$\operatorname{div} \mathfrak{v} = 0. \tag{31}$$

Damit fällt auch das Glied $\eta/3 \operatorname{grad} \operatorname{div} \mathfrak{v}$ weg. Wegen

$$(\mathfrak{v} \nabla)\, \mathfrak{v} = \frac{1}{2} \operatorname{grad} \mathfrak{v}^2 - [\mathfrak{v} \operatorname{rot} \mathfrak{v}] \tag{32}$$

bekommen die Bewegungsgleichungen die Form

$$\varrho \frac{d\mathfrak{v}}{\partial t} = \varrho \frac{\partial \mathfrak{v}}{\partial t} + \frac{\varrho}{2} \operatorname{grad} \mathfrak{v}^2 - \varrho[\mathfrak{v} \operatorname{rot} \mathfrak{v}] = \mathfrak{f}^* - \operatorname{grad} p + \eta \Delta \mathfrak{v}, \tag{33}$$

welche man als NAVIER-STOKESsche Gleichungen bezeichnet.

Kann man die Reibung vernachlässigen, so bleiben die sog. EULERschen Gleichungen

$$\varrho \frac{d\mathfrak{v}}{dt} = \varrho \frac{\partial \mathfrak{v}}{\partial t} + \varrho (\mathfrak{v} \nabla)\, \mathfrak{v} = \mathfrak{f}^* - \operatorname{grad} p \tag{34a}$$

bzw.

$$\varrho \frac{d\mathfrak{v}}{dt} = \varrho \frac{\partial \mathfrak{v}}{\partial t} + \frac{\varrho}{2} \operatorname{grad} \mathfrak{v}^2 - \varrho[\mathfrak{v} \operatorname{rot} \mathfrak{v}] = \mathfrak{f}^* - \operatorname{grad} p \tag{34b}$$

übrig. Ihre Handhabung ist viel einfacher als die der Gleichungen für eine zähe Flüssigkeit. Die inkompressible, reibungslose Flüssigkeit wird deshalb auch als ideale Flüssigkeit bezeichnet.

Im Gleichgewicht ist $v = 0$, und der Druck errechnet sich aus

$$\operatorname{grad} p = \mathfrak{f}^* \tag{35}$$

*§ 4. Energiebilanz. Energiedissipation. Entropie.

Inhalt: Energiebilanz und Energiestromdichte. Gleichungen für Enthalpie, Entropie und Energiedissipation.

Bezeichnungen: φ Potential der äußeren Kräfte, ε innere Energie, h Enthalpie, s Entropie, alle Größen pro Masseneinheit. λ Koeffizient der Wärmeleitung, T Temperatur.

Als dritte Gleichung für die Strömung kompressibler Medien stellen wir eine Energiebilanz auf.

Die äußeren Kräfte

$$\mathfrak{f}^* = -\varrho \operatorname{grad} \varphi \tag{36}$$

sind meist der Dichte proportional und aus einem Potential φ ableitbar. φ ist die potentielle Energie der Masseneinheit, $\varrho\, \varphi$ die der Volumeneinheit. Ist ε die innere Energie pro Masseneinheit, so enthält ein bewegtes Volumenelement dV die Energie

$$\varrho\, dV \left(\frac{\mathfrak{v}^2}{2} + \varepsilon + \varphi\right). \tag{37}$$

Ein Oberflächenelement $d\mathfrak{F}$ eines endlichen Volumens V bewegt sich mit der Geschwindigkeit $\mathfrak{v}$ und erfährt die Kraft

$$-p\, d\mathfrak{F} + (\mathcal{R}\, d\mathfrak{F}). \tag{38}$$

Es nimmt also in der Zeiteinheit die Arbeit

$$-p(\mathfrak{v}\, d\mathfrak{F}) + (\mathfrak{v}(\mathcal{R}\, d\mathfrak{F})) \tag{39}$$

auf. Außerdem fließt pro Zeiteinheit die Wärmemenge

$$\lambda (d\mathfrak{F} \operatorname{grad} T) \tag{40}$$

durch $d\mathfrak{F}$ ins Innere des Volumens V, wenn λ der Koeffizient der Wärmeleitung und T die Temperatur ist. Dem Volumen wird also pro Zeiteinheit die Energie

$$\int (d\mathfrak{F}\{-p\,\mathfrak{v} + (\mathfrak{v}\,R) + \lambda\,\mathrm{grad}\,T\}) = \int \mathrm{div}\{-p\,\mathfrak{v} + (\mathfrak{v}\,R) + \lambda\,\mathrm{grad}\,T\}\,dV \tag{41}$$

zugeführt. Sie ist gleich der zeitlichen Zunahme

$$\int \frac{d}{dt}\left\{\varrho\,dV\left(\frac{\mathfrak{v}^2}{2} + \varepsilon + \varphi\right)\right\} \tag{42}$$

der im Volumen V befindlichen Energie.

Aus (1a) und (10) folgt

$$\left.\begin{aligned} \frac{d}{dt} A\,dV &= A\,dV\,\mathrm{div}\,\mathfrak{v} + dV\frac{dA}{dt} \\ &= dV\{A\,\mathrm{div}\,\mathfrak{v} + (\mathfrak{v}\,\nabla)\,A\} + dV\frac{\partial A}{\partial t} \\ &= dV\,\mathrm{div}(\mathfrak{v}\,A) + dV\frac{\partial A}{\partial t}\,. \end{aligned}\right\} \tag{43}$$

Mit

$$A = \varrho\left(\frac{\mathfrak{v}^2}{2} + \varepsilon + \varphi\right)$$

geht der Ausdruck (42) in

$$\int dV\frac{\partial}{\partial t}\left\{\varrho\left(\frac{\mathfrak{v}^2}{2} + \varepsilon + \varphi\right)\right\} + \int dV\,\mathrm{div}\left\{\varrho\,\mathfrak{v}\left(\frac{\mathfrak{v}^2}{2} + \varepsilon + \varphi\right)\right\} \tag{44}$$

über. Lassen wir das Volumen V zusammenschrumpfen, so ergibt der Vergleich von (41) und (44) die Energiebilanz

$$\begin{aligned} \frac{\partial}{\partial t}\left\{\varrho\left(\frac{\mathfrak{v}^2}{2} + \varepsilon + \varphi\right)\right\} = -\mathrm{div}\left\{\varrho\,\mathfrak{v}\left(\frac{\mathfrak{v}^2}{2} + \varepsilon + \frac{p}{\varrho} + \varphi\right)\right\} + \\ + (\nabla(\mathfrak{v}\,R)) + \mathrm{div}\,\lambda\,\mathrm{grad}\,T. \end{aligned} \tag{45}$$

Jetzt enthalten die drei Gl. (13), (29) und (45) die fünf Größen $\mathfrak{v}$, p, ϱ, ε und T. Die Zustandsgleichung liefert p als Funktion von ϱ und T. Die innere Energie ε ist ebenfalls eine Funktion dieser Größen. Damit ist wenigstens im Prinzip der Strömungsvorgang vollständig beschrieben.

Auf der linken Seite der Gl. (45) steht die zeitliche Zunahme der räumlichen Energiedichte. Wegen der Erhaltung der Energie muß deshalb rechts die negative Divergenz der Energiestromdichte stehen. Für die Energiestromdichte erhalten wir deshalb

$$\varrho\,\mathfrak{v}\left(\frac{\mathfrak{v}^2}{2} + \varepsilon + \varphi\right) + \mathfrak{v}\,p - (\mathfrak{v}\,R) - \lambda\,\mathrm{grad}\,T. \tag{46}$$

Das erste Glied ist die Energie, die von der Strömung mitgeführt wird. Das zweite und dritte Glied stellt den Energietransport durch die Druck- und Reibungskräfte dar. Das letzte Glied ist schließlich der Wärmestrom.

Wir drücken nun die innere Energie (s. S. 718)

$$\varepsilon = h - \frac{p}{\varrho} \tag{47}$$

durch die Enthalpie h pro Masseneinheit aus und wenden (13) an, um die zeitliche Ableitung von ϱ zu eliminieren. Wir erhalten so

$$\varrho\frac{\partial}{\partial t}\left(\frac{\mathfrak{v}^2}{2} + h + \varphi\right) = \frac{\partial p}{\partial t} - \varrho(\mathfrak{v}\,\nabla)\left(\frac{\mathfrak{v}^2}{2} + h + \varphi\right) + (\nabla(\mathfrak{v}\,R)) + \mathrm{div}\,\lambda\,\mathrm{grad}\,T. \tag{48}$$

Nun multiplizieren wir die Bewegungsgleichung (29) skalar mit $\mathfrak{v}$, erhalten

$$\varrho \frac{\partial}{\partial t} \frac{\mathfrak{v}^2}{2} + \varrho (\mathfrak{v} \nabla) \frac{\mathfrak{v}^2}{2} = - \varrho (\mathfrak{v} \nabla) \varphi - (\mathfrak{v} \nabla) p + (\mathfrak{v} (\nabla \mathfrak{R})) \tag{49}$$

und subtrahieren von (46) wobei

$$\varrho \frac{\partial}{\partial t} (h + \varphi) = \frac{\partial p}{\partial t} + (\mathfrak{v} \nabla) p - \varrho (\mathfrak{v} \nabla) h + ((\mathfrak{R} \nabla) \mathfrak{v}) + \operatorname{div} \lambda \operatorname{grad} T \tag{50}$$

entsteht. Dies bringen wir mit (1a) in die Form

$$\varrho \frac{d h}{d t} - \frac{d p}{d t} = - \varrho \frac{\partial \varphi}{\partial t} + ((\mathfrak{R} \nabla) \mathfrak{v}) + \operatorname{div} \lambda \operatorname{grad} T. \tag{51}$$

Nun enthält das Potential der äußeren Kräfte (Schwerkraft) die Zeit gewöhnlich nicht explizit. Die Thermodynamik liefert andererseits die Beziehung (s. S. 719)

$$\varrho \, dh - dp = \varrho \, T \, ds \tag{52}$$

zwischen Druck p, Enthalpie h und der Entropie s pro Masseneinheit. Wir finden damit die Gleichung

$$\varrho T \frac{d s}{d t} = ((\mathfrak{R} \nabla) \mathfrak{v}) + \operatorname{div} \lambda \operatorname{grad} T \tag{53}$$

für die Entropie. Das Glied

$$((\mathfrak{R} \nabla) \mathfrak{v})$$

ist das zweifache Skalarprodukt des symmetrischen Reibungstensors und des Tensors der Verschiebungsgeschwindigkeit

$$\nabla)(\mathfrak{v} = \mathfrak{D} + \mathfrak{W}. \tag{54}$$

Der antisymmetrische Anteil $\mathfrak{W}$ trägt aber nichts bei, wie man sofort aus der Komponentendarstellung

$$((\mathfrak{R} \mathfrak{W})) = \sum^{ik} R_{ik} W_{ik} = \frac{1}{2} \sum^{ik} R_{ik} (W_{ki} + W_{ik}) = 0 \tag{55}$$

entnimmt. Damit geht (53) in

$$\varrho T \frac{d s}{d t} = ((\mathfrak{R} \mathfrak{D})) + \operatorname{div} \lambda \operatorname{grad} T \tag{56}$$

über. Der erste Anteil der rechten Seite ist die Energiedissipation durch Reibung, der zweite die Energiedissipation durch Wärmeleitung. Damit ist der Entropiezuwachs auf die Energiedissipation zurückgeführt. Ohne Reibung und Wärmeleitung bleibt die Entropie jedes Flüssigkeitsteilchens dieselbe.

Führen wir die Enthalpie und Entropie auch in die Bewegungsgleichung (29) statt des Druckes ein, so nimmt sie die Form

$$\begin{aligned} \varrho \frac{d \mathfrak{v}}{d t} &= \varrho \frac{\partial \mathfrak{v}}{\partial t} + \varrho (\mathfrak{v} \nabla) \mathfrak{v} \\ &= - \varrho \operatorname{grad} \varphi - \varrho \operatorname{grad} h + \varrho T \operatorname{grad} s + (\nabla \mathfrak{R}) \end{aligned} \tag{57}$$

an.

§ 5. Randbedingungen.

Inhalt: Eine zähe Flüssigkeit haftet an den Wänden und bewegt sich dort relativ zur Wand nicht. Eine ideale Flüssigkeit kann mit beliebiger Geschwindigkeit parallel zur Wand strömen.

Zu den Navier-Stokesschen Bewegungsgleichungen müssen noch Randbedingungen hinzutreten, wenn ein Strömungsproblem vollständig bestimmt sein soll. Eine Flüssigkeit kann entweder ganz in ein Gefäß (auch Rohr) eingeschlossen sein oder eine Oberfläche gegen eine andere Flüssigkeit oder ein Gas ausbilden.

Haftet zähe Flüssigkeit an einer festen Wand, so muß sie sich mit gleicher Geschwindigkeit wie die Wand bewegen. Grenzen zwei Flüssigkeiten an einer Oberfläche aneinander, so müssen ihre Geschwindigkeiten die gleichen sein. An der freien Oberfläche (gegen ein Gas) treten keine (nennenswerten) Reibungskräfte auf, d. h., es gilt

$$(\mathfrak{n}\mathfrak{R}) = 0, \tag{58}$$

wenn $\mathfrak{n}$ ein Einheitsvektor in der Richtung der Flächennormale ist.

Vernachlässigt man die Reibungskräfte, so zeigt sich auch an den Randbedingungen, daß man auf ein wesentliches Merkmal verzichtet hat. Parallel zu einer festen Begrenzungsfläche kann sich eine ideale Flüssigkeit mit beliebiger Geschwindigkeit bewegen, an ihr vorbeigleiten. Senkrecht zur Wand muß ihre Geschwindigkeit natürlich dieselbe wie die der Wand sein. An einer ruhenden Wand hat also $\mathfrak{v}$ keine Normalkomponente.

VII. Ideale Flüssigkeiten.

Bei manchen Strömungen tritt die Reibung in den Hintergrund. Für sie kann man das Modell der idealen, inkompressiblen Flüssigkeit entwerfen und die EULERschen Gleichungen

$$\varrho \frac{d\mathfrak{v}}{dt} = \varrho \frac{\partial \mathfrak{v}}{\partial t} + \frac{\varrho}{2} \operatorname{grad} \mathfrak{v}^2 - \varrho [\mathfrak{v} \operatorname{rot} \mathfrak{v}] = \mathfrak{f}^* - \operatorname{grad} p \tag{1}$$

anwenden. Zuweilen weicht allerdings die Theorie der idealen Flüssigkeiten völlig von der Wirklichkeit ab, weil die Reibung wesentlich mitwirkt. Das Modell der idealen Flüssigkeit muß deshalb mit Vorsicht gehandhabt werden.

§ 1. Die ruhende Flüssigkeit. Hydrostatik.

Inhalt: Der hydrostatische Druck wächst in der ruhenden Flüssigkeit linear mit der Tiefe unter der Oberfläche. In Gasen ergibt sich statt dessen die barometrische Höhenformel. In der Flüssigkeit erfährt ein eingetauchter Körper einen Auftrieb, der dem Gewicht der verdrängten Flüssigkeit entspricht. Der Auftrieb eines schwimmenden Körpers ist gleich seinem Gewicht. Eine Schwimmlage ist stabil, wenn beide Metazentren über dem Schwerpunkt liegen. Die Metazentren sind die Mittelpunkte der Hauptkrümmungskreise der Auftriebsfläche. Schlingern und Stampfen bei Schiffen sind Schwingungen um die stabile Schwimmlage.

Bezeichnungen: p Druck, p_0 Luftdruck, g Fallbeschleunigung, ϱ Dichte, R Gaskonstante, M Molekulargewicht des Gases, T Temperatur, m Masse der verdrängten Flüssigkeit, m' Masse des eingetauchten Körpers, $\mathfrak{r}_A$ und $\mathfrak{r}_S$ Ort des Auftriebszentrums und Schwerpunktes, sonst wie S. 214.

Im rein statischen Verhalten unterscheiden sich ideale und zähe Flüssigkeiten überhaupt nicht. Zwischen Druck und äußeren Kräften besteht die einfache Gleichung

$$\operatorname{grad} p = \mathfrak{f}^*. \tag{2}$$

Als äußere Kraft kommt meist nur die Schwere in Frage. Legt man die z-Achse vertikal nach oben, so gilt

$$\frac{dp}{dz} = -\varrho g. \tag{2a}$$

Ist die Dichte ϱ konstant, so folgt daraus

$$p = C - \varrho g z, \tag{3}$$

wo C der Druck im Koordinatenanfang ist. Hat die Flüssigkeit eine Oberfläche gegen die Luft, so muß p dort gleich dem Luftdruck p_0 sein, und für die Oberfläche erhält man die Gleichung

$$p_0 = C - \varrho g z$$

einer horizontalen Ebene.

Bei einem Gas hängen ϱ und p durch

$$p = \frac{\varrho}{M} R T$$

(M Molekulargewicht des Gases, T Temperatur, R Gaskonstante) zusammen, und wir erhalten aus (2a)

$$\frac{dp}{dz} = -\frac{p M g}{R T}. \tag{4}$$

Ist die Temperatur eine Funktion der Höhe z, so ergibt die Integration

$$\ln \frac{p}{p_0} = -\frac{M g}{R} \int_{z_0}^{z} \frac{dz}{T}. \tag{5}$$

Bei konstanter Temperatur geht dies in die barometrische Höhenformel

$$p = p_0 e^{-\frac{Mg}{RT}(z - z_0)} \tag{5a}$$

über. (Wegen ihrer Ableitung aus der kinetischen Gastheorie s. Bd. II.)

Auftrieb. Archimedisches Prinzip. Taucht ein Körper in eine Flüssigkeit ein, so übt sie auf jedes Oberflächenelement $d\mathfrak{F}$ die Kraft

$$d\mathfrak{K} = -p\, d\mathfrak{F} \tag{6}$$

aus. Die Kraft ist ins Körperinnere gerichtet, während wir $d\mathfrak{F}$ die Richtung nach außen geben. Legen wir den Anfang des Koordinatensystems in den Flüssigkeitsspiegel, die z-Achse vertikal nach oben und ist p_0 der Luftdruck, so gilt

$$p = p_0 - \varrho g z.$$

Wenn der Körper vollständig eintaucht, finden wir die resultierende Kraft

$$\mathfrak{K} = -\oint p\, d\mathfrak{F} \tag{7}$$

auf die ganze Oberfläche. Denkt man sich den Körper durch die Flüssigkeit ersetzt, welche er verdrängt hat, so kann man das Oberflächenintegral

$$\begin{aligned} -\oint p\, d\mathfrak{F} &= -\int \operatorname{grad} p\, dV = \mathfrak{k}\, g\, \varrho \int dV \\ &= \mathfrak{k}\, g\, m \end{aligned} \tag{7a}$$

in ein Volumenintegral umwandeln. m bedeutet die Masse der Flüssigkeit, welche der Körper verdrängt, $\mathfrak{k}$ einen Einheitsvektor nach oben. Der völlig eingetauchte Körper erfährt also eine Kraft vertikal nach oben, welche man Auftrieb nennt und welche gleich dem Gewicht der verdrängten Flüssigkeit ist. Dies ist das Prinzip von ARCHIMEDES.

Dieselbe Überlegung kann man auch anstellen, wenn der Körper nur teilweise eintaucht. Auf ihn wirkt die resultierende Kraft

$$\mathfrak{K} = -\oint p\, d\mathfrak{F}.$$

Für p ist jetzt der Luftdruck p_0 einzusetzen, wo der Körper aus der Flüssigkeit herausragt. Denkt man sich den eingetauchten Teil durch Flüssigkeit ersetzt und den übrigen entfernt und führt die Umformung

$$\oint p\, d\mathfrak{F} = \int \operatorname{grad} p\, dV$$

aus, so ist $\operatorname{grad} p = -\mathfrak{k}\,\varrho\, g$ in dem eingetauchten Volumen, außerhalb der Flüssigkeit aber gilt $\operatorname{grad} p = 0$, und wir erhalten

$$\mathfrak{K} = \mathfrak{k}\, g\, m. \tag{7b}$$

m ist wieder das Gewicht der verdrängten Flüssigkeit, wobei der Teil des Körpers nicht berücksichtigt wird, der aus der Flüssigkeit herausragt.

Schwimmen. Aus den Überlegungen des vorigen Abschnitts ergibt sich die ziemlich triviale Feststellung, daß ein Körper schwimmt, wenn sein spezifisches Gewicht kleiner als das der Flüssigkeit ist. Damit ist das Problem des Schwimmens aber keineswegs erschöpft. Es kommt gewöhnlich nicht nur darauf an, ob ein Körper schwimmt, sondern auch darauf, in welcher Lage er sich dabei befindet. Ein Schiffskörper z. B. muß nicht nur schwimmen, sondern darf auch nicht kentern.

Beim Schwimmen muß der Auftrieb dem Gewicht des Körpers das Gleichgewicht halten, da keine resultierende Gesamtkraft wirken darf. Außerdem darf aber auch kein resultierendes Drehmoment auf den Körper wirken, weil sonst eine Drehbewegung einsetzen würde. Ist $\mathfrak{r}$ der Radiusvektor von einem beliebigen Punkte aus, so bewirkt die Schwerkraft um diesen Punkt das Drehmoment

$$-g\int [\mathfrak{r}\,\mathfrak{k}]\, dm' = g\left[\mathfrak{k}\int \mathfrak{r}\, dm'\right] = g[\mathfrak{k}\,\mathfrak{r}_S]\, m', \tag{8}$$

wobei sich das Integral über den ganzen Körper erstreckt und $\mathfrak{r}_S$ den Ort des Schwerpunktes angibt. m' ist die Masse des Körpers. Der Flüssigkeitsdruck bewirkt das Drehmoment

$$-\oint [\mathfrak{r}\, p\, d\mathfrak{F}],$$

das man in das Volumenintegral

$$-\oint [\mathfrak{r}\, p\, d\mathfrak{F}] = \int \operatorname{rot}(\mathfrak{r}\, p)\, dV = \int p \operatorname{rot} \mathfrak{r}\, dV - \int [r \operatorname{grad} p]\, dV$$

verwandeln kann. Der erste Teil verschwindet wegen $\operatorname{rot} \mathfrak{r} = 0$, und beim Einsetzen von $\operatorname{grad} p = -\mathfrak{k}\,\varrho\, g$ findet man

$$-\oint [\mathfrak{r}\, p\, d\mathfrak{F}] = g\,\varrho \int [\mathfrak{r}\,\mathfrak{k}]\, dV = -g\left[\mathfrak{k}\int \mathfrak{r}\,\varrho\, dV\right] = g[\mathfrak{r}_A\,\mathfrak{k}]\, m.$$

$\mathfrak{r}_A$ gibt den Schwerpunkt der verdrängten Flüssigkeit an, das sog. Auftriebszentrum. Im Gleichgewicht muß

$$m[(\mathfrak{r}_A - \mathfrak{r}_S)\,\mathfrak{k}] = 0 \tag{9}$$

gelten, d. h. der Schwerpunkt des Körpers muß über oder unter dem Auftriebszentrum liegen.

Nun wollen wir alle möglichen Lagen aufsuchen, in denen ein Körper schwimmen kann. Wir denken uns dazu den Bruchteil s/ϱ von ihm durch eine Ebene abgeschnitten, wo s die Dichte des Körpers bedeutet (s. Abb. 57). Dieser Bruchteil ist das eintauchende Stück. Der Schwerpunkt A dieses Stückes ist das Auftriebszentrum, wenn die Ebene der Flüssigkeitsspiegel ist. Alle Ebenen, welche von dem Körper diesen Bruchteil abschneiden, bilden ein Bündel, und die Schwerpunkte der abgeschnittenen Teile liegen auf einer Fläche, welche man Auftriebsfläche nennt.

Jetzt betrachten wir einen Körper, der in der Lage der Abb. 57 schwimmt. A sei das Auftriebszentrum. Schneiden wir den Körper durch eine andere Ebene in zwei Teile, so liegt der Schwerpunkt des abgeschnittenen Teils in jedem Falle höher als A, weil der tiefer liegende schraffierte Teil durch den höher liegenden

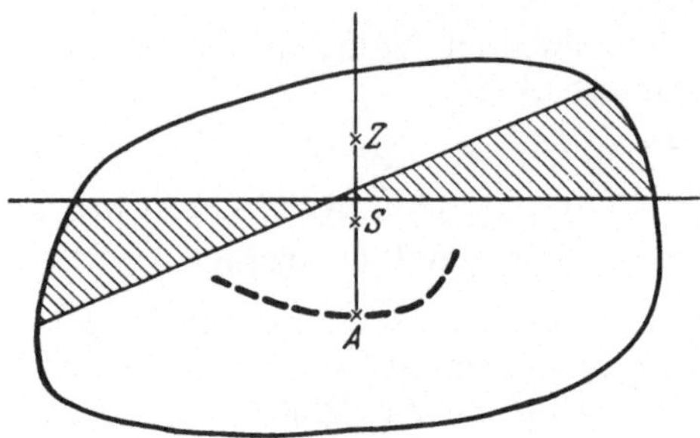

Abb. 57.
S Schwerpunkt, Z Metazentrum, A Auftriebszentrum.

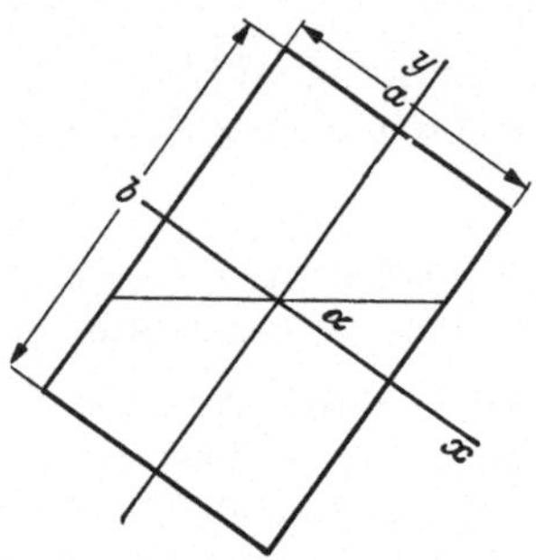

Abb. 58. Berechnung der Auftriebsfläche eines rechteckigen Balkens.

ersetzt wird. Der Punkt A ist also der tiefste Punkt der Auftriebsfläche. Beim Schwimmen steht deshalb das Lot auf die Auftriebsfläche, welches man im Auftriebszentrum errichtet, vertikal. Im Gleichgewicht muß auf ihm der Schwerpunkt liegen. Fällt man vom Schwerpunkt eines schwimmenden Körpers das Lot auf die Auftriebsfläche, so muß es vertikal stehen. Man findet also alle möglichen Schwimmlagen eines Körpers, wenn man seine Auftriebsfläche und seinen Schwerpunkt ermittelt und alle Lote aufsucht.

*Jetzt müssen wir noch die Frage erörtern, welche Gewichtslagen stabil und welche labil sind. Wir denken uns dazu den Körper um eine Achse senkrecht zur Zeichenebene der Abb. 57 ein wenig aus dem Gleichgewicht herausgedreht. Die Auftriebsfläche schneidet die Zeichenebene in einer Kurve, welche man in der Nähe von A durch ihren Schmiegungskreis ersetzen kann. Sein Mittelpunkt sei Z. Um diesen Punkt muß also die Drehung stattfinden, weil ja das Lot auf die Auftriebsfläche vertikal bleiben soll. Der Schwerpunkt S des Körpers macht diese Drehung mit. Liegt S tiefer als Z, so entsteht ein Drehmoment, welches den Körper wieder in die Gleichgewichtslage zurückbringt. Liegt S höher als Z, so dreht es ihn immer mehr aus dem Gleichgewicht heraus.

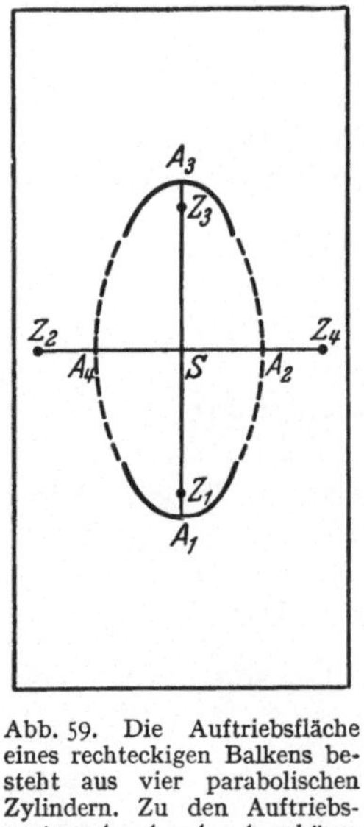

Abb. 59. Die Auftriebsfläche eines rechteckigen Balkens besteht aus vier parabolischen Zylindern. Zu den Auftriebszentren A_1, A_2, A_3, A_4 gehören die Metazentren Z_1, Z_2, Z_3, Z_4.

Betrachten wir Drehungen um alle möglichen Richtungen, so liegen die Drehpunkte Z zwischen den beiden Mittelpunkten Z_1 und Z_2 der Hauptkrümmungskreise der Auftriebsfläche. Z_1 und Z_2 nennt man die beiden Metazentren. Eine Schwimmlage ist nur stabil, wenn beide Metazentren über dem Schwerpunkt liegen.

Gerät ein Körper, der in stabiler Lage schwimmt, durch einen Anstoß aus dem Gleichgewicht, so führt er Pendelbewegungen um die beiden Metazentren in zwei zueinander senkrechten Richtungen aus. Bei Schiffen ist das als Schlingern und Stampfen bekannt.

Als einfaches Beispiel wollen wir das Verhalten eines rechteckigen Balkens durchrechnen, dessen spezifisches Gewicht halb so groß als das der Flüssigkeit sei. Dieser Balken taucht also genau zur Hälfte ein. Wir nehmen dabei an, daß die Längsachse horizontal liege. Der Querschnitt habe die Seiten a und b. Bei einem Schnitt wie in Abb. 58 sind

$$x_A = \frac{2}{a\,b}\int\limits_{-\frac{a}{2}}^{\frac{a}{2}}\int\limits_{-\frac{b}{2}}^{x\,\mathrm{tg}\,\alpha} x\,d\,x\,d\,y = \frac{a^2\,\mathrm{tg}\,\alpha}{6b}$$

$$y_A = \frac{2}{a\,b}\int\limits_{-\frac{a}{2}}^{\frac{a}{2}}\int\limits_{-\frac{b}{2}}^{x\,\mathrm{tg}\,\alpha} y\,d\,x\,d\,y = -\frac{b}{4} + \frac{a^2}{12b}\,\mathrm{tg}^2\alpha$$

die Koordinaten des Schwerpunktes der unteren Balkenhälfte. Man findet die Gleichung

$$y_A = -\frac{b}{4} + \frac{3b}{a^2}\,x_A^2$$

der Auftriebsfläche, wenn man $\mathrm{tg}\,\alpha$ eliminiert. Ihr Schnitt mit der Zeichenebene ist eine Parabel. Die ganze Schnittkurve besteht aus den vier Parabelstücken, die in der Abb. 59 gezeichnet sind. Vom Schwerpunkt aus kann man vier Lote auf sie fällen, welche in den vier Scheiteln auftreffen. Der Balken hat also vier Schwimmlagen, bei denen jeweils zwei Querschnittsseiten horizontal und zwei vertikal sind. Stabil schwimmt er aber nur, wenn die kleinere Seite des Querschnitts vertikal steht, wie man aus den vier eingezeichneten Metazentren Z_1, Z_2, Z_3 und Z_4 erkennt.

§ 2. Gleichförmige Rotation einer Flüssigkeit.

Inhalt: Die Oberfläche einer Flüssigkeit, welche mit gleichmäßiger Geschwindigkeit um eine vertikale Achse rotiert, bildet im Schwerefeld ein Rotationsparaboloid.

Bezeichnungen: $\mathfrak{r}$ Ortsvektor, x, y, z seine Komponenten, $\mathfrak{v}$ Geschwindigkeit, ω Betrag der Drehgeschwindigkeit, ϱ Dichte der Flüssigkeit, g Fallbeschleunigung, p Druck, p_0 Luftdruck, $\mathfrak{k}$ vertikaler Einheitsvektor nach oben. Sonst wie S. 225.

Die Rotation einer Flüssigkeit um die vertikale z-Achse ist eine Bewegung, die der Hydrostatik noch sehr nahe steht. Ist ω der Betrag der Drehgeschwindigkeit, so ist

$$\mathfrak{v} = \omega[\mathfrak{k}\,\mathfrak{r}]; \qquad \mathfrak{v}^2 = \omega^2(r^2 - z^2).$$

Die Komponenten von $\mathfrak{v}$ sind

$$u = -\omega\,y; \qquad v = \omega\,x; \qquad w = 0.$$

Der Wirbelvektor

$$\mathfrak{W} = \frac{1}{2}\,\mathrm{rot}\,\mathfrak{v} = \frac{\omega}{2}\,[\nabla[\mathfrak{k}\,\mathfrak{r}]] = \frac{\omega}{2}\{\mathfrak{k}\,\mathrm{div}\,\mathfrak{r} - (\mathfrak{k}\,\nabla)\,\mathfrak{r}\} = \mathfrak{k}\,\omega$$

ist die Drehgeschwindigkeit selbst.

Da die Flüssigkeit als Ganzes rotiert, ist die Deformation konstant. Man sieht dies auch sofort ein, wenn man die Komponenten der Deformationsgeschwindigkeit ausrechnet. Man findet

$$\frac{\partial \beta_{xx}}{\partial t} = \frac{\partial u}{\partial x} = 0; \qquad \frac{\partial \beta_{xy}}{\partial t} = \frac{1}{2}\left(\frac{\partial u}{\partial y} + \frac{\partial v}{\partial x}\right) = 0.$$

Es ist deshalb auch gleichgültig, ob die Flüssigkeit ideal oder zäh ist. Dies erkennt man auch daran, daß $\Delta\mathfrak{v}$ verschwindet, weil die Komponenten u, v, w lineare Funktionen der Koordinaten sind.

Jetzt bilden wir

$$[\mathfrak{v}\operatorname{rot}\mathfrak{v}] = 2\omega^2[[\mathfrak{k}\,\mathfrak{r}]\,\mathfrak{k}] = -2\omega^2(\mathfrak{k}\,z - \mathfrak{r})$$
$$= \omega^2 \operatorname{grad}(r^2 - z^2) = \omega^2 \operatorname{grad}(x^2 + y^2),$$

und

$$\operatorname{grad}\mathfrak{v}^2 = \omega^2 \operatorname{grad}(r^2 - z^2) = \omega^2 \operatorname{grad}(x^2 + y^2).$$

Für die Schwere können wir

$$\mathfrak{f}^* = -\mathfrak{k}\,\varrho\, g = -\operatorname{grad}\varrho\, g\, z$$

einsetzen, wenn g die Fallbeschleunigung ist. Setzen wir alles in die EULERsche Gl. (34b) von S. 222 ein, so erhalten wir

$$\operatorname{grad}\left\{p + \varrho\, g\, z - \frac{\varrho\,\omega^2}{2}(x^2 + y^2)\right\} = 0. \tag{10}$$

Durch Integration geht daraus

$$p + \varrho\, g\, z - \frac{\varrho\,\omega^2}{2}(x^2 + y^2) = C \tag{11}$$

hervor. C ist der Druck im Koordinatenanfang. Die Rotation verändert die Druckverhältnisse vollkommen. In der Oberfläche der Flüssigkeit ist der Druck gleich dem Luftdruck p_0. Damit erhält man das Rotationsparaboloid

$$p_0 + \varrho\, g\, z - \frac{\varrho\,\omega^2}{2}(x^2 + y^2) = C \tag{12}$$

als Gleichung der Oberfläche. Führt man den Abstand ξ von der Drehachse ein, so nimmt es die Form

$$z = \frac{C - p_0}{\varrho\, g} + \frac{\omega^2}{2g}\,\xi^2 \tag{13}$$

an.

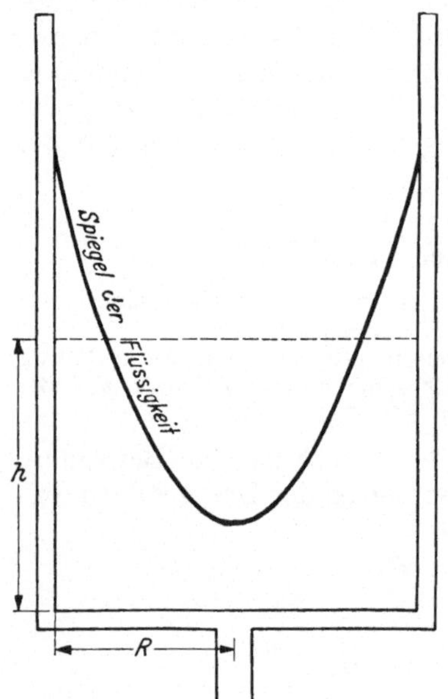

Abb. 60. Die Oberfläche einer rotierenden Flüssigkeit ist ein Paraboloid.

Befindet sich die Flüssigkeit in einem zylindrischen Gefäß vom Radius R (s. Abb. 60), so können wir den Koordinatenanfang auf dessen Boden verlegen. Füllt die Flüssigkeit das Gefäß ohne Drehung bis zur Höhe h, so ist $R^2\pi h$ das Volumen. Das Drehen ändert die Flüssigkeitsmenge nicht, und daraus erhalten wir die Bedingung

$$R^2\pi h = \int_0^{2\pi}\int_0^{R} z\,\xi\, d\xi\, d\varphi$$
$$= \frac{C - p_0}{\varrho\, g} R^2\pi + \frac{\omega^2\pi R^4}{4g}.$$

Aus ihr finden wir

$$\frac{C - p_0}{\varrho\, g} = h - \frac{\omega^2 R^2}{4g}$$

und damit die Konstante C. Beim Einsetzen in (13) entsteht die Gleichung der Oberfläche

$$z = h + \frac{\omega^2}{2g}\left(\xi^2 - \frac{R^2}{2}\right). \tag{14}$$

In der Mitte sinkt der Flüssigkeitsspiegel um den Betrag

$$(z - h)_{\xi=0} = -\frac{\omega^2 R^2}{4g}$$

und steigt an der Wand um den gleichen Betrag

$$(z-h)_{\xi=R}=\frac{\omega^2 R^2}{4g}.$$

Eine mehr hydrostatische Behandlung des Problems besteht darin, die Zentrifugalkraft den äußeren Kräften zuzurechnen.

**Nach dem gleichen Rezept kann man die Abplattung eines Weltkörpers durch die Rotation berechnen. Setzt man für die Gravitationskraft

$$\mathfrak{f}^* = -\varrho \operatorname{grad} \varphi$$

ein, so erhält man statt (11)

$$p = C - \varrho\varphi + \varrho\frac{\mathfrak{v}^2}{2}.$$

Auf der Oberfläche kann man den Druck verschwinden lassen, so daß man ihre Gleichung

$$0=\frac{C}{\varrho}-\varphi+\frac{\mathfrak{v}^2}{2}$$

findet. Die Konstante C ergibt sich aus dem Volumen des Körpers.

§ 3. Die BERNOULLIsche Energiegleichung. Potentialströmungen.

Inhalt: Längs einer Stromlinie behält die Summe von Druck, potentieller und kinetischer Energie pro Volumeneinheit ihren Wert. Ist die Strömung wirbelfrei, so ist dieser Wert sogar in der ganzen Flüssigkeit derselbe. Die Geschwindigkeit einer wirbelfreien Strömung, auch Potentialströmung genannt, kann aus einem Potential abgeleitet werden. Eine gleichförmig strömende reibungslose Flüssigkeit fließt ohne Wirbelbildung um ein Hindernis. Ein Körper erzeugt keine Wirbel, wenn man ihn durch eine ideale Flüssigkeit schleppt.

Bezeichnungen: $\mathfrak{f}^*$ äußere Kraft pro Volumeneinheit, φ ihr Potential, $\mathfrak{v}$ Geschwindigkeit, ϱ Dichte der Flüssigkeit, p Druck, Φ Geschwindigkeitspotential.

Wir untersuchen jetzt eine stationäre Strömung einer idealen, inkompressiblen Flüssigkeit, wenn die äußeren Kräfte

$$\mathfrak{f}^* = -\varrho \operatorname{grad} \varphi \tag{15}$$

konservativ sind und sich aus dem Potential φ ableiten lassen.

Die EULERsche Gl. (1) lautet dann einfach

$$\frac{\varrho}{2}\operatorname{grad}\mathfrak{v}^2-\varrho[\mathfrak{v}\operatorname{rot}\mathfrak{v}]=-\operatorname{grad}(\varrho\varphi+p). \tag{16}$$

Mit der Abkürzung

$$E=\frac{\varrho}{2}\mathfrak{v}^2+\varrho\varphi+p \tag{17}$$

bringen wir sie auf die einfache Form

$$\operatorname{grad}E=\varrho[\mathfrak{v}\operatorname{rot}\mathfrak{v}]. \tag{18}$$

Durch skalare Multiplikation mit $\mathfrak{v}$ geht die rechte Seite in

$$\varrho(\mathfrak{v}[\mathfrak{v}\operatorname{rot}\mathfrak{v}])=\varrho([\mathfrak{v}\,\mathfrak{v}]\operatorname{rot}\mathfrak{v})=0$$

über, und wir finden

$$(\mathfrak{v}\operatorname{grad}E)=\operatorname{div}(\mathfrak{v}\,E)=0. \tag{19}$$

Entlang einer Stromlinie ändert sich E also nicht, kann aber auf verschiedenen Stromlinien noch verschieden groß sein. E hat die Dimension einer Energie pro Volumeneinheit oder eines Druckes und setzt sich aus dem Druck p, dem Beitrag $\varrho\varphi$ der äußeren Kräfte und dem kinetischen Anteil

$$p'=\frac{\varrho}{2}\mathfrak{v}^2$$

zusammen, den man als auch Staudruck bezeichnet. Der Zusammenhang (17) ist als BERNOULLIsche Gleichung bekannt.

Für stationäre Strömungen einer inkompressiblen Flüssigkeit folgt (19) aus der Energiebilanz (45) von S. 223, wenn Reibung und Wärmeleitung entfallen. Die innere Energie ε ist bei konstanter Dichte und konstanter Temperatur eine unveränderliche Größe und fällt aus der Gl. (45) heraus. Sieht man von ihr ab, so ist $(\mathfrak{v}\,E)$ die Energiestromdichte. Durch ein Flächenelement $d\mathfrak{F}$ transportiert die Strömung in der Zeiteinheit die Energie $E(\mathfrak{v}\,d\mathfrak{F})$.

Wir werfen nun die Frage auf, ob es vorkommen kann, daß E nicht nur entlang den Stromlinien, sondern überall in der Flüssigkeit einen festen Wert besitzt? Ist die Strömung wirbelfrei, so ist überall

$$\operatorname{rot}\mathfrak{v} = 0 \tag{20}$$

und deshalb

$$\operatorname{grad} E = 0.$$

Dann ist E konstant. Hierzu ist es indessen nicht nötig, zu wissen, daß $\operatorname{rot}\mathfrak{v}$ überall verschwindet, es genügt vielmehr, daß man dies auf einem Flächenstück F weiß, welches in der Flüssigkeit liegt. Nach (18) ist dann

$$\operatorname{grad} E = 0$$

auf F, und daraus folgt, daß E auf der Fläche F konstant ist. Da E aber seinen Wert auch entlang der Stromlinien beibehält, hat es in der ganzen Flüssigkeit, welche durch die Fläche F fließt, denselben Wert. Nach (18) gilt in ihr überall entweder $\operatorname{rot}\mathfrak{v} = 0$ oder

$$\operatorname{rot}\mathfrak{v} = g\,\mathfrak{v}, \tag{21}$$

wo g noch eine skalare Ortsfunktion sein darf, welche auf F verschwindet. Diese zweite Möglichkeit können wir aber leicht ausschließen. Bilden wir nämlich die Divergenz von (21), so ergibt sich

$$0 = g \operatorname{div}\mathfrak{v} + (\mathfrak{v} \operatorname{grad} g).$$

Da die Flüssigkeit inkompressibel sein soll, ist $\operatorname{div}\mathfrak{v} = 0$, und g ändert sich längs einer Stromlinie nicht. Es hat überall den Wert 0.

Strömt eine ideale Flüssigkeit durch irgendeinen Querschnitt in gleicher Richtung und mit einheitlicher Geschwindigkeit, so verschwindet dort $\operatorname{rot}\mathfrak{v}$. Daraus folgt, daß die Strömung überall wirbelfrei ist. Bringt man z. B. in einen gleichförmigen Strom einer reibungslosen Flüssigkeit ein Hindernis, so muß sie es umfließen, ohne daß Wirbel entstehen. Schleppt man einen Gegenstand durch eine ruhende ideale Flüssigkeit hindurch, so darf nur eine wirbelfreie Bewegung entstehen. Fließt Flüssigkeit aus einem Behälter aus, so verschwindet $\operatorname{rot}\mathfrak{v}$ im Flüssigkeitsspiegel. Wenn keine Reibung mitwirkt, ist die entstehende Strömung wirbelfrei. Diese Beispiele zeigen, daß bei einer idealen Flüssigkeit die wirbelfreie Strömung nicht die Ausnahme, sondern die Regel ist.

Die Geschwindigkeit einer wirbelfreien Strömung kann man wegen (20) aus dem sogenannten Geschwindigkeitspotential Φ herleiten und

$$\mathfrak{v} = \operatorname{grad}\Phi \tag{22}$$

schreiben. Wirbelfreie Strömungen heißen deshalb auch Potentialströmungen.

Um den physikalischen Inhalt der Gl. (17) klarzustellen, betrachten wir eine Strömung ohne äußere Kräfte. Dann gilt

$$\frac{\varrho}{2}\,\mathfrak{v}^2 = E - p.$$

Längs einer Stromlinie wächst die Geschwindigkeit um so mehr, je kleiner der Druck wird. E bedeutet den Druck, den die Flüssigkeit in einem Punkte erreicht, wo sie ganz zur Ruhe kommt, an einem sogenannten Staupunkt. Ist die Strömung überdies wirbelfrei, so gilt diese Aussage nicht nur längs der Stromlinien, sondern auch quer zu ihnen. In der ganzen Flüssigkeit gehören dann zu großen Geschwindigkeiten kleine Drucke und umgekehrt.

§ 4. Die Zirkulation. Erhaltungssatz von THOMSON.

Inhalt: Das Linienintegral der Geschwindigkeit heißt Strömung, längs einer geschlossenen Kurve Zirkulation. In einem mehrfach zusammenhängenden Bereiche kann bei wirbelfreier Strömung eine Zirkulation um ein Hindernis bestehen. Die Zirkulation längs einer flüssigen Linie ändert sich mit der Zeit nicht, wenn keine Reibung mitwirkt.

Bezeichnungen: Γ Zirkulation, φ Potential der äußeren Kräfte, sonst wie S. 214.

Ist C ein Kurvenstück, das ganz in der Flüssigkeit liegt und die beiden Punkte A und B verbindet, so bezeichnet man das Integral

$$\int_A^B (\mathfrak{v}\, d\mathfrak{s}) = \int_A^B (u\, dx + v\, dy + w\, dz) \tag{23}$$

als Strömung entlang der Linie C. Die Strömung längs einer geschlossenen Linie

$$\Gamma = \oint (\mathfrak{v}\, d\mathfrak{s}) \tag{24}$$

heißt Zirkulation.

Im allgemeinen ist die Strömung von A nach B vom Weg abhängig. Nur wenn die Zirkulation überall gleich Null ist, ist die Strömung von A nach B durch die Lage beider Punkte eindeutig bestimmt.

Eine Strömung ohne Zirkulation ist stets wirbelfrei, wie man aus

$$\operatorname{rot}\mathfrak{v} = \lim \frac{1}{F} \oint (\mathfrak{v}\, d\mathfrak{s}) = 0$$

entnimmt. Umgekehrt braucht aber die Zirkulation einer Potentialströmung nicht immer zu verschwinden. Erfüllt die Flüssigkeit einen einfach zusammenhängenden räumlichen Bereich, der dadurch gekennzeichnet ist, daß man durch jede geschlossene Linie in ihm eine Fläche legen kann, die ganz zum Bereich gehört, so folgt nach dem STOKESschen Satz aus $\operatorname{rot}\mathfrak{v} = 0$ allerdings

$$\Gamma = \oint (\mathfrak{v}\, d\mathfrak{s}) = \int (\operatorname{rot}\mathfrak{v}\, d\mathfrak{f}) = 0,$$

d. h. das Verschwinden der Zirkulation. Sehr häufig bilden Flüssigkeiten aber mehrfach zusammenhängende Bereiche. Ein solcher ist daran kenntlich, daß es in ihm geschlossene Kurven gibt, durch die man keine Fläche legen kann, welche ganz dem Bereich angehört. In jeder solchen Fläche gibt es vielmehr ein oder mehrere Löcher, die nicht in der Flüssigkeit liegen. Wir legen nun eine Fläche so durch die Kurven, daß sie eine möglichst kleine Zahl von Löchern hat. Die Flüssigkeit bildet einen n-fach zusammenhängenden Bereich, wenn in ihr geschlossene Kurven gezogen werden können, die nur Flächen mit mindestens $n-1$ Löchern umranden.

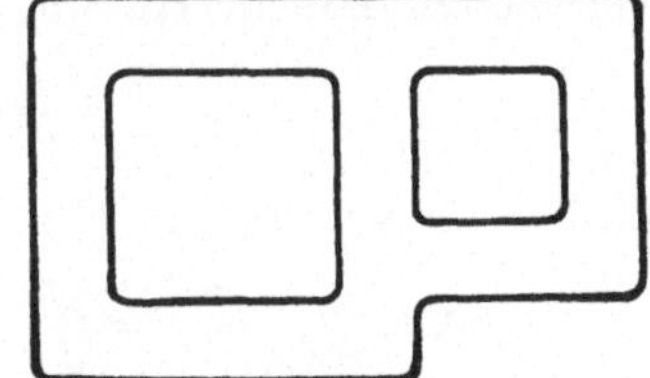

Abb. 61. Dieses Rohrsystem bildet einen dreifach zusammenhängenden Bereich.

Ein See mit einer Insel bildet z. B. einen zweifach zusammenhängenden Bereich, mit n Inseln einen $n+1$-fach zusammenhängenden. Eine Flüssigkeit, in der ein Körper schwimmt oder schwebt, ist dagegen einfach zusammenhängend. Ein Rohrsystem wie in Abb. 61 hängt dreifach zusammen.

Um in einem mehrfach zusammenhängenden Bereich den STOKESschen Satz anzuwenden, legen wir durch die Kurve C zuerst eine Fläche mit möglichst wenig Löchern. Diese Fläche sei in Abb. 62 abgebildet. Schneiden wir sie längs der punktierten Linien auf und integrieren über den mit Pfeilen markierten Weg, so erhalten wir bei wirbelfreier Strömung

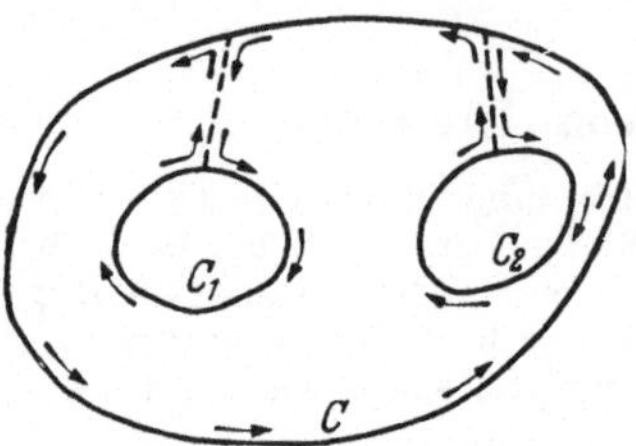

Abb. 62. Aufschneiden eines mehrfach zusammenhängenden Bereiches längs der punktierten Linien.

$$\Gamma = \oint (\mathfrak{v}\, d\mathfrak{s}) = \int (\operatorname{rot}\mathfrak{v}\, d\mathfrak{f}) - \oint_1 (\mathfrak{v}\, d\mathfrak{s}) - \oint_2 (\mathfrak{v}\, d\mathfrak{s})$$
$$= \Gamma_1 + \Gamma_2 .$$

Die Zirkulation ist gleich der Summe der Zirkulation um die nicht zur Flüssigkeit gehörenden Gebiete auf gleichsinnigen Kurven.

Auch in einem mehrfach zusammenhängenden Bereich können wir die Geschwindigkeit aus einem Potential ableiten, wenn die Strömung wirbelfrei ist. Das Geschwindigkeitspotential ist dabei keine eindeutige, sondern eine unendlich vieldeutige Funktion. Bei jedem Umlauf auf einer geschlossenen Kurve erhöht sich sein Wert um Γ.

Die Teilchen einer Flüssigkeit, die zur Zeit t_0 auf einer geschlossenen Linie C liegen, bleiben im Laufe ihrer Bewegung immer auf einer geschlossenen Kurve, deren Gestalt sich allerdings verändert. Wir bilden jetzt die Zirkulation

$$\Gamma = \oint (\mathfrak{v}\, d\mathfrak{s})$$

längs dieser „flüssigen Linie" und fragen nach ihrer zeitlichen Änderung. Beim (substantiellen) Differenzieren erhalten wir

$$\frac{d\Gamma}{dt} = \oint \frac{d\mathfrak{v}}{dt}\, d\mathfrak{s} + \oint \left(\mathfrak{v}\, \frac{d}{dt}\, d\mathfrak{s}\right). \tag{24a}$$

Besitzen die äußeren Kräfte das Potential φ, so lautet die Bewegungsgleichung

$$\frac{d\mathfrak{v}}{dt} = -\operatorname{grad}\left(\varphi + \frac{p}{\varrho}\right),$$

und das erste Integral verschwindet, da φ und p eindeutige Funktionen des Ortes sind. Das Linienelement $d\mathfrak{s}$ liege zwischen den Punkten A und B, deren Geschwindigkeiten $\mathfrak{v}$ und

$$\mathfrak{v}' = \mathfrak{v} + (d\mathfrak{s}\, \nabla)\, \mathfrak{v}$$

sind. Nach Ablauf der Zeit dt wird sich $d\mathfrak{s}$ in das Element

$$d\mathfrak{s}' = d\mathfrak{s} + (\mathfrak{v}' - \mathfrak{v})\, dt = d\mathfrak{s} + (d\mathfrak{s}\, \nabla)\, \mathfrak{v}\, dt$$

verwandelt haben. Hieraus ergibt sich

$$\frac{d}{dt}\, d\mathfrak{s} = \frac{d\mathfrak{s}' - d\mathfrak{s}}{dt} = (d\mathfrak{s}\, \nabla)\, \mathfrak{v},$$

und wenn wir dies in (24a) einsetzen, so entsteht

$$\frac{d\Gamma}{dt} = \oint \left(\mathfrak{v}\, (d\mathfrak{s}\, \nabla)\, \mathfrak{v}\right) = \frac{1}{2} \oint (d\mathfrak{s}\, \operatorname{grad} \mathfrak{v}^2) = 0. \tag{24b}$$

$\mathfrak{v}^2$ ist nämlich ebenfalls eine eindeutige Funktion des Ortes, und deshalb hat auch das zweite Integral auf der rechten Seite von (24a) den Wert 0. Wenn die äußeren Kräfte ein Potential besitzen, hat die Zirkulation längs einer Kurve, die sich mit der Flüssigkeit bewegt, also stets aus den gleichen Flüssigkeitsteilchen besteht, für alle Zeiten denselben Wert. Dieser Satz von THOMSON gilt für ideale Flüssigkeiten, gleichgültig, ob die Strömung wirbelfrei ist oder nicht.

§ 5. Die HELMHOLTZschen Wirbelsätze.

Inhalt: Definition von Wirbelröhren und Wirbelfäden. Das Produkt von Drehgeschwindigkeit und Querschnitt eines Wirbelfadens, das sog. Wirbelmoment, ist längs des Fadens und während aller Zeiten in einer idealen Flüssigkeit konstant. Der Wirbelfaden wird immer von den gleichen Flüssigkeitsteilchen gebildet. Wirbel können nicht entstehen noch vergehen.

Bezeichnungen: $\mathfrak{v}$ Geschwindigkeit, $\mathfrak{W}$ Drehgeschwindigkeit, ϱ Dichte der Flüssigkeit, Γ Zirkulation, p Druck, η Zähigkeit, φ Potential der äußeren Kräfte.

Das Wirbelfeld einer Flüssigkeit kann durch den Wirbelvektor

$$\mathfrak{W} = \frac{1}{2} \operatorname{rot} \mathfrak{v} \tag{25}$$

ausgedrückt und durch die Wirbellinien veranschaulicht werden, welche überall die Richtung des Wirbelvektors $\mathfrak{W}$ haben. Um nicht nur die Richtung der Drehachse, sondern auch die Drehgeschwindigkeit selbst graphisch darzustellen, zeichnet man $|\mathfrak{W}|$ Wirbellinien durch einen Quadratzentimeter einer senkrecht zu $\mathfrak{W}$ gelegenen Fläche. Wegen

$$\operatorname{div} \mathfrak{W} = \frac{1}{2} \operatorname{div} \operatorname{rot} \mathfrak{v} = 0 \tag{26}$$

können Wirbellinien im Innern der Flüssigkeit weder anfangen noch enden. Sie bilden entweder geschlossene Kurven oder führen bis zur Oberfläche bzw. den Gefäßwänden.

Eine schlauchartige Fläche, die von Wirbellinien gebildet wird, bzw. das von ihr eingeschlossene Volumen bezeichnet man als Wirbelröhre. Ist der Querschnitt einer Wirbelröhre so klein, daß $\mathfrak{W}$ auf ihm konstant anzusehen ist, so nennt man sie einen Wirbelfaden.

Schneiden wir nun ein Stück aus einer Wirbelröhre zwischen den Querschnitten F_1 und F_2 heraus (s. Abb. 63), so gilt nach dem GAUSSschen Satz

$$\int (\mathfrak{W}\, d\mathfrak{F}) = \int \operatorname{div} \mathfrak{W}\, dV = 0, \tag{27}$$

wenn man das Integral auf der linken Seite über die Oberfläche und auf der rechten über das Volumen des Rohrstückes nimmt. Zu dem Oberflächenintegral trägt die Mantelfläche der Röhre nichts bei, da dort überall $\mathfrak{W}$ senkrecht zu $d\mathfrak{F}$ ist. Es bleiben also nur die Anteile der Querschnitte

$$\int (\mathfrak{W}\, d\mathfrak{F}_1) + \int (\mathfrak{W}\, d\mathfrak{F}_2) = 0 \tag{27a}$$

stehen. Da $d\mathfrak{F}_1$ und $d\mathfrak{F}_2$ beide nach außen, also entgegengesetzt gerichtet sind, ist der Wirbelfluß in allen Querschnitten der Wirbelröhre derselbe. Bei einem Wirbelfaden können wir $\mathfrak{W}$ auf den Querschnitten F_1 und F_2 konstant setzen.

$$|\mathfrak{W}_1|\, F_1 = |\mathfrak{W}_2|\, F_2 \tag{27b}$$

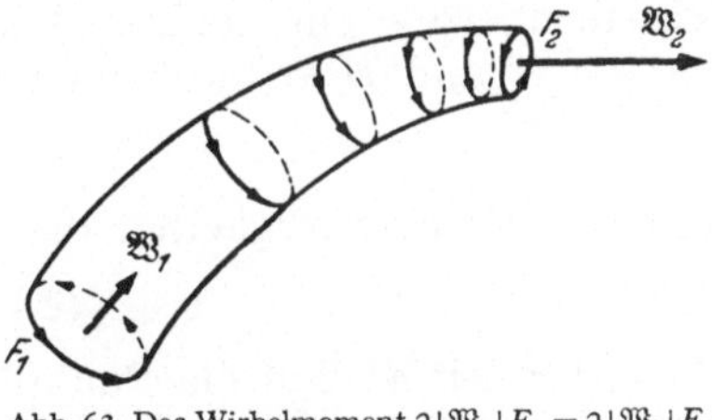

Abb. 63. Das Wirbelmoment $2|\mathfrak{W}_1| F_1 = 2|\mathfrak{W}_2| F_2$ ist längs einer Wirbelröhre konstant. Pfeile auf den Kreisen geben die Richtung der Strömung an.

schreiben, und erhalten damit den Satz: *Die Drehgeschwindigkeit eines Wirbelfadens an verschiedenen Stellen ist seinem Querschnitt umgekehrt proportional.* Die sogenannte Wirbelstärke (Wirbelmoment)

$$2|\mathfrak{W}|\, F = F\, |\operatorname{rot} \mathfrak{v}|$$

ist längs eines Wirbelfadens konstant.

Nach dem STOKESschen Satz

$$\int (\mathfrak{W}\, d\mathfrak{F}) = \frac{1}{2}\int (\operatorname{rot}\mathfrak{v}\, d\mathfrak{F}) = \frac{1}{2}\oint (\mathfrak{v}\, d\mathfrak{s}) = \frac{\Gamma}{2} \tag{28}$$

ist die Zirkulation um eine Wirbelröhre oder einen Wirbelfaden an allen Stellen gleich groß.

Jetzt untersuchen wir die zeitliche Veränderung von Wirbeln und gehen von der EULERschen Gleichung in der Form

$$\varrho \frac{\partial \mathfrak{v}}{\partial t} + \frac{\varrho}{2}\operatorname{grad}\mathfrak{v}^2 - \varrho[\mathfrak{v}\operatorname{rot}\mathfrak{v}] = -\operatorname{grad}(\varrho\varphi + p) \tag{29}$$

aus. Wenden wir auf sie den Operator rot an und führen den Wirbelvektor ein, so gelangen wir zu der Gleichung

$$\frac{\partial \mathfrak{W}}{\partial t} - [\nabla[\mathfrak{v}\,\mathfrak{W}]] = 0. \tag{30}$$

Nun ist

$$[\nabla[\mathfrak{v}\,\mathfrak{W}]] = (\nabla\mathfrak{W})\,\mathfrak{v} - (\nabla\mathfrak{v})\,\mathfrak{W} = (\mathfrak{W}\,\nabla)\,\mathfrak{v} - (\mathfrak{v}\,\nabla)\,\mathfrak{W},$$

da

$$(\operatorname{div}\mathfrak{W}) = 0 \quad \text{und} \quad (\operatorname{div}\mathfrak{v}) = 0$$

gilt. Wir finden also

$$\frac{\partial \mathfrak{W}}{\partial t} + (\mathfrak{v}\,\nabla)\,\mathfrak{W} = (\mathfrak{W}\,\nabla)\,\mathfrak{v}. \tag{30a}$$

Links steht die substantielle Änderung der Drehgeschwindigkeit eines Flüssigkeitsteilchens, die wir mit $d\mathfrak{W}/dt$ bezeichnen wollen. Es ist also

$$\frac{d\mathfrak{W}}{dt} = (\mathfrak{W}\,\nabla)\,\mathfrak{v}. \tag{30b}$$

Hat das Teilchen keine Drehgeschwindigkeit ($\mathfrak{W} = 0$), so kann es in einer idealen Flüssigkeit auch keine bekommen. *Wirbel können also in einer idealen Flüssigkeit nicht entstehen und natürlich auch nicht vergehen.*

Wir fassen jetzt zwei Flüssigkeitsteilchen ins Auge, die sich zur Zeit t in zwei Nachbarpunkten A und B einer Wirbellinie befinden. Das sie verbindende Linienelement können wir dann

$$d\mathfrak{s} = \mathfrak{W}\, d\xi$$

schreiben, wo ξ ein skalarer Parameter auf der Wirbellinie ist. Die Orte der Punkte A und B kennzeichnen wir mit den Ortsvektoren $\mathfrak{r}$ und

$$\mathfrak{r} + d\mathfrak{s} = \mathfrak{r} + \mathfrak{W}\, d\xi$$

und ihre Geschwindigkeiten durch $\mathfrak{v}$ und

$$\mathfrak{v} + (d\mathfrak{s}\,\nabla)\,\mathfrak{v} = \mathfrak{v} + d\xi(\mathfrak{W}\,\nabla)\,\mathfrak{v}.$$

Nach der Zeit dt sind die Punkte A und B in A' und B' übergegangen, und $d\mathfrak{s}$ hat sich in

$$d\mathfrak{s}' = d\mathfrak{s} + (d\mathfrak{s}\,\nabla)\,\mathfrak{v}\, dt = d\xi\{\mathfrak{W} + dt(\mathfrak{W}\,\nabla)\,\mathfrak{v}\}$$

verlagert. Wegen (30b) ist aber

$$\mathfrak{W} + dt(\mathfrak{W}\,\nabla)\,\mathfrak{v} = \mathfrak{W} + \frac{d\mathfrak{W}}{dt}\,dt = \mathfrak{W}'$$

gleich dem Wirbelvektor des Teilchens A zur Zeit $t + dt$. Zu diesem Zeitpunkt gilt also wieder

$$d\mathfrak{s}' = d\xi\, \mathfrak{W}'.$$

Das Teilchen B ist somit auf der Wirbellinie geblieben, welche durch das Teilchen A geht. Die Wirbellinie bewegt sich mit den auf ihr befindlichen Flüssigkeitsteilchen fort, die Wirbel haften an der Materie. *Ein Wirbelfaden oder eine Wirbelröhre wird immer von den gleichen Flüssigkeitsteilchen gebildet.* Das Volumen einer Wirbelröhre ist deshalb unveränderlich. Bildet man

$$\left|\frac{d\mathfrak{s}'}{d\mathfrak{s}}\right| = \left|\frac{\mathfrak{W}'}{\mathfrak{W}}\right|,$$

so sieht man, daß der Wirbelvektor größer wird, wenn ein Wirbelfaden sich im Laufe der Zeit in der Längsrichtung dehnt.

Eine geschlossene Kurve auf einer Wirbelröhre, welche ihr Inneres umschließt, ist eine flüssige Linie, längs deren die Zirkulation unveränderlich ist. Da Γ auch längs der Röhre überall denselben Wert hat, ist die Zirkulation um eine Wirbelröhre überhaupt konstant. Wegen

$$\Gamma = \int (\mathfrak{v}\, d\mathfrak{s}) = \int (\operatorname{rot} \mathfrak{v}\, d\mathfrak{F}) = 2\int (\mathfrak{W}\, d\mathfrak{F})$$

bedeutet sie das Doppelte des Wirbelflusses durch die Wirbelröhre bzw. die doppelte Wirbelstärke des Wirbelfadens. *Die Wirbelstärke eines Wirbelfadens hat auf seiner ganzen Länge und zu allen Zeiten den gleichen Wert.*

Da jede Flüssigkeit schließlich irgendwann einmal in Ruhe und damit bestimmt wirbelfrei war, könnte eine ideale Flüssigkeit überhaupt keine Wirbel besitzen. In Wirklichkeit sehen wir aber in Flüssigkeiten Wirbel entstehen und verschwinden. Es liegt nahe, dafür die Reibungskräfte verantwortlich zu machen. Diese Vermutung ist aber nicht ohne weiteres richtig. Wenden wir nämlich den Operator rot auf die NAVIER-STOKESschen Gl. (33), S. 222, statt auf die EULERschen an und verfahren sonst wie oben, so erhalten wir statt der Gl. (30b)

$$\frac{d\mathfrak{W}}{dt} = (\mathfrak{W}\,\nabla)\,\mathfrak{v} + \frac{\eta}{\varrho}\,\Delta\,\mathfrak{W}. \tag{31}$$

Ist die Strömung in einem endlichen Bereich wirbelfrei, so verschwindet die rechte Seite, und Wirbel können in diesem Bereich nicht entstehen, auch wenn die Flüssigkeit zäh ist, sondern nur in ihn einwandern. Die im Innern einer Flüssigkeit befindlichen Wirbel müssen also an den Gefäßwänden entstanden sein, sich von dort abgelöst haben und so ins Innere geraten sein. An den Wänden treten bei zähen und anhaftenden Flüssigkeiten tangentiale Kräfte auf, welche Wirbel verursachen können. Wir kommen hierauf auf S. 266 ausführlicher zurück.

§ 6. Berechnung des Strömungsfeldes aus dem Wirbelfeld.

Inhalt: Das Strömungsfeld kann aus den Wirbelfäden ebenso berechnet werden, wie man das Magnetfeld von elektrischen Strömen berechnet.

Bezeichnungen: $\mathfrak{v}$ Geschwindigkeit, $\mathfrak{A}$ ihr Vektorpotential, $\mathfrak{W}$ Drehgeschwindigkeit, Wirbelvektor, $d\tau$ Volumenelement einer Wirbelröhre, r sein Abstand vom Aufpunkt, $\mathfrak{r}^0$ Richtung vom Aufpunkt nach $d\tau$, Γ Zirkulation um einen Wirbelfaden, $d\mathfrak{s}$ und $d\mathfrak{F}$ Längen- und Querschnittselement eines Wirbelfadens.

Wir nehmen an, das Wirbelfeld

$$\mathfrak{W} = \frac{1}{2} \operatorname{rot} \mathfrak{v}$$

einer Strömung sei bekannt, und stellen uns die Aufgabe, das Strömungsfeld $\mathfrak{v}$ selbst aufzufinden. Ist die Flüssigkeit inkompressibel, so zeigt die Kontinuitätsgleichung

$$\operatorname{div} \mathfrak{v} = 0, \tag{32}$$

daß wir die Geschwindigkeit

$$\mathfrak{v} = \operatorname{rot} \mathfrak{A} \tag{33}$$

aus einem Vektorpotential $\mathfrak{A}$ herleiten können. Zwischen $\mathfrak{A}$ und $\mathfrak{W}$ besteht dann die Beziehung

$$\operatorname{rot} \operatorname{rot} \mathfrak{A} = 2\mathfrak{W}. \tag{34}$$

Nach einem bekannten Satz der Vektoranalysis wird sie durch das Integral

$$\mathfrak{A} = \frac{1}{2\pi} \int \frac{\mathfrak{W}\, d\tau}{r} \tag{35}$$

befriedigt, in welchem r der Abstand des Volumenelementes $d\tau$ von dem Aufpunkt bedeutet und die Integration über das ganze Wirbelfeld auszuführen ist.

Bildet man die Geschwindigkeit

$$\mathfrak{v} = \operatorname{rot} \mathfrak{A} = \frac{1}{2\pi} \int \left[\nabla_a \frac{\mathfrak{W}}{r} \right] d\tau,$$

so bedeutet ∇_a einen Operator, der nach den Koordinaten des Aufpunktes differenziert, an dem wir die Geschwindigkeit suchen. $\mathfrak{W}$ hängt nur von den Quellpunkten (dem Ort des Wirbels) ab, weshalb wir auch

$$\mathfrak{v} = -\frac{1}{2\pi} \int \left[\mathfrak{W}\, \nabla_a \frac{1}{r} \right] d\tau = \frac{1}{2\pi} \int \frac{[\mathfrak{W}\, \nabla_a r]}{r^2}\, d\tau$$

schreiben dürfen. Bezeichnen wir mit x, y, z die Koordinaten des Aufpunktes, mit ξ, η, ζ die des Volumenelementes $d\tau$ (Quellpunkt), dann ist

$$\frac{\partial r}{\partial x} = -\frac{\partial r}{\partial \xi}; \quad \frac{\partial r}{\partial y} = -\frac{\partial r}{\partial \eta}; \quad \frac{\partial r}{\partial z} = -\frac{\partial r}{\partial \zeta},$$

und wir haben

$$\nabla_a r = -\nabla_q r = -\mathfrak{r}^0,$$

wenn ∇_q die Gradientbildung am Ort des Volumenelementes $d\tau$ bedeutet. $\mathfrak{r}^0$ ist ein vom Aufpunkt nach $d\tau$ zeigender Einheitsvektor (Abb. 64). Für die Geschwindigkeit finden wir damit

$$\mathfrak{v} = \frac{1}{2\pi} \int \frac{[\mathfrak{r}^0\, \mathfrak{W}]}{r^2}\, d\tau. \tag{36}$$

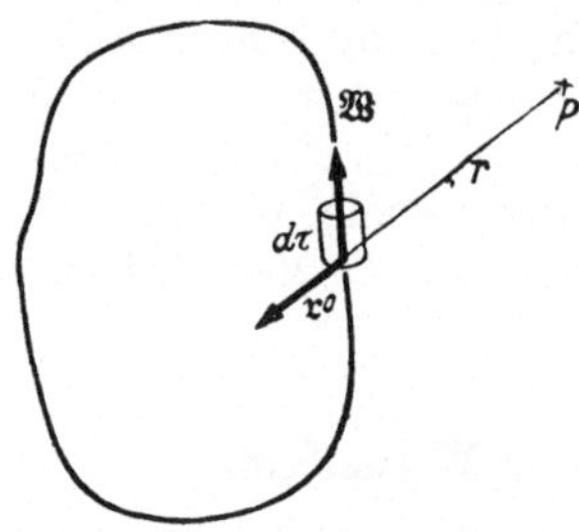

Abb. 64. Das Element $d\tau$ einer Wirbelröhre trägt zur Geschwindigkeit im Aufpunkt P den Anteil $\frac{[\mathfrak{r}^0\, \mathfrak{W}]}{2\pi r^2}\, d\tau$ bei.

Jedes Volumenelement $d\tau$ trägt zu $\mathfrak{v}$ den Beitrag

$$\frac{d\tau [\mathfrak{r}^0\, \mathfrak{W}]}{2\pi r^2}$$

bei, dessen Richtung auf $\mathfrak{W}$ und der Richtung zum Aufpunkt senkrecht steht, zu $\mathfrak{W}$ proportional und dem Quadrat des Abstandes umgekehrt proportional ist.

Besonders leicht ist die Berechnung des Strömungsfeldes, wenn nur ein einziger Wirbelfaden vorhanden ist. Die Einteilung in Volumenelemente $d\tau = (d\mathfrak{F}\, d\mathfrak{s})$ nehmen wir dann so vor, daß $d\mathfrak{s}$ und die Fläche $d\mathfrak{F}$ die Richtung des Wirbelvektors haben. Liegt der Aufpunkt genügend weit vom Wirbelfaden entfernt, so können wir r in (35) und (36) über den Querschnitt des Fadens als konstant ansehen und erhalten

$$\mathfrak{A} = \frac{1}{2\pi} \iint \frac{\mathfrak{W}}{r} (d\mathfrak{F}\, d\mathfrak{s}) = \frac{1}{2\pi} \int \frac{d\mathfrak{s}}{r} \int (\mathfrak{W}\, d\mathfrak{F})$$

$$\mathfrak{v} = \frac{1}{2\pi} \int \frac{[\mathfrak{r}^0\, \mathfrak{W}]\,(d\mathfrak{F}\, d\mathfrak{s})}{r^2} = \frac{1}{2\pi} \int \frac{[\mathfrak{r}^0\, d\mathfrak{s}]}{r^2} \int (\mathfrak{W}\, d\mathfrak{F}).$$

Nun ist aber

$$\int (\mathfrak{W}\, d\mathfrak{F}) = \frac{1}{2}\int (\operatorname{rot} \mathfrak{v}\, d\mathfrak{F}) = \frac{1}{2}\oint (\mathfrak{v}\, d\mathfrak{s}') = \frac{\Gamma}{2},$$

wenn mit Γ die Zirkulation um den Faden gemeint ist. $d\mathfrak{s}'$ ist ein Linienelement auf einem geschlossenen Weg um den Wirbelfaden herum. Da Γ längs des Fadens überall denselben Weg hat, ergibt sich

$$\mathfrak{A} = \frac{\Gamma}{4\pi}\int \frac{d\mathfrak{s}}{r} \tag{37}$$

$$\mathfrak{v} = \frac{\Gamma}{4\pi}\int \frac{[\mathfrak{r}^0\, d\mathfrak{s}]}{r^2}. \tag{38}$$

Diese Formeln sind genau dieselben wie die für das Vektorpotential und die magnetische Feldstärke eines stromführenden Drahtes. Man bezeichnet deshalb (38) auch als BIOT-SAVARTsches Gesetz. Die von einem Wirbelfaden herrührende Strömung kann man genau wie das Magnetfeld eines Drahtes berechnen.

Eine inkompressible Flüssigkeit, welche in ein Gefäß mit festen Wänden eingeschlossen ist, können wir als quellenfrei betrachten. Wenn wir dagegen nur ein Teilvolumen ins Auge fassen, so fließt durch seine Begrenzung Flüssigkeit zu bzw. ab. Das müssen wir als flächenhafte Quellen beschreiben, d. h., wir haben an der Oberfläche des betrachteten Volumens

$$\operatorname{Div} \mathfrak{v} = -(\mathfrak{n}\, \mathfrak{v})$$

anzusetzen, wenn $\mathfrak{n}$ einen Einheitsvektor nach außen bedeutet.

Für die Geschwindigkeit müssen wir dann den Ansatz

$$\mathfrak{v} = \operatorname{rot} \mathfrak{A} + \operatorname{grad} \Phi \tag{39}$$

machen, wo sich Φ aus den Quellen durch das Oberflächenintegral

$$\Phi = \frac{1}{4\pi}\int \frac{(\mathfrak{v}\, d\mathfrak{F})}{r}$$

berechnet.

§ 7. Die Potentialströmung.

Inhalt: Das Geschwindigkeitspotential einer wirbelfreien Strömung genügt der LAPLACEschen Differentialgleichung. Der Druck ergibt sich aus der EULERschen Gleichung. Ebene Potentialströmungen kann man mit Mitteln der Funktionentheorie berechnen. Jede Funktion f, die im Bereich der Flüssigkeit analytisch ist, liefert als Realteil ein mögliches Geschwindigkeitspotential und als Imaginärteil ein System von Stromlinien. Die Gefäßwände müssen Stromlinien sein, d. h., der Imaginärteil von f muß auf ihnen konstant sein.

Bezeichnungen: $\mathfrak{v}$ Geschwindigkeit, v_x, v_y ihre Komponenten, Φ Geschwindigkeitspotential, ϱ Dichte der Flüssigkeit, p Druck, φ Potential der äußeren Kräfte, f komplexes Potential, $\Psi = \text{const}$ Gleichung der Stromlinien, Ψ Stromfunktion.

Für die Geschwindigkeit einer wirbelfreien Strömung kann man

$$\mathfrak{v} = \operatorname{grad} \Phi \tag{40}$$

ansetzen. Φ nennt man das Geschwindigkeitspotential und die Strömung deshalb eine Potentialströmung.

Die Kontinuitätsgleichung

$$\operatorname{div} \mathfrak{v} = 0$$

einer inkompressiblen Flüssigkeit geht dann in die LAPLACEsche Differentialgleichung

$$\Delta \Phi = \frac{\partial^2 \Phi}{\partial x^2} + \frac{\partial^2 \Phi}{\partial y^2} + \frac{\partial^2 \Phi}{\partial z^2} = 0 \tag{41}$$

über. Ermittelt man ihre Lösungen und sucht diejenige aus, welche auch die Randbedingungen befriedigt, so erhält man das Strömungsfeld aus (40).

Wenn die äußeren Kräfte sich aus dem Potential φ ableiten, liefert die EULERsche Gleichung

$$\varrho \frac{\partial \mathfrak{v}}{\partial t} + \frac{\varrho}{2} \operatorname{grad} \mathfrak{v}^2 - \varrho [\mathfrak{v} \operatorname{rot} \mathfrak{v}] = -\varrho \operatorname{grad} \varphi - \operatorname{grad} p$$

beim Einsetzen von (40) die Beziehung

$$\varrho \operatorname{grad} \frac{\partial \Phi}{\partial t} + \frac{\varrho}{2} \operatorname{grad} (\operatorname{grad} \Phi)^2 = -\operatorname{grad} (\varrho \varphi + p) .$$

Für den Druck erhält man daraus die Gleichung

$$\varrho \frac{\partial \Phi}{\partial t} + \frac{\varrho}{2} (\operatorname{grad} \Phi)^2 + \varrho \varphi + p = E .$$

Die ebene Potentialströmung. Unter den mannigfaltigen Lösungen der Gl. (41) studieren wir zuerst solche, für die $\partial^2 \Phi / \partial z^2 = 0$ ist. Dies bedeutet, daß die z-Komponente der Strömung

$$v_z = \frac{\partial \Phi}{\partial z} = v_z(x, y)$$

von z nicht abhängt, also z. B. konstant oder gar Null sein kann. Derartige Strömungen können sich ausbilden, wenn die Flüssigkeit von Zylindern parallel zur z-Achse oder Ebenen senkrecht dazu begrenzt wird. Im Einzelfall muß natürlich diese Vereinfachung immer begründet werden.

Durch den Wegfall der z-Koordinate ist das Aufsuchen der Lösungen Φ ein ebenes Problem geworden. Hierdurch wird der Vorteil erzielt, daß man die allgemeine Lösung direkt angeben kann. Jede beliebige Funktion $f(x + i y)$ oder auch $g(x - i y)$ ist eine Lösung der LAPLACEschen Gleichung. Zerspaltet man f in den Real- und Imaginärteil, so gewinnt man zwei reelle Funktionen

$$\Phi = \operatorname{Re} f(x + i y); \quad \Psi = \operatorname{Im} f(x + i y),$$

die als Geschwindigkeitspotential brauchbar sind. Welche spezielle Funktion f im Einzelfall in Frage kommt, hängt natürlich von den Randbedingungen, d. h. der Begrenzung der Flüssigkeit, ab.

Setzen wir

$$z = x + i y \tag{42}$$

$$f(z) = f(x + i y) = \Phi(x, y) + i \Psi(x, y), \tag{42a}$$

so gewinnen wir Anschluß an die Methoden der Funktionentheorie. Natürlich darf z nicht mit der Raumkoordinate z verwechselt werden. Für Φ und Ψ gelten dann die Gleichungen

$$\left.\begin{aligned} \frac{\partial \Phi}{\partial x} + i \frac{\partial \Psi}{\partial x} &= \frac{\partial f}{\partial x} = f' = \frac{d f}{d z} \\ \frac{\partial \Phi}{\partial y} + i \frac{\partial \Psi}{\partial y} &= \frac{\partial f}{\partial y} = i f' = i \frac{d f}{d z} \end{aligned}\right\} \tag{43}$$

Betrachten wir den Realteil Φ von f als Geschwindigkeitspotential, so gilt

$$v_x = \frac{\partial \Phi}{\partial x} = \frac{\partial \Psi}{\partial y}; \quad v_y = \frac{\partial \Phi}{\partial y} = -\frac{\partial \Psi}{\partial x} . \tag{44}$$

Dies sind aber nichts anderes als die CAUCHY-RIEMANNschen Differentialgleichungen der Funktionentheorie. Auf den Äquipotentiallinien

$$\Phi = \text{const}$$

stehen die Stromlinien senkrecht. Ihre Gleichung

$$\frac{dy}{dx} = \frac{v_y}{v_x} \tag{45}$$

kann man mit (44) in

$$\frac{\partial \Psi}{\partial x} dx + \frac{\partial \Psi}{\partial y} dy = 0$$

umformen. Damit zeigt sich, daß die Kurven

$$\Psi = \text{const}$$

die Stromlinien sind.

Die komplexe Lösungsfunktion $f(x + i y)$ liefert also sowohl das Geschwindigkeitspotential wie auch die Stromlinien und heißt komplexes Potential. Die Ableitung f', die man mit (43) und (44) auf die Form

$$f'(z) = \frac{df}{dz} = v_x - i v_y \tag{46}$$

bringt, heißt konjugiert komplexe Geschwindigkeit. Ψ wird auch als Stromfunktion bezeichnet.

Welche Funktion f bei einer bestimmten Strömung anzuwenden ist, ergibt sich aus den Randbedingungen. Da die Flüssigkeit nicht senkrecht auf die Wand hin oder von ihr wegströmen kann, muß die Wand eine Stromlinie sein. Auf ihr ist der Imaginärteil der Funktion f konstant.

*§ 8. Die ebene Strömung um ein Hindernis.

Inhalt: Strömung um einen unendlich langen Zylinder. Die Strömung einer idealen Flüssigkeit um einen Zylinder von beliebigem Querschnitt übt eine Kraft aus, die der Zirkulation proportional ist und senkrecht auf der Geschwindigkeit steht. Auftriebsformel von KUTTA und JOUKOWSKY. Das Drehmoment, welches auf den Körper ausgeübt wird, kann nach der Formel von BLASIUS berechnet werden. Die konjugiert komplexe Geschwindigkeit erlaubt eine Reihenentwicklung nach Potenzen von $1/z$. Auf einen Kreiszylinder übt eine ideale Flüssigkeit nur eine Querkraft bei Zirkulation aus. Strömungen um beliebige Profile können durch konforme Abbildung berechnet werden.

Bezeichnungen: $\mathfrak{v}$ Geschwindigkeit, v_x, v_y ihre Komponenten, v_∞ ihr Wert im Unendlichen, z komplexe Variable, $f(z)$ komplexes Potential, $f'(z)$ konjugiert komplexe Geschwindigkeit, Γ Zirkulation, $\mathfrak{K}$ Kraft auf das Hindernis, $\mathfrak{K}_x$, $\mathfrak{K}_y$ ihre Komponenten, p Druck, ϱ Dichte, $\mathfrak{M}$ Drehmoment auf den Körper, Φ Geschwindigkeitspotential, Ψ Stromfunktion, R Radius eines Kreiszylinders.

In eine gleichförmige Strömung sei ein Hindernis gebracht, um das die Flüssigkeit herumströmen muß. Um das ebene Modell benutzen zu können, soll es sich um einen unendlich langen Zylinder handeln, der senkrecht zur xy-Ebene steht. Sein Querschnitt darf aber eine beliebige Gestalt besitzen.

In den Schwerpunkt des Zylinderquerschnitts legen wir den Nullpunkt unseres Koordinatensystems. Die Randbedingungen des Problems lauten: 1. Die Kontur des Zylinderquerschnitts muß eine Stromlinie sein. 2. Im Unendlichen ist die Geschwindigkeit konstant.

Aus der zweiten Randbedingung entnehmen wir, daß $f'(z)$ im Unendlichen konstant wird und deshalb nach Potenzen von $1/z$ entwickelt werden kann, was uns

$$f'(z) = \sum_{0}^{\infty} {}_n \frac{a_n}{z^n} \tag{47}$$

liefert. Durch Integration finden wir daraus

$$f(z) = a_0 z + a_1 \ln z - \sum_{2}^{\infty} {}_n \frac{a_n}{(n-1)\, z^{n-1}} . \tag{47a}$$

a_0 bedeutet die konjugiert komplexe Geschwindigkeit im Unendlichen. Haben wir dort die Geschwindigkeitskomponenten $v_{x\infty}$ und $v_{y\infty}$, so ist

$$a_0 = v_{x\infty} - i\, v_{y\infty}. \tag{48}$$

Die Bedeutung von a_1 erkennen wir, wenn wir $f'(z)$ über die Oberfläche des umströmten Körpers integrieren. Wir erhalten dann

$$\oint f'(z)\,dz = \oint (v_x - i\,v_y)\,(dx + i\,dy)$$
$$= \oint (v_x\,dx + v_y\,dy) + i \oint (v_x\,dy - v_y\,dx).$$

Weil die Kontur des Körpers eine Stromlinie ist, verschwindet nach (45) das zweite Integral, während das erste die Zirkulation bedeutet. Setzen wir nun die Reihenentwicklung (47) ein, so erhalten wir nach dem Residuensatz der Funktionentheorie

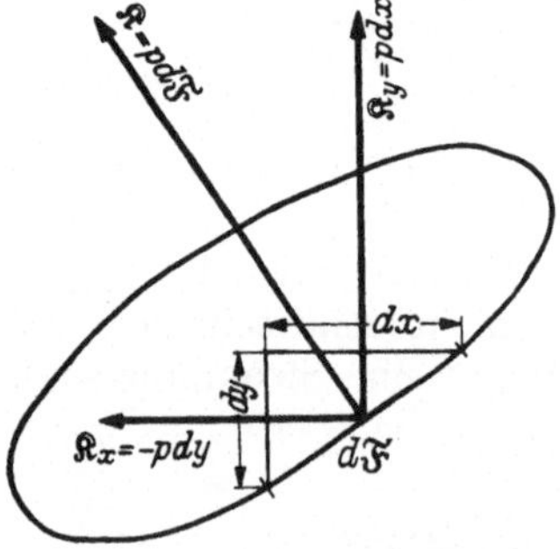

Abb. 65. Komponenten der Druckkraft $p\,d\mathfrak{F}$ auf das Flächenelement $d\mathfrak{F}$.

$$\Gamma = \oint f'(z)\,dz = 2\pi i\, a_1. \tag{49}$$

Jetzt berechnen wir die Kraft, welche die Strömung auf die Längeneinheit des Hindernisses ausübt, und erhalten

$$\mathfrak{K} = -\oint p\,d\mathfrak{F}. \tag{50}$$

Ihre Komponenten $\mathfrak{K}_x$ und $\mathfrak{K}_y$ auf ein Stück des Zylinders von der Länge 1 sind nach Abb. 65

$$\mathfrak{K}_x = -\oint p\,dy; \qquad \mathfrak{K}_y = \oint p\,dx. \tag{50a}$$

Die Integration läuft über die Kontur des Körpers.

Bei einer stationären wirbelfreien Strömung ohne äußere Kräfte können wir nach Gl. (17), S. 231,

$$p = E - \frac{\varrho}{2}\mathfrak{v}^2 = E - \frac{\varrho}{2}(v_x^2 + v_y^2)$$

einsetzen und erhalten

$$\mathfrak{K}_x = -E\oint dy + \frac{\varrho}{2}\oint (v_x^2 + v_y^2)\,dy;$$

$$\mathfrak{K}_y = E\oint dx - \frac{\varrho}{2}\oint (v_x^2 + v_y^2)\,dx.$$

$\oint dx$ und $\oint dy$ verschwinden über eine geschlossene Kurve. Wenn wir

$$Z = \mathfrak{K}_y + i\,\mathfrak{K}_x = -\frac{\varrho}{2}\int (v_x^2 + v_y^2)\,(dx - i\,dy) \tag{51}$$

bilden, so sind $\mathfrak{K}_y$ und $\mathfrak{K}_x$ Real- und Imaginärteil von Z. Auf dem vorgeschriebenen Integrationsweg verschwindet nun wegen (45) der Ausdruck

$$2i(v_x\,dy - v_y\,dx)\,(v_x - i\,v_y),$$

den wir also zu dem Integranden von (51) hinzufügen dürfen. Hierdurch geht Z in

$$Z = -\frac{\varrho}{2}\oint (v_x^2 - 2i\,v_x v_y - v_y^2)\,(dx + i\,dy) = -\frac{\varrho}{2}\oint \{f'(z)\}^2\,dz$$

über. Bedienen wir uns der Reihenentwicklung (47), so gewinnen wir

$$\{f'(z)\}^2 = a_0^2 + \frac{2a_1 a_0}{z} + \frac{2a_0 a_2 + a_1^2}{z^2} + \frac{2a_1 a_2 + 2a_0 a_3}{z^3} + \cdots \tag{52}$$

und nach dem Residuensatz gibt die Integration über eine geschlossene Kurve

$$\oint f'^2\, dz = 4\pi i\, a_1\, a_0 .$$

Wenn wir noch a_1 mit der Zirkulation ausdrücken, so finden wir

$$Z = -\varrho\, a_0\, \Gamma = -\varrho\,(v_{x\infty} - i\, v_{y\infty})\,\Gamma \tag{53}$$

oder die Kraftkomponenten

$$\mathfrak{K}_y = -\varrho\,\Gamma\, v_{x\infty}; \qquad \mathfrak{K}_x = \varrho\,\Gamma\, v_{y\infty} . \tag{53a}$$

Ähnlich wie die resultierende Kraft auf ein Hindernis kann man auch das Drehmoment $\mathfrak{M}$ berechnen, das die Strömung bewirkt. Man erhält dafür die BLASIUSsche Formel

$$\mathfrak{M} = -\frac{\varrho}{2}\,\text{Realteil} \oint \{f'(z)\}^2\, z\, dz , \tag{54}$$

wobei sich die Integration über die Kontur des Profils erstreckt. Zum Beweis schreiben wir ausführlich

$$-\frac{\varrho}{2}\,\text{Re} \oint \{f'(z)\}^2\, z\, dz = -\frac{\varrho}{2}\,\text{Re} \oint (x + i\, y)\,(v_x - i\, v_y)^2\,(dx + i\, dy) .$$

Da über eine Stromlinie integriert wird, auf welcher

$$v_x\, dy - v_y\, dx = 0$$

gilt, verschwindet auf dem Integrationsweg der Ausdruck

$$2i\,(v_x\, dy - v_y\, dx)\,(v_x - i\, v_y)\,(x + i\, y)$$

und kann vom Integranden subtrahiert werden. Hierdurch erhält man

$$\begin{aligned} \frac{\varrho}{2}\,\text{Re} \oint \{f'(z)\}^2\, z\, dz &= \frac{\varrho}{2}\,\text{Re} \oint (x + i\, y)\,(v_x - i\, v_y)\,\{(v_x - i\, v_y)\,(dx + i\, dy) \\ &\qquad\qquad - 2i\,(v_x\, dy - v_y\, dx)\} \\ &= \frac{\varrho}{2}\,\text{Re} \oint (v_x^2 + v_y^2)\,(x + i\, y)\,(dx - i\, dy) \\ &= \frac{\varrho}{2} \oint (v_x^2 + v_y^2)\,(x\, dx + y\, dy) . \end{aligned} \tag{55}$$

Das Moment der Druckkräfte auf der Oberfläche ist andererseits

$$\begin{aligned} \mathfrak{M} &= \oint (x\, d\mathfrak{K}_y - y\, d\mathfrak{K}_x) = \oint p\,(x\, dx + y\, dy) \\ &= \oint \Big\{E - \frac{\varrho}{2}\,(v_x^2 + v_y^2)\Big\}\,(x\, dx + y\, dy) . \end{aligned}$$

Das Integral

$$E \oint (x\, dx + y\, dy)$$

verschwindet über einen geschlossenen Weg, und wir finden

$$\mathfrak{M} = -\frac{\varrho}{2} \oint (v_x^2 + v_y^2)\,(x\, dx + y\, dy)$$

in Übereinstimmung mit (54).

Benutzen wir die Reihenentwicklung (52) für $\{f'(z)\}^2$, so ergibt der Residuensatz

$$\mathfrak{M} = -\varrho\,\pi\,\text{Re}\{i\,(2a_0\, a_2 + a_1^2)\} = 2\pi\,\varrho\, v_{x\infty}\,\text{Im}\, a_2 - 2\pi\,\varrho\, v_{y\infty}\,\text{Re}\, a_2 . \tag{54a}$$

Die Formeln (53a) und (54) geben die Wirkungen an, welche die Strömung auf das Hindernis ausübt. Legt man die x-Richtung parallel zur Strömung im Unendlichen, so verschwindet $\mathfrak{K}_x$. Die Strömung übt also nur eine Kraft senkrecht zu ihrer eigenen Richtung aus (Querkraft) und diese auch nur dann, wenn eine Zirkulation besteht.

Dieses Ergebnis ist einigermaßen verblüffend, da es im krassen Widerspruch zur täglichen Erfahrung steht. Die Strömung eines Flusses sollte z. B. auf einen Brückenpfeiler keine Kraft in der Stromrichtung ausüben (D'ALEMBERTsches Paradoxon). Wenn eine Zirkulation um den Pfeiler stattfindet, könnte allerdings eine Kraft quer zum Fluß auftreten. Es bedarf keiner Diskussion, um zu sehen, daß dies nicht zutrifft. In der Nähe des Pfeilers ist die Strömung in Wirklichkeit auch nicht wirbelfrei, sondern man beobachtet stets, daß sich vom Pfeiler Wirbel ablösen, die von der Strömung mitgenommen werden. Man sieht daran, daß das Modell der idealen Flüssigkeit noch keine befriedigende Beschreibung der Strömung um ein Hindernis herum gibt, und es ist offenbar nicht zulässig, die Reibungskräfte zu vernachlässigen. Trotz dieses Mißerfolges der Theorie der idealen Flüssigkeit kommen aber auch manche Züge der wirklichen Strömung richtig heraus.

Lassen wir z. B. einen Zylinder in einer strömenden Flüssigkeit rotieren, so wird er infolge der Zähigkeit die Flüssigkeit an seiner Oberfläche mitführen. Dieser Vorgang selbst wird von dem Modell der idealen Flüssigkeit nicht erfaßt. Haben wir aber erst auf diesem Wege eine Zirkulation erhalten, so beobachten wir dann tatsächlich eine Querkraft senkrecht zur Stromrichtung auf den Zylinder, die der Formel (53a) entspricht. Sie ist experimentell als MAGNUS-Effekt bekannt.

Die Formeln (53a) bilden in der Aerodynamik die Grundlage der Flugtechnik. Ein Tragflügel spielt hier die Rolle des Hindernisses. Daß er nicht unendlich lang ist, bringt natürlich einige Korrektionen mit sich, die aber das Wesentliche der Erscheinungen nicht verändern. Wird um den Tragflügel herum eine Zirkulation erzeugt und befindet er sich außerdem in einer gleichmäßigen horizontalen Luftströmung (Windkanal), so geben die Formeln (53a) die Auftriebskräfte an. Dasselbe gilt, wenn die Luft ruht und das Flugzeug sich horizontal fortbewegt. Auch dann wirkt eine Querkraft in vertikaler Richtung nach oben (oder nach unten), die von der Zirkulation um den Tragflügel herum herrührt. In ihrer Anwendung auf dieses spezielle Problem bezeichnet man die Gl. (53a) als Auftriebsformeln von KUTTA und JOUKOWSKY. Wie man sieht, wird der Vorgang des Fliegens an sich durch die Gesetze der Potentialströmung verständlich gemacht. Wo allerdings die Zirkulation herkommt, kann man noch nicht verstehen. Hierzu ist es nötig, die Wirbelbildung an der Grenzschicht zwischen dem Tragflügel und der Luft genauer zu verfolgen, was erst auf S. 267 geschehen kann.

Strömung um einen Kreiszylinder. Staupunkte. In einer gleichförmigen Strömung in der x-Richtung befinde sich ein unendlich langer Kreiszylinder vom Radius R. Dann ist $a_0 = v_\infty$, und auf der Oberfläche

$$z = \mathrm{R} e^{i\varphi}$$

des Zylinders muß der Imaginärteil von $f(z)$ unabhängig von φ sein. Setzen wir

$$a_n = c_n + i\, b_n \quad \text{und} \quad a_1 = \frac{\Gamma}{2\pi i},$$

so ist

$$\operatorname{Im} f(z) = v_\infty R \sin\varphi - \frac{\Gamma}{2\pi} \ln R$$

$$+ \sum_2^\infty{}_n \frac{c_n \sin(n-1)\varphi}{(n-1) R^{n-1}} - \sum_2^\infty{}_n \frac{b_n \cos(n-1)\varphi}{(n-1) R^{n-1}}.$$

Damit dieser Ausdruck φ nicht enthält, muß

$$b_n = 0 \quad \text{für alle } n; \qquad c_n = 0 \quad \text{für } n = 3, 4 \ldots$$

und

$$c_2 = -v_\infty R^2$$

sein. Damit ist $f(z)$ völlig bestimmt und lautet:

$$f(z) = \frac{\Gamma}{2\pi i} \ln z + v_\infty \left(z + \frac{R^2}{z}\right). \tag{56}$$

Die Stromlinien sind

$$\begin{aligned} \Psi = \operatorname{Im} f(z) &= -\frac{\Gamma}{2\pi} \ln r + v_\infty r \sin\varphi \left(1 - \frac{R^2}{r^2}\right) \\ &= -\frac{\Gamma}{4\pi} \ln(x^2 + y^2) + v_\infty y \left(1 - \frac{R^2}{x^2 + y^2}\right) \end{aligned} \tag{57}$$

und die Äquipotentiallinien

$$\begin{aligned} \Phi &= \frac{\Gamma}{2\pi} \varphi + v_\infty r \cos\varphi \left(1 + \frac{R^2}{r^2}\right) \\ &= \frac{\Gamma}{2\pi} \operatorname{arc\,tg} \frac{y}{x} + v_0 x \left(1 + \frac{R^2}{x^2 + y^2}\right). \end{aligned} \tag{58}$$

Die konjugiert komplexe Geschwindigkeit ist

$$f'(z) = v_x - i v_y = \frac{\Gamma}{2\pi i z} + v_\infty \left(1 - \frac{R^2}{z^2}\right). \tag{59}$$

Setzen wir die rechte Seite gleich Null, so finden wir zwei Stellen, wo keine Strömung stattfindet, die sogenannten Staupunkte. Ihre Koordinaten sind

$$z_1 = \frac{-\Gamma}{4\pi i v_\infty} + \sqrt{R^2 - \frac{\Gamma^2}{16\pi^2 v_\infty^2}} \tag{60}$$

bzw.

$$z^2 = \frac{-\Gamma}{4\pi i v_\infty} - \sqrt{R^2 - \frac{\Gamma^2}{16\pi^2 v_\infty^2}}. \tag{60a}$$

Beide Staupunkte liegen auf dem Kreiszylinder, solange die Wurzel reell bleibt, denn dann ist

$$|z_1| = |z_2| = R.$$

Setzt man

$$z_1 = \mathrm{Re}^{i\varphi_1}; \qquad z_2 = \mathrm{Re}^{i\varphi_2},$$

so erhält man

$$\sin\varphi_1 = \sin\varphi_2 = \frac{\Gamma}{4\pi R v_\infty}; \qquad \cos\varphi_1 = -\cos\varphi_2 = \sqrt{1 - \left(\frac{\Gamma}{4\pi R v_\infty}\right)^2}.$$

Ist $\Gamma = 0$, so liegen beide Staupunkte auf der x-Achse, und die Flüssigkeit umfließt das Hindernis symmetrisch (Abb. 66). Ist Γ klein, so rücken die Staupunkte zusammen, und zwar je nach dem Drehsinn der Zirkulation entweder nach oben oder unten, und wir erhalten das Strömungsbild der Abb. 67. Für

$$\Gamma = 4\pi R v_\infty$$

fallen beide Staupunkte zusammen, und die Strömung wird durch Abb. 68 wiedergegeben. Bis zu diesem Wert der Zirkulation hat die Strömung unter und über dem Zylinder noch die gleiche Richtung, ist aber oben schneller und

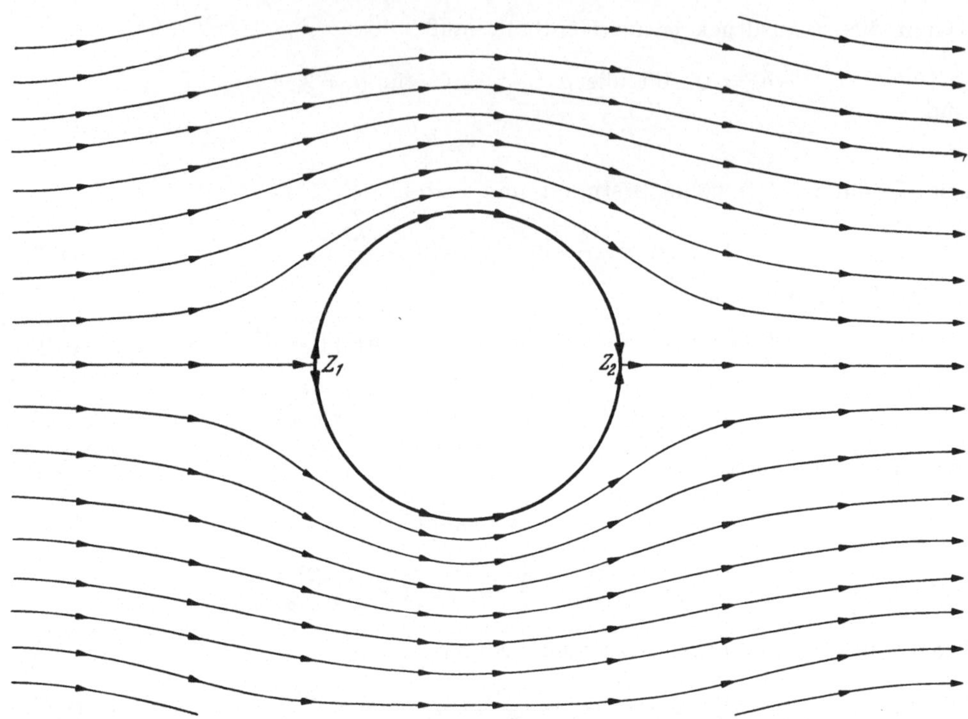

Abb. 66. Strömung um einen Zylinder. $\Gamma = 0$.

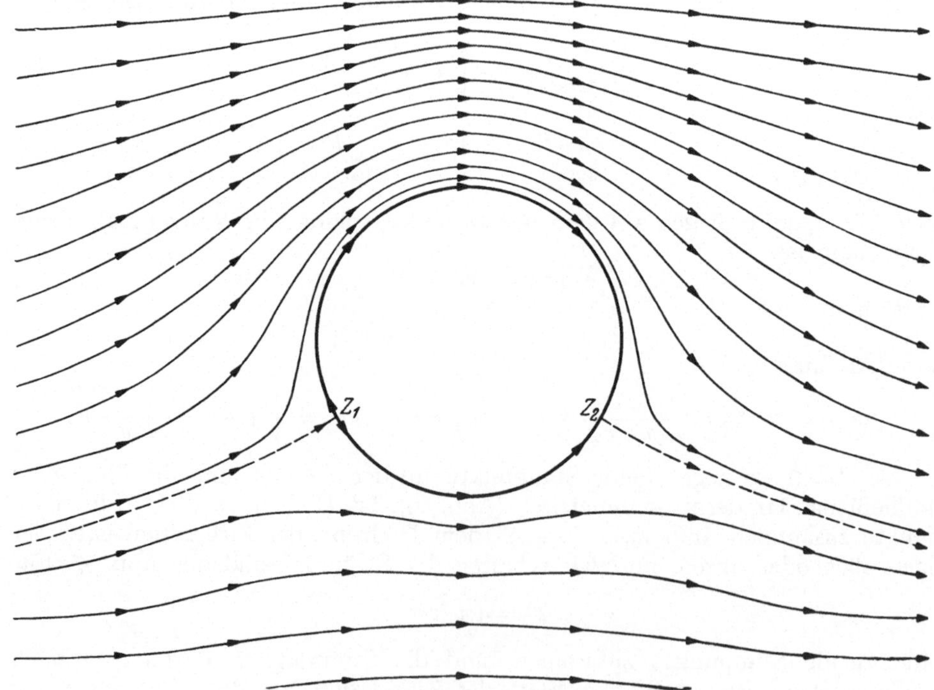

Abb. 67. Strömung um einen Zylinder. $\Gamma = 2\pi R v_\infty$.

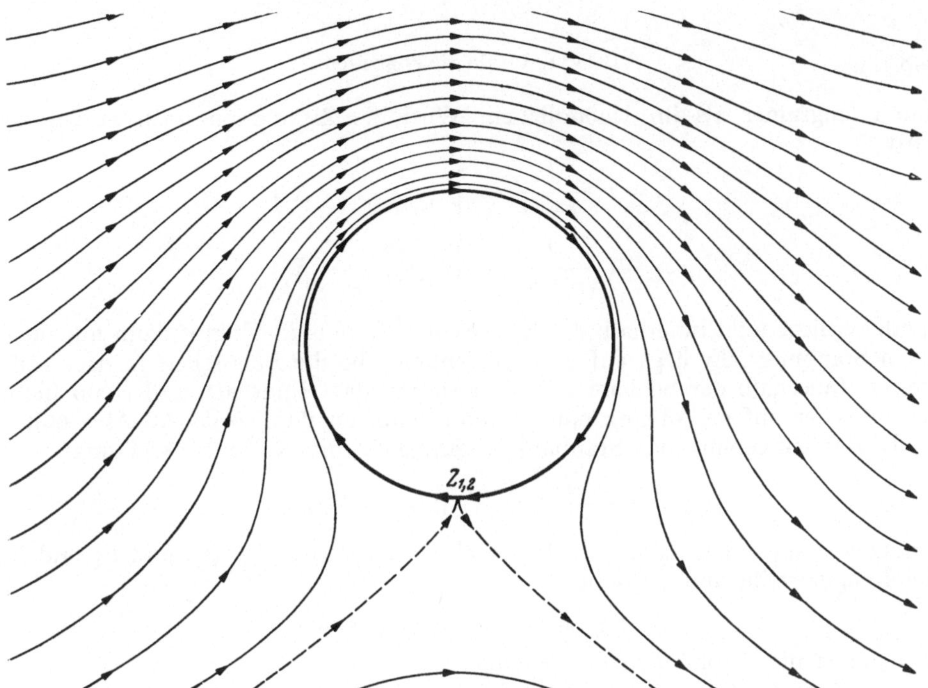

Abb. 68. Strömung um einen Zylinder. $\Gamma = 4\pi R v_\infty$. In $Z_{1,2}$ fallen Z_1 und Z_2 zusammen.

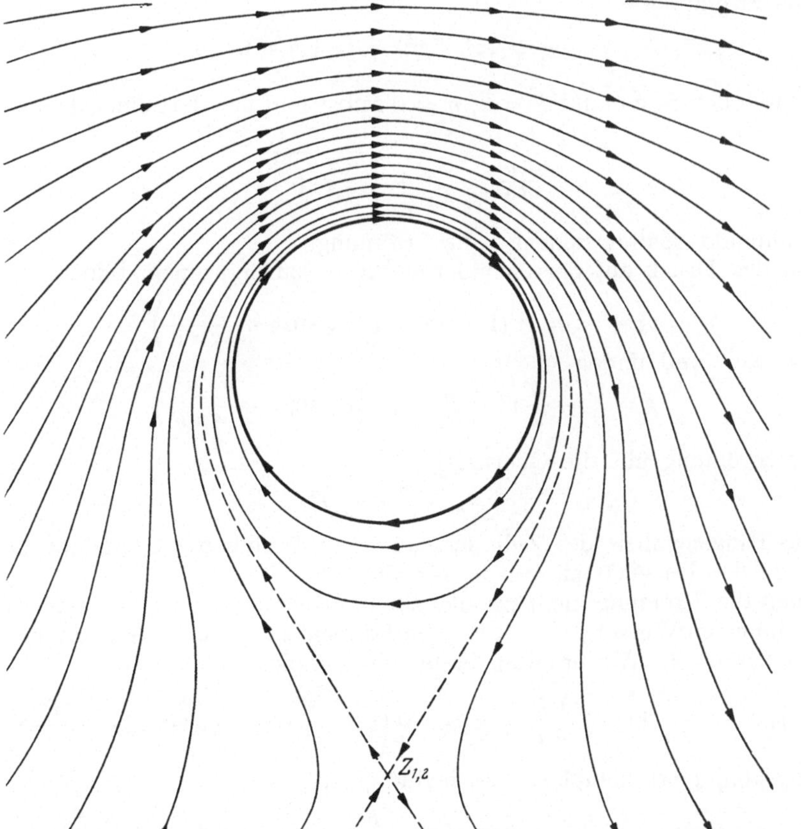

Abb. 69. Strömung um einen Zylinder. $\Gamma = 6\pi R v_\infty$. $Z_{1,2}$ bedeutet Z_1 oder Z_2 je nach dem Vorzeichen von Γ.

unten langsamer als im Unendlichen. Wird die Zirkulation noch größer, so wird

$$z_1 = i\left(\frac{\Gamma}{4\pi v_\infty} + \sqrt{\frac{\Gamma^2}{16\pi^2 v_\infty^2} - R^2}\right)$$

$$z_2 = i\left(\frac{\Gamma}{4\pi v_\infty} - \sqrt{\frac{\Gamma^2}{16\pi^2 v_\infty^2} - R^2}\right).$$

z_1 oder z_2 liegt jetzt innerhalb des Kreises vom Radius R. Es gibt dann nur noch einen Staupunkt. Er liegt auf einer Stromlinie, die die Flüssigkeit in drei Teile trennt. Innerhalb der Schleife zirkuliert sie um das Hindernis, außerhalb fließt sie entweder auf der oberen oder unteren Seite an ihm vorbei (s. Abb. 69).

In der Umgebung der Staupunkte kann man die Reihenentwicklung

$$f(z) = f(z_1) + \frac{1}{2} f''(z_1)(z - z_1)^2 + \cdots$$

ansetzen. Nennt man C_0 und C_2 den Realteil von $f(z_1)$ und $f''(z_1)$ und B_0 und B_2 die Imaginärteile und schreibt

$$x - x_1 = \xi; \quad y - y_1 = \eta,$$

so nehmen die Stromlinien die Gestalt

$$\Psi = B_0 + \frac{1}{2} B_2(\xi^2 - \eta^2) + C_2 \xi \eta$$

an. Die Stromlinie

$$\frac{1}{2} B_2(\xi^2 - \eta^2) + C_2 \xi \eta = 0$$

geht durch den Staupunkt $\xi = 0$, $\eta = 0$ selbst und hat dort einen Doppelpunkt mit

$$\frac{d\eta}{d\xi} = \frac{C_2}{B_2} \pm \sqrt{\frac{C_2^2}{B_2^2} + 1}.$$

Im Staupunkt spaltet sich also die Strömung.

Um den Druck auf der Zylinderoberfläche zu berechnen, bilden wir

$$v_x^2 + v_y^2 = |f'(\mathrm{Re}^{i\varphi})|^2 = \left(2v_\infty \sin\varphi - \frac{\Gamma}{2\pi R}\right)^2$$

für $z = \mathrm{Re}^{i\varphi}$ und finden

$$p = E - \frac{\varrho}{2} v^2 = E - 2\varrho\left(v_\infty \sin\varphi - \frac{\Gamma}{4\pi R}\right)^2. \tag{61}$$

Die Strömung übt die Querkraft

$$\mathfrak{K}_y = -\varrho\, v_\infty \Gamma$$

auf die Längeneinheit des Zylinders aus. Ein Drehmoment entsteht hingegen nicht, da der Imaginärteil von a_2 verschwindet.

Fließt die Strömung nicht parallel zur positiven reellen Achse, sondern bildet sie mit ihr einen Winkel ϑ, so ist in allen Formeln $z\,e^{-i\vartheta}$ an Stelle von z und $\varphi - \vartheta$ für φ einzusetzen. Wir erhalten dann das komplexe Potential

$$f(z) = \frac{\Gamma}{2\pi i} \ln z - \frac{\Gamma\vartheta}{2\pi} + v_\infty \cos\vartheta\left(z + \frac{R^2}{z}\right) - i\, v_\infty \sin\vartheta\left(z - \frac{R^2}{z}\right) \tag{62}$$

und die konjugiert komplexe Geschwindigkeit

$$f'(z) = \frac{\Gamma}{2\pi i z} + v_\infty \cos\vartheta\left(1 - \frac{R^2}{z^2}\right) - i\, v_\infty \sin\vartheta\left(1 + \frac{R^2}{z^2}\right). \tag{63}$$

****Beliebige Profile.** Zur Berechnung der Strömung um einen Zylinder von beliebigem Querschnitt kann man die Rechnung für einen Kreiszylinder zum Ausgangspunkt nehmen. Sei $F(z)$ das gesuchte komplexe Potential, so kann man offenbar

$$F(z) = f(w) \tag{64}$$

setzen, wo w selbst schon eine Funktion

$$w = g(z)$$

von z ist und f das zum Kreiszylinder gehörende komplexe Potential ist.

Wir müssen nur noch die Funktion $g(z)$ auffinden, der wir zwei Bedingungen auferlegen müssen. Die konjugiert komplexe Geschwindigkeit

$$F'(z) = f'(w)\frac{dw}{dz}$$

ist im Unendlichen gegeben, d. h. für das vorgegebene Profil dieselbe wie für den Kreiszylinder. Deshalb muß

$$\lim_{w\to\infty}\frac{dw}{dz} = 1$$

werden. Außerdem muß die Kontur des Zylinders in der z-Ebene durch die konforme Abbildung

$$w = g(z)$$

einen Kreis um den Nullpunkt der w-Ebene liefern.

Zunächst können wir den Mittelpunkt des Kreises

$$w = \mathrm{R}e^{i\varphi}$$

aus dem Nullpunkt durch

$$\zeta = \zeta_0 + w = \zeta_0 + \mathrm{R}e^{i\varphi}$$

in jeden anderen Punkt ζ_0 verlegen. Die einfache neuerliche Abbildung

$$z = \frac{1}{\zeta} + \zeta \tag{65}$$

läßt aus Kreisen schon die mannigfaltigsten Kurven hervorgehen.

Die Punkte $\zeta = \pm 1$ der reellen Achse bilden sich auf die Punkte $z = \pm 2$ in der z-Ebene ab. Der Einheitskreis

$$\zeta = e^{i\varphi} \tag{66}$$

geht in zwei zusammenfallende Stücke der reellen Achse der z-Ebene zwischen $z = +2$ und $z = -2$ über (s. Abb. 70a). Andere Kreise um den Nullpunkt liefern in der z-Ebene Ellipsen (s. Abb. 70b, c). Ein Kreis

$$\zeta = i\eta_0 + e^{i\varphi}\sqrt{1+\eta_0^2} \tag{66a}$$

durch die Punkte $\zeta = \pm 1$, dessen Mittelpunkt auf der imaginären Achse bei $\zeta = i\eta_0$ liegt, wird in der z-Ebene durch einen doppelten Kreisbogen

$$z = i\left(\eta_0 - \frac{1}{\eta_0}\right) + \left(\eta_0 + \frac{1}{\eta_0}\right)e^{i\varphi} \tag{67}$$

zwischen den Punkten $z = \pm 2$ wiedergegeben (Abb. 70d). Einen Kreis, der nur durch $\zeta = +1$ geht, entspricht in der z-Ebene eine Kurve mit einer Spitze im Punkte $z = 2$ (s. Abb. 70e). Ein Kreis, der den Kreis (66a) im Punkte $\zeta = 1$ berührt, liefert in der z-Ebene eine Kurve mit Spitze in $z = 2$, welche einem Tragflügelprofil sehr ähnlich ist (Abb. 70f). Weitere Beispiele komplizierterer Profile zeigen die Abb. 70g und 70h.

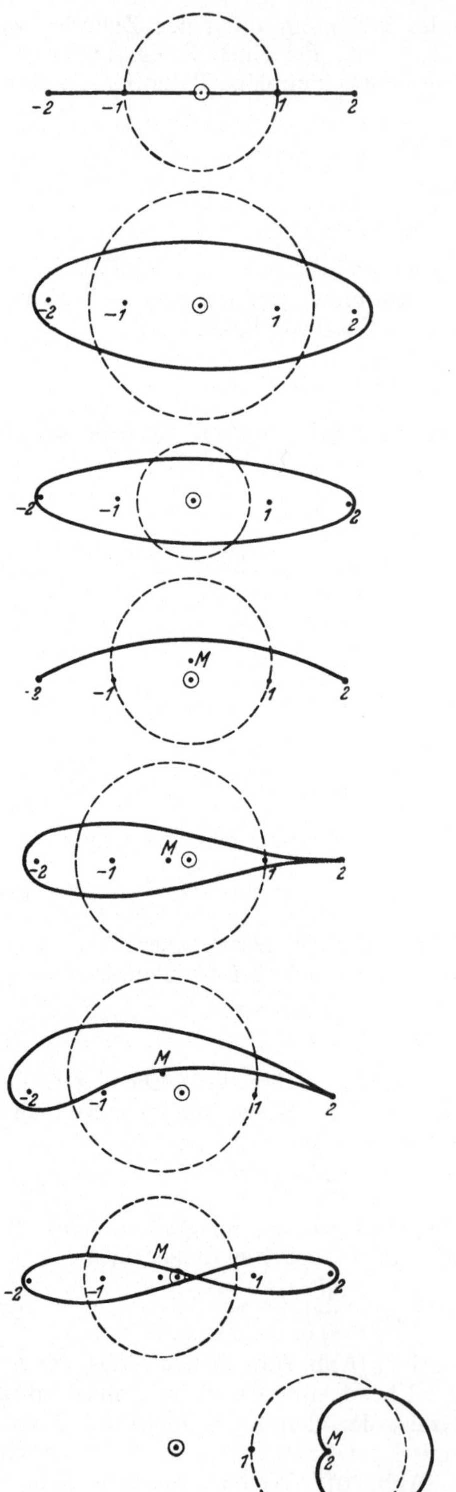

Abb. 70a: $\zeta_0 = 0;\quad R = 1$

Abb. 70b: $\zeta_0 = 0;\quad R = 1{,}5$

Abb. 70c: $\zeta_0 = 0;\quad R = 0{,}75$

Abb. 70d: $\zeta_0 = i\,\eta_0 = i\,0{,}25;$
$R = \frac{1}{4}\sqrt{17}$

Abb. 70e: $\zeta_0 = -0{,}25;\quad R = 1{,}25$

Abb. 70f: $\zeta_0 = 0{,}25\,(i-1);$
$R = \frac{1}{4}\sqrt{26}$

Abb. 70g: $\zeta_0 = -0{,}25;\quad R = 1$

Abb. 70h: $\zeta_0 = 2;\quad R = 1$

Punktiert: Kreis in der ζ-Ebene.
Ausgezogen: Kontur in der z-Ebene.
Die Punkte 2, 1, 0, −1, −2 sind markiert.
M Mittelpunkt des punktierten Kreises.

Man kann also zahlreiche Querschnittsformen auf die Kreise

$$\zeta = \zeta_0 + \mathrm{R}e^{i\varphi}$$

in der ζ-Ebene und deshalb mit Hilfe der Transformation

$$z = \frac{1}{w + \zeta_0} + w + \zeta_0 \tag{65a}$$

auf einen Kreis um den Koordinatenanfang der w-Ebene zurückführen. Berechnet man w aus (65a) und setzt es an Stelle von z in (59) oder (63) ein, so kann man das Strömungsfeld berechnen.

*§ 9. Strömung um eine Kugel.

Inhalt: Berechnung des Geschwindigkeitspotentials, der Geschwindigkeit, des Druckes und der Kraft bei einer Strömung um eine Kugel.

Bezeichnungen: r, ϑ, φ sphärische Polarkoordinaten, Φ Geschwindigkeitspotential, $\mathfrak{v}$ Geschwindigkeit, v_∞ ihr Betrag im Unendlichen, Y_{lm} Kugelflächenfunktionen, R Kugelradius, $\mathfrak{r}^0$ und $\mathfrak{k}$ Einheitsvektoren in radialer und Strömungsrichtung, p Druck, $\mathfrak{K}$ Kraft.

Befindet sich eine Kugel vom Radius R als Hindernis in einer gleichförmigen Strömung, so nimmt die Gleichung

$$\Delta \Phi = 0$$

für das Geschwindigkeitspotential in sphärischen Polarkoordinaten die Form

$$\frac{1}{r^2} \frac{\partial}{\partial r} r^2 \frac{\partial \Phi}{\partial r} + \frac{1}{r^2} \left\{ \frac{1}{\sin\vartheta} \frac{\partial}{\partial \vartheta} \sin\vartheta \frac{\partial \Phi}{\partial \vartheta} + \frac{1}{\sin^2\vartheta} \frac{\partial^2 \Phi}{\partial \varphi^2} \right\} = 0$$

an. Da die Flüssigkeit einen einfach zusammenhängenden Raum ausfüllt, kann keine Zirkulation bestehen, und Φ muß eine eindeutige Funktion des Ortes sein. Sie läßt sich deshalb bezüglich der Winkel nach den Kugelflächenfunktionen entwickeln. Dieser Ansatz

$$\Phi = \sum^{lm} \chi_{l,m}(r)\, Y_{l,m}(\vartheta, \varphi) \tag{68}$$

hinterläßt für die χ die Bestimmungsgleichungen

$$\frac{d}{dr} r^2 \frac{d\chi}{dr} - l(l+1)\chi = 0, \tag{69}$$

weil die Kugelfunktionen selbst die Differentialgleichung

$$\frac{1}{\sin\vartheta} \frac{\partial}{\partial \vartheta} \sin\vartheta \frac{\partial Y_{l,m}}{\partial \vartheta} + \frac{1}{\sin^2\vartheta} \frac{\partial^2 Y_{l,m}}{\partial \varphi^2} + l(l+1)\, Y_{l,m} = 0$$

erfüllen.

Soll die Flüssigkeit im Unendlichen mit der Geschwindigkeit v_∞ in der z-Richtung fließen, so muß sich das Geschwindigkeitspotential für große r asymptotisch

$$\Phi_\infty = v_\infty z = v_\infty r \cos\vartheta \tag{70}$$

nähern, was uns auf die Kugelfunktion

$$Y_{1,0} = \frac{1}{2} \sqrt{\frac{3}{\pi}} \cos\vartheta$$

beschränkt. (68) reduziert sich auf

$$\Phi = \frac{1}{2} \chi(r) \sqrt{\frac{3}{\pi}} \cos\vartheta$$

und (69) auf

$$\frac{d}{dr} r^2 \frac{d\chi}{dr} - 2\chi = 0.$$

Die allgemeine Lösung hiervon lautet

$$\chi = \frac{A}{r^2} + C\,r,$$

und durch Vergleich mit (70) bestimmen wir die Konstante

$$C = 2 v_\infty \sqrt{\frac{\pi}{3}}\,.$$

Jetzt muß noch die Forderung befriedigt werden, daß die Geschwindigkeit auf der Kugeloberfläche keine radiale Komponente hat. Für $r = R$ muß also $\partial\Phi/\partial r$ verschwinden und damit $d\chi/dr = 0$ sein. Hieraus gewinnen wir

$$A = \frac{C R^3}{2} = R^3 v_\infty \sqrt{\frac{\pi}{3}}$$

und damit endlich das Potential

$$\Phi = v_\infty \cos\vartheta \left(r + \frac{R^3}{2r^2}\right) = z\, v_\infty \left(1 + \frac{R^3}{2r^3}\right).$$

Die Geschwindigkeit selbst ist dann

$$v = \operatorname{grad}\Phi = \mathfrak{k}\, v_\infty \left(1 + \frac{R^3}{2r^3}\right) - \frac{3 v_\infty R^3 z}{2r^4}\,\mathfrak{r}^0 \tag{71}$$

im Raum und

$$\mathfrak{v}_R = \frac{3}{2} v_\infty (\mathfrak{k} - \mathfrak{r}^0 \cos\vartheta) \tag{71a}$$

auf der Kugeloberfläche. Daraus ergibt sich

$$v_R^2 = \frac{9}{4} v_\infty^2 \sin^2\vartheta \quad \text{und} \quad p = E - \frac{9\varrho}{8} v_\infty^2 \sin^2\vartheta \tag{72}$$

auf der Kugel. Die resultierende Kraft auf die Kugel

$$\mathfrak{K} = -\int p\, d\mathfrak{F}$$

$$= -\int_0^{\pi}\int_0^{2\pi} \left(E - \frac{9\varrho}{8} v_\infty^2 \sin^2\vartheta\right) (\mathfrak{i} \sin\vartheta \cos\varphi + \mathfrak{j} \sin\vartheta \sin\varphi + \mathfrak{k} \cos\vartheta)\, R^2 \sin\vartheta\, d\vartheta\, d\varphi$$

verschwindet.

VIII. Zähe Flüssigkeiten.

Die Bewegung zäher, inkompressibler Flüssigkeiten muß durch die NAVIER-STOKESschen Gleichungen

$$\varrho \frac{\partial \mathfrak{v}}{\partial t} + \varrho (\mathfrak{v} \operatorname{grad}) \mathfrak{v} = -\operatorname{grad} p + \eta \Delta \mathfrak{v} + \mathfrak{f}^* \tag{1}$$

beschrieben werden, zu denen noch die Kontinuitätsgleichung

$$\operatorname{div} \mathfrak{v} = 0 \tag{2}$$

hinzukommt. Die äußere Kraft $\mathfrak{f}^*$ pro Volumeneinheit ist fast immer die Schwere, und auch sie kann man oft vernachlässigen.

§ 1. Ähnlichkeitsgesetze. REYNOLDSsche Zahl.

Inhalt: Definition der REYNOLDSschen Zahl als Maß für die Beteiligung der Reibung an der Strömung. In ähnlichen Gefäßen sind Flüssigkeitsströmungen nur dann ähnlich, wenn die REYNOLDSsche Zahl dieselbe ist.

Bezeichnungen: $\mathfrak{v}$ Geschwindigkeit, ϱ Dichte, η Zähigkeit der Flüssigkeit, p Druck, R REYNOLDSsche Zahl.

Der Einfluß der Zähigkeit auf die Bewegung einer Flüssigkeit ist trotz des Besitzes der NAVIER-STOKESschen Gleichungen nicht leicht zu überblicken. Bei einer stationären Strömung ohne äußere Kraft gilt

$$\operatorname{grad} p = \eta \Delta \mathfrak{v} - \varrho (\mathfrak{v} \operatorname{grad}) \mathfrak{v} .$$

Untersucht man die beiden Glieder der rechten Seite auf ihre Größe, so stellt sich heraus, daß das Reibungsglied fast an allen Punkten nur einen kleinen Betrag liefert. Dies ist auch der Grund, weshalb man das Modell der idealen Flüssigkeit verwenden kann. Nur in der Nähe von festen Wänden kann der Reibungsanteil groß sein, da die Flüssigkeit an der Wand haftet, während sie sich schon in geringer Entfernung von der Wand in schneller Bewegung befindet. Diesen Umstand wollen wir in mehreren Hinsichten beleuchten, da er sich in den verschiedensten Richtungen auswirkt.

Das Haften der reibenden Flüssigkeit an der Wand ist eine neue Randbedingung, die die Theorie der idealen Flüssigkeit nicht kennt und auch nicht brauchen kann. Reibungslose Flüssigkeiten können an den Gefäßwänden oder an der Oberfläche eingetauchter Körper mit beliebiger Geschwindigkeit entlanggleiten. Wird z. B. eine Kugel von einer idealen Flüssigkeit angeströmt, die im Unendlichen eine vorgegebene Geschwindigkeit besitzt, so ist damit die Geschwindigkeit auf der Kugeloberfläche schon mitbestimmt. Eine Randbedingung, daß dort die Flüssigkeit hafte, kann gar nicht mehr erfüllt werden. Das Reibungsglied macht aber die NAVIER-STOKESschen Gleichungen zu einer Differentialgleichung zweiter Ordnung, während die EULERschen Gleichungen, die durch seine Vernachlässigung entstehen, nur von der ersten Ordnung sind. Gerade diese Erhöhung der Ordnung erlaubt jetzt die Einführung einer neuen Randbedingung.

Diesem mehr mathematischen Gesichtspunkt können wir einen physikalischen an die Seite stellen. In einer idealen Flüssigkeit können nach den HELMHOLTZschen Sätzen keine Wirbel entstehen. Eine solche Flüssigkeit, die einmal in Ruhe, also wirbelfrei war, könnte also niemals Wirbel aufweisen. In einem mehrfach zusammenhängenden Bereich ist nach dem THOMSONschen Satz die Zirkulation zeitlich konstant und kann also aus einer ruhenden Flüssigkeit nicht entstehen. Ohne Reibung könnte es also nur Potentialströmungen ohne Zirkulation geben. Auf S. 237 wurde sogar gezeigt, daß selbst die Reibung keine Bildung von Wirbeln im Innern einer Flüssigkeit veranlassen kann. Wirbel müssen also der Reibung in wandnahen Schichten ihre Entstehung verdanken. Selbst wenn die Reibung in den meisten Gebieten unbedeutend ist, beeinflußt sie doch die ganze Strömung grundlegend durch die Wirbel, die sie am Rande der Flüssigkeit erzeugt. Sind diese erst einmal vorhanden, so kann man allerdings manchmal von der weiteren Mitwirkung der Reibung absehen und weiter mit dem Modell der idealen Flüssigkeit operieren.

Aus diesen Überlegungen ergibt sich folgender Gesichtspunkt. Die Reibung spielt eine um so größere Rolle, in je engeren Räumen die Flüssigkeit strömt. Dies bringt eine Differentialgleichung wie die NAVIER-STOKESsche nicht gebührend zum Ausdruck, da sie lauter Größen miteinander verbindet, die einem Punkte bzw. seiner unmittelbaren Umgebung zugeordnet sind. Die Dimensionen des von der Flüssigkeit erfüllten Raumes kommen in ihnen überhaupt nicht vor. Diesen Mangel können wir etwas bessern.

Wir denken uns alle Längen in einer Einheit L, alle Zeiten in einer Einheit T und die Geschwindigkeiten in einer Einheit $V = L/T$ ausgedrückt und setzen

$$t = t' T; \quad \mathfrak{v} = \mathfrak{v}' V = \mathfrak{v}' \frac{L}{T}; \quad \nabla = \frac{\nabla'}{L}; \quad p = p' V^2 \varrho, \tag{3}$$

wo jetzt t', $\mathfrak{v}'$ und p' dimensionslose Größen sind. Ohne äußere Kräfte geht die Gl. (1) dann in

$$\frac{\partial \mathfrak{v}'}{\partial t'} + (\mathfrak{v}' \nabla') \mathfrak{v}' = -\nabla' p' + \frac{1}{R} \Delta' \mathfrak{v} \tag{4}$$

mit

$$R = \frac{\varrho V L}{\eta}$$

über. R nennt man die REYNOLDSsche Konstante.

Aus der Formulierung (4) kann man die sogenannten Ähnlichkeitsgesetze ablesen. Strömungen idealer Flüssigkeiten werden alle durch dieselbe Gleichung

$$\frac{\partial \mathfrak{v}'}{\partial t'} + (\mathfrak{v}' \nabla) \mathfrak{v}' = -\nabla' p'$$

beschrieben. Die Randbedingungen sind in geometrisch ähnlichen Gefäßen für die gestrichenen Größen auch dieselben, wenn (3) gilt. An entsprechenden Orten und zu entsprechenden Zeiten hat man auch die gleichen Werte von p' und $\mathfrak{v}'$. Die Drucke an den entsprechenden Punkten sind den Quadraten der Geschwindigkeiten proportional. Nicht stationäre ähnliche Strömungen machen denselben Verlauf in Zeiten durch, die den Gefäßdimensionen direkt und den Geschwindigkeiten indirekt proportional sind.

Dieses Ähnlichkeitsgesetz läßt sich auf zähe Flüssigkeiten nur ausdehnen, wenn die Konstante R denselben Wert hat. Ähnlich sind also solche Flüssigkeitsströmungen, die sich in ähnlichen Gefäßen abwickeln und die gleiche REYNOLDSsche Konstante aufweisen.

Die Zahl R ist ein Maß für den Einfluß der Reibung auf die Strömung. In geometrisch ähnlichen Räumen wirkt die Reibung um so stärker, je kleiner R ist.

§ 2. Strömungen mit überwiegendem Reibungseinfluß.

Inhalt: Die Flüssigkeitsmenge, welche durch eine Kapillare von beliebigem Querschnitt fließt, ist dem Quadrat des Querschnitts und dem Druckgefälle direkt, der Zähigkeit indirekt proportional. Bewegung zweier paralleler Platten oder zweier koaxialer Zylinder, deren Zwischenraum mit Flüssigkeit ausgefüllt ist.

Bezeichnungen: $\mathfrak{v}$ Geschwindigkeit, u Komponente in der Rohrrichtung, ω Drehgeschwindigkeit der Zylinder, η Zähigkeit, p Druck, β Druckgefälle, a Rohrradius, L Rohrlänge, r Radialkoordinate, ϱ Dichte der Flüssigkeit, d Plattenabstand, $\partial \mathfrak{B}/\partial t$ Tensor der Deformationsgeschwindigkeit, R_1, R_2 Radien und H Höhe der Zylinder, $\mathfrak{M}$ Drehmoment.

Strömungen mit kleinen REYNOLDSschen Zahlen oder auch solche, bei denen das Glied $(\mathfrak{v} \nabla) \mathfrak{v}$ in den NAVIER-STOKESschen Gleichungen verschwindet, sind im wesentlichen durch die Reibung bestimmt. Den Koeffizienten η können wir durch Messungen an solchen Strömen auch experimentell bestimmen. Es handelt sich dabei natürlich meist um Flüssigkeiten, die sich durch enge Räume bewegen, also durch enge Röhren oder Schlitze fließen.

Die laminare Strömung durch zylindrische Röhren. Fließt eine Flüssigkeit stationär durch ein langes zylindrisches, ziemlich enges Rohr von beliebiger Querschnittsform, so wird man erwarten, daß die Geschwindigkeit überall die

Richtung des Rohres hat. Legen wir die x-Achse des Koordinatensystems in diese Richtung und sehen von der Schwerkraft ab, so hat die Geschwindigkeit nur die Komponente u. Die NAVIER-STOKESschen Gleichungen gehen in

$$\varrho u \frac{\partial u}{\partial x} = -\frac{\partial p}{\partial x} + \eta\left(\frac{\partial^2 u}{\partial x^2} + \frac{\partial^2 u}{\partial y^2} + \frac{\partial^2 u}{\partial z^2}\right) \tag{5}$$

$$\frac{\partial p}{\partial y} = 0; \qquad \frac{\partial p}{\partial z} = 0$$

und die Kontinuitätsgleichung in

$$\frac{\partial u}{\partial x} = 0 \tag{5a}$$

über. u ist also eine Funktion nur von y und z. Berücksichtigt man dies, so erhält man aus (5)

$$\frac{dp}{dx} = \eta\left(\frac{\partial^2 u}{\partial y^2} + \frac{\partial^2 u}{\partial z^2}\right).$$

Da die linke Seite nicht von y und z, die rechte Seite aber nicht von x abhängt, müssen beide Seiten dieser Gleichung konstant sein, und wir können sie in die beiden Anteile

$$\frac{dp}{dx} = -\beta; \qquad p = p_0 - \beta x \tag{6a}$$

$$\frac{\partial^2 u}{\partial y^2} + \frac{\partial^2 u}{\partial z^2} = -\frac{\beta}{\eta} \tag{6b}$$

spalten. Hierzu kommt noch die Randbedingung, daß an der Rohrwand $u = 0$ sein muß.

Ist das Rohr kreiszylindrisch (Radius a), so führen wir statt y und z ebene Polarkoordinaten r und φ ein, mit denen (6b) in

$$\frac{1}{r}\frac{\partial}{\partial r} r \frac{\partial u}{\partial r} + \frac{1}{r^2}\frac{\partial^2 u}{\partial \varphi^2} = -\frac{\beta}{\eta}$$

übergeht. Aus Symmetriegründen hängt u nicht von φ ab, so daß wir

$$\frac{d}{dr} r \frac{du}{dr} = -\frac{\beta}{\eta} r \tag{7}$$

mit der allgemeinen Lösung

$$u = -\frac{\beta r^2}{4\eta} + C_1 \ln r + C_2 \tag{7a}$$

bekommen. Damit u in der Rohrachse ($r = 0$) endlich bleibt, müssen wir $C_1 = 0$ setzen, und wegen der Randbedingungen für die Rohrwand muß $C_2 = \beta a^2/4\eta$ sein. Die Geschwindigkeit der Strömung ist also

$$u = \frac{\beta}{4\eta}(a^2 - r^2) \tag{7b}$$

und nimmt in der Rohrmitte den Maximalwert

$$u_0 = \frac{\beta a^2}{4\eta} \tag{7c}$$

an.

Die sekundlich durch den Querschnitt beförderte Flüssigkeitsmenge finden wir durch das Integral

$$Q = \int u\, df = 2\pi \int_0^a u r\, dr = \frac{\pi a^4 \beta}{8\eta} \tag{8}$$

Setzen wir noch $\beta = (p_0 - p_1)/L$, wo p_0 der Druck am Anfang, p_1 der Druck am Ende eines Rohres der Länge L ist, so gelangen wir zu dem POISSEUILLEschen Gesetz

$$Q = \frac{\pi a^4 (p_0 - p_1)}{8 \eta L}. \tag{8a}$$

Durch Messung der Ausflußmenge Q aus Röhren von bekanntem Radius kann man den Reibungskoeffizienten η der Flüssigkeiten leicht bestimmen.

*Man kann diese Rechnung auf beliebige Querschnitte erweitern. Es sei $U(Y, Z)$ eine Funktion, die der Differentialgleichung

$$\frac{\partial^2 U}{\partial Y^2} + \frac{\partial^2 U}{\partial Z^2} = -1$$

genügt und an der Wand eines Rohres verschwindet, dessen Querschnitt die Fläche 1 hat. Handelt es sich um ein Rohr, dessen Querdimensionen a-mal größer sind, so ist

$$u = \frac{\beta}{\eta} a^2 U\left(\frac{y}{a}, \frac{z}{a}\right)$$

eine Lösung von (6b), und wir finden die ausströmende Flüssigkeitsmenge

$$Q = \frac{\beta}{\eta} a^2 \int U\left(\frac{y}{a}, \frac{z}{a}\right) df = \frac{\beta a^4}{\eta} \int U(Y, Z)\, dF,$$

wenn dF ein Flächenelement des Querschnitts des Einheitsrohres ist. In der POISSEUILLEschen Formel geht also statt $\pi/8$ ein anderer Zahlfaktor ein. Für rechteckige Rohre erhält man bei Ausrechnung (Seitenlängen des Querschnitts a bzw. b)

$$Q = \frac{4 a b^3 (p_0 - p_1)}{3 \eta L} \left(1 - \frac{192}{\pi^5} \frac{b}{a} \mathfrak{Tg} \frac{\pi a}{2b} + \frac{1}{3^5} \mathfrak{Tg} \frac{3\pi a}{2b}\right),$$

für quadratische

$$Q = 0{,}562 \frac{a^4 (p_0 - p_1)}{\eta L}.$$

Die Strömung zwischen bewegten Platten und Zylindern. Zwischen zwei großen parallelen Platten, die im Abstand d mit einer Geschwindigkeit v_0 aneinander vorbeigleiten, befinde sich eine Flüssigkeit. Zur mathematischen Beschreibung des Vorgangs legen wir zweckmäßig die x-Achse in die Richtung von v_0, den Koordinatenursprung auf eine der Platten und die y-Achse senkrecht zu ihnen. Die Strömungsgeschwindigkeit hat dann nur die Komponente u in der x-Richtung, welche nur von y abhängt. Ist der Druck konstant, so reduzieren sich die NAVIER-STOKESschen Gleichungen auf

$$\frac{d^2 u}{d y^2} = 0 \tag{9}$$

mit der Lösung

$$u = y a + b. \tag{10}$$

Da die Flüssigkeit auf den Platten selbst haftet, muß ihre Geschwindigkeit dort 0 bzw. v_0 sein. Hieraus folgt $b = 0$, $a = v_0/d$. Die Strömung ist somit durch

$$u = \frac{v_0}{d} y$$

beschrieben. Zwischen den Platten besteht ein lineares Geschwindigkeitsgefälle.

Was uns am meisten interessiert, ist die auf die Platten ausgeübte Kraft. Wir finden sie, wenn wir den Spannungstensor nach S. 219 bilden, der nur die einzige von Null verschiedene Komponente

$$R_{xy} = \eta \frac{\partial u}{\partial y}$$

besitzt. Auf die Einheit der Plattenoberfläche wirkt somit eine Kraft

$$\mathfrak{P}_x = \eta \frac{\partial u}{\partial y} = \frac{\eta v_0}{d}, \tag{11}$$

und zwar auf die ruhende Platte beschleunigend, auf die bewegte bremsend.

Diesen einfachen Vorgang hätte man allerdings auch ohne die hydrodynamischen Gleichungen und ohne Rechnung überblicken können.

Wir wollen nun dieselbe Aufgabe für zwei koaxiale vertikale Zylinder mit den Radien R_1 und R_2 und der Höhe H durchrechnen, von denen der eine ruht, während der andere sich mit einer Winkelgeschwindigkeit ω dreht. Der Zwischenraum sei mit einer zähen Flüssigkeit ausgefüllt. Auch dieses Problem löst man am schnellsten durch eine elementare Betrachtung, wenn zwischen den Zylindern nur wenig Zwischenraum ist. Man kann sie dann wie ebene Platten behandeln und die Formel (11) verwenden. Die Geschwindigkeit ist $R\,\omega$, die Fläche $2\pi R H$, und jeder Zylinder erfährt pro Flächeneinheit die Kraft

$$\frac{R\,\omega\,\eta}{R_1 - R_2}$$

und insgesamt das Drehmoment

$$|\mathfrak{M}| = \frac{2\pi R^3 H\,\omega\,\eta}{R_1 - R_2}.$$

*Sind die Zylinderradien nicht groß gegen den Zwischenraum, so benutzen wir ein Zylinderkoordinatensystem r, z, φ, dessen z-Achse die Zylinderachse ist. Die Strömungsgeschwindigkeit besitzt dann nur eine Komponente v_φ, die allein von r, nicht aber von z und φ abhängt. Eine vertikale und eine radiale Komponente der Geschwindigkeit gibt es nicht. Der hydrostatische Druck kann aus Symmetriegründen nicht von φ, sondern nur von r und z abhängen.

Wenn wir die Schwerkraft berücksichtigen, lauten die NAVIER-STOKESschen Gleichungen

$$\varrho(\mathfrak{v}\,\nabla)\,\mathfrak{v} = -\operatorname{grad} p - \mathfrak{k}\,\varrho\,g + \eta\,\Delta\,\mathfrak{v}. \tag{12}$$

Multiplizieren wir skalar mit $\mathfrak{v}$, so geht die linke Seite in

$$\mathfrak{v}(\mathfrak{v}\,\nabla)\,\mathfrak{v} = \frac{1}{2}(\mathfrak{v}\,\nabla)\,\mathfrak{v}^2 = \frac{1}{2}(\mathfrak{v}\,\nabla)\,v_\varphi^2$$

über und verschwindet, weil sich v_φ in der Bewegungsrichtung nicht ändert. Da $\mathfrak{v}$ auf der Vertikalen und $\operatorname{grad} p$ senkrecht steht, weil p nicht von φ abhängt, bleibt nur

$$\mathfrak{v}\,\Delta\,\mathfrak{v} = 0 \tag{13}$$

übrig. Mit

$$\mathfrak{v} = \mathfrak{j}\,v_\varphi \cos\varphi - \mathfrak{i}\,v_\varphi \sin\varphi$$

entsteht daraus

$$\cos\varphi\,\Delta(v_\varphi\cos\varphi) + \sin\varphi\,\Delta(v_\varphi\sin\varphi) = 0. \tag{13a}$$

Führen wir den LAPLACE-Operator

$$\Delta = \frac{1}{r}\frac{\partial}{\partial r} r \frac{\partial}{\partial r} + \frac{1}{r^2}\frac{\partial^2}{\partial \varphi^2} + \frac{\partial}{\partial z^2}$$

in Zylinderkoordinaten ein, so erhalten wir aus (13a)

$$\frac{d}{dr}\, r\, \frac{d v_\varphi}{dr} - \frac{v_\varphi}{r} = 0.$$

Diese Gleichung geht durch den Ansatz

$$v_\varphi = \frac{f(r)}{r}$$

in

$$\frac{d^2 f}{d r^2} - \frac{1}{r}\,\frac{d f}{d r} = 0$$

über und liefert die allgemeine Lösung

$$v_\varphi = A r + \frac{B}{r}.$$

Die Randbedingungen für die Zylinderoberflächen werden durch

$$v_\varphi = \frac{\omega r \left(1 - \frac{R_1^2}{r^2}\right)}{1 - \frac{R_1^2}{R_2^2}} \tag{14}$$

erfüllt.

Jetzt gehen wir an die Berechnung des Drehmomentes, das der ruhende Zylinder auf den bewegten überträgt. Bezeichnet $\mathfrak{R}$ den Reibungstensor, $\mathfrak{r}$ einen radialen Vektor vom Betrage r und $\mathfrak{r}^0$ den zugehörigen Einheitsvektor, so wirkt auf die Flächeneinheit eines Zylinders die Kraft $(\mathfrak{r}^0 \mathfrak{R})$, und ihr wird das Drehmoment $[\mathfrak{r}(\mathfrak{r}^0 \mathfrak{R})]$ mitgeteilt.

Nach (22), S. 220, und (7), S. 216, finden wir

$$(\mathfrak{r}^0 \mathfrak{R}) = 2\eta \left(\mathfrak{r}^0 \frac{\partial \mathfrak{B}}{\partial t}\right) = 2\eta (\mathfrak{r}^0 \nabla)\, \mathfrak{v} + \eta [\mathfrak{r}^0 \operatorname{rot} \mathfrak{v}].$$

Da $\mathfrak{v}$ auf $\mathfrak{r}^0$ und der Vertikalen senkrecht steht, schreiben wir

$$\mathfrak{v} = [\mathfrak{k}\, \mathfrak{r}^0]\, v_\varphi = [\mathfrak{k}\, \mathfrak{r}]\, \frac{v_\varphi}{r}$$

und bekommen

$$\operatorname{rot} \mathfrak{v} = [\mathfrak{r}^0 [\mathfrak{k}\, \mathfrak{r}]]\, \frac{\partial}{\partial r}\, \frac{v_\varphi}{r} + \frac{v_\varphi}{r}\, [\nabla [\mathfrak{k}\, \mathfrak{r}]]$$

$$= \mathfrak{k}\, r \frac{\partial}{\partial r}\, \frac{v_\varphi}{r} + 2\mathfrak{k}\, \frac{v_\varphi}{r} = \mathfrak{k} \left\{\frac{\partial v_\varphi}{\partial r} + \frac{v_\varphi}{r}\right\}.$$

Ferner ergibt sich

$$(\mathfrak{r}^0 \mathfrak{R}) = 2\eta\, \frac{\partial \mathfrak{v}}{\partial r} + \eta [\mathfrak{r}^0 \mathfrak{k}] \left\{\frac{\partial v_\varphi}{\partial r} + \frac{v_\varphi}{r}\right\}$$

$$= [\mathfrak{k}\, \mathfrak{r}^0]\, \eta \left\{\frac{\partial v_\varphi}{\partial r} - \frac{v_\varphi}{r}\right\} = [\mathfrak{k}\, \mathfrak{r}^0]\, \frac{2\omega \eta R_1^2}{R_2^2 - R_1^2}$$

und

$$[\mathfrak{r}^0 (\mathfrak{r}^0 \mathfrak{R})] = \mathfrak{k}\, \frac{2\omega \eta R_1^2}{R_2^2 - R_1^2}.$$

Wir erhalten damit das gesamte Drehmoment auf den Zylinder mit dem Radius R_2

$$\mathfrak{M} = 2\pi R_2^2 H [\mathfrak{r}^0 (\mathfrak{r}^0 \mathfrak{R})] = \mathfrak{k} \cdot 4\pi \omega \eta H\, \frac{R_2^2 R_1^2}{R_2^2 - R_1^2}. \tag{15}$$

*§ 3. Die Bewegung einer Kugel in einer zähen Flüssigkeit.

Inhalt: Berechnung der Umströmung einer Kugel durch eine zähe Flüssigkeit ohne Berücksichtigung der Trägheit. Ableitung der STOKESschen Formel für die Bremsung der Kugel durch die Reibung. Abschätzung der Trägheitseinflüsse und genauere Formel von OSEEN.

Bezeichnungen: $-\mathfrak{v}$ Geschwindigkeit der Flüssigkeit, $-\mathfrak{v}_0$ Geschwindigkeit im Unendlichen bzw. $\mathfrak{v}_0$ Geschwindigkeit der Kugel, ϱ Dichte, p Druck, η Zähigkeit, g Fallbeschleunigung, R Kugelradius, $\mathcal{R}$ Reibungstensor, $\mathfrak{K}$ Reibungskraft.

In einer ruhenden Flüssigkeit bewege sich eine kleine Kugel vom Radius R mit einer nicht zu großen Geschwindigkeit $\mathfrak{v}_0$. Um die Kraft zu berechnen, mit der die Flüssigkeit sie bremst, können wir uns die Kugel ruhend denken, die Flüssigkeit aber in gleichförmiger Bewegung mit der Geschwindigkeit $-\mathfrak{v}_0$. In der näheren Umgebung der Kugel wird natürlich diese Strömung abgeändert.

Wäre die Flüssigkeit reibungslos, so würde außer dem Auftrieb keine Kraft auf die Kugel wirken. Einer reibenden Flüssigkeit hingegen bietet die Kugel einen Widerstand, den wir berechnen wollen.

Unter Berücksichtigung der Schwerkraft setzen wir die NAVIER-STOKESschen Gleichungen

$$\varrho(\mathfrak{v}\,\nabla)\,\mathfrak{v} = -\operatorname{grad} p + \varrho\,\mathfrak{g} + \eta\Delta\mathfrak{v} \tag{16}$$

an, in denen $\mathfrak{g}$ den Vektor der Schwerebeschleunigung darstellen soll. Von dem Schwereeinfluß können wir uns befreien, indem wir vom Druck

$$p = p' + \varrho(\mathfrak{g}\,\mathfrak{r}) \tag{17}$$

den Anteil $\varrho(\mathfrak{g}\,\mathfrak{r})$ abspalten.

Zur Berechnung der Strömung unternehmen wir folgenden Versuch. Bei kleinen Geschwindigkeiten vernachlässigen wir die in $\mathfrak{v}$ quadratische linke Seite von (16) und behalten dann nur die verhältnismäßig einfache Gleichung

$$\operatorname{grad} p' = \eta\,\Delta\,\mathfrak{v}. \tag{18}$$

Die Geschwindigkeit

$$\mathfrak{v} = \mathfrak{v}_1 + \mathfrak{v}_2 = \operatorname{grad}\Phi + \mathfrak{v}_2 \tag{19}$$

setzen wir aus einem wirbelfreien Anteil $\operatorname{grad}\Phi$ und einem zweiten Bestand teil $\mathfrak{v}_2$ zusammen, der die Wirbel enthält. Die Kontinuitätsgleichung verlangt dann

$$\Delta\Phi + \operatorname{div}\mathfrak{v}_2 = 0. \tag{20}$$

Die Gl. (18) können wir befriedigen, indem wir

$$p' = \eta\,\Delta\,\Phi + p_0 \tag{21}$$

setzen und $\mathfrak{v}_2$ der Forderung

$$\Delta\,\mathfrak{v}_2 = 0 \tag{22}$$

unterwerfen.

Im Unendlichen und auf der eingetauchten Kugel haben wir die Randbedingungen

$$r = \infty: \quad \operatorname{grad}\Phi + \mathfrak{v}_2 = -\mathfrak{v}_0 \tag{23}$$

$$r = R: \quad \operatorname{grad}\Phi + \mathfrak{v}_2 = 0. \tag{24}$$

Durch sie und die Gl. (19) bis (22) ist das Problem mathematisch völlig formuliert. Wir müssen also eine Lösung von (22) suchen und sie mit einer solchen Lösung von (20) kombinieren, daß die Randbedingungen (23) und (24) befriedigt sind.

Die Tatsache, daß $\Delta 1/r = 0$ ist, machen wir uns zunutze, um ein partikuläres Integral der Gl. (22) aufzufinden. Da $\mathfrak{v}_2$ ein Vektor sein soll, $\mathfrak{v}_0$ aber der einzige Vektor ist, den das Problem enthält, versuchen wir den Ansatz

$$\mathfrak{v}_2 = a\frac{\mathfrak{v}_0}{r}, \tag{25}$$

in welchem a eine Konstante ist, über die wir noch passend verfügen können. Die Gl. (22) wird jedenfalls durch (25) erfüllt.

Setzen wir

$$\operatorname{div}\mathfrak{v}_2 = a\left(\mathfrak{v}_0 \operatorname{grad}\frac{1}{r}\right) = -a\frac{(\mathfrak{v}_0\,\mathfrak{r})}{r^3} \tag{26}$$

in (20) ein, so erhalten wir für Φ die Bedingung

$$\Delta\Phi = a\frac{(\mathfrak{v}_0\,\mathfrak{r})}{r^3} = a\frac{(\mathfrak{v}_0\,\mathfrak{r}^0)}{r^2}. \tag{27}$$

Hierzu kommen die Randbedingungen

$$r = \infty:\quad \operatorname{grad}\Phi = -\mathfrak{v}_0, \tag{28a}$$

$$r = R:\quad \operatorname{grad}\Phi + a\frac{\mathfrak{v}_0}{R} = 0, \tag{28b}$$

da $\mathfrak{v}_2$ im Unendlichen verschwindet.

Wir versuchen jetzt zuerst von Φ den Faktor $(\mathfrak{v}_0\,\mathfrak{r})$ abzutrennen, was durch die Gl. (27) nahegelegt wird, und machen den Ansatz

$$\Phi = (\mathfrak{v}_0\,\mathfrak{r})\,f(r). \tag{29}$$

$f(r)$ soll nur noch r enthalten. Dann ergibt sich

$$\operatorname{grad}\Phi = \mathfrak{v}_0 f + (\mathfrak{v}_0\,\mathfrak{r})\,\mathfrak{r}^0\frac{df}{dr}, \tag{29a}$$

und die Randbedingung für das Unendliche kann durch

$$\lim_{r\to\infty} f = -1;\quad \lim_{r\to\infty}\left(r\frac{df}{dr}\right) = 0 \tag{30a}$$

erfüllt werden. Auf der Kugel muß

$$\mathfrak{v}_0 f + (\mathfrak{v}_0\,\mathfrak{r})\,\mathfrak{r}^0\frac{df}{dr} + a\frac{\mathfrak{v}_0}{R} = 0$$

gelten, und dies kann nur durch

$$f(R) = -\frac{a}{R}\quad\text{und}\quad\left(\frac{df}{dr}\right)_R = 0 \tag{30b}$$

gewährleistet werden. Gehen wir mit (29a) in (27) ein, so entsteht

$$(\mathfrak{v}_0\,\mathfrak{r}^0)\,r\frac{d^2f}{dr^2} + 4(\mathfrak{v}_0\,\mathfrak{r}^0)\frac{df}{dr} - a\frac{(\mathfrak{v}_0\,\mathfrak{r}^0)}{r^2} = 0$$

und für f hinterbleibt die Bedingung

$$\frac{d^2f}{dr^2} + \frac{4}{r}\frac{df}{dr} - \frac{a}{r^3} = 0.$$

Ihre allgemeine Lösung ist

$$f = B - \frac{a}{2r} - \frac{C}{3r^3}.$$

Die Randbedingung (30a) für das Unendliche verlangt $B = -1$, die Randbedingung (30b) erfordert auf der Kugel

$$1 + \frac{a}{2R} + \frac{C}{3R^3} = \frac{a}{R}$$

$$\left(\frac{df}{dr}\right)_R = \frac{a}{2R^2} + \frac{C}{R^4} = 0$$

und führt auf

$$a = \frac{3R}{2}; \quad C = -\frac{3R^3}{4}. \tag{31}$$

Damit haben wir

$$f = \frac{R^3}{4r^3} - \frac{3R}{4r} - 1 \tag{31a}$$

$$\Phi = (\mathfrak{v}_0 \mathfrak{r})\left(\frac{R^3}{4r^3} - \frac{3R}{4r} - 1\right) \tag{31b}$$

und endlich

$$\mathfrak{v} = \mathfrak{v}_0\left(\frac{R^3}{4r^3} + \frac{3R}{4r} - 1\right) + \frac{3R}{4r}\mathfrak{r}^0(\mathfrak{v}_0 \mathfrak{r}^0)\left(1 - \frac{R^2}{r^2}\right). \tag{32}$$

Nun wollen wir die Kraft berechnen, welche die Strömung auf die Kugel überträgt. Ist dF ein Oberflächenelement, so nimmt es die Kraft

$$\{(\mathfrak{r}^0 R) - \mathfrak{r}^0 p\}\, dF$$

auf, wenn R den Spannungstensor der Reibungskräfte bedeutet. Für p haben wir nach (17), (21), (27) und (31)

$$p = p' + \varrho(\mathfrak{g}\,\mathfrak{r}) = \eta\Delta\Phi + \varrho(\mathfrak{g}\,\mathfrak{r}) + p_0 = \frac{3R\eta}{2r^2}(\mathfrak{v}_0 \mathfrak{r}^0) + \varrho(\mathfrak{g}\,\mathfrak{r}) + p_0 \tag{33}$$

einzusetzen. Nach (24), S. 220, und (7), S. 216, ist

$$(\mathfrak{r}^0 R) = 2\eta(\mathfrak{r}^0 \nabla)\,\mathfrak{v} + \eta[\mathfrak{r}^0 \operatorname{rot} \mathfrak{v}]$$

$$= 2\eta\frac{\partial \mathfrak{v}}{\partial r} + \eta[\mathfrak{r}^0 \operatorname{rot} \mathfrak{v}_2].$$

Wenn wir $\mathfrak{v}$ und $\mathfrak{v}_2$ einsetzen, erhalten wir

$$\begin{aligned}(\mathfrak{r}^0 R) - \mathfrak{r}^0 p = -\mathfrak{v}_0\frac{3\eta R^3}{2r^4} + \frac{9R\eta}{2r^2}\mathfrak{r}^0(\mathfrak{v}_0 \mathfrak{r}^0)\left(\frac{R^2}{r^2} - 1\right) - \\ - \varrho\,\mathfrak{r}^0(\mathfrak{g}\,\mathfrak{r}) - \mathfrak{r}^0 p_0.\end{aligned} \tag{34}$$

Für die Kugeloberfläche ergibt dies

$$\{(\mathfrak{r}^0 R) - \mathfrak{r}^0 p\}_R = -\frac{3\mathfrak{v}_0\eta}{2R} - \varrho\, R(\mathfrak{g}\,\mathfrak{r}^0)\,\mathfrak{r}^0 - \mathfrak{r}^0 p_0.$$

Integriert man über die ganze Kugel, so gelangt man zu zwei Anteilen der Kraft:

$$-\varrho\, R\oint(\mathfrak{g}\,\mathfrak{r}^0)\,\mathfrak{r}^0\, dF$$

ist der Auftrieb, während

$$\mathfrak{K} = -\frac{3\mathfrak{v}_0\eta}{2R}\oint dF = -6\pi\,\mathfrak{v}_0\,\eta\, R \tag{35}$$

die Reibungskraft bedeutet, mit welcher die Flüssigkeit die Kugel mitführt. Mit genau derselben Kraft wird natürlich eine Kugel gebremst, welche sich durch die ruhende Flüssigkeit bewegt. (35) ist das STOKESsche Gesetz für den Widerstand einer Kugel in einer zähen Flüssigkeit.

Das Resultat dieser zuerst von STOKES durchgeführten Rechnung erweist sich auch experimentell als richtig. Es findet in vielen Gebieten der Physik Anwendung, bestimmt z. B. die Geschwindigkeit des Absetzens von Staub und Nebel in der Luft, die Bewegung von geladenen Ionen in elektrolytischen Lösungen und spielt eine große Rolle bei der Messung der Ladung des Elektrons im MILLIKANschen Öltröpfchenversuch.

**Trotzdem ist es eigentlich nur ein Zufall, daß man bei einer Kugel ein richtiges Ergebnis ausrechnet. Schon STOKES hat bemerkt, daß eine ganz ähnliche Rechnung für einen Zylinder zu einem unmöglichen Resultat führt. OSEEN konnte zeigen, daß man das Glied $\varrho(\mathfrak{v}\,\nabla)\,\mathfrak{v}$ nicht vernachlässigen darf. Ohne seine korrektere Behandlung des Problems hier ausführlich zu bringen, wollen wir die Wirkung des vernachlässigten Trägheitsgliedes $\varrho(\mathfrak{v}\,\nabla)\,\mathfrak{v}$ abschätzen und uns dadurch einen gewissen Einblick in die Verhältnisse sichern.

Das in der STOKESschen Rechnung berücksichtigte Glied [s. Gl. (18), (21) und (27)]

$$\begin{aligned} \operatorname{grad} p' &= \eta \operatorname{grad} \Delta \Phi = a\,\eta \operatorname{grad} \frac{(\mathfrak{v}_0\,\mathfrak{r})}{r^3} \\ &= \frac{3R\,\eta}{2r^3}\{\mathfrak{v}_0 - 3\,\mathfrak{r}^0(\mathfrak{v}_0\,\mathfrak{r}^0)\} \end{aligned} \tag{36}$$

bleibt in der Umgebung der Kugel endlich, während

$$\varrho(\mathfrak{v}\,\nabla)\,\mathfrak{v} \tag{37}$$

mit $\mathfrak{v}$ gegen Null geht. In diesem Gebiet kann man also mit Recht (37) neben (36) unterdrücken. In großer Entfernung jedoch nähert sich $\varrho(\mathfrak{v}\,\nabla)\,\mathfrak{v}$ an $\varrho(\mathfrak{v}_0\,\nabla\,\mathfrak{v})$ an, und wenn wir in dem Ausdruck (32) für $\mathfrak{v}$ nur die niedrigsten Potenzen von $1/r$ nehmen, erhalten wir genähert

$$\begin{aligned} \varrho(\mathfrak{v}\,\nabla)\,\mathfrak{v} &\approx \frac{3R\,\varrho}{4}(\mathfrak{v}_0\,\nabla)\left\{\frac{\mathfrak{v}_0 + \mathfrak{r}^0(\mathfrak{v}_0\,\mathfrak{r}^0)}{r}\right\} \\ &\approx \frac{3R\,\varrho\,\mathfrak{r}^0}{4r^2}\{\mathfrak{v}_0^2 - 3(\mathfrak{v}_0\,\mathfrak{r}^0)^2\}. \end{aligned} \tag{38}$$

Während also in großer Entfernung von der Kugel $\operatorname{grad} p'$ wie $1/r^3$ verschwindet, konvergieren die Trägheitswirkungen nur wie $1/r^2$ gegen Null, können also dort nicht vernachlässigt werden, sondern übertreffen sogar das in der Rechnung allein verwertete Reibungsglied. Um nun eine Vorstellung davon zu erhalten, ob die weit entfernten Gebiete überhaupt noch einen Beitrag liefern, integrieren wir über den Raum zwischen zwei Kugeln vom Radius r_1 und r_2 und erhalten für die Komponente von (38) in der Strömungsrichtung

$$\begin{aligned} &\frac{3\varrho R\,\mathfrak{v}_0^2}{4}\int \frac{1}{r^2}(1 - 3\cos^2\vartheta)\cos\vartheta\, dV \\ &\qquad = \frac{3\varrho R\,\mathfrak{v}_0^2}{2}(r_2 - r_1)\,\pi \int_0^{\pi}(1 - 3\cos^2\vartheta)\cos\vartheta\sin\vartheta\, d\vartheta, \end{aligned}$$

wenn ϑ den Winkel zwischen $\mathfrak{r}_0$ und $\mathfrak{v}_0$ bedeutet. Lassen wir r_2 gegen Unendlich gehen, so würde dieser Ausdruck sogar unendlich werden, wenn nicht das Integral über ϑ gleich Null wäre. Dies kann aber nur als günstiger Zufall bei der Kugel angesehen werden, der sich bei anderen Körpern nicht wiederholt.

Aus dieser Überlegung muß man schließen, daß man die Trägheit in der Rechnung im allgemeinen mitführen muß. Dies darf allerdings in der vereinfachten Form $\varrho(\mathfrak{v}_0\,\nabla)\,\mathfrak{v}$ geschehen, da nur die äußeren Gebiete der Flüssigkeit etwas Wesentliches beitragen. OSEEN erhielt bei einer solchen Rechnung für die Kugel die bremsende Kraft

$$\mathfrak{K} = -6\pi\eta R \mathfrak{v}_0\left(1 + \frac{3\varrho R v_0}{8\eta}\right)$$

und für jede Längeneinheit eines Zylinders vom Radius R

$$\mathfrak{K} = -\frac{2\eta \mathfrak{v}_0}{\pi\left(\ln\frac{4\eta}{\varrho R v_0} - 0{,}0772\right)}.$$

Die einfache STOKESsche Formel gilt um so genauer, je kleiner der Radius der Kugel ist. (Man beachte, daß $\varrho R v_0/\eta$ nichts anderes als die REYNOLDSsche Zahl ist, wenn man den Kugelradius als Einheit für Längen und v_0 für Geschwindigkeiten nimmt.) Erreicht man molekulare Dimensionen, so beginnt die Formel (35) wieder zu versagen, da dann die hydrodynamische Beschreibung der Flüssigkeit überhaupt nicht mehr ausreicht.

Auch auf die Voraussetzung, daß die Flüssigkeit unbegrenzt ist, muß hingewiesen werden. Läßt man Kugeln durch Flüssigkeiten fallen, wenn die Dimension der benutzten Rohre oder Gefäße nicht groß genug gegen den Radius sind, so werden weitere Korrektionen notwendig.

§ 4. Die Grenzschicht an festen Wänden.

Inhalt: Eine strömende Flüssigkeit darf man in ihrem Innern als ideal betrachten, nur an den Wänden bildet sich eine Grenzschicht, in welcher man die Reibung berücksichtigen muß. Der Druck ändert sich quer durch diese Schicht nicht. Ihre Dicke ist der Wurzel aus der REYNOLDSschen Zahl umgekehrt proportional. Die Grenzschicht löst sich von der Wand ab, und es bilden sich Wirbel, wo die Strömung dem Druckgefälle entgegenfließt.

Bezeichnungen: p Druck, $\mathfrak{v}$ Geschwindigkeit, x, y, z kartesische Koordinaten in der Grenzschicht, x parallel zur Strömung, y senkrecht zur Wand, u, v, w Geschwindigkeitskomponenten in der Grenzschicht, δ Dicke der Grenzschicht, R REYNOLDSsche Zahl, ϱ Dichte, η Zähigkeit.

Die Strömung nicht zu zäher Flüssigkeiten wird von der Reibung in weiten Räumen nur wenig beeinflußt. Man sieht dies am besten ein, wenn man die hydrodynamischen Gleichungen

$$\varrho\frac{\partial\mathfrak{v}}{\partial t} + \varrho(\mathfrak{v}\nabla)\mathfrak{v} = -\operatorname{grad} p + \eta\Delta\mathfrak{v}$$

durch die Transformation

$$t = T t' = \frac{L}{V} t'; \qquad \mathfrak{v} = V\mathfrak{v}'; \qquad \nabla = \frac{\nabla'}{L}; \qquad p = V^2\varrho p' \tag{39}$$

in die dimensionslose Form

$$\frac{\partial\mathfrak{v}'}{\partial t'} + (\mathfrak{v}'\nabla')\mathfrak{v}' = -\nabla' p' + \frac{1}{R}\Delta\mathfrak{v}' \tag{40}$$

bringt, in welcher

$$R = \frac{\varrho L V}{\eta} \tag{41}$$

die REYNOLDSsche Zahl bedeutet.

Den Geschwindigkeitsmaßstab V wählen wir so, daß die Strömungsgeschwindigkeiten die Größenordnung 1 bekommen (abgesehen von der Umgebung der Wände, wo sie kleiner sind). Den Längenmaßstab L führen wir so ein, daß R eine große Zahl wird. Da die Koeffizienten η der Zähigkeit ziemlich klein sind, werden die Dimensionen nicht zu kleiner Gefäße in diesem Maßstab noch mindestens die Größenordnung 1 besitzen. Unter diesen Umständen wird man im allgemeinen das Reibungsglied vernachlässigen dürfen und die Flüssigkeit wie eine ideale behandeln. In der Nähe fester Wände sind jedoch die Verhältnisse andere. Da die Flüssigkeit an der Wand haftet, das Modell der idealen Flüssigkeit an den Wänden aber endliche Strömungsgeschwindigkeiten zuläßt, müssen in den wandnahen Schichten große Geschwindigkeitsgefälle auftreten, die das Reibungsglied groß machen. In einer sogenannten Grenzschicht an der Wand muß man also die Reibung berücksichtigen, während man die Hauptmassen der Flüssigkeit als reibungslos ansehen kann.

Die Differentialgleichung der Prandtlschen Grenzschicht. Das ganze Flüssigkeitsvolumen denken wir uns von einer idealen Flüssigkeit erfüllt, abgesehen von einer Grenzschicht an der Wand, deren Dicke δ nur gering und natürlich an verschiedenen Stellen noch verschieden ist. In dieser Schicht selbst berücksichtigen wir die Reibung.

Die geringe Dicke der Grenzschicht erlaubt uns einige mathematische Vereinfachungen. Eine gekrümmte Wand können wir als eben betrachten, wenn der Krümmungsradius groß gegen die Schichtdicke ist. Da die Geschwindigkeit der Strömung sich nur in der Nähe der Wand schnell ändert, dürfen wir sie in den an die Grenzschicht anschließenden Gebieten als praktisch konstant ansehen. Die x-Achse eines Koordinatensystems legen wir parallel zur Geschwindigkeit, die y-Achse senkrecht zur Wand und erhalten damit unter Weglassung der Striche in Komponentenform die hydrodynamischen Gleichungen

$$\frac{\partial u}{\partial t} + u\frac{\partial u}{\partial x} + v\frac{\partial u}{\partial y} + w\frac{\partial u}{\partial z} = -\frac{\partial p}{\partial x} + \frac{1}{R}\left(\frac{\partial^2 u}{\partial x^2} + \frac{\partial^2 u}{\partial y^2} + \frac{\partial^2 u}{\partial z^2}\right) \tag{40a}$$

$$\frac{\partial v}{\partial t} + u\frac{\partial v}{\partial x} + v\frac{\partial v}{\partial y} + w\frac{\partial v}{\partial z} = -\frac{\partial p}{\partial y} + \frac{1}{R}\left(\frac{\partial^2 v}{\partial x^2} + \frac{\partial^2 v}{\partial y^2} + \frac{\partial^2 v}{\partial z^2}\right) \tag{40b}$$

$$\frac{\partial w}{\partial t} + u\frac{\partial w}{\partial x} + v\frac{\partial w}{\partial y} + w\frac{\partial w}{\partial z} = -\frac{\partial p}{\partial z} + \frac{1}{R}\left(\frac{\partial^2 w}{\partial x^2} + \frac{\partial^2 w}{\partial y^2} + \frac{\partial^2 w}{\partial z^2}\right). \tag{40c}$$

Zu ihnen tritt die Kontinuitätsgleichung

$$\frac{\partial u}{\partial x} + \frac{\partial v}{\partial y} + \frac{\partial w}{\partial z} = 0. \tag{42}$$

Die Randbedingungen der Schicht lauten

$$\left.\begin{aligned} y = 0&: \quad u = v = w = 0 \\ y = \delta&: \quad u = U;\; w = 0, \end{aligned}\right\} \tag{43}$$

wenn U der Betrag der Geschwindigkeit in der anschließenden Flüssigkeit ist.

Da w auf beiden Seiten der Grenzschicht verschwindet, liegt es nahe, überall $w = 0$ zu setzen, wodurch das Problem sich auf 2 Dimensionen mit den Gleichungen

$$\frac{\partial u}{\partial t} + u\frac{\partial u}{\partial x} + v\frac{\partial u}{\partial y} = -\frac{\partial p}{\partial x} + \frac{1}{R}\left(\frac{\partial^2 u}{\partial x^2} + \frac{\partial^2 u}{\partial y^2}\right) \tag{44a}$$

$$\frac{\partial v}{\partial t} + u\frac{\partial v}{\partial x} + v\frac{\partial v}{\partial y} = -\frac{\partial p}{\partial y} + \frac{1}{R}\left(\frac{\partial^2 v}{\partial x^2} + \frac{\partial^2 v}{\partial y^2}\right) \tag{44b}$$

$$\frac{\partial u}{\partial x} + \frac{\partial v}{\partial y} = 0 \tag{44c}$$

reduziert. Nun denken wir uns den Geschwindigkeitsmaßstab V so gewählt, daß U die Größenordnung 1 besitzt. In der Schicht läuft u von 0 bis U auf, hat also höchstens die Größenordnung 1. Auch $\partial u/\partial x$ und $\partial^2 u/\partial x^2$ werden diese Größenordnung sicher nicht überschreiten. Dasselbe gilt für $\partial p/\partial x$. Aus der Kontinuitätsgleichung sehen wir dann, daß auch $\partial v/\partial y \approx 1$ ist. Da die Schicht nur dünn ist, kann v in ihr selbst nur Werte der Größenordnung δ erhalten. Die Ableitungen $\partial v/\partial x$ und $\partial^2 v/\partial x^2$ können diese Größenordnung auch nicht überschreiten. Da u in der Schicht von U auf Null abnimmt, muß $\partial u/\partial y$ die Größenordnung $1/\delta$ haben. $\partial^2 u/\partial y^2$ kann höchstens die Größenordnung $1/\delta^2$ erreichen, während $\partial^2 v/\partial y^2$ nicht über die Größenordnung $1/\delta$ hinauskommt. Den zeitlichen Ableitungen können wir dieselben Größenordnungen wie den Geschwindigkeitskomponenten selbst zuschreiben, wenn die Strömung sich nicht plötzlich ändert. Die Größenordnung der Geschwindigkeitskomponenten und ihrer Ableitungen ist also folgendermaßen begrenzt:

$$\left.\begin{aligned} u \sim \frac{\partial u}{\partial x} \sim \frac{\partial^2 u}{\partial x^2} \sim \frac{\partial u}{\partial t} \sim \frac{\partial v}{\partial y} \sim \frac{\partial p}{\partial x} \sim 1 \\ v \sim \frac{\partial v}{\partial x} \sim \frac{\partial^2 v}{\partial x^2} \sim \frac{\partial v}{\partial t} \sim \delta \\ \frac{\partial u}{\partial y} \sim \frac{\partial^2 v}{\partial y^2} \sim \frac{1}{\delta} \\ \frac{\partial^2 u}{\partial y^2} \sim \frac{1}{\delta^2}\,. \end{aligned}\right\} \tag{45}$$

In Gl. (44a) können wir $\partial^2 u/\partial x^2$ gegen $\partial^2 u/\partial y^2$ vernachlässigen und finden beim Einsetzen der Größenordnungen

$$\frac{1}{R\,\delta^2} \sim 1\,; \qquad \delta \sim \frac{1}{\sqrt{R}}\,. \tag{46}$$

Die Dicke der Grenzschicht hat also die Größenordnung $R^{-\frac{1}{2}}$. Dies zeigt uns, daß die eigentliche Flüssigkeit tatsächlich bei großen REYNOLDSschen Zahlen praktisch frei von Reibungseinflüssen bleibt.

Eine zweite wichtige Feststellung können wir aus der zweiten Gl. (44b) ablesen. Setzen wir $R \approx 1/\delta^2$ ein, so finden wir

$$\frac{\partial p}{\partial y} \approx \delta. \tag{47}$$

Innerhalb der Schicht können nur Druckdifferenzen der Größenordnung δ^2 entstehen. Quer durch die Schicht ist der Druck also praktisch konstant.

Die Ablösung der laminaren Grenzschicht. Auch ohne die Grenzschichtgleichungen (44) zu integrieren, kann man aus ihnen wichtige Schlüsse ziehen, die viele beobachtete Erscheinungen wenigstens qualitativ verständlich machen. Bei einer stationären Strömung liefert die Gl. (44a) auf der Wand die Beziehung

$$\frac{\partial^2 u}{\partial y^2} = R\,\frac{\partial p}{\partial x}\,, \tag{48}$$

da dort u, v und $\delta^2 u/\partial x^2$ verschwinden.

Zeichnet man das sogenannte Geschwindigkeitsprofil für die Grenzschicht, d. h., trägt man die Geschwindigkeit u gegen y auf, so erhält man die Abb. 71a, wenn $\partial p/\partial x < 0$ ist, die Abb. 71b, wenn $\partial p/\partial x = 0$, und die Abb. 71c oder 71d, wenn $\partial p/\partial x > 0$ gilt. Bei der letzten Form fließt die Flüssigkeit dicht an der Wand in entgegengesetzter Richtung wie in größerer Entfernung von ihr. Der physikalische Grund dafür ist, daß sie dem Druckgefälle folgt, weil sie keine kinetische Energie besitzt, um gegen den Druck anzulaufen, wie dies im Innern der Flüssigkeit geschieht.

Fällt der Druck entlang der Wand, um dann wieder anzuwachsen, so treten in verschiedenen Punkten A, B, C und D die Profile a, b, c und d hintereinander auf (Abb. 72). An den Punkten A, B bis zum Punkt C hat die Strömung in der Grenzschicht dieselbe Richtung wie im Innern der Flüssigkeit, von C bis D usw. jedoch die entgegengesetzte. Im Punkte C selbst löst sich die

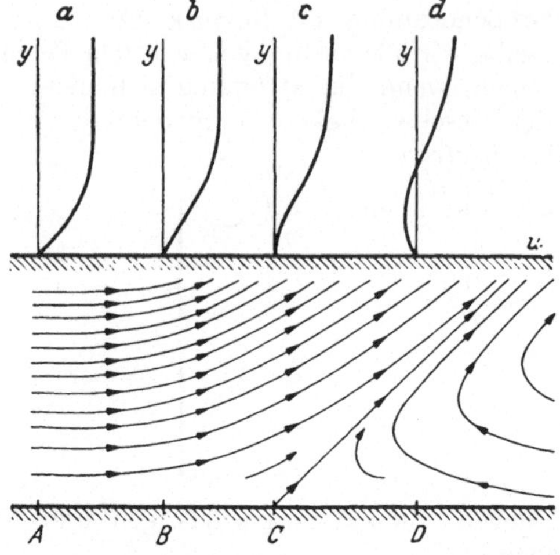

Abb. 71. Strömungsgeschwindigkeit u in der Grenzschicht nach rechts, Abstand y von der Wand nach oben aufgetragen. Die Abbildung zeigt die vier Stadien a, b, c, d, welche den vier Punkten A, B, C, D der Abb. 72 entsprechen.

Abb. 72. Stromlinienbild in der Grenzschicht. Ablösung in Punkt C.

von beiden Seiten heranströmende Flüssigkeit von der Wand ab und weicht ins Innere der Flüssigkeit aus. Ein schematisches Stromlinienbild einer solchen Ablösung der Grenzschicht gibt die Abb. 72.

Um die Bedeutung der Grenzschichtablösung für die ganze Flüssigkeitsströmung zu erkennen, betrachten wir einen Zylinder in einer homogenen Strömung ohne Zirkulation. Vor ihm (in Abb. 73) haben wir im wesentlichen die Potentialströmung, wie wir sie für eine reibungslose Flüssigkeit auf S. 244 berechnet haben. Dicht an der Oberfläche bildet sich jedoch die Grenzschicht aus, in der die Geschwindigkeit der Potentialströmung auf Null sinkt. Auf der Vorderseite, wo der Druck von A bis B [s. S. 248, Gl. (61)] abnimmt, kann man die Vorgänge mit der Grenzschichttheorie völlig beschreiben. Auf der Rückseite hingegen steigt der Druck wieder an, und wenn sich die Grenzschicht in einem Punkte C ablöst, so bildet sich dahinter ein Totwassergebiet aus, das an der Hauptströmung kaum teilnimmt und von Wirbeln erfüllt ist (Abb. 74). In diesem Bereich kann auch die Grenzschichttheorie die Strömung nicht mehr berechnen, weil ja der Verlauf der Grenzschicht nicht mehr bekannt ist. Die Wirbel schwimmen mit der Hauptströmung nach hinten ab, und es entsteht das aus der Beobachtung wohlbekannte Bild einer Kármánschen Wirbelstraße, welches in der Abb. 74a wiedergegeben ist.

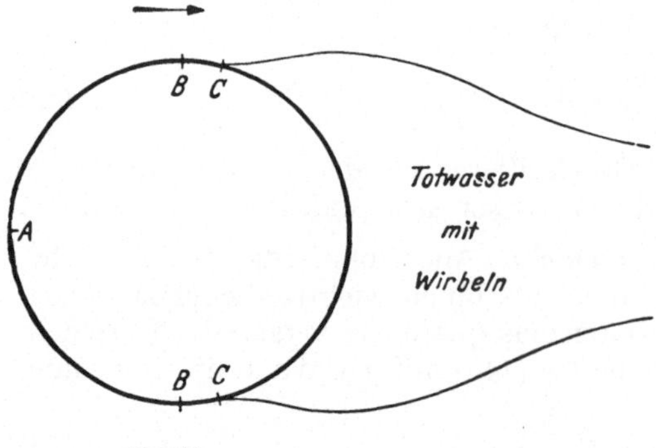

Abb. 73. Schema der Grenzschichtablösung an einem Zylinder.

Die Ablösung der Grenzschicht kann bei größeren Reynoldsschen Zahlen durch die Turbulenz hintangehalten werden. Dicht an der Körperoberfläche bleibt dann noch eine laminare Grenzschichthaut bestehen. Die Grenzschicht selbst ist aber turbulent, und ihre Flüssigkeitsteilchen beziehen aus der Strömung kinetische Energie, um gegen das Druckgefälle anlaufen zu können. Die Grenzschicht löst sich dann nicht mehr oder erst später ab, und das Totwassergebiet wird kleiner oder entfällt ganz.

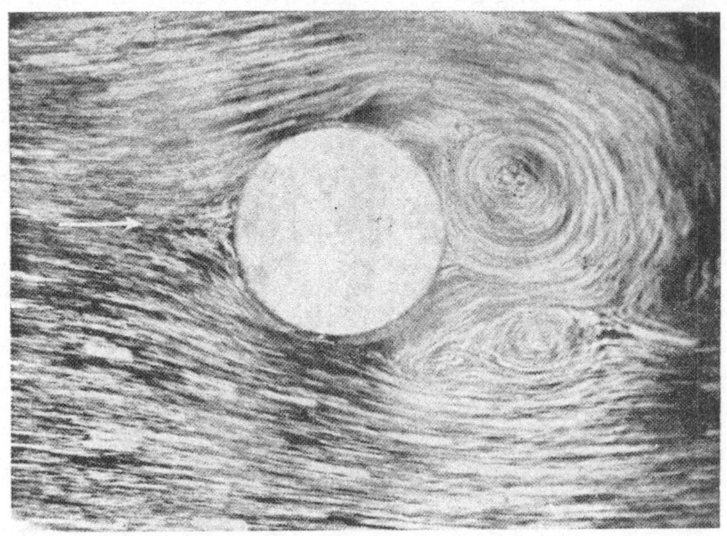

Abb. 74. Wirbel im Totwasser hinter einem Zylinder. (Aus ECK: Technische Strömungslehre.)

Abb. 74a. KÁRMÁNsche Wirbelstraße. (Aus ECK: Technische Strömungslehre.)

**§ 5. Wirbelablösung hinter einer Spitze und die Entstehung der Zirkulation um einen Tragflügel.

Inhalt: Wird eine Spitze angeströmt, so steigt hinter ihr der Druck um so plötzlicher an, je schärfer die Spitze ist. Dies führt zur Ablösung der Grenzschicht und zur Wirbelbildung hinter der Spitze. Bei einem Tragflügel entwickelt sich auf diese Weise die Zirkulation.

Bezeichnungen: p Druck, ϱ Dichte, z bzw. w komplexe Variable, $\mathfrak{v}$ Strömungsgeschwindigkeit, ϑ Anstellwinkel.

Ein unendlich langer zylindrischer Körper liege in einer gleichförmigen Strömung. Die Zirkulation entlang einer Kurve, welche den Körper in großer Entfernung umschlingt, muß zeitlich konstant und deshalb Null sein, da die Strömung praktisch reibungsfrei ist.

Durch Ablösung der Grenzschicht möge nun ein Wirbel entstehen, der sich von dem Körper entfernt. Nach dem THOMSONschen Satz bleibt die Zirkulation um Körper und Wirbel zusammen nach wie vor gleich Null. Jetzt kommt aber dieses Ergebnis so zustande, daß um das Hindernis eine Zirkulation besteht, die dem Wirbelmoment entgegengesetzt gleich ist. Setzen wir einen Körper in einer ruhenden Flüssigkeit (oder einem ruhenden Gas) in Bewegung, so bildet sich bei passender Querschnittsform automatisch eine Zirkulation aus, weil sich der sogenannte Anfahrwirbel ablöst. Das Profil des Körpers ist für diesen Vorgang von großer Bedeutung. An einem Kreiszylinder entsteht keine Zirkulation, weil sich an ihm Wirbel ablösen, deren Wirbelmomente paarweise immer entgegengesetzt sind. Dies ist auch aus Symmetriegründen vorauszusehen.

Es ist nicht allzu schwer, zu zeigen, daß sich von Profilen, wie sie für Flugzeugtragflügel Verwendung finden, die Wirbel einseitig ablösen und dabei eine Zirkulation hinterlassen, die nach den KUTTA-JOUKOWSKIschen Formeln einen Auftrieb herbeiführt. Den Tragflügel vereinfachen wir uns zu einem Körper

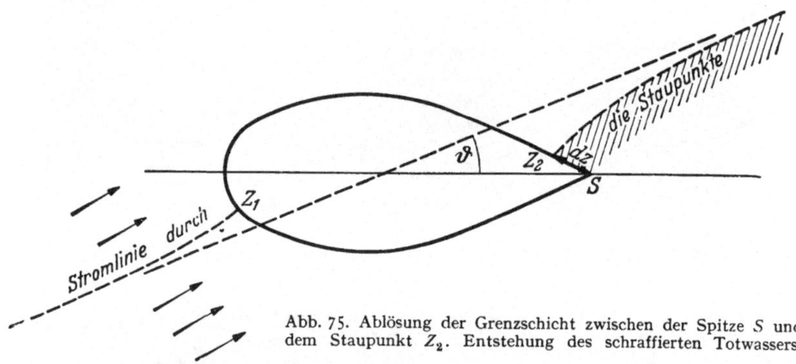

Abb. 75. Ablösung der Grenzschicht zwischen der Spitze S und dem Staupunkt Z_2. Entstehung des schraffierten Totwassers.

mit einer ziemlich ausgeprägten Spitze hinten, wie er in Abb. 75 gezeichnet ist. Von der leichten Wölbung wirklicher Tragflügel sehen wir ab, um die Rechnung nicht unnütz zu verwickeln.

$F(z)$ sei das komplexe Potential und $F'(z) = dF/dz$ die konjugiert komplexe Geschwindigkeit. Dann können wir den Druck an jeder Stelle durch

$$p = E - \frac{\varrho}{2} \mathfrak{v}^2 = E - \frac{\varrho}{2} |F'(z)|^2 \tag{49}$$

angeben. Das Profil der Abb. 75 entsteht durch die konforme Abbildung

$$z = w - a + \frac{1}{w - a} \tag{50}$$

aus dem Kreis

$$w = (1 + a + \alpha)\, e^{i\varphi}. \tag{51}$$

Die Spitze ist um so schärfer, je kleiner α ist. Das Profil der Abb. 75 werde nun mit einer Geschwindigkeit v_∞ in der Richtung der punktierten Linie angeströmt. Eine Zirkulation sei noch nicht vorhanden. Nach S. 249 können wir jetzt

$$F(z) = f(w)$$

setzen, wo

$$f(w) = v_\infty \cos\vartheta \left(w + \frac{(1 + a + \alpha)^2}{w}\right) - i\, v_\infty \sin\vartheta \left(w - \frac{(1 + a + \alpha)^2}{w}\right) \tag{52}$$

das komplexe Potential [Gl. (62), S. 248] der Strömung um den Kreiszylinder bedeutet.

Jetzt wollen wir den Druck in der Umgebung der Spitze berechnen, welche dem Punkte $\varphi = 0$ in der w-Ebene entspricht. Es ist

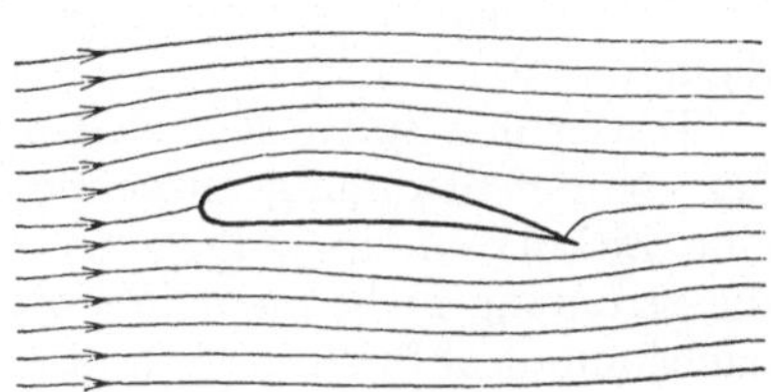

$$F'(z) = f'(w)\frac{dw}{dz}$$

$$= f'(w)\frac{1}{\frac{dz}{dw}} = \frac{f'(w)(w-a)^2}{(w-a)^2-1} \qquad (53)$$

und

$$p = E - \frac{\varrho\,|f'(w)|^2\,|w-a|^4}{2\,|(w-a)^2-1|^2}.$$

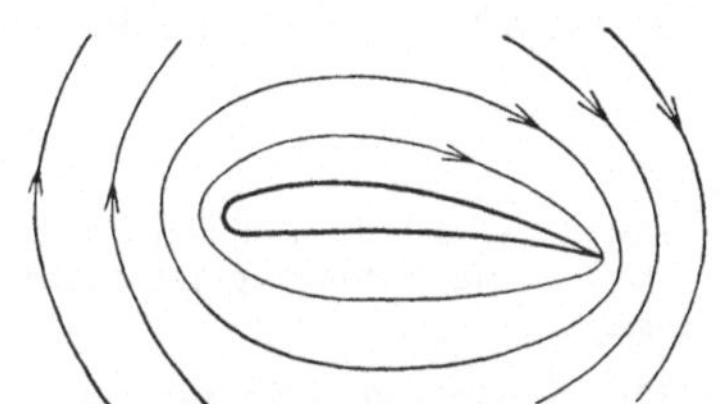

Für kleine φ können wir w auf dem Kreis (51) nach φ entwickeln und erhalten in erster Näherung

$$w = 1 + a + \alpha + (1+a)\,i\,\varphi$$

und

$$(w-a)^2 = 1 + 2\alpha + 2(1+a)\,i\,\varphi.$$

Wenn wir auch α gegen 1 bzw. a vernachlässigen, ist

$$\frac{(w-a)^2}{(w-a)^2-1} = \frac{1+2\alpha+2(1+a)\,i\,\varphi}{2\{\alpha+(1+a)\,i\,\varphi\}}$$

und

$$\left|\frac{(w-a)^2}{(w-a)^2-1}\right|^2 \approx \frac{1}{4\{\alpha^2+(1+a)^2\varphi^2\}},$$

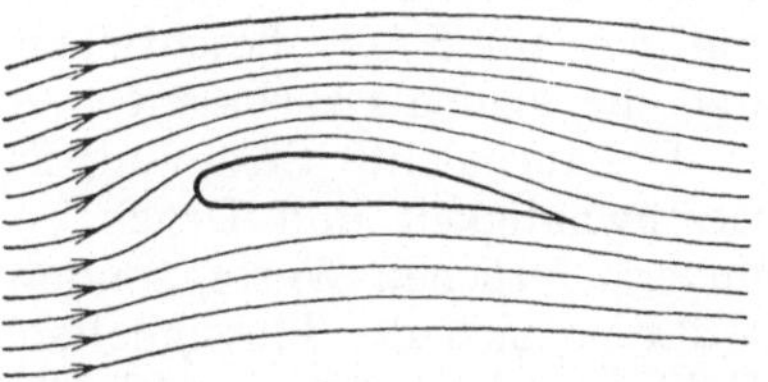

Abb. 76. Oben: Umströmung des Tragflügels vor Ablösung des Wirbels. Mitte: Zirkulation nach der Wirbelablösung für sich gezeichnet. Unten: Überlagerung der Stromlinien beider Abbildungen. Der hintere Staupunkt ist an die Spitze verlegt.

und wir finden den Druck

$$p = E - \frac{\varrho\,v_\infty^2}{2}\,\frac{\sin^2(\varphi-\vartheta)}{\alpha^2+(1+a)^2\varphi^2}. \qquad (54)$$

Die Strömung geht um die Spitze des Tragflügelprofils in der Richtung herum, in der φ positiv wird. Bei einem Zuwachs $d\varphi$ nimmt der Druck um

$$dp = \frac{\varrho\,v_\infty^2}{\alpha^2+(1+a)^2\varphi^2}\left\{\frac{\sin^2(\varphi-\vartheta)(1+a)^2}{\alpha^2+(1+a)^2\varphi^2}\,\varphi - \sin(\varphi-\vartheta)\cos(\varphi-\vartheta)\right\}d\varphi$$

zu. Für kleine φ unmittelbar hinter der Spitze reduziert sich das auf

$$dp = \frac{\varrho\,v_\infty^2}{2\alpha^2}\sin 2\vartheta\,d\varphi.$$

Dem Zuwachs $d\varphi$ entspricht die Strecke

$$dz = |dw|\cdot\left|1 - \frac{1}{(w-a)^2}\right|$$

$$= |dw|\cdot\left|\frac{(w-a)^2-1}{(w-a)^2}\right|$$

$$= 2(1+a)\sqrt{\alpha^2+(1+a)^2\varphi^2}\,d\varphi$$

$$\approx 2(1+a)\,\alpha\,d\varphi.$$

Wir finden damit das Druckgefälle

$$\frac{dp}{dz} = \frac{\varrho\,v_\infty^2}{4\alpha^3(1+a)}\sin 2\vartheta.$$

Der Druckanstieg unmittelbar hinter der Spitze ist immer positiv. Solange φ noch klein bleibt, ist er um so schroffer, je kleiner α, d. h. je schärfer die Spitze ist. Er wächst im übrigen mit dem Anstellwinkel und der Strömungsgeschwindigkeit.

Hinter der Spitze löst sich die Grenzschicht ab, und es entsteht ein Wirbel, der von der Strömung mitgenommen wird. Nach seiner Abtrennung hinterbleibt eine Zirkulation in entgegengesetztem Sinn von ungefähr solcher Stärke, daß die Strömung nicht mehr um die Spitze herumzugehen braucht, sondern einfach nach hinten abfließt. Der hintere Staupunkt wird also an die Spitze selbst verlegt (Abb. 76). Hierbei wird die Geschwindigkeit auf der angeblasenen Seite verringert, auf der abgewandten Seite erhöht. Dies ergibt einen Auftrieb, wie man ihn aus der KUTTA-JOUKOWSKIschen Formel errechnen kann.

§ 6. Turbulenz.

Inhalt: Oberhalb der kritischen REYNOLDSschen Zahl wird die Strömung turbulent. Die turbulente Strömung ist nicht stationär, erfüllt aber die NAVIER-STOKESschen Gleichungen.

Die Strömung von Gasen und Flüssigkeiten durch Rohre folgt nicht immer den Gesetzen, die wir auf S. 255 entwickelt haben. Bei großem Querschnitt oder starkem Druckgefälle tritt vielmehr eine neue Strömungsform auf, die mit der auf S. 255 beschriebenen laminaren Strömung keine Ähnlichkeit hat und die man als turbulent bezeichnet.

Die turbulente Strömung ist im Gegensatz zur laminaren nicht stationär. Geschwindigkeit und Druck an einer bestimmten Stelle haben keine zeitlich unveränderlichen Werte, sondern schwanken um einen Mittelwert hin und her. Während sich die Flüssigkeitsteilchen in der laminaren Strömung parallel zur Rohrachse bewegen, durchlaufen sie bei der turbulenten krummlinige Bahnen, die sich in mannigfaltiger Weise verflechten und hierdurch eine Durchmischung der Flüssigkeit bewirken.

Ohne große Schwierigkeit kann man die Frage beantworten, unter welchen Bedingungen die laminare Strömung in die turbulente übergeht. Da lange zylindrische Rohre von ähnlichem Querschnitt immer geometrisch ähnliche Gefäße sind, muß der Umschlag bei derselben REYNOLDSschen Zahl erfolgen, die man kritische REYNOLDSsche Zahl nennt. Nimmt man V gleich der mittleren Geschwindigkeit v der Flüssigkeit, L gleich dem Rohrdurchmesser D, so findet man experimentell den kritischen Wert

$$R_k = \frac{v\,D\,\varrho}{\eta} \approx 2000$$

ziemlich unabhängig von v, D, ϱ und η einzeln. R_k hängt jedoch noch ziemlich stark davon ab, wie der Einlauf der Flüssigkeit in das Rohr vor sich geht. Die Zahl 2000 bezieht sich auf einen scharfkantigen Rohranfang. Bei möglichst störungsfreiem Einlauf kann man viel höhere kritische REYNOLDSsche Zahlen erzielen.

Die Erscheinung der Turbulenz wird nicht nur bei der Strömung durch Rohre beobachtet. Bei sehr großen REYNOLDSschen Zahlen bildet sich vielmehr stets eine Strömung aus, welche einen mehr oder weniger unregelmäßigen Charakter hat und mit einer Durchmischung benachbarter Flüssigkeitselemente verbunden ist. Man bezeichnet sie ebenfalls als turbulente Strömung.

Es ist charakteristisch für die turbulente Strömung, daß sie selbst unter Bedingungen nicht stationär ist, unter denen man eine stationäre Strömung erwarten sollte. Wird z. B. ein ruhender Körper von einer Flüssigkeit mit homogener und zeitlich unveränderlicher Geschwindigkeit angeströmt, so gelten die zeitlich unveränderlichen Randbedingungen $\mathfrak{v} = 0$ auf der Oberfläche des Körpers und $\mathfrak{v} = \mathfrak{v}_\infty$ im Unendlichen. Die NAVIER-STOKESschen Gleichungen

$$\varrho \frac{\partial \mathfrak{v}}{\partial t} + \varrho (\mathfrak{v} \operatorname{grad}) \mathfrak{v} = -\operatorname{grad} p + \eta \Delta \mathfrak{v} \tag{55}$$

und die Kontinuitätsgleichung

$$\operatorname{div} \mathfrak{v} = 0 \tag{56}$$

lassen dann sicher eine Lösung zu, bei der

$$\frac{\partial \mathfrak{v}}{\partial t} = 0$$

ist, d. h. eine stationäre Strömung. Es ist aber sicher, daß die stationäre Lösung nicht die einzige Möglichkeit ist, die Gl. (55) und (56) und die Randbedingungen zu befriedigen. Es können z. B. außer der Randbedingung zu einem Zeitpunkt $t = 0$ in endlicher Entfernung vom eingetauchten Körper noch beliebige Wirbel willkürlich erzeugt, d. h. vorgegeben werden, welche im Innern der Flüssigkeit nicht vergehen, aber von der Strömung fortgeführt werden. Man hat dann eine nichtstationäre Strömung vor sich, welche ebenfalls eine Lösung der Gleichungen mit diesen Randbedingungen ist.

Wenn der Strömungsvorgang durch die hydrodynamischen Gleichungen und die Randbedingungen nicht eindeutig bestimmt ist, wird der Verlauf der wirklich eintretenden Strömung von anderen, möglicherweise unkontrollierbaren oder geringfügigen Ursachen im einzelnen bestimmt werden. Nur wenn die Wirkungen dieser störenden Ursachen durch Dämpfung gering gehalten werden, kommt es zur stationären laminaren Strömung. Wenn diese Wirkungen sich aber gegenseitig aufschaukeln und hierdurch beträchtlich werden, kommt es zur im einzelnen nicht verfolgbaren turbulenten Strömung. Ob im Einzelfall eine laminare oder turbulente Strömung entsteht, hängt also davon ab, ob die laminare Strömung eine gegenüber kleinen Störungen stabile Strömungsform ist oder nicht.

Bisher haben wir das Verhältnis einer stationären laminaren Strömung zur turbulenten Strömung untersucht. Der Sachverhalt wird aber nicht wesentlich geändert, wenn die laminare Strömung selbst nicht stationär ist. Auch dann ist diese Strömung zwar die einfachste Lösung der NAVIER-STOKESschen Gleichungen, aber es sind noch wesentlich nichtstationärere Strömungen möglich. Ob die laminare Strömung wirklich eintritt, ist wieder eine Stabilitätsfrage.

**§ 7. Störungstheorie der Turbulenz.

Inhalt: Wellenartige Störungen werden gedämpft, wenn die REYNOLDSsche Zahl unter dem kritischen Wert liegt, angefacht, wenn sie darüber liegt. Die turbulente Strömung als Überlagerung einer (laminaren) Grundströmung durch Störungen.

Bezeichnungen: $\mathfrak{v}$ Strömungsgeschwindigkeit, $\mathfrak{V}$ ihr Zeitmittelwert, U Betrag von $\mathfrak{V}$, $\mathfrak{v}'$ Störungsgeschwindigkeit, u', v' ihre Komponenten, ϱ Dichte, p Druck, P sein Zeitmittelwert, p' Druck der Störungen, ψ Stromfunktion, η Zähigkeit, σ Ausbreitungsvektor, ν Frequenz, α Dämpfungskonstante der Störwellen, R REYNOLDSsche Zahl.

Um die Stabilität einer stationären Strömung zu untersuchen, bilden wir an jeder Stelle von der Geschwindigkeit $\mathfrak{v}$ den Zeitmittelwert $\mathfrak{V}$ und vom Druck p den Zeitmittelwert P. Dabei mögen die Mittelwerte die laminare Strömung bedeuten und sollen deshalb selbst die NAVIER-STOKESschen Gleichungen erfüllen. Die Abweichungen

$$\mathfrak{v}' = \mathfrak{v} - \mathfrak{V}; \quad p' = p - P \tag{57}$$

von den Mittelwerten betrachten wir als Störungen, welche wir genauer untersuchen wollen.

Wir setzen nun $\mathfrak{v}$ und p in die Gl. (55) und (56) ein und erhalten unter Vernachlässigung der in den Störungsgrößen quadratischen Glieder

$$\varrho \frac{\partial \mathfrak{v}'}{\partial t} + \varrho(\mathfrak{V}\,\mathrm{grad})\,\mathfrak{v}' + \varrho(\mathfrak{v}'\,\mathrm{grad})\,\mathfrak{V} = -\mathrm{grad}\,p' + \eta\Delta\mathfrak{v}' \tag{58}$$

und

$$\mathrm{div}\,\mathfrak{v}' = 0, \tag{59}$$

weil $\mathfrak{V}$ und P die Gleichungen für sich befriedigen.

Um diese Gleichungen zu diskutieren, legen wir eine möglichst einfache laminare Strömung zugrunde. $\mathfrak{V}$ besitze überall dieselbe Richtung, die wir als x-Richtung wählen. Der Betrag U von $\mathfrak{V}$ hänge nur von y ab und verschwinde in der Ebene $y = 0$. Der Druck sei von z unabhängig, ist aber natürlich eine Funktion von x und y. Unter diesen Bedingungen sehen wir auch von der z-Komponente der Störungsgeschwindigkeit $\mathfrak{v}'$ ab und betrachten ihre beiden anderen Komponenten u' und v' als von z unabhängig. Dann reduzieren sich (58) und (59) auf die Komponentengleichungen

$$\varrho \frac{\partial u'}{\partial t} + \varrho U \frac{\partial u'}{\partial x} + \varrho v' \frac{dU}{dy} = -\frac{\partial p'}{\partial x} + \eta\left(\frac{\partial^2 u'}{\partial x^2} + \frac{\partial^2 u'}{\partial y^2}\right) \tag{60}$$

$$\varrho \frac{\partial v'}{\partial t} + \varrho U \frac{\partial v'}{\partial x} = -\frac{\partial p'}{\partial y} + \eta\left(\frac{\partial^2 v'}{\partial x^2} + \frac{\partial^2 v'}{\partial y^2}\right) \tag{61}$$

$$\frac{\partial u'}{\partial x} + \frac{\partial v'}{\partial y} = 0. \tag{62}$$

Wir befriedigen zunächst (62), indem wir u' und v' mit

$$u' = \frac{\partial \psi}{\partial y}; \qquad v' = -\frac{\partial \psi}{\partial x} \tag{63}$$

aus einer Stromfunktion ψ gewinnen.

Aus (60) und (61) gehen dann

$$\varrho \frac{\partial^2 \psi}{\partial t\,\partial y} + \varrho U \frac{\partial^2 \psi}{\partial x\,\partial y} - \varrho \frac{\partial \psi}{\partial x}\frac{dU}{dy} = -\frac{\partial p'}{\partial x} + \eta \frac{\partial}{\partial y}\left(\frac{\partial^2 \psi}{\partial x^2} + \frac{\partial^2 \psi}{\partial y^2}\right) \tag{64}$$

und

$$\varrho \frac{\partial^2 \psi}{\partial t\,\partial x} + \varrho U \frac{\partial^2 \psi}{\partial x^2} = \frac{\partial p'}{\partial y} + \eta \frac{\partial}{\partial x}\left(\frac{\partial^2 \psi}{\partial x^2} + \frac{\partial^2 \psi}{\partial y^2}\right) \tag{65}$$

hervor. Eliminiert man p', so entsteht für ψ die Gleichung

$$\varrho \frac{\partial}{\partial t}\left(\frac{\partial^2 \psi}{\partial x^2} + \frac{\partial^2 \psi}{\partial y^2}\right) + \varrho U \frac{\partial}{\partial x}\left(\frac{\partial^2 \psi}{\partial x^2} + \frac{\partial^2 \psi}{\partial y^2}\right) - \varrho \frac{\partial \psi}{\partial x}\frac{d^2 U}{dy^2}$$
$$= \eta\left(\frac{\partial^4 \psi}{\partial x^4} + 2\frac{\partial^4 \psi}{\partial x^2\,\partial y^2} + \frac{\partial^4 \psi}{\partial y^4}\right). \tag{66}$$

Jetzt versuchen wir ψ linear aus Anteilen

$$\psi(\sigma, \omega, x, y, t) = \varphi(\sigma, \omega, y)\, e^{i\sigma x - i\omega t} \tag{67}$$

zusammenzusetzen, welche zu Wellen gehören, die in der x-Richtung fortschreiten. Dies ergibt für φ die Gleichung

$$\left(U - \frac{\omega}{\sigma}\right)(\varphi'' - \sigma^2\varphi) - \varphi \frac{d^2 U}{dy^2} = -i\frac{\eta}{\sigma\varrho}(\varphi'''' - 2\sigma^2\varphi'' + \sigma^4\varphi) \tag{68}$$

vierter Ordnung. Da auf den Rändern $y = 0$ und $y = \infty$ keine Störungen bestehen sollen, erhalten wir dort die Randbedingungen

$$\varphi = 0 \quad \text{und} \quad \varphi' = 0. \tag{69}$$

Führen wir geeignete Maßstäbe ein, z. B. die Grenzschichtdicke für die Längen, die Maximalgeschwindigkeit U_m von U für die Geschwindigkeit, so geht (68) in

$$\left(U - \frac{\omega}{\sigma}\right)(\varphi'' - \sigma^2 \varphi) - \varphi \frac{d^2 U}{d y^2} = -\frac{i}{R\sigma}(\varphi'''' - 2\sigma^2 \varphi'' + \sigma^4 \varphi) \tag{70}$$

über. Die Gl. (70) und die Randbedingung (69) ordnen bei gegebener Grundströmung U jedem Wertepaar R, σ eine Eigenfunktion $\varphi(\sigma, \omega, y)$ und einen im allgemeinen komplexen Eigenwert ω zu. Spalten wir

$$\omega = 2\pi\nu - i\alpha \tag{71}$$

in Realteil und Imaginärteil, so wird die Störung der Frequenz ν mit dem Ausbreitungsvektor σ gedämpft, wenn $\alpha > 0$ ist, dagegen angefacht, wenn $\alpha < 0$ ist. Hat man das Eigenwertproblem (69), (70) gelöst, so kann man in ein durch R und σ aufgespanntes Koordinatensystem die Kurve einzeichnen, für die $\alpha = 0$ ist. Diese Kurve trennt das Gebiet der gedämpften und angefachten Störungen und wird Indifferenzkurve genannt. In unserem Beispiel erhält man die Indifferenzkurve der Abb. 77.

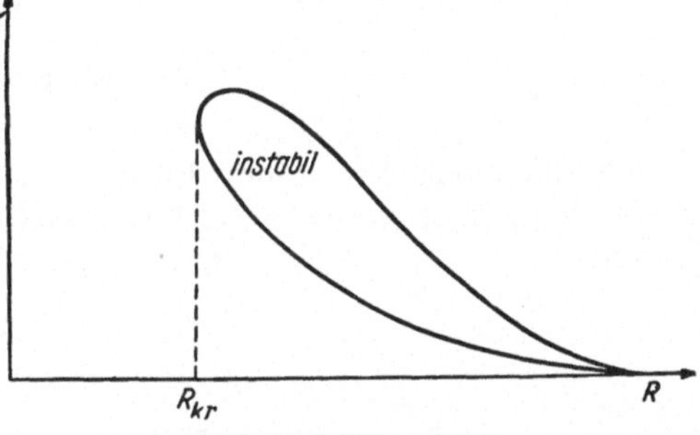

Abb. 77. Indifferenzkurve.

Unterhalb der kritischen REYNOLDSschen Zahl R_{kr} werden überhaupt keine Störungen angefacht. In diesem Bereich bildet sich eine laminare Strömung aus, die auch gegenüber kleinen Störungen stabil ist. Oberhalb der kritischen REYNOLDSschen Zahl werden Störungen innerhalb eines gewissen Bereiches von σ angefacht. Die Strömung wird also in unübersichtlicher Weise von Wellen dieses Bereiches durchsetzt, welche aus geringfügigen Ursachen entstehen und sich mit der Zeit verstärken. Die Strömung ist turbulent.

Die wirkliche Durchrechnung des Eigenwertproblems (69), (70) ist schwierig und nur mit Näherungsmethoden ausführbar.

IX. Kapillarität.

Die Ursache dafür, daß Moleküle eine kompakte Flüssigkeit bilden, ist ihre gegenseitige Anziehung.

Die potentielle Energie zweier Moleküle im Abstand r sei $-V(r)$. Für $r = \infty$ hat sie den asymptotischen Wert Null, nimmt bei Annäherung ab, um ein Minimum ungefähr in der Entfernung zu erreichen, in der sich die Moleküle im flüssigen Zustand befinden. Jedem der beiden Moleküle können wir dann die potentielle Energie $-\frac{1}{2}V(r)$ zuschreiben. Nähern wir einem Molekül mehrere andere Moleküle, welche wir durch die Indizes i unterscheiden, so erniedrigt sich hierdurch seine Energie um

$$\frac{1}{2}\sum_i V(r_i).$$

Jetzt betrachten wir ein Molekül im Innern der Flüssigkeit. Ist n die Zahl der Moleküle in der Volumeneinheit, so befinden sich $4\pi n r^2 dr$ Moleküle in einer Kugelschale vom Radius r und der Dicke dr, die zu seiner Energie den

Beitrag $-2\pi n r^2 V(r)\, dr$ liefern. Im ganzen hat das betrachtete Molekül die potentielle Energie

$$-2\pi n \int_{r_0}^{\infty} V(r)\, r^2\, dr. \tag{1}$$

Als obere Grenze haben wir ∞ eingesetzt, da $V(r)$ mit r so schnell abklingt (wie $1/r^6$), daß nur eine verhältnismäßig kleine Umgebung wirklich zur potentiellen Energie eines Moleküls beiträgt. Es ist also gleichgültig, ob wir ein Molekül in einer großen oder einer kleinen Flüssigkeitsmenge betrachten. Als untere Grenze r_0 muß ein Wert eingesetzt werden, der dem mittleren Abstand der Moleküle entspricht und dessen Zahlwert wir hier noch offenlassen wollen.

Im Gegensatz hierzu untersuchen wir jetzt ein Molekül in der Oberfläche der Flüssigkeit. Nachbarmoleküle befinden sich jetzt nur in einer halbkugelförmigen Umgebung, und wir erhalten pro Molekül die potentielle Energie

$$-\pi n \int_{r_0}^{\infty} V(r)\, r^2\, dr.$$

Soll die Oberfläche einer Flüssigkeit unter Erhaltung ihres Volumens um so viel vergrößert werden, daß ein Molekül mehr darin Platz findet, so muß die Energie

$$+\pi n \int_{r_0}^{\infty} V(r)\, r^2\, dr \tag{2}$$

aufgewandt werden, weil ein Molekül aus dem Innern an die Oberfläche transportiert werden muß. Um die Oberfläche um den Betrag δF auszudehnen, bedarf es deshalb einer Arbeit

$$\delta A = \gamma\, \delta F, \tag{3}$$

welche der Zahl der Moleküle in δF und damit δF proportional ist. γ nennt man die Oberflächenspannungs- oder Kapillarkonstante. Die ganze Oberfläche der Flüssigkeit enthält die Oberflächenenergie

$$A = \gamma F. \tag{4}$$

§ 1. Kapillarkräfte.

Inhalt: Eine nach außen konvexe Oberfläche übt auf die Flüssigkeit einen Druck, eine konkave Oberfläche einen Zug aus.

Bezeichnungen: γ Kapillarkonstante, R_1, R_2 Hauptkrümmungsradien.

Wird ein kleiner Kreis vom Radius r in der Oberfläche einer Flüssigkeit auf den Radius $r + \delta r$ erweitert, so muß hierzu die Arbeit

$$\delta A = 2\pi r \gamma\, \delta r \tag{5}$$

entgegen der Kraft $2\pi r \gamma$ geleistet werden, die am Kreisumfang $2\pi r$ senkrecht zu ihm angreift. Durch ein Linienelement ds übertragen die dort aneinandergrenzenden Oberflächenelemente die Kräfte $\pm\gamma\, ds$ aufeinander. $\gamma\, ds$ wird deshalb auch als Kapillarkraft bezeichnet.

Errichten wir in einem Punkt einer gekrümmten Oberfläche das Lot, so liegen auf ihm die beiden Mittelpunkte der Hauptkrümmungskreise der Fläche, deren Radien wir R_1 und R_2 nennen. Auf diesen Kreisen fassen wir die zueinander senkrechten Linienelemente

$$ds_1 = 2R_1\, \varepsilon_1 \quad \text{und} \quad ds_2 = 2R_2\, \varepsilon_2$$

(s. Abb. 78) ins Auge und bilden aus ihnen das Flächenelement

$$dF = 4R_1 R_2 \varepsilon_1 \varepsilon_2.$$

Verschieben wir nun alle Punkte eines nach außen konvexen Elementes dF in Richtung des Lotes um den Betrag δu, so entsteht ein neues Flächenelement dF der Größe

$$dF + 4(R_1 + \delta u)(R_2 + \delta u)\varepsilon_1 \varepsilon_2$$
$$= dF + 4(R_1 + R_2)\varepsilon_1 \varepsilon_2 \delta u.$$

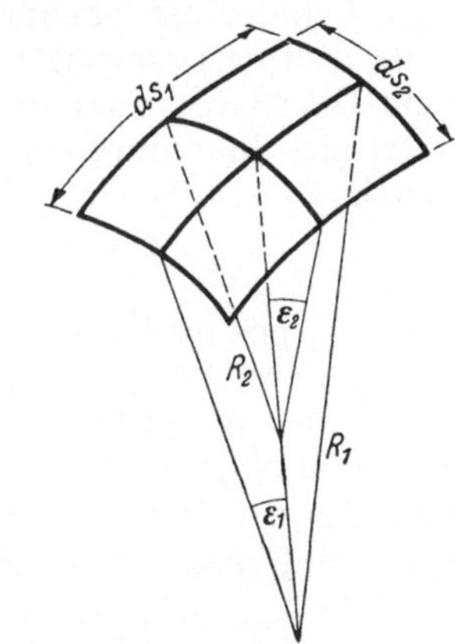

Abb. 78. Hauptkrümmungsradien R_1 und R_2 eines Flächenelementes.

Durch die Verschiebung ist eine Vergrößerung

$$\delta\, dF = 4(R_1 + R_2)\varepsilon_1 \varepsilon_2 \delta u = dF\left(\frac{1}{R_1} + \frac{1}{R_2}\right)\delta u$$

eingetreten, und die hierzu notwendige Arbeit

$$\delta A = \gamma\, dF\left(\frac{1}{R_1} + \frac{1}{R_2}\right)\delta u$$

muß von einem Zug

$$\mathfrak{p} = \gamma\left(\frac{1}{R_1} + \frac{1}{R_2}\right) \tag{6}$$

senkrecht zur Oberfläche geleistet werden. Die Oberflächenspannung einer konvexen Fläche übt selbst auf das Innere der Flüssigkeit einen Druck $-\mathfrak{p}$ aus, der das Produkt der mittleren Krümmung $\frac{1}{2R_1} + \frac{1}{2R_2}$ und der doppelten Kapillarkonstanten 2γ ist (erster LAPLACEscher Satz). Ist die Oberfläche konkav, so muß man zu ihrer Vergrößerung von außen einen Druck anwenden, und die Oberflächenspannung selbst bewirkt einen Zug auf das Innere der Flüssigkeit.

§ 2. Grenzbedingungen an festen Wänden.

Inhalt: Berechnung des Winkels, den die Flüssigkeitsoberfläche mit der Wand bildet. Benetzung.

Die Oberfläche einer Flüssigkeit, die sich in einem Gefäß befindet, stößt mit dessen Wand längs einer Grenzlinie zusammen. Der Winkel zwischen Wand und Oberfläche sei mit ϑ bezeichnet.

Etwas allgemeiner können wir die Grenzlinie betrachten, welche die Grenzfläche zweier Flüssigkeiten oder einer Flüssigkeit und eines Gases mit der festen Wand bildet. In ihr stoßen die drei Medien 1, 2 und 3 (s. Abb. 79) zusammen, von denen das dritte als fest gedacht ist. Auf jedes Linienelement ds der Grenzlinie wirken drei Kapillarkräfte $ds\,\gamma_{12}$, $ds\,\gamma_{13}$ und $ds\,\gamma_{23}$, die in den drei aneinanderstoßenden Grenzflächen liegen und in der Abb. 79 durch drei Pfeile angedeutet sind. Gleichgewicht kann nur bestehen, wenn die zur Wand parallelen Komponenten der drei Kapillarkräfte sich gerade kompensieren, weil sich ds sonst verschieben würde. Wir erhalten hieraus den zweiten LAPLACEschen Satz

$$\gamma_{23} + \gamma_{12}\cos\vartheta - \gamma_{13} = 0. \tag{7}$$

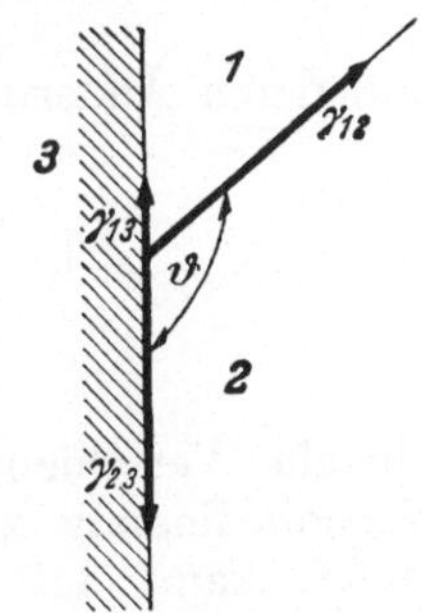

Abb. 79. Kapillarkräfte an der Grenzlinie dreier Medien.

Eine ähnliche Forderung für die Normalkomponenten der Kräfte zur Wand braucht nicht aufgestellt zu werden, weil ein Zug oder Druck in dieser Richtung keine Bewegung auslösen könnte. In (7) treten die Oberflächenspannungen

$(\gamma_{12}, \gamma_{13}, \gamma_{23})$ zweier Medien gegeneinander auf, die von der Art beider aneinandergrenzender Stoffe abhängen. Die Oberflächenspannung einer Flüssigkeit schlechthin ist die Oberflächenspannung gegen ihren eigenen Dampf. Praktisch ist allerdings die Kapillarkonstante einer Flüssigkeit gegen alle Gase fast gleich groß. Sie ist immer positiv. Die Kapillarkonstante zweier Flüssigkeiten gegeneinander ist ebenfalls stets positiv, während zwischen Flüssigkeit und festen Körpern sowohl positive wie negative γ vorkommen. Gase haben fast keine Oberflächenspannung gegen feste Medien.

Ist das Medium 1 im Falle der Abb. 79 ein Gas, so erhalten wir aus (7) einfach

$$\cos\vartheta = -\frac{\gamma_{23}}{\gamma_{12}}. \tag{8}$$

Wenn γ_{23} positiv ist, so weicht die Flüssigkeit von der festen Wand zurück und benetzt sie nicht (Quecksilber–Glas). Ist γ_{23} negativ, so schiebt sich die Flüssigkeit an der Wand vor und benetzt sie (Adhäsion). Ist $-\gamma_{23} > \gamma_{12}$, so kann die Bedingung (8) überhaupt nicht erfüllt werden, sondern die ganze feste Wand überzieht sich mit einer Flüssigkeitshaut, wie dies bei Wasser an Glas zutrifft. Dies nennt man vollkommene Benetzung.

*§ 3. Die Differentialgleichung der Flüssigkeitsoberfläche.

Inhalt: Gleichung für die Oberfläche einer Flüssigkeit bei Kapillarkräften und äußeren Kräften. Ohne äußere Kräfte ist die Oberfläche eine Kugel. Anstieg einer Flüssigkeit an einer ebenen Wand. Steighöhe und Meniskusform in engen Röhren.

Eine Flüssigkeitsoberfläche befindet sich im Gleichgewicht, wenn durch ihre Veränderung keine Arbeit geleistet werden kann. Bei der Verschiebung von Oberflächenelementen in tangentialer Richtung bleibt die Gestalt der Oberfläche erhalten, wir brauchen also nur eine Verschiebung in Richtung der Normalen (s. Abb. 80) zu untersuchen. Bei einer Verschiebung um den Betrag δu wäre gegen die Oberflächenspannung die Arbeit

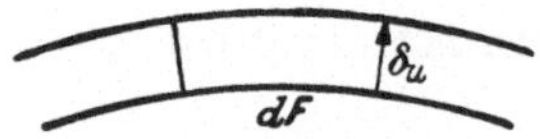

$$\delta A = \int \mathfrak{D}\, dF\, \delta u \tag{9}$$

Abb. 80.

aufzuwenden. Bei einer solchen Bewegung der Oberfläche müssen manche Flüssigkeitsteilchen gehoben werden, während sich andere senken können. Im Schwerefeld ergibt dies einen weiteren Arbeitsaufwand. Etwas allgemeiner können wir jedem Punkt des Raumes pro Masseneinheit ein Potential Φ zuordnen und erhalten dann die potentielle Energie der ganzen Flüssigkeit vermöge des äußeren Feldes

$$\varrho \int \Phi\, dV$$

und deren Änderung mit der Verschiebung der Oberfläche

$$\varrho \int \Phi\, dF\, \delta u.$$

Im Gleichgewicht muß also

$$\int (\varrho \Phi + \mathfrak{D})\, \delta u\, dF = 0 \tag{10}$$

für alle Verschiebungen δu senkrecht zur Flüssigkeitsoberfläche gelten. Als Nebenbedingung kommt noch hinzu, daß sich das Flüssigkeitsvolumen nicht ändern kann, daß also

$$\delta \int dV = \int \delta u\, dF = 0 \tag{11}$$

sein muß.

Wir können die Nebenbedingung leicht berücksichtigen, wenn wir verlangen, daß

$$\int (\varrho \Phi + \lambda + \mathcal{D})\, \delta u\, dF = 0$$

für alle möglichen δu verschwinde, woraus dann die Gleichung der Oberfläche

$$\mathcal{D} + \varrho \Phi + \lambda = 0 \tag{12}$$

folgt. Setzen wir für $\mathcal{D}$ den Wert (6) ein, so erhalten wir

$$\gamma \left(\frac{1}{R_1} + \frac{1}{R_2} \right) + \varrho \Phi + \lambda = 0. \tag{13}$$

Ohne äußere Kräfte ist $\Phi = 0$, und die Flüssigkeitsoberfläche ist eine Kugel. In rechtwinkligen Koordinaten x, y, z gibt die Geometrie für die Krümmung die Formel

$$\frac{1}{R_1} + \frac{1}{R_2} = - \frac{(1 + q^2)\, s - 2 p\, q\, v + (1 + p^2)\, t}{(1 + p^2 + q^2)^{3/2}} \tag{14}$$

an, wo

$$p = \frac{\partial z}{\partial x}; \quad q = \frac{\partial z}{\partial y}; \quad s = \frac{\partial^2 z}{\partial x^2}; \quad t = \frac{\partial^2 z}{\partial y^2}; \quad v = \frac{\partial^2 z}{\partial x\, \partial y} \tag{15}$$

bedeuten. Die mittlere Krümmung $\frac{1}{2R_1} + \frac{1}{2R_2}$ ist positiv gezählt, wenn die Oberfläche überwiegend konvex ist. Im Schwerefeld ergibt sich damit die Differentialgleichung der Oberfläche

$$-\gamma \frac{(1 + q^2)\, s - 2 p\, q\, v + (1 + p^2)\, t}{(1 + p^2 + q^2)^{3/2}} + g\, z\, \varrho + \lambda = 0. \tag{16}$$

λ ist eine Konstante, die sich im Einzelfall aus den Bedingungen des Problems, häufig aus der Betrachtung des Volumens ergibt.

Der Anstieg einer Flüssigkeit an ebenen Wänden. Eine Flüssigkeit befinde sich in einem großen Trog mit ebenen Wänden. In einiger Entfernung davon ist der Flüssigkeitsspiegel natürlich eben und horizontal, während er unmittelbar an einer Wand entweder in die Höhe steigt oder absinkt. Wir legen die y-Achse horizontal und parallel zur Wand, die x-Achse senkrecht zu ihr und das Niveau $z = 0$ in den ebenen Flüssigkeitsspiegel. Dann ist überall

$$q = 0; \quad t = 0; \quad v = 0,$$

und die Gleichung der Oberfläche reduziert sich auf

$$-\gamma \frac{s}{(1 + p^2)^{3/2}} + g\, \varrho\, z + \lambda = 0. \tag{17}$$

Da weit von der Wand $z = 0$, $p = 0$, $s = 0$ gilt, folgt $\lambda = 0$. Multiplizieren wir nun (17) mit p und berücksichtigen $s = dp/dx$, so erhalten wir

$$-\gamma \frac{p\, dp}{(1 + p^2)^{3/2}} + \varrho\, g\, z\, dz = 0$$

und finden durch Integration

$$\frac{\gamma}{\sqrt{1 + p^2}} + \frac{\varrho}{2} g\, z^2 = C.$$

Wendet man dies wieder auf den ebenen Teil der Oberfläche an, wo $z = 0$ und $p = 0$ ist, so zeigt sich, daß $C = \gamma$ ist, und wir behalten die Gleichung

$$z^2 = \frac{2\gamma}{\varrho\, g} \left(1 - \frac{1}{\sqrt{1 + p^2}} \right). \tag{18}$$

An der Wand möge die Flüssigkeit bis zur Höhe h angestiegen sein und mit ihr den Winkel ϑ bilden, der sich wegen der Grenzbedingung (8) aus der Oberflächenspannung $\gamma = \gamma_{12}$ der Flüssigkeit gegen Luft und $\gamma_w = \gamma_{23}$ gegen das Wandmaterial ergibt. Dann ist an der Wand $p = dz/dx = -\cot\vartheta$, und die Gl. (18) liefert

$$h^2 = \frac{2\gamma}{\varrho g}(1 - \sin\vartheta). \quad (18\text{a})$$

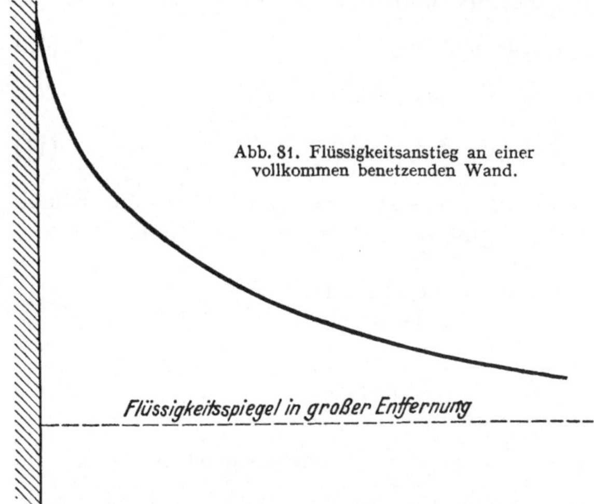

Abb. 81. Flüssigkeitsanstieg an einer vollkommen benetzenden Wand.

Da man ϑ durch die Kapillarkonstanten erfährt, so liefert diese Formel die Steighöhe.

Die nochmalige Integration der Gl. (18) ergibt die Gleichung der Oberfläche

$$x = -\sqrt{\beta^2 - z^2} + \sqrt{\beta^2 - h^2} + \frac{\beta}{2}\ln\frac{(\beta + \sqrt{\beta^2 - z^2})\,h}{(\beta + \sqrt{\beta^2 - h^2})\,z}$$

mit der Abkürzung

$$\beta^2 = \frac{4\gamma}{g\varrho}.$$

Befindet sich Wasser in einem Gefäß, das sich mit einer Wasserhaut überzieht, so ist $\sin\vartheta = 0$ und $h^2 = \beta^2/2$. Der Verlauf der Oberfläche nahe der Wand entspricht der Abb. 81.

Flüssigkeitsspiegel in Röhren. Um den Meniskus einer Flüssigkeit in einem zylindrischen Rohr zu berechnen, müssen wir die Krümmung in Polarkoordinaten r und φ ausdrücken. Aus Symmetriegründen hängt z nicht von φ ab, und wir erhalten

$$\left.\begin{aligned} &p = \cos\varphi\frac{dz}{dr}; \qquad q = \sin\varphi\frac{dz}{dr} \\ &s = \cos^2\varphi\frac{d^2z}{dr^2} + \frac{\sin^2\varphi}{r}\frac{dz}{dr}; \qquad t = \sin^2\varphi\frac{d^2z}{dr^2} + \frac{\cos^2\varphi}{r}\frac{dz}{dr} \\ &v = \cos\varphi\sin\varphi\left(\frac{d^2z}{dr^2} - \frac{1}{r}\frac{dz}{dr}\right). \end{aligned}\right\} \quad (19)$$

Damit ergibt sich die doppelte mittlere Krümmung

$$\begin{aligned} \frac{1}{R_1} + \frac{1}{R_2} &= -\frac{\dfrac{d^2z}{dr^2}}{\left[1 + \left(\dfrac{dz}{dr}\right)^2\right]^{3/2}} - \frac{1}{r}\frac{dz}{dr}\frac{1}{\left[1 + \left(\dfrac{dz}{dr}\right)^2\right]^{1/2}} \\ &= -\frac{1}{r}\frac{d}{dr}\frac{r\dfrac{dz}{dr}}{\sqrt{1 + \left(\dfrac{dz}{dr}\right)^2}}. \end{aligned} \quad (19\text{a})$$

Für die Oberfläche entsteht damit die Gleichung

$$-\frac{\gamma}{r}\frac{d}{dr}\frac{r\dfrac{dz}{dr}}{\sqrt{1 + \left(\dfrac{dz}{dr}\right)^2}} + \varrho g z + \lambda = 0. \quad (20)$$

Wir betrachten jetzt ein Kapillarrohr vom Radius R, welches in einen größeren Behälter mit Flüssigkeit eintaucht, und legen die Stelle $z = 0$ in den ebenen Flüssigkeitsspiegel dieses Behälters (s. Abb. 82). Da dort keine Krümmung vorhanden ist, wird $\lambda = 0$.

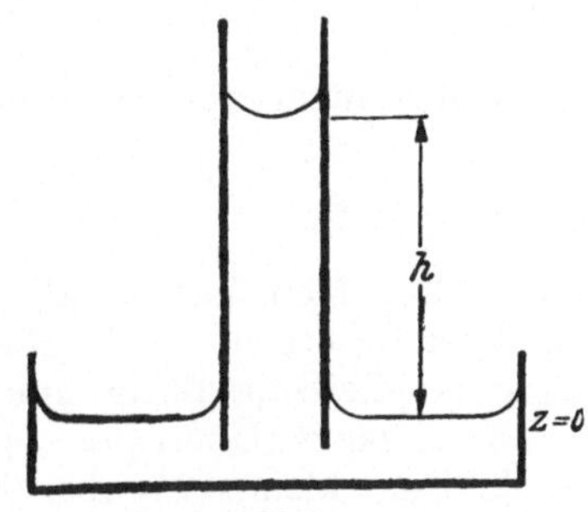

Abb. 82. Steighöhe und Meniskus in einer Kapillaren.

Die Gl. (20) läßt sich nicht exakt integrieren, und wir müssen zu einem Näherungsverfahren greifen. In dem Kapillarrohr steigt die Flüssigkeit in die Höhe, und die Unterschiede an verschiedenen Stellen des Meniskus sind unbedeutend gegen die Steighöhe, die wir mit h bezeichnen wollen. Wir können also die Gleichung (13) für den Meniskus in erster Näherung

$$\gamma\left(\frac{1}{R_1} + \frac{1}{R_2}\right) + \varrho g h = 0 \qquad (20\text{a})$$

schreiben. Die mittlere Krümmung ist konstant und der Meniskus eine Kugel. Dies ergibt sich auch, wenn wir $z = h$ in (20) einsetzen, also

$$-\frac{\gamma}{r}\frac{d}{dr}\frac{r\frac{dz}{dr}}{\sqrt{1+\left(\frac{dz}{dr}\right)^2}} + \varrho g h = 0$$

schreiben und durch Integration

$$\frac{\frac{dz}{dr}}{\sqrt{1+\left(\frac{dz}{dr}\right)^2}} = \frac{\varrho g h r}{2\gamma} + \frac{C}{r} \qquad (20\text{b})$$

bekommen. Da in der Mitte der Kapillare ($r = 0$) der Flüssigkeitsspiegel horizontal liegt ($dz/dr = 0$), ist $C = 0$. Mit der Kapillarkonstanten kennen wir auch den Winkel ϑ, den die Flüssigkeitsoberfläche mit der Wand bildet, und es gilt dort

$$\left(\frac{dz}{dr}\right)_{r=R} = \cot\vartheta.$$

Für die Steighöhe ergibt sich daraus die Formel

$$h = \frac{2\gamma}{g\varrho R}\cos\vartheta = -\frac{2\gamma_w}{g\varrho R}, \qquad (21)$$

welche man allerdings auch sehr viel bequemer bekommen kann. γ_w ist die Oberflächenspannung der Flüssigkeit gegen die Rohrwand. Bei vollkommener Benetzung ist $\cos\vartheta = 1$, und wir haben

$$h = \frac{2\gamma}{g\varrho R}. \qquad (21\text{a})$$

Die Steighöhe ist dem Radius der Kapillaren umgekehrt proportional, und man kann die Kapillarkonstante leicht messen, wenn man die Steighöhe bestimmt.

Die integrierte Gleichung des Meniskus findet man, wenn man (20b) noch einmal integriert. Mit

$$\frac{2\gamma}{g\varrho} = \frac{hR}{\cos\vartheta}$$

ergibt sich beim Auflösen nach dz/dr

$$\frac{dz}{dr} = \frac{r\cos\vartheta}{\sqrt{R^2 - r^2\cos^2\vartheta}},$$

was beim Integrieren die Gleichung der Kugel

$$\left(z - h - \frac{R}{\cos\vartheta}\right)^2 + r^2 = \frac{R^2}{\cos^2\vartheta} \tag{22}$$

liefert. Der Meniskus ist also eine Kugel vom Radius $R/\cos\vartheta$, und bei vollständiger Besetzung ist ihr Radius gleich dem Rohrradius. In diesem Fall bildet die Flüssigkeitsoberfläche eine Halbkugel in der Kapillare.

Diese ganze Überlegung gilt natürlich nur, wenn die Höhenunterschiede im Meniskus klein gegenüber der Steighöhe sind. Dies trifft nur bei engen Kapillaren zu. Die Höhenunterschiede im Meniskus haben etwa die Größenordnung des Kapillarenradius, und daraus folgt die Bedingung

$$R^2 \ll \frac{2\gamma}{g\varrho}\cos\vartheta.$$

Bezeichnen wir die Steighöhe an einer ebenen Wand mit h', so erfahren wir als Bedingung für die Brauchbarkeit unserer Näherung nach (18a)

$$R^2 \ll \frac{h'^2\cos\vartheta}{1 - \sin\vartheta}.$$

Eine zweite Näherung kann man berechnen, indem man z aus (22) ausrechnet und in (20) einsetzt. Man kann die Integration ausführen und erhält eine verbesserte Formel statt (22). Auf diese Weise findet man auch ein Korrektionsglied in der Steighöhenformel und eine genauere Gleichung für den Meniskus in etwas weiteren Röhren.

§ 4. Flüssigkeitslamellen, Seifenblasen.

Inhalt: Druck im Innern von Seifenblasen. Flüssigkeitslamellen sind Minimalflächen.

Eine Seifenblase ist eine dünne Flüssigkeitsschicht, die einen Hohlraum umhüllt, in dem ein gewisser Überdruck p herrscht. Er muß der Oberflächenspannung das Gleichgewicht halten. Von der Schwerkraft können wir zunächst absehen, da die Flüssigkeit wegen der inneren Reibung nur sehr langsam nach unten fließt. Auf das Innere der Seifenblase übt jede der beiden Flüssigkeitsoberflächen den Druck

$$\mathfrak{p} = \gamma\left(\frac{1}{R_1} + \frac{1}{R_2}\right)$$

aus, was zu der Gleichgewichtsbedingung

$$p = 2\mathfrak{p} = 2\gamma\left(\frac{1}{R_1} + \frac{1}{R_2}\right) \tag{23}$$

führt. Aus Symmetriegründen muß die Seifenblase eine Kugel sein, so daß wir $R_1 = R_2 = R$ setzen können und für den Überdruck im Innern die einfache Beziehung

$$p = \frac{4\gamma}{R} \tag{23a}$$

erhalten.

Man kann aber aus einer Seifenlösung auch leicht Häute erzeugen, die nicht geschlossen sind, wenn man ein geeignetes Drahtgestell eintaucht. Da der Druck jetzt auf beiden Seiten derselbe ist, vereinfacht sich die Differentialgleichung einer solchen Flüssigkeitslamelle auf

$$\frac{1}{R_1} + \frac{1}{R_2} = 0.$$

Die mittlere Krümmung der entstehenden Fläche verschwindet. Es kann sich also nur um Sattelflächen handeln, deren beide Hauptkrümmungen entgegengesetzt und gleich sind. Bei jeder Veränderung dieser Fläche muß Arbeit aufgewandt werden, d. h., die Fläche muß vergrößert werden. Eine zwischen gegebenen Randkurven ausgespannte Flüssigkeitslamelle ist die Fläche kleinster Ausdehnung, die zwischen diesen Rändern gefunden werden kann. Mathematisch wird sie als Minimalfläche bezeichnet. Zwischen zwei koaxialen Kreisen spannt sich z. B. eine Rotationsfläche aus, deren Differentialgleichung wegen (19a)

$$\frac{d}{dr} \frac{r \frac{dz}{dr}}{\sqrt{1 + \left(\frac{dz}{dr}\right)^2}} = 0$$

lautet. Durch Integration geht sie in

$$\frac{dz}{dr} = \frac{C}{\sqrt{r^2 - C^2}}$$

und

$$z = C \int \frac{dr}{\sqrt{r^2 - C^2}} = C \operatorname{Ar}\operatorname{Cos} \frac{r}{C} + D$$

über. Löst man nach r auf, so findet man

$$r = \frac{C}{2}\left(e^{\frac{z-D}{C}} + e^{-\frac{z-D}{C}}\right).$$

Diese Fläche entsteht also durch Rotation einer Kettenlinie und wird Katenoid genannt.

X. Zeitlich veränderliche Strömungen. Schallwellen.

Die nichtstationären Bewegungen inkompressibler Flüssigkeiten bieten viel schwierigere Probleme als die stationären Bewegungen, und das Verhalten komprimierbarer Medien ist viel verwickelter als das der inkompressiblen. Wir beschränken uns daher darauf, einige einfache und charakteristische Beispiele zu studieren.

Genaugenommen gibt es gar keine stationären Strömungen. Alle Strömungen setzen irgendwann ein und hören auch wieder auf. Nur wenn man von Beginn und Ende absieht, kann man den Verlauf dazwischen zuweilen als stationär betrachten.

Zu den nichtstationären Flüssigkeitsbewegungen sind im Prinzip alle turbulenten Strömungen zu rechnen. Obwohl sich ihr Strömungsbild im Mittel mit der Zeit nicht ändert, entstehen in kleinen Bezirken Wirbel, die immerfort ihre Gestalt wechseln. In der Wasserbautechnik spielt der Verlauf eines Hochwassers, der Einlauf des Wassers nach dem Öffnen und der Ablauf nach dem Sperren eines Wehrs eine wichtige Rolle. Auch die bekanntesten aller Flüssigkeitsbewegungen, die Wellen an der Oberfläche eines Wasserspiegels, sind nichtstationäre Strömungen.

In vielen Fällen kann man Gase als unkomprimierbar ansehen und ihnen eine konstante Dichte zuschreiben. Dies läßt sich leicht durch eine kleine Rechnung dartun. Wegen der Proportionalität

$$\varrho = \text{const} \cdot p$$

von Gasdichte ϱ und Druck p bei konstanter Temperatur ist die Kompressibilität durch

$$\varkappa = \frac{1}{\varrho} \frac{d\varrho}{dp} = \frac{1}{p} \tag{1}$$

gegeben. Besteht in einem Gas das Druckgefälle $\operatorname{grad} p$, so hat es ein Dichtegefälle

$$\operatorname{grad} \varrho = \varrho \varkappa \operatorname{grad} p = \frac{\varrho}{p} \operatorname{grad} p \tag{2}$$

zur Folge. Lassen wir äußere und Reibungskräfte außer acht, so verursacht das Druckgefälle die Beschleunigung

$$\frac{d\mathfrak{v}}{dt} = -\frac{\operatorname{grad} p}{\varrho} = -\frac{p \operatorname{grad} \varrho}{\varrho^2}. \tag{3}$$

In Luft von Atmosphärendruck ist p ungefähr 10^5 Newton/m², und ϱ hat die Größenordnung 1 kg/m³. Das Verhältnis p/ϱ ist also etwa 10^5. Winzige relative Dichteschwankungen müssen also gewaltige Beschleunigungen hervorrufen. Das Verhältnis p/ϱ ist vom Druck unabhängig und wird auch in anderen Gasen und bei anderen Temperaturen nicht wesentlich kleiner. In den meisten Fällen werden also Druckunterschiede in einem Gas Beschleunigungen und damit Strömungen bewirken, ohne daß es dabei zu nennenswerten Dichteunterschieden kommt. Die Kompression des Gases wird man nur berücksichtigen müssen, wenn die (substantielle) Beschleunigung sehr groß ist oder wenn sie zum größten Teil durch Reibungskräfte kompensiert wird. Durch diese Überlegung können wir zwanglos folgende drei Typen von Bewegungen erkennen, bei denen die Kompression von Bedeutung ist.

1. Das langsame Durchströmen von Gasen durch Rohre oder Poren, bei dem die Geschwindigkeit klein bleibt, die Druckkräfte aber durch die Reibung aufgezehrt werden. Bei solchen Vorgängen macht die Berücksichtigung der veränderlichen Dichte meist keine großen Schwierigkeiten, und deshalb werden wir uns mit ihnen nicht beschäftigen.

2. Schallvorgänge, bei denen die Strömung sich sehr schnell mit der Zeit ändert, so daß die Beschleunigungen sehr groß sein können, obwohl nur kleine Geschwindigkeiten dabei auftreten.

3. Sehr schnelle Gasströmungen mit sehr großem Geschwindigkeitsgefälle, wie man sie z. B. beim Ausströmen aus Düsen oder Schlitzen erhält und die das Gebiet der sogenannten Gasdynamik bilden. Hierher gehören auch das Anblasen eines festen Hindernisses durch sehr schnelle Luftströme (Windkanal) oder die schnellen Bewegungen von Körpern durch die Luft (Propeller, Geschoß).

*§ 1. Wasserwellen.

Inhalt: Berechnung der Bewegung des Wassers bei Wellen auf der Oberfläche. In seichtem Wasser ist die Fortpflanzungsgeschwindigkeit von der Wellenlänge unabhängig, in tiefem Wasser der Wurzel aus ihr proportional.

Bezeichnungen: $\mathfrak{v}$ Geschwindigkeit, ϱ Dichte, p Druck, $\mathfrak{g}$ Fallbeschleunigung, φ Potential der Schwerkraft, Φ Geschwindigkeitspotential, z Vertikalkoordinate, x Koordinate in der Fortpflanzungsrichtung, λ Wellenlänge, ν Frequenz, c Fortpflanzungsgeschwindigkeit, h Wassertiefe, p_0 Luftdruck, γ Kapillarkonstante, A Amplitude.

Unter Wasserwellen versteht man Bewegungen des Wassers, die sich hauptsächlich an der Oberfläche des Wassers abspielen und in tieferen Schichten abklingen. Merkwürdigerweise ist es aber nicht leicht, exakt anzugeben, worin die charakteristische Eigenschaft solcher Wellen besteht, durch welche sie sich von anderen Bewegungen in Flüssigkeiten abheben. Will man die Definition des Wellenvorgangs so allgemein halten, daß sie wirklich alle als Wellen bezeichnete Erscheinungen erfaßt, so muß man fast alle Bewegungen überhaupt einbegreifen. Wir beschränken uns deshalb darauf, die Wasserwellen im landläufigen Sinn, die man an der Oberfläche größerer Gewässer beobachtet, zu untersuchen.

Ein allseitig sehr ausgedehntes Becken sei mit Wasser von der Tiefe h gefüllt. Die Reibung wollen wir vernachlässigen, die Schwere dagegen mit ihrem Potential $\varrho\,\varphi$ berücksichtigen. Wir können uns dann der EULERschen Gl. (34b) S. 222

$$\frac{\partial \mathfrak{v}}{\partial t} + \frac{1}{2}\operatorname{grad}\mathfrak{v}^2 - [\mathfrak{v}\operatorname{rot}\mathfrak{v}] = -\frac{1}{\varrho}\operatorname{grad}p - \operatorname{grad}\varphi \tag{4}$$

bedienen. Die Dichte des Wassers ist praktisch konstant, und deshalb gilt außerdem

$$\operatorname{div}\mathfrak{v} = 0. \tag{5}$$

Die Wellenbewegung soll aus der Ruhe heraus entstehen und demgemäß wirbelfrei sein (s. S. 232 u. 237). Führen wir das Potential der Schwerkraft φ und das Geschwindigkeitspotential Φ ein, so ist

$$\mathfrak{v} = \operatorname{grad}\Phi, \tag{6}$$

und (4) geht in

$$\operatorname{grad}\left\{\frac{\partial\Phi}{\partial t} + \frac{1}{2}(\operatorname{grad}\Phi)^2 + \frac{p}{\varrho} + \varphi\right\} = 0 \tag{7}$$

über. Mit

$$\varphi = -g\,z$$

erhält man beim Integrieren

$$\frac{\partial\Phi}{\partial t} + \frac{1}{2}(\operatorname{grad}\Phi)^2 + \frac{p}{\varrho} + g\,z = \chi(t), \tag{7a}$$

welche der BERNOULLIschen Gleichung entspricht. Die Kontinuitätsgleichung nimmt die Form

$$\operatorname{div}\operatorname{grad}\Phi = 0 \tag{8}$$

an.

Jetzt wollen wir uns auf ebene Wellen spezialisieren und darunter folgendes verstehen: Eben ist die Welle, wenn es eine horizontale Richtung gibt, in welcher sich die Geschwindigkeit nicht ändert. Wir machen sie zur y-Achse eines Koordinatensystems. Die z-Achse legen wir vertikal. Für die Wellenbewegung selbst ist es charakteristisch, daß sie in der x-Richtung fortschreitet. Ein bestimmter Bewegungszustand, der zur Zeit t an der Stelle x (unabhängig von y) vorliegt, soll sich zur Zeit $t + \Delta t$ an der Stelle $x + c\,\Delta t$ wiederfinden, so daß das ganze Bewegungsbild sich mit der Geschwindigkeit c in der x-Richtung verlagert. Das Geschwindigkeitspotential enthält deshalb die Koordinate y nicht, die Zeit und x nur in der Kombination

$$\xi = x - c\,t \tag{9}$$

und außerdem natürlich die Koordinate z. Die Funktion $\chi(t)$, welche x nicht enthält, muß deshalb eine Konstante sein. Wegen

$$\frac{\partial\Phi}{\partial x} = \frac{\partial\Phi}{\partial\xi}; \qquad \frac{\partial\Phi}{\partial t} = -c\,\frac{\partial\Phi}{\partial\xi}$$

erhalten wir für p und Φ die beiden Gleichungen

$$-c\frac{\partial\Phi}{\partial\xi}+\frac{1}{2}\left(\frac{\partial\Phi}{\partial\xi}\right)^2+\frac{1}{2}\left(\frac{\partial\Phi}{\partial z}\right)^2+\frac{p}{\varrho}+g\,z=\text{const},\tag{10}$$

$$\frac{\partial^2\Phi}{\partial\xi^2}+\frac{\partial^2\Phi}{\partial z^2}=0.\tag{11}$$

Hierzu kommen noch Randbedingungen für den Boden des Gefäßes und die Oberfläche der Flüssigkeit. Am Boden kann die Geschwindigkeit keine vertikale Komponente haben. Die Oberfläche wird immer von denselben Flüssigkeitsteilchen gebildet. Der Druck auf ihr ist gleich dem Luftdruck p_0, also konstant. Die substantielle zeitliche Änderung des Druckes

$$\frac{dp}{dt}=\frac{\partial p}{\partial t}+(\mathfrak{v}\operatorname{grad}p)=\frac{\partial p}{\partial t}+(\operatorname{grad}\Phi\operatorname{grad}p),$$

unter dem ein Teilchen in der Oberfläche steht, muß also verschwinden. Legen wir die Stelle $z=0$ in den Boden des Beckens, so lauten die Randbedingungen

$$z=0:\qquad\frac{\partial\Phi}{\partial z}=0\tag{12}$$

$$\text{Oberfläche:}\quad\frac{\partial p}{\partial t}+\frac{\partial\Phi}{\partial\xi}\frac{\partial p}{\partial x}+\frac{\partial\Phi}{\partial z}\frac{\partial p}{\partial z}=0.\tag{13}$$

Für die Erfüllung der ersten Randbedingung können wir durch den Ansatz

$$\Phi=f(z)\,F(\xi)\tag{14}$$

sorgen, wenn wir $f(z)$ so wählen, daß $f'(z)$ für $z=0$ verschwindet. Natürlich gelangen wir damit nur zu einer speziellen Welle und können später versuchen, allgemeinere Wellen aus ihr aufzubauen. Gehen wir mit (14) in (11) ein, so ergibt sich

$$F\,f''+f\,F''=0$$

oder

$$\frac{f''}{f}=-\frac{F''}{F}=C.$$

Da F''/F nur von ξ, dagegen f''/f nur von z abhängt, muß C eine Konstante sein, und wir erhalten für F und f einzeln die beiden Gleichungen

$$F''=-C\,F$$

$$f''=C\,f$$

mit den allgemeinen Lösungen

$$F=a_1\,e^{i\xi\sqrt{C}}+a_2\,e^{-i\xi\sqrt{C}}\tag{15}$$

$$f=b_1\,e^{z\sqrt{C}}+b_2\,e^{-z\sqrt{C}}.\tag{16}$$

Für die x-Komponente der Geschwindigkeit finden wir

$$v_x=\frac{\partial\Phi}{\partial x}=f\frac{\partial F}{\partial\xi}=i\,f\sqrt{C}\left(a_1\,e^{i\xi\sqrt{C}}-a_2\,e^{-i\xi\sqrt{C}}\right).$$

Da sich ξ von $-\infty$ bis ∞ erstreckt, muß C positiv sein, damit v_x nirgends unendlich wird. Statt (15) werden wir deshalb die reelle Form

$$F=\alpha\cos(\xi\sqrt{C})+\beta\sin(\xi\sqrt{C})\tag{15a}$$

bevorzugen. Die Randbedingung für $z=0$ verlangt

$$\left(\frac{df}{dz}\right)_0=\sqrt{C}(b_1-b_2)=0,$$

so daß sich $b_1=b_2=b$ und

$$f=2b\,\mathfrak{Cof}(z\sqrt{C})\tag{16a}$$

ergibt. Legen wir noch den Nullpunkt von ξ an eine Stelle, wo F verschwindet, und setzen $A = 2\beta\, b$, so bekommen wir das Geschwindigkeitspotential

$$\Phi = A\,\mathfrak{Cof}(z\sqrt{C})\sin\{\sqrt{C}(x - c\,t)\}. \tag{17}$$

Aus ihm leitet sich die Geschwindigkeit

$$\begin{aligned} v_x &= A\,\sqrt{C}\,\mathfrak{Cof}(z\sqrt{C})\cos\{\sqrt{C}(x - c\,t)\},\\ v_z &= A\,\sqrt{C}\,\mathfrak{Sin}(z\sqrt{C})\sin\{\sqrt{C}(x - c\,t)\} \end{aligned} \tag{18}$$

ab.

Die Welle ist ein räumlich und zeitlich periodischer Vorgang mit der Wellenlänge und Frequenz

$$\lambda = \frac{2\pi}{\sqrt{C}}; \qquad \nu = \frac{c\sqrt{C}}{2\pi} = \frac{c}{\lambda}.$$

Wir werden deshalb zweckmäßig

$$\Phi = A\,\mathfrak{Cof}\frac{2\pi z}{\lambda}\sin\frac{2\pi}{\lambda}(x - c\,t) = A\,\mathfrak{Cof}\frac{2\pi\nu z}{c}\sin\frac{2\pi\nu}{c}(x - c\,t) \tag{17a}$$

$$v_x = \frac{2\pi}{\lambda}A\,\mathfrak{Cof}\frac{2\pi z}{\lambda}\cos\frac{2\pi}{\lambda}(x - c\,t); \qquad v_z = \frac{2\pi}{\lambda}A\,\mathfrak{Sin}\frac{2\pi z}{\lambda}\sin\frac{2\pi}{\lambda}(x - c\,t) \tag{18a}$$

schreiben.

Nun müssen wir uns noch um die Gl. (10) und die Randbedingung (13) kümmern. Wenn keine Wellen vorhanden sind, also die Ableitungen von Φ verschwinden, muß für $z = h$ der Druck gleich dem Luftdruck p_0 werden. Dies gibt der Konstanten in (10) den Wert

$$\frac{p_0}{\varrho} + g\,h.$$

Um die Rechnung zu vereinfachen, wollen wir annehmen, daß die Amplitude A klein ist und daß wir in ihr quadratische Glieder gegen lineare unterdrücken dürfen. Aus (10) erhalten wir für den Druck zunächst die Gleichung

$$\begin{aligned} p &= p_0 + g\,\varrho(h - z) + c\,\varrho\frac{\partial\Phi}{\partial\xi} \\ &= p_0 + g\,\varrho(h - z) + \frac{2\pi c\,\varrho}{\lambda}A\,\mathfrak{Cof}\frac{2\pi z}{\lambda}\cos\frac{2\pi}{\lambda}(x - c\,t). \end{aligned} \tag{19}$$

Dies ist eine gute Näherung, wenn die Geschwindigkeit der Flüssigkeitsteilchen klein gegenüber der Fortpflanzungsgeschwindigkeit ist. Die substantielle Änderung des Druckes wird

$$\begin{aligned} \frac{dp}{dt} &= \frac{\partial p}{\partial t} + (\operatorname{grad}\Phi\,\operatorname{grad}p) = \frac{\partial p}{\partial t} - g\,\varrho\frac{\partial\Phi}{\partial z} \\ &= \frac{4\pi^2 c^2 \varrho}{\lambda^2}A\,\mathfrak{Cof}\frac{2\pi z}{\lambda}\sin\frac{2\pi}{\lambda}(x - c\,t) - \frac{2\pi}{\lambda}g\,\varrho A\,\mathfrak{Sin}\frac{2\pi z}{\lambda}\sin\frac{2\pi}{\lambda}(x - c\,t), \end{aligned}$$

wenn wir nur die in A linearen Glieder mitnehmen. In der Oberfläche, wo dp/dt verschwinden soll, dürfen wir näherungsweise $z = h$ setzen und erhalten die Bedingung

$$c^2 = \frac{\lambda g}{2\pi}\,\mathfrak{Tg}\frac{2\pi h}{\lambda} = \frac{\lambda g}{2\pi}\cdot\frac{e^{\frac{2\pi h}{\lambda}} - e^{-\frac{2\pi \lambda}{\lambda}}}{e^{\frac{2\pi h}{\lambda}} + e^{-\frac{2\pi h}{\lambda}}} \tag{20}$$

für die Fortpflanzungsgeschwindigkeit. Ist die Wellenlänge klein gegen die Wassertiefe (tiefes Wasser), so geht daraus angenähert

$$c^2 = \frac{\lambda g}{2\pi} \tag{20a}$$

hervor. In sehr seichtem Wasser nähert sich der Ausdruck dagegen

$$c^2 = g h. \tag{20b}$$

Die Fortpflanzungsgeschwindigkeit ist also nur in ganz seichtem Wasser unabhängig von der Wellenlänge. In tiefem Wasser pflanzen sich lange Wellen schneller fort als kurze. Man nennt dies Dispersion.

Die Flüssigkeitsoberfläche gewinnt man aus (19), wenn man p_0 für den Druck einsetzt und nach z auflöst. Bei kleiner Amplitude kann man sich dies sehr erleichtern, wenn man im Wellenglied statt z einfach h einsetzt, wodurch man dann

$$z = h + \frac{2\pi c}{\lambda g} A \operatorname{Cof} \frac{2\pi h}{\lambda} \cos \frac{2\pi}{\lambda}(x - c t) \tag{21}$$

findet. Die Oberfläche hat also die Gestalt einer Kosinuskurve, welche sich mit der Geschwindigkeit c in der x-Richtung verschiebt.

Aus der Strömungsgeschwindigkeit

$$v_x = \frac{dx}{dt} = \frac{2\pi}{\lambda} A \operatorname{Cof} \frac{2\pi z}{\lambda} \cos \frac{2\pi}{\lambda}(x - c t)$$

$$v_z = \frac{dz}{dt} = \frac{2\pi}{\lambda} A \operatorname{Sin} \frac{2\pi z}{\lambda} \sin \frac{2\pi}{\lambda}(x - c t)$$

kann man durch Integration die Bahnen der Flüssigkeitsteilchen finden. Machen wir die Annahme, daß sich das Wasser periodisch um eine Stelle x_0, z_0 herumbewege, und setzen rechts diese festen Werte für x und z ein, so kann man einfach integrieren und erhält

$$x - x_0 = -\frac{A}{c} \operatorname{Cof} \frac{2\pi z_0}{\lambda} \sin \frac{2\pi}{\lambda}(x_0 - c t)$$

$$z - z_0 = \frac{A}{c} \operatorname{Sin} \frac{2\pi z_0}{\lambda} \cos \frac{2\pi}{\lambda}(x_0 - c t).$$

Die Bahnen sind Ellipsen mit der Gleichung

$$\frac{(x - x_0)^2}{\operatorname{Cof}^2 \frac{2\pi z_0}{\lambda}} + \frac{(z - z_0)^2}{\operatorname{Sin}^2 \frac{2\pi z_0}{\lambda}} = \frac{A^2}{c^2}.$$

**Verwickeltere Wellenbewegungen kann man durch Superpositionen periodischer Wellen verschiedener Frequenz bekommen. Statt (21) erhält man dann die Gleichung

$$z = h + \sum^{\lambda} C_\lambda \cos \frac{2\pi}{\lambda}(x - c t) + \sum^{\lambda} D_\lambda \sin \frac{2\pi}{\lambda}(x - c t)$$

der Flüssigkeitsoberfläche, wenn sich mehrere Wellen überlagern. Man kann die Summe auch durch ein Integral ersetzen, wobei

$$z = h + \int C(\lambda) \cos \frac{2\pi}{\lambda}(x - c t)\, d\lambda + \int D(\lambda) \sin \frac{2\pi}{\lambda}(x - c t)\, d\lambda$$

entsteht. Die Amplituden $C(\lambda)$ und $D(\lambda)$ sind noch Funktionen der Frequenz. Während sich die Form der Oberfläche bei einer periodischen Einzelwelle nur in der Fortpflanzungsrichtung verschiebt, sich sonst aber nicht ändert, wird die Oberfläche bei einer zusammengesetzten Welle mit der Zeit umgestaltet, weil die Fortpflanzungsgeschwindigkeit von der Wellenlänge abhängt. Aus diesem Grunde nennt man die einfachen periodischen Wellen permanent, während die zusammengesetzten Wellen nicht permanent sind.**

Die abgeleiteten Gesetzmäßigkeiten gelten für Wellen mit kleiner Amplitude und ziemlich großer Wellenlänge. Je kleiner die Wellenlänge wird, desto mehr wird die Wasseroberfläche bei der Bewegung gekrümmt und desto stärker beteiligt sich auch die Oberflächenspannung an dem Vorgang. Bei ganz kleinen Wellenlängen bzw. großen Frequenzen ist es hauptsächlich die Oberflächenspannung, welche die normale horizontale Oberfläche wiederherzustellen sucht, während die Schwerkraft an Bedeutung verliert. Solche Wellen müssen anders behandelt werden und werden Kapillarwellen genannt.

Für das Geschwindigkeitspotential der Kapillarwellen erhalten wir wieder die Gl. (7) und (8) mit konstantem x. Bei hinreichend kleiner Wellenlänge und kleiner Amplitude können wir das Potential der Schwerkraft und das quadratische Glied in Φ weglassen und haben dann nur

$$\frac{p}{\varrho} = \text{const} - \frac{\partial \Phi}{\partial t} \tag{22}$$

und

$$\operatorname{div}\operatorname{grad}\Phi = 0. \tag{23}$$

Für eine ebene Welle geht daraus

$$\frac{p}{\varrho} = \text{const} + c\frac{\partial \Phi}{\partial \xi} \tag{22a}$$

$$\frac{\partial^2 \Phi}{\partial \xi^2} + \frac{\partial^2 \Phi}{\partial z^2} = 0 \tag{23a}$$

hervor.

Den Nullpunkt des Koordinatensystems legen wir in die normale Oberfläche. In etwas größerer Tiefe herrscht Ruhe, und dies liefert die Randbedingung

$$z = -\infty: \quad \frac{\partial \Phi}{\partial \xi} = 0; \quad \frac{\partial \Phi}{\partial z} = 0. \tag{24}$$

In der Oberfläche ist der Druck gleich der Summe von Luftdruck und dem Druck der Oberflächenspannung. Endlich besteht die Oberfläche immer aus denselben Flüssigkeitsteilchen.

Behandeln wir die Gl. (23a) wie bei den Schwerewellen, so erhalten wir wegen der Randbedingung (24) das Geschwindigkeitspotential

$$\Phi = A\, e^{\frac{2\pi z}{\lambda}} \sin\frac{2\pi}{\lambda}(x - c\,t). \tag{25}$$

Die Konstante der Gl. (22a) hat den Wert p_0/ϱ, weil ohne Wellen die Oberfläche eben ist und dort der Luftdruck p_0 herrscht. In der gekrümmten Oberfläche steuert die Oberflächenspannung zum Druck den Anteil

$$\gamma\left(\frac{1}{R_1} + \frac{1}{R_2}\right)$$

bei, wo R_1 und R_2 die Hauptkrümmungsradien und γ die Kapillarkonstante bedeuten (s. S. 275 u. 277). Bei einer ebenen Welle ist $R_2 = \infty$, und wenn die Amplitude klein ist, ist dz/dx klein gegen 1, und wir können

$$\frac{1}{R_1} = -\frac{\frac{d^2 z}{dx^2}}{\left\{1 + \left(\frac{dz}{dx}\right)^2\right\}^{3/2}} \approx -\frac{d^2 z}{dx^2}$$

setzen. Dies liefert uns die Gleichung

$$\gamma \frac{d^2 z}{dx^2} = \varrho \frac{\partial \Phi}{\partial t} = -\frac{2\pi \varrho c}{\lambda} A e^{\frac{2\pi z}{\lambda}} \cos \frac{2\pi}{\lambda}(x - c t)$$

der Oberfläche. Durch zweimaliges Integrieren geht daraus

$$z = -\frac{\lambda \varrho c}{2\pi \gamma} A \cos \frac{2\pi}{\lambda}(x - c t) \tag{26}$$

hervor, wenn wir auf der rechten Seite $z = 0$ einsetzen.

Wenn immer dieselben Flüssigkeitsteilchen in der Oberfläche bleiben, muß ihre Vertikalgeschwindigkeit $v_z = \partial \Phi / \partial z$ mit der Steiggeschwindigkeit dz/dt des Flüssigkeitsspiegels übereinstimmen. Hieraus entsteht die Gleichung

$$c^2 = \frac{2\pi \gamma}{\lambda \varrho} \tag{27}$$

oder

$$c^3 = \frac{2\pi \gamma \nu}{\varrho}.$$

Die Fortpflanzungsgeschwindigkeit der Kapillarwellen ist indirekt proportional zur Wurzel aus der Wellenlänge. Auf diesem Gesetz kann man eine Messung der Kapillarkonstanten γ aufbauen, wenn man Wellen bekannter Frequenz erzeugt und ihre Wellenlänge mißt.

§ 2. Die barotrope Strömung.

Inhalt: Hängt die Dichte überall nur vom Druck ab, so ist die Strömung barotrop. Ohne Reibung und Wärmeleitung sind Strömungen barotrop und wirbelfrei, wenn sie aus der Ruhe heraus entstehen.

Bezeichnungen: ϱ Dichte, p Druck, T Temperatur, s Entropie, h Enthalpie pro Masseneinheit, $\mathfrak{v}$ Geschwindigkeit, Φ ihr Potential, R Reibungstensor, λ Koeffizient der Wärmeleitung, $\mathfrak{W}$ Wirbelvektor, φ potentielle Energie der äußeren Kräfte pro Masseneinheit.

Kompressible Medien kann man ähnlich wie inkompressible Flüssigkeiten behandeln, wenn die Dichte zwar nicht konstant, aber im ganzen Medium überall dieselbe Funktion des Druckes ist. Eine solche Strömung nennt man barotrop oder Beltrami-Strömung.

Im allgemeinsten Fall wird die Strömung eines kompressiblen Kontinuums durch die Kontinuitätsgleichung

$$\frac{\partial \varrho}{\partial t} + \operatorname{div} \varrho \mathfrak{v} = 0; \qquad \frac{d\varrho}{dt} + \varrho \operatorname{div} \mathfrak{v} = 0 \tag{28}$$

die Bewegungsgleichung [s. S. 221, Gl. (29)]

$$\left.\begin{aligned} \frac{d\mathfrak{v}}{dt} &= \frac{\partial \mathfrak{v}}{\partial t} + (\mathfrak{v} \nabla)\mathfrak{v} \\ &= \frac{\partial \mathfrak{v}}{\partial t} + \frac{1}{2}\operatorname{grad}\mathfrak{v}^2 - [\mathfrak{v}[\operatorname{rot}\mathfrak{v}]] \\ &= -\frac{1}{\varrho}\operatorname{grad} p - \operatorname{grad}\varphi + (\nabla R) \end{aligned}\right\} \tag{29}$$

die Entropiegleichung

$$T \varrho \frac{ds}{dt} = (R \nabla)\mathfrak{v} + \operatorname{div}(\lambda \operatorname{grad} T) \tag{30}$$

die Zustandsgleichung, d. h. die Dichte,

$$\varrho = \varrho(p, T) \tag{31}$$

als Funktion von Druck und Temperatur und die Entropie

$$s = s(p, T) \tag{32}$$

als Funktion der gleichen Größen vollständig beschrieben (Kap. VI, § 4, S. 222). Hierin bedeutet $\mathfrak{R}$ den Spannungstensor der Reibung (s. S. 219), φ ist die potentielle Energie und s die Entropie der Masseneinheit, T die Temperatur und λ der Koeffizient der Wärmeleitung.

Dürfen wir Reibung und Wärmeleitung vernachlässigen, so vereinfacht sich Gl. (30) auf

$$\frac{ds}{dt} = \frac{\partial s}{\partial t} + (\mathfrak{v}\,\nabla)\,s = 0\,. \tag{33}$$

Die Entropie der materiellen Teilchen des Kontinuums ändert sich im Laufe der Zeit mit der Bewegung nicht. Jedes Teilchen behält die Entropie, die es von Anfang an besaß. Die Strömung ist ein adiabatischer Prozeß (s. S. 694). Die Entropie verschiedener Teilchen kann allerdings noch verschieden sein. Hat jedoch s zu irgendeinem Zeitpunkt überall den gleichen Wert, so bleibt dieser Wert während der ganzen Bewegung bestehen. Dies trifft z. B. zu, wenn sich die Strömung aus einem Zustand entwickelt, in welchem Druck und Temperatur im ganzen Medium die gleichen Werte besitzen. Die Strömung ist dann isentrop.

Eliminiert man aus (31) und (32) die Temperatur, so ergibt sich die Dichte

$$\varrho = \varrho(p, s) \tag{34}$$

als Funktion von Druck und Entropie. In der isentropen Strömung ist die Entropie konstant und die Dichte eine Funktion des Druckes allein. Die isentrope Strömung ist barotrop.

Bei einer barotropen Strömung geht aus (s. S. 719)

$$dh = \frac{dp}{\varrho} + T\,ds \tag{35}$$

der Zusammenhang

$$\operatorname{grad} h = \frac{1}{\varrho}\operatorname{grad} p = \operatorname{grad}\int\frac{dp}{\varrho} \tag{36}$$

von Druck, Dichte und Enthalpie hervor. Damit reduziert sich die Gl. (29) auf

$$\frac{\partial\mathfrak{v}}{\partial t} = -\operatorname{grad}\left(\frac{\mathfrak{v}^2}{2} + h + \varphi\right) - [\mathfrak{v}[\operatorname{rot}\mathfrak{v}]]\,. \tag{37}$$

Wir betrachten nun den Wirbelvektor einer reibungsfreien Strömung

$$\mathfrak{W} = \frac{1}{2}\operatorname{rot}\mathfrak{v} \tag{38}$$

und bilden

$$\frac{d\mathfrak{W}}{dt} = \frac{\partial\mathfrak{W}}{\partial t} + (\mathfrak{v}\,\nabla)\,\mathfrak{W}\,. \tag{39}$$

Wenden wir den Operator rot auf die zweite und dritte Zeile von (29) an, so finden wir wegen

$$\operatorname{div}\mathfrak{W} = \frac{1}{2}\operatorname{div}\operatorname{rot}\mathfrak{v} = 0 \tag{40}$$

für den Wirbelvektor

$$\left.\begin{aligned}\frac{\partial\mathfrak{W}}{\partial t} &= \operatorname{rot}[\mathfrak{v}\,\mathfrak{W}] - \frac{1}{2}\left[\operatorname{grad}\frac{1}{\varrho}\operatorname{grad} p\right]\\ &= (\nabla\mathfrak{W})\,\mathfrak{v} - (\nabla\mathfrak{v})\,\mathfrak{W} + \frac{1}{2\varrho^2}[\operatorname{grad}\varrho\operatorname{grad}p]\\ &= (\mathfrak{W}\,\nabla)\,\mathfrak{v} - (\mathfrak{v}\,\nabla)\,\mathfrak{W} - \mathfrak{W}\operatorname{div}\mathfrak{v} + \frac{1}{2\varrho^2}[\operatorname{grad}\varrho\operatorname{grad}p]\,.\end{aligned}\right\} \tag{41}$$

Beim Einsetzen von (41) in (39) entsteht

$$\frac{d\mathfrak{W}}{dt} = (\mathfrak{W}\,\nabla)\,\mathfrak{v} - \mathfrak{W}\,\mathrm{div}\,\mathfrak{v} + \frac{1}{2\varrho^2}\,[\mathrm{grad}\,\varrho\;\mathrm{grad}\,p]. \tag{42}$$

Diese Gleichung ersetzt die Gl. (30b), die auf S. 236 für inkompressible Flüssigkeiten angegeben wurde.

Ist die Strömung barotrop, so haben die Gradienten der Dichte und des Druckes gleiche Richtung, und (42) reduziert sich auf

$$\frac{d\mathfrak{W}}{dt} = (\mathfrak{W}\,\nabla)\,\mathfrak{v} - \mathfrak{W}\,\mathrm{div}\,\mathfrak{v}. \tag{43}$$

Ist $\mathfrak{W}$ in irgendeinem Zeitpunkt überall Null, so entstehen auch keine Wirbel. Eine barotrope Strömung bleibt wirbelfrei, wenn sie zu irgendeinem Zeitpunkt wirbelfrei war, z. B. wenn sie aus der Ruhe heraus entstanden ist.

Ist die Strömung barotrop und wirbelfrei, so kann die Geschwindigkeit

$$\mathfrak{v} = \mathrm{grad}\,\Phi \tag{44}$$

aus einem Geschwindigkeitspotential Φ abgeleitet werden. Die Gl. (29) liefert dann

$$\mathrm{grad}\left\{\frac{\partial \Phi}{\partial t} + \frac{1}{2}(\mathrm{grad}\,\Phi)^2 + h + \varphi\right\} = 0, \tag{45}$$

woraus

$$\frac{\partial \Phi}{\partial t} + \frac{1}{2}(\mathrm{grad}\,\Phi)^2 + h + \varphi = \chi(t) \tag{46}$$

durch Integration hervorgeht. $\chi(t)$ ist eine willkürliche Funktion der Zeit. Sie reduziert sich auf eine Konstante, wenn die Strömung stationär oder wenigstens in einem Teilgebiet stationär ist. Dies gilt insbesondere, wenn ein Teil des Mediums sich dauernd in Ruhe befindet.

*§ 3. Der Schall in Gasen und Flüssigkeiten.

Inhalt: Strömungsgeschwindigkeit, Geschwindigkeitspotential und Druck- und Dichteschwankungen des Schallfeldes genügen einer Wellengleichung. Der Schall ist eine longitudinale Welle, die sich von der Schallquelle radial ausbreitet. In großer Entfernung kann die Welle als eben gelten.

Bezeichnungen: $\mathfrak{v}$ Strömungsgeschwindigkeit, v ihr Betrag, c Schallgeschwindigkeit, p Druck, ϱ Dichte, ϱ_0 mittlere Dichte, Φ Geschwindigkeitspotential im Schallfeld, γ Kompressibilität, C_p, C_v spezifische Wärmen bei konstantem Druck bzw. Volumen, λ Wellenlänge, ν Frequenz, r, φ, ϑ räumliche Polarkoordinaten, H Symbol für die HANKELsche Funktion.

Die Vorgänge im Schall kann man nur verstehen, wenn man die Kompressibilität des Mediums berücksichtigt. Der Schall in der Flüssigkeit ist geradezu eine longitudinale elastische Welle.

Die Reibung können wir zunächst beim Schall vernachlässigen, obwohl sie natürlich als Dämpfung der Schallwelle von Bedeutung ist. Auch die Wärmeleitung spielt keine wesentliche Rolle, weil sie mit den schnellen Veränderungen der Temperatur beim Schall nicht mitkommt. Im Ruhezustand des Mediums, aus dem die Schallbewegung entsteht, haben Dichte, Druck, Entropie usw. im ganzen Medium die gleichen Werte. Der Schall ist deshalb eine adiabatische, isentrope, barotrope und wirbelfreie Bewegung. Die Thermodynamik [s. S. 718, Gl. (70), (76), (81), (83)] liefert die Beziehung

$$dp = \frac{C_p}{\varrho\,\gamma\,C_v}\,d\varrho \tag{47}$$

zwischen den Änderungen des Druckes und der Dichte bei adiabatischen Prozessen. C_p und C_v sind die spez. Wärmen bei konstantem Druck bzw. Volumen, γ ist die isotherme Kompressibilität.

Alle Zustandseigenschaften des Mediums, Druck, Dichte, Temperatur, Enthalpie usw. werden durch den Schall nur geringfügig verändert. Sie weichen nur wenig von den Werten im Ruhezustand ab, die wir durch den Index 0 kennzeichnen.

Die zeitlichen und räumlichen Ableitungen der Zustandsgrößen sind aber groß, weil die Änderungen schnell und über kleine Entfernungen eintreten. Aus den gleichen Gründen sind alle zweiten Ableitungen groß gegen die ersten. Man kann also für alle Zustandseigenschaften selbst die genullten Ruhewerte einsetzen, muß aber ihre Veränderungen in den Ableitungen berücksichtigen.

Der Schall bringt nur kleine Geschwindigkeiten hervor. Die zeitlichen und räumlichen Ableitungen der Geschwindigkeit sind jedoch groß. Wir können also $\mathfrak{v}$ selbst vernachlässigen, müssen aber $\partial\mathfrak{v}/\partial t$ und $\operatorname{div}\mathfrak{v}$ berücksichtigen.

Gegenüber zweiten Ableitungen dürfen erste Ableitungen stets vernachlässigt werden.

Die Bewegungsgleichung reduziert sich unter diesen Umständen auf

$$\frac{\partial\mathfrak{v}}{\partial t} = -\frac{1}{\varrho_0}\operatorname{grad}p = -\operatorname{grad}h, \tag{48}$$

die Kontinuitätsgleichung auf

$$\begin{aligned}\frac{\partial\varrho}{\partial t} &= -\operatorname{div}(\varrho\,\mathfrak{v}) = -\varrho\operatorname{div}\mathfrak{v} - (\mathfrak{v}\operatorname{grad}\varrho)\\ &= -\varrho_0\operatorname{div}\mathfrak{v}.\end{aligned} \tag{49}$$

Aus (47) entnehmen wir

$$\operatorname{grad}p = c^2\operatorname{grad}\varrho; \qquad \frac{\partial p}{\partial t} = c^2\frac{\partial\varrho}{\partial t}, \tag{50}$$

wobei wir die Abkürzung

$$c^2 = \frac{C_p}{\varrho_0\,\gamma\,C_v} \tag{51}$$

benutzen. Damit geht (48) in

$$\frac{\partial\mathfrak{v}}{\partial t} = -\frac{c^2}{\varrho_0}\operatorname{grad}\varrho \tag{52}$$

und (49) in

$$\frac{\partial p}{\partial t} = -\varrho_0\,c^2\operatorname{div}\mathfrak{v} \tag{53}$$

über.

Differenziert man (49) bzw. (53) nach der Zeit und setzt $\partial\mathfrak{v}/\partial t$ aus (52) ein, so entstehen die Wellengleichungen

$$\frac{\partial^2\varrho}{\partial t^2} = c^2\Delta\varrho \tag{54}$$

und

$$\frac{\partial^2 p}{\partial t^2} = c^2\Delta p \tag{55}$$

für Dichte und Druck. Differenziert man (48) oder (52) nach der Zeit und setzt (53) bzw. (49) ein, so ergibt sich wegen der Wirbelfreiheit

$$\operatorname{grad}\operatorname{div}\mathfrak{v} = \Delta\mathfrak{v} + \operatorname{rot}\operatorname{rot}\mathfrak{v} = \Delta\mathfrak{v} \tag{56}$$

und die Wellengleichung

$$\frac{\partial^2\mathfrak{v}}{\partial t^2} = c^2\Delta\mathfrak{v} \tag{57}$$

für die Geschwindigkeit. Auch für die Enthalpie h und das Geschwindigkeitspotential Φ kann man leicht die Wellengleichungen

$$\frac{\partial^2 h}{\partial t^2} = c^2\Delta h \tag{58}$$

$$\frac{\partial^2\Phi}{\partial t^2} = c^2\Delta\Phi \tag{59}$$

gewinnen.

Die Größe c ist die Fortpflanzungsgeschwindigkeit der Schallwellen. Dies wurde ausführlich bei den elastischen Wellen auf S. 180 als Folge der Wellengleichung dargetan.

Die kugelförmige Ausbreitung von Schallwellen. Die Schallquelle, von der die Schallbewegung ausgeht, denken wir uns in einem Punkte lokalisiert, den wir zum Ursprung eines sphärischen Polarkoordinatensystems machen. Dann geht die Gl. (59) in

$$\frac{1}{r^2}\frac{\partial}{\partial r}r^2\frac{\partial\Phi}{\partial r}+\frac{1}{r^2\sin\vartheta}\frac{\partial}{\partial\vartheta}\sin\vartheta\frac{\partial\Phi}{\partial\vartheta}+\frac{1}{r^2\sin^2\vartheta}\frac{\partial^2\Phi}{\partial\varphi^2}=\frac{1}{c^2}\frac{\partial^2\Phi}{\partial t^2}$$

über. Im einfachsten Fall erwarten wir, daß Φ von der Richtung unabhängig ist, also ϑ und φ nicht enthält. Hierdurch vereinfacht sich die Wellengleichung auf

$$\frac{1}{r^2}\frac{\partial}{\partial r}r^2\frac{\partial\Phi}{\partial r}=\frac{1}{c^2}\frac{\partial^2\Phi}{\partial t^2}. \tag{60}$$

Durch den Ansatz

$$\Phi=\frac{\Psi}{r}$$

erhalten wir für Ψ

$$\frac{\partial^2\Psi}{\partial r^2}=\frac{1}{c^2}\frac{\partial^2\Psi}{\partial t^2}.$$

Lösungen dieser Gleichungen sind

$$\Psi=f(r-c\,t)$$

und auch

$$\Psi=g(r+g\,t),$$

wie man leicht nachrechnen kann. f und g können dabei beliebige Funktionen ihrer Argumente $(r-c\,t)$ bzw. $(r+c\,t)$ sein.

Wir untersuchen zunächst

$$\Phi=\frac{1}{r}f(r-c\,t). \tag{61}$$

Zur Zeit t_0 möge auf der Kugel mit dem Radius r_0 ein bestimmter Wert von f vorliegen. Während einer Zeitspanne Δt verschiebt er sich um die Strecke $\Delta r=c\,\Delta t$, d. h. nach (51) mit der Geschwindigkeit

$$c=\sqrt{\frac{C_p}{\varrho_0\,\gamma\,C_v}}$$

in radialer Richtung. Dieser Wert von f wandert also mit der Geschwindigkeit c von der Schallquelle weg, wobei das Geschwindigkeitspotential allerdings mit r allmählich abnimmt. Die Schallwelle pflanzt sich mit der Geschwindigkeit c von der Schallquelle aus radial fort. Hieraus sieht man auch, daß der Anteil

$$\frac{1}{r}g(r+c\,t)$$

keine Bedeutung besitzt, weil er ja eine Schallwelle darstellt, die von außen konzentrisch auf die Schallquelle zuläuft. (61) stellt also das Geschwindigkeitspotential des Schallfeldes dar, das von einer punktförmigen Schallquelle ausgeht.

Die Geschwindigkeit selbst findet man jetzt leicht durch

$$\mathfrak{v}=\operatorname{grad}\Phi=\mathfrak{r}^0\frac{\partial}{\partial r}\frac{f}{r}=\mathfrak{r}^0\left(\frac{f'}{r}-\frac{f}{r^2}\right). \tag{62}$$

In großer Entfernung von der Schallquelle kann man den Anteil mit $1/r^2$ weglassen. Die Teilchen der Flüssigkeit bzw. des Gases bewegen sich in der gleichen Richtung, in der sich die Welle fortpflanzt. Schallwellen in Gasen oder Flüssigkeiten sind longitudinal.

Ebene Wellen, periodische Wellen. In großer Entfernung von der Schallquelle kann man die Welle als eben ansehen. Φ hat dann in einer Ebene senkrecht zur Fortpflanzungsrichtung überall denselben Wert. Die Wellengleichung nimmt die einfache Form

$$\frac{1}{c^2}\frac{\partial^2\Phi}{\partial t^2}=\frac{\partial^2\Phi}{\partial x^2} \tag{63}$$

an, wenn die Fortpflanzung in der x-Richtung erfolgt. Hieraus ergibt sich das Geschwindigkeitspotential

$$\Phi = f(x \pm c\,t). \tag{64}$$

Jetzt sind die beiden Vorzeichen sinnvoll, da die Welle ja nach beiden Richtungen fortschreiten kann. Die Geschwindigkeit ist

$$v=\frac{\partial\Phi}{\partial x}=f' \tag{65}$$

und nach (49) ergibt sich

$$\frac{\partial\varrho}{\partial t}=-\varrho_0\frac{\partial v}{\partial x}=-\varrho_0 f''.$$

Durch Integration erhält man hieraus die relative Verdichtung

$$\frac{\varrho-\varrho_0}{\varrho_0}=\frac{1}{c}f'=\frac{v}{c}. \tag{66}$$

Bei einer periodischen Schallwelle haben wir

$$v=f'=B\sin\frac{2\pi}{\lambda}(x-c\,t) \tag{67}$$

und

$$\frac{\varrho-\varrho_0}{\varrho_0}=\frac{B}{c}\sin\frac{2\pi}{\lambda}(x-c\,t)=\frac{v}{c}. \tag{68}$$

Für den Druck erhält man

$$\begin{aligned} p-p_0=c^2(\varrho-\varrho_0)&=B\,\varrho_0\,c\sin\frac{2\pi}{\lambda}(x-c\,t)\\ &=\varrho_0\,c\,v. \end{aligned} \tag{69}$$

Die Amplituden der Dichte und Druckschwankungen sind der Geschwindigkeitsamplitude proportional.

*§ 4. Die Schallabstrahlung.

Inhalt: Schallfelder verschiedener Ordnungen. Ist die Schallquelle klein gegen die Wellenlänge, so wiegt die niedrigste Ordnung vor; je kleiner die Wellenlänge ist, desto mehr kommen höhere Ordnungen zum Zug.

Bezeichnungen: r_0 Radius der Schallquelle, sonst wie S. 290.

Eine Schallwelle könnte von einer kleinen Kugel ausgesandt werden, deren Radius r_0 sich vergrößern oder verkleinern kann. Die Geschwindigkeit auf der Oberfläche dieser Kugel wäre nach (62)

$$\mathfrak{v}=\mathfrak{r}^0\left(\frac{f'}{r_0}-\frac{f}{r_0^2}\right). \tag{70}$$

Bei einer periodischen Welle mit

$$f=A\sin\frac{2\pi}{\lambda}(r-c\,t) \tag{71}$$

gibt dies die Radialgeschwindigkeit

$$v_r = \frac{A}{r_0}\left\{\frac{2\pi}{\lambda}\cos\frac{2\pi}{\lambda}(r_0 - c\,t) - \frac{1}{r_0}\sin\frac{2\pi}{\lambda}(r_0 - c\,t)\right\}. \tag{72}$$

Wenn die Schallquelle klein gegen die Wellenlänge, also $r_0 \ll \lambda$ ist, kann man einfach

$$v_r = -\frac{A}{r_0^2}\sin\frac{2\pi}{\lambda}(r_0 - c\,t) \tag{73}$$

setzen. In sehr großer Entfernung erzielt man damit die Schallwelle

$$\mathfrak{v} = \mathfrak{r}^0\frac{2\pi A}{r\lambda}\cos\frac{2\pi}{\lambda}(r - c\,t). \tag{74}$$

Das Verhältnis der abgestrahlten Geschwindigkeitsamplitude $2\pi A/r\lambda$ zu der der Schallquelle

$$\frac{2\pi r_0^2}{\lambda r} = \frac{2\pi\nu r_0^2}{c r} \tag{75}$$

wächst mit abnehmender Wellenlänge. Die Schallquelle strahlt die hohen Frequenzen besser ab.

**Allgemeinere Schallwellen, die von einer kleinen Schallquelle in großer Entfernung erzeugt werden, konstruieren wir auf folgende Weise. Zuerst zerlegen wir das Schallfeld in periodische Anteile, denen wir die Geschwindigkeitspotentiale

$$\Phi_\nu = \Psi_\nu e^{-2\pi i\nu t} \tag{76}$$

zuordnen. In sphärischen Polarkoordinaten müssen die Φ_ν die Gleichungen

$$\frac{1}{r^2}\frac{\partial}{\partial r}r^2\frac{\partial\Phi_\nu}{\partial r} + \frac{1}{r^2}\left\{\frac{1}{\sin\vartheta}\frac{1}{\partial\vartheta}\sin\vartheta\frac{\partial\Phi_\nu}{\partial\vartheta} + \frac{1}{\sin^2\vartheta}\frac{\partial^2\Phi_\nu}{\partial\varphi^2}\right\} = \frac{1}{c^2}\frac{\partial^2\Phi_\nu}{\partial t^2} \tag{77}$$

und die Ψ_ν die Gleichungen

$$\frac{1}{r^2}\frac{\partial}{\partial r}r^2\frac{\partial\Psi_\nu}{\partial r} + \frac{1}{r^2}\left\{\frac{1}{\sin\vartheta}\frac{\partial}{\partial\vartheta}\sin\vartheta\frac{\partial\Psi_\nu}{\partial\vartheta} + \frac{1}{\sin^2\vartheta}\frac{\partial^2\Psi_\nu}{\partial\varphi^2}\right\} = -\frac{4\pi^2\nu^2}{c^2}\Psi_\nu \tag{78}$$

erfüllen. Nun suchen wir eine partikuläre Lösung, die wir als Produkt

$$\Psi_\nu = F(r)\cdot Y_{l,m}(\vartheta,\varphi) \tag{79}$$

einer nur von r abhängigen Funktion $F(r)$ und einer Kugelflächenfunktion $Y_{l,m}(\vartheta,\varphi)$ schreiben können. Die Kugelfunktionen genügen der Gleichung

$$\frac{1}{\sin\vartheta}\frac{\partial}{\partial\vartheta}\sin\vartheta\frac{\partial Y}{\partial\vartheta} + \frac{1}{\sin^2\vartheta}\frac{\partial^2 Y}{\partial\varphi^2} + l(l+1)\,Y = 0, \tag{80}$$

wo l ein ganzzahliger Parameter ist. Sie sind auf der Kugelfläche eindeutig, wodurch auch Ψ_ν zu einer eindeutigen Ortsfunktion werden kann. Für F hinterbleibt nun die Gleichung

$$\frac{\partial}{\partial r}r^2\frac{\partial F}{\partial r} + \left\{\frac{4\pi^2\nu^2 r^2}{c^2} - l(l+1)\right\}F = 0. \tag{81}$$

Führt man als unabhängige Variable

$$\xi = \frac{2\pi\nu r}{c} = \frac{2\pi r}{\lambda} \tag{82}$$

ein und setzt

$$F = \frac{1}{\sqrt{\xi}}f(\xi), \tag{83}$$

so gelangt man für f zu der BESSELschen Differentialgleichung

$$\frac{d^2 f}{d\xi^2} + \frac{1}{\xi}\frac{df}{d\xi} + \left\{1 - \frac{\left(l+\frac{1}{2}\right)^2}{\xi^2}\right\}f = 0. \tag{84}$$

Von ihren Lösungen verwenden wir die HANKELsche Funktion (s. JAHNKE-EMDE)

$$f = H^{(1)}_{l+0,5}(\xi), \tag{85}$$

welche für große ξ in

$$f = H^{(1)}_{l+0,5}(\xi) \approx i^{-l-1} e^{i\xi} \sqrt{\frac{2}{\pi\xi}} \tag{86a}$$

übergeht und in endlicher Entfernung durch

$$f = i^{-l-1} e^{i\xi} \sqrt{\frac{2}{\pi\xi}}\, S_{l+0,5}(\xi) \tag{86b}$$

gegeben ist. Die S sind Polynome vom Grade l, nämlich

$$S_{0,5} = 1; \qquad S_{1,5} = 1 + \frac{i}{\xi}; \qquad S_{2,5} = 1 + \frac{3i}{\xi} - \frac{3}{\xi^2}$$

$$S_{3,5} = 1 + \frac{6i}{\xi} - \frac{15}{\xi^2} - \frac{15i}{\xi^3}.$$

In großer Entfernung von der Entstehungsstätte erhalten wir so die Schallwelle

$$\Phi_\nu = i^{-l-1} \frac{\lambda}{\pi r \sqrt{2\pi}} e^{\frac{2\pi i}{\lambda}(r-ct)} Y_{l,m}(\vartheta, \varphi). \tag{87}$$

Auf der Kugel vom Radius $r_0 \ll \lambda$ hat $\xi = \xi_0$ einen kleinen Wert, und in erster Näherung braucht in S nur das Glied mit der größten Potenz von ξ im Nenner beachtet zu werden. Hierdurch bekommen wir für $\xi = \xi_0$

$$\Phi_\nu = i^{-l-1} \frac{1}{\xi_0} \sqrt{\frac{2}{\pi}}\, S_{l+0,5}(\xi_0)\, e^{\frac{2\pi i}{\lambda}(r_0-ct)} Y_{l,m}(\vartheta, \varphi). \tag{88}$$

Das Amplitudenverhältnis der Geschwindigkeitspotentiale

$$\left| \frac{\xi_0}{\xi S_{l+0,5}(\xi_0)} \right|$$

an den Stellen ξ und ξ_0 wird für

$$\begin{aligned} l = 0:&\quad \frac{\xi_0}{\xi} = \frac{r_0}{r} \\ l = 1:&\quad \frac{\xi_0^2}{\xi} = \frac{2\pi r_0^2}{\lambda r} \\ l = 2:&\quad \frac{\xi_0^3}{3\xi} = \frac{4\pi^2 r_0^3}{3\lambda^2 r} \\ l = 3:&\quad \frac{\xi_0^4}{15\xi} = \frac{8\pi^3 r_0^4}{15\lambda^3 r} \end{aligned} \tag{89}$$

usw., wenn $r_0 \ll \lambda$ ist.

Eine Schallquelle nennt man einen Strahler nullter, erster, zweiter usw. Ordnung, je nachdem, ob er ein Schallfeld liefert, das zu $l = 0, 1, 2$ usw. gehört. Im allgemeinen setzt sich das Schallfeld aus Feldern verschiedener Ordnung additiv zusammen. Ist die Schallquelle (r_0) sehr klein gegenüber der Wellenlänge, so wiegt stets das Feld niederster Ordnung vor. Für die kleinen Wellenlängen kommen auch die höheren Ordnungen zum Vorschein. Siehe hierzu auch S. 184: Elastische Kugelwellen.

§ 5. Die Schallgeschwindigkeit.

Inhalt: Die Schallgeschwindigkeit der Flüssigkeiten hängt nur wenig von Druck und Temperatur ab. Die Schallgeschwindigkeit der Gase ist der Wurzel aus der Temperatur proportional und zur Wurzel aus der molaren Masse reziprok. Außerdem geht das Verhältnis der spezifischen Wärmen ein.

Bezeichnungen: M molare Masse, R molare Gaskonstante, sonst wie § 3, S. 290.

In die Geschwindigkeit

$$c = \sqrt{\frac{C_p}{C_v \varrho \gamma}}, \tag{90}$$

mit der eine Schallwelle sich fortpflanzt, geht die Dichte, die isotherme Kompressibilität und das Verhältnis

$$\varkappa = \frac{C_p}{C_v} \tag{91}$$

der spez. Wärmen bei konstantem Druck bzw. Volumen ein. Bei Flüssigkeiten hängen diese Größen nur wenig von Druck und Temperatur ab, die Schallgeschwindigkeit der Flüssigkeiten ist also ziemlich konstant.

Bei Gasen lautet die Zustandsgleichung für die Masseneinheit

$$\varrho = \frac{M p}{R T}, \tag{92}$$

wenn M die molare Masse ist. Daraus ergibt sich, daß die isotherme Kompressibilität

$$\gamma = \frac{1}{\varrho}\left(\frac{\partial \varrho}{\partial p}\right)_T = \frac{1}{p} \tag{93}$$

gleich dem reziproken Druck ist. Für die Schallgeschwindigkeit finden wir damit die Ausdrücke

$$c = \sqrt{\frac{C_p R T}{C_v M}} = \sqrt{\varkappa \frac{R T}{M}} = \sqrt{\varkappa \frac{p}{\varrho}}. \tag{94}$$

Die Schallgeschwindigkeit eines bestimmten Gases ist nur der Wurzel aus der Temperatur proportional und bei gleicher Temperatur vom Druck unabhängig. Die Schallgeschwindigkeit verschiedener Gase ist bei gleicher Temperatur zur Wurzel aus der molaren Masse reziprok. Außerdem geht das Verhältnis der spez. Wärmen ein. Bei einatomigen Gasen (Edelgase, Metalldämpfe) hat es den Wert $5/3 = 1{,}67$, für zweiatomige den Wert $7/5 = 1{,}40$, für mehratomige den Wert $4/3 = 1{,}33$ in Übereinstimmung mit der statistischen Theorie der spez. Wärmen (s. Bd. II, Struktur und Eigenschaften der Gase).

§ 6. Reflexion, Brechung und Beugung des Schalls.

Inhalt: Die Reflexion und Brechung des Schalls an einer ebenen Grenzfläche zweier Medien folgt ähnlichen Gesetzen wie die des Lichtes. Dies gilt auch für die Beugung. Erhebliche Unterschiede kommen von den größeren Wellenlängen und Brechungskoeffizienten beim Schall.

Bezeichnungen: Φ Geschwindigkeitspotential, ν Frequenz, c Schallgeschwindigkeit, $\mathfrak{s}$ Einheitsvektor in der Fortpflanzungsrichtung, $\mathfrak{r}$ Ortsvektor, γ Einfallswinkel, n Brechungsindex, A Amplitude.

An der Grenze zweier Medien wird eine Schallwelle reflektiert und gebrochen. Um möglichst einfache Verhältnisse zu haben, untersuchen wir eine ebene Welle an einer ebenen Grenzfläche, die wir zur x, y-Ebene eines kartesischen Koordinatensystems machen. Das Geschwindigkeitspotential der einfallenden Schallwelle können wir dann durch

$$\Phi = A\, e^{2\pi i \nu\left(\frac{\mathfrak{s}\mathfrak{r}}{c} - t\right)} \tag{95a}$$

beschreiben, wo $\mathfrak{s}$ ein Einheitsvektor in der Fortpflanzungsrichtung der Welle ist. Für die reflektierte Welle setzen wir

$$\Phi' = A' e^{2\pi i \nu' \left(\frac{\mathfrak{s}' \mathfrak{r}}{c} - t\right)} \tag{95b}$$

und für eine etwa vorhandene gebrochene Welle

$$\Phi'' = A'' e^{2\pi i \nu'' \left(\frac{\mathfrak{s}'' \mathfrak{r}}{c''} - t\right)} \tag{95c}$$

an.

Die Geschwindigkeit muß auf beiden Seiten der Grenzfläche dieselbe sein. Dies liefert die Gleichung

$$\operatorname{grad} \Phi + \operatorname{grad} \Phi' = \operatorname{grad} \Phi'' \tag{96}$$

oder ausführlich geschrieben

$$\nu \mathfrak{s} A e^{2\pi i \nu \left(\frac{\mathfrak{s} \mathfrak{r}}{c} - t\right)} + \nu' \mathfrak{s}' A' e^{2\pi i \nu' \left(\frac{\mathfrak{s}' \mathfrak{r}}{c} - t\right)} = \nu'' \mathfrak{s}'' \frac{c}{c''} A'' e^{2\pi i \nu'' \left(\frac{\mathfrak{s}'' \mathfrak{r}}{c''} - t\right)}. \tag{96a}$$

Im Koordinatenanfang ($\mathfrak{r} = 0$) reduziert sich das auf

$$\nu \mathfrak{s} A e^{-2\pi i \nu t} + \nu' \mathfrak{s}' A' e^{-2\pi i \nu' t} = \nu'' \mathfrak{s}'' \frac{c}{c''} A'' e^{-2\pi i \nu'' t}.$$

Beim Differenzieren nach der Zeit gehen hieraus nacheinander die Gleichungen

$$\nu^2 \mathfrak{s} A e^{-2\pi i \nu t} + \nu'^2 \mathfrak{s}' A' e^{-2\pi i \nu' t} = \nu''^2 \mathfrak{s}'' \frac{c}{c''} A'' e^{-2\pi i \nu'' t}$$

$$\nu^3 \mathfrak{s} A e^{-2\pi i \nu t} + \nu'^3 \mathfrak{s}' A' e^{-2\pi i \nu' t} = \nu''^3 \mathfrak{s}'' \frac{c}{c''} A'' e^{-2\pi i \nu'' t}$$

$$\nu^4 \mathfrak{s} A e^{-2\pi i \nu t} + \nu'^4 \mathfrak{s}' A' e^{-2\pi i \nu' t} = \nu''^4 \mathfrak{s}'' \frac{c}{c''} A'' e^{-2\pi i \nu'' t}$$

usw.

hervor, die für $t = 0$ das Gleichungssystem

$$\nu \mathfrak{s} A + \nu' \mathfrak{s}' A' = \nu'' \mathfrak{s}'' \frac{c}{c''} A''$$

$$\nu^2 \mathfrak{s} A + \nu'^2 \mathfrak{s}' A' = \nu''^2 \mathfrak{s}'' \frac{c}{c''} A''$$

$$\nu^3 \mathfrak{s} A + \nu'^3 \mathfrak{s}' A' = \nu''^3 \mathfrak{s}'' \frac{c}{c''} A''$$

usw.

liefern. Sehen wir von der trivialen Möglichkeit ab, daß alle Amplituden verschwinden, so können diese Gleichungen nur befriedigt werden, wenn

$$\nu = \nu' = \nu'' \tag{97}$$

ist. Die Frequenz einer Schallwelle wird an der Grenzfläche zweier Medien durch Reflexion oder Brechung nicht geändert.

Damit vereinfacht sich (96a) auf

$$\mathfrak{s} A e^{\frac{2\pi i \nu}{c}(\mathfrak{s} \mathfrak{r})} + \mathfrak{s}' A' e^{\frac{2\pi i \nu}{c}(\mathfrak{s}' \mathfrak{r})} = \mathfrak{s}'' \frac{c}{c''} A'' e^{\frac{2\pi i \nu}{c''}(\mathfrak{s}'' \mathfrak{r})} \tag{96b}$$

Nun führen wir die Richtungskosinus der drei Fortpflanzungsrichtungen

$$\cos\alpha,\ \cos\beta,\ \cos\gamma,\ \cos\alpha',\ \cos\beta',\ \cos\gamma',\ \cos\alpha'',\ \cos\beta'',\ \cos\gamma''$$

und

$$(\mathfrak{s}\,\mathfrak{r}) = x \cos\alpha + y \cos\beta + z \cos\gamma$$

$$(\mathfrak{s}'\,\mathfrak{r}) = x \cos\alpha' + y \cos\beta' + z \cos\gamma'$$

$$(\mathfrak{s}''\,\mathfrak{r}) = x \cos\alpha'' + y \cos\beta'' + z \cos\gamma''$$

ein. In der Grenzfläche ($z = 0$) schreibt sich (96b) jetzt

$$\mathfrak{s} A\, e^{\frac{2\pi i \nu}{c}(x\cos\alpha + y\cos\beta)} + \mathfrak{s}' A'\, e^{\frac{2\pi i \nu}{c}(x\cos\alpha' + y\cos\beta')} = \mathfrak{s}'' \frac{c}{c''} A''\, e^{\frac{2\pi i \nu}{c''}(x\cos\alpha'' + y\cos\beta'')} \tag{96c}$$

Genauso, wie wir oben die Gleichheit der Frequenz bei allen drei Wellen nachgewiesen haben, können wir jetzt zeigen, daß

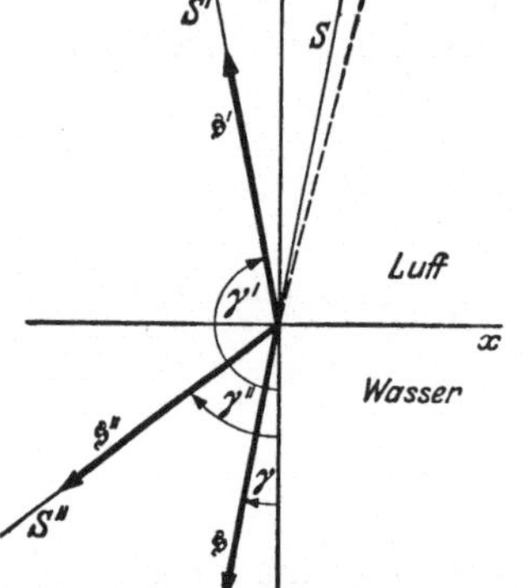

Abb. 83. Reflexion und Brechung des Schalls an einer Wasseroberfläche. S, S', S'' einfallende reflektierte und gebrochene Schallrichtung, starke Pfeile sind die Einheitsvektoren $\mathfrak{s}$, $\mathfrak{s}'$, $\mathfrak{s}''$. Punktiert Grenze der Totalreflexion.

$$\frac{\cos\alpha}{c} = \frac{\cos\alpha'}{c} = \frac{\cos\alpha''}{c''} \tag{98a}$$

$$\frac{\cos\beta}{c} = \frac{\cos\beta'}{c} = \frac{\cos\beta''}{c''} \tag{98b}$$

ist. Legen wir die y-Achse senkrecht zur Fortpflanzungsrichtung der einfallenden Welle, so ist

$$\cos\beta = \cos\beta' = \cos\beta'' = 0, \tag{99}$$

d. h. alle drei Fortpflanzungsrichtungen fallen in eine Ebene, die auch das Lot zur Grenzfläche enthält. Führen wir statt der Winkel α gegen die x-Achse die Winkel γ gegen die z-Achse ein, so bekommen wir aus (98a)

$$\sin\gamma' = \sin\gamma; \qquad \sin\gamma'' = \frac{c''}{c}\sin\gamma = n\sin\gamma. \tag{100}$$

$n = c''/c$ nennt man den Brechungsindex der beiden Medien. An der Grenzfläche findet eine reguläre Reflexion der Schallwelle statt, außerdem dringt auch eine Welle in das zweite Medium ein (s. Abb. 83). Die Fortpflanzungsrichtung der eindringenden bzw. gebrochenen Welle bestimmt sich durch dasselbe Gesetz, das man auch bei der Brechung des Lichtes kennt.

Wenden wir das Brechungsgesetz (98a, b), (99), (100) auf die Gl. (96c) an, so finden wir für die Amplituden die Bestimmungsgleichung

$$\mathfrak{s}A + \mathfrak{s}'A' = \mathfrak{s}''\frac{c}{c''}A'' = \frac{\mathfrak{s}''A''}{n} \tag{101}$$

oder in Komponenten

$$(A + A')\sin\gamma = \frac{A''\sin\gamma''}{n} = \sin\gamma\, A'' \tag{102a}$$

$$(A - A')\cos\gamma = \frac{A''\cos\gamma''}{n} = \frac{A''}{n}\sqrt{1 - n^2\sin^2\gamma}. \tag{102b}$$

Hieraus kann man leicht die Amplituden der reflektierten und gebrochenen Welle berechnen. Wie in der Optik tritt keine Brechung mehr ein, wenn sich aus (100)

$$\sin\gamma'' = \frac{c''}{c}\sin\gamma > 1 \tag{103}$$

ergibt, sondern es findet dann Totalreflexion statt. Hierzu muß die Fortpflanzungsgeschwindigkeit im zweiten Medium größer sein. Man bezeichnet es als das akustisch dünnere Medium. Akustisch ist Wasser dünner als Luft. An einer Wasseroberfläche tritt Totalreflexion schon ein, wenn der Einfallswinkel 14° überschreitet. Auch die senkrechte Reflexion ist bedeutend.

Ebenso wie die Brechung und Reflexion des Schalls mit den entsprechenden optischen Erscheinungen eine große Ähnlichkeit aufweisen, gilt dies auch für die Beugung, die an begrenzten Öffnungen oder verhältnismäßig kleinen Körpern eintritt. Wegen der viel größeren Wellenlänge erleidet der Schall Beugung an allen möglichen Hindernissen, während beim Licht mehr die gradlinige Ausbreitung der Strahlen im Vordergrund steht. Dies ist der Grund dafür, daß der Schall um Ecken herumgeführt wird und daß es keine so ausgesprochenen Schallschatten gibt wie Lichtschatten. Im Gegensatz zum Licht gibt es in Gasen und Flüssigkeiten auch keine Polarisation des Schalls.

XI. Gasdynamik.

Als Gasdynamik bezeichnet man die Theorie der Gasströmungen hoher Geschwindigkeit, bei denen große Dichteunterschiede auftreten. Mit der Ausdehnung und Kompression gehen erhebliche Temperaturänderungen einher, die man berücksichtigen muß. Solche Strömungen entstehen z. B., wenn Gase durch eine enge Düse hindurchtreten oder wenn ein Hindernis mit großer Geschwindigkeit angeblasen wird.

§ 1. Grundgleichungen der Gasdynamik.

Inhalt: In schnellen Strömungen bei großen Druckunterschieden müssen Trägheitsglieder und Kompressibilität des Gases berücksichtigt werden. Ausdehnung und Kompression verlaufen adiabatisch. Die obere Grenze der Geschwindigkeit hängt nur von der Maximaltemperatur ab. Temperatur, Dichte und Betrag der Geschwindigkeit sind Funktionen des Druckes. An kritischen Stellen erreicht die Geschwindigkeit die lokale Schallgeschwindigkeit.

Bezeichnungen: $\mathfrak{v}$ Geschwindigkeit, $\mathfrak{v}_{max}$ ihre obere Grenze, p Druck, ϱ Dichte, M molare Masse, h Enthalpie pro Masseneinheit, C_p bzw. C_v molare spezifische Wärmen bei konstantem Druck bzw. Volumen, R molare Gaskonstante, T absolute Temperatur, c Schallgeschwindigkeit. Die auf das ruhende Gas bezogenen Größen sind mit dem Index 0, die auf kritische Größe bezogenen mit kr bezeichnet.

Äußere Volumenkräfte, z. B. die Schwerkraft, kann man meist vernachlässigen. Die Reibungskräfte spielen gewöhnlich gegenüber den Druck- und Trägheitskräften eine kleine Rolle und können wenigstens in erster Näherung unberücksichtigt bleiben. Auch von der Wärmeleitung kann man oft absehen. Unter diesen Annahmen gilt nach S. 289, Gl. (33),

$$\frac{ds}{dt} = \frac{\partial s}{\partial t} + (\mathfrak{v} \operatorname{grad} s) = 0. \tag{1}$$

Die Entropie eines materiellen Elementes des Gases bleibt im Lauf der Strömung konstant.

Wir untersuchen nun das Ausströmen von Gas aus einem Vorratsbehälter, in welchem der Druck p_0 und die Temperatur T_0 herrscht. Die Entropie hat im Behälter überall den einheitlichen Wert s_0 pro Masseneinheit, der sich wegen (1) auch im Laufe der Strömung erhält. Die Strömung ist also isentrop und deshalb auch barotrop. Da sie aus der Ruhe heraus entsteht, ist sie außerdem wirbelfrei.

Für eine solche Strömung gelten die Gleichungen [s. S. 289, Gl. (37)]

$$\frac{\partial \mathfrak{v}}{\partial t} + \operatorname{grad}\left(\frac{\mathfrak{v}^2}{2} + h\right) = 0 \tag{2}$$

$$\frac{\partial \varrho}{\partial t} + \operatorname{div}(\varrho \mathfrak{v}) = 0. \tag{3}$$

Ist der Strömungsvorgang stationär, weil der Behälter sehr groß ist oder das Gas in ihm nachgeliefert wird, so kann die Gl. (2) sofort integriert werden und ergibt

$$\frac{\mathfrak{v}^2}{2} + h = \frac{\mathfrak{v}_0^2}{2} + h_0 = h_0. \tag{4}$$

Der Index 0 bezieht sich auf das ruhende Gas im Behälter. Die Gl. (4) ist unabhängig von der Zustandsgleichung des Gases.

Handelt es sich um ein ideales Gas, so ist die Enthalpie h eine Funktion der Temperatur allein und unabhängig vom Druck. Im weiten Temperaturbereich gilt sogar

$$h = h_0 + \frac{C_p}{M}(T - T_0). \tag{5}$$

M ist die molare Masse und C_p die molare spez. Wärme bei konstantem Druck, die selbst nahezu unabhängig von der Temperatur ist. Jetzt erhält Gl. (4) die Form

$$\frac{M}{2}\mathfrak{v}^2 = C_p(T_0 - T). \tag{6}$$

Da die Entropie pro Masseneinheit (s. S. 722)

$$s = \frac{1}{M}(R\,i + C_p + C_p \ln T - R \ln p) \tag{7}$$

konstant ist, besteht zwischen Druck und Temperatur die Beziehung

$$p = p_0 \left(\frac{T}{T_0}\right)^{\frac{C_p}{R}} \tag{8}$$

Mit Hilfe der Zustandsgleichung

$$p = \frac{R\,T\,\varrho}{M} \quad \text{und} \quad C_p - C_v = R \tag{9}$$

findet man zwischen Dichte und Temperatur bzw. Druck die Gleichung

$$\varrho = \varrho_0 \left(\frac{T}{T_0}\right)^{\frac{C_v}{R}} = \varrho_0 \left(\frac{p}{p_0}\right)^{\frac{C_v}{C_p}}. \tag{10}$$

Nach (4) wächst die kinetische Energie pro Masseneinheit, wenn die Temperatur absinkt. Das Quadrat der Geschwindigkeit kann jedoch den Wert

$$\mathfrak{v}_{\max}^2 = \frac{2C_p T_0}{M} \tag{11}$$

niemals überschreiten. $\mathfrak{v}_{\max}$ könnte nur erreicht werden, wenn man das Gas adiabatisch bis zum absoluten Nullpunkt abkühlen könnte.

Der Betrag der Massenstromdichte (Impuls pro Volumeneinheit) ist

$$\varrho|\mathfrak{v}| = \varrho_0 \left(\frac{T}{T_0}\right)^{\frac{C_v}{R}} \sqrt{\frac{2C_p}{M}(T_0 - T)}. \tag{12}$$

Er erreicht seinen größten Wert bei der Temperatur

$$T_{\text{kr}} = T_0 \frac{2C_v}{C_p + C_v} \tag{13}$$

der Dichte

$$\varrho_{\text{kr}} = \varrho_0 \left(\frac{2C_v}{C_p + C_v}\right)^{\frac{C_v}{R}} \tag{14}$$

und dem Druck

$$p_{\text{kr}} = p_0 \left(\frac{2C_v}{C_p + C_v}\right)^{\frac{C_p}{R}}. \tag{15}$$

Das zugehörige Geschwindigkeitsquadrat

$$\mathfrak{v}_{\mathrm{kr}}^2 = c_{\mathrm{kr}}^2 = \frac{2 C_p R T_0}{M(C_p + C_v)} = \frac{C_p R T_k}{C_v M} = \frac{R}{C_p + C_v} \mathfrak{v}_{\max}^2 \tag{16}$$

erweist sich gleich dem Quadrat der Schallgeschwindigkeit c_k in diesem Zustand, den man als kritischen Zustand der Strömung bezeichnet. Er hat selbstverständlich nichts mit dem kritischen Zustand zu tun, der für die Verflüssigung der Gase maßgebend ist. Kritisch nennt man vielmehr eine Strömung, bei der die tatsächliche Geschwindigkeit gleich der Schallgeschwindigkeit ist.

Die Schallgeschwindigkeit selbst nimmt mit der Temperatur nach der Formel

$$c^2 = \frac{C_p R T}{C_v M} \tag{17}$$

ab und ist deshalb an verschiedenen Stellen in der Strömung verschieden groß. Drückt man die Temperatur in (6) mit (11) und (17) aus, so findet man den Zusammenhang

$$\mathfrak{v}^2 = \mathfrak{v}_{\max}^2 - \frac{2 C_v}{R} c^2 = \mathfrak{v}_{\max}^2 + \left(1 - \frac{C_p + C_v}{R}\right) c^2 \tag{18}$$

zwischen der lokalen Schallgeschwindigkeit c, der Geschwindigkeit $\mathfrak{v}$ an dieser Stelle und der Maximalgeschwindigkeit. Entfernt man nun C_p und C_v aus (18) mit

$$\frac{C_p + C_v}{R} = \frac{\mathfrak{v}_{\max}^2}{c_{\mathrm{kr}}^2}, \tag{19}$$

so gelangt man zu der Gleichung

$$\frac{\mathfrak{v}^2 - c^2}{\mathfrak{v}_{\max}^2} + \frac{c^2}{c_{\mathrm{kr}}^2} = 1 \tag{20}$$

der sogenannten Adiabatenellipse.

In Gl. (6) war die Geschwindigkeit als Funktion der Temperatur dargestellt. Eliminiert man die Temperatur mit (8), so erhält man die Formel

$$\mathfrak{v}^2 = \frac{2 C_p T_0}{M} \left\{1 - \left(\frac{p}{p_0}\right)^{\frac{R}{C_p}}\right\} = \mathfrak{v}_{\max}^2 \left\{1 - \left(\frac{p}{p_0}\right)^{\frac{R}{C_p}}\right\} \tag{21}$$

von DE SAINT-VENANT und WANTZEL, welche die Geschwindigkeit als Funktion des Druckes angibt. Ebenso kann man natürlich auch die Geschwindigkeit mit Hilfe der Dichte ausdrücken.

Wir wenden uns nun der Kontinuitätsgleichung (3) zu. Im stationären Fall können wir sie in die Form

$$\left(\mathfrak{v} \frac{\operatorname{grad} \varrho}{\varrho}\right) + \operatorname{div} \mathfrak{v} = 0 \tag{22}$$

bringen. Wir logarithmieren (10) und bilden den Gradienten, drücken $\operatorname{grad} T$ mit (5) durch $\operatorname{grad} h$, die Temperatur T mit (17) durch die Schallgeschwindigkeit aus und verwenden schließlich noch (4). Es entsteht dann

$$\begin{aligned} \frac{\operatorname{grad} \varrho}{\varrho} &= \frac{C_v}{R T} \operatorname{grad} T = \frac{\operatorname{grad} h}{c^2} \\ &= -\frac{1}{2 c^2} \operatorname{grad} \mathfrak{v}^2 = \frac{1}{\varrho c^2} \operatorname{grad} p. \end{aligned} \tag{23}$$

Setzt man dies in (22) ein, so erhält man die Gleichung

$$\operatorname{div} \mathfrak{v} = \frac{1}{2 c^2} (\mathfrak{v} \operatorname{grad} \mathfrak{v}^2), \tag{24}$$

welche nur noch die Geschwindigkeit enthält, weil sich c mit (18) durch $\mathfrak{v}^2$ ausdrücken läßt.

§ 2. Strömung durch eine Düse.

Inhalt: Bei langsamer Strömung liegt zu beiden Seiten einer Düse hoher Druck, in der Verengung kleiner Druck. Bei schneller Strömung bildet sich ein Gasstrahl, dessen Geschwindigkeit die Schallgeschwindigkeit überschreitet. Der Druck nimmt dann hinter der engsten Stelle weiter ab.

Bezeichnungen: G ausströmende Gasmenge, u Betrag der Geschwindigkeit, q Querschnitt, sonst wie S. 299.

Ein Gas ströme aus einem Behälter, in welchem es unter dem Druck p_0 steht, durch eine Düse in einen Raum aus, in welchem der Druck p herrscht. Die Temperatur im Behälter sei T_0. Den Zusammenhang zwischen Geschwindigkeit und Druck finden wir aus Gl. (21). In einer Düse von schlanker Form ist $\mathfrak{v}^2$ im wesentlichen das Quadrat der Längsgeschwindigkeit, die wir mit u bezeichnen. Man erhält dann die Ausströmungsgeschwindigkeit

$$u = \sqrt{\frac{2C_p T_0}{M}\left\{1 - \left(\frac{p}{p_0}\right)^{\frac{R}{C_p}}\right\}}. \tag{25}$$

Sie hängt von der Gasart, der Temperatur T_0 im Behälter und dem Verhältnis p/p_0 der Drucke hinter und vor der Düse ab. Die maximale Ausströmungsgeschwindigkeit

$$u_{\max} = \sqrt{\frac{2C_p T_0}{M}} \tag{26}$$

wird beim Ausströmen ins Vakuum erzielt.

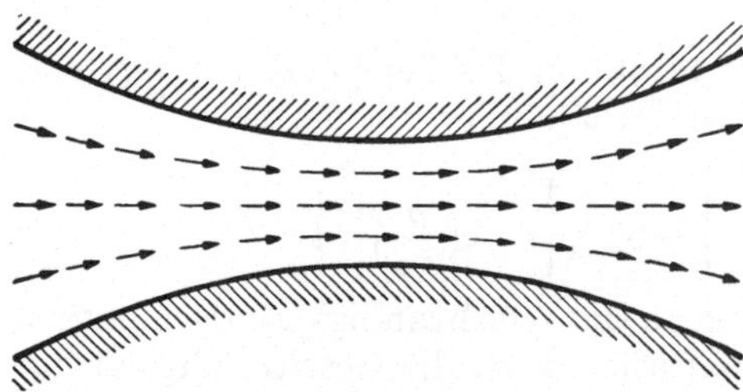

Abb. 84. Strömung durch eine Düse. Darüber Druckverlauf bei verschiedenen Strömungsgeschwindigkeiten. Die starke Kurve gilt bei Strömungen mit Schallgeschwindigkeit und darüber. Die Reibung ist vernachlässigt.

Der Druckverlauf in der Düse wird von der Kontinuitätsgleichung beherrscht. Ist q der allmählich veränderliche Rohr- oder Düsenquerschnitt, so muß durch alle Querschnitte dieselbe Gasmenge

$$G = \varrho\, u\, q \tag{27}$$

fließen. Diese Beziehung verwenden wir an Stelle der Kontinuitätsgleichung. Mit (10) und (25) finden wir daraus

$$G = q\,\varrho_0\left(\frac{p}{p_0}\right)^{\frac{C_v}{C_p}} \sqrt{\frac{2C_p T_0}{M}\left\{1 - \left(\frac{p}{p_0}\right)^{\frac{R}{C_p}}\right\}}. \tag{28}$$

Da G konstant ist, bestimmt diese Gleichung den Druck in Abhängigkeit vom veränderlichen Düsenquerschnitt q.

Wir betrachten nun eine Düse vom Profil der Abb. 84, die von links nach rechts durchströmt werde. Tragen wir die Funktion

$$f\left(\frac{p}{p_0}\right) = \left(\frac{p}{p_0}\right)^{\frac{C_v}{C_p}} \sqrt{1 - \left(\frac{p}{p_0}\right)^{\frac{R}{C_p}}} \tag{29}$$

gegen p/p_0 auf, so erhalten wir bei einatomigen Gasen (mit $C_v = 3R/2$, $C_p = 5R/2$) die Kurve A der Abb. 85, für mehratomige Gase (mit $C_v = 3R$, $C_p = 4R$) die Kurve B. Die Gl. (28) nimmt jetzt die Gestalt

$$f\left(\frac{p}{p_0}\right) = \frac{G}{\varrho_0 q} \sqrt{\frac{2C_p T_0}{M}} \tag{30}$$

an. Beim Eintritt in die Düse haben wir noch einen verhältnismäßig großen Querschnitt, f ist ziemlich klein und p kaum kleiner als p_0. Mit der Verengung des Querschnitts wächst f, und dabei sinkt p. Ist $q_{\min}$ der engste Querschnitt und bleibt der zugehörige Wert von f noch unter dem Maximalwert, den die Kurve der Abb. 85 erreicht, so steigt der Druck hinter der Verengung wieder an und kommt schließlich wieder auf den Wert p_0, wenn das Gas wieder zur Ruhe kommt. Die kinetische Energie in der Düse wird dazu verwandt, das Gas wieder zu komprimieren. Hierbei ist allerdings nicht berücksichtigt, daß ein gewisser Bruchteil des Druckgefälles zur Überwindung der Reibung notwendig ist, so daß hinter der Düse nicht ganz der Druck erreicht wird, der vor ihr herrscht. Die ausfließende Gasmenge ist um so größer, je niedriger der Druck in der engsten Stelle ist. Die maximale Ausflußmenge wird erzielt, wenn f an der engsten Stelle das Maximum der Abb. 85 erreicht. Dies tritt ein, wenn dort

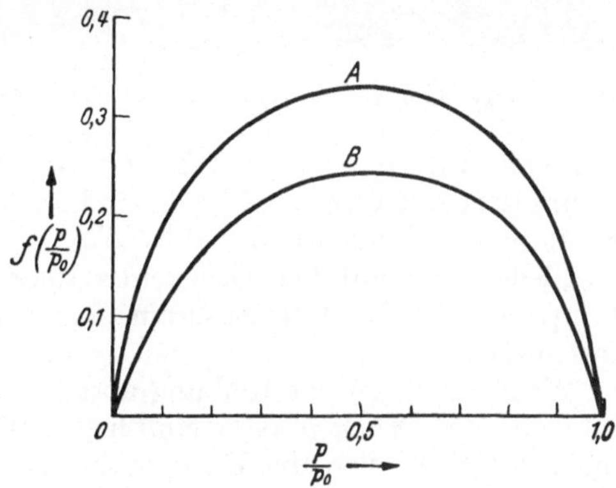

Abb. 85. $f(p/p_0)$ gegen p/p_0 aufgetragen. A: für $C_p/C_v = 5/3$; B: für $C_p/C_v = 4/3$.

$$p = p_0 \left(\frac{2C_v}{C_p + C_v}\right)^{\frac{C_p}{R}} = p_{\text{kr}} \tag{31}$$

ist, d. h., wenn die engste Stelle eine kritische Stelle ist. Die Geschwindigkeit erreicht dann an der engsten Stelle gerade die (kritische) Schallgeschwindigkeit

$$u_{\text{kr}} = |\mathfrak{v}_{\max}| \sqrt{\frac{R}{C_p + C_v}} = c_{\text{kr}} = c_0 \sqrt{\frac{2C_v}{C_p + C_v}}. \tag{32}$$

Die maximale Durchflußmenge ist also nach (14)

$$G_{\max} = q_{\min} \varrho_{\text{kr}} c_{\text{kr}} = q_{\min} c_0 \varrho_0 \left(\frac{2C_v}{C_p + C_v}\right)^{\frac{C_p + C_v}{2R}}. \tag{33}$$

Sie ist unabhängig von der Düsenform und dem Gegendruck auf der Ausgangsseite. Sie ist dem Produkt $c_0 \varrho_0$ proportional, d. h. dem Druck p_0 im Behälter proportional und zur Wurzel aus der Temperatur T_0 reziprok. Da Reibung und Wirbel vernachlässigt sind, ist dies natürlich nur eine Näherung.

Solange weniger Gas als $G_{\max}$ durch die Düse strömt, steigt der Druck auf der äußeren Seite wieder an. Wird aber die Gasmenge (33) erreicht, so entspricht der Druck p_{kr} dem Maximum von f, und jenseits der Verengung gelangt man in den fallenden, linken Ast der Kurven der Abb. 85, in welchem der Druck weiter abnimmt, wenn der Querschnitt wieder größer wird.

Etwas natürlicher erscheinen die Verhältnisse, wenn man von der Druckdifferenz über der Düse ausgeht. Ist sie klein, so wird sie nur zur Überwindung der Reibung verwendet, und es bildet sich eine langsame Strömung aus. Der Druck fällt bis zur engsten Stelle und steigt dann wieder an. Die maximale Durchflußmenge wird nicht erreicht. Erhöht man das Druckgefälle, so strömt mehr Gas durch die Düse, und der Druck in der Mitte sinkt. Wenn die maximale Durchflußmenge erreicht ist, kann man durch Senken des Druckes an der Austrittsseite nicht mehr Gas durch die Düse saugen. Nur die Ausströmungsgeschwindigkeit vergrößert sich noch, die Dichte nimmt aber in gleichem Maße ab. Im divergenten Teil der Düse fällt dann der Druck weiter. Das Gas strömt dort mit Überschallgeschwindigkeit und bildet einen Gasstrahl nach dem Austritt aus der Düse (s. Abb. 86).

Abb. 86. Schlierenbild eines aus einer Düse austretenden Gasstrahles.

Gleichzeitig mit der Druckentlastung findet in der Düse eine Senkung der Temperatur statt. Der Zusammenhang zwischen p und T ist in der Gl. (8) enthalten.

Wenn man von der Reibung absieht, so muß auf der Austrittsseite der Düse entweder der Druck p_0 oder Null liegen. Das scheint aus der Formel (29) hervorzugehen. Wenn sich die Düse praktisch auf unendlichen Querschnitt erweitert hat, ist $f = 0$ geworden, und dies ist nur bei den Drucken $p = 0$ oder $p = p_0$ möglich. Andererseits kann man selbstverständlich das Gas durch eine Düse in einen Raum ausströmen lassen, in dem ein ganz beliebiger Druck herrscht. Diese Diskrepanz wird ein wenig gemildert, weil der Querschnitt ∞ nicht wirklich erreicht wird und weil ein gewisses Druckgefälle für die Reibung verbraucht wird. Es gibt aber tatsächlich einen Bereich von Drucken, gegen welche der Gasstrom nicht reversibel durch die Düse fließen kann. In solchen Fällen bildet sich hinter der Verengung ein sogenannter Verdichtungsstoß. Wir werden in § 6, S. 310, derartige Vorgänge untersuchen.

Die auffallende Tatsache, daß die Gasmengen, welche durch eine Düse ausströmt, sich durch Druckgefälle nicht beliebig steigern läßt, sondern einen Maximalwert besitzt, haben wir schon in den Gl. (13) bis (16) niedergelegt. Dort wurde gezeigt, daß die Strömung die größte Materialmenge transportiert, wenn sie kritisch ist.

§ 3. Bewegung eines Körpers mit Überschallgeschwindigkeit.

Inhalt: Ein Körper, der sich schneller als der Schall bewegt, löst Schallwellen aus, deren größte Stärke auf einem Kegel liegt.

Bezeichnungen: $\mathfrak{v}$ Geschwindigkeit des Körpers, $\mathfrak{r}$ Ort des Körpers, $\mathfrak{R}$ Ort im Wellenfeld, t, τ Zeit, α Machscher Winkel, c Schallgeschwindigkeit.

In einem ruhenden Gas befinde sich ein kleiner Körper zur Zeit τ an der Stelle $\mathfrak{r}$ und bewege sich während des Zeitintervalls $d\tau$ um eine kleine Strecke $d\mathfrak{s}$ fort. Seine Geschwindigkeit $d\mathfrak{s}/d\tau$ bezeichnen wir mit $\mathfrak{v}$. Geht die Bewegung genügend langsam vor sich, so umströmt das Gas den Körper, ohne daß in größerer Entfernung von ihm eine Wirkung sichtbar wäre. Bei schneller Bewegung ändert sich die Sache. Der Körper sendet eine Störung in das Gas, die sich in Form einer Schallwelle ausbreitet. Der Ausgangspunkt der Welle ist der jeweilige Ort des Körpers. Die Störung, die von dieser Stelle ausgeht, dauert allerdings nur sehr kurze Zeit. Bezeichnet t die Zeit, der Ortsvektor $\mathfrak{R}$ einen beliebigen Ort im Gas, so hat das Geschwindigkeitspotential der Schallwelle

$$\Phi(|\mathfrak{R} - \mathfrak{r}| - c(t - \tau)) \tag{34}$$

nur dann wesentlich von Null verschiedene Werte, wenn das Argument

$$|\mathfrak{R} - \mathfrak{r}| - c(t - \tau) \tag{35}$$

beinahe Null ist, d. h. auf Kugeln

$$(\mathfrak{R} - \mathfrak{r})^2 = c^2(t - \tau)^2 \tag{36}$$

mit den Radien $c(t - \tau)$ um den Ort $\mathfrak{r}$ des Körpers zur Zeit τ.

Bewegt sich der Körper auf der Bahn

$$\mathfrak{r} = \mathfrak{r}(\tau), \tag{37}$$

so sendet jeder Bahnpunkt eine Schallwelle aus, und wir erhalten das gesamte Schallfeld durch Summieren aller Einzelwellen bzw. sein Geschwindigkeitspotential

$$\Psi = \int \Phi(|\mathfrak{R} - \mathfrak{r}| - c(t - \tau))\, d\tau \tag{38}$$

durch eine Integration über τ. Man kann aber dieses Schallfeld einigermaßen überblicken, ohne die Integration auszuführen.

Da Φ nur auf den Kugeln (36) von Null wesentlich abweicht, hat Ψ den größten Wert auf der Umhüllenden dieser Kugeln. Eine solche Enveloppe existiert

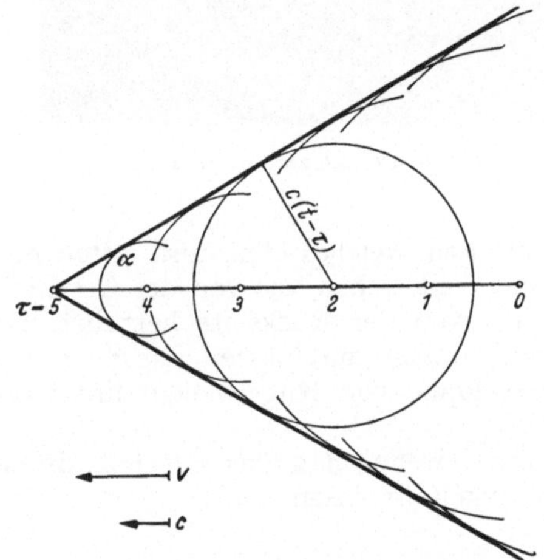

Abb. 87. Körpergeschwindigkeit größer als Schallgeschwindigkeit. Ort des Körpers zu den Zeiten $\tau = 0$ bis 5 durch Punkte markiert. Die Einzelwellen bilden einen Kegel als Enveloppe. (Gezeichnet für die Zeit $t = 5$.)

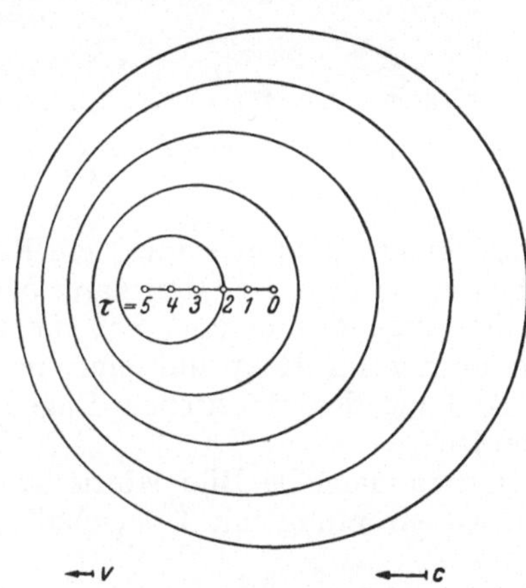

Abb. 88. Körpergeschwindigkeit kleiner als Schallgeschwindigkeit. Ort des Körpers zu den Zeiten $\tau = 0$ bis 5 durch Punkte markiert. Die Einzelwellen bilden keine Enveloppe. (Gezeichnet für $t = 5$.)

nur, wenn der Körper sich mit Überschallgeschwindigkeit bewegt (s. Abb. 87), nicht aber, wenn seine Geschwindigkeit unter der Schallgeschwindigkeit bleibt (s. Abb. 88).

Bei gerader Bahn ist die Umhüllende ein Kegel, für dessen Halböffnungswinkel α die Beziehung

$$\sin\alpha = \frac{c}{v} \tag{39}$$

gilt. α nennt man den MACHschen Winkel.

Diese Überlegung versuchen wir auf ein Geschoß anzuwenden, das sich mit Überschallgeschwindigkeit durch die Luft bewegt. Eine Störung wird hauptsächlich von der Spitze und dem rückwärtigen Rand des Geschosses ausgehen, während an der glatten Mantelfläche das Gas ungestört entlangströmt. Sehr deutlich ist die Entstehung des MACHschen Kegels in der Abb. 89 sichtbar.

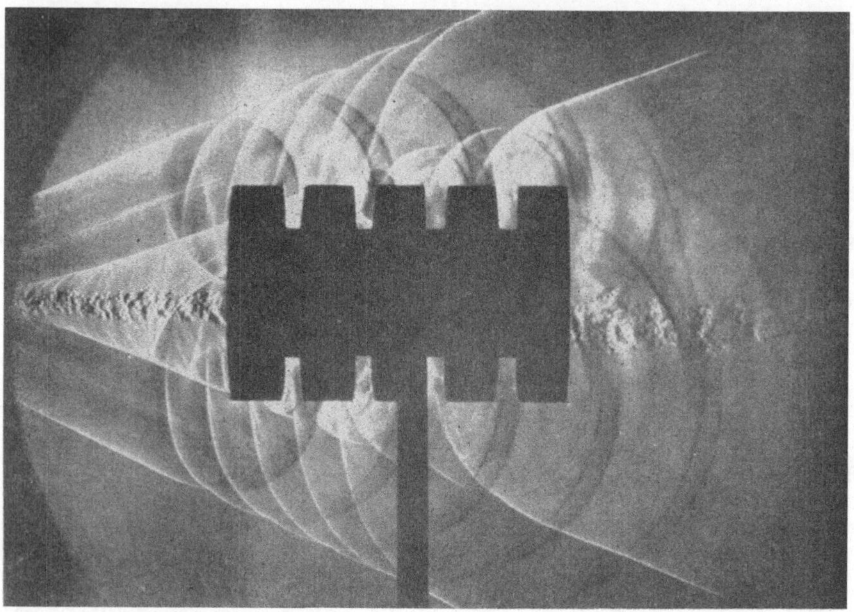

Abb. 89. Kopf und Schwanzwelle eines Geschosses. Die Elementarwellen werden sichtbar, wenn das Geschoß durch ein Rohr mit Löchern fliegt.

Ein Projektil wird hier durch ein Rohr geschossen, welches oben und unten mit Löchern versehen ist. Man kann deutlich die Welle sehen, die von der Geschoßspitze ausgeht, und die „Schwanzwelle", die von der Rückseite herrührt. Da die Löcher im Rohr nur einzelne Elementarwellen durchlassen, ist auch die Entstehung des MACHschen Kegels als Enveloppe von Kugelwellen direkt erkennbar.

Genau dasselbe Bild würde man erhalten, wenn man das Geschoß durch eine Gasströmung mit Überschallgeschwindigkeit anblasen würde.

*§ 4. Linearisierte Strömung bei Unterschallgeschwindigkeit.

Inhalt: Das Geschwindigkeitspotential einer wirbelfreien Strömung eines kompressiblen Gases genügt einer nichtlinearen Gleichung. Erfolgt die Strömung nahezu in einer Richtung und mit wenig veränderlicher Geschwindigkeit, so läßt sich eine lineare Näherung finden. Bei Unterschallgeschwindigkeit läßt sich das Strömungsbild durch eine affine Transformation auf das Strömungsbild einer inkompressiblen Flüssigkeit transformieren.

Bezeichnungen: Φ Geschwindigkeitspotential, φ sein Störungsanteil, u Geschwindigkeit der Hauptströmung, ψ Geschwindigkeitspotential der inkompressiblen Vergleichsströmung, ξ, η, ζ Ortskoordinaten der Vergleichsströmung.

Manche Probleme der Gasdynamik können gelöst werden, indem man sie auf ein Strömungsproblem inkompressibler Medien zurückführt.

Ist die Strömung wirbelfrei, so können wir die Geschwindigkeit

$$\mathfrak{v} = \operatorname{grad} \Phi \tag{40}$$

aus einem Potential Φ ableiten. Bei einer stationären, barotropen Strömung liefert (24) für das Geschwindigkeitspotential die komplizierte nichtlineare Gleichung

$$\Delta\Phi = \frac{1}{2c^2}\left(\operatorname{grad}\Phi \operatorname{grad}(\operatorname{grad}\Phi)^2\right), \tag{41}$$

in der nach (18) auch c^2 noch $(\operatorname{grad}\Phi)^2$ enthält. Ist die Strömungsgeschwindigkeit klein gegen die Schallgeschwindigkeit, so geht (41) angenähert in

$$\Delta\Phi = 0 \tag{42}$$

über. Da bei einem inkompressiblen Gas die Schallgeschwindigkeit ∞ wäre, ist (42) eine Näherung für (41), bei welcher die Kompressibilität vernachlässigt ist.

In vielen Fällen, besonders wenn ein Hindernis von einem homogenen Gasstrom angeblasen wird, kann man folgendes Näherungsverfahren einschlagen. In erster Näherung hat man eine homogene Strömung in der x-Richtung vor sich, mit der ortsunabhängigen x-Komponente u der Geschwindigkeit. Ihr Potential ist

$$\Phi^{(0)} = u\,x.$$

Diese Strömung wird durch eine Störung φ des Potentials modifiziert, von der wir nur lineare Glieder berücksichtigen. Setzen wir

$$\Phi = u\,x + \varphi \tag{43}$$

in die Gl. (41) ein, so erhalten wir für φ die Gleichung

$$\left(1 - \frac{u^2}{c^2}\right)\frac{\partial^2\varphi}{\partial x^2} + \frac{\partial^2\varphi}{\partial y^2} + \frac{\partial^2\varphi}{\partial z^2} = 0, \tag{44}$$

wenn wir nur die in φ linearen Glieder mitführen. Diese Gleichung ist linear in den Ableitungen von φ, und man bezeichnet sie als linearisierte Potentialgleichung. In dieser Näherung kann c als konstant gelten. Das aus ihr gewonnene Näherungsmodell für die wirkliche Strömung nennt man „linearisierte Strömung".

Erreicht die Geschwindigkeit u der Hauptströmung nicht die Schallgeschwindigkeit, so bringt die affine Transformation

$$x = \xi; \qquad y = \frac{\eta}{\sqrt{1 - \frac{u^2}{c^2}}}; \qquad z = \frac{\zeta}{\sqrt{1 - \frac{u^2}{c^2}}}; \qquad \varphi = \frac{\psi}{1 - \frac{u^2}{c^2}} \tag{45}$$

die Gl. (44) in die Gestalt

$$\frac{\partial^2\psi}{\partial\xi^2} + \frac{\partial^2\psi}{\partial\eta^2} + \frac{\partial^2\psi}{\partial\zeta^2} = 0, \tag{46}$$

welche man für die Strömung eines inkompressiblen Gases hätte. Man erhält dann

$$\begin{aligned} \mathfrak{v}_\eta &= \frac{\partial\psi}{\partial\eta} = \sqrt{1 - \frac{u^2}{c^2}}\,\frac{\partial\varphi}{\partial y} = \sqrt{1 - \frac{u^2}{c^2}}\,\mathfrak{v}_y \\ \mathfrak{v}_\zeta &= \frac{\partial\psi}{\partial\zeta} = \sqrt{1 - \frac{u^2}{c^2}}\,\frac{\partial\varphi}{\partial z} = \sqrt{1 - \frac{u^2}{c^2}}\,\mathfrak{v}_z. \end{aligned} \tag{47}$$

Die Quergeschwindigkeiten $\mathfrak{v}_y$ und $\mathfrak{v}_z$ werden also ebenso wie die Koordinaten y und z transformiert, während die x-Komponente in dieser Näherung ungeändert bleibt. Aus dem bekannten Stromlinienbild einer jeden inkompressiblen Strömung gewinnt man also durch die affine Transformation (45) ein Stromlinienbild einer kompressiblen Strömung.

Die Anwendung dieses Näherungsverfahrens liegt auf der Hand. Kennt man das Strömungsbild beim Anströmen eines Hindernisses mit einer inkompressiblen Flüssigkeit, so erhält man das Strömungsbild für ein kompressibles Gas um ein Hindernis, das der affinen Transformation (45) unterzogen wird, also in der Querrichtung verdickt ist. Voraussetzungen für dieses Verfahren sind allerdings, daß die y- und z-Komponenten der Geschwindigkeit klein gegen die x-Komponente bleiben. Das Verfahren ist also nur brauchbar für die Ausströmung schlanker Profile unter kleinem Anstellwinkel, und es versagt in der Umgebung der Staupunkte.

**§ 5. Die linearisierte Überschallströmung.

Inhalt: MACHsche Linien der ebenen linearisierten Überschallströmung, Berechnung des MACHschen Winkels aus der Adiabatenellipse. Überschallströmung um eine flache Ecke. Verdichtung und Verdünnung an der MACHschen Linie.

Bezeichnungen: $\mathfrak{v}$ Geschwindigkeit, u Geschwindigkeit der Hauptströmung, c Schallgeschwindigkeit, $\mathfrak{v}_{max}$ Maximalgeschwindigkeit, c_{kr} kritische Geschwindigkeit, φ Potential der Geschwindigkeitsstörung, α MACHscher Winkel, ϑ Winkel der Ecke.

Die linearisierte Potentialgleichung

$$\frac{\partial^2 \varphi}{\partial x^2}\left(\frac{u^2}{c^2}-1\right)-\frac{\partial^2 \varphi}{\partial y^2}-\frac{\partial^2 \varphi}{\partial z^2}=0 \tag{48}$$

läßt sich nicht durch eine reelle affine Transformation auf die Gleichung

$$\Delta \psi = 0 \tag{49}$$

transformieren, wenn die Geschwindigkeit u der Grundströmung größer als die Schallgeschwindigkeit ist. Die Überschallströmung verhält sich gegenüber Hindernissen demzufolge wesentlich anders als die Unterschallströmung.

Wir betrachten eine ebene Strömung, bei der φ von z nicht abhängt, um das Wesen dieser Strömung zu erkennen. Das Störpotential hat dann die Form

$$\varphi = F(y - x\,\mathrm{tg}\alpha) + G(y + x\,\mathrm{tg}\alpha) \tag{50}$$

und setzt sich allgemein aus zwei Anteilen F und G zusammen, wie man durch Einsetzen in (48) erkennt. Damit (50) eine Lösung ist, muß nur

$$\sin\alpha = \frac{c}{u} \tag{51}$$

sein. Auf jeder der sogenannten MACHschen Linien a

$$y = x\,\mathrm{tg}\alpha + \mathrm{const} \tag{52a}$$

hat die Funktion F, auf jeder der Linien b

$$y = -x\,\mathrm{tg}\alpha + \mathrm{const} \tag{52b}$$

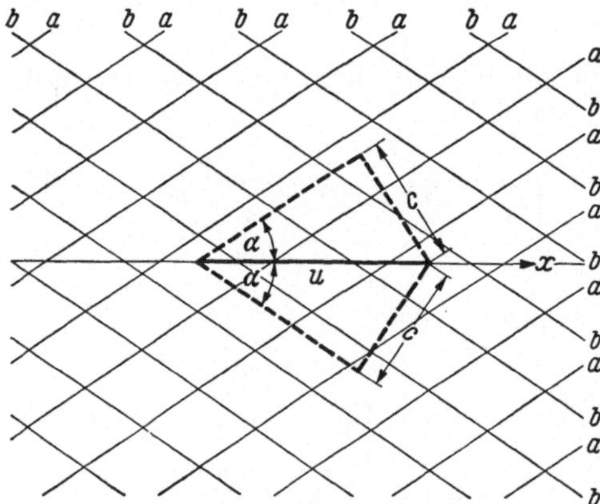

Abb. 90. Netz MACHscher Linien.

hat die Funktion G einen festen Wert. Die MACHschen Linien (52a) und (52b) bilden ein gradliniges Netz (s. Abb. 90).

Die Komponente der Geschwindigkeit

$$\begin{aligned}\mathfrak{v}_a &= \left(u + \frac{\partial \varphi}{\partial x}\right)\cos\alpha + \frac{\partial \varphi}{\partial y}\sin\alpha \\ &= u\cos\alpha + 2\,G'\sin\alpha\end{aligned} \tag{53a}$$

in Richtung der Linien a ist längs der Linien b konstant. Ebenso findet man, daß die Komponente in Richtung der Linien b

$$\mathfrak{v}_b = u\cos\alpha + 2F'\sin\alpha \tag{53b}$$

längs der Linien a konstant ist (s. Abb. 91). F' bzw. G' bedeutet die Ableitung dieser Funktionen nach ihrem Argument.

Beim Anblasen eines Hindernisses ist meist die Blasgeschwindigkeit u und die Temperatur T_0 gegeben, die das Gas vor dem Ausströmen in einem Behälter besaß. Daraus läßt sich die Maximalgeschwindigkeit $\mathfrak{v}_{\max}$ und nach (16) die kritische Geschwindigkeit c_{kr} entnehmen. Um den MACHschen Winkel α zu finden, zeichnet man die sogenannte Adiabatenellipse

$$\frac{X^2}{\mathfrak{v}_{\max}^2} + \frac{Y^2}{c_{\mathrm{kr}}^2} = 1\,. \tag{54}$$

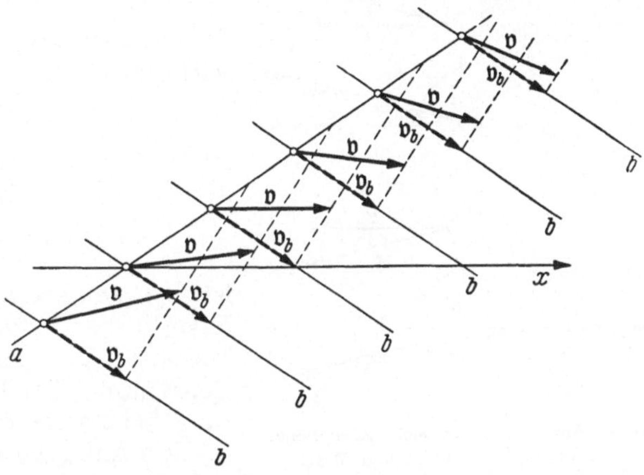

Abb. 91. Die Komponente $\mathfrak{v}_b$ der Geschwindigkeit in Richtung der MACHschen Linien b ist längs jeder MACHschen Linie a konstant.

Das Überschallgebiet liegt in einem Kreisring zwischen den Radien $\mathfrak{v}_{\max}$ und c_{kr} (s. Abb. 92). Ein Kreis mit dem Radius u schneidet die Ellipse in vier Punkten, deren zugehörige Durchmesser den Winkel α mit der großen Achse bilden. Setzt man nämlich $X^2 = u^2 - Y^2$ in (54) ein, löst nach Y auf, so stellt sich mit Hilfe von (20) heraus, daß Y die Schallgeschwindigkeit ist. Man findet daher

$$\sin\alpha = \frac{Y}{u}\,. \tag{55}$$

Als Beispiel betrachten wir die Strömung um eine flache Ecke, an der die Strömung um den Winkel ϑ abgelenkt werden soll. ϑ sei positiv für konvexe, negativ für konkave Ecken. Liegt die Ecke an der Stelle $x=0, y=0$, so müssen wir die Randbedingungen

$$x<0;\quad y=0:\quad \mathfrak{v}_x = u;\quad \mathfrak{v}_y = 0\,. \tag{56}$$

$$x>0;\quad y = -x\,\mathrm{tg}\,\vartheta = -x\vartheta:$$

$$\frac{\mathfrak{v}_y}{\mathfrak{v}_x} = -\mathrm{tg}\,\vartheta = -\vartheta \tag{57}$$

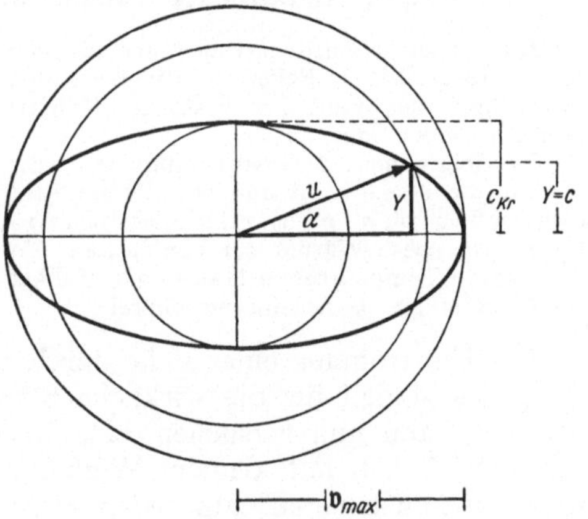

Abb. 92. Konstruktion des MACHschen Winkels mit der Adiabatenellipse.

erfüllen. Dies kann man durch

$$F=0;\quad G=0 \quad \text{für}\quad x<0 \quad \text{und alle}\quad y \tag{58}$$

$$F=0;\quad G=0 \quad \text{für}\quad x>0;\quad y> x\,\mathrm{tg}\,\alpha \tag{59}$$

und

$$F = -u\,\vartheta(y - x\,\mathrm{tg}\,\alpha);\quad G=0;\quad \text{für}\quad x>0;\quad y<x\,\mathrm{tg}\,\alpha \tag{60}$$

geschehen. Wir erhalten dann bis zur MACHschen Linie $y = x\,\mathrm{tg}\,\alpha$ durch die Ecke (s. Abb. 93a und b)

$$\mathfrak{v}_x = u; \quad \mathfrak{v}_y = 0 \tag{61 a}$$

und hinter ihr

$$\mathfrak{v}_x = u + u\,\vartheta\,\mathrm{tg}\,\alpha \approx u; \quad \mathfrak{v}_y = -u\,\vartheta. \tag{61 b}$$

Hinter der MACHschen Linie überlagert sich der Hauptströmung die Zusatzströmung

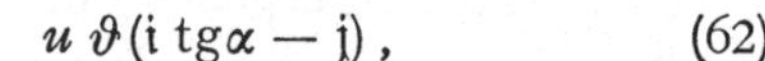

$$u\,\vartheta(\mathfrak{i}\,\mathrm{tg}\,\alpha - \mathfrak{j}), \tag{62}$$

deren Richtung senkrecht zur MACHschen Richtung

$$\mathfrak{i}\cos\alpha + \mathfrak{j}\sin\alpha$$

steht. Der Betrag der Strömungsgeschwindigkeit hinter der MACHschen Linie

$$\mathfrak{v}'^2 = u^2(1 + 2\vartheta\,\mathrm{tg}\,\alpha) \tag{63}$$

ist bei konvexer Ecke größer, bei konkaver Ecke kleiner als die Geschwindigkeit der Hauptströmung. An der MACHschen Linie tritt eine Verdünnung bei konvexer Ecke, eine Verdichtung bei konkaver Ecke ein.

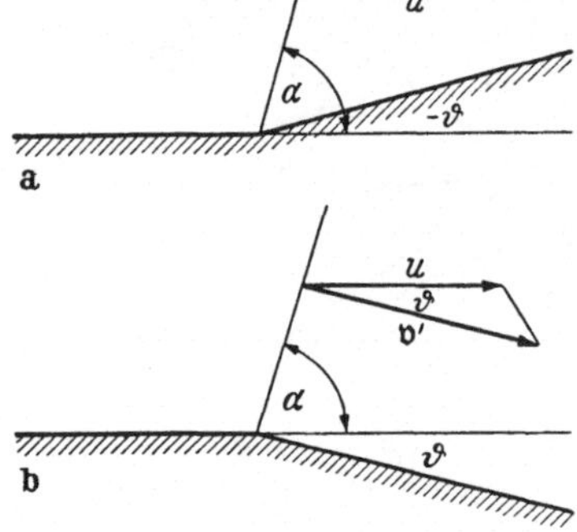

Abb. 93a u. b. Überschallströmung um eine flache Ecke. a) konkave Ecke, b) konvexe Ecke.

Das Anblasen eines spitzen Keiles läßt sich auf die Strömung in zwei konkaven Ecken zurückführen. Ähnlich wie die ebenen Strömungsprobleme kann man auch rotationssymmetrische Probleme behandeln, z. B. das Anblasen eines spitzen Kegels.

**§ 6. Nichtlineare Überschallströmung. Verdichtungsstoß.

Inhalt: Die Nichtlinearität führt zu einer stetigen Verdünnungsströmung um konvexe Ecken, in konkaven Ecken zum irreversiblen Verdichtungsstoß an einer Stoßlinie. Grundgleichungen des Verdichtungsstoßes. Konstruktion der Stoßpolaren. Verdichtungsstoß an konkaver Ecke und Keil.

Bezeichnungen: $\mathfrak{v}$ Geschwindigkeit, v ihr Betrag, ϱ Dichte, p Druck, $\mathfrak{v}_n$, $\mathfrak{v}_t$ Komponenten von $\mathfrak{v}$ senkrecht und parallel zur Stoßlinie, σ Winkel zwischen $\mathfrak{v}$ und Stoßlinie vor dem Stoß, $\mathfrak{v}'$, v', ϱ', p', $\mathfrak{v}_n'$, $\mathfrak{v}_t'$, σ' dieselben Größen nach dem Stoß. M molare Masse, C_v und C_p molare spez. Wärme bei konstantem Volumen bzw. Druck, R molare Gaskonstante, T absolute Temperatur, α MACHscher Winkel, c Schallgeschwindigkeit, c_{kr} kritische Schallgeschwindigkeit, ϑ Ablenkungswinkel.

Die Umströmung einer Ecke durch eine linearisierte Strömung ist nur dann ein gutes Modell für die wirkliche Strömung, wenn der Winkel ϑ sehr klein ist. Man kann nun versuchen, eine Ecke von endlichem Winkel in eine große Zahl von Ecken mit kleinem Winkel ϑ aufzulösen und die Strömung schrittweise zu konstruieren. Für jeden Schritt kann man dann das an der linearisierten Strömung gewonnene Ergebnis verwerten.

An einer konvexen Ecke stößt dieses Verfahren nicht auf Schwierigkeiten. Bei der ersten Ablenkung um ϑ konstruieren wir eine erste MACHsche Linie m_1 und einen MACHschen Winkel α_1. Nach der Ablenkung ist eine Verdünnung eingetreten, die Strömungsgeschwindigkeit ist erhöht, die Schallgeschwindigkeit vermindert. Der zweite MACHsche Winkel α_2 ist deshalb kleiner als α_1 und wird außerdem gegen die bereits um ϑ abgelenkte Grundströmung gemessen (s. Abb. 94a).

Die zweite MACHsche Linie m_2 liegt dann stromabwärts von der Linie m_1. Durch wiederholte Ablenkung entstehen eine Reihe von MACHschen Linien (Abb. 94a). An jeder von ihnen tritt eine Richtungsänderung der Strömung und eine entsprechende Verdünnung ein. Läßt man den Winkel ϑ der einzelnen Ablenkung gegen Null gehen und die Zahl der Ablenkungen wachsen, so erhält man eine stetige Verdünnungsströmung um die Ecke. Auf die wirkliche Durchrechnung des Problems verzichten wir.

Versucht man in ähnlicher Weise die Strömung in einer konkaven Ecke zu behandeln, so stößt man auf eine sehr charakteristische Schwierigkeit. Nach der ersten Ablenkung um einen kleinen negativen Winkel $-\vartheta$ ist eine Verdichtung des Gases, eine Abnahme der Strömungsgeschwindigkeit und eine Zunahme der Schallgeschwindigkeit eingetreten. Der zweite MACHsche Winkel α_2 ist also größer als α_1 und wird außerdem gegen die bereits um $-\vartheta$ geänderte Stromrichtung gemessen. m_2 liegt also stromaufwärts von m_1. Unterteilt man die Gesamtablenkung in viele Einzelablenkungen $-\vartheta$, so würde die Strömung die letzte MACHsche Linie m_l zuerst erreichen, d. h., die letzte Verdichtung würde zuerst eintreten, was offenbar widersinnig ist (s. Abb. 94b).

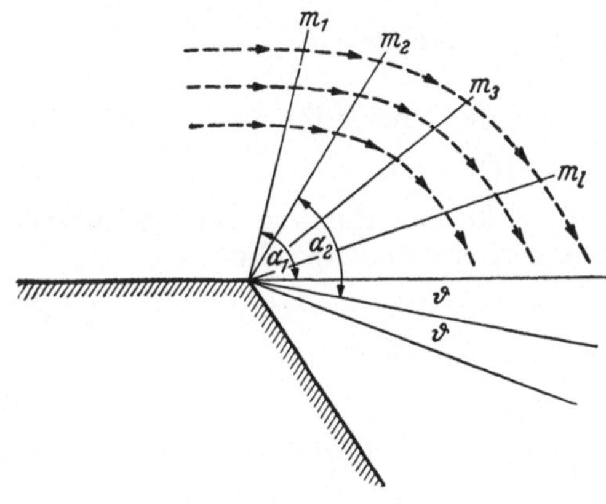

Abb. 94a.
Nichtlineare Überschallströmung um eine konvexe Ecke.

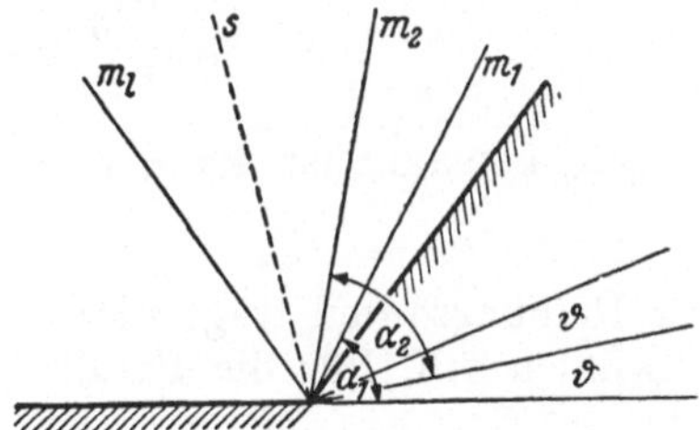

Abb. 94b. Unmöglichkeit einer stetigen Überschallströmung in der konkaven Ecke.

Eine stetige Verdichtung in dem Bereich zwischen der ersten und letzten MACHschen Linie ist also unmöglich. Statt ihrer tritt ein sogenannter Verdichtungsstoß, d. h. ein plötzliches Anwachsen der Dichte, unter Abnahme der Geschwindigkeit in einer dünnen Schicht längs einer Stoßlinie zwischen der ersten und letzten MACHschen Linie ein. Das wirkliche Verhalten bleibt also bei der Verdichtung dem Ergebnis am linearisierten Modell ähnlicher als bei der Verdünnung. Allerdings dürfen wir die plötzliche Dichteänderung beim Verdichtungsstoß nicht als isentrop voraussetzen, sondern müssen mit einer Entropiezunahme rechnen.

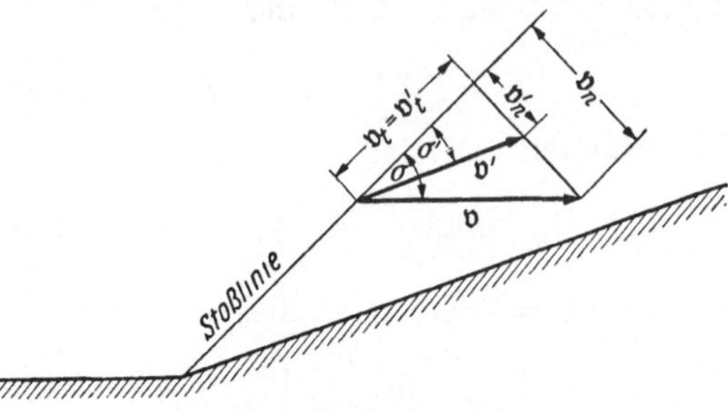

Abb. 95. Verdichtungsstoß.

Um ein Bild davon zu gewinnen, was beim Verdichtungsstoß vor sich geht, untersuchen wir die Schicht längs der Stoßlinie genauer. Die ζ-Achse eines Koordinatensystems liege senkrecht zur Stoßlinie, die ξ-Achse (und η-Achse) parallel zu ihr. Innerhalb der Schicht berücksichtigen wir Reibung und Wärmeleitung, weil über eine kurze

Strecke eine endliche Änderung von Temperatur und Geschwindigkeit eintritt, außerhalb der Schicht betrachten wir die Strömung als isentrop. Längs der Stoßlinie sollen überall dieselben Vorgänge ablaufen, so daß innerhalb der Schicht alle Größen nur von ζ, nicht aber von ξ und η abhängen. Wir zerlegen nun die Geschwindigkeit in die ζ-Komponente $\mathfrak{v}_n$ senkrecht zur Stoßlinie und in eine Komponente $\mathfrak{v}_t$ (x-Komponente) parallel zu ihr.

Die Kontinuitätsgleichung lautet dann einfach

$$\frac{\partial}{\partial \zeta}(\varrho \mathfrak{v}_n) = 0, \tag{64}$$

$\varrho \mathfrak{v}_n$ ist quer durch die Schicht konstant (Massenerhaltung), woraus sich zu beiden Seiten der Schicht

$$\varrho' \mathfrak{v}_n' = \varrho \mathfrak{v}_n \tag{65}$$

ergibt. Die Bewegungsgleichung

$$\varrho(\mathfrak{v} \nabla)\mathfrak{v} = -\operatorname{grad} p + (\nabla \mathcal{R}) \tag{66}$$

schreiben wir mit Hilfe des Einheitsvektors $\mathfrak{k}$ senkrecht zur Stoßlinie

$$\varrho \mathfrak{v}_n \frac{\partial}{\partial \zeta} \mathfrak{v} = -\mathfrak{k} \frac{\partial p}{\partial \zeta} + \frac{\partial}{\partial \zeta}(\mathfrak{k} \mathcal{R}). \tag{67}$$

Da $\varrho \mathfrak{v}_n$ konstant ist, kann man sofort über die Schicht integrieren und erhält

$$\varrho \mathfrak{v}_n(\mathfrak{v}' - \mathfrak{v}) = -\mathfrak{k}(p' - p). \tag{68}$$

Der Reibungsanteil trägt nichts bei, weil er an den Rändern der Schicht verschwinden soll. Für die Parallelkomponenten erhalten wir also

$$\mathfrak{v}_t' = \mathfrak{v}_t \tag{69}$$

für die senkrechten Komponenten der Geschwindigkeit

$$\varrho \mathfrak{v}_n(\mathfrak{v}_n' - \mathfrak{v}_n) = p - p'. \tag{70}$$

Nun schreiben wir die Gl. (67) in der Form [s. S. 222, Gl. (32) und S. 224, Gl. (57)]

$$\varrho \operatorname{grad} \frac{\mathfrak{v}^2}{2} - \varrho[\mathfrak{v} \operatorname{rot} \mathfrak{v}] = -\varrho \operatorname{grad} h + \varrho T \operatorname{grad} s + (\nabla \mathcal{R}). \tag{71}$$

Multiplizieren wir skalar mit $\mathfrak{v}$, so erhalten wir

$$\left(\varrho \mathfrak{v} \operatorname{grad}\left\{\frac{\mathfrak{v}^2}{2} + h\right\}\right) = \varrho T(\mathfrak{v} \operatorname{grad} s) + \left(\mathfrak{v}(\nabla \mathcal{R})\right). \tag{72}$$

Diese Gleichung kombinieren wir mit der Entropiegleichung [s. S. 224, Gl. (53)] für eine stationäre Strömung

$$\varrho T \frac{ds}{dt} = \varrho T(\mathfrak{v} \operatorname{grad} s) = ((\mathcal{R} \nabla)\mathfrak{v}) + \operatorname{div} \lambda \operatorname{grad} T \tag{73}$$

und erhalten

$$\left(\varrho \mathfrak{v} \operatorname{grad}\left\{\frac{\mathfrak{v}^2}{2} + h\right\}\right) = ((\mathcal{R} \nabla)\mathfrak{v}) + \left(\mathfrak{v}(\nabla \mathcal{R})\right) + \operatorname{div} \lambda \operatorname{grad} T. \tag{74}$$

Da $\operatorname{div} \varrho \mathfrak{v} = 0$ ist, geht dies in

$$\operatorname{div}\left\{\varrho \mathfrak{v}\left(\frac{\mathfrak{v}^2}{2} + h\right) - (\mathcal{R} \mathfrak{v}) - \lambda \operatorname{grad} T\right\} = 0 \tag{75}$$

über. Die Integration über die Schicht ergibt

$$\varrho' \mathfrak{v}_n'\left\{\frac{\mathfrak{v}'^2}{2} + h'\right\} = \varrho \mathfrak{v}_n\left\{\frac{\mathfrak{v}^2}{2} + h\right\} \tag{76}$$

oder wegen (69) und (65)

$$\frac{1}{2}(\mathfrak{v}_n'^2 - \mathfrak{v}_n^2) = h - h'. \tag{77}$$

Drücken wir bei einem idealen Gas h durch T oder p und ϱ aus, so erhalten wir

$$\mathfrak{v}_n'^2 - \mathfrak{v}_n^2 = \frac{2C_p}{M}(T - T') = \frac{2C_p}{R}\left(\frac{p}{\varrho} - \frac{p'}{\varrho'}\right). \tag{78}$$

Führen wir die Winkel σ und σ' ein, welche $\mathfrak{v}$ und $\mathfrak{v}'$ mit der Stoßlinie bilden, außerdem die absoluten Beträge v und v' der Geschwindigkeiten, so ist

$$\begin{aligned} \mathfrak{v}_n &= v\sin\sigma; \qquad \mathfrak{v}_t = v\cos\sigma \\ \mathfrak{v}_n' &= v'\sin\sigma'; \qquad \mathfrak{v}_t' = v'\cos\sigma'. \end{aligned} \tag{79}$$

Aus (65), (69), (70) und (78) gehen damit die Gleichungen

$$\varrho\, v\sin\sigma = \varrho'\, v'\sin\sigma' \tag{80a}$$

$$v\cos\sigma = v'\cos\sigma' \tag{80b}$$

$$\varrho\, v\sin\sigma(v\sin\sigma - v'\sin\sigma') = p' - p \tag{80c}$$

$$v^2\sin^2\sigma - v'^2\sin^2\sigma' = \frac{2C_p}{R}\left(\frac{p'}{\varrho'} - \frac{p}{\varrho}\right) \tag{80d}$$

hervor.

Meist sind ϱ, v und p bekannt oder gegeben. Kennt man eine weitere der fünf Größen ϱ', v', p', σ und σ' oder kann man sich noch eine Gleichung zwischen diesen Größen verschaffen, so kann man die unbekannten Größen aus dem Gleichungssystem (80) errechnen.

Man kann aus (80a) bis (80d) leicht v' und $\sin\sigma$ eliminieren und erhält

$$v^2\sin^2\sigma = \frac{\varrho'(p' - p)}{\varrho(\varrho' - \varrho)} \tag{81}$$

und

$$v^2\sin^2\sigma\left(1 - \frac{\varrho^2}{\varrho'^2}\right) = \frac{2C_p}{R}\left(\frac{p'}{\varrho'} - \frac{p}{\varrho}\right). \tag{82}$$

Von diesen Beziehungen kann man zu

$$\frac{p'}{p} = \frac{R - \frac{\varrho'}{\varrho}(C_p + C_v)}{\frac{\varrho'}{\varrho}R - C_p - C_v} \tag{83}$$

gelangen. Das Verhältnis der Drucke ist nur eine Funktion des Dichteverhältnisses, welche als HUGONIOT-Funktion bezeichnet wird. Mit der Dichte steigt der Druck monoton an. Die Verdichtung kann den Wert

$$\frac{\varrho'}{\varrho} = \frac{C_p + C_v}{R} \tag{84}$$

nicht überschreiten, bei dem der Druck ins Unendliche wächst. Bei Luft beträgt die maximale Verdichtung ungefähr 6.

Nun können wir die Überschallströmung in einer konkaven Ecke genauer untersuchen. Bekannt ist außer v, ϱ und p noch der (negative) Ablenkungswinkel

$$-\vartheta = \sigma - \sigma' \tag{85}$$

der Strömung beim Stoß. Die Stoßlinie muß durch die Ecke gehen. Ihre Richtung ist jedoch nicht bekannt und muß aus den Gl. (80) und (85) gefunden werden.

Um die Rechnung durchzuführen, kann man folgendermaßen verfahren. Wir bilden die Komponenten (s. Abb. 96)

$$\mathfrak{v}'_x = v' \cos\vartheta = v'(\cos\sigma\cos\sigma' + \sin\sigma\sin\sigma') = v\cos^2\sigma + v'\sin\sigma\sin\sigma' \tag{86a}$$

und

$$\mathfrak{v}'_y = -v'\sin\vartheta = v'(\sin\sigma\cos\sigma' - \cos\sigma\sin\sigma') = v\cos\sigma\sin\sigma - v'\sin\sigma'\cos\sigma \tag{86b}$$

unter Benutzung von (80b).

Dann ist

$$\frac{v - \mathfrak{v}'_x}{\mathfrak{v}'_y} = \operatorname{tg}\sigma \tag{87}$$

und

$$v'\sin\sigma' = v\sin\sigma - \frac{\mathfrak{v}'_y}{\cos\sigma}. \tag{88}$$

Eliminiert man ϱ' und p' aus (80a), (80c), (80d), so ergibt sich

$$\frac{R}{C_p + C_v} v^2 \sin^2\sigma - v\,v'\sin\sigma\sin\sigma' + \frac{2C_p\,p}{(C_p + C_v)\,\varrho} = 0 \tag{89}$$

und beim Einsetzen von (88)

$$\frac{2C_v}{C_p + C_v} v^2\sin^2\sigma - v\,\mathfrak{v}'_y\operatorname{tg}\sigma - \frac{2C_p\,p}{(C_v + C_p)\,\varrho} = 0. \tag{90}$$

Den Zustand vor dem Stoß wollen wir durch v und c_{kr} statt durch p, v und ϱ kennzeichnen und bilden mit (16), (18) und (94) von S. 296

$$c_{\mathrm{kr}}^2 = \frac{R}{C_p + C_v}\mathfrak{v}_{\max}^2 = \frac{R}{C_p + C_v}\left(\mathfrak{v}^2 + \frac{2C_v}{R}c^2\right) = \frac{R\,v^2}{C_p + C_v} + \frac{2C_p\,p}{(C_p + C_v)\,\varrho}. \tag{91}$$

Damit nimmt (90) die Form

$$v^2\sin^2\sigma + \frac{R}{C_p + C_v} v^2\cos^2\sigma - v\,\mathfrak{v}'_y\operatorname{tg}\sigma = c_{\mathrm{kr}}^2 \tag{92}$$

an. Eliminiert man σ mit (87), so gelangt man zu der Gleichung

$$\mathfrak{v}'^2_y\left(\frac{c_{\mathrm{kr}}^2}{v} + \frac{2C_v}{C_p + C_v}v - \mathfrak{v}'_x\right) = (v - \mathfrak{v}'_x)^2\left(\mathfrak{v}'_x - \frac{c_{\mathrm{kr}}^2}{v}\right), \tag{93}$$

der sogenannten Stoßpolaren.

Trägt man $\mathfrak{v}'_y$ gegen $\mathfrak{v}'_x$ auf, so erhält man eine Kurve (DESCARTESsches Blatt), wie sie in Abb. 96 abgebildet ist. Der Vektor der Länge v vom Koordinatenanfang in der x-Richtung stellt die Geschwindigkeit $\mathfrak{v}$ vor dem Verdichtungsstoß dar. Soll zwischen $\mathfrak{v}$ und $\mathfrak{v}'$ ein Ablenkungswinkel ϑ liegen, so zieht man einen Strahl vom Koordinatenanfang, der mit der x-Richtung den Winkel ϑ bildet. Ist ϑ kleiner als der Winkel ϑ_k, den die Tangente an die Stoßpolare mit der x-Achse einschließt, so findet man zwei mögliche Geschwindigkeiten $\mathfrak{v}'$ aus den beiden Schnittpunkten mit der Stoßpolaren. Nur der größere Wert von $\mathfrak{v}'$ wird wirklich realisiert. Nach (87) kann

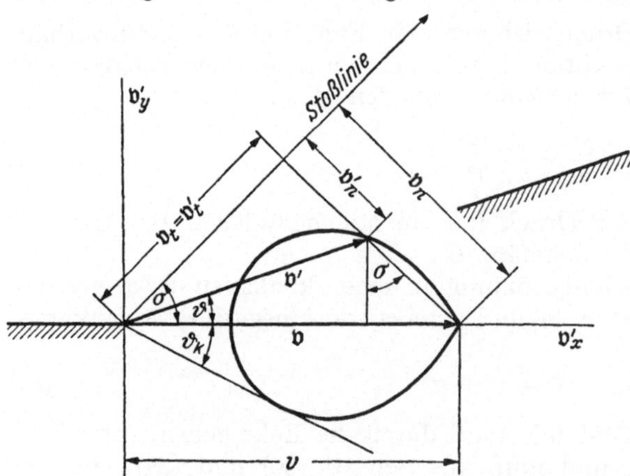

Abb. 96. Stoßpolare des Verdichtungsstoßes.

man auch den Winkel σ, die Richtung der Stoßlinie und die übrigen Größen aus der Abb. 96 ablesen.

Ist der Winkel ϑ größer als der kritische Winkel ϑ_k, so kann die Ablenkung im Verdichtungsstoß nicht um den Winkel ϑ erfolgen. Der Verdichtungsstoß findet dann an einer gekrümmten Stoßlinie schon vor der Ecke statt, wie in Abb. 97 angedeutet. Hierauf können wir aber nicht näher eingehen.

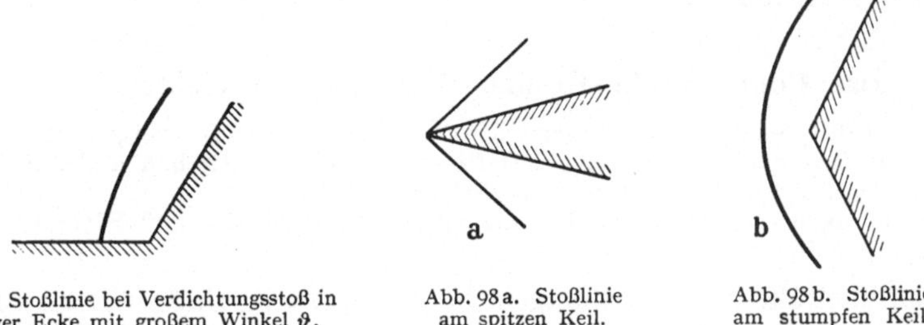

Abb. 97. Stoßlinie bei Verdichtungsstoß in konkaver Ecke mit großem Winkel ϑ.

Abb. 98a. Stoßlinie am spitzen Keil.

Abb. 98b. Stoßlinie am stumpfen Keil.

Das Anblasen eines Keiles läßt sich leicht auf die Strömung in der konkaven Ecke zurückführen. Man erhält die Stoßlinien der Abb. 98a, b für eine spitze und eine stumpfe Form. Das ähnliche Problem bei einem Kegel läßt sich analog bearbeiten.

C. Elektrodynamik.

Unter allen physikalischen Prozessen nehmen die elektrischen eine eigenartige Sonderstellung ein. Diese besteht darin, daß sie eines materiellen Substrates, an dem sie sich abspielen, nicht bedürfen, während mechanische und thermische Vorgänge eine solches Substrat nötig haben. Auch das Licht und die Wärmestrahlung, die man zunächst nicht zu den elektrischen Erscheinungen zählen möchte, die aber ebenfalls nicht an materielle Träger gebunden sind, geben bei genauer Untersuchung ihre elektrische Natur zu erkennen. Unter den elektrischen Vorgängen gibt es also solche, die man als reine Phänomene ansprechen kann und die in keiner Weise durch die mancherlei Einflüsse der Materie und ihrer besonderen Struktur kompliziert sind. Natürlich laufen auch an der Materie elektrische Vorgänge ab und werden dann von den Eigenschaften des Materials abgewandelt und verändert. Schließlich erweist sich die elektrische Ladung, die in vielen Fällen die Ursache elektrischer Prozesse ist, selbst als materieller Natur. Es gibt aber auch elektrische Vorgänge, bei denen keine elektrischen Ladungen im Spiele sind.

Trotz mancherlei Komplikationen bleibt es möglich, eine Theorie der elektrischen Phänomene zu entwerfen, in der die Einwirkung etwaiger materieller Träger dieser Phänomene nur durch gewisse Materialkonstanten berücksichtigt werden muß, ohne daß man im einzelnen auf die Materie und ihre Struktur eingehen müßte. Diese phänomenologische Theorie der elektrischen Erscheinungen nennt man Elektrodynamik. Sie umfaßt selbstverständlich nicht alle elektrischen Vorgänge. Zu ihr muß eine Theorie elektrischer Eigenschaften der Materie treten, und schließlich gibt es noch das weite Feld der Vorgänge, die nur teilweise elektrischer Natur sind und daneben noch mechanische, thermische, chemische und sonstige Seiten aufweisen.

I. Elektrostatik.

Die theoretisch einfachsten (nicht die experimentell am bequemsten zugänglichen) elektrischen Erscheinungen sind diejenigen, bei denen im Laufe der Zeit nichts geschieht. Bei ihnen handelt es sich also um den statischen Zustand einer elektrischen Anordnung. Ihre Beschreibung macht sich die Elektrostatik zur Aufgabe.

§ 1. Das COULOMBsche Gesetz. Einheiten der elektrischen Ladung.

Inhalt: COULOMBsche Anziehungskräfte zwischen ungleichnamigen, Abstoßungskräfte zwischen gleichnamigen Ladungen. Definition der elektrostatischen und anderer Ladungseinheiten. Dielektrizitätskonstante des Vakuums.

Bezeichnungen: Q elektrische Ladung, $\mathfrak{K}$ Kraft, r Abstand, $\mathfrak{r}^0$ Einheitsvektor, ε_0 Dielektrizitätskonstante des Vakuums.

Experimentelle Untersuchungen haben ergeben, daß es zwei voneinander verschiedene Arten elektrischer Ladungen gibt, die man positiv und negativ nennt. Diese Unterscheidung findet darin ihre Berechtigung, daß beide Ladungsarten sich gegenseitig kompensieren (neutralisieren) können. Ladungen gleichen Vorzeichens stoßen sich ab, Ladungen verschiedenen Vorzeichens ziehen sich an. Der Betrag der Kraft ist der Größe der beiden Ladungen (Q_1 und Q_2) direkt und dem Quadrat ihres Abstandes r umgekehrt proportional, ihre Richtung ist (was in der Beziehung anziehen oder abstoßen schon ausgedrückt ist) die Richtung der Verbindungslinie der Ladungen, die wir durch den Einheitsvektor $\mathfrak{r}^0$ angeben. In Formeln drückt sich dies durch das COULOMBsche Gesetz

$$\mathfrak{K} = \frac{Q_1 Q_2}{4\pi \varepsilon_0 r^2} \mathfrak{r}^0 \tag{1}$$

aus. Die Proportionalitätskonstante ε_0 heißt Dielektrizitätskonstante des Vakuums und hängt davon ab, in welchen Einheiten man die Kraft, den Abstand und die Ladungen mißt. Mißt man Abstand und Kraft im C.G.S.-System (cm und Dyn) und setzt $\varepsilon_0 = 1/4\pi$, so definiert das COULOMBsche Gesetz die Einheit der Ladung. Die Ladung 1 wäre dann diejenige, die auf eine gleich große im Abstand 1 cm eine Kraft von einem Dyn ausübt. Diese Einheit wird elektrostatische Ladungseinheit (E.S.E.) genannt und hat die Dimension $\text{cm}^{3/2}\, g^{1/2}\, \text{sec}^{-1}$. Leider gibt es außer dem COULOMBschen Gesetz noch andere Möglichkeiten, eine Einheit der elektrischen Ladung zu definieren. Die Ladung, die bei ihrem Durchgang durch eine Silbernitratlösung 1,118 mg Silber abscheidet, gilt z. B. in Deutschland als gesetzliche Ladungseinheit und wird 1 Coulomb genannt. Natürlich stimmt diese Ladungseinheit nicht mit der elektrostatischen überein. Mißt man die Ladung in Coulomb, die Entfernung in Metern und die Kraft in Großdyn (1 Großdyn = 10^5 Dyn), so muß man

$$\varepsilon_0 = 8{,}8550 \cdot 10^{-12} \frac{\text{Coulomb}^2}{\text{Meter}^2\ \text{Großdyn}} \tag{2}$$

setzen und erhält das internationale elektrische Maßsystem. Setzt man $\varepsilon_0 = c^2/4\pi$, wo c die Lichtgeschwindigkeit bedeutet, so erhält man die sogenannte elektromagnetische Ladungseinheit aus dem COULOMBschen Gesetz. Die Verschiedenheit der Maßsysteme bleibt nicht nur auf die elektrische Ladung beschränkt, sondern erstreckt sich auch auf alle anderen elektrischen Größen und greift sogar auf die Einheit der Kraft über.

An sich ist die Festsetzung von Maßeinheiten für alle Arten von Größen eine Sache der Konvention. Wir benutzen in diesem Buch die internationalen elektrischen Einheiten. Das hat zur Folge, daß Längen in Meter, Kräfte in Newton, Energien in Joule und Massen in Kilogramm ausgedrückt werden müssen.

Im COULOMBschen Gesetz ist die Ladung stillschweigend durch ein Modell idealisiert worden. Wenn von dem Abstand zweier Ladungen gesprochen wird, müssen diese punktförmig gedacht werden. Damit haben wir das Modell der Punktladung konstruiert. Später wird sich herausstellen, daß eine Ladung niemals in einem Punkt, sondern nur in einem endlichen Volumen sitzen kann. Man wendet aber das Modell der Punktladung immer an, wenn die Ladungen Volumina einnehmen, deren Dimensionen klein gegenüber ihren Entfernungen sind.

§ 2. Das elektrische Feld. Die Feldstärke.

In dem COULOMBschen Gesetz erscheint die Kraft als eine Wechselwirkung zweier Ladungen. Wir können den Sachverhalt aber auch anders ausdrücken.

Irgendwo im Raum befinde sich eine Ladung Q. Auf eine Probeladung q, die wir in ihre Umgebung bringen und die sehr viel kleiner als Q sein soll, wirkt die COULOMBsche Kraft (1). Bringen wir mehrere solcher Probeladungen in die Umgebung von Q, so erfährt jede eine entsprechende Kraft. Die Ladung Q verändert also anscheinend den umgebenden Raum in einer solchen Weise, daß er auf jede Probeladung eine ihr proportionale Kraft ausübt. Obwohl die Kraft natürlich erst auftritt, wenn die Probeladung q wirklich da ist, bilden wir uns jetzt die Vorstellung, daß die Veränderung des Raumes schon vor sich geht, wenn nur die Ladung Q vorhanden ist. Wir sagen, daß die Ladung Q in ihrer Umgebung ein elektrisches Feld erzeuge, dessen Stärke zu Q proportional und dem Quadrat des Abstandes umgekehrt proportional ist. Geben wir der Feldstärke noch die Richtung der Kraft, die sie auf eine positive Probeladung auslöst, so können wir sie durch den Vektor

$$\mathfrak{E} = \frac{Q}{4\pi\varepsilon_0 r^2}\,\mathfrak{r}^0 \tag{3}$$

angeben. Die Kraft auf eine Ladung q im Feld $\mathfrak{E}$ ist dann

$$\mathfrak{K} = q\,\mathfrak{E}. \tag{4}$$

Mit der Einführung des elektrischen Feldes bzw. der Feldstärke $\mathfrak{E}$ sind wir noch nicht über das COULOMBsche Gesetz hinausgegangen. Das Feld manifestiert sich ja erst durch das Eindringen einer zweiten oder weiterer Ladungen. Wenn wir trotzdem das Feld nicht als eine Hilfsgröße für die Berechnung von Kräften, sondern als eine reale Veränderung des Raumes ansehen, so geschieht dies deshalb, weil wir später sogar Felder kennenlernen werden, die keiner Ladung zu ihrem Bestehen bedürfen.

Worin die Veränderung des Raumes besteht, die wir elektrisches Feld nennen, ist noch unbekannt. Man kann natürlich einen materiellen Träger des Feldes erfinden, um sich die Feldstärke mechanisch auszudeuten. Diesen Träger hat man Äther genannt. Da wir keineswegs wissen, daß das elektrische Feld eine mechanische Veränderung bedeutet, und auch dieser mechanischen Veränderung in keiner Weise bedürfen, können wir den Äther leicht entbehren. Dies ist um so vernünftiger, als das mechanische Bild uns mit der Zeit mit verschiedenen Unzuträglichkeiten belasten und uns zwingen würde, dem Äther schwerverständliche Eigenschaften zuzuweisen. Trotzdem ist zuzugeben, daß die Äthervorstellung sich in früheren Zeiten als eine nützliche Hypothese erwiesen hat. Heute läßt man sie besser fallen, um sich nicht unnötigen Komplikationen auszusetzen.

§ 3. Der elektrische Fluß.

Inhalt: Der elektrische Fluß aus einer geschlossenen Fläche ist gleich der Ladung, die sie einschließt, dividiert durch ε_0.

Bezeichnungen: $\mathfrak{E}$ elektrische Feldstärke, Q elektrische Ladung, ε_0 Dielektrizitätskonstante des Vakuums, Φ elektrischer Fluß, r Abstand, $\mathfrak{r}^0$ radialer Einheitsvektor, $d\mathfrak{f}$ gerichtetes Flächenelement, df sein Betrag.

Als elektrischen Fluß durch eine beliebige Fläche definieren wir das Integral

$$\Phi = \int (\mathfrak{E}\, d\mathfrak{f}) \tag{5}$$

über diese Fläche. Sein Vorzeichen wird bestimmt, indem man eine Richtung der Flächennormalen als positiv, die andere als negativ bezeichnet (s. Abb. 99).

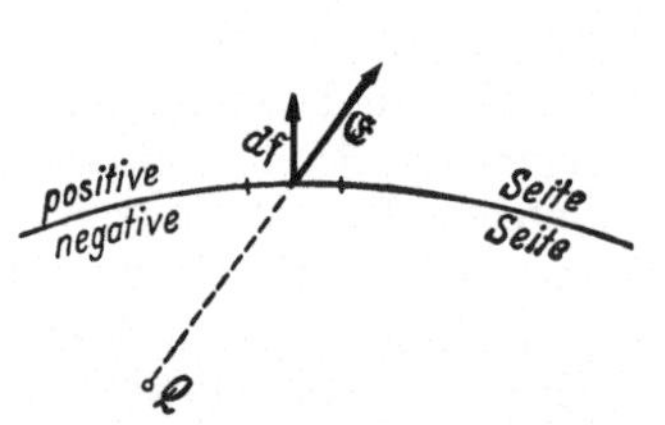

Abb. 99. Elektrischer Fluß durch eine Fläche.

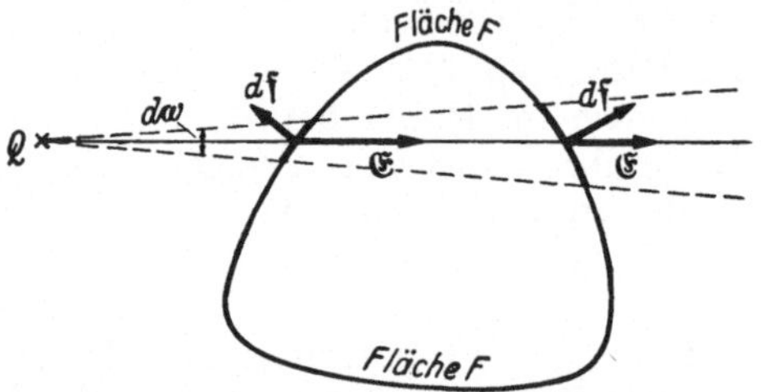

Abb. 100. Im Kegel $d\omega$ dringt auf der einen Seite derselbe Fluß in die geschlossene Fläche F ein, wie auf der anderen Seite heraus.

Der Fluß durch eine geschlossene Fläche von innen nach außen kann auch als Fluß aus dem eingeschlossenen Volumen bezeichnet werden und erhält das positive Zeichen. Der Fluß von außen nach innen ist der Fluß in das eingeschlossene Volumen hinein und erhält das negative Zeichen. Für den elektrischen Fluß durch eine geschlossene Fläche, die die Ladung nicht umschließt, erhalten wir

$$\Phi = \oint (\mathfrak{E}\, d\mathfrak{f}) = \frac{Q}{4\pi\varepsilon_0} \oint \frac{(\mathfrak{r}^0\, d\mathfrak{f})}{r^2} = \frac{Q}{4\pi\varepsilon_0} \oint \frac{df \cos\varphi}{r^2}. \tag{6}$$

φ ist der Winkel, den die Flächennormale mit dem Radiusvektor bildet, den man von der Ladung zum Flächenelement zieht. Der Integrand

$$d\omega = \frac{df \cos\varphi}{r^2}$$

ist der räumliche Öffnungswinkel, unter dem das Flächenelement df von der Ladung aus gesehen wird (s. Abb. 100). Zu jedem Öffnungskegel gehören zwei Flächenelemente, auf denen der Fluß entgegengesetzte Vorzeichen besitzt (einmal ins Innere des umschlossenen Volumens und einmal aus diesem heraus). Der elektrische Fluß durch die geschlossene Fläche verschwindet. Aus einem Volumen, das die Ladung nicht enthält, kommt kein Fluß.

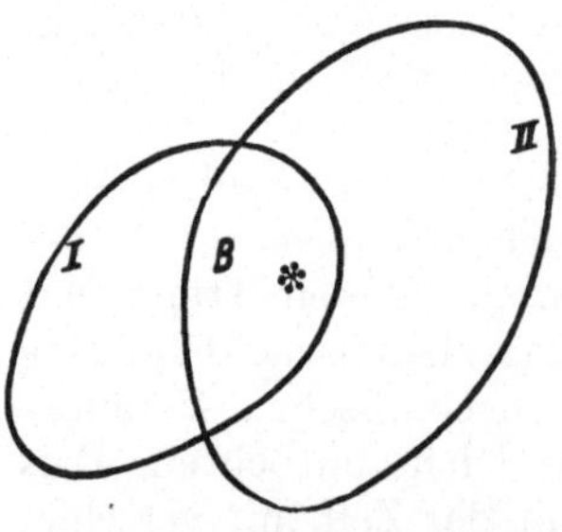

Abb. 101. Der Fluß durch die Flächen I und II ist der gleiche und stammt aus dem Volumen B, welches die Ladung * enthält.

Durch geschlossene Oberflächen, die alle dieselbe Ladung umschließen, geht der gleiche Fluß. Er kommt aus dem Teilvolumen, das innerhalb aller Oberflächen liegt. In der Abb. 101 stammt der Fluß durch die Flächen I und II aus ihrem gemeinsamen Teilvolumen B.

Dies können wir benutzen, um den Fluß durch eine beliebige geschlossene Fläche zu berechnen, der die Ladung umschließt. Er ist gleich dem Fluß durch eine Kugeloberfläche mit der Ladung als

Zentrum, nämlich

$$\Phi = \oint (\mathfrak{E}\, d\mathfrak{f}) = \frac{Q}{4\pi\varepsilon_0} \oint \frac{(\mathfrak{r}^0\, d\mathfrak{f})}{r^2} = \frac{Q}{4\pi\varepsilon_0} \oint d\omega = \frac{Q}{\varepsilon_0} \tag{7}$$

und der Ladung proportional.

§ 4. Das elektrische Potential.

Inhalt: Definition des Potentials der elektrischen Feldstärke. Potential der Punktladung. Das elektrische Feld der Punktladung ist wirbelfrei und quellenfrei und wird als Gradient des Potentials mit negativen Zeichen gebildet.

Bezeichnungen: V Potential, sonst wie S. 318.

Das Integral

$$\int_1^2 (\mathfrak{E}\, d\mathfrak{s}) = \frac{Q}{4\pi\varepsilon_0} \int_1^2 \frac{(\mathfrak{r}^0\, d\mathfrak{s})}{r^2} = \frac{Q}{4\pi\varepsilon_0} \int_1^2 \frac{(\mathfrak{r}^0\, d\mathfrak{r})}{r^2} = \frac{Q}{4\pi\varepsilon_0} \int_1^2 \frac{dr}{r^2}$$

$$= \frac{Q}{4\pi\varepsilon_0} \left(\frac{1}{r_1} - \frac{1}{r_2}\right)$$

der elektrischen Feldstärke über einen Weg, der von einem Punkte P_1 zu einem beliebigen Punkte P_2 führt, ist vom Wege unabhängig (Abb. 102). Es hängt nur von der Lage der beiden Endpunkte ab. Das Integral über einen geschlossenen Weg, der wieder zum Ausgangspunkt zurückkehrt, verschwindet.

Diese Feststellung erlaubt uns eine Funktion

$$V = V_1 - \int_1 (\mathfrak{E}\, d\mathfrak{s}) \tag{8}$$

zu definieren, die jedem Punkte des Raumes (Aufpunkt) einen Zahlwert zuordnet. Diese Funktion nennt man das elektrische Potential. Das Integral ist dabei, ausgehend vom Punkt P_1, über einen beliebigen Weg zu nehmen, der im Aufpunkt endet. Dem Punkt P_1 selbst ist das Potential V_1 zugeordnet.

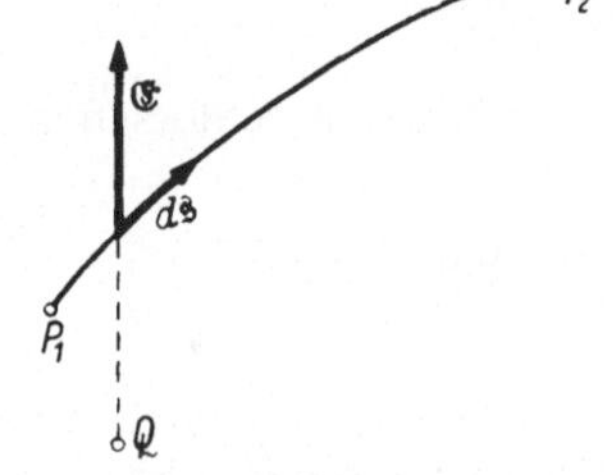

Abb. 102. Auf dem Wegstück $d\mathfrak{s}$ nimmt das Potential um $-(\mathfrak{E}\, d\mathfrak{s})$ zu.

Das Potential ist also durch die Feldstärke nicht völlig bestimmt, sondern die additive Konstante V_1 bleibt willkürlich.

Für das Potential der Punktladung Q erhalten wir

$$V = V_1 + \frac{Q}{4\pi\varepsilon_0} \left(\frac{1}{r} - \frac{1}{r_1}\right). \tag{9}$$

Es erscheint vernünftig, V_1 so zu wählen, daß das Potential im Unendlichen verschwindet. Hieraus ergibt sich

$$V = \frac{Q}{4\pi\varepsilon_0 r}; \quad V_1 = \frac{Q}{4\pi\varepsilon_0 r_1}. \tag{9a}$$

Das Potential hat eine einfache physikalische Bedeutung. Bewegen wir eine Ladung q im Feld $\mathfrak{E}$, so ist $-q\,\mathfrak{E}$ die Kraft, die wir aufwenden müssen, um die elektrische Abstoßung zu überwinden. Um die Ladung vom Punkte P_1 zu einem anderen Punkt P zu bringen, ist also die Arbeit

$$A = -q \int_1 (\mathfrak{E}\, d\mathfrak{s}) = q(V - V_1)$$

erforderlich. Um eine Ladung im elektrischen Feld von einem Punkt zu einem anderen zu transportieren, muß man eine Arbeit aufwenden, die gleich dem

Produkt der Ladung und der Potentialdifferenz der beiden Punkte ist. Die Potentialdifferenz zwischen zwei Punkten heißt Spannung. Für sie verwenden wir den Buchstaben U. Eine infinitesimale Verschiebung einer Ladung q erfordert die Arbeit

$$dA = q\,dV = q\,dU. \tag{10}$$

Hier muß betont werden, daß das elektrische Potential (das Potential der Feldstärke) nicht gleichbedeutend ist mit dem Potential im Sinne der Mechanik (Potential der Kraft). Das mechanische Potential ergibt sich aus dem elektrischen durch Multiplikation mit der bewegten Ladung. Dementsprechend hat das elektrische Potential noch nicht die Bedeutung der potentiellen Energie. Auch auf das Vorzeichen der Arbeit ist zu achten. Eine Arbeit wird mit dem positiven Zeichen versehen, wenn sie entgegen den elektrischen Kräften aufgewandt wird (s. hierzu auch S. 9 u. 685). Die Arbeit, die die elektrischen Kräfte selbst leisten, die man also aus der Bewegung einer Ladung im Feld gewinnen kann, erhält das negative Zeichen. In der Mechanik kommt der umgekehrte Gebrauch der Vorzeichen bei der Arbeit vor.

Hat man über die Konstante V_1 so verfügt, daß das Potential im Unendlichen verschwindet, so gibt V die Arbeit an, mit der man eine Einheitsladung aus dem Unendlichen an die betreffende Stelle des Feldes schaffen kann.

Wegen des Verschwindens des Linienintegrals

$$\oint \mathfrak{E}\,d\mathfrak{s} = 0 \tag{11}$$

über jeden geschlossenen Weg ist das elektrische Feld wirbelfrei, und es gilt

$$\operatorname{rot} \mathfrak{E} = 0. \tag{11a}$$

Die Feldstärke

$$\mathfrak{E} = -\operatorname{grad} V \tag{11b}$$

kann man als negativen Gradient des Potentials gewinnen. Für ihre kartesischen Komponenten ergibt sich

$$\mathfrak{E}_x = -\frac{\partial V}{\partial x}; \quad \mathfrak{E}_y = -\frac{\partial V}{\partial y}; \quad \mathfrak{E}_z = -\frac{\partial V}{\partial z}. \tag{11c}$$

Das Feld einer Punktladung ist nicht nur wirbelfrei, sondern auch quellenfrei. Es gilt nämlich

$$\begin{aligned} \operatorname{div} \mathfrak{E} &= \operatorname{div} \frac{Q\,\mathfrak{r}^0}{4\pi\varepsilon_0 r^2} = \frac{Q}{4\pi\varepsilon_0} \operatorname{div} \frac{\mathfrak{r}}{r^3} \\ &= \frac{Q}{4\pi\varepsilon_0}\left\{\frac{1}{r^3}\operatorname{div}\mathfrak{r} + \left(\mathfrak{r}\operatorname{grad}\frac{1}{r^3}\right)\right\} \\ &= \frac{Q}{4\pi\varepsilon_0}\left\{\frac{3}{r^3} - \frac{3(\mathfrak{r}\,\mathfrak{r}^0)}{r^4}\right\} = 0. \end{aligned} \tag{12}$$

Diese Feststellung versagt allerdings für den Sitz der Ladung selbst, wo die Feldstärke unendlich groß wird und keine Richtung mehr für sie angegeben werden kann.

Setzt man die Feldstärke

$$\mathfrak{E} = -\operatorname{grad} V$$

in (12) ein, so findet man für das Potential die Beziehung

$$\operatorname{div}\operatorname{grad} V = \Delta V = 0. \tag{13}$$

Da das Feld der Punktladung im ganzen Raum weder Quellen noch Wirbel besitzt, entspringt es einzig der Singularität im Sitz der Ladung.

§ 5. Systeme mehrerer Punktladungen. Der Dipol.

Inhalt: Feldstärke und Potential mehrerer Ladungen addieren sich. Definition und Feld eines Dipols.

Bezeichnungen: $\mathfrak{E}$ Feldstärke, V Potential, ε_0 Dielektrizitätskonstante des Vakuums, Q Ladung, $\mathfrak{M}$ Dipolmoment, $\mathfrak{r}$ Abstand des Aufpunkts vom Dipol.

Befinden sich im Raume mehrere Punktladungen Q, so erzeugt jede ihr Feld unabhängig von den anderen. Die Felder überlagern sich, die Feldstärken addieren sich vektoriell. Es gilt also

$$\mathfrak{E} = \sum_i \mathfrak{E}_i = \frac{1}{4\pi\varepsilon_0} \sum_i \frac{Q_i \mathfrak{r}_i^0}{r_i^2}. \tag{14}$$

Der Punkt, an welchem wir das Feld betrachten, wird Aufpunkt genannt, die Orte der Ladungen nennen wir Quellpunkte, r_i und $\mathfrak{r}_i^0$ sind Betrag und Richtung des von der i-ten Ladung zum Aufpunkt gezogenen Vektors $\mathfrak{r}_i$.

Wie die Feldstärken, addieren sich auch die Potentiale der einzelnen Ladungen, und wir erhalten

$$\begin{aligned} V &= V_0 - \int (\mathfrak{E}\, d\mathfrak{s}) = V_0 - \sum_i \int (\mathfrak{E}_i\, d\mathfrak{s}) \\ &= V_0 - \frac{1}{4\pi\varepsilon_0} \sum_i Q_i \int \frac{(\mathfrak{r}_i^0\, d\mathfrak{s})}{r_i^2} = V_\infty + \frac{1}{4\pi\varepsilon_0} \sum_i \frac{Q_i}{r_i}, \end{aligned} \tag{15}$$

wenn im Unendlichen das Potential V_∞ herrscht, welches meist gleich Null gesetzt werden kann.

Eine Anordnung von zwei entgegengesetzt gleichen Ladungen bezeichnet man als einen Dipol, wenn der Abstand der Ladungen als klein betrachtet werden kann. Sein Potential ist durch

$$V = V_\infty + \frac{Q}{4\pi\varepsilon_0}\left(\frac{1}{r_1} - \frac{1}{r_2}\right)$$

gegeben, wenn r_1 und r_2 die Abstände des Aufpunktes von den beiden Ladungen sind (Abb. 103).

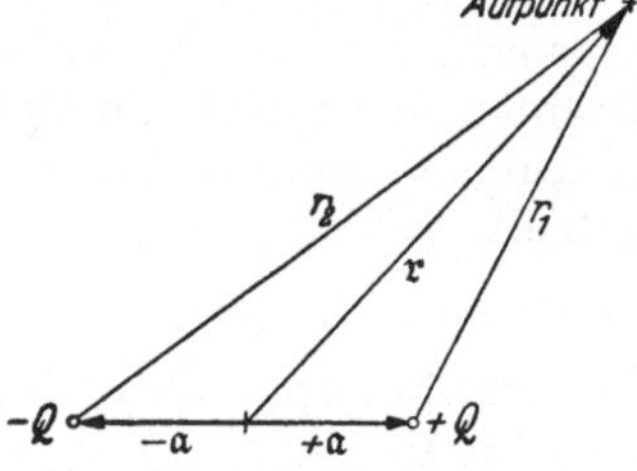

Abb. 103. Elektrischer Dipol.

Legt man den Koordinatenanfang in die Mitte des Dipols und bezeichnet den Ort des Aufpunktes durch den Radiusvektor $\mathfrak{r}$, den der Ladungen durch $\mathfrak{a}$ bzw. $-\mathfrak{a}$, so ist

$$r_1 = \sqrt{\mathfrak{r}^2 + \mathfrak{a}^2 - 2(\mathfrak{a}\,\mathfrak{r})} = r\sqrt{1 + \frac{\mathfrak{a}^2 - 2(\mathfrak{a}\,\mathfrak{r})}{r^2}}$$

$$r_2 = \sqrt{\mathfrak{r}^2 + \mathfrak{a}^2 + 2(\mathfrak{a}\,\mathfrak{r})} = r\sqrt{1 + \frac{\mathfrak{a}^2 + 2(\mathfrak{a}\,\mathfrak{r})}{r^2}}.$$

Ist der Aufpunkt vom Dipol weit entfernt (gemessen am Abstand der beiden Ladungen), so kann man das Potential nach Potenzen von $1/r$ entwickeln und erhält

$$\begin{aligned} V &= V_\infty + \frac{Q}{4\pi\varepsilon_0 r}\left\{\left[1 + \frac{\mathfrak{a}^2 - 2(\mathfrak{a}\,\mathfrak{r})}{r^2}\right]^{-\frac{1}{2}} - \left[1 + \frac{\mathfrak{a}^2 + 2(\mathfrak{a}\,\mathfrak{r})}{r^2}\right]^{-\frac{1}{2}}\right\} \\ &= V_\infty + \frac{Q(\mathfrak{a}\,\mathfrak{r})}{2\pi\varepsilon_0 r^3} = V_\infty + \frac{(\mathfrak{r}^0\,\mathfrak{M})}{4\pi\varepsilon_0 r^2}, \end{aligned} \tag{16}$$

wenn man auf höhere Glieder als $1/r^2$ verzichtet. Der Vektor

$$\mathfrak{M} = 2\mathfrak{a}\,Q$$

wird Moment des Dipols genannt. In großer Entfernung hängt das Feld eines Dipols in erster Näherung nur von dem Dipolmoment ab, nicht aber davon, ob dieses durch große Ladungen in kleinem Abstand oder kleine Ladungen in größerem Abstand zustande kommt. Drückt man das Potential eines Dipols in sphärischen Polarkoordinaten aus, so findet man

$$V = V_\infty + \frac{M\cos\vartheta}{4\pi\varepsilon_0 r^2},$$

wenn man die Richtung $\vartheta = 0$ in die Richtung des Dipolmomentes legt. Ein Dipol erzeugt das Feld

$$\mathfrak{E} = -\frac{1}{4\pi\varepsilon_0}\left\{(\mathfrak{M}\,\mathfrak{r})\,\mathrm{grad}\,\frac{1}{r^3} + \frac{1}{r^3}\,\mathrm{grad}\,(\mathfrak{M}\,\mathfrak{r})\right\} = \frac{1}{4\pi\varepsilon_0 r^3}\{3\,\mathfrak{r}^0(\mathfrak{M}\,\mathfrak{r}^0) - \mathfrak{M}\}. \tag{17}$$

§ 6. Raumladungen und Flächenladungen.

Inhalt: Potential und Feld räumlicher und flächenhafter Ladungsverteilungen. POISSONsches Gesetz.

Bezeichnungen: η räumliche Ladungsdichte, σ Flächenladungsdichte, ε_0 Dielektrizitätskonstante des Vakuums, $\mathfrak{E}$ Feldstärke, V Potential, dv geladenes Volumenelement, $d\mathfrak{f}$ Flächenelement, $\mathfrak{r}$ Abstand dieser Elemente vom Aufpunkt.

Wie wir bereits bemerkt haben, gibt es in Wirklichkeit keine Punktladungen, sondern alle Ladungen bedürfen eines Volumens. Wir müssen jetzt also die Begriffe der Feldstärke, des Flusses und des Potentials auf Anordnungen ausdehnen, bei denen die Ladungen nicht an einzelnen Punkten sitzen, sondern ein Volumen dicht erfüllen. In Leitern sitzen Ladungen auf der Oberfläche oder genaugenommen in einer sehr dünnen Schicht unter der Oberfläche. Solche Ladungen idealisiert man zweckmäßig als Flächenladungen, obwohl sie in Wirklichkeit doch Raumladungen sind. Schließlich wird man Ladungen auf Drähten manchmal mit Nutzen als Linienladungen beschreiben.

Greifen wir im Raum ein Volumenelement dv heraus, das die Ladung dq enthält, so definieren wir die räumliche Ladungsdichte η durch

$$dq = \eta\,dv. \tag{18}$$

Es versteht sich, daß η selbst von Ort zu Ort verschieden, also eine Ortsfunktion sein kann.

Das Potential der ganzen elektrischen Anordnung erhalten wir nun als Summe aller Potentialanteile, welche die Ladungen der Volumenelemente beitragen, nämlich

$$V = V_\infty + \frac{1}{4\pi\varepsilon_0}\int\frac{\eta\,dv}{r}. \tag{19}$$

Die Integration ist über alle geladenen Gebiete auszuführen, d. h. über das sogenannte Quellgebiet. Aus (19) ergibt sich die Feldstärke

$$\mathfrak{E} = -\mathrm{grad}\,V = -\frac{1}{4\pi\varepsilon_0}\,\mathrm{grad}\int\frac{\eta\,dv}{r}. \tag{20}$$

Die Gradientbildung bezieht sich auf die Koordinaten des Aufpunktes, während die Integration sich auf die der Quellpunkte, d. h. der Ladungen, bezieht. Im allgemeinen ist es viel bequemer, die Integration für das Potential auszuführen als für die Feldstärke.

Wir wollen jetzt den Fluß aus einem Teilvolumen v des geladenen Bezirks untersuchen. Wir erhalten wegen (7) für ihn

$$\Phi = \oint(\mathfrak{E}\,d\mathfrak{f}) = \frac{1}{\varepsilon_0}\int_v \eta\,dv, \tag{21}$$

und er ist der Ladung des Teilvolumens proportional. Lassen wir es auf ein Volumenelement zusammenschrumpfen, so erhalten wir links die Divergenz der Feldstärke

$$\operatorname{div}\mathfrak{E} = \lim_{v=0} \frac{1}{v} \oint (\mathfrak{E}\, d\mathfrak{f}) = \lim_{v=0} \frac{\Phi}{v}.$$

Wegen (21) hängt sie mit der Raumladung durch

$$\operatorname{div}\mathfrak{E} = \frac{1}{\varepsilon_0} \lim_{v=0} \frac{1}{v} \int \eta\, dv = \frac{\eta}{\varepsilon_0} \tag{22}$$

zusammen. Führen wir das Potential statt der Feldstärke in diese Gleichung ein, so gelangen wir zu der POISSONschen Gleichung

$$\operatorname{div}\operatorname{grad} V = \Delta V = -\frac{\eta}{\varepsilon_0}. \tag{22a}$$

In rechtwinkligen Koordinaten lautet sie

$$\frac{\partial^2 V}{\partial x^2} + \frac{\partial^2 V}{\partial y^2} + \frac{\partial^2 V}{\partial z^2} = -\frac{\eta}{\varepsilon_0}. \tag{22b}$$

Die Gl. (12) und (13) des § 4 gehen hieraus hervor, wenn keine Raumladungen vorhanden sind und das Feld nur durch Punktladungen erzeugt wird.

Setzen wir schließlich η aus der POISSONschen Gleichung in (19) ein, so ergibt sich

$$V = V_0 - \frac{1}{4\pi} \int \frac{\operatorname{div}\operatorname{grad} V}{r}\, dv. \tag{23}$$

Hierin ist ein allgemeiner Satz der Vektorrechnung erhalten. Eine skalare Ortsfunktion V kann stets aufgebaut werden, wenn $\operatorname{div}\operatorname{grad} V$ bekannt ist. Entsprechend kann jedes Vektorfeld $\mathfrak{E}$, das sich als Gradient eines skalaren Feldes V darstellen läßt, konstruiert werden, wenn sein Quellenfeld $\operatorname{div}\mathfrak{E}$ bekannt ist.

Ganz ähnlich wie Raumladungen können wir auch flächenhafte Ladungen beschreiben. Ist das Flächenelement df der Sitz einer Ladung dq, so definieren wir die Flächendichte σ durch

$$dq = \sigma\, df. \tag{24}$$

Zum Potential trägt eine geladene Fläche den Anteil

$$V = V_0 + \frac{1}{4\pi\varepsilon_0} \int \frac{\sigma\, df}{r} \tag{25}$$

bei, wobei über die Flächenladungen integriert wird.

Bei der Untersuchung des elektrischen Flusses, den Flächenladungen erzeugen, stoßen wir auf eine Größe, welche der Divergenz analog ist und die wir als Flächendivergenz bezeichnen. Der Fluß aus einem Volumen, welches das Flächenelement df der geladenen Fläche enthält (s. Abb. 104), ist

$$d\Phi = \frac{\sigma\, df}{\varepsilon_0}.$$

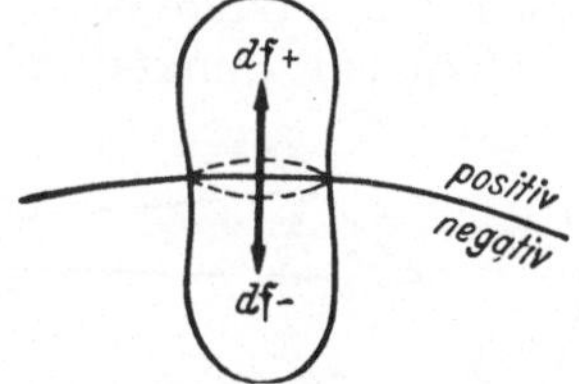

Abb. 104. Der Fluß aus $d\mathfrak{f}$ ist der Fluß aus der punktierten flachen Umgebung des Flächenelements.

(Dieser Fluß ist infinitesimal, und wir tragen dem durch die Bezeichnung $d\Phi$ Rechnung.) Wir können jetzt das Volumen auf eine flache Umgebung von df zusammenschrumpfen lassen, ohne den Fluß zu ändern. Er ist dann definitionsgemäß gleich

$$d\Phi = (\mathfrak{E}\, d\mathfrak{f}_+) + (\mathfrak{E}\, d\mathfrak{f}_-) = (\mathfrak{E}_{+n} - \mathfrak{E}_{-n})\, df.$$

$\mathfrak{E}_{+n}$ und $\mathfrak{E}_{-n}$ sind die Komponenten der Feldstärke senkrecht zur Fläche auf beiden Seiten von ihr. $d\mathfrak{f}_+$ und $d\mathfrak{f}_-$ haben entgegengesetzte Vorzeichen, da die beiden entgegengesetzten Richtungen der Flächennormalen auf beiden Seiten der Fläche gemeint sind. Wir definieren nun als Flächendivergenz

$$\mathrm{Div}\,\mathfrak{E} = \mathfrak{E}_{+n} - \mathfrak{E}_{-n} = \frac{\sigma}{\varepsilon_0} \tag{26}$$

und erkennen die enge Analogie zur gewöhnlichen räumlichen Divergenz.

Linienhaft angeordnete Ladungen kann man ähnlich behandeln. Da das Modell der Linienladung aber nur selten angewendet wird, genügt dieser Hinweis.

§ 7. Berechnung des Feldes aus der Ladungsverteilung.

Inhalt: Geladene Kugelfläche, Vollkugel, Kugelkondensator, Zylinderkondensator, Plattenkondensator, Kapazität.

Bezeichnungen: $\mathfrak{E}$ Feldstärke, V Potential, η und σ Raum- bzw. Flächenladungsdichte, ε_0 Dielektrizitätskonstante des Vakuums, R Radius von Kugeln oder Zylindern. r Abstand des Aufpunktes von den Ladungen.

Wenn man eines von den drei Feldern, des Potentials, der Feldstärke oder der Ladungsdichte kennt, so kann man die anderen beiden ermitteln.

Ist das Potentialfeld gegeben, so findet man zunächst das Feldstärkefeld aus

$$\mathfrak{E} = -\mathrm{grad}\, V$$

durch Differenzieren nach dem Aufpunkt. Die räumliche Ladungsverteilung ergibt sich ebenfalls leicht aus

$$\eta = \varepsilon_0 \,\mathrm{div}\,\mathfrak{E} = -\varepsilon_0 \,\mathrm{div}\,\mathrm{grad}\, V.$$

Sind Flächenladungen vorhanden, so gehen sie aus den Unstetigkeitsstellen der Feldstärke hervor. Etwa vorhandene Punktladungen sind die Unendlichkeitsstellen des Potentials und können auch leicht aufgefunden werden.

Wenn ursprünglich das Ladungsfeld bekannt ist, muß man zuerst versuchen, das Potentialfeld zu finden, um daraus dann die Feldstärke zu errechnen. Sind nur Raum- und Flächenladungen vorhanden, so ist

$$V = V_0 + \frac{1}{4\pi\varepsilon_0}\int \frac{\eta\, dv}{r} + \frac{1}{4\pi\varepsilon_0}\int \frac{\sigma\, df}{r}. \tag{27}$$

Für etwaige Punktladungen kommt noch der Anteil

$$\frac{1}{4\pi\varepsilon_0}\sum_i \frac{Q_i}{r_i}$$

hinzu. Man kann entweder versuchen, diese Integrale auszurechnen oder auch die POISSONsche Differentialgleichung

$$\mathrm{div}\,\mathrm{grad}\, V = -\frac{\eta}{\varepsilon_0}$$

lösen. Das letztere ist oft besonders vorteilhaft, wenn gar keine Raumladungen, sondern nur Punkt- und Flächenladungen vorhanden sind.

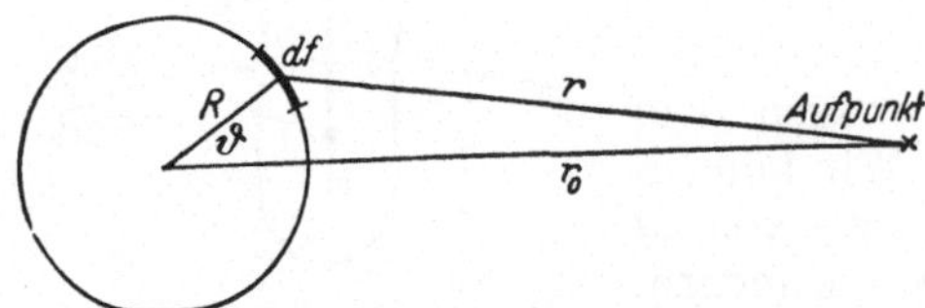

Abb. 105. Potential einer Kugelfläche.

Geladene Kugelfläche. Eine Kugelfläche vom Radius R (s. Abb. 105) trage eine gleichmäßige Ladungsdichte σ, d. h. die Gesamtladung

$$Q = 4\pi\sigma R^2.$$

Wir führen auf der Kugel Polarkoordinaten r, ϑ und φ ein und bezeichnen den Abstand des Aufpunktes vom Kugelmittelpunkt mit r_0. Das Potential ist dann durch

$$V = V_0 + \frac{\sigma}{4\pi\varepsilon_0}\int \frac{df}{r}$$

oder ausführlich

$$V = V_0 + \frac{\sigma R^2}{4\pi\varepsilon_0} \int\limits_0^{\pi} \int\limits_0^{2\pi} \frac{\sin\vartheta \, d\vartheta \, d\varphi}{\sqrt{R^2 + r_0^2 - 2Rr_0\cos\vartheta}}$$

gegeben. Führen wir die Integration über φ aus und substituieren

$$r = \sqrt{R^2 + r_0^2 - 2r_0 R\cos\vartheta}; \qquad r\,dr = r_0 R \sin\vartheta \, d\vartheta$$

statt ϑ als neue Integrationsvariable, so wird

$$V = V_0 + \frac{\sigma R}{2\varepsilon_0 r_0} \int dr.$$

Liegt der Aufpunkt außerhalb der geladenen Kugel, so ist die Integration von $r = r_0 - R$ bis $r_0 + R$ zu erstrecken. Liegt er innerhalb, so ist er von $r = R - r_0$ bis $r = R + r_0$ zu integrieren. Wir erhalten dann

außen: $$V = V_0 + \frac{R^2\sigma}{\varepsilon_0 r_0} = V_0 + \frac{Q}{4\pi\varepsilon_0 r_0}. \tag{28a}$$

innen: $$V = V_0 + \frac{R\sigma}{\varepsilon_0} = V_0 + \frac{Q}{4\pi\varepsilon_0 R} = \text{const}. \tag{28b}$$

Für einen äußeren Punkt wirkt die geladene Kugel so, als ob sich ihre Gesamtladung im Mittelpunkt befände. Im Innern ist das Potential konstant. Innerhalb der Kugel herrscht kein Feld, außen dagegen besteht eine radiale Feldstärke vom Betrag

$$|\mathfrak{E}| = \frac{Q}{4\pi\varepsilon_0 r_0^2}.$$

An der Kugeloberfläche selbst findet ein Sprung der Feldstärke

$$|\mathfrak{E}_a| - |\mathfrak{E}_i| = |\mathfrak{E}_a| = \frac{Q}{4\pi\varepsilon_0 R^2} = \frac{\sigma}{\varepsilon_0}$$

statt.

Geladene Vollkugel. Eine Kugel mit dem Radius R_0 trage in ihrem Innern räumliche Ladungen, deren Dichte η noch vom Abstand vom Kugelmittelpunkt abhängen kann. Das Potential ist dann durch

$$V = V_0 + \frac{1}{4\pi\varepsilon_0} \int \frac{\eta\,dv}{r} = V_0 + \frac{1}{4\pi\varepsilon_0} \int\limits_0^{R_0} \int \frac{df}{r} \eta\,dR$$

gegeben. Das Integral

$$\int \frac{df}{r}$$

entnehmen wir dem vorigen Beispiel. Liegt der Aufpunkt außerhalb der geladenen Kugel, so ist

$$\int \frac{df}{r} = \frac{4\pi R^2}{r_0}$$

und wir erhalten für das Potential

$$V = V_0 + \frac{1}{\varepsilon_0 r_0} \int \eta R^2 \, dR.$$

Da $4\pi\eta R^2 dR$ gerade die Ladung in der Kugelschale von der Dicke dR ist, findet man also

$$V = V_0 + \frac{Q}{4\pi\varepsilon_0 r_0},$$

wenn Q die Gesamtladung der Kugel bedeutet.

Für Aufpunkte, die in der geladenen Kugel liegen, müssen wir

$$\int \frac{df}{r} = \frac{4\pi R^2}{r_0}$$

setzen, wenn $r_0 > R$ ist, dagegen

$$\int \frac{df}{r} = 4\pi R,$$

wenn $r_0 < R$ ist. Das Potential ist dann

$$V = V_0 + \frac{1}{\varepsilon_0} \int_{r_0}^{R_0} \eta R\, dR + \frac{1}{\varepsilon_0 r_0} \int_0^{r_0} \eta R^2\, dR.$$

Ist die Ladungsdichte überall konstant, so können wir die Integration ausführen und erhalten

$$V = V_0 + \frac{\eta}{\varepsilon_0}\left(\frac{R_0^2}{2} - \frac{r_0^2}{6}\right).$$

Außen haben wir die Feldstärke

$$|\mathfrak{E}| = \frac{Q}{4\pi\,\varepsilon_0\, r_0^2},$$

ob η konstant ist oder nicht, und innen bei konstanter Ladungsdichte

$$|\mathfrak{E}| = \frac{\eta\, r_0}{3\varepsilon_0}.$$

Für äußere Punkte wirkt also die Vollkugel so, als ob ihre ganze Ladung im Zentrum konzentriert wäre. Im Innern der Vollkugel ist (bei gleichmäßiger

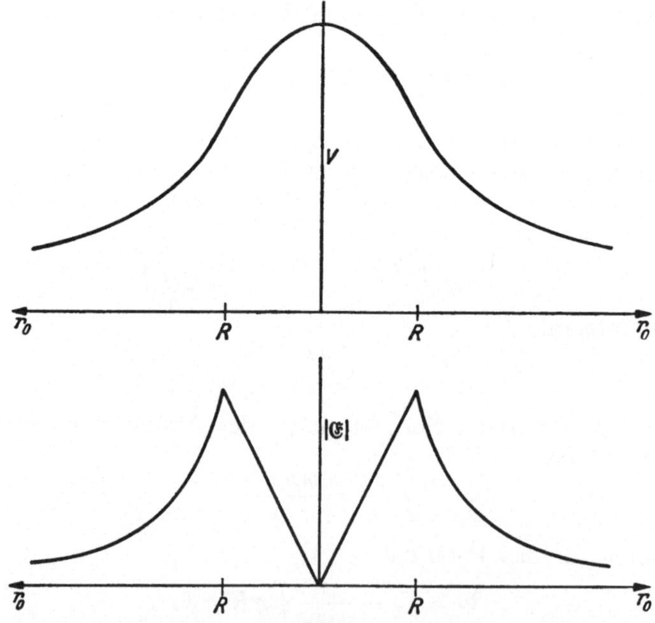

Abb. 106. Potential V und Feldstärke $\mathfrak{E}$ einer geladenen Vollkugel gegen den Abstand r_0 des Aufpunktes vom Kugelmittelpunkt aufgetragen.

Ladungsdichte η) die Feldstärke proportional dem Abstand vom Zentrum. Eine graphische Darstellung des Potential- und Feldstärkeverlaufs gibt die Abb. 106.

Die Feststellung, daß eine geladene Kugelfläche oder Vollkugel für Aufpunkte außerhalb wie eine Punktladung wirkt, ist von größter Bedeutung. Hierdurch wird nämlich das Modell der Punktladung, für das zunächst alle Begriffe und Gesetze erst entwickelt wurden, erst gerechtfertigt.

Der Kugelkondensator. Zwei konzentrische Kugelflächen seien mit Flächendichten σ_1 bzw. σ_2 besetzt. Ihre Radien seien R_1 und R_2. Mit Benutzung des Ergebnisses (28) für die einzelne Kugelfläche erhalten wir außerhalb der äußeren Kugel

$$V = V_0 + \frac{\sigma_1 R_1^2}{\varepsilon_0 r_0} + \frac{\sigma_2 R_2^2}{\varepsilon_0 r_0} = V_0 + \frac{(Q_1 + Q_2)}{4\pi \varepsilon_0 r_0},$$

zwischen den beiden Kugeln

$$V = V_0 + \frac{\sigma_1 R_1^2}{\varepsilon_0 r_0} + \frac{\sigma_2 R_2}{\varepsilon_0} = V_0 + \frac{Q_1}{4\pi \varepsilon_0 r_0} + \frac{Q_2}{4\pi \varepsilon_0 R_2}$$

und im Innern der inneren Kugel

$$V = V_0 + \frac{\sigma_1 R_1}{\varepsilon_0} + \frac{\sigma_2 R_2}{\varepsilon_0} = V_0 + \frac{Q_1}{4\pi \varepsilon_0 R_1} + \frac{Q_2}{4\pi \varepsilon_0 R_2}.$$

Ist die Gesamtladung auf beiden Kugelflächen gleich groß, aber von entgegengesetztem Vorzeichen, dann ist

$$Q_1 = 4\pi \sigma_1 R_1^2 = -4\pi \sigma_2 R_2^2 = -Q_2.$$

Dieser Fall liegt praktisch meist vor. Außen ist dann

$$V = V_0,$$

zwischen den Kugeln

$$V = V_0 + \frac{Q}{4\pi \varepsilon_0}\left(\frac{1}{r_0} - \frac{1}{R_2}\right)$$

und innen

$$V = V_0 + \frac{Q}{4\pi \varepsilon_0}\left(\frac{1}{R_1} - \frac{1}{R_2}\right) = \text{const.}$$

Zwischen den beiden Kugelflächen selbst liegt die Spannung

$$U = V_1 - V_2 = \frac{Q}{4\pi \varepsilon_0}\left(\frac{1}{R_1} - \frac{1}{R_2}\right) = \frac{Q}{4\pi \varepsilon_0} \cdot \frac{R_2 - R_1}{R_1 R_2}.$$

Das Verhältnis von Ladung und Spannung nennt man die Kapazität C, für welche wir den Ausdruck

$$C = \frac{Q}{U} = \frac{4\pi \varepsilon_0 R_1 R_2}{R_2 - R_1}$$

erhalten. Ist der Unterschied der Radien beider Kugeln klein, so kann man dafür näherungsweise

$$C = \frac{4\pi \varepsilon_0 R^2}{d} = \frac{\varepsilon_0 F}{d}$$

setzen. Hier bedeutet R den mittleren Radius der Kugeln, F ihre Oberfläche und d ihren Zwischenraum.

Diese drei vorstehenden Aufgaben kann man auch leicht mit der POISSONschen Gleichung lösen. In sphärischen Polarkoordinaten ist

$$\Delta V = \frac{1}{r^2} \frac{\partial}{\partial r}\left(r^2 \frac{\partial V}{\partial r}\right) + \frac{1}{r^2 \sin\vartheta} \frac{\partial}{\partial \vartheta}\left(\sin\vartheta \frac{\partial V}{\partial \vartheta}\right) + \frac{1}{r^2 \sin^2\vartheta} \frac{\partial^2 V}{\partial \varphi^2}.$$

Da aus Symmetriegründen V von den Winkeln ϑ und φ nicht abhängen kann, reduziert sich die POISSONsche Gleichung im ungeladenen Raum auf

$$\frac{1}{r^2}\frac{d}{dr}r^2\frac{dV}{dr}=0.$$

Bei der ersten Integration geht hieraus

$$r^2\frac{dV}{dr}=a$$

hervor, und bei nochmaligem Integrieren ergibt sich

$$V=-\frac{a}{r}+b. \tag{29a}$$

Gilt dies zunächst außerhalb der geladenen Kugelfläche, so ergibt sich innerhalb derselbe Verlauf von V, jedoch mit anderen Werten der Integrationskonstanten, etwa

$$V=-\frac{a_1}{r}+b_1. \tag{29b}$$

Da im Zentrum der Kugel keine Punktladung sitzt, ist $a_1=0$. Soll im Unendlichen das Potential verschwinden, so ist $b=0$, und schließlich muß (29a) und (29b) auf der geladenen Kugelfläche den gleichen Wert von V ergeben. Hieraus folgt noch $b_1=-a/R$.

Für die Feldstärke finden wir jetzt im Innern den Wert Null und außen

$$|\mathfrak{E}|=\frac{a}{r^2}.$$

Aus dem Feldstärkesprung auf der geladenen Kugelfläche ergibt sich

$$|\mathfrak{E}_a|-|\mathfrak{E}_i|=|\mathfrak{E}_a|=\frac{a}{R^2}=\frac{\sigma}{\varepsilon_0}.$$

Ganz ähnlich verläuft die Berechnung bei der Vollkugel. Außerhalb gilt

$$\frac{1}{r^2}\frac{d}{dr}r^2\frac{dV}{dr}=0$$

und deshalb wieder

$$V=-\frac{a}{r}+b.$$

In der Kugel haben wir dagegen

$$\frac{1}{r^2}\frac{d}{dr}r^2\frac{dV}{dr}=-\frac{\eta}{\varepsilon_0},$$

$$V=-\frac{\eta r^2}{6\varepsilon_0}-\frac{a_1}{r}+b_1.$$

Da im Innern der Kugel keine Punktladung sein soll, ist $a_1=0$. Soll das Potential im Unendlichen verschwinden, so muß $b=0$ sein. Auf der Oberfläche der Kugel müssen die Formeln für außen und innen die gleichen Werte des Potentials und der Feldstärke liefern. Hieraus ergeben sich für a und b_1 die Beziehungen

$$-\frac{a}{R_0}=-\frac{\eta R_0^2}{6\varepsilon_0}+b_1$$

$$\frac{a}{R_0^2}=-\frac{\eta R_0}{3\varepsilon_0}.$$

Für den Kugelkondensator findet man nach dieser Methode in jedem der drei Gebiete

$$V=-\frac{\text{const}}{r}+\text{const}.$$

Die Konstanten sind aber jedesmal verschieden und bestimmen sich aus dem Verschwinden im Unendlichen, dem Fehlen einer Punktladung im Innern, der Stetigkeit des Potentials auf den Kugelflächen und den Feldstärkesprüngen, die sich aus den Flächenladungen ergeben. Selbstverständlich kommt man auf die oben abgeleiteten Beziehungen.

Der Zylinderkondensator. Ist die Oberfläche zweier konzentrischer Zylinder mit den Radien R_1 und R_2 aufgeladen, so drückt man V in Zylinderkoordinaten aus und erhält die POISSONsche Gleichung

$$\frac{1}{r}\frac{d}{dr}r\frac{\partial V}{\partial r}+\frac{\partial^2 V}{\partial z^2}+\frac{1}{r^2}\frac{\partial^2 V}{\partial \varphi^2}=0. \tag{30}$$

Wenn die Zylinder sehr lang sind, so hängt das Potential im mittleren Teil von z kaum ab (dies wäre exakt richtig, wenn sie unendlich lang wären). V enthält φ aus Symmetriegründen nicht. Damit reduziert sich (30) auf

$$\frac{1}{r}\frac{d}{dr}r\frac{dV}{dr}=0,$$

was beim Integrieren

$$r\frac{dV}{dr}=a=\text{const}$$

$$V=a\ln r+b$$

liefert. Diese Gleichung gilt mit verschiedenen Werten der Konstanten sowohl außerhalb beider Zylinder wie auch im Zwischenraum und innerhalb des inneren Zylinders. Wir haben demnach außen

$$V=a\ln r+b,$$

im Zwischenraum

$$V=a_1\ln r+b_1$$

und innen

$$V=a_2\ln r+b_2.$$

Soll im Unendlichen das Potential Null werden, so muß $a=0$ und $b=0$ sein. Soll im Innern das Potential endlich bleiben, so muß $a_2=0$ sein. Die Stetigkeit des Potentials auf den Zylinderflächen verlangt

$$a_1\ln R_1+b_1=0; \qquad a_1\ln R_2+b_1=b_2.$$

Für die Flächenladungen auf den Zylindern erhält man

$$\frac{\sigma_1}{\varepsilon_0}=\frac{a_1}{R_1}; \qquad \frac{\sigma_2}{\varepsilon_0}=-\frac{a_1}{R_2}.$$

Die Ladung pro Längeneinheit muß also auf beiden Zylindern entgegengesetzt gleich sein, wenn außerhalb kein Feld vorhanden sein soll. Für das Potential im Zwischenraum ergibt sich dann

$$V=\frac{R_1\sigma_1}{\varepsilon_0}\ln\frac{r}{R_1}.$$

Der Plattenkondensator. Unter einem Plattenkondensator versteht man zwei geladene ebene Flächenstücke, die einander parallel gegenüberstehen. Eine exakte Berechnung dieses Kondensators ist schwierig durchzuführen. Die Rechnung ist aber ganz einfach für unendlich ausgedehnte Platten. Wir machen hierbei allerdings einen Fehler, der aber um so kleiner ist, je kleiner der Plattenabstand gegenüber ihrer Ausdehnung wird.

Das Potential ist bei unendlichen Platten auf allen zu ihnen parallelen Ebenen konstant. Legen wir die x-Achse eines Koordinatensystems senkrecht zu den Platten, so reduziert sich die POISSONsche Gleichung auf

$$\frac{d^2 V}{d x^2} = 0$$

mit der Lösung

$$V = a x + b = -\mathfrak{E} x + b.$$

Dies möge zunächst zwischen den Platten gelten. Außerhalb gilt aber auch

$$V_1 = a_1 x + b_1 = -\mathfrak{E}_1 x + b_1,$$

$$V_2 = a_2 x + b_2 = -\mathfrak{E}_2 x + b_2.$$

Meistens herrscht außerhalb der Platten kein Feld, so daß $\mathfrak{E}_1$ und $\mathfrak{E}_2$ verschwinden. Liegen die Platten an den Stellen $x = 0$ und $x = d$, so verlangt die Stetigkeit des Potentials

$$b_1 = b; \quad b_2 = -\mathfrak{E} d + b.$$

Die Flächendichte auf den Platten ergibt sich allgemein aus

$$\sigma_1 = \varepsilon_0 (\mathfrak{E} - \mathfrak{E}_1); \quad \sigma_2 = \varepsilon (\mathfrak{E}_2 - \mathfrak{E}).$$

Für $\mathfrak{E}_1 = 0$, $\mathfrak{E}_2 = 0$ sind die Flächendichten dem Betrage nach gleich und von verschiedenen Vorzeichen. Die Spannung (Potentialdifferenz) zwischen beiden Platten ist in diesem Fall

$$U = V_2 - V_1 = \mathfrak{E} d = \frac{\sigma d}{\varepsilon_0}.$$

Da auf einem Stück der Platten von der Größe F jeweils die Ladung $Q = \sigma F$ sitzt, ist

$$U = \frac{Q d}{\varepsilon_0 F}.$$

Die Kapazität ist also

$$C = \frac{Q}{U} = \frac{\varepsilon_0 F}{d}.$$

Dieses einfache Ergebnis gilt aber nur für unendlich große Platten. Sonst ändert sich das Potential auf den Ebenen parallel zu den Platten und ist sogar auf diesen selbst nicht konstant, wenn die Flächendichte dort gleichmäßig ist. Die Platten eines wirklichen Kondensators sind Leiter und befinden sich auf konstantem Potential. Dafür ist die Ladungsdichte nicht konstant. Sie nimmt von innen nach außen zu.

Einen Plattenkondensator mit sehr ausgedehnten Platten kann man übrigens auch als ein Stück eines sehr großen Kugelkondensators auffassen und kommt dann ebenfalls zum richtigen Ausdruck für seine Kapazität.

*§ 8. Das Feld einer beliebigen elektrischen Anordnung in großer Entfernung.

Inhalt: Zerlegung des Feldes einer Ladungsverteilung in den Anteil der Überschußladung, des Dipolmomentes, des Quadrupolelementes usw.

Bezeichnungen: $\mathfrak{a}$ Ortsvektor der Quellpunkte, $\mathfrak{a}_0$ Ortsvektor des Schwerpunktes der negativen Ladung, $\mathfrak{r}$ Vektor vom Quellpunkt zum Aufpunkt, $\mathfrak{r}_0$ Vektor vom Schwerpunkt zum Aufpunkt, $\mathfrak{R}$ Vektor vom Schwerpunkt zum Quellpunkt, r, r_0, R Beträge dieser Vektoren, η Raumladung, dv Volumenelement, $\mathfrak{M}$ Dipolmoment, Φ Quadrupolelement, $-Q^-$ gesamte negative Ladung, Q Gesamtladung, Überschußladung, V Potential.

Wir betrachten eine beliebige Anordnung elektrischer Ladungen, welche sich über ein endliches Quellgebiet verteilen. Ihr Potential in einem weit entfernten Punkte kann man in sukzessiven Näherungen berechnen.

Mit $\mathfrak{a}$ bezeichnen wir den Ortsvektor der Quellpunkte (Abb. 107). Zuerst bestimmen wir den Schwerpunkt S der negativen Ladung. Sein Ortsvektor $\mathfrak{a}_0$ ergibt sich aus der Gleichung

$$\int \mathfrak{a}\,\eta\,dv = \mathfrak{a}_0 \int \eta\,dv = -\mathfrak{a}_0 Q^-, \tag{31}$$

wobei wir nur über die negative Ladung integrieren. $-Q^-$ ist die negative Gesamtladung.

In den Schwerpunkt S der negativen Ladung legen wir den Ursprung des Koordinatensystems und ziehen von ihm aus die Ortsvektoren $\mathfrak{R}$ zu den Quellpunkten und den Vektor $\mathfrak{r}_0$ zum Aufpunkt. Von den Quellpunkten führen dann die Vektoren

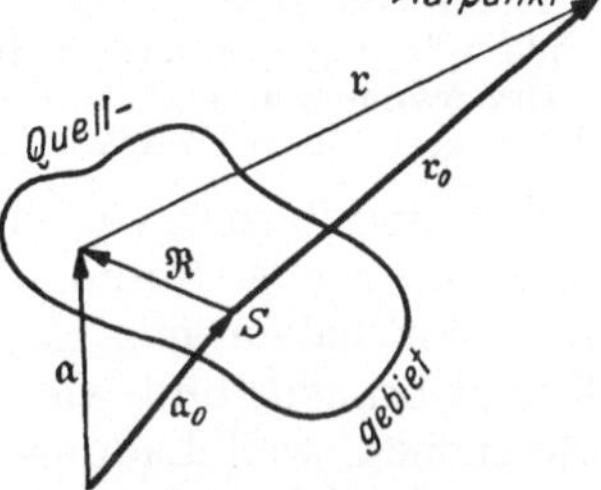

Abb. 107. Entwicklung einer elektrischen Anordnung nach Ladung, Dipol, Quadrupol usw.

$$\mathfrak{r} = \mathfrak{r}_0 - \mathfrak{R}$$

zum Aufpunkt. Der Betrag von $\mathfrak{r}$ ist

$$r = \sqrt{(\mathfrak{r}_0 - \mathfrak{R})^2} = r_0 \sqrt{1 + \frac{\mathfrak{R}^2 - 2\mathfrak{r}_0\mathfrak{R}}{r_0^2}}.$$

Für entfernte Aufpunkte ist $\mathfrak{R} \ll \mathfrak{r}$, und wir können in

$$V = V_0 + \frac{1}{4\pi\varepsilon_0}\int \frac{\eta\,dv}{r} \tag{32}$$

$1/r$ nach Potenzen von $1/r_0$ entwickeln. Dabei erhalten wir die Reihe

$$\frac{1}{r} = \frac{1}{r_0}\left\{1 - \frac{\mathfrak{R}^2 - 2\mathfrak{r}_0\mathfrak{R}}{2r_0^2} + \frac{3}{8r_0^4}(\mathfrak{R}^2 - 2\mathfrak{r}_0\mathfrak{R})^2 - \frac{5}{16r_0^6}(\mathfrak{R}^2 - 2\mathfrak{r}_0\mathfrak{R})^3 + \cdots\right\}.$$

In erster Näherung bekommen wir nur das Glied

$$\frac{1}{r} = \frac{1}{r_0},$$

in zweiter Näherung tritt

$$\frac{\mathfrak{r}_0\mathfrak{R}}{r_0^3}$$

und in dritter und vierter Näherung

$$-\frac{\mathfrak{R}^2}{2r_0^3} + \frac{3(\mathfrak{r}_0\mathfrak{R})^2}{2r_0^5} \quad \text{und} \quad -\frac{3\mathfrak{R}^2(\mathfrak{r}_0\mathfrak{R})}{2r_0^5} + \frac{5(\mathfrak{r}_0\mathfrak{R})^3}{2r_0^7}$$

hinzu. Setzt man dies alles in (32) ein, so findet man

$$V = V_0 + \frac{Q}{4\pi\varepsilon_0 r_0} + \frac{\mathfrak{r}_0}{4\pi\varepsilon_0 r_0^3}\int \mathfrak{R}\,\eta\,dv$$
$$- \frac{1}{8\pi\varepsilon_0 r_0^3}\int \mathfrak{R}^2\eta\,dv + \frac{3}{8\pi\varepsilon_0 r_0^5}\int (\mathfrak{r}_0\mathfrak{R})^2\eta\,dv + \cdots.$$

Das erste Glied ist das Potential, welches die im Schwerpunkte vereinigte Überschußladung Q erzeugt. Das zweite Glied ist der Anteil des Dipolmomentes

$$\mathfrak{M} = \int \mathfrak{R}\,\eta\,dv, \tag{33}$$

und die beiden nächsten Glieder stellen den Potentialbeitrag des Quadrupolmomentes der Anordnung dar. Unter ihm verstehen wir einen Tensor Φ, dessen Komponenten durch

$$\left.\begin{aligned} \Phi_{xx} &= \int (3\mathfrak{R}_x^2 - \mathfrak{R}^2)\,\eta\,dv = \int \{2\mathfrak{R}_x^2 - \mathfrak{R}_y^2 - \mathfrak{R}_z^2\}\,\eta\,dv \\ \Phi_{yy} &= \int \{2\mathfrak{R}_y^2 - \mathfrak{R}_x^2 - \mathfrak{R}_z^2\}\,\eta\,dv \\ \Phi_{xy} &= \Phi_{yx} = 3\int \mathfrak{R}_x\mathfrak{R}_y\,\eta\,dv \end{aligned}\right\} \tag{34}$$

gebildet werden. Das Quadrupolmoment besteht aus dem skalaren Anteil $-\int \Re^2 \eta\, dv$ und dem dyadischen Anteil $3\int \Re)(\Re\, \eta\, dv$. Für das Potential der ganzen Anordnung erhält man also

$$V = V_0 + \frac{Q}{4\pi\varepsilon_0 r_0} + \frac{(\mathfrak{r}_0 \mathfrak{M})}{4\pi\varepsilon_0 r_0^3} + \frac{1\,(\mathfrak{r}_0 \Phi\, \mathfrak{r}_0)}{2\cdot 4\pi\varepsilon_0 r_0^5} + \cdots. \tag{35}$$

Das nächste nicht mehr angeschriebene Glied wäre einem Oktopol zuzuordnen.

§ 9. Leiter im elektrostatischen Feld.

Inhalt: Im Innern von Leitern besteht kein Feld und keine Raumladung. Abschirmende Wirkung geerdeter Leiter. Randwertaufgaben der Potentialtheorie.

Bezeichnungen: V Potential, $\mathfrak{E}$ Feldstärke, σ Flächendichte, η Raumladung, Q Gesamtladung, ε_0 Dielektrizitätskonstante des Vakuums.

Wir sind bisher von der Annahme ausgegangen, daß in gewissen Bezirken des Raumes eine Raumladung oder auf gewissen Flächen eine Flächenladung sitze. Wir haben uns aber nicht gefragt, wie man Flächenladungen auf die Flächen bringen und wie man sie dort festhalten kann. Man muß diese Frage untersuchen, weil Ladungen sich anziehen und abstoßen und in Bewegung geraten, wenn sie sich auf einem Träger befinden, der Bewegungen zuläßt.

Medien, in denen elektrische Ladungen beweglich sind, heißen Leiter, solche, in denen sie unbeweglich sind, Isolatoren. Haben wir Ladungen auf Leiter gebracht, so werden sie dort den Kräften folgen, d. h. sie befinden sich nicht mehr an den Stellen, wo wir sie hingebracht haben, wenn schließlich Gleichgewicht eingetreten ist. Wir dürfen deshalb gewöhnlich nicht voraussetzen, daß die Ladungsdichte auf Leitern bekannt ist.

Wegen des elektrischen Aufbaus der Materie gibt es in jedem Körper Ladungen, wenn auch gleich viel von beiden Vorzeichen. In einem Leiter herrscht Gleichgewicht, wenn die Ladungen in seinem Innern keinen Kräften unterliegen. Im Innern muß die Feldstärke verschwinden. Aus dem gleichen Grund darf die Feldstärke auf der Oberfläche eines Leiters keine Tangentialkomponente haben, und das Potential muß im Innern und auf der Oberfläche einen konstanten Wert besitzen.

Da die Raumladung durch

$$\eta = -\varepsilon_0 \operatorname{div} \operatorname{grad} V \tag{36}$$

bestimmt ist, können im Innern des Leiters auch keine Raumladungen, d. h. keine Überschußladungen vorhanden sein. Die Oberfläche eines Leiters kann jedoch Ladungen tragen.

In dem allgemeinen Ansatz für das Potential

$$V = V_0 + \frac{1}{4\pi\varepsilon_0} \sum_i \frac{Q_i}{r_i} + \frac{1}{4\pi\varepsilon_0} \int \frac{\eta\, dv}{r} + \frac{1}{4\pi\varepsilon_0} \int \frac{\sigma\, df}{r} \tag{37}$$

tragen zum letzten Glied unter anderem auch die Leiteroberflächen bei. Dort ist σ eine meist unbekannte Ortsfunktion.

Gewöhnlich ist das Potential V bekannt, auf dem sich ein Leiter befindet, oder die Gesamtladung Q, die auf ihm sitzt. Zum mindesten sind diese beiden Größen leicht meßbar und können deshalb in Erfahrung gebracht werden. Mit der Feldstärke hängt Q durch

$$Q = \int \sigma\, df = \varepsilon_0 \int \operatorname{Div} \mathfrak{E}\, df = \varepsilon_0 \int \mathfrak{E}_a\, df,$$

mit dem Potential durch

$$Q = -\varepsilon_0 \int \frac{\partial V}{\partial n}\, df \tag{38}$$

zusammen. $\mathfrak{E}_a$ ist hier die Feldkomponente senkrecht zur Leiteroberfläche und $\partial V/\partial n$ das Potentialgefälle in dem Raum, der den Leiter umgibt.

Wir denken uns jetzt außerhalb der Leiter eine beliebige Ladungsanordnung aufgebaut und werfen die Frage auf, welche Bedingungen man den Leitern dann noch auferlegen kann. Sicher kann man ihnen noch beliebige und auch voneinander verschiedene Potentiale geben, indem man sie etwa an die Klemmen einer Batterie anschließt. Daneben kann man den Leitern aber nicht noch die Ladungen vorschreiben, sondern sie werden sich je nach den Potentialen von selbst aufladen. Andererseits kann man aber auch auf jeden Leiter vorgegebene Gesamtladungen aufbringen. Sie verteilen sich dann so, daß das Potential auf jedem Leiter einen einheitlichen Wert annimmt. Diese Werte jedoch stellen sich je nach den aufgebrachten Ladungen von selbst ein und können nicht außer den Ladungen willkürlich vorgegeben werden. Man kann also im ganzen genau ebenso viele Angaben vorschreiben, als getrennte Leiter vorhanden sind. Sind zwei Leiter vorhanden, so kann man z. B. auf einen davon eine bestimmte Ladung bringen, und sein Potential außerdem noch willkürlich einstellen, indem man den zweiten Leiter so lange auflädt, bis der erste das gewünschte Potential besitzt. Dem zweiten Leiter kann man aber unter diesen Umständen weder die Ladung noch das Potential vorschreiben.

Um das Potential einer elektrischen Anordnung mit Leitern zu finden, muß man also eine Ortsfunktion V suchen, die folgende Bedingungen erfüllt. 1. Sie muß auf jedem Leiter einen festen Wert haben, der auf nicht verbundenen Leitern verschieden groß sein darf. 2. In den Raumladungsgebieten muß

$$\operatorname{div} \operatorname{grad} V = -\frac{\eta}{\varepsilon_0}$$

sein. Statt der Potentialwerte auf den Leitern können auch die Ladungen

$$Q = -\varepsilon_0 \int \frac{\partial V}{\partial n}\, df$$

vorgegeben sein. Diese Aufgabe läßt sich nicht allgemein behandeln. Sie wird in einfachen Fällen lösbar, insbesondere wenn die Ladungsverteilung auf den Leitern aus Symmetriegründen ersichtlich ist.

Praktisch wichtig ist die Abschirmung äußerer Felder durch geerdete Leiter. In einem von geerdeten Leitern umschlossenen Raum (s. Abb. 108) hat das Potential auf der inneren Leiteroberfläche einen konstanten Wert. Befinden sich im Innern keine Ladungen, so sitzt auf der inneren Leiteroberfläche auch keine Flächenladung, und der abgeschlossene Raum ist feldfrei, gleichgültig, welches Feld außen herrscht. Dies geht aus einem Satz der Vektorrechnung hervor, welcher besagt: Ist eine endliche Funktion V auf einer geschlossenen Fläche konstant und verschwindet $\operatorname{div} \operatorname{grad} V$ im ganzen eingeschlossenen Volumen, so ist V im eingeschlossenen Bereich konstant.

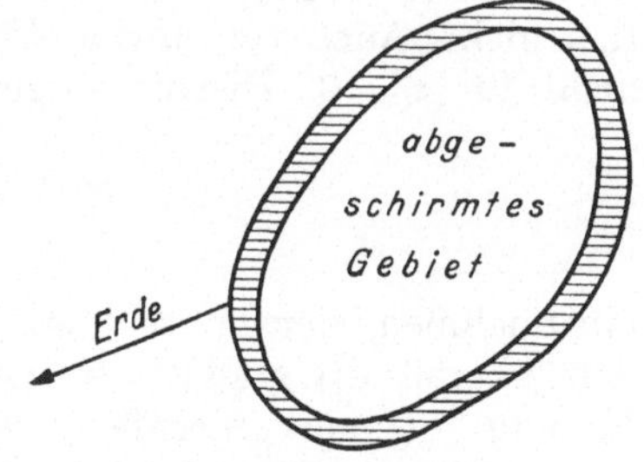

Abb. 108. Faradayscher Käfig.

Einen von einem geerdeten Leiter umschlossenen Raum nennt man einen Faradayschen Käfig. Um Irrtümer auszuschließen, sei bemerkt, daß der Käfig nur statische Felder unbedingt, zeitlich veränderliche Felder dagegen nur bedingt abschirmt.

§ 10. Influenz.

Inhalt: Eine Punktladung influenziert auf einer geerdeten Platte eine Ladungsverteilung, die einer spiegelbildlichen Ladung von entgegengesetztem Vorzeichen entspricht. Ein homogenes Feld influenziert in einer leitenden Kugel ein Dipolmoment proportional zu ihrem Volumen.

Bezeichnungen: V Potential, $\mathfrak{E}$ Feldstärke, σ Flächenladung, ε_0 Dielektrizitätskonstante des Vakuums, sonst siehe Abb. 109 und Abb. 110.

Als Beispiel für das Verhalten von Leitern im Feld behandeln wir eine unendlich ausgedehnte Platte, die durch Erdung auf dem Potential Null gehalten wird, im Felde einer Punktladung Q im Abstand z_0 von ihr. Im linken Halbraum (s. Abb. 109) herrscht kein Feld, und das Potential ist überall Null, da es auf der Platte verschwindet. Führen wir Zylinderkoordinaten z, R, φ ein, so hängt das Potential aus Symmetriegründen von φ nicht ab. Wir suchen jetzt eine Funktion V von R und z, die im ganzen rechten Halbraum definiert ist, bei $z = 0$ für alle R verschwindet und für $z = z_0$ und $R = 0$ wie

$$\frac{Q}{4\pi\,\varepsilon_0\, r}$$

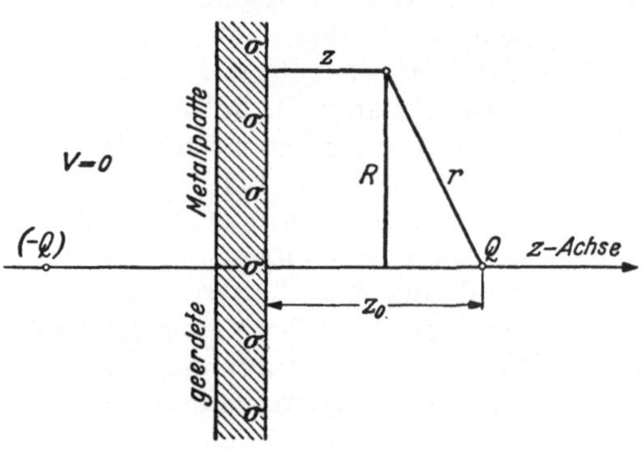

Abb. 109. Eine geerdete Metallplatte wird durch die Ladung Q influenziert.

für $r = 0$ unendlich wird. Andere Singularitäten soll diese Funktion im rechten Halbraum nicht besitzen, $\operatorname{div}\operatorname{grad} V$ soll überall verschwinden, doch darf $\operatorname{Div}\operatorname{grad} V$ für $z = 0$ eine beliebige Funktion von R sein. Dies bedeutet, daß auf der Oberfläche des Leiters eine Aufladung gestattet wird, welche durch die Punktladung Q auf der Platte influenziert ist.

Ein Teil von V sei das Potential der Punktladung Q

$$V'' = \frac{Q}{4\pi\,\varepsilon_0 \sqrt{(z - z_0)^2 + R^2}}.$$

Hierdurch sorgen wir dafür, daß V für $z = z_0$ und $R = 0$ die verlangte Singularität besitzt. Andere Singularitäten im rechten Halbraum besitzt diese Funktion nicht. Auch verschwindet überall $\operatorname{div}\operatorname{grad} V''$. Allerdings verschwindet V'' nicht für $z = 0$. Hierfür sorgen wir jedoch, indem wir einen zweiten Anteil

$$V' = -\frac{Q}{4\pi\,\varepsilon_0 \sqrt{(z + z_0)^2 + R^2}}$$

hinzunehmen, der im rechten Halbraum keine Singularitäten besitzt und für den überall $\operatorname{div}\operatorname{grad} V' = 0$ ist. Dieser Potentialanteil V' würde von einer Ladung $-Q$ hervorgerufen werden, die spiegelbildlich zur Ladung $+Q$ läge, wenn sich das Potential in gleicher Weise auch in den linken Halbraum fortsetzen würde. Selbstverständlich ist eine solche Ladung auf der anderen Seite der Platte oder im Leiter nicht wirklich vorhanden, sondern das Potential V' rührt von Flächenladungen her, die auf der Oberfläche des Leiters sitzen und im rechten Halbraum das einer Punktladung $-Q$ entsprechende Potential erzeugen.

Das Potential lautet also

$$V = \frac{Q}{4\pi\varepsilon_0}\left(\frac{1}{\sqrt{(z-z_0)^2+R^2}} - \frac{1}{\sqrt{(z+z_0)^2+R^2}}\right)$$

für $z > 0$ und $V = 0$ für $z \leqq 0$. Es erfüllt alle vorgeschriebenen Bedingungen.

Wir berechnen jetzt die auf der Leiteroberfläche influenzierte Flächenladung. Es ist

$$\sigma = \varepsilon_0 \operatorname{Div}\mathfrak{E} = \varepsilon_0(\mathfrak{E}_{+z} - \mathfrak{E}_{-z}) = -\varepsilon_0\left(\frac{\partial V}{\partial z}\right)_{z=0}.$$

Durch Differenzieren erhalten wir

$$\frac{\partial V}{\partial z} = -\frac{Q}{4\pi\varepsilon_0}\left(\frac{z-z_0}{\{(z-z_0)^2+R^2\}^{3/2}} - \frac{z+z_0}{\{(z+z_0)^2+R^2\}^{3/2}}\right),$$

also

$$\sigma = -\frac{Q z_0}{2\pi(z_0^2+R^2)^{3/2}}.$$

Bringt man eine Kugel in ein homogenes elektrisches Feld $\mathfrak{E}_0$, so werden auf ihr Ladungen influenziert, auch wenn ursprünglich keine Ladung auf ihr vorhanden ist (Abb. 110).

Das Potential des homogenen Feldes der Stärke $|\mathfrak{E}_0|$ ist

$$V_\infty = -|\mathfrak{E}_0|\, z,$$

oder wenn wir sphärische Polarkoordinaten mit dem Kugelmittelpunkt als Koordinatenursprung einführen,

$$V_\infty = -|\mathfrak{E}_0|\, r\cos\vartheta.$$

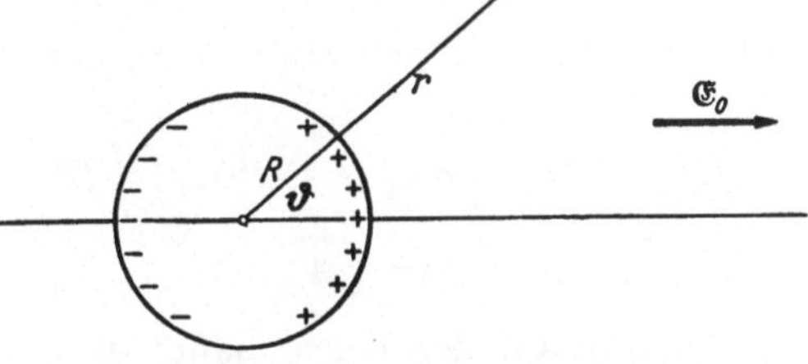

Abb. 110. Influenz einer Metallkugel im homogenen Feld.

In großem Abstand von der Kugel muß das Potential V dieser Funktion nahekommen. Außerhalb der Kugel muß V die Gleichung

$$\Delta V = \frac{1}{r^2}\frac{\partial}{\partial r} r^2 \frac{\partial V}{\partial r} + \frac{1}{r^2\sin\vartheta}\frac{\partial}{\partial\vartheta}\sin\vartheta\frac{\partial V}{\partial\vartheta} + \frac{1}{r^2\sin^2\vartheta}\frac{\partial^2 V}{\partial\varphi^2} = 0 \tag{39}$$

erfüllen, weil keine Raumladungen da sind. Schließlich muß V auf der Kugel, d. h. für $r = R$, konstant sein.

Aus Symmetriegründen kommt φ in V nicht vor. Wir versuchen also den Ansatz

$$V = f(r)\cos\vartheta + g(r) \tag{40}$$

und verlangen, daß f für $r = R$ verschwinde und für große r in $-|\mathfrak{E}_0|\, r$ übergehe. g soll im Unendlichen verschwinden. Setzen wir (40) in (39) ein, so erhalten wir

$$\cos\vartheta \frac{d}{dr} r^2 \frac{df}{dr} + \frac{d}{dr} r^2 \frac{dg}{dr} - 2f\cos\vartheta = 0.$$

Soll diese Gleichung für alle ϑ gelten, so muß sowohl

$$\frac{d}{dr} r^2 \frac{dg}{dr} = 0$$

als auch

$$\frac{d}{dr} r^2 \frac{df}{dr} - 2f = 0$$

gelten. Die erste dieser Gleichungen liefert integriert

$$g = -\frac{A}{r} + B = -\frac{A}{r}.$$

Damit g im Unendlichen verschwinde, muß nämlich $B = 0$ sein. Die allgemeine Lösung der Gleichung für f ist

$$f = \frac{C}{r^2} + Dr.$$

Damit f den richtigen Verlauf im Unendlichen erhält, muß $D = -|\mathfrak{E}_0|$ sein, und damit f auf der Kugel $r = R$ verschwindet, müssen wir

$$C = -DR^3 = |\mathfrak{E}_0| R^3$$

setzen. Für das Potential erhalten wir also

$$V = |\mathfrak{E}_0| \cos\vartheta \left(\frac{R^3}{r^2} - r\right) - \frac{A}{r}.$$

Die Feldstärke auf der Kugeloberfläche ist

$$\mathfrak{E}_r = 3|\mathfrak{E}_0| \cos\vartheta - \frac{A}{R^2},$$

und die Flächenladung wird infolgedessen

$$\sigma = \varepsilon_0 \mathfrak{E}_r = 3\varepsilon_0 |\mathfrak{E}_0| \cos\vartheta - \frac{A\,\varepsilon_0}{R^2}.$$

Auf der ganzen Kugel sitzt die Gesamtladung

$$\begin{aligned} Q = \int \sigma\, df &= 3\varepsilon_0 |\mathfrak{E}_0| \int_0^{2\pi}\int_0^{\pi} R^2 \cos\vartheta \sin\vartheta\, d\vartheta\, d\varphi - \frac{\varepsilon_0 A}{R^2}\int df \\ &= -4\pi\varepsilon_0 A. \end{aligned}$$

Die Ladung auf der Kugel hängt also, wie zu erwarten, mit dem homogenen Feld nicht zusammen, sondern legt die willkürliche Konstante A fest. Man kann ihr jeden beliebigen Wert erteilen.

Nun berechnen wir noch das Dipolmoment der Kugel, das wegen der Symmetrie nur eine z-Komponente $\mathfrak{M}_z$ besitzen kann. Es ist

$$\begin{aligned} \mathfrak{M}_z = \int \sigma z\, df &= 3\varepsilon_0 R^3 |\mathfrak{E}_0| \int_0^{2\pi}\int_0^{\pi} \cos^2\vartheta \sin\vartheta\, d\vartheta\, d\varphi \\ &= 4\pi\varepsilon_0 R^3 |\mathfrak{E}_0|. \end{aligned} \tag{41}$$

Durch ein homogenes Feld wird in einer leitenden Kugel ein Dipolmoment influenziert, das der Feldstärke und dem Volumen der Kugel proportional ist. Ob die Kugel massiv oder hohl ist, macht keinen Unterschied.

§ 11. Äquipotentialflächen und Kraftlinien.

Um das elektrische Feld (also die Feldstärke) oder das Potentialfeld anschaulich zu machen, bedient man sich einer graphischen Darstellung. Das Potentialfeld veranschaulicht man durch die Flächen, auf denen das Potential konstante Werte hat. Man nennt sie Niveau- oder Äquipotentialflächen.

Die Feldstärke hat keine Komponente, welche in den Äquipotentialflächen liegt, steht also auf diesen senkrecht. Ihre Richtung wird demnach durch die orthogonalen Trajektorien zu den Niveauflächen angegeben. Diese Trajektorien bezeichnet man als Kraftlinien. Wir setzen außerdem fest, daß die Zahl der Kraftlinien, welche eine Fläche durchsetzt, gleich dem elektrischen Fluß durch die Fläche sein soll. Die Zahl der Kraftlinien ist also

$$N = \int (\mathfrak{E}\, d\mathfrak{f}).$$

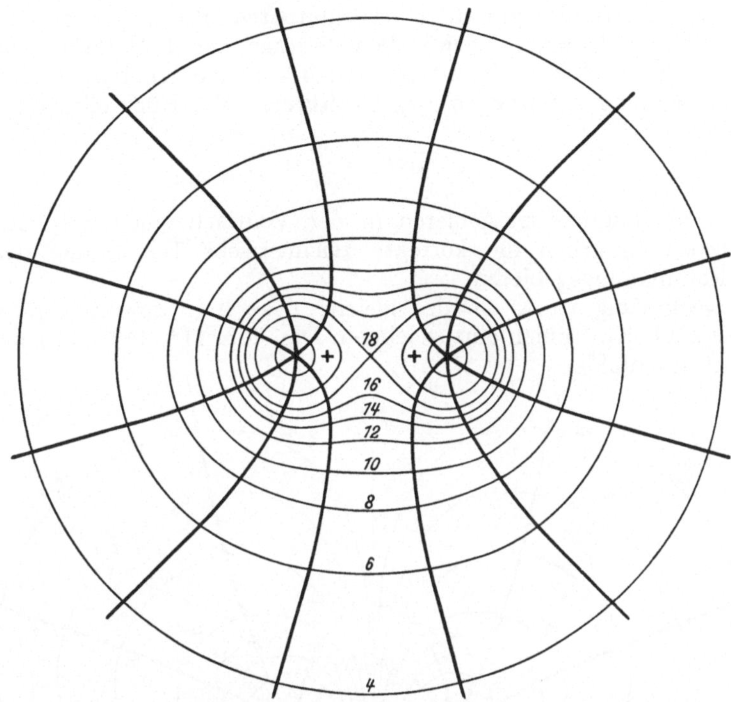

Abb. 111. Kraftlinien (stark) und Äquipotentialflächen (schwach) zweier benachbarter positiver Ladungen. Angeschriebene Zahlen sind Werte des Potentials in willkürlichem Maßstab.

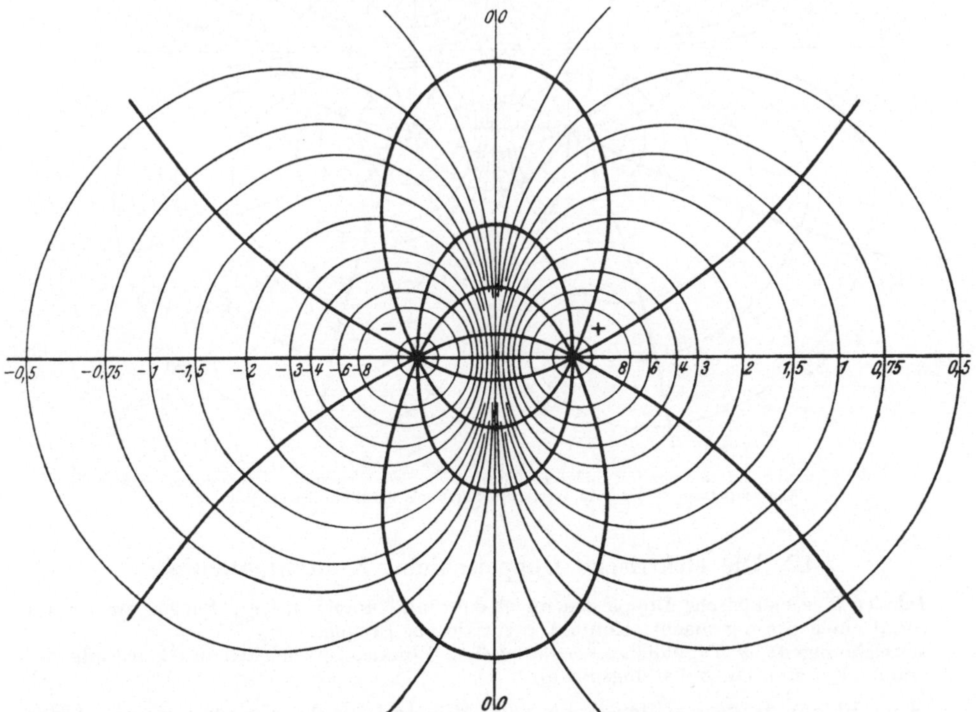

Abb. 112. Feldlinien (stark), Äquipotentialflächen (schwach) für eine positive und eine negative Punktladung (Dipol). Angeschriebene Zahlen sind Werte des Potentials in willkürlichem Maßstab.

Die Zahl der Kraftlinien pro m² einer Äquipotentialfläche heißt Kraftliniendichte und ist zahlenmäßig gleich dem Betrage der Feldstärke. Die Kraftlinien beginnen am Orte positiver und enden am Orte negativer Ladungen. An einer Einheitsladung entspringen $1/\varepsilon_0$ Kraftlinien. Mit Rücksicht auf

$$\operatorname{div}\mathfrak{E} = \frac{\eta}{\varepsilon_0}$$

entspringen in Raumladungsgebieten in der Volumeneinheit η/ε_0 Kraftlinien. Dies erschwert natürlich die korrekte zeichnerische Darstellung der Kraftlinien in Raumladungsgebieten.

Sehr zweckmäßig ist es, in das gleiche Diagramm sowohl Äquipotentialflächen wie auch Kraftlinien einzuzeichnen. Die Abb. 111, 112, 113 geben einige solche Kraftlinienbilder.

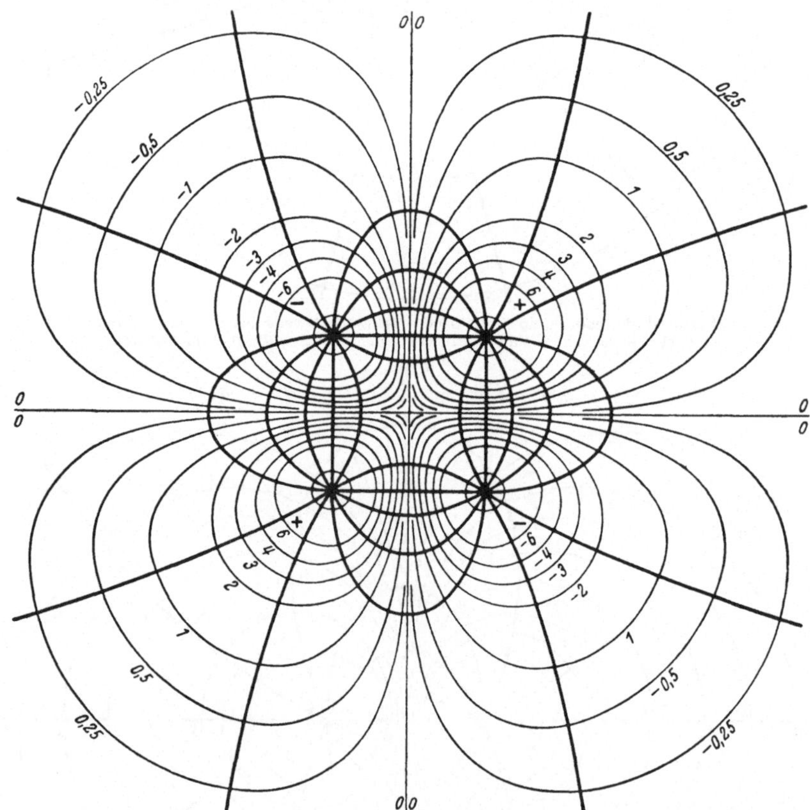

Abb. 113. Zwei positive und zwei negative Ladungen (Quadrupol). Feldlinien stark, Äquipotentialflächen schwach. Angeschriebene Zahlen sind Werte des Potentials in willkürlichem Maßstab.

§ 12. Die elektrische Doppelschicht. Kontaktpotential.

Inhalt: Eine elektrische Doppleschicht ist eine mit Dipolen belegte Fläche, an der das Potential einen Sprung macht. Kontaktpotentiale als Beispiel.

Bezeichnungen: m Dipoldichte, ω räumlicher Winkel, ε_0 Dielektrizitätskonstante des Vakuums, V Potential, σ Ladungsdichte.

Eine Fläche trage auf der einen Seite die positive Flächendichte σ, auf der anderen Seite die negative Ladung $-\sigma$. Die Ladungen mögen auf beiden Seiten im Abstand d von der Fläche sitzen, so daß jedes Flächenelement $d\mathfrak{f}$ einen Dipol von der Größe

$$2\sigma\, d\, d\mathfrak{f} = m\, d\,\mathfrak{f}$$

darstellt (Abb. 114).

Wir denken uns nun den Abstand d immer mehr verkleinert und σ im umgekehrten Maß vergrößert, so daß das Dipolmoment ungeändert bleibt. Gehen wir zur Grenze über, so wird die Fläche der Sitz von Dipolmomenten. m ist die Dipolflächendichte. Ziehen wir jetzt zum Aufpunkt von der Dipolfläche den Vektor $\mathfrak{r}$, so gewinnen wir nach S. 321, Gl. (16), das Potential durch Integration über die Potentialanteile der einzelnen Dipole, also

$$V = V_0 + \frac{1}{4\pi\varepsilon_0}\int \frac{m\,(d\mathfrak{f}\,\mathfrak{r}^0)}{\mathfrak{r}^2} = V_0 + \frac{1}{4\pi\varepsilon_0}\int m\, d\omega. \tag{42}$$

$d\omega$ ist der räumliche Öffnungswinkel, unter dem man das Flächenelement $d\mathfrak{f}$ vom Aufpunkt aus sieht. Ist die Dipoldichte m auf der Fläche konstant, so wird

$$V = V_0 + \frac{m\,\omega}{4\pi\varepsilon_0}.$$

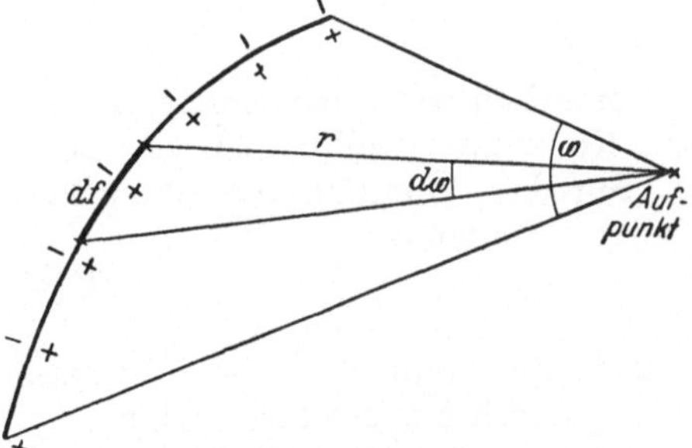

Abb. 114. Das Potential einer Doppelschicht ist dem räumlichen Winkel ω proportional.

ω ist der Öffnungswinkel, unter dem das ganze von Dipolen besetzte Flächenstück vom Aufpunkt aus erscheint. Gehen wir nun mit dem Aufpunkt ganz nahe an die Fläche heran, so wird $\omega = 2\pi$, und m kann dann immer als konstant angesehen werden, da nur die Flächenelemente in der unmittelbaren Nähe des Aufpunktes nennenswert zum Öffnungswinkel beitragen. Wir erhalten dann

$$V = V_0 + \frac{m}{2\varepsilon_0}.$$

Gehen wir mit dem Aufpunkt auf die andere Seite der Fläche, so wechselt der Öffnungswinkel das Vorzeichen, und wir erhalten

$$V = V_0 - \frac{m}{2\varepsilon_0}.$$

In der Fläche selbst liegt demnach ein Potentialsprung von der Größe

$$\Delta V = \frac{m}{\varepsilon_0}. \tag{42a}$$

An einer mit Dipolen belegten Fläche macht das Potential einen Sprung. Es ist klar, daß in Wirklichkeit weder die Dipole ohne Ausdehnung sein können noch das Potential einen wirklichen Sprung macht. Dies ist nur eine Modellkonstruktion, die in manchen Fällen Anwendung finden kann, wenn sich das Potential sehr schnell ändert. In diesem Sinne kommen Potentialsprünge tatsächlich vor, wo verschiedene Medien aneinandergrenzen. Zwei verschiedene Metalle zeigen z. B. gegeneinander und auch gegen Luft oder Vakuum kleine Potentialdifferenzen, welche vom Material abhängen und Kontaktpotentiale heißen. Man kann sich vorstellen, daß an den Berührungsflächen eine Dipolbelegung entsteht, die von der atomistischen Struktur des Materials herrührt.

§ 13. Die Dielektrizitätskonstante.

Inhalt: Dielektrizitätskonstante und relative Dielektrizitätskonstante verschiedener Medien. Die dielektrische Erregung.

Bezeichnungen: $\mathfrak{E}$ Feldstärke, ε_0 Dielektrizitätskonstante des Vakuums, ε relative Dielektrizitätskonstante anderer Medien, σ Flächendichte, η Raumladung, $\mathfrak{D}$ dielektrische Erregung, Q Ladung, V Potential, U Spannung.

Bisher haben wir stillschweigend vorausgesetzt, daß die elektrostatische Anordnung sich im Vakuum befinde, in welches eventuell Leiter eingebettet sind. Jetzt müssen wir feststellen, welchen Einfluß Nichtleiter auf das elektrische Feld haben.

Haben wir eine Punktladung Q in einem homogenen isolierenden Medium und tasten wir das Feld mit einer Probeladung ab, so ergibt sich die Feldstärke

$$\mathfrak{E} = \frac{Q\,\mathfrak{r}}{4\pi\,\varepsilon\,\varepsilon_0\,r^3}. \tag{43}$$

Untersuchen wir verschiedene Medien, so bleibt die Form des Gesetzes erhalten, die Konstante ε fällt aber von Medium zu Medium verschieden aus.

Für das Potential einer Punktladung in einem beliebigen, aber einheitlichen Isolator finden wir

$$V = \frac{Q}{4\pi\,\varepsilon\,\varepsilon_0\,r}. \tag{44}$$

Überhaupt können wir alle bisherigen Überlegungen übernehmen, wenn wir nur ε_0 durch $\varepsilon\,\varepsilon_0$ ersetzen, solange nur ein einziges Dielektrikum vorhanden ist.

Sitzt z. B. auf den Platten eines Kondensators die Flächendichte σ, so finden wir die Potentialdifferenz

$$U = \Delta V = \frac{\sigma\,d}{\varepsilon\,\varepsilon_0} \quad \text{statt bisher} \quad U = \Delta V = \frac{\sigma\,d}{\varepsilon_0},$$

wenn der Zwischenraum d mit einer Substanz der (relativen) Dielektrizitätskonstante ε ausgefüllt wird. Schiebt man also zwischen die Platten eine Glasscheibe ein, so sinkt die Spannung auf den Bruchteil $1/\varepsilon$ ab und kehrt wieder auf den alten Wert zurück, wenn die Glasplatte wieder herausgezogen wird. Bei dem Einschieben und Herausziehen der Platten scheint es zunächst offensichtlich, daß an der Flächenladung nichts geändert wird. Wir werden aber sehen, daß diese plausible Annahme doch noch etwas verfeinert werden muß.

Wegen der Verschiedenheit der Dielektrizitätskonstanten ist der Zusammenhang zwischen Feldstärke und Ladung nicht derselbe, wenn die Ladung in verschiedene Medien eingebettet wird. Definieren wir aber eine neue Größe

$$\mathfrak{D} = \varepsilon\,\varepsilon_0\,\mathfrak{E}, \tag{45}$$

die wir dielektrische Erregung nennen, so gelten zwischen $\mathfrak{D}$ und den Ladungen unabhängig von der Natur der Medien die Beziehungen

$$\mathfrak{D} = \frac{Q\,\mathfrak{r}}{4\pi\,r^3}, \tag{46}$$

$$\operatorname{Div}\mathfrak{D} = \sigma, \qquad \operatorname{div}\mathfrak{D} = \eta \tag{47}$$

für Punktladungen, Flächenladungen und Raumladungen.

Die Dielektrizitätskonstante ist bei allen bekannten Substanzen größer als beim Vakuum. ε heißt relative Dielektrizitätskonstante und ist immer größer als 1. Der Unterschied der Luft und anderer Gase vom leeren Raum ist nur sehr gering und kann häufig vernachlässigt werden. Bei festen und flüssigen Isolatoren hingegen kann die relative Dielektrizitätskonstante beträchtliche

Werte besitzen (Bernstein 2 bis 3, Glas, Glimmer 5 bis 10, Hartgummi 2,5 bis 3,5, Pertinax 4,8, Porzellan 4,5 bis 5, Quarz 4,3 bis 4,6, Transformatorenöl 2,2 bis 2,5). Einen ungewöhnlich großen Wert, nämlich 81,5, hat das Wasser.

*Die Dielektrizitätskonstante anisotroper fester Körper ist keine skalare Größe, sondern ein Tensor. Sind $\mathfrak{e}_1$, $\mathfrak{e}_2$, $\mathfrak{e}_3$ die Hauptachsenrichtungen des Materials, so besteht zwischen $\mathfrak{D}$ und $\mathfrak{E}$ der Zusammenhang

$$\mathfrak{D} = \varepsilon_0 (\mathfrak{e}_1 \varepsilon_1 \mathfrak{E}_1 + \mathfrak{e}_2 \varepsilon_2 \mathfrak{E}_3 + \mathfrak{e}_3 \varepsilon_3 \mathfrak{E}_3). \tag{48}$$

$\mathfrak{D}$ und $\mathfrak{E}$ haben dann im allgemeinen sogar verschiedene Richtung. Wir beschränken uns aber hier auf isotrope Medien und sehen ε als skalar an (s. auch das Kapitel Kristalloptik).*

§ 14. Grenzflächen zweier Medien.

Inhalt: An der Grenzfläche zweier Medien sind die Normalkomponenten der Erregung und die Tangentialkomponenten der Feldstärke stetig. Die Kraftlinien werden gebrochen. Scheinbare Ladung.

Bezeichnungen: Aus Abb. 115, sonst wie § 13.

Solange wir nur das elektrische Feld in einem homogenen Medium betrachten, entsteht durch die Dielektrizitätskonstante keine wesentliche Änderung. Sind dagegen mehrere Isolatoren vorhanden, so müssen wir die elektrischen Verhältnisse an den Grenzflächen genauer untersuchen. Diese Flächen werden wir als eben betrachten. Sind sie gekrümmt, so wenden wir die gewonnenen Ergebnisse auf ein Flächenelement an.

Liegt auf der Grenzfläche zweier Dielektrika mit den relativen Dielektrizitätskonstanten ε_1 und ε_2 selbst keine Ladung, so muß dort

$$\operatorname{Div} \mathfrak{D} = 0$$

sein, da ja zwischen $\mathfrak{D}$ und den Ladungen in allen Medien dieselben Gesetze gelten wie im Vakuum. Die Normalkomponente von $\mathfrak{D}$ hat auf beiden Seiten der Trennungsfläche den gleichen Wert. Es ist also

$$\mathfrak{D}_{n_1} = \mathfrak{D}_{n_2} = \mathfrak{D}_n \quad \text{bzw.} \quad \varepsilon_1 \mathfrak{E}_{n_1} = \varepsilon_2 \mathfrak{E}_{n_2}. \tag{49}$$

Die Normalkomponenten der Feldstärke machen an der Trennungsfläche einen Sprung von der Größe

$$\operatorname{Div} \mathfrak{E} = \mathfrak{E}_{n_2} - \mathfrak{E}_{n_1} = \frac{\mathfrak{D}_n}{\varepsilon_0} \left(\frac{1}{\varepsilon_2} - \frac{1}{\varepsilon_1} \right) = \mathfrak{E}_{n_1} \left(\frac{\varepsilon_1}{\varepsilon_2} - 1 \right) = \mathfrak{E}_{n_2} \left(1 - \frac{\varepsilon_2}{\varepsilon_1} \right). \tag{50}$$

Obwohl wir auf die Grenzfläche keine Ladung aufgebracht haben, verhält sich die Feldstärke so, als ob dort die Flächenladung

$$\sigma' = \varepsilon_0 \operatorname{Div} \mathfrak{E} = \mathfrak{D}_n \left(\frac{1}{\varepsilon_2} - \frac{1}{\varepsilon_1} \right) \tag{51}$$

vorhanden wäre. Diese Ladung bezeichnet man als freie oder scheinbare Ladung. Im Gegensatz zu ihr würde man eine Ladung, die auf die Grenzfläche aufgebracht worden ist, als wahre Ladung bezeichnen. Die Bezeichnungen „wahre" und „scheinbare" Ladung sind ziemlich unglücklich. Wir werden nämlich sehen, daß auch die scheinbaren Ladungen wirklich vorhanden sind, nur daß sie ohne unser ausdrückliches Zutun auf die Grenzflächen gelangen. Das Vorzeichen der freien Ladung ist negativ, wenn die Richtung der Feldstärke in das Medium mit größerem ε hineinzeigt. Negative scheinbare Flächenladungen treten also auf, wenn die Kraftlinien in das elektrisch dichtere Medium eindringen.

Die Tangentialkomponenten der Feldstärke müssen auf beiden Seiten der Trennfläche gleich sein, denn das Linienintegral

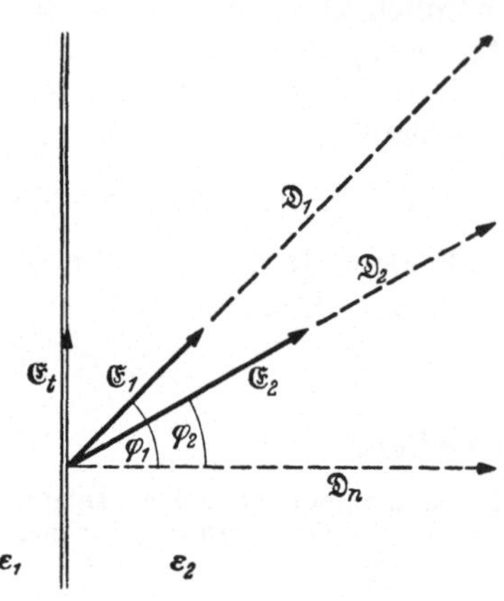

Abb. 115. An der Grenzfläche sind die Normalkomponenten von $\mathfrak{D}$ und die Tangentialkomponenten von $\mathfrak{E}$ stetig. Die Grenzfläche ist durch den Doppelstrich angedeutet.

$$\oint (\mathfrak{E}\, d\mathfrak{s}) = \int (\mathfrak{E}_{t_1} - \mathfrak{E}_{t_2})\, |d\mathfrak{s}|$$

muß über einen geschlossenen Weg, der auf der einen Seite der Fläche hin- und auf der anderen Seite zurückführt, verschwinden. Wäre dies nicht der Fall, so könnte man eine Ladung Q unter dauerndem Gewinn von Arbeit auf einem solchen Weg bewegen, was natürlich unmöglich ist.

Für die Winkel φ_1 und φ_2, welche die Feldstärke mit dem Lot auf der Grenzfläche bildet, gilt (s. Abb. 115)

$$\frac{\operatorname{tg}\varphi_1}{\operatorname{tg}\varphi_2} = \frac{\mathfrak{E}_{t_1}}{\mathfrak{E}_{n_1}} : \frac{\mathfrak{E}_{t_2}}{\mathfrak{E}_{n_2}} = \frac{\mathfrak{E}_{n_2}}{\mathfrak{E}_{n_1}} = \frac{\varepsilon_1}{\varepsilon_2}. \tag{52}$$

Die Tangentialkomponenten der dielektrischen Erregung sind natürlich nicht stetig. Für sie gilt vielmehr

$$\mathfrak{D}_{t_1} : \mathfrak{D}_{t_2} = \varepsilon_1\, \mathfrak{E}_{t_1} : \varepsilon_2\, \mathfrak{E}_{t_2} = \varepsilon_1 : \varepsilon_2. \tag{53}$$

§ 15. Die dielektrische Polarisation.

Inhalt: Polarisation des Volumenelementes, Dipoldichte als dielektrische Polarisation, elektrische Suszeptibilität, Potential einer Anordnung mit Isolatoren.

Bezeichnungen: $\mathfrak{P}$ dielektrische Polarisation, ξ Suszeptibilität, scheinbare Ladungen sind durch Apostroph gekennzeichnet, sonst wie S. 340.

In einem Medium der Dielektrizitätskonstanten ε bestehe ein homogenes elektrisches Feld $\mathfrak{E}$. Die dielektrische Erregung ist dann $\mathfrak{D} = \varepsilon\, \varepsilon_0\, \mathfrak{E}$. Wir denken uns jetzt das Medium in lauter Volumenelemente

$$dv = (d\mathfrak{f}\, d\mathfrak{s})$$

zerschnitten, deren Kanten $d\mathfrak{s}$ in die Richtung der Feldstärke fallen, und diese etwas auseinandergedrückt, so daß zwischen ihnen kleine Luft- oder Vakuumspalte entstehen. Auf der Fläche $d\mathfrak{f}$, durch die das Feld in das Element eintritt, entsteht nach (51) eine freie (negative) Flächenladungsdichte

$$\sigma' = \left(\frac{1}{\varepsilon} - 1\right) |\mathfrak{D}| = \varepsilon_0 (1 - \varepsilon)\, |\mathfrak{E}|, \tag{54}$$

auf der gegenüberliegenden Austrittsfläche entsteht eine ebenso große positive Ladungsdichte. Das Volumenelement enthält also einen Dipol, dessen Moment den Betrag

$$\sigma' (d\mathfrak{f}\, d\mathfrak{s}) = \sigma'\, dv$$

hat. Die Dipoldichte, d. h. das Dipolmoment pro Volumeneinheit, bezeichnen wir mit $\mathfrak{P}$ und nennen sie dielektrische Polarisation. $\mathfrak{P}$ ist ein Vektor, der dem Betrage nach mit σ' übereinstimmt und die Richtung der elektrischen Feldstärke besitzt. Aus (54) finden wir

$$\mathfrak{P} = \varepsilon_0 (\varepsilon - 1)\, \mathfrak{E} = \varepsilon_0\, \xi\, \mathfrak{E}. \tag{55}$$

Die Größe ξ ist ein Maß für die Polarisierbarkeit des Mediums und wird elektrische Suszeptibilität genannt.

Führen wir in (55) statt $\mathfrak{E}$ die elektrische Erregung ein, so erhalten wir

$$\mathfrak{P} = \mathfrak{D} - \mathfrak{D}_0$$

oder

$$\mathfrak{D} = \mathfrak{D}_0 + \mathfrak{P} = \varepsilon_0(1 + \xi)\,\mathfrak{E}. \tag{56}$$

Die dielektrische Erregung erscheint aus einem Anteil $\mathfrak{D}_0$ zusammengesetzt, der auch im Vakuum bei der gleichen Feldstärke vorhanden wäre, und einem Zusatzteil $\mathfrak{P}$, der vom Medium herrührt.

Daß ein Volumenelement unter dem Einfluß des elektrischen Feldes ein Dipolmoment entwickelt, ist die Folge der elektrischen Struktur der Materie. Viele Moleküle besitzen schon von Natur aus ein permanentes Dipolmoment. Da sie im Raum alle möglichen Lagen einnehmen, kompensieren sich die Dipole völlig, werden aber im elektrischen Feld ausgerichtet und machen sich dann bemerkbar. Moleküle können aber auch, wenn sie kein Dipolmoment besitzen, im elektrischen Feld ein solches erlangen. Sie werden im Feld polarisiert. Es gehört zu den Aufgaben der Atomtheorie, zu untersuchen, welche Moleküle permanente Dipolmomente haben und wie groß ihre Polarisierbarkeit ist. Von dieser Kenntnis führt eine statistische Überlegung zu einer Theorie der Suszeptibilität.

Rücken wir die einzelnen Volumenelemente wieder zusammen, so kompensieren sich die Ladungen auf den Trennflächen und es bleiben nur die Ladungen auf der Oberfläche des Mediums übrig. Sie bilden dann dort die beobachtbare scheinbare Ladung, die also demnach wirklich vorhandene Ladung ist.

Um das Potential einer elektrischen Anordnung mit Isolatoren zu berechnen, kann man wie bisher die Formel [s. S. 324, Gl. (27)]

$$V = V_0 + \frac{1}{4\pi\varepsilon_0}\sum_i\left\{\frac{Q_i}{\varepsilon_i r_i} + \frac{1}{\varepsilon_i}\int\frac{\eta\,dv}{r} + \frac{1}{\varepsilon_i}\int\frac{\sigma\,df}{r} + \int\frac{\sigma'\,df}{r}\right\} \tag{57}$$

benutzen. Natürlich müssen auch die scheinbaren Ladungen berücksichtigt werden, da sie ja tatsächlich vorhanden sind. Für ε_i ist jeweils die relative Dielektrizitätskonstante desjenigen Mediums einzusetzen, in dem sich die betreffende Punkt- oder Raumladung befindet. Bei Ladungen auf Leiteroberflächen ist die Dielektrizitätskonstante des umgebenden Isolators, bei den freien Ladungen auf den Grenzflächen zweier Dielektrika jedoch nur die Dielektrizitätskonstante ε_0 des Vakuums einzusetzen.

*Dieses etwas schwerverständliche Rezept kann man sich folgendermaßen erklären. Wenn man die durch Polarisation der Materie entstandenen scheinbaren Ladungen mitzählt, ist der Einfluß von ε schon berücksichtigt. Es muß deshalb immer die Dielektrizitätskonstante des Vakuums eingesetzt werden, weil man ja sonst die Polarisation noch einmal einrechnen würde. Etwas anders liegt dies bei Punkt- und Raumladungen, welche in ein isolierendes Medium eingebettet sind. Durch die Polarisation des Mediums wird eine scheinbare Grenzflächenladung zwischen dem Medium und der wahren Ladung ausgebildet, die immer das entgegengesetzte Vorzeichen wie diese hat. Das gleiche gilt an der Grenzschicht gegen einen Leiter. Da wir diese scheinbaren Ladungen nicht ausdrücklich in Rechnung setzen, müssen wir die von ihr bewirkte Verminderung der wahren Ladungen berücksichtigen, indem wir die größere Dielektrizitätskonstante einsetzen.

Diesen Gedankengang können wir noch durch eine Rechnung verschärfen. Wir berücksichtigen im Potentialansatz einerseits alle wahren Ladungen, außerdem aber noch die Dipolmomente, die durch die Polarisation der Materie entstehen. Die scheinbaren Ladungen an den Grenzflächen von Isolatoren sind darin schon mitenthalten. Als Dielektrizitätskonstante ist dann natürlich überall ε_0 einzusetzen, da ja die Veränderungen in der Materie, deren Pauschalausdruck die Dielektrizitätskonstanten sind, im einzelnen verfolgt werden. Dies ergibt das Potential

$$V = V_0 + \frac{1}{4\pi\varepsilon_0} \sum_i \left\{\frac{Q_i}{r_i} + \int \frac{\eta\, dv}{r} + \int \frac{\sigma\, df}{r} + \int \frac{(\mathfrak{P}\,\mathfrak{r})}{r^3} dv\right\}. \tag{58}$$

$\mathfrak{r}$ bedeutet den Vektor, der von dv bzw. df nach dem Aufpunkt gezogen wird. Nun ist

$$\frac{\mathfrak{r}}{r^3} = -\operatorname{grad}_a \frac{1}{r} = \operatorname{grad}_q \frac{1}{r},$$

wenn wir unter grad_a die Differentiation nach den Koordinaten des Aufpunktes und unter grad_q die Differentiation nach den Koordinaten des Volumenelementes dv verstehen. Dies verwendend finden wir

$$\frac{(\mathfrak{P}\,\mathfrak{r})}{r^3} = \mathfrak{P} \operatorname{grad}_q \frac{1}{r} = \operatorname{div}_q \frac{\mathfrak{P}}{r} - \frac{1}{r} \operatorname{div}_q \mathfrak{P}.$$

Benutzen wir nun die Gl. (55), so wird im i-ten Medium

$$\frac{(\mathfrak{P}\,\mathfrak{r})}{r^3} = \operatorname{div} \frac{\mathfrak{P}}{r} - \frac{\varepsilon_0(\varepsilon_i - 1)}{r} \operatorname{div} \mathfrak{E} = \operatorname{div} \frac{\mathfrak{P}}{r} - \frac{\varepsilon_i - 1}{\varepsilon_i r} \eta,$$

wobei wir den Index q wieder weglassen.

Setzen wir jetzt dieses Ergebnis in den Potentialansatz (58) ein, so entsteht

$$V = V_0 + \frac{1}{4\pi\varepsilon_0} \sum_i \left\{\frac{Q_i}{r_i} + \frac{1}{\varepsilon_i} \int \frac{\eta\, dv}{r} + \int \frac{\sigma\, df}{r} + \int \operatorname{div} \frac{\mathfrak{P}}{r} dv\right\}. \tag{58a}$$

Damit hat das Raumladungsglied schon die Form von (57) angenommen. Wir untersuchen jetzt weiter das letzte Glied von (58a). Nach dem Gaussschen Satz kann das Volumenintegral in ein Oberflächenintegral verwandelt werden, und wir erhalten

$$\int \operatorname{div} \frac{\mathfrak{P}}{r} dv = \oint \frac{(\mathfrak{P}\, d\mathfrak{f})}{r} = \varepsilon_0(\varepsilon - 1) \oint \frac{(\mathfrak{E}\, d\mathfrak{f})}{r} = \left(1 - \frac{1}{\varepsilon}\right) \oint \frac{(\mathfrak{D}\, d\mathfrak{f})}{r}.$$

Dieses Hüllenintegral muß über alle Oberflächen aller Medien erstreckt werden. Die Richtung des Flächenelementes $d\mathfrak{f}$ zeigt dabei immer aus dem betreffenden Medium heraus. An der Grenzfläche zweier Isolatoren liefern beide Medien einen Anteil, und wir erhalten daher dort wegen $(\mathfrak{D}_1\, d\mathfrak{f}_1) = -(\mathfrak{D}_2\, d\mathfrak{f}_2)$

$$\left(1 - \frac{1}{\varepsilon_1}\right) \int \frac{(\mathfrak{D}_1 d\mathfrak{f}_1)}{r} + \left(1 - \frac{1}{\varepsilon_2}\right) \int \frac{(\mathfrak{D}_2 d\mathfrak{f}_2)}{r} = \left(\frac{1}{\varepsilon_2} - \frac{1}{\varepsilon_1}\right) \int \frac{(\mathfrak{D}\, d\mathfrak{f})}{r} = \int \frac{(\sigma'\, df)}{r}.$$

Das letzte Glied von (58a) liefert also für diese Grenzflächen gerade den von den scheinbaren Ladungen herrührenden Anteil der Formel (57). An einer Metalloberfläche ergibt sich nur das Glied

$$-\left(1 - \frac{1}{\varepsilon_i}\right) \int \frac{(\mathfrak{D}\, d\mathfrak{f})}{r},$$

das sich auf den Isolator bezieht, weil das Feld im Metall verschwindet. Das Flächenelement $d\mathfrak{f}$ zeigt dabei in den Isolator hinein. Berücksichtigen wir nun

$$(\mathfrak{D}\, d\mathfrak{f}) = \operatorname{Div} \mathfrak{D}\, df = \sigma\, df,$$

wo σ die auf dem Leiter sitzende wahre Flächendichte ist, so wird

$$-\left(1 - \frac{1}{\varepsilon_i}\right) \int \frac{(\mathfrak{D}\, d\mathfrak{f})}{r} + \int \frac{\sigma\, df}{r} = \frac{1}{\varepsilon_i} \int \frac{\sigma\, df}{r}.$$

Damit haben wir aber gerade das auf die Metalloberfläche bezügliche Glied der Formel (57) gewonnen.

In ganz ähnlicher Weise kann man den Beweis auch für wahre Flächenladungen oder Punktladungen führen, die in ein isolierendes Medium eingebettet sind. Da solche Fälle aber ziemlich selten sind, verzichten wir auf die zwar leichte, aber umständliche Rechnung.*

§ 16. Dielektrische Kugel im homogenen Feld.

Inhalt: Eine isolierende Kugel wird im homogenen Feld polarisiert. Das Feld bleibt im Inneren homogen, ist aber schwächer als außen. In der Kugel wird ein Dipolelement induziert, welches ihrem Volumen proportional ist.

Bezeichnungen: r, ϑ, φ, sphärische Polarkoordinaten, $\mathfrak{E}$ Feldstärke, $\mathfrak{E}_0$ homogene Feldstärke im Unendlichen, V Potential, ε relative Dielektrizitätskonstante, ε_0 Dielektrizitätskonstante des Vakuums, R Radius der Kugel, $\mathfrak{P}$ Polarisation, $\mathfrak{M}$ Dipolelement, i bzw. a als Index beziehen sich auf den Raum innerhalb und außerhalb der Kugel.

In ein homogenes Feld der Stärke $\mathfrak{E}_0$ werde eine Kugel vom Radius R und der relativen Dielektrizitätskonstante ε gebracht. Wir legen den Anfangspunkt eines Polarkoordinatensystems r, ϑ, φ in den Mittelpunkt der Kugel, die Richtung $\vartheta = 0$ parallel zum homogenen Feld.

In großer Entfernung von der Kugel muß sich das Potential dem Verlauf

$$V_\infty = -|\mathfrak{E}_0|\, r \cos\vartheta \tag{59}$$

nähern, welcher dem homogenen Feld entspricht. Da keine Raumladungen vorhanden sind, muß es überall die POISSONsche Gleichung

$$\Delta V = \frac{1}{r^2}\frac{\partial}{\partial r} r^2 \frac{\partial V}{\partial r} + \frac{1}{r^2 \sin\vartheta}\frac{\partial}{\partial\vartheta}\sin\vartheta\frac{\partial V}{\partial\vartheta} + \frac{1}{r^2\sin^2\vartheta}\frac{\partial^2 V}{\partial\varphi^2} = 0$$

erfüllen. Von φ hängt V nicht ab.

Den Raum innerhalb der Kugel bezeichnen wir mit dem Index i, den Raum außerhalb mit dem Index a. Um im Unendlichen den Verlauf (59) zu erhalten, versuchen wir außerhalb den Potentialansatz

$$V_a = f(r)\cos\vartheta + g(r). \tag{60}$$

Für ihn erhielten wir in § 10, S. 336, unter denselben Voraussetzungen

$$f(r) = \frac{C_a}{r^2} + D_a r; \qquad g(r) = \frac{A_a}{r} + B_a$$

und deshalb

$$V_a = \left(\frac{C_a}{r^2} + D_a r\right)\cos\vartheta + \frac{A_a}{r} + B_a.$$

Nun muß das Potential an der Kugeloberfläche stetig sein, weil dort keine Doppelschicht ist, und dies veranlaßt uns, auch für das Kugelinnere den Ansatz (60) zu machen, so daß wir

$$V_i = \left(\frac{C_i}{r^2} + D_i r\right)\cos\vartheta + \frac{A_i}{r} + B_i$$

bekommen.

Wenn sich V_a im Unendlichen

$$V_\infty = -|\mathfrak{E}_0|\, r\cos\vartheta$$

nähern soll, muß $D_a = -|\mathfrak{E}_0|$ und $B_a = 0$ sein. Da sich keine Punktladung im Kugelinnern befindet, d. h. V_i endlich bleibt, muß $C_i = 0$ und $A_i = 0$ gelten. Damit erhalten wir die Potentiale

$$V_a = \left(\frac{C_a}{r^2} - |\mathfrak{E}_0|\, r\right)\cos\vartheta + \frac{A_a}{r},$$

$$V_i = D_i r\cos\vartheta + B_i.$$

Die Stetigkeit auf der Kugel verlangt

$$\left(\frac{C_a}{R} - |\mathfrak{E}_0| R\right) \cos\vartheta + \frac{A_a}{R} = D_i R \cos\vartheta + B_i,$$

und da dies für alle ϑ gelten muß, folgt

$$B_i = \frac{A_a}{R}; \quad D_i = \frac{C_a}{R^2} - |\mathfrak{E}_0|. \tag{61}$$

Jetzt müssen wir noch den Konstanten A_a und C_a solche Werte geben, daß die Normalkomponenten der dielektrischen Erregung die Kugeloberfläche stetig durchsetzen. Wir erhalten die äußere Komponente

$$\mathfrak{D}_{ar} = -\varepsilon_0 \frac{\partial V_a}{\partial r} = \varepsilon_0 \left(\frac{2C_a}{r^3} + |\mathfrak{E}_0|\right) \cos\vartheta + \frac{A_a \varepsilon_0}{r^2}$$

und die innere

$$\mathfrak{D}_{ir} = -\varepsilon\varepsilon_0 \frac{\partial V_i}{\partial r} = -\varepsilon\varepsilon_0 D_i \cos\vartheta.$$

Die Stetigkeitsbedingung

$$-\varepsilon\varepsilon_0 D_i \cos\vartheta = \varepsilon_0 \left(\frac{2C_a}{R^3} + |\mathfrak{E}_0|\right) \cos\vartheta + \frac{A_a \varepsilon_0}{R^2}$$

muß für alle ϑ gelten, und daraus folgt

$$D_i = -\frac{1}{\varepsilon}\left(\frac{2C_a}{R^3} + |\mathfrak{E}_0|\right); \quad A_a = 0. \tag{62}$$

Aus (61) und (62) finden wir D_i, C_a und das Potential

$$V_i = -\frac{3}{\varepsilon + 2} |\mathfrak{E}_0| r \cos\vartheta$$

im Innern der Kugel und

$$V_a = \left(\frac{(\varepsilon - 1) R^3}{(\varepsilon + 2) r^2} - r\right) |\mathfrak{E}_0| \cos\vartheta = \left(\frac{(\varepsilon - 1) R^3}{(\varepsilon + 2) r^3} - 1\right) (\mathfrak{E}_0 \mathfrak{r})$$

außerhalb. Im Innern herrscht die Feldstärke

$$\mathfrak{E}_i = \frac{3}{\varepsilon + 2} \mathfrak{E}_0. \tag{63}$$

Das Feld bleibt also homogen, ist aber schwächer als das homogene Feld im Unendlichen. Außerhalb der Kugel haben wir das Feld

$$\mathfrak{E}_a = \mathfrak{E}_0 \left(1 - \frac{(\varepsilon - 1) R^3}{(\varepsilon + 2) r^3}\right) + \mathfrak{r} |\mathfrak{E}_0| \frac{3(\varepsilon - 1) R^3}{(\varepsilon + 2) r^4} \cos\vartheta.$$

Für die Polarsiation des Dielektrikums ergibt sich

$$\mathfrak{P} = \varepsilon_0 (\varepsilon - 1) \mathfrak{E}_i = \frac{3(\varepsilon - 1)\varepsilon_0}{(\varepsilon + 2)} \mathfrak{E}_0, \tag{64}$$

woraus wir zusammen mit (63)

$$\mathfrak{E}_i = \mathfrak{E}_0 - \frac{\mathfrak{P}}{3\varepsilon_0} \tag{65}$$

bilden können. Durch die Polarisation entsteht also im Kugelinnern das Gegenfeld

$$-\frac{\mathfrak{P}}{3\varepsilon_0}. \tag{66}$$

Die Radialkomponente der Feldstärke macht auf der Kugeloberfläche den Sprung

$$\operatorname{Div}\mathfrak{E} = \mathfrak{E}_{ra} - \mathfrak{E}_{ri} = |\mathfrak{E}_0| \frac{3(\varepsilon - 1)}{\varepsilon + 2} \cos\vartheta,$$

und hieraus berechnen wir die scheinbare Flächenladungsdichte

$$\sigma' = \varepsilon_0 \operatorname{Div} \mathfrak{E} = \frac{3\varepsilon_0(\varepsilon - 1)}{\varepsilon + 2} |\mathfrak{E}_0| \cos\vartheta .$$

Auf der Kugel sitzt natürlich keine Gesamtladung, weil durch Polarisation positive und negative Ladung in gleicher Menge entsteht. Das resultierende Dipolmoment

$$\mathfrak{M} = \int \mathfrak{P}\, dv = 4\pi R^3 \frac{\varepsilon_0(\varepsilon - 1)}{\varepsilon + 2} \mathfrak{E}_0 = \frac{4\pi R^3}{3} \varepsilon_0(\varepsilon - 1)\, \mathfrak{E}_i = \frac{4\pi R^3}{3} \mathfrak{P} \tag{67}$$

ist dem Volumen der Kugel proportional. Das Verhältnis des Dipolmoments zur erzeugenden Feldstärke heißt Polarisierbarkeit. Für sie erhält man den Ausdruck

$$\alpha = 4\pi R^3 \frac{\varepsilon_0(\varepsilon - 1)}{\varepsilon + 2} . \tag{68}$$

Sie ist dem Volumen proportional und von der Dielektrizitätskonstante abhängig.

§ 17. Die Energie des elektrostatischen Feldes.

Inhalt: Die Energie einer elektrostatischen Anordnung ist das halbe Produkt von Ladung und Potential über alle wahren Ladungen summiert.

Bezeichnungen: V Potential, Q, q Ladung, A Arbeit, W_{el} elektrische Energie, η Raumladungsdichte, σ Flächenladungsdichte, C Kapazität, $\mathfrak{E}$ Feldstärke.

Wenn eine bestimmte elektrostatische Anordnung aufgebaut werden soll, so muß Arbeit geleistet werden, um die Ladung an die Stellen zu bringen, wo sie in der fertigen Anordnung sind. Wir stellen jetzt die Frage, wie groß der Arbeitsaufwand ist, der zum Aufbau notwendig ist. Diese Arbeit muß auch die Energie sein, die in der elektrischen Anordnung enthalten ist.

In ein bestehendes elektrisches Feld werde eine Probeladung dq eingebracht, die so klein ist, daß sie das Feld nicht wesentlich abändert. Verschieben wir diese Ladung um ein Wegstück $\delta\mathfrak{s}$, so müssen wir die Arbeit

$$\delta dA = -dq(\mathfrak{E}\,\delta\mathfrak{s})$$

aufwenden. (Wir schreiben sie als Doppeldifferential, weil sowohl die Verschiebung $\delta\mathfrak{s}$ wie die Ladung dq infinitesimal ist.) Legt die Probeladung ein Wegstück vom Punkt *1* zum Punkt *2* zurück, so ist der Arbeitsaufwand

$$dA = -dq \int_1^2 (\mathfrak{E}\,\delta\mathfrak{s}) = (V_2 - V_1)\, dq . \tag{69}$$

Wird also eine Zusatzladung dq aus dem Unendlichen in ein bestehendes Feld an einen Ort x, y, z gebracht, so ist eine Arbeit

$$dA = V dq \tag{69a}$$

erforderlich. Dem Potential im Unendlichen haben wir dabei den Wert Null zugeschrieben. Die Arbeit können wir wiedergewinnen, indem wir die Zusatzladung wieder entfernen.

Durch das Hinzufügen von dq ist das Feld etwas abgeändert worden, und der Arbeitsaufwand (69a) war notwendig, um diese Abänderung durchzuführen.

Wir betrachten jetzt eine Anordnung, bei der in gewisse Gebiete Raumladungen η und auf gewisse Flächen Flächenladungen σ gebracht worden sind. Der gesamte Raum bestehe aus mehreren Medien verschiedener Dielektrizitätskonstanten ε. An den Grenzflächen entstehen (scheinbare) Flächenladungen durch Polarisation oder durch Influenz. Punktladungen sollen nicht vorhanden sein, denn Punktladungen sind in Wirklichkeit doch Raumladungen. Wir bauen diese Anordnung auf, indem wir die wahren Ladungen an ihre Plätze bringen, die scheinbaren Ladungen entstehen dabei von selbst.

Jetzt bestimmen wir die Arbeit, welche wir gewinnen, wenn wir die Anordnung abbauen, indem wir alle wahren Ladungen sich ins Unendliche entfernen lassen. Den Abbau vollziehen wir so, daß wir alle Ladungen gleichmäßig verkleinern, d. h. wir setzen

$$\eta = \lambda\,\eta_0; \qquad \sigma = \lambda\,\sigma_0; \qquad V = \lambda V_0$$

und lassen allmählich λ auf Null abnehmen. Nimmt λ und $d\lambda$ ab, so wird aus dem Volumenelement dv eine Ladung $\eta_0\, d\lambda\, dv$ entfernt, d. h. vom Potential V auf das Potential Null gebracht. Das gleiche gilt für die Ladungen $\sigma_0\, d\lambda\, df$ auf den Flächen. Hierbei wird die Arbeit

$$\int V \eta_0\, d\lambda\, dv + \int V \sigma_0\, d\lambda\, df = \lambda\, d\lambda \left\{\int V_0 \eta_0\, dv + \int V_0 \sigma_0\, df\right\}$$

frei. Lassen wir λ auf Null absinken, so wird die Arbeit

$$\frac{\lambda^2}{2}\left\{\int V_0 \eta_0\, dv + \int V_0 \sigma_0\, df\right\} = \frac{1}{2}\left\{\int V \eta\, dv + \int V \sigma\, df\right\}$$

gewonnen. Wie schon betont, sind für η und σ nur die wahren Ladungen einzusetzen, zur Berechnung von V sind aber alle Ladungen zu berücksichtigen. Die elektrische Energie der Anordnung

$$W_{\text{el}} = \frac{1}{2}\left(\int V \eta\, dv + \int V \sigma\, df\right) \tag{70}$$

ist gleich der Arbeit, die man bei ihren Abbau gewinnt.

Auf einem Kondensator der Kapazität C, dessen Platten die Potentiale $V_1 = -U/2$ und $V_2 = U/2$ haben, liegen die Ladungen $Q = \pm C\, U$. Die im Kondensator enthaltene Energie ist

$$W_{\text{el}} = \frac{1}{2}(-C\, U\, V_1 + C\, U\, V_2) = \frac{C\, U^2}{2}. \tag{70a}$$

§ 18. Das elektrische Feld als Sitz der Energie.

Inhalt: Die elektrische Energiedichte ist $\frac{1}{2}\mathfrak{E}\,\mathfrak{D}$. Eine Punktladung ist unmöglich, weil sie eine unendliche Energie bedeutet.

Bezeichnungen: ε relative Dielektrizitätskonstante, η Raumladungsdichte, σ wahre Flächenladung, V Potential, $\mathfrak{E}$ Feldstärke, $\mathfrak{D}$ dielektrische Erregung, dv Volumenelement. W_{el} elektrische Energie.

Jetzt wollen wir untersuchen, an welchen Stellen des Raumes die Energie einer elektrostatischen Anordnung lokalisiert ist. Wir greifen dazu einen Teilbezirk heraus, der von einem Medium mit der relativen Dielektrizitätskonstante ε erfüllt ist. In diesem Bezirk gilt

$$\eta = \operatorname{div}\mathfrak{D} = -\varepsilon_0 \operatorname{div}(\varepsilon \operatorname{grad} V).$$

Dies, wie auch die nachfolgende Überlegung, gilt auch für nichtisotrope Medien, in welchen ε kein Skalar, sondern ein Tensor ist. Da nun

$$\begin{aligned}\operatorname{div}(V\,\mathfrak{D}) &= V \operatorname{div}\mathfrak{D} + (\mathfrak{D} \operatorname{grad} V)\\ &= V\eta - (\mathfrak{D}\,\mathfrak{E})\end{aligned}$$

ist, wird

$$\frac{1}{2}\int V \eta\, dv = \frac{1}{2}\int (\mathfrak{D}\,\mathfrak{E})\, dv + \frac{1}{2}\int \operatorname{div}(V\,\mathfrak{D})\, dv. \tag{71}$$

Wegen des GAUSSschen Satzes ist

$$\frac{1}{2}\int \operatorname{div}(V\,\mathfrak{D})\,dv = \frac{1}{2}\oint V(\mathfrak{D}\,d\mathfrak{f}). \tag{72}$$

$d\mathfrak{f}$ ist hier ein nach außen gerichtetes Flächenelement auf der Oberfläche des Isolators. Die Integration ist über seine ganze Oberfläche zu erstrecken, d. h. über alle Grenzflächen gegen andere Medien, eventuell über das Unendliche oder Teile davon. Liegen im Innern des Mediums Flächen, welche wahre Ladungen tragen, so ist auch über diese, und zwar über beide Seiten zu integrieren. Man kann sich solche Flächen als flache Räume vorstellen, wie es bei genauer Betrachtung auch der Wirklichkeit entspricht. Setzen wir (71) und (72) in (70) ein, so erhalten wir die gesamte Energie der Anordnung

$$W_{\mathrm{el}} = \frac{1}{2}\sum\int(\mathfrak{D}\,\mathfrak{E})\,dv + \frac{1}{2}\sum\oint V(\mathfrak{D}\,d\mathfrak{f}) + \frac{1}{2}\int V\sigma\,df.$$

Wir können auch die Summenzeichen weglassen und

$$W_{\mathrm{el}} = \frac{1}{2}\left\{\int(\mathfrak{D}\,\mathfrak{E})\,dv + \oint V(\mathfrak{D}\,d\mathfrak{f}) + \int V\sigma\,df\right\} \tag{73}$$

schreiben. Das erste Glied ist dann über den ganzen unendlichen Raum, das zweite Glied über beide Seiten aller Grenzflächen zweier Medien (auch Leiter) und beide Seiten aller Flächen mit wahrer Ladung sowie über das Unendliche zu integrieren, während das dritte Glied über alle Flächen mit wahrer Ladung einschließlich der Leiter integriert wird.

Wir untersuchen zuerst das Glied

$$\frac{1}{2}\oint V(\mathfrak{D}\,d\mathfrak{f}). \tag{74}$$

Auf beiden Seiten einer Grenzfläche zwischen zwei Isolatoren haben V und $(\mathfrak{D}\,d\mathfrak{f})$ gleichen Betrag, die Flächenelemente $d\mathfrak{f}$ haben aber auf beiden Seiten verschiedene Vorzeichen. Die Grenzfläche trägt also zum Glied (74) nichts bei, und wir können die Trennflächen zwischen Isolatoren ganz unbeachtet lassen.

Liegt die ganze elektrische Anordnung im Endlichen, so nimmt V in großer Entfernung mindestens wie $1/r$ und $\mathfrak{D}$ mindestens wie $1/r^2$ ab. Über eine Kugel mit sehr großem Radius integriert ist

$$\frac{1}{2}\int V(\mathfrak{D}\,d\mathfrak{f}) \leqq \mathrm{const}\int\frac{df}{R^3} \approx \frac{\mathrm{const}}{R},$$

und das Unendliche liefert keinen Beitrag zu (74). Das gleiche gilt für die Grenzflächen zwischen zwei verschiedenen Leitern, da ja $\mathfrak{D}$ dort überall verschwindet. Es bleiben jetzt nur noch die Grenzen von Isolatoren gegen Leiter und gegen eingebettete Flächenladungen übrig.

Auf einer Leiteroberfläche ist

$$\sigma\,df = -(\mathfrak{D}\,d\mathfrak{f}),$$

weil im Leiter $\mathfrak{D} = 0$ ist und $d\mathfrak{f}$ in den Leiter hineingerichtet ist. Wir haben deshalb

$$\frac{1}{2}\int V\sigma\,df = -\frac{1}{2}\int V(\mathfrak{D}\,d\mathfrak{f}).$$

An der Oberfläche der Leiter kompensieren sich gerade das zweite und dritte Glied in dem Ausdruck (73) für die Energie.

Nun bleiben uns nur noch die Flächen mit wahrer Ladung im Dielektrikum übrig. Betrachtet man die beiden Seiten $d\mathfrak{f}_1$ und $d\mathfrak{f}_2$ eines Flächenelementes $d\mathfrak{f}$ (s. Abb. 116), so ist

$$(\mathfrak{D}_1\, d\mathfrak{f}_1) + (\mathfrak{D}_2\, d\mathfrak{f}_2) = -\operatorname{Div}\mathfrak{D}\, df = -\sigma\, df,$$

und auch für geladene Flächen im Dielektrikum heben sich das zweite und dritte Glied der Formel (73) weg. Die Gesamtenergie der elektrischen Anordnung wird also durch den einfachen Ausdruck

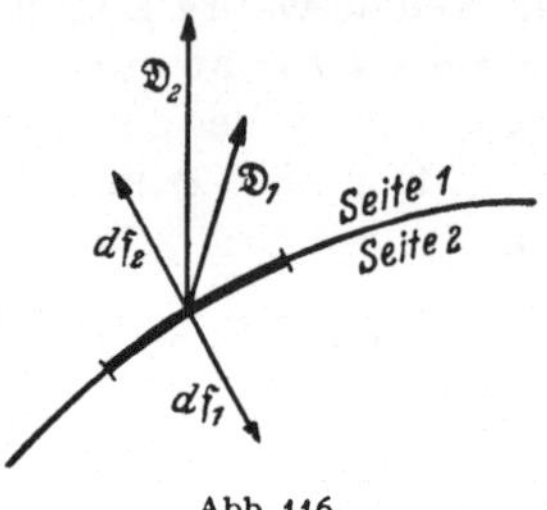

Abb. 116.

$$W_{\text{el}} = \frac{1}{2}\int (\mathfrak{D}\,\mathfrak{E})\, dv \tag{75}$$

gegeben. In homogenen, isotropen Medien kann man dafür auch

$$W_{\text{el}} = \frac{\varepsilon\,\varepsilon_0}{2}\int \mathfrak{E}^2\, dv \tag{75a}$$

schreiben.

Besonders fällt auf, daß die gesamte elektrostatische Energie auf die einzelnen Volumenelemente aufgeteilt erscheint. Wir machen uns nun die Vorstellung, daß in dv wirklich die Energie

$$dW_{\text{el}} = \frac{\mathfrak{E}\,\mathfrak{D}}{2}\, dv = \frac{\varepsilon\,\varepsilon_0}{2}\,\mathfrak{E}^2\, dv = \frac{\mathfrak{D}^2}{2\varepsilon\,\varepsilon_0}\, dv \tag{76}$$

sitze. Gerade diese Energie ist mit der Veränderung des Raumes verbunden, welche das elektrische Feld ausmacht. Das elektrische Feld ist also der Sitz der Energie.

Wir können jetzt auch einen einfachen Grund dafür angeben, weshalb es keine Punktladungen gibt. Wir rechnen zu diesem Zweck die Energie einer geladenen Kugelfläche mit der Gesamtladung Q und dem Radius R aus. Die Feldstärke ist

$$\mathfrak{E} = \frac{Q\,\mathfrak{r}^0}{4\pi\,\varepsilon_0\, r^2}$$

außerhalb der Kugel und verschwindet innerhalb. Für die Energie erhalten wir hieraus

$$W_{\text{el}} = \frac{4\pi\,\varepsilon_0}{2}\int\limits_R^\infty \mathfrak{E}^2\, r^2\, dr = \frac{Q^2}{8\pi\,\varepsilon_0}\int\limits_R^\infty \frac{dr}{r^2} = \frac{Q^2}{8\pi\,\varepsilon_0\, R}\,.$$

Wollte man versuchen, die Ladung auf einen Punkt zu konzentrieren, so müßte man dafür unendlich viel Arbeit aufwenden. Hieraus geht hervor, daß man Punktladungen nicht herstellen kann.

§ 19. Die elektrostatischen Kräfte.

Inhalt: Die elektrische Feldenergie ist die potentielle Energie der ponderomotorischen Kräfte. Kräfte und Drehmoment auf einen Dipol. Das Feld übt auf die Oberfläche eines Dielektrikums einen Zug aus.

Bezeichnungen: Q Ladung, $\mathfrak{M}$ Dipolmoment, $\mathfrak{E}$ Feldstärke, V Potential, $\mathfrak{D}$ dielektrische Erregung, ε, ε_0 relative und Dielektrizitätskonstante des Vakuums, $\delta\mathfrak{s}$ virtuelle Verrückung, $\mathfrak{K}$ Kraft, $\mathfrak{k}$ Kraftdichte, dv Volumenelement, $d\mathfrak{f}$ Flächenelement, W_{el} elektrische Energie, η Raumladungsdichte.

Endlich müssen wir noch die Frage erörtern, welche Kräfte in einem elektrostatischen Feld ihre Ursache haben. Auf jede Ladung wirkt natürlich eine Kraft, die ihr selbst und der Feldstärke proportional ist. Dieser einfache Sachverhalt wird nur dadurch verwickelt, daß man oft nicht die Bewegung der Ladungen, sondern nur die ihrer materiellen Träger beobachten kann. Wir fragen jetzt danach, welche Kräfte an materiellen Ladungsträgern angreifen.

Als Beispiel betrachten wir zwei Ladungen $+Q$ und $-Q$, die den Dipol

$$\mathfrak{M} = Q\,d\mathfrak{r}$$

bilden. Auf sie wirken im Feld die Kräfte $-Q\,\mathfrak{E}$ und

$$Q\,\mathfrak{E} + Q\frac{\partial\mathfrak{E}}{\partial\mathfrak{r}}\,d\mathfrak{r} = Q\,\mathfrak{E} + Q(d\mathfrak{r}\,\nabla)\,\mathfrak{E} = Q\,\mathfrak{E} + (\mathfrak{M}\,\nabla)\,\mathfrak{E}.$$

Ihre Resultante ist

$$\mathfrak{K} = (\mathfrak{M}\,\nabla)\,\mathfrak{E} = \mathfrak{M}_x\frac{\partial\mathfrak{E}}{\partial x} + \mathfrak{M}_y\frac{\partial\mathfrak{E}}{\partial y} + \mathfrak{M}_z\frac{\partial\mathfrak{E}}{\partial z}. \tag{77}$$

In einem homogenen Feld wirkt auf einen Dipol keine resultierende Kraft, wohl aber im inhomogenen Feld.

Um den elektrischen Mittelpunkt des Dipols bewirken die Kräfte das Drehmoment

$$Q\,[d\mathfrak{r}\,\mathfrak{E}] = [\mathfrak{M}\,\mathfrak{E}] \tag{78}$$

im homogenen wie im inhomogenen Feld.

Als dritte Kraftwirkung ist noch der Zug zu berücksichtigen, den das Feld auf den Dipol ausübt.

*Die elektrostatischen Kräfte setzen immer eine Bewegung in Gang, welche die elektrische Energie vermindert. Die Arbeit, die sie hierbei leisten, ist gleich der Abnahme der elektrischen Energie. Die Feldenergie ist als potentielle Energie im Sinne der Mechanik zu betrachten, und wenn noch andere als elektrische Kräfte am Werk sind, ist sie ein Teil der gesamten potentiellen Energie.

An einem Volumenelement dv greife die Kraft

$$d\,\mathfrak{K} = \mathfrak{k}\,dv \tag{79}$$

an. $\mathfrak{k}$ könnte man als Kraftdichte bezeichnen. Denken wir uns jetzt eine virtuelle Verrückung vorgenommen, bei der die Volumenelemente die Verschiebungen $\delta\mathfrak{s}$ erfahren, so leisten die Kräfte die Arbeit

$$\delta A = \int (\mathfrak{k}\,\delta\mathfrak{s})\,dv.$$

Sie ist gleich der Abnahme der Feldenergie

$$-\delta\,W_{\mathrm{el}} = -\frac{1}{2\varepsilon_0}\int\delta\left(\frac{\mathfrak{D}^2}{\varepsilon}\right)dv, \tag{80}$$

und daraus entsteht die Beziehung

$$\int(\mathfrak{k}\,\delta\mathfrak{s})\,dv + \frac{1}{2\varepsilon_0}\int\delta\left(\frac{\mathfrak{D}^2}{\varepsilon}\right)dv = 0. \tag{80a}$$

Aus diesem Ansatz können die Kräfte berechnet werden. Man muß jedoch mit großer Sorgfalt verfahren, weil dabei leicht Irrtümer entstehen können. Dies zeigen wir an folgendem Beispiel. In einem homogenen elektrischen Feld befinde sich ein Zylinder aus einem dielektrischen Material. Die Feldstärke stehe auf der Stirnfläche senkrecht und sei zur Mantelfläche parallel. Würde man ein Flächenelement $d\mathfrak{f}$ der Stirnfläche um $\delta\mathfrak{s}$ nach außen schieben, wobei der Körper sich natürlich vergrößern würde, so würde das Volumen $dv = (d\mathfrak{f}\,d\mathfrak{s})$ die Energie

$$\frac{\mathfrak{D}^2}{2\varepsilon\,\varepsilon_0}\,(d\mathfrak{f}\,\delta\mathfrak{s})$$

erlangen, während es vorher die Energie

$$\frac{\mathfrak{D}^2}{2\varepsilon_0}\,(d\mathfrak{f}\,\delta\mathfrak{s})$$

besaß. $\mathfrak{D}$ ist senkrecht zu der Stirnfläche und auf beiden Seiten gleich groß. Mit der Verschiebung $\delta\mathfrak{s}$ würde also eine Verminderung der Energie

$$\delta W_{\mathrm{el}} = -\frac{\mathfrak{D}^2}{2\varepsilon_0}(d\mathfrak{f}\,\delta\mathfrak{s})\left(1-\frac{1}{\varepsilon}\right)$$

eintreten, woraus wir die Kraft

$$d\mathfrak{K} = \frac{\mathfrak{D}^2}{2\varepsilon_0}\left(1-\frac{1}{\varepsilon}\right)d\mathfrak{f}$$

auf die Stirnflächen berechnen. Das Feld sollte also auf den dielektrischen Zylinder einen Längszug ausüben. Dieses Resultat ist richtig. Wenden wir dieselbe Schlußweise auf ein Flächenelement der Mantelfläche an, so wäre im Volumenelement $(d\mathfrak{f}\,\delta\mathfrak{s})$ vor der Verrückung die Energie

$$\varepsilon_0\,\mathfrak{E}^2(d\mathfrak{f}\,\delta\mathfrak{s})$$

und nachher die Energie

$$\varepsilon\,\varepsilon_0\,\mathfrak{E}^2(d\mathfrak{f}\,\delta\mathfrak{s})$$

enthalten. Jetzt ist die Feldstärke auf beiden Seiten der Grenzfläche gleich groß. Die Verschiebung würde also eine Energiezunahme

$$\delta W_{\mathrm{el}} = (\varepsilon-1)\,\varepsilon_0\,\mathfrak{E}^2(d\mathfrak{f}\,\delta\mathfrak{s})$$

zur Folge haben, woraus sich eine Kraft

$$d\mathfrak{K} = -(\varepsilon-1)\,\varepsilon_0\,\mathfrak{E}^2\,d\mathfrak{f}$$

ergeben würde. Das Feld sollte hiernach auf den Zylindermantel einen Druck ausüben. Das ist aber falsch. In Wirklichkeit wirkt am Mantel eine Kraft nach außen, es findet also in jeder Richtung ein Zug statt. Der Fehler liegt darin, daß wir nicht berücksichtigt haben, wie das Feld selbst bei der Veränderung des Zylinders geändert wird.

Um die Kräfte korrekt zu ermitteln, gehen wir von (80a) aus und denken uns die Grenzflächen zwischen Medien so beschrieben, daß ε nicht sprunghaft, sondern stetig mit dem Ort wechselt. Dies entspricht auch der wirklichen Struktur des Materials. Wir erhalten dann

$$\int(\mathfrak{k}\,\delta\mathfrak{s})\,dv + \frac{1}{\varepsilon_0}\int\frac{(\mathfrak{D}\,\delta\mathfrak{D})}{\varepsilon}\,dv - \frac{1}{2\varepsilon_0}\int\frac{\mathfrak{D}^2}{\varepsilon^2}\,\delta\varepsilon\,dv = 0. \tag{80b}$$

Wird mit den materiellen Volumenelementen eine Verschiebung $\delta\mathfrak{s}$ vorgenommen, so hat ε an der Stelle $\mathfrak{r}$ nachher den Wert, der vorher an der Stelle $\mathfrak{r}-\delta\mathfrak{s}$ vorhanden war, nämlich

$$\varepsilon = \varepsilon(\mathfrak{r}) - (\delta\mathfrak{s}\,\mathrm{grad}\,\varepsilon).$$

Hieraus folgt

$$\delta\varepsilon = -(\delta\mathfrak{s}\,\mathrm{grad}\,\varepsilon). \tag{81}$$

Wir nehmen jetzt an, daß bei der Verschiebung der materiellen Träger die wahren Ladungen an ihren Plätzen belassen werden. Dann ist

$$\begin{aligned}\int\frac{(\mathfrak{D}\,\delta\mathfrak{D})}{\varepsilon_0\,\varepsilon}\,dv &= \int\mathfrak{E}\,\delta\mathfrak{D}\,dv = -\int(\delta\mathfrak{D}\,\mathrm{grad}\,V)\,dv\\ &= -\int\mathrm{div}(V\,\delta\mathfrak{D})\,dv + \int V\,\mathrm{div}(\delta\mathfrak{D})\,dv\\ &= -\oint V(\delta\mathfrak{D}\,d\mathfrak{f}) + \int V\,\delta\eta\,dv = 0.\end{aligned} \tag{82}$$

Das erste Integral ist über das Unendliche zu nehmen und verschwindet, solange die Verschiebung sich nur im Endlichen abspielt. Das zweite Integral fällt ebenfalls weg, wenn die wahren Ladungen an ihren Plätzen bleiben. Setzen wir nun (81) und (82) in (80b) ein, so erhalten wir

$$\int (\mathfrak{k}\,\delta\mathfrak{s})\,dv + \frac{1}{2\varepsilon_0}\int \frac{\mathfrak{D}^2}{\varepsilon^2}(\operatorname{grad}\varepsilon\,\delta\mathfrak{s})\,dv = 0$$

oder

$$\int \left(\left\{\mathfrak{k} + \frac{\varepsilon_0}{2}\mathfrak{E}^2 \operatorname{grad}\varepsilon\right\}\delta\mathfrak{s}\right) dv = 0 .$$

Diese Beziehung muß für jede beliebige virtuelle Verschiebung $\delta\mathfrak{s}$ aller materiellen Träger gelten, und deshalb muß

$$\mathfrak{k} = -\frac{\varepsilon_0}{2}\mathfrak{E}^2 \operatorname{grad}\varepsilon \tag{83}$$

gelten.

Ist mit dem Volumen die wahre Raumladung η fest verbunden, so kommt noch die Kraft $\eta\,\mathfrak{E}$ hinzu, und wir erhalten schließlich

$$\mathfrak{k} = \eta\,\mathfrak{E} - \frac{\varepsilon_0}{2}\mathfrak{E}^2 \operatorname{grad}\varepsilon . \tag{83a}$$

Jetzt betrachten wir noch einmal einen Isolator, der in das elektrische Feld eingebettet ist. Er soll keine wahren Ladungen tragen, und seine Dielektrizitätskonstante betrachten wir im Innern als konstant und nur in einer dünnen Schicht unter seiner Oberfläche als variabel. Auf die Volumenelemente im Innern wirken dann keine Kräfte. Dagegen treten Kräfte in einer Schicht von der Dicke ζ unter der Oberfläche auf, in der sich die Dielektrizitätskonstante ändert. Auf das Volumen unter einem Flächenelement $d\mathfrak{f}$ der Oberfläche wirkt die gesamte Kraft

$$d\mathfrak{K} = -d\mathfrak{f}\int_{\zeta}^{0} \frac{\varepsilon_0}{2}\mathfrak{E}^2 \frac{\partial\varepsilon}{\partial\zeta}\,d\zeta = -\frac{\varepsilon_0\,d\mathfrak{f}}{2}\int_{\zeta}^{0}\mathfrak{E}^2\,d\varepsilon .$$

Jetzt zerlegen wir die Feldstärke in Komponenten $\mathfrak{E}_n$ senkrecht zur Oberfläche und $\mathfrak{E}_t$ parallel zu ihr. Dann ist

$$\mathfrak{E}_n = \frac{\mathfrak{D}_n}{\varepsilon\,\varepsilon_0}\,; \qquad \mathfrak{E}_t = \text{const},$$

und wir erhalten

$$d\mathfrak{K} = -\frac{d\mathfrak{f}}{2}\left(\frac{\mathfrak{D}_n^2}{\varepsilon_0}\int_{\zeta}^{0}\frac{d\varepsilon}{\varepsilon^2} + \varepsilon_0\,\mathfrak{E}_t^2\int_{\zeta}^{0} d\varepsilon\right) = \frac{d\mathfrak{f}}{2}\left\{\frac{\mathfrak{D}_n^2}{\varepsilon_0}\left(1-\frac{1}{\varepsilon}\right) + \varepsilon_0\,\mathfrak{E}_t^2(\varepsilon - 1)\right\}$$

oder

$$d\mathfrak{K} = \frac{d\mathfrak{f}}{2}\{\mathfrak{E}_{n0}\,\mathfrak{D}_{n0} - \mathfrak{E}_n\,\mathfrak{D}_n + \mathfrak{E}_t\,\mathfrak{D}_t - \mathfrak{E}_{t0}\,\mathfrak{D}_{t0}\}. \tag{84}$$

Die Felder im Außenraum sind durch den Index 0, im Isolator ohne diesen Index gekennzeichnet.

Ist das Feld senkrecht zur Oberfläche, so wirkt auf das Oberflächenelement die Kraft

$$d\mathfrak{K} = \frac{d\mathfrak{f}\,\mathfrak{D}^2}{2\varepsilon_0}\left(1-\frac{1}{\varepsilon}\right)$$

nach außen, ist das Feld parallel zur Oberfläche, so erhalten wir die Kraft

$$d\mathfrak{K} = \frac{\varepsilon_0\, d\mathfrak{f}\, \mathfrak{E}^2}{2} (\varepsilon - 1)$$

ebenfalls nach außen. In beiden Fällen übt das Feld einen Zug auf die Oberfläche des dielektrischen Körpers aus und sucht sein Volumen zu vergrößern. Liegt ε nicht weit von 1, so sind die Kräfte in erster Näherung gleich für Oberflächen senkrecht und parallel zum Feld. In diesem Falle übt das Feld also einen hydrostatischen Zug auf die darauf befindlichen Körper aus.

Von Bedeutung sind die elektrostatischen Kräfte auch für die statischen Elektrometer. Besteht ein Elektrometer im Prinzip aus zwei Metallkörpern, auf denen die Ladungen $\pm Q$ sitzen, so ist die Energie der Anordnung

$$W_{\mathrm{el}} = \frac{1}{2} (V_1 - V_2)\, Q = \frac{Q^2}{2C}. \tag{85}$$

Können die Körper eine Bewegung ausführen, die durch eine generalisierte Koordinate q beschrieben wird und die die Kapazität C der Anordnung ändert, so ist die zu q gehörende generalisierte Kraft P (im Sinne der Mechanik)

$$P = -\frac{\partial W_{\mathrm{el}}}{\partial q} = \frac{Q^2}{2C^2} \frac{\partial C}{\partial q}.$$

II. Das stationäre elektrische Feld.

Schon in der Elektrostatik spielt es eine Rolle, daß die Leiter den Ladungen im elektrischen Feld Bewegungen erlauben. Dort allerdings betrachtet man nur den Endzustand, der aus dem Bewegungsvorgang hervorgeht und der darin besteht, daß das Feld im Leiter verschwunden (zusammengebrochen) ist. Wir verlassen die Probleme der Elektrostatik, indem wir jetzt die Elektrizitätsbewegung im Leiter selbst untersuchen.

Es versteht sich, daß in einem Leiter unmöglich ein Feld aufrechterhalten werden kann, wenn nicht andere als rein elektrische Vorgänge mit am Werke sind. Elektrische Vorgänge allein müßten ja schließlich zum Verlust des Feldes in den Leitern führen. Jene anderen Vorgänge bestehen erstens in einem Ersatz der Ladungen an den Orten hohen Potentials (durch chemische Prozesse in Elementen und Akkumulatoren, Bewegungen in elektrischen Maschinen, Lichtabsorption in der Photozelle) und zweitens in der Beseitigung der bei der Wanderung der Ladung vom hohen zum niedrigen Potential frei werdenden Energie (durch Abfluß von Wärme, chemische Wirkungen, Bewegungen im Motor, Abstrahlung bei der Glühlampe usw.).

Während im elektrostatischen Feld überhaupt keine Vorgänge stattfinden, gibt es im stationären Felde zwar Vorgänge, aber nur solche, die das Feld zeitlich nicht verändern. Dies ist geradezu die Definition des stationären Feldes.

Da das stationäre Feld eine Verallgemeinerung des statischen Feldes ist, finden bei ihm auch die Begriffe der Elektrostatik Verwendung. Das Feld selbst wird durch die Feldstärke $\mathfrak{E}$ beschrieben. Als eine experimentelle Tatsache nehmen wir hin, daß die Feldstärke auch im stationären Fall aus einem Potential V abgeleitet werden kann. Das Linienintegral

$$\oint (\mathfrak{E}\, d\mathfrak{s}) = 0 \tag{1}$$

verschwindet also über jede beliebige geschlossene Raumkurve. Gleichbedeutend mit dieser Formulierung ist

$$\operatorname{rot}\mathfrak{E} = 0. \tag{2}$$

Für den Zusammenhang von Feldstärke, dielektrischer Erregung, Ladung und Dielektrizitätskonstante gelten weiterhin die Formeln

$$\begin{aligned} \mathfrak{D} &= \varepsilon\,\varepsilon_0\,\mathfrak{E}, \\ \operatorname{div}\mathfrak{D} &= \eta, \quad \operatorname{Div}\mathfrak{D} = \sigma. \end{aligned} \tag{3}$$

Für die Ladungsbewegung selbst müssen wir den neuen Begriff des Stromes bilden.

§ 1. Stromstärke. Stromdichte. Das OHMsche Gesetz.

Bezeichnungen: I Stromstärke, F Querschnitt, l Länge, $\varkappa$ spez. Leitvermögen, U Spannung, V Potential, $\mathfrak{G}$ Stromdichte, Q Ladung.

Unter der Stromstärke I oder kurz dem Strom durch die Fläche F versteht man die Ladung, welche sekundlich durch F hindurchtritt. Experimentell wird der Strom durch seine chemischen Wirkungen definiert und gemessen, in der Praxis benutzt man jedoch meist Meßinstrumente, die auf anderen Prinzipien beruhen.

Die Gesetze, die den Strom beherrschen, können natürlich nicht deduziert werden, sondern man muß sie aus Experimenten schöpfen. Experimentell stellt man fest: In zylindrischen Leiterstücken fließt ein Strom I, der zur Größe der Querschnittsfläche F (unabhängig von ihrer Form) und der Potentialdifferenz $U = V_1 - V_2$ an den Enden proportional, der Länge l des Zylinders indirekt proportional ist. Die Proportionalitätskonstante $\varkappa$ hängt nur vom Material (und dessen Temperatur) ab und heißt spezifisches Leitvermögen. Dies ist das OHMsche Gesetz. Es lautet in Formeln

$$I = \varkappa F \frac{V_1 - V_2}{l} = \frac{\varkappa F U}{l}. \tag{4}$$

Jedem Querschnittselement $d\mathfrak{f}$ vom Betrag df kann man einen Stromanteil

$$(\mathfrak{G}\,d\mathfrak{f}) = \frac{\varkappa\,U\,df}{l} = \frac{\varkappa(V_1 - V_2)\,df}{l} = dI \tag{5}$$

zuordnen. $\mathfrak{G}$ bezeichnet man sinngemäß als Stromdichte. Sie ist ein Vektor, der in die Richtung des Elektrizitätstransports fällt. Wendet man das OHMsche Gesetz auf einen zylindrischen Leiter vom Querschnitt $d\mathfrak{f}$ und der Länge $d\mathfrak{s}$ an, so erhält man

$$\mathfrak{G} = -\varkappa\operatorname{grad} V = \varkappa\,\mathfrak{E}. \tag{6}$$

Damit ist das Gesetz (4) in eine Differentialform gebracht, d. h. alle vorkommenden Größen beziehen sich auf einen Punkt des Raums. Rückwärts kann (4) erschlossen werden, wenn man über ein endliches Volumen integriert. Das Differentialgesetz ist allgemeiner anwendbar als das Integralgesetz. Man kann aus ihm auch Integralgesetze für nichtzylindrische Leiter errechnen.

§ 2. Das Stromdichtefeld.

Inhalt: Das stationäre Stromdichtefeld ist quellenfrei. Erstes KIRCHHOFFsches Gesetz für die Stromverteilung. Ausbreitung des Stroms in der Erde, wenn er durch eine Kugel zugeführt wird. Erdungswiderstand.

Bezeichnungen: Wie § 1.

In ausgedehnten Leitern von beliebiger Gestalt ist die Stromdichte eine Ortsfunktion. Zu dem Feldstärkefeld und dem Potentialfeld tritt noch das Stromdichtefeld. Man kann es durch Stromlinien graphisch darstellen, ähnlich wie man das Feldstärkefeld durch die Kraftlinien aufzeichnet. Die Stromlinien veranschaulichen den wirklichen Vorgang noch viel unmittelbarer als die Kraftlinien. Sie bezeichnen ja direkt die Bahnen der Ladungen, und auf jeder Stromlinie wird in der Sekunde eine Einheitsladung transportiert.

Wir fassen jetzt ein endliches Volumen ins Auge, welches aus Leitern oder Nichtleitern besteht. Der Strom durch seine Oberfläche bedeutet die Ladung, die das eingeschlossene Volumen sekundlich hergibt. Da bei allen bekannten Naturvorgängen stets Ladungen beider Vorzeichen in gleichen Mengen entstehen, muß der Strom I durch die Oberfläche gleich der sekundlichen Abnahme der im Volumen enthaltenen Ladung Q sein. Dies bedeutet

$$I = \oint (\mathfrak{G}\, d\mathfrak{f}) = -\frac{dQ}{dt}. \tag{7}$$

Bei stationären Vorgängen ändert sich die Ladung in dem Volumen nicht mit der Zeit, und der Strom aus jedem Volumen ist gleich Null. Wenden wir dies auf ein Volumenelement an, so ergibt sich

$$\operatorname{div}\mathfrak{G} = \lim_{v=0} \frac{1}{v} \int (\mathfrak{G}\, d\mathfrak{f}) = 0, \tag{8}$$

und aus dem gleichen Grund ist

$$\operatorname{Div}\mathfrak{G} = 0. \tag{8a}$$

Das stationäre Strömungsfeld ist quellenfrei.

Wir betrachten jetzt eine Verzweigung von Leitern (s. Abb. 117). Aus einem Volumen, das die Verzweigungsstelle enthält, fließt der Strom

$$I = I_1 + I_2 + I_3 = 0, \tag{9}$$

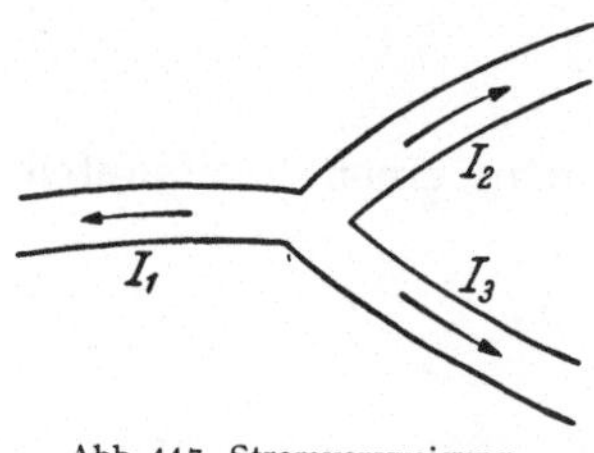

Abb. 117. Stromverzweigung.

wenn die Stromrichtung von der Verzweigungsstelle aus gerechnet wird. Dies ist das erste KIRCHHOFFsche Gesetz für Stromverzweigungen. Das zweite ergibt sich aus ihm und dem OHMschen Gesetz.

An der Grenzfläche zweier Leiter vom Leitvermögen $\varkappa_1$ bzw. $\varkappa_2$ gilt

$$\operatorname{Div}\mathfrak{G} = \varkappa_2\,\mathfrak{E}_{n2} - \varkappa_1\,\mathfrak{E}_{n1} = 0; \quad \frac{\mathfrak{E}_{n1}}{\mathfrak{E}_{n2}} = \frac{\varkappa_2}{\varkappa_1}. \tag{10}$$

Die Normalkomponente der Feldstärke macht an der Grenzfläche einen Sprung. Es tritt dort eine scheinbare Oberflächenladung auf. Die Tangentialkomponenten von $\mathfrak{E}$ sind hingegen stetig, was aus

$$\operatorname{Rot}\mathfrak{E} = \mathfrak{E}_{t2} - \mathfrak{E}_{t1} = 0 \tag{11}$$

folgt. Formal haben wir hier dieselben Verhältnisse wie an der Grenzfläche zweier isolierender Medien, nur daß jetzt $\varkappa$ an der Stelle von ε und die Stromdichte an die Stelle der dielektrischen Erregung tritt. Die Stromlinien erleiden wie die Kraftlinien an der Grenzfläche einen Knick, da ja $\mathfrak{G}$ dieselbe Richtung wie $\mathfrak{E}$ hat. Die Abb. 118 deutet den Verlauf der Stromlinien in einem schräg geschnittenen Draht an, der links aus einem schlechten und rechts aus einem guten Leiter besteht.

Im Innern eines homogenen Leiters folgt aus $\operatorname{div}\mathfrak{G} = 0$ auch $\operatorname{div}\mathfrak{E} = 0$. Im Innern des Leiters gibt es also auch bei stationärem Strom keine Überschußladung. Umgekehrt folgt aus $\operatorname{rot}\mathfrak{E} = 0$ im Innern eines Leiters auch $\operatorname{rot}\mathfrak{G} = 0$. An der Oberfläche gilt

$$\operatorname{Div}\mathfrak{G} = \varkappa_a \mathfrak{E}_{na} - \varkappa_i \mathfrak{E}_{ni} = -\varkappa_i \mathfrak{E}_{ni} = 0, \tag{12}$$

da außen im Isolator kein Strom fließt. Der Strom im Leiter hat keine Komponente senkrecht zur Oberfläche, und dasselbe gilt auch für die Feldstärke. Strom und Feld sind im Leiter der Oberfläche parallel. Wegen

$$\operatorname{Rot}\mathfrak{E} = \mathfrak{E}_{ta} - \mathfrak{E}_{ti} = 0 \tag{13}$$

ist die Parallelkomponente der Feldstärke im Isolator ebenso groß wie im Leiter, während ihre Normalkomponente im Isolator beliebig bleibt. Sie hängt davon ab, ob der Leiter als Ganzes aufgeladen ist oder durch Ladungen außerhalb influenziert wird.

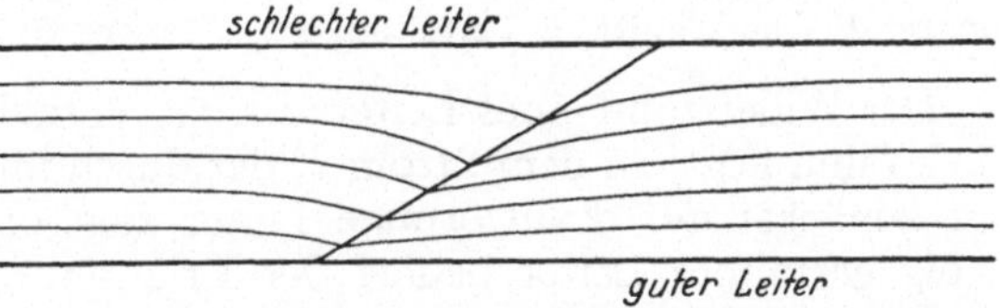

Abb. 118. Stromlinien in einem schräg geschnittenen Stab.

Nur in besonders einfachen Fällen ist es möglich, die Stromverteilung in Leitern zu berechnen. Trivial ist der Fall zylindrischer Leiter, wenn das Potential auf einem Querschnitt senkrecht zur Mantellinie konstant ist. In diesem Fall ist Feld und Stromdichte zur Mantellinie parallel und quer durch den Leiter vom gleichen Betrag. Im allgemeinen Fall muß im Innern des Leiters

$$\operatorname{div}\mathfrak{E} = -\Delta V = 0 \tag{14}$$

erfüllt werden, und als Randbedingungen treten

$$\operatorname{Div}\mathfrak{G} = 0; \quad \operatorname{Rot}\mathfrak{E} = 0 \tag{15}$$

für die Oberfläche hinzu.

Wir untersuchen als Beispiel die Stromverteilung in der Erde, wenn der Strom durch eine Erdleitung zugeführt wird, welche in einer Kugel endet. Aus Symmetriegründen hängt das Potential nur vom Abstand vom Kugelmittelpunkt ab, und $\Delta V = 0$ liefert in sphärischen Polarkoordinaten die Gleichung

$$\frac{1}{r^2}\frac{d}{dr}r^2\frac{dV}{dr} = 0$$

mit der Lösung

$$V = \frac{A}{r} + B.$$

Es ist $B = 0$, da im Unendlichen das Potential verschwindet. Man erhält daraus Feld und Stromdichte

$$\mathfrak{E}_r = \frac{A}{r^2}; \quad \mathfrak{G}_r = \frac{\varkappa A}{r^2}$$

und die Stromstärke

$$I = 4\pi\varkappa A.$$

Hat die Kugel den Radius ϱ und soll sie den Strom I zur Erde führen, so nimmt sie ein Potential

$$V_\varrho = \frac{I}{4\pi\varkappa\varrho}$$

an. Das Verhältnis

$$\frac{V_\varrho}{I} = R = \frac{1}{4\pi\varkappa\varrho}$$

nennt man den Übertragungswiderstand und in diesem speziellen Fall den Erdungswiderstand.

Die Berechnung des Feldes und der Stromdichteverteilung ist mathematisch genau dieselbe Aufgabe wie die Berechnung des elektrostatischen Feldes bei gleichen geometrischen Bedingungen.

§ 3. Der Widerstand.

Inhalt: Widerstand zylindrischer und nichtzylindrischer Leiter. Ausbreitungswiderstand.
Bezeichnungen: V Potential, U Spannung, $\mathfrak{E}$ Feldstärke, I Stromstärke, $\mathfrak{G}$ Stromdichte, F Querschnitt, $\varkappa$ Leitfähigkeit, l Länge, R Widerstand.

Der Widerstand eines Leiters ist das Verhältnis der Spannung $U = V_1 - V_2$, die an ihm liegt, zu dem Strom I, der durch ihn fließt. Diese Definition ist offenbar zunächst auf drahtförmige Leiter zugeschnitten. Die Übertragung auf beliebig gestaltete Leiter bedarf der Erläuterung.

In einem beliebigen zylindrischen Leiter, bei dem die Potentiale V_1 und V_2 an zwei zur Mantellinie senkrechten Stirnflächen liegen, ist die Feldstärke und Stromdichte überall zur Mantellinie parallel, und ihre Beträge haben überall dieselben Werte. Multipliziert man

$$\mathfrak{E} = \frac{\mathfrak{G}}{\varkappa}$$

skalar mit einem Linienelement $d\mathfrak{s}$ einer Stromlinie und integriert über sie, so ergibt sich

$$U = V_1 - V_2 = \int_1^2 (\mathfrak{E}\, d\mathfrak{s}) = \int_1^2 \frac{(\mathfrak{G}\, d\mathfrak{s})}{\varkappa} = \int_1^2 \frac{|\mathfrak{G}|\, ds}{\varkappa}.$$

Da der Betrag der Stromdichte überall gleich groß ist, kann man $|\mathfrak{G}| = I/F$ setzen (F = Querschnitt des Leiters) und erhält das bekannte Resultat

$$U = \frac{I}{\varkappa F}\int_1^2 ds = \frac{I\,l}{\varkappa F}. \tag{16}$$

Daraus ergibt sich für den Widerstand

$$R = \frac{U}{I} = \frac{l}{\varkappa F}. \tag{17}$$

Schon wenn man einen Zylinder schräg zur Mantellinie schneidet und die Spannung an die Schnittfläche anlegt, ist das Strömungsfeld im Leiter inhomogen, und die Rechnung läßt sich nicht mehr durchführen. Ist allerdings der Leiter sehr lang, also drahtförmig, so kann man den Einfluß der Drahtenden vernachlässigen und kommt näherungsweise zu den Formeln (16) und (17) zurück

Bei beliebiger Gestalt muß sogar erörtert werden, auf welche Weise man eine Potentialdifferenz an einen Leiter anlegen kann. Wenn der Leiter schlecht leitet, so kann man die Potentiale V_1 und V_2 an zwei Stücke seiner Oberfläche durch gute Leiter heranbringen. (Es leuchtet aber ein, daß etwas Derartiges bei einem guten Leiter nicht möglich ist.) Im Leiter selbst bildet sich dann ein verwickeltes Strömungsfeld heraus, das man im allgemeinen nicht berechnen kann. Trotzdem können wir die Integration entlang einer Stromlinie ausführen und erhalten auch dann

$$U = \int_1^2 (\mathfrak{E}\, d\mathfrak{s}) = \int_1^2 \frac{|\mathfrak{G}|\, ds}{\varkappa}. \tag{18}$$

Den Strom

$$I = \int (\mathfrak{G}\, d\mathfrak{f})$$

bekommt man, indem man die Stromdichte über eine Äquipotentialfläche integriert. Da aber $|\mathfrak{G}|$ auf dieser Fläche variiert, können wir nicht

$$I = |\mathfrak{G}|\, F$$

setzen, indem wir etwa für F das im Leiter liegende Stück der Fläche einsetzen. In (18) kann also $|\mathfrak{G}|$ nicht durch I ausgedrückt werden. Den Widerstand kann man allerdings auch jetzt durch das Verhältnis

$$R = \frac{U}{I}$$

definieren. Es ist aber unmöglich, ihn durch eine Verallgemeinerung der Formel (16) zu berechnen.

Es gibt aber einige nichtzylindrische Leiter, in denen die Widerstandsformel (16) doch verwendbar bleibt. Ist der Leiter ein Kegelstumpf mit zwei konzentrischen Kugelkalotten als Stirnflächen und liegt an diesen die Spannung $V_1 - V_2 = U$, so sind die Niveauflächen aus Symmetriegründen konzentrische Kugelflächen (Abb. 119). Strom- und Feldlinien stehen auf ihnen senkrecht. Der Betrag von $\mathfrak{G}$ ändert sich zwar entlang einer Stromlinie, nicht aber auf einer Niveaufläche, so daß auch hier

$$|\mathfrak{G}| = \frac{I}{F}$$

richtig bleibt. Wir finden also in diesem speziellen Fall wieder

$$U = \int_1^2 \frac{|\mathfrak{G}|\, ds}{\varkappa} = I \int_1^2 \frac{ds}{\varkappa F}$$

und

$$R = \int_1^2 \frac{ds}{\varkappa F}. \tag{19}$$

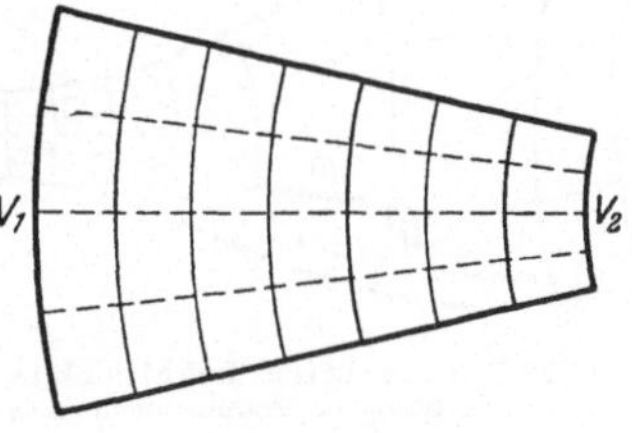

Abb. 119. Ausgezogen: Äquipotentialflächen in einem Kegelstumpf. Punktiert: Feldlinien bzw. Stromlinien.

Diese Formel für den Widerstand wird man auch bei drahtförmigen Leitern anwenden können, wenn sich der Drahtquerschnitt mit der Drahtlänge nur langsam ändert. Zieht man also auf einen dünnen Draht Metallscheiben so auf, daß die Hälfte des Drahtes durch sie bedeckt ist, so wird der Widerstand nach (19) auf die Hälfte sinken. Wenn die Scheiben ziemlich dick und wenig zahlreich sind, ist das näherungsweise richtig. Zieht man aber eine sehr große Zahl sehr dünner

Scheiben auf (dünn gegen die Drahtdicke Abb. 120), so wird der Widerstand gar nicht wesentlich geändert. Die Stromlinien breiten sich dann nicht mehr in die Scheiben hinein aus.

An jeder Stelle, wo sich der Querschnitt des Leiters plötzlich stark ändert, kommt zu dem Widerstand nach (19) noch ein Ausbreitungswiderstand hinzu. Er spielt z. B. eine große Rolle, wenn der Strom einer großen (schlecht leitenden) Kohleelektrode durch einen kleinen Kontakt zugeführt werden soll.

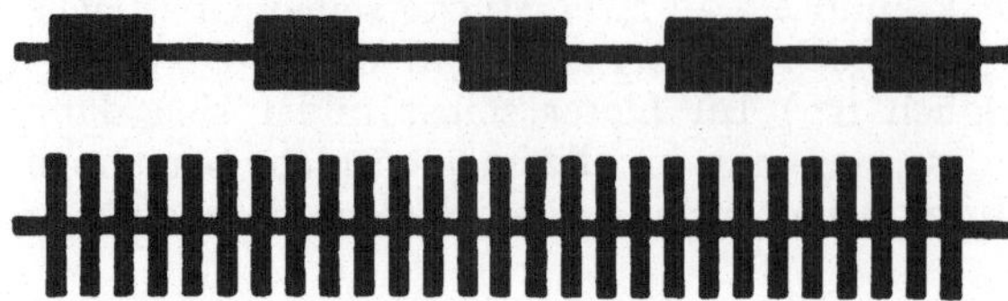

Abb. 120. Scheiben auf einen Draht gezogen. Oben ist die Widerstandsformel (19) anwendbar, unten nicht anwendbar.

§ 4. Der Energieumsatz im stationären Feld. JOULEsches Gesetz.

Inhalt: Der Strom setzt pro Volumeneinheit die Leistung ($\mathfrak{G}\,\mathfrak{E}$) in Wärme um. Integration über ein endliches Volumen führt zum JOULEschen Gesetz.

Bezeichnungen: Q Ladung, $\mathfrak{G}$ Stromdichte, I Stromstärke, U Spannung, $\varkappa$ Leitvermögen, N Wärmeleistung, R Widerstand, $\mathfrak{E}$ Feldstärke, ε relative, $\varepsilon\,\varepsilon_0$ absolute Dielektrizitätskonstante.

Durch ein Flächenelement $d\mathfrak{f}$ fließe in der Zeit dt die Ladung

$$dQ = (\mathfrak{G}\,d\mathfrak{f})\,dt.$$

Sie durchfalle dabei die Spannung

$$dU = (\mathfrak{E}\,d\mathfrak{s})$$

und bewege sich mit einer Geschwindigkeit $d\mathfrak{s}/dt$ in Richtung der Feldstärke fort. Durch diesen Vorgang wird die Energie

$$dQ\,dU = (\mathfrak{G}\,d\mathfrak{f})\,(\mathfrak{E}\,d\mathfrak{s})\,dt$$

frei, wofür wir auch

$$dQ\,dU = (\mathfrak{G}\,\mathfrak{E})\,(d\mathfrak{f}\,d\mathfrak{s})\,dt = (\mathfrak{G}\,\mathfrak{E})\,dv\,dt \tag{20}$$

schreiben dürfen, da $\mathfrak{G}$ und $d\mathfrak{s}$ gleiche Richtung haben. dv ist das aus $d\mathfrak{f}$ und $d\mathfrak{s}$ gebildete Volumenelement, in welchem eine der Energie (20) entsprechende Wärmemenge dN entwickelt wird. Für die Wärmeerzeugung des elektrischen Stromes, JOULEsche Wärme genannt, erhalten wir also die Formel

$$dN = (\mathfrak{G}\,\mathfrak{E})\,dv\,dt = \varkappa\,\mathfrak{E}^2\,dv\,dt = \frac{1}{\varkappa}\,\mathfrak{G}^2\,dv\,dt. \tag{20a}$$

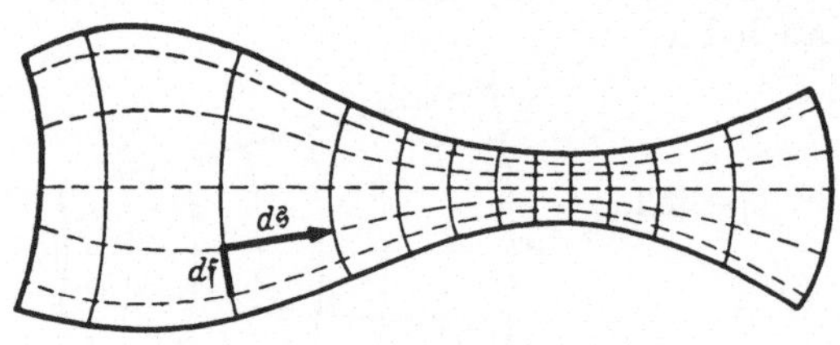

Abb. 121. Stromlinien (Feldlinien) punktiert, Äquipotentialflächen ausgezogen. Volumenelement $dv = (d\mathfrak{f}\,d\mathfrak{s})$.

Wir denken uns jetzt den ganzen Leiter durch Äquipotentialflächen in Schichten zerlegt (Abb. 121). Jede Schicht teilen wir so in Volumenelemente $dv = (d\mathfrak{f}\,d\mathfrak{s})$, daß $d\mathfrak{f}$ in dieser Fläche liegt und $d\mathfrak{s}$ auf ihr senkrecht steht. Durch Integration von (20a) über eine Schicht erhalten wir

$$dN = \int (\mathfrak{G}\,\mathfrak{E})\,dv\,dt = (\mathfrak{E}\,d\mathfrak{s})\,dt \int (\mathfrak{G}\,d\mathfrak{f}) = (\mathfrak{E}\,d\mathfrak{s})\,I\,dt,$$

und wenn wir jetzt noch über alle Schichten summieren,

$$dN = I\,dt \int (\mathfrak{E}\,d\mathfrak{s}) = I\,U\,dt = I^2 R\,dt = \frac{U^2}{R}\,dt. \tag{21}$$

Dies ist das JOULEsche Gesetz für einen endlichen Leiter[1].

Die in einem Volumenelement sekundlich erzeugte Wärmemenge (20a) ist der in ihm befindlichen elektrostatischen Energie

$$\frac{\varepsilon\,\varepsilon_0}{2}\,\mathfrak{E}^2\,dv$$

proportional. Ein Leiter hat also die Eigenschaft, sekundlich einen gewissen Bruchteil der in ihm enthaltenen elektrischen Feldenergie in Wärme zu verwandeln.

§ 5. Integralgrößen und Feldgrößen.

Die Größen, mit denen man in der Elektrodynamik arbeitet, können in zwei Gruppen eingeteilt werden. Die eine Gruppe enthält die Feldgrößen, d. h. die Feldstärke $\mathfrak{E}$, die dielektrische Erregung $\mathfrak{D}$, die Stromdichte $\mathfrak{G}$, das Potential V, die Raumladungs- und Flächenladungsdichte η und σ, die Energiedichte dW/dv usw. Sie sind einem Punkt bzw. der Umgebung eines Punktes zugeordnet und bilden jeweils ein Feld. Zwischen ihnen gelten einfache Gesetze wie

$$\mathfrak{E} = -\operatorname{grad} V; \quad \operatorname{rot}\mathfrak{E} = 0; \quad \mathfrak{D} = \varepsilon\,\varepsilon_0\,\mathfrak{E}; \quad \operatorname{div}\mathfrak{D} = \eta;$$

$$\mathfrak{G} = \varkappa\,\mathfrak{E}; \quad \frac{dW}{dv} = \frac{(\mathfrak{E}\,\mathfrak{D})}{2} \quad \text{usw.}$$

Die Feldgrößen können jedoch grundsätzlich nicht gemessen werden. Jede Meßanordnung bedarf eines endlichen Raumes oder ist wenigstens über eine endliche Fläche ausgebreitet. Gemessen werden können also nur Größen, die einem endlichen Volumen oder einem endlichen Flächenstück zugeordnet sind. Solche Größen wollen wir Integralgrößen nennen. Zu ihnen gehören die Gesamtladung in einem räumlichen Gebiet oder auf einer endlichen Fläche, die Energie in einem Teilraum oder der ganzen Anordnung, der elektrische Fluß durch eine Fläche, das gesamte Dipolmoment eines Körpers, die Kapazität eines Kondensators, die Stromstärke durch einen Querschnitt, die Wärmeentwicklung in einem Volumen, der Widerstand eines Leiters und schließlich auch die Potentialdifferenz zwischen der Stromzuführungs- und Stromableitungsfläche. Der experimentellen Beobachtung direkt zugänglich sind nur Gesetzmäßigkeiten, die zwischen solchen Integralgrößen bestehen. Die Gesetze für die Feldgrößen sind durch Grenzübergang aus ihnen gewonnen.

Die grundsätzliche Unmeßbarkeit der Feldgrößen läßt sich in makroskopischem Bereich durch Verkleinerung der Meßanordnung und Verfeinerung der Messung praktisch überwinden. Man mißt zwar in Wirklichkeit nur Mittelwerte der Feldgrößen über endliche Bereiche, kann diese aber den wirklichen

---

[1] Man kann auch

$$dN = \varkappa\,\mathfrak{E}^2\,dv\,dt$$

direkt über das Volumen des Leiters integrieren und erhält dann

$$\frac{dN}{dt} = \varkappa \int (\operatorname{grad} V)^2\,dv = \varkappa \int \operatorname{div}(V \operatorname{grad} V)\,dv - \varkappa \int V \operatorname{div}\operatorname{grad} V\,dv$$

$$= \varkappa \int \operatorname{div}(V \operatorname{grad} V)\,dv = \varkappa \oint V(\operatorname{grad} V\,d\mathfrak{f}) = -\oint V(\mathfrak{G}\,d\mathfrak{f}),$$

wobei das Hüllenintegral über die Oberfläche zu erstrecken ist. An den Grenzen gegen Isolatoren ist $(\mathfrak{G}\,d\mathfrak{f}) = 0$, und an den Stromzuführungs- und Ableitungsflächen sind $d\mathfrak{f}_1$ und $\mathfrak{G}$ entgegen, $d\mathfrak{f}_2$ und $\mathfrak{G}$ gleichgerichtet, V hat die Werte V_1 bzw. V_2. Hieraus ergibt sich

$$\frac{dN}{dt} = -V_1 \int (\mathfrak{G}\,d\mathfrak{f}_1) - V_2 \int (\mathfrak{G}\,d\mathfrak{f}_2) = (V_1 - V_2)\,I = U\,I.$$

Werten beliebig genau annähern. Dabei setzt man allerdings voraus, daß die Feldgrößen in sehr kleinen Bereichen keinen beträchtlichen Schwankungen mehr unterliegen. Lange Zeit hat man sich mit dieser Situation beruhigt. Heute ist man sich darüber im klaren, daß die atomistische Struktur der Materie der Verkleinerung von Meßanordnungen gewisse unüberschreitbare Schranken setzt und daß damit auch die Genauigkeit der Messung der Feldgrößen grundsätzlich begrenzt ist. Diese Feststellung ist im Bereich der makroskopischen Physik unerheblich, führt aber in der Physik der atomaren Felder zu den Gedankengängen der Quantentheorie.

Für die Praxis sind die Beziehungen zwischen Integralgrößen besonders wichtig. Bisher kennen wir nur vier allgemeingültige Gesetze zwischen ihnen. Das eine davon ist das Erhaltungsgesetz für die gesamte Ladung: Der Strom aus einem Volumen ist gleich der Abnahme seiner Gesamtladung. Das zweite ist die Proportionalität von Ladung und elektrischem Fluß aus einem Volumen. Die beiden letzten sind Spezialfälle des Satzes von der Erhaltung der Energie. Die Abnahme der elektrischen Energie ist gleich der von den elektrischen Kräften geleisteten Arbeit, und der Umsatz von Energie im Leiter ist gleich der erzeugten Wärme. Die Technik hat sich weitere Integralgesetze durch die Definition neuer Integralgrößen etwas künstlich geschaffen. Die Kapazität eines Kondensators ist so definiert, daß $U\,C = Q$, und der Widerstand eines Leiters so, daß $U = R\,I$ ist. Die Bedeutung solcher eigens zum Zweck der einfachen Formulierung eines Gesetzes eingeführten Integralgrößen liegt darin, daß sie aus der Konstruktion der Anordnung zwar nicht allgemein berechnet werden können, aber doch durch sie eindeutig festgelegt sind. Sie können durch Messungen ermittelt werden. Kapazität und Widerstand z. B. sind Apparatkonstanten, die für ein bestimmtes Gerät feste Werte haben. Für die Technik liegt der Vorteil dieser Größen darin, daß sie ein Gerät für den Gebrauch kennzeichnen und daß ihre Werte auf jedem Gerät durch ein Etikett vermerkt werden können.

III. Das Magnetfeld des stationären Stromes.

Der elektrische Strom wird stets von einem Magnetfeld begleitet, als dessen Ursache er betrachtet werden kann. Außerdem können Magnetfelder aber auch ohne Strom durch permanente Magnete erzeugt werden. Besteht an einer Stelle des Raumes ein magnetisches Feld, so macht es für seine Wirkungen keinen Unterschied, ob es von Strömen oder permanenten Magneten erzeugt wird.

Wir untersuchen zur Vorbereitung zunächst Felder permanenter Magnete, bei denen die magnetischen Erscheinungen noch nicht mit den elektrischen verknüpft sind.

§ 1. Das Magnetfeld permanenter Magnete.

Inhalt: COULOMBsches Gesetz für Magnetpole, elektromagnetisches Maßsystem, GAUSSsches Maßsystem, Permeabilität des Vakuums, magnetische Feldstärke, skalares magnetisches Potential, relative Permeabilität, magnetische Kraftflußdichte, Magnetisierung, Quellenfreiheit des Induktionsfeldes, keine wahren Magnetpole, Vektorpotential, Kraftlinien, magnetische Energie.

Bezeichnungen: $\mathfrak{K}$ Kraft, p Polstärke, μ_0 Permeabilität des Vakuums, $\mathfrak{H}$ magnetische Feldstärke, V_m magnetisches Potential, μ relative Permeabilität, $\mathfrak{B}$ Induktion, Kraftflußdichte, $\mathfrak{J}$ Magnetisierung, ξ Suszeptibilität, $\mathfrak{C}$ Vektorpotential der Induktion, W_m magnetische Energie.

Die Grundbegriffe des Magnetismus sind den elektrischen Grundbegriffen analog. Der positiven und negativen elektrischen Ladung Q entspricht die positive und negative magnetische Polstärke p (Nordpole und Südpole). Zwei Pole üben eine Kraft nach dem COULOMBschen Gesetz

$$\mathfrak{K} = \frac{p_1 p_2 \mathfrak{r}^0}{4\pi \mu_0 r^2} \tag{1}$$

aufeinander aus. Die Konstante μ_0 hängt von dem Maßsystem ab und wird die magnetische Permeabilität des Vakuums genannt. Setzt man sie gleich $1/4\pi$, so definiert das COULOMBsche Gesetz die absolute elektromagnetische Einheit (E.M.E.) der Polstärke als denjenigen Pol, der einen gleich großen im Abstand 1 cm mit der Kraft 1 Dyn abstößt. In der Physik wird neben dem hier verwendeten internationalen Maßsystem auch ein Maßsystem benutzt, in dem die elektrischen Größen in elektrostatischen Einheiten, die magnetischen in elektromagnetischen Einheiten gemessen werden. In diesem Maßsystem, das als GAUSSsches System bezeichnet wird, ist ebenso wie im elektromagnetischen Maßsystem $\mu_0 = 1/4\pi$. Im internationalen elektrischen Maßsystem hingegen ist

$$\mu_0 = 1{,}25664 \cdot 10^{-6} \frac{\text{Henry}}{\text{Meter}}. \tag{2}$$

Ein Magnetpol p erzeugt in seiner Umgebung ein magnetisches Feld der Feldstärke

$$\mathfrak{H} = \frac{p\, \mathfrak{r}^0}{4\pi \mu_0 r^2}, \tag{3}$$

und dieses übt auf einen Pol p_1 eine Kraft

$$\mathfrak{K}_1 = p_1 \mathfrak{H} \tag{4}$$

aus.

Die magnetische Feldstärke kann, wenn das Feld von permanenten Magneten erregt wird, aus einem skalaren magnetischen Potential V_m durch

$$\mathfrak{H} = -\operatorname{grad} V_m \tag{5}$$

abgeleitet werden.

Um das magnetische Verhalten verschiedener Medien zu erfassen, schreibt man ihnen eine von μ_0 abweichende Permeabilität $\mu \mu_0$ zu, die formal der Dielektrizitätskonstanten entspricht. μ nennt man die relative Permeabilität. Während ε bei allen Substanzen größer ist als 1, kann die Permeabilität größer oder kleiner als die des leeren Raumes sein. Stoffe, bei denen $\mu < 1$ ist, nennt man diamagnetisch, solche, bei denen $\mu > 1$ ist, heißen paramagnetisch. Einige Metalle der Eisengruppe schließlich, bei denen $\mu \gg 1$ wird, bezeichnet man als ferromagnetisch Bei den dia- und paramagnetischen Materialien weicht μ von 1 nur um Bruchteile von Promillen ab. Bei den Eisensorten und einigen Legierungen erreicht man aber relative Permeabilitäten von $\mu = 1000$ und darüber und bei gewissen Legierungen sogar bis zu $\mu = 50000$.

Die magnetische Induktion oder Kraftflußdichte

$$\mathfrak{B} = \mu \mu_0 \mathfrak{H} \tag{6}$$

steht zu der magnetischen Feldstärke in dem gleichen Verhältnis wie die dielektrische Erregung zur elektrischen Feldstärke. Überhaupt können alle Überlegungen, die wir für ein Dielektrikum angestellt haben, sinngemäß auf magnetische Materialien übertragen werden. Statt der dielektrischen Polarisation erfährt das Material eine Magnetisierung, welche die magnetische Dipoldichte

$$\mathfrak{J} = (\mu - 1)\,\mu_0\,\mathfrak{H} = \xi\,\mu_0\,\mathfrak{H} \tag{7}$$

bedeutet, die durch das Magnetfeld erzeugt wird. Die Größe $\xi = \mu - 1$ wird als magnetische Suszeptibilität bezeichnet. Hieraus ergibt sich analog zur Elektrostatik

$$\mathfrak{B} = \mathfrak{B}_0 + \mathfrak{J} = (1 + \xi)\,\mu_0\,\mathfrak{H} \tag{8}$$

und

$$\mu = 1 + \xi, \tag{9}$$

wenn $\mathfrak{B}_0$ die auf das Vakuum bezogene Kraftflußdichte ist.

An Grenzflächen zweier Medien treten scheinbare Flächenpoldichten auf. Die Normalkomponente der magnetischen Feldstärke macht einen Sprung, die der Kraftflußdichte ist stetig. Für die Tangentialkomponenten gilt das Umgekehrte.

Trotz dieser großen Ähnlichkeit besteht zwischen Elektrizität und Magnetismus ein entscheidender Unterschied. Elektrische Ladungen beider Vorzeichen können isoliert werden, so daß in gewissen Gebieten des Raumes wahre Überschußladungen vorhanden sind. Die negative Ladung kann sogar in Form von Elektronen von der Materie ganz abgetrennt werden und frei im Vakuum auftreten. Magnetische Polstärken können dagegen nicht isoliert werden und treten immer in einem Körper (permanenter Magnet) mit entgegengesetztem Vorzeichen, aber gleicher Stärke an verschiedenen Stellen auf. Es gibt also niemals eine Anordnung mit einer magnetischen Überschußpolstärke, sondern nur Anordnungen mit magnetischem Dipolmoment und noch höheren Polen.

Alle Beobachtungen sind mit der Formulierung in Übereinstimmung, daß es keine wahren magnetischen Polstärken gibt, sondern daß die permanenten Magnete nur dauernd magnetisierte Materialien sind.

Dies bedeutet, daß die Divergenz der magnetischen Kraftflußdichte stets verschwindet, daß also

$$\operatorname{div}\mathfrak{B} = 0 \quad \text{oder} \quad \operatorname{div}\mu\,\mathfrak{H} = 0 \tag{10}$$

gilt. Im homogenen Material folgt hieraus sofort auch

$$\operatorname{div}\mathfrak{H} = 0. \tag{11}$$

In inhomogenem Material haben wir dagegen

$$\begin{aligned}\operatorname{div}\mathfrak{H} &= \frac{1}{\mu_0}\operatorname{div}\frac{\mathfrak{B}}{\mu} = \frac{1}{\mu\,\mu_0}\operatorname{div}\mathfrak{B} - \frac{1}{\mu_0\,\mu^2}(\mathfrak{B}\operatorname{grad}\mu)\\ &= -\frac{1}{\mu_0\,\mu^2}(\mathfrak{B}\operatorname{grad}\mu) = -\frac{1}{\mu}(\mathfrak{H}\operatorname{grad}\mu).\end{aligned} \tag{12}$$

An der Grenzfläche zweier Medien entartet die Beziehung (12) in

$$\operatorname{Div}\mathfrak{H} = \frac{1}{\mu_0}\mathfrak{B}_n\left(\frac{1}{\mu_2} - \frac{1}{\mu_1}\right). \tag{13}$$

Magnetfeld und Kraftflußdichtefeld können durch magnetische Feldlinien und Kraftlinien graphisch veranschaulicht werden. Wegen der Quellenfreiheit der Kraftflußdichte sind die Kraftlinien stets endlose Kurven. Magnetische Feldlinien können dagegen an der Oberfläche magnetisierter Medien oder im

Innern inhomogener Medien beginnen oder enden. Nicht ganz korrekt versteht man unter Kraftlinien auch zuweilen die Feldlinien.

Die Quellenfreiheit des Kraftflußdichtefeldes erlaubt eine Beschreibung, die beim elektrischen Feld nicht möglich ist. Wir können die magnetische Kraftflußdichte

$$\mathfrak{B} = \operatorname{rot} \mathfrak{C} \tag{14}$$

immer als Rotation eines anderen Vektorfeldes $\mathfrak{C}$ herleiten. Das Feld $\mathfrak{C}$ wird das Vektorpotential von $\mathfrak{B}$ genannt. Andererseits kann die magnetische Feldstärke, wenn das Feld nur von permanenten Magneten erzeugt wird, aus einem skalaren magnetischen Potential V_m abgeleitet werden.

Genau wie das elektrische Feld ist das Magnetfeld der Sitz einer Energie, die als magnetische Feldenergie bezeichnet wird. Die Energiedichte ist

$$\frac{d W_m}{d v} = \frac{1}{2} (\mathfrak{H} \mathfrak{B}) = \frac{\mu \mu_0}{2} \mathfrak{H}^2. \tag{15}$$

Die magnetische Gesamtenergie einer Anordnung ist infolgedessen

$$W_m = \frac{1}{2} \int (\mathfrak{B} \mathfrak{H}) \, d v. \tag{15a}$$

Hierbei ist allerdings vorausgesetzt, daß μ nicht selbst von $\mathfrak{B}$ abhängt. Auf die Erscheinungen bei feldabhängiger Permeabilität kommen wir in § 10, S. 381, noch einmal zurück.

§ 2. Die Ausmessung eines magnetischen Feldes. GAUSSsche Methode.

Inhalt: Drehmomente zweier Dipole aufeinander. GAUSSsche Methode der Messung der Horizontalkomponente des Erdfeldes.

Bezeichnungen: $\mathfrak{M}_1$, $\mathfrak{M}_2$ magnetische Momente zweier Magnetstäbe, M_1, M_2 ihre Beträge, $\mathfrak{H}_0$ Erdfeld, H_0 seine Horizontalkomponente, r Abstand der Dipole, μ_0 Permeabilität des Vakuums, V_m magnetisches Potential, $\mathfrak{Z}$ Drehmoment, D Direktionskraft des Drehmomentes.

Wenn auch die Eigenschaften des Magnetfeldes eines Systems permanenter Magnete wegen der weitgehenden Analogie zum elektrischen Feld recht plausibel sind, müssen wir doch die Frage aufwerfen, wie man sich von dem Bestehen dieser Analogie experimentell überzeugen oder wie man die Gültigkeit der im vorigen Paragraphen angegebenen Zusammenhänge durch Versuche nachprüfen kann. Bei den entsprechenden elektrischen Gesetzen ist die Möglichkeit der Nachprüfung evident. Man kann ja das Feld durch eine Probeladung abtasten. Da es dagegen keine isolierbaren Pole gibt, müssen wir die Ausmessung eines Magnetfeldes erörtern.

Zunächst stehen uns in den permanenten Magneten (Magnetnadeln) Geräte zur Verfügung, die durch ein magnetisches Dipolmoment (und davon genaugenommen nicht trennbare Quadrupol-, Oktopol- usw. Momente) gekennzeichnet sind. Sie erzeugen in nicht zu kleinen Entfernungen (gemessen an ihren eigenen Dimensionen) ein Magnetfeld, das von ihrem Dipolmoment $\mathfrak{M}_m$ herrührt. Das zugehörige Potential ist [s. Kap. I, § 5, Gl. (16), S. 321]

$$V_m = V_\infty + \frac{(\mathfrak{M}_m \mathfrak{r})}{4 \pi \mu_0 r^3}, \tag{16}$$

wo $\mathfrak{r}$ ein vom Dipol zum Aufpunkt gezogener Radiusvektor ist. Hieraus ergibt sich die magnetische Feldstärke

$$\mathfrak{H}_m = -\operatorname{grad} V_m = \frac{3(\mathfrak{M}_m \mathfrak{r})\,\mathfrak{r}^0}{4\pi\,\mu_0\,r^4} - \frac{\mathfrak{M}_m}{4\pi\,\mu_0\,r^3} \tag{17}$$

im Aufpunkt. Andererseits übt ein Magnetfeld $\mathfrak{H}$ auf einen Dipol ein Drehmoment [s. Kap. I, § 19, Gl. (78), S. 351]

$$\mathfrak{Z} = [\mathfrak{M}\,\mathfrak{H}] \tag{18}$$

aus. Haben wir zwei magnetische Dipole $\mathfrak{M}_1$ und $\mathfrak{M}_2$ in einer nicht zu kleinen Entfernung r, so bewirken sie aufeinander die Drehmomente

$$\mathfrak{Z}_1 = \frac{3(\mathfrak{M}_2 \mathfrak{r})\,[\mathfrak{M}_1 \mathfrak{r}^0]}{4\pi\,\mu_0\,r^4} - \frac{[\mathfrak{M}_1 \mathfrak{M}_2]}{4\pi\,\mu_0\,r^3}, \tag{18a}$$

$$\mathfrak{Z}_2 = \frac{3(\mathfrak{M}_1 \mathfrak{r})\,[\mathfrak{M}_2 \mathfrak{r}^0]}{4\pi\,\mu_0\,r^4} + \frac{[\mathfrak{M}_1 \mathfrak{M}_2]}{4\pi\,\mu_0\,r^3}. \tag{18b}$$

Diesen Drehmomenten überlagert sich immer noch ein vom Erdfeld $\mathfrak{H}_0$ hervorgerufenes Moment

$$\mathfrak{Z}_0 = [\mathfrak{M}\,\mathfrak{H}_0]$$

Um $\mathfrak{M}_1$ und $\mathfrak{M}_2$, gleichzeitig aber auch die Horizontalkomponente H_0 des Erdfeldes zu bestimmen, verfährt man nach GAUSS folgendermaßen: Zuerst läßt man den drehbar im Erdfeld montierten ersten Magneten kleine Schwingungen um die Ruheeinstellung ausführen und ermittelt daraus die Direktionskraft

$$D_0 = M_1 H_0$$

des Momentes $\mathfrak{M}_1$. Dann bringt man den zweiten Magnet in einiger Entfernung in eine solche Lage, daß sein Moment und die Richtung der Verbindungslinie der Magnete parallel zum Erdfeld liegt (Abb. 122). Nach (17) erzeugt er am Ort des beweglichen Magneten das Zusatzfeld

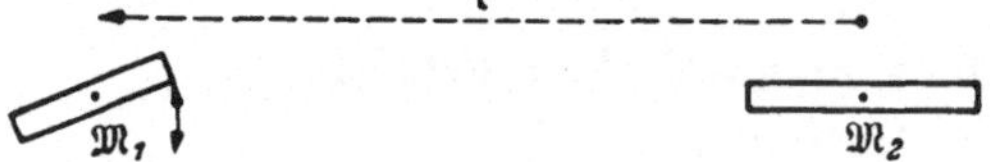

Abb. 122. GAUSSsche Methode zur Messung des magnetischen Momentes und des magnetischen Erdfeldes.

$$\mathfrak{H} = \frac{\mathfrak{M}_2}{2\pi\,\mu_0\,r^3}$$

parallel zu $\mathfrak{H}_0$.

An Stelle von D_0 tritt dann die Direktionskraft

$$D = M_1\left(H_0 + \frac{M_2}{2\pi\,\mu_0\,r^3}\right).$$

Schließlich dreht man den zweiten Magnet um, wobei man die Direktionskraft

$$D' = M_1\left(H_0 - \frac{M_2}{2\pi\,\mu_0\,r^3}\right)$$

bekommt. Aus diesen drei Messungen können H_0, M_1 und M_2 gefunden werden.

Diese Methode könnte grundsätzlich zur Messung eines jeden Magnetfeldes angewandt werden. Auf sie ist die Definition der magnetischen Einheiten in Wirklichkeit gegründet, da das COULOMBsche Gesetz in der ursprünglichen Form nicht messend verwertet werden kann.

§ 3. Das Magnetfeld einer stationären Stromverteilung.

Inhalt: Die Ströme sind die Wirbel des Magnetfeldes.
Bezeichnungen: $\mathfrak{H}$ Magnetfeld, I Stromstärke, $\mathfrak{G}$ Stromdichte.

Alle elektrischen Ströme sind die Ursache magnetischer Felder. Die Untersuchung magnetischer Felder, welche nur von Strömen herrühren, ergibt folgendes: Führen wir einen Magnetpol p auf einer geschlossenen Kurve zu seinem Ausgangspunkt zurück, so müssen wir eine Arbeit

$$p \oint (\mathfrak{H}\, d\mathfrak{s}) = p\, I \tag{19}$$

aufwenden, die dem umlaufenen Strom und der Polstärke proportional ist. Diese empirische Feststellung trifft immer zu, ganz gleichgültig, welche Formen und Querschnitte die Leiter haben, welche Stromverteilung in ihnen herrscht und ob noch andere stromführende Leiter vorhanden sind, die von der Kurve nicht umschlossen werden (Abb. 123).

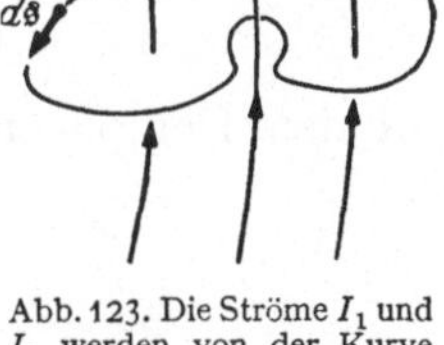

Abb. 123. Die Ströme I_1 und I_3 werden von der Kurve umschlossen, I_2 aber nicht. $\int (\mathfrak{H}\, d\mathfrak{s}) = I_1 + I_3$.

Die empirische Formel

$$\oint (\mathfrak{H}\, d\mathfrak{s}) = I \tag{20}$$

müssen wir jetzt in ein Differentialgesetz verwandeln, was dadurch geschieht, daß wir als geschlossene Kurve die Berandung eines Flächenelementes df wählen.

Es gilt dann

$$\operatorname{rot}_n \mathfrak{H} = \lim_{df=0} \frac{1}{df} \oint (\mathfrak{H}\, d\mathfrak{s}) = \lim_{df=0} \frac{I}{df} = \mathfrak{G}_n,$$

wo $\mathfrak{G}_n$ die Komponente der Stromdichte senkrecht zu df ist. Weil dies für alle Komponenten zutrifft, gilt

$$\operatorname{rot} \mathfrak{H} = \mathfrak{G}. \tag{21}$$

Dieses Gesetz stellt den Zusammenhang zwischen Stromdichtefeld und Magnetfeld vollständig her und macht die Aussage, daß die Ströme die Wirbel des magnetischen Feldes sind.

§ 4. Das Vektorpotential des magnetischen Feldes.

Inhalt: Das Vektorpotential des Magnetfeldes kann durch eine Integration über die Stromverteilung berechnet werden.
Bezeichnungen: $\mathfrak{H}$ Magnetfeld, $\mathfrak{A}$ sein Vektorpotential, $\mathfrak{G}$ Stromdichte, r Abstand Quellpunkt-Aufpunkt.

Wir müssen jetzt das Magnetfeld ermitteln, welches von einer beliebigen, aber bekannten Stromdichteverteilung erzeugt wird.

Wir nehmen an, daß keine permanenten Magnete vorhanden sind, daß das Magnetfeld vielmehr nur von den Strömen herrühre. Wären auch permanente Magnete wirksam, so könnten wir das Feld aus zwei Anteilen zusammensetzen, von denen der eine nur von den Magneten, der andere nur von der Stromverteilung herrührt.

Außerdem nehmen wir an, daß der ganze Raum die Permeabilität μ_0 des Vakuums oder doch wenigstens überall dieselbe Permeabilität besitze. Dies trifft weitgehend bei solchen Anordnungen zu, die keine ferromagnetischen

Metalle, insbesondere kein Eisen enthalten. Dann besitzt das Magnetfeld keine Quellen, es ist überall

$$\operatorname{div} \mathfrak{H} = 0; \quad \operatorname{Div} \mathfrak{H} = 0. \tag{22}$$

Unter diesen Voraussetzungen können wir $\mathfrak{H}$ als Rotation eines neuen Vektorfeldes $\mathfrak{A}$ darstellen, welches wir als Vektorpotential des Magnetfeldes bezeichnen. Das Feld $\mathfrak{A}$ wird allerdings durch das Magnetfeld nicht vollständig bestimmt. Wir können zu ihm nämlich noch ein beliebiges wirbelfreies Vektorfeld hinzufügen, ohne zum Magnetfeld etwas beizutragen.

Aus

$$\operatorname{rot} \mathfrak{H} = \mathfrak{G}$$

gewinnen wir

$$\operatorname{rot} \operatorname{rot} \mathfrak{A} = \mathfrak{G},$$

und da

$$\operatorname{rot} \operatorname{rot} \mathfrak{A} = [\nabla[\nabla \mathfrak{A}]] = \operatorname{grad} \operatorname{div} \mathfrak{A} - \Delta \mathfrak{A}$$

ist, entsteht

$$\Delta \mathfrak{A} = -\mathfrak{G} + \operatorname{grad} \operatorname{div} \mathfrak{A}. \tag{23a}$$

Wir suchen nun zunächst eine Lösung der einfacheren Gleichung

$$\Delta \mathfrak{A} = -\mathfrak{G} \tag{23b}$$

mit den Komponenten

$$\Delta \mathfrak{A}_x = -\mathfrak{G}_x$$

$$\Delta \mathfrak{A}_y = -\mathfrak{G}_y$$

$$\Delta \mathfrak{A}_z = -\mathfrak{G}_z.$$

Jede dieser Gleichungen hat die Form der POISSONschen Gleichung [Kap. I, § 6, Gl. (22a), S. 323]

$$\Delta V = -\frac{\eta}{\varepsilon_0}$$

für das elektrische Potential. Man kann deshalb die Komponenten

$$\mathfrak{A}_x = \frac{1}{4\pi} \int \frac{\mathfrak{G}_x \, dv}{r}; \quad \mathfrak{A}_y = \frac{1}{4\pi} \int \frac{\mathfrak{G}_y \, dv}{r}; \quad \mathfrak{A}_z = \frac{1}{4\pi} \int \frac{\mathfrak{G}_z \, dv}{r}$$

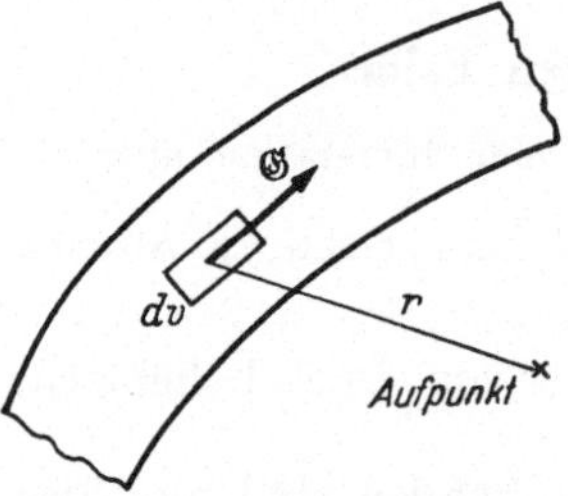

Abb. 124. Berechnung des Vektorpotentials.

von $\mathfrak{A}$ analog zu

$$V = V_\infty + \frac{1}{4\pi \varepsilon_0} \int \frac{\eta \, dv}{r}$$

aufbauen und erhält für $\mathfrak{A}$ selbst

$$\mathfrak{A} = \frac{1}{4\pi} \int \frac{\mathfrak{G} \, dv}{r}.$$

Hier bedeutet r den Abstand des stromführenden Volumenelementes dv vom Aufpunkt, und die Integration ist über alle stromführenden Volumina zu erstrecken (Abb. 124). Indem wir die Integrationskonstante weglassen, geben wir $\mathfrak{A}$ im Unendlichen den Wert Null.

Das Vektorpotential

$$\mathfrak{A} = \frac{1}{4\pi} \int \frac{\mathfrak{G} \, dv}{r} \tag{24}$$

erfüllt auch schon die Gl. (23a), weil

$$\operatorname{div} \mathfrak{A} = 0$$

ist.

*Um dies zu beweisen, bezeichnen wir die Koordinaten des Aufpunktes mit x, y, z, die des Volumenelementes (Quellpunkt) mit ξ, η, ζ. Der Operator

$$\nabla_a = \mathfrak{i}\frac{\partial}{\partial x} + \mathfrak{j}\frac{\partial}{\partial y} + \mathfrak{k}\frac{\partial}{\partial z}$$

wirkt nur auf die Koordinaten des Aufpunktes, der Operator

$$\nabla_q = \mathfrak{i}\frac{\partial}{\partial \xi} + \mathfrak{j}\frac{\partial}{\partial \eta} + \mathfrak{k}\frac{\partial}{\partial \zeta}$$

nur auf die der Quellpunkte. Nun ist

$$r = \sqrt{(x-\xi)^2 + (y-\eta)^2 + (z-\zeta)^2}$$

und

$$\nabla_a \frac{1}{r} = -\nabla_q \frac{1}{r}.$$

Da die Stromdichte $\mathfrak{G}$ nur die Koordinaten der Quellpunkte enthält, gilt

$$\operatorname{div}_a \mathfrak{A} = \frac{1}{4\pi}\int\left(\mathfrak{G}\,\nabla_a \frac{1}{r}\right) dv = -\frac{1}{4\pi}\int\left(\mathfrak{G}\,\nabla_q \frac{1}{r}\right) dv.$$

Ferner gilt

$$\operatorname{div}_q\left(\frac{\mathfrak{G}}{r}\right) = \left(\mathfrak{G}\,\nabla_q \frac{1}{r}\right) + \frac{1}{r}\operatorname{div}_q \mathfrak{G} = \left(\mathfrak{G}\,\nabla_q \frac{1}{r}\right),$$

weil $\operatorname{div}_q \mathfrak{G}$ verschwindet. Wir erhalten also

$$\operatorname{div}_a \mathfrak{A} = -\frac{1}{4\pi}\int \operatorname{div}_q\left(\frac{\mathfrak{G}}{r}\right) dv.$$

Nach dem GAUSSschen Satz verwandeln wir das Volumenintegral rechts in ein Oberflächenintegral über eine sehr große Kugel mit dem Radius R, den wir über alle Grenzen wachsen lassen. Dann entsteht

$$\operatorname{div}_a \mathfrak{A} = -\frac{1}{4\pi}\lim_{R\to\infty}\frac{1}{R}\int(\mathfrak{G}\,d\mathfrak{f}) = -\frac{1}{4\pi}\lim\frac{I}{R} = 0.$$

I ist der Strom, welcher aus der Kugel herausfließt, und muß verschwinden. Das Bedenken, daß $1/r$ im Aufpunkt selbst unendlich wird, kann man zerstreuen, indem man zeigt, daß eine kleine Kugel um den Aufpunkt nichts zu dem Integral beiträgt.

§ 5. Das LAPLACEsche Gesetz. Drahtförmige Leiter.

Inhalt: Ableitung des LAPLACEschen Gesetzes für drahtförmige Leiter.

Bezeichnungen: dv und $d\mathfrak{s}$ stromführendes Volumenelement oder Drahtstück, r sein Abstand vom Aufpunkt, I Stromstärke, $\mathfrak{G}$ Stromdichte, $\mathfrak{H}$ magnetische Feldstärke, $\mathfrak{A}$ ihr Vektorpotential.

Mit der Angabe einer allgemeinen Formel für das Vektorpotential ist die Berechnung des Magnetfeldes im Prinzip erledigt. Die Integration kann man natürlich nur durchführen, wenn man spezielle Voraussetzungen über die Stromverteilung macht.

Da die Ströme bei den meisten elektrischen und magnetischen Anordnungen in drahtförmigen Leitern fließen, kann man für diesen Fall etwas speziellere Formeln entwickeln. Man stellt sich die stromführenden Drähte linienförmig, d. h. unendlich dünn, vor, eine Idealisierung, die natürlich nicht ganz der Wirklichkeit entspricht. Der Fehler wird aber um so kleiner sein, je weiter der Aufpunkt von den Drähten entfernt ist und je dünner diese sind. In der Nähe der Drähte, auf ihrer Oberfläche oder gar in ihrem Innern ist dieses Modell aber ganz unbrauchbar.

Für das Volumenelement setzen wir

$$dv = (d\mathfrak{f}\, d\mathfrak{s}),$$

wobei $d\mathfrak{s}$ die gleiche Richtung wie $\mathfrak{G}$ hat, und können dann

$$\mathfrak{G}\, dv = (\mathfrak{G}\, d\mathfrak{f})\, d\mathfrak{s}$$

schreiben. Jetzt integrieren wir über den Drahtquerschnitt und dürfen r bei genügendem Abstand des Aufpunktes vom Draht auf dem ganzen Querschnitt näherungsweise konstant setzen. So erhalten wir

$$\mathfrak{A} = \frac{1}{4\pi}\int \frac{\mathfrak{G}\, dv}{r} = \frac{1}{4\pi}\int \frac{d\mathfrak{s}}{r}\int (\mathfrak{G}\, d\mathfrak{f}) = \frac{I}{4\pi}\int \frac{d\mathfrak{s}}{r}. \tag{25}$$

Bei drahtförmigen Leitern gewinnt man also das Vektorpotential durch eine Integration über die Länge der Drähte. Es ist im übrigen dem Strom proportional.

Wenn man sich für die magnetische Feldstärke, nicht aber für $\mathfrak{A}$ selbst interessiert, setzt man

$$\mathfrak{H} = \operatorname{rot}\mathfrak{A} = \frac{I}{4\pi}\operatorname{rot}\int \frac{d\mathfrak{s}}{r}.$$

Die Integration ist über die stromführenden Drähte (Quellpunkte) auszuführen, die Bildung der Rotation schreibt dagegen eine Differentiation nach den Koordinaten des Aufpunktes vor. Man kann beide Operatoren vertauschen und erhält

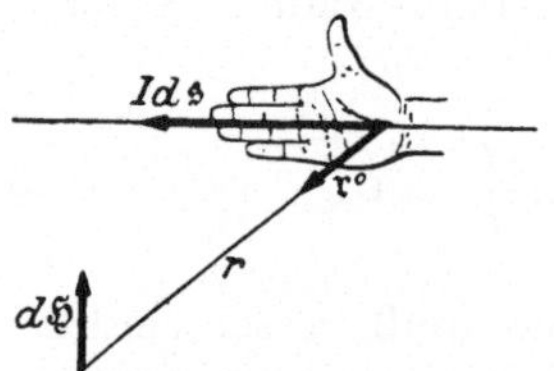

Abb. 125. Magnetfeld eines Stromelements. Rechte-Hand-Regel. LAPLACEsches Gesetz.

$$\mathfrak{H} = \frac{I}{4\pi}\int \operatorname{rot}\frac{d\mathfrak{s}}{r}. \tag{25a}$$

Weil $d\mathfrak{s}$ die Koordinaten des Aufpunktes nicht enthält, ist

$$\operatorname{rot}\frac{d\mathfrak{s}}{r} = \left[\nabla \frac{d\mathfrak{s}}{r}\right] = -\left[d\mathfrak{s}\,\nabla \frac{1}{r}\right] = \frac{[d\mathfrak{s}\,\mathfrak{r}^0]}{r^2}. \tag{26}$$

$\mathfrak{r}^0$ bedeutet einen Einheitsvektor, der vom Quellpunkt nach dem Aufpunkt zeigt. $[d\mathfrak{s}\,\mathfrak{r}^0]$ ist dann ein Vektor senkrecht zu $d\mathfrak{s}$ und $\mathfrak{r}^0$, der in die Fortbewegungsrichtung einer Rechtsschraube weist, die $d\mathfrak{s}$ auf dem kürzesten Wege in die Richtung von $\mathfrak{r}^0$ bringt (s. Abb. 125). Dies enthält auch die sogenannte Rechte-Hand-Regel der Experimentalphysik, welche lautet: Hält man die rechte Hand so, daß der Strom zwischen Handfläche und Aufpunkt liegt, so gibt der Daumen die Richtung der magnetischen Feldstärke an. Gehen wir mit (26) in (25a) ein, so finden wir

$$\mathfrak{H} = \frac{I}{4\pi}\int \frac{[d\mathfrak{s}\,\mathfrak{r}^0]}{r^2}. \tag{27}$$

Man kann diese Formel so ausdeuten, daß jedes Stromelement $I\,d\mathfrak{s}$ einen infinitesimalen Anteil

$$d\mathfrak{H} = \frac{I}{4\pi}\,\frac{[d\mathfrak{s}\,\mathfrak{r}^0]}{r^2} \tag{27a}$$

zur magnetischen Feldstärke beisteuert. (27a) ist die Form des LAPLACEschen Gesetzes, wie sie in der Experimentalphysik bekannt ist. Dieses Gesetz ist aber kein echtes Differentialgesetz, denn es ist nur in der integrierten Form wirklich sinnvoll. Ein einzelnes Stromelement kann nämlich bei stationärem Strom nicht realisiert werden.

Sind die Leiter nicht drahtförmig, so kann man die Feldstärke durch

$$\mathfrak{H} = \operatorname{rot}\mathfrak{A} = \frac{1}{4\pi}\int \operatorname{rot}\frac{\mathfrak{G}}{\mathfrak{r}}\,dv = \frac{1}{4\pi}\int\frac{[\mathfrak{G}\,\mathfrak{r}^0]}{r^2}\,dv \tag{28}$$

gewinnen.

§ 6. Das skalare Potential des magnetischen Feldes.

Inhalt: Das Magnetfeld kann als Gradient eines skalaren, aber unendlich vieldeutigen Potentials V_m abgeleitet werden. Jeder Umlauf um den Strom I erhöht das Potential um I. Im übrigen ist V_m dem Strom und dem räumlichen Winkel proportional, unter dem der Stromkreis vom Aufpunkt aus erscheint.

Bezeichnungen: $\mathfrak{H}$ Magnetfeld, $\mathfrak{A}$ Vektorpotential, V_m skalares Potential, I Stromstärke, ω räumlicher Winkel, r Abstand des Aufpunktes von $d\mathfrak{f}$.

Zur Berechnung des Magnetfeldes drahtförmiger Leiter kann man auch noch ein anderes mathematisches Verfahren einschlagen. Es zeigt sich nämlich, daß das Magnetfeld mit gewissen Einschränkungen auch als Gradient eines skalaren Potentials gewonnen werden kann.

Nach einem Satz der Vektorrechnung ist

$$\oint u\,d\mathfrak{s} = -\int [\operatorname{grad} u\,d\mathfrak{f}], \tag{29}$$

wenn u eine skalare Ortsfunktion ist und das Linienintegral über eine geschlossene Raumkurve erstreckt wird. Das Flächenintegral läuft über eine beliebige Fläche, die von eben jener Raumkurve berandet wird. [Zum Beweis multipliziere man (29) skalar mit einem beliebigen konstanten Vektor $\mathfrak{c}$.] Wenden wir diese Formel auf das Vektorpotential an, wobei $u = 1/r$ und die Raumkurve der Stromkreis ist, so erhalten wir

$$\mathfrak{A} = \frac{I}{4\pi}\oint\frac{d\mathfrak{s}}{r} = -\frac{I}{4\pi}\int\left[\operatorname{grad}_q\frac{1}{r}\,d\mathfrak{f}\right].$$

Durch den Stromkreis ist eine ganz beliebige Fläche hindurchzulegen, grad_q erstreckt sich auf die Koordinaten in dieser Fläche, und r ist der Abstand der Flächenelemente vom Aufpunkt. Die magnetische Feldstärke ist dann

$$\mathfrak{H} = \operatorname{rot}\mathfrak{A} = -\frac{I}{4\pi}\int\operatorname{rot}_a\left[\operatorname{grad}_q\frac{1}{r}\,d\mathfrak{f}\right],$$

wobei die Indizes a und q jeweils angeben, ob die Nabla-Operation (Rotation bzw. Gradient) auf die Koordinaten des Aufpunktes oder des Quellpunktes angewandt werden soll.

Wenn x, y, z die Koordinaten des Aufpunktes, ξ, η, ζ die des Quellpunktes sind, so ist

$$r = \sqrt{(x-\xi)^2 + (y-\eta)^2 + (z-\zeta)^2}$$

und

$$\nabla_a \left(\frac{1}{r}\right) = -\nabla_q \frac{1}{r}.$$

Wir können also alle Differentiationen nach den Koordinaten des Aufpunktes vornehmen und erhalten

$$\mathfrak{H} = \frac{I}{4\pi} \int \left[\nabla_a \left[\nabla_a \frac{1}{r} d\mathfrak{f}\right]\right].$$

Nach den Regeln der Vektorrechnung ist

$$\begin{aligned} \left[\nabla \left[\nabla \frac{1}{r} d\mathfrak{f}\right]\right] &= \nabla \left(d\mathfrak{f} \nabla \frac{1}{r}\right) - d\mathfrak{f} (\nabla \nabla) \frac{1}{r} \\ &= \operatorname{grad} \left(d\mathfrak{f} \cdot \operatorname{grad} \frac{1}{r}\right) - d\mathfrak{f} \Delta \frac{1}{r} \\ &= -\operatorname{grad} \frac{(\mathfrak{r}^0 d\mathfrak{f})}{r^2} - d\mathfrak{f} \Delta \frac{1}{r}, \end{aligned}$$

da $d\mathfrak{f}$ nicht von den Koordinaten des Aufpunktes abhängt.

Legen wir durch den Stromkreis eine Fläche, die den Aufpunkt nicht enthält, so ist auf ihr überall

$$\Delta \frac{1}{r} = 0,$$

und wir erhalten

$$\mathfrak{H} = -\frac{I}{4\pi} \int \operatorname{grad}_a \frac{(\mathfrak{r}^0 d\mathfrak{f})}{r^2}.$$

Weil die Integration über die Quellpunkte läuft, der Gradient aber am Aufpunkt gebildet wird, kann man beide Operationen vertauschen und erhält

$$\mathfrak{H} = -\operatorname{grad}_a \left\{\frac{I}{4\pi} \int \frac{(\mathfrak{r}^0 d\mathfrak{f})}{r^2}\right\} = -\operatorname{grad} V_m. \tag{30}$$

Wie man sieht, kann $\mathfrak{H}$ als negativer Gradient eines skalaren Potentials

$$V_m = \frac{I}{4\pi} \int \frac{(\mathfrak{r}^0 d\mathfrak{f})}{r^2} \tag{31}$$

gewonnen werden. Nun ist

$$d\omega = \frac{(\mathfrak{r}^0 d\mathfrak{f})}{r^2}$$

der räumliche Öffnungswinkel, unter dem das Flächenelement $d\mathfrak{f}$ vom Aufpunkt aus gesehen wird (Abb. 126).

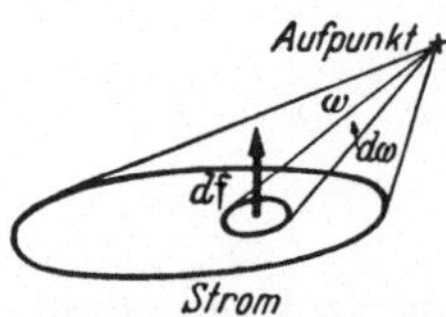

Abb. 126. Das skalare Potential des Magnetfeldes ist $V_m = I\,\omega/4\pi$.

Wir können deshalb die Integration ausführen und erhalten

$$V_m = \frac{I}{4\pi} \int d\omega = \frac{I}{4\pi} \omega. \tag{31a}$$

Das skalare Potential ist dem Strom und dem räumlichen Öffnungswinkel ω proportional, unter dem man den Stromkreis vom Aufpunkt aus sieht.

Die Existenz eines Potentials für das Magnetfeld scheint im Widerspruch zu stehen zu der Formel (20)

$$\oint (\mathfrak{H}\, d\mathfrak{s}) = I$$

von S. 367. Wenn $\mathfrak{H}$ ein Potential hätte, dann müßte jedes geschlossene Linienintegral

$$\oint (\mathfrak{H}\, d\mathfrak{s}) \tag{32}$$

verschwinden. Erinnern wir uns, daß wir oben festgesetzt haben, daß der Aufpunkt nicht auf der durch den Stromkreis gelegten Fläche liegen darf, so sehen wir, daß das Potential zunächst nur an solchen Punkten des Raumes definiert wird, die nicht auf jener Fläche liegen. Das Integral (32) verschwindet nun auch tatsächlich für alle solchen geschlossenen Wege, die keinen Punkt dieser Fläche enthalten. Den Strom kann ein geschlossener Weg nur umlaufen, wenn er die Fläche mindestens einmal durchstößt. Die zur Definition des Potentials durch den Stromkreis gelegte Fläche zerschneidet den gesamten Raum in einen zweifach zusammenhängenden Raum, in dem das Potential eine eindeutige Funktion des Ortes ist.

Nähern wir den Aufpunkt der Fläche, so nähert sich ω den Werten $\pm 2\pi$, je nachdem, von welcher Seite wir herankommen.

Auf der Fläche selbst können wir zwei verschiedene Werte des Potentials definieren. Sie unterscheiden sich um I. Auf ihr selbst macht das Potential einen Sprung von der Größe

$$\Delta V_m = I. \tag{33}$$

Man beachte, daß die Lage der Fläche an sich beliebig ist. Wir können also das Potential stetig durch sie hindurch fortsetzen, wenn wir statt ihrer eine andere Fläche zur Definition benutzen. Ja, wir können sogar den Potentialsprung ganz wegfallen lassen, wenn wir den Potentialwert bei jedem Umlauf um den Strom um I wachsen oder sinken lassen. Dann ist das Potential keine eindeutige, sondern eine unendlich vieldeutige Funktion des Raumes.

*§ 7. Der Einfluß magnetischer Materialien auf das Feld.

Inhalt: Bei paramagnetischen und diamagnetischen Stoffen kann man das Magnetfeld in einem Näherungsverfahren berechnen, bei Anwesenheit ferromagnetischer Stoffe nur bei günstiger geometrischer Gestalt.

Bezeichnungen: $\mathfrak{H}$ magnetische Feldstärke, $\mathfrak{G}$ Stromdichte, $\mathfrak{B}$ Induktion, Kraftflußdichte, μ relative, μ_0 Vakuumpermeabilität, ξ Suszeptibilität, $\mathfrak{C}$ Vektorpotential von $\mathfrak{B}$, $\mathfrak{J}$ Magnetisierung.

Die Berechnung des Magnetfeldes einer Stromverteilung wird erschwert oder gar unmöglich gemacht, wenn der Raum mit Medien verschiedener Permeabilität erfüllt ist. In diesem Fall gilt zwar immer noch

$$\operatorname{rot}\mathfrak{H} = \mathfrak{G}; \quad \operatorname{div}\mathfrak{B} = 0. \tag{34}$$

Es folgt aber daraus nicht

$$\operatorname{div}\mathfrak{H} = 0 \quad \text{oder} \quad \operatorname{rot}\mathfrak{B} = \mu\mu_0\,\mathfrak{G}, \tag{35}$$

sondern vielmehr

$$\operatorname{div}\mathfrak{H} = \operatorname{div}\frac{\mathfrak{B}}{\mu\mu_0} = \frac{1}{\mu\mu_0}\operatorname{div}\mathfrak{B} + \left(\frac{\mathfrak{B}}{\mu_0}\operatorname{grad}\frac{1}{\mu}\right) = \left(\frac{\mathfrak{B}}{\mu_0}\operatorname{grad}\frac{1}{\mu}\right) \tag{36}$$

und

$$\operatorname{rot}\mathfrak{B} = \mu_0\operatorname{rot}\mu\,\mathfrak{H} = \mu_0\,\mu\operatorname{rot}\mathfrak{H} - \mu_0[\mathfrak{H}\operatorname{grad}\mu] = \mu\mu_0\,\mathfrak{G} - \mu_0[\mathfrak{H}\operatorname{grad}\mu]. \tag{37}$$

An Grenzflächen liefert dies

$$\operatorname{div}\mathfrak{H} = \mathfrak{H}_{2n} - \mathfrak{H}_{1n} = \frac{\mathfrak{B}_n}{\mu_0}\left(\frac{1}{\mu_2} - \frac{1}{\mu_1}\right), \tag{38}$$

$$\mathfrak{B}_{t_2} - \mathfrak{B}_{t_1} = \mu_0(\mu_2 - \mu_1)\,\mathfrak{H}_t. \tag{39}$$

Da die Kraftflußdichte quellenfrei ist, können wir sie aus einem Vektorpotential $\mathfrak{C}$ durch

$$\mathfrak{B} = \operatorname{rot}\mathfrak{C} \tag{40}$$

herleiten. Um $\mathfrak{C}$ zu berechnen, müssen wir $\operatorname{rot}\mathfrak{B}$ haben. Die Wirbel von $\mathfrak{B}$ werden aber nicht nur von der Stromverteilung geliefert, sondern es sind auch Flächenwirbel (39) vorhanden, zu deren Berechnung man schon das Magnetfeld haben müßte.

Andererseits könnte man das Magnetfeld aus einem quellenfreien Feld $\mathfrak{H}_{\mathrm{I}}$ und aus einem wirbelfreien Feld $\mathfrak{H}_{\mathrm{II}}$ zusammensetzen. $\mathfrak{H}_{\mathrm{I}}$ wäre dann wie bisher aus dem Vektorpotential $\mathfrak{A}$ ableitbar, und dieses könnte aus der Stromdichte errechnet werden. $\mathfrak{H}_{\mathrm{II}}$ müßte durch

$$\mathfrak{H}_{\mathrm{II}} = -\operatorname{grad}\varphi$$

aus einem skalaren Potential ermittelt werden, welches aus den Quellen von $\mathfrak{H}_{\mathrm{II}}$ aufzubauen wäre. Diese Quellen aber kann man nicht finden, weil man dazu erst die Kraftflußdichte kennen müßte.

Trotz dieser Schwierigkeiten kann aber doch eine sehr wichtige Feststellung gemacht werden. Wird das Magnetfeld von den Strömen $I_1, I_2, \ldots$ erzeugt, so kann $\mathfrak{B}$ aus einem Vektorpotential

$$\mathfrak{C} = \mathfrak{c}_1 I_1 + \mathfrak{c}_2 I_2 + \cdots \tag{41}$$

gewonnen werden, das sich additiv aus den Vektorpotentialen zusammensetzt, die zu den einzelnen Strömen gehören. Dieser Ansatz erfüllt nämlich alle Bedingungen, die an die beiden Felder $\mathfrak{B}$ und $\mathfrak{H}$ gestellt werden müssen. Selbstverständlich ist, daß $\operatorname{div}\mathfrak{B}$ verschwindet. Sind die einzelnen Bestandteile $\mathfrak{c}_i I_i$ von $\mathfrak{C}$ so beschaffen, daß

$$\mathfrak{G}_i = \operatorname{rot}\mathfrak{H}_i = \frac{1}{\mu_0}\operatorname{rot}\frac{\mathfrak{B}_i}{\mu} = \frac{I_i}{\mu_0}\operatorname{rot}\left\{\frac{1}{\mu}\operatorname{rot}\mathfrak{c}_i\right\}$$

gilt, wo $\mathfrak{G}_i$ die Anteile der Stromdichte bedeuten, welche den Strom I_i bilden, so wird auch

$$\mathfrak{G} = \sum \mathfrak{G}_i = \operatorname{rot}\sum \mathfrak{H}_i = \operatorname{rot}\mathfrak{H}$$

befriedigt.

Solange keine ferromagnetischen Materialien vorhanden sind, kann man die Felder durch ein Näherungsverfahren auffinden. Wir berechnen dazu erst das Magnetfeld $\mathfrak{H}_{\mathrm{I}}$, das nur von den Strömen herrührt, in dem wir alle μ gleich 1 setzen. Dann berechnen wir die durch dieses Magnetfeld bewirkte Magnetisierung

$$\mathfrak{J} = \xi\,\mu_0\,\mathfrak{H}_{\mathrm{I}} = (\mu - 1)\,\mu_0\,\mathfrak{H}_{\mathrm{I}}. \tag{42}$$

Diese erzeugt ein Zusatzmagnetfeld $\mathfrak{H}_{\mathrm{II}}$, welches wir dann aus dem Potential

$$V_{\mathrm{II}} = \frac{1}{4\pi\mu_0}\int\frac{(\mathfrak{J}\,\mathfrak{r})}{r^3}\,dv = \frac{1}{4\pi\mu_0}\oint\frac{(\mathfrak{J}\,d\mathfrak{f})}{r} = \frac{(\mu-1)}{4\pi}\oint\frac{(\mathfrak{H}_1\,d\mathfrak{f})}{r} \tag{43}$$

nach dem Muster von Kap. I, § 15, S. 344, gewinnen. $\mathfrak{r}$ ist ein vom Volumenelement dv zu dem Aufpunkt gezogener Vektor. Das Hüllenintegral läuft über die Oberflächen der magnetischen Medien. Diese Näherungsrechnung läßt sich natürlich nur durchführen, wenn das Zusatzfeld $\mathfrak{H}_{II}$ gegenüber dem Feld $\mathfrak{H}_I$ schwach ist. In ferromagnetischen Materialien wird aber das Magnetfeld im Innern der Medien durch die Magnetisierung auf einen kleinen Bruchteil seines vorherigen Wertes herabgedrückt, so daß die Magnetisierung selbst aus (42) auch nicht annäherungsweise richtig berechnet werden kann. Außerdem kommt hinzu, daß die Permeabilität nicht konstant ist, sondern vom Feld selbst abhängt. Hierauf kommen wir in § 10 noch einmal zurück. Bei Anwesenheit ferromagnetischer Materialien können also die Felder nur zufällig bei sehr günstiger geometrischer Form der Anordnung berechnet werden.

§ 8. Magnetischer Fluß. Kraftfluß. Induktionskoeffizienten.

Inhalt: Definition von magnetischem Fluß und Kraftfluß, Koeffizienten von Gegeninduktion und Selbstinduktion. Ihre Berechnung für drahtförmige Leiter.

Bezeichnungen: $\mathfrak{H}$ Feldstärke, $\mathfrak{B}$ Induktion, Kraftflußdichte, Ψ magnetischer Fluß, Φ Kraftfluß, μ relative Permeabilität, μ_0 Permeabilität des Vakuums, $\mathfrak{A}$ Vektorpotential von $\mathfrak{H}$, I Stromstärke, $d\mathfrak{s}$, $d\mathfrak{s}'$, r siehe Abb. 127, L Induktionskoeffizient, ϱ_0 Drahtradius.

Wenn auch zur vollständigen Beschreibung des elektromagnetischen Verhaltens einer stationären Anordnung die Kenntnis der Stromdichteverteilung und des magnetischen Feldes oder Induktionsfeldes erforderlich ist, begnügt man sich in der Praxis meist mit einem summarischen Verfahren, bei welchem die Felder durch gewisse Integralgrößen vertreten werden. Da man die Felder selbst gewöhnlich nicht berechnen kann, hat dies auch den Vorteil, daß man es nur mit Größen zu tun hat, die der direkten Messung leicht zugänglich sind, während die Feldstärken, wenn sie nicht einigermaßen homogen sind, schwierig zu messen wären.

Als magnetischen Fluß durch eine beliebige Fläche F definieren wir das Integral

$$\Psi = \int (\mathfrak{H}\, d\mathfrak{f}). \tag{44}$$

Analog hierzu bilden wir den noch wichtigeren Kraftfluß (Induktionsfluß)

$$\Phi = \int (\mathfrak{B}\, d\mathfrak{f}) = \mu_0 \int \mu (\mathfrak{H}\, d\mathfrak{f}). \tag{45}$$

Bei einer eisenfreien Anordnung können wir das Vektorpotential $\mathfrak{A}$ einführen und erhalten

$$\Psi = \int (\operatorname{rot} \mathfrak{A}\, d\mathfrak{f}),$$

was nach dem STOKESschen Satz in

$$\Psi = \oint (\mathfrak{A}\, d\mathfrak{s}) \tag{46}$$

übergeht. Die Integration ist jetzt entlang der Berandung der Fläche F auszuführen. Für den Kraftfluß ergibt sich unter diesen Umständen ($\mu \approx 1$)

$$\Phi = \mu_0 \oint (\mathfrak{A}\, d\mathfrak{s}). \tag{47}$$

Sind die Leiter drahtförmig, so können wir das Vektorpotential

$$\mathfrak{A} = \frac{I}{4\pi} \oint \frac{d\mathfrak{s}'}{r}$$

einsetzen, wobei die Integration über den Stromkreis läuft, und erhalten

$$\Phi = \frac{I\mu_0}{4\pi}\oint\oint\frac{(d\mathfrak{s}\,d\mathfrak{s}')}{r} = I\,L. \tag{48}$$

Die Größe

$$L = \frac{\mu_0}{4\pi}\oint\oint\frac{(d\mathfrak{s}\,d\mathfrak{s}')}{r} \tag{49}$$

nennt man das Potential des Stromkreises auf die Berandungskurve von F oder gebräuchlicher den Koffizienten der gegenseitigen Induktion der geschlossenen Stromkurve auf die geschlossene Randkurve der Fläche F. Die Integration ist über den Stromkreis und über den Rand der Fläche F auszuführen. r ist der Abstand der Elemente $d\mathfrak{s}$ und $d\mathfrak{s}'$ (s. Abb. 127).

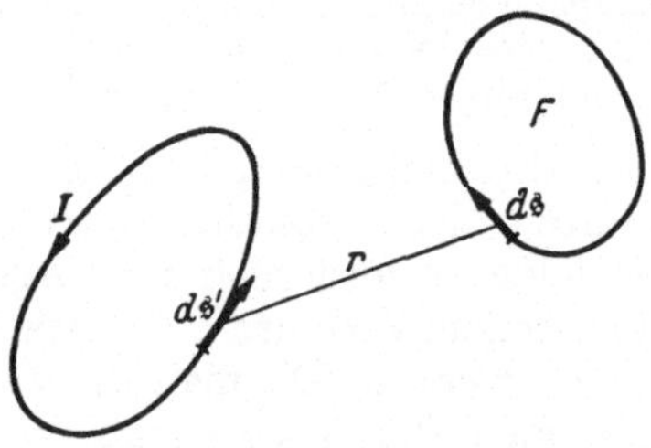

Abb. 127. Induktion des Stromes I auf das Flächenstück F.

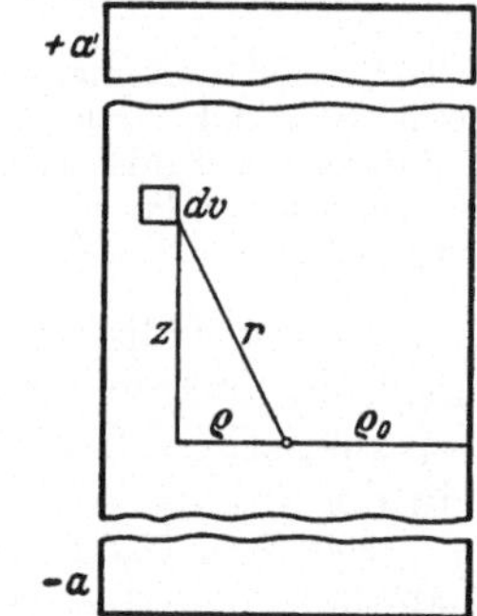

Abb. 128. Berechnung des Vektorpotentials in der Achse eines Drahtes.

Man kann nun auch den magnetischen Fluß berechnen, den ein Strom durch eine von ihm selbst berandete Fläche erzeugt, und erhält

$$\Psi = \int(\mathfrak{H}\,d\mathfrak{f}) = \int(\operatorname{rot}\mathfrak{A}\,d\mathfrak{f}) = \oint(\mathfrak{A}\,d\mathfrak{s}).$$

Die Integration ist jetzt über den Stromkreis selbst auszuführen. Für den Kraftfluß ergibt sich in gleicher Weise

$$\Phi = \int(\mathfrak{B}\,d\mathfrak{f}) = \mu_0\oint(\mathfrak{A}\,d\mathfrak{s}).$$

Für das Vektorpotential kann man jetzt allerdings nicht einfach

$$\mathfrak{A} = \frac{I}{4\pi}\oint\frac{d\mathfrak{s}'}{r}$$

einsetzen, da jetzt der Aufpunkt in dem stromerzeugenden Draht selbst liegt.

Das Vektorpotential in der Drahtachse können wir durch eine Näherungsformel berechnen, wenn der Draht wenig gekrümmt ist, der Krümmungsradius also sehr groß gegenüber dem Drahtradius ϱ_0 ist. Wir denken uns dann auf beiden Seiten des Aufpunktes ein Stück von der Länge $2a$ aus dem Draht ausgeschnitten, wobei $a \gg \varrho_0$ ist. Ist der Draht wenig gekrümmt, so kann man dieses Stück als gerade betrachten. Der Rest des Drahtes trägt zu dem Vektorpotential einen Anteil

$$\frac{I}{4\pi}\int\frac{d\mathfrak{s}'}{r}$$

bei, da der Aufpunkt von diesem Teil des Drahtes genügend weit entfernt ist. Der Anteil, den das ausgeschnittene Stück zu $\mathfrak{A}$ liefert, hat den Betrag (s. Abb. 128)

$$\frac{1}{4\pi}\int\frac{|\mathfrak{G}|\,dv}{r}=\frac{I}{2\pi\varrho_0^2}\int\limits_{-a}^{a}\int\limits_{0}^{\varrho_0}\frac{\varrho\,d\varrho\,dz}{\sqrt{\varrho^2+z^2}}=\frac{I}{\pi\varrho_0^2}\int\limits_{0}^{a}\int\limits_{0}^{\varrho_0}\frac{\varrho\,d\varrho\,dz}{\sqrt{\varrho^2+z^2}}.$$

Seine Richtung ist die Stromrichtung. Durch die Substitution

$$r=\sqrt{\varrho^2+z^2};\qquad \varrho\,d\varrho=r\,dr$$

geht dieser Ausdruck in

$$\frac{I}{\pi\varrho_0^2}\int\limits_{0}^{a}\int\limits_{z}^{\sqrt{\varrho_0^2+z^2}}dr\,dz=\frac{I}{\pi\varrho_0^2}\int\limits_{0}^{a}\left(\sqrt{\varrho_0^2+z^2}-z\right)dz$$

$$=\frac{I}{2\pi\varrho_0^2}\left\{a\sqrt{a^2+\varrho_0^2}+\varrho_0^2\ln\frac{a+\sqrt{\varrho_0^2+a^2}}{\varrho_0}-a^2\right\}$$

über. Da $\varrho_0\ll a$ ist, können wir nach Potenzen von ϱ_0/a entwickeln und erhalten für diesen Teil des Vektorpotentials den Beitrag

$$\frac{I}{2\pi}\left\{\frac{1}{2}+\ln\frac{2a}{\varrho_0}\right\}.\tag{50}$$

Nun ist aber

$$\frac{I}{4\pi}\ln\frac{2a}{\varrho_0}=\frac{I}{4\pi}\int\limits_{\frac{\varrho_0}{2}}^{a}\frac{dz}{z}=\frac{I}{4\pi}\int\limits_{-a}^{-\frac{\varrho_0}{2}}\frac{dz}{|z|}.$$

Für das Vektorpotential des ganzen Drahtes können wir also

$$\mathfrak{A}=\frac{I}{4\pi}\oint\frac{d\mathfrak{s}'}{r}+\frac{I}{4\pi}\mathfrak{g}^0\tag{51}$$

setzen, müssen aber ein Stück von der Größe des halben Drahtradius auf beiden Seiten des Aufpunktes bei der Integration auslassen. $\mathfrak{g}^0$ gibt die Richtung des Stromes im Aufpunkt an. In Gl. (50) ist $1/2$ klein gegen $\ln 2a/\varrho_0$, so daß wir auch einfach

$$\mathfrak{A}=\frac{I}{4\pi}\oint\frac{d\mathfrak{s}'}{r}\tag{52}$$

schreiben dürfen, wobei nur zu beachten ist, daß die Integration nicht ganz bis zum Aufpunkt herangeführt werden darf. In diesem Sinn werden wir also jetzt den Ausdruck (52) auch für Punkte im Draht (auf der Drahtachse) verwenden.

Setzen wir dies in Formel (47) ein, so erhalten wir

$$\Phi=\frac{I\mu_0}{4\pi}\oint\oint\frac{(d\mathfrak{s}\,d\mathfrak{s}')}{r}=I\,L\tag{53}$$

und

$$L=\frac{\mu_0}{4\pi}\oint\oint\frac{(d\mathfrak{s}\,d\mathfrak{s}')}{r}.\tag{54}$$

Zum Unterschied gegen (48) und (49) sind $d\mathfrak{s}$ und $d\mathfrak{s}'$ dieses Mal zwei Linienelemente desselben Stromkreises. Die Größe L nennt man jetzt den Koffizienten der Selbstinduktion des Stromkreises.

Das Vorzeichen der Induktionskoeffizienten ist zunächst willkürlich, ebenso wie das Vorzeichen des Flusses. Man setzt die Vorzeichen immer so fest, daß der Selbstinduktionskoeffizient positiv wird. Die positive Seite einer Fläche ist also diejenige, die bei Aufsicht vom Strom linksdrehend umlaufen wird.

Der Koeffizient der gegenseitigen Induktion wird gewöhnlich benötigt, wenn zwei oder mehrere Stromkreise vorhanden sind. Das Vektorpotential besteht dann aus den Anteilen $\mathfrak{A}_1, \mathfrak{A}_2, \mathfrak{A}_3, \ldots$, die von den einzelnen Stromkreisen erzeugt werden. Die Kraftflüsse Φ_1, Φ_2 können dann aus Anteilen zusammengesetzt werden, die von den einzelnen Kreisen herrühren. Es ist dann also Φ_{11} der Fluß, den der Kreis 1 durch sich selbst liefert, Φ_{12} der Fluß, den der Stromkreis 2 durch den Stromkreis 1 schickt usw. Umgekehrt ist Φ_{21} der vom Stromkreis 1 herrührende Fluß durch den Stromkreis 2. Diese Teilflüsse kann man durch die Ströme und Induktionskoeffizienten ausdrücken und erhält

$$\Phi_1 = \Phi_{11} + \Phi_{12} + \Phi_{13} + \cdots = L_{11} I_1 + L_{12} I_2 + L_{13} I_3 + \cdots$$

$$\Phi_2 = \Phi_{21} + \Phi_{22} + \cdots = L_{21} I_1 + L_{22} I_2 + \cdots$$

allgemein

$$\Phi_i = \sum^k \Phi_{ik} = \sum^k L_{ik} I_k. \tag{55}$$

Die Induktionskoeffizienten und Teilflüsse tragen zwei Indizes. Der vordere bezieht sich auf den Stromkreis, durch den der Fluß geht, und der hintere auf den, von dem er herrührt. Die Unterscheidung der vorderen und der hinteren Indizes ist indessen nur bei den Flüssen, nicht aber bei den Induktionskoeffizienten nötig, da

$$L_{ik} = L_{ki} \tag{56}$$

gilt, wie man leicht aus dem Bildungsgesetz (49) ablesen kann.

Wird das Feld nicht nur von Strömen, sondern auch durch die Mitwirkung magnetisierter Materialien (Eisen) erzeugt, so gilt noch immer für den Kraftfluß

$$\Phi = \int (\mathfrak{B}\, d\mathfrak{f}) = \int (\operatorname{rot} \mathfrak{C}\, d\mathfrak{f}) = \oint (\mathfrak{C}\, d\mathfrak{s}). \tag{57}$$

Haben wir mehrere Stromkreise, so können wir

$$\Phi_i = \sum^k \Phi_{ik} = \sum^k I_k \oint (\mathfrak{c}_k\, d\mathfrak{s}_i) = \sum^k L_{ik} I_k \tag{58}$$

setzen, und die Induktionskoeffizienten sind dann durch

$$L_{ik} = \oint (\mathfrak{c}_k\, d\mathfrak{s}_i) \tag{59}$$

definiert.

Die Koeffizienten der Selbstinduktion und der gegenseitigen Induktion sind durch die geometrische Form der Stromkreise bzw. durch ihre Lage zueinander und zu den magnetisierbaren Materialien völlig bestimmt. Sie hängen nicht davon ab, wie groß der Strom ist, auch nicht davon, ob überhaupt ein Strom fließt. Die Selbstinduktion insbesondere ist eine für einen Stromkreis charakteristische Zahl. Sie ändert sich nicht, solange sich der Stromkreis nicht deformiert und sein Lage gegen die Eisenkörper nicht verändert. Die Koeffizienten L_{ik} können allerdings fast niemals berechnet werden, sondern müssen fast immer durch Messung bestimmt werden.

§ 9. Die magnetische Energie.

Inhalt: Die Dichte der magnetischen Energie ist $\frac{1}{2}(\mathfrak{B}\,\mathfrak{H})$. Verschiedene Ausdrücke für die magnetische Energie.

Bezeichnungen: $\mathfrak{E}$ elektrische Feldstärke, $\mathfrak{D}$ dielektrische Erregung, $\mathfrak{H}$ magnetische Feldstärke, $\mathfrak{B}$ magnetische Induktion, Kraftflußdichte, μ relative Permeabilität, ξ Suszeptibilität, W_m magnetische Energie, $\mathfrak{A}$ und $\mathfrak{C}$ Vektorpotentiale von $\mathfrak{H}$ und $\mathfrak{B}$, $\mathfrak{G}$ Stromdichte, Φ Induktionsfluß, I Stromstärke, L_{ik} Induktionskoeffizienten.

Im elektrischen Feld $\mathfrak{E}$ enthält ein Volumenelement dv die elektrische Energie

$$dW_{\text{el}} = \frac{1}{2}(\mathfrak{E}\,\mathfrak{D})\,dv.$$

Ein magnetisches Feld, welches von Polen erzeugt wird, muß deshalb im Volumenelement die magnetische Energie

$$dW_m = \frac{1}{2}(\mathfrak{H}\,\mathfrak{B})\,dv \tag{60}$$

enthalten. Rührt ein Magnetfeld von permanenten Magneten her, so ist es außerhalb dieser Magnete so beschaffen, als ob auf der Oberfläche dieser Magnete Pole in bestimmter Verteilung angeordnet wären. Für ein solches Feld werden wir also außerhalb der Magnete die Energie (60) ansetzen. Da die Eigenschaften des Magnetfeldes aber nicht davon abhängen, ob es Magneten oder Strömen seine Entstehung verdankt, werden wir bei allen Magnetfeldern dem Volumen dv die Energie (60) zuordnen dürfen. Nur im Innern permanenter Magnete oder in Körpern, deren Permeabilität nicht konstant ist, sondern vom Feld selbst abhängt, werden wir die magnetische Energie noch genauer untersuchen müssen.

Die gesamte magnetische Energie einer Anordnung, welche keine permanenten Magnete enthält, ist demnach

$$W_m = \frac{1}{2}\int(\mathfrak{H}\,\mathfrak{B})\,dv. \tag{61}$$

Durch Einführung des Vektorpotentials $\mathfrak{C}$ der Kraftflußdichte erhalten wir

$$W_m = \frac{1}{2}\int(\mathfrak{H}\,\operatorname{rot}\mathfrak{C})\,dv. \tag{61a}$$

Nun ist aber

$$\begin{aligned}\operatorname{div}[\mathfrak{H}\,\mathfrak{C}] &= (\nabla[\mathfrak{H}\,\mathfrak{C}]) = (\nabla[\mathring{\mathfrak{H}}\,\mathfrak{C}]) + (\nabla[\mathfrak{H}\,\mathring{\mathfrak{C}}]) = -(\mathfrak{H}[\nabla\mathfrak{C}]) + (\mathfrak{C}[\nabla\mathfrak{H}])\\ &= -(\mathfrak{H}\,\mathfrak{B}) + (\mathfrak{C}\operatorname{rot}\mathfrak{H}).\end{aligned} \tag{62}$$

Das Zeichen ° bedeutet, daß die betreffende Größe nicht differenziert werden soll. Gehen wir mit (62) in (61a) ein, so ergibt sich

$$\begin{aligned}W_m &= \frac{1}{2}\int(\mathfrak{C}\operatorname{rot}\mathfrak{H})\,dv - \frac{1}{2}\int\operatorname{div}[\mathfrak{H}\,\mathfrak{C}]\,dv\\ &= \frac{1}{2}\int(\mathfrak{C}\,\mathfrak{G})\,dv + \frac{1}{2}\oint([\mathfrak{C}\,\mathfrak{H}]\,d\mathfrak{f}).\end{aligned} \tag{63}$$

Das zweite Integral ist über alle Oberflächen zu erstrecken, nämlich über beide Seiten der Grenzflächen aller Medien und über das Unendliche. Das Unendliche trägt nichts bei, wenn die ganze Anordnung im Endlichen liegt, da dann $\mathfrak{H}$ mindestens wie $1/r^2$ und $\mathfrak{C}$ mindestens wie $1/r$ verschwindet. Nun sind am Produkt

$$([\mathfrak{C}\,\mathfrak{H}]\,d\mathfrak{f}) = ([\mathfrak{C}_t\,\mathfrak{H}_t]\,d\mathfrak{f})$$

nur die Tangentialkomponenten $\mathfrak{E}_t$ und $\mathfrak{H}_t$ beteiligt. $\mathfrak{H}_t$ ist aber an der Grenzfläche stetig. Wären die Tangentialkomponenten $\mathfrak{E}_t$ auf beiden Seiten der Grenzfläche verschieden, so würde das Linienintegral

$$\oint (\mathfrak{E}\, d\mathfrak{s})$$

über einen geschlossenen Weg, der auf der einen Seite der Grenzfläche hin- und auf der anderen zurückläuft, nicht verschwinden. Durch die umlaufene infinitesimale Fläche müßte ein endlicher Kraftfluß gehen, und dies würde einen unendlich großen Wert von $\mathfrak{B}$ voraussetzen, was natürlich unmöglich ist. Das Integral

$$\oint ([\mathfrak{E}\,\mathfrak{H}]\, d\mathfrak{f}) = \oint ([\mathfrak{E}_t\,\mathfrak{H}_t]\, d\mathfrak{f})$$

verschwindet deshalb über eine Grenzfläche, weil $d\mathfrak{f}$ auf beiden Seiten entgegengesetzte Vorzeichen hat. Die magnetische Energie ist also einfach

$$W_m = \frac{1}{2}\int (\mathfrak{C}\,\mathfrak{G})\, dv. \tag{64}$$

Die Integration ist dabei über alle stromführenden Volumina zu erstrecken.

Sind die Leiter drahtförmig, so setzen wir

$$dv = (d\mathfrak{f}\, d\mathfrak{s}),$$

wo $d\mathfrak{f}$ und $d\mathfrak{s}$ mit $\mathfrak{G}$ gleiche Richtung haben, und integrieren über den Drahtquerschnitt. Hierbei entsteht

$$W_m = \frac{1}{2}\int (\mathfrak{C}\,\mathfrak{G})\,(d\mathfrak{f}\, d\mathfrak{s}) = \frac{1}{2}\int (\mathfrak{C}\, d\mathfrak{s})\,(\mathfrak{G}\, d\mathfrak{f}) = \sum^{k} \frac{I_k}{2} \oint (\mathfrak{C}\, d\mathfrak{s}_k). \tag{64a}$$

Die Summe läuft über die einzelnen Stromkreise.

Durch Einführen der Kraftflüsse

$$\Phi_k = \int (\mathfrak{C}\, d\mathfrak{s}_k) = \sum^{i} I_i \int (\mathfrak{c}_{ki}\, d\mathfrak{s}_k) = \sum^{i} L_{ki}\, I_i$$

geht W_m in

$$W_m = \frac{1}{2}\sum^{k} I_k\, \Phi_k = \frac{1}{2}\sum^{i}\sum^{k} I_k\, \Phi_{ki} = \frac{1}{2}\sum^{i}\sum^{k} L_{ki}\, I_k\, I_i \tag{65}$$

über. Bei einem einzigen Stromkreis erhalten wir

$$W_m = \frac{1}{2} I\, \Phi = \frac{1}{2} L\, I^2, \tag{66}$$

wo L die Selbstinduktion ist. Bei zwei Stromkreisen finden wir

$$W_m = \frac{1}{2}(L_{11} I_1^2 + 2 L_{12} I_1 I_2 + L_{22} I_2^2), \tag{67}$$

wo L_{11} und L_{22} die Selbstinduktionen sind und L_{12} die gegenseitige Induktion ist.

Für eisenfreie Anordnungen findet man aus (64) leicht noch einen anderen wichtigen Ausdruck für die magnetische Energie. Da in diesem Fall $\mathfrak{C} = \mu_0\, \mathfrak{A}$ gilt, ist

$$W_m = \frac{\mu_0}{2}\int (\mathfrak{A}\,\mathfrak{G})\, dv = \frac{\mu_0}{8\pi}\int\int \frac{(\mathfrak{G}\,\mathfrak{G}')}{r}\, dv\, dv'. \tag{68}$$

*§ 10. Magnetische Hysterese.

Inhalt: Feldabhängigkeit der Suszeptibilität, Sättigung, Hysteresis, magnetische Arbeit und Energie.

Bezeichnungen: Wie § 9, S. 379.

Unsere bisherigen Überlegungen waren alle davon ausgegangen, daß die Magnetisierung der Körper dem Felde proportional sei, d. h., daß die Magnetisierung der im Feld befindlichen Körper einfach durch die Materialkonstante der magnetischen Suszeptibilität ausreichend erfaßt werden könne. Dies trifft für die schwache Magnetisierung der paramagnetischen und diamagnetischen Stoffe zu. Das magnetische Verhalten der stark magnetisierbaren, ferromagnetischen Körper ist aber viel komplizierter.

Man versteht zunächst leicht, daß die Magnetisierung dem Felde proportional ist, solange sie klein bleibt, daß sie aber mit dem Felde nicht unbegrenzt anwachsen kann, sondern einem Sättigungswert zustrebt. Dies bedeutet, daß $\mathfrak{J}$ allmählich schwächer als $\mathfrak{H}$ ansteigt. Die Suszeptibilität nimmt bei höherer Feldstärke ab und die relative Permeabilität mit ihr. Für sehr große Feldstärken strebt die Suszeptibilität gegen Null, die relative Permeabilität gegen Eins.

Auch wenn wir die Suszeptibilität ξ und Permeabilität μ als Funktionen der Feldstärke betrachten, haben wir der ganzen Vielgestaltigkeit der magnetischen Eigenschaften ferromagnetischer Stoffe immer noch nicht genügend Rechnung getragen. In solchen Medien sind Magnetisierung $\mathfrak{J}$ und Kraftflußdichte $\mathfrak{B}$ überhaupt nicht eindeutig durch die Feldstärke festgelegt, sondern ihre Werte werden noch von anderen Umständen mitbestimmt. Dies heißt, daß $\mathfrak{B}$ und $\mathfrak{H}$ in beschränktem Umfang voneinander unabhängig sind. Derselbe Wert von $\mathfrak{B}$ kann bei sehr verschiedenen Werten von $\mathfrak{H}$ erzielt werden, je nach dem Wege, den man einschlägt. Man bezeichnet diesen Sachverhalt als magnetische Hysterese.

Wir wollen insbesondere untersuchen, wie die Hysteresiseigenschaften sich in energetischer Hinsicht auswirken. Zu diesem Zwecke untersuchen wir das elektrische Analogon der magnetischen Erscheinungen, welches in der Natur zwar nicht realisiert oder wenigstens nicht genauer untersucht ist, sich aber durch besondere Anschaulichkeit auszeichnet. Zwischen zwei ausgedehnten ebenen Metallplatten, welche die Flächenladungsdichte $\pm\sigma$ tragen mögen, befinde sich das Dielektrikum. Der Plattenabstand sei d. Die eine Platte werde auf dem Potential Null gehalten, auf der anderen Platte hat man das Potential

$$V = |\mathfrak{E}|\, d.$$

Die dielektrische Erregung $\mathfrak{D}$ stimmt dem Betrage nach mit der Flächenladung σ überein. Nun möge σ um den Betrag $d\sigma = |d\,\mathfrak{D}|$ erhöht werden. Ist F die Plattenfläche, $F\,d = v$ das Volumen des Dielektrikums, so ist dazu die Arbeit

$$dA = V\,F\,d\sigma = F\,d(\mathfrak{E}\,d\,\mathfrak{D}) = v(\mathfrak{E}\,d\,\mathfrak{D})$$

aufzuwenden. Findet in einem Volumenelement dv eine Veränderung des Feldes statt, die durch $d\,\mathfrak{D}$ gekennzeichnet ist, so erfordert dies eine Energiezufuhr

$$dA = (\mathfrak{E}\,d\,\mathfrak{D})\,dv.$$

Im magnetischen Feld erwarten wir also einen Arbeitsaufwand

$$dA = (\mathfrak{H}\,d\mathfrak{B})\,dv \tag{69}$$

für die Änderung der Feldverhältnisse im Volumenelement dv.

Bringt man unmagnetisches Material in einen durch $\mathfrak{H}$ und $\mathfrak{B}$ gekennzeichneten Zustand, so ist dazu die Arbeit

$$A = \int dv \int (\mathfrak{H}\, d\mathfrak{B}) \tag{69a}$$

erforderlich. Bestünde zwischen $\mathfrak{B}$ und $\mathfrak{H}$ ein eindeutiger, wenn auch nicht proportionaler Zusammenhang, so müßte die Arbeit (69a) wieder abgegeben werden, wenn man das Feld abbaut. In diesem Falle könnte man (69a) als die magnetische Energie

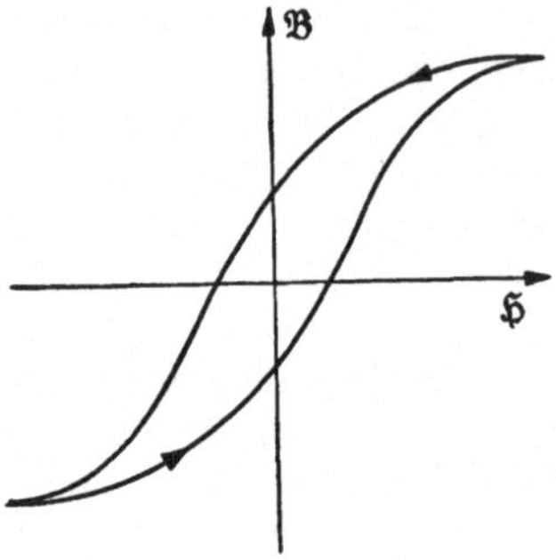

$$W_m = \int dv \int (\mathfrak{H}\, d\mathfrak{B}) \tag{70}$$

bezeichnen. Hängen $\mathfrak{H}$ und $\mathfrak{B}$ hingegen nicht eindeutig miteinander zusammen, so wird beim Abbau des Feldes ein anderer (stets kleinerer) Arbeitsbetrag als (69a) zurückgewonnen und der Differenzbetrag in andere Energien (Wärme) verwandelt. Der dem jeweiligen magnetischen Zustand zukommende Energiebetrag kann dann nicht aus (70) berechnet werden.

Abb. 129. Hysteresisschleife. Umlaufssinn durch Pfeile markiert.

Durchläuft man eine Hysteresisschleife wie in Abb. 129, so gibt die umlaufene Fläche ein Maß für die in Wärme verwandelte Arbeit.

§ 11. Magnetfeld eines gestreckten Drahtes.

Inhalt: Berechnung von Magnetfeld, Potential und Vektorpotential eines unendlich langen geraden Drahtes.

Bezeichnungen: ϱ_0 Drahtradius, I Stromstärke, $d\mathfrak{s}$ Drahtelement, $d\mathfrak{s}'$ Element des Integrationsweges, $\mathfrak{r}^0$ Richtung von $d\mathfrak{s}$ zum Aufpunkt, r Abstand $d\mathfrak{s}$–Aufpunkt, ϱ Abstand des Aufpunktes von der Drahtachse, $\mathfrak{H}$ magnetische Feldstärke, V und $\mathfrak{A}$ skalares und Vektorpotential.

Das Magnetfeld eines unendlich langen, geraden, kreiszylindrischen Drahtes vom Radius ϱ_0 ist leicht zu berechnen. Das LAPLACEsche Gesetz

$$d\mathfrak{H} = \frac{I}{4\pi} \frac{[d\mathfrak{s}\, \mathfrak{r}^0]}{r^2}$$

läßt sofort erkennen, daß $\mathfrak{H}$ senkrecht zur Drahtrichtung und senkrecht zum Abstand des Aufpunktes vom Draht ist. Das Feld ist also überall senkrecht zu der Ebene Aufpunkt–Draht. Den Draht entlang variiert das Magnetfeld natürlich nicht. Den Betrag der magnetischen Feldstärke ermitteln wir am einfachsten aus

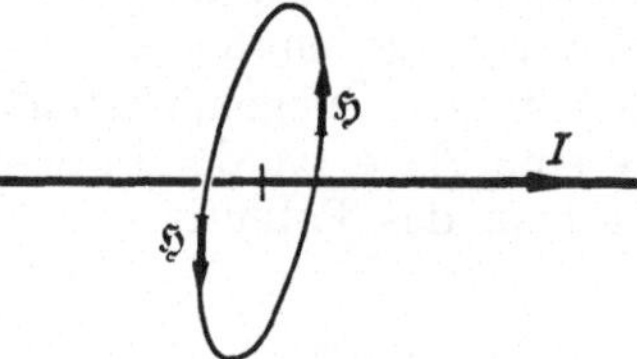

Abb. 130. Integration auf einem Kreis um den Strom.

$$I = \oint (\mathfrak{H}\, d\mathfrak{s}') = \oint |\mathfrak{H}|\, ds' = 2\pi\, \varrho\, |\mathfrak{H}|,$$

indem wir als Integrationsweg einen Kreis vom Radius ϱ um die Drahtachse wählen (Abb. 130). $\mathfrak{H}$ ist dann parallel zu $d\mathfrak{s}'$ und sein Betrag aus Symmetriegründen konstant. Für Punkte außerhalb des Drahtes gilt dann

$$|\mathfrak{H}| = \frac{I}{2\pi\, \varrho}. \tag{71a}$$

Für Punkte im Innern des Drahtes gilt an sich die Formel (71a) ebenfalls, doch bedeutet hier I nicht den Gesamtstrom, sondern nur den Bruchteil ϱ^2/ϱ_0^2, der auf unserem Integrationsweg umlaufen wird. Für das Feld im Innern erhalten wir somit

$$|\mathfrak{H}| = \frac{I\varrho}{2\pi\varrho_0^2}\,. \tag{71b}$$

In der Abb. 131 ist die magnetische Feldstärke gegen ϱ graphisch aufgetragen.

Wir erhalten leicht das skalare Potential, wenn wir berücksichtigen, daß

$$\frac{\partial V_m}{\partial z} = 0\,; \qquad \frac{\partial V_m}{\partial \varrho} = 0\,; \qquad -\frac{1}{\varrho}\frac{\partial V_m}{\partial \varphi} = \frac{I}{2\pi\varrho}$$

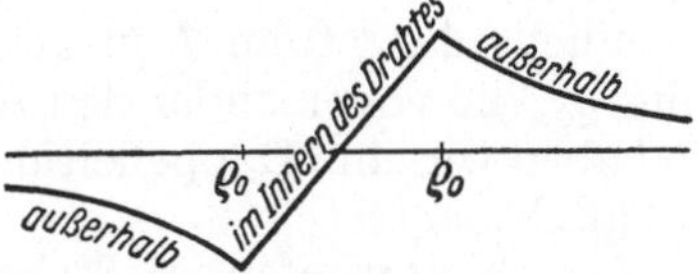

Abb. 131. Magnetische Feldstärke innerhalb und außerhalb eines stromführenden Drahtes vom Radius ϱ_0.

gelten muß. Außerhalb des Drahtes ergibt sich hieraus

$$V_m = -\frac{I}{2\pi}\varphi\,. \tag{71c}$$

Innerhalb des Drahtes gibt es kein Potential, denn es kann keine Funktion V gefunden werden, die den Bedingungen

$$\frac{\partial V_m}{\partial z} = 0\,; \qquad \frac{\partial V_m}{\partial \varrho} = 0\,; \qquad -\frac{1}{\varrho}\frac{\partial V_m}{\partial \varphi} = \frac{I\varrho}{2\pi\varrho_0^2}$$

genügt. Da die Existenz des skalaren Potentials auch durchaus an unendlich dünne Leiter geknüpft war, ist es fast selbstverständlich, daß wir im Drahtinnern kein Potential angeben können.

Das Vektorpotential ist parallel zum Draht. Legen wir die z-Achse in die Drahtachse, so finden wir leicht durch Ausrechnen, daß im Drahtinnern

$$\mathfrak{A}_i = -\mathfrak{k}\frac{I\varrho^2}{4\pi\varrho_0^2} + \text{const} \tag{72b}$$

das Magnetfeld (71b) richtig ergibt. Außerhalb gewinnt man das Magnetfeld (71a) aus

$$\mathfrak{A}_a = -\mathfrak{k}\frac{I}{4\pi}\left(1 + \ln\frac{\varrho^2}{\varrho_0^2}\right) + \text{const.} \tag{72a}$$

Auf der Drahtoberfläche gehen (72a) und (72b) stetig ineinander über. Der Versuch, die Konstante zu bestimmen, indem man das Vektorpotential nach (24) berechnet, mißlingt, weil das Integral unendlich wird. Hierin zeigt sich, daß dem Modell eines unendlich langen gestreckten Drahtes die physikalische Realisierbarkeit fehlt. Die Quellenfreiheit des Ansatzes (24) setzt nach S. 368 voraus, daß die ganze Stromverteilung im Endlichen liegt. Das Vektorpotential darf also hier nicht nach (24) berechnet werden.

Auch wenn wir die magnetische Energie zu berechnen versuchen, zeigen sich die Grenzen des Modells eines unendlichen gestreckten Drahtes. Wir erhalten

$$W_m = \frac{\mu_0}{2}\int\limits_{-\infty}^{\infty} dz\left\{\frac{I^2}{2\pi\varrho_0^4}\int\limits_0^{\varrho_0}\varrho^3\,d\varrho + \frac{I^2}{2\pi}\int\limits_{\varrho_0}^{\infty}\frac{d\varrho}{\varrho}\right\}.$$

Dieser Ausdruck divergiert naturgemäß wegen der unendlichen Ausdehnung in der Längsrichtung. Aber selbst die Energie pro Längeneinheit

$$\frac{dW_m}{dz} = \frac{\mu_0 I^2}{4\pi}\left\{\frac{1}{\varrho_0^4}\int\limits_0^{\varrho_0}\varrho^3\,d\varrho + \int\limits_{\varrho_0}^{\infty}\frac{d\varrho}{\varrho}\right\}$$

wird wegen des zweiten Integrals unendlich. Hierin zeigt sich deutlich die physikalische Unzulänglichkeit des Modells eines unendlich langen gestreckten Drahtes.

*§ 12. Die parallele Doppelleitung.

Inhalt: Magnetfeld, Vektorpotential, magnetische Energie und Selbstinduktion einer Doppelleitung.

Bezeichnungen: I Stromstärke, $\mathfrak{G}$ Stromdichte, $\mathfrak{H}$ magnetische Feldstärke, $\mathfrak{A}$ und $\mathfrak{C}$ Vektorpotential von $\mathfrak{H}$ und magnetischer Kraftflußdichte $\mathfrak{B}$, μ_0 Vakuumpermeabilität, W_m magnetische Energie, d Abstand, ϱ_0 Radius der Drähte, r_1, r_2 Abstand des Aufpunktes von den Drähten.

Fließt der Strom I in zwei unendlich langen, parallelen Drähten vom Radius ϱ_0, die voneinander den Abstand d haben, in entgegengesetzten Richtungen, so haben wir eine Doppelleitung vor uns. Sie ist eines der wichtigsten elektrischen Schaltelemente.

Das Vektorpotential $\mathfrak{A}$ kann außerhalb der Drähte aus den Anteilen der Einzeldrähte zusammengesetzt werden. Machen wir die Drahtrichtung zur z-Achse, so ergibt sich nach (72a) und (72b) außerhalb der Drähte

$$\mathfrak{A} = \mathfrak{k}\frac{I}{4\pi}\ln\frac{r_2^2}{r_1^2}, \tag{73a}$$

im Draht 1

$$\mathfrak{A} = \mathfrak{k}\frac{I}{4\pi}\left(1 + \ln\frac{r_2^2}{\varrho_0^2} - \frac{r_1^2}{\varrho_0^2}\right) \tag{73b}$$

und im Draht 2

$$\mathfrak{A} = \mathfrak{k}\frac{I}{4\pi}\left(\frac{r_2^2}{\varrho_0^2} - 1 - \ln\frac{r_1^2}{\varrho_0^2}\right). \tag{73c}$$

r_1 und r_2 bedeuten die Abstände des Aufpunktes von den Drähten (auf S. 383 mit ϱ bezeichnet), $\mathfrak{k}$ den Einheitsvektor in der z-Richtung. Hieraus errechnet man das Magnetfeld außerhalb der Drähte

$$\mathfrak{H} = [\nabla\,\mathfrak{A}] = -\frac{I}{2\pi}\left[\mathfrak{k}\,\nabla\ln\frac{r_1}{r_2}\right] = -\frac{I}{2\pi}\left[\mathfrak{k}\,\mathrm{grad}\ln\frac{r_1}{r_2}\right]. \tag{74}$$

Wir legen die Zeichenebene senkrecht zu den Drähten. Die Kurven $r_1/r_2 = \mathrm{const}$ sind Kreise, die in bezug auf die Durchstoßpunkte der Drähte konjugiert sind

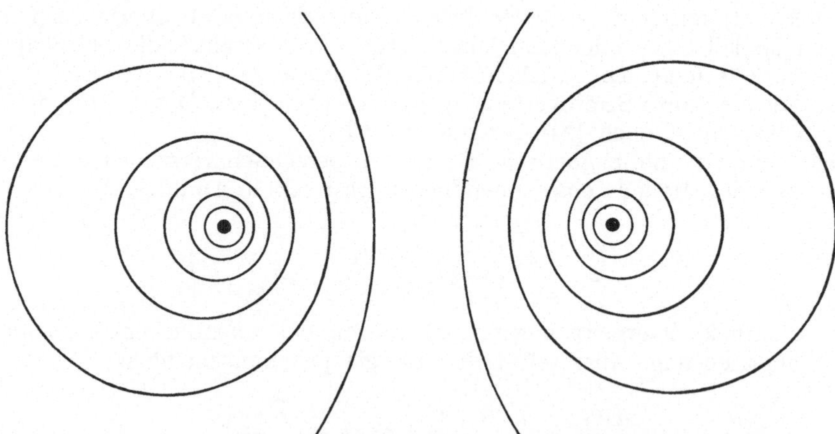

Abb. 132. Magnetische Kraftlinien um eine Doppelleitung.

(s. Abb. 132). Die Feldlinien liegen in der Zeichenebene und sind senkrecht zur Richtung von $\mathrm{grad}\ln r_1/r_2$, fallen also mit diesen Kreisen zusammen.

Das Feld in der Ebene der Drähte, die wir zur xz-Ebene machen, setzen wir aus den Feldern der Einzeldrähte zusammen. Die Richtung der Feldstärke ist überall die der positiven oder negativen y-Achse.

Für ihren Betrag ergibt sich

$$H = \frac{I}{2\pi}\left(\frac{1}{x+\frac{d}{2}} - \frac{1}{x-\frac{d}{2}}\right) = \frac{I}{2\pi}\,\frac{d}{\frac{d^2}{4}-x^2}, \tag{75}$$

indem wir die Formel (71a) auf jeden der Drähte anwenden. Dieser Ausdruck gilt jedoch nicht im Innern der Drähte. Dort erhalten wir statt seiner aus (71b)

$$H = \frac{I}{2\pi}\left(\frac{1}{x+\frac{d}{2}} - \frac{x-\frac{d}{2}}{\varrho_0^2}\right) \tag{75a}$$

bzw.

$$H = \frac{I}{2\pi}\left(\frac{x+\frac{d}{2}}{\varrho_0^2} - \frac{1}{x-\frac{d}{2}}\right). \tag{75b}$$

In großer Entfernung von den Drähten nimmt das Feld nach (75) wie $1/x^2$ ab.

Der magnetische Fluß durch ein Stück der Doppelleitung von der Länge l ist

$$\Psi = \frac{I\,l\,d}{2\pi}\int\limits_{-\frac{d}{2}+\varrho_0}^{\frac{d}{2}-\varrho_0}\frac{dx}{\frac{d^2}{4}-x^2} = \frac{I\,l}{\pi}\ln\frac{d-\varrho_0}{\varrho_0}. \tag{76}$$

Dieses Stück trägt also zu dem Selbstinduktionskoeffizienten den Betrag

$$L = \frac{l\mu_0}{\pi}\ln\frac{d-\varrho_0}{\varrho_0} \tag{77}$$

bei. Ist der Drahtradius klein gegenüber dem Abstand, so können wir dafür

$$L = \frac{l\mu_0}{\pi}\ln\frac{d}{\varrho_0} \tag{77a}$$

setzen. Die Selbstinduktion einer Doppelleitung ist also der Länge proportional und um so größer, je dünner die Drähte und je weiter sie voneinander entfernt sind. Will man die Selbstinduktion verringern, so legt man die Drähte nahe zusammen und macht sie nicht zu dünn. Dies ist einer der Gründe, weshalb man Leitungen stets nebeneinanderlegt. Unsere Formel gilt allerdings nur, wenn der Abstand der Drähte groß gegenüber ihrem Radius ist. Dies geht schon daraus hervor, daß die Selbstinduktion nach (77) verschwinden würde, wenn die Drähte sich berühren ($d = 2\varrho_0$). Selbstverständlich bleibt auch bei Berührung noch ein kleiner Rest der Selbstinduktion übrig. Der kleine Fehler kommt daher, daß wir nur den magnetischen Fluß berücksichtigt haben, der im Raum zwischen den Drähten hindurchtritt.

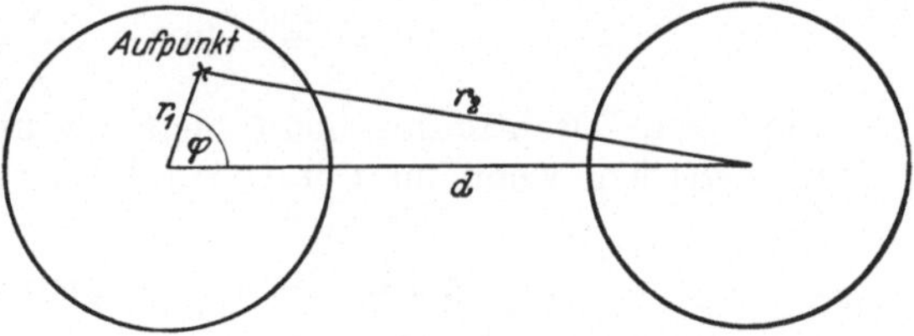

Abb. 133. Berechnung des Vektorpotentials in den Drähten einer Doppelleitung.

Soll auch der Anteil im Innern des Drahtes berücksichtigt werden, so gehen wir besser von dem Ausdruck (64)

$$W_m = \frac{1}{2}\int (\mathfrak{C}\,\mathfrak{G})\,dv$$

für die magnetische Energie aus. Für eine eisenfreie Anordnung setzen wir $\mathfrak{C} = \mu_0\,\mathfrak{A}$ und verwenden (73b) im Innern des Drahtes 1. Nach Abb. 133 ist

$$r_2^2 = d^2 + r_1^2 - 2r_1 d\cos\varphi.$$

Nun führen wir die Integration über ein Stück der Länge l des Drahtes 1 aus und finden

$$\frac{I^2\mu_0 l}{8\pi^2\varrho_0^2}\int_0^{2\pi}\int_0^{\varrho_0}\left(1 - \frac{r_1^2}{\varrho_0^2} + \ln\frac{d^2 + r_1^2 - 2r_1 d\cos\varphi}{\varrho_0^2}\right) r_1\,dr_1\,d\varphi.$$

Da an entsprechenden Punkten des Drahtes 2 Stromdichte und Vektorpotential das umgekehrte Vorzeichen besitzen, verdoppelt sich dieser Ausdruck. Die Länge l der Doppelleitung trägt also die magnetische Energie

$$\begin{aligned} W_m &= \frac{I^2\mu_0 l}{4\pi^2\varrho_0^2}\int_0^{2\pi}\int_0^{\varrho_0}\left(1 - \frac{r_1^2}{\varrho_0^2} + \ln\frac{d^2 + r_1^2 - 2r_1 d\cos\varphi}{\varrho_0^2}\right) r_1\,dr_1\,d\varphi \\ &= \frac{I^2\mu_0 l}{2\pi}\left(\frac{1}{4} + \ln\frac{d}{\varrho_0}\right) \\ &\qquad + \frac{I^2\mu_0 l}{4\pi^2\varrho_0^2}\int_0^{2\pi}\int_0^{\varrho_0}\ln\left(1 + \frac{r_1^2}{d^2} - 2\frac{r_1}{d}\cos\varphi\right) r_1\,dr_1\,d\varphi \end{aligned}$$

bei. Das Integral kann man nach Potenzen von r_1/d entwickeln, und es zeigt sich dann, daß nur Glieder mit ϱ_0^4/d^4 und noch höhere Glieder stehenbleiben. In erster Näherung kann man das Integral also vernachlässigen, sogar wenn die Drähte sich berühren. Wir erhalten dann einfach

$$W_m = \frac{I^2\mu_0 l}{2\pi}\left(\frac{1}{4} + \ln\frac{d}{\varrho_0}\right)$$

und

$$L = \frac{\mu_0 l}{\pi}\left(\frac{1}{4} + \ln\frac{d}{\varrho_0}\right). \tag{78a}$$

Wenn die Drähte sich berühren, finden wir die Selbstinduktion

$$L = \frac{\mu_0 l}{\pi}\left(\ln 2 + \frac{1}{4}\right) \approx \frac{\mu_0 l}{\pi}. \tag{78}$$

Sie hängt vom Drahtradius nicht mehr ab und kann nur noch weiter herabgedrückt werden, wenn man statt runder Drähte flache Bänder benutzt.

§ 13. Die ebene Stromschleife.

Inhalt: Berechnung des Magnetfeldes einer ebenen Schleife in der Schleifenachse und der Schleifenebene, Selbstinduktion der Schleife. Zwei parallele Schleifen.

Bezeichnungen: ϱ_0 Drahtradius, R_0 Schleifenradius, I Stromstärke, μ_0 Permeabilität des Vakuums, H_z Komponente des Magnetfeldes senkrecht zur Schleifenebene, V_m magnetisches Potential, $\mathfrak{A}$ Vektorpotential, Φ Kraftfluß, L Selbstinduktion, d Schleifenabstand, sonst siehe Abb. 134, 135, 136.

Wesentlich schwieriger als das Magnetfeld gestreckter Drähte ist das Feld einer kreisförmigen Stromschleife zu berechnen. Immerhin gibt es Punkte im Raum, in denen wir das Feld leicht angeben können. Die Schleife habe einen

Radius R_0 und der Draht einen Durchmesser $2\varrho_0$. Die z-Achse liege senkrecht zur Schleifenebene.

In der Schleifenebene selbst ist die Feldstärke nach dem LAPLACEschen Gesetz überall senkrecht zu dieser Ebene. Ihr Betrag wird durch [s. Abb. 134 und Gl. (27), S. 370]

$$H_z = \frac{I}{4\pi} \oint \frac{d s \sin\psi}{r^2} \tag{79}$$

ausgedrückt. Im Mittelpunkt der Schleife ist $r = R_0$ und $\psi = \pi/2$, und wir erhalten einfach

$$H_z = \frac{I}{2 R_0}\,. \tag{79a}$$

In den Punkten der Schleifenachse kann man leicht das skalare Potential V_m ermitteln, wenn man eine Kugel um den Aufpunkt durch den Draht

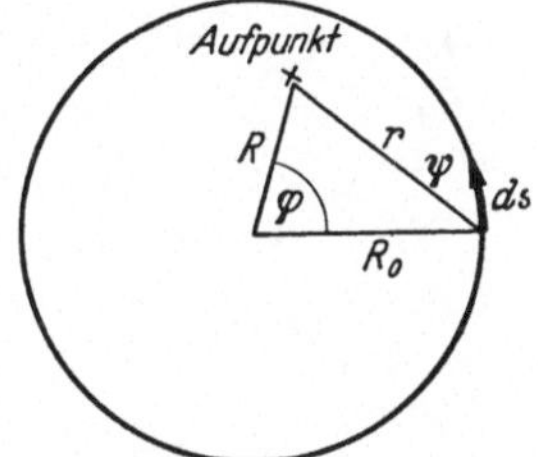

Abb. 134. Berechnung des Magnetfeldes in der Ebene einer Kreisschleife.

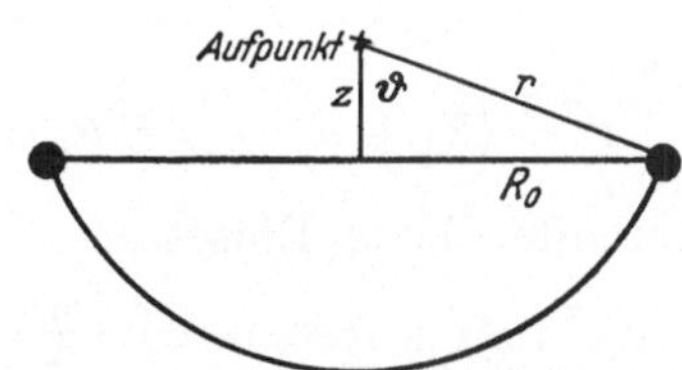

Abb. 135. Berechnung des Magnetfeldes in der Achse einer Kreisschleife. • Durchstoßpunkte der Drähte durch die Zeichenebene.

legt (s. Abb. 135). Wendet man für V_m die Formel (31) von S. 372 an, so ist der Vektor $d\mathfrak{f}$ parallel zu $\mathfrak{r}^0$, und wir erhalten bei Einführung sphärischer Polarkoordinaten auf der Kugel

$$V_m = \frac{I}{4\pi}\int \frac{(\mathfrak{r}^0\, d\mathfrak{f})}{r^2} = \frac{I}{4\pi}\int \frac{df}{r^2} = \frac{I}{4\pi}\int\limits_0^{\vartheta}\int\limits_0^{2\pi} \sin\vartheta\, d\vartheta\, d\varphi$$
$$= \frac{I}{2}(1-\cos\vartheta) = \frac{I}{2}\left(1-\frac{z}{r}\right).$$

Aus Symmetriegründen ist $\mathfrak{H}$ auf der Achse parallel zu ihr, und der Betrag H_z ist

$$H_z = -\frac{\partial V_m}{\partial z} = \frac{I}{2r} - \frac{I z}{2r^2}\frac{\partial r}{\partial z} = \frac{I R_0^2}{2r^3}\,. \tag{79b}$$

Für sehr weit von der Schleife entfernte Aufpunkte findet man V_m, wenn man einfach

$$V_m = \frac{I}{4\pi}\int \frac{(\mathfrak{r}\, d\mathfrak{f})}{r^3}$$

über die Kreisfläche selbst integriert. Näherungsweise kann man in diesem Fall Betrag und Richtung von $\mathfrak{r}$ konstant setzen und erhält

$$V_m = \frac{I}{4\pi}\frac{(\mathfrak{r}^0\, \mathfrak{F})}{r^2}\,. \tag{80}$$

$\mathfrak{F}$ ist ein Vektor von der Größe der Kreisfläche und der Richtung ihrer Achse. V_m ist jetzt das Potential eines magnetischen Dipols vom Moment

$$\mathfrak{M}_m = \mu_0\, I\, \mathfrak{F}.$$

In größerer Entfernung wirkt also eine Stromschleife wie ein magnetischer Dipol.

*Wesentlich mühsamer ist es, das Feld in der Schleifenebene zu errechnen. Aus der Abb. 134 ergibt sich

$$R^2 = R_0^2 + r^2 - 2R_0 r \sin\psi$$

$$r^2 = R_0^2 + R^2 - 2R_0 R \cos\varphi$$

und daraus

$$\sin\psi = \frac{R_0 - R\cos\varphi}{r}.$$

Hierdurch geht (79) in

$$H_z = \frac{I R_0}{4\pi} \int_0^{2\pi} \frac{R_0 - R\cos\varphi}{r^3}\, d\varphi$$

über. Führen wir jetzt

$$\chi = \frac{\pi}{2} - \frac{\varphi}{2} \quad \text{und} \quad y = \frac{R}{R_0}$$

ein, so ist

$$r^2 = (R_0 + R)^2 - 4R R_0 \sin^2\chi = R_0^2\{(1+y)^2 - 4y\sin^2\chi\},$$

und wir erhalten beim Einsetzen

$$H_z = \frac{I}{2\pi R_0} \int_{-\frac{\pi}{2}}^{\frac{\pi}{2}} \frac{(1 - y + 2y\cos^2\chi)\, d\chi}{\{1+y)^2 - 4y\sin^2\chi)\}^{3/2}}.$$

Hieraus ergibt sich zunächst, daß das Magnetfeld bei Schleifen verschiedenen Durchmessers an entsprechenden Punkten umgekehrt proportional dem Schleifenradius R_0 ist. Entsprechende Punkte sind solche, bei denen y den gleichen Wert hat. Der Betrag H_z läßt sich leicht durch die elliptischen Integrale (siehe JAHNKE-EMDE)

$$\int_0^{\frac{\pi}{2}} \frac{d\chi}{(1 - k^2\sin^2\chi)^{3/2}} = \frac{E(k)}{1-k^2}; \qquad \int_0^{\frac{\pi}{2}} \frac{\cos^2\chi\, d\chi}{(1 - k^2\sin^2\chi)^{3/2}} = D(k)$$

ausdrücken. Wenn wir

$$k^2 = \frac{4y}{(1+y)^2}$$

setzen, erhalten wir

$$H_z = \frac{I}{\pi R_0 (1+y)^3} \left\{\frac{1-y}{1-k^2} E(k) + 2y D(k)\right\}.$$

Da außerdem

$$D(k) = \frac{K(k) - E(k)}{k^2}$$

ist, ergibt sich schließlich

$$H_z = \frac{I}{2\pi R_0}\left(\frac{E(k)}{1-y} + \frac{K(k)}{1+y}\right). \tag{81}$$

Man kann also das Feld in der Schleifenebene jederzeit aus den Tabellen für die vollständigen elliptischen Integrale E und K entnehmen. Trägt man die Feldstärke gegen den Abstand vom Mittelpunkt auf, so ergibt sich das Bild der Abb. 136. An den Stellen, wo sich die unendlich dünn gedachten Drähte befinden, wird die Feldstärke nach (81) unendlich groß. Dies würde sich auch schon bei einem unendlich dünnen, gestreckten Draht ergeben haben. (81) ist deshalb nur außerhalb der Drähte brauchbar. Im Innern können wir aber ruhig den Feldverlauf wie bei einem gestreckten Draht linear ansetzen.

Das Vektorpotential für Punkte auf der Drahtachse (nicht Schleifenachse) finden wir aus der Formel (51)

$$\mathfrak{A} = \frac{I}{4\pi} \oint \frac{d\mathfrak{s}}{r} + \frac{I}{4\pi} \mathfrak{g}^0 .$$

Die Integration ist über die Schleife auszuführen, es ist aber eine Umgebung von der Größe eines halben Drahtradius ϱ_0 zu beiden Seiten des Aufpunktes

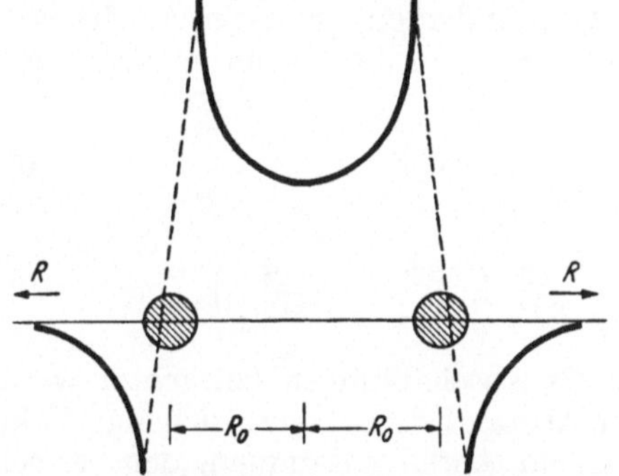

Abb. 136. Verlauf der magnetischen Feldstärke H_z auf einem Durchmesser der Stromschleife.

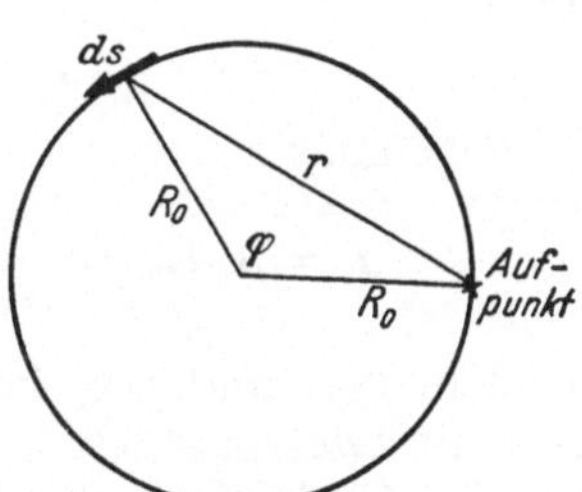

Abb. 137. Berechnung des Vektorpotentials auf der Drahtachse.

auszulassen. Wir interessieren uns hauptsächlich für die Komponente $\mathfrak{A}_{\mathfrak{s}'}$ von $\mathfrak{A}$, die am Aufpunkt in die Richtung des Drahtes fällt, und finden dafür

$$\mathfrak{A}_{\mathfrak{s}'} = \frac{I}{4\pi} + \frac{I}{4\pi} \int\limits_{\frac{\varrho_0}{2}}^{2\pi R_0 - \frac{\varrho_0}{2}} \frac{d s \cos\varphi}{r} . \tag{82}$$

Aus der Abb. 137 entnehmen wir

$$r = 2 R_0 \sin\frac{\varphi}{2} ,$$

wodurch $\mathfrak{A}_{\mathfrak{s}'}$ in

$$\mathfrak{A}_{\mathfrak{s}'} = \frac{I}{4\pi} + \frac{I}{8\pi} \int\limits_{\frac{\varrho_0}{2R_0}}^{2\pi - \frac{\varrho_0}{2R_0}} \frac{\cos\varphi \, d\varphi}{\sin\frac{\varphi}{2}} = \frac{I}{4\pi}\left(1 + \int\limits_{\frac{\varrho_0}{2R_0}}^{\pi} \frac{\cos\varphi \, d\varphi}{\sin\frac{\varphi}{2}}\right)$$

übergeht. Führen wir $u = \cos\varphi/2$ als neue Integrationsvariable ein, so entsteht

$$\mathfrak{A}_{\mathfrak{s}'} = \frac{I}{4\pi}\left(1 + 2 \int\limits_{1 - \frac{\varrho_0^2}{32 R_0^2}}^{0} \frac{2u^2 - 1}{u^2 - 1} \, du\right)$$

und durch Ausführung der Integration

$$\mathfrak{A}_{\mathfrak{s}'} = \frac{I}{2\pi}\left(\ln\frac{8R_0}{\varrho_0} - \frac{3}{2}\right) = \frac{I}{2\pi}\left(0{,}58 + \ln\frac{R_0}{\varrho_0}\right).$$

Da $\mathfrak{A}_{\mathfrak{s}'}$ aus Symmetriegründen an allen Punkten der Schleife gleich groß sein muß, ergibt sich der Kraftfluß

$$\Phi = \mu_0 \oint (\mathfrak{A}\, d\mathfrak{s}') = I \mu_0 R_0 \left(0{,}58 + \ln \frac{R_0}{\varrho_0}\right). \tag{83}$$

Für die Selbstinduktion erhalten wir

$$L = \mu_0 R_0 \left(0{,}58 + \ln \frac{R_0}{\varrho_0}\right). \tag{84}$$

Diese Formel ist nicht ganz richtig. Die Formel (83) gilt nur für sehr dünnen Draht. $\mathfrak{A}_{\mathfrak{s}'}$ variiert etwas über den Drahtquerschnitt, und wir dürfen nicht einfach den Wert für die Drahtachse einsetzen. Außerdem ist unser Ausdruck (82) für $\mathfrak{A}_{\mathfrak{s}'}$ nur eine Näherung für wenig gebogene Drähte. Eine genauere Rechnung gibt

$$L = \mu_0 R_0 \left(\ln \frac{R_0}{\varrho_0} + 0{,}33\right) \tag{84a}$$

oder noch genauer

$$L = \mu_0 R_0 \left(\ln \frac{R_0}{\varrho_0} + 0{,}33 + \frac{\varrho_0^2}{8 R_0^2} \ln \frac{8 R_0}{\varrho_0} + \frac{\varrho_0^2}{24 R_0^2}\right). \tag{84b}$$

Die Formeln (83) und (84) können nur als Abschätzungen betrachtet werden.

Hat man zwei parallele Schleifen im Abstand d, so setzt sich das Vektorpotential im Draht jeder Schleife aus einem Anteil zusammen, den sie selbst erzeugt, und einem Anteil $\mathfrak{A}_{12}$, der ganz ähnlich wie (82) gebildet wird und der von der zweiten Schleife herrührt. Er lautet

$$\mathfrak{A}_{12\mathfrak{s}'} = \frac{I_2}{4\pi} \oint \frac{ds \cos\varphi}{r}.$$

Für r ist jetzt allerdings

$$r = \sqrt{d^2 + 4 R_0^2 \sin^2 \frac{\varphi}{2}}$$

zu setzen. Dies ergibt

$$\mathfrak{A}_{12\mathfrak{s}'} = \frac{I_2 R_0}{2\pi} \int_0^{\pi} \frac{\cos\varphi \, d\varphi}{\sqrt{d^2 + 4 R_0^2 - 4 R_0^2 \cos^2 \frac{\varphi}{2}}}.$$

Setzen wir

$$k^2 = \frac{4 R_0^2}{d^2 + 4 R_0^2} \quad \text{und} \quad \frac{\varphi}{2} = \frac{\pi}{2} - \psi, \tag{85}$$

so wird

$$\mathfrak{A}_{12\mathfrak{s}'} = \frac{I_2 R_0}{\pi \sqrt{d^2 + 4 R_0^2}} \int_0^{\frac{\pi}{2}} \frac{(\sin^2\psi - \cos^2\psi)\, d\psi}{\sqrt{1 - k^2 \sin^2 \psi}}$$

$$= \frac{I_2 R_0}{\pi \sqrt{d^2 + 4 R_0^2}} \bigl(D(k) - B(k)\bigr) = \frac{I_2}{2\pi k} \{(2 - k^2) K - 2E\}.$$

Die gegenseitige Induktion beider Schleifen läßt sich durch

$$L_{12} = \frac{\mu_0 R_0}{k} \{(2 - k^2) K - 2E\} \tag{86}$$

berechnen.

§ 14. Das Magnetfeld einer Spule. Solenoid.

Bezeichnungen: I Stromstärke, l Länge der Spule, R_0 Spulenradius, n Zahl der Windungen pro Längeneinheit, H_z Magnetfeld in der Achse.

Wir stellen uns jetzt die Aufgabe, das Magnetfeld einer Spule zu berechnen, die von einem Strom I durchflossen wird und die n Windungen pro Längeneinheit besitzt. Die Länge der ganzen Spule sei l, ihr Radius R_0.

Die z-Achse eines Koordinatensystems lassen wir mit der Spulenachse zusammenfallen und bezeichnen die Koordinaten des Aufpunktes mit z, die der Punkte auf der Spule mit ζ (Abb. 138). Wir beschränken uns darauf, das Feld in der Achse zu berechnen. Ein Längenelement der Spule $d\zeta$ ersetzen wir durch eine Kreisschleife mit dem Strom $n\,I\,d\zeta$. Es erzeugt im Aufpunkt nach (79b) den Feldstärkeanteil

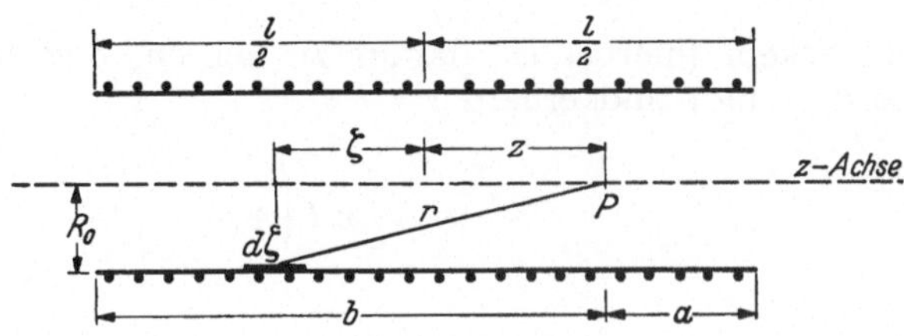

Abb. 138. Berechnung des Feldes im Aufpunkt P auf der Achse eines Solenoids der Länge l.

$$d H_z = \frac{n\,I\,R_0^2\,d\zeta}{2\{R_0^2 + (z-\zeta)^2\}^{3/2}}.$$

Durch Integration über ζ ergibt sich daraus die Feldstärke

$$H_z = \frac{n\,I\,R_0^2}{2}\int\limits_{-\frac{l}{2}}^{\frac{l}{2}} \frac{d\zeta}{\{R_0^2 + (z-\zeta)^2\}^{3/2}}.$$

Substituieren wir

$$z - \zeta = R_0 \operatorname{tg}\varphi,$$

so geht dies in

$$H_z = \frac{n\,I}{2}\int\limits_{\operatorname{arc\,tg}\frac{2z-l}{2R_0}}^{\operatorname{arc\,tg}\frac{2z+l}{2R_0}} \cos\varphi\, d\varphi = \frac{n\,I}{2}\left[\frac{z+\frac{l}{2}}{\sqrt{R_0^2+\left(z+\frac{l}{2}\right)^2}} - \frac{z-\frac{l}{2}}{\sqrt{R_0^2+\left(z-\frac{l}{2}\right)^2}}\right]$$

über. Bezeichnen wir mit a und b die Abstände des Aufpunktes von den Enden der Spule, die wir nach innen positiv rechnen, so kommen wir zu der Formel

$$H_z = \frac{n\,I}{2}\left(\frac{b}{\sqrt{b^2+R_0^2}} + \frac{a}{\sqrt{a^2+R_0^2}}\right). \tag{87}$$

Im Mittelpunkt der Spule ist

$$H_z = \frac{n\,I}{2}\,\frac{l}{\sqrt{R_0^2 + \frac{l^2}{2}}} \approx n\,I \quad \text{für} \quad R_0 \ll \frac{l}{2} \tag{87a}$$

und an ihren Enden

$$H_z = \frac{n\,I}{2}\,\frac{l}{\sqrt{R_0^2+l^2}} \approx \frac{n\,I}{2} \quad \text{für} \quad R_0 \ll \frac{l}{2}. \tag{87b}$$

Ist die Spule lang (gegenüber ihrem Durchmesser), so können wir für Aufpunkte, die nicht zu nahe an den Spulenenden liegen, nach Potenzen von

$$\frac{R_0}{z-\frac{l}{2}} \quad \text{und} \quad \frac{R_0}{z+\frac{l}{2}}$$

entwickeln (hierbei ist darauf zu achten, daß die Wurzeln im Nenner stets positiv sind) und erhalten

$$H_z = n\,I\left(1 - \frac{R_0^2\left(z^2+\frac{l^2}{4}\right)}{2\left(z^2-\frac{l^2}{4}\right)^2}\right). \tag{87c}$$

Für Aufpunkte weit außerhalb der Spule erhalten wir

$$H_z = \frac{n\,I\,R_0^2}{4}\left(\frac{1}{c^2} - \frac{1}{(c+l)^2}\right), \tag{87d}$$

wenn

$$c = \left(z - \frac{l}{2}\right) \gg R_0$$

gesetzt wird. Auf entfernte Punkte in der Achse wirkt eine lange Spule wie zwei Magnetpole der Stärke

$$p = \mu_0\, n\, I\, \pi\, R_0^2, \tag{88}$$

die an ihren Enden sitzen.

Der Feldverlauf in der Achse ist durch die Abb. 139 wiedergegeben. Das Feld ist im Innern der Spule ziemlich homogen.

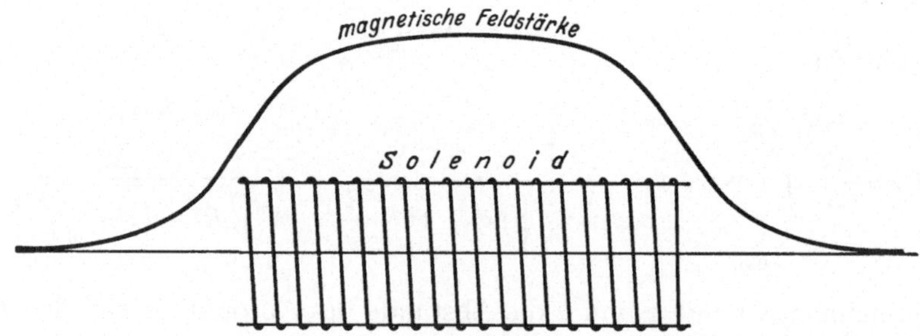

Abb. 139. Feldstärkeverlauf auf der Achse eines Solenoids. Der Abfall an den Enden ist um so steiler, je kleiner der Radius ist.

§ 15. Die eisengeschlossene Spule. Drosselspule.

Bezeichnungen: ϱ_0 Radius des Eisenquerschnitts, R_0 Ringradius, n Zahl aller Windungen, I Stromstärke, μ relative Permeabilität des Eisens, μ_0 Vakuumpermeabilität, d Dicke des Luftspaltes, H magnetische Feldstärke, B Kraftflußdichte (Induktion), Φ Kraftfluß, L Selbstinduktion, W_m magnetische Energie.

Ein Eisenring (Eisenjoch) mit kreisförmigem Querschnitt sei mit n Stromwindungen gleichmäßig bewickelt. Der Ringdurchmesser $2R_0$ sei groß gegen den Durchmesser des Eisenquerschnitts (s. Abb. 140). Für einen geschlossenen Weg im Eisen gilt dann (ohne Luftspalt)

$$\oint (\mathfrak{H}\, d\mathfrak{s}) = 2\pi R H = n I .$$

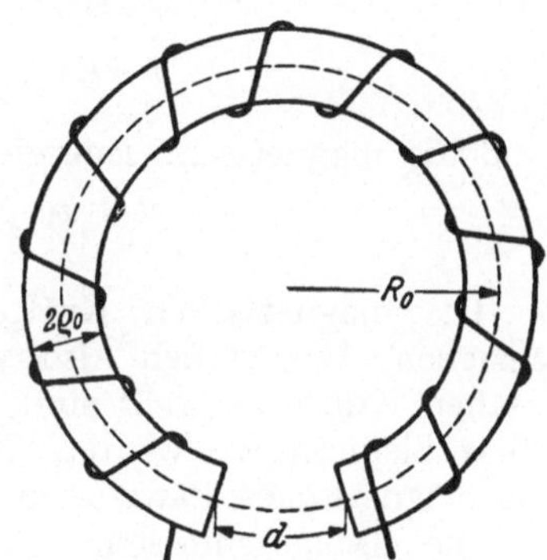

Abb. 140.
Drosselspule auf Eisenjoch.
Integrationsweg punktiert.

Hieraus erhalten wir die magnetische Feldstärke und die Kraftflußdichte

$$H = \frac{n I}{2 R \pi}\,; \qquad B = \mu \mu_0 \frac{n I}{2 R \pi}\,. \tag{89}$$

Durch eine einzelne Windung haben wir dann den magnetischen Fluß und die Kraftflußdichte

$$\frac{n I \varrho_0^2}{2 R_0} \quad \text{bzw.} \quad \mu \mu_0 \frac{n I \varrho_0^2}{2 R_0}\,,$$

und durch den ganzen Stromkreis die Flüsse

$$\Psi = \frac{n^2 I \varrho_0^2}{2 R_0} \quad \text{bzw.} \quad \Phi = \mu \mu_0 \frac{n^2 I \varrho_0^2}{2 R_0}\,.$$

Hieraus ergibt sich die Selbstinduktion

$$L = \mu \mu_0 \frac{n^2 \varrho_0^2}{2 R_0} \tag{90}$$

und die magnetische Energie

$$W_m = \mu \mu_0 \frac{n^2 \varrho_0^2}{4 R_0} I^2 .$$

Jetzt betrachten wir ein Eisenjoch mit einem Luftspalt von der Dicke d. In Eisen und Luft ist die Feldstärke verschieden, die Kraftflußdichte aber gleich. Es gilt also

$$B_{\mathrm{Fe}} = B_L\,; \qquad \mu H_{\mathrm{Fe}} = H_L .$$

Die Feldstärke ergibt sich wieder aus

$$n I = \oint \mathfrak{H}\, d\mathfrak{s} = (2\pi R - d) H_{\mathrm{Fe}} + H_L d = \left\{\frac{2\pi R - d}{\mu} + d\right\} H_L .$$

Im Luftspalt finden wir also das Feld

$$H_L = \frac{n I \mu}{\mu d + 2\mu R - d} \approx \frac{n I \mu}{\mu d + 2\pi R}\,. \tag{91}$$

Beim Vergrößern des Spaltes sinkt die Feldstärke sehr stark ab, da $\mu \approx 2000$ ist. Wenn d nur 1/2000 des Ringumfanges ist, so ist das Feld nur noch halb so groß wie in einem unendlich kleinen Luftspalt.

Die Kraftflußdichte in Luft und Eisen hat den Wert

$$B = \mu \mu_0 \frac{n I}{\mu d + 2\pi R - d} \approx \mu \mu_0 \frac{n I}{\mu d + 2\pi R}\,, \tag{92}$$

und der Kraftfluß durch den ganzen Stromkreis ist

$$\Phi = \mu \mu_0 \frac{n^2 I \pi \varrho_0^2}{\mu d + 2\pi R_0 - d}\,.$$

Wir finden den Koeffizienten der Selbstinduktion

$$L = \mu \mu_0 \frac{n^2 \pi \varrho_0^2}{\mu d + 2\pi R_0 - d} \approx \mu \mu_0 \frac{n^2 \pi \varrho_0^2}{\mu d + 2\pi R_0} \tag{93}$$

und die magnetische Energie

$$W_m = \frac{\mu \mu_0}{2} \frac{n^2 \pi \varrho_0^2 I^2}{\mu d + 2\pi R_0 - d}.$$

Die magnetischen Kräfte suchen bekanntlich den Luftspalt zusammenzuziehen. Wir stehen also vor der merkwürdigen Tatsache, daß die magnetischen Kräfte bestrebt sind, die magnetische Energie zu vergrößern und nicht zu verkleinern, wie wir das eigentlich erwarten müßten. Dieser Sachverhalt wird als magnetisches Paradoxon bezeichnet.

Die eisengeschlossene Spule wird in der Wechselstromtechnik viel als induktiver Widerstand verwendet. Man bezeichnet sie als Drosselspule. Eine Drossel mit regulierbarem Luftspalt ist ein bequemes Mittel, eine variable Selbstinduktion herzustellen.

Die angegebenen Formeln gelten allerdings nur, solange man sich von der magnetischen Sättigung fernhält und in dem Maße als Hysteresiserscheinungen vernachlässigbar sind.

§ 16. Die Selbstinduktion einzelner Apparate.

Bisher haben wir nur die Selbstinduktion eines ganzen Stromkreises definiert. In der Technik spricht man aber immer von der Selbstinduktion eines Teiles des Stromkreises, z. B. einer Spule oder einer Leitung. Wir müssen uns klar werden, was darunter zu verstehen ist.

Eine Spule in einem Stromkreis (s. Abb. 141) können wir uns kurzgeschlossen denken und den Rest des Kreises zu einem zweiten Stromkreis durch einen Draht ergänzen, der dicht neben dem Kurzschlußdraht liegt. Fließt jetzt in beiden Stromkreisen der Strom I, so entsteht in guter Näherung dasselbe Magnetfeld wie vorher. Unter der Selbstinduktion der Spule ist jetzt in klarer Weise die Selbstinduktion der kurzgeschlossenen Spule zu verstehen. Wir bezeichnen sie mit L_{11}, die Selbstinduktion des übrigen Stromkreises mit L_{22} und die gegenseitige Induktion von Spule und Stromkreisrest mit L_{12}. Die magnetische Energie der ganzen Anordnung ist dann

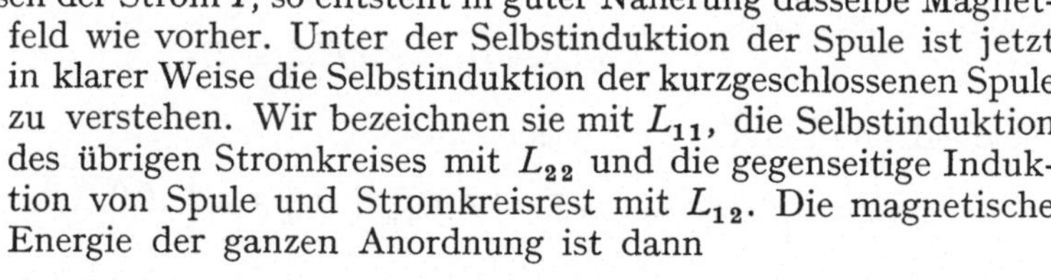

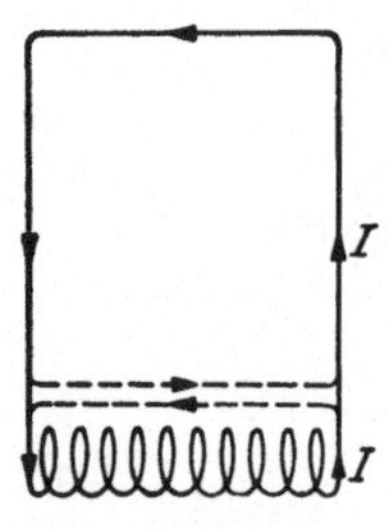

Abb. 141. Zerlegung eines Stromkreises mit Spule in zwei Stromkreise durch die punktierten Drähte.

$$W_m = \frac{I^2}{2} (L_{11} + 2L_{12} + L_{22}),$$

und die Selbstinduktion des ganzen Stromkreises wird

$$L = L_{11} + 2L_{12} + L_{22}. \tag{94}$$

Schalten wir mehrere Apparate zu einem Stromkreis zusammen, so ist die Selbstinduktion des Kreises nicht die Summe aller Einzelinduktionen, sondern es kommt noch die doppelte Summe der gegenseitigen Induktionen hinzu. Hierbei dürfen auch die Induktionen der Leitungen nicht immer vernachlässigt werden. Befinden sich in einem Stromkreis z. B. zwei Spulen und sind alle Leitungen als nahe beieinanderliegende Doppelleitungen gelegt, so ist die gesamte Selbstinduktion die Summe der Selbstinduktionen der einzelnen Spulen plus ihre gegenseitige Induktion. Nur wenn die Spulen weit auseinander liegen, senkrecht aufeinander stehen oder gut mit Eisen geschlossen sind, kann man einfach ihre Selbstinduktionen addieren.

§ 17. Das magnetische Moment eines Stromkreises.

Inhalt: Definition der Windungsfläche. Das magnetische Moment ist dem Produkt von Strom und Windungsfläche proportional. In großer Entfernung ist das Feld durch das Moment des Stromkreises bestimmt.

Bezeichnungen: $\mathfrak{F}$ Windungsfläche, V Potential, $\mathfrak{M}_m$ magnetisches Moment, I Stromstärke, $\mathfrak{Z}$ Drehmoment, $\mathfrak{H}$ magnetische Feldstärke, μ_0 Vakuumpermeabilität.

Wir denken uns eine beliebige Fläche durch eine Strombahn gelegt und definieren mit ihr das skalare Potential des Magnetfeldes. An dieser Fläche macht das Potential einen Sprung von der Größe I (s. § 6, S. 373). Wir summieren jetzt die Flächenelemente $d\mathfrak{f}$ vektoriell, bilden also

$$\mathfrak{F} = \int d\mathfrak{f}. \tag{95}$$

$\mathfrak{F}$ ist nicht die Oberfläche, die wir durch Summieren der Beträge von $d\mathfrak{f}$ erhalten würden, sondern ein Vektor. Er heißt Windungsfläche des Stromkreises. Die Komponente von $\mathfrak{F}$ in irgendeiner Richtung erhalten wir, wenn wir die vom Strom umflossene Fläche auf eine Ebene senkrecht zu dieser Richtung projizieren. Der Betrag der Windungsfläche ist die maximale Projektion, die man erhalten kann, und die Richtung der Windungsfläche, die Projektionsrichtung, in der man sie erhält. Die Windungsfläche hängt offenbar nicht davon ab, welche Fläche man durch den Stromkreis legt, sondern nur von der Strombahn selbst. Sie ist also eine Integralgröße, die dem Stromkreis zugeordnet ist. Sie könnte an einem Gerät, das einen Stromkreis enthält, durch einen Vektorpfeil nach Größe und Richtung markiert werden.

Nach Kap. I, § 12, Gl. (42a), S. 339, macht das elektrische Potential einen Sprung

$$\Delta V = \frac{m_e}{\varepsilon_0}$$

an einer Fläche, die mit einer Dipoldichte m_e belegt ist. Das vom Strom erzeugte[1] Magnetfeld würde von einer magnetischen Dipolschicht der Dipoldichte $\mu_0 I$ erzeugt werden können. Obwohl natürlich auf der Fläche, welche man durch den Strom legt, keine wirklichen magnetischen Dipole sitzen (das geht schon daraus hervor, daß diese Fläche willkürlich ist), können wir doch das Magnetfeld unter der Annahme errechnen, daß auf ihr Dipole säßen.

Das gesamte magnetische Moment der Strombahn erhalten wir durch vektorielle Addition aller Momente der einzelnen Elemente der Windungsfläche, nämlich

$$\mathfrak{M}_m = \mu_0 I \int d\mathfrak{f} = \mu_0 I \mathfrak{F}. \tag{96}$$

Die Bedeutung des magnetischen Momentes liegt in folgendem: In einem homogenen Magnetfeld $\mathfrak{H}$ wird auf einen magnetischen Dipol ein Drehmoment

$$\mathfrak{Z} = [\mathfrak{M}_m \mathfrak{H}] \tag{97}$$

ausgeübt. Ein homogenes Magnetfeld bewirkt also an einer Anordnung elektrischer Ströme ein Drehmoment

$$\mathfrak{Z} = \mu_0 I [\mathfrak{F} \mathfrak{H}]. \tag{98}$$

Die meisten elektrischen Meßinstrumente beruhen auf der Messung dieses Drehmomentes. Das homogene Magnetfeld wird dabei von einem permanenten Feldmagneten (Drehspulengalvanometer) oder durch einen Elektromagneten vom Meßstrom selbst (Elektrodynamometer) erzeugt.

---

[1] Einer eisenfreien Anordnung.

Die magnetische Wirkung eines Stromkreises in großer Entfernung wird ebenfalls durch sein magnetisches Moment gegeben. Das skalare Potential ist dort näherungsweise [s. S. 321, Gl. (16)]

$$V_m = \frac{(\mathfrak{M}_m \mathfrak{r})}{4\pi \mu_0 r^3} = \frac{I(\mathfrak{F} \mathfrak{r})}{4\pi r^3}. \tag{99}$$

In geringeren Entfernungen müßten natürlich auch das Quadrupolmoment und höhere Momente berücksichtigt werden. Dies ist völlig analog wie bei einer elektrostatischen Anordnung (s. Kap. I, § 8, S. 330).

§ 18. Die ponderomotorischen Kräfte des Magnetfeldes.

Inhalt: Kräfte eines Magnetpols und eines Magnetfeldes auf ein Stromelement. Die Arbeit der ponderomotorischen Kräfte ist gleich dem Zuwachs der magnetischen Energie.

Bezeichnungen: I Stromstärke, $d\mathfrak{s}$ Drahtelement, $\mathfrak{H}$ magnetische Feldstärke, $\mathfrak{B}$ magnetische Kraftflußdichte, p magnetische Polstärke, $\mathfrak{r}$ Vektor vom Strom zum Magnetpol, W_m magnetische Energie, $\delta\mathfrak{x}$ bzw. $\delta\xi$ virtuelle Verrückung, L Selbstinduktionskoeffizienten, $\mathfrak{K}$ Kraft, A Arbeit, q_k, Q_k generalisierte Koordinaten und Kräfte, $\mathfrak{G}$ Stromdichte, Φ Kraftfluß.

Wir müssen jetzt die Frage aufwerfen, welche mechanischen Kräfte Stromkreise oder ihre Teile infolge der Magnetfelder aufeinander ausüben. Solche Kräfte nennen wir ponderomotorisch.

Nach dem LAPLACEschen Gesetz [s. S. 371, Gl. (27a)] erzeugt ein Stromelement $I\,d\mathfrak{s}$ einen Magnetfeldanteil

$$d\mathfrak{H} = \frac{I[d\mathfrak{s}\,\mathfrak{r}]}{4\pi r^3}.$$

Befindet sich an einer Stelle des Raumes, die von dem Stromelement durch den Vektor $\mathfrak{r}$ erreicht wird, ein Magnetpol p, so übt das Stromelement auf ihn die Kraft

$$d\mathfrak{K}' = \frac{I\,p[d\mathfrak{s}\,\mathfrak{r}]}{4\pi r^3}$$

aus. Umgekehrt erfährt das Stromelement von diesem Pol eine entgegengesetzt gleiche Reaktionskraft

$$d\mathfrak{K} = -\frac{I\,p[d\mathfrak{s}\,\mathfrak{r}]}{4\pi r^3}. \tag{100}$$

Der Pol erzeugt an der Stelle $d\mathfrak{s}$ das Feld ($\mathfrak{r}$ zeigt vom Strom zum Pol)

$$\mathfrak{H} = -\frac{p\,\mathfrak{r}}{4\pi \mu_0 \mu r^3}$$

und die Kraftflußdichte

$$\mathfrak{B} = -\frac{p\,\mathfrak{r}}{4\pi r^3}.$$

Die Kraft auf das Stromelement ist also

$$d\mathfrak{K} = I[d\mathfrak{s}\,\mathfrak{B}]. \tag{100a}$$

Nimmt man ein Volumenelement $\mathfrak{G}\,dv$ statt $I\,d\mathfrak{s}$, so erfährt es entsprechend die Kraft

$$d\mathfrak{K} = [\mathfrak{G}\,\mathfrak{B}]\,dv. \tag{100b}$$

Es ist nun sehr naheliegend, daß die Kraftflußdichte $\mathfrak{B}$ am Ort des Stromes $I\,d\mathfrak{s}$ die Kraft (100a) ausübt, auch wenn $\mathfrak{B}$ nicht von einem Magnetpol herrührt. Daß (100a) auch gilt, wenn $\mathfrak{B}$ von Strömen erzeugt wird, ist jedenfalls eine experimentelle Tatsache. Ein von Strömen herrührendes Magnetfeld unterscheidet sich in seinen Kraftwirkungen nicht von einem Feld, das von permanenten Magneten herrührt.

Jetzt betrachten wir eine Anordnung, die aus n Stromkreisen besteht. An einem kleinen Drahtstückchen des n-ten Stromkreises wollen wir eine infinitesimale virtuelle Verrückung $\delta\mathfrak{x}$ vornehmen, während alle übrigen Drähte in ihrer Lage bleiben sollen. Die Stromstärken sollen dabei in allen Kreisen konstant gehalten werden. Als infinitesimal kann die Verrückung nur gelten, wenn sie klein gegenüber dem Durchmesser des Drahtes ist. Für die Stromverteilung und das von ihr erzeugte Magnetfeld hat die Verrückung die Wirkung, wie wenn man auf der einen Seite des Drahtes einige Fasern entfernt und auf der anderen Seite Fasern von gleichem Querschnitt hinzufügt (s. Abb. 142). Statt das Drahtstückchen als Ganzes um $d\mathfrak{x}$ zu verrücken, könnte man nur diese Randfasern einer mittleren Verrückung $\delta\xi$ unterziehen, welche ungefähr vom Betrag des Drahtdurchmessers ist. Da die Verrückung des ganzen Drahtes dieselbe Verschiebung des Querschnittsschwerpunktes ergeben muß wie die Verrückung der Randfasern, muß sich $d\xi$ zu $\delta\mathfrak{x}$ verhalten wie der Drahtquerschnitt zum Fasernquerschnitt. Bezeichnen wir mit i den in den Fasern fließenden kleinen Bruchteil des Stromes I_n, so gilt also

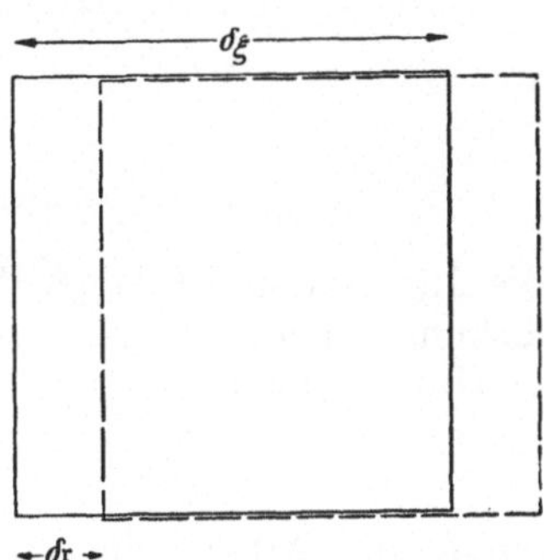

Abb. 142. Verrückungen $\delta\mathfrak{x}$ und $\delta\xi$. Zur einfachen Darstellung ist ein quadratischer Drahtquerschnitt gezeichnet.

$$i\,\delta\xi = I_n\,\delta\mathfrak{x}.$$

Die gleichen magnetischen Wirkungen, welche von der Verrückung $\delta\xi$ der Fasern bewirkt werden, könnte man auch durch Hinzufügen eines $(n+1)$-ten Stromkreises erzielen, bei dem die auf der einen Seite des Drahtes hinzugefügten Fasern vom Strom i in der Richtung von I_n, und die von der anderen Seite entfernten Fasern in entgegengesetzter Richtung durchflossen werden.

Vor der Verrückung besitzt die Anordnung der magnetischen Energie

$$W_m = \frac{1}{2}\sum_{1}^{n}{}_{i}\sum_{1}^{n}{}_{k} L_{ik} I_i I_k. \tag{101}$$

Nach der Verrückung haben wir dagegen die Energie

$$W_m + \delta W_m = \frac{1}{2}\sum_{1}^{n}{}_{i}\sum_{1}^{n}{}_{k} L_{ik} I_i I_k + i\sum_{1}^{n}{}_{k} L_{n+1,k} I_k + \frac{1}{2} i^2 L_{n+1,n+1}.$$

Bei infinitesimaler Verrückung ist i nur ein infinitesimaler Bruchteil der anderen Ströme, und man kann das in i quadratische Glied vernachlässigen. Wir erhalten damit den Zuwachs

$$\delta W_m = i\sum_{1}^{n}{}_{k} L_{n+1,k} I_k = i\sum_{1}^{n}{}_{k} \Phi_{n+1,k} = i\int (\mathfrak{B}\,d\mathfrak{f}_{n+1}), \tag{102}$$

wenn $d\mathfrak{f}_{n+1}$ das Flächenelement des $(n+1)$-ten Stromkreises bedeutet. Ist $d\mathfrak{s}$ ein Linienelement des der Verrückung unterworfenen Drahtes, so gilt

$$d\mathfrak{f}_{n+1} = [\delta\xi\, d\mathfrak{s}]$$

und

$$i\,d\mathfrak{f}_{n+1} = I_n[\delta\mathfrak{x}\, d\mathfrak{s}].$$

Wir erhalten damit den Energiezuwachs

$$\begin{aligned} \delta W_m &= I_n \int (\mathfrak{B}[d\mathfrak{x}\, d\mathfrak{s}]), \\ &= I_n \int (\delta\mathfrak{x}[d\mathfrak{s}\,\mathfrak{B}]) \\ &= \int (\delta\mathfrak{x}\, d\mathfrak{K}). \end{aligned} \tag{102a}$$

Die Integration ist längs des Drahtstückchens auszuführen, an dem die Verrückung erfolgt ist.

Nun ist aber

$$\delta A = \int (\delta\mathfrak{x}\, d\mathfrak{K}) \tag{103}$$

gerade die Arbeit, die die magnetischen Kräfte bei der Verrückung leisten würden. Sie ist gleich dem Zuwachs der magnetischen Energie. Setzen die Kräfte die Anordnung in Bewegung und erhöhen die kinetische Energie, so wächst außerdem noch die magnetische Energie. Die Voraussetzung dafür ist allerdings, daß die Ströme in allen Stromkreisen bei der Bewegung durch irgendwelche Maßnahmen konstant gehalten werden.

Dieses Ergebnis ist auf den ersten Blick sehr überraschend, da es dem Energiesatz zu widersprechen scheint. Man hat es magnetisches Paradoxon genannt. Wir werden uns deshalb mit der Energiebilanz eines solchen Bewegungsvorganges noch eingehend befassen müssen (s. S. 401).

$-W_m$ spielt die Rolle einer mechanischen potentiellen Energie. Wird die Lage der Anordnung durch generalisierte Koordinaten q_k beschrieben, so findet man die generalisierten Kräfte Q_k im Sinne der Mechanik durch

$$Q_k = \frac{\partial W_m}{\partial q_k}. \tag{104}$$

§ 19. Einfache Fälle ponderomotorischer Kräfte.

Ein Stromkreis (Spule) befinde sich in einem homogenen Magnetfeld. Die magnetische Energie setzt sich dann aus drei Anteilen zusammen. Der erste rührt von der Selbstinduktion L des Stromkreises her und wäre auch ohne das homogene Feld vorhanden. Der zweite wird durch den Fluß des Feldes durch den Stromkreis hervorgerufen und der dritte durch den Fluß des Stromkreises, durch die Vorrichtung, die das homogene Feld erzeugt. Dieser letzte Anteil ist genau ebenso groß wie der zweite. Die magnetische Energie ist somit

$$W_m = \frac{1}{2} L I^2 + I \mu_0 \int (\mathfrak{H}\, d\mathfrak{f}) = \frac{1}{2} L I^2 + I \mu_0 (\mathfrak{H}\,\mathfrak{F}),$$

wo $\mathfrak{F}$ die Windungsfläche des Kreises bedeutet. Wenn wir das magnetische Moment

$$\mathfrak{M}_m = I \mu_0\, \mathfrak{F}$$

des Kreises einführen, erhalten wir

$$W_m = \frac{1}{2} L I^2 + (\mathfrak{M}_m\, \mathfrak{H}) = \frac{1}{2} L I^2 + |\mathfrak{M}_m|\, |\mathfrak{H}| \cos\varphi.$$

Hier bedeutet φ den Winkel, den $\mathfrak{M}_m$ und $\mathfrak{H}$ bilden. Das Magnetfeld bewirkt ein Drehmoment vom Zahlwert

$$|\mathfrak{Z}| = \frac{\partial W_m}{\partial \varphi} = -|\mathfrak{M}_m|\,|\mathfrak{H}|\sin\varphi, \tag{105}$$

welches die Richtung des Momentes in die Richtung des Feldes einzustellen sucht. Bekanntlich wird diese Wirkung im Drehspulengalvanometer zur Messung von Strömen ausgenutzt.

Zwei parallele Stromschleifen von gleicher Form und Größe besitzen die magnetische Energie

$$W_m = \frac{1}{2}(L_{11} I_1^2 + 2 L_{12} I_1 I_2 + L_{22} I_2^2).$$

Bei Vergrößerung oder Verkleinerung ihres Abstandes ändert sich nur L_{12}, während L_{11} und L_{22} unverändert bleiben.

$$L_{12} = \frac{\mu_0}{4\pi}\iint \frac{(d\mathfrak{s}_1\, d\mathfrak{s}_2)}{r}$$

ist positiv, wenn die Stromrichtung in beiden Schleifen gleich, negativ, wenn sie entgegengesetzt ist. Im ersten Fall sind nämlich die Elemente $d\mathfrak{s}_1$ und $d\mathfrak{s}_2$ gleicher Richtung nahe beisammen, die Elemente umgekehrter Richtung weit voneinander entfernt. Im zweiten Fall ist dies gerade umgekehrt. Nähert man die Schleifen einander, so wächst in jedem Falle der Betrag von L_{12}. Die Annäherung vergrößert die Energie, wenn die Schleifen gleichsinnig, vermindert sie, wenn sie gegensinnig durchflossen werden. Die Schleifen ziehen sich also bei gleichsinnigen Strömen an und stoßen sich bei gegensinnigen Strömen ab. Die Stärke der Kräfte bei Kreisschleifen könnte man aus (86) berechnen.

Aus der Selbstinduktion (84) einer einzelnen Schleife

$$L = \mu_0 R_0 \left(0{,}58 + \ln \frac{R_0}{\varrho_0}\right)$$

geht hervor, daß die magnetische Energie mit dem Schleifenradius R_0 wächst. Die Formel ist allerdings eine Näherung, aus der wir die Kräfte nur ungenau erhalten können. Die Richtung der Kraft ist radial nach außen. Durch die magnetischen Kräfte wird die Schleife ausgeweitet.

An einer Spule treten also zweierlei magnetische Kräfte auf. Die einzelnen Windungen ziehen sich gegenseitig an, die Spule wird gestaucht. Außerdem wirkt auf sie ein radialer Druck nach außen. Wenn das Material deformierbar wäre, würden die ponderomotorischen Kräfte aus einer gestreckten Spule eine Flachspule machen.

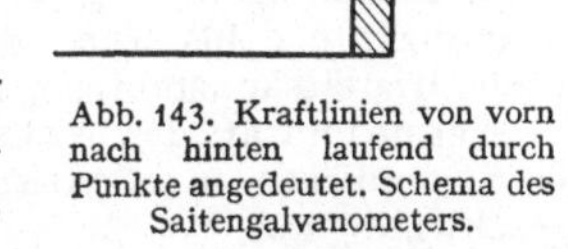

Abb. 143. Kraftlinien von vorn nach hinten laufend durch Punkte angedeutet. Schema des Saitengalvanometers.

Eine Leitung stößt die Rückleitung ab, da die Selbstinduktion mit dem Abstand wächst. Allgemein können wir sagen, daß gleichgerichtete Ströme sich anziehen, entgegengesetzte sich abstoßen.

Bringen wir einen stromdurchflossenen Draht senkrecht zu den Kraftlinien (s. Abb. 143) in ein homogenes Magnetfeld, das in der Praxis durch einen permanenten oder Elektromagneten erzeugt wird, so werden solche Kräfte ausgeübt, die den magnetischen Fluß durch den Stromkreis, zu dem der Draht gehört, vergrößern. Bei der Berechnung des Flusses muß man nun darauf achten, daß die Flächenelemente eine solche Richtung haben, daß sie vom Strom im Sinne einer Rechtsschraube umflossen werden, wenn man in die Richtung $d\mathfrak{f}$ blickt. Berücksichtigt man dies, so erkennt man, daß es ganz gleichgültig ist, ob der Stromkreis auf der rechten oder linken Seite der Abb. 143 geschlossen wird. In beiden Fällen wirken die Kräfte in der gleichen Richtung (in der Abbildung nach links, wenn die Kraftlinien von vorn nach hinten laufen). Bei einer Verschiebung des Drahtes um δx wächst die magnetische Energie um

$$\delta W_m = I\,\delta\Phi = I\,\mu_0 H\,l\,\delta x,$$

und auf den Draht von der Länge l wirkt die Kraft

$$|\mathfrak{K}| = I\,\mu_0 H\,l.$$

Man kann diese Anordnung zu einem Strommesser, dem sogenannten Saitengalvanometer, entwickeln.

Dem Saitengalvanometer ähnlich sind die Schleifengalvanometer, bei denen zwei in entgegengesetzter Richtung vom Strom durchflossene Drähte in einem Magnetfeld ausgespannt werden. Die beiden Drähte werden dann natürlich in verschiedener Richtung abgelenkt.

Auch in komplizierten Fällen kann man durch die Energiebetrachtung die Richtung der Bewegungen ermitteln, welche von den magnetischen Kräften herkommen.

IV. Das quasistationäre Feld.

Die innige Verflechtung elektrischer und magnetischer Felder kommt erst richtig zutage, wenn sie nicht konstant sind, sondern sich mit der Zeit verändern. Wachsen und Abnehmen der magnetischen Kraftflußdichte (Induktion) wird zur Ursache elektrischer Felder. Diese Erscheinung wird als Induktion bezeichnet. Umgekehrt hat die Zu- und Abnahme des elektrischen Feldes auch magnetische Wirkungen, die man allerdings in vielen Fällen unbeachtet lassen kann. Wo dies zulässig ist, nennt man das Feld quasistationär. Die technischen Wechselströme z. B. erzeugen Felder, die man quasistationär behandeln kann, und ihre große praktische Bedeutung rechtfertigt es, dem quasistationären Feld einen Raum einzuräumen, der ihm grundsätzlich vielleicht nicht zukommt.

§ 1. Das Induktionsgesetz.

Inhalt: Die Änderung des magnetischen Feldes induziert ein elektrisches Feld. Die induzierte elektrische Feldstärke ist gleich der Abnahme des Vektorpotentials der magnetischen Induktion. Die Abnahme der Kraftflußdichte selbst bildet die Wirbel der induzierten elektrischen Feldstärke.

Bezeichnungen: W_m magnetische Energie, I Stromstärke, $\mathfrak{E}$ elektrische Feldstärke, $\mathfrak{E}'$ induzierte Feldstärke, $\mathfrak{B}$ magnetische Kraftflußdichte, $\mathfrak{C}$ ihr Vektorpotential, ε relative Dielektrizitätskonstante, ε_0 Dielektrizitätskonstante des Vakuums, μ relative Permeabilität, μ_0 Permeabilität des Vakuums, $\mathfrak{D}$ dielektrische Erregung, $\mathfrak{H}$ magnetische Feldstärke, $\mathfrak{G}$ Stromdichte, η elektrische Raumladungsdichte, $\varkappa$ elektrische Leitfähigkeit, c Lichtgeschwindigkeit.

Wenn die magnetischen Kräfte ein System in Bewegung setzen, wird die magnetische Energie und die kinetische Energie der Anordnung vergrößert. Man muß danach fragen, wo denn diese Energie herkommt. Umgekehrt, wenn eine Bewegung entgegen den magnetischen Kräften durchgeführt wird, so wird

Arbeit aufgewandt, und den gleichen Energiebetrag verliert auch das Magnetfeld. Man muß fragen, was aus dieser Energie wird.

Die magnetische Energie einer Anordnung von n Stromkreisen können wir nach S. 380 durch

$$W_m = \frac{1}{2} \sum^k I_k \Phi_k = \frac{1}{2} \sum^k I_k \oint (\mathfrak{C}\, d\mathfrak{s}_k) \tag{1}$$

ausdrücken. Wir stellen uns jetzt vor, daß diese Stromkreise sich gegeneinander bewegen, ohne selbst deformiert zu werden. Die Ströme sollen dabei unverändert gehalten werden. Dann ist

$$\frac{d W_m}{d t} = \frac{1}{2} \sum^k I_k \oint (\dot{\mathfrak{C}}\, d\mathfrak{s}_k). \tag{2}$$

Da ebensoviel Energie nach außen als Arbeit abgegeben wird, muß dem System entweder die Leistung

$$\sum^k I_k \oint (\dot{\mathfrak{C}}\, d\mathfrak{s}_k) \tag{3}$$

zugeführt werden oder sie muß an irgendeiner anderen Stelle eingespart werden.

Nun wird in jedem Stromkreiselement $d\mathfrak{s}_k$ die Wärmeleistung

$$I_k (\mathfrak{E}\, d\mathfrak{s}_k)$$

produziert. Die gesamte Wärmeleistung des Systems ist

$$\sum^k I_k \int (\mathfrak{E}\, d\mathfrak{s}_k). \tag{4}$$

Um die Energiebilanz in Ordnung zu halten, muß der Energiebedarf (3) der Stromkreise infolge der Bewegung an der Wärmeleistung eingespart werden. Da die Ströme konstant gehalten werden, kann sich nur die Feldstärke in den Leitern ändern, indem zu $\mathfrak{E}$ noch eine Zusatzfeldstärke $\mathfrak{E}'$ kommt, die $\mathfrak{E}$ entgegengerichtet ist. Es muß dann also

$$\sum^k I_k \int (\dot{\mathfrak{C}} + \mathfrak{E}')\, d\mathfrak{s}_k = 0 \tag{5}$$

verlangt werden.

Da diese Beziehung für alle Arten von Stromkreisen und für alle möglichen Bewegungen, die sie gegeneinander ausführen, erfüllt sein soll, muß

$$\mathfrak{E}' = -\dot{\mathfrak{C}} \tag{6}$$

gelten.

Damit ist jedoch die Energiebilanz noch immer nicht endgültig bereinigt. Es bleibt nämlich noch die Frage offen, wie überhaupt die Energie für die Wärmeentwicklung in die Volumenelemente kommt. Dieses Problem können wir endgültig erst in Kap. VI, S. 455, klären.

Aus (6) folgt

$$\operatorname{rot} \mathfrak{E}' = -\operatorname{rot} \dot{\mathfrak{C}} = -\dot{\mathfrak{B}}, \tag{7}$$

wenn man die Kraftflußdichte $\mathfrak{B}$ statt ihres Vektorpotentials $\mathfrak{C}$ einführt.

Dieses Ergebnis läßt sich folgendermaßen aussprechen. Wird das magnetische Feld durch gegenseitige Änderung der Lage von Stromkreisen verändert, so tritt zu dem elektrischen Feld ein Zusatzfeld $\mathfrak{E}'$. Das Wirbelfeld von $\mathfrak{E}'$ ist gerade die zeitliche Änderung des Feldes $\mathfrak{B}$. $\mathfrak{E}'$ ist wie das Feld $\mathfrak{C}$ quellenfrei.

Wir machen jetzt die naheliegende Annahme, daß dieselbe Zusatzfeldstärke auch auftritt, wenn $\mathfrak{B}$ auf irgendeine andere Weise geändert wird. Dies bedeutet, daß

$$\operatorname{rot}\mathfrak{E}' = -\dot{\mathfrak{B}}; \qquad \mathfrak{E}' = -\dot{\mathfrak{E}} \tag{7a}$$

in jedem Fall gilt. Diese Annahme führt zu Folgerungen, die sich experimentell ausnahmslos bestätigen. Insbesondere enthält (7a) die als Induktion bekannten Erscheinungen.

§ 2. Die Maxwellschen Gleichungen des quasistationären Feldes.

Bezeichnungen: Wie in § 1, S. 400.

Die gesamte elektrische Feldstärke $\mathfrak{E}$ setzt sich im zeitlich veränderlichen Feld aus einem wirbelfreien Anteil $\mathfrak{E}''$ zusammen, den wir auch im stationären Feld hätten, und einem neuen Anteil $\mathfrak{E}'$, der nicht wirbelfrei, sondern quellenfrei ist. Statt des bisherigen Gleichungssystems

$$\begin{aligned} &\operatorname{rot}\mathfrak{E} = 0; \quad \mathfrak{D} = \varepsilon\,\varepsilon_0\,\mathfrak{E}; \quad \operatorname{div}\mathfrak{D} = \eta \\ &\operatorname{rot}\mathfrak{H} = \mathfrak{G}; \quad \mathfrak{B} = \mu\,\mu_0\,\mathfrak{H}; \quad \operatorname{div}\mathfrak{B} = 0 \\ &\mathfrak{G} = \varkappa\,\mathfrak{E} \end{aligned} \tag{8}$$

für das stationäre elektromagnetische Feld bekommen wir jetzt das System

$$\begin{aligned} &\operatorname{rot}\mathfrak{E} = -\dot{\mathfrak{B}}; \quad \mathfrak{D} = \varepsilon\,\varepsilon_0\,\mathfrak{E}; \quad \operatorname{div}\mathfrak{D} = \eta \\ &\operatorname{rot}\mathfrak{H} = \mathfrak{G}; \quad \mathfrak{B} = \mu\,\mu_0\,\mathfrak{H}; \quad \operatorname{div}\mathfrak{B} = 0 \\ &\mathfrak{G} = \varkappa\,\mathfrak{E}. \end{aligned} \tag{9}$$

Diese Gleichungen beschreiben das zeitlich veränderliche elektromagnetische Feld mit der Einschränkung, daß die Änderungen langsam erfolgen sollen. Ein Feld nennen wir langsam veränderlich oder quasistationär, wenn die Änderung der Feldgrößen (z. B. $\dot{\mathfrak{B}}\,\Delta t$) in der Zeit Δt nur einen kleinen Bruchteil ihres Wertes ausmacht. Die Zeitspanne

$$\Delta t = \frac{d}{c}$$

ist diejenige, die das Licht brauchen würde, um das ganze interessierende Gebiet von der Ausdehnung d zu durcheilen.

Das Feld eines 50periodischen Wechselstroms ändert sich in 10^{-2} sec völlig. Die relative Änderung der Feldgrößen beträgt also in 10^{-4} sec etwa 1%. In dieser Zeit aber legt das Licht 30 km zurück. 50periodischen Wechselstrom kann man also als quasistationären Vorgang betrachten. Dasselbe gilt auch noch für Vorgänge viel höherer Frequenz, wenn auch dann in kleineren Räumen.

Wir werden später das Gleichungssystem (9) noch durch ein Zusatzglied ergänzen, um auch schnell veränderliche Vorgänge erfassen zu können.

§ 3. Die induzierte Spannung.

Inhalt: Definition der induzierten Spannung, äußeren Spannung und Wirkspannung. Die induzierte Spannung ist das Produkt von Induktionskoeffizient und Abnahme des Stromes.

Bezeichnungen: L Induktionskoeffizient, U äußere Spannung, sonst wie § 1, S. 400.

Wir betrachten jetzt zwei Stromkreise in denen die Ströme zeitlich veränderlich sind (s. Abb. 144), und greifen aus dem Stromkreis 2 ein Teilstück von A bis B heraus. Dieses Teilstück kann in Wirklichkeit ein Instrument oder auch nur ein Leitungsdraht sein. Wir fragen jetzt nach der Zusatzspannung

$$\int_A^B (\mathfrak{E}' \, d\mathfrak{s}),$$

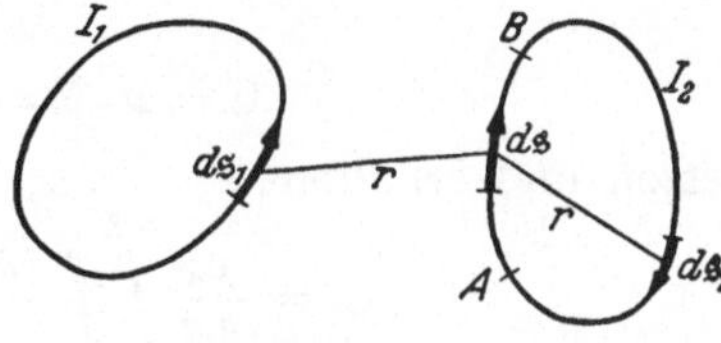

Abb. 144. Induktion einer Spannung in dem Stromkreisstück AB.

die an dem Stück AB liegt und die wir „induzierte Spannung" nennen. Erstreckt sich das Teilstück über den ganzen Stromkreis, so bedeutet das Linienintegral eine zusätzliche

$$\oint (\mathfrak{E}' \, d\mathfrak{s})$$

elektromotorische Kraft. Hierbei müssen wir beachten, daß das induzierte Feld nicht aus einem Potential hergeleitet werden kann. Das Linienintegral über den geschlossenen Stromkreis verschwindet also nicht, sondern es ergibt sich eine endliche Umlaufspannung.

Um die induzierte Spannung zu berechnen, kehren wir von

$$\operatorname{rot} \mathfrak{E}' = -\dot{\mathfrak{B}} = -\operatorname{rot} \dot{\mathfrak{C}}$$

wieder zur ursprünglichen Form

$$\mathfrak{E}' = -\dot{\mathfrak{C}} \tag{10}$$

zurück. Dies ergibt

$$\int_A^B (\mathfrak{E}' \, d\mathfrak{s}) = -\int_A^B (\dot{\mathfrak{C}} \, d\mathfrak{s}). \tag{10a}$$

Setzen wir das Vektorpotential

$$\mathfrak{C} = I_1 \mathfrak{c}_1 + I_2 \mathfrak{c}_2 \tag{11}$$

aus Anteilen zusammen, die von den beiden Stromkreisen herrühren, so entsteht

$$\int_A^B (\mathfrak{E}' \, d\mathfrak{s}) = -\frac{dI_1}{dt} \int_A^B (\mathfrak{c}_1 \, d\mathfrak{s}) - \frac{dI_2}{dt} \int_A^B (\mathfrak{c}_2 \, d\mathfrak{s}). \tag{12}$$

Wenn wir jetzt zur Abkürzung

$$L_1 = \int_A^B (\mathfrak{c}_1 \, d\mathfrak{s}); \quad L_2 = \int_A^B (\mathfrak{c}_2 \, d\mathfrak{s}) \tag{13}$$

setzen, so erhalten wir schließlich

$$\int_A^B (\mathfrak{E}'\,d\mathfrak{s}) = -L_1 \frac{dI_1}{dt} - L_2 \frac{dI_2}{dt}. \tag{12a}$$

L_1 bzw. L_2 nennen wir die Induktion der Stromkreise 1 bzw. 2 auf das Leiterstück AB.

Ist die Anordnung eisenfrei, so können wir

$$\mathfrak{E} = \mu_0 \mathfrak{A} = \frac{\mu_0 I_1}{4\pi} \oint \frac{d\mathfrak{s}_1}{r} + \frac{\mu_0 I_2}{4\pi} \oint \frac{d\mathfrak{s}_2}{r}$$

setzen und erhalten

$$L_1 = \frac{\mu_0}{4\pi} \int_A^B \oint \frac{(d\mathfrak{s}_1\,d\mathfrak{s})}{r}\,; \qquad L_2 = \frac{\mu_0}{4\pi} \int_A^B \oint \frac{(d\mathfrak{s}_2\,d\mathfrak{s})}{r}. \tag{13a}$$

Ist das Leiterstück AB der ganze Stromkreis 2, so ist L_1 die gegenseitige Induktion (L_{12}) beider Stromkreise und L_2 die Selbstinduktion (L_{22}) des zweiten Stromkreises. Ist das Leiterstück AB z. B. nur eine Spule, die von dem Rest des Stromkreises 2 keine Induktion erleidet, so ist L_2 ihre Selbstinduktion.

Über AB liegt nun eine Gesamtspannung (Wirkspannung)

$$\int_A^B (\mathfrak{E}\,d\mathfrak{s}) = \int_A^B (\mathfrak{E}''\,d\mathfrak{s}) + \int_A^B (\mathfrak{E}'\,d\mathfrak{s}), \tag{14}$$

die sich aus der äußeren Spannung (auch erzeugende oder treibende Spannung genannt)

$$U = \int_A^B (\mathfrak{E}''\,d\mathfrak{s}) \tag{15}$$

und der eben berechneten induzierten Spannung

$$\int_A^B (\mathfrak{E}'\,d\mathfrak{s})$$

zusammensetzt. U ist eine Potentialdifferenz und wäre auch ohne Induktion vorhanden. Mit der Spannung schlechthin ist fast immer die treibende Spannung (15) gemeint.

§ 4. Das Ohmsche Gesetz für quasistationäre Ströme.

Inhalt: Zusammenhang zwischen Strom und Spannung bei veränderlichem Strom. Abklingen des Stromes ohne äußere Spannung bei Selbstinduktion.

Bezeichnungen: R Widerstand, F Leiterquerschnitt, L Induktionskoeffizient, U äußere Spannung, sonst wie § 1, S. 400.

Integrieren wir die Gleichung

$$\frac{\mathfrak{G}}{\varkappa} = \mathfrak{E} = \mathfrak{E}' + \mathfrak{E}'' \tag{16}$$

längs einer Stromlinie eines einzigen Stromkreises, so erhalten wir

$$\int \frac{(\mathfrak{G}\,d\mathfrak{s})}{\varkappa} = \int (\mathfrak{E}''\,d\mathfrak{s}) + \int (\mathfrak{E}'\,d\mathfrak{s}).$$

Für drahtförmige Leiter gibt dies nach (12a) und S. 359, Gl. (19)

$$I\int\frac{ds}{\varkappa F}=IR=\int(\mathfrak{E}''\,d\mathfrak{s})-L\frac{dI}{dt}$$

oder unter Verwendung von (15)

$$U=IR+L\frac{dI}{dt}. \tag{17}$$

Diese Gleichung gilt sowohl für einen ganzen Stromkreis, wenn U die elektromotorische Kraft und L die Selbstinduktion ist, wie auch für ein Stück davon, wenn U die an diesem Stück liegende treibende Spannung und L die Induktion des ganzen Stromkreises auf dieses Stück ist.

Wir können die Gl. (17) ohne Schwierigkeit auf beliebig viele Stromkreise erweitern und erhalten

$$U_i=I_iR+\sum^{k}L_{ik}\frac{dI_k}{dt}. \tag{17a}$$

Jetzt bedeutet L_{ik} die Induktion des Stromkreises k auf das in Frage stehende Leiterstück im i-ten Stromkreis.

An einem Leiter liege nun eine treibende Spannung $U(t)$, die eine gegebene Funktion der Zeit ist. Wir wollen den Strom berechnen, der in diesem Leiter oder Stromkreis fließt. Die allgemeine Lösung der Differentialgleichung (17) ist eine Funktion $I(t)$ der Zeit, die noch eine willkürlich verfügbare Konstante besitzt.

Ist $U(t)=0$, so kann man

$$L\frac{dI}{dt}+RI=0$$

sofort integrieren und erhält

$$I=I_0\,e^{-\frac{R}{L}t}. \tag{18}$$

I_0 ist dann der Strom, der zur Zeit Null im Stromkreis fließt.

Liegt an einem Leiterstück dauernd keine äußere treibende Spannung oder ist in einem Stromkreis dauernd keine elektromotorische Kraft vorhanden, so kann in ihm ein exponentiell abklingender Strom fließen. Die Abnahme des Stromes erfolgt um so schneller, je größer der OHMsche Widerstand und je kleiner die Selbstinduktion ist. I_0 ist eine willkürliche Konstante, die jeden Wert besitzen kann und die sich danach richtet, was vor der Zeit Null in dem Leiter vor sich gegangen ist.

Ist $U\neq 0$ und haben wir irgendeine partikuläre Lösung $I_1(t)$ der Gl. (17) gefunden, so ist auch

$$I_1+I_0\,e^{-\frac{R}{L}t} \tag{19}$$

eine Lösung, wie man leicht durch Einsetzen nachrechnen kann. (19) ist sogar die allgemeinste Lösung, weil sie noch die willkürliche Konstante I_0 enthält.

Wir müssen jetzt nur noch irgendeine Lösung I_1 der Gl. (17) finden. Zu diesem Zweck setzen wir

$$I_1=uv,$$

gehen damit in (17) ein und erhalten

$$Ruv+Lu\frac{dv}{dt}+Lv\frac{du}{dt}=U.$$

Wir bestimmen jetzt u so, daß

$$R u + L \frac{du}{dt} = 0$$

wird. Dies ist z. B. für

$$u = e^{-\frac{R}{L} t}$$

der Fall. Dann hinterbleibt für v die Gleichung

$$\frac{dv}{dt} = \frac{U}{u L} = \frac{1}{L} e^{\frac{R}{L} t} U$$

mit der Lösung

$$v = \frac{1}{L} \int e^{\frac{Rt}{L}} U(t)\, dt.$$

Jetzt können wir I_1 zusammensetzen und erhalten

$$I_1 = \frac{1}{L} e^{-\frac{Rt}{L}} \int e^{\frac{Rt}{L}} U(t)\, dt. \tag{20}$$

Diesem Strom überlagert sich noch ein exponentiell abklingender Strom

$$I_0 e^{-\frac{Rt}{L}}.$$

Die verschiedenen Ströme, die in einem Leiter bei vorgegebener treibender Spannung $U(t)$ fließen können, unterscheiden sich also nur um den Abklingvorgang (18), der von der Vorgeschichte des Stromkreises herrührt.

Wird z. B. eine konstante Spannung U zur Zeit $t = 0$ angelegt, so erhält man $I_1 = U/R$ aus (20). Für den Strom findet man

$$I = \frac{U}{R} + I_0 e^{-\frac{R}{L} t}.$$

Fließt vor der Zeit $t = 0$ kein Strom, so verlangt dies

$$0 = \frac{U}{R} + I_0,$$

und der zeitliche Stromverlauf nach dem Einschalten ist durch

$$I = \frac{U}{R} \left(1 - e^{-\frac{R}{L} t}\right)$$

beschrieben.

§ 5. Wechselstromkreis mit Induktivität und Kapazität.

Inhalt: Berechnung des Wechselstromes in einem Leiter mit Selbstinduktion und Kapazität. Richtwiderstand, Wirkwiderstand, Blindwiderstand, Phasenverschiebung.

Bezeichnungen: U Wechselspannung, U_0 Spannungsscheitelwert, I_1 Wechselstrom, L Selbstinduktion, R Ohmscher Widerstand, Z Richtwiderstand, Y Richtleitwert, φ Phasenverschiebung, ν Frequenz, C Kapazität, Q Ladung im Kondensator, $\mathfrak{G}$ Stromdichte, $\varkappa$ Leitfähigkeit.

Ist die äußere, treibende Spannung eine Wechselspannung

$$U = U_0 \cos 2\pi \nu t, \tag{21}$$

so ist

$$I_1 = \frac{1}{L} e^{-\frac{Rt}{L}} \int e^{\frac{Rt}{L}} U_0 \cos 2\pi \nu t\, dt$$

$$= \frac{U_0}{R^2 + 4\pi^2 \nu^2 L^2} \{R \cos 2\pi \nu t + 2\pi \nu L \sin 2\pi \nu t\}.$$

Die Größe

$$Z = \sqrt{R^2 + 4\pi^2 \nu^2 L^2} \tag{22}$$

nennen wir den Wechselstromwiderstand oder Richtwiderstand. Zum Unterschied hiervon wird R Wirkwiderstand und $2\pi\nu L$ Blindwiderstand genannt. Der reziproke Wert $Y = 1/Z$ heißt Richtleitwert. Setzen wir

$$\frac{R}{Z} = \cos\varphi; \qquad \frac{2\pi\nu L}{Z} = \sin\varphi; \qquad \frac{2\pi\nu L}{R} = \operatorname{tg}\varphi, \tag{23}$$

so ergibt sich

$$I_1 = \frac{U_0}{Z}(\cos 2\pi\nu t \cos\varphi + \sin 2\pi\nu t \sin\varphi) = \frac{U_0}{Z}\cos(2\pi\nu t - \varphi). \tag{24}$$

Die Wechselspannung U treibt einen Wechselstrom I_1 durch das Leiterstück, dessen Amplitude der Spannungsamplitude proportional ist. Zwischen Strom und Spannung besteht eine Phasenverschiebung φ, d. h., das Maximum des Stromes tritt um $\Delta t = \varphi/2\pi\nu$ später als das Maximum der Spannung ein. Der Strom eilt der Spannung nach.

Etwas schneller findet man I_1, wenn man in

$$L\frac{dI}{dt} + RI = U_0 \cos 2\pi\nu t \tag{25}$$

gleich mit dem Ansatz

$$I_1 = D\cos 2\pi\nu t + F\sin 2\pi\nu t \tag{26}$$

eingeht. Man erhält dann die Beziehung

$$(U_0 - 2\pi\nu F L - D R)\cos 2\pi\nu t = (RF - 2\pi\nu D L)\sin 2\pi\nu t,$$

die für alle t gelten muß. Dies ist nur möglich, wenn

$$U_0 - 2\pi\nu F L - D R = 0$$

und

$$RF - 2\pi\nu D L = 0$$

ist. Löst man nach D und F auf und setzt in (26) ein, so erhält man wie oben

$$I_1 = \frac{U_0}{Z}\left(\frac{R}{Z}\cos 2\pi\nu t \cos\varphi + \frac{2\pi\nu L}{Z}\sin 2\pi\nu t\right) = \frac{U_0}{Z}\cos(2\pi\nu t - \varphi). \tag{24a}$$

Wir untersuchen jetzt einen Teil eines Stromkreises, in welchem sich außer Leitern mit Selbstinduktion auch Kondensatoren befinden mögen (s. Abb. 145). Auch hier gilt wie auf S. 404, Gl. (16)

$$\frac{\mathfrak{G}}{\varkappa} = \mathfrak{E}' + \mathfrak{E}''$$

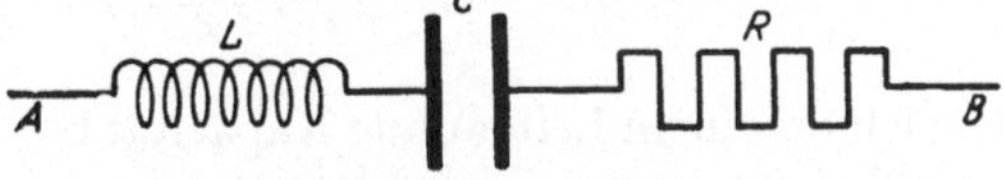

Abb. 145. Leiterstück mit Selbstinduktion, Kapazität und Widerstand hintereinanderliegend.

in allen stromführenden Leitern. Wir integrieren längs einer Stromlinie, aber nicht über das Innere des Kondensators, weil dort sowohl $\mathfrak{G}$ wie auch $\varkappa = 0$ ist und die linke Seite ihren Sinn verlieren würde, und erhalten

$$\int_A^B \frac{(\mathfrak{G}\,d\mathfrak{s})}{\varkappa} = \int_A^B (\mathfrak{E}'\,d\mathfrak{s}) + \int_A^B (\mathfrak{E}''\,d\mathfrak{s}).$$

Sind die Leiter drahtförmig, so haben wir

$$\int_A^B \frac{(\mathfrak{G}\,d\mathfrak{s})}{\varkappa} = I\int_A^B \frac{ds}{\varkappa F} = IR = -L\frac{dI}{dt} + \int_A^B (\mathfrak{E}''\,d\mathfrak{s}). \tag{27}$$

Das letzte Integral ist von A nach B zu erstrecken, wobei aber die über dem Kondensator liegende Spannung nicht mitzuzählen ist. Es ist also

$$\int_A^B (\mathfrak{E}'' \, d\mathfrak{s}) = U - \frac{Q}{C}$$

einzusetzen, wenn Q die Ladung auf derjenigen Kondensatorplatte ist, zu der der positive Strom hinfließt. Hiermit geht (27) über in

$$L \frac{dI}{dt} + RI + \frac{Q}{C} = U. \tag{27a}$$

Differenzieren wir nach der Zeit und beachten, daß $I = dQ/dt$ ist, so ergibt sich

$$L \frac{d^2 I}{dt} + R \frac{dI}{dt} + \frac{1}{C} I = \frac{dU}{dt}. \tag{28}$$

Ist U eine Wechselspannung

$$U = U_0 \cos 2\pi \nu t, \tag{29}$$

so gilt

$$L \frac{d^2 I}{dt^2} + R \frac{dI}{dt} + \frac{I}{C} = -2\pi \nu U_0 \sin 2\pi \nu t. \tag{30}$$

Die allgemeine Lösung dieser Differentialgleichung zweiter Ordnung ist eine Funktion der Zeit, die noch zwei willkürliche Konstanten besitzt. Hätten wir die allgemeine Lösung $I_0(t)$ der einfachen (homogenen) Gleichung

$$L \frac{d^2 I}{dt^2} + R \frac{dI}{dt} + \frac{I}{C} = 0 \tag{31}$$

gefunden (die dann auch zwei willkürliche Konstanten enthalten muß), und hätten wir irgendeine Lösung $I_1(t)$ von (30), so wäre $I_0 + I_1$ eine Lösung von (30). Da sie zwei Konstanten enthielte, wäre sie sogar die allgemeinste Lösung. Wir gehen zunächst darauf aus, irgendeine Lösung I_1 von (30) zu ermitteln.

Zu diesem Zweck versuchen wir den Ansatz

$$I_1 = \frac{U_0}{Z} \cos(2\pi \nu t - \varphi), \tag{32}$$

der sich bei einem Leiter ohne Kapazität bewährt hat, und erhalten beim Einsetzen in (30)

$$-\frac{4\pi^2 \nu^2 U_0 L}{Z} \cos(2\pi \nu t - \varphi) - \frac{2\pi \nu R U_0}{Z} \sin(2\pi \nu t - \varphi)$$
$$+ \frac{U_0}{ZC} \cos(2\pi \nu t - \varphi) = -2\pi \nu U_0 \sin 2\pi \nu t.$$

Setzen wir hier $t = 0$, so ergibt sich

$$-4\pi^2 \nu^2 L \cos\varphi + 2\pi \nu R \sin\varphi + \frac{\cos\varphi}{C} = 0,$$

also

$$\operatorname{tg}\varphi = \frac{2\pi \nu L - \dfrac{1}{2\pi \nu C}}{R}. \tag{33}$$

Setzen wir $2\pi\nu t = \pi/2$, so ergibt sich

$$-\frac{4\pi^2\nu^2 L}{Z}\sin\varphi - \frac{2\pi\nu R}{Z}\cos\varphi + \frac{\sin\varphi}{ZC} = -2\pi\nu$$

und somit

$$\begin{aligned} Z &= R\cos\varphi + \left(2\pi\nu L - \frac{1}{2\pi\nu C}\right)\sin\varphi \\ &= \sqrt{R^2 + \left(2\pi\nu L - \frac{1}{2\pi\nu C}\right)^2}. \end{aligned} \tag{34}$$

Z nennen wir wieder den Richtwiderstand des Leiterstücks. Für R behalten wir die Bezeichnung Wirkwiderstand bei, während $2\pi\nu L - 1/2\pi\nu C$ Blindwiderstand heißt. Zur Phasenverschiebung φ tragen die Induktivität und die Kapazität in entgegengesetzter Weise bei. Überwiegt die Induktivität, so eilt der Strom der Spannung nach, φ ist positiv. Überwiegt der Einfluß der Kapazität, so eilt der Strom der Spannung voraus, φ ist negativ.

§ 6. Resonanz.

Inhalt: Der Richtwiderstand hat ein Minimum für die Eigenfrequenz des Stromkreises. Abhängigkeit der Phasenverschiebung von der Frequenz. THOMSONscher Schwingungskreis.
Bezeichnungen: ν_0 Eigenfrequenz ohne Dämpfung, ν_1 Eigenfrequenz mit Dämpfung, ν Frequenz des Wechselstroms, sonst wie S. 406.

Der Richtwiderstand Z ist von der Frequenz stark abhängig. Ist die Frequenz Null, was einer Gleichspannung entspricht, so ist Z unendlich groß. Dies ist ohne weiteres verständlich, da der Kondensator ja eine Unterbrechung des Stromkreises bedeutet.

Für sehr kleine Frequenzen überwiegt das Kapazitätsglied, und wir haben $Z \approx 1/2\pi\nu C$. Der Richtleitwert

$$Y = \frac{1}{Z} \approx 2\pi\nu C \tag{35}$$

ist der Frequenz proportional. $\operatorname{tg}\varphi$ ist negativ und sehr groß, φ ist beinahe $-\pi/2$. Der Strom eilt der Spannung um fast eine Viertelperiode voraus.

Hat ν den Wert

$$\nu = \nu_0 = \frac{1}{2\pi\sqrt{LC}}, \tag{36}$$

so ist $Z = R$. Der Richtwiderstand hat den kleinsten, Y den größten möglichen Wert. Die Frequenz ν_0 nennt man Resonanzfrequenz oder Eigenfrequenz des Stromkreisteils. Zwischen Strom und Spannung besteht keine Phasenverschiebung.

Ist $\nu > \nu_0$, so überwiegt in Z das Glied $2\pi\nu L$. Bei sehr großen Frequenzen ist Z nahezu gleich $2\pi\nu L$. Die Phasenverschiebung ist positiv, der Strom eilt der Spannung um fast eine Viertelperiode nach.

Setzen wir

$$x = \frac{\nu}{\nu_0}; \qquad y = \frac{R}{2\pi\nu_0 L} = R\sqrt{\frac{C}{L}},$$

so wird

$$Z = 2\pi\nu_0 L\sqrt{y^2 + \left(x - \frac{1}{x}\right)^2}$$

und

$$Y = \frac{1}{2\pi\nu_0 L\sqrt{y^2 + \left(x - \frac{1}{x}\right)^2}}.$$

Die Phasenverschiebung ergibt sich aus

$$\operatorname{tg}\varphi = \frac{x - \frac{1}{x}}{y}.$$

In den Abb. 146 und 147 ist φ und Y gegen x für verschiedene y schematisch aufgetragen.

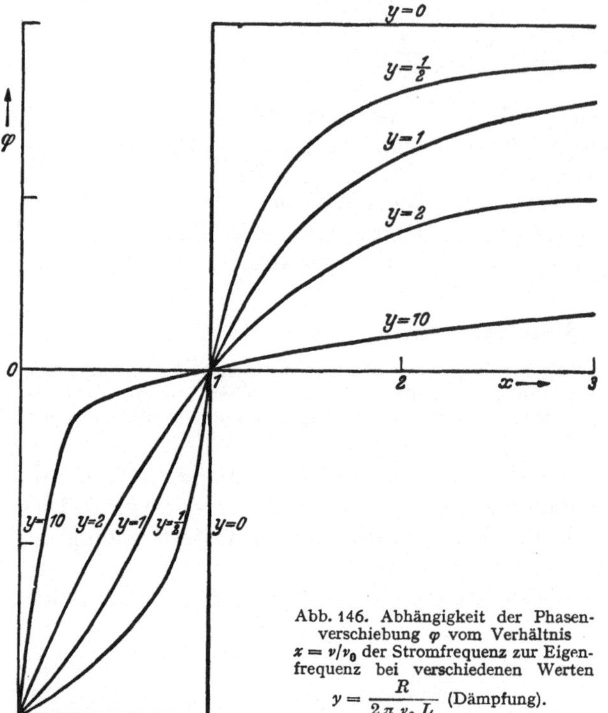

Abb. 146. Abhängigkeit der Phasenverschiebung φ vom Verhältnis $x = \nu/\nu_0$ der Stromfrequenz zur Eigenfrequenz bei verschiedenen Werten $y = \frac{R}{2\pi\nu_0 L}$ (Dämpfung).

Wir wollen jetzt die Lösung der homogenen Gl. (31) aufsuchen. Sie beschreibt die Vorgänge in einem Stromkreis oder Stromkreisstück, die keine treibende Spannung erfordern und die sich dem Wechselstrom des vorigen Abschnittes noch überlagern können. Sie können aber natürlich auch ohne einen solchen Wechselstrom für sich vorkommen.

Um die homogene Gl. (31) zu lösen, setzen wir probeweise

$$I = e^{\lambda t} \tag{37}$$

in (31) ein, was für λ die Bedingung

$$\left(\lambda^2 L + \lambda R + \frac{1}{C}\right) e^{\lambda t} = 0$$

ergibt. (37) ist also tatsächlich eine Lösung, wenn λ einen der beiden Werte

$$\lambda_{1,2} = \frac{-R \pm \sqrt{R^2 - \frac{4L}{C}}}{2L} \tag{38}$$

bedeutet. Dann ist

$$I = A\, e^{\frac{1}{2L}\left(-R + \sqrt{R^2 - \frac{4L}{C}}\right)t} + B\, e^{\frac{1}{2L}\left(-R - \sqrt{R^2 - \frac{4L}{C}}\right)t} \tag{37a}$$

eine Lösung. Da A und B willkürlich sind, ist (37a) sogar die gesuchte allgemeine Lösung. Ist

$$R^2 > \frac{4L}{C}, \quad \text{so ist} \quad \sqrt{R^2 - \frac{4L}{C}} < R \tag{39}$$

und reell. Der Vorgang ist dann eine Überlagerung von zwei verschiedenen, exponentiell abklingenden Vorgängen, die uns nicht weiter interessieren.

Ist dagegen

$$R^2 < \frac{4L}{C}, \tag{39a}$$

so setzen wir

$$2\pi\nu_1 = \frac{1}{2L}\sqrt{\frac{4L}{C} - R^2} \tag{40}$$

und erhalten

$$I = e^{-\frac{R}{2L}t}(A\,e^{2\pi i\nu_1 t} + B\,e^{-2\pi i\nu_1 t}). \tag{41}$$

Da I natürlich reell sein muß, müssen A und B konjugiert komplex sein. Wir können statt ihrer zwei neue Konstanten D und ψ mit

$$A = \frac{D}{2}\,e^{-i\psi}; \qquad B = \frac{D}{2}\,e^{i\psi}$$

einführen und erhalten

$$I = D\,e^{-\frac{R}{2L}t}\cos(2\pi\nu_1 t - \psi). \tag{41a}$$

In dem Stromkreis oder Leiterstück kann also ein Wechselstrom der Frequenz

$$\nu_1 = \frac{1}{4\pi L}\sqrt{\frac{4L}{C} - R^2} \tag{40a}$$

fließen, dessen Amplitude aber nicht konstant ist, sondern exponentiell abklingt. Diesen Vorgang, der ohne treibende Spannung stattfinden kann, nennt man eine gedämpfte Schwingung. Einen Stromkreis, der zur Erzeugung einer

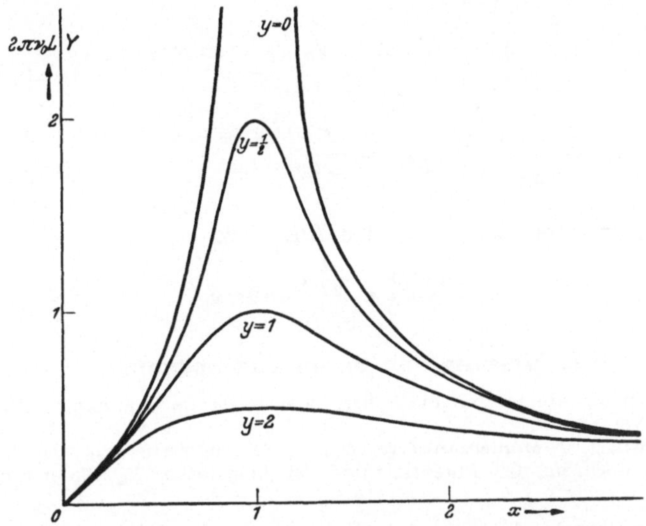

Abb. 147. Leitwert (genauer $2\pi\nu_0 L\,Y$) gegen das Verhältnis $x = \nu/\nu_0$ der Frequenz zur Eigenfrequenz bei verschiedenen $y = \frac{R}{2\pi\nu_0 L}$ aufgetragen. Resonanz bei $\nu = \nu_0$, $x = 1$.

solchen gedämpften Schwingung geeignet ist, der also aus Kapazität und Selbstinduktion besteht und bei dem ein OHMscher Widerstand unvermeidlich ist, nennt man einen THOMSONschen Schwingungskreis. Ist der OHMsche Widerstand nur klein, so gilt näherungsweise

$$\nu_1 \approx \nu_0 = \frac{1}{2\pi\sqrt{LC}},$$

und die Schwingung ist nur schwach gedämpft. Führen wir ν_0 in die Formel (40a) ein, so erhalten wir

$$\nu_1 = \nu_0\sqrt{1 - \frac{R^2 C}{4L}} = \nu_0\sqrt{1 - \frac{y^2}{4}}. \tag{40b}$$

Die Frequenz einer gedämpften Schwingung nimmt mit der Dämpfung ab. Die größte erzielbare Frequenz ist die der ungedämpften Schwingung.

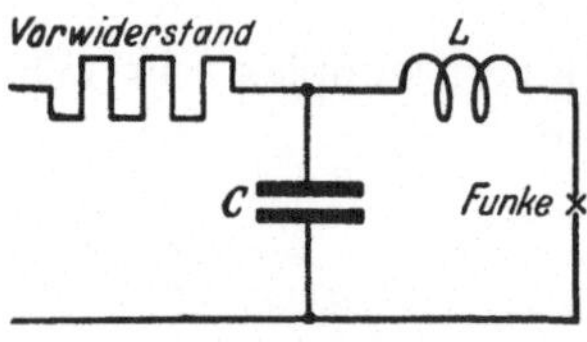

Abb. 148. Schaltung zur Erzeugung gedämpfter Schwingungen mit Kondensator und Funke.

Eine gedämpfte Schwingung kann mit der Anordnung der Abb. 148 erzeugt werden. Man legt an einen Kondensator eine Funkenstrecke und lädt ihn über eine Zuleitung mit hohem Vorwiderstand oder besser hoher Selbstinduktion auf (z. B. mit einem Transformator). Bei einer bestimmten Spannung und damit einer bestimmten Ladung Q zündet die Funkenstrecke und hat von da an praktisch keinen Widerstand mehr. Als Selbstinduktion in dem Schwingungskreis genügt oft die Induktion der Zuleitung zum Funken.

Da bei der Zündung für $t = 0$ noch kein Strom fließt, muß $\psi = \pi/2$ sein, und es wird

$$I = D\, e^{-\frac{R}{2L}t} \sin 2\pi \nu_1 t .$$

Die gesamte Ladung auf dem Kondensator ist

$$\begin{aligned} Q &= -D \int_0^\infty e^{-\frac{R}{2L}t} \sin 2\pi \nu_1 t \, dt \\ &= -\frac{D}{2i} \int_0^\infty \left(e^{-\frac{R}{2L}t + 2\pi i \nu_1 t} - e^{-\frac{R}{2L}t - 2\pi i \nu_1 t} \right) dt \\ &= \frac{2\pi \nu_1 D}{4\pi^2 \nu_1^2 + \frac{R^2}{4L^2}} = \frac{D \nu_1}{2\pi \nu_0^2} . \end{aligned}$$

Für den Strom erhalten wir damit den Ausdruck

$$I = \frac{2\pi \nu_0^2 Q}{\nu_1} e^{-\frac{R}{2L}t} \sin 2\pi \nu_1 t .$$

§ 7. Messung von Strom und Spannung.

Inhalt: Meßinstrumente messen die äußere oder treibende Spannung. Effektive Spannung und effektiver Strom.

Bezeichnungen: U, I Momentanwerte, U_0, I_0 Scheitelwerte, U_{eff}, I_{eff} Effektivwerte von Spannung und Strom, $\mathfrak{E}''$ Potentialanteil der Feldstärke, R_m Widerstand des Meßinstruments.

Auf S. 404 unterschieden wir drei Spannungen, die Wirkspannung, die treibende Spannung und die induzierte Spannung. Wir müssen jetzt untersuchen, welche von ihnen gemessen wird, wenn wir mit einem Voltmeter einen Teil eines Stromkreises abgreifen.

Wir denken jetzt an ein Meßinstrument, das uns in jedem Augenblick den eben fließenden Meßstrom I_m anzeigt. Dieses Instrument besitze nur einen Ohmschen Widerstand R_m. Dann können wir aus der Stromanzeige die über dem Instrument liegende Spannung ausrechnen. Da $\mathfrak{E}''$ ein Potential besitzt, muß sein Integral über den abgegriffenen Stromkreisteil (s. Abb. 149) gleich dem Integral über das Meßinstrument sein. Mit diesem Instrument messen wir also die treibende Spannung

$$R_m I_m = \int (\mathfrak{E}_m \, d\mathfrak{s}_m) = \int (\mathfrak{E}'' \, d\mathfrak{s}) = U .$$

Das Integral der wirklich vorhandenen Feldstärke ist dagegen über dem abgegriffenen Stromkreisteil und dem Meßinstrument verschieden.

Würden wir ein Meßinstrument benutzen, das selbst Selbstinduktion besitzt, so wäre es trotzdem ein Leiter, an dem die treibende Spannung U liegt. Der Meßstrom wäre zu U proportional und hätte gar nichts mit der Wirkspannung und induzierten Spannung am abgegriffenen Stromkreisteil zu tun. Von einem Meßinstrument wird also in jedem Fall die treibende Spannung gemessen.

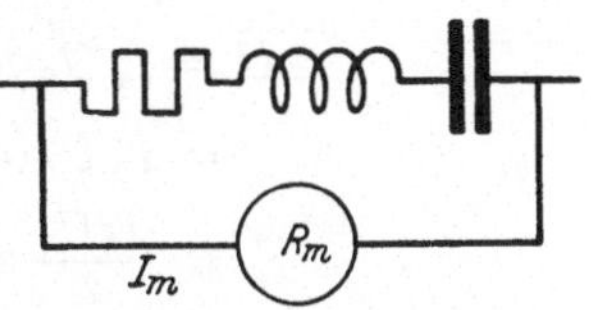

Abb. 149. Messung der Spannung.

In Wirklichkeit zeigt kein gewöhnliches Wechselstrominstrument die momentane Stromstärke an. Die Meßwerke sind zu träge, um den schnellen Schwankungen des Stromes zu folgen. Ein Gleichstrominstrument spricht auf Wechselstrom sogar überhaupt nicht an, da es über den Strom mittelt, wobei natürlich Null herauskommt.

Instrumente aber, die wie ein Hitzdraht- oder Weicheiseninstrument auf das Quadrat der Stromstärke reagieren, mitteln auch darüber. Bei geeigneter Beschriftung der Skala ist die Wurzel aus diesem Mittelwert die angezeigte, die sogenannte effektive Stromstärke I_{eff}. Demnach ist

$$I_{\text{eff}}^2 = \overline{I^2} = I_0^2 \,\overline{\cos^2(2\pi\nu t - \varphi)} = \frac{I_0^2}{2} \tag{42}$$

und

$$I_{\text{eff}} = \frac{I_0}{\sqrt{2}}. \tag{42a}$$

Der Scheitelwert der Stromstärke I_0 ist $\sqrt{2}$mal größer als der Effektivwert.

Entsprechendes gilt, wenn wir ein Instrument zur Spannungsmessung verwenden. Gemessen wird die effektive Spannung U_{eff}, die durch

$$U_{\text{eff}}^2 = U_0^2 \,\overline{\cos^2 2\pi\nu t} = \frac{U_0^2}{2} \tag{42b}$$

definiert ist.

§ 8. Die Stromleistung.

Inhalt: Momentanleistung, Wirkleistung = mittlere Leistung, Blindleistung.

Bezeichnungen: W_m und W_{el} magnetische und elektrische Feldenergie, U, I Momentanwerte, U_0, I_0 Scheitelwerte, U_{eff}, I_{eff} Effektivwerte von Strom und Spannung, zeitliche Mittelung durch Überstreichen. Sonst wie S. 406.

Die Energie, welche der Strom pro Zeiteinheit in Wärme umsetzt, wird Wärmeleistung oder Wirkleistung genannt und ist das Integral

$$\int (\mathfrak{E}\,\mathfrak{G})\,dv = I\int (\mathfrak{E}\,d\mathfrak{s}) = I^2 R \tag{43}$$

über alle stromführenden Teile. Diese Leistung ist natürlich bei Wechselstrom eine periodische Funktion der Zeit. Ihren Zeitmittelwert

$$\overline{I^2}R = I_{\text{eff}}^2 R \tag{44}$$

nennen wir die effektive Wirkleistung.

Die momentane Wirkleistung ist nicht identisch mit der momentanen von der Stromquelle aufgebrachten Leistung. Letztere ist vielmehr

$$\left.\begin{aligned} I\,U &= I^2 R + L\,I\frac{dI}{dt} + \frac{I\,Q}{C} \\ &= I^2 R + \frac{d}{dt}\left(\frac{1}{2}L\,I^2\right) + \frac{d}{dt}\left(\frac{1}{2}\frac{Q^2}{C}\right) \\ &= I^2 R + \frac{d}{dt}W_m + \frac{d}{dt}W_{\text{el}}. \end{aligned}\right\} \tag{45}$$

Die aufgebrachte Leistung wird nur zum Teil in Wärme umgesetzt, zum Teil dient sie zur Vergrößerung der magnetischen und elektrischen Feldenergie in Spulen und Kondensatoren. Ihr Zeitmittelwert ist

$$\begin{aligned}\overline{I\,U} &= I_0\,U_0\,\overline{\cos 2\pi\nu t\cos(2\pi\nu t-\varphi)}\\ &= I_0\,U_0\left(\overline{\cos^2 2\pi\nu t}\cos\varphi+\overline{\cos 2\pi\nu t\sin 2\pi\nu t}\sin\varphi\right)\\ &= \frac{I_0\,U_0}{2}\cos\varphi = I_{\text{eff}}\,U_{\text{eff}}\cos\varphi = I_{\text{eff}}^2 Z\cos\varphi = I_{\text{eff}}^2 R\end{aligned}$$

und damit gleich der effektiven Wirkleistung. Der Anteil

$$I\left(L\frac{dI}{dt}+\frac{Q}{C}\right)=\frac{d}{dt}(W_m+W_{\text{el}})$$

der aufgebrachten Leistung wird momentane Blindleistung genannt. Ihr Zeitmittelwert ist Null.

Die Energie, die zunächst zum Aufbau des elektrischen und magnetischen Feldes dient, wird erst später in Wärme umgesetzt bzw. sogar an die Stromquelle zurückgeliefert. In Abb. 150 ist die momentane aufgebrachte Leistung für die Phasenverschiebungen $\varphi = 0$, $\varphi = \pi/4$ und $\varphi = \pi/2$ gegen die Zeit aufgetragen.

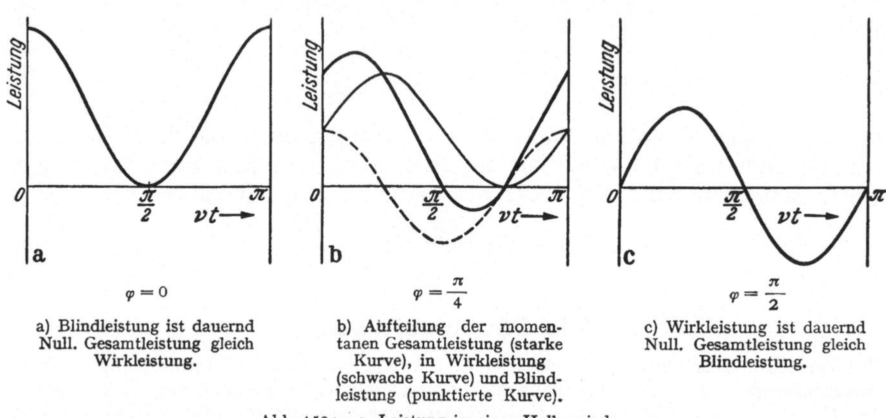

$\varphi = 0$

a) Blindleistung ist dauernd Null. Gesamtleistung gleich Wirkleistung.

$\varphi = \frac{\pi}{4}$

b) Aufteilung der momentanen Gesamtleistung (starke Kurve), in Wirkleistung (schwache Kurve) und Blindleistung (punktierte Kurve).

$\varphi = \frac{\pi}{2}$

c) Wirkleistung ist dauernd Null. Gesamtleistung gleich Blindleistung.

Abb. 150a—c. Leistung in einer Halbperiode.

Für $\varphi = \pi/4$ ist auch die momentane Wirkleistung und die Blindleistung eingezeichnet, die bei $\varphi = 0$ und bei $\varphi = \pi/2$ mit der aufgebrachten Leistung übereinstimmen bzw. verschwinden.

In Spulen und Kondensatoren, deren Wirkwiderstand als verschwindend betrachtet werden kann, wird im Mittel keine Leistung verbraucht. Man bezeichnet sie deshalb als verlustfrei. Es versteht sich, daß in Wirklichkeit solche Geräte immer nur nahezu verlustfrei sein können.

§ 9. Komplexe Darstellung der Wechselströme. Wechselstromschaltungen.

Inhalt: Wechselstromschaltungen lassen sich einfach berechnen, wenn man Spannung und Strom komplex darstellt. Der Scheinwiderstand ist die komplexe Summe von Wirk- und Blindwiderstand. Bei Serienschaltung addieren sich die Scheinwiderstände, bei Parallelschaltungen die Scheinleitwerte.

Bezeichnungen: U, I komplexe Spannung und Strom, U_0, I_0 Scheitelwerte, ν Frequenz, φ Phasenverschiebung, $\mathfrak{Z}$ Scheinwiderstand, L Induktionskoeffizient, C Kapazität, i imaginäre Einheit, Z Richtwiderstand, $\mathfrak{Y}$ Scheinleitwert, Y Richtleitwert, R Ohmscher Widerstand.

Wir gehen jetzt zur Untersuchung etwas komplizierterer Wechselstromschaltungen über, wie sie entstehen, wenn mehrere Stromkreise zusammengeschaltet oder durch gegenseitige Induktion ihrer Teile verkoppelt sind. Zuerst arbeiten wir ein vereinfachtes Verfahren für die Berechnung aus.

Wir haben bisher die treibende Wechselspannung an einem Leiterstück immer durch

$$U = U_0 \cos 2\pi\nu t \tag{46}$$

dargestellt. Ebensogut hätten wir aber auch

$$U = U_0 \sin 2\pi\nu t \tag{46a}$$

schreiben und alle Rechnungen analog durchführen können. Die Schreibweisen (46) und (46a) können wir auch in eine zusammenfassen, nämlich

$$U = U_0(\cos 2\pi\nu t + i \sin 2\pi\nu t) = U_0\, e^{2\pi i\nu t}. \tag{47}$$

Die imaginäre Einheit hat hier nur die Aufgabe, die Addition beider Ausdrücke zu verhindern und damit die Formel in zwei Teile zu zerlegen, die zu zwei verschiedenen, aber gleichwertigen Behandlungen des Problems gehören.

Ganz entsprechend können wir statt

$$I = I_0 \cos(2\pi\nu t - \varphi) \tag{48}$$

auch

$$I = I_0 \sin(2\pi\nu t - \varphi) \tag{48a}$$

oder komplex

$$I = I_0\, e^{2\pi i\nu t - i\varphi} \tag{49}$$

schreiben. Die komplexe Schreibweise läßt sich so lange durchführen, als wir nur in I und U lineare Ausdrücke bilden.

Zwischen U und I ergibt sich der einfache Zusammenhang

$$U = \mathfrak{Z}\, I, \tag{50}$$

wo

$$\mathfrak{Z} = \frac{U_0}{I_0}\, e^{i\varphi} = Z\, e^{i\varphi} = Z \cos\varphi + i Z \sin\varphi = R + i\left(2\pi\nu L - \frac{1}{2\pi\nu C}\right) \tag{51}$$

ist.

Die Gl. (50) hat genau die Form des Ohmschen Gesetzes für Gleichstrom. $\mathfrak{Z}$ ist an die Stelle des Widerstands getreten und wird Scheinwiderstand genannt. Er setzt sich additiv aus dem Wirkwiderstand und dem Blindwiderstand zusammen. Der Wirkwiderstand ist der Realteil des Scheinwiderstands, der induktive Widerstand trägt positiv, der kapazitive Widerstand negativ zum Imaginärteil bei.

Man kann (50) auch nach I auflösen und erhält

$$I = \frac{1}{\mathfrak{Z}}\, U = \mathfrak{Y}\, U. \tag{52}$$

$\mathfrak{Y}$ ist der Leitwert des Leiters, sein Betrag

$$Y = \frac{1}{Z}$$

heißt Richtleitwert. Den Realteil von $\mathfrak{Y}$ kann man Wirkleitwert, den Imaginärteil Blindleitwert nennen.

Sind zwei Leiterstücke hintereinandergeschaltet, so addieren sich die Momentanspannungen, weil sie Differenzen von Potentialen sind. Es ist also

$$U = U_1 + U_2 = \mathfrak{Z}_1 I + \mathfrak{Z}_2 I = \mathfrak{Z}\, I. \tag{53}$$

Die Scheinwiderstände hintereinanderliegender Leiter addieren sich.

Sind zwei Leiterstücke parallelgeschaltet, so addieren sich die Momentanströme. Es ist also

$$I = I_1 + I_2 = \mathfrak{Y}_1 U + \mathfrak{Y}_2 U = \mathfrak{Y} U. \tag{54}$$

Der Leitwert zweier paralleler Leiterstücke ist die Summe der Leitwerte der einzelnen. — Als Beispiel für die Anwendung der komplexen Darstellung rechnen wir zwei Beispiele durch.

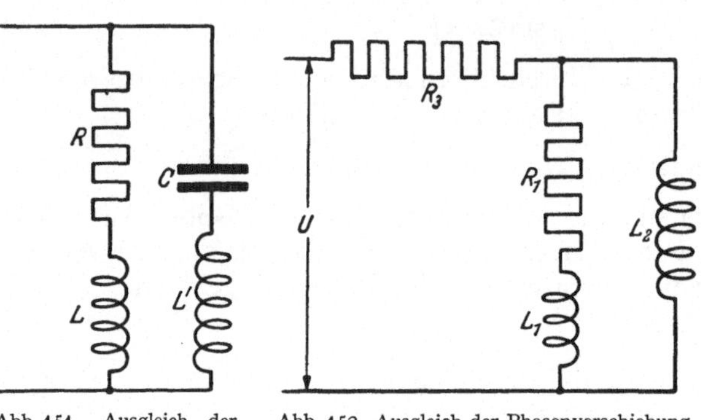

Abb. 151. Ausgleich der Phasenverschiebung durch parallele Spule und Kondensator.

Abb. 152. Ausgleich der Phasenverschiebung des Stromes durch R_1 und L_1 gegen die Spannung U mit der Spule L_2 und dem Widerstand R_3. (Hummelschaltung.)

Vor einen Stromverbraucher mit dem Wirkwiderstand R sei aus Betriebsgründen eine Drossel L gelegt. Die Phasenverschiebung soll durch Parallelschaltung einer zweiten Drossel L und eines Kondensators C ausgeglichen werden (s. Schaltbild Abbildung 151). Zwischen der Spannung U und dem Gesamtstrom

$$I = (\mathfrak{Y} + \mathfrak{Y}')\, U$$

soll kein Phasenunterschied vorhanden sein, d. h. $\mathfrak{Y} + \mathfrak{Y}'$ ist reell, die Imaginärteile von $\mathfrak{Y}$ und $\mathfrak{Y}'$ sind entgegengesetzt gleich. Dies ergibt die Beziehung

$$\operatorname{Im}\mathfrak{Y} = -\frac{2\pi\nu L}{R^2 + 4\pi^2\nu^2 L^2} = -\operatorname{Im}\mathfrak{Y}' = \frac{1}{2\pi\nu L' - \frac{1}{2\pi\nu C}}$$

zwischen R, L, L' und C'.

Als zweites Beispiel betrachten wir die sogenannte Hummelschaltung. Durch sie soll erzielt werden, daß der Strom durch eine Spule mit der Selbstinduktion L_1 und dem Wirkwiderstand R_1 keine Phasenverschiebung gegen die treibende Spannung zeigt. Dies erreicht man, indem man eine Spule mit der Selbstinduktion L_2 parallel zu ihr legt und vor beide Spulen noch einen Wirkwiderstand R_3 (s. Schaltbild Abb. 152) schaltet. Dann gelten die Gleichungen

$$I_1 \mathfrak{Z}_1 = I_2 \mathfrak{Z}_2$$

$$U = \mathfrak{Z}_3(I_1 + I_2) + \mathfrak{Z}_1 I_1 = \left(\mathfrak{Z}_3 + \frac{\mathfrak{Z}_3 \mathfrak{Z}_1}{\mathfrak{Z}_2} + \mathfrak{Z}_1\right) I_1.$$

Da zwischen U und I_1 keine Phasenverschiebung bestehen soll, muß

$$\mathfrak{Z}_3 + \frac{\mathfrak{Z}_1 \mathfrak{Z}_3}{\mathfrak{Z}_2} + \mathfrak{Z}_1 = R_3 + R_3 \frac{R_1 + 2\pi i\nu L_1}{2\pi i\nu L_2} + R_1 + 2\pi i\nu L_1$$

reell sein. Dies liefert leicht

$$4\pi^2\nu^2 L_1 L_2 = R_1 R_3.$$

Durch Abgleichen des Vorschaltwiderstandes R_3 und der Spule L_2 kann man also die Spannung U und den Strom I_1 in Phase bringen. Dies ist natürlich immer nur für eine bestimmte Frequenz möglich.

§ 10. Das Superpositionsprinzip.

Inhalt: Wechselströme verschiedener Frequenz überlagern sich ungestört. Zerlegung periodischer und nichtperiodischer Vorgänge in Wechselströme.

Bezeichnungen: Indizes m, n zur Unterscheidung verschiedener Stromkreise, k zur Unterscheidung der Frequenzen, kleine Buchstaben für die Anteile bestimmter Frequenz. Sonst wie S. 414.

Es seien f Stromkreisanteile vorhanden, die wir durch Indizes unterscheiden. Alle diese Teile seien miteinander durch Induktionskoeffizienten L_{mn} verknüpft. Jeder Stromkreisteil besitze außerdem einen Wirkwiderstand R_m und enthalte eine Kapazität C_m. Für ihn gilt dann die Gleichung

$$\frac{d U_m}{d t} = \sum^n L_{mn} \frac{d^2 I_n}{d t^2} + R_m \frac{d I_m}{d t} + \frac{I_m}{C_m}. \tag{55}$$

Die Indizes m und n durchlaufen sämtliche Stromkreisteile. Wir haben also f solcher Gleichungen.

Die treibenden Spannungen U_m in allen Stromkreisteilen mögen sich nun additiv als Wechselspannungen verschiedener Frequenzen zusammensetzen lassen. Es sei also

$$U_m = \sum^k u_{mk} = \sum^k u^0_{mk}\, e^{i(2\pi \nu_k t - \psi_{mk})}. \tag{56}$$

In jedem Stromkreisteil kann die Zusammensetzung wieder auf andere Art erfolgen. Können wir nun für jede einzelne vorkommende Frequenz das Gleichungssystem

$$\frac{d u_{mk}}{d t} = \sum^n L_{mn} \frac{d^2 i_{nk}}{d t^2} + R_m \frac{d i_{mk}}{d t} + \frac{i_{mk}}{C_m} \tag{57}$$

lösen, so ist

$$I_m = \sum^k i_{mk} \tag{58}$$

die Lösung der Gl. (55). Die Richtigkeit dieser Behauptung ergibt sich sofort durch Summieren von (57) über alle Werte von k, wobei (55) herauskommt.

Fließen also in einem oder in mehreren Stromkreisen oder Stromkreisteilen Wechselströme verschiedener Frequenzen, so kann man die Ströme der einzelnen Frequenzen so ausrechnen, als ob die anderen Frequenzen nicht da wären, und nachher die Anteile aller Frequenzen addieren oder, wie man sagt, superponieren. Da man schließlich jede zeitabhängige Funktion $U(t)$ als eine Summe oder Integral über Wechselspannungen verschiedener Frequenzen schreiben kann, kann man das Verhalten von gekoppelten Stromkreisen bei beliebigen Spannungen aus der Kenntnis des Verhaltens dieser Stromkreise gegen Wechselspannungen aller möglichen Frequenzen superponieren. Dieses Superpositionsprinzip ist für die Hochfrequenztechnik von fundamentaler Wichtigkeit.

Setzen wir in das Gleichungssystem (57)

$$u_{mk} = u^0_{mk}\, e^{i(2\pi \nu_k t - \psi_{mk})}; \qquad i_{mk} = i^0_{mk}\, e^{i(2\pi \nu_k t - \psi_{mk} - \varphi_{mk})}$$

ein, lassen den Index k weg und schreiben statt der kleinen wieder große Buchstaben, so erhalten wir

$$2\pi i \nu U_m = -4\pi^2 \nu^2 \sum^n L_{mn} I_n + 2\pi i \nu R_m I_m + \frac{I_m}{C_m}$$

oder

$$U_m = \sum^k 2\pi i \nu L_{mn} I_n + R_m I_m - \frac{i I_m}{2\pi \nu C_m}. \tag{59}$$

Setzen wir nun

$$\begin{aligned} \mathfrak{Z}_{mn} &= R_m + 2\pi i \nu L_{mn} - \frac{i}{2\pi \nu C_m} \quad \text{für} \quad m = n \\ \mathfrak{Z}_{mn} &= 2\pi i \nu L_{mn} \quad \text{für} \quad m \neq n, \end{aligned} \tag{60}$$

so nimmt (59) die einfache Form

$$U_m = \sum^n \mathfrak{Z}_{mn} I_n \tag{61}$$

an.

§ 11. Die Leistung in komplexer Schreibweise.

Bezeichnungen: Wie S. 414.

Die komplexe Schreibweise für Strom und Spannung führt zu keinerlei Schwierigkeiten, solange man nur lineare Ausdrücke in diesen beiden Größen bildet. Will man quadratische Größen untersuchen, so muß man zu Künstlichkeiten greifen. Für die Leistung setzen wir komplex

$$U I^* = U_0 I_0 e^{+i\varphi}, \tag{62}$$

wo I^* der zu I konjugiert komplexe Strom ist. Spalten wir in Real- und Imaginärteil auf, so ergibt sich

$$U I^* = U_0 I_0 \cos\varphi + i U_0 I_0 \sin\varphi. \tag{63}$$

Den Realteil können wir als die doppelte Wirkleistung identifizieren. Hätten wir statt der Scheitelwerte die Effektivwerte

$$\begin{aligned} U &= U_{\text{eff}} e^{2\pi i \nu t} \\ I &= I_{\text{eff}} e^{2\pi i \nu t - i\varphi} \end{aligned}$$

genommen, so würden wir

$$U I^* = U_{\text{eff}} I_{\text{eff}} \cos\varphi + i U_{\text{eff}} I_{\text{eff}} \sin\varphi$$

erhalten, und der Realteil wäre die mittlere Wirkleistung. Der Imaginärteil wird in der Elektrotechnik als Blindleistung bezeichnet, ist aber in Wirklichkeit weder deren Momentanwert noch deren Mittelwert. Seine praktische Bedeutung besteht darin, daß er bei geeigneter Schaltung mit dem Wattmeter gemessen werden kann und dann ein gewisses Maß für die Phasenverschiebung liefert. Theoretisch wird durch sein Auftreten eigentlich nur dokumentiert, daß durch die komplexe Schreibweise bei nichtlinearen Größen gewisse Schwierigkeiten auftreten.

§ 12. Induktiv gekoppelte Stromkreise.

Inhalt: Zwei Stromkreise mit gegenseitiger Induktion. Die Koppelung zweier Schwingkreise führt zur Aufspaltung der Eigenfrequenz in zwei Frequenzen. Der Transformator.

Bezeichnungen: I_1, I_2 Ströme in den beiden Kreisen, U_1, U_2 Spannungen, ν Frequenz, ν_1, ν_2 Eigenfrequenz, ν_0 ungedämpfte Eigenfrequenz, L_{11}, L_{22} Selbstinduktionen, L_{12} Gegeninduktion, C_1, C_2 Kapazitäten, R_1, R_2 Wirkwiderstände, n_1, n_2 Windungszahlen, $\mathfrak{Z}_{11}$, $\mathfrak{Z}_{22}$ Scheinwiderstände der Kreise, $\mathfrak{Z}_{12} = 2\pi \nu L_{12}$.

Eine Wechselspannung U_1 liege an einem Stromkreisstück, das durch eine kleine gegenseitige Induktion L_{12} mit einem zweiten Stromkreis gekoppelt ist. An jenem liege keine treibende Spannung. Das Gleichungssystem (61) lautet dann

$$\begin{aligned} U_1 &= \mathfrak{Z}_{11} I_1 + \mathfrak{Z}_{12} I_2 \\ 0 &= \mathfrak{Z}_{12} I_1 + \mathfrak{Z}_{22} I_2. \end{aligned} \tag{64}$$

Eliminieren von I_1 ergibt

$$I_2 = \frac{\mathfrak{Z}_{12}}{\mathfrak{Z}_{12}^2 - \mathfrak{Z}_{11}\mathfrak{Z}_{22}} U_1$$

und nach Einsetzen der Werte für die $\mathfrak{Z}$

$$I_2 = U_1 \frac{-2\pi i \nu L_{12}}{4\pi^2 \nu^2 L_{12}^2 + \left(R_1 + 2\pi i \nu L_{11} - \frac{i}{2\pi \nu C_1}\right)\left(R_2 + 2\pi i \nu L_{22} - \frac{i}{2\pi \nu C_2}\right)}. \tag{65}$$

In speziellen Fällen vereinfacht sich diese verwickelte Formel bedeutend. Ist die gegenseitige Induktion klein und besitzt der Stromkreis 1 weder kapazitiven noch Wirkwiderstand, so haben wir näherungsweise

$$I_2 = -U_1 \frac{L_{12}}{L_{11}\mathfrak{Z}_{22}}. \tag{65 a}$$

Die Rückwirkung (Rückkoppelung) auf den Stromkreis 1 ist dann vernachlässigt.

Die Koppelung der beiden Kreise wirkt auf den Kreis 2 genau, wie wenn in ihm selbst eine treibende Spannung

$$U_2 = -2\pi i \nu L_{12} I_1 = -\frac{L_{12}}{L_{11}} U_1$$

vorhanden wäre.

Gekoppelte Schwingungskreise. Ist in keinem von zwei gekoppelten Kreisen eine treibende Spannung vorhanden, so müssen die Gleichungen

$$\begin{aligned} 0 &= \mathfrak{Z}_{11} I_1 + \mathfrak{Z}_{12} I_2 \\ 0 &= \mathfrak{Z}_{12} I_1 + \mathfrak{Z}_{22} I_2 \end{aligned} \tag{66}$$

gelten. Außer der trivialen Lösung $I_1 = 0$, $I_2 = 0$ ist noch

$$\operatorname{Det}\mathfrak{Z} = \mathfrak{Z}_{11}\mathfrak{Z}_{22} - \mathfrak{Z}_{12}^2 = 0 \tag{67}$$

möglich. Setzen wir für die $\mathfrak{Z}$ die Werte (60) ein, so ergibt sich für die Frequenz die Gleichung

$$\left\{R_1 + i\left(2\pi \nu L_{11} - \frac{1}{2\pi \nu C_1}\right)\right\}\left\{R_2 + i\left(2\pi \nu L_{22} - \frac{1}{2\pi \nu C_2}\right)\right\} = -4\pi^2 \nu^2 L_{12}^2$$

vierter Ordnung. Setzen wir $2\pi i \nu = x$, so lautet sie:

$$\left(R_1 x + L_{11} x^2 + \frac{1}{C_1}\right)\left(R_2 x + L_{22} x^2 + \frac{1}{C_2}\right) = L_{12}^2 x^4. \tag{68}$$

Diese Gleichung liefert vier Wurzeln für x, die paarweise zueinander konjugiert komplex sind.

Was es bedeutet, daß hier auch komplexe Frequenzen auftreten, wollen wir zuerst an einem einzelnen Schwingungskreis untersuchen. Statt (66) hätten wir dann

$$0 = \mathfrak{Z} I$$

und statt (67)

$$\mathfrak{Z} = 0.$$

An Stelle von (68) würde

$$R x + L x^2 + \frac{1}{C} = 0$$

mit den Lösungen

$$2\pi i \nu = x = -\frac{R}{2L} \pm \sqrt{\frac{R^2}{4L^2} - \frac{1}{LC}}$$

treten. Für den Strom würden wir

$$I = e^{-\frac{Rt}{2L}} \left\{ A\, e^{\frac{it}{2L}\sqrt{\frac{4L}{C} - R^2}} + B\, e^{-\frac{it}{2L}\sqrt{\frac{4L}{C} - R^2}} \right\}$$

bekommen. Der imaginäre Anteil der Frequenz liefert also ein Abklingglied. In den zwei gekoppelten Kreisen überlagern sich demnach zwei gedämpfte Schwingungen. Wir untersuchen die Überlagerung noch etwas genauer ohne Dämpfung.

Verschwindet R_1 und R_2, so vereinfacht sich (68) auf

$$\left(L_{11}x^2 + \frac{1}{C_1}\right)\left(L_{22}x^2 + \frac{1}{C_2}\right) = L_{12}^2 x^4$$

mit den Lösungen

$$x^2 = \frac{-b \pm \sqrt{b^2 - 4ac}}{2a}, \tag{69}$$

wo

$$a = L_{11}L_{22} - L_{12}^2, \quad b = L_{11}/C_2 + L_{22}/C_1 \quad \text{und} \quad c = 1/C_1 C_2$$

bedeutet. Man kann leicht nachrechnen, daß $b^2 - 4ac \geqq 0$ ist, so daß x^2 immer negativ und die Frequenzen

$$\nu_{12} = \frac{1}{2\pi}\sqrt{\frac{b \mp \sqrt{b^2 - 4ac}}{2a}} \tag{69a}$$

stets reell sind. Besonders interessant ist der Fall, daß zwei vollkommen gleiche Kreise miteinander gekoppelt sind. Dann ist

$$a = L^2 - L_{12}^2; \quad b = \frac{2L}{C}; \quad c = \frac{1}{C^2}$$

und

$$\begin{aligned} \nu_1 &= \frac{1}{2\pi}\sqrt{\frac{1}{(L - L_{12})C}} = \nu_0 \frac{1}{\sqrt{1 - \frac{L_{12}}{L}}} \\ \nu_2 &= \frac{1}{2\pi}\sqrt{\frac{1}{(L + L_{12})C}} = \nu_0 \frac{1}{\sqrt{1 + \frac{L_{12}}{L}}}. \end{aligned} \tag{69b}$$

Die Frequenz eines Schwingungskreises wird durch Koppelung mit einem gleichen Kreis in zwei Frequenzen aufgespalten, die um so weiter getrennt liegen, je stärker die Koppelung ist.

Der Transformator. Vernachlässigen wir bei einem Transformator die Wirbelstrom- und Hysteresisverluste, so besteht er einfach aus zwei induktiv miteinander gekoppelten Stromkreisen, für die die Gleichungen

$$\begin{aligned} U_1 &= \mathfrak{Z}_{11} I_1 + \mathfrak{Z}_{12} I_2 \\ 0 &= \mathfrak{Z}_{12} I_1 + \mathfrak{Z}_{22} I_2 \end{aligned} \tag{70}$$

gelten. $\mathfrak{Z}_{11}$ ist hierbei der Scheinwiderstand der Primärwicklung, $\mathfrak{Z}_{22}$ aber der Scheinwiderstand des ganzen Sekundärkreises. Wir wollen die Schreibweise abändern und unter $\mathfrak{Z}_{22}$ nur den Anteil der Sekundärwicklung verstehen, der im Transformator selbst liegt, und mit $\mathfrak{Z}$ (ohne Index) den Scheinwiderstand des Sekundärkreises außerhalb des Transformators bezeichnen. Dann schreiben wir

$$\begin{aligned} U_1 &= \mathfrak{Z}_{11} I_1 + \mathfrak{Z}_{12} I_2 \\ 0 &= \mathfrak{Z}_{12} I_1 + \mathfrak{Z}_{22} I_2 + \mathfrak{Z} I_2. \end{aligned} \tag{70a}$$

Als Sekundärspannung U_2 des Transformators bezeiclnen wir $-\mathfrak{Z}\, I_2$ (s. Abb. 153). Zu beachten ist, daß zuweilen die positive Richtung der Sekundärspannung auch umgekehrt angegeben wird (Vierpoltheorie).

Drücken wir alles durch den Primärstrom aus, so gelten die Beziehungen

$$\left.\begin{aligned} I_2 &= -I_1 \frac{\mathfrak{Z}_{12}}{\mathfrak{Z}_{22}+\mathfrak{Z}}; \quad U_2 = I_1 \frac{\mathfrak{Z}\,\mathfrak{Z}_{12}}{\mathfrak{Z}_{22}+\mathfrak{Z}} \\ U_1 &= I_1 \frac{\mathfrak{Z}_{11}\mathfrak{Z}_{22}-\mathfrak{Z}_{12}^2+\mathfrak{Z}\,\mathfrak{Z}_{11}}{\mathfrak{Z}_{22}+\mathfrak{Z}} \end{aligned}\right\} \tag{71}$$

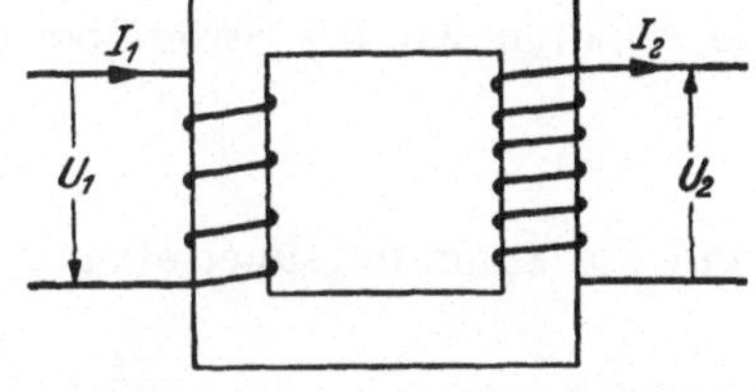

Abb. 153. Schema eines Transformators.

Soll alles durch die Primärspannung ausgedrückt werden, so finden wir

$$\left.\begin{aligned} I_1 &= \frac{\mathfrak{Z}_{22}+\mathfrak{Z}}{\mathfrak{Z}_{11}\mathfrak{Z}_{22}-\mathfrak{Z}_{12}^2+\mathfrak{Z}\,\mathfrak{Z}_{11}} U_1. \\ I_2 &= -\frac{\mathfrak{Z}_{12}}{\mathfrak{Z}_{11}\mathfrak{Z}_{22}-\mathfrak{Z}_{12}^2+\mathfrak{Z}\,\mathfrak{Z}_{11}} U_1; \quad U_2 = \frac{\mathfrak{Z}\,\mathfrak{Z}_{12}}{\mathfrak{Z}_{11}\mathfrak{Z}_{22}-\mathfrak{Z}_{12}^2+\mathfrak{Z}\,\mathfrak{Z}_{11}} U_1. \end{aligned}\right\} \tag{72}$$

Bei einem idealen verlustfreien Transformator sind in den Wicklungen keine Wirkwiderstände und keine kapazitiven Widerstände vorhanden. Es ist also

$$\mathfrak{Z}_{11} = 2\pi i \nu L_{11}; \quad \mathfrak{Z}_{22} = 2\pi i \nu L_{22}; \quad \mathfrak{Z}_{12} = 2\pi i \nu L_{12}.$$

Für das Stromübersetzungsverhältnis erhalten wir in diesem Fall

$$\frac{I_2}{I_1} = -\frac{2\pi i \nu L_{12}}{2\pi i \nu L_{22}+\mathfrak{Z}} \tag{73}$$

und für das Übersetzungsverhältnis der Spannungen

$$\frac{U_2}{U_1} = \frac{2\pi i \nu L_{12}\mathfrak{Z}}{2\pi i \nu L_{11}\mathfrak{Z} - 4\pi^2 \nu^2 (L_{11}L_{22} - L_{12}^2)}. \tag{74}$$

Besitzt ein verlustfreier Transformator einen sehr guten Eisenschluß, dann ist der Streukoeffizient

$$\sigma = 1 - \frac{L_{12}^2}{L_{11}L_{22}} \approx 1 - \frac{n_1^2 n_2^2}{n_1^2 n_2^2} = 0 \tag{75}$$

nur wenig größer als Null. n_1 und n_2 bedeuten die Windungszahlen der beiden Wicklungen. Für nicht zu kleinen äußeren Widerstand $\mathfrak{Z}$ ist das Spannungsübersetzungsverhältnis

$$\frac{U_2}{U_1} = \frac{L_{12}}{L_{11}} = \frac{n_2}{n_1} \tag{75a}$$

nahezu konstant. Die Spannungsübersetzung sinkt erst, wenn die Sekundärseite fast kurzgeschlossen ist, auf den Wert Null ab. Je größer der Streukoeffizient ist, desto früher tritt der Abfall ein.

Bei Kurzschluß (für $\mathfrak{Z} = 0$) ist das Strömübersetzungsverhältnis

$$\frac{I_2}{I_1} = -\frac{L_{12}}{L_{22}}. \tag{73a}$$

Bei Leerlauf, für $\mathfrak{Z} = \infty$, ist das Spannungsübersetzungsverhältnis bei jeder Streuung

$$\frac{U_2}{U_1} = \frac{L_{12}}{L_{11}} \tag{74a}$$

und wird bei kleinen σ

$$\frac{U_2}{U_1} \approx \frac{n_2}{n_1}. \tag{75a}$$

Bei Kurzschluß sind die Ströme um eine Halbperiode verschoben. Bei Leerlauf sind die Primär- und Sekundärspannung in Phase.

Wird ein verlustfreier Transformator durch eine Selbstinduktion L belastet, so erhalten wir die Stromübersetzung

$$\frac{I_2}{I_1} = -\frac{L_{12}}{L_{22} + L} \tag{73b}$$

und die Spannungsübersetzung

$$\frac{U_2}{U_1} = \frac{L_{12} L}{L_{11} L + (L_{11} L_{22} - L_{12}^2)} . \tag{74b}$$

Da $L_{11} L_{22} - L_{12}^2$ stets positiv ist (bei vollkommenem Eisenschluß wäre ja $L_{11} L_{22} = L_{12}^2$, mangelhafter Eisenschluß vermindert nur die gegenseitige Induktion), setzt induktive Belastung die Sekundärspannung stets herab. Ein beträchtlicher Abfall tritt bei gutem Eisenschluß aber erst bei starker Belastung (kleinem L) ein.

Belastet man den Transformator mit einem Kondensator C, so ist die Stromübersetzung

$$\frac{I_2}{I_1} = -\frac{2\pi\nu L_{12}}{2\pi\nu L_{22} - \dfrac{1}{2\pi\nu C}} . \tag{73c}$$

Bei der Schwingungsfrequenz des Sekundärkreises

$$\nu = \nu_2 = \frac{1}{2\pi\sqrt{L_{22} C}}$$

erreicht die Stromübersetzung ein Maximum. Die Spannungsübersetzung bei kapazitiver Belastung ist

$$\frac{U_2}{U_1} = \frac{L_{12}}{L_{11} - 4\pi^2\nu^2 C (L_{11} L_{22} - L_{12}^2)} . \tag{74c}$$

Das Anlegen eines Kondensators an den Transformator erhöht also die Sekundärspannung über die Leerlaufspannung hinaus. Besteht zwischen der Frequenz und der Kapazität die Beziehung

$$\nu = \nu_0 = \frac{1}{2\pi}\sqrt{\frac{L_{11}}{C(L_{11} L_{22} - L_{12}^2)}} = \frac{1}{2\pi\sqrt{L_{22} C \sigma}} , \tag{76}$$

so wird die Spannungsübersetzung unendlich, und im Sekundärkreis steigt die Spannung auf beliebig hohe Werte. Da man wegen der Eisenverluste nicht mit zu hoher Frequenz arbeiten kann, ist diese Erscheinung nur bei Transformatoren mit ziemlich großem Streukoeffizient (Resonanztransformator) verwendbar, weil man sonst zu hohe Kapazitäten benötigt. Bei Belastung mit sehr großen Kapazitäten sinkt die Sekundärspannung natürlich wieder ab, da es nicht mehr zu einer hohen Aufladung des Kondensators kommt.

Die Primärleistung eines Transformators ist nach (71) und (62)

$$\frac{\mathfrak{Z}_{11}\mathfrak{Z}_{22} - \mathfrak{Z}_{12}^2 + \mathfrak{Z}\,\mathfrak{Z}_{11}}{\mathfrak{Z}_{22} + \mathfrak{Z}} I_{1\,\mathrm{eff}}^2 . \tag{77}$$

Dies ergibt für Kurzschluß

$$\frac{\mathfrak{Z}_{11}\mathfrak{Z}_{22} - \mathfrak{Z}_{12}^2}{\mathfrak{Z}_{22}} I_{1\,\mathrm{eff}}^2 \tag{77a}$$

und für Leerlauf

$$\mathfrak{Z}_{11} I_{1\,\mathrm{eff}}^2 . \tag{77b}$$

Können die Wirkwiderstände in den Wicklungen selbst vernachlässigt werden, so haben wir in beiden Fällen nur Blindleistungen, nämlich

$$2\pi i \nu \frac{L_{11} L_{22} - L_{12}^2}{L_{22}} I_{1\text{eff}}^2 = 2\pi i \nu \sigma L_{11} I_{1\text{eff}}^2 \quad \text{bzw.} \quad 2\pi i \nu L_{11} I_{1\text{eff}}^2 .$$

Bei Belastung mit einem Wirkwiderstand R ist die Primärleistung

$$\frac{-4\pi^2 \nu^2 (L_{11} L_{22} - L_{12}^2) + 2\pi i \nu R L_{11}}{2\pi i \nu L_{22} + R} I_{1\text{eff}}^2$$

und die Wirkleistung ist der Realteil

$$\frac{4\pi^2 \nu^2 L_{12}^2 R}{R^2 + 4\pi^2 \nu^2 L_{22}^2} I_{1\text{eff}}^2$$

hiervon. Auf die gleiche Weise kann man die sekundären Leistungen berechnen. Ist der Transformator verlustfrei, so findet man für den Primärkreis und den Sekundärkreis gleich große Wirkleistungen.

*§ 13. Stromverdrängung. Skineffekt.

Inhalt: Eindringtiefe des Feldes in einen Leiter. Berechnung der radialen Stromverteilung in einem Draht von kreisförmigem Querschnitt. Bei hoher Frequenz wird der Strom an die Oberfläche des Drahtes gedrängt.

Bezeichnungen: $\mathfrak{E}$, $\mathfrak{H}$ elektrische und magnetische Feldstärke, $\mathfrak{B}$ magnetische Kraftflußdichte, I Stromstärke, $\mathfrak{G}$ Stromdichte, $\mathfrak{G}_0$ Stromdichte in der Drahtachse, μ, μ_0 relative und Vakuumpermeabilität, ϱ_0 Drahtradius, ν Frequenz, $\varkappa$ Leitfähigkeit, J_0, J_1 Besselsche Funktionen, R Wirkwiderstand, L Selbstinduktion, $\mathfrak{Z}$ komplexer Widerstand, l Drahtlänge.

Die bei Gleichstrom ziemlich triviale Vorstellung, daß die Stromdichte über den Querschnitt eines Drahtes konstant sei, haben wir bisher unbesehen auf die Wechselströme übertragen. Wir müssen jetzt die Verteilung eines Wechselstromes im Innern eines Leiters untersuchen.

In einem Leiter gelten die Gleichungen

$$\text{rot}\,\mathfrak{E} = -\dot{\mathfrak{B}} = -\mu \mu_0 \dot{\mathfrak{H}} \tag{78a}$$

$$\text{rot}\,\mathfrak{H} = \mathfrak{G}. \tag{78b}$$

Wir eliminieren zuerst die elektrische Feldstärke mit $\mathfrak{E} = \mathfrak{G}/\varkappa$ und wenden gleichzeitig auf die erste Gleichung den Operator rot an, während wir die zweite Gleichung nach der Zeit differenzieren. Dies ergibt

$$\frac{1}{\varkappa} \text{rot rot}\,\mathfrak{G} = -\mu \mu_0 \text{rot}\,\dot{\mathfrak{H}}$$

$$\text{rot}\,\dot{\mathfrak{H}} = \dot{\mathfrak{G}}.$$

Jetzt kann man auch $\mathfrak{H}$ eliminieren und erhält wegen $\text{div}\,\mathfrak{G} = 0$ und

$$\text{rot rot}\,\mathfrak{G} = \text{grad div}\,\mathfrak{G} - \Delta \mathfrak{G} = -\Delta \mathfrak{G}$$

für die Stromdichte die Gleichung

$$\Delta \mathfrak{G} = \varkappa \mu \mu_0 \dot{\mathfrak{G}}. \tag{79}$$

In gleicher Weise kommt man zu den Gleichungen

$$\Delta \mathfrak{E} = \varkappa \mu \mu_0 \dot{\mathfrak{E}} \tag{79a}$$

$$\Delta \mathfrak{H} = \varkappa \mu \mu_0 \dot{\mathfrak{H}} \tag{79b}$$

für das elektrische und magnetische Feld.

Zur ersten Orientierung betrachten wir einen ausgedehnten Leiter mit ebener Oberfläche. Die Oberfläche sei die Ebene $x = 0$, die positive x-Achse sei in den Leiter hineingerichtet. Der Wechselstrom möge überall die gleiche Richtung (z-Richtung) haben. Die Stromdichte möge von der Koordinate y nicht abhängen. Dann können wir

$$\mathfrak{G} = \mathfrak{k} f e^{2\pi i \nu t} \tag{80}$$

setzen. Wegen $\operatorname{div}\mathfrak{G} = 0$ hängt f nicht von z ab. (79) ergibt daher

$$\frac{d^2 f}{d x^2} = 2\pi i \nu \varkappa \mu \mu_0 f = \frac{2i}{a^2} f \tag{81}$$

mit der Abkürzung

$$a = \frac{1}{\sqrt{\pi \nu \varkappa \mu \mu_0}}. \tag{82}$$

Ihre allgemeine Lösung ist

$$\begin{aligned} f &= C_1 e^{\frac{x\sqrt{2i}}{a}} + C_2 e^{-x\frac{\sqrt{2i}}{a}} \\ &= C_1 e^{x\frac{1+i}{a}} + C_2 e^{-x\frac{1+i}{a}} \end{aligned} \tag{83}$$

Tief im Innern des Leiters ($x = \infty$) muß die Stromdichte endlich bleiben und deshalb ist $C_1 = 0$. Damit finden wir die Stromdichte

$$\mathfrak{G} = \mathfrak{k} C_2 e^{-x\frac{1+i}{a}}. \tag{84}$$

C_2 ist der Betrag der Stromdichte auf der Oberfläche. Strom und Feldstärke nehmen im Leiterinnern exponentiell ab. a wird als Eindringtiefe bezeichnet. In der Tiefe a unter der Oberfläche fließt nur noch der e-te Teil des Stromes. Im Innern besteht die Phasenverschiebung $-x/a$ gegen die Oberfläche.

Feld und Strom konzentrieren sich in einer Oberflächenschicht, deren Dicke mit wachsender Frequenz und Leitfähigkeit abnimmt. Diese Erscheinung nennt man Stromverdrängung oder Skineffekt.

Besonders wichtig ist der Skineffekt bei Leitungsdrähten. Wir untersuchen einen Draht von kreisförmigem Querschnitt vom Radius ϱ_0. Der Strom fließt in der Drahtrichtung (z-Richtung). Wir können wieder den Ansatz (80) machen. Führen wir ein Zylinderkoordinatensystem z, r, φ ein, so hängt f weder von z noch von φ ab, und wir erhalten aus (79) und (80)

$$\Delta f = \frac{1}{r}\frac{d}{dr} r \frac{df}{dr} = 2\pi i \nu \varkappa \mu \mu_0 f = \frac{2i}{a^2} f. \tag{85}$$

Durch den Ansatz

$$x = \frac{r}{a}\sqrt{-2i} = r\sqrt{-2\pi i \nu \varkappa \mu \mu_0} \tag{86}$$

erhalten wir die Besselsche Differentialgleichung nullter Ordnung über.

$$\frac{1}{x}\frac{d}{dx} x \frac{df}{dx} + f = 0 \tag{87}$$

Die allgemeine Lösung dieser Gleichung kann aus der Besselschen Funktion $J_0(x)$ und der Neumannschen Funktion $N_0(x)$ linear zusammengesetzt werden, und wir haben

$$f = A\, J_0(x) + B\, N_0(x).$$

Um die Konstanten A und B zu bestimmen, betrachten wir die Stromdichte $\mathfrak{G}_0$ in der Drahtachse. Da die Neumannsche Funktion für $x = 0$ unendlich wird, $\mathfrak{G}_0$ aber endlich bleibt, muß B verschwinden. $J_0(x)$ nimmt für $x=0$ den Wert 1 an, so daß

$$\mathfrak{G}_0 = \mathfrak{k}\, A\, e^{2\pi i \nu t}$$

ist. An anderen Stellen ist

$$\mathfrak{G} = \mathfrak{k}\, A\, J_0\left(\frac{r}{a}\sqrt{-2i}\right) e^{2\pi i \nu t}. \tag{88}$$

An verschiedenen Stellen des Drahtes unterscheidet sich die Stromdichte nicht nur im Betrag, sondern auch in der Phase.

Die Konstante A bestimmen wir, indem wir $\mathfrak{G}$ über den Querschnitt integrieren, wobei wir die Stromstärke erhalten. Es ist

$$I = 2\pi e^{2\pi i \nu t}\int\limits_0^{\varrho_0} f\, r\, dr = 2\pi A\, e^{2\pi i \nu t}\int\limits_0^{\varrho_0} J_0(x)\, r\, dr$$

$$= \frac{\pi A a^2}{-i}\, e^{2\pi i \nu t}\int\limits_0^{x_0} J_0(x)\, x\, dx.$$

Wegen

$$\int J_0(x)\, x\, dx = x\, J_1(x)$$

[unter $J_1(x)$ verstehen wir die Besselsche Funktion erster Ordnung] ergibt sich

$$I = \frac{\pi A a^2}{-i}\, e^{2\pi i \nu t} x_0 J_1(x_0) = \frac{2\pi A \varrho_0 a}{\sqrt{-2i}}\, J_1\left(\frac{\varrho_0}{a}\sqrt{-2i}\right) e^{2\pi i \nu t}, \tag{89}$$

so daß wir A durch die Stromstärke ausdrücken können.

Die Feldstärke an der Drahtoberfläche ist

$$\mathfrak{E} = \frac{\mathfrak{G}}{\varkappa} = \frac{\mathfrak{k} A}{\varkappa}\, J_0\left(\frac{\varrho_0}{a}\sqrt{-2i}\right) e^{2\pi i \nu t} \tag{90}$$

und die Spannung über ein Drahtstück von der Länge l

$$U = \frac{A\, l}{\varkappa}\, J_0\left(\frac{\varrho_0}{a}\sqrt{-2i}\right) e^{2\pi i \nu t}. \tag{91}$$

Für den Scheinwiderstand dieses Stückes erhalten wir demnach

$$\mathfrak{Z} = \frac{U}{I} = \frac{l\sqrt{-2i}}{2\pi \varkappa \varrho_0 a}\, \frac{J_0\left(\frac{\varrho_0}{a}\sqrt{-2i}\right)}{J_1\left(\frac{\varrho_0}{a}\sqrt{-2i}\right)}. \tag{92}$$

Der dazu konjugiert komplexe Wert $\mathfrak{Z}^*$

$$\mathfrak{Z}^* = R - 2\pi i \nu L = \frac{l\sqrt{2i}}{2\pi \varkappa \varrho_0 a}\, \frac{J_0\left(\frac{\varrho_0}{a}\sqrt{2i}\right)}{J_1\left(\frac{\varrho_0}{a}\sqrt{2i}\right)} \tag{92a}$$

kann aus den Tabellen der Besselschen Funktionen leicht entnommen werden.

Für kleine Werte des Argumentes $\varrho\sqrt{2i}/a$, d. h. für kleine Frequenzen, können wir

$$J_0\left(\frac{\varrho_0}{a}\sqrt{2i}\right) = 1 - \frac{\varrho_0^2\, i}{2a^2} - \frac{\varrho_0^4}{16a^4}\cdots$$

$$J_1\left(\frac{\varrho_0}{a}\sqrt{2i}\right) = \frac{\varrho_0\sqrt{2i}}{2a}\left(1 - \frac{\varrho_0^2\, i}{4a^2} - \frac{\varrho_0^4}{48a^4} + \cdots\right)$$

setzen und erhalten

$$\mathfrak{Z}^* = R - 2\pi i \nu L = \frac{l}{\varkappa \pi \varrho_0^2}\left(1 - \frac{\varrho_0^2 i}{4a^2} + \frac{\varrho_0^4}{48a^4}\right). \tag{92b}$$

Hieraus ergibt sich endlich

$$R = \frac{l}{\varkappa \pi \varrho_0^2}\left(1 + \frac{\varrho_0^4}{48a^4}\right) = R_0\left(1 + \frac{\varrho_0^4}{48a^4}\right); \quad 2\pi \nu L = \frac{l}{4\varkappa \pi a^2}, \tag{93}$$

wenn R_0 den Gleichstromwiderstand bedeutet. Wenn man (82) einsetzt, findet man unabhängig von der Drahtdicke

$$L = \frac{l \mu \mu_0}{8\pi}. \tag{93a}$$

Für große Argumente, also hohe Frequenzen, hingegen ist näherungsweise

$$\frac{J_0\left(\frac{\varrho_0}{a}\sqrt{2i}\right)}{J_1\left(\frac{\varrho_0}{a}\sqrt{2i}\right)} \approx -i,$$

und wir erhalten

$$\mathfrak{Z}^* = -\frac{l i \sqrt{2i}}{2\pi \varrho_0 a \varkappa} = \frac{l(1-i)}{2\pi \varrho_0 a \varkappa}, \tag{94}$$

woraus

$$R = 2\pi \nu L = \frac{l}{2\pi \varrho_0 a \varkappa} = \frac{\varrho_0 R_0}{2}\sqrt{\pi \nu \varkappa \mu \mu_0} \tag{94a}$$

hervorgeht.

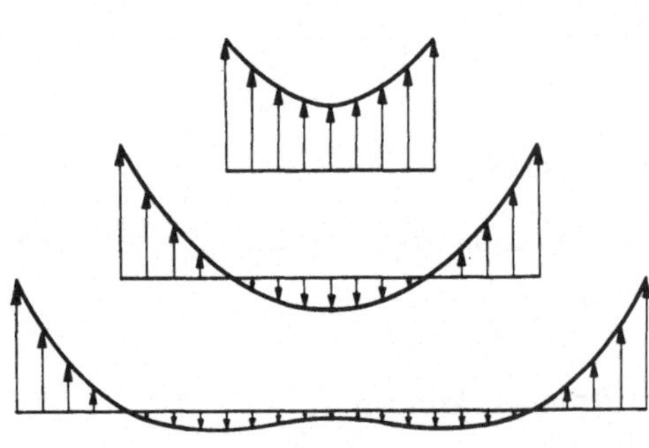

Abb. 154.
Stromdichteverteilung in drei Drähten verschiedener Dicke. Der Strom wird an die Drahtoberfläche gedrängt und kann im Innern sogar die entgegengesetzte Richtung wie der Gesamtstrom haben.

Die Stromdichte

$$\mathfrak{G} = \mathfrak{k} A J_0\left(\frac{r}{a}\sqrt{-2i}\right) e^{2\pi i \nu t},$$

ebenso wie die Feldstärke, ist im Innern des Drahtes nur klein und wächst erst dicht unter der Oberfläche auf hohe Werte an (s. Abb. 154), da J_0 diese Eigenschaft hat. Der ganze elektrische Vorgang findet also dicht unter der Drahtoberfläche statt (Skineffekt). Auf diese Eigentümlichkeit nimmt man Rücksicht, indem man für Telephonleitung Stahldrähte benutzt, die nur mit einem gut leitenden Kupfermantel versehen sind.

V. Vierpoltheorie der Schaltungen.

Die komplexe Schreibweise eröffnet die Möglichkeit, jedes elektrische Gerät durch einen komplexen Widerstand Z zu kennzeichnen, wenn es zwei Anschlüsse besitzt. In gleicher Weise kann man auch eine beliebig komplizierte Schaltung solcher Geräte durch einen Scheinwiderstand beschreiben, wenn die ganze Schaltung nach außen nur zwei Anschlüsse besitzt. An die beiden Klemmen, die sogenannten Pole, wird die Spannung angelegt, und der Strom fließt bei dem einen Anschluß in die Schaltung hinein, bei dem anderen aus ihr heraus. Ein Gerät oder eine Schaltung mit den beschriebenen Eigenschaften nennt man einen Zweipol.

Eine Schaltung von drei beliebigen Widerständen in Dreiecksanordnung (Abb. 155) ist eine Anordnung mit drei Zuführungen und kann deshalb nicht mehr als Zweipol behandelt werden. Ein derartiges Schaltelement ist ein einfacher Fall eines Vierpols.

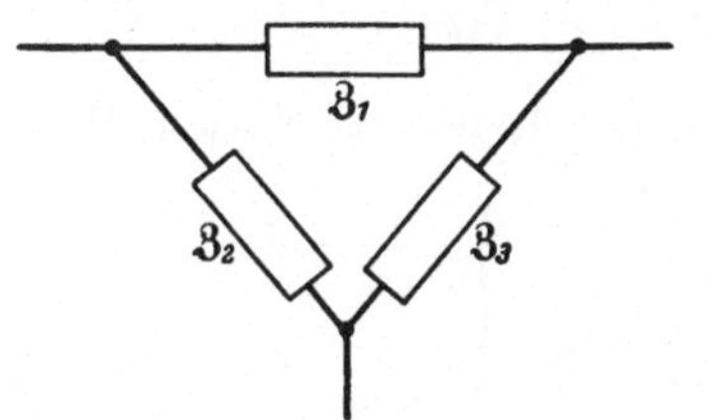

Abb. 155. Dreieckschaltung von drei Widerständen.

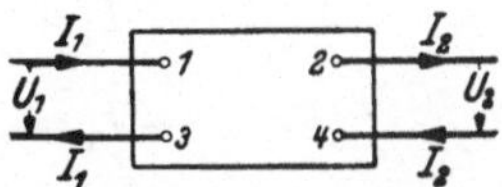

Abb. 156. Schema eines Vierpols.

Unter einem Vierpol verstehen wir eine beliebige elektrische Anordnung, welche vier äußere Anschlüsse besitzt, die in zwei Paare geordnet sind (Abb. 156). An der Klemme *1* soll ein gewisser Strom I_1 zufließen, und derselbe Strom soll aus der Klemme *3* abfließen. Ebenso soll aus der Klemme *2* ein Strom I_2 abfließen und der gleiche Strom I_2 an der Klemme *4* zufließen. Diese Bedingungen setzen einen ganz bestimmten Gebrauch des als Vierpol bezeichneten Schaltungsnetzes voraus. Sie werden erfüllt, wenn man an die Ausgangsklemmen *2* und *4* eine beliebige Schaltung anlegt, die selbst nur zwei Klemmen hat, also als Zweipol funktioniert. Dann muß, weil der Zweipol an seinen beiden Klemmen den gleichen Strom aufnimmt, dasselbe auch für die Ausgangsklemmen des vierpoligen Netzes gelten. Dies hat aber wieder zur Folge, daß sich auch an den Eingangsklemmen *1* und *3* die Ströme zu Null ergänzen. Schließt man an die Ausgangsklemmen einer vierpoligen Schaltung statt eines Zweipols die Eingangsklemmen einer anderen Schaltung, die selbst als Vierpol wirkt (weil z. B. an ihren Ausgangsklemmen ein Zweipol hängt), so wird auch die erste Schaltung zu einem Vierpol. Das gleiche gilt, wenn die Ausgangsseite eines Vierpols an die Eingangsklemmen einer vierpoligen Schaltung angeschlossen wird. Schließlich wird eine Schaltung mit vier Klemmen auch dadurch zu einem Vierpol, daß man an ihre Eingangsklemmen eine Stromquelle legt, die ja auch die Eigenschaft hat, ebenso viel Strom durch die Klemme *1* einfließen zu lassen, als sie aus der Klemme *3* herausnimmt.

§ 1. Das lineare Netz als Vierpol.

Wir denken uns nun ein beliebiges elektrisches Netz aus einzelnen Schaltelementen aufgebaut, die alle durch Scheinwiderstände gekennzeichnet werden können (s. Abb. 157). Dieses Netz möge n Punkte besitzen, an denen die Ströme sich verzweigen. Zu diesen Punkten, die wir Knoten nennen, rechnen wir auch die nach außen führenden Klemmen. Zwischen je zwei Knoten liegt ein Scheinwiderstand $\mathfrak{Z}_{ik}$, wobei wir $\mathfrak{Z}_{ik} = \infty$ setzen, wenn die beiden Knoten nicht miteinander verbunden sind. Jedem Verzweigungspunkt können wir auch einen Wert V_k des Potentials der treibenden Spannung zuordnen.

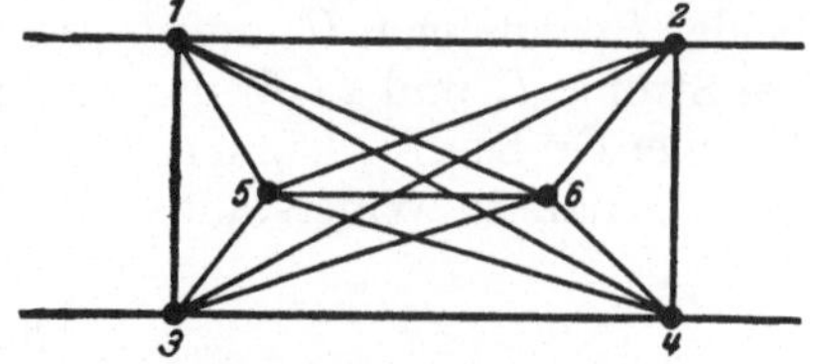

Abb. 157. Netz mit sechs Knoten als Vierpol.

Verwenden wir statt der Scheinwiderstände die zu ihnen reziproken Leitwerte $\mathfrak{Y}_{ik}$, so fließen in den Zweigen die Ströme

$$I_{ik} = \mathfrak{Y}_{ik}(V_i - V_k). \tag{1}$$

Für die von jedem Knoten ausgehenden Ströme gilt außerdem die Beziehung

$$\sum^i I_{ik} = 0 = \sum^i \mathfrak{Y}_{ik} V_i - V_k \sum^i \mathfrak{Y}_{ik}. \tag{2}$$

Nur für die vier nach außen führenden Klemmen gelten statt dessen die Gleichungen

$$\left.\begin{aligned} I_1 &= \sum^i \mathfrak{Y}_{i1} V_i - V_1 \sum^i \mathfrak{Y}_{i1} \\ -I_1 &= \sum^i \mathfrak{Y}_{i3} V_i - V_3 \sum^i \mathfrak{Y}_{i3} \\ -I_2 &= \sum^i \mathfrak{Y}_{i2} V_i - V_2 \sum^i \mathfrak{Y}_{i2} \\ I_2 &= \sum^i \mathfrak{Y}_{i4} V_i - V_4 \sum^i \mathfrak{Y}_{i4}. \end{aligned}\right\} \tag{3}$$

Die $(n - 4)$ Gleichungen (2) sind nicht voneinander unabhängig. Summiert man alle außer einer über den Index k, so kommt die letzte dabei heraus. Zusammen stellen also (2) und (3) nur $n - 1$ unabhängige Gleichungen dar, mit deren Hilfe man die V_k durch I_1 und I_2 ausdrücken kann. Ein V-Wert bleibt dabei willkürlich, wie es ja bei dem Potential zu erwarten ist. Die V_k sind lineare, homogene Funktionen von I_1 und I_2.

Bezeichnen wir die Potentialdifferenz $V_1 - V_3$ an den Eingangsklemmen mit U_1 und die Potentialdifferenz $V_2 - V_4$ an den Ausgangsklemmen mit U_2, so sind auch die Eingangsspannung U_1 und die Ausgangsspannung U_2 lineare, homogene Funktionen von I_1 und I_2, die man in der Form

$$\begin{aligned} U_1 &= \mathfrak{Z}_{11} I_1 + \mathfrak{Z}_{12} I_2 \\ U_2 &= \mathfrak{Z}_{21} I_1 + \mathfrak{Z}_{22} I_2 \end{aligned} \tag{4}$$

angeben kann. Die Koeffizienten $\mathfrak{Z}_{11}$, $\mathfrak{Z}_{12}$, $\mathfrak{Z}_{21}$, $\mathfrak{Z}_{22}$ können aus den Scheinwiderständen der Schaltelemente, aus denen der Vierpol aufgebaut ist, berechnet werden.

§ 2. Die Matrizendarstellung eines Vierpols.

Inhalt: Spannungsvektor, Stromvektor, Eingangs- und Ausgangsvektor eines Vierpols, Widerstandsmatrix, Leitwertsmatrix und Kettenmatrix.

Bezeichnungen: U_1, U_2 Eingangs- und Ausgangsspannung, I_1, I_2 Eingangs- und Aussgangstrom, $\mathfrak{U}$ Spannungsvektor, $\mathfrak{J}$ Stromvektor, $\mathfrak{S}_1$, $\mathfrak{S}_2$ Eingangs- und Ausgangsvektor, $\mathbf{\mathfrak{Z}}$ Widerstandsmatrix, $\mathfrak{Z}_{11}$, $\mathfrak{Z}_{12}$, $\mathfrak{Z}_{21}$, $\mathfrak{Z}_{22}$ Elemente der Widerstandsmatrix, $\mathbf{\mathfrak{Y}}$ Leitwertsmatrix, $\mathfrak{Y}_{11}$, $\mathfrak{Y}_{12}$, $\mathfrak{Y}_{21}$, $\mathfrak{Y}_{22}$ Elemente der Leitwertsmatrix, $\mathbf{\mathfrak{A}}$ Kettenmatrix, $\mathfrak{A}_{uu}$, $\mathfrak{A}_{ui}$, $\mathfrak{A}_{iu}$, $\mathfrak{A}_{ii}$ Elemente der Kettenmatrix.

Die Vierpolgleichungen (4) lassen sich formal sehr vereinfachen, wenn die beiden Spannungen U_1 und U_2 zu einem zweidimensionalen Spannungsvektor $\mathfrak{U}$, die Ströme I_1 und I_2 ebenso zu einem Stromvektor $\mathfrak{J}$ zusammengefaßt werden. Die vier Größen $\mathfrak{Z}_{ik}$ können dann zu einem Tensor $\mathbf{\mathfrak{Z}}$ vereinigt werden, der durch die sogenannte Widerstandsmatrix

$$\mathbf{\mathfrak{Z}} = \begin{Vmatrix} \mathfrak{Z}_{11} & \mathfrak{Z}_{12} \\ \mathfrak{Z}_{21} & \mathfrak{Z}_{22} \end{Vmatrix} \tag{5}$$

dargestellt wird. Statt der Gl. (4) gilt dann einfach

$$\mathfrak{U} = \mathbf{\mathfrak{Z}} \mathfrak{J}. \tag{6}$$

(6) stimmt formal mit dem OHMschen Gesetz für Gleichstrom überein.

Löst man die Vierpolgleichungen (4) nach den Strömen auf, so erhält man

$$\begin{aligned} I_1 &= \mathfrak{Y}_{11} U_1 + \mathfrak{Y}_{12} U_2 \\ I_2 &= \mathfrak{Y}_{21} U_1 + \mathfrak{Y}_{22} U_2. \end{aligned} \tag{7}$$

Die Koeffizienten $\mathfrak{Y}_{ik}$ kann man leicht durch die $\mathfrak{Z}_{ik}$ ausdrücken. Fassen wir die $\mathfrak{Y}_{ik}$ in die Leitwertmatrix

$$\boldsymbol{\mathfrak{Y}} = \begin{Vmatrix} \mathfrak{Y}_{11} & \mathfrak{Y}_{12} \\ \mathfrak{Y}_{21} & \mathfrak{Y}_{22} \end{Vmatrix} \tag{8}$$

zusammen, so kann man statt (7)

$$\mathfrak{J} = \boldsymbol{\mathfrak{Y}} \mathfrak{U} \tag{9}$$

schreiben. Aus (6) und dieser Beziehung ergibt sich sogleich

$$\mathfrak{U} = \boldsymbol{\mathfrak{Z}} \mathfrak{J} = \boldsymbol{\mathfrak{Z}} \boldsymbol{\mathfrak{Y}} \mathfrak{U},$$

d. h. $\boldsymbol{\mathfrak{Y}}$ und $\boldsymbol{\mathfrak{Z}}$ sind zueinander reziprok. Es ist

$$\boldsymbol{\mathfrak{Y}} = \boldsymbol{\mathfrak{Z}}^{-1}. \tag{10}$$

Man kann die Vierpolgleichungen auch nach U_1 und I_1 auflösen und erhält

$$\begin{aligned} U_1 &= \mathfrak{A}_{uu} U_2 + \mathfrak{A}_{ui} I_2 \\ I_1 &= \mathfrak{A}_{iu} U_2 + \mathfrak{A}_{ii} I_2. \end{aligned} \tag{11}$$

Fassen wir jetzt U_1 und I_1 zu einem Eingangsvektor $\mathfrak{S}_1$, wie auch U_2 und I_2 zu einem Ausgangsvektor $\mathfrak{S}_2$ zusammen, so kann man die $\mathfrak{A}_{ik}$ zu der Matrix

$$\boldsymbol{\mathfrak{A}} = \begin{Vmatrix} \mathfrak{A}_{uu} & \mathfrak{A}_{ui} \\ \mathfrak{A}_{iu} & \mathfrak{A}_{ii} \end{Vmatrix} \tag{12}$$

vereinigen, die man als Kettenmatrix des Vierpols bezeichnet. Die Gleichungen (11) werden dann einfach durch

$$\mathfrak{S}_1 = \boldsymbol{\mathfrak{A}} \mathfrak{S}_2 \tag{13}$$

ersetzt.

Hiermit haben wir drei gleichwertige Formen für die Beziehungen gefunden, die für einen Vierpol charakteristisch sind. Wir können sie als Verallgemeinerungen des OHMschen Gesetzes auffassen. Wenn eine der drei Matrizen $\boldsymbol{\mathfrak{Z}}$, $\boldsymbol{\mathfrak{Y}}$ oder $\boldsymbol{\mathfrak{A}}$ bekannt ist, sind die Eigenschaften des Vierpols gegeben, soweit sie seine Wirkungen nach außen betreffen.

Für manche Rechnungen ist es bequem, die Vektoren $\mathfrak{U}$, $\mathfrak{J}$, $\mathfrak{S}_1$ und $\mathfrak{S}_2$ ebenfalls als Matrizen zu schreiben, nämlich

$$\boldsymbol{\mathfrak{U}} = \begin{Vmatrix} U_1 & 0 \\ U_2 & 0 \end{Vmatrix} \quad \boldsymbol{\mathfrak{J}} = \begin{Vmatrix} I_1 & 0 \\ I_2 & 0 \end{Vmatrix} \quad \boldsymbol{\mathfrak{S}}_1 = \begin{Vmatrix} U_1 & 0 \\ I_1 & 0 \end{Vmatrix} \quad \boldsymbol{\mathfrak{S}}_2 = \begin{Vmatrix} U_2 & 0 \\ I_2 & 0 \end{Vmatrix}$$

oder kürzer mit rechteckigen Matrizen

$$\boldsymbol{\mathfrak{U}} = \begin{Vmatrix} U_1 \\ U_2 \end{Vmatrix} \quad \boldsymbol{\mathfrak{J}} = \begin{Vmatrix} I_1 \\ I_2 \end{Vmatrix} \quad \boldsymbol{\mathfrak{S}}_1 = \begin{Vmatrix} U_1 \\ I_1 \end{Vmatrix} \quad \boldsymbol{\mathfrak{S}}_2 = \begin{Vmatrix} U_2 \\ I_2 \end{Vmatrix}.$$

Wenn die Widerstandsmatrix eines Vierpols gegeben ist, so können die Leitwerts- und Kettenmatrizen ermittelt werden, indem man die Vierpolgleichungen nach den Strömen oder den Eingangsgrößen auflöst. Die Koeffizienten der entstandenen Gleichungen sind die Elemente des gesuchten Leitwerts- bzw. Kettenmatrix. Analog verfährt man, wenn die Leitwerts- oder Kettenmatrix gegeben ist und die anderen Matrizen ermittelt werden sollen.

Auf diese Weise ergeben sich folgende Darstellungen der drei Matrizen durch die Elemente der anderen.

$$\mathfrak{Z} = \begin{Vmatrix} \mathfrak{Z}_{11} & \mathfrak{Z}_{12} \\ \mathfrak{Z}_{21} & \mathfrak{Z}_{22} \end{Vmatrix} = \begin{Vmatrix} \frac{\mathfrak{Y}_{22}}{|\mathfrak{Y}|} & -\frac{\mathfrak{Y}_{12}}{|\mathfrak{Y}|} \\ -\frac{\mathfrak{Y}_{21}}{|\mathfrak{Y}|} & \frac{\mathfrak{Y}_{11}}{|\mathfrak{Y}|} \end{Vmatrix} = \begin{Vmatrix} \frac{\mathfrak{A}_{uu}}{\mathfrak{A}_{iu}} & -\frac{|\mathfrak{A}|}{\mathfrak{A}_{iu}} \\ \frac{1}{\mathfrak{A}_{iu}} & -\frac{\mathfrak{A}_{ii}}{\mathfrak{A}_{iu}} \end{Vmatrix} \tag{14a}$$

$$\mathfrak{Y} = \begin{Vmatrix} \mathfrak{Y}_{11} & \mathfrak{Y}_{12} \\ \mathfrak{Y}_{21} & \mathfrak{Y}_{22} \end{Vmatrix} = \begin{Vmatrix} \frac{\mathfrak{Z}_{22}}{|\mathfrak{Z}|} & -\frac{\mathfrak{Z}_{12}}{|\mathfrak{Z}|} \\ -\frac{\mathfrak{Z}_{21}}{|\mathfrak{Z}|} & \frac{\mathfrak{Z}_{11}}{|\mathfrak{Z}|} \end{Vmatrix} = \begin{Vmatrix} \frac{\mathfrak{A}_{ii}}{\mathfrak{A}_{ui}} & -\frac{|\mathfrak{A}|}{\mathfrak{A}_{ui}} \\ \frac{1}{\mathfrak{A}_{ui}} & -\frac{\mathfrak{A}_{uu}}{\mathfrak{A}_{ui}} \end{Vmatrix} \tag{14b}$$

$$\mathfrak{A} = \begin{Vmatrix} \mathfrak{A}_{uu} & \mathfrak{A}_{ui} \\ \mathfrak{A}_{iu} & \mathfrak{A}_{ii} \end{Vmatrix} = \begin{Vmatrix} -\frac{\mathfrak{Y}_{22}}{\mathfrak{Y}_{21}} & \frac{1}{\mathfrak{Y}_{21}} \\ -\frac{|\mathfrak{Y}|}{\mathfrak{Y}_{21}} & \frac{\mathfrak{Y}_{11}}{\mathfrak{Y}_{21}} \end{Vmatrix} = \begin{Vmatrix} \frac{\mathfrak{Z}_{11}}{\mathfrak{Z}_{21}} & -\frac{|\mathfrak{Z}|}{\mathfrak{Z}_{21}} \\ \frac{1}{\mathfrak{Z}_{21}} & -\frac{\mathfrak{Z}_{22}}{\mathfrak{Z}_{21}} \end{Vmatrix} \tag{14c}$$

Unter $|\mathfrak{Z}|$, $|\mathfrak{Y}|$ und $|\mathfrak{A}|$ sind die Determinanten der betreffenden Matrizen zu verstehen.

§ 3. Messung der Matrixelemente eines Vierpols.

Schließt man die Ausgangsseiten eines Vierpols kurz ($U_2 = 0$), so gehen die Vierpolgleichungen (7) und (11) in

$$I_1 = \mathfrak{Y}_{11} U_1 \qquad U_1 = \mathfrak{A}_{ui} I_2$$
$$I_2 = \mathfrak{Y}_{21} U_1 \qquad I_1 = \mathfrak{A}_{ii} I_2$$

über. Durch Messung der Ströme I_1 und I_2 sowie der Eingangsspannung U_1 kann man $\mathfrak{Y}_{11}$, $\mathfrak{Y}_{21}$, $\mathfrak{A}_{ui}$ und $\mathfrak{A}_{ii}$ bestimmen. Läßt man die Ausgangsseite des Vierpols leer laufen ($I_2 = 0$), so liefern die Gl. (4) und (11)

$$U_1 = \mathfrak{Z}_{11} I_1 \qquad U_1 = \mathfrak{A}_{uu} U_2$$
$$U_2 = \mathfrak{Z}_{21} I_1 \qquad I_1 = \mathfrak{A}_{iu} U_2.$$

Jetzt kann man durch Messung von U_1, U_2 und I_1 die Elemente $\mathfrak{Z}_{11}$, $\mathfrak{Z}_{21}$, $\mathfrak{A}_{uu}$ und $\mathfrak{A}_{ui}$ erhalten. Durch diese beiden Messungen können die Elemente der Matrizen eines beliebigen vorgelegten Vierpols bestimmt werden.

§ 4. Schaltungen aus mehreren Vierpolen.

Inhalt: Bei Reihenschaltung addieren sich die Widerstandsmatrizen, bei Parallelschaltung die Leitwertsmatrizen, bei Kettenschaltung multiplizieren sich die Kettenmatrizen. Umkehrung eines Vierpols.

Bezeichnungen: Wie S. 428.

Unter der Reihenschaltung von zwei Vierpolen versteht man die Schaltung, bei der dieselben Eingangs- und Ausgangsströme beide Vierpole durchfließen und bei der sich die Eingangs- und Ausgangsspannungen addieren (s. Abb. 158). Für diese Schaltung gilt

$$\mathfrak{U} = \mathfrak{U}' + \mathfrak{U}'' = \mathfrak{Z}'\mathfrak{J} + \mathfrak{Z}''\mathfrak{J} = (\mathfrak{Z}' + \mathfrak{Z}'')\,\mathfrak{J}. \tag{15}$$

Bei der Reihenschaltung addieren sich die Widerstandsmatrizen beider Vierpole. Werden mehrere Vierpole in Reihe geschaltet, so entsteht ein neuer Vierpol, dessen Widerstandsmatrix die Summe der Widerstandsmatrizen der einzelnen Vierpole ist.

Unter der Parallelschaltung von zwei Vierpolen versteht man eine Schaltung, bei der an der Eingangsseite beider Vierpole die gleiche Eingangsspannung, an der Ausgangsseite die gleiche Ausgangsspannung liegt. Die Eingangs- und

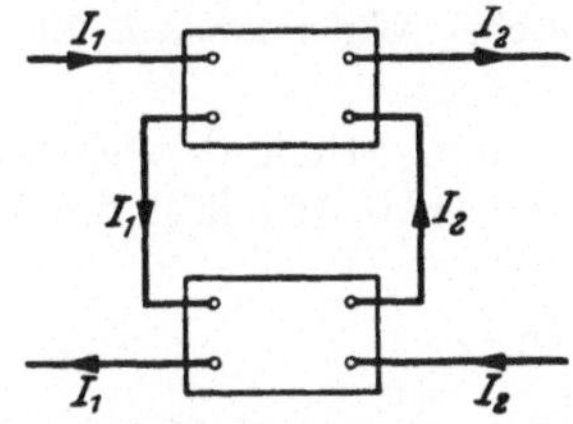

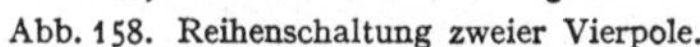

Abb. 158. Reihenschaltung zweier Vierpole.

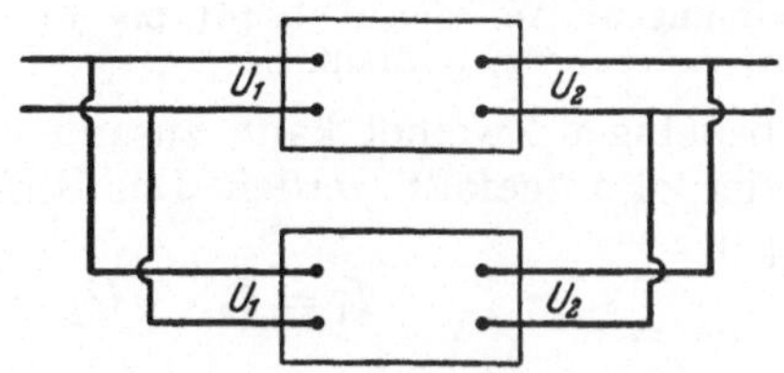

Abb. 159. Parallelschaltung zweier Vierpole.

Ausgangsströme in dem Aggregat beider Vierpole sind die Summen der Eingangs- bzw. Ausgangsströme der einzelnen Vierpole (s. Abb. 159). Es gilt

$$\mathfrak{I} = \mathfrak{I}' + \mathfrak{I}'' = \mathfrak{Y}'\,\mathfrak{U} + \mathfrak{Y}''\,\mathfrak{U} = (\mathfrak{Y}' + \mathfrak{Y}'')\,\mathfrak{U}. \tag{16}$$

Werden mehrere Vierpole parallelgeschaltet, so entsteht ein neuer Vierpol, dessen Leitwertsmatrix die Summe der Leitwertsmatrizen der einzelnen Vierpole ist.

Unter der Kettenschaltung zweier Vierpole versteht man eine Schaltung, bei der die Ausgangsseite des ersten mit der Eingangsseite des zweiten verbunden wird. Der Ausgangsvektor des ersten ist dann gleich dem Eingangsvektor des zweiten (s. Abb. 160).

Dies ergibt

$$\mathfrak{S}_1 = \mathfrak{A}'\,\mathfrak{S}_2 = \mathfrak{A}'\,\mathfrak{A}''\,\mathfrak{S}_3. \tag{17}$$

Abb. 160. Kettenschaltung zweier Vierpole.

Bei der Kettenschaltung mehrerer Vierpole entsteht ein neuer Vierpol, dessen Kettenmatrix das Produkt der Kettenmatrizen der einzelnen Vierpole ist, und zwar in der Reihenfolge, in der die Vierpole aneinandergeschaltet werden.

Einen Vierpol umkehren heißt seine Ausgangsklemmen zu Eingangsklemmen zu machen. In den Vierpolgleichungen

$$U_1 = \mathfrak{Z}_{11} I_1 + \mathfrak{Z}_{12} I_2$$
$$U_2 = \mathfrak{Z}_{21} I_1 + \mathfrak{Z}_{22} I_2$$

sind also die Indizes 1 und 2 zu vertauschen und das Vorzeichen der Ströme zu wechseln, um die entsprechenden Gleichungen des umgekehrten Vierpols

$$U_1' = -\mathfrak{Z}_{22} I_1' - \mathfrak{Z}_{21} I_2'$$
$$U_2' = -\mathfrak{Z}_{12} I_1' - \mathfrak{Z}_{21} I_2'$$

zu erhalten.

Durch Umkehren eines Vierpols erhält man einen neuen Vierpol, für dessen Widerstandsmatrix

$$\mathfrak{Z}' = \begin{Vmatrix} -\mathfrak{Z}_{22} & -\mathfrak{Z}_{21} \\ -\mathfrak{Z}_{12} & -\mathfrak{Z}_{11} \end{Vmatrix} \tag{18a}$$

gilt. Für seine Leitwerts- bzw. Kettenmatrix erhalten wir auf die gleiche Weise

$$\mathfrak{Y}' = \begin{Vmatrix} -\mathfrak{Y}_{22} & -\mathfrak{Y}_{21} \\ -\mathfrak{Y}_{12} & -\mathfrak{Y}_{11} \end{Vmatrix} \tag{18b}$$

$$\mathfrak{A}' = \begin{Vmatrix} \frac{\mathfrak{A}_{ii}}{|\mathfrak{A}|} & \frac{\mathfrak{A}_{ui}}{|\mathfrak{A}|} \\ \frac{\mathfrak{A}_{iu}}{|\mathfrak{A}|} & \frac{\mathfrak{A}_{uu}}{|\mathfrak{A}|} \end{Vmatrix}. \tag{18c}$$

§ 5. Matrizen einfacher Vierpole. Ersatzschaltschemen.

Inhalt: Dreieckschaltung, T-Schaltung, Transformator, passive und aktive Vierpole, Verstärker als Vierpol.

Bezeichnungen: Aus den Abb. 161 bis 166, R Ohmscher Widerstand, L Induktionskoeffizient, ν Frequenz, S Steilheit.

Ein beliebiger Zweipol kann zusammen mit einem Stück der Rückleitung als ein Vierpol aufgefaßt werden. Das Schaltbild der Abb. 161 läßt die Vierpolgleichungen

$$I_1 = I_2; \quad U_1 = U_2 + \mathfrak{Z}_1 I_2$$

sofort ablesen. Hieraus erhält man die Matrizen

$$\mathfrak{A} = \begin{Vmatrix} 1 & \mathfrak{Z}_1 \\ 0 & 1 \end{Vmatrix}; \quad \mathfrak{Z} = \begin{Vmatrix} \infty \end{Vmatrix}; \quad \mathfrak{Y} = \begin{Vmatrix} \frac{1}{\mathfrak{Z}_1} & -\frac{1}{\mathfrak{Z}_1} \\ \frac{1}{\mathfrak{Z}_1} & -\frac{1}{\mathfrak{Z}_1} \end{Vmatrix} \tag{19}$$

dieses Vierpols.

Liegt ein Zweipol als Querverbindung in einer Leitung (Abb. 162), so haben wir die Vierpolgleichungen

$$U_1 = U_2; \quad I_1 = \mathfrak{Y}_1 U_2 + I_2.$$

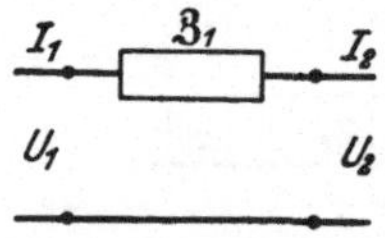

Abb. 161. Zweipol mit Rückleitung zum Vierpol.

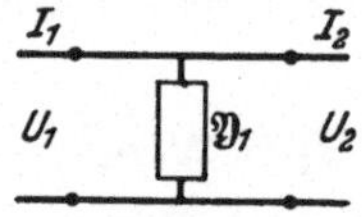

Abb. 162. Zweipol als Querverbindung in einer Leitung.

Die zugehörigen Vierpolmatrizen

$$\mathfrak{A} = \begin{Vmatrix} 1 & 0 \\ \mathfrak{Y}_1 & 1 \end{Vmatrix}; \quad \mathfrak{Z} = \begin{Vmatrix} \frac{1}{\mathfrak{Y}_1} & -\frac{1}{\mathfrak{Y}_1} \\ \frac{1}{\mathfrak{Y}_1} & -\frac{1}{\mathfrak{Y}_1} \end{Vmatrix}; \quad \mathfrak{Y} = \begin{Vmatrix} \infty \end{Vmatrix} \tag{20}$$

ergeben sich leicht daraus.

Die Dreieckschaltung nach dem Schaltschema (155) von S. 427 kann in eine Kette von drei Vierpolen mit den Kettenmatrizen

$$\mathfrak{A}' = \begin{Vmatrix} 1 & 0 \\ \mathfrak{Y}_1 & 1 \end{Vmatrix}; \quad \mathfrak{A}'' = \begin{Vmatrix} 1 & \mathfrak{Z} \\ 0 & 1 \end{Vmatrix}; \quad \mathfrak{A}''' = \begin{Vmatrix} 1 & 0 \\ \mathfrak{Y}_2 & 1 \end{Vmatrix}$$

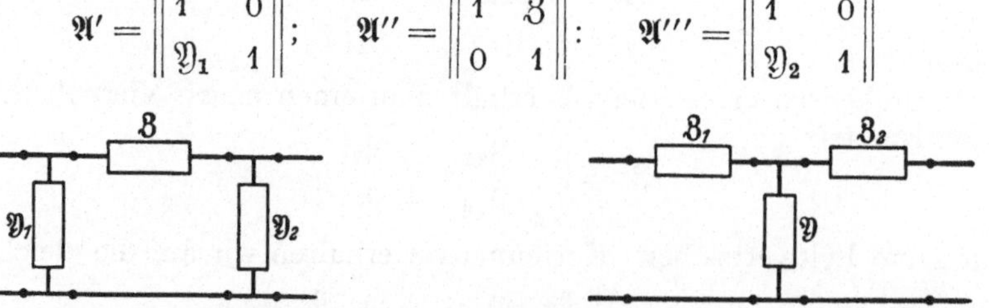

Abb. 163. Dreieckschaltung in eine Kette von drei Vierpolen zerlegt.

Abb. 164. T-Schaltung als Kette von drei Vierpolen.

zerlegt werden (s. Abb. 163), und hieraus ergibt sich die Kettenmatrix des Dreiecks

$$\mathfrak{A} = \mathfrak{A}' \mathfrak{A}'' \mathfrak{A}''' = \begin{Vmatrix} 1 + \mathfrak{Z}\mathfrak{Y}_2 & \mathfrak{Z} \\ \mathfrak{Y}_1 + \mathfrak{Y}_2 + \mathfrak{Z}\mathfrak{Y}_1\mathfrak{Y}_2 & 1 + \mathfrak{Z}\mathfrak{Y}_1 \end{Vmatrix}. \tag{21}$$

Auch die sogenannte T-Schaltung nach Schema 164 ist eine Kette von drei Vierpolen mit den Kettenmatrizen

$$\mathfrak{A}' = \begin{Vmatrix} 1 & \mathfrak{Z}_1 \\ 0 & 1 \end{Vmatrix}; \quad \mathfrak{A}'' = \begin{Vmatrix} 1 & 0 \\ \mathfrak{Y} & 1 \end{Vmatrix}; \quad \mathfrak{A}''' = \begin{Vmatrix} 1 & \mathfrak{Z}_2 \\ 0 & 1 \end{Vmatrix}.$$

Hieraus ergibt sich die Kettenmatrix der T-Schaltung

$$\mathfrak{A} = \mathfrak{A}'\mathfrak{A}''\mathfrak{A}''' = \begin{Vmatrix} 1 + \mathfrak{Z}_1\mathfrak{Y} & \mathfrak{Z}_1 + \mathfrak{Z}_2 + \mathfrak{Z}_1\mathfrak{Z}_2\mathfrak{Y} \\ \mathfrak{Y} & 1 + \mathfrak{Z}_2\mathfrak{Y} \end{Vmatrix}. \tag{22}$$

Die Widerstandsmatrix eines Transformators

$$\mathfrak{Z} = \begin{Vmatrix} R_1 + 2\pi i \nu L_{11} & 2\pi i \nu L_{12} \\ -2\pi i \nu L_{12} & -R_2 - 2\pi i \nu L_{22} \end{Vmatrix} \tag{23a}$$

erhalten wir aus den Gl. (70a) des Kap. IV, § 12, S. 420, wenn wir $U_2 = \mathfrak{Z}\, I_2$ setzen. Hieraus ergeben sich die beiden anderen Matrizen

$$\mathfrak{Y} = \begin{Vmatrix} -\dfrac{R_2 + 2\pi i \nu L_{22}}{|\mathfrak{Z}|} & -\dfrac{2\pi i \nu L_{12}}{|\mathfrak{Z}|} \\ \dfrac{2\pi i \nu L_{12}}{|\mathfrak{Z}|} & \dfrac{R_1 + 2\pi i \nu L_{11}}{|\mathfrak{Z}|} \end{Vmatrix} \tag{23b}$$

$$\mathfrak{A} = \begin{Vmatrix} -\dfrac{R_1 + 2\pi i \nu L_{11}}{2\pi i \nu L_{12}} & -\dfrac{|\mathfrak{Z}|}{2\pi i \nu L_{12}} \\ -\dfrac{1}{2\pi i \nu L_{12}} & \dfrac{R_2 + 2\pi i \nu L_{22}}{2\pi i \nu L_{12}} \end{Vmatrix} \tag{23c}$$

mit

$$|\mathfrak{Z}| = -R_1 R_2 - 2\pi i \nu (R_2 L_{11} + R_1 L_{22}) + 4\pi^2 \nu^2 (L_{11} L_{22} - L_{12}^2).$$

Alle diese einfachen Vierpole haben die Eigentümlichkeit, daß

$$\mathfrak{Z}_{12} = -\mathfrak{Z}_{21} \tag{24}$$

ist, woraus sich nach den Beziehungen (14) auch

$$\mathfrak{Y}_{12} = -\mathfrak{Y}_{21} \tag{24a}$$

und

$$|\mathfrak{A}| = 1 \tag{24b}$$

ergibt. Vierpole mit dieser Eigenschaft nennt man passiv. Schaltet man passive Vierpole in Reihe, parallel oder zu einer Kette, so ist die gesamte Schaltung wieder ein passiver Vierpol. Aus komplexen Widerständen oder Transformatoren (allgemeiner aus Schaltstücken mit gegenseitiger Induktion) können nur passive Vierpole aufgebaut werden.

Haben wir einen beliebigen passiven Vierpol, so kann man die Matrixelemente einer T- oder Dreieckschaltung aus drei komplexen Widerständen nach (21) oder (22) so bestimmen, daß sie mit denen des Vierpols übereinstimmen. Diese Schaltungen wirken nach außen, also genau wie der Vierpol, und man kann, mindestens theoretisch, den Vierpol durch eine T- oder Dreieckschaltung ersetzen. Man bezeichnet die T- und Dreieckschaltung deshalb auch als Ersatzschaltschemen eines Vierpols.

Als Beispiel eines nicht passiven Vierpols betrachten wir das Verstärkerrohr. Am Gitter liege eine negative Gleichspannung, der sich eine Wechselspannung überlagert. Sowohl im Gitterkreis (Index 1) wie im Anodenkreis (Index 2) interessiert uns nur der Wechselstrom, und nur dieser wird von der Vierpoltheorie erfaßt.

Unter diesen Bedingungen (s. Abb. 165) gelten für das Verstärkerrohr die Vierpolgleichungen

$$I_1 = 0$$

$$I_2 = -S\,U_1 - \frac{1}{R}\,U_2.$$

S nennt man die Steilheit, R den inneren Widerstand des Rohres. Die Leitwertsmatrix ist dann

$$\mathfrak{Y} = \begin{Vmatrix} 0 & 0 \\ -S & -\frac{1}{R} \end{Vmatrix}. \tag{25}$$

Hieraus ergeben sich die beiden anderen Matrizen

$$\mathfrak{A} = \begin{Vmatrix} -\frac{1}{RS} & -\frac{1}{S} \\ 0 & 0 \end{Vmatrix}; \quad \mathfrak{Z} = \begin{Vmatrix} \infty \end{Vmatrix}. \tag{25a}$$

Nimmt man eine Leistungsverstärkung vor, so wird das Rohr mit einem Transformator in Kette gelegt (s. Schaltschema 166). Die Kettenmatrix der

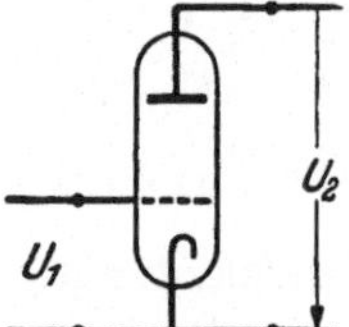

Abb. 165. Verstärker als Vierpol.

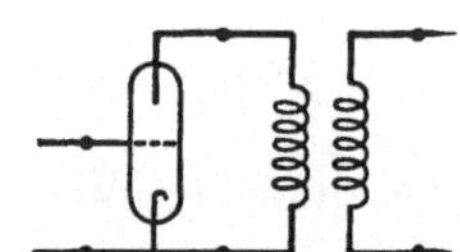
Abb. 166. Vierpolschema des Leistungsverstärkers.

ganzen Schaltung ist das Produkt der Kettenmatrizen von Rohr und Transformator, den wir als verlustfrei betrachten. Unter Benutzung von (23c) erhalten wir

$$\mathfrak{A} = \begin{Vmatrix} \frac{2\pi i \nu L_{11} + R}{2\pi i \nu S R L_{12}} & \frac{2\pi i \nu (L_{11} L_{22} - L_{12}^2) - L_{22} R}{S R L_{12}} \\ 0 & 0 \end{Vmatrix}. \tag{25b}$$

Bei Spannungsverstärkung tritt an die Stelle des Transformators eine Drossel (Leitwert $\mathfrak{Y}$). Dann lautet die Kettenmatrix der Schaltung

$$\mathfrak{A} = \begin{Vmatrix} -\frac{1}{RS} - \frac{\mathfrak{Y}}{S} & -\frac{1}{S} \\ 0 & 0 \end{Vmatrix}. \tag{25c}$$

Das Verstärkerrohr selbst ist ein aktiver Vierpol, da die Determinante der Kettenmatrix verschwindet, statt gleich 1 zu sein. Auch Schaltungen, die ein Verstärkerrohr enthalten, sind aktive Vierpole.

*§ 6. Kettenwiderstände. Kettenübertragungsmaße.

Inhalt: Transformation der Kettenmatrix und Widerstandsmatrix auf Eigenwerte. Die Eigenwerte der Kettenmatrix sind die Kettenübertragungsmaße, die der Widerstandsmatrix die Kettenwiderstände.

Bezeichnungen: $\mathfrak{A}$ Kettenmatrix mit den Elementen $\mathfrak{A}_{uu}$, $\mathfrak{A}_{ui}$, $\mathfrak{A}_{iu}$, $\mathfrak{A}_{ii}$, $\mathfrak{Z}$ Widerstandsmatrix mit den Elementen $\mathfrak{Z}_{11}$, $\mathfrak{Z}_{12}$, $\mathfrak{Z}_{21}$, $\mathfrak{Z}_{22}$, A_1, A_2 Kettenübertragungsmaße, $\boldsymbol{A}$ Diagonalform der Kettenmatrix, Z_1, Z_2 Kettenwiderstände, $\mathfrak{W} = \mathfrak{V}^{-1}$ transformierende Matrix der Kettenmatrix.

Die Kettenmatrix eines allgemeinen Vierpols

$$\mathfrak{A} = \begin{Vmatrix} \mathfrak{A}_{uu} & \mathfrak{A}_{ui} \\ \mathfrak{A}_{iu} & \mathfrak{A}_{ii} \end{Vmatrix}$$

versuchen wir in ein Produkt

$$\mathfrak{A} = \mathfrak{W} \boldsymbol{A} \mathfrak{V} \tag{26}$$

dreier Matrizen $\mathfrak{W}$, $\boldsymbol{A}$ und $\mathfrak{V}$ zu zerlegen, derart, daß $\boldsymbol{A}$ eine Diagonalmatrix, $\mathfrak{W}$ und $\mathfrak{V}$ zwei zueinander reziproke Matrizen sind. Es soll also

$$\boldsymbol{A} = \begin{Vmatrix} A_1 & 0 \\ 0 & A_2 \end{Vmatrix}; \quad \mathfrak{W} = \begin{Vmatrix} \mathfrak{W}_{u1} & \mathfrak{W}_{u2} \\ \mathfrak{W}_{i1} & \mathfrak{W}_{i2} \end{Vmatrix}; \quad \mathfrak{V} = \begin{Vmatrix} \mathfrak{V}_{1u} & \mathfrak{V}_{1i} \\ \mathfrak{V}_{2u} & \mathfrak{V}_{2i} \end{Vmatrix} \tag{27}$$

sein, mit

$$\mathfrak{W}\mathfrak{V} = 1 \quad \text{bzw.} \quad \mathfrak{V}\mathfrak{W} = 1. \tag{28}$$

Aus Gl. (28) folgt der Zusammenhang

$$\mathfrak{V}_{1u} = \frac{\mathfrak{W}_{i2}}{|\mathfrak{W}|}; \quad \mathfrak{V}_{1i} = -\frac{\mathfrak{W}_{u2}}{|\mathfrak{W}|}; \quad \mathfrak{V}_{2u} = -\frac{\mathfrak{W}_{i1}}{|\mathfrak{W}|}; \quad \mathfrak{V}_{2i} = \frac{\mathfrak{W}_{u1}}{|\mathfrak{W}|} \tag{29}$$

zwischen $\mathfrak{V}$ und $\mathfrak{W}$, wo $|\mathfrak{W}|$ die Determinante der Matrix $\mathfrak{W}$ ist.

Durch rechtsseitiges Multiplizieren von Gl. (26) mit $\mathfrak{W}$ erhält man

$$\mathfrak{A}\mathfrak{W} = \mathfrak{W}\boldsymbol{A}, \tag{30}$$

was gleichbedeutend mit den vier Gleichungen

$$\left.\begin{aligned} \mathfrak{A}_{uu}\mathfrak{W}_{u1} + \mathfrak{A}_{ui}\mathfrak{W}_{i1} &= \mathfrak{W}_{u1} A_1 \\ \mathfrak{A}_{uu}\mathfrak{W}_{u2} + \mathfrak{A}_{ui}\mathfrak{W}_{i2} &= \mathfrak{W}_{u2} A_2 \\ \mathfrak{A}_{iu}\mathfrak{W}_{u1} + \mathfrak{A}_{ii}\mathfrak{W}_{i1} &= \mathfrak{W}_{i1} A_1 \\ \mathfrak{A}_{iu}\mathfrak{W}_{u2} + \mathfrak{A}_{ii}\mathfrak{W}_{i2} &= \mathfrak{W}_{i2} A_2 \end{aligned}\right\} \tag{31}$$

für die Elemente ist. Hieraus sind nun die $\mathfrak{W}_{mn}$ zu bestimmen. Wie in allen Hauptachsenproblemen ist dies nur möglich, wenn A_1 und A_2 die Wurzeln der Säkulargleichung

$$\begin{vmatrix} \mathfrak{A}_{uu} - A & \mathfrak{A}_{ui} \\ \mathfrak{A}_{iu} & \mathfrak{A}_{ii} - A \end{vmatrix} = 0 \tag{32}$$

sind, nämlich

$$A_1 \quad \text{bzw.} \quad A_2 = \frac{1}{2}(\mathfrak{A}_{uu} + \mathfrak{A}_{ii}) \pm \sqrt{\frac{1}{4}(\mathfrak{A}_{uu} - \mathfrak{A}_{ii})^2 + \mathfrak{A}_{ui}\mathfrak{A}_{iu}}. \tag{33}$$

A_1 und A_2 sind die Eigenwerte der Kettenmatrix des Vierpols, gewöhnlich Kettenübertragungsmaße oder Kettenübersetzungen genannt. Hiermit ist die gesuchte Diagonalmatrix $\boldsymbol{A}$ völlig bestimmt.

Die Matrix $\mathfrak{W}$ kann aus den Gl. (31) nicht völlig ermittelt werden. Zwei ihrer Elemente bleiben willkürlich. Zwischen ihren vier Elementen ergeben sich die Beziehungen

$$\begin{aligned} \mathfrak{W}_{i1} &= -\frac{\mathfrak{W}_{u1}}{\mathfrak{A}_{ui}}\left(\frac{\mathfrak{A}_{uu}-\mathfrak{A}_{ii}}{2} - \sqrt{\frac{(\mathfrak{A}_{uu}-\mathfrak{A}_{ii})^2}{4}+\mathfrak{A}_{ui}\mathfrak{A}_{iu}}\right) \\ \mathfrak{W}_{u2} &= \frac{\mathfrak{W}_{i2}}{\mathfrak{A}_{iu}}\left(\frac{\mathfrak{A}_{uu}-\mathfrak{A}_{ii}}{2} - \sqrt{\frac{(\mathfrak{A}_{uu}-\mathfrak{A}_{ii})^2}{4}+\mathfrak{A}_{ui}\mathfrak{A}_{iu}}\right). \end{aligned} \tag{34}$$

Die Eigenwerte Z_1 und Z_2 der Widerstandsmatrix

$$\mathfrak{Z} = \begin{Vmatrix} \mathfrak{Z}_{11} & \mathfrak{Z}_{12} \\ \mathfrak{Z}_{21} & \mathfrak{Z}_{22} \end{Vmatrix}$$

ergeben sich aus einer Säkulargleichung, die aus Gl. (32) hervorgeht, wenn man die $\mathfrak{A}_{ik}$ durch entsprechende $\mathfrak{Z}_{ik}$ ersetzt. Es ist also

$$Z_1 \text{ bzw. } Z_2 = \frac{1}{2}(\mathfrak{Z}_{11}+\mathfrak{Z}_{22}) \pm \sqrt{\frac{1}{4}(\mathfrak{Z}_{11}-\mathfrak{Z}_{22})^2+\mathfrak{Z}_{12}\mathfrak{Z}_{21}}. \tag{35}$$

Diese Eigenwerte heißen Kettenwiderstände des Vierpols. Drückt man sie durch die Elemente der Kettenmatrix aus, so erhält man

$$Z_1 \text{ bzw. } Z_2 = \frac{1}{\mathfrak{A}_{iu}}\left(\frac{\mathfrak{A}_{uu}-\mathfrak{A}_{ii}}{2} \pm \sqrt{\frac{(\mathfrak{A}_{uu}-\mathfrak{A}_{ii})^2}{4}+\mathfrak{A}_{ui}\mathfrak{A}_{iu}}\right). \tag{36}$$

Jeder allgemeine Vierpol ist durch die Angabe von vier Größen bestimmt. Wir sehen jetzt die Eigenwerte A_1 und A_2 der Kettenmatrix und Z_1 und Z_2 der Widerstandsmatrix als die normalen Bestimmungsstücke des Vierpols an. Durch sie drücken sich die Elemente der Widerstands- und Kettenmatrix folgendermaßen aus, wie man leicht nachrechnet,

$$\begin{aligned} \mathfrak{A}_{uu} &= \frac{A_1 Z_1 - A_2 Z_2}{Z_1 - Z_2}; & \mathfrak{A}_{ui} &= \frac{A_2 - A_1}{Z_1 - Z_2} Z_1 Z_2; \\ \mathfrak{A}_{iu} &= \frac{A_1 - A_2}{Z_1 - Z_2}; & \mathfrak{A}_{ii} &= \frac{A_2 Z_1 - A_1 Z_2}{Z_1 - Z_2}; \\ \mathfrak{Z}_{11} &= \frac{A_1 Z_1 - A_2 Z_2}{A_1 - A_2}; & \mathfrak{Z}_{12} &= \frac{Z_2 - Z_1}{A_1 - A_2} A_1 A_2; \\ \mathfrak{Z}_{21} &= \frac{Z_1 - Z_2}{A_1 - A_2}; & \mathfrak{Z}_{22} &= \frac{A_1 Z_2 - A_2 Z_1}{A_1 - A_2}. \end{aligned} \tag{37}$$

Führen wir die Eigenwerte auch in die Gl. (34) und (29) ein, so erhalten wir durch einfache Rechnung

$$\begin{aligned} \mathfrak{W}_{i1} &= \frac{\mathfrak{W}_{u1}}{Z_1}; & \mathfrak{W}_{u2} &= \mathfrak{W}_{i2} Z_2; & \mathfrak{V}_{2i} &= \frac{Z_1}{\mathfrak{W}_{i2}(Z_1 - Z_2)} \\ \mathfrak{V}_{1u} &= \frac{Z_1}{\mathfrak{W}_{u1}(Z_1 - Z_2)}; & \mathfrak{V}_{1i} &= \frac{-Z_1 Z_2}{\mathfrak{W}_{u1}(Z_1 - Z_2)}; & \mathfrak{V}_{2u} &= \frac{1}{(Z_2 - Z_1)\mathfrak{W}_{i2}}. \end{aligned}$$

Setzen wir jetzt noch für die willkürlichen Elemente $\mathfrak{W}_{u1}$ und $\mathfrak{W}_{i2}$ der Matrix $\mathfrak{W}$

$$\mathfrak{W}_{u1} = \mathfrak{W}_{i2} = \sqrt{\frac{Z_1}{Z_1 - Z_2}},$$

so nehmen $\mathfrak{W}$ und $\mathfrak{V}$ die Gestalt

$$\mathfrak{W} = \sqrt{\frac{Z_1}{Z_1 - Z_2}} \begin{Vmatrix} 1 & Z_2 \\ \frac{1}{Z_1} & 1 \end{Vmatrix}$$

$$\mathfrak{V} = \sqrt{\frac{Z_1}{Z_1 - Z_2}} \begin{Vmatrix} 1 & -Z_2 \\ -\frac{1}{Z_1} & 1 \end{Vmatrix} \tag{38}$$

an.

Die Matrizen $\mathfrak{W}$ und $\mathfrak{V}$, durch die wir die Kettenmatrix auf Hauptachsen transformieren, hängen also nur von den Kettenwiderständen, nicht aber von den Kettenübersetzungen ab. Ihre Determinanten haben den Wert 1.

*§ 7. Vierpolketten.

Inhalt: Eine Kette von n gleichen Vierpolen hat dieselben Kettenwiderstände wie der einzelne Vierpol. Ihre Kettenübertragungsmaße sind die n-ten Potenzen derer des einzelnen Vierpols. Die Reihenfolge zweier Vierpole darf dann und nur dann vertauscht werden, wenn sie gleiche Kettenwiderstände haben.

Bezeichnungen: Wie § 6, S. 435.

Die Kettenmatrix einer Kette aus n gleichen Vierpolen mit der Kettenmatrix $\mathfrak{A}$ ist einfach

$$\mathfrak{A}^n = \mathfrak{W} A \mathfrak{V} \mathfrak{W} A \mathfrak{V} \ldots \mathfrak{W} A \mathfrak{V} = \mathfrak{W} A^n \mathfrak{V}. \tag{39}$$

Die ganze Kette wird also durch dieselben Matrizen $\mathfrak{W}$ und $\mathfrak{V}$ auf Eigenwerte transformiert wie der einzelne Vierpol. Da $\mathfrak{W}$ und $\mathfrak{V}$ nur die Kettenwiderstände, nicht aber die Kettenübersetzungen enthalten, ergibt sich der Satz: Die Kettenwiderstände der Kette sind dieselben wie die des einzelnen Vierpols, die Kettenübersetzungen sind die n-ten Potenzen der Ketteneigenwerte des einzelnen Vierpols. Es ist nämlich

$$A^n = \begin{Vmatrix} A_1^n & 0 \\ 0 & A_2^n \end{Vmatrix}. \tag{40}$$

Die Kettenmatrix der Kette lautet

$$\mathfrak{A}^n = \frac{Z_1}{Z_1 - Z_2} \begin{Vmatrix} 1 & Z_2 \\ \frac{1}{Z_1} & 1 \end{Vmatrix} \cdot \begin{Vmatrix} A_1^n & 0 \\ 0 & A_2^n \end{Vmatrix} \cdot \begin{Vmatrix} 1 & -Z_2 \\ -\frac{1}{Z_1} & 1 \end{Vmatrix} \tag{39a}$$

oder ausgerechnet

$$\mathfrak{A}^n = \begin{Vmatrix} \frac{Z_1 A_1^n - Z_2 A_2^n}{Z_1 - Z_2} & -\frac{Z_1 Z_2}{Z_1 - Z_2}(A_1^n - A_2^n) \\ \frac{A_1^n - A_2^n}{Z_1 - Z_2} & \frac{Z_1 A_2^n - Z_2 A_1^n}{Z_1 - Z_2} \end{Vmatrix}. \tag{39b}$$

Dasselbe Resultat ergibt sich, wenn man n Vierpole $\mathfrak{A}$ und m Vierpole $\mathfrak{C}$ zu einer Kette schaltet, wenn alle dieselben Kettenwiderstände haben. Dann ist nämlich

$$\mathfrak{A} = \mathfrak{W} A \mathfrak{V} \qquad \mathfrak{C} = \mathfrak{W} C \mathfrak{V},$$

und die Kettenmatrix der Kette ist

$$\mathfrak{A}^n \mathfrak{C}^m = \mathfrak{W} \begin{Vmatrix} A_1^n C_1^m & 0 \\ 0 & A_2^n C_2^m \end{Vmatrix} \mathfrak{V}. \tag{41}$$

Dieses Resultat ist unabhängig davon, in welcher Reihenfolge die Vierpole angeordnet sind, da die Diagonalmatrizen beliebige Vertauschungen zulassen.

Hiervon gilt auch die Umkehrung. Können zwei Vierpole vertauscht werden, so stimmen ihre Kettenwiderstände überein. Aus

$$\mathfrak{A}\,\mathfrak{C} = \mathfrak{C}\,\mathfrak{A}$$

folgt

$$\mathfrak{A}\,\mathfrak{W}\,\mathfrak{B}\,\mathfrak{C} = \mathfrak{C}\,\mathfrak{W}\,\mathfrak{B}\,\mathfrak{A}.$$

Multipliziert man jetzt linksseitig mit $\mathfrak{B}$, rechtsseitig mit $\mathfrak{W}$ und setzt

$$\mathfrak{C} = \mathfrak{W}\,\mathfrak{G}\,\mathfrak{B} \qquad \mathfrak{G} = \mathfrak{B}\,\mathfrak{C}\,\mathfrak{W},$$

so erhält man

$$A\,\mathfrak{G} = \mathfrak{G}\,A.$$

Für die Elemente gilt dann

$$A_m\,\mathfrak{G}_{mn} = \mathfrak{G}_{mn}\,A_n.$$

Ist $m \neq n$, so verschwindet $\mathfrak{G}_{mn}$, und $\mathfrak{G}$ ist eine Diagonalmatrix, d. h. die Eigenwertsmatrix von $\mathfrak{C}$. Wir können also $\mathfrak{A}$ und $\mathfrak{C}$ gleichzeitig auf Eigenwerte transformieren, und dies setzt die Übereinstimmung der Kettenwiderstände voraus.

*§ 8. Symmetrische Vierpole.

Inhalt: Die zwei Kettenübersetzungen passiver Vierpole sind zueinander reziprok. $\mathfrak{W}\,A\,\mathfrak{B}$ und $\mathfrak{B}\,A^{-1}\,\mathfrak{W}$ sind umgekehrte Vierpole. Bei symmetrischen Vierpolen unterscheiden sich die Kettenwiderstände nur durch das Vorzeichen, die Kettenübersetzungen sind reziprok. Der Kettenwiderstand mit positivem Realteil heißt Wellenwiderstand.

Bezeichnungen: Wie S. 435.

Die Eigenschaften eines Vierpols kann man am besten an der Hauptachsendarstellung seiner Kettenmatrix ablesen. Ist der Vierpol passiv, so ist

$$|\mathfrak{A}| = |\mathfrak{W}| \cdot |A| \cdot |\mathfrak{B}| = 1, \tag{42}$$

und da $\mathfrak{W}$ und $\mathfrak{B}$ die Determinanten 1 besitzen, gilt

$$|\mathfrak{A}| = |A| = \begin{vmatrix} A_1 & 0 \\ 0 & A_2 \end{vmatrix} = A_1 A_2 = 1. \tag{42a}$$

Die beiden Kettenübersetzungen eines passiven Vierpols sind zueinander reziprok.

Kehren wir einen Vierpol $\mathfrak{A}$ um, so ist

$$\mathfrak{A}' = \mathfrak{B}'\,A'\,\mathfrak{W}',$$

wobei $\mathfrak{B}'$, A' und $\mathfrak{W}'$ die umgekehrten Vierpole wie $\mathfrak{B}$, A und $\mathfrak{W}$ sind. Nach (18) besteht aber die Umkehrung in der Vertauschung der Diagonalelemente der Kettenmatrix und der Division mit der Determinante. Da die Diagonalelemente von $\mathfrak{W}$ und $\mathfrak{B}$ alle gleich und $|\mathfrak{B}| = |\mathfrak{W}| = 1$ ist, können wir $\mathfrak{B}' = \mathfrak{B}$ und $\mathfrak{W}' = \mathfrak{W}$ setzen, während wir für A'

$$A' = \begin{Vmatrix} \frac{1}{A_1} & 0 \\ 0 & \frac{1}{A_2} \end{Vmatrix} = A^{-1}$$

erhalten. Es ist also

$$\mathfrak{A}' = \mathfrak{B}\,A^{-1}\,\mathfrak{W}. \tag{43}$$

Ein Vierpol ist symmetrisch, wenn er sich von dem umgekehrten nur durch die Vertauschung der Indizes unterscheidet. Durch diese Operation muß also $\mathfrak{W}$ in $\mathfrak{V}$, $\mathfrak{V}$ in $\mathfrak{W}$ und A in A^{-1} übergehen. Daraus ergeben sich für den symmetrischen Vierpol die Bedingungen

$$Z_1 = -Z_2 = Z; \qquad A_2 = \frac{1}{A_1} = \frac{1}{A}. \tag{43a}$$

Mit Z_1 sei derjenige der Kettenwiderstände bezeichnet, dessen Realteil positiv ist.

Ein symmetrischer Vierpol ist also immer passiv. Die Matrizen $\mathfrak{W}$ und $\mathfrak{V}$ nehmen bei ihm die einfache Gestalt

$$\mathfrak{W} = \frac{1}{\sqrt{2}} \begin{Vmatrix} 1 & -Z \\ \frac{1}{Z} & 1 \end{Vmatrix}; \qquad \mathfrak{V} = \frac{1}{\sqrt{2}} \begin{Vmatrix} 1 & Z \\ -\frac{1}{Z} & 1 \end{Vmatrix} \tag{44}$$

an. Z wird Wellenwiderstand genannt.

*§ 9. Der Vierpol als Überträger.

Inhalt: Vierpole bei Kurzschluß, Leerlauf und Abschluß mit einem Kettenwiderstand. Die Kettenübersetzung mit dem größeren Absolutwert ist stabil, und zu ihr gehört der stabile Kettenwiderstand. Der Eingangsscheinwiderstand entfernt sich bei langen Ketten vom unstabilen Kettenwiderstand und strebt dem stabilen zu.

Bezeichnungen: Wie S. 428 und S. 435.

Wir denken uns jetzt die Ausgangsseite eines Vierpols mit einem Verbraucher abgeschlossen. Dieser kann in jedem Fall durch einen komplexen Widerstand $\mathfrak{Z}$ beschrieben werden. Der Ausgangsvektor nimmt dann die Gestalt

$$\mathfrak{S}_2 = \begin{Vmatrix} \mathfrak{Z} I_2 \\ I_2 \end{Vmatrix} = I_2 \begin{Vmatrix} \mathfrak{Z} \\ 1 \end{Vmatrix} \tag{45}$$

an, und für den Eingangsvektor erhalten wir

$$\begin{aligned} \mathfrak{S}_1 &= \mathfrak{W} A \mathfrak{V} \mathfrak{S}_2 \\ &= \frac{Z_1 I_2}{Z_1 - Z_2} \begin{Vmatrix} 1 & Z_2 \\ \frac{1}{Z_1} & 1 \end{Vmatrix} \cdot \begin{Vmatrix} A_1 & 0 \\ 0 & A_2 \end{Vmatrix} \cdot \begin{Vmatrix} 1 & -Z_2 \\ -\frac{1}{Z_1} & 1 \end{Vmatrix} \cdot \begin{Vmatrix} \mathfrak{Z} \\ 1 \end{Vmatrix} \\ &= \frac{I_2}{Z_1 - Z_2} \begin{Vmatrix} A_1 Z_1(\mathfrak{Z} - Z_2) + A_2 Z_2 (Z_1 - \mathfrak{Z}) \\ A_1(\mathfrak{Z} - Z_2) + A_2(Z_1 - \mathfrak{Z}) \end{Vmatrix}. \end{aligned} \tag{46}$$

Lassen wir den Vierpol leer laufen, so haben wir statt (45)

$$\mathfrak{S}_2 = \begin{Vmatrix} U_2 \\ 0 \end{Vmatrix} = U_2 \begin{Vmatrix} 1 \\ 0 \end{Vmatrix} \tag{45a}$$

und für den Eingangsvektor

$$\begin{aligned} \mathfrak{S}_1 &= \frac{Z_1 U_2}{Z_1 - Z_2} \begin{Vmatrix} 1 & Z_2 \\ \frac{1}{Z_1} & 1 \end{Vmatrix} \cdot \begin{Vmatrix} A_1 & 0 \\ 0 & A_2 \end{Vmatrix} \cdot \begin{Vmatrix} 1 & -Z_2 \\ -\frac{1}{Z_1} & 1 \end{Vmatrix} \cdot \begin{Vmatrix} 1 \\ 0 \end{Vmatrix} \\ &= \frac{U_2}{Z_1 - Z_2} \begin{Vmatrix} A_1 Z_1 - A_2 Z_2 \\ A_1 - A_2 \end{Vmatrix}. \end{aligned}$$

Schließen wir die Ausgangsseite kurz ($\mathfrak{Z} = 0$), so folgt aus (46)

$$\mathfrak{S}_1 = \frac{Z_1 Z_2 I_2}{Z_1 - Z_2} \left\| \begin{matrix} A_2 - A_1 \\ \dfrac{A_2}{Z_2} - \dfrac{A_1}{Z_1} \end{matrix} \right\|.$$

Ist $\mathfrak{Z} = Z_1$ oder $\mathfrak{Z} = Z_2$, so finden wir

$$\mathfrak{S}_1 = A_1 I_2 \left\| \begin{matrix} Z_1 \\ 1 \end{matrix} \right\| \quad \text{bzw.} \quad \mathfrak{S}_1 = A_2 I_2 \left\| \begin{matrix} Z_2 \\ 1 \end{matrix} \right\|.$$

Die speziellen Ausgangsvektoren

$$\mathfrak{S}_2 = I_2 \left\| \begin{matrix} Z_1 \\ 1 \end{matrix} \right\| \quad \text{und} \quad \mathfrak{S}_2 = I_2 \left\| \begin{matrix} Z_2 \\ 1 \end{matrix} \right\|,$$

die durch Abschluß des Vierpols mit einem der Kettenwiderstände entstehen, sind die Eigenvektoren der Kettenmatrix $\mathfrak{A}$. Sie sind dadurch ausgezeichnet, daß sie sich bei Multiplikation mit der Kettenmatrix einfach mit den zu den Kettenwiderständen gehörenden Kettenübersetzungen multiplizieren.

Bilden wir nun aus dem Eingangsvektor das Verhältnis $\mathfrak{Z}_1 = U_1/I_1$, das man den Eingangsscheinwiderstand nennt, so ergibt sich

$$\mathfrak{Z}_1 = \frac{A_1 Z_1 (\mathfrak{Z} - Z_2) + A_2 Z_2 (Z_1 - \mathfrak{Z})}{A_1 (\mathfrak{Z} - Z_2) + A_2 (Z_1 - \mathfrak{Z})}. \tag{47}$$

Bei Leerlauf oder Kurzschluß folgt hieraus

$$\mathfrak{Z}_{1\mathfrak{L}} = \frac{A_1 Z_1 - A_2 Z_2}{A_1 - A_2}; \qquad \mathfrak{Z}_{1\mathfrak{K}} = \frac{(A_2 - A_1) Z_1 Z_2}{Z_1 A_2 - Z_2 A_1}. \tag{48}$$

Und bei Abschluß mit den Kettenwiderständen

$$\mathfrak{Z}_1 = Z_1 \quad \text{bzw.} \quad \mathfrak{Z}_1 = Z_2.$$

Wird ein Vierpol mit dem Kettenwiderstand abgeschlossen, so ist sein Eingangsscheinwiderstand diesem Kettenwiderstand gleich.

Hängen wir an die Ausgangsseite eines Vierpols einen Widerstand $\mathfrak{Z}$, der dem Kettenwiderstand Z_1 ähnlich ist und den wir durch

$$\mathfrak{Z} = Z_1 (1 + \zeta)$$

ausdrücken, so erhalten wir den Eingangsvektor

$$\mathfrak{S}_1 = I_2 \left\| \begin{matrix} A_1 Z_1 + Z_1 \zeta \dfrac{A_1 Z_1 - A_2 Z_2}{(Z_1 - Z_2)} \\ A_1 + Z_1 \zeta \dfrac{A_1 - A_2}{Z_1 - Z_2} \end{matrix} \right\|.$$

Der Eingangsscheinwiderstand wird in diesem Falle

$$\mathfrak{Z}_1 = Z_1 \frac{1 + \zeta \dfrac{A_1 Z_1 - A_2 Z_2}{A_1 (Z_1 - Z_2)}}{1 + \zeta Z_1 \dfrac{A_1 - A_2}{A_1 (Z_1 - Z_2)}}.$$

Wenn sich $\mathfrak{Z}$ von Z_1 nur wenig unterscheidet, so gibt das näherungsweise

$$\mathfrak{Z}_1 \approx Z_1\left(1 + \zeta \frac{A_2}{A_1}\right).$$

Ist $|A_2| < |A_1|$, so unterscheidet sich $\mathfrak{Z}_1$ weniger als $\mathfrak{Z}$ von Z_1. Ist $|A_2| > |A_1|$, so weicht der Eingangsscheinwiderstand vom Kettenwiderstand noch mehr ab als der angeschlossene Widerstand $\mathfrak{Z}$. Als stabilen Kettenwiderstand bezeichnen wir denjenigen, welcher zu dem Eigenwert der Kettenmatrix mit größerem Absolutbetrag gehört. Den anderen Kettenwiderstand nennen wir unstabil.

Schließen wir eine Kette von vielen gleichen Vierpolen mit einem Widerstand ab, der dem unstabilen Kettenwiderstand ähnlich ist, so unterscheidet sich der Eingangsscheinwiderstand der ganzen Kette vom Kettenwiderstand erheblich, und zwar um so mehr, je länger die Kette ist. Schließt man hingegen die Kette mit einem Widerstand ab, der nahe dem stabilen Kettenwiderstand liegt, so ist der Eingangsscheinwiderstand am Anfang der Kette dem Kettenwiderstand um so ähnlicher, je länger die Kette ist.

Der Eingangsscheinwiderstand einer sehr langen Kette gleicher Vierpole ist auf jeden Fall ähnlich dem stabilen Kettenwiderstand, gleichgültig, was am Ende der Kette angeschlossen ist. Eine Ausnahme tritt nur ein, wenn der Abschluß genau durch den unstabilen Kettenwiderstand vorgenommen wird.

Unter dem Kettenwiderstand schlechthin versteht man stets den stabilen Kettenwiderstand. Unter der Kettenübersetzung schlechthin ist die mit dem größeren Absolutbetrag gemeint.

*§ 10. Sperrbereich und Durchlaßbereich.

Inhalt: Eine lange Kette symmetrischer verlustfreier Vierpole hat einen Durchlaßbereich, wenn der Kettenwiderstand reell ist, einen Sperrbereich, wenn er imaginär ist.

Bezeichnungen: $\mathfrak{Z}$ Abschlußwiderstand, sonst wie S. 428 u. 435.

Wir betrachten jetzt eine Kette von n symmetrischen Vierpolen, die einzeln die Kettenwiderstände $\pm Z$ und die Kettenübersetzungen A und $1/A$ haben. Mit A ist die größere Übersetzung bezeichnet, so daß $|A| \geqq 1$ ist. Legen wir an die Ausgangsseite einen Verbraucher mit dem Widerstand $\mathfrak{Z}$, durch den der Strom I_2 fließen möge, so ist die Ausgangsspannung $U_2 = \mathfrak{Z}\, I_2$. Den Eingangsvektor

$$\mathfrak{S}_1 = \frac{I_2}{2}\left\|\begin{matrix} A^n(\mathfrak{Z}+Z) + \frac{1}{A^n}(\mathfrak{Z}-Z) \\ \frac{A^n}{Z}(\mathfrak{Z}+Z) - \frac{1}{A^n Z}(\mathfrak{Z}-Z) \end{matrix}\right\| \tag{49}$$

finden wir, wenn wir in (46)

$$A_1 = A^n; \qquad A_2 = \frac{1}{A^n}; \qquad Z_1 = -Z_2 = Z$$

einsetzen. Hieraus erfolgt die Spannungsübertragung

$$\frac{U_1}{U_2} = \frac{U_1}{\mathfrak{Z}\, I_2} = \frac{1}{2}A^n\left(1 + \frac{Z}{\mathfrak{Z}}\right) + \frac{1}{2A^n}\left(1 - \frac{Z}{\mathfrak{Z}}\right) \tag{50a}$$

und die Stromübertragung

$$\frac{I_1}{I_2} = \frac{1}{2}A^n\left(1 + \frac{\mathfrak{Z}}{Z}\right) + \frac{1}{2A^n}\left(1 - \frac{\mathfrak{Z}}{Z}\right). \tag{50b}$$

Wir führen die Rechnung für den speziellen Fall weiter, daß die Vierpole verlustfrei, d. h. nur aus induktiven und kapazitiven Widerständen aufgebaut sind. Schließen wir einen solchen Vierpol kurz, so wird er zu einem verlustfreien Zweipol, und sein Eingangsscheinwiderstand nach (48)

$$\mathfrak{Z}_{1\mathfrak{K}} = \frac{(A_2 - A_1) Z_1 Z_2}{Z_1 A_2 - Z_2 A_1} = \frac{\left(A - \frac{1}{A}\right) Z}{A + \frac{1}{A}} = \frac{A^2 - 1}{A^2 + 1} Z$$

wird rein imaginär. Dasselbe gilt für den Eingangsscheinwiderstand

$$\mathfrak{Z}_{1\mathfrak{L}} = \frac{A_1 Z_1 - A_2 Z_2}{A_1 - A_2} = \frac{\left(A + \frac{1}{A}\right) Z}{A - \frac{1}{A}} = \frac{A^2 + 1}{A^2 - 1} Z$$

bei Leerlauf, der auch rein imaginär ist. Hieraus folgt zunächst, daß

$$\mathfrak{Z}_{1\mathfrak{K}} \mathfrak{Z}_{1\mathfrak{L}} = Z^2$$

reell sein muß, und deshalb ist der Kettenwiderstand Z eines symmetrischen verlustfreien Vierpols entweder reell oder rein imaginär.

Ist Z reell, und setzen wir

$$A = e^{\chi + i\eta}, \tag{51}$$

so muß

$$\frac{A^2 - 1}{A^2 + 1} = \frac{e^{4\chi} + 2i\,e^{2\chi} \sin 2\eta - 1}{e^{4\chi} + 2e^{2\chi} \cos 2\eta + 1} \tag{52}$$

imaginär sein. Hieraus ergibt sich $e^{4\chi} = 1$ und $\chi = 0$. Wenn bei einem verlustfreien Vierpol der Kettenwiderstand reell ist, ist die Kettenübersetzung

$$A = e^{i\eta}$$

eine Größe vom Betrage 1. Ist dagegen der Kettenwiderstand imaginär, so ist (52) reell, woraus

$$\sin 2\eta = 0; \qquad \eta = \frac{k\pi}{2}$$

hervorgeht. In diesem Fall ist A eine reelle oder rein imaginäre Größe, deren Betrag größer als 1 ist.

Die Matrixelemente des Vierpols hängen von der Frequenz ab und damit auch der Kettenwiderstand. Für gewisse Frequenzen wird Z reell und für andere imaginär sein. Diese Gebiete werden voneinander durch die Wurzeln der Gleichungen

$$Z^2(\nu) = 0 \quad \text{oder} \quad \infty \tag{53}$$

getrennt (Abb. 167).

Wir untersuchen zuerst den Bereich des reellen Kettenwiderstandes. Schließen wir die Kette mit dem Kettenwiderstand ab und ist dieser reell, so ergibt sich die Spannungsübersetzung der Kette,

$$\frac{U_1}{U_2} = e^{in\eta}$$

(da als Verbraucher nur positive reelle Widerstände zur Verfügung stehen, ist $\mathfrak{Z} = Z$). Die Stromübersetzung ist ebenfalls

$$\frac{I_1}{I_2} = e^{in\eta}.$$

Spannung und Strom haben am Anfang und Ende der Kette gleiche Absolutwerte, die Kette verursacht nur eine Phasenverschiebung zwischen den Eingangs- und Ausgangswerten. Beim Abschluß mit dem Kettenwiderstand läßt

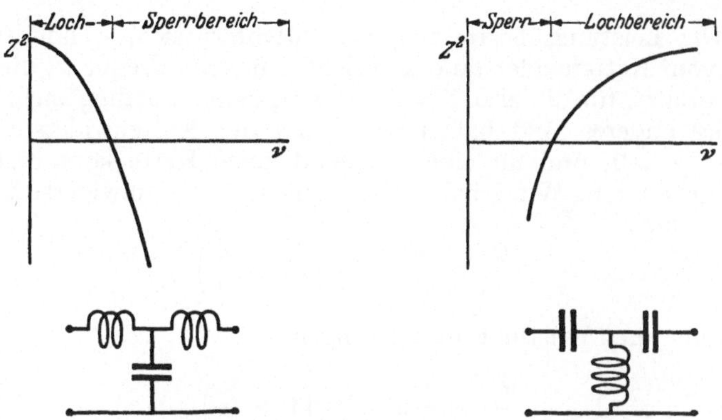

Abb. 167. Z^2 gegen ν aufgetragen. Sperrbereich und Durchlaßbereich zweier Vierpole.

die Kette Strom und Spannung durch. Das Frequenzgebiet, in dem der Kettenwiderstand reell ist, bezeichnet man deshalb als Durchlaß- oder Lochgebiet der Kette.

Schließen wir nicht mit dem Kettenwiderstand, sondern mit einem beliebigen reellen Widerstand ab, so ist

$$\frac{U_1}{U_2} = \frac{1}{2} e^{i n \eta}\left(1 + \frac{Z}{\mathfrak{Z}}\right) + \frac{1}{2} e^{-i n \eta}\left(1 - \frac{Z}{\mathfrak{Z}}\right) = \cos n\eta + i \frac{Z}{\mathfrak{Z}} \sin n\eta. \qquad (54)$$

Die effektive Spannung am Anfang und am Ende der Kette hängen durch

$$U_{1\,\mathrm{eff}} = U_{2\,\mathrm{eff}} \sqrt{\cos^2 n\eta + \frac{Z^2}{\mathfrak{Z}^2} \sin^2 n\eta} \qquad (54\text{a})$$

miteinander zusammen. Zwischen ihnen besteht die Phasenverschiebung

$$\operatorname{tg} \varphi_U = \frac{Z}{\mathfrak{Z}} \operatorname{tg} n\eta.$$

Für die Stromübertragung erhalten wir

$$\frac{I_1}{I_2} = \frac{1}{2} e^{i n \eta}\left(1 + \frac{\mathfrak{Z}}{Z}\right) + \frac{1}{2} e^{-i n \eta}\left(1 - \frac{\mathfrak{Z}}{Z}\right) = \cos n\eta + i \frac{\mathfrak{Z}}{Z} \sin n\eta \qquad (55)$$

und

$$I_{1\,\mathrm{eff}} = I_{2\,\mathrm{eff}} \sqrt{\cos^2 n\eta + \frac{\mathfrak{Z}^2}{Z^2} \sin^2 n\eta} \qquad (55\text{a})$$

$$\operatorname{tg} \varphi_I = \frac{\mathfrak{Z}}{Z} \operatorname{tg} n\eta.$$

Die Leistungsübertragung ist

$$\begin{aligned} \frac{U_1 I_1^*}{U_2 I_2^*} &= \left(\cos n\eta + i \frac{Z}{\mathfrak{Z}} \sin n\eta\right)\left(\cos n\eta - i \frac{\mathfrak{Z}}{Z} \sin n\eta\right) \\ &= 1 + \frac{i}{2}\left(\frac{Z}{\mathfrak{Z}} - \frac{\mathfrak{Z}}{Z}\right) \sin 2n\eta. \end{aligned} \qquad (56)$$

Hierfür können wir auch

$$\left|\frac{U_1 I_1^*}{U_2 I_2^*}\right| = \sqrt{1+\frac{1}{4}\left(\frac{Z}{\mathfrak{Z}}-\frac{\mathfrak{Z}}{Z}\right)^2 \sin 2n\eta}$$

schreiben. Die Leistungsübertragung verschlechtert sich, wenn der Abschlußwiderstand vom Kettenwiderstand abweicht. Für eine Frequenz, die das Durchlaßgebiet abgrenzt, für die also $Z = 0$ ist, wird keine Leistung mehr übertragen.

Ein völlig anderes Bild haben wir, wenn der Kettenwiderstand imaginär ist. Dann ist $\chi > 0$, und für eine genügend lange Kette kann $1/A^n$ gegen A^n vernachlässigt werden. Wir erhalten bei reellem Abschlußwiderstand die Spannungsübersetzung

$$\frac{U_1}{U_2} \approx \frac{1}{2} e^{n\chi + in\eta}\left(1+\frac{Z}{\mathfrak{Z}}\right) \tag{57}$$

und die Strom- und Leistungsübersetzungen

$$\frac{I_1}{I_2} \approx \frac{1}{2} e^{n\chi + in\eta}\left(1+\frac{\mathfrak{Z}}{Z}\right) \tag{57a}$$

$$\frac{U_1 I_1^*}{U_2 I_2^*} \approx \frac{1}{4} e^{2n\chi}\left(\frac{Z}{\mathfrak{Z}}-\frac{\mathfrak{Z}}{Z}\right). \tag{57b}$$

Die Eingangsgrößen sind jetzt viel größer als die Ausgangsgrößen. Die Kette läßt weder Spannung, Strom noch Leistung hindurch. Das Gebiet der Frequenzen, für welche der Kettenwiderstand imaginär ist, nennt man den Sperrbereich.

**§ 11. Leitungen.

Inhalt: Die homogene Leitung als Kette infinitesimaler Vierpole, Fortpflanzung der Spannungswelle auf der Leitung. Dämpfungskonstante, Phasenkonstante, Leitungskonstante.

Bezeichnungen: r, l, c, y Widerstand, Selbstinduktion, Kapazität und Isolationsfehler pro Längeneinheit einer Leitung, ν Frequenz, U Spannung, I Strom, λ Wellenlänge, u Fortpflanzungsgeschwindigkeit, β Dämpfungskonstante, α Phasenkonstante.

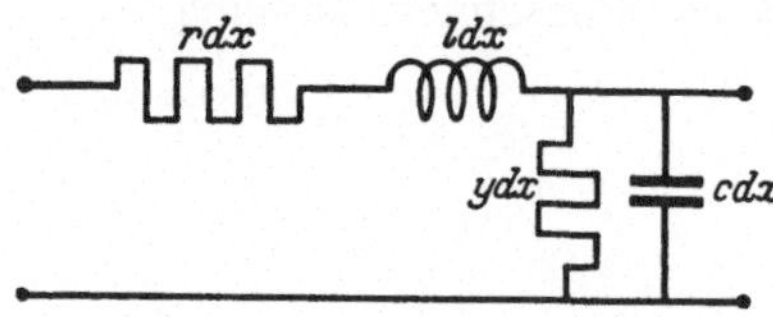

Abb. 168. Leitungsstück der Länge dx als infinitesimaler Vierpol.

Ein Stück einer Doppelleitung von der Länge dx besitze einen Wirkwiderstand $r\,dx$, die Selbstinduktion $l\,dx$, die Kapazität $c\,dx$ und den Isolationsfehler $y\,dx$. Wir können das Stück dann als infinitesimalen Vierpol ansehen, der dem Schaltschema Abb. 168 entspricht. Seine Kettenmatrix erhalten wir nach (19) und (20)

$$\begin{aligned}\mathfrak{A} &= \begin{Vmatrix} 1 & (r+2\pi i\nu l)\,dx \\ 0 & 1 \end{Vmatrix} \cdot \begin{Vmatrix} 1 & 0 \\ (y+2\pi i\nu c)\,dx & 1 \end{Vmatrix} \\ &= \begin{Vmatrix} 1+(r+2\pi i\nu l)(y+2\pi i\nu c)\,dx^2 & (r+2\pi i\nu l)\,dx \\ (y+2\pi i\nu c)\,dx & 1 \end{Vmatrix}\end{aligned} \tag{58}$$

Setzen wir zur Abkürzung

$$r+2\pi i\nu l = \zeta; \quad y+2\pi i\nu c = \gamma \tag{59}$$

und vernachlässigen Glieder höherer Ordnung, so erhalten wir einfach

$$\mathfrak{A} = \begin{Vmatrix} 1 & \zeta\,dx \\ \gamma\,dx & 1 \end{Vmatrix}. \tag{58a}$$

Hieraus ergeben sich nach (33) und (36) die Übertragungsmaße und Kettenwiderstände

$$A = 1 \pm dx\sqrt{\gamma\zeta}; \qquad Z = \pm\sqrt{\frac{\zeta}{\gamma}}.$$

Ein endliches Stück der Leitung von der Länge x ist eine Kette von x/dx Vierpolen, und seine Kettenmatrix lautet nach (39a)

$$\mathfrak{A} = \frac{1}{2}\begin{Vmatrix} 1 & \sqrt{\frac{\zeta}{\gamma}} \\ -\sqrt{\frac{\gamma}{\zeta}} & 1 \end{Vmatrix} \cdot \begin{Vmatrix} (1 - dx\sqrt{\gamma\zeta})^{\frac{x}{dx}} & 0 \\ 0 & (1 + dx\sqrt{\gamma\zeta})^{\frac{x}{dx}} \end{Vmatrix} \cdot \begin{Vmatrix} 1 & -\sqrt{\frac{\zeta}{\gamma}} \\ \sqrt{\frac{\gamma}{\zeta}} & 1 \end{Vmatrix}.$$

Läßt man dx gegen Null konvergieren, so geht dies in

$$\mathfrak{A} = \frac{1}{2}\begin{Vmatrix} 1 & \sqrt{\frac{\zeta}{\gamma}} \\ -\sqrt{\frac{\gamma}{\zeta}} & 1 \end{Vmatrix} \cdot \begin{Vmatrix} e^{-x\sqrt{\gamma\zeta}} & 0 \\ 0 & e^{x\sqrt{\gamma\zeta}} \end{Vmatrix} \cdot \begin{Vmatrix} 1 & -\sqrt{\frac{\zeta}{\gamma}} \\ \sqrt{\frac{\gamma}{\zeta}} & 1 \end{Vmatrix}$$

$$= \begin{Vmatrix} \mathfrak{Cof}(x\sqrt{\zeta\gamma}) & \sqrt{\frac{\zeta}{\gamma}}\,\mathfrak{Sin}(x\sqrt{\zeta\gamma}) \\ \sqrt{\frac{\gamma}{\zeta}}\,\mathfrak{Sin}(x\sqrt{\zeta\gamma}) & \mathfrak{Cof}(x\sqrt{\zeta\gamma}) \end{Vmatrix} \tag{60}$$

über.

Eine sehr wichtige Umformung erhalten wir[1], wenn wir die Kettenmatrix (58a) auf die Leitungselemente dx anwenden und

$$\mathfrak{S}_1 = \begin{Vmatrix} U \\ I \end{Vmatrix} \qquad \mathfrak{S}_2 = \begin{Vmatrix} U + dU \\ I + dI \end{Vmatrix}$$

setzen. Es ergibt sich dann unter Weglassung aller Glieder zweiter Ordnung

$$U = U + dU + \zeta\,I\,dx$$

$$I = \gamma\,U\,dx + I + dI$$

oder

$$\frac{dU}{dx} = -\zeta I; \qquad \frac{dI}{dx} = -\gamma U. \tag{61}$$

Durch Eliminieren von I bzw. U folgt hieraus

$$\frac{d^2U}{dx^2} = \zeta\gamma U; \qquad \frac{d^2I}{dx^2} = -\zeta\gamma I \tag{62}$$

mit der Lösung

$$U = C\,e^{x\sqrt{\zeta\gamma}} + D\,e^{-x\sqrt{\gamma\zeta}}. \tag{63}$$

[1] Sie ist natürlich in (60) mit enthalten.

Ist die Leitung mit dem Kettenwiderstand $\sqrt{\zeta/\gamma}$ abgeschlossen, so ist überall

$$U = \sqrt{\frac{\zeta}{\gamma}}\, I,$$

und hieraus geht zusammen mit (61)

$$\frac{dU}{dx} = -\sqrt{\gamma\zeta}\, U \tag{64}$$

$$U = U_1\, e^{-x\sqrt{\zeta\gamma}} = U_1\, e^{-\beta x - i\alpha x} \tag{65}$$

hervor, wenn wir

$$\beta + i\alpha = \sqrt{\gamma\zeta} = \sqrt{(r + 2\pi i \nu l)(y + 2\pi i \nu c)}$$

setzen.

β nennt man die Dämpfungskonstante, α die Phasenkonstante, während $\sqrt{\zeta\gamma}$ selbst die Leitungskonstante gennant wird.

Bei einer gut verlegten Leitung kann man zuänchst gewöhnlich den Isolationsfehler y vernachlässigen. Bei einer Kabelleitung ist $2\pi\nu l \ll r$, während bei einer Freileitung gewöhnlich $2\pi\nu l \gg r$ gilt. Für die Freileitung findet man dann näherungsweise

$$\beta = \frac{r}{2}\sqrt{\frac{c}{l}}\,; \qquad \alpha = 2\pi\nu\sqrt{l c}. \tag{66}$$

Die Dämpfung der Leitung wird also durch Erhöhung der Induktivität verringert. Man nutzt dies in der Technik aus, indem man in eine Leitung in regelmäßigen Abständen Spulen einbaut oder sie mit einem Eisenpanzer versieht (Pupinleitung, Krarupleitung).

Jetzt betrachten wir eine unendlich gute Leitung ohne Isolationsfehler, bei der

$$r = 0; \quad \beta = 0; \quad \alpha = 2\pi\nu\sqrt{l c}$$

ist. Aus (65) geht dann

$$U = U_1\, e^{-2\pi i \nu x \sqrt{l c}}$$

hervor, und wenn wir den zeitabhängigen Anteil der Spannung ausführlich mit hinschreiben, erhalten wir

$$U = U_0\, e^{2\pi i \nu (t - x\sqrt{l c})}. \tag{67}$$

Dies ist eine Spannungswelle, die in die Leitung hineinläuft. Ihre Fortpflanzungsgeschwindigkeit (Phasengeschwindigkeit) ist

$$u = \frac{1}{\sqrt{l c}} \tag{68}$$

und ihre Wellenlänge

$$\lambda = \frac{1}{\nu\sqrt{l c}}. \tag{69}$$

Schließt man nicht mit dem Kettenwiderstand, sondern mit einem beliebigen Widerstand ab, so geht aus (63)

$$U = D_0\, e^{2\pi i\left(\nu t - \frac{x}{\lambda}\right)} + C_0\, e^{2\pi i\left(\nu t + \frac{x}{\lambda}\right)}$$

hervor, d. h., es überlagern sich jetzt zwei Wellen, von denen die eine in die Leitung hineinläuft, während die andere aus ihr herauskommt. Die zweite Welle rührt von der Reflexion am Leitungsende her.

Verschwinden r und y nicht, so wird die Welle in der Leitung gedämpft, d. h. absorbiert. Außerdem wird, was sich allerdings erst in höherer Annäherung ergibt, die Fortpflanzungsgeschwindigkeit von der Frequenz abhängig (Dispersion).

Eine Leitung kann man natürlich auch behandeln, ohne sie mit Vierpolen in Verbindung zu bringen. Man kommt so sogar zu Gleichungen, die nicht nur für Wechselströme, sondern für beliebige Ströme gelten. Der Strom $I(x, t)$ und die Spannung $U(x, t)$ sind dann Funktionen der beiden unabhängigen Veränderlichen x und t. Wir erhalten dann den Spannungsabfall

$$-dU = r\,I\,dx + l\frac{\partial I}{\partial t}dx \tag{70a}$$

und die Stromabnahme

$$-dI = y\,U\,dx + c\frac{\partial U}{\partial t}dx$$

längs des Leitungselementes dx der Abb. 168. Daraus gehen die beiden Gleichungen

$$\frac{\partial U}{\partial x} = -r\,I - l\frac{\partial I}{\partial t} \tag{71a}$$

$$\frac{\partial I}{\partial x} = -y\,U - c\frac{\partial U}{\partial t} \tag{71b}$$

hervor, welche offenbar eine Verallgemeinerung von (61) sind. Durch Eliminieren von I oder U gewinnt man daraus die sogenannte Telegraphenleitung

$$\frac{\partial^2 U}{\partial x^2} = r\,y\,U + (r\,c + l\,y)\frac{\partial U}{\partial t} + l\,c\frac{\partial^2 U}{\partial t^2} \tag{72a}$$

bzw.

$$\frac{\partial^2 I}{\partial x^2} = r\,y\,I + (r\,c + l\,y)\frac{\partial I}{\partial t} + l\,c\frac{\partial^2 I}{\partial t^2}. \tag{72b}$$

Der Verlauf von Strom und Spannung auf der Leitung kann berechnet werden, wenn an einer Stelle x_0 der zeitliche Verlauf $U(x_0, t)$ der Spannung und $I(x_0, t)$ des Stromes bekannt sind. Führt man als unabhängige Variable

$$\xi = t + x\sqrt{l\,c} \quad \text{und} \quad \eta = t - x\sqrt{l\,c} \tag{73}$$

ein und macht den Ansatz

$$U = \psi\,e^{-\frac{rc+ly}{2lc}t} = \psi\,e^{-\frac{rc+ly}{4lc}(\xi+\eta)} \tag{74}$$

so erhält man mit der Abkürzung

$$A^2 = \frac{(r\,c + l\,y)^2}{16\,l^2\,c^2} - \frac{r\,y}{4\,l\,c} \tag{75}$$

für ψ die hyperbolische Differentialgleichung

$$\frac{\partial^2 \psi}{\partial \xi\,\partial \eta} - A^2\,\psi = 0. \tag{76}$$

Die allgemeine Lösung dieser Gleichung ist bekannt, aber so unübersichtlich, daß ihre Diskussion hier nicht lohnt.

Kann man den Isolationsfehler y vernachlässigen, so bringt das keine wesentliche Erleichterung, wie man aus (75) erkennt. Sieht man allerdings auch vom OHMschen Widerstand r ab, so kann man sofort die allgemeine Lösung

$$U = U_0 + f(t - x\sqrt{lc}) + g(t + x\sqrt{lc}) \tag{77}$$

ablesen. Für den Strom findet man

$$I = I_0 + \sqrt{\frac{c}{l}}\{f(t - x\sqrt{lc}) - g(t + x\sqrt{lc})\}. \tag{78}$$

Spannung und Strom können durch zwei gegenläufige Wellen beschrieben werden. Die Form der Welle, d. h. die Funktionen f und g, bleibt willkürlich.

Ist an einer Stelle, z. B. $x = 0$, der zeitliche Verlauf der Spannung

$$U(t, o) = U_0 + f(t) + g(t) \tag{79}$$

und des Stromes

$$I(t, o) = I_0 + \sqrt{\frac{c}{l}}\{f(t) - g(t)\} \tag{80}$$

gegeben, so findet man die Funktionen

$$f(t) = \frac{1}{2}\left\{U(t, o) - U_0 + \sqrt{\frac{l}{c}}\,I(t, o) - \sqrt{\frac{l}{c}}\,I_0\right\} \tag{81}$$

$$g(t) = \frac{1}{2}\left\{U(t, o) - U_0 - \sqrt{\frac{l}{c}}\,I(t, o) + \sqrt{\frac{l}{c}}\,I_0\right\} \tag{82}$$

bis auf eine Konstante.

VI. Das schnellveränderliche elektromagnetische Feld.

Bezeichnungen: $\mathfrak{E}$, $\mathfrak{H}$ elektrische und magnetische Feldstärke, $\mathfrak{G}$ Stromdichte, $\mathfrak{G}'$ Verschiebungsstrom, σ Flächenladung, η Raumladung, I Stromstärke, ε_0, μ_0 Dielektrizitätskonstante und Permeabilität des Vakuums, ε, μ relative Dielektrizitätskonstante und Permeabilität, $\mathfrak{D}$ dielektrische Erregung, $\mathfrak{B}$ magnetische Induktion, Kraftflußdichte, $\varkappa$ Leitfähigkeit, $\mathfrak{P}$ dielektrische Polarisation.

Die MAXWELLschen Gleichungen, wie wir sie auf S. 402 entwickelt haben, sind immer noch nicht vollständig, und man stößt deshalb bei manchen Überlegungen auf Schwierigkeiten. Wir machen uns das an folgender einfachen Versuchsanordnung klar. Ein kreiszylindrischer Leiter von nicht allzu kleinem Querschnitt führe einen Gleichstrom von der Stromdichte $\mathfrak{G}$ (s. Abb. 169). Dieser Leiter sei an einer Stelle durch einen Luftspalt unterbrochen. Die Unterbrechung stellt einen Kondensator dar, für dessen Flächenladung σ

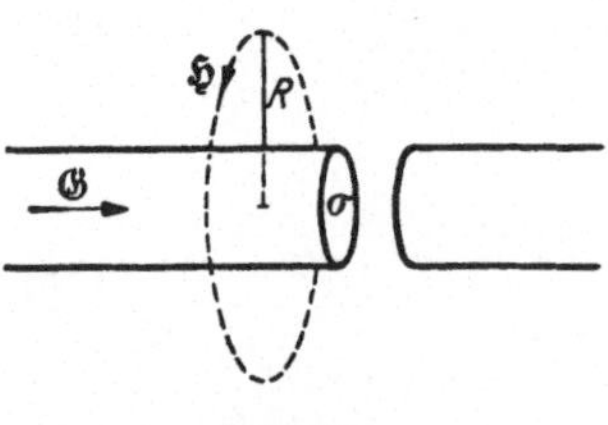

Abb. 169.

$$\frac{d\sigma}{dt} = \pm|\mathfrak{G}| \tag{1}$$

gilt. Für die elektrische Feldstärke im Luftspalt bzw. die elektrische Erregung gilt (nach Kap. I, S. 340)

$$\frac{\partial\mathfrak{E}}{\partial t} = \frac{\mathfrak{G}}{\varepsilon\varepsilon_0}; \quad \frac{\partial\mathfrak{D}}{\partial t} = \mathfrak{G}. \tag{2}$$

Jetzt untersuchen wir das Magnetfeld auf einer Kreislinie mit dem Radius R, die den Leiter umschlingt. Das Integral

$$\oint(\mathfrak{H}\,d\mathfrak{s}) = 2R\pi|\mathfrak{H}| = \int(\operatorname{rot}\mathfrak{H}\,d\mathfrak{f})$$

muß nach dem STOKESschen Satz gleich dem Flächenintegral von rot $\mathfrak{H}$ über eine beliebige Fläche sein, die durch die Kreislinie gelegt wird. Nehmen wir die Kreisfläche selbst, die durch den Leiter hindurchgeht, so ergibt sich

$$\oint (\mathfrak{H}\, d\mathfrak{s}) = \int (\mathfrak{G}\, d\mathfrak{f}) = I \tag{3}$$

in Übereinstimmung mit unseren früheren Überlegungen. Integrieren wir aber über eine Fläche, die nicht durch den Leiter, sondern durch den Luftspalt geht, so ergibt sich nach unseren bisherigen Kenntnissen überall rot $\mathfrak{H} = 0$, da die Fläche nirgends von einem Strom durchflossen wird. Jetzt erhalten wir also

$$\oint (\mathfrak{H}\, d\mathfrak{s}) = 0. \tag{3a}$$

Hier besteht also noch eine Unstimmigkeit, die daher rührt, daß wir Wirbel des Magnetfeldes nur im Leitungsstrom $\mathfrak{G}$ sehen.

§ 1. Der Verschiebungsstrom.

Inhalt: Die zeitliche Änderung der dielektrischen Erregung erzeugt Wirbel des Magnetfeldes und wird Verschiebungsstrom genannt.
Bezeichnungen: Wie S. 448.

Das oben aufgeworfene Problem können wir von allen speziellen Annahmen über die Versuchsanordnung befreien.

Würde ganz allgemein

$$\text{rot}\,\mathfrak{H} = \mathfrak{G} \tag{4}$$

gelten, so würde daraus

$$\text{div rot}\,\mathfrak{H} = \text{div}\,\mathfrak{G} = 0 \tag{5}$$

folgen. Dies verursacht so lange keine Schwierigkeit, als div $\mathfrak{G}$ tatsächlich verschwindet. Da aber

$$\text{div}\,\mathfrak{G} = -\frac{\partial \eta}{\partial t}; \quad \text{Div}\,\mathfrak{G} = -\frac{\partial \sigma}{\partial t} \tag{6}$$

ist, muß man mit (4) in Schwierigkeiten geraten, sobald sich irgendwo räumliche oder flächenhafte elektrische Ladungen mit der Zeit ändern. In diesen Fällen muß also (4) durch eine Beziehung

$$\text{rot}\,\mathfrak{H} = \mathfrak{G} + \mathfrak{G}' \tag{7}$$

ersetzt werden, wo

$$\text{div}\,\mathfrak{G}' = -\,\text{div}\,\mathfrak{G} = \frac{\partial \eta}{\partial t}$$

ist. Da zwischen der räumlichen Ladungsdichte und der dielektrischen Erregung der Zusammenhang

$$\eta = \text{div}\,\mathfrak{D}; \quad \frac{\partial \eta}{\partial t} = \text{div}\,\frac{\partial \mathfrak{D}}{\partial t} \tag{8}$$

besteht, muß

$$\text{div}\,\mathfrak{G}' = \text{div}\,\frac{\partial \mathfrak{D}}{\partial t} \tag{9}$$

gelten. Es liegt nun sehr nahe

$$\mathfrak{G}' = \frac{\partial \mathfrak{D}}{\partial t} \tag{10}$$

und damit

$$\text{rot}\,\mathfrak{H} = \mathfrak{G} + \frac{\partial \mathfrak{D}}{\partial t} \tag{11}$$

zu setzen.

Bei der oben beschriebenen Versuchsanordnung wird mit dem Ansatz (11) das Integral über die durch den Luftspalt gelegte Fläche

$$\oint (\mathfrak{H}\, d\mathfrak{s} = \int (\operatorname{rot} \mathfrak{H}\, d\mathfrak{f}) = \int \left(\frac{\partial \mathfrak{D}}{\partial t}\, d\mathfrak{f}\right) = \int (\mathfrak{G}\, d\mathfrak{f}) = I,$$

und jeder Widerspruch verschwindet.

Die Wirbel des magnetischen Feldes sind also nicht allein durch die Leitungsstromdichte verursacht, sondern auch durch die zeitliche Änderung der dielektrischen Erregung. Da $\mathfrak{G}'$ ein Magnetfeld wie ein Leitungsstrom erzeugt, hat man diese Größe Verschiebungsstrom genannt.

Es ist natürlich eine Sache der Konvention, ob man $\mathfrak{G}'$ als eine Stromdichte bezeichnen will oder nicht. Tut man es, so hat man den Vorteil, daß die Wirbel des Magnetfeldes in jedem Falle durch das Stromdichtefeld gegeben sind. Ob man die Bezeichnung „Verschiebungsstrom" verwendet oder nicht, hängt davon ab, was man als die für den elektrischen Strom charakteristische Eigenschaft ansehen will. Hierfür kommen der Ladungstransport, die Wärmeerzeugung und die magnetische Wirkung in Frage. Es gibt Ströme, z. B. die Konvektionsströme, bei denen mit Sicherheit ein Ladungstransport stattfindet. Unter dem gewöhnlichen Leitungsstrom stellen wir uns zwar einen Ladungstransport vor, haben dafür aber kein direktes experimentelles Beweismittel. Im Leiter sind nämlich keine Überschußladungen vorhanden. Wenn wir die auf einem Kondensator befindliche Ladung durch einen Draht ableiten, so kann aus ihrem Verschwinden nicht mit Sicherheit geschlossen werden, daß sie durch den Draht abgeflossen ist. Sie könnte nämlich ebensogut durch den Verschiebungsstrom fortgeschafft worden sein. Man kann hiergegen nicht einwenden, daß im Isolator keine freien Ladungen beobachtet werden, denn auch im Leiter sind keine Ladungen vorhanden. Die Wärmeeinwirkungen sind für den elektrischen Strom gewiß nicht eigentümlich. Bei einem Konvektionsstrom, der z. B. durch den Transport einer geladenen Kugel zustande kommt, wird keine Wärmeentwicklung beobachtet. Auch bei den Strömen in Supraleitern ist die Wärmewirkung, wenn überhaupt vorhanden, so geringfügig, daß es eine Künstlichkeit wäre, wollte man sie als wesentliches Kennzeichen des Stromes ansehen. Alle Arten von Strömen aber sind Wirbel eines Magnetfeldes. Auch für Konvektionsströme ist dies durch die Versuche von ROWLAND nachgewiesen worden. Wir tun also gut daran, gerade die Wirbel der magnetischen Feldstärke als elektrische Stromdichte zu definieren, und sprechen in diesem Sinne vom Verschiebungsstrom.

§ 2. Die MAXWELLschen Gleichungen.

Inhalt: Das vollständige System der elektrodynamischen Grundgleichungen für ruhende Körper. An Grenzflächen sind die Tangentialkomponenten der Feldstärken und die Normalkomponenten von dielektrischer Erregung und magnetischer Kraftflußdichte stetig.

Bezeichnungen: Siehe S. 448.

Die Gleichungen des elektromagnetischen Feldes nehmen jetzt die Gestalt

$$\mathfrak{D} = \varepsilon\,\varepsilon_0\,\mathfrak{E} \qquad (12\text{a}) \qquad\qquad \operatorname{rot}\mathfrak{H} = \mathfrak{G} + \dot{\mathfrak{D}} \qquad (12\text{e})$$

$$\mathfrak{G} = \varkappa\,\mathfrak{E} \qquad (12\text{b}) \qquad\qquad \operatorname{div}\mathfrak{D} = \eta \qquad (12\text{f})$$

$$\mathfrak{B} = \mu\,\mu_0\,\mathfrak{H} \qquad (12\text{c}) \qquad\qquad \operatorname{div}\mathfrak{B} = 0 \qquad (12\text{g})$$

$$\operatorname{rot}\mathfrak{E} = -\dot{\mathfrak{B}} \qquad (12\text{d}) \qquad\qquad \operatorname{div}\mathfrak{G} = -\dot{\eta} \qquad (12\text{h})$$

an. Die partielle zeitliche Differentiation ist durch einen Punkt angedeutet.

Die elektrischen Eigenschaften der verschiedenen Stoffe sind in der Dielektrizitätskonstante ε, der Permeabilität μ und der Leitfähigkeit $\varkappa$ zusammengefaßt. Hierin stecken natürlich gewisse Voraussetzungen über die Struktur der Materie, die nicht immer uneingeschränkt gültig zu sein brauchen. Die Gleichung

$$\mathfrak{D} = \varepsilon\,\varepsilon_0\,\mathfrak{E}$$

besagt, daß die dielektrische Erregung ganz unabhängig vom zeitlichen Ablauf der elektrischen Vorgänge stets der Feldstärke proportional sein solle. Wegen

$$\mathfrak{D} = \varepsilon_0\,\mathfrak{E} + \mathfrak{P}$$

(s. Kap. I, § 15, S. 343) bedeutet dies die Annahme, daß die elektrische Feldstärke in jedem Medium eine Polarisation bewirkt, die ihrem augenblicklichen Wert proportional ist. Dies müßte ganz unabhängig davon gelten, wie sich das Feld mit der Zeit ändert. Eine solche Annahme ist von vornherein nicht besonders wahrscheinlich. Die Polarisation entsteht ja dadurch, daß in den Atomen die positiven und negativen Ladungen unter dem Einfluß des elektrischen Feldes Verschiebungen erfahren, und dieser Vorgang muß natürlich Zeit beanspruchen. Wenn die Feldstärke sich sehr schnell ändert, so ist zu erwarten, daß die Polarisation ihr nicht nachkommt. Ist beispielsweise die Feldstärke eine periodische Funktion der Zeit, so werden die Ladungen in den Atomen erzwungene Schwingungen im gleichen Rhythmus ausführen, und die Polarisation wird eine periodische Funktion der Zeit mit der gleichen Frequenz wie die Feldstärke sein. Ihre Amplitude jedoch wird von der Frequenz abhängen wie bei einer erzwungenen Schwingung, und die Art der Abhängigkeit wird von Material zu Material verschieden sein. In der Nähe der Eigenfrequenzen der Atome müssen wir besonders große Amplituden und damit besonders große Dielektrizitätskonstanten erwarten. Wir müsen also damit rechnen, daß die Dielektrizitätskonstanten, und dasselbe gilt auch für die Permeabilitäten, frequenzabhängig sind. Der Grund hierfür liegt nicht in dem elektromagnetischen Feld selbst, sondern in der Struktur der Materie.

In den MAXWELLschen Gleichungen dürfen ε, μ und $\varkappa$ noch ortsabhängig sein. In der Regel besteht der Raum jedoch aus Teilgebieten, die jeweils von einem homogenen Medium erfüllt sind, in welchem ε, μ und $\varkappa$ feste Werte haben. An der Grenzfläche zweier Medien ändern sich diese Werte sprunghaft. Dies bedeutet einerseits eine Vereinfachung des Gleichungssystems (12a) bis (12h), andererseits müssen wir für die Grenzflächen noch besondere Bedingungen aufstellen. Wir können sie erhalten, indem wir den Sprung der Konstanten ε, μ, $\varkappa$ aus einer zwar schnellen, aber noch stetigen örtlichen Veränderlichkeit hervorgehen lassen.

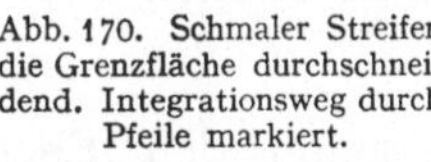

Abb. 170. Schmaler Streifen die Grenzfläche durchschneidend. Integrationsweg durch Pfeile markiert.

Bilden wir

$$-\int (\dot{\mathfrak{B}}\,d\mathfrak{f}) = \int (\operatorname{rot}\mathfrak{E}\,d\mathfrak{f}) = \oint (\mathfrak{E}\,d\mathfrak{s})$$

über einen schmalen Streifen, der ein Stück einer Grenzfläche durchsetzt (s. Abb. 170), und lassen diesen Streifen immer schmäler werden, so konvergiert die linke Seite gegen Null, da $\mathfrak{B}$ nicht unendlich groß werden kann. Aus der rechten Seite geht gleichzeitig

$$\oint (\mathfrak{E}\,d\mathfrak{s}) = \int (\mathfrak{E}_{t1} - \mathfrak{E}_{t2})\,d\mathfrak{s} = 0$$

hervor. Die Tangentialkomponenten der elektrischen Feldstärke durchsetzen Grenzflächen stetig. Das gleiche Resultat ergibt sich auch für die magnetische Feldstärke, da weder $\dot{\mathfrak{D}}$ noch $\dot{\mathfrak{G}}$ unendlich werden. An Stelle von (12d) und (12e) erhalten wir in der Grenzfläche zweier Medien

$$\mathfrak{E}_{t1} = \mathfrak{E}_{t2}; \qquad \mathfrak{H}_{t1} = \mathfrak{H}_{t2}. \tag{13}$$

Aus (12f) und (12g) ergibt sich beim Grenzübergang

$$\operatorname{Div}\mathfrak{D} = \mathfrak{D}_{n1} - \mathfrak{D}_{n2} = \sigma; \qquad \operatorname{Div}\mathfrak{B} = \mathfrak{B}_{n1} - \mathfrak{B}_{n2} = 0. \tag{13a}$$

Die Normalkomponenten der dielektrischen Erregung und magnetischen Kraftflußdichte durchsetzen ungeladene Grenzflächen stetig, an geladenen Grenzflächen macht die Normalkomponente der dielektrischen Erregung einen Sprung.

§ 3. Energiedichte und Energiestrom.

Inhalt: Die Dichte des Energiestromes ist das Vektorprodukt von elektrischer und magnetischer Feldstärke.

Bezeichnungen: W elektromagnetische Energie, Σ Energiedichte, $\mathfrak{S}$ Dichte des Energiestromes, U Spannung, sonst wie S. 448.

In einem Volumenelement dv befindet sich (s. S. 350 u. 379) die elektrische und magnetische Energie

$$dW = \frac{1}{2}(\mathfrak{E}\,\mathfrak{D} + \mathfrak{B}\,\mathfrak{H})\,dv. \tag{14}$$

Die räumliche Energiedichte beider Energiearten zusammen ist dann

$$\Sigma = \frac{dW}{dv} = \frac{1}{2}(\mathfrak{E}\,\mathfrak{D} + \mathfrak{B}\,\mathfrak{H}) = \frac{1}{2}(\varepsilon\,\varepsilon_0\,\mathfrak{E}^2 + \mu\,\mu_0\,\mathfrak{H}^2). \tag{15}$$

Ändern sich die Felder mit der Zeit, so ist

$$\frac{\partial\Sigma}{\partial t} = \varepsilon\,\varepsilon_0\,\mathfrak{E}\,\dot{\mathfrak{E}} + \mu\,\mu_0\,\mathfrak{H}\,\dot{\mathfrak{H}} = \mathfrak{E}\,\dot{\mathfrak{D}} + \mathfrak{H}\,\dot{\mathfrak{B}} = (\mathfrak{E}\operatorname{rot}\mathfrak{H}) - (\mathfrak{H}\operatorname{rot}\mathfrak{E}) - \mathfrak{E}\,\mathfrak{G}.$$

Mit der Abkürzung

$$\mathfrak{S} = [\mathfrak{E}\,\mathfrak{H}]$$

erhalten wir

$$-\frac{\partial\Sigma}{\partial t} = (\mathfrak{E}\,\mathfrak{G}) + \operatorname{div}[\mathfrak{E}\,\mathfrak{H}] = (\mathfrak{E}\,\mathfrak{G}) + \operatorname{div}\mathfrak{S}. \tag{16}$$

Integrieren wir diese Gleichung über ein endliches Volumen v, so finden wir

$$-\frac{\partial W}{\partial t} = \int(\mathfrak{E}\,\mathfrak{G})\,dv + \int(\mathfrak{S}\,d\mathfrak{f}). \tag{17}$$

Die Energie in diesem Volumen nimmt ab, weil der Betrag $\int(\mathfrak{E}\,\mathfrak{G})\,dv$ durch den Strom in Wärme verwandelt wird und der Anteil $\int(\mathfrak{S}\,d\mathfrak{f})$ aus der Oberfläche herausströmt. Der Vektor

$$\mathfrak{S} = [\mathfrak{E}\,\mathfrak{H}] \tag{18}$$

bedeutet den Energiestrom, der sekundlich durch die Flächeneinheit tritt. $\mathfrak{S}$ wird Energieströmungsvektor oder POYNTINGscher Vektor genannt.

Wir kommen damit zu der überraschenden Feststellung, daß überall dort, wo gleichzeitig elektrische und magnetische Felder vorhanden sind (auch wenn sie stationär sind), eine Energieströmung vor sich geht. Die Richtung von $\mathfrak{S}$ ist stets senkrecht zur elektrischen wie auch zur magnetischen Feldstärke.

Dies wenden wir auf einen gestreckten Draht vom Radius R an, der von einem stationären Strom I durchflossen wird. An der Drahtoberfläche ist das elektrische Feld parallel zur Drahtachse. Das Magnetfeld ist senkrecht dazu und hat den Betrag (s. S. 382)

$$|\mathfrak{H}| = \frac{I}{2R\pi}.$$

Der POYNTINGsche Vektor steht senkrecht zur Drahtoberfläche, zeigt ins Innere und hat den Betrag

$$|\mathfrak{S}| = |\mathfrak{E}|\,|\mathfrak{H}| = \frac{|\mathfrak{E}|\,I}{2R\pi}.$$

Es strömt also dauernd Energie vom Außenraum in den Draht ein. Der Energiezufluß in ein Drahtstück von der Länge dl ist

$$2R\pi\,|\mathfrak{S}|\,dl = |\mathfrak{E}|\,I\,dl = I\,dU.$$

Dies ist gerade die Energie, die in diesem Drahtstück in Wärme verwandelt wird. Wir sehen also, daß die Energie nicht durch den Draht selbst, sondern durch den Außenraum transportiert wird und daß jeweils genauso viel in den Draht eindringt, als in ihm in Wärme verwandelt wird. Die Quelle des Energiestromes ist natürlich die Stromquelle. Die Energie nimmt ihren Weg gewöhnlich in unübersichtlicher Weise bis zu den Stellen, wo sie in Wärme übergeht. Damit ist die Herkunft der Energie geklärt, welche bei der Stromleitung als JOULEsche Wärme zum Vorschein kommt.

*§ 4. Die ponderomotorischen Kräfte des elektromagnetischen Feldes.

Inhalt: Kraft auf ein Volumenelement. MAXWELLscher Spannungstensor, Impulsdichte des Feldes durch $\mathfrak{S}$ ausgedrückt.

Bezeichnungen: $\mathfrak{K}$ Kraft, $\mathfrak{k}$ Kraftdichte, $\mathfrak{p}$ Impuls, sonst wie S. 448 u. 452.

Wir wollen jetzt die Kraft

$$d\mathfrak{K} = \mathfrak{k}\,dv$$

ermitteln, die das elektromagnetische Feld auf das Volumenelement dv ausübt. Die Kraft ist zum Teil die Wirkung der elektrischen Feldstärke auf die wahre elektrische Ladung $\eta\,dv$ und auf die Ladungen, welche bei örtlich veränderlicher Dielektrizitätskonstante durch Polarisation entstehen. Diese beiden Anteile von $\mathfrak{k}$ sind nach Kap. I, S. 353, Gl. (83a),

$$\mathfrak{k} = \eta\,\mathfrak{E} - \frac{\varepsilon_0}{2}\,\mathfrak{E}^2 \operatorname{grad}\varepsilon.$$

Analoge Anteile rühren vom Magnetfeld her. Da es keine wahren Magnetpole gibt, erhalten wir hier nur

$$\mathfrak{k} = -\frac{\mu_0}{2}\,\mathfrak{H}^2 \operatorname{grad}\mu.$$

Außerdem müssen noch die Kräfte berücksichtigt werden, welche auf Ströme ausgeübt werden. Ist $\mathfrak{G}$ die Stromdichte, so haben wir im Volumenelement dv ein Stromelement $\mathfrak{G}\,dv$. Nach Kap. II, § 18, S. 396, Gl. (100b), ist

$$d\mathfrak{K} = [\mathfrak{G}\,\mathfrak{B}]\,dv$$

die Kraft und damit

$$\mathfrak{k} = [\mathfrak{G}\,\mathfrak{B}]$$

die Kraftdichte. Fassen wir alle Kräfte zusammen, so erhalten wir

$$\mathfrak{k} = \eta\,\mathfrak{E} - \frac{\varepsilon_0}{2}\,\mathfrak{E}^2 \operatorname{grad}\varepsilon - \frac{\mu_0}{2}\,\mathfrak{H}^2 \operatorname{grad}\mu + [\mathfrak{G}\,\mathfrak{B}]. \tag{19}$$

Eliminieren wir hierin Ladungs- und Stromdichte mit

$$\eta = \operatorname{div}\mathfrak{D}; \qquad \mathfrak{G} = \operatorname{rot}\mathfrak{H} - \dot{\mathfrak{D}},$$

so erhalten wir

$$\mathfrak{k} = \mathfrak{E}\operatorname{div}\mathfrak{D} - \frac{\varepsilon_0}{2}\,\mathfrak{E}^2 \operatorname{grad}\varepsilon - \frac{\mu_0}{2}\,\mathfrak{H}^2 \operatorname{grad}\mu - [\mathfrak{B}\operatorname{rot}\mathfrak{H}] - [\dot{\mathfrak{D}}\,\mathfrak{B}].$$

Nun ist nach (15)

$$\operatorname{grad}\Sigma = \frac{1}{2}\,\{\varepsilon_0\,\mathfrak{E}^2 \operatorname{grad}\varepsilon + \mu_0\,\mathfrak{H}^2 \operatorname{grad}\mu + \varepsilon\,\varepsilon_0 \operatorname{grad}\mathfrak{E}^2 + \mu\,\mu_0 \operatorname{grad}\mathfrak{H}^2\}$$

und

$$[\dot{\mathfrak{D}}\,\mathfrak{B}] = \frac{\partial}{\partial t}[\mathfrak{D}\,\mathfrak{B}] - [\mathfrak{D}\,\dot{\mathfrak{B}}] = \varepsilon\,\varepsilon_0\,\mu\,\mu_0\,\frac{\partial\mathfrak{S}}{\partial t} + [\mathfrak{D}\operatorname{rot}\mathfrak{E}]$$

$$= \varepsilon\,\varepsilon_0\,\mu\,\mu_0\,\frac{\partial\mathfrak{S}}{\partial t} + \varepsilon\,\varepsilon_0[\mathfrak{E}\operatorname{rot}\mathfrak{E}].$$

Außerdem können wir die Umformungen

$$[\mathfrak{E}\operatorname{rot}\mathfrak{E}] = \frac{1}{2}\operatorname{grad}\mathfrak{E}^2 - (\mathfrak{E}\operatorname{grad})\,\mathfrak{E}$$

$$-[\mathfrak{B}\operatorname{rot}\mathfrak{H}] = -\frac{\mu\,\mu_0}{2}\operatorname{grad}\mathfrak{H}^2 + \mu\,\mu_0(\mathfrak{H}\operatorname{grad}\mathfrak{H})$$

vornehmen, und wenn wir alles dies verwerten, erhalten wir

$$\mathfrak{k} = -\operatorname{grad}\Sigma - \varepsilon\,\varepsilon_0\,\mu\,\mu_0\,\dot{\mathfrak{S}} + \mathfrak{E}\operatorname{div}\mathfrak{D} + (\mathfrak{D}\operatorname{grad})\,\mathfrak{E} + (\mathfrak{B}\operatorname{grad})\,\mathfrak{H}. \tag{20}$$

Bilden wir die Tensoren

$$\begin{aligned} \mathfrak{T}' &= \mathfrak{D})\,(\mathfrak{E} \\ \mathfrak{T}'' &= \mathfrak{B})\,(\mathfrak{H} \end{aligned} \tag{21}$$

mit den Komponentenschemen

$$\mathfrak{T}' = \varepsilon\,\varepsilon_0 \begin{pmatrix} \mathfrak{E}_x^2 & \mathfrak{E}_x\,\mathfrak{E}_y & \mathfrak{E}_x\,\mathfrak{E}_z \\ \mathfrak{E}_x\,\mathfrak{E}_y & \mathfrak{E}_y^2 & \mathfrak{E}_y\,\mathfrak{E}_z \\ \mathfrak{E}_x\,\mathfrak{E}_z & \mathfrak{E}_y\,\mathfrak{E}_z & \mathfrak{E}_z^2 \end{pmatrix} \qquad \mathfrak{T}'' = \mu\,\mu_0 \begin{pmatrix} \mathfrak{H}_x^2 & \mathfrak{H}_x\,\mathfrak{H}_y & \mathfrak{H}_x\,\mathfrak{H}_z \\ \mathfrak{H}_x\,\mathfrak{H}_y & \mathfrak{H}_y^2 & \mathfrak{H}_y\,\mathfrak{H}_z \\ \mathfrak{H}_x\,\mathfrak{H}_z & \mathfrak{H}_y\,\mathfrak{H}_z & \mathfrak{H}_z^2 \end{pmatrix} \tag{21a}$$

als dyadische Produkte von $\mathfrak{D}$ und $\mathfrak{E}$ bzw. $\mathfrak{B}$ und $\mathfrak{H}$, so erhalten wir

$$\operatorname{div}\mathfrak{T}' = \mathfrak{E}\operatorname{div}\mathfrak{D} + (\mathfrak{D}\operatorname{grad})\,\mathfrak{E}; \quad \operatorname{div}\mathfrak{T}'' = (\mathfrak{B}\operatorname{grad})\,\mathfrak{H}.$$

Für die ganze Kraftdichte des Volumenelementes ergibt sich dann

$$\mathfrak{k} = -\operatorname{grad}\Sigma - \varepsilon\,\varepsilon_0\,\mu\,\mu_0\,\dot{\mathfrak{S}} + \operatorname{div}(\mathfrak{T}' + \mathfrak{T}''). \tag{22}$$

Wenn man will, kann man auch das Glied $-\operatorname{grad}\Sigma$ mit $\operatorname{div}(\mathfrak{T}' + \mathfrak{T}'')$ zusammenfassen und erhält

$$\mathfrak{k} = -\varepsilon\,\varepsilon_0\,\mu\,\mu_0\,\dot{\mathfrak{S}} + \operatorname{div}\mathfrak{T}. \tag{22a}$$

Das Komponentenschema des Tensors $\mathfrak{T}$ ist

$$
\begin{aligned}
\mathfrak{T} = \varepsilon\,\varepsilon_0 & \begin{vmatrix} \frac{1}{2}(\mathfrak{E}_x^2-\mathfrak{E}_y^2-\mathfrak{E}_z^2) & \mathfrak{E}_x\mathfrak{E}_y & \mathfrak{E}_x\mathfrak{E}_z \\ \mathfrak{E}_x\mathfrak{E}_y & \frac{1}{2}(\mathfrak{E}_y^2-\mathfrak{E}_x^2-\mathfrak{E}_z^2) & \mathfrak{E}_y\mathfrak{E}_z \\ \mathfrak{E}_x\mathfrak{E}_z & \mathfrak{E}_y\mathfrak{E}_z & \frac{1}{2}(\mathfrak{E}_z^2-\mathfrak{E}_x^2-\mathfrak{E}_y^2) \end{vmatrix} \\
+\,\mu\,\mu_0 & \begin{vmatrix} \frac{1}{2}(\mathfrak{H}_x^2-\mathfrak{H}_y^2-\mathfrak{H}_z^2) & \mathfrak{H}_x\mathfrak{H}_y & \mathfrak{H}_x\mathfrak{H}_z \\ \mathfrak{H}_x\mathfrak{H}_y & \frac{1}{2}(\mathfrak{H}_y^2-\mathfrak{H}_x^2-\mathfrak{H}_z^2) & \mathfrak{H}_y\mathfrak{H}_z \\ \mathfrak{H}_x\mathfrak{H}_z & \mathfrak{H}_y\mathfrak{H}_z & \frac{1}{2}(\mathfrak{H}_z^2-\mathfrak{H}_x^2-\mathfrak{H}_y^2) \end{vmatrix}
\end{aligned}
\tag{23}
$$

Der Tensor $\mathfrak{T}$ wird als MAXWELLscher Spannungstensor bezeichnet.

Während der Zeit dt bringt die Kraft $\mathfrak{k}\,dv$ an den materiellen Trägern von Ladung und Strom im Volumenelement dv den Zuwachs

$$d\mathfrak{p} = \mathfrak{k}\,dv\,dt = \operatorname{div}\mathfrak{T}\,dt - \varepsilon\,\varepsilon_0\,\mu\,\mu_0\,d\mathfrak{S}\,dv$$

der Bewegungsgröße hervor. Wäre das Feld stationär, so würde das zweite Glied wegfallen und der Impulszuwachs wäre dementsprechend größer. Wir fassen dies so auf, daß das elektromagnetische Feld selbst die Bewegungsgröße

$$\varepsilon\,\varepsilon_0\,\mu\,\mu_0\,d\mathfrak{S}\,dv$$

aufnimmt und schreiben ihm in jedem Volumenelement dv die Bewegungsgröße

$$d\mathfrak{p} = \varepsilon\,\varepsilon_0\,\mu\,\mu_0\,\mathfrak{S}\,dv \tag{24}$$

zu.

Der POYNTINGsche Vektor gibt also nicht nur die Energiestromdichte, sondern auch von einem Faktor abgesehen die Bewegungsgröße des elektromagnetischen Feldes an.

§ 5. Die Wellengleichung.

Inhalt: Ableitung der Wellengleichung für ein ladungsfreies, homogenes, isolierendes Medium aus den MAXWELLschen Gleichungen.

Bezeichnungen: c Lichtgeschwindigkeit, sonst wie S. 448.

Wir untersuchen jetzt zeitlich veränderliche elektromagnetische Vorgänge, die in einem homogenen, ladungsfreien und isolierenden Medium der relativen Dielektrizitätskonstante ε und der relativen Permeabilität μ vor sich gehen. In einem solchen Medium ist $\eta = 0$, $\mathfrak{G} = 0$, und die MAXWELLschen Gleichungen reduzieren sich auf

$$\operatorname{rot}\mathfrak{E} = -\mu\,\mu_0\,\dot{\mathfrak{H}}; \tag{25a}$$

$$\operatorname{div}\mathfrak{E} = 0; \tag{25c}$$

$$\operatorname{rot}\mathfrak{H} = \varepsilon\,\varepsilon_0\,\dot{\mathfrak{E}}; \tag{25b}$$

$$\operatorname{div}\mathfrak{H} = 0. \tag{25d}$$

Selbstverständlich ist der Vorgang durch diese Gleichungen allein noch nicht vollständig bestimmt. Man muß außerdem wissen, welches Gebiet des Raumes von dem Medium erfüllt wird und was sich auf dessen Oberfläche abspielt. Wenn also (25) das Naturgesetz darstellt, welchem alle elektromagnetischen Erscheinungen in diesem Medium gehorchen, so wird doch ein ganz bestimmter Vorgang erst durch bestimmte „Randbedingungen“ unter allen möglichen ausgewählt. Die Randbedingungen selbst sind nichts anderes als eine kurze mathematische Beschreibung der experimentellen Versuchsanordnung, die den elektrischen Vorgang in dem Medium erzeugt.

Aus (25a) und (25b) kann man leicht die elektrische oder die magnetische Feldstärke eliminieren. Man wendet dazu auf (25a) den Operator rot an und differenziert (25b) nach der Zeit. Dies liefert zunächst

$$\mathrm{rot}\,\mathrm{rot}\,\mathfrak{E} = -\mu\,\mu_0\,\mathrm{rot}\,\dot{\mathfrak{H}}$$

$$\mathrm{rot}\,\dot{\mathfrak{H}} = \varepsilon\,\varepsilon_0\,\ddot{\mathfrak{E}}$$

und durch Einsetzen

$$\mathrm{rot}\,\mathrm{rot}\,\mathfrak{E} = -\varepsilon\,\varepsilon_0\,\mu\,\mu_0\,\ddot{\mathfrak{E}}.$$

Da die Divergenz der Feldstärke verschwindet, ist

$$\mathrm{rot}\,\mathrm{rot}\,\mathfrak{E} = \mathrm{grad}\,\mathrm{div}\,\mathfrak{E} - \Delta\mathfrak{E} = -\Delta\mathfrak{E},$$

und wir erhalten für $\mathfrak{E}$ schließlich die sogenannte Wellengleichung

$$\Delta\mathfrak{E} = \varepsilon\,\varepsilon_0\,\mu\,\mu_0\,\ddot{\mathfrak{E}}. \tag{26}$$

Auf dieselbe Weise hätten wir auch $\mathfrak{E}$ eliminieren können und hätten dann für $\mathfrak{H}$ ebenfalls die Wellengleichung

$$\Delta\mathfrak{H} = \varepsilon\,\varepsilon_0\,\mu\,\mu_0\,\ddot{\mathfrak{H}} \tag{26a}$$

erhalten.

Führen wir die Abkürzung

$$c^2 = \frac{1}{\varepsilon\,\varepsilon_0\,\mu\,\mu_0} \tag{27}$$

ein, so nimmt die Wellengleichung die einfache Gestalt

$$\Delta\mathfrak{E} = \frac{1}{c^2}\ddot{\mathfrak{E}} = \frac{1}{c^2}\frac{\partial^2\mathfrak{E}}{\partial t^2} \tag{26b}$$

oder ausführlicher geschrieben

$$\frac{\partial^2\mathfrak{E}}{\partial x^2} + \frac{\partial^2\mathfrak{E}}{\partial y^2} + \frac{\partial^2\mathfrak{E}}{\partial z^2} = \frac{1}{c^2}\frac{\partial^2\mathfrak{E}}{\partial t^2} \tag{26c}$$

an. Die Konstante c hängt von der Dielektrizitätskonstanten und Permeabilität des Mediums ab. Für das Vakuum ist ihr Wert $c_0 = 299774$ km/sec $\approx 3 \cdot 10^8$ Meter pro Sekunde. Es ist der Wert der Lichtgeschwindigkeit im Vakuum.

Hat man eine Lösung der Wellengleichung für $\mathfrak{E}$ gefunden, so bestimmt man $\mathfrak{H}$ nicht aus (26a), sondern aus den MAXWELLschen Gleichungen (25a) oder (25b). Da diese Gleichungen nur von der ersten Ordnung sind, sind ihre Lösungen auch leichter zu ermitteln.

§ 6. Ebene, elektrische Wellen in Isolatoren.

Inhalt: Definition ebener elektrischer Wellen. Fortpflanzung der Welle. Im isolierenden Medium ist die elektrische Welle transversal. Linear polarisierte Wellen, Polarisationsebene und Polarisationsrichtung.

Bezeichnungen: c Fortpflanzungsgeschwindigkeit, x, y, z rechtwinklige Koordinaten, $\mathfrak{s}^0$ Einheitsvektor in der Fortpflanzungsrichtung, $\mathfrak{r}$ Ortsvektor, $\mathfrak{A}_1$ und $\mathfrak{A}_2$ konstante Vektoren, φ Phase, f und F beliebige Funktionen, sonst wie S. 448.

Die Lösungen der Wellengleichung sind ungeheuer vielgestaltig. Das dürfen wir auch gar nicht anders erwarten, denn sie müssen ja alle elektromagnetischen Vorgänge umfassen, die sich überhaupt in einem Isolator abspielen können. Es wäre deshalb auch ein aussichtsloses Unternehmen, die allgemeinste Lösung von (26) zu suchen und aus ihr die Lösung auszuwählen, welche für eine spezielle experimentelle Anordnung zutrifft. Man verfährt vielmehr immer so, daß man von vornherein Lösungen mit Eigenschaften sucht, die an spezielle Randbedingungen angepaßt sind.

Besonders einfache Lösungen der Wellengleichung erhalten wir, wenn die elektrischen Feldgrößen von zwei Koordinaten nicht abhängen, wenn also z. B.

$$\frac{\partial \mathfrak{E}}{\partial y} = 0; \quad \frac{\partial \mathfrak{E}}{\partial z} = 0 \tag{27a}$$

gilt. Solche Wellen müßte man in einem Medium erhalten, das sich in der y- und z-Richtung unendlich weit ausdehnt, aber zwischen den Ebenen $x = x_1$ und $x = x_2$ eingeschlossen ist, wenn außerdem durch eine geeignete Anordnung dafür gesorgt wird, daß die elektrischen Feldgrößen auf diesen Ebenen überall dieselben Werte haben und sich in gleicher Weise mit der Zeit ändern. Im Augenblick können wir allerdings noch nicht erkennen, durch welche Mittel etwas Derartiges erreicht werden kann.

Die Annahme (27a) vereinfacht die Wellengleichung auf

$$\frac{\partial^2 \mathfrak{E}}{\partial x^2} = \frac{1}{c^2} \frac{\partial^2 \mathfrak{E}}{\partial t^2}. \tag{28}$$

Eine Lösung dieser Gleichung ist

$$\mathfrak{E} = \mathfrak{i}\, \mathfrak{E}_x + \mathfrak{j}\, \mathfrak{E}_y + \mathfrak{k}\, \mathfrak{E}_z, \tag{29}$$

wenn die Komponenten $\mathfrak{E}_x$, $\mathfrak{E}_y$, $\mathfrak{E}_z$ selbst die Wellengleichungen

$$\frac{\partial^2 \mathfrak{E}_x}{\partial x^2} = \frac{1}{c^2} \frac{\partial^2 \mathfrak{E}_x}{\partial t^2}; \quad \frac{\partial^2 \mathfrak{E}_y}{\partial x^2} = \frac{1}{c^2} \frac{\partial^2 \mathfrak{E}_y}{\partial t^2}; \quad \frac{\partial^2 \mathfrak{E}_z}{\partial x^2} = \frac{1}{c_2} \frac{\partial^2 \mathfrak{E}_z}{\partial t^2} \tag{30a, b, c}$$

erfüllen.

Da die Divergenz der elektrischen Feldstärke verschwindet, muß

$$\operatorname{div} \mathfrak{E} = \frac{\partial \mathfrak{E}_x}{\partial x} + \frac{\partial \mathfrak{E}_y}{\partial y} + \frac{\partial \mathfrak{E}_z}{\partial z} = \frac{\partial \mathfrak{E}_x}{\partial x} = 0 \tag{31}$$

sein, und wir erhalten für die x-Komponente

$$\frac{\partial \mathfrak{E}_x}{\partial x} = 0; \quad \frac{\partial^2 \mathfrak{E}_x}{\partial t^2} = 0. \tag{32}$$

Dies läßt nur die Lösung

$$\mathfrak{E}_x = \alpha_0 + \alpha_1 t \tag{32a}$$

zu. Die x-Komponente des elektrischen Feldes ist also räumlich unveränderlich und kann höchstens eine lineare Funktion der Zeit sein. Wir können uns das Gesamtfeld zusammengesetzt denken aus einem Feld parallel zur x-Achse, das etwa durch gleichmäßiges Laden oder Entladen eines Kondensators entsteht (für das wir uns aber nicht weiter interessieren), und dem eigentlichen Wellenfeld, das keine x-Komponente besitzt. Auch bei $\mathfrak{E}_y$ und $\mathfrak{E}_z$ können wir einen Anteil

$$\mathfrak{E}_y = \beta_0 + \beta_1 t + \beta_2 x + \beta_3 x t$$
$$\mathfrak{E}_z = \gamma_0 + \gamma_1 t + \gamma_2 x + \gamma_3 x t$$

abspalten, der bei zweimaligem Differenzieren nichts liefert und mit dem wir uns nicht weiter beschäftigen.

Die Gl. (30b) und (30c) werden durch die Ansätze

$$\mathfrak{E}_y = f(x - c\,t) \quad \text{bzw.} \quad \mathfrak{E}_y = g(x + c\,t)$$
$$\mathfrak{E}_z = F(x - c\,t) \quad \text{bzw.} \quad \mathfrak{E}_z = G(x + c\,t)$$

erfüllt. Das eigentliche Wellenfeld besitzt also die Struktur

$$\begin{aligned} \mathfrak{E}_y &= f(x - c\,t) + g(x + c\,t) \\ \mathfrak{E}_z &= F(x - c\,t) + G(x + c\,t), \end{aligned} \tag{33}$$

wobei f, g, F, G vier beliebige Funktionen der Argumente $x - c\,t$ bzw. $x + c\,t$ sind. Die Lösungen (33) sind die allgemeinsten Lösungen der Wellengleichungen (30b) und (30c), da sie zwei willkürliche Funktionen enthalten.

Wir betrachten zuerst nur den Anteil $f(x - c\,t)$ von $\mathfrak{E}_y$. Für $t = 0$ liefert er $\mathfrak{E}_y = f(x)$. Zu einer Zeit t hat $\mathfrak{E}_y$ an einer Stelle $x + c\,t$ genau den Wert, den es bei $t = 0$ an der Stelle x besaß (s. Abb. 171). Die Kurve, welche die Funktion f darstellt, verschiebt sich also mit der Geschwindigkeit c in der Richtung der positiven x-Achse.

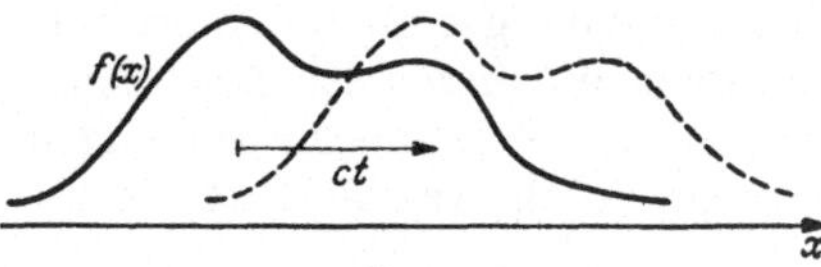

Abb. 171. Fortpflanzung einer Welle. Derselbe Zustand verschiebt sich in der Sekunde um die Strecke $c\,t$.

Der zu $\mathfrak{E}_y = g(x + c\,t)$ gehörige Anteil verhält sich ganz ähnlich, nur daß die Verschiebung in der umgekehrten Richtung erfolgt. Im allgemeinen setzt sich also $\mathfrak{E}_y$ aus zwei räumlichen Feldverteilungen zusammen, von denen die eine in der positiven, die andere in der negativen x-Richtung mit der Geschwindigkeit c fortwandert. Für die z-Komponente der Feldstärke gilt sinngemäß das gleiche.

Einen Vorgang, bei welchem sich eine räumliche Verteilung irgendeiner physikalischen Größe, beschrieben durch eine oder mehrere Funktionen $f, g, \ldots$, durch den Raum fortbewegt, nennt man eine Welle. Weil $\mathfrak{E}$ die elektrische Feldstärke bedeutet, handelt es sich hier um eine elektrische Welle, weil $\mathfrak{E}$ in allen zur yz-Ebene parallelen Ebenen immer denselben Wert hat, sprechen wir von einer ebenen elektrischen Welle.

Die elektrische Feldstärke einer ebenen elektrischen Welle steht senkrecht auf der Fortpflanzungsrichtung. Man nennt deshalb die Welle transversal. Wegen (31) ist die Transversalität die Folge von $\operatorname{div}\mathfrak{E} = 0$, und somit von der Neutralität des Mediums.

Eine Welle ist keineswegs ein periodischer Vorgang, periodische Wellen sind nur spezielle Fälle von Wellen. Was für die Wellennatur kennzeichnend ist, ist nicht eine allenfalls vorhandene Periodizität, sondern das Fortschreiten des Vorganges durch den Raum.

Die allgemeinste ebene Welle, die in der x-Richtung fortschreitet, kann additiv aus vier Wellen zusammengesetzt werden. Zwei von ihnen, nämlich die zu f und F gehörigen, wandern in der positiven Richtung, die beiden anderen, zu g und G gehörigen, in der negativen Richtung. Die Fortpflanzungsgeschwindigkeit

$$c = \frac{1}{\sqrt{\varepsilon_0\,\varepsilon\,\mu_0\,\mu}}$$

ist in allen vier Fällen dieselbe. Hiermit hat die Konstante c eine einfache physikalische Bedeutung zunächst für die ebene elektrische Welle erlangt.

Die Wellen

$$\mathfrak{E} = \mathfrak{j}\,f(x - c\,t) \quad \text{oder} \quad \mathfrak{E} = \mathfrak{k}\,F(x - c\,t),$$

bei denen die elektrische Feldstärke eine ganz bestimmte Richtung besitzt, nennt man linear polarisierte ebene elektrische Wellen. Als Polarisationsebene wird die Ebene bezeichnet, auf der die elektrische Feldstärke senkrecht steht. Anschaulicher ist es, die Richtung der elektrischen Feldstärke als Polarisationsrichtung einzuführen.

Eine in der positiven (oder negativen) x-Richtung fortschreitende ebene Welle setzt sich additiv aus zwei zueinander senkrecht linear polarisierten Wellen zusammen.

Eine ebene elektrische Welle, die sich nicht in der x-Richtung, sondern in einer beliebigen durch den Einheitsvektor $\mathfrak{s}^0$ gegebenen Richtung fortpflanzt, kann durch

$$\mathfrak{E} = \mathfrak{A}_1 f(\mathfrak{r}\,\mathfrak{s}^0 - c\,t) + \mathfrak{A}_2 F(\mathfrak{r}\,\mathfrak{s}^0 - c\,t) \tag{34}$$

beschrieben werden. Hier bedeutet $\mathfrak{r}$ den Ortsvektor, f und F zwei ganz beliebige Funktionen, während $\mathfrak{A}_1$ und $\mathfrak{A}_2$ konstante Vektoren sind.

Zum Beweis führen wir die Phase

$$\varphi = \mathfrak{r}\,\mathfrak{s}^0 - c\,t,$$

ein und berechnen

$$\operatorname{grad} f = \frac{df}{d\varphi} \operatorname{grad} \varphi = \mathfrak{s}^0 \frac{df}{d\varphi}$$

$$\Delta f = \operatorname{div} \operatorname{grad} f = \operatorname{div}\left(\mathfrak{s}^0 \frac{df}{d\varphi}\right) = \left(\mathfrak{s}^0 \operatorname{grad} \frac{df}{d\varphi}\right) = (\mathfrak{s}^0 \operatorname{grad} \varphi) \frac{d^2 f}{d\varphi^2} = \frac{d^2 f}{d\varphi^2}.$$

Jetzt bilden wir

$$\Delta \mathfrak{E} = \mathfrak{A}_1 \Delta f + \mathfrak{A}_2 \Delta F = \mathfrak{A}_1 \frac{d^2 f}{d\varphi^2} + \mathfrak{A}_2 \frac{d^2 F}{d\varphi^2}$$

und

$$\frac{\partial^2 \mathfrak{E}}{\partial t^2} = \mathfrak{A}_1 \frac{\partial^2 f}{\partial t^2} + \mathfrak{A}_2 \frac{\partial^2 F}{\partial t^2} = c^2 \left(\mathfrak{A}_1 \frac{d^2 f}{d\varphi^2} + \mathfrak{A}^2 \frac{d^2 F}{d^2 \varphi}\right)$$

und erkennen, daß die Wellengleichung

$$\Delta \mathfrak{E} = \frac{1}{c^2} \frac{\partial^2 \mathfrak{E}}{\partial t^2}$$

durch (34) erfüllt wird. Damit die Divergenz von $\mathfrak{E}$ verschwindet, muß

$$\begin{aligned} \operatorname{div} \mathfrak{E} &= \operatorname{div}(\mathfrak{A}_1 f) + \operatorname{div}(\mathfrak{A}_2 F) \\ &= (\mathfrak{A}_1 \operatorname{grad} f) + (\mathfrak{A}_2 \operatorname{grad} F) = (\mathfrak{A}_1 \mathfrak{s}^0) \frac{df}{d\varphi} + (\mathfrak{A}_2 \mathfrak{s}^0) \frac{dF}{d\varphi} = 0 \end{aligned}$$

sein. Die Vektoren $\mathfrak{A}_1$ und $\mathfrak{A}_2$ müssen also auf $\mathfrak{s}^0$ senkrecht stehen. Sind $\mathfrak{A}_1$ und $\mathfrak{A}_2$ außerdem zueinander senkrecht, so ist die Welle schon in zwei zueinander senkrecht polarisierte Wellen aufgespalten.

§ 7. Das Magnetfeld der ebenen Welle.

Inhalt: Die magnetische Feldstärke einer ebenen Welle steht auf der elektrischen und auf der Fortpflanzungsrichtung senkrecht und hat von einem Zahlfaktor abgesehen denselben raumzeitlichen Verlauf wie die elektrische Feldstärke.

Bezeichnungen: Wie S. 448 und S. 456.

Für das Magnetfeld einer ebenen Welle mit der elektrischen Feldstärke

$$\mathfrak{E} = \mathfrak{A}_1 f(\mathfrak{r}\,\mathfrak{s}^0 - c\,t) + \mathfrak{A}_2 F(\mathfrak{r}\,\mathfrak{s}^0 - c\,t)$$

welche in der Richtung $\mathfrak{s}^0$ fortschreitet, erhalten wir aus (25a)

$$\begin{aligned} \mu \mu_0 \frac{\partial \mathfrak{H}}{\partial t} &= -\operatorname{rot} \mathfrak{E} = [\mathfrak{A}_1 \operatorname{grad} f] + [\mathfrak{A}_2 \operatorname{grad} F] \\ &= [\mathfrak{A}_1 \mathfrak{s}^0] \frac{df}{d\varphi} + [\mathfrak{A}_2 \mathfrak{s}_0] \frac{dF}{d\varphi}. \end{aligned}$$

Man überzeugt sich leicht davon, daß diese Gleichung durch Differenzieren von

$$\mathfrak{H} = \frac{1}{\mu\,\mu_0\,c}\,[\mathfrak{s}^0\,\mathfrak{E}] = \sqrt{\frac{\varepsilon\,\varepsilon_0}{\mu\,\mu_0}}\,[\mathfrak{s}^0\,\mathfrak{E}] = \varepsilon\,\varepsilon_0\,c[\mathfrak{s}^0\,\mathfrak{E}] = c[\mathfrak{s}^0\,\mathfrak{D}] \qquad (35)$$

nach der Zeit entsteht. (35) ist also das zur elektrischen Welle (34) gehörende Magnetfeld.

Die elektrische Welle wird stets von einer magnetischen Welle begleitet, und man bezeichnet daher den ganzen Vorgang als elektromagnetische Welle. Die magnetische Feldstärke steht auf der elektrischen und der Fortpflanzungsrichtung senkrecht. Ihr Betrag zeigt, von dem Faktor $\varepsilon\,\varepsilon_0\,c$ abgesehen, dieselbe Abhängigkeit von Ort und Zeit wie der Betrag der elektrischen Feldstärke.

§ 8. Energiedichte und Energiestrom einer ebenen Welle.

Inhalt: Die Energiedichteverteilung einer ebenen Welle wandert mit der Fortpflanzungsgeschwindigkeit. Energiedichte und Energiestrom von zueinander senkrecht polarisierten Wellen überlagern sich additiv.

Bezeichnungen: Σ Energiedichte, $\mathfrak{S}$ Energiestromdichte, c Fortpflanzungsgeschwindigkeit, f, F willkürliche Funktionen, sonst siehe S. 448 u. 456.

Zu der elektromagnetischen Welle

$$\mathfrak{E} = \mathfrak{A}_1\,f(\mathfrak{r}\,\mathfrak{s}^0 - c\,t) + \mathfrak{A}_2\,F(\mathfrak{r}\,\mathfrak{s}^0 - c\,t)$$

$$\mathfrak{H} = \sqrt{\frac{\varepsilon\,\varepsilon_0}{\mu\,\mu_0}}\,[\mathfrak{s}^0\,\mathfrak{E}]$$

gehört die Energiedichte

$$\begin{aligned}\Sigma &= \frac{1}{2}\,(\varepsilon\,\varepsilon_0\,\mathfrak{E}^2 + \mu\,\mu_0\,\mathfrak{H}^2)\\ &= \frac{\varepsilon\,\varepsilon_0}{2}\,\{\mathfrak{E}^2 + [\mathfrak{s}^0\,\mathfrak{E}]^2\}\\ &= \varepsilon\,\varepsilon_0\,\mathfrak{E}^2 = (\mathfrak{E}\,\mathfrak{D}).\end{aligned} \qquad (36)$$

In jedem Zeitpunkt hängt Σ wie $\mathfrak{E}^2$ vom Ort ab. Diese örtliche Verteilung der Energie verschiebt sich mit der Geschwindigkeit c in der Fortpflanzungsrichtung $\mathfrak{s}^0$. Die Verschiebung kommt zustande durch die Energieströmung, welche durch den Poyntingschen Vektor

$$\begin{aligned}\mathfrak{S} &= [\mathfrak{E}\,\mathfrak{H}] = \sqrt{\frac{\varepsilon\,\varepsilon_0}{\mu\,\mu_0}}\,[\mathfrak{E}[\mathfrak{s}^0\,\mathfrak{E}]]\\ &= \mathfrak{s}^0\sqrt{\frac{\varepsilon\,\varepsilon_0}{\mu\,\mu_0}}\,\mathfrak{E}^2 = \mathfrak{s}^0\,c\,(\mathfrak{E}\,\mathfrak{D})\end{aligned} \qquad (37)$$

ausgedrückt wird. Die Energieströmung erfolgt senkrecht zu beiden Feldern in der Fortpflanzungsrichtung. Aus (36) und (37) erhält man sofort

$$\mathfrak{S} = \mathfrak{s}^0\,c\,\Sigma. \qquad (38)$$

was ja auch erwartet werden mußte.

Die Wellenanteile verschiedener Polarisation, welche zu $\mathfrak{A}_1$ und $\mathfrak{A}_2$ gehören, tragen additiv zur Energiedichte und Energieströmung bei. Bezüglich der Energie überlagern sich also senkrecht zueinander polarisierte Wellen gleicher Fortpflanzungsrichtung ohne Störung.

§ 9. Periodische Wellen.

Inhalt: Ebene Sinuswellen, Produkt von Wellenlänge und Frequenz ist die Fortpflanzungsgeschwindigkeit. Phase, Energiedichte und Energiestrom einer ebenen Sinuswelle. Elliptische und zirkulare Polarisation.

Bezeichnungen: $\mathfrak{E}$, $\mathfrak{H}$ elektrische und magnetische Feldstärke, Σ Energiedichte, $\mathfrak{S}$ Energieströmungsvektor, c Lichtgeschwindigkeit, ε und ε_0 relative Dielektrizitätskonstante und Dielektrizitätskonstante des Vakuums, μ und μ_0 relative Permeabilität und Vakuumpermeabilität, φ Phase, A, B, C, D Amplitude, ν Frequenz, σ Wellenzahl, λ Wellenlänge, δ Phasenkonstante, $\mathfrak{i}$, $\mathfrak{j}$, $\mathfrak{k}$ Einheitsvektoren.

Ein besonders einfacher und wichtiger Spezialfall der elektrischen Wellen sind die periodischen Wellen, von denen wieder die ebenen die übersichtlichsten sind.

Ebene Sinuswellen. Eine linear polarisierte, in der x-Richtung fortschreitende ebene periodische Welle

$$\mathfrak{E}_y = f = A \sin\{2\pi\sigma(x - c\,t) + \delta_y\} \tag{39}$$

$$\mathfrak{H}_z = A\sqrt{\frac{\varepsilon\,\varepsilon_0}{\mu\,\mu_0}} \sin\{2\pi\sigma(x - c\,t) + \delta_y\} \tag{40}$$

erhalten wir, indem wir für f die Sinusfunktion wählen. Die elektrische und magnetische Feldstärke ist dann an jeder Stelle des Raumes eine periodische Funktion der Zeit, die sich nach Ablauf der Zeitspanne $T = 1/\sigma\,c$ wiederholt

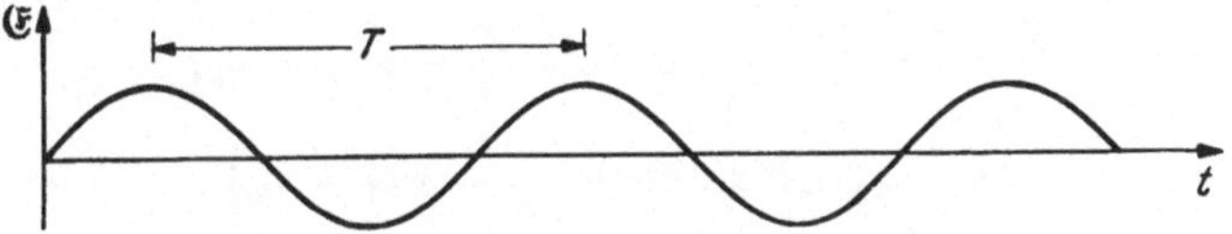

Abb. 172. Feldstärke als Funktion der Zeit an einer festen Stelle des Raumes.

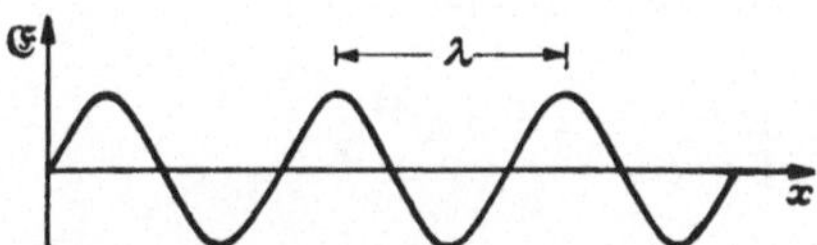

Abb. 173. Feldstärke als Funktion des Ortes zu einem festen Zeitpunkt.

(s. Abb. 172). In der Sekunde kehrt an jedem Punkt derselbe Vorgang $\nu = \sigma\,c$ mal wieder. ν bezeichnet man als Frequenz der Welle. Zu jedem Zeitpunkt sind die Feldstärken aber auch periodische Funktionen von x (s. Abb. 173). Nach Durchlaufen einer Strecke $\lambda = 1/\sigma$ in der x-Richtung wiederholt sich die Ortsabhängigkeit von $\mathfrak{E}$. Die Strecke λ wird als Wellenlänge bezeichnet. Die Zahl der Wellenlängen pro cm

$$\sigma = \frac{1}{\lambda} \tag{41}$$

nennt man Wellenzahl. Das Produkt von Wellenlänge und Frequenz

$$\nu\,\lambda = c \tag{42}$$

ergibt die Fortpflanzungsgeschwindigkeit. Der größte Wert A, den die Feldstärke erreicht, wird Amplitude genannt.

Durch Einführung von Frequenz und Wellenlänge in (39) und (40) ergeben sich die wichtigen Formen

$$\mathfrak{E}_y = A \sin\left\{2\pi\nu\left(\frac{x}{c} - t\right) + \delta_y\right\} \tag{43}$$

$$\mathfrak{E}_y = A \sin\left\{2\pi\left(\frac{x}{\lambda} - \nu t\right) + \delta_y\right\} \tag{44}$$

$$\mathfrak{E}_y = A \sin\left\{\frac{2\pi}{\lambda}(x - c t) + \delta_y\right\} \tag{45}$$

der Welle. Das Argument der Sinusfunktion

$$\varphi = 2\pi\nu\left(\frac{x}{c} - t\right) + \delta_y = 2\pi\left(\frac{x}{\lambda} - \nu t\right) + \delta_y = \frac{2\pi}{\lambda}(x - c t) + \delta_y \tag{46}$$

heißt Phase.

Die Energiedichte einer Sinuswelle

$$\Sigma = \varepsilon\varepsilon_0 A^2 \sin^2\left\{2\pi\left(\frac{x}{\lambda} - \nu t\right) + \delta_y\right\} \tag{47}$$

schwankt an jeder Stelle zwischen den Werten 0 und $\varepsilon\varepsilon_0 A^2$. Die Maxima und Minima von Σ liegen im Abstand $\lambda/2$ und bewegen sich mit der Geschwindigkeit c in der positiven x-Richtung fort.

Ähnliches gilt nach (37) für den POYNTINGschen Vektor

$$\begin{aligned} \mathfrak{S} &= \mathrm{i}\, A^2 \sqrt{\frac{\varepsilon\varepsilon_0}{\mu\mu_0}} \sin^2\left\{2\pi\left(\frac{x}{\lambda} - \nu t\right) + \delta_y\right\} \\ &= \mathrm{i}\, \varepsilon\varepsilon_0 c A^2 \sin^2\left\{2\pi\left(\frac{x}{\lambda} - \nu t\right) + \delta_y\right\}. \end{aligned} \tag{48}$$

Der Energiestrom fließt zwar immer in der Richtung der positiven x-Achse, ist aber ein pulsierender Strom. Sein Zeitmittelwert ist

$$\overline{\mathfrak{S}} = \frac{\mathrm{i}\, A^2}{2} \sqrt{\frac{\varepsilon\varepsilon_0}{\mu\mu_0}} = \mathrm{i}\,\frac{\varepsilon\varepsilon_0 c A^2}{2}. \tag{49}$$

Elliptisch und zirkular polarisierte Wellen. Überlagert man zwei senkrecht zueinander linear polarisierte Wellen gleicher Frequenz

$$\mathfrak{E}_y = A \sin\left\{2\pi\left(\frac{x}{\lambda} - \nu t\right) + \delta_y\right\} \tag{50a}$$

$$\mathfrak{E}_z = B \sin\left\{2\pi\left(\frac{x}{\lambda} - \nu t\right) + \delta_z\right\}, \tag{50b}$$

so erhält man Wellen komplizierterer Struktur. Führen wir zur Abkürzung

$$\psi = 2\pi\left(\frac{x}{\lambda} - \nu t\right) \tag{51}$$

$$P = A\cos\delta_y; \qquad Q = A\sin\delta_y$$

$$R = B\cos\delta_z; \qquad S = B\sin\delta_z$$

ein, so können wir

$$\mathfrak{E}_y = P\sin\psi + Q\cos\psi \tag{52a}$$

$$\mathfrak{E}_z = R\sin\psi + S\cos\psi \tag{52b}$$

schreiben. Nun bilden wir den Betrag der Feldstärke bzw. sein Quadrat

$$\mathfrak{E}_y^2 + \mathfrak{E}_z^2 = (P^2 + R^2)\sin^2\psi + (Q^2 + S^2)\cos^2\psi + 2(PQ + RS)\sin\psi\cos\psi \qquad (53)$$

und verlangen, daß er für $\psi = 0$ ein Maximum werde. Wir beginnen also mit der ψ-Zählung (Zeitzählung), wenn die Feldstärke gerade ihren größten Wert hat. Dies erfordert

$$PQ + RS = 0. \qquad (54)$$

Jetzt beziehen wir auf ein Koordinatensystem η, ζ, dessen Achsen gegen das System y, z um den Winkel γ gedreht sind. In diesem System haben wir die Feldstärkekomponenten:

$$\begin{aligned}\mathfrak{E}_\eta &= \mathfrak{E}_y\cos\gamma + \mathfrak{E}_z\sin\gamma \\ &= (P\cos\gamma + R\sin\gamma)\sin\psi + (Q\cos\gamma + S\sin\gamma)\cos\psi \qquad (55\text{a})\end{aligned}$$

und

$$\begin{aligned}\mathfrak{E}_\zeta &= -\mathfrak{E}_y\sin\gamma + \mathfrak{E}_z\cos\gamma \\ &= (-P\sin\gamma + R\cos\gamma)\sin\psi + (-Q\sin\gamma + S\cos\gamma)\cos\psi. \qquad (55\text{b})\end{aligned}$$

Wählen wir nun γ so, daß

$$R = P\,\mathrm{tg}\gamma \qquad (54\text{a})$$

und wegen (54) damit auch

$$Q = -S\,\mathrm{tg}\gamma \qquad (54\text{b})$$

wird, so reduzieren sich (55a) und (55b) auf

$$\mathfrak{E}_\eta = \frac{P}{\cos\gamma}\sin\psi = C\sin 2\pi\left(\frac{x}{\lambda} - \nu t\right) \qquad (55\text{c})$$

$$\mathfrak{E}_\zeta = \frac{S}{\cos\gamma}\cos\psi = D\cos 2\pi\left(\frac{x}{\lambda} - \nu t\right). \qquad (55\text{d})$$

Betrachten wir $\mathfrak{E}_\eta$ und $\mathfrak{E}_\zeta$ als die Koordinaten eines Punktes, so bilden (55c) und (55d) die Parameterdarstellung der Ellipse

$$\frac{\mathfrak{E}_\eta^2}{C^2} + \frac{\mathfrak{E}_\zeta^2}{D^2} = 1. \qquad (56)$$

Am festen Ort x durchläuft die Spitze des Vektorpfeils $\mathfrak{E}$ im Lauf der Zeit diese Ellipse. Blickt man in der Fortpflanzungsrichtung, so ist die Bewegung rechtsdrehend, wenn C und D gleiches Vorzeichen haben, im anderen Fall linksdrehend. Zeichnen wir andererseits zu einem bestimmten Zeitpunkt in allen Punkten der x-Achse die Feldstärke als Vektorpfeil, so liegen die Spitzen auf einer elliptischen Schraubenlinie, und ihre Projektion auf die yz-Ebene ist die Ellipse (56). Eine ebene Welle, die sich aus zwei linear polarisierten Wellen zusammensetzt, nennt man deshalb elliptisch polarisiert.

In speziellen Fällen entartet die elliptische Polarisation. Ist $|C| = |D|$, so geht die Ellipse in einen Kreis über, der je nach den Vorzeichen von C und D rechtsdrehend oder linksdrehend durchlaufen wird. Eine solche Welle heißt rechts- bzw. linkszirkular polarisiert. Für P, Q, R und S folgt die Bedingung $P = \pm S$; $Q = \mp R$.

Eine andere Entartung tritt ein, wenn C (oder D) verschwindet. Hieraus folgt unter Berücksichtigung von (54a) und (54b), daß entweder $P = 0$, $R = 0$

oder $Q = 0$, $S = 0$ ist. Rechnen wir zurück, so muß $\delta_y = \delta_z = \pi/2$ oder 0 sein, und die Welle hat dann die Gestalt

$$\mathfrak{E} = (\mathfrak{j} A + \mathfrak{k} B) \cos 2\pi \left(\frac{x}{\lambda} - \nu t\right) \tag{57}$$

oder

$$\mathfrak{E} = (j A + \mathfrak{k} B) \sin 2\pi \left(\frac{x}{\lambda} - \nu t\right).$$

Beides sind linear polarisierte Wellen, deren Feldstärke stets die Richtung des Vektors $jA + \mathfrak{k}B$ hat.

Bei einer elliptisch polarisierten Welle finden wir den POYNTINGschen Vektor

$$\mathfrak{S} = \mathfrak{i}\,\varepsilon\,\varepsilon_0\,c \left\{C^2 \sin^2 2\pi \left(\frac{x}{\lambda} - \nu t\right) + D^2 \cos^2 2\pi \left(\frac{x}{\lambda} - \nu t\right)\right\} \tag{58}$$

und bei einer zirkular polarisierten

$$\mathfrak{S} = \mathfrak{i}\,\varepsilon\,\varepsilon^0\,c\,C^2. \tag{58a}$$

Es erscheint bemerkenswert, daß bei Zirkularpolarisation ein gleichmäßiger Energiestrom ohne Pulsation stattfindet.

Man kann sich leicht davon überzeugen, daß man jede linear polarisierte Welle aus einer linkszirkularen und einer rechtszirkularen zusammensetzen kann. Ebenso kann eine elliptische Welle auch aus einer linearen und einer zirkularen aufgebaut werden.

*§ 10. Komplexe Darstellung ebener, periodischer Wellen.

Inhalt: Komplexe Schreibweise elektrischer Wellen. Realteil und Imaginärteil der Amplitude haben bei linearer Polarisation gleiche Richtung, bei zirkularer Polarisation gleichen Betrag und stehen senkrecht aufeinander. Zur Berechnung von Energiedichte und Energiestrom kehrt man zur reellen Darstellung zurück. Beide sind der halben Norm $\mathcal{A}\mathcal{A}^*$ der komplexen Amplitude proportional.

Bezeichnungen: ν Frequenz, λ Wellenlänge, $\mathfrak{E}$ elektrische, $\mathfrak{H}$ magnetische Feldstärke, $\mathfrak{s}^0$ Fortpflanzungsrichtung, A, B, C, D reelle Amplituden, $\mathcal{A}$, $\mathfrak{A}$, $\mathfrak{C}$, $\mathfrak{D}$ komplexe Amplituden, $\mathfrak{a}_0$, $\mathfrak{a}_1$, $\mathfrak{a}_2$ Einheitsvektoren senkrecht zu $\mathfrak{s}^0$, $\mathfrak{s}$ Ausbreitungsvektor.

Statt der Sinusfunktion hätte in den Gl. (50a) und (50b) ebensogut die Cosinusfunktion genommen werden können. Beide Möglichkeiten können wir zu einer komplexen Exponentialfunktion vereinigen und

$$\mathfrak{E}_y = A\, e^{2\pi i \left(\frac{x}{\lambda} - \nu t\right) + i\,\delta_y} \tag{59a}$$

$$\mathfrak{E}_z = B\, e^{2\pi i \left(\frac{x}{\lambda} - \nu t\right) + i\,\delta_z} \tag{59b}$$

schreiben. Wir können noch einen Schritt weitergehen, indem wir die komplexen Amplituden

$$\mathfrak{C} = A\, e^{i\,\delta_y}; \qquad \mathfrak{D} = B\, e^{i\,\delta_z} \tag{60}$$

einführen und dann vektoriell

$$\mathfrak{E} = (\mathfrak{j}\,\mathfrak{C} + \mathfrak{k}\,\mathfrak{D})\, e^{2\pi i \left(\frac{x}{\lambda} - \nu t\right)} \tag{61}$$

setzen.

Pflanzt sich die Welle nicht in der x-Richtung, sondern in der Richtung des Einheitsvektors $\mathfrak{s}^0$ fort, so tritt an Stelle dieser Formel

$$\mathfrak{E} = \mathcal{A}\, e^{2\pi i \left(\frac{\mathfrak{s}^0 \mathfrak{r}}{\lambda} - \nu t\right)} = \mathcal{A}\, e^{2\pi i (\mathfrak{s}\mathfrak{r} - \nu t)} \tag{62}$$

Der Vektor

$$\mathfrak{s} = \frac{\mathfrak{s}^0}{\lambda} = \frac{\mathfrak{s}^0 \nu}{c} \tag{63}$$

wird Ausbreitungsvektor genannt. $\mathcal{A}$ ist ein komplexer Amplitudenvektor, der wegen

$$\operatorname{div}\mathfrak{E} = (\mathcal{A} \operatorname{grad} e^{2\pi i(\mathfrak{s}\mathfrak{r} - \nu t)}) = 2\pi i (\mathcal{A}\mathfrak{s})\, e^{2\pi i(\mathfrak{s}\mathfrak{r} - \nu t)} = 0$$

auf $\mathfrak{s}$ und damit auf der Fortpflanzungsrichtung senkrecht stehen muß.

Spalten wir $\mathcal{A}$ in den Real- und Imaginärteil

$$\mathcal{A} = \mathfrak{A}_1 + i\,\mathfrak{A}_2 = \mathfrak{a}_1 A_1 + i\,\mathfrak{a}_2 A_2 \tag{64}$$

auf, so sind $\mathfrak{A}_1$ und $\mathfrak{A}_2$ zwei zu $\mathfrak{s}$ senkrechte Vektoren, die im allgemeinen auch verschiedene Richtungen $\mathfrak{a}_1$ und $\mathfrak{a}_2$ haben können. Dies entspricht elliptisch polarisierten Wellen.

Wenn der Realteil von $\mathfrak{E}$

$$\operatorname{Re}\mathfrak{E} = \mathfrak{a}_1 A_1 \cos 2\pi(\mathfrak{s}\mathfrak{r} - \nu t) - \mathfrak{a}_2 A_2 \sin 2\pi(\mathfrak{s}\mathfrak{r} - \nu t) \tag{65}$$

sich auf die Form

$$\operatorname{Re}\mathfrak{E} = \mathfrak{A}_1 \cos 2\pi(\mathfrak{s}\mathfrak{r} - \nu t) - \mathfrak{A}_2 \sin 2\pi(\mathfrak{s}\mathfrak{r} - \nu t) = \mathfrak{a}_0 A_0 \sin\{2\pi(\mathfrak{s}\mathfrak{r} - \nu t) + \delta\}$$

bringen läßt, ist die Welle linear polarisiert. Dazu muß offenbar

$$\mathfrak{a}_1 A_1 = \mathfrak{a}_0 A_0 \sin\delta; \qquad \mathfrak{a}_2 A_2 = \mathfrak{a}_0 A_0 \cos\delta$$

sein. Dies ist nur möglich, wenn $\mathfrak{a}_1 = \mathfrak{a}_2$, also $\mathfrak{A}_1$ und $\mathfrak{A}_2$, gleichgerichtet sind. Die Amplitude einer linear polarisierten Welle wird also durch

$$\mathcal{A} = \mathfrak{a}_0 \mathfrak{A} = \mathfrak{a}_0 A_0 e^{i\delta} \tag{66}$$

angegeben, wo $\mathfrak{a}_0$ ein reeller Einheitsvektor senkrecht zu $\mathfrak{s}_0$ ist und $\mathfrak{A}$ eine komplexe Zahl bedeutet. Die Formel (64) zeigt sofort, daß die allgemeine Welle stets in zwei linear polarisierte zerlegt werden kann.

Eine Welle ist zirkular polarisiert, wenn das Quadrat des Realteils von $\mathfrak{E}$

$$(\operatorname{Re}\mathfrak{E})^2 = \mathfrak{A}_1^2 \cos^2 2\pi(\mathfrak{s}\mathfrak{r} - \nu t) - 2(\mathfrak{A}_1\mathfrak{A}_2)\cos 2\pi(\mathfrak{s}\mathfrak{r} - \nu t)\sin 2\pi(\mathfrak{s}\mathfrak{r} - \nu t) + \\ + \mathfrak{A}_2^2 \sin^2 2\pi(\mathfrak{s}\mathfrak{r} - \nu t)$$

von der Zeit unabhängig ist. Dies erfordert

$$\mathfrak{A}_1^2 = \mathfrak{A}_2^2; \qquad (\mathfrak{A}_1\mathfrak{A}_2) = 0. \tag{67}$$

Real- und Imaginärteil des Amplitudenvektors $\mathcal{A}$ einer zirkular polarisierten Welle müssen vom gleichen Betrag sein und aufeinander senkrecht stehen. Hieraus folgt, daß das skalare Quadrat

$$\mathcal{A}^2 = (\mathfrak{A}_1 + i\,\mathfrak{A}_2)^2 \\ = \mathfrak{A}_1^2 + 2i(\mathfrak{A}_1\mathfrak{A}_2) - \mathfrak{A}_2^2 = 0$$

verschwindet. $\mathcal{A}$ ist also ein sogenannter Nullvektor.

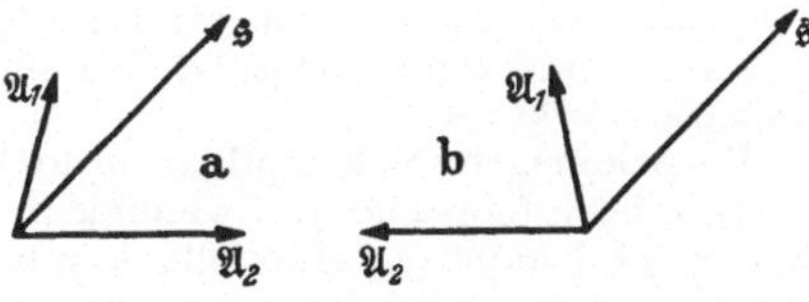

Abb. 174.
a) rechtsdrehende, b) linksdrehende Welle.

Aus (65) geht in Verbindung mit der Abb. 174 hervor, daß die Welle rechtsdrehend ist, wenn das Produkt $[\mathfrak{A}_1\mathfrak{A}_2]$ die Richtung von $\mathfrak{s}$, linksdrehend, wenn es entgegengesetzte Richtung wie $\mathfrak{s}$ hat. Dies gilt nicht nur für zirkulare, sondern auch für elliptische Wellen.

Zu (62) gehört die magnetische Welle

$$\mathfrak{H} = \sqrt{\frac{\varepsilon\,\varepsilon_0}{\mu\,\mu_0}}\,[\mathfrak{s}^0\,\mathfrak{E}] = \varepsilon\,\varepsilon_0\,c\,[\mathfrak{s}^0\,\mathcal{A}]\,e^{2\pi i(\mathfrak{s}\,\mathfrak{r}-\nu t)} \tag{68}$$

analog Gl. (35).

Die komplexe Schreibweise ist sehr zweckmäßig, solange man nur lineare Zusammenhänge zwischen den Feldstärken untersucht bzw. lineare Ausdrücke aus ihnen bildet. Um dagegen die Energiedichte oder den POYNTINGschen Vektor zu berechnen, muß man zu den reellen Größen zurückkehren. Man bildet zu diesem Zweck die zu $\mathfrak{E}$ und $\mathfrak{H}$ konjugiert komplexen Größen $\mathfrak{E}^*$ und $\mathfrak{H}^*$ und setzt

$$\Sigma = \frac{1}{2}\left\{\varepsilon\,\varepsilon_0\left(\frac{\mathfrak{E}+\mathfrak{E}^*}{2}\right)^2 + \mu\,\mu_0\left(\frac{\mathfrak{H}+\mathfrak{H}^*}{2}\right)^2\right\} \tag{69}$$

$$= \frac{\varepsilon\,\varepsilon_0}{8}\{(\mathfrak{E}+\mathfrak{E}^*)^2 + [\mathfrak{s}^0(\mathfrak{E}+\mathfrak{E}^*)]^2\} = \frac{\varepsilon\,\varepsilon_0}{4}(\mathfrak{E}+\mathfrak{E}^*)^2$$

$$\mathfrak{S} = \left[\frac{(\mathfrak{E}+\mathfrak{E}^*)}{2}\cdot\frac{(\mathfrak{H}+\mathfrak{H}^*)}{2}\right] = \frac{1}{4}\sqrt{\frac{\varepsilon\,\varepsilon_0}{\mu\,\mu_0}}\,[(\mathfrak{E}+\mathfrak{E}^*)\,[\mathfrak{s}^0(\mathfrak{E}+\mathfrak{E}^*)]] \tag{69a}$$

$$= \frac{1}{4}\sqrt{\frac{\varepsilon\,\varepsilon_0}{\mu\,\mu_0}}\,\mathfrak{s}^0(\mathfrak{E}+\mathfrak{E}^*)^2 = \frac{\varepsilon\,\varepsilon_0\,c}{4}\,\mathfrak{s}^0(\mathfrak{E}+\mathfrak{E}^*)^2.$$

Mit der Abkürzung

$$\psi = 2\pi\left(\frac{\mathfrak{s}^0\,\mathfrak{r}}{\lambda} - \nu\,t\right) = 2\pi(\mathfrak{s}\,\mathfrak{r} - \nu\,t)$$

ist

$$\frac{1}{4}(\mathfrak{E}+\mathfrak{E}^*)^2 = (\mathfrak{A}_1\cos\psi - \mathfrak{A}_2\sin\psi)^2$$

$$= \mathfrak{A}_1^2\cos^2\psi - (\mathfrak{A}_1\,\mathfrak{A}_2)\cos\psi\sin\psi + \mathfrak{A}_2^2\sin^2\psi.$$

Für den Zeitmittelwert hiervon erhalten wir

$$\frac{1}{4}\,\overline{(\mathfrak{E}+\mathfrak{E}^*)^2} = \frac{1}{2}(\mathfrak{A}_1^2 + \mathfrak{A}_2^2) = \frac{\mathcal{A}\,\mathcal{A}^*}{2}.$$

Dies führt schließlich zu den Formeln

$$\overline{\Sigma} = \frac{\varepsilon\,\varepsilon_0}{2}\,\mathcal{A}\,\mathcal{A}^* \tag{70a}$$

$$\overline{\mathfrak{S}} = \frac{\varepsilon\,\varepsilon_0\,c}{2}\,\mathfrak{s}^0\,\mathcal{A}\,\mathcal{A}^* \tag{70b}$$

für die mittlere Energiedichte und Energieströmung.

§ 11. Modulation und Superposition ebener Wellen. Schwebungen.

Inhalt: Die modulierte Welle entsteht durch Überlagerung von Wellen benachbarter Frequenz. Der POYNTINGsche Vektor zeigt Schwebungen, sein Mittelwert über Zeiten, welche groß gegen alle Schwebungsperioden sind, ist die Summe aller Frequenzanteile des POYNTINGschen Vektors.

Bezeichnungen: $\mathfrak{s}^0$ Fortpflanzungsrichtung, $\mathfrak{r}$ Ortsvektor, $\mathfrak{a}$ Polarisationsrichtung, ν Frequenz, c Fortpflanzungsgeschwindigkeit, δ Phasenkonstante, A reelle, skalare, $\mathfrak{A}$ komplexe, skalare, $\mathcal{A}$ komplexe vektorielle Amplituden.

Überlagern sich zwei ebene Wellen

$$\mathfrak{E}_1 = \mathfrak{a}\,A_1\sin\left\{\frac{2\pi\,\nu_1}{c}(\mathfrak{r}\,\mathfrak{s}^0 - c\,t) + \delta_1\right\}$$

und

$$\mathfrak{E}_2 = \mathfrak{a}\,A_2\sin\left\{\frac{2\pi\,\nu_2}{c}(\mathfrak{r}\,\mathfrak{s}^0 - c\,t) + \delta_2\right\}$$

gleicher Fortpflanzungsrichtung $\mathfrak{s}^0$ und Polarisation $\mathfrak{a}$, aber verschiedener Frequenz, so läßt sich das ganze Wellenfeld in

$$\begin{aligned}\mathfrak{E} &= \mathfrak{E}_1 + \mathfrak{E}_2 \qquad (71)\\ &= \mathfrak{a}(A_1+A_2)\sin\left\{\frac{2\pi}{c}\frac{(\nu_1+\nu_2)}{2}(\mathfrak{r}\,\mathfrak{s}^0 - c\,t) + \frac{\delta_1+\delta_2}{2}\right\}\cos\left\{\frac{2\pi}{c}\frac{(\nu_1-\nu_2)}{2}(\mathfrak{r}\,\mathfrak{s}^0 - c\,t) + \frac{\delta_1-\delta_2}{2}\right\}\\ &+ \mathfrak{a}(A_1-A_2)\sin\left\{\frac{2\pi}{c}\frac{(\nu_1-\nu_2)}{2}(\mathfrak{r}\,\mathfrak{s}^0 - c\,t) + \frac{\delta_1-\delta_2}{2}\right\}\cos\left\{\frac{2\pi}{c}\frac{(\nu_1+\nu_2)}{2}(\mathfrak{r}\,\mathfrak{s}^0 - c\,t) + \frac{\delta_1+\delta_2}{2}\right\}\end{aligned}$$

umformen. Sind insbesondere die Amplituden der Einzelwellen gleich, so erhalten wir einfach

$$\mathfrak{E} = 2\,\mathfrak{a}\,A\sin\left\{\frac{\pi(\nu_1+\nu_2)}{c}(\mathfrak{r}\,\mathfrak{s}^0 - c\,t) + \frac{\delta_1+\delta_2}{2}\right\}\cos\left\{\frac{\pi(\nu_1-\nu_2)}{c}(\mathfrak{r}\,\mathfrak{s}^0 - c\,t) + \frac{\delta_1-\delta_2}{2}\right\}. \qquad (71\,a)$$

Dies können wir als eine Welle der „Trägerfrequenz" $\nu_0 = (\nu_1 + \nu_2)/2$ auffassen, deren Amplitude selbst langsam örtlich und zeitlich veränderlich, wie man sagt, moduliert ist. Die Amplitude macht noch einmal eine Wellenbewegung mit der Modulationsfrequenz $\nu_m = (\nu_1 - \nu_2)/2$. Das An- und Abschwellen der Amplitude durch Überlagerung zweier Einzelwellen nennt man eine Schwebung.

Auf der Modulation von Trägerwellen beruht die drahtlose Telephonie und der Rundfunk. Eine Trägerfrequenz (z. B. $\nu_0 = 10^6$ Hz, d. i. eine 300 Meter-Welle) wird mit den Tonfrequenzen moduliert. Da diese von etwa 100 bis 10000 Hz reichen, setzt sich die modulierte Welle aus Wellen der Frequenzen $10^6 \mp 10^4$ Hz zusammen. Zur Tonübertragung durch elektrische Wellen genügt also nicht eine einzige Frequenz, sondern es ist ein Frequenzband nötig, dessen Breite das Doppelte der höchsten zu übertragenden Tonfrequenzen ist. Wird das Frequenzband eingeengt, z. B. durch zu große Trennschärfe des Empfangsgerätes, so können höhere Tonfrequenzen nicht mehr aufgenommen werden, und die Qualität der Tonwiedergabe verschlechtert sich.

Wir untersuchen jetzt den Strahlungsvektor einer aus verschiedenen Frequenzen zusammengesetzten Welle. Es sei

$$\mathfrak{E} = \mathfrak{a}\sum_k A_k \sin\left\{\frac{2\pi}{c}\,\nu_k(\mathfrak{r}\,\mathfrak{s}^0 - c\,t) + \delta_k\right\}$$

und

$$\mathfrak{H} = \sqrt{\frac{\varepsilon\,\varepsilon_0}{\mu\,\mu_0}}\,[\mathfrak{s}^0\mathfrak{a}]\sum_k A_k \sin\left\{\frac{2\pi}{c}\,\nu_k(\mathfrak{r}\,\mathfrak{s}^0 - c\,t) + \delta_k\right\}$$

das dazugehörige Magnetfeld. Der POYNTINGsche Vektor ist dann

$$\mathfrak{S} = \varepsilon\,\varepsilon_0\,c\,\mathfrak{s}^0\sum_i\sum_k A_i A_k \sin\left\{\frac{2\pi}{c}\,\nu_i(\mathfrak{r}\,\mathfrak{s}^0 - c\,t) + \delta_i\right\}\sin\left\{\frac{2\pi}{c}\,\nu_k(\mathfrak{r}\,\mathfrak{s}^0 - c\,t) + \delta_k\right\}.$$

Nur selten interessieren wir uns für diesen Vektor selbst, fast immer brauchen wir seinen Mittelwert über eine Zeit T, welche groß gegenüber den Schwingungsdauern $T_k = 1/\nu_k$ der Wellen ist. Der gesuchte Mittelwert setzt sich aus lauter Summanden von der Form

$$\overline{\mathfrak{S}}_{ik} = \frac{\varepsilon\,\varepsilon_0\,c}{T}\,\mathfrak{s}^0 A_i A_k \int_0^T \sin(\alpha_i - 2\pi\,\nu_i\,t)\sin(\alpha_k - 2\pi\,\nu_k\,t)\,dt$$

zusammen. Zur Abkürzung ist hier

$$\alpha_i = \frac{2\pi}{c}\,\nu_i\,\mathfrak{r}\,\mathfrak{s}^0 + \delta_i; \qquad \alpha_k = \frac{2\pi}{c}\,\nu_k\,\mathfrak{r}\,\mathfrak{s}^0 + \delta_k$$

gesetzt. Führt man die Integration aus, so erhält man

$$\overline{\mathfrak{S}}_{ik} = \frac{\varepsilon\,\varepsilon_0\,c}{T\,2}\,\mathfrak{s}^0 A_i A_k \int\limits_0^T \{\cos[(\alpha_i - \alpha_k) - 2\pi(\nu_i - \nu_k)\,t] - $$
$$- \cos[(\alpha_i + \alpha_k) - 2\pi(\nu_i + \nu_k)\,t]\}\,dt$$
$$= \frac{\varepsilon\,\varepsilon_0}{4\pi T}\,\mathfrak{s}^0 A_i A_k \left\{\frac{\sin(\alpha_i - \alpha_k) - \sin[(\alpha_i - \alpha_k) - 2\pi(\nu_i - \nu_k)\,T]}{\nu_i - \nu_k} - \right.$$
$$\left. - \frac{\sin(\alpha_i + \alpha_k) - \sin[(\alpha_i + \alpha_k) - 2\pi(\nu_i + \nu_k)\,T]}{\nu_i + \nu_k}\right\}.$$

Ist T groß gegenüber den Schwebungsperioden

$$T_{ik} = \frac{1}{\nu_i - \nu_k},$$

so können alle Glieder vernachlässigt werden, außer wenn $\nu_i = \nu_k$ ist. Wir erhalten also

$$\overline{\mathfrak{S}} = \varepsilon\,\varepsilon_0\,c\,\mathfrak{s}^0 \sum_k A_k^2 \overline{\sin^2\left\{\frac{2\pi}{c}\,\nu_k(\mathfrak{r}\,\mathfrak{s}^0 - c\,t) + \delta_k\right\}} = \frac{\varepsilon\,\varepsilon_0}{2}\,c\,\mathfrak{s}^0 \sum_k A_k^2. \tag{72}$$

In komplexer Schreibweise erhält man analog

$$\overline{\mathfrak{S}} = \frac{\varepsilon\,\varepsilon_9}{2}\,c\,\mathfrak{s}^0 \sum_k \mathfrak{A}_k \mathfrak{A}_k^* \tag{72a}$$

oder

$$\overline{\mathfrak{S}} = \frac{\varepsilon\,\varepsilon_0}{2}\,c\,\mathfrak{s}^0 \sum_k \mathcal{A}_k \mathcal{A}_k^*. \tag{72b}$$

Man berechnet die Energiestrahlung einer Welle, die sich aus mehreren Wellen verschiedener Frequenzen zusammensetzt, indem man die Strahlung jeder Frequenz einzeln berechnet, als ob die anderen Frequenzen nicht da wären, und nachher alle Frequenzanteile summiert. Hierdurch erhält man den Zeitmittelwert des POYNTINGschen Vektors über Zeiten, die groß gegenüber den größten Schwebungsperioden sind. Mittelt man nur über Zeiten, die klein gegenüber der Schwebungsperiode sind, so ergeben sich natürlich Pulsationen im Tempo der Schwebung.

Wellen verschiedener Frequenz superponieren sich also, ohne sich gegenseitig zu stören.

*§ 12. FOURIER-Zerlegung einer Welle. Spektrum.

Inhalt: Spektrale Zerlegung einer beliebigen Welle.
Bezeichnungen: Wie S. 461, 465 u. 466.

Der Gedanke, Wellen aus periodischen Wellen verschiedener Frequenz aufzubauen, ist noch weiter ausbaufähig. Eine Welle vorgegebener Fortpflanzungsrichtung $\mathfrak{s}^0$ und Polarisation $\mathfrak{a}$, die durch

$$\mathfrak{E} = \mathfrak{a}\,f(\mathfrak{r}\,\mathfrak{s}^0 - c\,t)$$

gegeben ist, kann in periodische Wellen zerlegt werden, wenn wir die Funktion f durch das FOURIERsche Integral

$$f = \int\limits_{-\infty}^{+\infty} \mathfrak{A}(\nu)\,e^{\frac{2\pi i \nu}{c}(\mathfrak{r}\,\mathfrak{s}^0 - c\,t)}\,d\nu \tag{73}$$

darstellen. Die FOURIER-Zerlegung ist nur möglich, wenn f eine quadratisch integrierbare Funktion ist, also $\int_{-\infty}^{+\infty} f^2\,dt$ endlich bleibt. $\mathfrak{A}(\nu)$ ist die Amplitude (natürlich komplex) der Teilwelle der Frequenz ν. Nach dem Umkehrungssatz des FOURIERschen Integraltheorems gewinnt man $\mathfrak{A}$ durch

$$\mathfrak{A}(\nu) = \int_{-\infty}^{+\infty} f(\mathfrak{r}\,\mathfrak{s}^0 - c\,t)\, e^{-\frac{2\pi i \nu}{c}(\mathfrak{r}\,\mathfrak{s}^0 - c\,t)}\,dt, \tag{74}$$

wenn f gegeben ist. $\mathfrak{A}(\nu)$ als Frequenz der Funktion aufgefaßt, beschreibt die Zusammensetzung der Funktion f, die sich bei einer Frequenzanalyse ergibt, und wird das Spektrum von f genannt. Da negative Frequenzen keinen Sinn haben, formen wir (73) um und erhalten

$$\begin{aligned} f &= \int_0^\infty \mathfrak{A}(\nu)\, e^{\frac{2\pi i \nu}{c}(\mathfrak{r}\,\mathfrak{s}^0 - c\,t)}\,d\nu + \int_0^\infty \mathfrak{A}(-\nu)\, e^{-\frac{2\pi i \nu}{c}(\mathfrak{r}\,\mathfrak{s}^0 - c\,t)}\,d\nu \\ &= \int_0^\infty [\mathfrak{A}(\nu) + \mathfrak{A}(-\nu)] \cos\frac{2\pi\nu}{c}(\mathfrak{r}\,\mathfrak{s}^0 - c\,t)\,d\nu + \\ &\qquad + i\int_0^\infty [\mathfrak{A}(\nu) - \mathfrak{A}(-\nu)] \sin\frac{2\pi\nu}{c}(\mathfrak{r}\,\mathfrak{s}^0 - c\,t)\,d\nu. \end{aligned}$$

Ist f eine reelle Funktion, so muß $\mathfrak{A}(-\nu) = \mathfrak{A}^*(\nu)$ sein, wodurch wir zu

$$f = \int_0^\infty \left\{\mathfrak{A}\, e^{\frac{2\pi i \nu}{c}(\mathfrak{r}\,\mathfrak{s}^0 - c\,t)} + \mathfrak{A}^*\, e^{-\frac{2\pi i \nu}{c}(\mathfrak{r}\,\mathfrak{s}^0 - c\,t)}\right\} d\nu \tag{75}$$

geführt werden und die negativen Frequenzen beseitigt haben.

Die Frequenzzerlegung des magnetischen Feldes geschieht in gleicher Weise, und für den POYNTINGschen Vektor erhalten wir

$$\mathfrak{S} = \varepsilon\,\varepsilon_0\, c\,\mathfrak{s}^0 f^2 = \varepsilon\,\varepsilon_0\, c\,\mathfrak{s}^0 \int_{-\infty}^{+\infty}\int_{-\infty}^{+\infty} \mathfrak{A}(\nu)\,\mathfrak{A}(\nu')\, e^{\frac{2\pi i(\nu+\nu')}{c}(\mathfrak{r}\,\mathfrak{s}^0 - c\,t)}\,d\nu\,d\nu'.$$

Den Mittelwert über eine Zeitspanne T zu bilden, hat jetzt keinen Sinn mehr. Man kann aber den Gesamtenergiestrom der Welle

$$\int_{-\infty}^{+\infty} \mathfrak{S}\,dt = \varepsilon\varepsilon_0 c\,\mathfrak{s}^0 \int_{-\infty}^{+\infty} f^2\,dt = \varepsilon\varepsilon_0\, c\,\mathfrak{s}^0 \int_{-\infty}^{\infty}\int_{-\infty}^{\infty}\int_{-\infty}^{\infty} \mathfrak{A}(\nu)\,\mathfrak{A}(\nu')\, e^{\frac{2\pi i(\nu+\nu')}{c}(\mathfrak{r}\,\mathfrak{s}^0 - c\,t)}\,d\nu\,d\nu'\,d\,t$$

angeben, welcher endlich sein muß, wenn die FOURIER-Zerlegung überhaupt statthaft sein soll. Mit $-\nu$ statt ν als Integrationsvariable geht $\mathfrak{A}(\nu)$ in $\mathfrak{A}^*(\nu)$ über, und wir erhalten

$$\int_{-\infty}^{+\infty} \mathfrak{S}\,dt = \varepsilon\,\varepsilon_0\, c\,\mathfrak{s}^0 \int_{-\infty}^{+\infty} \mathfrak{A}^*(\nu)\,d\nu \int_{-\infty}^{\infty}\int_{-\infty}^{\infty} \mathfrak{A}(\nu')\, e^{\frac{2\pi i(\nu'-\nu)}{c}(\mathfrak{r}\,\mathfrak{s}^0 - c\,t)}\,d\nu'\,d\,t.$$

Durch zweimalige Anwendung des FOURIERschen Integralsatzes findet man

$$\mathfrak{A}(\nu) = \int_{-\infty}^{\infty} \int_{-\infty}^{\infty} \mathfrak{A}(\nu')\, e^{\frac{2\pi i(\nu'-\nu)}{c}(\mathfrak{r}\,\mathfrak{s}^0 - ct)}\, dt\, d\nu'$$

und gewinnt schließlich die Verallgemeinerung

$$\int_{-\infty}^{+\infty} \mathfrak{S}\, dt = \varepsilon\,\varepsilon_0\, c\, \mathfrak{s}^0 \int_{-\infty}^{+\infty} \mathfrak{A}(\nu)\, \mathfrak{A}^*(\nu)\, d\nu \tag{76}$$

von (72a).

Wird eine nichtperiodische Welle nach Frequenzen zerlegt, so kann auch die Gesamtenergie der Welle in Anteile zerlegt werden, die zu den einzelnen Frequenzen gehören. Dies ist allerdings nicht in jedem Zeitpunkt oder in einem Zeitintervall möglich, sondern nur für den ganzen Wellenvorgang.

Die Funktion $\mathfrak{A}(\nu)$ gibt das Spektrum der Funktion f an, in entsprechender Weise ist $\mathfrak{A}(\nu)\,\mathfrak{A}^*(\nu)$ das Energiespektrum der Welle.

*§ 13. Ebene Wellen in leitenden Medien.

Inhalt: Fortpflanzung und Absorption elektrischer Wellen in Leitern. Fortpflanzungsgeschwindigkeit und Wellenlängen werden in guten Leitern stark reduziert, und die Welle dringt nur eine Wellenlänge tief ein.

Bezeichnungen: $\mathfrak{E}$ und $\mathfrak{H}$ elektrische und magnetische Feldstärke, $\varkappa$ Leitfähigkeit, c_0 Lichtgeschwindigkeit im Vakuum, ε, μ relative Dielektrizitätskonstante und Permeabilität, ε_0, μ_0 Dielektrizitätskonstante und Permeabilität im Vakuum, ν Frequenz, λ Wellenlänge, c Fortpflanzungsgeschwindigkeit, n Brechungsindex, σ Dämpfung pro Wellenlänge, $\mathfrak{s}^0$ Fortpflanzungsrichtung, $\mathfrak{s}$ Ausbreitungsvektor, $\mathcal{A}$ vektorielle, komplexe, $\mathfrak{C}$, $\mathfrak{D}$ skalare komplexe Amplitude.

Wir haben bisher nur elektrische Wellen in Isolatoren untersucht. Tatsächlich kommen in Leitern elektrische Wellen kaum zustande, und wir müssen untersuchen, was der Grund dafür ist.

In einem homogenen Leiter lauten die MAXWELLschen Gleichungen

$$\begin{aligned} \operatorname{rot}\mathfrak{E} &= -\mu\,\mu_0\,\dot{\mathfrak{H}}; \qquad & \operatorname{div}\mathfrak{E} &= 0 \\ \operatorname{rot}\mathfrak{H} &= \varkappa\,\mathfrak{E} + \varepsilon\,\varepsilon_0\,\dot{\mathfrak{E}}; \qquad & \operatorname{div}\mathfrak{H} &= 0. \end{aligned} \tag{77}$$

Sie gehen durch die Anwendung des Operators rot auf die erste und zeitliche Differentiation der zweiten Gleichung in

$$\operatorname{rot}\operatorname{rot}\mathfrak{E} = -\Delta\,\mathfrak{E} = -\mu\,\mu_0 \operatorname{rot}\dot{\mathfrak{H}}$$

$$\operatorname{rot}\dot{\mathfrak{H}} = \varkappa\,\dot{\mathfrak{E}} + \varepsilon\,\varepsilon_0\,\ddot{\mathfrak{E}}$$

über. Jetzt kann man $\mathfrak{H}$ eliminieren, wobei man

$$\Delta\,\mathfrak{E} = \mu\,\mu_0\,\varkappa\,\dot{\mathfrak{E}} + \mu\,\mu_0\,\varepsilon\,\varepsilon_0\,\ddot{\mathfrak{E}} \tag{78}$$

erhält.

Im leitenden Medium hat es keinen Sinn mehr, die Abkürzung

$$\mu\,\mu_0\,\varepsilon\,\varepsilon_0 = \frac{1}{c^2}$$

einzuführen, da c nicht mehr die Fortpflanzungsgeschwindigkeit der Welle wäre. Statt dessen führen wir durch

$$\varepsilon_0\,\mu_0 = \frac{1}{c_0^2} \tag{79}$$

die Lichtgeschwindigkeit c_0 im Vakuum ein.

Beschränken wir uns auf ebene Vorgänge (ebene Wellen), für welche

$$\frac{\partial \mathfrak{E}}{\partial y} = 0; \qquad \frac{\partial \mathfrak{E}}{\partial z} = 0$$

ist, so gelten die Gleichungen

$$\frac{\partial^2 \mathfrak{E}_x}{\partial x^2} = \frac{\mu \varkappa}{\varepsilon_0 c_0^2} \dot{\mathfrak{E}}_x + \frac{\varepsilon \mu}{c_0^2} \ddot{\mathfrak{E}}_x$$

$$\frac{\partial^2 \mathfrak{E}_y}{\partial x^2} = \frac{\mu \varkappa}{\varepsilon_0 c_0^2} \dot{\mathfrak{E}}_y + \frac{\varepsilon \mu}{c_0^2} \ddot{\mathfrak{E}}_y$$

$$\frac{\partial^2 \mathfrak{E}_z}{\partial x^2} = \frac{\mu \varkappa}{\varepsilon_0 c_0^2} \dot{\mathfrak{E}}_z + \frac{\varepsilon \mu}{c_0^2} \ddot{\mathfrak{E}}_z$$

für die Komponenten der elektrischen Feldstärke. Aus

$$\operatorname{div} \mathfrak{E} = \frac{\partial \mathfrak{E}_x}{\partial x} + \frac{\partial \mathfrak{E}_y}{\partial y} + \frac{\partial \mathfrak{E}_z}{\partial z} = \frac{\partial \mathfrak{E}_x}{\partial x} = 0$$

folgt

$$\ddot{\mathfrak{E}}_x + \frac{\varkappa}{\varepsilon \varepsilon_0} \dot{\mathfrak{E}}_x = 0$$

und durch Integration

$$\dot{\mathfrak{E}}_x + \frac{\varkappa}{\varepsilon \varepsilon_0} \mathfrak{E}_x = \text{const}, \qquad \mathfrak{E}_x = \text{const} + \mathfrak{E}_{0x} e^{-\frac{\varkappa}{\varepsilon \varepsilon_0} t}.$$

Dies ist nur ein Abklingvorgang, der uns nicht interessiert und den wir von der eigentlichen Welle abtrennen. Diese selbst hat keine x-Komponente, ist also transversal.

Die Gleichungen für die anderen Komponenten

$$\begin{aligned} \frac{\partial^2 \mathfrak{E}_y}{\partial x^2} &= \frac{\mu \varkappa}{\varepsilon_0 c_0^2} \dot{\mathfrak{E}}_y + \frac{\varepsilon \mu}{c_0^2} \ddot{\mathfrak{E}}_y \\ \frac{\partial^2 \mathfrak{E}_z}{\partial x^2} &= \frac{\mu \varkappa}{\varepsilon_0 c_0^2} \dot{\mathfrak{E}}_z + \frac{\varepsilon \mu}{c_0^2} \ddot{\mathfrak{E}}_z \end{aligned} \tag{80}$$

lassen periodische Lösungen

$$\begin{aligned} \mathfrak{E}_y &= f(x)\, e^{\pm 2\pi i \nu t} \\ \mathfrak{E}_z &= F(x)\, e^{\pm 2\pi i \nu t} \end{aligned} \tag{81}$$

zu. Natürlich gibt es auch nichtperiodische Lösungen, welche aber viel schwieriger aufzufinden sind. In der komplexen Darstellung sind beide Vorzeichen gänzlich gleichwertig. Wir entschließen uns zu dem Minuszeichen, um mit der Schreibweise der vorigen Paragraphen in Übereinstimmung zu bleiben. Geht man mit dem periodischen Ansatz in (80) ein, so erhält man für f bzw. F die Bedingungsgleichungen

$$\frac{d^2 f}{d x^2} = -\frac{1}{c_0^2} \left\{ \frac{2\pi i \nu \varkappa \mu}{\varepsilon_0} + 4\pi^2 \nu^2 \varepsilon \mu \right\} f$$

$$\frac{d^2 F}{d x^2} = -\frac{1}{c_0^2} \left\{ \frac{2\pi i \nu \varkappa \mu}{\varepsilon_0} + 4\pi^2 \nu^2 \varepsilon \mu \right\} F.$$

Die allgemeine Lösung einer solchen Gleichung ist

$$f = \mathfrak{C}\, e^{\frac{2\pi i \nu x}{c_0} \sqrt{\varepsilon \mu + \frac{i \varkappa \mu}{2\pi \nu \varepsilon_0}}} + \mathfrak{D}\, e^{-\frac{2\pi i \nu x}{c_0} \sqrt{\varepsilon \mu + \frac{i \varkappa \mu}{2\pi \nu c_0}}}. \tag{82}$$

Jetzt setzen wir zur Abkürzung zweckmäßig

$$n(1+i\sigma) = \sqrt{\varepsilon\mu + \frac{i\varkappa\mu}{2\pi\nu\varepsilon_0}} \tag{83}$$

und berechnen n und σ, indem wir quadrieren und die reellen und imaginären Glieder vergleichen. Dies gibt zunächst die Beziehungen

$$n^2(1-\sigma^2) = \varepsilon\mu$$

$$2n^2\sigma = \frac{\varkappa\mu}{2\pi\nu\varepsilon_0}.$$

Nach n und σ aufgelöst ergibt sich

$$\sigma = -\frac{2\pi\nu\varepsilon\varepsilon_0}{\varkappa} + \sqrt{\frac{4\pi^2\nu^2\varepsilon^2\varepsilon_0^2}{\varkappa^2} + 1} \tag{84a}$$

$$n = \sqrt{\frac{\varepsilon\mu}{2}\left(1 + \sqrt{1 + \frac{\varkappa^2}{4\pi^2\nu^2\varepsilon^2\varepsilon_0^2}}\right)}. \tag{84b}$$

n wird Brechungsindex genannt, und σ wird sich als Dämpfung pro Wellenlänge erweisen.

Kehren wir zu (82) zurück, indem wir n und σ einführen, so erhalten wir

$$\mathfrak{E}_y = \mathfrak{C}\, e^{-\frac{2\pi\nu n\sigma x}{c_0} + 2\pi i\nu\left(\frac{nx}{c_0} - t\right)} + \mathfrak{D}\, e^{\frac{2\pi\nu n\sigma x}{c_0} - 2\pi i\nu\left(\frac{nx}{c_0} + t\right)}. \tag{85}$$

Diese Formel stellt die Überlagerung zweier Wellen der Frequenz ν dar, die in der positiven bzw. negativen x-Richtung fortschreiten. Die Amplitude der ersten

$$\mathfrak{C}\, e^{-\frac{2\pi\nu n\sigma x}{c_0}}$$

nimmt mit x exponentiell ab, die Welle wird also im leitenden Material gedämpft oder absorbiert. Die andere Welle wandert entgegengesetzt und wird in entsprechender Weise gedämpft. Die Fortpflanzungsgeschwindigkeit ist

$$c = \frac{c_0}{n} = c_0\sqrt{\frac{4\pi\nu\varepsilon_0\sigma}{\varkappa\mu}} \tag{86}$$

und die Wellenlänge

$$\lambda = \frac{c}{\nu} = \frac{c_0}{n\nu} = c_0\sqrt{\frac{4\pi\varepsilon_0\sigma}{\varkappa\mu\nu}}. \tag{87}$$

Die Größen n und σ nehmen mit der Frequenz ab. Für n macht dies besonders bei höheren Frequenzen nicht viel aus, wenn der Leiter schlecht ist, bei besseren Leitern ist die Frequenzabhängigkeit aber sehr stark. Hochfrequente Wellen pflanzen sich im leitenden Medium schneller als niederfrequente fort. Diese Eigentümlichkeit nennt man Dispersion. Sie ist der Grund, weshalb die Gl. (80) keine einfache Lösung wie in § 6 besitzen, so daß wir gleich mit dem periodischen Ansatz arbeiten müssen.

Für sehr gute Leiter ist $\varkappa \gg 2\pi\nu\varepsilon\varepsilon_0$, und wir erhalten näherungsweise

$$\begin{aligned} &\sigma \approx 1 && n \approx \sqrt{\frac{\mu\varkappa}{4\pi\nu\varepsilon_0}} \\ &c \approx c_0\sqrt{\frac{4\pi\nu\varepsilon_0}{\mu\varkappa}}; && \lambda \approx c_0\sqrt{\frac{4\pi\varepsilon_0}{\mu\varkappa\nu}} \\ &\approx \sqrt{\frac{4\pi\nu}{\mu\mu_0\varkappa}} && \approx \sqrt{\frac{4\pi}{\mu\mu_0\varkappa\nu}}. \end{aligned} \tag{88}$$

Die Fortpflanzungsgeschwindigkeit wird also ganz außerordentlich verkleinert, ebenso schrumpfen die Wellenlängen sehr zusammen. Von der Welle selbst ist jedoch im guten Leiter kaum etwas zu merken. Über eine Strecke von der Größe einer Wellenlänge verkleinert sich nämlich die Amplitude um den Dämpfungsfaktor

$$e^{-\frac{2\pi\nu n\sigma\lambda}{c_0}} = e^{-2\pi\sigma},$$

der in guten Leitern wegen (88) den Wert $e^{-2\pi\nu} \approx 0{,}002$ annimmt. Die Welle kann also in den Leiter nur etwa eine Wellenlänge tief eindringen. Dies ist außerordentlich wenig, zumal da im Leiter die Wellenlängen sehr klein werden.

Pflanzt sich die Welle im Leiter in der Richtung $\mathfrak{s}^0$ fort, so ist

$$\mathfrak{E} = \mathcal{A}\, e^{-\frac{2\pi\nu n\sigma(\mathfrak{s}^0\mathfrak{r})}{c_0} + 2\pi i\nu\left(\frac{n\,\mathfrak{s}^0\mathfrak{r}}{c_0} - t\right)} = \mathcal{A}\, e^{-2\pi\sigma(\mathfrak{s}\mathfrak{r}) + 2\pi i(\mathfrak{s}\mathfrak{r} - \nu t)},$$

wenn wir den Ausbreitungsvektor

$$\mathfrak{s} = \frac{\mathfrak{s}^0}{\lambda} = \frac{\nu\,\mathfrak{s}^0}{c} = \frac{n\,\nu}{c_0}\mathfrak{s}^0$$

einführen. Das zugehörige Magnetfeld erhalten wir aus

$$\begin{aligned}
\dot{\mathfrak{H}} &= -\frac{1}{\mu\mu_0}\operatorname{rot}\mathfrak{E}\\
&= \frac{1}{\mu\mu_0}[\mathcal{A}\operatorname{grad} e^{(-2\pi\sigma + 2\pi i)(\mathfrak{s}\mathfrak{r})}]\, e^{-2\pi i\nu t}\\
&= \frac{2\pi(i-\sigma)}{\mu\mu_0}[\mathcal{A}\,\mathfrak{s}]\, e^{-2\pi\sigma\mathfrak{s}\mathfrak{r} + 2\pi i(\mathfrak{s}\mathfrak{r} - \nu t)}.
\end{aligned}$$

Durch Integrieren geht hieraus

$$\begin{aligned}
\mathfrak{H} &= -\frac{(i-\sigma)}{\mu\mu_0 i\nu}[\mathcal{A}\,\mathfrak{s}]\, e^{-2\pi\sigma(\mathfrak{s}\mathfrak{r}) + 2\pi i(\mathfrak{s}\mathfrak{r} - \nu t)}\\
&= \frac{1 + i\sigma}{c\mu\mu_0}[\mathfrak{s}^0\mathfrak{E}] = \varepsilon\varepsilon_0 c\,\frac{1 + i\sigma}{1 - \sigma^2}[\mathfrak{s}^0\mathfrak{E}]
\end{aligned}$$

hervor. Im Leiter besteht wegen

$$1 + i\sigma = \sqrt{1 + \sigma^2}\, e^{i\operatorname{arc\,tg}\sigma}$$

zwischen der elektrischen und magnetischen Feldstärke die Phasenverschiebung

$$\operatorname{arc\,tg}\sigma.$$

So instruktiv alle diese Überlegungen sind, so ist doch bei ihrer praktischen Anwendung Vorsicht geboten. Nach der Theorie müßten alle Leiter elektrische Wellen absorbieren und alle Isolatoren dürften keine Absorption zeigen. Tatsächlich absorbieren die Metalle als Hauptvertreter der Leiter alle elektrischen Wellen von nicht allzu hoher Frequenz. Umgekehrt sind die Nichtleiter für niederfrequente Wellen weitgehend durchlässig. Die Theorie stimmt aber nicht für hochfrequente Wellen, z. B. für das Licht, und noch weniger für Röntgenstrahlen. Viele Leiter, wie wäßrige Elektrolytlösungen, sind ganz durchsichtig. Die Absorption von Röntgenstrahlen hängt im wesentlichen vom Atomgewicht ab und hat nichts mit der Leitfähigkeit zu tun. Andererseits gibt es viele isolierende Substanzen, die lichtundurchlässig oder wenigstens gefärbt sind. Sicherlich ist also das Leitvermögen nicht die einzige Ursache für die Absorption elektrischer Wellen.

Das Versagen unserer einfachen Theorie kommt daher, daß die Größen ε, μ, $\varkappa$ nicht konstant sind, sondern von der zeitlichen Veränderlichkeit der Felder abhängen. Die Wechselwirkung schnell veränderlicher elektrischer Felder mit der Materie kann man nur mit einer atomistischen Theorie korrekt erfassen. Diese muß auch die Aufklärung der Frequenzabhängigkeit der Materialkonstanten geben und den Betrachtungen des Abschnittes ein neues Gesicht verleihen.

*§ 14. Wellenhohlleiter.

Inhalt: Elektromagnetische Wellen pflanzen sich im isolierenden Innern leitender Rohre fort, wenn ihre Frequenz über der Grenzfrequenz liegt. Die Grenzfrequenz hängt von Querschnittsform und Wellenmodus ab. Entweder die elektrische oder die magnetische Feldstärke ist transversal.

Bezeichnungen: $\mathfrak{E}$ und $\mathfrak{H}$ elektrische und magnetische Feldstärke, E_x, E_y, E_z, H_x, H_y, H_z ihre Komponenten, c Lichtgeschwindigkeit, v Phasengeschwindigkeit, v_{sign} Signalgeschwindigkeit, ν_n, ν_{lm} Grenzfrequenz, z Rohrrichtung.

Elektromagnetische Wellen können sich nicht nur in einem weit ausgedehnten Medium fortpflanzen, sondern auch in isolierenden Hohlräumen, die von einem gut leitenden Rohr umschlossen sind. Bei hohen Frequenzen dringt das elektromagnetische Feld nur wenig in die metallische Rohrwand ein. Im Innern wandert eine Welle längs des Rohres. Solche Hohlleiter werden verwendet, um Zentimeterwellen von ihrem Entstehungsort zum Verwendungsort zu transportieren.

Ein langes metallisches Rohr von beliebigem Querschnitt enthalte einen vollkommenen Isolator. Dies elektromagnetische Feld im Innern muß den Gleichungen

$$\operatorname{rot}\mathfrak{E} = -\mu\,\mu_0\,\dot{\mathfrak{H}} \tag{89a}$$

$$\operatorname{rot}\mathfrak{H} = \varepsilon\,\varepsilon_0\,\dot{\mathfrak{E}} \tag{89b}$$

$$\operatorname{div}\mathfrak{E} = 0 \tag{89c}$$

$$\operatorname{div}\mathfrak{H} = 0 \tag{89d}$$

genügen. Mit

$$c^2 = \frac{1}{\varepsilon\,\varepsilon_0\,\mu\,\mu_0} \tag{90}$$

kann man daraus auch die Wellengleichung

$$\Delta\,\mathfrak{E} = \frac{1}{c^2}\,\ddot{\mathfrak{E}} \tag{91a}$$

$$\Delta\,\mathfrak{H} = \frac{1}{c^2}\,\ddot{\mathfrak{H}} \tag{91b}$$

für die elektrische und magnetische Feldstärke ableiten.

Wir legen nun die z-Achse in die Richtung des Rohres und suchen nach Feldern, die mit der Frequenz ν längs des Rohres fortschreiten können. Dies bedeutet, daß $\mathfrak{E}$ und $\mathfrak{H}$ die Zeit t und die Koordinate z nur in einem Faktor

$$e^{isz - 2\pi i\nu t} \tag{92}$$

enthalten. Die Wellengleichungen (91a, b) gehen damit in

$$\frac{\partial^2\mathfrak{E}}{\partial x^2} + \frac{\partial^2\mathfrak{E}}{\partial y^2} + \left(\frac{4\pi^2\nu^2}{c^2} - s^2\right)\mathfrak{E} = 0 \tag{93a}$$

$$\frac{\partial^2\mathfrak{H}}{\partial x^2} + \frac{\partial^2\mathfrak{H}}{\partial y^2} + \left(\frac{4\pi^2\nu^2}{c^2} - s^2\right)\mathfrak{H} = 0 \tag{93b}$$

über. Aus den Gl. (89a) bis (89d) entstehen die Gleichungen für die Komponenten

$$\frac{\partial E_z}{\partial y} - i s E_y = 2\pi i \nu \mu \mu_0 H_x \tag{94a}$$

$$i s E_x - \frac{\partial E_z}{\partial x} = 2\pi i \nu \mu \mu_0 H_y \tag{94b}$$

$$\frac{\partial E_y}{\partial x} - \frac{\partial E_x}{\partial y} = 2\pi i \nu \mu \mu_0 H_z \tag{94c}$$

$$\frac{\partial H_z}{\partial y} - i s H_y = -2\pi i \nu \varepsilon \varepsilon_0 E_x \tag{95a}$$

$$i s H_x - \frac{\partial H_z}{\partial x} = -2\pi i \nu \varepsilon \varepsilon_0 E_y \tag{95b}$$

$$\frac{\partial H_y}{\partial x} - \frac{\partial H_x}{\partial y} = -2\pi i \nu \varepsilon \varepsilon_0 E_z \tag{95c}$$

$$\frac{\partial E_x}{\partial x} + \frac{\partial E_y}{\partial y} + i s E_z = 0 \tag{96a}$$

$$\frac{\partial H_x}{\partial x} + \frac{\partial H_y}{\partial y} + i s H_z = 0. \tag{96b}$$

Wir können nun H_y bzw. E_x aus (94b) und (95a) eliminieren, und analog mit (94a) und (95b) verfahren. Wir finden dann die Gleichungen

$$\left(s^2 - \frac{4\pi^2\nu^2}{c^2}\right) E_x = -i s \frac{\partial E_z}{\partial x} - 2\pi i \nu \mu \mu_0 \frac{\partial H_z}{\partial y} \tag{97a}$$

$$\left(s^2 - \frac{4\pi^2\nu^2}{c^2}\right) H_y = -i s \frac{\partial H_z}{\partial y} - 2\pi i \nu \varepsilon \varepsilon_0 \frac{\partial E_z}{\partial x} \tag{97b}$$

$$\left(s^2 - \frac{4\pi^2\nu^2}{c^2}\right) E_y = -i s \frac{\partial E_z}{\partial y} + 2\pi i \nu \mu \mu_0 \frac{\partial H_z}{\partial x} \tag{97c}$$

$$\left(s^2 - \frac{4\pi^2\nu^2}{c^2}\right) H_x = -i s \frac{\partial H_z}{\partial x} + 2\pi i \nu \varepsilon \varepsilon_0 \frac{\partial E_z}{\partial y}\,. \tag{97d}$$

Sie lauten in Zylinderkoordinaten

$$\left.\begin{aligned}
\left(s^2 - \frac{4\pi^2\nu^2}{c^2}\right) E_r &= -i s \frac{\partial E_z}{\partial r} - \frac{2\pi i \nu \mu \mu_0}{r} \frac{\partial H_z}{\partial \varphi} \\
\left(s^2 - \frac{4\pi^2\nu^2}{c^2}\right) H_r &= -i s \frac{\partial H_z}{\partial r} + \frac{2\pi i \nu \varepsilon \varepsilon_0}{r} \frac{\partial E_z}{\partial \varphi} \\
\left(s^2 - \frac{4\pi^2\nu^2}{c^2}\right) E_\varphi &= -i s \frac{1}{r} \frac{\partial E_z}{\partial \varphi} + 2\pi i \nu \mu \mu_0 \frac{\partial H_z}{\partial r} \\
\left(s^2 - \frac{4\pi^2\nu^2}{c^2}\right) H_\varphi &= -i s \frac{1}{r} \frac{\partial H_z}{\partial \varphi} - 2\pi i \nu \varepsilon \varepsilon_0 \frac{\partial E_z}{\partial r}\,.
\end{aligned}\right\} \tag{97e}$$

Kennt man die Komponenten der Felder E_z und H_z parallel zum Rohr, so findet man die anderen Komponenten aus (97a) bis (97d). Die Ansätze (97) befriedigen auch die Gl. (94a, b) und (95a, b). Bringt man (97) in (94c), (95c) und (96a, b) ein, so wird E_z und H_z die Erfüllung der Gleichungen

$$\frac{\partial^2 E_z}{\partial x^2} + \frac{\partial^2 E_z}{\partial y^2} + \left(\frac{4\pi^2\nu^2}{c^2} - s^2\right) E_z = 0 \tag{98a}$$

$$\frac{\partial^2 H_z}{\partial x^2} + \frac{\partial^2 H_z}{\partial y^2} + \left(\frac{4\pi^2\nu^2}{c^2} - s^2\right) H_z = 0 \tag{98b}$$

auferlegt.

Jetzt müssen wir noch die Verhältnisse auf der leitenden Rohrwand untersuchen. In einen sehr guten Leiter dringt das elektrische Feld nicht ein. Auf seiner Oberfläche muß also $E_z = 0$ sein.

Wie E_z von x und y abhängen darf, bestimmt sich also aus (98a) zusammen mit der Randbedingung, daß E_z auf der inneren Oberfläche des Rohres verschwinden soll. Dieses Eigenwertproblem hat nur Lösungen, wenn

$$\frac{4\pi^2\nu^2}{c^2} - s^2 = s_n^2 \tag{99}$$

einem der Eigenwerte s_n der Gl. (98a) entspricht. Zu jedem s_n gehört eine bestimmte Abhängigkeit der Komponente E_z von x und y im Rohrinnern und ein Wert s als Funktion der Frequenz.

Auch zur Gl. (98b) tritt eine Randbedingung, weil die parallelen Komponenten von $\mathfrak{E}$ auf der Rohrwand verschwinden. Wir legen vorübergehend das Koordinatensystem so, daß die y-Richtung an der betrachteten Stelle der Wand parallel zur Oberfläche ist. In (97c) verschwinden dann E_y und $\partial E_z/\partial y$. Es folgt daraus die Randbedingung auf der Oberfläche

$$\frac{\partial H_z}{\partial x} = 0. \tag{100}$$

Allgemein muß die Ableitung von H_z normal zur Wand verschwinden.

Wir können jetzt folgende Möglichkeiten unterscheiden:

1. Beide Felder haben keine Komponenten in der Rohrrichtung. Es gilt sowohl $H_z = 0$, wie $E_z = 0$. Beide Felder sind transversal. Nach den Gl. (97) verschwinden dann auch alle anderen Komponenten, wenn nicht zufällig

$$\frac{4\pi^2\nu^2}{c^2} - s^2 = s_n^2 = 0 \tag{101}$$

gilt. Dies kommt praktisch nicht vor. Transversale ebene Wellen beider Feldstärken gibt es nur im unbegrenzten Medium, nicht aber im Innern eines Rohres.

2. Die Längskomponente des Magnetfeldes verschwindet. $H_z = 0$. Das Magnetfeld ist transversal. Der Vorgang wird als TM-Welle bezeichnet. Für jeden Eigenwert von (98a) ergibt sich E_z als Funktion von x und y. Die anderen Komponenten findet man aus (97).

3. Die Längskomponente des elektrischen Feldes E_z verschwindet. Das elektrische Feld ist transversal. Der Vorgang wird als TE-Welle bezeichnet. Für jeden Eigenwert der Gl. (98b) ergibt sich H_z als Funktion von x und y. Die übrigen Feldkomponenten bildet man aus den Gl. (97).

4. Es kommt vor, daß die Gl. (98a) und (98b) gewisse Eigenwerte gemeinsam haben. Bei solchen Eigenwerten kann sich im Rohr eine TM-Welle und eine TE-Welle gleicher Frequenz überlagern.

Jeder Eigenwert s_n kennzeichnet einen sogenannten Modus einer TM- bzw. TE-Welle. Zu dem Eigenwert gehört eine Grenzfrequenz

$$\nu_n = \frac{c\,s_n}{2\pi}. \tag{102}$$

Liegt die Frequenz ν über der Grenzfrequenz ν_n, so ist

$$s = \frac{2\pi}{c}\sqrt{\nu^2 - \nu_n^2} \tag{103}$$

reell. Die Phase

$$\varphi = s\,z - 2\pi\nu t \tag{104}$$

wandert mit der Phasengeschwindigkeit

$$v = \frac{2\pi\nu}{s} = \frac{\nu c}{\sqrt{\nu^2 - \nu_n^2}} \tag{105}$$

durch das Rohr. Ein schmales Band benachbarter Frequenzen gleicher Phase ist durch

$$\frac{\partial\varphi}{\partial\nu} = z\frac{\partial s}{\partial\nu} - 2\pi t = 0 \tag{106}$$

lokalisiert. Es bewegt sich mit der Gruppengeschwindigkeit oder Signalgeschwindigkeit

$$v_{\text{sign}} = 2\pi\left(\frac{\partial s}{\partial\nu}\right)^{-1} = \frac{c\sqrt{\nu^2 - \nu_n^2}}{\nu}\,. \tag{107}$$

Liegt dagegen die Frequenz ν unter der Grenzfrequenz, so ist

$$s = i\,\frac{2\pi}{c}\sqrt{\nu_n^2 - \nu^2} \tag{108}$$

rein imaginär. Es wandert keine Welle durch das Rohr. Der Faktor (92) hat die Form

$$e^{-\frac{2\pi z}{c}\sqrt{\nu_n^2 - \nu^2} - 2\pi i\nu t}\,. \tag{109}$$

Im Rohrinnern besteht eine Schwingung, die in der z-Richtung abklingt.

Wir illustrieren die Vorgänge an einem Rohr von rechteckigem Querschnitt mit den Seitenlängen a in der x-Richtung und b in der y-Richtung. Auf der Rohrwand gelten die Randbedingungen

$$\begin{aligned} x &= 0 \quad\text{und}\quad x = a; \quad E_z = 0; \quad E_y = 0 \\ y &= 0 \quad\text{und}\quad y = b; \quad E_z = 0; \quad E_x = 0\,. \end{aligned} \tag{110}$$

Bei der TM-Welle ist $H_z = 0$ und

$$E_z = A\sin\pi\frac{l\,x}{a}\sin\pi\frac{m\,y}{b}\,e^{isz - 2\pi i\nu t}. \tag{111}$$

Man findet aus (98a) die Eigenwerte

$$s_{l,m} = \pi\sqrt{\frac{l^2}{a^2} + \frac{m^2}{b^2}} \tag{112}$$

und die zugehörigen Grenzfrequenzen

$$\nu_{l,m} = \frac{c}{2}\sqrt{\frac{l^2}{a^2} + \frac{m^2}{b^2}}\,. \tag{113}$$

l und m durchlaufen die ganzen Zahlen von 1 an. Die niedrigste Grenzfrequenz

$$\nu_{11} = \frac{c}{2}\sqrt{\frac{1}{a^2} + \frac{1}{b^2}} \tag{114}$$

besitzt die TM_{11}-Welle für $l = 1$, $m = 1$.

Wir erhalten aus (99) die Werte s zu jeder Frequenz. Aus den Gl. (97a) und (97c) ergibt sich

$$\begin{aligned} E_x &= i\,A\,\frac{\pi\,l\,s}{a\,s_{l,m}^2}\cos\pi\frac{l\,x}{a}\sin\pi\frac{m\,y}{b}\,e^{isz - 2\pi i\nu t} \\ E_y &= i\,A\,\frac{\pi\,m\,s}{b\,s_{l,m}^2}\sin\pi\frac{l\,x}{a}\cos\pi\frac{m\,y}{b}\,e^{isz - 2\pi i\nu t}. \end{aligned} \tag{115}$$

Für die magnetischen Komponenten findet man aus (97)

$$\frac{H_y}{E_x} = -\frac{H_x}{E_y} = \varepsilon\,\varepsilon_0\,v\,. \tag{116}$$

Bei der TE-Welle ist $E_z = 0$ und

$$H_z = A \cos\pi \frac{l x}{a} \cos\pi \frac{m y}{b} e^{i s z - 2\pi i \nu t}. \tag{117}$$

Die Eigenwerte und Grenzfrequenzen sind dieselben wie bei der TM-Welle, nur ist jetzt auch für eine der Zahlen l oder m der Wert Null zulässig. Die niedrigste Grenzfrequenz

$$\nu_{10} = \frac{c}{2a} \tag{118}$$

besitzt die TE_{10}-Welle, wenn $a > b$ ist.

Wir finden die anderen magnetischen Komponenten

$$\begin{aligned} H_x &= i A \frac{\pi l s}{a s_{m,l}^2} \sin\pi \frac{l x}{a} \cos\pi \frac{m y}{b} e^{i s z - 2\pi i \nu t} \\ H_y &= i A \frac{\pi m s}{b s_{m,l}^2} \cos\pi \frac{l x}{a} \sin\pi \frac{m y}{b} e^{i s z - 2\pi i \nu t} \end{aligned} \tag{119}$$

und

$$\frac{E_x}{H_y} = -\frac{E_y}{H_x} = v \mu \mu_0 \tag{120}$$

aus den Gl. (97). Die Randbedingungen (110) sind erfüllt.

Hat das Rohr einen kreisförmigen Querschnitt vom Radius R, so führen wir Polarkoordinaten r, φ ein, womit (98a) in

$$\frac{1}{r} \frac{\partial}{\partial r} r \frac{\partial E_z}{\partial r} + \frac{1}{r^2} \frac{\partial^2 E_z}{\partial \varphi^2} + s_{l,m}^2 E_z = 0 \tag{121}$$

übergeht. Der Ansatz

$$E_z = f(r) \cos m \varphi \, e^{i s z - 2\pi i \nu t} \tag{122}$$

liefert für f die Besselsche Differentialgleichung

$$\frac{1}{r} \frac{d}{dr} r \frac{df}{dr} + \left(s_{l,m}^2 - \frac{m^2}{r^2}\right) f = 0. \tag{123}$$

Ihre bei $r = 0$ endliche Lösung ist

$$f = J_m(s_{l,m} r). \tag{124}$$

Da E_z auf der Rohrwand verschwinden soll, muß $R\, s_{l,m}$ die l-te Nullstelle von J_m sein. m durchläuft die ganzen Zahlen einschließlich Null, l als Nummer der Nullstellen die Zahlen von 1 an. Der kleinste mögliche Wert einer Nullstelle einer Bessel-Funktion ist die Nullstelle $R\, s_{1,0} = 2{,}40$ der Funktion J_0 und deshalb ist

$$\nu_{10} = \frac{2{,}40\, c}{2\pi R} \tag{125}$$

die niedrigste Frequenz einer TM-Welle.

*§ 15. Hohlraumresonatoren.

Inhalt: Eigenschwingung eines quaderförmigen Hohlraumes.
Bezeichnungen: Wie S. 474.

In einem isolierenden Hohlraum, von gut leitenden Wänden umgeben, können elektromagnetische Schwingungen vor sich gehen. Die Gl. (91a, b) legen den Feldstärken die Bedingungen

$$\Delta \mathfrak{E} = -\frac{4\pi^2 \nu^2}{c^2} \mathfrak{E} \tag{126}$$

$$\Delta \mathfrak{H} = -\frac{4\pi^2 \nu^2}{c^2} \mathfrak{H} \tag{127}$$

auf. Die tangentialen Komponenten der elektrischen Feldstärke müssen auf der Wand verschwinden. Aus diesem Eigenwertproblem ergeben sich die Frequenzen, mit denen der Hohlraum schwingen kann. Man bezeichnet solche schwingungsfähigen Hohlräume als Resonatoren.

In einem Quader mit den Kantenlängen a, b, d in Richtung der x, y, z-Achsen hat man wegen der Randbedingungen ein elektrisches Feld mit den Komponenten

$$\begin{aligned} E_x &= A \cos\pi\frac{l x}{a} \sin\pi\frac{m y}{b} \sin\pi\frac{n z}{d}\, e^{-2\pi i \nu t} \\ E_y &= B \sin\pi\frac{l x}{a} \cos\pi\frac{m y}{b} \sin\pi\frac{n z}{d}\, e^{-2\pi i \nu t} \\ E_z &= C \sin\pi\frac{l x}{a} \sin\pi\frac{m y}{b} \cos\pi\frac{n z}{d}\, e^{-2\pi i \nu t}, \end{aligned} \tag{128}$$

aus $\operatorname{div}\mathfrak{E} = 0$ folgt

$$A\frac{l}{a} + B\frac{m}{b} + C\frac{n}{d} = 0. \tag{129}$$

Aus (126) ergibt sich

$$\nu^2 = \frac{c^2}{4}\left(\frac{l^2}{a^2} + \frac{m^2}{b^2} + \frac{n^2}{d^2}\right). \tag{130}$$

Aus

$$\operatorname{rot}\mathfrak{E} = -\mu\mu_0\dot{\mathfrak{H}} = 2\pi i \nu \mu \mu_0 \mathfrak{H} \tag{131}$$

findet man das magnetische Feld

$$\begin{aligned} H_x &= \frac{i}{2\pi\nu\mu\mu_0}\left(\frac{m}{b}C - \frac{n}{d}B\right) \sin\pi\frac{l x}{a} \cos\pi\frac{m y}{b} \cos\pi\frac{n z}{d}\, e^{-2\pi i \nu t} \\ H_y &= \frac{i}{2\pi\nu\mu\mu_0}\left(\frac{n}{d}A - \frac{l}{a}C\right) \cos\pi\frac{l x}{a} \sin\pi\frac{m y}{b} \cos\pi\frac{n z}{d}\, e^{-2\pi i \nu t} \\ H_z &= \frac{i}{2\pi\nu\mu\mu_0}\left(\frac{l}{a}B - \frac{m}{b}A\right) \cos\pi\frac{l x}{a} \cos\pi\frac{m y}{b} \sin\pi\frac{n z}{d}\, e^{-2\pi i \nu t}. \end{aligned} \tag{132}$$

Es erfüllt die Bedingung (127) und auch $\operatorname{div}\mathfrak{H} = 0$.

l, m und n sind ganze Zahlen, von denen nur eine den Wert Null annehmen kann. Es gibt also eine dreifach unendliche Reihe von Resonanzfrequenzen (130). Die Amplituden müssen der Bedingung (129) genügen, d. h. es sind nur zwei von ihnen willkürlich.

Hat man eine der möglichen Resonanzfrequenzen ausgewählt, so kann man zu ihr noch einfachere Schwingungsformen finden, bei denen eine der Komponenten entweder des elektrischen oder des magnetischen Feldes fehlt. Der Schwingungsmodus ist dann entweder elektrisch oder magnetisch transversal. Aus den einfachen Schwingungen lassen sich natürlich allgemeinere Schwingungsformen zusammensetzen. Von Interesse sind vornehmlich die Schwingungen der niedrigsten Frequenzen.

VII. Die Entstehung elektrischer Wellen.

Bisher haben wir elektrische Wellen als Vorgänge kennengelernt, die sich in einem homogenen Medium abspielen können. Unter welchen Umständen sie aber entstehen und welche Arten von Wellen im Einzelfall vorkommen, haben wir noch nicht untersucht. Wir wenden uns jetzt der Frage zu, durch welche elektrischen Anordnungen Wellen erzeugt werden und wie die Anordnungen beschaffen sein müssen, damit man Wellen bestimmter Eigenschaft bekommt.

§ 1. Die elektrodynamischen Potentiale.

Inhalt: Die elektrische und magnetische Feldstärke können aus einem skalaren und einem vektoriellen Potential abgeleitet werden. Für die Potentiale können drei Gleichungen aufgestellt werden, von denen zwei vom Typ einer Wellengleichung und eine vom Typ der Kontinuitätsgleichung ist.

Bezeichnungen: $\mathfrak{E}$, $\mathfrak{H}$ elektrische und magnetische Feldstärke, $\mathfrak{D}$, $\mathfrak{B}$ dielektrische Erregung und magnetische Kraftflußdichte, ε, μ relative Dielektrizitätskonstante und Permeabilität, ε_0, μ_0 Dielektrizitätskonstante und Permeabilität des Vakuums, η elektrische Raumladung, $\mathfrak{G}$ Stromdichte, $\mathfrak{A}$, V elektrodynamische Potentiale, c Fortpflanzungsgeschwindigkeit elektrischer Wellen.

In einem homogenen Medium können wir die MAXWELLschen Gleichungen auf die Form

$$\operatorname{rot}\mathfrak{E} = -\mu\mu_0\dot{\mathfrak{H}} \quad (1\text{a}) \qquad \operatorname{div}\mathfrak{H} = 0 \quad (1\text{c})$$

$$\eta = \varepsilon\varepsilon_0 \operatorname{div}\mathfrak{E} \quad (1\text{b}) \qquad \mathfrak{G} = \operatorname{rot}\mathfrak{H} - \varepsilon\varepsilon_0\dot{\mathfrak{E}} \quad (1\text{d})$$

$$\operatorname{div}\mathfrak{G} + \frac{\partial\eta}{\partial t} = 0 \quad (1\text{e})$$

bringen, indem wir

$$\mathfrak{B} = \mu\mu_0\mathfrak{H}; \quad \mathfrak{D} = \varepsilon\varepsilon_0\mathfrak{E}$$

einsetzen.

Die Gl. (1c) können wir durch den Ansatz

$$\mathfrak{H} = \operatorname{rot}\mathfrak{A} \quad (2)$$

befriedigen, der (1a) in

$$\operatorname{rot}\mathfrak{E} = -\mu\mu_0 \operatorname{rot}\dot{\mathfrak{A}} \quad (3)$$

verwandelt. Die Wirbel des elektrischen Feldes stimmen bis auf den Faktor $-\mu\mu_0$ mit denen von $\dot{\mathfrak{A}}$ überein. Das elektrische Feld kann sich also von $-\mu\mu_0\dot{\mathfrak{A}}$ nur durch ein wirbelfreies Feld unterscheiden, das seinerseits aus einem skalaren Potential V ableitbar ist. Die führt zu dem Ansatz

$$\mathfrak{E} = -\mu\mu_0\dot{\mathfrak{A}} - \operatorname{grad} V. \quad (4)$$

Jetzt können $\mathfrak{E}$ und $\mathfrak{H}$ aus den MAXWELLschen Gleichungen völlig entfernt werden, und es hinterbleiben folgende Beziehungen für V und $\mathfrak{A}$

$$\eta = -\varepsilon\varepsilon_0\mu\mu_0 \operatorname{div}\dot{\mathfrak{A}} - \varepsilon\varepsilon_0 \operatorname{div}\operatorname{grad} V \quad (5)$$

$$\mathfrak{G} = \operatorname{rot}\operatorname{rot}\mathfrak{A} + \varepsilon\varepsilon_0\mu\mu_0\ddot{\mathfrak{A}} + \varepsilon\varepsilon_0 \operatorname{grad}\dot{V} \quad (6)$$

$$= \operatorname{grad}\operatorname{div}\mathfrak{A} - \Delta\mathfrak{A} + \varepsilon\varepsilon_0\mu\mu_0\ddot{\mathfrak{A}} + \varepsilon\varepsilon_0 \operatorname{grad}\dot{V}.$$

Bilden wir

$$\frac{\partial\eta}{\partial t} = -\varepsilon\varepsilon_0\mu\mu_0 \operatorname{div}\ddot{\mathfrak{A}} - \varepsilon\varepsilon_0 \operatorname{div}\operatorname{grad}\dot{V}$$

und

$$\operatorname{div}\mathfrak{G} = \varepsilon\varepsilon_0\mu\mu_0 \operatorname{div}\ddot{\mathfrak{A}} + \varepsilon\varepsilon_0 \operatorname{div}\operatorname{grad}\dot{V},$$

so zeigt sich, daß die sogenannte Kontinuitätsgleichung (1e) von selbst miterfüllt wird.

Da den Feldern V und $\mathfrak{A}$ außer (5) und (6) keine Bedingungen auferlegt sind, kann man willkürlich die sogenannte LORENTZ-Konvention

$$\operatorname{div}\mathfrak{A} = -\varepsilon\varepsilon_0\dot{V} \quad (7)$$

hinzufügen, so daß V und $\mathfrak{A}$ noch den einfachen Vorschriften

$$-\frac{\eta}{\varepsilon\varepsilon_0} = \Delta V - \varepsilon\varepsilon_0\mu\mu_0\dot{V} \tag{8}$$

$$-\mathfrak{G} = \Delta\mathfrak{A} - \varepsilon\varepsilon_0\mu\mu_0\ddot{\mathfrak{A}} \tag{9}$$

nachkommen müssen. Führen wir noch die Fortpflanzungsgeschwindigkeit c in dem betreffenden Medium durch

$$c^2 = \frac{1}{\varepsilon\varepsilon_0\mu\mu_0}$$

ein, so erhalten wir schließlich

$$-\frac{\eta}{\varepsilon\varepsilon_0} = \Delta V - \frac{1}{c^2}\frac{\partial^2 V}{\partial t^2} \tag{8a}$$

$$-\mathfrak{G} = \Delta\mathfrak{A} - \frac{1}{c^2}\frac{\partial^2\mathfrak{A}}{\partial t^2}. \tag{9a}$$

Diese Gleichungen können dazu dienen, V und $\mathfrak{A}$ zu bestimmen, wenn die Ladungsverteilung η und die Stromverteilung $\mathfrak{G}$ als Funktionen von Zeit und Ort gegeben sind. Es sei bemerkt, daß in $\mathfrak{G}$ Leitungs- und Konvektionsströme zusammengefaßt sind.

Die elektrodynamischen Potentiale V und $\mathfrak{A}$ sind unter der Voraussetzung eingeführt, daß das Medium homogen ist. Insbesondere ist notwendig, daß die Permeabilität μ überall denselben Wert hat, da sonst $\mathfrak{H}$ gar nicht aus einem Vektorpotential abgeleitet werden kann. Die Voraussetzung ist allerdings bei elektrischen Wellen fast immer erfüllt, weil μ nur in ferromagnetischen Stoffen von 1 nennenswert abweicht. Da diese Stoffe gut leiten, kommen in ihnen kaum elektrische Wellen in Frage.

Sind Medien verschiedener Dielektrizitätskonstanten vorhanden oder gibt es auch Flächenladungen, so können alle Ansätze zunächst für die einzelnen homogenen Teilgebiete aufrechterhalten werden, wenn $\mathfrak{A}$ und V an den Grenzflächen Unstetigkeien zugebilligt werden. Die Randbedingungen von S. 452, die zu den MAXWELLschen Gleichungen treten, sind dann sinngemäß auf die Potentiale zu übertragen. Die Tangentialkomponenten von $\mathfrak{A}$ müssen die Trennflächen stetig durchsetzen, weil sonst dort die magnetische Feldstärke wegen (2) unendlich groß werden würde. Für die Normalkomponenten ergibt sich andererseits aus (7)

$$\mathfrak{A}_{n2} - \mathfrak{A}_{n1} = (\varepsilon_1 - \varepsilon_2)\,\varepsilon_0\dot{V}. \tag{10}$$

§ 2. Berechnung der Potentiale einer beliebigen elektromagnetischen Anordnung. Retardierte Potentiale.

Inhalt: Berechnung der Potentiale aus Ladungs- und Stromverteilung.
Bezeichnungen: Wie S. 480.

Wir stellen uns jetzt die Aufgabe, das elektromagnetische Feld zu ermitteln, welches eine beliebige elektrische Anordnung in ihrer näheren und weiteren Umgebung erzeugt. Diese Aufgabe ist einerseits eines der Grundprobleme der Funktechnik, andererseits der Optik. In beiden Fällen entwickelt sich das Feld in Luft oder allenfalls im Vakuum. Nur einige Stellen von kleinem Volumen sind mit anderen Materialien erfüllt, nämlich die Gebiete, in denen die Ladungen sitzen bzw. die Ströme fließen. In der Funktechnik sind dies die Antennen oder ähnliche Einrichtungen, bei der Lichtemission die Atome, welche die Strahlung emittieren. Da uns das Feld im Innern des Antennendrahtes oder des Atoms nicht interessiert, ersetzen wir die Anordnung durch folgendes einfache Modell: In ein homogenes isolierendes Medium der relativen Dielektrizitätskonstante ε

und der Permeabilität μ seien zeitlich veränderliche Raumladungen η bzw. Ströme $\mathfrak{G}$ eingebettet. Man kann hinzufügen, daß die geladenen und stromführenden Gebiete (Quellgebiete) von endlicher Ausdehnung sind und sogar fast immer klein gegen das räumliche Gebiet, in dem wir das Feld bestimmen wollen.

Wir bezeichnen die Koordinaten des Aufpunktes mit x, y, z, die der Quellpunkte mit x', y', z' und können dann beweisen, daß die elektrodynamischen Potentiale durch die Integration

$$V = \frac{1}{4\pi\varepsilon\varepsilon_0}\int \frac{1}{r}\eta\left(x', y', z', t - \frac{r}{c}\right) dx'\,dy'\,dz' \tag{11}$$

$$\mathfrak{A} = \frac{1}{4\pi}\int \frac{1}{r}\mathfrak{G}\left(x', y', z', t - \frac{r}{c}\right) dx'\,dy'\,dz' \tag{12}$$

über das Quellgebiet gewonnen werden. r bedeutet den Abstand zwischen Aufpunkt und Quellpunkt. Suchen wir die Potentiale zu einer Zeit t, so sollen nicht die Werte der Raumladungen und Stromdichten zu dieser Zeit eingesetzt werden, sondern zu einer früheren Zeit $t - r/c$. Der Zeitunterschied r/c wird gerade von einer elektrischen Welle benötigt, um den Abstand r zwischen Quellpunkt und Aufpunkt zu durchlaufen. Wegen dieser Besonderheit bezeichnet man V und $\mathfrak{A}$ als retardierte Potentiale. Davon abgesehen sind sie genauso gebaut wie die Potentiale einer statischen Ladungsverteilung bzw. einer stationären Stromverteilung [s. Kap. I, Gl. (57), S. 343, und Kap. III, Gl. (24), S. 368]. Zum Beweis von (11) und (12) bilden wir zuerst

$$\operatorname{grad}\eta\left(x', y', z', t - \frac{r}{c}\right) = -\frac{1}{c}\frac{\partial\eta}{\partial t}\operatorname{grad} r = -\frac{\mathfrak{r}^0}{c}\frac{\partial\eta}{\partial t}$$

$$\operatorname{div}\operatorname{grad}\eta\left(x,' y', z', t - \frac{r}{c}\right) = -\left(\frac{\mathfrak{r}^0}{c}\operatorname{grad}\frac{\partial\eta}{\partial t}\right) - \frac{1}{c}\frac{\partial\eta}{\partial t}\operatorname{div}\mathfrak{r}^0$$
$$= \frac{1}{c^2}\frac{\partial^2\eta}{\partial t^2} - \frac{2}{rc}\frac{\partial\eta}{\partial t}.$$

Liegt der Quellpunkt außerhalb des Quellgebietes, so ist

$$\Delta V = \frac{1}{4\pi\varepsilon\varepsilon_0}\int \Delta\left(\frac{\eta}{r}\right) dv' = \frac{1}{4\pi\varepsilon\varepsilon_0}\int \operatorname{div}\left(\frac{1}{r}\operatorname{grad}\eta + \eta\operatorname{grad}\frac{1}{r}\right) dv'$$
$$= \frac{1}{4\pi\varepsilon\varepsilon_0}\int\left(\frac{1}{r}\operatorname{div}\operatorname{grad}\eta + 2\operatorname{grad}\eta\operatorname{grad}\frac{1}{r} + \eta\operatorname{div}\operatorname{grad}\frac{1}{r}\right) dv'.$$

Da r nirgends Null wird, verschwindet $\operatorname{div}\operatorname{grad} 1/r$. Wir erhalten also beim Einsetzen

$$\Delta V = \frac{1}{4\pi\varepsilon\varepsilon_0}\int \frac{1}{rc^2}\frac{\partial^2\eta}{\partial t^2} dv' = \frac{1}{c^2}\frac{\partial^2 V}{\partial t^2}.$$

Außerhalb des Quellgebietes erfüllt V die Gleichung

$$\Delta V = \frac{1}{c^2}\frac{\partial^2 V}{\partial t^2}, \tag{13}$$

welche aus (8a) entsteht, wenn $\eta = 0$ ist.

Ähnlich kann man zeigen, daß jede Komponente von $\mathfrak{A}$ außerhalb des Quellgebietes die Bedingung (9a) erfüllt.

Für Aufpunkte im Quellgebiet zerlegen wir die Potentiale in zwei Anteile, z. B.

$$V = V_1 + V_2$$
$$= \frac{1}{4\pi\varepsilon\varepsilon_0}\int \frac{\eta\left(x', y', z', t - \frac{r}{c}\right) dv_1'}{r} + \frac{1}{4\pi\varepsilon\varepsilon_0}\int \frac{\eta\left(x', y', z', t - \frac{r}{c}\right) dv_2'}{r}. \tag{14}$$

Der erste Anteil soll durch Integration über ein Teilvolumen v_1' entstehen, das den Aufpunkt umgibt. Der zweite Anteil entsteht durch Integrieren über den Rest des Quellgebietes. Zunächst erfüllt V_2 die Gleichung

$$\Delta V_2 - \frac{1}{c^2}\frac{\partial^2 V_2}{\partial t^2} = 0,$$

da der Aufpunkt außerhalb des Quellgebietes von V_2 liegt. Das Teilvolumen v_1' sei nun eine Kugel um den Aufpunkt, die so klein ist, daß man die Verzögerung vernachlässigen kann. Dann ist

$$V_1 = \frac{1}{4\pi\varepsilon\varepsilon_0}\int \frac{\eta(x', y', z', t)}{r}\, d v_1' \tag{15}$$

und genügt wie in der Elektrostatik, Kap. I, der POISSONschen Gleichung

$$\Delta V_1 = -\frac{\eta}{\varepsilon\varepsilon_0}. \tag{16}$$

Wir erhalten deshalb

$$\Delta V - \frac{1}{c^2}\frac{\partial^2 V}{\partial t^2} = \Delta V_2 - \frac{1}{c^2}\frac{\partial^2 V_2}{\partial t^2} + \Delta V_1 - \frac{1}{c^2}\frac{\partial^2 V_1}{\partial t^2} = -\frac{\eta}{\varepsilon\varepsilon_0} - \frac{1}{c^2}\frac{\partial^2 V_1}{\partial t^2}.$$

Wenn wir v_1' klein genug werden lassen, konvergiert $\frac{\partial^2 V_1}{\partial t^2}$ mit V_1 gegen Null, und es gilt

$$\Delta V - \frac{1}{c^2}\frac{\partial^2 V}{\partial t^2} = -\frac{\eta}{\varepsilon\varepsilon_0},$$

wie es verlangt wird.

Für die Komponenten des Vektorpotentials $\mathfrak{A}$ kann genau dieselbe Überlegung wie für V angestellt werden.

Daß die Potentiale V und $\mathfrak{A}$ auch die Forderung (7) befriedigen, kann mit einiger Mühe ebenfalls bewiesen werden.

Zum Beweis bilden wir den Ausdruck

$$\begin{aligned}
&\operatorname{div}\mathfrak{A} + \varepsilon\varepsilon_0\frac{\partial V}{\partial t}\\
&= \frac{1}{4\pi}\int\left(\nabla_a\left\{\frac{\mathfrak{G}\left(x', y', z', t - \frac{r}{c}\right)}{r}\right\}\right)dv' + \frac{1}{4\pi}\int\frac{1}{r}\frac{\partial}{\partial t}\eta\left(x', y', z', t - \frac{r}{c}\right)dv'\\
&= \frac{1}{4\pi}\int\left(\mathfrak{G}\nabla_a\frac{1}{r}\right)dv' - \frac{1}{4\pi c}\int\frac{1}{r}\left(\frac{\partial\mathfrak{G}}{\partial t}\nabla_a r\right)dv' + \frac{1}{4\pi}\int\frac{1}{r}\frac{\partial\eta}{\partial t}dv'.
\end{aligned} \tag{17}$$

Der Operator ∇_a soll dabei auf die Koordinaten des Aufpunktes wirken, die in r enthalten sind, und wegen der Retardierung auch in $\mathfrak{G}$ vorkommen. Die Kontinuitätsgleichung verlangt nun

$$\frac{\partial}{\partial t}\eta\left(x', y', z', t - \frac{r}{c}\right) = -\nabla_q\mathfrak{G}\left(x', y', z', t - \frac{r}{c}\right).$$

∇_q soll eine Differentiation nach den Koordinaten x', y', z' der Quellpunkte bedeuten, bei der aber r im Retardierungsglied nicht mit differenziert werden soll. Bezeichnet ∇_q' den Operator, der auch auf die Quellpunktskoordinaten in r wirkt, so ist

$$(\nabla_q\mathfrak{G}) = (\nabla_q'\mathfrak{G}) + \frac{1}{c}\left(\frac{\partial\mathfrak{G}}{\partial t}\nabla_q' r\right),$$

so daß wir

$$\frac{\partial\eta}{\partial t} = -(\nabla_q'\mathfrak{G}) - \frac{1}{c}\left(\frac{\partial\mathfrak{G}}{\partial t}\nabla_q' r\right) \tag{18}$$

erhalten. Andererseits ist

$$\nabla_a\frac{1}{r} = -\nabla_q\frac{1}{r} = -\nabla_q'\frac{1}{r}, \tag{19a}$$

$$\nabla_a r = -\nabla_q r = -\nabla_q' r, \tag{19b}$$

und wir erhalten beim Einsetzen von (18) und (19a, b) in (17)

$$\operatorname{div}\mathfrak{A} + \varepsilon\,\varepsilon_0 \frac{\partial V}{\partial t} = -\frac{1}{4\pi}\int\left(\mathfrak{G}\,\nabla'_q \frac{1}{r}\right) dv' - \frac{1}{4\pi}\int \frac{1}{r}\left(\nabla'_q\,\mathfrak{G}\right) dv'$$

$$= -\frac{1}{4\pi}\int\left(\nabla'_q \frac{\mathfrak{G}}{r}\right) dv'.$$

Nach dem Gaussschen Satz können wir das Integral

$$\int \nabla'_q\left(\frac{\mathfrak{G}}{r}\right) dv' = \oint \frac{(\mathfrak{G}\,d\mathfrak{f})}{r} = 0$$

in ein Oberflächenintegral verwandeln, wobei wir eine Fläche verwenden, die das ganze Quellgebiet einschließt. Auf ihr verschwindet überall die Stromdichte und deshalb auch das ganze Integral.

*§ 3. Die Wellenausstrahlung eines schwingenden Dipols.

Inhalt: Ein schwingender Dipol strahlt eine transversale elektrische Kugelwelle aus. Die stärkste Abstrahlung erfolgt in der Ebene senkrecht zum Dipol, keine Abstrahlung in seiner eigenen Richtung. Die magnetische Feldstärke steht senkrecht zum Dipol und der Fortpflanzungsrichtung, die elektrische liegt in der Ebene vom Dipol und Fortpflanzung senkrecht zu letzterer. Die ausgestrahlte Energie ist dem Quadrat der Dipolamplitude und der vierten Potenz der Frequenz proportional. In der Nähe des Dipols folgt das Feld quasistationär dessen Schwingungen.

Bezeichnungen: q Ladung, $\mathfrak{M}$ Dipolmoment, M dessen Betrag, ν Frequenz, λ Wellenlänge, φ Phase, $\mathfrak{S}$ Poyntingscher Vektor, $\bar{\mathfrak{S}}$ sein Zeitmittelwert, S Gesamtausstrahlung, $\mathfrak{r}$ Vektor vom Dipol zum Aufpunkt, r, $\mathfrak{r}^0$ dessen Betrag und Richtung, sonst wie S. 480.

Befindet sich im Ursprung eines Koordinatensystems ein zeitlich veränderlicher Dipol vom Moment $\mathfrak{M}(t)$, so sind zwei Ladungen q und $-q$ zu berücksichtigen, die um ein Wegstück $d\mathfrak{s}$ auseinanderliegen (Abb. 175). Bezeichnen wir mit r_1 und r_2 ihre Abstände vom Aufpunkt, so ist

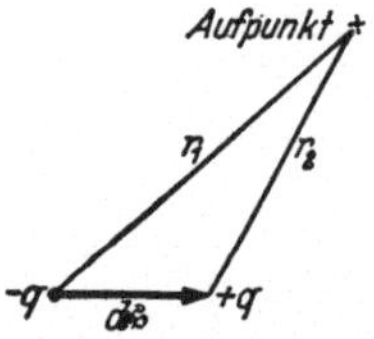

$$V = \frac{1}{4\pi\,\varepsilon\,\varepsilon_0}\left(\frac{q\left(t-\frac{r_2}{c}\right)}{r_2} - \frac{q\left(t-\frac{r_1}{c}\right)}{r_1}\right).$$

Abb. 175. Dipol aus den Ladungen $-q$ und $+q$.

Sind r_1 und r_2 groß gegen $d\mathfrak{s}$, so kann man dafür auch

$$V = \frac{1}{4\pi\,\varepsilon\,\varepsilon_0}\left(d\mathfrak{s}\operatorname{grad}_q \frac{q\left(t-\frac{r}{c}\right)}{r}\right) = \frac{(d\mathfrak{s}\,\mathfrak{r}^0)}{4\pi\,\varepsilon\,\varepsilon_0\,r}\left\{\frac{q}{r} + \frac{1}{c}\frac{\partial q}{\partial t}\right\}$$

setzen. Wenn man das Dipolmoment $\mathfrak{M} = q\,d\mathfrak{s}$ einführt, entsteht

$$V = \frac{1}{4\pi\,\varepsilon\,\varepsilon_0\,r}\left\{\frac{(\mathfrak{r}^0\,\mathfrak{M})}{r} + \left(\frac{\mathfrak{r}^0}{c}\,\frac{d\mathfrak{M}}{dt}\right)\right\}. \tag{20}$$

Wenn man das veränderliche Dipolmoment in das Potential

$$V = \frac{(\mathfrak{r}^0\,\mathfrak{M})}{4\pi\,\varepsilon\,\varepsilon_0\,r^2}$$

eines unveränderlichen Dipols (s. Kap. I, § 5, S. 321) einsetzt und nachträglich die Retardierung einführt, so erhält man also nicht das Potential des veränderlichen Dipols, sondern es muß noch der Anteil

$$\frac{1}{4\pi\,\varepsilon\,\varepsilon_0\,r\,c}\left(\mathfrak{r}^0\,\frac{d\mathfrak{M}}{dt}\right)$$

hinzugefügt werden, der nur wie $1/r$ abnimmt und in großen Entfernungen deshalb sogar überwiegt.

Ein schwingender Dipol bedeutet auch einen Strom. Der Dipol bestehe aus zwei Flächenstücken $d\mathfrak{f}$, die einander im Abstand $d\mathfrak{s}$ gegenüberstehen und die Ladungen $\pm q$ tragen. Die Änderung des Moments möge daher kommen, daß die Ladungen sich ändern, die Flächenelemente $d\mathfrak{f}$ aber im Raum fest bleiben. Dann fließt ein Strom in dem Volumenelement $dv = (d\mathfrak{f}\, d\mathfrak{s})$, und seine Stromdichte kann aus

$$\frac{d\mathfrak{M}}{dt} = d\mathfrak{s}\frac{\partial q}{\partial t} = d\mathfrak{s}(\mathfrak{G}\, d\mathfrak{f}) = \mathfrak{G}\, dv$$

berechnet werden. Da sonst keine Ströme fließen, haben wir

$$\mathfrak{A} = \frac{1}{4\pi r}\,\frac{d\mathfrak{M}}{dt}. \tag{21}$$

Führt der Dipol Schwingungen der Frequenz ν aus, so ist

$$\mathfrak{M} = \mathfrak{M}_0\, e^{\pm 2\pi i \nu t}.$$

Wir wählen im Anschluß an den bisherigen Gebrauch das negative Vorzeichen. Die elektrodynamischen Potentiale

$$V = \frac{(\mathfrak{r}^0\,\mathfrak{M}_0)}{4\pi\,\varepsilon\,\varepsilon_0\, r}\left\{\frac{1}{r} - \frac{2\pi i \nu}{c}\right\} e^{2\pi i \nu\left(\frac{r}{c} - t\right)}, \tag{22a}$$

$$\mathfrak{A} = -\frac{i \nu\,\mathfrak{M}_0}{2r}\, e^{2\pi i \nu\left(\frac{r}{c} - t\right)} \tag{22b}$$

gehen bei Einführung der Wellenlänge $\lambda = c/\nu$ in

$$V = \frac{(\mathfrak{r}^0\,\mathfrak{M}_0)}{4\pi\,\varepsilon\,\varepsilon_0\, r}\, e^{2\pi i\left(\frac{r}{\lambda} - \nu t\right)}\left(\frac{1}{r} - \frac{2\pi i}{\lambda}\right), \tag{22c}$$

$$\mathfrak{A} = -\frac{i c\,\mathfrak{M}_0}{2r\lambda}\, e^{2\pi i\left(\frac{r}{\lambda} - \nu t\right)} \tag{22d}$$

über. Bildet man die Feldstärken nach den Vorschriften (2) und (4), so ergibt sich

$$\mathfrak{H} = \operatorname{rot}\mathfrak{A} = \frac{i c}{2\lambda}\, e^{-2\pi i \nu t}\left[\mathfrak{M}_0 \operatorname{grad}\left(\frac{1}{r}\, e^{\frac{2\pi i r}{\lambda}}\right)\right] \tag{23}$$

$$= \frac{i c}{2\lambda r}\,[\mathfrak{M}_0\,\mathfrak{r}^0]\, e^{2\pi i\left(\frac{r}{\lambda} - \nu t\right)}\left(\frac{2\pi i}{\lambda} - \frac{1}{r}\right)$$

$$\mathfrak{E} = -\mu\,\mu_0\,\dot{\mathfrak{A}} - \operatorname{grad} V$$

$$= \frac{e^{2\pi i\left(\frac{r}{\lambda} - \nu t\right)}}{4\pi\,\varepsilon\,\varepsilon_0\, r}\left\{\mathfrak{M}_0\left(\frac{4\pi^2}{\lambda^2} + \frac{2\pi i}{\lambda r} - \frac{1}{r^2}\right) + \mathfrak{r}^0(\mathfrak{r}^0\,\mathfrak{M}_0)\left(\frac{3}{r^2} - \frac{6\pi i}{\lambda r} - \frac{4\pi^2}{\lambda^2}\right)\right\}. \tag{24}$$

Wir teilen jetzt den Raum in drei Zonen ein. Die erste Zone ist die unmittelbare Umgebung des Dipols, deren Ausdehnung mit der des Dipols vergleichbar ist. Für dieses Gebiet gelten unsere Überlegungen nicht, weil wir auf die endliche Größe der Dipolanordnung keine Rücksicht nehmen, sondern einfach nur mit dem Moment rechnen. In der zweiten Zone soll r groß gegenüber den Dipolabmessungen sein, aber noch klein gegenüber der Wellenlänge λ. Steigert man die Frequenz, wobei λ immer kleiner wird, so wird die zweite Zone sich verengen und verschwindet schließlich ganz, wenn die Wellenlänge in die Größenordnung der Dipolordnung kommt. In der dritten Zone schließlich, die uns hauptsächlich interessiert, ist $r \gg \lambda$ und natürlich noch viel größer als die Dipollänge.

In der zweiten Zone können wir uns auf die Glieder mit den niedrigsten Potenzen von λ im Nenner beschränken und erhalten

$$\mathfrak{H} = -\frac{i c}{2 \lambda r^2} [\mathfrak{M}_0 \mathfrak{r}^0] e^{-2\pi i \nu t}, \tag{23a}$$

$$\mathfrak{E} = \frac{1}{4\pi \varepsilon \varepsilon_0 r^3} \{3 \mathfrak{r}^0 (\mathfrak{r}^0 \mathfrak{M}_0) - \mathfrak{M}_0\} e^{-2\pi i \nu t}. \tag{24a}$$

Beide Feldstärken machen die Schwingungen des Dipols in dieser Zone synchron mit, das Feld ist also quasistationär. Die magnetische Feldstärke nimmt mit dem Quadrat der Entfernung ab, wie es dem LAPLACEschen Gesetz entspricht. Das elektrische Feld schwächt sich mit der dritten Potenz von r, wie bei einem statischen Dipol (Kap. I, § 5, S. 322). $\mathfrak{H}$ steht senkrecht auf der Ebene, die von Aufpunkt und Dipol gebildet wird, während $\mathfrak{E}$ in dieser Ebene liegt, aber nicht auf $\mathfrak{r}^0$ senkrecht steht.

In der dritten Zone berücksichtigen wir nur Glieder mit der kleinsten Potenz von r im Nenner und erhalten

$$\mathfrak{H} = -\frac{\pi c}{\lambda^2 r} [\mathfrak{M}_0 \mathfrak{r}^0] e^{2\pi i \left(\frac{r}{\lambda} - \nu t\right)}, \tag{23b}$$

$$\mathfrak{E} = \frac{\pi}{\varepsilon \varepsilon_0 \lambda^2 r} \{\mathfrak{M}_0 - \mathfrak{r}^0 (\mathfrak{M}_0 \mathfrak{r}^0)\} e^{2\pi i \left(\frac{r}{\lambda} - \nu t\right)}. \tag{24b}$$

Beide Felder sind periodische Funktionen der Zeit mit den Frequenzen ν. Zu einem festen Zeitpunkt hängen sie vom Ort hauptsächlich durch den Faktor $e^{2\pi i r/\lambda}$ ab. Beim Fortschreiten in radialer Richtung um die Strecke $\lambda/2$ kehrt er sein Vorzeichen um, ändert sich also völlig. Nach der Strecke λ tritt eine Wiederholung ein, weshalb die Bezeichnung Wellenlänge für λ gerechtfertigt ist. In kleinen räumlichen Bereichen ist der Exponentialfaktor für das Verhalten des Feldes maßgebend. Auf einer Kugelfläche um den Dipol ist die Phase

$$\varphi = 2\pi i \left(\frac{r}{\lambda} - \nu t\right) \tag{25}$$

konstant, und der elektromagnetische Vorgang besteht darin, daß sich Flächen konstanter Phase in radialer Richtung ($\mathfrak{r}^0$) mit der Geschwindigkeit $c = \nu \lambda$ ausbreiten. Der Dipol erzeugt also eine elektromagnetische Kugelwelle. Ihre Amplitude ist nicht überall dieselbe, sondern von Ort zu Ort langsam veränderlich. Im Gegensatz zur Phase ist die Amplitude aber in kleinen räumlichen Bereichen fast konstant.

Die magnetische Feldstärke steht auf der Ebene senkrecht, welche das Dipolmoment $\mathfrak{M}_0$ mit der Fortpflanzungsrichtung $\mathfrak{r}^0$ bildet. Die elektrische Feldstärke liegt in dieser Ebene und ist infolgedessen senkrecht zu $\mathfrak{H}$. Daß sie auch zur Fortpflanzungsrichtung $\mathfrak{r}^0$ senkrecht ist, erkennt man am schnellsten, wenn man $(\mathfrak{E}\, \mathfrak{r}^0)$ bildet, von dessen Verschwinden man sich leicht überzeugen kann.

Ein kleiner Ausschnitt aus der vom Dipol ausgesandten Kugelwelle verhält sich ganz wie eine linear polarisierte ebene Welle.

In reeller Darstellung erhalten wir

$$\frac{\mathfrak{H} + \mathfrak{H}^*}{2} = \frac{\pi c}{\lambda^2 r} [\mathfrak{r}_0 \mathfrak{M}^0] \cos 2\pi \left(\frac{r}{\lambda} - \nu t\right), \tag{23c}$$

$$\frac{\mathfrak{E} + \mathfrak{E}^*}{2} = \frac{\pi}{\varepsilon \varepsilon_0 \lambda^2 r} \{\mathfrak{M}_0 - \mathfrak{r}^0 (\mathfrak{M}_0 \mathfrak{r}^0)\} \cos 2\pi \left(\frac{r}{\lambda} - \nu t\right) \tag{24c}$$

und können daraus den POYNTINGschen Vektor (Strahlungsvektor)

$$\left.\begin{aligned}\mathfrak{S} &= \left[\frac{\mathfrak{E}+\mathfrak{E}^*}{2}\cdot\frac{\mathfrak{H}+\mathfrak{H}^*}{2}\right]\\ &= \frac{\pi^2 c}{\varepsilon\,\varepsilon_0\,\lambda^4 r^2}\{[\mathfrak{M}_0[\mathfrak{r}^0\mathfrak{M}_0]]-[\mathfrak{r}^0[\mathfrak{r}^0\mathfrak{M}_0]](\mathfrak{M}_0\,\mathfrak{r}^0)\}\cos^2 2\pi\left(\frac{r}{\lambda}-\nu t\right)\\ &= \frac{\pi^2 c}{\varepsilon\,\varepsilon_0\,\lambda^4 r^2}\,\mathfrak{r}^0\{\mathfrak{M}_0^2-(\mathfrak{r}^0\mathfrak{M}_0)^2\}\cos^2 2\pi\left(\frac{r}{\lambda}-\nu t\right)\end{aligned}\right\}\tag{26}$$

bilden. Ist M_0 der Betrag des Dipolmomentes und ϑ der Winkel, den es mit der Fortpflanzungsrichtung bildet, so ist

$$\begin{aligned}\mathfrak{S} &= \mathfrak{r}^0\,\frac{\pi^2 c}{\varepsilon\,\varepsilon_0\,\lambda^4 r^2}\,M_0^2\sin^2\vartheta\cos^2 2\pi\left(\frac{r}{\lambda}-\nu t\right)\\ &= \mathfrak{r}^0\,\frac{\pi^2 \nu^4}{\varepsilon\,\varepsilon_0\,c^3 r^2}\,M_0^2\sin^2\vartheta\cos^2 2\pi\left(\frac{r}{\lambda}-\nu t\right).\end{aligned}\tag{26a}$$

Der schwingende Dipol „strahlt" einen Energiestrom in radialer Richtung aus, der dem Quadrat seines Momentes M_0 und der vierten Potenz seiner Schwingungsfrequenz ν proportional ist. Die Ausstrahlung erfolgt nicht gleich stark in alle Richtungen. Am größten ist sie in der Ebene senkrecht zum Dipol ($\vartheta=\pi/2$), wogegen in dessen Richtung selbst ($\vartheta=0$) gar nichts ausgestrahlt wird (s. Abb. 176).

Der Zeitmittelwert des Energiestroms ist

$$\overline{\mathfrak{S}} = \mathfrak{r}^0\,\frac{\pi^2 \nu^4}{2\varepsilon\,\varepsilon_0\,c^3 r^2}\,M_0^2\sin^2\vartheta \tag{27}$$

und wird gewöhnlich in nicht sehr präziser Ausdrucksweise als Intensität der Ausstrahlung bezeichnet.

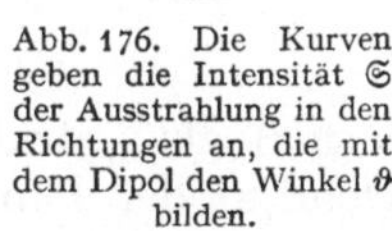

Abb. 176. Die Kurven geben die Intensität $\mathfrak{S}$ der Ausstrahlung in den Richtungen an, die mit dem Dipol den Winkel ϑ bilden.

Schließlich berechnen wir die gesamte Energie S, die der schwingende Dipol sekundlich abgibt, indem wir $\overline{\mathfrak{S}}$ über eine große Kugelfläche mit dem Radius R integrieren, und erhalten

$$\begin{aligned}S &= \int \overline{\mathfrak{S}}\,(d\mathfrak{f}) = R^2\int_0^{\pi}\int_0^{2\pi}|\overline{\mathfrak{S}}|\sin\vartheta\,d\vartheta\,d\psi = \frac{\pi^2\nu^4 M_0^2}{2\varepsilon\,\varepsilon_0\,c^3}\int_0^{\pi}\int_0^{2\pi}\sin^3\vartheta\,d\vartheta\,d\psi\\ &= \frac{4\pi^3\nu^4 M_0^2}{3\varepsilon\,\varepsilon_0\,c^3}\,.\end{aligned}\tag{28}$$

*§ 4. Abstrahlung von Antennen. Strahlungswiderstand. Lichtemission.

Inhalt: Antenne als Dipol. Abstrahlung und Strahlungswiderstand. Bei der Lichtemission wirken die Atome als Antennen.

Bezeichnungen: Wie S. 480 u. 484. R_S Strahlungswiderstand, I Antennenstrom, l Antennenlänge.

Ein schwingender Dipol kann auf verschiedene Weise realisiert werden. Zur Erzeugung von elektrischen Wellen im engeren Sinn benutzt man eine Antenne, in der man eine elektrische Schwingung der betreffenden Frequenz hervorruft, indem man sie z. B. induktiv an einen Wechselstromkreis ankoppelt (s. Abb. 177).

In diesem Zusammenhang muß betont werden, daß unsere Rechnung nur gilt, wenn die Länge l der Antenne klein gegenüber der Wellenlänge λ ist. Ist dies nicht der Fall (was in der Praxis häufig vorkommt), so ist der Ausstrahlungsvorgang komplizierter und kann nicht als Dipolstrahlung beschrieben werden.

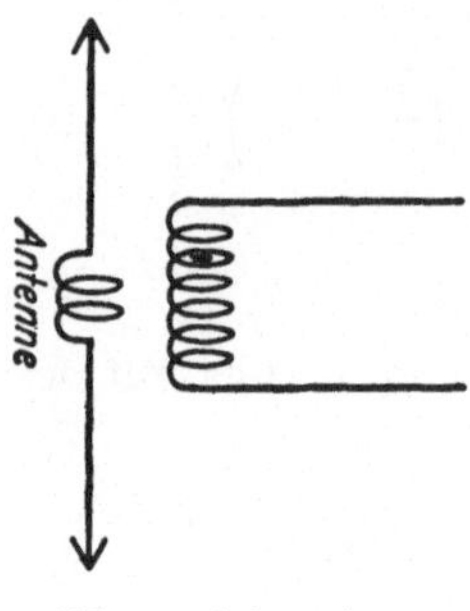

Abb. 177. Ankoppelung einer Antenne.

Durch die Abstrahlung entsteht in einer Wechselstromleitung ein zusätzlicher Energieverlust, der zur JOULEschen Wärme hinzukommt.

Ist

$$M = M_0 \cos 2\pi \nu t$$

das momentane Dipolmoment, so gilt

$$\frac{dM}{dt} = -2\pi \nu M_0 \sin 2\pi \nu t.$$

Hat die Antenne die Länge l, so besteht zwischen Moment und Antennenstrom I die Beziehung

$$\frac{dM}{dt} = l I = l I_0 \sin 2\pi \nu t.$$

Durch Vergleich findet man

$$M_0 = -\frac{l I_0}{2\pi \nu}. \tag{29}$$

Der Abstrahlungsverlust ist dann

$$S = \frac{\pi \nu^2 l^2 I_0^2}{3\varepsilon \varepsilon_0 c^3} = \frac{\pi}{3\varepsilon \varepsilon_0 c}\left(\frac{l}{\lambda}\right)^2 I_0^2 = \frac{2\pi}{3\varepsilon \varepsilon_0 c}\left(\frac{l}{\lambda}\right)^2 I_{\text{eff}}^2. \tag{30}$$

Da dieser Verlust wie die JOULEsche Wärme dem Quadrat der effektiven Stromstärke I_{eff} proportional ist, kann man

$$R_S = \frac{2\pi}{3\varepsilon \varepsilon_0 c} \cdot \left(\frac{l}{\lambda}\right)^2 \tag{31}$$

formal als „Strahlungswiderstand" einführen. Er ist direkt proportional dem Quadrat der Länge der Leitung. In praktisch technischen Einheiten (Ohm) ist $\varepsilon_0 = 0{,}8859 \cdot 10^{-11}$, und wir erhalten bei $\varepsilon = 1$

$$R_S = 790 \left(\frac{l}{\lambda}\right)^2 \text{Ohm}. \tag{31a}$$

Diese Formel gilt natürlich wieder nur, wenn $l \ll \lambda$ ist, weil im anderen Fall die Strahlungsgesetze eine Änderung erfahren.

Für einen 50periodischen Wechselstrom ist $\lambda = 6000$ km. Der Strahlungswiderstand einer Leitung von 600 km Länge beträgt 7,90 Ohm und spielt keine Rolle gegenüber dem Leitungswiderstand. Ebenso groß ist der Strahlungswiderstand einer Leitung von 100 Meter bei einer Wellenlänge von 1000 Meter (Frequenz $3 \cdot 10^5$ Hz). In diesem Fall ist R_S gewöhnlich groß gegen den Leitungswiderstand.

Die Ausstrahlung des Lichtes verläuft auch nach den Gesetzen der Dipolstrahlung. Die Atome entwickeln bei der Lichtemission ein zeitlich veränderliches Dipolmoment, dessen genauere Untersuchung eine der Aufgaben der Atomtheorie ist. Da die atomaren Dimensionen von der Größenordnung 10^{-8} cm sind, die Wellenlängen aber bei 10^{-4} bis 10^{-5} cm liegen, ist die Wellenlänge immer groß gegenüber den Dipoldimensionen. Die Emission von Röntgenstrahlen kann man dagegen nicht auf das Dipolschema zurückführen, da ihre Wellenlängen (um 10^{-8} cm) von ähnlicher Größe wie die Atome sind. In diesem Fall kommt zur Dipolstrahlung noch sogenannte Quadrupolstrahlung hinzu.

*§ 5. Magnetische Dipolstrahlung.

Inhalt: Abstrahlung von einer Rahmenantenne.

Bezeichnungen: $\mathfrak{M}$ magnetisches Dipolmoment, $\mathfrak{M}_0$ seine Amplitude, M_0 ihr Betrag, I_0 Antennenstrom, $\mathfrak{F}$ Windungsfläche, sonst wie S. 480 u. 484.

In einem homogenen isolierenden Medium gelten für die elektrische und magnetische Feldstärke die völlig analogen Gleichungen

$$\varDelta\mathfrak{E} = \frac{1}{c^2}\frac{\partial^2\mathfrak{E}}{\partial t^2} \quad \text{und} \quad \varDelta\mathfrak{H} = \frac{1}{c^2}\frac{\partial^2\mathfrak{H}}{\partial t^2}.$$

Wenn wir in den Formeln (23) und (24) die elektrischen und magnetischen Größen vertauschen, so müssen deshalb die Wellengleichungen noch immer erfüllt sein. Verstehen wir unter $\mathfrak{M}$ ein magnetisches Dipolmoment, so erhalten wir

$$\mathfrak{H} = \frac{e^{2\pi i\left(\frac{r}{\lambda}-\nu t\right)}}{4\pi\mu\mu_0 r}\left\{\mathfrak{M}_0\left(\frac{4\pi^2}{\lambda^2}+\frac{2\pi i}{\lambda r}-\frac{1}{r^2}\right)+\mathfrak{r}^0(\mathfrak{r}^0\mathfrak{M}_0)\left(\frac{3}{r^2}-\frac{6\pi i}{r\lambda}-\frac{4\pi^2}{\lambda^2}\right)\right\}, \tag{32}$$

$$\mathfrak{E} = \frac{i c}{2\lambda r}[\mathfrak{M}_0\,\mathfrak{r}^0]\,e^{2\pi i\left(\frac{r}{\lambda}-\nu t\right)}\left(\frac{2\pi i}{\lambda}-\frac{1}{r}\right).$$

Dieselbe Vertauschung ist natürlich in (23b) und (24b) und in allen weiteren Formeln durchzuführen. Der POYNTINGsche Vektor geht dann in

$$\mathfrak{S} = \mathfrak{r}^0\frac{\pi^2\nu^4}{\mu\mu_0 c^3 r^2}M_0^2\sin^2\vartheta\cos^2 2\pi\left(\frac{r}{\lambda}-\nu t\right) \tag{33}$$

und sein Zeitmittelwert in

$$\overline{\mathfrak{S}} = \mathfrak{r}_0\frac{\pi^2\nu^4}{2\mu\mu_0 c^3 r^2}M_0^2\sin^2\vartheta \tag{33a}$$

über. Für die Gesamtausstrahlung erhalten wir

$$S = \frac{4\pi^3\nu^4 M_0^2}{3\mu\mu_0 c^3}. \tag{34}$$

Ein magnetisches Dipolmoment kann durch eine Stromschleife (Rahmenantenne) realisiert werden. Ist $\mathfrak{F}$ ihre Windungsfläche, so ist nach Kap. II, § 17, S. 395,

$$\mathfrak{M}_0 = \mu\mu_0 I_0\mathfrak{F}. \tag{35}$$

Eine elektrische Welle kann also nicht nur von einer gestreckten, sondern auch von einer Schleifenantenne (Rahmenantenne) emittiert werden. Setzen wir (35) ein, so gelangen wir zu

$$S = \frac{4\pi^3\nu^4\mu\mu_0}{3c^3}I_0^2\mathfrak{F}^2 = \frac{4\pi^3\nu^4 I_0^2\mathfrak{F}^2}{3\varepsilon\varepsilon_0 c^5}. \tag{36}$$

Es ist nicht ohne Interesse, die Gesamtstrahlung eines elektrischen und eines magnetischen Dipols zu vergleichen. Das Abstrahlungsverhältnis beider ergibt sich

$$\frac{S_{\text{magn}}}{S_{\text{el}}} = \frac{\varepsilon\varepsilon_0 M_{\text{mag}}^2}{\mu\mu_0 M_{\text{el}}^2} = \frac{4\pi^2\mathfrak{F}^2 I_m^2}{\lambda^2 l^2 I_{\text{el}}}. \tag{37}$$

Ist die Länge l einer gestreckten Antenne gleich dem Durchmesser einer Schleife und fließen in beiden dieselben Ströme, so ist

$$\frac{S_{\text{magn}}}{S_{\text{el}}} = \frac{\pi^4 l^2}{4\lambda^2} = \left(4{,}95\frac{l}{\lambda}\right)^2. \tag{37a}$$

Wenn die Wellenlänge groß gegen die Antennenausdehnung ist, strahlt die gestreckte Antenne viel besser. Nähert sie sich den Antennendimensionen, so tritt die magnetische Ausstrahlung mehr und mehr in den Vordergrund. In diesem Fall verlieren allerdings unsere Formeln allmählich ihre Gültigkeit.

**§ 6. Die Ausstrahlung einer beliebigen elektromagnetischen Anordnung.

In einem begrenzten Volumen befinde sich eine Anordnung von elektrischen Ladungen und Strömen, die sich beliebig mit der Zeit ändern können. Wäre die Anordnung stationär, so könnte man das elektrische Feld in großer Entfernung aus dem Feld der Überschußladung, des Dipolmomentes, Quadrupolmomentes usw. zusammensetzen und in gleicher Weise mit dem Magnetfeld verfahren (s. Kap. I, § 8, S. 330, und Kap. III, § 17, S. 395). Bei einer nichtstationären Anordnung werden außerdem elektromagnetische Wellen erzeugt, die wir jetzt für Aufpunkte berechnen wollen, welche von ihrem Entstehungsort weit entfernt sind.

Zunächst können wir sowohl die Ladungsdichten

$$\eta = \sum^{\nu} \eta_\nu \, e^{-2\pi i \nu t} \tag{38}$$

wie die Stromdichten

$$\mathfrak{G} = \sum^{\nu} \mathfrak{G}_\nu \, e^{-2\pi i \nu t} \tag{39}$$

nach Frequenzen zerlegen. Wenn nötig, sind die Summen durch Integrale zu ersetzen. Die Kontinuitätsgleichung (1e) von S. 480 verlangt für die Frequenzanteile

$$2\pi i \nu \eta_\nu = \operatorname{div}_q \mathfrak{G}_\nu. \tag{40}$$

Das skalare und das Vektorpotential

$$V = \sum V_\nu; \qquad \mathfrak{A} = \sum \mathfrak{A}_\nu \tag{41}$$

zerlegen wir auch nach Frequenzen und finden

$$V_\nu = \frac{1}{4\pi\varepsilon\varepsilon_0} \int \frac{\eta_\nu}{r} e^{2\pi i\left(\frac{r}{\lambda} - \nu t\right)} dv = \frac{1}{4\pi\varepsilon\varepsilon_0} e^{-2\pi i\nu t} \int \frac{\eta_\nu}{r} e^{2\pi i \frac{r}{\lambda}} dv \tag{42}$$

$$\mathfrak{A}_\nu = \frac{1}{4\pi} \int \frac{\mathfrak{G}_\nu}{r} e^{2\pi i\left(\frac{r}{\lambda} - \nu t\right)} dv = \frac{1}{4\pi} e^{-2\pi i\nu t} \int \frac{\mathfrak{G}_\nu}{r} e^{2\pi i \frac{r}{\lambda}} dv. \tag{43}$$

Den Aufpunkt bezeichnen wir jetzt durch einen Ortsvektor $\mathfrak{R}$, die Quellpunkte durch den Ortsvektor $\mathfrak{a}$ (s. Abb. 178) und den Verbindungsvektor beider Punkte mit $\mathfrak{r}$ (für die Beträge verwenden wir sinngemäß R, a, r, für die Einheitsvektoren $\mathfrak{R}^0$, $\mathfrak{a}^0$, $\mathfrak{r}^0$). Dann ist

$$r^2 = R^2 + a^2 - 2(\mathfrak{a}\,\mathfrak{R}). \tag{44}$$

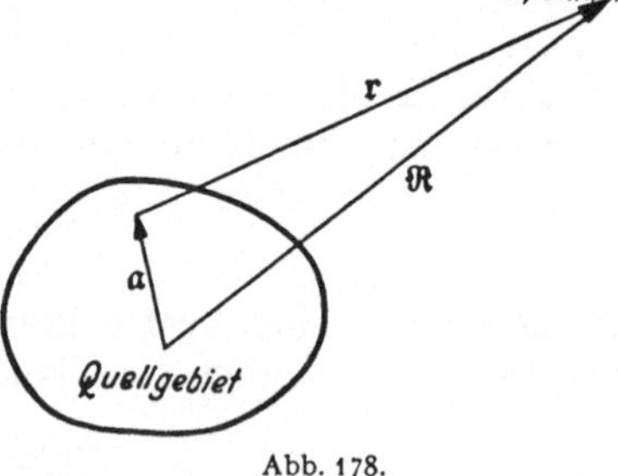

Abb. 178.

Um die Feldstärken zu bilden, brauchen wir die Ausdrücke

$$\frac{\partial \mathfrak{A}_\nu}{\partial t} = -\frac{i\nu}{2} e^{-2\pi i\nu t} \int \frac{\mathfrak{G}_\nu}{r} e^{2\pi i \frac{r}{\lambda}} dv$$

$$= -\frac{i c}{2\lambda} e^{-2\pi i\nu t} \int \frac{\mathfrak{G}_\nu}{r} e^{2\pi i \frac{r}{\lambda}} dv \tag{45}$$

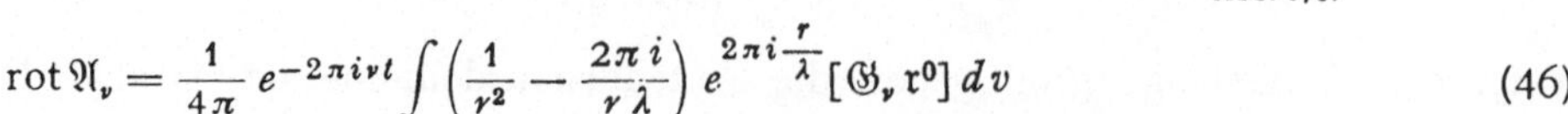

$$\operatorname{rot} \mathfrak{A}_\nu = \frac{1}{4\pi} e^{-2\pi i\nu t} \int \left(\frac{1}{r^2} - \frac{2\pi i}{r\lambda}\right) e^{2\pi i \frac{r}{\lambda}} [\mathfrak{G}_\nu \mathfrak{r}^0] \, dv \tag{46}$$

$$\operatorname{grad} V_\nu = \frac{1}{4\pi\varepsilon\varepsilon_0} e^{-2\pi i\nu t} \int \left(\frac{2\pi i}{r\lambda} - \frac{1}{r^2}\right) \eta_\nu \mathfrak{r}^0 e^{2\pi i \frac{r}{\lambda}} dv. \tag{47}$$

In großen Entfernungen von der Anordnung nähern sich R und r mehr und mehr, und wir interessieren uns nur für die Glieder mit der niedrigsten Potenz von R im Nenner. Aus (44) erhalten wir durch Gradientbildung

$$r\,\mathfrak{r}^0 = R\,\mathfrak{R}^0 - \mathfrak{a}$$

und damit in genügender Näherung

$$\mathfrak{r}^0 = \frac{R}{r}\,\mathfrak{R}^0 - \frac{\mathfrak{a}}{r} \approx \mathfrak{R}^0. \tag{48}$$

Nur der mit dem Aufpunkt und Quellpunkt schnell veränderliche Retardierungsfaktor muß genauer untersucht werden. Gehen wir damit in (45) und (46) ein, so erhalten wir:

$$\frac{\partial \mathfrak{A}_\nu}{\partial t} = -\frac{i\,c}{2\lambda R}\,e^{-2\pi i \nu t}\int \mathfrak{G}_\nu\, e^{2\pi i \frac{r}{\lambda}}\,dv \tag{45a}$$

$$\operatorname{rot}\mathfrak{A}_\nu = -\frac{i}{2\lambda R}\,e^{-2\pi i \nu t}\int [\mathfrak{G}_\nu\,\mathfrak{R}^0]\,e^{2\pi i \frac{r}{\lambda}}\,dv\,. \tag{46a}$$

In $\operatorname{grad} V_\nu$ ersetzen wir η_ν vermittels (40) und erhalten

$$\operatorname{grad} V_\nu = \frac{\mathfrak{R}^0}{4\pi\,\varepsilon\,\varepsilon_0\,R\,c}\,e^{-2\pi i \nu t}\int e^{2\pi i \frac{r}{\lambda}}\operatorname{div}_q \mathfrak{G}_\nu\,dv, \tag{47a}$$

wobei div_q eine Differentiation nach den Quellpunktskoordinaten vorschreibt.

Jetzt wenden wir uns dem Retardierungsfaktor unter den Integralen zu. Entwickeln des Exponenten nach Potenzen zu $1/R$ führt zu

$$\frac{r}{\lambda} = \frac{R}{\lambda} - \frac{(\mathfrak{a}\,\mathfrak{R}^0)}{\lambda} + \frac{1}{2\lambda R}\{\mathfrak{a}^2 - (\mathfrak{a}\,\mathfrak{R}^0)^2\} + \cdots. \tag{49}$$

Man kann nun in so große Entfernungen von der emittierenden Anordnung gehen, daß man sich auf die beiden ersten Glieder beschränken kann. Führen wir dies in (45a), (46a) und (47a) ein, so finden wir

$$\frac{\partial \mathfrak{A}_\nu}{\partial t} = -\frac{i\,c}{2\lambda R}\,e^{2\pi i\left(\frac{R}{\lambda} - \nu t\right)}\int \mathfrak{G}_\nu\,e^{-\frac{2\pi i}{\lambda}(\mathfrak{a}\mathfrak{R}^0)}\,dv \tag{45b}$$

$$\operatorname{rot}\mathfrak{A}_\nu = -\frac{i}{2\lambda R}\,e^{2\pi i\left(\frac{R}{\lambda} - \nu t\right)}\int [\mathfrak{G}_\nu\,\mathfrak{R}^0]\,e^{-\frac{2\pi i}{\lambda}(\mathfrak{a}\mathfrak{R}^0)}\,dv \tag{46b}$$

$$\operatorname{grad} V_\nu = \frac{\mathfrak{R}^0}{4\pi\,\varepsilon\,\varepsilon_0\,R\,c}\,e^{2\pi i\left(\frac{R}{\lambda} - \nu t\right)}\int e^{-\frac{2\pi i}{\lambda}(\mathfrak{a}\mathfrak{R}^0)}\operatorname{div}_q \mathfrak{G}_\nu\,dv. \tag{47b}$$

An dem letzten Ausdruck können wir wegen

$$\operatorname{grad}_q(\mathfrak{a}\,\mathfrak{R}^0) = \mathfrak{R}^0$$

noch die Umformung

$$\int e^{-\frac{2\pi i}{\lambda}(\mathfrak{a}\mathfrak{R}^0)}\operatorname{div}_q \mathfrak{G}_\nu\,dv = \int \operatorname{div}_q\left\{\mathfrak{G}_\nu\,e^{-\frac{2\pi i}{\lambda}(\mathfrak{a}\mathfrak{R}^0)}\right\}dv + \frac{2\pi i}{\lambda}\int e^{-\frac{2\pi i}{\lambda}(\mathfrak{a}\mathfrak{R}^0)}(\mathfrak{G}_\nu\,\mathfrak{R}^0)\,dv$$

vornehmen und das erste Integral

$$\int \operatorname{div}_q\left\{\mathfrak{G}_\nu\,e^{-\frac{2\pi i}{\lambda}(\mathfrak{a}\mathfrak{R}^0)}\right\}dv = \oint e^{-\frac{2\pi i}{\lambda}(\mathfrak{a}\mathfrak{R}^0)}(\mathfrak{G}_\nu\,d\mathfrak{f})$$

in ein Oberflächenintegral verwandeln, das bei einer begrenzten Anordnung verschwindet. Setzen wir dies ein, so erhalten wir

$$\operatorname{grad} V_\nu = \frac{i\,\mathfrak{R}^0}{2\varepsilon\varepsilon_0\lambda R c}\, e^{2\pi i\left(\frac{R}{\lambda}-\nu t\right)} \int e^{-\frac{2\pi i}{\lambda}(\mathfrak{a}\mathfrak{R}^0)} (\mathfrak{G}_\nu \mathfrak{R}^0)\, dv$$

und können die Feldstärken

$$\begin{aligned}\mathfrak{E}_\nu &= -\mu\mu_0 \frac{\partial \mathfrak{A}_\nu}{\partial t} - \operatorname{grad} V_\nu \\ &= \frac{i}{2\varepsilon\varepsilon_0 c\lambda R}\, e^{2\pi i\left(\frac{R}{\lambda}-\nu t\right)} \int \{\mathfrak{G}_\nu - \mathfrak{R}^0(\mathfrak{G}_\nu \mathfrak{R}^0)\}\, e^{-\frac{2\pi i}{\lambda}(\mathfrak{a}\mathfrak{R}^0)}\, dv \end{aligned} \tag{50}$$

$$\mathfrak{H}_\nu = \operatorname{rot} \mathfrak{A}_\nu = -\frac{i}{2\lambda R}\, e^{2\nu i\left(\frac{R}{\lambda}-\nu t\right)} \int [\mathfrak{G}_\nu \mathfrak{R}^0]\, e^{-\frac{2\pi i}{\lambda}(\mathfrak{a}\mathfrak{R}^0)}\, dv \tag{51}$$

berechnen.

Obwohl diese Ausdrücke noch wenig durchsichtig sind, haben wir doch sehr viel erreicht. Es genügt, die Stromverteilung einer Anordnung zu kennen, wenn man die Felder wirklich berechnen will. Die Ausstrahlung erfolgt in Form einer Kugelwelle, die in radialer Richtung fortschreitet. Beide Feldstärken stehen auf der Fortpflanzungsrichtung $\mathfrak{R}^0$ senkrecht, wie man sofort bei der Bildung von $(\mathfrak{E}\,\mathfrak{R}^0)$ und $(\mathfrak{H}\,\mathfrak{R}^0)$ erkennt. Daß die Amplitude mit $1/R$ geht, dürfen wir nicht als Ergebnis herausstellen, da wir ja nur die Glieder mit $1/R$ gesammelt haben. Andere Glieder würden auch nicht den Charakter einer Ausstrahlung besitzen.

Nun gehen wir daran, die Felder in sukzessiven Näherungen zu berechnen, und bedienen uns dazu der Reihenentwicklung

$$e^{-\frac{2\pi i}{\lambda}(\mathfrak{a}\mathfrak{R}^0)} = 1 - \frac{2\pi i(\mathfrak{a}\mathfrak{R}^0)}{\lambda} - \frac{2\pi^2}{\lambda^2}(\mathfrak{a}\mathfrak{R}^0)^2 + \cdots \tag{49a}$$

nach Potenzen von $\mathfrak{a}/\lambda$. Sind die Dimensionen der Anordnung klein gegenüber λ, so können wir in erster Näherung

$$e^{-\frac{2\pi i}{\lambda}(\mathfrak{a}\mathfrak{R}^0)} = 1 \tag{52}$$

setzen. Nun bilden wir den Vektor

$$\int \mathfrak{G}_\nu\, dv = I_\nu \mathfrak{l}, \tag{53}$$

der die Dimension einer Stromstärke mal Länge hat. $|\mathfrak{l}|$ ist die Länge einer geraden Antenne, die in dieser Näherung die Anordnung ersetzen würde (Ersatzantenne), und I_ν der in ihr fließende Strom. Nach (29) wäre dann

$$\mathfrak{M}_\nu = -\frac{I_\nu \mathfrak{l}}{2\pi\nu i} \tag{54}$$

das elektrische Dipolmoment der Anordnung. In erster Näherung gewinnen wir die Felder

$$\mathfrak{E}_1 = \frac{\pi}{\lambda^2 R\varepsilon\varepsilon_0} \{\mathfrak{M}_\nu - \mathfrak{R}^0(\mathfrak{M}_\nu \mathfrak{R}^0)\}\, e^{2\pi i\left(\frac{R}{\lambda}-\nu t\right)} \tag{50a}$$

$$\mathfrak{H}_1 = -\frac{\pi c}{\lambda^2 R} [\mathfrak{M}_\nu \mathfrak{R}^0]\, e^{2\pi i\left(\frac{R}{\lambda}-\nu t\right)}. \tag{51a}$$

Man kann sich durch Vergleich mit (23b) und (24b) leicht davon überzeugen, daß dies gerade die zur Dipolstrahlung gehörigen Felder sind. In erster Näherung ist die Ausstrahlung einer beliebigen Anordnung die ihres zeitlich veränderlichen elektrischen Dipolmomentes oder, was dasselbe ist, die einer linearen Ersatzantenne.

**§ 7. Quadrupolstrahlung.

Die zweite Näherung erhalten wir, wenn wir

$$e^{-\frac{2\pi i}{\lambda}(\mathfrak{R}^0 \mathfrak{a})} - 1 = -\frac{2\pi i}{\lambda}(\mathfrak{R}^0 \mathfrak{a})$$

setzen. Sie tritt zur Dipolstrahlung hinzu. Jetzt führen wir den Tensor

$$\mathcal{Q} = \int \mathfrak{a})(\mathfrak{G}_v\, dv \tag{55}$$

ein, der durch Integration des dyadischen Produktes von $\mathfrak{a}$ und $\mathfrak{G}_v$ entsteht und der das Komponentenschema

$$\mathcal{Q} = \int \begin{Vmatrix} \mathfrak{a}_x \mathfrak{G}_x & \mathfrak{a}_x \mathfrak{G}_y & \mathfrak{a}_x \mathfrak{G}_z \\ \mathfrak{a}_y \mathfrak{G}_x & \mathfrak{a}_y \mathfrak{G}_y & \mathfrak{a}_y \mathfrak{G}_z \\ \mathfrak{a}_z \mathfrak{G}_x & \mathfrak{a}_z \mathfrak{G}_y & \mathfrak{a}_z \mathfrak{G}_z \end{Vmatrix} dv \tag{55a}$$

besitzt. Die Feldanteile der zweiten Näherung sind dann

$$\mathfrak{E}_2 = \frac{\pi}{\varepsilon\,\varepsilon_0\, c\, \lambda^2 R}\{\mathfrak{Y} - \mathfrak{R}^0 X\}\, e^{2\pi i\left(\frac{R}{\lambda} - \nu t\right)} \tag{56a}$$

$$\mathfrak{H}_2 = -\frac{\pi}{\lambda^2 R}[\mathfrak{Y}\,\mathfrak{R}^0]\, e^{2\pi i\left(\frac{R}{\lambda} - \nu t\right)} \tag{56b}$$

mit den Abkürzungen

$$\mathfrak{Y} = (\mathfrak{R}^0 \mathcal{Q}): \qquad X = \mathfrak{Y}\,\mathfrak{R}^0 = (\mathfrak{R}^0 \mathcal{Q}\, \mathfrak{R}^0). \tag{57}$$

Verschwindet die Dipolausstrahlung der ersten Näherung, so erhalten wir den Strahlungsvektor

$$\mathfrak{S}_2 = \mathfrak{R}^0 \frac{\pi^2}{\varepsilon\,\varepsilon_0\, c\, \lambda^4 R^2}(\mathfrak{Y}^2 - X^2)\cos^2 2\pi\left(\frac{R}{\lambda} - \nu t\right). \tag{58}$$

$\mathfrak{Y}/c$ tritt an die Stelle des Dipolmomentes bzw. zu diesem hinzu.

Unter diesem Gesichtspunkt betrachten wir jetzt die Stromschleife, deren Achse die z-Achse sei. Der Strom sei I. Da

$$\int \mathfrak{G}_v\, dv = 0$$

verschwindet, liefert die erste Näherung keine Ausstrahlung. Ist der Schleifenradius ϱ, so ist

$$\mathfrak{a} = \varrho(\mathfrak{i}\cos\varphi + \mathfrak{j}\sin\varphi)$$

$$\mathfrak{G}_v\, dv = I(-\mathfrak{i}\sin\varphi + \mathfrak{j}\cos\varphi)\,\varrho\, d\varphi.$$

Hieraus berechnen wir den Tensor

$$\mathcal{Q} = \begin{Vmatrix} 0 & \varrho^2\pi I & 0 \\ -\varrho^2\pi I & 0 & 0 \\ 0 & 0 & 0 \end{Vmatrix} \tag{59}$$

Legen wir nun noch die y-Achse senkrecht zur Ausstrahlungsrichtung, so wird

$$\mathfrak{R}^0 = \mathfrak{i}\sin\vartheta + \mathfrak{k}\cos\vartheta,$$

und wir finden

$$\mathfrak{Y} = \mathfrak{j}\,\varrho^2\pi I\sin\vartheta; \qquad X = 0.$$

Daraus ergibt sich schließlich der Strahlungsvektor

$$\mathfrak{S}_2 = \mathfrak{R}^0 \frac{\pi^4 \varrho^4 I^2 \sin^2\vartheta}{\varepsilon\,\varepsilon_0\, c\, \lambda^4 R^2} \cos^2 2\pi \left(\frac{R}{\lambda} - \nu t\right).$$

In Übereinstimmung mit unserer früheren Berechnung auf S. 489 finden wir die Gesamtstrahlung

$$S_2 = \frac{4\pi^5 \varrho^4 I^2}{3\lambda^4 \varepsilon\,\varepsilon_0\, c} = \frac{4\pi^3 \nu^4 I^2 \mathfrak{F}^2}{3\varepsilon\,\varepsilon_0\, c^5}.$$

Die zweite Näherung liefert also die magnetische Dipolstrahlung, die durch den Strom ausgedrückt, der vierten Potenz der Frequenz proportional ist. Die elektrische Dipolstrahlung ergibt nur Proportionalität zum Quadrat, wenn auch der elektrische Dipol durch den Strom ausgedrückt wird.

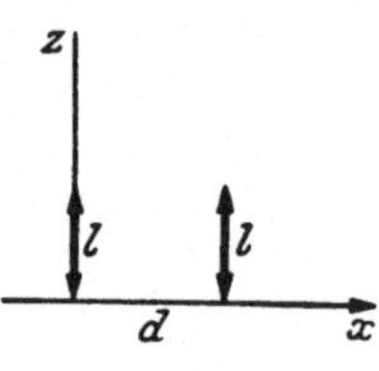

Abb. 179. Zwei parallele Antennen als Quadrupol.

Neben der magnetischen Dipolstrahlung enthält die zweite Näherung noch die Quadrupolstrahlung. Wir betrachten dafür ein einfaches Beispiel. Zwei kurze Antennen der Länge l seien parallel in einem Abstand d aufgestellt und mit entgegengesetzten Strömen beschickt (Abb. 179). Diese Anordnung besitzt kein elektrisches, jedoch ein magnetisches Dipolmoment. Die erste Näherung liefert also keinen Anteil zur Strahlung. Legen wir die z-Achse in Richtung der Antennendrähte, die x-Achse in die Verbindungslinie der Antennen, so errechnet man leicht den Tensor

$$\mathfrak{Q} = \begin{Vmatrix} 0 & 0 & I\,l\,d \\ 0 & 0 & 0 \\ 0 & 0 & 0 \end{Vmatrix}$$

wobei das in l quadratische Glied Q_{zz} sich weghebt. Wenn wir

$$\mathfrak{R}^0 = \mathfrak{i}\cos\alpha + \mathfrak{j}\cos\beta + \mathfrak{k}\cos\gamma$$

setzen, so ergibt sich

$$\mathfrak{Y} = \mathfrak{k}\, I\, l\, d \cos\alpha; \qquad X = I\, l\, d \cos\alpha \cos\gamma.$$

Wir erhalten dann in zweiter Näherung die Ausstrahlung

$$\mathfrak{S}_2 = \mathfrak{R}^0 \frac{\pi^2}{\varepsilon\,\varepsilon_0\, c\, \lambda^4 R^2} I^2 l^2 d^2 \cos^2\alpha \sin^2\gamma \cos^2 2\pi \left(\frac{R}{\lambda} - \nu t\right).$$

Während eine einzige Antenne in der zu ihr senkrechten Ebene nach allen Richtungen gleichmäßig strahlt, bewirken zwei Antennen eine gerichtete Strahlung, die die Richtung der Verbindungslinie ($\cos\alpha = 1$) bevorzugt. In der Abb. 180 ist $\mathfrak{S}_2$ als Radiusvektor gegen die Richtung aufgetragen.

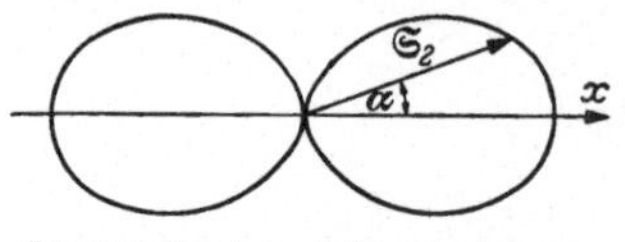

Abb. 180. Zwei parallele mit entgegengesetztem Strom beschickte Antennen. Abhängigkeit der Ausstrahlung vom Winkel α.

Das Intensitätsverhältnis der Quadrupolstrahlung zu der von der gleichen Stromstärke bewirkten Dipolstrahlung ist

$$\frac{|\mathfrak{S}_2|}{|\mathfrak{S}_1|} = \frac{4\pi^2 d^2}{\lambda^2} \cos^2\alpha.$$

Die Quadrupolstrahlung tritt gegenüber der Dipolstrahlung immer zurück, wenn die Dimensionen der Ladungsanordnung klein gegen die Wellenlänge sind. Im anderen Fall ist aber auch die Quadrupolstrahlung noch keine ausreichende Näherung, da die Reihe (49a) anfangs nur langsam konvergiert. Von großer Bedeutung ist also die zweite Näherung, wenn die erste Näherung gar nichts liefert. Sonst ist sie nur ein Korrektionsglied zur Dipolstrahlung.

Bei einfachen Anordnungen ist man nicht genötigt, die sukzessiven Näherungen immer durchzuführen. Bei Systemen von Antennen kommt man z. B. schneller zum Ziel, wenn man die Felder der einzelnen Antennen für sich berechnet und überlagert. Dies ist besonders dann vorzuziehen, wenn der Antennenabstand nicht klein gegen die Wellenlänge ist.

**§ 8. Das Strahlungsfeld einer beschleunigten Punktladung.

Inhalt: LIENARD-WIECHERTsche Potentiale einer Punktladung. Feldstärken und POYNTINGscher Vektor einer beschleunigten Ladung. Eine gleichförmig bewegte Ladung strahlt nicht.

Bezeichnungen: $\mathfrak{r}$ Vektor von Ladung zu Aufpunkt, $\mathfrak{r}^0$ seine Richtung, r sein Betrag, $\mathfrak{v}$, $\dot{\mathfrak{v}}$ Geschwindigkeit und Beschleunigung der Ladung Q, $V(t)$, $\mathfrak{A}(t)$ Potentiale des Feldes, $\mathfrak{E}$, $\mathfrak{H}$ elektrische und magnetische Feldstärke, $\mathfrak{S}$ POYNTINGscher Vektor.

Die Berechnung des Strahlungsfeldes einer veränderlichen Ladungs- und Stromverteilung ist leider nicht immer so einfach, wie es auf den ersten Blick nach der Berechnung der Dipolstrahlung und den Untersuchungen der vorigen Paragraphen erscheint. Die FOURIER-Zerlegung ist ein wirklich angemessenes Verfahren nur dann, wenn die Bewegungen der Ladungen tatsächlich eine Art Periodizität aufweisen. Ein so einfacher Vorgang wie die Bewegung einer einzelnen Ladung läßt sich aber nur mühsam und unübersichtlich behandeln, wenn die Bewegung nicht zufällig periodisch ist.

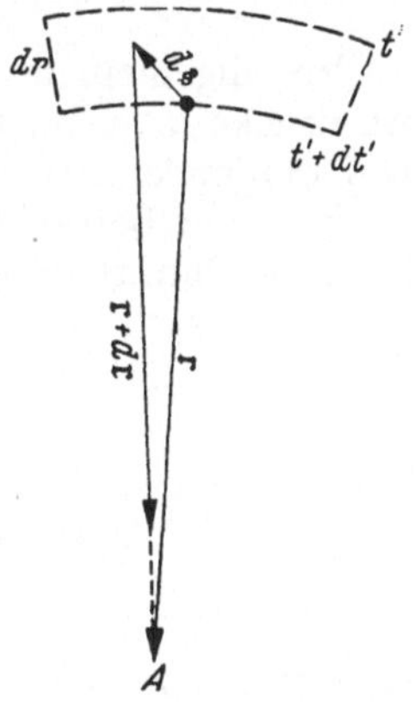

Es liegt also nahe, in solchen Fällen auf das Verfahren des § 6 zu verzichten und die Potentiale des Strahlungsfeldes direkt nach Gl. (11) und (12) von S. 482 zu berechnen. Die Ausführung der Integration in den Ausdrücken

$$V(t) = \frac{1}{4\pi\,\varepsilon\,\varepsilon_0}\int \frac{1}{r}\,\eta(x', y', z', t')\,dv', \tag{60a}$$

$$\mathfrak{A}(t) = \frac{1}{4\pi}\int \frac{1}{r}\,\mathfrak{G}(x', y', z', t')\,dv' \tag{60b}$$

für die Potentiale mit

$$t' = t - \frac{r}{c} \tag{61}$$

ist aber schwierig, weil die Zeit t' selbst noch vom Orte abhängt und deshalb η und $\mathfrak{G}$ oft nicht leicht zu ermitteln sind.

Abb. 181.

Wir betrachten nun ein Volumenelement dv' von folgender Gestalt. Auf einer Kugel vom Radius r um den Aufpunkt A werde über einem Flächenelement $d\sigma$ ein flaches Volumenelement (s. Abb. 181)

$$dv' = dr\,d\sigma$$

errichtet, dessen Dicke dr klein gegen die Dimensionen von $d\sigma$ sei. Den Vektor von dv' zum Aufpunkt nennen wir $\mathfrak{r}$, seine Richtung $\mathfrak{r}^0$ und seinen Betrag r.

Dem Volumenelement dv' ist ein Zeitintervall

$$dt' = \frac{dr}{c} \tag{62}$$

zugeordnet, in welches die Zeitpunkte t' fallen, die in dv' zu berücksichtigen sind. Legt die Ladung während der Zeit dt' einen Weg $d\mathfrak{s}$ zurück, d. h. bewegt sie sich mit der Geschwindigkeit

$$\mathfrak{v} = \frac{d\mathfrak{s}}{dt'}, \tag{63}$$

so wandert während der Zeit dt' die Ladung

$$-\eta(\mathfrak{r}^0\mathfrak{v})\,d\sigma\,dt' = -\eta\frac{(\mathfrak{r}^0\mathfrak{v})}{c}\,d\sigma\,dr = -\eta\frac{(\mathfrak{r}^0\mathfrak{v})\,dv'}{c}$$

auf der Innenseite in das Volumenelement dv' ein und wirkt also während dt' bei der Bildung von $V(t)$ mit. Die Ladungsmenge, welche also zu V im Zeitpunkt t beiträgt, ist nicht

$$\eta\left(x', y', z', t - \frac{r}{c}\right)dv',$$

sondern

$$dQ = \eta\left(1 - \frac{(\mathfrak{r}^0\mathfrak{v})}{c}\right)dv'. \tag{64}$$

Wir können nun $\eta\,dv'$ auch durch dQ ausdrücken und erhalten

$$V(t) = \frac{1}{4\pi\varepsilon\varepsilon_0}\int\frac{dQ}{r\left(1 - \frac{\mathfrak{r}^0\mathfrak{v}}{c}\right)} \tag{65a}$$

und analog

$$\mathfrak{A}(t) = \frac{1}{4\pi}\int\frac{\mathfrak{v}\,dQ}{r\left(1 - \frac{\mathfrak{r}^0\mathfrak{v}}{c}\right)}. \tag{65b}$$

Im allgemeinen sind diese Formeln nicht leichter zu handhaben als die Ausdrücke (60a, b). Handelt es sich jedoch um die Bewegung einer Einzelladung von minimaler Ausdehnung, so kann man alle Größen im Bereich der Ladung als konstant betrachten. Bei der Ausführung der Integration ergeben sich dann für eine Punktladung die LIENARD-WIECHERTschen Potentiale

$$V(t) = \frac{Q}{4\pi\varepsilon\varepsilon_0\left(r - \frac{\mathfrak{v}\mathfrak{r}}{c}\right)}, \tag{66a}$$

$$\mathfrak{A}(t) = \frac{\mathfrak{v}Q}{4\pi\left(r - \frac{\mathfrak{v}\mathfrak{r}}{c}\right)} = \frac{\mathfrak{v}Q}{4\pi\varepsilon\varepsilon_0\mu_0\mu c^2\left(r - \frac{\mathfrak{v}\mathfrak{r}}{c}\right)}. \tag{66b}$$

Bezeichnet $\mathfrak{R}$ den Ort des Aufpunktes, $\mathfrak{r}'$ den Ort der Ladung, so gilt

$$\mathfrak{r} + \mathfrak{r}' = \mathfrak{R}; \quad r^2 = \mathfrak{R}^2 - 2\mathfrak{R}\mathfrak{r}' + \mathfrak{r}'^2. \tag{67}$$

Diese Ladung bewegt sich im Zeitpunkt t' mit der Geschwindigkeit

$$\mathfrak{v} = \frac{d\mathfrak{s}}{dt'} = \frac{d\mathfrak{r}'}{dt'} = -\frac{d\mathfrak{r}}{dt'}.$$

Wegen (67) ist bei festem Aufpunkt mit $\mathfrak{r}'$ auch $\mathfrak{r}$ eine Funktion von t'. Die Gleichung

$$t' = t - \frac{r(t')}{c} \tag{61}$$

stellt also für jeden Aufpunkt die Beziehung zwischen t und t' her.

Jetzt bilden wir die Feldstärken

$$\mathfrak{E} = -\nabla V - \mu\mu_0\frac{\partial\mathfrak{A}}{\partial t}, \tag{68a}$$

$$\mathfrak{H} = [\nabla\mathfrak{A}], \tag{68b}$$

wobei ∇ auf die Koordinaten des Aufpunktes wirkt und nach t, nicht aber t' differenziert wird.

Beim Differenzieren muß man also beachten, daß in r, $\mathfrak{r}$ und $\mathfrak{v}$ noch die Zeit t' enthalten ist, die selbst wieder mit t und dem Ort des Aufpunktes zusammenhängt.

Führen wir zur Abkürzung

$$s = r - \frac{\mathfrak{v}\,\mathfrak{r}}{c} \tag{69}$$

ein, so finden wir

$$\mathfrak{E} = \frac{Q}{4\pi\,\varepsilon\,\varepsilon_0\,s^2}\left\{\nabla s + \frac{\mathfrak{v}}{c^2}\frac{\partial s}{\partial t} - \frac{s}{c^2}\frac{\partial \mathfrak{v}}{\partial t}\right\}, \tag{70a}$$

$$\mathfrak{H} = \frac{Q}{4\pi\,s^2}\{s[\nabla\mathfrak{v}] + [\mathfrak{v}\,\nabla s]\}. \tag{70b}$$

Wir bilden nun zuerst

$$r\frac{\partial r}{\partial t'} = \mathfrak{r}\frac{\partial \mathfrak{r}}{\partial t'} = -\mathfrak{r}\frac{d\mathfrak{r}'}{dt'} = -(\mathfrak{r}\,\mathfrak{v}). \tag{71}$$

Aus (61) erhalten wir dann

$$\frac{\partial t'}{\partial t} = 1 + \frac{(\mathfrak{r}\,\mathfrak{v})}{r\,c}\frac{\partial t'}{\partial t}$$

und

$$\frac{\partial t'}{\partial t} = \frac{1}{1 - \dfrac{\mathfrak{r}\,\mathfrak{v}}{c\,r}} = \frac{r}{s}. \tag{72}$$

Ebenso ergibt sich aus (61)

$$\nabla t' = -\frac{1}{c}\nabla r = -\frac{\mathfrak{r}}{r\,c} - \frac{1}{c}\frac{\partial r}{\partial t'}\nabla t'$$

und

$$\nabla t' = -\frac{\mathfrak{r}}{c\,s}. \tag{73}$$

Führen wir die Beschleunigung

$$\dot{\mathfrak{v}} = \frac{d\mathfrak{v}}{dt'} \tag{74}$$

der bewegten Ladung ein, so können wir

$$\frac{\partial \mathfrak{v}}{\partial t} = \frac{\partial t'}{\partial t}\frac{d\mathfrak{v}}{\partial t'} = \frac{r}{s}\dot{\mathfrak{v}} \tag{75}$$

und

$$[\nabla\mathfrak{v}] = -[\dot{\mathfrak{v}}\,\nabla t'] = -\frac{1}{c\,s}[\mathfrak{r}\,\dot{\mathfrak{v}}] \tag{76}$$

bilden. Ebenso findet man

$$\frac{\partial s}{\partial t} = \frac{r}{s}\frac{\partial s}{\partial t'} = \frac{r\,\mathfrak{v}^2}{c\,s} - \frac{(\mathfrak{r}\,\mathfrak{v})}{s} - \frac{r}{c\,s}(\mathfrak{r}\,\dot{\mathfrak{v}}) \tag{77}$$

und

$$\nabla s = \frac{\mathfrak{r}}{r} - \frac{\mathfrak{v}}{c} - \frac{\mathfrak{r}\,\mathfrak{v}^2}{c^2\,s} + \frac{\mathfrak{r}(\mathfrak{r}\,\mathfrak{v})}{c\,s\,r} + \frac{\mathfrak{r}}{c^2\,s}(\mathfrak{r}\,\dot{\mathfrak{v}}). \tag{78}$$

Beim Einsetzen in die Feldstärken erhält man

$$\mathfrak{E} = \frac{Q}{4\pi\,\varepsilon\,\varepsilon_0\,s^3}\left\{\left(\mathfrak{r} - \frac{\mathfrak{v}\,r}{c}\right)\left(1 - \frac{\mathfrak{v}^2}{c^2}\right) + \frac{1}{c^2}\left[\mathfrak{r}\left[\left(\mathfrak{r} - \frac{\mathfrak{v}\,r}{c}\right)\dot{\mathfrak{v}}\right]\right]\right\}, \tag{79a}$$

$$\mathfrak{H} = \frac{Q}{4\pi\,s^3}\left\{[\mathfrak{v}\,\mathfrak{r}]\left(1 - \frac{\mathfrak{v}^2}{c^2}\right) - \frac{r}{c}[\mathfrak{r}\,\dot{\mathfrak{v}}] + \frac{(\mathfrak{r}\,\mathfrak{v})}{c}[\mathfrak{r}\,\dot{\mathfrak{v}}] + \frac{(\mathfrak{r}\,\dot{\mathfrak{v}})}{c^2}[\mathfrak{v}\,\mathfrak{r}]\right\}. \tag{79b}$$

Man kann ohne Schwierigkeit nachrechnen, daß

$$\mathfrak{H} = \frac{\varepsilon\varepsilon_0 c}{r}[\mathfrak{r}\,\mathfrak{E}] = \frac{1}{r}\sqrt{\frac{\varepsilon\varepsilon_0}{\mu\mu_0}}[\mathfrak{r}\,\mathfrak{E}] \tag{80}$$

gilt.

Das magnetische Feld steht auf $\mathfrak{E}$ und $\mathfrak{r}$ senkrecht, während die elektrische Feldstärke auch eine zu $\mathfrak{r}$ parallele Komponente besitzt.

In großer Entfernung reduzieren sich die Felder auf den Strahlungsanteil

$$\mathfrak{E} = \frac{Q}{4\pi\varepsilon\varepsilon_0 s^3 c^2}\left[\mathfrak{r}\left[\left(\mathfrak{r} - \frac{\mathfrak{v} r}{c}\right)\dot{\mathfrak{v}}\right]\right], \tag{81a}$$

$$\mathfrak{H} = \frac{Q}{4\pi s^3 c^2}\{(\mathfrak{r}\mathfrak{v})[\mathfrak{r}\dot{\mathfrak{v}}] + (\mathfrak{r}\dot{\mathfrak{v}})[\mathfrak{v}\mathfrak{r}] - r c[\mathfrak{r}\dot{\mathfrak{v}}]\}, \tag{81b}$$

weil man sich auf die Glieder beschränken kann, die am wenigsten mit r abnehmen. Jetzt gilt auch

$$(\mathfrak{r}\,\mathfrak{E}) = 0, \tag{82}$$

d. h. die elektrische Feldstärke steht auf $\mathfrak{r}$ senkrecht. Eine gleichförmig bewegte Ladung verursacht keine Strahlung, sondern nur eine beschleunigte Ladung gibt zu einer Energiestrahlung Anlaß.

Berechnen wir den POYNTINGschen Vektor

$$\mathfrak{S} = [\mathfrak{E}\,\mathfrak{H}] = \frac{1}{r}\sqrt{\frac{\varepsilon\varepsilon_0}{\mu\mu_0}}[\mathfrak{E}[\mathfrak{r}\,\mathfrak{E}]] = \frac{\mathfrak{r}}{r}\sqrt{\frac{\varepsilon\varepsilon_0}{\mu\mu_0}}\,\mathfrak{E}^2, \tag{83}$$

so erkennen wir, daß der Energietransport nur in der Richtung $\mathfrak{r}^0$ erfolgt.

Im einfachen und wichtigen Fall, daß eine Ladung gebremst wird, also $\dot{\mathfrak{v}}$ die gleiche Richtung wie $\mathfrak{v}$ hat, gilt

$$\mathfrak{E} = \frac{Q}{4\pi\varepsilon\varepsilon_0 s^3 c^2}[\mathfrak{r}[\mathfrak{r}\dot{\mathfrak{v}}]], \tag{84}$$

$$\mathfrak{S} = \frac{Q^2 r^4 \dot{\mathfrak{v}}^2}{16\pi^2\varepsilon^2\varepsilon_0^2 c^4 s^6}\sin^2\vartheta, \tag{85}$$

wenn $\mathfrak{r}$ und $\dot{\mathfrak{v}}$ bzw. $\mathfrak{v}$ den Winkel ϑ bilden.

D. Optik.

Zu den elektromagnetischen Wellen gehört auch das Licht. Ein Bündel paralleler Lichtstrahlen ist eine ebene elektrische Welle, ein divergentes Bündel, das von einem Punkte ausgeht, eine Kugelwelle. Die Strahlen des Bündels werden im wesentlichen durch den POYNTINGschen Vektor repräsentiert. Natürlich kann ein einzelner Lichtstrahl nicht als eine Welle beschrieben werden, doch kommt auch in der Optik niemals ein einzelner Lichtstrahl vor. Der Versuch, einen solchen auszublenden, wird durch die Beugungserscheinungen vereitelt, und es entsteht statt seiner doch immer ein Bündel von Strahlen.

Die Eigenschaften des Lichtes im homogenen Medium sind schon erschöpfend bei den elektromagnetischen Wellen beschrieben (s. S. 455 bis 473). Die erste Aufgabe der Optik ist es, das Verhalten von Lichtwellen an der Grenzfläche zweier verschiedener Medien festzustellen. Hierbei kommen wir zu der Reflexion und der Brechung des Lichtes, der Grundlage der sogenannten geometrischen Optik. Auf einen anderen Kreis optischer Probleme stoßen wir, wenn wir das Zusammenwirken mehrerer Lichtwellen untersuchen. Hierbei treten Erscheinungen auf, welche man unter dem Sammelnamen Interferenz zusammenfaßt. Schließlich muß noch dem Umstand Rechnung getragen werden, daß die Lichtwellen nicht den ganzen Raum erfüllen, sondern seitlich begrenzte Bündel bilden, und daß dadurch gewisse Abweichungen gegenüber dem Verhalten unbegrenzter Wellen eintreten. Diese Abweichungen sind um so deutlicher, je enger die Bündel sind, und bilden die Ursache der sogenannten Beugungserscheinungen.

Die Probleme der Erzeugung und Vernichtung von Licht können nur im Zusammenhang mit den Eigenschaften der Materie behandelt werden, und wir scheiden sie deshalb aus dem Gebiet der eigentlichen Optik aus, um sie in der Atomphysik und Thermodynamik aufzugreifen.

I. Fortpflanzung, Reflexion und Brechung des Lichtes.

Bezeichnungen: $\mathfrak{E}$ elektrische Feldstärke, $\mathfrak{H}$ magnetische Feldstärke, $\mathfrak{G}$ Stromdichte, μ_0, ε_0 Permeabilität und Dielektrizitätskonstante des Vakuums, μ, ε relative Permeabilität und Dielektrizitätskonstante, c, c_0 Lichtgeschwindigkeit im Medium und im Vakuum, ν Frequenz, λ Wellenlänge, $\mathfrak{s}^0$ Fortpflanzungsrichtung, n Brechungsindex, $\mathfrak{S}$ POYNTINGscher Vektor, $\mathcal{A}$ komplexe Amplitude, $\mathfrak{A}$ reelle Amplitude.

In einem homogenen isotropen Medium, welches keine Ladungen enthält, gelten für alle elektrischen und magnetischen Vorgänge die MAXWELLschen Gleichungen

$$\operatorname{rot}\mathfrak{E} = -\mu\mu_0\frac{\partial\mathfrak{H}}{\partial t} \qquad (1\text{a}) \qquad\qquad \operatorname{div}\mathfrak{E} = 0 \qquad (1\text{c})$$

$$\operatorname{rot}\mathfrak{H} = \varepsilon\varepsilon_0\frac{\partial\mathfrak{E}}{\partial t} + \mathfrak{G} \qquad (1\text{b}) \qquad\qquad \operatorname{div}\mathfrak{H} = 0 \qquad (1\text{d})$$

für die elektrische Feldstärke $\mathfrak{E}$ und die magnetische Feldstärke $\mathfrak{H}$. In Isolatoren verschwindet der Leitungsstrom $\mathfrak{G}$, und wir können nach S. 456 die magnetische Feldstärke eliminieren, indem wir auf (1a) die Operation rot anwenden und (1b) nach der Zeit differenzieren, wobei wir

$$\operatorname{rot}\operatorname{rot}\mathfrak{E} = -\mu\mu_0\operatorname{rot}\frac{\partial\mathfrak{H}}{\partial t}$$

$$\operatorname{rot}\frac{\partial\mathfrak{H}}{\partial t} = \varepsilon\varepsilon_0\frac{\partial^2\mathfrak{E}}{\partial t^2}$$

erhalten können. Daraus können wir

$$\operatorname{rot}\operatorname{rot}\mathfrak{E} = -\varepsilon\varepsilon_0\mu\mu_0\frac{\partial^2\mathfrak{E}}{\partial t^2}$$

bilden, und wegen (1c) gilt

$$\operatorname{rot}\operatorname{rot}\mathfrak{E} = \operatorname{grad}\operatorname{div}\mathfrak{E} - \operatorname{div}\operatorname{grad}\mathfrak{E} = -\Delta\mathfrak{E}.$$

Wir gelangen so zu der Wellengleichung

$$\Delta\mathfrak{E} = \frac{1}{c^2}\frac{\partial^2\mathfrak{E}}{\partial t^2}, \qquad (2\text{a})$$

wenn wir die Abkürzung

$$\frac{1}{c^2} = \varepsilon\varepsilon_0\mu\mu_0 \qquad (3)$$

einführen. c bedeutet die Lichtgeschwindigkeit in dem betreffenden Medium. Auf analoge Weise erhalten wir auch die Wellengleichung

$$\Delta\mathfrak{H} = \frac{1}{c^2}\frac{\partial^2\mathfrak{H}}{\partial t^2} \qquad (2\text{b})$$

für die magnetische Feldstärke.

Mit der Welle ist der Energiestrom

$$\mathfrak{S} = [\mathfrak{E}\,\mathfrak{H}] \tag{4}$$

verbunden, und seinen Zeitmittelwert bezeichnet man als Intensität des Lichtes.

Das Licht ist eine periodische Welle oder läßt sich aus periodischen Wellen zusammensetzen. Ein paralleles Lichtbündel ist eine ebene Welle und wird durch die Lösung

$$\mathfrak{E} = \mathcal{A}\, e^{\frac{2\pi i \nu}{c}(\mathfrak{r}\mathfrak{s}^0 - ct)} \tag{5}$$

der Wellengleichung beschrieben. ν ist die Frequenz, $\mathfrak{s}^0$ ein Einheitsvektor in der Fortpflanzungsrichtung, $\mathfrak{r}$ der Ortsvektor. Der Amplitudenvektor $\mathcal{A}$ steht senkrecht auf $\mathfrak{s}^0$. Die Welle ist transversal. Elliptisch polarisiertes Licht kann man aus zwei linear polarisierten Anteilen zusammensetzen, zwischen denen eine Phasenverschiebung besteht, und muß dann $\mathcal{A}$ als komplexen Vektor ansehen. Bei linear polarisiertem Licht sind Real- und Imaginärteil von $\mathcal{A}$ gleichgerichtet (s. S. 463 und 465).

Licht, welches von einem Punkte ausgeht, wird durch die Kugelwelle

$$\mathfrak{E} = \frac{\mathcal{A}}{r}\, e^{\frac{2\pi i \nu}{c}(r - ct)} \tag{5a}$$

beschrieben. Hier bedeutet r den Abstand vom Entstehungsort. Die Amplitude $\mathcal{A}$ kann noch von der Richtung abhängen.

Nach Reflexion oder Brechung an krummen Flächen können noch weit kompliziertere Wellenvorgänge entstehen. Da sie aber schwierig zu behandeln sind, pflegt man sie durch ebene oder Kugelwellen anzunähern und beschränkt sich deshalb hauptsächlich auf diese beiden Wellenformen. Einen eng begrenzten Ausschnitt aus einer Kugelwelle kann man zuweilen in genügender Annäherung durch eine ebene Welle ersetzen.

Ein Hauptgegenstand der Optik ist die Untersuchung der Vorgänge, die an der Grenzfläche zweier Medien vor sich gehen. Die Fläche betrachten wir zunächst als eben und machen sie zur xy-Ebene eines kartesischen Koordinatensystems. Dann gelten die MAXWELLschen Gleichungen (1) in beiden Medien, doch haben ε und μ in ihnen verschiedene Zahlenwerte. In der Grenzfläche selbst müssen die Tangentialkomponenten beider Feldstärken stetig sein, es muß also

$$\mathfrak{E}_{t_1} = \mathfrak{E}_{t_2}; \qquad \mathfrak{H}_{t_1} = \mathfrak{H}_{t_2} \tag{6a}$$

gelten. Die Normalkomponenten von dielektrischer Erregung und magnetischer Induktion müssen an der Grenzfläche stetig sein, was zu der Bedingung

$$\varepsilon_1\, \mathfrak{E}_{n_1} = \varepsilon_2\, \mathfrak{E}_{n_2}; \qquad \mu_1\, \mathfrak{H}_{n_1} = \mu_2\, \mathfrak{H}_{n_2} \tag{6b}$$

führt.

§ 1. Das SNELLIUSsche Brechungsgesetz.

Inhalt: Bei Brechung und Reflexion ändert sich die Frequenz nicht. Einfallender, reflektierter und gebrochener Strahl liegen in der Einfallsebene, die auch das Lot auf der Grenzfläche enthält. Gesetz der regulären Reflexion. Die Sinus des Einfallswinkels und Brechungswinkels verhalten sich umgekehrt wie die Brechungsindizes der Medien.

Bezeichnungen: Die beiden Medien werden durch die Indizes 1 und 2 unterschieden. Die reflektierte Welle ist durch ', die gebrochene Welle durch '' gekennzeichnet. Sonst wie S. 499.

Zwei Medien mögen längs einer ebenen Grenzfläche zusammenstoßen. Diese Fläche machen wir zur xy-Ebene eines Koordinatensystems. Im Innern guter Leiter können keine elektrischen Wellen bestehen, sondern sie können nur von außen in eine dünne Grenzschicht eindringen. Eine der beiden Substanzen muß also notwendig ein Nichtleiter sein. Man kann dann zwei Fälle unterscheiden. Wellen, die aus einem Isolator auf die Grenzfläche fallen, können in das zweite Medium nur eindringen, wenn auch dieses ein Isolator ist. Dabei tritt eine Rückwirkung auf das erste Medium ein, die wir als Reflexion bezeichnen. Eine solche Grenzfläche zwischen isolierenden Stoffen wird also eine zurückgeworfene (reflektierte) und eine eindringende (gebrochene) Welle entstehen lassen. Ist das zweite Medium dagegen Leiter, so spielt sich in ihm nur ein Oberflächenprozeß ab, und es gibt keine Brechung. Statt ihrer muß man eine Absorption neben der Reflexion erwarten.

Wenn eines oder beide Medien nicht isotrop sind, werden die Verhältnisse wesentlich komplizierter. Die Dielektrizitätskonstante ist dann keine skalare Größe mehr, sondern ein Tensor. Grundsätzlich gilt dasselbe auch für die Permeabilität, welche aber meist von der Vakuumpermeabilität kaum abweicht. Dies führt zu den verwickelten Vorgängen der Doppelbrechung, die man an Kristallen beobachtet und die wir in Kap. V, S. 596, für sich besprechen werden. Hier behandeln wir nur Grenzflächen zwischen zwei isotropen Isolatoren.

Die Größen

$$n_1 = \sqrt{\varepsilon_1 \mu_1} = \frac{c_0}{c_1}; \qquad n_2 = \sqrt{\varepsilon_2 \mu_2} = \frac{c_0}{c_2} \tag{7}$$

heißen Brechungsindizes der beiden Materialien. Sie hängen von der Frequenz ab. Die Gründe dafür kann man aus der atomistischen Struktur der Materie ableiten. c_0 bedeutet die Lichtgeschwindigkeit im Vakuum. Je größer der Brechungsindex ist, desto kleiner ist die Fortpflanzungsgeschwindigkeit und die Wellenlänge λ. Zwischen disen Größen und der Frequenz ν gelten die Beziehungen

$$\begin{gathered} \nu \lambda_1 = c_1 \qquad \nu \lambda_2 = c_2 \\ \frac{\lambda_1}{\lambda_2} = \frac{c_1}{c_2} = \frac{n_2}{n_1} \\ n_1 \lambda_1 = n_2 \lambda_2 = \lambda_0, \end{gathered} \tag{8}$$

wenn λ_0 die Wellenlänge im Vakuum bezeichnet.

Auf die Grenzfläche falle aus dem Medium 1 eine ebene Welle der Frequenz ν ein. Ihre Fortpflanzungsrichtung sei durch den Einheitsvektor $\mathfrak{s}^0$ angegeben. Für diese Welle können wir den Ansatz

$$\mathfrak{E} = \mathcal{A}\, e^{\frac{2\pi i \nu}{c_1}(\mathfrak{r}\mathfrak{s}^0 - c_1 t)} \tag{9}$$

machen. Wenn sie elliptisch polarisiert ist, ist $\mathcal{A}$ komplex, bei linearer Polarisation kann man den Nullpunkt der Zeitzählung so legen, daß $\mathcal{A}$ reell wird. Andere Wellen mögen aus keinem der beiden Medien auf die Grenzfläche zulaufen.

Als Folge der einfallenden Welle möge von der Grenzfläche je eine ebene Welle in beide Medien hineinlaufen. In das Medium 1 kehrt also die reflektierte Welle

$$\mathfrak{E}' = \mathcal{A}'\, e^{\frac{2\pi i \nu'}{c_1}(\mathfrak{r}\mathfrak{s}^{0\prime} - c_1 t)} \tag{9a}$$

zurück, während sich in das Medium 2 die gebrochene Welle

$$\mathfrak{E}'' = \mathcal{A}''\, e^{\frac{2\pi i \nu''}{c_2}(\mathfrak{r}\mathfrak{s}^{0\prime\prime} - c_2 t)} \tag{9b}$$

fortsetzt. Die Frequenzen ν' und ν'', Amplituden $\mathcal{A}'$ und $\mathcal{A}''$ und Fortschreitungsrichtungen $\mathfrak{s}^{0\prime}$ und $\mathfrak{s}^{0\prime\prime}$ der reflektierten und der gebrochenen Welle müssen so beschaffen sein, daß an allen Punkten der Grenzfläche für alle Zeiten die Stetigkeitsbedingungen

$$\mathfrak{E}_t + \mathfrak{E}'_t = \mathfrak{E}''_t; \quad \mathfrak{H}_t + \mathfrak{H}'_t = \mathfrak{H}''_t \tag{10}$$

für die Tangentialkomponenten der Feldstärken erfüllt werden.

Wenden wir dies auf den Koordinatenursprung an, so ergibt sich

$$\mathcal{A}_t e^{-2\pi i \nu t} + \mathcal{A}'_t e^{-2\pi i \nu' t} = \mathcal{A}''_t e^{-2\pi i \nu'' t}. \tag{11}$$

Durch wiederholtes Differenzieren nach der Zeit erhalten wir daraus das Gleichungssystem

$$\begin{aligned} \mathcal{A}_t e^{-2\pi i \nu t} + {} & \mathcal{A}'_t e^{-2\pi i \nu' t} = \mathcal{A}''_t e^{-2\pi i \nu'' t} \\ \nu \mathcal{A}_t e^{-2\pi i \nu t} + \nu' & \mathcal{A}'_t e^{-2\pi i \nu' t} = \nu'' \mathcal{A}''_t e^{-2\pi i \nu'' t} \\ \nu^2 \mathcal{A}_t e^{-2\pi i \nu t} + \nu'^2 & \mathcal{A}'_t e^{-2\pi i \nu' t} = \nu''^2 \mathcal{A}''_t e^{-2\pi i \nu'' t} \\ \nu^3 \mathcal{A}_t e^{-2\pi i \nu t} + \nu'^3 & \mathcal{A}'_t e^{-2\pi i \nu' t} = \nu''^3 \mathcal{A}''_t e^{-2\pi i \nu'' t} \end{aligned} \tag{11a}$$

usw.

Setzen wir nun $t = 0$, so ergeben sich für die $\mathcal{A}_t$ die Bedingungen

$$\begin{aligned} \mathcal{A}_t + {} & \mathcal{A}'_t = \mathcal{A}''_t \\ \nu \mathcal{A}_t + \nu' & \mathcal{A}'_t = \nu'' \mathcal{A}''_t \\ \nu^2 \mathcal{A}_t + \nu'^2 & \mathcal{A}'_t = \nu''^2 \mathcal{A}''_t \end{aligned} \tag{11b}$$

usw.

Diese Gleichungen können nur erfüllt werden, wenn entweder alle $\mathcal{A}_t$ verschwinden oder die drei Frequenzen gleich sind. Die erste Bedingung würde bedeuten, daß die elektrische Feldstärke senkrecht auf der Grenzfläche und die Fortpflanzungsrichtung parallel zu ihr ist. Dies ist ein Grenzfall, der uns nicht besonders interessiert. Wir erhalten also das erste Gesetz:

$$\nu = \nu' = \nu''. \tag{11c}$$

Die einfallende, reflektierte und gebrochene Welle haben die gleiche Frequenz.

Sind $\cos\alpha$, $\cos\beta$ und $\cos\gamma$ die Richtungscosinus von $\mathfrak{s}^0$, so ist

$$(\mathfrak{r}\, \mathfrak{s}^0) = x \cos\alpha + y \cos\beta + z \cos\gamma.$$

Analog gilt für die reflektierte und gebrochene Welle

$$\begin{aligned} (\mathfrak{r}\, \mathfrak{s}^{0\prime}) &= x \cos\alpha' + y \cos\beta' + z \cos\gamma' \\ (\mathfrak{r}\, \mathfrak{s}^{0\prime\prime}) &= x \cos\alpha'' + y \cos\beta'' + z \cos\gamma''. \end{aligned}$$

In der Ebene $z = 0$ muß jetzt überall

$$\mathcal{A}_t e^{\frac{2\pi i \nu}{c_1} \cdot (x \cos\alpha + y \cos\beta)} + \mathcal{A}'_t e^{\frac{2\pi i \nu}{c_1} (x \cos\alpha' + y \cos\beta')} = \mathcal{A}'' e^{\frac{2\pi i \nu}{c_2} (x \cos\alpha'' + y \cos\beta'')}$$

sein. Setzen wir $y = 0$, so geht daraus

$$\mathcal{A}_t e^{\frac{2\pi i \nu}{c_1} x \cos\alpha} + \mathcal{A}'_t e^{\frac{2\pi i \nu}{c_1} x \cos\alpha'} = \mathcal{A}''_t e^{\frac{2\pi i \nu}{c_2} x \cos\alpha''} \tag{12}$$

hervor. Diese Beziehung muß für alle x gelten, und wir können beliebig oft nach x differenzieren. Hierdurch entstehen Gleichungen, die zu (11a) analog sind, und wenn wir dann noch $x = 0$ setzen, so erhalten wir entsprechend (11b)

$$\begin{aligned} \mathfrak{A}_t + \qquad & \mathfrak{A}_t' = \qquad \mathfrak{A}_t'' \\ \frac{\cos\alpha}{c_1}\mathfrak{A}_t + \frac{\cos\alpha'}{c_1} & \mathfrak{A}_t' = \frac{\cos\alpha''}{c_2}\mathfrak{A}_t'' \\ \left(\frac{\cos\alpha}{c_1}\right)^2\mathfrak{A}_t + \left(\frac{\cos\alpha'}{c_1}\right)^2 & \mathfrak{A}_t' = \left(\frac{\cos\alpha''}{c_2}\right)^2\mathfrak{A}_t''. \end{aligned}$$

Sollen nicht alle $\mathfrak{A}_t$ verschwinden, so muß

$$\frac{\cos\alpha}{c_1} = \frac{\cos\alpha'}{c_1} = \frac{\cos\alpha''}{c_2} \tag{13}$$

gelten.

In genau der gleichen Weise verfahren wir mit y, und es ergibt sich

$$\frac{\cos\beta}{c_1} = \frac{\cos\beta'}{c_1} = \frac{\cos\beta''}{c_2}. \tag{14}$$

Nun denken wir uns die y-Achse senkrecht zur Fortpflanzungsrichtung der einfallenden Welle gelegt. Dann ist $\cos\beta = 0$, und aus (14) ergibt sich auch $\cos\beta' = \cos\beta'' = 0$. Die y-Achse steht also auch auf den Fortpflanzungsrichtungen der reflektierten und der gebrochenen Welle senkrecht. $\mathfrak{s}^0$, $\mathfrak{s}^{0\prime}$ und $\mathfrak{s}^{0\prime\prime}$ liegen in einer Ebene, welche Einfallsebene genannt wird. Spricht man von Strahlen, so gilt der Satz, daß der einfallende, reflektierte und gebrochene Strahl in der Einfallsebene liegen. In dieser Ebene liegt außerdem die z-Achse, d. h. das Lot zur Grenzfläche. Sie ist also die Ebene, die die Einfallsrichtung mit dem Einfallslot bildet (s. Abb. 182).

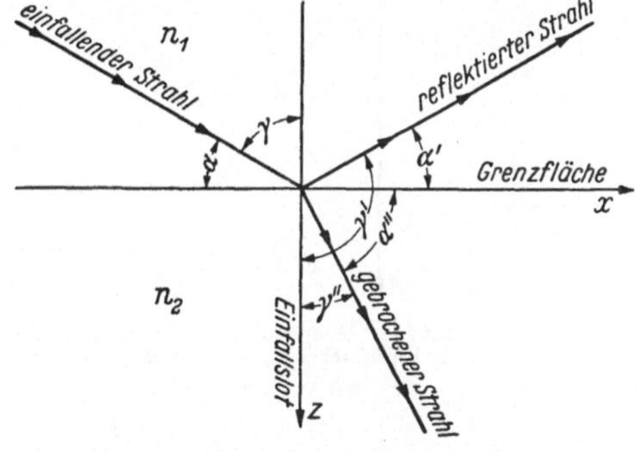

Abb. 182. Einfallender, gebrochener und reflektierter Strahl durch Pfeile markiert.

Aus den Gl. (13) folgt jetzt

$$\cos\alpha = \cos\alpha' \tag{13a}$$

$$\frac{\cos\alpha''}{\cos\alpha} = \frac{c_2}{c_1} = \frac{n_1}{n_2}. \tag{13b}$$

Die Fortpflanzungsrichtungen der drei Wellen können jetzt leicht in der Einfallsebene gezeichnet werden. Führt man statt α den Winkel γ ein, den die Strahlen mit dem Einfallslot bilden, so geht (13b) in

$$\frac{\sin\gamma''}{\sin\gamma} = \frac{n_1}{n_2} \tag{13c}$$

über. Diese Beziehung ist das SNELLIUSsche Brechungsgesetz, das schon frühzeitig durch Beobachtung gefunden wurde.

Für die reflektierte Welle gilt $\sin\gamma' = \sin\gamma$. Da $\cos\gamma = -\cos\gamma'$ ist, weil ja der reflektierte Strahl verschieden vom einfallenden sein muß, folgt schließlich

$$\gamma' = \pi - \gamma. \tag{13d}$$

Dies ist das Gesetz der regulären Reflexion.

Damit sind die Richtungen bestimmt, in denen die reflektierte und gebrochene Welle fortschreiten bzw. die Richtungen der reflektierten und gebrochenen Strahlen. Was uns jetzt noch fehlt, sind die Amplituden $\mathcal{A}'$ und $\mathcal{A}''$ dieser Wellen[1].

§ 2. Intensität und Polarisation des reflektierten und gebrochenen Lichtes. FRESNELsche Formeln.

Inhalt: Ableitung der FRESNELschen Formeln zur Berechnung der Amplituden der reflektierten und gebrochenen Welle. Reflexionsvermöeen und Durchlässigkeit.
Bezeichnungen: Wie S. 499 u. 500.

Die Amplituden $\mathcal{A}$, $\mathcal{A}'$ und $\mathcal{A}''$ der drei Wellen denken wir uns jetzt in Komponenten senkrecht und parallel zur Einfallsebene aufgespalten. Die senkrechten Komponenten fallen mit den y-Komponenten zusammen und werden mit $\mathcal{A}_s$, $\mathcal{A}'_s$ und $\mathcal{A}''_s$, die parallelen Komponenten mit $\mathcal{A}_p$, $\mathcal{A}'_p$ und $\mathcal{A}''_p$ bezeichnet (s. Abb. 183). Die positive Richtung der $\mathcal{A}_p$ usw. sei so definiert, daß für jede Welle $\mathcal{A}_p$, $\mathcal{A}_s$ und $\mathfrak{s}^0$ ein Rechtskoordinatensystem bilden. Die z- und x-Komponenten der Amplituden können dann leicht aus den p-Komponenten gebildet werden, und wir erhalten

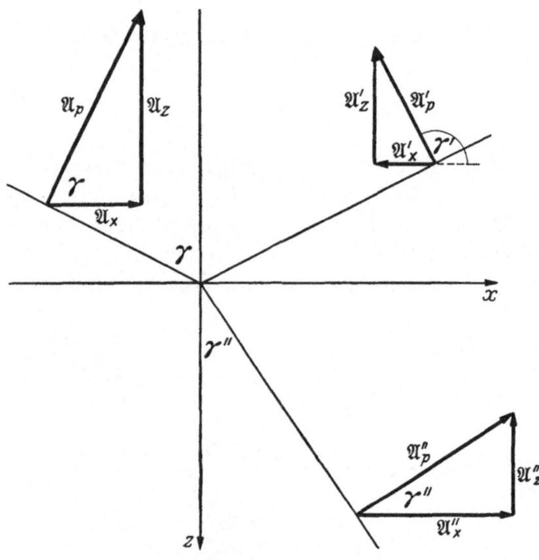

Abb. 183. Aufspaltung der Amplituden in Komponenten parallel und senkrecht zur Einfallsebene. 𝔄 ist Real- oder Imaginärteil von $\mathcal{A}$.

$$\left.\begin{aligned}
\mathcal{A}_x &= \mathcal{A}_p \cos\gamma; \\
\mathcal{A}'_x &= \mathcal{A}'_p \cos\gamma'; \\
\mathcal{A}''_x &= \mathcal{A}''_p \cos\gamma'' \\
\mathcal{A}_z &= -\mathcal{A}_p \sin\gamma; \\
\mathcal{A}'_z &= -\mathcal{A}'_p \sin\gamma'; \\
\mathcal{A}''_z &= -\mathcal{A}''_p \sin\gamma''.
\end{aligned}\right\} \tag{15}$$

Schreiben wir jetzt die elektrischen Feldstärken aller drei Wellen unter Verwendung aller bisher gemachten

---

[1] Man hätte von einem viel allgemeineren Ansatz ausgehen können als (9a, b). Hätten wir mehrere reflektierte und gebrochene Wellen verschiedener Fortpflanzungsrichtung und Frequenz angesetzt, so hätten wir

$$\mathfrak{E}' = \sum_k \sum_l \mathcal{A}'_{kl}\, e^{\frac{2\pi i \nu'_k}{c_1}(\mathfrak{r}\mathfrak{s}_l^{0\prime} - c_1 t)} = \sum_k \mathfrak{B}'_k\, e^{-\frac{2\pi i}{c_1}\nu'_k t}$$

und $\mathfrak{E}''$ entsprechend gehabt. Statt (11) wäre das Gleichungssystem

$$\mathcal{A} + \sum_k \mathfrak{B}'_k = \sum_k \mathfrak{B}''_k$$

$$\nu \mathcal{A} + \sum_k \nu'_k \mathfrak{B}'_k = \sum_k \nu''_k \mathfrak{B}''_k$$

usw. entstanden, woraus wir die Gleichheit sämtlicher Frequenzen hätten schließen müssen. Statt der Beziehungen (12) hätte man Gleichungen gefunden, aus denen hervorgeht, daß es nur eine reflektierte und eine gebrochene Welle gibt.

Feststellungen auf, so ergibt sich

$$\mathfrak{E} = \{ (\mathfrak{i}\cos\gamma - \mathfrak{k}\sin\gamma)\, A_p + \mathfrak{j} A_s\}\, e^{2\pi i \nu\left(\frac{x\sin\gamma + z\cos\gamma}{c_1} - t\right)} \tag{16a}$$

$$\mathfrak{E}' = \{-(\mathfrak{i}\cos\gamma + \mathfrak{k}\sin\gamma)\, A'_p + \mathfrak{j} A'_s\}\, e^{2\pi i \nu\left(\frac{x\sin\gamma - z\cos\gamma}{c_1} - t\right)} \tag{16b}$$

$$\mathfrak{E}'' = \{ (\mathfrak{i}\cos\gamma'' - \mathfrak{k}\sin\gamma'')\, A''_p + \mathfrak{j} A''_s\}\, e^{2\pi i \nu\left(\frac{x\sin\gamma}{c_1} + \frac{z\cos\gamma''}{c_2} - t\right)}, \tag{16c}$$

wenn man $\cos\gamma' = -\cos\gamma$ beachtet. Die magnetischen Feldstärken finden wir am schnellsten aus den MAXWELLschen Gleichungen. Setzen wir in

$$\frac{\partial \mathfrak{H}}{\partial t} = -\frac{1}{\mu\,\mu_0}\operatorname{rot}\mathfrak{E} = -c\sqrt{\frac{\varepsilon\,\varepsilon_0}{\mu\,\mu_0}}\operatorname{rot}\mathfrak{E}$$

den Wert für $\mathfrak{E}$ ein, so ergibt sich

$$\frac{\partial \mathfrak{H}}{\partial t} = c\sqrt{\frac{\varepsilon\,\varepsilon_0}{\mu\,\mu_0}}\left[A \operatorname{grad} e^{\frac{2\pi i\nu}{c}(\mathfrak{r}\mathfrak{s}^0 - ct)}\right] = 2\pi i\nu\sqrt{\frac{\varepsilon\,\varepsilon_0}{\mu\,\mu_0}}\,[\mathfrak{E}\,\mathfrak{s}^0]$$

$$= 2\pi i\nu\sqrt{\frac{\varepsilon\,\varepsilon_0}{\mu\,\mu_0}}\,[\mathfrak{E}(\mathfrak{i}\sin\gamma + \mathfrak{k}\cos\gamma)].$$

Die Integration liefert daraus

$$\mathfrak{H} = \sqrt{\frac{\varepsilon\,\varepsilon_0}{\mu\,\mu_0}}\,[(\mathfrak{i}\sin\gamma + \mathfrak{k}\cos\gamma)\,\mathfrak{E}].$$

Verfahren wir so bei allen drei Wellen, so gewinnen wir

$$\mathfrak{H} = \sqrt{\frac{\varepsilon_1\,\varepsilon_0}{\mu_1\,\mu_0}}\,\{\mathfrak{j} A_p + (-\mathfrak{i}\cos\gamma + \mathfrak{k}\sin\gamma)\, A_s\}\, e^{2\pi i \nu\left(\frac{x\sin\gamma + z\cos\gamma}{c_1} - t\right)} \tag{17a}$$

$$\mathfrak{H}' = \sqrt{\frac{\varepsilon_1\,\varepsilon_0}{\mu_1\,\mu_0}}\,\{\mathfrak{j} A'_p + (\mathfrak{i}\cos\gamma + \mathfrak{k}\sin\gamma)\, A'_s\}\, e^{2\pi i \nu\left(\frac{x\sin\gamma - z\cos\gamma}{c_1} - t\right)} \tag{17b}$$

$$\mathfrak{H}'' = \sqrt{\frac{\varepsilon_2\,\varepsilon_0}{\mu_2\,\mu_0}}\,\{\mathfrak{j} A''_p + (-\mathfrak{i}\cos\gamma'' + \mathfrak{k}\sin\gamma'')\, A''_s\}\, e^{2\pi i \nu\left(\frac{x\sin\gamma}{c_1} + \frac{z\cos\gamma''}{c_2} - t\right)}. \tag{17c}$$

In der Ebene $z = 0$ müssen nun die Tangentialkomponenten beider Feldstärken stetig sein. Dort muß also

$$\mathfrak{E}_x + \mathfrak{E}'_x = \mathfrak{E}''_x \qquad \mathfrak{H}_x + \mathfrak{H}'_x = \mathfrak{H}''_x$$
$$\mathfrak{E}_y + \mathfrak{E}'_y = \mathfrak{E}''_y \qquad \mathfrak{H}_y + \mathfrak{H}'_y = \mathfrak{H}''_y$$

gelten. Daraus ergeben sich für die Amplituden die vier Gleichungen

$$(A_p - A'_p)\cos\gamma = A''_p\cos\gamma'' \tag{18a}$$

$$A_s + A'_s = A''_s \tag{18b}$$

$$(A_s - A'_s)\sqrt{\frac{\varepsilon_1}{\mu_1}}\cos\gamma = A''_s\sqrt{\frac{\varepsilon_2}{\mu_2}}\cos\gamma'' \tag{18c}$$

$$(A_p + A'_p)\sqrt{\frac{\varepsilon_1}{\mu_1}} = A''_p\sqrt{\frac{\varepsilon_2}{\mu_2}} \tag{18d}$$

mit denen man A'_p, A'_s, A''_p und A''_s aus A_p und A_s berechnen kann. Vernachlässigen wir die unbedeutenden Unterschiede der relativen Permeabilitäten der verschiedenen optischen Materialien und führen den Brechungsindex statt der Dielektrizitätskonstanten mit

$$n_1 = \sqrt{\varepsilon_1 \mu_1} \sim \sqrt{\varepsilon_1}; \qquad n_2 = \sqrt{\varepsilon_2 \mu_2} \sim \sqrt{\varepsilon_2} \tag{19}$$

ein, so ergeben sich beim Auflösen der Gl. (18a) bis (18d) nach $\mathcal{A}_s''$, $\mathcal{A}_s'$, $\mathcal{A}_p''$ und $\mathcal{A}_p'$ die FRESNELschen Formeln

$$\mathcal{A}_s'' = \mathcal{A}_s \frac{2}{1 + \frac{n_2 \cos\gamma''}{n_1 \cos\gamma}} = \mathcal{A}_s \frac{2 \sin\gamma'' \cos\gamma}{\sin(\gamma'' + \gamma)} \tag{20a}$$

$$\mathcal{A}_s' = \mathcal{A}_s \frac{1 - \frac{n_2 \cos\gamma''}{n_1 \cos\gamma}}{1 + \frac{n_2 \cos\gamma''}{n_1 \cos\gamma}} = \mathcal{A}_s \frac{\sin(\gamma'' - \gamma)}{\sin(\gamma'' + \gamma)} \tag{20b}$$

$$\mathcal{A}_p'' = \mathcal{A}_p \frac{2 \frac{n_1}{n_2}}{1 + \frac{n_1 \cos\gamma''}{n_2 \cos\gamma}} = \mathcal{A}_p \frac{2 \sin\gamma'' \cos\gamma}{\sin(\gamma'' + \gamma) \cos(\gamma'' - \gamma)} \tag{20c}$$

$$\mathcal{A}_p' = \mathcal{A}_p \frac{1 - \frac{n_1 \cos\gamma''}{n_2 \cos\gamma}}{1 + \frac{n_1 \cos\gamma''}{n_2 \cos\gamma}} = -\mathcal{A}_p \frac{\operatorname{tg}(\gamma'' - \gamma)}{\operatorname{tg}(\gamma'' + \gamma)}. \tag{20d}$$

Zu ihrer Anwendung muß zuerst γ'' aus γ mit dem SNELLIUSschen Gesetz berechnet werden.

Daß die Normalkomponenten der dielektrischen Erregung und der magnetischen Induktion stetig sein müssen, ergibt keine neuen Bedingungen zwischen den $\mathcal{A}$ mehr. Die Forderungen

$$\varepsilon_1 (\mathfrak{E}_z + \mathfrak{E}_z') = \varepsilon_2 \mathfrak{E}_z''; \qquad \mu_1 (\mathfrak{H}_z + \mathfrak{H}_z') = \mu_2 \mathfrak{H}_z''$$

liefern nur noch einmal die Gl. (18d) und (18b).

Jetzt können wir die Intensitäten $|\overline{\mathfrak{S}}|$ der drei Wellen bilden, die man als Beträge der Zeitmittelwerte der POYNTINGschen Vektoren definiert. Für die einfallende Welle erhalten wir [s. S. 466, Gl. (70b)]

$$|\overline{\mathfrak{S}}_s| = \frac{\varepsilon_1 \varepsilon_0 c_1}{2} |\mathcal{A}_s|^2 = \frac{n_1^2 \varepsilon_0 c_1}{2} |\mathcal{A}_s|^2; \qquad |\overline{\mathfrak{S}}_p| = \frac{\varepsilon_1 \varepsilon_0 c_1}{2} |\mathcal{A}_p|^2 = \frac{n_1^2 \varepsilon_0 c_1}{2} |\mathcal{A}_p|^2$$

und für die gebrochene und reflektierte Welle

$$\begin{aligned}
|\overline{\mathfrak{S}}_s''| &= \frac{\varepsilon_2 \varepsilon_0 c_2}{2} |\mathcal{A}_s''|^2 = \frac{n_1^2 \varepsilon_0 c_1}{2} |\mathcal{A}_s|^2 \frac{4 \sin\gamma'' \sin\gamma \cos^2\gamma}{\sin^2(\gamma'' + \gamma)} \\
|\overline{\mathfrak{S}}_s'| &= \frac{\varepsilon_1 \varepsilon_0 c_1}{2} |\mathcal{A}_s'|^2 = \frac{n_1^2 \varepsilon_0 c_1}{2} |\mathcal{A}_s|^2 \frac{\sin^2(\gamma'' - \gamma)}{\sin^2(\gamma'' + \gamma)} \\
|\overline{\mathfrak{S}}_p''| &= \frac{\varepsilon_2 \varepsilon_0 c_2}{2} |\mathcal{A}_p''|^2 = \frac{n_1^2 \varepsilon_0 c_1}{2} |\mathcal{A}_p|^2 \frac{4 \sin\gamma'' \sin\gamma \cos^2\gamma}{\sin^2(\gamma'' + \gamma) \cos^2(\gamma'' - \gamma)} \\
|\overline{\mathfrak{S}}_p'| &= \frac{\varepsilon_1 \varepsilon_0 c_1}{2} |\mathcal{A}_p'|^2 = \frac{n_1^2 \varepsilon_0 c_1}{2} |\mathcal{A}_p|^2 \frac{\operatorname{tg}^2(\gamma'' - \gamma)}{\operatorname{tg}^2(\gamma'' + \gamma)}.
\end{aligned} \tag{21}$$

Die Energieströme E, E' und E'' pro Flächeneinheit der Grenzfläche sind

$$\begin{aligned}
E_s &= |\overline{\mathfrak{S}}_s| \cos\gamma; \quad & E_s' &= |\overline{\mathfrak{S}}_s'| \cos\gamma; \quad & E_s'' &= |\overline{\mathfrak{S}}_s''| \cos\gamma'' \\
E_p &= |\overline{\mathfrak{S}}_p| \cos\gamma; \quad & E_p' &= |\overline{\mathfrak{S}}_p'| \cos\gamma; \quad & E_p'' &= |\overline{\mathfrak{S}}_p''| \cos\gamma'',
\end{aligned} \tag{22}$$

und als Reflexionsvermögen R und Durchlässigkeit D der Grenzfläche werden die Verhältnisse der reflektierten bzw. durchgelassenen Energieströme zum einfallenden definiert. Wir erhalten dann

$$\left.\begin{aligned} R_s &= \frac{E_s'}{E_s} = \frac{\sin^2(\gamma''-\gamma)}{\sin^2(\gamma''+\gamma)} \\ R_p &= \frac{E_p'}{E_p} = \frac{\operatorname{tg}^2(\gamma''-\gamma)}{\operatorname{tg}^2(\gamma''+\gamma)} \\ D_s &= \frac{E_s''}{E_s} = \frac{\sin 2\gamma \sin 2\gamma''}{\sin^2(\gamma''+\gamma)} \\ D_p &= \frac{E_p''}{E_p} = \frac{\sin 2\gamma \sin 2\gamma''}{\sin^2(\gamma''+\gamma)\cos^2(\gamma''-\gamma)}\,. \end{aligned}\right\} \tag{23}$$

Die Summe von Reflexionsvermögen und Durchlässigkeit ergibt sowohl für die parallelen wie auch die senkrechten Komponenten stets Eins, wie man leicht an den Formeln nachrechnen kann.

Wenn die Wellen senkrecht einfallen, versagen alle Formeln. Man kann bei kleinen Einfallswinkeln aber die Sinus und Tangens durch den Winkel selbst und die Cosinus durch Eins ersetzen. Man erhält dann aus dem SNELLIUSschen Brechungsgesetz

$$\gamma = \gamma'' \frac{n_2}{n_1}$$

und aus den FRESNELschen Formeln

$$\left.\begin{aligned} \mathcal{A}_s'' &= \mathcal{A}_s \frac{2n_1}{n_1+n_2}; & \mathcal{A}_s' &= \mathcal{A}_s \frac{n_1-n_2}{n_1+n_2} \\ \mathcal{A}_p'' &= \mathcal{A}_p \frac{2n_1}{n_1+n_2}; & \mathcal{A}_p' &= \mathcal{A}_p \frac{n_2-n_1}{n_1+n_2}\,. \end{aligned}\right\} \tag{24}$$

In diesem Fall finden wir das Reflexionsvermögen und die Durchlässigkeit

$$\left.\begin{aligned} R_s &= R_p = \left(\frac{n_1-n_2}{n_1+n_2}\right)^2 \\ D_s &= D_p = \frac{4 n_1 n_2}{(n_1+n_2)^2} \end{aligned}\right\} \tag{25}$$

Da keine Winkelabhängigkeit mehr besteht, gilt das auch für senkrechten Einfall.

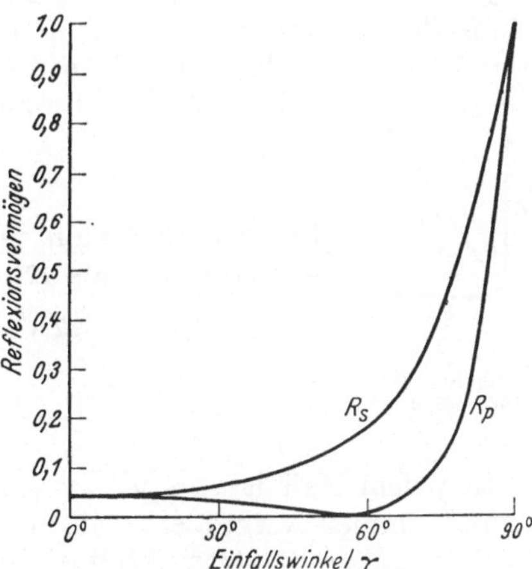

Abb. 184. Reflexionsvermögen für senkrecht (R_s) und parallel (R_p) zur Einfallsebene polarisiertes Licht bei $n_2/n_1 = 1{,}5$.

Die Abhängigkeit des Reflexionsvermögens vom Einfallswinkel zeigt die Abb. 184 für $n_2/n_1 = 1{,}50$. Dies entspricht ungefähr einer Glasoberfläche. Bei senkrechtem Einfall oder kleinem Einfallwinkel beträgt das Reflexionsvermögen nur einige Prozent und ist nahezu konstant. Bei beinahe streifendem Einfall ist die Reflexion fast vollständig und die Durchlässigkeit entsprechend klein. Die Reflexion des senkrecht zur Einfallsebene polarisierten Anteils steigt monoton mit dem Einfallswinkel, die Reflexion des parallelen Anteils nimmt zunächst auf Null ab, um erst dann wieder anzusteigen. Die Abb. 184 gilt, wenn das Licht vom Medium mit kleinerem Brechungsindex (optisch dünneres Medium) in das Medium mit größerem Brechungsindex (optisch dichteres Medium) eindringt. Im umgekehrten Fall kann dieselbe Abbildung Verwendung finden, doch sind dann die γ und γ'' zu vertauschen.

§ 3. Das Brewstersche Gesetz.

Inhalt: Das reflektierte Licht ist vollständig senkrecht zur Einfallsebene polarisiert, wenn der gebrochene Strahl auf dem reflektierten senkrecht steht. Bei der Reflexion wird die Polarisationsrichtung von der Einfallsebene weggedreht, bei der Brechung zu ihr hin. Versuch von Malus, Machscher Analysator.

Bezeichnungen: γ, γ'' Einfalls- und Brechungswinkel, $\mathfrak{A}_s$, $\mathfrak{A}_p$ senkrechte und parallele Komponente der Amplitude, $'$ und $''$ kennzeichnen den reflektierten und gebrochenen Strahl.

Die bemerkenswerte Tatsache, daß bei einem bestimmten Einfallswinkel keine parallel zur Einfallsebene polarisierte Komponente reflektiert wird, untersuchen wir noch genauer. Der Nenner in (20d) wird unendlich, wenn

$$\gamma + \gamma'' = \frac{\pi}{2}; \qquad \gamma'' = \frac{\pi}{2} - \gamma \tag{26}$$

ist. Da wir früher $\gamma' = \pi - \gamma$ gefunden haben, daraus folgt auch

$$\gamma' - \gamma'' = \frac{\pi}{2}. \tag{26a}$$

Das reflektierte Licht ist senkrecht zur Einfallsebene polarisiert, wenn der gebrochene und der reflektierte Strahl aufeinander senkrecht stehen. Mit dem Brechungsgesetz zusammen findet man aus (26) leicht die Bedingung

$$\operatorname{tg}\gamma = \frac{n_2}{n_1} \tag{27}$$

für das Eintreten dieser vollständigen Polarisation (Brewstersches Gesetz). Der Einfallswinkel γ, für den diese Beziehung gilt, heißt Polarisationswinkel.

Läßt man linear polarisiertes Licht auf eine Grenzfläche fallen, so tritt bei der Reflexion und der Brechung eine Drehung der Polarisationsrichtung ein. Der Winkel u, den die Polarisationsrichtung mit der Einfallsebene bildet (Abb 185), wird Azimut genannt. Sein Tangens ist dann

$$\operatorname{tg} u = \frac{\mathfrak{A}_s}{\mathfrak{A}_p}.$$

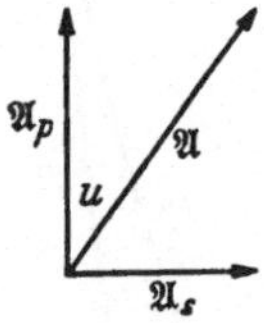

Abb. 185. Definition des Azimuts u.

Bei der Reflexion und Brechung ändert sich das Azimut, und wir erhalten aus (20)

$$\operatorname{tg} u' = \frac{\mathfrak{A}'_s}{\mathfrak{A}'_p} = -\frac{\cos(\gamma - \gamma'')}{\cos(\gamma + \gamma'')} \operatorname{tg} u$$

$$\operatorname{tg} u'' = \frac{\mathfrak{A}''_s}{\mathfrak{A}''_p} = \cos(\gamma'' - \gamma) \operatorname{tg} u.$$

In jedem Fall ist $\cos(\gamma - \gamma'') > \cos(\gamma + \gamma'')$. Bei der Reflexion wird das Azimut immer vergrößert, die Polarisationsrichtung also von der Einfallsebene weggedreht. Das Azimut des gebrochenen Strahles ist immer kleiner als das des einfallenden. Bei der Brechung wird die Polarisationsrichtung zur Einfallsebene hingedreht.

Das Brewstersche Gesetz kann man anwenden, um polarisiertes Licht herzustellen. Läßt man natürliches Licht auf eine Glasplatte unter dem Polarisationswinkel (etwa 57°) einfallen, so ist der reflektierte Anteil senkrecht zur Einfallsebene polarisiert. Diese Methode ist jedoch nicht sehr wirksam, weil die Reflexion überhaupt nicht sehr groß ist. Die Polarisation kann man mit einer zweiten Glasplatte nachweisen, auf welche der reflektierte Strahl wieder unter dem Polarisationswinkel einfällt, und die man um die Strahlrichtung drehen kann. Fällt die Polarisationsrichtung in die Einfallsebene der zweiten Platte, so wird an ihr überhaupt kein Licht mehr reflektiert (Versuch von MALUS). Die erste Platte, die das Licht polarisiert, wird Polarisator genannt, während die zweite Platte als Analysator dient. Bequemer als eine Glasplatte ist zur Untersuchung der Polarisation der MACHsche Kegelanalysator, der auch auf dem BREWSTERschen Gesetz beruht. Er besteht aus einem Kegel, dessen halber Öffnungswinkel zum Polarisationswinkel komplementär ist. Läßt man auf ihn in der Achsenrichtung Licht fallen, so trifft es immer unter dem Polarisationswinkel auf, und nur die zur Einfallsebene senkrechte Komponente wird auf einem unter dem Kegel liegenden Schirm reflektiert. Ist das auffallende Licht selbst polarisiert, so wird in zwei zueinander entgegengesetzten Richtungen, die mit dem elektrischen Vektor übereinstimmen, auf dem Schirm Dunkelheit beobachtet (Abb. 186).

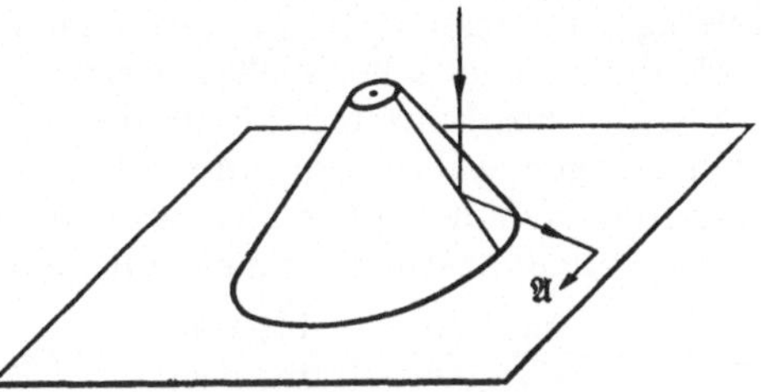

Abb. 186. MACHscher Kegelanalysator.

*§ 4. Totalreflexion.

Inhalt: Bei zu schrägem Einfall des Lichtes aus dem dichteren Medium wird alles reflektiert, und im dünneren Medium klingt die Welle exponentiell ab.

Bezeichnungen: γ_0 Grenzwinkel der Totalreflexion, $\mathfrak{A}_s$, $\mathfrak{A}_p$ Komponenten der Amplitude senkrecht und parallel zur Einfallsebene, γ, γ'' Einfallswinkel und Brechungswinkel, $|\mathfrak{S}|$ Intensität, reflektierte Welle durch $'$, gebrochene Welle durch $''$ gekennzeichnet, sonst wie S. 499.

Das Brechungsgesetz

$$\sin\gamma'' = \frac{n_1}{n_2}\sin\gamma \tag{28}$$

kann immer erfüllt werden, wenn das Licht vom optisch dünneren ins optisch dichtere Medium eintritt, wenn also $n_1 < n_2$ ist. Zu jedem Winkel γ gibt es dann einen kleineren Winkel γ''. Beim Übergang vom dichteren ins dünnere Medium ist $n_1 > n_2$, und (28) kann durch einen reellen Winkel γ'' nur befriedigt werden, solange

$$\sin\gamma \leqq \frac{n_2}{n_1} = \sin\gamma_0 \tag{28a}$$

ist. Für den Grenzwinkel γ_0 tritt das Licht schon streifend aus dem dünneren Medium aus.

Ist der Einfallswinkel größer als der Grenzwinkel, so können noch immer alle abgeleiteten Gleichungen formal weiterbestehen, wenn wir auch komplexe Winkel γ'' zulassen. Dem steht um so weniger im Wege, als wir sowieso eine komplexe Schreibweise benutzen und von allen Formeln, soweit sie komplexe Größen enthalten, die reellen und imaginären Anteile für sich gelten müsen. Vermöge (28) und (28a) können wir

$$\sin\gamma'' = \frac{\sin\gamma}{\sin\gamma_0} \tag{29a}$$

schreiben und brauchen dann noch

$$\cos\gamma'' = \sqrt{1 - \frac{n_1^2}{n_2^2}\sin^2\gamma} = \frac{i}{\sin\gamma_0}\sqrt{\sin^2\gamma - \sin^2\gamma_0}\,. \tag{29b}$$

Jetzt betrachten wir zuerst die Formeln (16) für die elektrische Feldstärke. An der einfallenden und reflektierten Welle ändert sich nichts. Der Exponentialfaktor (Phasenfaktor) der gebrochenen Welle geht in

$$e^{-\frac{2\pi\nu z}{c_2 \sin\gamma_0}\sqrt{\sin^2\gamma-\sin^2\gamma_0}+2\pi i\nu\left(\frac{x\sin\gamma}{c_1}-t\right)} \tag{30}$$

über. Im dünneren Medium ('') haben wir jetzt eine Welle, die entlang der Oberfläche in der x-Richtung fortschreitet und deren Amplitude exponentiell (mit z) abklingt, je tiefer man in dieses Medium eindringt. Den Faktor (30) besitzt auch die magnetische Welle. Wenn der Einfallswinkel den Grenzwinkel auch nur wenig überschreitet, klingt die Amplitude in einer Tiefe von nur wenigen Wellenlängen auf einen unmerklichen Bruchteil ab. Der ganze Vorgang im dünneren Medium spielt sich also dicht unter der Oberfläche ab.

Den Fresnelschen Formeln für die reflektierte Welle geben wir jetzt die Form

$$\mathfrak{A}'_s = \mathfrak{A}_s \frac{\sin\gamma''\cos\gamma - \sin\gamma\cos\gamma''}{\sin\gamma''\cos\gamma + \sin\gamma\cos\gamma''} = \mathfrak{A}_s \frac{\cos\gamma - i\sqrt{\sin^2\gamma-\sin^2\gamma_0}}{\cos\gamma + i\sqrt{\sin^2\gamma-\sin^2\gamma_0}}, \tag{31a}$$

$$\mathfrak{A}'_p = \mathfrak{A}_p \frac{\sin\gamma\cos\gamma - \sin\gamma''\cos\gamma''}{\sin\gamma\cos\gamma + \sin\gamma''\cos\gamma''} = \mathfrak{A}_p \frac{\sin^2\gamma_0\cos\gamma - i\sqrt{\sin^2\gamma-\sin^2\gamma_0}}{\sin^2\gamma_0\cos\gamma + i\sqrt{\sin^2\gamma-\sin^2\gamma_0}}. \tag{31b}$$

Für den Zeitmittelwert des reflektierten Energiestroms erhalten wir nach S. 466

$$\overline{\mathfrak{S}}' = \mathfrak{s}^{0\prime}\frac{\varepsilon_1\varepsilon_0 c_1}{2}\mathfrak{A}'\mathfrak{A}'^*. \tag{32}$$

Hieraus ergeben sich die Intensitäten der senkrecht und parallel polarisierten Komponenten

$$\begin{aligned} |\overline{\mathfrak{S}}'_s| &= \frac{\varepsilon_1\varepsilon_0 c_1}{2}\mathfrak{A}'_s\mathfrak{A}'^*_s = \frac{\varepsilon_1\varepsilon_0 c_1}{2}\mathfrak{A}_s\mathfrak{A}^*_s;\\ |\overline{\mathfrak{S}}'_p| &= \frac{\varepsilon_1\varepsilon_0 c_1}{2}\mathfrak{A}'_p\mathfrak{A}'^*_p = \frac{\varepsilon_1\varepsilon_0 c_1}{2}\mathfrak{A}_p\mathfrak{A}^*_p. \end{aligned} \tag{33}$$

Die Intensität des reflektierten Strahles ist gleich der des einfallenden. Aus (33) folgt, daß das Reflexionsvermögen für beide Polarisationsarten gleich Eins ist. Alle Energie, die die einfallende Welle an die Grenzfläche heranführt, nimmt die reflektierte Welle wieder mit. Man bezeichnet den Vorgang deshalb als Totalreflexion.

**Auch das zweite Medium ist nicht frei von Energiestrom. Dieser bewegt sich aber in der x-Richtung entlang der Oberfläche. Es dringt keine Energie durch die Grenzfläche der beiden Medien. Es ist klar, daß dies nur dann ganz richtig sein kann, wenn die Grenzfläche und die Wellen unendlich ausgedehnt sind und der Vorgang stationär ist. Sind die Strahlenbündel endlich, so dringt der Energiestrom ins zweite Medium an den Rändern des Bündels ein. Dies muß als eine Beugungserscheinung aufgefaßt werden. Sie kann nicht vermieden werden, und deshalb tritt an der Kante eines totalreflektierten Prismas Licht aus, ohne daß man es verhindern kann.

*§ 5. Phasenänderung bei der Reflexion.

Inhalt: Bei Reflexion am dichteren Medium tritt der Phasensprung π ein, bei Reflexion am dünneren Medium und bei Brechung kein Phasensprung. Totalreflexion bringt bei parallel und senkrecht zur Einfallsebene polarisierten Komponenten verschiedene Phasensprünge hervor, verwandelt also linear polarisiertes Licht in elliptisch polarisiertes. Bedingung für maximale Phasendifferenz. Erzeugung zirkular polarisierten Lichtes durch das Fresnelsche Parallelepiped.

Die Amplituden des einfallenden Lichtes $\mathfrak{A}_s$ und $\mathfrak{A}_p$ sind als komplexe Größen gedacht. Bei linearer Polarisation können sie beide reell angesetzt werden oder besitzen mindestens den gleichen Phasenfaktor. Bei zirkular polarisiertem Licht besteht zwischen den Phasen von $\mathfrak{A}_s$ und $\mathfrak{A}_p$ der Unterschied $\pi/2$, bei elliptisch polarisiertem Licht haben wir einen beliebigen Phasenunterschied.

Tritt das Licht aus dem dünneren Medium in das dichtere ein, so können $\mathfrak{A}'_s$ und $\mathfrak{A}''_s$ bzw. $\mathfrak{A}'_p$ und $\mathfrak{A}''_p$ gegen $\mathfrak{A}_s$ und $\mathfrak{A}_p$ nur Phasenunterschiede 0 oder π besitzen, weil die den Zusammenhang vermittelnden FRESNELschen Formeln reell sind. $\mathfrak{A}'_s$ hat das entgegengesetzte Vorzeichen wie $\mathfrak{A}_s$ und daher die entgegengesetzte Richtung. Die senkrecht polarisierte Komponente erleidet also einen Phasenvorsprung von der Größe π bei der Reflexion. $\mathfrak{A}'_p$ hat das gleiche Vorzeichen wie $\mathfrak{A}_p$, aber doch die entgegengesetzte Richtung, da wir bei senkrechtem Einfall, die positive Richtung von $\mathfrak{A}'_p$ entgegengesetzt von $\mathfrak{A}_p$ gewählt haben. Im Grunde genommen ist es eine Sache der Konvention, ob man der parallelen Komponente einen Phasenvorsprung 0 oder π zuschreiben will. Wir entschließen uns dazu, den Phasenvorsprung π anzusetzen. Bei der senkrechten Komponente wird der Phasensprung π durch Vorzeichenwechsel gekennzeichnet, während bei der parallelen Komponente zum gleichen Phasensprung kein Vorzeichenwechsel gehört. Die Amplituden der gebrochenen Welle $\mathfrak{A}''_s$ und $\mathfrak{A}''_p$ haben immer dasselbe Vorzeichen wie die der einfallenden, und es findet kein Phasensprung statt.

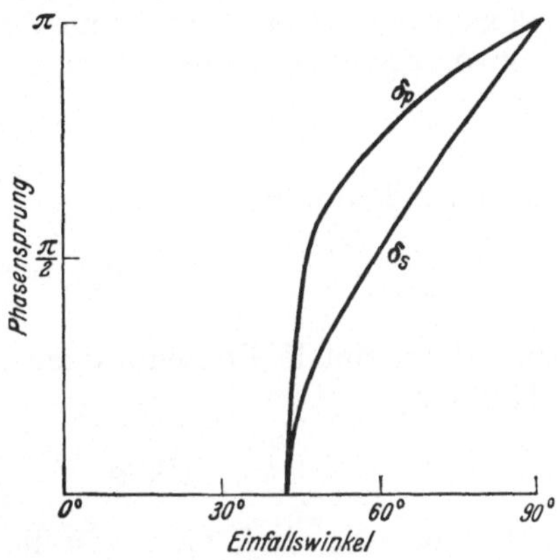

Abb. 187.
Phasensprung der senkrecht (δ_s) und parallel (δ_p) polarisierten Komponente bei Totalreflexion.

Beim Übergang vom dichteren zum dünneren Medium tritt beim gebrochenen Strahl ebenfalls weder Vorzeichenwechsel noch Phasensprung ein. Beim reflektierten Strahl bleibt das Vorzeichen bei $\mathfrak{A}'_s$ erhalten, wechselt aber bei $\mathfrak{A}'_p$. Nach unseren obigen Festsetzungen tritt also diesmal bei der Reflexion kein Phasensprung ein.

Genauer müssen die Phasenverhältnisse bei der Totalreflexion untersucht werden. Setzt man in (31a) und (31b)

$$\cos\gamma - i\sqrt{\sin^2\gamma - \sin^2\gamma_0} = a\,e^{i\alpha}; \qquad \cos\gamma + i\sqrt{\sin^2\gamma - \sin^2\gamma_0} = a\,e^{-i\alpha}$$

und

$$\sin^2\gamma_0\cos\gamma - i\sqrt{\sin^2\gamma - \sin^2\gamma_0} = b\,e^{i\beta};$$

$$\sin^2\gamma_0\cos\gamma + i\sqrt{\sin^2\gamma - \sin^2\gamma_0} = b\,e^{-i\beta},$$

so ist

$$\mathfrak{A}'_s = \mathfrak{A}_s\,e^{2i\alpha} = \mathfrak{A}_s\,e^{i\delta_s} \tag{34a}$$

und

$$\mathfrak{A}'_p = \mathfrak{A}_p\,e^{2i\beta} = \mathfrak{A}_p\,e^{i\delta_p}. \tag{34b}$$

Für den Phasensprung δ_s der senkrecht polarisierten Komponente bei Totalreflexion erhalten wir also

$$\operatorname{tg}\frac{\delta_s}{2} = \operatorname{tg}\alpha = -\frac{\sqrt{\sin^2\gamma - \sin^2\gamma_0}}{\cos\gamma} \tag{35a}$$

und für den der parallel polarisierten Komponente

$$\operatorname{tg}\frac{\delta_p}{2} = \operatorname{tg}\beta = -\frac{\sqrt{\sin^2\gamma - \sin^2\gamma_0}}{\sin^2\gamma_0\cos\gamma}. \tag{35b}$$

Bei der Totalreflexion sind die Phasensprünge der beiden Komponenten verschieden groß (s. Abb. 187). Besteht zwischen ihnen vor der Reflexion kein Phasenunterschied (lineare Polarisation), so besitzen sie nachher die Phasendifferenz $\delta = \delta_s - \delta_p$, für welche man

$$\operatorname{tg}\frac{\delta}{2} = \operatorname{tg}\frac{\delta_s - \delta_p}{2} = \frac{\cos\gamma}{\sin^2\gamma}\sqrt{\sin^2\gamma - \sin^2\gamma_0} \tag{36}$$

berechnet. War schon vorher eine Phasendifferenz vorhanden, so addiert sich δ zu ihr.

Fällt das Licht streifend ($\cos\gamma = 0$) oder unter dem Grenzwinkel γ_0 der Totalreflexion ein, so entsteht keine Phasendifferenz. Dazwischen gibt es ein Maximum δ_m der Phasenaufspaltung bei einem Einfallswinkel γ_m, welchen man aus

$$\frac{\partial}{\partial\gamma}\operatorname{tg}\frac{\delta}{2} = 0$$

berechnen kann. Es ergibt sich

$$\sin\gamma_m = \sin\gamma_0\sqrt{\frac{2}{1+\sin^2\gamma_0}}. \tag{37}$$

Für die maximale Phasendifferenz, die man bei der Reflexion erreichen kann, erhält man

$$\operatorname{tg}\frac{\delta_m}{2} = \frac{1-\sin^2\gamma_0}{2\sin\gamma_0} = \frac{n_1^2 - n_2^2}{2n_1 n_2}. \tag{38}$$

Bei der Totalreflexion von linear polarisiertem Licht entsteht nur dann wieder linear polarisiertes Licht, wenn die Polarisationsrichtung entweder senkrecht oder parallel zur Einfallsebene liegt. In allen anderen Fällen ist das reflektierte Licht elliptisch polarisiert. Ist die Polarisationsrichtung des einfallenden Strahles gegen die Einfallsebene um 45° geneigt, so ist $|A_p| = |A_s|$, und wir können zirkulare Polarisation erhalten, wenn $\delta = \pi/2$ ist. Dazu muß der Brechungsindex wegen (38) allerdings mindestens $n = n_1/n_2 = 2{,}41$ sein. Diese Bedingung ist nur für den Diamanten erfüllt. Durch zweimalige Totalreflexion erzielt man Zirkularpolarisation, wenn $\delta = \pi/4$ ist, was man auch bei Glas mit den Einfallswinkel von etwa 48° und 54° erreichen kann. Eine einfache Vorrichtung hierzu ist das FRESNELsche Parallelepiped (s. Abb. 188).

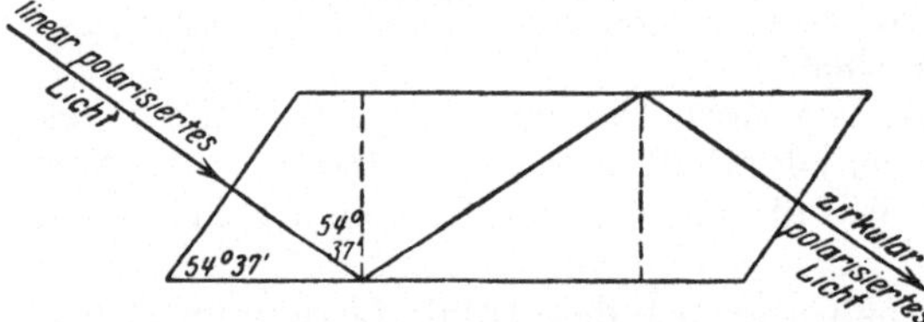

Abb. 188. FRESNELsches Parallelepiped. Zweimalige Totalreflexion verwandelt linear polarisiertes Licht in zirkular polarisiertes.

**§ 6. Reflexion an Metallen und absorbierenden Medien.

Inhalt: Polarisation bei der Reflexion an Metallen. Messung des Brechungsindex und der Absorption aus der Polarisation des reflektierten Strahles.

Bezeichnungen: u Azimut, u_1 Hauptazimut, γ_1 Haupteinfallswinkel, σ Absorptionskoeffizient. Sonst wie S. 499 u. 508.

Wird eine elektromagnetische Welle in einem Stoff absorbiert, so nimmt ihre Amplitude A um den Bruchteil dA/A ab, wenn die Welle um ein Wegstück ds in der Fortpflanzungsrichtung weiterschreitet. Wir erhalten den Ansatz

$$\frac{dA}{ds} = -\alpha A$$

und kommen bei der Integration auf das Exponentialgesetz

$$\mathcal{A} = \mathcal{A}_0 \, e^{-\alpha s}$$

für die Abnahme von $\mathcal{A}$.

Ist $\mathfrak{s}^0$ die Fortpflanzungsrichtung, so lautet die elektrische Feldstärke

$$\mathfrak{E} = \mathcal{A}_0 \, e^{-\alpha(\mathfrak{s}^0 \mathfrak{r}) + \frac{2\pi i \nu}{c}(\mathfrak{s}^0 \mathfrak{r} - c t)}$$

Wenn wir statt $\mathcal{A}_0$ wieder $\mathcal{A}$ schreiben und

$$\alpha = \frac{2\pi \nu \sigma}{c} = \frac{2\pi \sigma}{\lambda}$$

setzen, kommen wir zu

$$\mathfrak{E} = \mathcal{A} \, e^{-\frac{2\pi\nu\sigma}{c}(\mathfrak{s}^0 \mathfrak{r}) + \frac{2\pi i \nu}{c}(\mathfrak{s}^0 \mathfrak{r} - c t)} = \mathcal{A} \, e^{2\pi i \nu \left\{ \frac{n(1 + i\sigma)}{c_0}(\mathfrak{s}^0 \mathfrak{r}) - t \right\}}. \tag{39a}$$

Die magnetische Feldstärke ist nach S. 473

$$\mathfrak{H} = \frac{1}{c \mu \mu_0}(1 + i\sigma)[\mathfrak{s}^0 \mathfrak{E}] = n \varepsilon_0 c_0 (1 + i\sigma)[\mathfrak{s}^0 \mathfrak{E}], \tag{39b}$$

wenn wir $\mu = 1$ setzen. Ohne Absorption würde statt dessen

$$\mathfrak{H} = \frac{1}{c \mu \mu_0}[\mathfrak{s}^0 \mathfrak{E}] = n \varepsilon_0 c_0 [\mathfrak{s}^0 \mathfrak{E}]$$

gelten.

Wir können also die Formeln für die beiden Feldstärken im absorbierenden Medium erhalten, wenn wir einfach $n(1 + i\sigma)$ für n in die Formeln ohne Absorption einsetzen. Wir brauchen dann die Grenzflächenbetrachtung nicht noch einmal durchzuführen, sondern können diese Substitution auch an allen abgeleiteten Formeln vornehmen. Nur wenn wir in den Feldern quadratische Größen bilden und zum Realteil übergehen müssen, ist Vorsicht am Platz.

Das Brechungsgesetz lautet jetzt

$$\sin\gamma'' = \frac{n_1 \sin\gamma}{n_2(1 + i\sigma)}. \tag{40a}$$

Hieraus ergibt sich

$$\cos\gamma'' = \frac{n_1}{n_2(1 + i\sigma)} \sqrt{\frac{n_2^2}{n_1^2}(1 + i\sigma)^2 - \sin^2\gamma}. \tag{40b}$$

Für die gebrochene Welle hat der Winkel γ'' in dieser Form natürlich keinen Sinn. Ihre Fortschreitungsrichtung kann man aber ermitteln, wenn man $\sin\gamma''$ und $\cos\gamma''$ in den Ausdruck der elektrischen Feldstärke einsetzt und die Phase in reelle und imaginäre Bestandteile trennt. Der reelle Teil bestimmt die Fortschreitungsrichtung, während der imaginäre die Dämpfung der Welle angibt. Die Bedeutung des Ansatzes (40a) und (40b) liegt darin, daß wir ihn in die FRESNELschen Formeln für den reflektierten Strahl einsetzen können. Für die Amplitude gilt dann

$$\mathcal{A}_s' = \mathcal{A}_s \frac{\sin(\gamma'' - \gamma)}{\sin(\gamma'' + \gamma)} = \mathcal{A}_s \frac{\cos\gamma - \sqrt{\frac{n_2^2}{n_1^2}(1 + i\sigma)^2 - \sin^2\gamma}}{\cos\gamma + \sqrt{\frac{n_2^2}{n_1^2}(1 + i\sigma)^2 - \sin^2\gamma}}, \tag{41a}$$

$$\mathcal{A}_p' = \mathcal{A}_p \frac{\operatorname{tg}(\gamma - \gamma'')}{\operatorname{tg}(\gamma + \gamma'')} = \mathcal{A}_p \frac{\frac{n_2^2(1 + i\sigma)^2}{n_1^2}\cos\gamma - \sqrt{\frac{n_2^2}{n_1^2}(1 + i\sigma)^2 - \sin^2\gamma}}{\frac{n_2^2(1 + i\sigma)^2}{n_1^2}\cos\gamma + \sqrt{\frac{n_2^2}{n_1^2}(1 + i\sigma)^2 - \sin^2\gamma}}. \tag{41b}$$

Die Größen $\mathfrak{A}'_s$ und $\mathfrak{A}'_p$ unterscheiden sich bei Reflexion an einem absorbierenden Medium von $\mathfrak{A}_s$ und $\mathfrak{A}_p$ durch ihre Größe und ihre Phase. Der Phasensprung ist von π verschieden und auch bei beiden Komponenten nicht der gleiche. Läßt man auf die Grenzfläche linear polarisiertes Licht unter dem Azimut u auffallen, so ist

$$\frac{\mathfrak{A}'_s}{\mathfrak{A}'_p} = -\frac{\mathfrak{A}_s \cos(\gamma'' - \gamma)}{\mathfrak{A}_p \cos(\gamma'' + \gamma)} = -\frac{1 + \operatorname{tg}\gamma \operatorname{tg}\gamma''}{1 - \operatorname{tg}\gamma \operatorname{tg}\gamma''} \operatorname{tg} u = \varrho\, e^{i\Delta} \operatorname{tg} u. \tag{42}$$

Wegen der Phasenverschiebung Δ wird die Welle bei der Reflexion elliptisch polarisiert und dreht nicht nur wie bei der Reflexion am nicht absorbierenden Medium die Polarisationsrichtung. Die Phasenverschiebung Δ kann man dadurch rückgängig machen, daß man in das reflektierte Strahlenbündel eine geeignete Kristallscheibe legt. Auf diese Weise kann der lineare Polarisationszustand der reflektierten Welle wiederhergestellt werden. Das Azimut u' der „wiederhergestellten Polarisationsrichtung" gehorcht der Beziehung

$$\operatorname{tg} u' = \varrho \operatorname{tg} u. \tag{43}$$

Hierauf können wir ein Verfahren gründen, um den Brechungsindex und die Absorption zu messen. Besonders, wenn die Absorption groß ist, wie bei Metallen, ist eine direkte Messung im absorbierenden Medium schwer durchzuführen. Durch Beobachtung der Reflexion ist es aber doch möglich, n und σ zu bestimmen. Die Kompensation durch eine Kristallplatte ist besonders bequem, wenn $\Delta = \pi/2$ ist, weil man dann ein sogenanntes $\lambda/4$-Blättchen verwenden kann. Auf diese Weise entgeht man auch der sonst unbequemen Messung von Δ. Der Einfallswinkel γ_1, für den $\Delta = \pi/2$ wird, wird Haupteinfallswinkel genannt und wird bei der Messung zuerst aufgesucht. Den zu ihm gehörenden Wert ϱ_1 kann man leicht messen, wenn man dem einfallenden Strahl ein Azimut von $45°$ gibt, so daß $\operatorname{tg} u = 1$ wird. Das Azimut u_1 des reflektierten Strahles wird Hauptazimut genannt. Es folgt dann

$$-\frac{1 + \operatorname{tg}\gamma_1 \operatorname{tg}\gamma_1''}{1 - \operatorname{tg}\gamma_1 \operatorname{tg}\gamma_1''} = \varrho_1 i = i \operatorname{tg} u_1'.$$

Hieraus ergibt sich

$$\operatorname{tg}\gamma_1 \operatorname{tg}\gamma_1'' = \frac{\operatorname{tg} u_1' - i}{\operatorname{tg} u_1' + i} = -e^{2iu_1'}$$

und wenn man (40) einsetzt,

$$\frac{\sin^2\gamma_1}{\cos\gamma_1 \sqrt{\frac{n_2^2}{n_1^2}(1 + i\sigma)^2 - \sin^2\gamma_1}} = -e^{2iu_1'}. \tag{44}$$

Hat man den Haupteinfallswinkel γ_1 und das Hauptazimut u_1' gemessen, so können n und σ aus dieser Gleichung ermittelt werden.

Im Falle großer Absorption kann man $\sin^2\gamma_1$ gegen $n^2(1 + i\sigma)^2$ vernachlässigen und erhält einfach

$$\frac{n_1 \sin^2\gamma_1}{n_2(1 + i\sigma)\cos\gamma_1} = -e^{2iu_1'},$$

woraus sich[1]

$$\begin{aligned} \frac{n_2}{n_1} &= -\frac{\sin^2\gamma_1}{\cos\gamma_1} \cos 2u' \\ \sigma &= -\operatorname{tg} 2u_1' \end{aligned} \tag{45}$$

ergibt.

---

[1] Man beachte, daß $2u_1'$ größer als $\pi/2$ ist.

Die Intensität der reflektierten Welle können wir ohne besondere Vorsichtsmaßregeln berechnen, da in ihrem Medium ja keine Absorption stattfindet. Bei kleinem Einfallswinkel können wir $\sin\gamma$ durch γ und $\cos\gamma$ durch 1 ersetzen und alle in γ quadratischen Glieder vernachlässigen. Wir erhalten dann

$$\sin\gamma'' = \frac{n_1\gamma}{n_2(1+i\sigma)}; \qquad \cos\gamma'' = 1,$$

$$\mathcal{A}'_s = \mathcal{A}_s \frac{n_1 - n_2(1+i\sigma)}{n_1 + n_2(1+i\sigma)}, \tag{46}$$

$$\mathcal{A}'_p = -\mathcal{A}_p \frac{n_1 - n_2(1+i\sigma)}{n_1 + n_2(1+i\sigma)}.$$

Für die Intensität ergibt sich

$$|\mathfrak{S}'_s| = |\mathfrak{S}_s| \frac{(n_2-n_1)^2 + n_2^2\sigma^2}{(n_2+n_1)^2 + n_2^2\sigma^2}; \qquad |\mathfrak{S}'_p| = |\mathfrak{S}_p| \frac{(n_2-n_1)^2 + n_2^2\sigma^2}{(n_2+n_1)^2 + n_2^2\sigma^2}, \tag{47}$$

und für das Reflexionsvermögen finden wir

$$R_s = R_p = \frac{(n_2-n_1)^2 + n_2^2\sigma^2}{(n_2+n_1)^2 + n_2^2\sigma^2}. \tag{48}$$

Bei starker Absorption tritt auch für größere Einfallswinkel eine erhebliche Vereinfachung ein. Wir erhalten dann

$$\cos\gamma'' = 1,$$

$$\mathcal{A}'_s = \mathcal{A}_s \frac{n_1\cos\gamma - n_2(1+i\sigma)}{n_1\cos\gamma + n_2(1+i\sigma)}, \tag{49}$$

$$\mathcal{A}'_p = -\mathcal{A}_p \frac{n_1 - n_2(1+i\sigma)\cos\gamma}{n_1 + n_2(1+i\sigma)\cos\gamma}.$$

$$|\mathfrak{S}'_s| = |\mathfrak{S}_s| \frac{(n_2-n_1\cos\gamma)^2 + n_2^2\sigma^2}{(n_2+n_1\cos\gamma)^2 + n_2^2\sigma^2}; \qquad |\mathfrak{S}'_p| = |\mathfrak{S}_p| \frac{(n_1-n_2\cos\gamma)^2 + n_2^2\sigma^2\cos^2\gamma}{(n_1+n_2\cos\gamma)^2 + n_2^2\sigma^2\cos^2\gamma},$$

$$R_s = \frac{(n_2-n_1\cos\gamma)^2 + n_2^2\sigma^2}{(n_2+n_1\cos\gamma)^2 + n_2^2\sigma^2}; \qquad R_p = \frac{(n_1-n_2\cos\gamma)^2 + n_2^2\sigma^2\cos^2\gamma}{(n_1+n_2\cos\gamma)^2 + n_2^2\sigma^2\cos^2\gamma}.$$

Die Reflexion ist dann um so größer, je größer der Absorptionsindex ist. Bei sehr großer Absorption nähert sich das Reflexionsvermögen dem Wert 1. Es gilt also im allgemeinen der Satz, daß ein Körper diejenige Farbe reflektiert, welche er auch absorbiert. In Durchsicht und Aufsicht erscheinen die Körper in komplementären Farben.

*§ 7. Wellen und Strahlen. Übergang zur geometrischen Optik.

Inhalt: Wellen und Lichtstrahlen im inhomogenen Medium. Bei geringer Absorption kann man in Medien von langsam veränderlichem Brechungsindex das Licht als ein orthotomes Strahlenbündel beschreiben, welches auf einer Schar von Flächen konstanter Phase senkrecht steht. Optischer Weg oder Lichtweg. Konstruktion der Wellenflächen und Strahlen bei Brechung und Reflexion an einer krummen Fläche. Ableitung des Brechungsgesetzes.

Bezeichnungen: $\mathfrak{E}$, $\mathfrak{H}$ elektrische und magnetische Feldstärke, ε, μ relative Dielektrizitätskonstante und Permeabilität, ε_0, μ_0 Dielektrizitätskonstante und Permeabilität des Vakuums, n Brechungsindex, $\mathcal{A}$ Amplitude, ν Frequenz, λ Wellenlänge, φ Phase, ψ ihr räumlicher Anteil, c_0 Lichtgeschwindigkeit im Vakuum, $\mathfrak{S}$ POYNTINGscher Vektor, $|\mathfrak{S}|$ Intensität, L Lichtweg.

Die Überlegungen in den vorigen Paragraphen über Brechung und Reflexion des Lichtes an der Grenzfläche zweier Medien beziehen sich auf seitlich unendlich ausgedehnte ebene Wellen. Auch die Grenzfläche sollte eine unendlich ausgedehnte Ebene sein, auf die ein paralleles Lichtbündel fällt, welches den ganzen Raum erfüllt.

Praktisch kommen nur selten Lichtbündel vor, welche parallel sind. Auch sind sie niemals unendlich ausgedehnt, sondern immer seitlich begrenzt. Sehr häufig hat man divergente, von einem Punkt ausgehende Lichtbündel, die durch eine Kugelwelle dargestellt werden können, oder konvergente Bündel, die in einem Punkt zusammenlaufen. Die letzteren sind als Kugelwellen aufzufassen, die auf ein Zentrum zulaufen. Auch die divergenten und konvergenten Bündel sind immer nur Ausschnitte aus dem vollständigen, nach allen Seiten auseinanderlaufenden Strahlenbündel, die zugehörigen Wellen nur Ausschnitte aus der Kugelwelle. Häufig genug hat man es auch mit Strahlenbündeln zu tun, welche weder parallel sind, noch von einem Punkte herkommen oder zu einem solchen hinstreben. Sie entstehen z. B., wenn ein von einem Punkt ausgehendes Bündel an einer beliebigen krummen Fläche reflektiert wird. Zu solchen Bündeln können weder ebene noch Kugelwellen gehören.

Die Reflexion und Brechung findet in Wirklichkeit niemals an ebenen, unendlich ausgedehnten Flächen, sondern immer an begrenzten Flächenstücken statt, und gerade die Brechung und Reflexion an gekrümmten Flächen ist praktisch von besonders großer Bedeutung.

Wir müssen also unser Verfahren so verallgemeinern, daß es nicht nur auf ebene Wellen, sondern auf beliebige Wellen, daß es nicht nur auf ebene, sondern auch auf krumme Flächen, und schließlich so, daß es nicht nur auf unendlich ausgedehnte Bündel und Flächen, sondern auf begrenzte Bündel und Grenzflächenstücke angewandt werden kann.

Man könnte nun zunächst Reflexion und Brechung der Kugelwelle an ebenen, zylindrischen, sphärischen und komplizierteren Flächen untersuchen, könnte dann zu verwickelteren Wellen übergehen und deren Verhalten an den genannten Flächen studieren. Auf diese Weise könnte man eine Art Kasuistik für die wichtigsten Fälle anlegen. Da schon die Behandlung ebener Wellen an ebenen Grenzflächen mühsam war, erscheint dieser Weg wenig verlockend.

Sinnreicher ist es, die Resultate, welche am einfachen ebenen Fall gewonnen wurden, zu verallgemeinern. Man kann versuchen, einen kleinen Ausschnitt einer beliebigen Welle durch einen Ausschnitt aus einer ebenen Welle zu vertreten und jedes kleine Flächenstück einer gekrümmten Grenzfläche durch ein kleines Flächenstück ihrer Tangentenebene zu ersetzen. Gelingt dies, so können wir das Reflexions- und Brechungsgesetz „im kleinen" anwenden und daraus Brechung und Reflexion an endlichen Flächen zusammenstückeln.

In der Atmosphäre nimmt die Dichte und mit ihr der Brechungsindex nach oben ab. Medien mit örtlich veränderlichem Brechungsindex spielen zwar in der instrumentellen Optik keine Rolle, wir wollen sie aber gleich mit in unsere Betrachtung aufnehmen, weil ihre Behandlung ein grundsätzliches Problem ist.

Für alle elektromagnetischen Wellen in Isolatoren gelten die MAXWELLschen Gleichungen

$$\operatorname{rot}\mathfrak{E} = -\mu\mu_0 \frac{\partial \mathfrak{H}}{\partial t} \quad (50a) \qquad \operatorname{rot}\mathfrak{H} = \varepsilon\varepsilon_0 \frac{\partial \mathfrak{E}}{\partial t} \quad (50c)$$

$$\operatorname{div}(\varepsilon\mathfrak{E}) = 0 \quad (50b) \qquad \operatorname{div}(\mu\mathfrak{H}) = 0. \quad (50d)$$

Die relative Permeabilität μ weicht kaum von 1 ab, wenn wir von den ferromagnetischen Stoffen absehen, welche sowieso für Wellen undurchlässig sind. Wir können dann den Brechungsindex $n = \sqrt{\varepsilon}$ und die Lichtgeschwindigkeit

$$c_0 = \frac{1}{\sqrt{\varepsilon_0 \mu_0}}$$

im Vakuum einführen und erhalten

$$\operatorname{rot}\mathfrak{E} = -\frac{1}{\varepsilon_0 c_0^2}\frac{\partial \mathfrak{H}}{\partial t} \quad (51\,\text{a}) \qquad \operatorname{rot}\mathfrak{H} = \varepsilon_0 n^2 \frac{\partial \mathfrak{E}}{\partial t} \quad (51\,\text{c})$$

$$\operatorname{div}(n^2\mathfrak{E}) = 0 \quad (51\,\text{b}) \qquad \operatorname{div}\mathfrak{H} = 0. \quad (51\,\text{d})$$

Wir untersuchen nun den Ansatz

$$\mathfrak{E} = \mathfrak{A}\, e^{i\varphi} = \mathfrak{A}\, e^{i\psi - 2\pi i\nu t}, \tag{52}$$

in welchem sowohl die Amplitude $\mathfrak{A}$ wie auch der räumliche Anteil ψ der Phase φ noch eine Funktion des Ortes sein soll. Dieser Ansatz bedeutet offenbar keine Beschränkung der Allgemeinheit. Wir fragen aber jetzt, ob man eine Näherung finden kann, bei welcher ψ über eine Strecke von der Größe einer Wellenlänge λ die Werte von 0 bis 2π durchläuft, während sich $\mathfrak{A}$ nur langsam mit dem Ort verändert, d. h. über eine Wellenlänge praktisch konstant ist. In dieser Näherung könnten wir dann

$$\operatorname{div}\mathfrak{A} = 0 \qquad \operatorname{rot}\mathfrak{A} = 0 \tag{53}$$

setzen. Die Gl. (51 b) verlangt dann

$$\operatorname{div}(n^2\mathfrak{E}) = e^{-2\pi i\nu t}\operatorname{div}(n^2\mathfrak{A}\, e^{i\psi}) = 0,$$

und wenn $\mathfrak{A}$ nahezu konstant sein soll

$$2(\mathfrak{A}\operatorname{grad} n) + n\, i(\mathfrak{A}\operatorname{grad}\psi) = 0.$$

Im homogenen Medium, wo $\operatorname{grad} n = 0$ ist, wird die Forderung durch

$$(\mathfrak{A}\operatorname{grad}\psi) = 0 \tag{54}$$

befriedigt, welche die Transversalität der Welle bedeutet. Ändert sich der Brechungsindex nur langsam, d. h. ist

$$\left|\frac{1}{n}\operatorname{grad} n\right| \ll \operatorname{grad}\psi, \tag{55}$$

so ist (54) immer noch eine Näherung.

Die magnetische Feldstärke zu der Welle (52) muß (51 a) erfüllen. In der vorgesehenen Näherung müssen wir also

$$\begin{aligned}\frac{\partial\mathfrak{H}}{\partial t} &= -\varepsilon_0 c_0^2 \operatorname{rot}\mathfrak{E} = \varepsilon_0 c_0^2 e^{-2\pi i\nu t}[\mathfrak{A}\operatorname{grad} e^{i\psi}]\\ &= i\,\varepsilon_0 c_0^2 e^{i\psi - 2\pi i\nu t}[\mathfrak{A}\operatorname{grad}\psi]\end{aligned}$$

verlangen. Durch Integration folgt hieraus

$$\mathfrak{H} = -\frac{\varepsilon_0 c_0^2}{2\pi\nu}[\mathfrak{A}\operatorname{grad}\psi]\, e^{i\psi - 2\pi i\nu t} = -\frac{\varepsilon_0 c_0^2}{2\pi\nu}[\mathfrak{E}\operatorname{grad}\psi]. \tag{56}$$

Mit (56) geht (51 d) in

$$\begin{aligned}\operatorname{div}\{[\mathfrak{A}\operatorname{grad}\psi]\, e^{i\psi}\} &= -(\mathfrak{A}\operatorname{rot}\{e^{i\psi}\operatorname{grad}\psi\})\\ &= i(\mathfrak{A}\operatorname{rot}\operatorname{grad} e^{i\psi}) = 0\end{aligned}$$

über und erfüllt sich von selbst.

Endlich müssen wir noch die Gl. (51 c) prüfen. Mit (52) und (56) geht sie in

$$\frac{c_0^2}{2\pi\nu}\operatorname{rot}\{e^{i\psi}[\mathfrak{A}\operatorname{grad}\psi]\} = 2\pi i\nu n^2 \mathfrak{A}\, e^{i\psi}$$

über. Durch Umformen erhalten wir daraus

$$i[\operatorname{grad}\psi[\mathfrak{A}\operatorname{grad}\psi]] + \operatorname{rot}[\mathfrak{A}\operatorname{grad}\psi] = i\,\frac{4\pi^2\nu^2 n^2}{c_0^2}\mathfrak{A}. \tag{57}$$

In der gesuchten Näherung ist wegen (54)

$$[\operatorname{grad}\psi[\mathfrak{A}\operatorname{grad}\psi]] = \mathfrak{A}(\operatorname{grad}\psi)^2 - (\mathfrak{A}\operatorname{grad}\psi)\operatorname{grad}\psi$$
$$= \mathfrak{A}(\operatorname{grad}\psi)^2$$
$$\operatorname{rot}[\mathfrak{A}\operatorname{grad}\psi] = \mathfrak{A}\operatorname{div}\operatorname{grad}\psi - (\mathfrak{A}\operatorname{grad})\operatorname{grad}\psi$$
$$= \mathfrak{A}\operatorname{div}\operatorname{grad}\psi - \operatorname{grad}(\mathfrak{A}\operatorname{grad}\psi) = \mathfrak{A}\operatorname{div}\operatorname{grad}\psi.$$

Damit geht aus (57)

$$\operatorname{div}\operatorname{grad}\psi = i\left\{\frac{4\pi^2\nu^2 n^2}{c_0^2} - (\operatorname{grad}\psi)^2\right\} \tag{57a}$$

hervor. Dies gestattet die Näherungslösung

$$\operatorname{grad}\psi = \frac{2\pi\nu n}{c_0}\mathfrak{s}^0 = \frac{2\pi}{\lambda}\mathfrak{s}^0, \tag{58}$$

wo $\mathfrak{s}^0$ ein beliebiger Einheitsvektor ist, wenn

$$|\operatorname{div}\operatorname{grad}\psi| \ll |\operatorname{grad}\psi|^2 \tag{59}$$

gilt.

Um die Bedeutung der Einschränkung (59) zu erkennen, bilden wir den POYNTINGschen Vektor

$$\mathfrak{S} = [\operatorname{Re}\mathfrak{E}\operatorname{Re}\mathfrak{H}],$$

der wegen (56)

$$\mathfrak{S} = -\frac{\varepsilon_0 c_0^2}{2\pi\nu}[\operatorname{Re}\mathfrak{E}[\operatorname{Re}\mathfrak{E}\operatorname{grad}\psi]]$$
$$= -\frac{\varepsilon_0 c_0^2}{2\pi\nu}\{\operatorname{Re}\mathfrak{E}(\operatorname{grad}\psi\operatorname{Re}\mathfrak{E}) - \operatorname{grad}\psi(\operatorname{Re}\mathfrak{E})^2\}$$

lautet. Wegen (54) ist

$$(\operatorname{grad}\psi\operatorname{Re}\mathfrak{E}) = 0,$$

und wir behalten

$$\mathfrak{S} = \frac{\varepsilon_0 c_0^2}{2\pi\nu}\operatorname{grad}\psi\{\cos(\psi - 2\pi\nu t)\operatorname{Re}\mathfrak{A} - \sin(\psi - 2\pi\nu t)\operatorname{Im}\mathfrak{A}\}^2.$$

Der Zeitmittelwert davon ist

$$\overline{\mathfrak{S}} = \frac{\varepsilon_0 c_0^2}{4\pi\nu}\operatorname{grad}\psi\{(\operatorname{Re}\mathfrak{A})^2 + (\operatorname{Im}\mathfrak{A})^2\} = \frac{\varepsilon_0 c_0^2}{4\pi\nu}\mathfrak{A}^*\mathfrak{A}\operatorname{grad}\psi.$$

Jetzt bilden wir

$$\operatorname{div}\overline{\mathfrak{S}} = \frac{\mathfrak{A}\mathfrak{A}^*\varepsilon_0 c_0^2}{4\pi\nu}\operatorname{div}\operatorname{grad}\psi$$

und errichten über einem Flächenelement $d\mathfrak{f}$ senkrecht zu $\operatorname{grad}\psi$ ein Volumenelement von der Höhe

$$\frac{1}{|\operatorname{grad}\psi|} = \frac{\lambda}{2\pi}$$

und dem Volumen

$$d\tau = \frac{|d\mathfrak{f}|}{|\operatorname{grad}\psi|}.$$

Durch das Flächenelement tritt die Energie

$$(\overline{\mathfrak{S}}\,d\mathfrak{f}) = \frac{\mathfrak{A}\mathfrak{A}^*\varepsilon_0 c_0^2}{4\pi\nu}|\operatorname{grad}\psi|\,|d\mathfrak{f}|$$

hindurch. Die Energieemission im Volumenelement $d\tau$ ist

$$\operatorname{div}\overline{\mathfrak{S}}\,d\tau = \frac{\mathfrak{A}\mathfrak{A}^*\varepsilon_0 c_0^2}{4\pi\nu}\,\frac{\operatorname{div}\operatorname{grad}\psi|d\mathfrak{f}|}{|\operatorname{grad}\psi|},$$

und wir finden das Verhältnis

$$\frac{\operatorname{div}\mathfrak{S}\,d\tau}{(\mathfrak{S}\,d\mathfrak{f})} = \frac{\operatorname{div}\operatorname{grad}\psi}{|\operatorname{grad}\psi|^2}$$

Die Bedingung (59) bedeutet also, daß nur ein verschwindend kleiner Teil der Lichtenergie, welche die Fläche $d\mathfrak{f}$ passiert, in einer Schicht von der Dicke $\lambda/2\pi$ hinter $d\mathfrak{f}$ erzeugt, oder absorbiert werden darf. Diese Bedingung ist gewöhnlich überall erfüllt, außer an der Erzeugungsstelle des Lichtes und in stark absorbierenden Medien.

Der Ansatz (58) legt ψ noch nicht völlig als Funktion des Ortes fest, auch wenn n konstant oder seine Ortsabhängigkeit gegeben ist. Man kann vielmehr die Werte von ψ noch auf einer beliebigen Fläche im Raum vorschreiben, z. B. kann man eine Fläche vorgeben, auf der $\psi = 0$ ist oder einen anderen konstanten Wert annimmt. Schreitet man von einem Punkt einer Fläche $\psi = \text{const}$ in senkrechter Richtung um ein Wegelement ds fort, so ist

$$d\psi = |\operatorname{grad}\psi|\,ds = \frac{2\pi\nu n}{c_0}\,ds = \frac{2\pi}{\lambda}\,ds. \tag{60}$$

Die Fläche $\psi = 2\pi$ kann man also konstruieren, wenn man auf der Fläche $\psi = 0$ Lote von der Länge λ errichtet und die Endpunkte durch eine neue Fläche verbindet. Auf diese Weise kann man wenigstens grundsätzlich ψ als Funktion des Ortes ermitteln und durch eine Flächenschar $\psi = \text{const}$ darstellen.

Die orthogonalen Trajektorien zu diesen Flächen bezeichnet man als Lichtstrahlen. Ihre Intensität

$$|\overline{\mathfrak{S}}| = \frac{\varepsilon_0 c_0^2}{4\pi\nu}\mathcal{A}\mathcal{A}^*\,|\operatorname{grad}\psi| = \frac{\varepsilon_0 c_0 n}{2}\mathcal{A}\mathcal{A}^* \tag{61}$$

ist der Betrag des Zeitmittels des POYNTINGschen Vektors. Durch das System der Lichtstrahlen kann man also immer eine Flächenschar so legen, daß jeder Strahl senkrecht auf den Flächen steht, die er durchstößt. Ein solches Strahlensystem nennt man orthotom[1].

Als „optischen Weg" oder „Lichtweg" ΔL definiert man das Integral

$$\Delta L = \int n\,ds \tag{62}$$

längs eines Strahles. Über ΔL liegt die Phasendifferenz

$$\Delta\psi = \frac{2\pi\nu}{c_0}\Delta L. \tag{63}$$

Sehr einfach sind die Verhältnisse im homogenen Medium. n ist konstant, und aus (58) entsteht

$$(\operatorname{grad}\psi)^2 = \frac{4\pi^2\nu^2 n^2}{c_0^2} = \text{const}.$$

Die Lichtstrahlen sind in diesem Falle gerade. Um dies zu beweisen, bilden wir die Richtungsänderung

$$(\mathfrak{s}^0\operatorname{grad})\,\mathfrak{s}^0 = \frac{1}{2}\operatorname{grad}\mathfrak{s}^{0^2} - [\mathfrak{s}^0[\operatorname{rot}\mathfrak{s}^0]] = -[\mathfrak{s}^0[\operatorname{rot}\mathfrak{s}^0]]$$

[1] Ein nichtorthotomes Strahlensystem kann man folgendermaßen bilden. Ein Büschel paralleler Strahlen in einer Ebene wird allmählich gedreht, indem gleichzeitig die Ebene in Richtung ihrer Normalen verschoben wird. Die Gesamtheit der so entstehenden Strahlen bildet ein nichtorthotomes System.

entlang des Strahles. Wenn wir hier

$$\mathfrak{s}^0 = \frac{\lambda}{2\pi} \operatorname{grad} \psi$$

einsetzen, verschwindet diese Richtungsänderung, d. h. der Strahl behält seine Richtung bei.

Bei unveränderlichem Brechungsindex erhält man aus der Fläche $\psi = \psi_0$ die Fläche $\psi = \psi_0 + 2\pi\, s/\lambda$, indem man Lote von der Länge s errichtet und ihre Endpunkte verbindet.

$\mathfrak{A}$ steht wegen (54) senkrecht auf den Lichtstrahlen, d. h. die elektrische Welle ist transversal. Die Polarisationsrichtung des Strahles ist durch $\mathfrak{A}$ bestimmt. Der Betrag von $\mathfrak{A}$ darf sich mit dem Ort nur wenig ändern. Eine geringfügige Absorption oder Emission der Welle ist zulässig, doch darf diese über den Lichtweg von einigen Wellenlängen nicht zu einer wesentlichen Änderung der Intensität führen. Am Rande eines Bündels (Schattengrenze), wo $\mathfrak{A}$ sich schenell ändert, gilt unsere Näherung nicht. Die dort auftretenden Abweichungen von unserer Beschreibung werden als Beugungserscheinungen bezeichnet und müssen gesondert untersucht werden.

Die Phase

$$\varphi = \psi - 2\pi\nu t$$

zeigt mit dem Ort $\mathfrak{r}$ und der Zeit die Änderung

$$d\varphi = (\operatorname{grad}\psi\, d\mathfrak{r}) - 2\pi\nu\, dt.$$

Die Phase bleibt erhalten, wenn

$$\left(\operatorname{grad}\psi \frac{d\mathfrak{r}}{dt}\right) - 2\pi\nu = 0$$

ist. Flächen konstanter Phase wandern also mit der Geschwindigkeit

$$\left|\frac{d\mathfrak{r}}{dt}\right| = \frac{2\pi\nu}{|\operatorname{grad}\psi|} = \frac{c_0}{n} = c$$

über die Flächen $\psi = \text{const}$ hinweg.

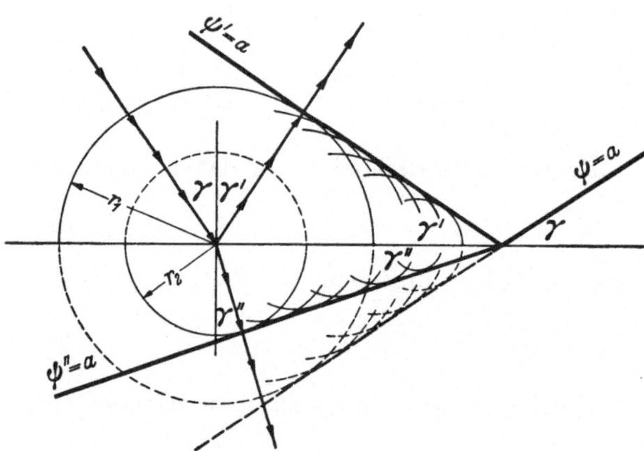

Abb. 189a. Konstruktion der Flächen $\psi' = a$ und $\psi'' = a$ bei Reflexion und Brechung an einer Ebene.

Trifft die Welle bzw. das Strahlenbündel auf eine glatte Grenzfläche, so kann man die reflektierte und gebrochene Welle durch folgendes Verfahren finden. Wir kennen die Flächen $\psi = \text{const}$ der einfallenden Wellen. Aus ihnen können wir auch entnehmen, welche Werte ψ auf der Grenzfläche selbst annimmt. Diese Werte, die natürlich vom Ort abhängen, bezeichnen wir mit ψ_0. Um vom Wert $\psi = \psi_0$ zum Wert $\psi = a$ zu gelangen, muß man im ersten Medium den Weg

$$r_1 = \frac{c_0(a - \psi_0)}{2\pi\nu n_1} = \frac{c_1(a - \psi_0)}{2\pi\nu} = \frac{\lambda_1(a - \psi_0)}{2\pi}$$

und im anderen den Weg

$$r_2 = \frac{c_0(a - \psi_0)}{2\pi\nu n_2} = \frac{c_2(a - \psi_0)}{2\pi\nu} = \frac{\lambda_2(a - \psi_0)}{2\pi}$$

auf einem Lichtstrahl zurücklegen. Schlägt man also um die Punkte der Grenzfläche Kugeln mit den Radien r_1 und r_2, so umhüllen sie die Flächen $\psi' = a$ und $\psi'' = a$ der reflektierten und gebrochenen Welle in den beiden Medien, außerdem natürlich auch die Fläche $\psi = a$ der einfallenden Welle. Die Lichtstrahlen sind die Normalen dieser Fläche und in Abb. 189a durch Pfeile markiert.

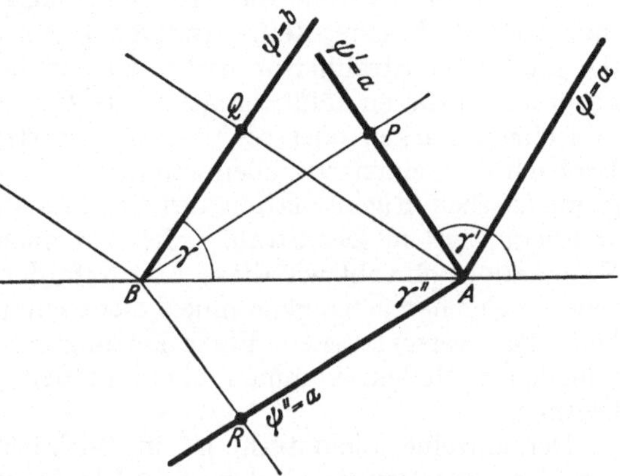

Abb. 189b. Die Lichtwege BP, BR und QA zwischen den Flächen $\psi = b$ und $\psi = a$ sind gleich.

Für die Strahlen kann man jetzt leicht das Reflexions- und Brechungsgesetz an einer beliebigen glatten Grenzfläche herleiten. Unter der Glätte der Oberfläche verstehen wir, daß sie im Bereiche von einigen Wellenlängen durch eine ebene Fläche ersetzt werden kann. In der Abb. 189b sind die Wellenflächen $\psi = b$ der einfallenden Welle und $\psi = a, \psi' = a$ und $\psi'' = a$ der einfallenden, reflektierten und gebrochenen Welle eingezeichnet. Die Wellenflächen bilden mit der Grenzfläche die gleichen Winkel γ, γ' und γ'' wie die Lichtstrahlen mit dem Einfallslot. Die Lichtwege aller Strahlen zwischen den Flächen $\psi = b$ und ψ, ψ', $\psi'' = a$ müssen nach (63)

$$\Delta L = \frac{c_0}{2\pi\nu}(a - b)$$

sein. Es muß also

$$n_1 \cdot QA = n_1 \cdot BP = n_2 \cdot BR$$

sein, woraus sich wegen

$$QA = AB \cdot \sin\gamma; \quad BP = AB \cdot \sin\gamma'; \quad BR = AB \cdot \sin\gamma''$$

das Brechungs- und Reflexionsgesetz

$$\sin\gamma = \sin\gamma'; \quad n_1 \sin\gamma = n_2 \sin\gamma''$$

ergibt. Damit haben wir das Recht, die Gesetze der Reflexion und Brechung auf Flächenelemente anzuwenden.

Aus dieser Überlegung ergibt sich auch der Satz von MALUS, daß ein orthotomes Strahlensystem nach beliebig vielen Reflexionen oder Brechungen wieder ein orthotomes System ist. Er folgt einfach daraus, daß man aus den Wellenflächen des einfallenden Strahlensystems die reflektierten und gebrochenen Wellenflächen konstruieren kann, deren orthogonale Trajektorien die reflektierten und gebrochenen Strahlen sind.

Um Intensität, Polarisation und Phasendifferenzen der polarisierten Komponenten zu erhalten, kann man die FRESNELschen Formeln ohne Änderung auf die Brechung von beliebigen begrenzten Strahlenbündeln an gekrümmten oder glatten Oberflächen übertragen.

II. Geometrische Optik.

Für viele Zwecke der praktischen Optik ist es nicht notwendig, das Licht in aller Ausführlichkeit als elektromagnetische Welle zu beschreiben, man kann sich vielmehr darauf beschränken, einen Teil seiner Eigenschaften durch die eines Strahlenbündels anzugeben. Hierbei gehen natürlich gewisse Züge des wirklichen Vorganges verloren.

Der Lichtstrahl selbst besitzt genaugenommen nur die einzige Eigenschaft seiner Richtung, welche die Fortpflanzungsrichtung der Welle ist. Wir können ihm aber noch eine Reihe anderer Eigenschaften mehr äußerlich anhängen, die mit seiner Strahlnatur nichts zu tun haben, sondern der Welle selbst angehören. Zu diesen zählt zunächst die Intensität. Es ist wohl sehr anschaulich, von einem starken oder schwachen Lichtstrahl zu sprechen, weil man aus der Beobachtung einen visuellen Eindruck in diesem Sinne gewinnt. Durch die geometrischen Eigenschaften des Strahles kann aber die Intensität nicht ausgedrückt werden. Der Strahl selbst hat auch keine Frequenz, Wellenlänge und Polarisation, obwohl wir diese Attribute der Welle dem Strahl zuweilen hinzufügen, ja er hat genaugenommen nicht einmal eine Fortpflanzungsgeschwindigkeit. Die verschiedenen Fortpflanzungsgeschwindigkeiten der Welle in verschiedenen Medien kommen allein in dem Brechungsgesetz der Strahlen zur Geltung.

Der einzelne Lichtstrahl ist in Wirklichkeit eine Fiktion. Wenn auch die Strahlen eines ausgedehnten Bündels in ihrer Gesamtheit ein zutreffendes, obschon stark vereinfachtes Bild von der Welle ergeben, da sie die Normalen einer Wellenfläche sind, kann ein einzelner Strahl nicht durch Verengung des Bündels approximiert werden. Die Beschreibung des elektromagnetischen Vorganges als fortschreitende elektrische Welle ist nach Kap. I, § 7, eine Näherung, welche nur zulässig ist, wo die Amplitude örtlich wenig veränderlich ist. Dies kann nur im Innern eines Bündels, nicht aber am Rande zutreffen, weil an der Schattengrenze ein plötzlicher Abbruch erfolgt. Am Rande treten Beugungserscheinungen auf, die in dieser Näherung vernachlässigt werden. Ein einzelner ausgeblendeter Strahl, der gewissermaßen nur mehr aus Rand besteht, würde demgemäß vollkommen in der Beugung untergehen. Der Strahl hat also niemals als isoliertes Objekt Bedeutung, sondern immer nur als Teil eines Bündels. Nicht unwichtig ist zu wissen, wie ausgedehnt ein Bündel sein muß, damit die Strahleigenschaften noch einigermaßen zum Ausdruck kommen. Wenn die Amplitude im Bereich einiger Wellenlängen keine wesentliche Änderung erfahren soll, muß der Querdurchmesser des Bündels immerhin eine beträchtliche Anzahl von Wellenlängen betragen. Da die Wellenlängen des sichtbaren Lichtes von der Größenordnung $5 \cdot 10^{-5}$ cm sind, können die Querdimensionen eines Bündels die Größenordnung 0,001 bis 0,01 cm nicht unterschreiten. Bei den viel kurzwelligeren Röntgenstrahlen kann man aber viel feinere Bündel ausblenden.

Der Zweck des Modells des Strahlenbündels ist folgender. Die Untersuchung der wirklichen Welle in komplizierteren optischen Anordnungen, zu denen schon eine einfache Glaslinse zu zählen wäre, wäre sehr mühsam und schwerfällig. Unter Verzicht auf gewisse Feinheiten kommen wir viel bequemer und schneller zum Ziel, wenn wir uns des einfacheren Modells bedienen. Hierzu müssen wir zuerst das Verhalten des Strahlenbündels in einigen einfachen Sätzen niederlegen, die in Kap. I, § 7, aus den Eigenschaften der Wellen abgeleitet wurden. In dem Zweig der Optik, der mit diesen Sätzen arbeitet und den man als geometrische Optik bezeichnet, nehmen sie den Platz von Axiomen ein. Sie lauten:

1. In einem homogenen Medium sind die Lichtstrahlen gerade.

2. Mehrere Strahlenbündel, die sich gegenseitig durchsetzen, beeinflussen sich nicht, weil die MAXWELLschen Gleichungen in den Feldstärken linear sind. Das Wellenfeld setzt sich additiv aus den Wellenfeldern der beiden Strahlenbündel zusammen. In denjenigen Gebieten des Raumes, in denen sich die Bündel

wieder getrennt haben, ist das Wellenfeld genauso beschaffen, als ob nur ein Bündel vorhanden wäre. In dem Bereich, in welchem die Bündel sich durchkreuzen, treten Interferenzerscheinungen auf, die im Kap. III untersucht werden.

3. An der Grenzfläche zweier Medien werden die Strahlen nach dem Reflexionsgesetz reflektiert und nach dem Brechungsgesetz gebrochen.

Für viele Überlegungen ist es nützlich, das Modell des Strahlenbündels durch einige wellenmäßige Züge zu ergänzen. Dies ist nicht schwierig, da die Strahlen stets senkrecht auf den Wellenflächen stehen und man deshalb dem Strahlenbündel geometrisch eine Wellenflächenschar zuordnen kann. Führen wir als Lichtweg oder optische Länge ΔL des Strahles das Produkt des geometrischen Weges s mit dem Brechungsindex n ein, so hängt der Lichtweg zwischen zwei Punkten bei festgehaltener Zeit mit dem Ortsanteil ψ der Phase

$$\varphi = \psi - 2\pi\nu t = 2\pi\left(\frac{s}{\lambda} - \nu t\right)$$

durch

$$\Delta L = n s = \frac{\lambda n}{2\pi}\Delta\psi = \frac{c_0}{2\pi\cdot\nu}\Delta\psi \tag{1}$$

zusammen. Diese Ergänzung des Strahlenmodells können wir sogleich dazu benutzen, eine wichtige Eigenschaft der Lichtstrahlen abzuleiten.

§ 1. Das FERMATsche Prinzip.

Inhalt: Ein Lichtstrahl verbindet zwei Punkte des Raumes auf einem Weg, dessen optische Länge kürzer ist als die jedes Nachbarweges.

Bezeichnungen: ψ Ortsanteil der Phase, ψ = const Wellenfläche, ΔL optischer Weg, n Brechungsindex, c_0 Lichtgeschwindigkeit im Vakuum, c Lichtgeschwindigkeit im Medium, ν Frequenz.

Ein Lichtstrahl verbindet zwei Punkte des Raumes auf einem Weg, dessen optische Länge kürzer ist als die jedes Nachbarweges. Gleichbedeutend hiermit ist die Formulierung: Der Lichtstrahl nimmt zwischen zwei Punkten denjenigen Weg, zu dessen Zurücklegung er eine kürzere Zeit braucht als auf jedem Nachbarweg. Dies ist der Inhalt des sogenannten FERMATschen Prinzips. Unkorrekt wäre dagegen die Behauptung, daß der Strahl zwei Punkte auf dem Weg kleinster optischer Länge verbinde. Von einem Punkt zu einem anderen des gleichen Mediums ist die gerade Verbindungslinie der kürzeste Lichtweg. Ihn geht auch ein direkter Lichtstrahl. Der Weg eines Strahles, der zuerst an einem entfernten Spiegel reflektiert wird, ist aber länger als der des direkten Strahles und auch länger als alle Wege in dessen Nachbarschaft. Trotzdem ist der Lichtweg des reflektierten Strahles kürzer als alle optischen Wege in seiner eigenen Nachbarschaft.

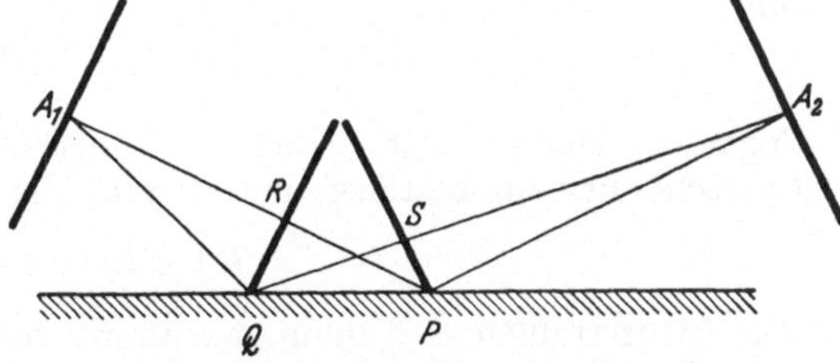

Abb. 190. Bei der Reflexion ist der Weg des Lichtstrahles A_1PA_2 kürzer als alle Nachbarwege.

Im homogenen Medium ist das FERMATsche Prinzip evident, da die Gerade die kürzeste Verbindungslinie zweier Punkte ist. Um seine Richtigkeit bei der Reflexion zu beweisen, betrachten wir die Abb. 190. Ein Lichtstrahl gehe vom Punkte A_1 aus, werde im Punkte P reflektiert, um zum Punkt A_2 weiterzulaufen. Der Lichtweg ist dann

$$\Delta L = n A_1 P + n P A_2.$$

Wir vergleichen damit die optische Länge eines Nachbarweges A_1QA_2. Hierzu zeichnen wir die Wellenflächen durch die Punkte A_1, A_2, P und Q ein, auf denen ψ die Werte ψ_1, ψ_2, ψ_P und ψ_Q habe. Durch Q ist nur der Teil der Fläche gezeichnet, der zum einfallenden, durch P nur der Teil, der zum reflektierten Bündel gehört. Dann ist der optische Weg von R nach P kleiner als von Q nach S,

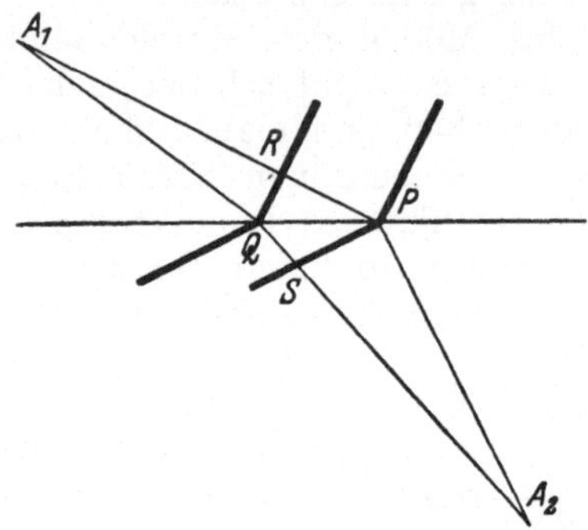

Abb. 191. Bei der Brechung ist die optische Länge A_1PA_2 des Lichtstrahls kürzer als auf allen Nachbarwegen zwischen den Punkten A_1 und A_2.

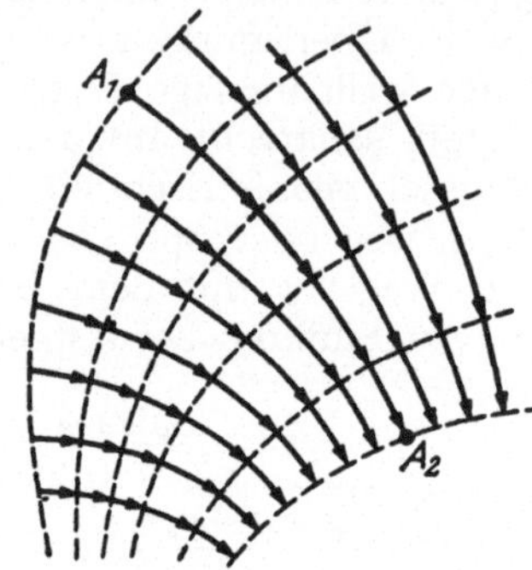

Abb. 192. Wellenflächen punktiert, Lichtstrahlen durch Pfeile markiert bei ortsabhängigem Brechungsindex. Die optische Länge zwischen A_1 und A_2 ist am kleinsten auf dem Lichtstrahl.

denn RP ist senkrecht zu den Wellenflächen, nicht aber QS. Aus dem gleichen Grund ist A_1R kürzer als A_1Q und PA_2 kürzer als SA_2. Hieraus ergibt sich, daß der Lichtweg auf dem Wege A_1PA_2 kürzer ist als auf dem Wege A_1QA_2. Auf die gleiche Weise beweisen wir die Richtigkeit des Prinzips bei der Brechung. In der Abb. 191 sind wieder die Wellenflächen durch die Punkte P und Q, und zwar für den einfallenden und den gebrochenen Strahl, gezeichnet. Wie oben ist

$$n_1A_1R < n_1A_1Q$$

$$n_1RP < n_2QS$$

$$n_2PA_2 < n_2SA_2,$$

woraus

$$n_1A_1P + n_2PA_2 < n_1A_1Q + n_2QA_2$$

folgt.

Sogar in Medien mit örtlich veränderlichem Brechungsindex bleibt das FERMATsche Prinzip bestehen und nimmt die Form des Variationsprinzips

$$\delta \int n\,ds = 0 \tag{2}$$

an. Die Lichtstrahlen sind dann gekrümmt, bleiben aber noch immer die orthogonalen Trajektorien der Wellenflächen (s. Abb. 192). Auf ihnen ist

$$n\,ds = \frac{c_0}{2\pi\nu}\,d\psi$$

und der optische Weg vom Punkt A_1 zum Punkt A_2 ist auf dem Lichtstrahl

$$\Delta L = \int n\,ds = \frac{c_0}{2\pi\nu}(\psi_2 - \psi_1).$$

Wenn ds nicht senkrecht auf den Flächen $\psi = \text{const}$ steht, ist

$$n\,ds > \frac{c_0}{2\pi\nu}\,d\psi,$$

und deshalb ist der optische Weg auf jeder anderen Verbindung der Punkte A_1 und A_2 länger als auf dem Lichtstrahl.

§ 2. Die optische Abbildung.

Inhalt: Homozentrische Bündel. Wenn alle Strahlen, die von einem Punkt P ausgehen, sich wieder in einem Punkt P' vereinigen, so heißt P' das Bild von P. Nur der ebene Spiegel bildet alle Punkte des Raumes ab. Eine ebene brechende Fläche bildet nur unendlich ferne Punkte ab. Abbildungen geringerer Qualität.

Infolge seiner Entstehung bildet das Licht zunächst ein seitlich mehr oder weniger ausgedehntes Strahlenbündel, das von einem Punkte ausgeht. Ein solches Bündel wird homozentrisch genannt. Wird es an einem ebenen Spiegel reflektiert, so gehen die reflektierten Strahlen (oder vielmehr ihre rückwärtigen Verlängerungen) wieder durch einen Punkt, den man das Bild der Lichtquelle nennt (Abb. 193).

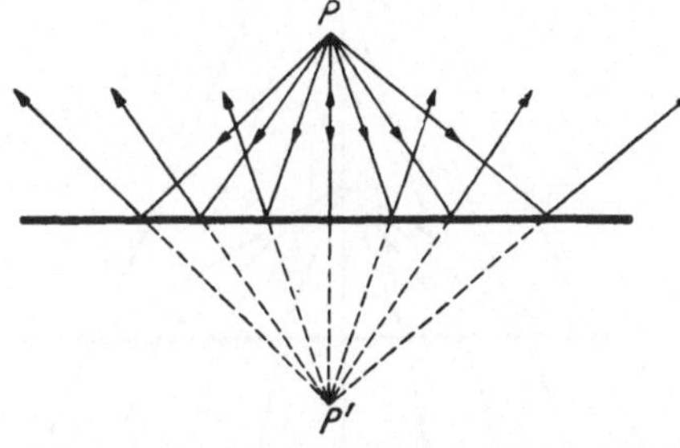

Abb. 193. Der ebene Spiegel entwirft das Bild P' vom Punkte P.

Diesen einfachen Zusammenhang suchen wir nun zu verallgemeinern. Wenn ein Bündel, das von einem Punkte P ausgeht, nach einmaliger oder mehrmaliger Reflexion oder Brechung an beliebigen Flächen wieder ein homozentrisches Bündel bildet, in dem die Strahlen oder deren rückwärtige Verlängerungen sich in einem Punkte P' schneiden, so heißt P' das Bild von P. Es wird durch die reflektierenden oder brechenden Flächen entworfen. Diese Flächen bilden den Punkt P in dem Punkte P' ab.

Daß durch Reflexion oder Brechung eine Abbildung erfolgt, ist nicht selbstverständlich und trifft auch meistens gar nicht zu. Wir betrachten z. B. die Reflexion an der Innenfläche eines Ellipsoides, in dessen Mitte sich ein leuchtender Punkt befinde (s. Abb. 194a). Die Strahlen in der Richtung der Hauptachsen werden in sich selbst zurückgeworfen und schneiden sich wieder im Mittelpunkt. Wenn also überhaupt ein Bild entstünde, müßte dieses dort liegen. Alle anderen Strahlen gehen aber nach der Reflexion nicht durch den Mittelpunkt. Es entsteht also kein Bild. Befindet sich die Lichtquelle dagegen in einem Brennpunkt des Ellipsoides, so wird sie in den anderen Brennpunkten abgebildet (Abb. 194b).

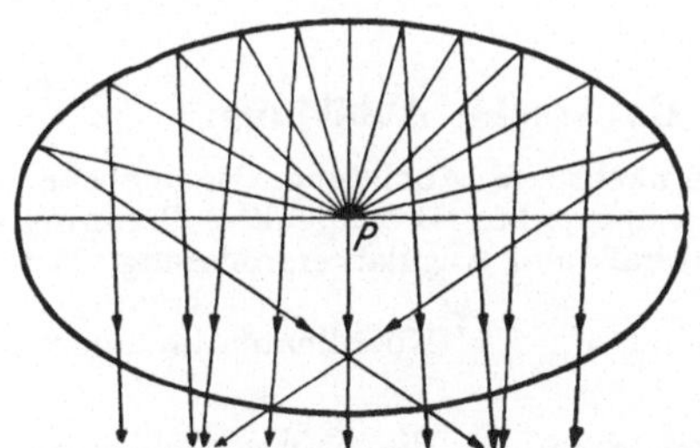

Abb. 194a. Ein Ellipsoid bildet seinen Mittelpunkt nicht ab. Das reflektierte Bündel ist nicht homozentrisch.

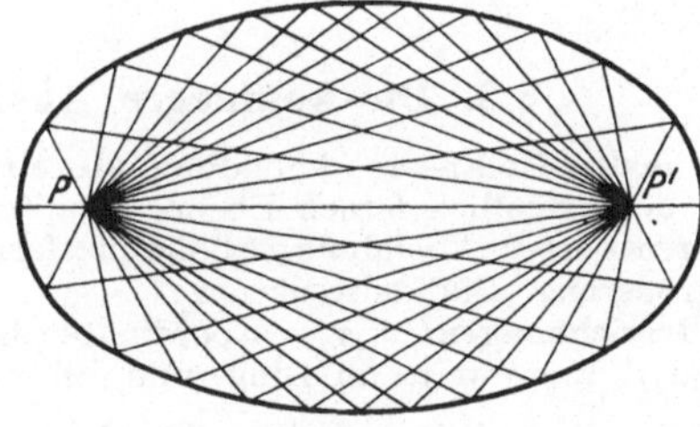

Abb. 194b. Ein Ellipsoid bildet die Brennpunkte ineinander ab.

Während der ebene Spiegel alle Punkte des Raumes abbildet, vermag ein Ellipsoid nur seine Brennpunkte abzubilden. Eine beliebige Fläche bildet im allgemeinen überhaupt keinen Punkt ab. Die von der Lichtquelle ausgehenden homozentrischen Bündel sind nach der Reflexion nicht mehr homozentrisch, gleichgültig, wo die Lichtquelle sich befindet.

Noch ungünstiger als bei der Reflexion sind die Abbildungsverhältnisse bei der Brechung. Schon eine ebene brechende Fläche bildet keinen Punkt mehr ab, wie man aus der Abb. 195 sehen kann, in welcher ein Strahlenbündel gezeichnet ist. Nur parallele Strahlenbündel bleiben nach der Brechung parallel. Darin kann man eine Abbildung eines unendlich fernen Punktes in einen anderen unendlich fernen Punkt sehen.

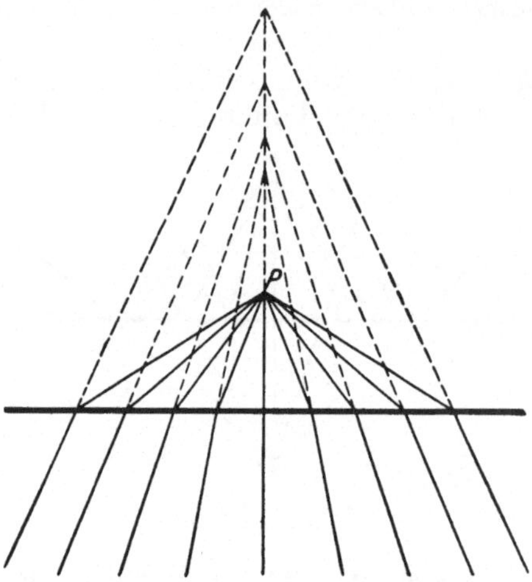

Abb. 195. Eine brechende Ebene liefert keine Abbildung. Die gebrochenen Strahlen schneiden sich nicht in einem Punkt.

Wir werden deshalb unsere Ansprüche an die Abbildung herunterschrauben müssen. Dies kann in zweierlei Weise geschehen. Wir können z. B. darauf verzichten, daß eine optische Vorrichtung alle Punkte des Raumes abbildet, und uns damit begnügen, wenn nur die Punkte einer Ebene oder die Punkte in der Umgebung eines bestimmten Punktes abbildbar sind, während Strahlenbündel, die von anderen Stellen des Raumes ausgehen, in nicht homozentrische Bündel verwandelt werden. Wir können uns aber auch mit einer Abbildung geringerer Qualität zufrieden geben. Wir werden dann verlangen, daß die von einem Punkte kommenden Strahlen sich wieder, wenn nicht in einem Punkt, sich doch in dessen naher Umgebung vereinigen. Diese Forderung brauchen wir auch nicht für weitgeöffnete Bündel, sondern nur für einen engen Ausschnitt daraus erheben. Eine genauere Präzision dessen, was man von der Abbildung verlangen kann und auch muß, werden wir später noch vornehmen.

Das Ideal einer optischen Abbildung bleibt natürlich die exakte Abbildung aller Punkte des ganzen Raumes. Sie wird nur vom ebenen Spiegel oder einem System solcher Spiegel verwirklicht und ist in diesem Fall uninteressant und trivial. Trotzdem wollen wir die ideale Abbildung und ihre Eigenschaften genauer studieren. Wir gewinnen dabei ein Maß für die Güte von weniger vollkommenen Abbildungen. Die ideale Abbildung wird auch als kollineare oder Gausssche Abbildung bezeichnet.

§ 3. Die kollineare Abbildung. Gausssche Abbildung.

Inhalt: Kollineare Abbildung als eindeutig umkehrbare Abbildung. Brennebene als Bild der unendlich fernen Ebene. Hauptebenen, Hauptpunkte, Brennpunkte, Brennweiten der zentrierten Abbildung. Abbildungsformeln. Lateral- und Angularvergrößerung, Tiefenvergrößerung. Bildkonstruktion.

Bezeichnungen: x, y, z Koordinaten im Dingraum, x', y', z' Koordinaten im Bildraum, f und f' Brennweite im Ding- und Bildraum.

Die Koordinaten eines Punktes seien mit x, y, z, die seines Bildpunktes mit x', y', z' bezeichnet. Wir untersuchen jetzt die rein geometrischen Eigenschaften einer kollinearen Abbildung (ohne Rücksicht darauf, ob sie mit optischen Mitteln zu bewerkstelligen ist oder nicht), die von jedem Punkt des Raumes einen und nur einen Bildpunkt entwirft. Analytisch wird die Abbildung durch eine Transformation

$$x' = x'(x, y, z); \quad y' = y'(x, y, z); \quad z' = z'(x, y, z) \tag{3}$$

beschrieben, wo die x', y', z' eindeutige Funktionen von x, y, z sind. Sollen umgekehrt auch verschiedene Punkte verschiedene Bilder besitzen, so muß die Auflösung der Transformation (3)

$$x = x(x', y', z'); \quad y = y(x', y', z'); \quad z = z(x', y', z') \tag{3a}$$

auch eindeutige Funktionen von x', y', z' ergeben. Dies ist nur möglich, wenn der Zusammenhang zwischen den Koordinaten x, y, z der Objektpunkte (Dingpunkte) und denen der Bildpunkte x', y', z' durch eine lineare, im allgemeinen gebrochene Transformation vermittelt wird.

Setzen wir zur Abkürzung

$$F_i = a_i x + b_i y + c_i z + d_i, \tag{4}$$

so lautet der analytische Ausdruck der kollinearen Abbildung

$$x' = \frac{F_1}{F_0}; \quad y' = \frac{F_2}{F_0}; \quad z' = \frac{F_3}{F_0}. \tag{5}$$

Löst man nach x, y, z auf, so erhält man

$$x = \frac{F_1'}{F_0'}; \quad y = \frac{F_2'}{F_0'}; \quad z = \frac{F_3'}{F_0'} \tag{6}$$

mit

$$F_i' = a_i' x' + b_i' y' + c_i' z' + d_i'. \tag{7}$$

Die a_i', b_i' usw. sind Koeffizienten, die sich durch die a_i, b_i ... ausdrücken lassen.

Die Punkte der Ebene

$$F_0 = a_0 x + b_0 y + c_0 z + d_0 = 0 \tag{8}$$

werden auf die unendlich ferne Ebene abgebildet, während sich umgekehrt die unendlich ferne Ebene auf die Ebene

$$F_0' = a_0' x' + b_0' y' + c_0' z' + d_0' = 0 \tag{9}$$

abbildet. Die Ebenen $F_0 = 0$ bzw. $F_0' = 0$ nennt man die Brennebenen der Abbildung. Strahlenbündel, die von einem Punkte von $F_0 = 0$ ausgehen, gehen in parallele Bündel über, während parallele Bündel in Bündel abgebildet werden, deren Zentrum auf der Ebene $F_0' = 0$ liegt. Die Punkte der Ebene

$$A x + B y + C z + D = 0 \tag{10}$$

werden auf die Ebene

$$A F_1' + B F_2' + C F_3' + D F_0' = 0 \tag{10a}$$

abgebildet. Das Bild einer Geraden ist als Schnitt zweier Ebenen wieder eine Gerade.

Die kollineare Abbildung ordnet die Punkte des Raumes einander paarweise zu. Sie bildet somit den ganzen Raum auf sich selbst ab. Sehr zweckmäßig kann man aber auch von zwei Räumen sprechen, dem Objekt- oder Dingraum (auch Gegenstandsraum) und dem Bildraum, von denen einer auf den anderen abgebildet wird. Grundsätzlich deckt jeder dieser beiden Räume den ganzen geometrischen Raum. In vielen Fällen jedoch interessiert von den Objekträumen gerade nur der Teil, welcher als Bildraum unwichtig ist, und umgekehrt. Bei einem photographischen Objektiv z. B. kommt als Gegenstandsraum nur der Raumausschnitt vor der Linse in Frage, wohingegen der wichtige Teil des Bildraumes hinter der Linse liegt.

Eine Abbildung nennen wir rotationssymmetrisch oder zentriert, wenn das Bild einer Rotationsfläche um die Achse G wieder eine Rotationsfläche um das Bild von G ist. Hierbei bewährt sich die Trennung von Bild- und Dingraum. Wir wählen jetzt im Objektraum die Gerade G als z-Achse, während wir im Bildraum die z'-Achse mit dem Bild von G zusammenfallen lassen. Damit für $x = 0$, $y = 0$ auch $x' = 0$ und $y' = 0$ wird, muß

$$c_1 = d_1 = c_2 = d_2 = 0$$

sein, und wir erhalten

$$F_1 = a_1 x + b_1 y; \quad F_2 = a_2 x + b_2 y.$$

Eine Ebene parallel zur xy-Ebene muß als Rotationsfläche um die z-Achse in eine Ebene $z' = \text{const}$ übergehen, woraus sich

$$a_3 = b_3 = a_0 = b_0 = 0$$

und

$$F_3 = c_3 z + d_3; \quad F_0 = c_0 z + d_0$$

wegen

$$z' = \frac{F_3}{F_0} = \frac{a_3 x + b_3 y + c_3 z + d_3}{a_0 x + b_0 y + c_0 z + d_0}$$

ergibt. Legen wir noch die x'-Achse parallel zum Bild der x-Achse und die y'-Achse parallel zum Bild der y-Achse, so folgt

$$a_2 = b_1 = 0.$$

Schließlich muß sich der Kreis

$$x^2 + y^2 = r^2; \quad z = 0$$

wieder in einen Kreis abbilden, so daß

$$x'^2 + y'^2 = \frac{a_1^2 x^2 + b_2^2 y^2}{d_0^2} = \frac{(a_1^2 - b_2^2)}{d_0^2} x^2 + \frac{b_2^2 r^2}{d_0^2} = \text{const}$$

sein muß. Daraus folgt endlich noch

$$a_1 = b_2.$$

Für die zentrierte kollineare Abbildung erhalten wir also die Transformation

$$x' = x \frac{a_1}{c_0 z + d_0}; \quad y' = y \frac{a_1}{c_0 z + d_0}; \quad z' = \frac{c_3 z + d_3}{c_0 z + d_0}, \tag{11a}$$

die nach xyz aufgelöst

$$x = \frac{x'(c_0 d_3 - d_0 c_3)}{a_1(c_0 z' - c_3)}; \quad y = \frac{y'(c_0 d_3 - d_0 c_3)}{a_1(c_0 z' - c_3)}; \quad z = -\frac{d_0 z' - d_3}{c_0 z' - c_3} \tag{11b}$$

lautet.

Die Brennebene des Dingraumes ist

$$z = z_f = -\frac{d_0}{c_0} \tag{12a}$$

und die des Bildraumes

$$z' = z'_f = \frac{c_3}{c_0}. \tag{12b}$$

Die Schnittpunkte der Brennebene mit der Symmetrieachse nennt man Brennpunkte. Der Brennpunkt des Dingraumes bildet sich in den unendlich fernen Achsenpunkt des Bildraumes ab, der unendlich ferne Achsenpunkt des Dingraumes in den Brennpunkt des Bildraumes.

Das Verhältnis

$$\frac{y'}{y} = \frac{x'}{x} = \frac{a_1}{c_0 z + d_0} \tag{13}$$

heißt Lateralvergrößerung. Für Punkte auf der Ebene

$$z = z_h = \frac{a_1 - d_0}{c_0} \tag{14a}$$

des Objektraumes wird sie gleich Eins. Diese Ebene wird Hauptebene des Dingraumes genannt. Ihr Bild ist die Hauptebene

$$z' = z'_h = \frac{c_3 a_1 - c_3 d_0 + d_3 c_0}{a_1 c_0} \tag{14b}$$

des Bildraumes. Eine beliebige Figur in der einen Hauptebene wird in eine kongruente Figur in der anderen Hauptebene abgebildet. Die Achsenpunkte der Hauptebenen werden Hauptpunkte genannt. Die Abstände der Brennpunkte von den zugehörigen Hauptpunkten sind die Brennweiten. Ihr Vorzeichen setzen wir so fest, daß

$$f = z_h - z_f = \frac{a_1}{c_0} \tag{15a}$$

die Brennweite des Gegenstandsraumes und

$$f' = z'_f - z'_h = \frac{c_3 d_0 - d_3 c_0}{a_1 c_0} \tag{15b}$$

die des Bildraumes wird.

Nun können wir die Beschreibung der Abbildung noch einmal sehr vereinfachen, wenn wir den Ursprung beider Koordinatensysteme in die jeweiligen Hauptpunkte legen. Dann ist $z_h = 0$, woraus sich $a_1 = d_0$ ergibt, und $z'_h = 0$, woraus $d_3 = 0$ folgt. Die Brennweite des Bildraumes ist dann einfach

$$f' = \frac{c_3}{c_0}. \tag{16}$$

Drücken wir die Abbildungsformeln (11a) und (11b) durch f und f' aus, so bekommen wir

$$x' = x\frac{f}{z+f}; \qquad y' = y\frac{f}{z+f}; \qquad z' = \frac{f' z}{z+f}; \tag{17a}$$

$$x = x'\frac{f'}{f'-z'}; \qquad y = y'\frac{f'}{f'-z'}; \qquad z = \frac{f z'}{f'-z'}. \tag{17b}$$

Den Beziehungen zwischen z und z' können wir auch die Form

$$z z' + f z' - f' z = 0 \tag{18}$$

oder

$$\frac{f}{z} - \frac{f'}{z'} = -1 \tag{18a}$$

geben. Führen wir $g = -z$ als Gegenstandsweite $b = z'$ als Bildweite ein und sind f und f' gleich, so geht dies in die bekannte Linsen- und Spiegelformel

$$\frac{1}{g} + \frac{1}{b} = \frac{1}{f} \tag{18b}$$

über.

Für die Seitenvergrößerung (Lateralvergrößerung) ergibt sich

$$\frac{x'}{x} = \frac{y'}{y} = \frac{f'-z'}{f'} = \frac{f z'}{f' z} = -\frac{b f}{g f'}. \tag{19}$$

Schneidet ein Strahl die Achse und bildet mit ihr den Winkel u, so trifft er die Hauptebene in einem Achsenabstand (s. Abb. 196)

$$\varrho_0 = -z\,\mathrm{tg}\,u.$$

Im gleichen Achsenabstand trifft sein Bild die Hauptebene des Bildraumes, und es ist deshalb

$$-z \operatorname{tg} u = z' \operatorname{tg} u'.$$

Das Verhältnis

$$\frac{\operatorname{tg} u'}{\operatorname{tg} u} = -\frac{z}{z'} = \frac{f}{z'-f'} = -\frac{z+f}{f'} \tag{20}$$

nennt man Angularvergrößerung oder Konvergenzverhältnis. Es hängt nur von den Brennweiten und der Lage des Punktes ab, in dem der Strahl die Achse schneidet, nicht aber von dem Winkel u. Zusammen mit (19) erhält man

$$\frac{x' \operatorname{tg} u'}{x \operatorname{tg} u} = -\frac{f}{f'}. \tag{21}$$

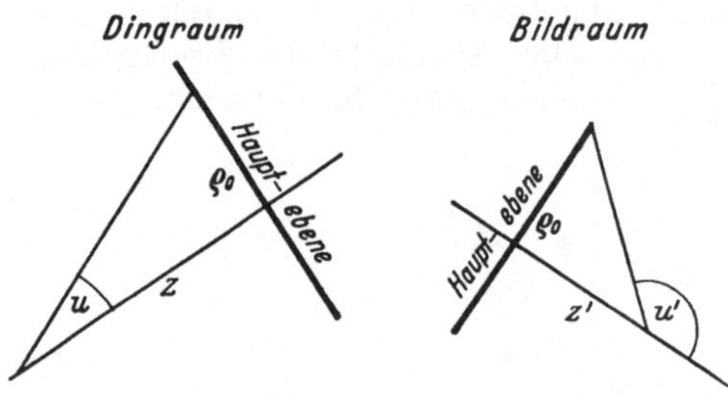

Abb. 196. Angularvergrößerung bei kollinearer Abbildung.

Das Produkt aus Lateral- und Angularvergrößerung ist für die ganze Abbildung konstant und gleich dem negativen Verhältnis der beiden Brennweiten.

Als Tiefenvergrößerung definiert man

$$\frac{dz'}{dz} = \frac{f'}{z+f} - \frac{f' z}{(z+f)^2} = \frac{f f'}{(z+f)^2}. \tag{22}$$

Die zeichnerische Konstruktion des durch die Abbildung entworfenen Bildes ist sehr einfach, wenn die beiden Hauptebenen und die Brennpunkte gegeben sind. Man zieht von einem beliebigen Punkt A (der nicht auf der Achse liegt) einen achsenparallelen Strahl und den Strahl durch den Brennpunkt des Dingraumes (s. Abb. 197). Diese Strahlen mögen die Hauptebene in den Punkten C und B treffen. Ihre Bildpunkte liegen auf der Hauptebene des Bildraumes an den entsprechenden Stellen. Das Bild des Strahles AC geht durch den Brennpunkt F', das des Brennstrahles AB durch den unendlich fernen Achsenpunkt, ist also achsenparallel. Als Schnittpunkt dieser beiden Bildstrahlen findet man das Bild A' des Punktes A.

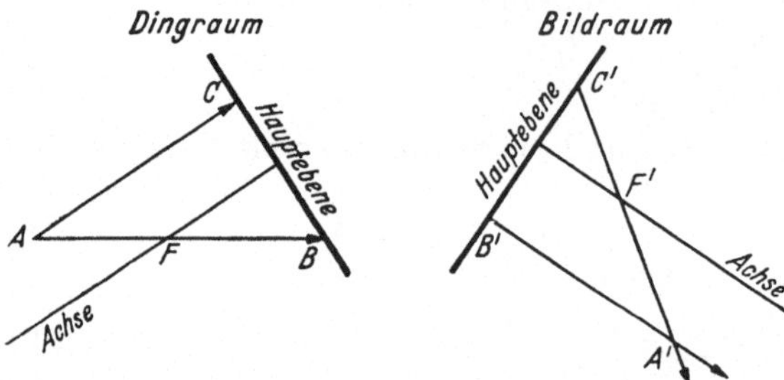

Abb. 197. Konstruktion des Bildes A' vom Punkt A.

§ 4. Die charakteristische Funktion eines optischen Systems. Das Winkeleikonal.

Inhalt: Die Gesamtheit aller Wellenflächen wird durch die HAMILTONsche Funktion H beschrieben, welche für das optische System charakteristisch ist. Das Winkeleikonal einer optischen Vorrichtung gibt die Lichtwege auf den Strahlen in Abhängigkeit von der Richtung an. Winkeleikonal einer einzigen brechenden Fläche. Kollineare Abbildung als erste Näherung.

Bezeichnungen: $x, y, z, \mathfrak{r}$ Koordinaten und Ortsvektor eines Punktes P vor der Optik, $x', y', z', \mathfrak{r}'$ Koordinaten und Ortsvektor eines Punktes P' hinter der Optik, $\mathfrak{s}^0$ Strahlrichtung, α, β, γ ihre Richtungskosinus vor der Optik, $\mathfrak{s}^{0\prime}, \alpha', \beta', \gamma'$ dasselbe hinter der Optik, $X, Y, Z = a$ Koordinaten der Durchstoßpunkte der Strahlen durch eine Ebene senkrecht zur optischen Achse, $X', Y', Z' = a'$ dasselbe nach der Optik, r Krümmungsradius einer brechenden Fläche, δ ihre Abweichung von der Kugelform.

Durch Brechung oder Reflexion eines homozentrischen Strahlenbündels in einer optischen Vorrichtung kommt im allgemeinen keine Abbildung des Strahlenzentrums zustande, sondern es entsteht ein nichthomozentrisches Bündel. Die Vorrichtung bewirkt also keine kollineare Abbildung. Wir müssen deshalb nach einem allgemeinen systematischen Verfahren suchen, um das Schicksal von Strahlenbündeln bei Reflexion oder Brechung zu beschreiben.

Wir betrachten nun eine beliebige optische Vorrichtung, welche Lichtstrahlen reflektiert oder bricht. Befindet sich in einem Punkte P mit den Koordinaten x, y, z eine Lichtquelle, so führt ein Lichtstrahl von P durch die Optik zu jedem Punkte P' mit den Koordinaten x', y', z', der hinter der Optik liegt. Hält man den Punkt P' fest, legt aber die Lichtquelle P an eine andere Stelle, so gibt es wieder einen Strahl durch die optische Vorrichtung, der die Punkte P und P' verbindet. Faßt man einen beliebigen Punkt $P(x, y, z)$ vor der Optik und einen beliebigen Punkt $P'(x', y', z')$ hinter der Optik ins Auge, so ist immer ein bestimmter Strahl durch die optische Anordnung möglich, der von P nach P' führt. Der Weg, den dieser Strahl einschlägt, und der Lichtweg auf ihm ist durch die optische Anordnung festgelegt.

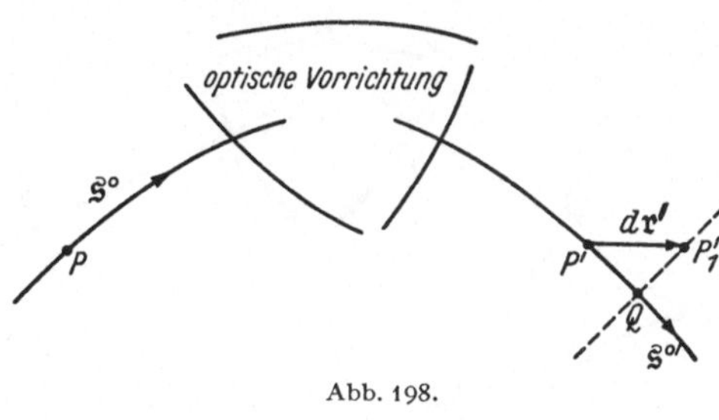

Abb. 198.

Für eine gegebene Anordnung ist also der Lichtweg zwischen zwei Punkten P und P' einge ganz bestimmte Funktion

$$H(x, y, z, x', y', z') \tag{23}$$

der Koordinaten dieser beiden Punkte, welche man die HAMILTONsche charakteristische Funktion der Anordnung nennt.

Wir halten nun den Punkt P fest und verschieben den Punkt P' um $d\mathfrak{r}'$ nach P_1'. Um den Lichtweg von P nach P_1' zu finden, zeichnen wir die in Abb. 198 punktierte Wellenfläche durch P_1', welche senkrecht zu der Strahlrichtung steht. Der Lichtweg von P zu allen Punkten dieser Fläche ist der gleiche, und somit ist der Lichtweg PP_1' gleich dem Lichtweg PQ auf dem Strahl $PP'Q$. Die Verschiebung $d\mathfrak{r}'$ bringt also den Zuwachs

$$n'(\mathfrak{s}^{0\prime}\, d\mathfrak{r}')$$

der charakteristischen Funktion hervor. n' ist der Brechungsindex am Punkt P'.

Ganz analog finden wir, daß bei einer Verschiebung $d\mathfrak{r}$ des Punktes P eine Veränderung

$$-n(\mathfrak{s}^0\, d\mathfrak{r})$$

eintritt. n ist der Brechungsindex am Punkt P. Jetzt können wir das totale Differential

$$dH = n'(\mathfrak{s}^{0\prime}\, d\mathfrak{r}') - n(\mathfrak{s}^0\, d\mathfrak{r}) \tag{24}$$

der charakteristischen Funktion H bei einer Veränderung der Ortsvektoren der Punkte P und P' angeben.

Als unabhängige Variable wollen wir jetzt statt der Koordinaten der beiden Punkte die Richtungen des sie verbindenden Strahles einführen. Zu diesem Zweck definieren wir eine Funktion

$$W = H + n(\mathfrak{r} - \mathfrak{a})\, \mathfrak{s}^0 - n'(\mathfrak{r}' - \mathfrak{a}')\, \mathfrak{s}^{0\prime}, \tag{25}$$

wo $\mathfrak{r}-\mathfrak{a}$ und $\mathfrak{r}'-\mathfrak{a}'$ die von zwei festen Punkten A und A' gezogenen Vektoren zu den Punkten P und P' sind. Die Bedeutung der Funktion W, die man als

Winkeleikonal bezeichnet, kann man sich aus der Abb. 199 klarmachen. Die Flächen I, II und III sollen eine optische Vorrichtung andeuten, welche die Strahlenbündel reflektiert oder bricht. Q und Q' seien die Fußpunkte der Lote von A und A' auf den Strahl durch P und P'. Der Lichtweg auf diesem Strahl ist H. Der Lichtweg von P nach Q ist gerade $n(\mathfrak{a}-\mathfrak{r})\,\mathfrak{s}^0$ und der von Q' nach P' gerade $n'(\mathfrak{r}'-\mathfrak{a}')\,\mathfrak{s}^{0\prime}$. Das Winkeleikonal stellt deshalb den Lichtweg von Q nach Q' dar. Zeichnet man also alle möglichen Strahlen ein und fällt von zwei Punkten A und A' die Lote auf sie und ihre Bilder, so ist das Winkeleikonal der Lichtweg zwischen den Fußpunkten dieser Lote. Da jeder Strahl durch seine Richtung $\mathfrak{s}^0$ vor dem Eintritt in das optische System und seine Richtung $\mathfrak{s}^{0\prime}$ nach dem Austritt eindeutig festgelegt ist, wird man erwarten, daß W nur von den Strahlrichtungen abhängt (hierbei sehen wir zunächst von dem Fall ab, daß parallele Bündel wieder in parallele Bündel verwandelt werden). Die Richtigkeit dieser Vermutung kann man sehr einfach durch Rechnung erweisen.

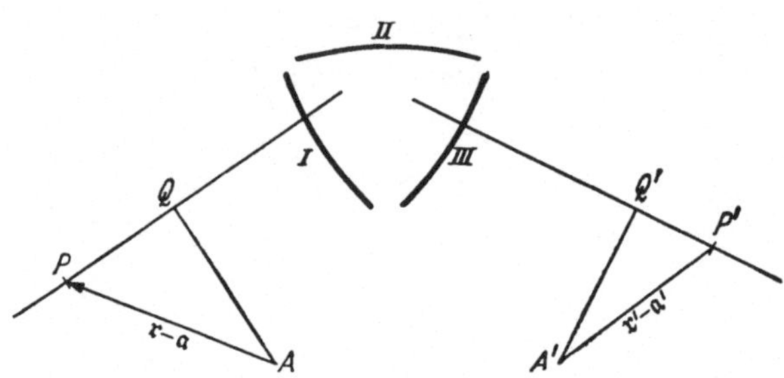

Abb. 199. Das Winkeleikonal ist der Lichtweg von Q nach Q'.

Ist der Brechungsindex in der Umgebung von P und P' konstant, so ist

$$\begin{aligned} dW &= dH + n(\mathfrak{r}-\mathfrak{a})\,d\mathfrak{s}^0 - n'(\mathfrak{r}'-\mathfrak{a}')\,d\mathfrak{s}^{0\prime} + n(d\mathfrak{r}\,\mathfrak{s}^0) - n'(d\mathfrak{r}'\,\mathfrak{s}^{0\prime}) \\ &= n(\mathfrak{r}-\mathfrak{a})\,d\mathfrak{s}^0 - n'(\mathfrak{r}'-\mathfrak{a}')\,d\mathfrak{s}^{0\prime} \end{aligned} \tag{26}$$

das vollständige Differential des Eikonals. Zwei Nachbarpunkte von P und P' lassen sich durch irgendeinen Strahl verbinden, der durch das optische System hindurchgeht. Wie sich dabei das Winkeleikonal ändert, hängt nur von den Richtungsänderungen der Strahlen ab. Wir können also W als eine Funktion von $\mathfrak{s}^0$ und $\mathfrak{s}^{0\prime}$ allein auffassen.

Das Winkeleikonal zentrierter optischer Systeme. Besonders wichtig sind die Eigenschaften zentrierter optischer Systeme. Sie bestehen aus brechenden oder reflektierenden Ebenen oder koaxialen Rotationsflächen. Zwei Rotationsflächen, zwischen denen sich ebene optische Flächen befinden, gelten als koaxial, wenn die Achse der einen das Bild der Achse der anderen ist. Das einfachste Beispiel eines zentrierten Systems ist eine einzelne Kugelfläche. Eine Linse ist schon ein System von zwei koaxialen Kugeln, ein zusammengesetztes Objektiv, Fernrohr oder Mikroskop ein System mehrerer koaxialer Kugel- oder Rotationsflächen. Die gemeinsame Achse wird optische Achse genannt. Ein Beispiel für Systeme, in welchen auch ebene Flächen mitwirken, sind Prismenfernrohr und Spektrograph. Die Achse der Kollimatorlinse eines Spektrographen erhält durch das Prisma eine neue Richtung, welche die Symmetrieachse der Kameralinse sein muß. Die optische Achse ist also eine geknickte Gerade (wegen der Dispersion ist der Spektrograph nur für eine bestimmte Wellenlänge ein genau zentriertes System).

Die optische Achse vor und hinter dem optischen System machen wir zur z- bzw. z'-Achse zweier Koordinatensysteme. Die Punkte A und A' legen wir auf die Achse, so daß ihnen die Koordinaten $z = a$, $z' = a'$ zukommen. Die Richtungskosinus von $\mathfrak{s}^0$ und $\mathfrak{s}^{0\prime}$ gegen die Koordinatenkreuze bezeichnen wir mit α, β, γ und α', β', γ' und erhalten

$$(\mathfrak{r} - \mathfrak{a})\, d\mathfrak{s}^0 = x\, d\alpha + y\, d\beta + (z - a)\, d\gamma$$
$$(\mathfrak{r}' - \mathfrak{a}')\, d\mathfrak{s}^{0\prime} = x'\, d\alpha' + y'\, d\beta' + (z' - a')\, d\gamma'.$$

Aus

$$\gamma^2 = 1 - \alpha^2 - \beta^2; \qquad \gamma'^2 = 1 - \alpha'^2 - \beta'^2$$

ergibt sich

$$d\gamma = -\frac{\alpha\, d\alpha + \beta\, d\beta}{\gamma}; \qquad d\gamma' = -\frac{\alpha'\, d\alpha' + \beta'\, d\beta'}{\gamma'},$$

und wir erhalten

$$\begin{aligned} dW &= n\, d\alpha\left(x - \alpha\frac{z-a}{\gamma}\right) + n\, d\beta\left(y - \beta\frac{z-a}{\gamma}\right) \\ &\quad - n'\, d\alpha'\left(x' - \alpha'\frac{z'-\alpha'}{\gamma'}\right) - n'\, d\beta'\left(y' - \frac{z'-\alpha'}{\gamma'}\right). \end{aligned} \tag{27}$$

Hieraus folgt

$$\begin{aligned} \frac{\partial W}{\partial \alpha} &= n\left(x - \alpha\frac{z-a}{\gamma}\right); &\quad -\frac{\partial W}{\partial \alpha'} &= n'\left(x' - \alpha'\frac{z'-a'}{\gamma'}\right) \\ \frac{\partial W}{\partial \beta} &= n\left(y - \beta\frac{z-a}{\gamma}\right); &\quad -\frac{\partial W}{\partial \beta'} &= n'\left(y' - \beta'\frac{z'-a'}{\gamma'}\right). \end{aligned} \tag{28}$$

Die partiellen Ableitungen von W nach den Richtungskosinus haben eine einfache geometrische Bedeutung. Wir errichten (s. Abb. 200) in A eine Ebene

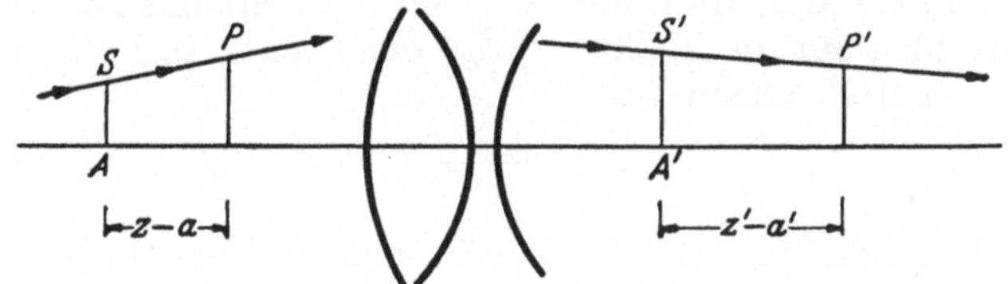

Abb. 200. Auffindung der Punkte S und S' aus dem Winkeleikonal.

senkrecht zur optischen Achse. Der Strahl durch P durchstoße sie im Punkte S. Die Strecke SP hat die Länge $\frac{z-a}{\gamma}$, und ihre Projektion auf die x-Achse ist $\alpha\frac{z-a}{\gamma}$. Die Koordinaten X, Y, Z des Punktes S sind deswegen

$$X = x - \alpha\frac{z-a}{\gamma}; \qquad Y = y - \beta\frac{z-a}{\gamma}; \qquad Z = a. \tag{29a}$$

Der Bildstrahl schneidet die Lotebene in A' in einem Punkt S' mit den Koordinaten

$$X' = x' - \alpha'\frac{z'-a'}{\gamma'}; \qquad Y' = y' - \beta'\frac{z'-a'}{\gamma'}; \qquad Z' = a'. \tag{29b}$$

Die Beziehungen (28) gehen dann in

$$\frac{\partial W}{\partial \alpha} = n\, X; \qquad \frac{\partial W}{\partial \beta} = n\, Y; \qquad -\frac{\partial W}{\partial \alpha'} = n'\, X'; \qquad -\frac{\partial W}{\partial \beta'} = n'\, Y' \tag{30}$$

über.

Da die Punkte A und A' ganz beliebig auf der Achse angenommen werden können, kann man aus dem Winkeleikonal die Durchstoßpunkte der Strahlen durch beliebige Lotebenen zur Achse finden, indem man nach den Richtungskosinus differenziert.

Die Brechung an einer einzelnen Rotationsfläche. Eine Rotationsfläche entstehe durch Drehung der Kurve

$$z = c_2 x^2 + c_4 x^4 + \cdots$$

um die z-Achse. Ihre Gleichung ist dann

$$z = c_2(x^2 + y^2) + c_4(x^2 + y^2)^2 + \cdots. \tag{31}$$

Natürlich muß die Kurve symmetrisch zur z-Achse sein, d. h. es können keine ungeraden Potenzen von x vorkommen. Um die Konstanten c_2 und c_4 anschaulich zu machen, vergleichen wir die Fläche mit einer Kugel, von der sie im Schnittpunkt mit der Achse berührt wird. Diese hat die Gleichung

$$(z - r)^2 + x^2 + y^2 = r^2.$$

Wenn wir sie ebenfalls nach z auflösen und nach Potenzen von x und y entwickeln, so erhalten wir

$$z = r \pm \sqrt{r^2 - x^2 - y^2} = \frac{x^2 + y^2}{2r} + \frac{(x^2 + y^2)^2}{8r^3} + \cdots. \tag{32}$$

Für uns kommt nur das Minuszeichen in Betracht, da wir uns nur für den Teil der Kugel interessieren, der in der Umgebung des Achsenpunktes $z = 0$ liegt. Der Vergleich mit (31) zeigt, daß

$$r = \frac{1}{2c_2}$$

der Krümmungsradius der Rotationsfläche im Achsenpunkt ist. Treffen die ankommenden Strahlen auf die konkave Seite der Fläche, so ist $c_2 < 0$ und demgemäß r dann negativ. Setzen wir

$$c_4 = \frac{1 + \delta}{8r^3},$$

so ist δ ein Maß für die Abweichung der Fläche der Kugel. Die Flächengleichung nimmt mit diesen Bezeichnungen die Gestalt

$$z = \frac{x^2 + y^2}{2r} + \frac{(1 + \delta)(x^2 + y^2)^2}{8r^3} + \cdots \tag{33}$$

an.

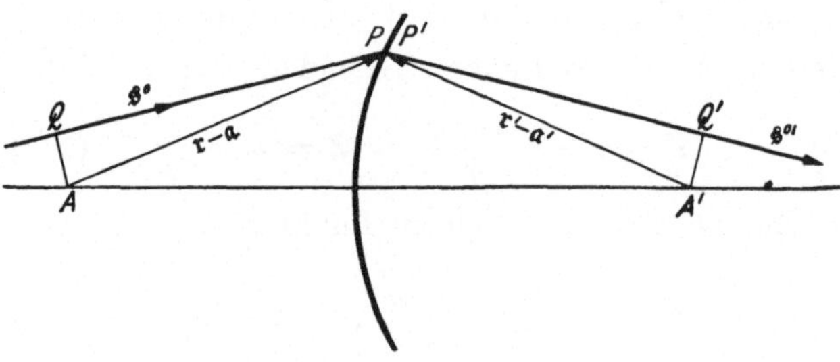

Abb. 201. Berechnung des Winkeleikonals einer Rotationsfläche als Lichtweg QPQ'.

Nun muß das Winkeleikonal aufgesucht werden. Wir legen den Punkt P auf die Rotationsfläche und lassen ihn mit P' zusammenfallen (s. Abb. 201). Dann ist W der Lichtweg QPQ' in Abhängigkeit von dem Richtungskosinus des Strahles, also

$$\begin{aligned} W &= nQP + n'PQ' = n(\mathfrak{r} - \mathfrak{a})\,\mathfrak{s}^0 - n'(\mathfrak{r}' - \mathfrak{a}')\,\mathfrak{s}^{0\prime} \\ &= x(n\alpha - n'\alpha') + y(n\beta - n'\beta') + z(n\gamma - n'\gamma') - a n\gamma + a' n'\gamma'. \end{aligned} \tag{34}$$

In diesem Ausdruck müssen x, y, z auch noch durch α, β, γ ausgedrückt werden. Wir eliminieren zuerst z mit (33) und setzen

$$\gamma = \sqrt{1 - \alpha^2 - \beta^2}; \quad \gamma' = \sqrt{1 - \alpha'^2 - \beta'^2}.$$

Dabei entwickeln wir W nach Potenzen von $x, y, z, \alpha, \beta, \alpha', \beta'$ und erhalten

$$\begin{aligned} W = &-n a + n' a' + x(n\alpha - n'\alpha') + y(n\beta - n'\beta') + \frac{x^2+y^2}{2r}(n-n') \\ &+ \frac{n a}{2}(\alpha^2+\beta^2) - \frac{n' a'}{2}(\alpha'^2+\beta'^2) \\ &- \frac{x^2+y^2}{4r}\{n(\alpha^2+\beta^2) - n'(\alpha'^2+\beta'^2)\} \\ &+ \frac{1+\delta}{8r^3}(x^2+y^2)^2(n-n') + \frac{1}{8}\{n a(\alpha^2+\beta^2)^2 - n' a'(\alpha'^2+\beta'^2)^2\}, \end{aligned} \tag{35}$$

wenn wir bis zu Gliedern vierter Ordnung gehen.

Nun müssen wir noch das Brechungsgesetz verwenden, um x und y durch die Winkel auszudrücken. Ist $\mathfrak{u}^0$ ein Einheitsvektor senkrecht auf der Fläche (33), so sind $|[\mathfrak{u}^0 \mathfrak{s}^0]|$ und $|[\mathfrak{u}^0 \mathfrak{s}^{0\prime}]|$ die Sinus von Einfallswinkel und Brechungswinkel, und das Brechungsgesetz kommt in die Form

$$[(n\,\mathfrak{s}^0 - n'\,\mathfrak{s}^{0\prime})\,\mathfrak{u}^0] = 0. \tag{36}$$

Schreibt man statt (33)

$$F = -z + \frac{x^2+y^2}{2r} + \frac{(1+\delta)(x^2+y^2)^2}{8r^3} + \cdots = 0,$$

so geht (36) in

$$[(n\,\mathfrak{s}^0 - n'\,\mathfrak{s}^{0\prime})\operatorname{grad} F] = 0 \tag{37}$$

über. Nun bilden wir

$$\begin{aligned} \frac{\partial F}{\partial x} &= \frac{x}{r} + \frac{(1+\delta)x}{2r^3}(x^2+y^2) = \frac{x}{r}(1+\Delta) \\ \frac{\partial F}{\partial y} &= \frac{y}{r} + \frac{(1+\delta)y}{2r^3}(x^2+y^2) = \frac{y}{r}(1+\Delta) \\ \frac{\partial F}{\partial z} &= -1 \end{aligned}$$

mit der Abkürzung

$$\Delta = \frac{1+\delta}{2r^2}(x^2+y^2)$$

und bekommen die Komponenten von (37)

$$\begin{aligned} &\frac{y}{r}(1+\Delta)(n\gamma - n'\gamma') + (n\beta - n'\beta') = 0 \\ &\frac{x}{r}(1+\Delta)(n\gamma - n'\gamma') + (n\alpha - n'\alpha') = 0 \\ &\frac{x}{r}(n\beta - n'\beta') - \frac{y}{r}(n\alpha - n'\alpha') = 0. \end{aligned}$$

Daraus erhalten wir

$$\begin{aligned} y &= -r\frac{n\beta - n'\beta'}{(1+\Delta)(n\gamma - n'\gamma')} = -r\frac{n\beta - n'\beta'}{n-n'}(1+\varepsilon) \\ x &= -r\frac{n\alpha - n'\alpha'}{(1+\Delta)(n\gamma - n'\gamma')} = -r\frac{n\alpha - n'\alpha'}{n-n'}(1+\varepsilon). \end{aligned}$$

ε ist eine Größe zweiter Ordnung, die wir aber nicht zu berechnen brauchen, da sie beim Einsetzen in W wieder herausfällt. Setzen wir in (35) ein und ziehen die

Glieder nullter, zweiter, vierter Ordnung in α, α', β, β' zusammen, so erhalten wir

$$W = W_0 + W_2 + W_4 + \cdots \tag{38}$$

mit

$$W_0 = -n\,a + n'\,a'$$

$$\begin{aligned} W_2 = &-\frac{r}{2(n-n')}\{n\,\alpha - n'\,\alpha')^2 + (n\,\beta - n'\,\beta')^2\} \\ &+ \frac{n\,a}{2}(\alpha^2+\beta^2) - \frac{n'\,a'}{2}(\alpha'^2+\beta'^2) \end{aligned} \tag{38a}$$

$$\begin{aligned} W_4 = &-\frac{r}{4(n-n')^2}\{(n\,\alpha - n'\,\alpha')^2 + (n\,\beta - n'\,\beta')^2\}\,\{n(\alpha^2+\beta^2) - n'(\alpha'^2+\beta'^2)\} \\ &+ \frac{1}{8}\{n\,a(\alpha^2+\beta^2)^2 - n'\,a'(\alpha'^2+\beta'^2)^2\} \\ &+ \frac{(1+\delta)r}{8(n-n')^3}\{(n\,\alpha - n'\,\alpha')^2 + (n\,\beta - n'\,\beta')\}^2. \end{aligned}$$

Die erste Näherung erhalten wir, indem wir W_4 vernachlässigen. Nach (30) finden wir die Koordinaten der Durchstoßpunkte S und S' der Lichtstrahlen in den Lotebenen durch A und A'

$$\begin{aligned} X &= \frac{1}{n}\frac{\partial W}{\partial \alpha} = \alpha\left(a - \frac{r\,n}{n-n'}\right) + \alpha'\frac{r\,n'}{n-n'} \\ Y &= \frac{1}{n}\frac{\partial W}{\partial \beta} = \beta\left(a - \frac{r\,n}{n-n'}\right) + \beta'\frac{r\,n'}{n-n'} \\ X' &= -\frac{1}{n'}\frac{\partial W}{\partial \alpha'} = \alpha'\left(a' + \frac{r\,n'}{n-n'}\right) - \alpha\,\frac{r\,n}{n-n'} \\ Y' &= -\frac{1}{n'}\frac{\partial W}{\partial \beta'} = \beta'\left(a' + \frac{r\,n'}{n-n'}\right) - \beta\,\frac{r\,n}{n-n'}. \end{aligned} \tag{39}$$

Jetzt betrachten wir ein Strahlenbündel, das vom Punkte $S(X, Y, a)$ ausgeht. Wenn wir aus den vier Gl. (39) die Richtungen α' und β' eliminieren, finden wir

$$\begin{aligned} X' &= X\,\frac{a'}{n'}\left(\frac{n'}{a'} + \frac{n-n'}{r}\right) - \frac{a\,a'}{n'}\,\alpha\left(\frac{n-n'}{r} - \frac{n}{a} + \frac{n'}{a'}\right) \\ Y' &= Y\,\frac{a'}{n'}\left(\frac{n'}{a'} + \frac{n-n'}{r}\right) - \frac{a\,a'}{n'}\,\beta\left(\frac{n-n'}{r} - \frac{n}{a} + \frac{n'}{a'}\right). \end{aligned} \tag{40}$$

X' und Y' sind die Koordinaten der Punkte, in denen die Strahlen des Bündels die Ebene $z = a'$ schneiden. Wenn

$$\frac{n-n'}{r} = \frac{n}{a} - \frac{n'}{a'} \tag{41}$$

ist, vereinigen sich alle Strahlen in dem Punkte $S(X'\,Y', a')$, und dieser ist das Bild des Punktes $S(X, Y, a)$. Setzen wir

$$f = \frac{n\,r}{n'-n}; \qquad f' = \frac{n'\,r}{n'-n}, \tag{42}$$

so gilt wegen (41)

$$\begin{aligned} X' &= X\,\frac{f}{a+f}; \qquad Y' = Y\,\frac{f}{a+f} \\ Z' &= a' = a\,\frac{f'}{a+f}. \end{aligned} \tag{43}$$

Vernachlässigen wir die Glieder vierter Ordnung von W_4, so gibt es zu jedem Punkt $X, Y, Z = a$ einen Bildpunkt mit den Koordinaten $X', Y', Z' = a'$, welche sich aus (43) berechnen.

(43) ist eine kollineare Abbildung mit den beiden zusammenfallenden Hauptebenen $Z = 0$ und den Brennweiten f und f', zwischen denen die Beziehung

$$\frac{f}{f'} = \frac{n}{n'} \tag{42a}$$

besteht. Eine Rotationsfläche, die zwei Medien der Brechungsindizes n und n' trennt, bewirkt also in erster Näherung (GAUSSsche Näherung) eine kollineare Abbildung. Diese Näherung gilt für Strahlenbündel, die nahezu achsenparallel sind, und für die achsennahen Teile der brechenden Flächen. In höheren Näherungen vereinigen sich die Strahlen nicht mehr in einem Punkt; es entstehen also Abbildungsfehler.

§ 5. Abbildung durch eine Linse.

Inhalt: Abbildung durch eine Linse. Brennweite, Hauptebenen.

Bezeichnungen: r_1 und r_2 Krümmungsradien der Linsenflächen, n und n' Brechungsindizes der Luft und des Linsenmaterials. f_1 und f_2 objektseitige, f_1' und f_2' bildseitige Brennweiten der Einzelflächen, $f = f'$ Brennweite der Linse, d Dicke der Linse, X_1, Y_1, Z_1 Koordinaten des Objekts, X_1', Y_1', Z_1' bzw. X_2, Y_2, Z_2 Koordinaten des Zwischenbildes, X_2', Y_2', Z_2' Koordinaten des Bildes. X, Y, Z und X', Y', Z' Koordinaten von Objekt und Bild, wenn die Koordinatenkreuze in den Hauptpunkten liegen. Die Z-Achse fällt mit der optischen Achse zusammen.

Wir untersuchen jetzt die Abbildung mit einer Linse in der GAUSSschen Näherung. Die Linsenoberfläche, welche den einfallenden Lichtstrahlen zugekehrt ist, schneide die optische Achse im Punkte $Z = 0$ und besitze einen Krümmungsradius r_1. Sie bildet den Objektraum mit den Koordinaten X_1, Y_1, $Z_1 = a$ nach den Formeln (43) auf den Zwischenbildraum X_1', Y_1', Z_1' ab. Die zugehörigen Brennweiten sind

$$f_1 = \frac{r_1 n}{n' - n}; \qquad f_1' = \frac{r_1 n'}{n' - n}. \tag{44a}$$

Die zweite Linsenfläche mit dem Krümmungsradius r_2 schneidet die Achse im Punkte $Z = d$ (d = Dicke der Linse). Ihre Brennweiten sind

$$f_2 = \frac{r_2 n'}{n - n'}; \qquad f_2' = \frac{r_2 n}{n - n'}. \tag{44b}$$

Die zweite Fläche bewirkt eine kollineare Abbildung

$$X_2' = X_2 \frac{f_2}{Z_2 + f_2}; \qquad Y_2' = Y_2 \frac{f_2}{Z_2 + f_2}; \qquad Z_2' = Z_2 \frac{f_2'}{Z_2 + f_2}.$$

Der Gegenstandsraum dieser Abbildung ist mit dem Bildraum der ersten identisch, und zwischen den Koordinaten besteht der Zusammenhang

$$X_1' = X_2; \quad Y_1' = Y_2; \quad Z_1' - d = Z_2.$$

Eliminieren wir das Zwischenbild $X_1' \ldots X_2 \ldots$, so erhalten wir die kollineare Abbildung

$$\begin{aligned} X_2' &= \frac{f_1 f_2}{Z_1(f_1' + f_2 - d) + f_1(f_2 - d)} X_1 \\ Y_2' &= \frac{f_1 f_2}{Z_1(f_1' + f_2 - d) + f_1(f_2 - d)} Y_1 \\ Z_2' &= \frac{\{Z_1(f_1' - d) - f_1 d\} f_2'}{Z_1(f_1' + f_2 - d) + f_1(f_2 - d)}. \end{aligned} \tag{45}$$

Der nächste Schritt besteht darin, daß wir die Hauptebenen und Brennweiten der Abbildung (45) bestimmen. Für Punkte der objektseitigen Hauptebene $Z_1 = Z_{1h}$ muß die Lateralvergrößerung $\frac{X_2'}{X_1} = 1$ sein, und dies führt zu

$$Z_{1h} = \frac{f_1 d}{f_1' + f_2 - d} = \frac{r_1 n d}{(r_1 - r_2) n' - d(n' - n)}. \tag{46}$$

Ihr Bild, die Hauptebene im Bildraum, ist durch

$$Z_{2h}' = -\frac{f_2' d}{f_1' + f_2 - d} = \frac{r_2 n d}{(r_1 - r_2) n' - d(n' - n)} \tag{47}$$

bestimmt. Jetzt legen wir im Ding- und Bildraum den Nullpunkt des Koordinatensystems in die Hauptpunkte, setzen also

$$\begin{aligned} X &= X_1; \quad Y = Y_1; \quad Z = Z_1 - \frac{f_1 d}{f_1' + f_2 - d} \\ X' &= X_2'; \quad Y' = Y_2'; \quad Z' = Z_2' - \frac{f_2' d}{f_1' + f_2 - d} \end{aligned} \tag{48}$$

und erhalten die Abbildungsformeln

$$\begin{aligned} X' &= \frac{\frac{f_1 f_2}{f_1' + f_2 - d}}{Z + \frac{f_1 f_2}{f_1' + f_2 - d}} X \\ Y' &= \frac{\frac{f_1 f_2}{f_1' + f_2 - d}}{Z + \frac{f_1 f_2}{f_1' + f_2 - d}} Y \\ Z' &= \frac{\frac{f_1' f_2'}{f_1' + f_2 - d}}{Z + \frac{f_1 f_2}{f_1' + f_2 - d}} Z. \end{aligned} \tag{49}$$

Hieraus ergeben sich die Brennweiten der Linse

$$f = \frac{f_1 f_2}{f_1' + f_2 - d} \tag{50a}$$

im Objektraum und

$$f' = \frac{f_1' f_2'}{f_1' + f_2 - d} \tag{50b}$$

im Bildraum. Setzt man (44a) und (44b) ein, so findet man

$$f = f' = \frac{r_1 r_2 n n'}{(n' - n)\{n'(r_2 - r_1) + d(n' - n)\}}. \tag{51}$$

Die Abbildungsformeln (49) nehmen damit die einfache Gestalt

$$X' = \frac{f}{Z + f} X; \qquad Y' = \frac{f}{Z + f} Y; \qquad Z' = \frac{f}{Z + f} Z \tag{52a}$$

an. Durch Umformen erhält man

$$\frac{X'}{X} = \frac{Y'}{Y} = \frac{Z'}{Z} \tag{52b}$$

und

$$\frac{1}{Z'} - \frac{1}{Z} = \frac{1}{f}. \tag{52c}$$

Für Linsen in Luft kann man $n = 1$ und $n' = n$ setzen und erhält

$$\frac{1}{f} = \frac{n-1}{r_1} - \frac{n-1}{r_2} + \frac{(n-1)^2 d}{n\, r_1 r_2}. \tag{53}$$

Bei dünnen Linsen reduziert sich dies auf

$$\frac{1}{f} = (n-1)\left(\frac{1}{r_1} - \frac{1}{r_2}\right). \tag{53a}$$

Linsen mit einer Planfläche haben die Brennweite

$$f = \pm \frac{r}{n-1}. \tag{53b}$$

Die Abstände der Hauptebenen von den Scheitelpunkten der Linse entnehmen wir aus (46) und (47). In Luft ist $n = 1$, $n' = n$, und es ergibt sich für eine dünne symmetrische Bikonvexlinse ($-r_2 = r_1 = r$) angenähert

$$Z_{1h} = -Z'_{2h} = \frac{d}{2n}. \tag{54}$$

Die beiden Hauptebenen liegen symmetrisch innerhalb der Linse im Abstand

$$\Delta Z_h = d - \frac{d}{n} = d\,\frac{n-1}{n}.$$

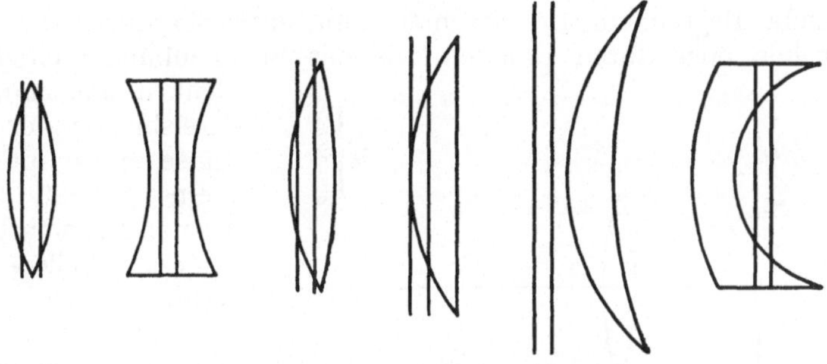

Abb. 202. Hauptebene verschiedener Linsentypen.

Bei einer dünnen symmetrischen Bikonkavlinse ($r_1 = -r_2 = -r$) gilt dasselbe. Die nach (46) und (47) errechneten Hauptebenen für verschiedene Linsenformen zeigen die Abb. 202.

§ 6. Die Abbildungsfehler optischer Systeme.

Die Abbildungsformeln der ersten Näherung (GAUSSsche Dioptrik) für Linsen und aus Linsen zusammengesetzte System kann man bekanntlich leicht aus elementaren, geometrischen Betrachtungen gewinnen. Der Nutzen des allgemeinen Verfahrens, das sich des Eikonals bedient, zeigt sich bei der Untersuchung der Abbildungsfehler, die sich in höheren Näherungen herausstellen. Sie werden merklich, wenn die Strahlen schräg zur Achse laufen oder wenn ein zu großer Ausschnitt der brechenden Flächen benutzt wird. Gegen die Achse stark geneigte Strahlen kommen vor, wenn das Objekt weit abseits der Achse liegt oder wenn man weit geöffnete Bündel zur Abbildung benutzt.

Besonders vom photographischen Objektiv muß man verlangen, daß es auch achsenferne Punkte gut abbildet. Weite Bündel muß man häufig wegen der Lichtstärke verwenden. Manchmal, wie beim Mikroskop, wird die Abbildung mit engen Bündeln durch Beugung verschlechtert, so daß man zu möglichst weiten Bündeln greift.

Zu den geometrischen Abbildungsfehlern kommt noch die Farbabweichung oder chromatische Aberration. Sie besteht einfach darin, daß der Brechungsindex aller Stoffe von der Wellenlänge des Lichtes abhängt und daß infolgedessen die Brennweiten für verschiedene Farben verschieden ausfallen. Bekanntlich bekämpft man diese Erscheinung durch die Anwendung achromatischer Linsen, welche durch Verkittung von zwei Linsen aus verschiedenem Material entstehen. Hier berücksichtigen wir die Farbabweichung nicht, da sie keine Beziehung zu den geometrischen Linsenfehlern besitzt. Wir stellen uns also vor, daß immer mit monochromatischem Licht gearbeitet wird.

*§ 7. Eintrittspupille, Austrittspupille. SEIDELsches Eikonal.

Inhalt: Eintrittspupille ist das Bild der Blende im Dingraum, welche den Strahlengang am meisten einengt, Austrittspupille ihr Bild im Bildraum. Das SEIDELsche Eikonal kann aus dem Winkeleikonal gebildet werden, ist in der GAUSSschen Näherung konstant und enthält deshalb nur die Abbildungsfehler.

Bezeichnungen: α, β, γ Richtungskosinus eines Strahles, X, Y, $Z = a$ Koordinaten des Schnittpunkts mit der Objektebene, X^*, Y^*, $Z^* = m$ Koordinaten des Schnittpunkts mit der Eintrittspupille, α', β', γ', Z', X', Y', $X^{*\prime}$, $Z^{*\prime}$, $Y^{*\prime}$ entsprechende Größen im Bildraum, x, y, ξ, η und x', y', ξ', η' SEIDELsche Variable, W Winkeleikonal, W_0, W_2, W_4... sukzessive Näherungen, S SEIDELsches Eikonal, S_4, S_6 usw. sukzessive Näherungen, λ'/λ Seitenvergrößerung der Pupillenebene, n Brechungsindex.

Die seitliche Begrenzung der Strahlen kann entweder durch den Rand der Linse geschehen oder durch Blenden, die das Strahlenbündel einengen. Wir denken uns zunächst eine Kreisblende vor die erste Linse eines optischen Systems gesetzt. Liegt eine Blende (Aperturblende) an anderer Stelle, was auch häufig der Fall ist, so denken wir sie uns durch den vor ihr liegenden Teil der Optik in den Gegenstandsraum abgebildet und können dieses Bild wie eine materielle Blende behandeln. Sind mehrere Blenden vorhanden, so bilden wir sie sämtlich auf den Dingraum ab. Das Bild derjenigen Blende, welche das vom Achsenpunkt A ausgehende Strahlenbündel am meisten verengt, bezeichnen wir als Eintrittspupille (für diesen Punkt). Das Bild der Eintrittspupille im Bildraum des ganzen Systems heißt Austrittspupille (s. Abb. 203 und 204). (Es sei bemerkt, daß die Eintrittspupille auch in dem virtuellen Teil des Dingraumes liegen kann, der sich hinter dem optischen System befindet.)

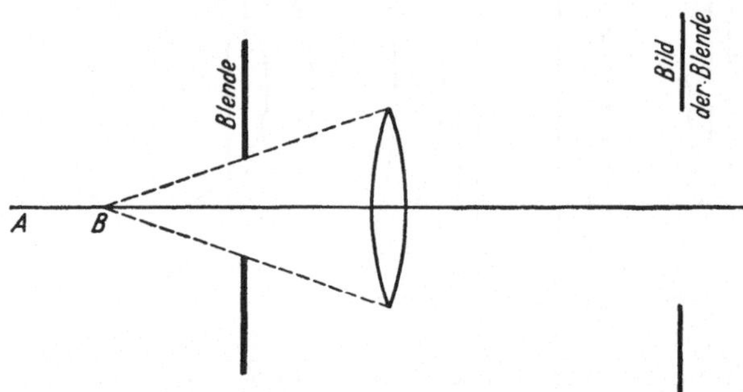

Abb. 203. Für alle Achsenpunkte links vom B ist die Blende gleichzeitig Eintrittspupille. Für Achsenpunkte rechts vom B ist der Linsenrand Eintritts- und Austrittspupille.

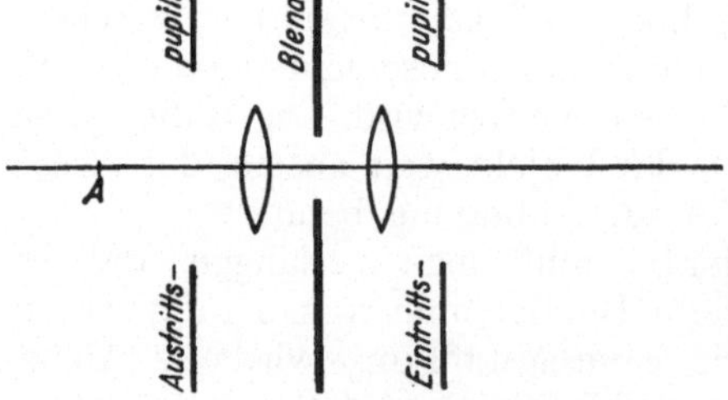

Abb. 204. Eintritts- und Austrittspupille sind die Bilder der Blende. Beide Bilder sind virtuell.

Bisher haben wir einen Strahl durch seine Richtung und die seines Bildes gekennzeichnet. Jetzt wollen wir ihn durch die Punkte S^* und $S^{*\prime}$ festlegen, in denen er die Ebenen der Eintritts- und Austrittspupille durchdringt

(s. Abb. 205). S und S' sollen wie früher die Punkte sein, in denen der Strahl die Ebenen $Z = a$ und $Z' = a'$ schneidet. Ihre Koordinaten seien X, Y, a und

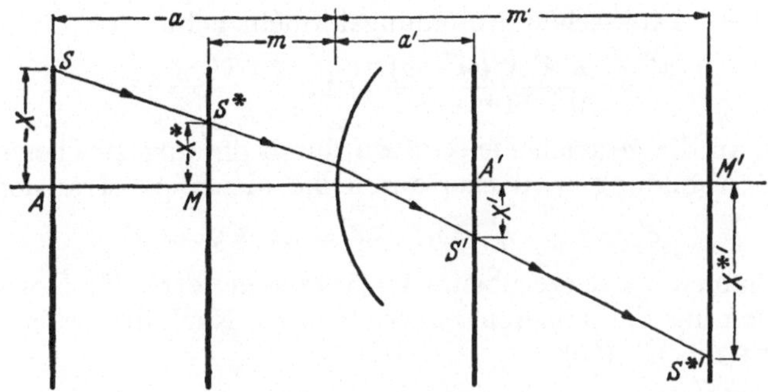

Abb. 205. Definition der SEIDELschen Variablen. Man achte auf die Vorzeichen. Die positive z-Achse zeigt nach rechts, die positive x-Achse nach unten.

X', Y', a'. Die Koordinaten von S^* und $S^{*\prime}$ seien mit X^*, Y^*, m und $X^{*\prime}$, $Y^{*\prime}$, m' bezeichnet. In der GAUSSschen Näherung gilt dann

$$\begin{aligned} \alpha &= \frac{X^* - X}{S\,S^*} = \frac{X^* - X}{A\,M}\,\gamma \approx \frac{X^* - X}{m - a} \\ \beta &= \frac{Y^* - Y}{m - a}\,\gamma \approx \frac{Y^* - Y}{m - a}, \end{aligned} \tag{55a}$$

ebenso im Bildraum

$$\begin{aligned} \alpha' &= \frac{X^{*\prime} - X'}{m' - a'}\,\gamma' \approx \frac{X^{*\prime} - X'}{m' - a'} \\ \beta' &= \frac{Y^{*\prime} - Y'}{m' - a'}\,\gamma' \approx \frac{Y^{*\prime} - Y'}{m' - a'}. \end{aligned} \tag{55b}$$

Statt der Größen X, X', X^*, $X^{*\prime}$, Y, Y', Y^*, $Y^{*\prime}$ führen wir jetzt die neuen Größen

$$x, x', \xi, \xi'; \qquad y, y', \eta, \eta'$$

ein, welche wir durch

$$\begin{aligned} x &= \frac{n\,\lambda\,X}{m - a}; & x' &= \frac{n'\,\lambda'\,X'}{m' - a'} \\ y &= \frac{n\,\lambda\,Y}{m - a}; & y' &= \frac{n'\,\lambda'\,Y'}{m' - a'} \\ \xi &= \frac{1}{\lambda}\{X + (m - a)\alpha\}; & \xi' &= \frac{1}{\lambda'}\{X' + (m' - a')\,\alpha'\} \\ \eta &= \frac{1}{\lambda}\{Y + (m - a)\beta\}; & \eta' &= \frac{1}{\lambda'}\{Y' + (m' - a')\,\beta'\} \end{aligned} \tag{56}$$

definieren. Das Verhältnis

$$\frac{\lambda'}{\lambda} = \frac{X^{*\prime}}{X^*} = \frac{Y^{*\prime}}{Y^*} = \frac{f}{m + f} \tag{57}$$

setzen wir gleich der Seitenvergrößerung für die Ebene der Eintritts- und Austrittspupille. In der GAUSSschen Näherung ergibt sich aus (55a) und (55b)

$$\xi = \frac{X^*}{\lambda}; \quad \xi' = \frac{X^{*\prime}}{\lambda'}; \quad \eta = \frac{Y^*}{\lambda}; \quad \eta' = \frac{Y^{*\prime}}{\lambda'} \tag{58}$$

ξ, η bzw. ξ', η' sind also die Koordinaten der Punkte, in welchen die Strahlen die Eintrittspupille bzw. Austrittspupille durchstoßen, wenn man auf gleiche

Maßstäbe reduziert. Deshalb gilt in GAUSSscher Näherung

$$\xi = \xi'; \quad \eta = \eta'. \tag{59}$$

Aus (57) und den GAUSSschen Abbildungsformeln geht

$$\frac{x'}{x} = \frac{n' \lambda' X'(m-a)}{n \lambda X(m'-a')} = 1; \qquad \frac{y'}{y} = 1$$

hervor, wenn man die gestrichenen Größen durch die ungestrichenen ausdrückt. Die GAUSSsche Abbildung wird also durch die identische Transformation

$$\xi' = \xi; \quad \eta' = \eta; \quad x' = x; \quad y' = y \tag{59a}$$

der neuen Variablen wiedergegeben. Wir verlassen jetzt die GAUSSsche Näherung und wenden uns den höheren Näherungen zu. Nach den früheren Variablen aufgelöst liefern die Gl. (56)

$$\begin{aligned}
X &= \frac{m-a}{n \lambda} x; & X' &= \frac{m'-a'}{n' \lambda'} x' \\
Y &= \frac{m-a}{n \lambda} y; & Y' &= \frac{m'-a'}{n' \lambda'} y' \\
a &= \xi \frac{\lambda}{m-a} - \frac{x}{n \lambda}; & \alpha' &= \xi' \frac{\lambda}{m'-a'} - \frac{x'}{n' \lambda'} \\
\beta &= \eta \frac{\lambda}{m-a} - \frac{y}{n \lambda}; & \beta' &= \eta' \frac{\lambda'}{m'-a'} - \frac{y'}{n' \lambda'}.
\end{aligned} \tag{60}$$

Jetzt bilden wir das sogenannte SEIDELsche Eikonal

$$S = W + \frac{m-a}{2n \lambda^2}(x^2 + y^2) - \frac{m'-a'}{2n' \lambda'^2}(x'^2 + y'^2) + x(\xi' - \xi) + y(\eta' - \eta). \tag{61}$$

Sein totales Differential ist

$$\begin{aligned}
dS = dW &+ \frac{m-a}{n \lambda^2}(x\,dx + y\,dy) + \frac{m'-a'}{n' \lambda'^2}(x'\,dx' + y'\,dy') + \\
&+ x(d\xi' - d\xi) + (\xi' - \xi)\,dx + y(d\eta' - d\eta) + (\eta' - \eta)\,dy.
\end{aligned}$$

Da wir nach (30)

$$dW = n X\, d\alpha + n Y\, d\beta - n' X'\, d\alpha' - n' Y'\, d\beta'$$

und nach Einsetzung der neuen Variablen

$$\begin{aligned}
dW = x\,d\xi &- \frac{m-a}{n \lambda^2} x\,dx + y\,d\eta - \frac{m-a}{n \lambda^2} y\,dy - \\
&- x'\,d\xi' + \frac{m'-a'}{n' \lambda'^2} x'\,dx' - y'\,d\eta' + \frac{m-a}{n' \lambda'^2} y'\,dy'
\end{aligned}$$

haben, finden wir

$$dS = (x - x')\,d\xi' + (\xi' - \xi)\,dx + (y - y')\,d\eta' + (\eta' - \eta)\,dy. \tag{62}$$

Das SEIDELsche Eikonal S läßt sich somit als eine Funktion von x, y, ξ' und η' ausdrücken, und es gelten die Gleichungen

$$\begin{aligned}
x - x' &= \frac{\partial S}{\partial \xi'}; & \xi' - \xi &= \frac{\partial S}{\partial x} \\
y - y' &= \frac{\partial S}{\partial \eta'}; & \eta' - \eta &= \frac{\partial S}{\partial y}.
\end{aligned} \tag{63}$$

In der GAUSSschen Näherung gilt einfach

$$\frac{\partial S}{\partial \xi'} = \frac{\partial S}{\partial \eta'} = \frac{\partial S}{\partial x} = \frac{\partial S}{\partial y} = 0. \tag{64}$$

Entwickeln wir S wie früher das Winkeleikonal in eine Reihe

$$S = S_0 + S_2 + S_4 + \cdots,$$

so sehen wir aus (64), daß die Glieder zweiter Ordnung verschwinden. Da uns konstante Anteile nicht interessieren, verzichten wir auf S_0 und haben einfach

$$S = S_4 + \cdots.$$

Das SEIDELsche Eikonal enthält also nur mehr die Abweichungen von der GAUSSschen Abbildung.

*§ 8. Die Berechnung des SEIDELschen Eikonals.

Inhalt: Man erhält das SEIDELsche Eikonal S_4, indem man die SEIDELschen Variablen in W einführt. Winkeleikonal und SEIDELsches Eikonal eines Systems mit mehreren brechenden Flächen setzen sich additiv aus den Eikonalen der Einzelflächen zusammen. Berechnung des SEIDELschen Eikonals für eine Einzelfläche.

Bezeichnungen: Wie S. 530 u. 540.

Um das SEIDELsche Eikonal zu berechnen, gehen wir vom Winkeleikonal

$$W = W_0 + W_2 + W_4 + W_6$$

aus, von dem wir wie beim SEIDELschen Eikonal den konstanten Anteil weglassen. Für seine Bestandteile gilt

$$W_2 = \frac{1}{2}\left(\alpha \frac{\partial W_2}{\partial \alpha} + \beta \frac{\partial W_2}{\partial \beta} + \alpha' \frac{\partial W_2}{\partial \alpha'} + \beta' \frac{\partial W_2}{\partial \beta'}\right)$$

$$W_4 = \frac{1}{4}\left(\alpha \frac{\partial W_4}{\partial \alpha} + \beta \frac{\partial W_4}{\partial \beta} + \alpha' \frac{\partial W_4}{\partial \alpha'} + \beta' \frac{\partial W_4}{\partial \beta'}\right),$$

da W_2 und W_4 homogene Formen zweiter und vierter Ordnung sind. Daraus geht nach Gl. (30), S. 533,

$$W_2 + 2W_4 + 3W_6 + \cdots = \frac{1}{2}\left(\alpha \frac{\partial W}{\partial \alpha} + \beta \frac{\partial W}{\partial \beta} + \alpha' \frac{\partial W}{\partial \alpha'} + \beta' \frac{\partial W}{\partial \beta'}\right)$$

$$= \frac{1}{2}\{n(\alpha X + \beta Y) - n'(\alpha' X' + \beta' Y')\}$$

hervor. Wir gewinnen daraus

$$W = W_2 + W_4 + W_6 \cdots$$

$$= \frac{1}{2}\left\{\xi x - \xi' x' + \eta y - \eta' y' - \frac{(x^2+y^2)(m-a)}{n\lambda^2} + \frac{(x'^2+y'^2)(m'-a')}{n'\lambda'^2}\right\} -$$

$$- W_4 - 2W_6 - \cdots,$$

wenn wir mit (60) zu den Variablen x, ξ usw. übergehen. Jetzt bilden wir das SEIDELsche Eikonal

$$S = W + \frac{(m-a)(x^2+y^2)}{2n\lambda^2} - \frac{(m'-a')(x'^2+y'^2)}{2n'\lambda'^2} + x(\xi'-\xi) + y(\eta'-\eta)$$

$$= \frac{1}{2}\{(x-x')\xi' + (\xi'-\xi)x + (y-y')\eta' + (\eta'+\eta)y\} - W_4 - 2W_6 - \cdots.$$

Mit (63) geht es in

$$S = \frac{1}{2}\left\{\xi' \frac{\partial S}{\partial \xi'} + x\frac{\partial S}{\partial x} + \eta' \frac{\partial S}{\partial \eta'} + y\frac{\partial S}{\partial y}\right\} - W_4 - 2W_6 - \cdots$$

über. Setzen wir jetzt

$$S = S_4 + S_6 + \cdots$$

und beachten

$$4S_4 = \xi' \frac{\partial S_4}{\partial \xi'} + x \frac{\partial S_4}{\partial x} + \eta' \frac{\partial S_4}{\partial \eta'} + y \frac{\partial S_4}{\partial y}$$

$$6S_6 = \xi' \frac{\partial S_6}{\partial \xi'} + x \frac{\partial S_6}{\partial x} + \eta' \frac{\partial S_6}{\partial \eta'} + y \frac{\partial S_6}{\partial y},$$

so erhalten wir

$$S_4 + S_6 + \cdots = 2S_4 + 3S_6 + \cdots - W_4 - 2W_6$$

oder

$$S_4 + 2S_6 + \cdots = W_4 + 2W_6 \cdots .$$

Beschränkt man sich auf Glieder vierter Ordnung, so finden wir daraus

$$S_4 = W_4. \tag{65}$$

Hat man also das Winkeleikonal berechnet, so kann man das SEIDELsche Eikonal S_4 erhalten, indem man W_4 auf die SEIDELschen Variablen transformiert.

Ein optisches System mit mehreren wirksamen Flächen nimmt nacheinander mehrere Abbildungen vor. Zu jeder Abbildung gehört ein Winkeleikonal

$$W^{(i)} = W^{(i)}(\alpha_i, \beta_i, \alpha_i', \beta_i').$$

Der Bildraum jeder Abbildung ist gleichzeitig der Dingraum der nächsten, und es gilt deshalb

$$\alpha_i' = \alpha_{i+1}; \qquad \beta_i' = \beta_{i+1}. \tag{66}$$

Das ganze System liefert eine Abbildung mit dem Winkeleikonal

$$W = W(\alpha_1, \beta_1, \alpha_n', \beta_n').$$

Es bedeutet den Lichtweg vom Fußpunkt Q_1 des Lotes, das man vom Achsenpunkt A_1 auf den Lichtstrahl fällt, bis zum Fußpunkt Q_n' des Lotes vom Achsen-

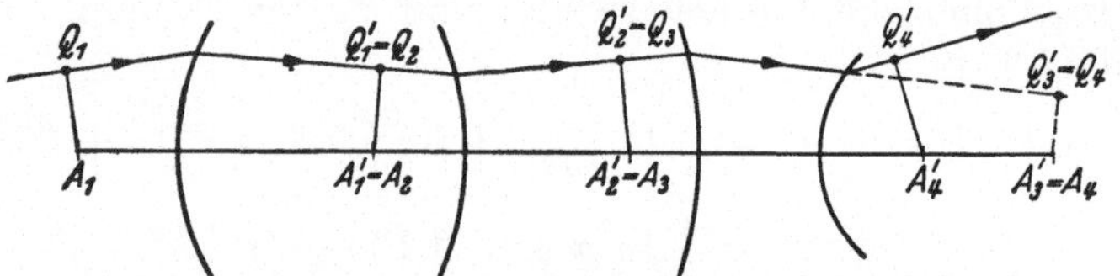

Abb. 206. Das Winkeleikonal eines optischen Systems ist die Summe der Winkeleikonale der einzelnen Abbildungen und bedeutet den Lichtweg Q_1 nach Q_4'.

punkt A_n' auf den Bildstrahl (s. Abb. 206). Dieser Lichtweg setzt sich aber additiv aus den Lichtwegen der einzelnen Abbildungen zusammen, und deshalb ist das Winkeleikonal

$$W = \sum_i W^{(i)} \tag{67}$$

gleich der Summe der Winkeleikonale der einzelnen Abbildungen. Für das SEIDELsche Eikonal gilt wegen (65) dasselbe, also

$$S = \sum_i S^{(i)}. \tag{68}$$

Für die aufeinanderfolgenden Abbildungen gilt auch

$$X_i' = X_{i+1}, \quad X_i^{*\prime} = X_{i+1}^*; \quad Y_i' = Y_{i+1}; \quad Y_i^{*\prime} = Y_{i+1}^*$$

und

$$m_i' - a_i' = m_{i+1} - a_{i+1}.$$

Setzen wir noch

$$\lambda_i' = \lambda_{i+1}$$

fest, so folgt aus (56)

$$x_i' = x_{i+1}; \quad y_i' = y_{i+1}; \quad \xi_i' = \xi_{i+1}; \quad \eta_i' = \eta_{i+1}.$$

Nun müssen wir noch das SEIDELsche Eikonal für die Abbildung durch eine Einzelfläche ermitteln. Dazu müssen wir in das Winkeleikonal [Gl. (38a), S. 536]

$$W_4 = -\frac{r}{4(n-n')^2}\{(n\alpha - n'\alpha')^2 + (n\beta - n'\beta')^2\}\{n(\alpha^2+\beta^2) - n'(\alpha'^2+\beta'^2)\} + \\ + \frac{1}{8}\{n a(\alpha^2+\beta^2)^2 - n' a'(\alpha'^2+\beta'^2)^2\} + \\ + \frac{(1+\delta)r}{8(n-n')^3}\{(n\alpha - n'\alpha')^2 + (n\beta - n'\beta')^2\}^2$$

statt $\alpha, \beta, \alpha', \beta'$ die SEIDELschen Variablen einbringen. Da wir uns nur für Glieder vierter Ordnung interessieren, dürfen wir immer x', y', ξ', η' und x, y, ξ, η gleichsetzen, d. h. die SEIDELschen Variablen haben vor und nach allen Abbildungen in dieser Näherung dieselben Werte. In den Formeln (60) können wir x', y', ξ, η durch x, y, ξ', η' ersetzen und erhalten

$$\begin{aligned} \alpha &= \xi'\frac{\lambda}{m-a} - \frac{x}{n\lambda}; \quad & \alpha' &= \xi'\frac{\lambda'}{m'-a'} - \frac{x}{n'\lambda'} \\ \beta &= \eta'\frac{\lambda}{m-a} - \frac{y}{n\lambda}; \quad & \beta' &= \eta'\frac{\lambda'}{m'-a'} - \frac{y}{n'\lambda'}. \end{aligned} \tag{69}$$

Aus der Bedeutung (57) von λ und λ' und den Abbildungsgesetzen (42) und (43) entnimmt man ohne Schwierigkeit

$$\frac{\lambda a}{m-a} = \frac{\lambda' a'}{m'-a'} = h; \qquad \frac{m}{n\lambda} = \frac{m'}{n'\lambda'} = H, \tag{70}$$

wobei wir h und H als Abkürzungen verwenden. Damit geht (69) in

$$\begin{aligned} \alpha &= \xi'\frac{h}{a} - x\frac{H}{m}; \quad & \alpha' &= \xi'\frac{h}{a'} - x\frac{H}{m'} \\ \beta &= \eta'\frac{h}{a} - y\frac{H}{m}; \quad & \beta' &= \eta'\frac{h}{a'} - y\frac{H}{m'} \end{aligned} \tag{69a}$$

über. Setzt man dies in W_4 ein und bedient sich der weiteren Abkürzungen

$$x^2 + y^2 = R; \qquad \xi'^2 + \eta'^2 = \varrho; \qquad \xi' x + \eta' y = \varkappa \tag{71}$$

$$\frac{n'}{r} - \frac{n'}{a'} = \frac{n}{r} - \frac{n}{a} = K; \qquad \frac{n'}{r} - \frac{n'}{m'} = \frac{n}{r} - \frac{n}{m} = L, \tag{72}$$

so erhält man beim Ordnen nach R, ϱ und $\varkappa$ mit einiger Mühe das SEIDELsche Eikonal

$$\begin{aligned} S_4 = \frac{1}{8}R^2 H^4 &\left\{\frac{\delta}{r^3}(n-n') + L^2\left(\frac{1}{na} - \frac{1}{n'a'}\right) - 2L(K-L)\left(\frac{1}{nm} - \frac{1}{n'm'}\right) + \right. \\ &\left. + (K-L)^2\left(\frac{a}{nm^2} - \frac{a'}{n'm'^2}\right)\right\} + \\ + \frac{1}{8}\varrho^2 h^4 &\left\{\frac{\delta}{r^3}(n-n') + K^2\left(\frac{1}{na} - \frac{1}{n'a'}\right)\right\} + \\ + \frac{1}{2}\varkappa^2 h^2 H^2 &\left\{\frac{\delta}{r^3}(n-n') + L^2\left(\frac{1}{na} - \frac{1}{n'a'}\right)\right\} + \\ + \frac{1}{4}R\varrho h^2 H^2 &\left\{\frac{\delta}{r^3}(n-n') + KL\left(\frac{1}{na} - \frac{1}{n'a'}\right) - K(K-L)\left(\frac{1}{nm} - \frac{1}{n'm'}\right)\right\} - \\ - \frac{1}{2}R\varkappa h H^3 &\left\{\frac{\delta}{r^3}(n-n') + L^2\left(\frac{1}{na} - \frac{1}{n'a'}\right) - L(K-L)\left(\frac{1}{mn} - \frac{1}{m'n'}\right)\right\} - \\ - \frac{1}{2}\varrho\varkappa h^3 H &\left\{\frac{\delta}{r^3}(n-n') + KL\left(\frac{1}{na} - \frac{1}{n'a'}\right)\right\} \end{aligned} \tag{73}$$

für die Abbildung durch eine einzige brechende Fläche. Mit Hilfe dieser Formel kann das Eikonal für beliebige zusammengesetzte optische Systeme gebildet werden.

Das SEIDELsche Eikonal hat die Form

$$S_4 = \frac{A}{4} R^2 + \frac{B}{4} \varrho^2 + C \varkappa^2 + \frac{D}{2} R \varrho + E R \varkappa + F \varrho \varkappa. \tag{73a}$$

Besteht das optische System aus mehreren brechenden Flächen, so setzen sich die Koeffizienten als Summen

$$A = \sum A^{(i)}; \qquad B = \sum B^{(i)}; \qquad \text{usw.} \tag{74}$$

zusammen.

*§ 9. Die fünf Fehler dritter Ordnung.

Bezeichnungen: Siehe S. 540 und die Gl. (56, 70, 71, 72, 73, 73a).

Um die Abweichungen von der GAUSSschen Abbildung aufzufinden, bilden wir

$$\begin{aligned} \Delta x &= x - x' = \frac{\partial S_4}{\partial \xi'} = 2\xi' \frac{\partial S_4}{\partial \varrho} + x \frac{\partial S_4}{\partial \varkappa} \\ \Delta y &= y - y' = \frac{\partial S_4}{\partial \eta'} = 2\eta' \frac{\partial S_4}{\partial \varrho} + y \frac{\partial S_4}{\partial \varkappa}. \end{aligned} \tag{75}$$

x und y sind die SEIDELschen Koordinaten eines Dingpunktes L, die ξ' und η' bestimmen einen Strahl durch diesen Punkt. Eine Ebene senkrecht zur optischen Achse durch den Bildpunkt L' wird von dem Strahl in einem Punkte S' mit den SEIDELschen Koordinaten x' und y' geschnitten (s. Abb. 207). Δx und Δy sind also ein Maß für die Abweichungen von der punktförmigen (stigmatischen) Abbildung des Punktes L in den Punkt L', nachdem bei kollinearer Abbildung $\Delta x = 0$ und $\Delta y = 0$ ist. Legen wir die xz-Ebene durch den Objektpunkt, so ist $y = 0$, $R = x^2$ und $\varkappa = x\,\xi'$, und wir erhalten

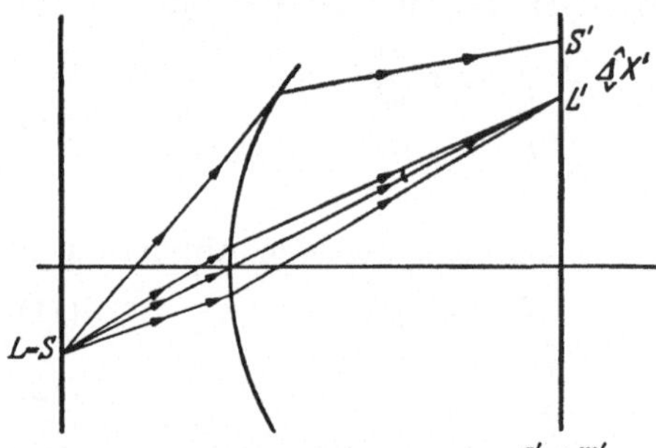

Abb. 207. Der Bildfehler ist $S'L' = \Delta X' = \frac{a' - m'}{m' \lambda'} \Delta x$.

$$\begin{aligned} \Delta x &= \xi' \{B(\xi'^2 + \eta'^2) + D x^2 + 2F x \xi'\} + x\{F(\xi'^2 + \eta'^2) + E x^2 + 2C \xi' x\} \\ \Delta y &= \eta' \{B(\xi'^2 + \eta'^2) + D x^2 + 2F \xi' x\}. \end{aligned} \tag{75a}$$

Die Bildfehler sind Größen dritter Ordnung in den SEIDELschen Variablen, und ihre Größe richtet sich nach den Koeffizienten B, C, D, E, F. Die gesamten Bildfehler kann man sich additiv aus den Feldern zusammengesetzt denken, die zu den fünf Faktoren B, C ... einzeln gehören. Wir erhalten sie getrennt, wenn wir jeweils alle Koeffizienten bis auf einen verschwinden lassen.

Sphärische Aberration. Als sphärische Aberration bezeichnet man den Abbildungsfehler, der von B allein hervorgebracht wird. Wir erhalten in diesem Fall

$$\begin{aligned} x - x' &= B\,\xi'(\xi'^2 + \eta'^2) = B\,\xi'\,\varrho \\ y - y' &= B\,\eta'(\xi'^2 + \eta'^2) = B\,\eta'\,\varrho \end{aligned} \tag{76}$$

und

$$\Delta x^2 + \Delta y^2 = B^2 \varrho^3. \tag{76a}$$

Die Strahlen, welche durch einen Kreis vom Radius $\sqrt{\varrho}$ in der Austritsspupille gehen, treffen die Bildebene in einer Kurve, die man als Aberrationskurve bezeichnet. Die Aberrationskurve der sphärischen Aberration (76a) ist ein Kreis vom Radius $B\,\varrho^{3/2}$. Hat die Austrittspupille den Radius ϱ_0, so entsteht in der Bildebene kein punktförmiges Bild des Dingpunktes, sondern ein Zerstreuungskreis vom Radius $B\,\varrho_0^{3/2}$.

Die Koma. Der Koeffizient F erzeugt einen Bildfehler, den man als Koma bezeichnet. Wir erhalten

$$\Delta x = F\,x(\varrho + 2\xi'^2); \qquad \Delta y = 2F\,x\,\xi'\,\eta'. \tag{77}$$

Die Aberrationskurve der Koma lautet

$$(\Delta x - 2F\,x\,\varrho)^2 + \Delta y^2 = F^2\,x^2\,\varrho^2. \tag{77a}$$

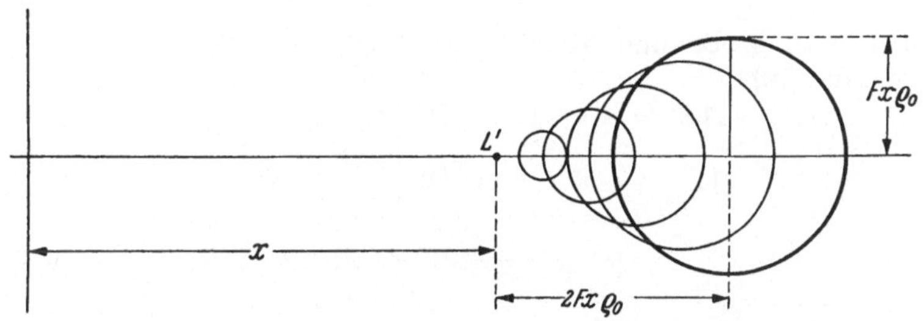

Abb. 208. Aberrationskreise der Koma für verschiedene ϱ. Der starke Kreis gehört zum Rand der Eintrittspupille ϱ_0.

Für Achsenpunkte ($x = 0$) verschwindet die Koma. Sonst ist die Aberrationskurve ein Kreis mit dem Radius $F\,x\,\varrho$, der sich proportional zum Achsenabstand x des Dingpunktes und dem Quadrat des Pupillenradius ϱ vergrößert (Abb. 208). Sein Mittelpunkt liegt um $2F\,x\,\varrho$ vom eigentlichen Bildpunkt entfernt. Um die Wirkungsweise der Koma anschaulich zu machen, ist in der Abb. 209 das Bild eines Kreuzes gezeichnet, dessen Schnittpunkt in die optische Achse fällt.

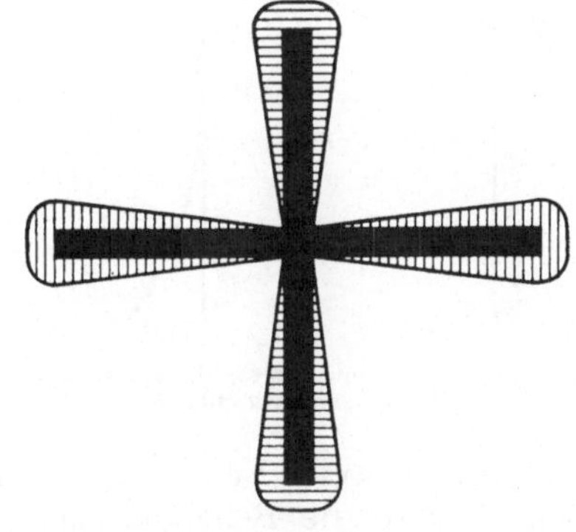

Abb. 209. Die schraffierte Figur entsteht durch Koma bei der Abbildung eines Kreuzes.

Verzeichnung. Zu E gehört ein Abbildungsfehler, den man Verzeichnung nennt. Sind sonst keine Fehler vorhanden, so ist

$$\Delta x = E\,x^3; \qquad \Delta y = 0. \tag{78}$$

Da die Koordinaten der Austrittspupille nicht vorkommen, ist dieser Fehler für alle Strahlen der gleiche und verdirbt die Vereinigung der Strahlen im Bildpunkt nicht. Dagegen werden die achsenfernen Punkte je nach dem Vorzeichen von E gegenüber fehlerfreier Abbildung näher an die Achse heran oder von ihr weggerückt. Man unterscheidet kissenförmige Verzeichnung bei $E < 0$ und tonnenförmige Verzeichnung bei $E > 0$. Die Abb. 210 zeigt das Bild eines Quadrates bei beiden Arten von Verzeichnung.

Astigmatismus, Bildfeldwölbung. Ist $C \neq 0$ und $D \neq 0$, so entstehen die als Astigmatismus und Bildfeldwölbung bekannten Abbildungsfehler. Hier ist

$$\Delta x = (2C + D)\, x^2 \xi'; \quad \Delta y = D\, x^2 \eta'. \tag{79}$$

Abb. 210. Verzeichnung eines Quadrates kissenförmig für $E < 0$, tonnenförmig für $E > 0$.

Ein Strahlenbüschel, welches durch den Durchmesser $\eta' = 0$ der Austrittspupille geht, schneidet die optische Achse und wird als sagittales Strahlenbüschel bezeichnet. Aus Abb. 211 liest man

$$\Delta Z' = \frac{a' - m'}{\xi' \lambda'} \Delta X'$$

ab. Rechnet man große und kleine Buchstaben mit Gl. (60), S. 542, um, so erhält man mit (79)

$$\begin{aligned} \Delta Z' &= -n'(2C + D)X'^2 \\ \Delta X' &= -n'(2C + D)\frac{\xi' \lambda'}{a' - m'} X'^2 \\ &= -\frac{n'}{a' - m'}(2C + D)\, X^{*\prime} X'^2. \end{aligned} \tag{79a}$$

Die sagittalen Büschel vereinigen sich auf einer gekrümmten Fläche, statt auf der Bildebene. Die tangentialen Büschel durch den Durchmesser $\xi' = 0$ der Austrittspupille vereinigen sich auf einer anderen Fläche. Statt (79a) gilt

$$\Delta Z' = -n' D\, X'^2$$

$$\Delta Y' = -\frac{n'}{a' - m'} D\, Y^{*\prime} X'^2.$$

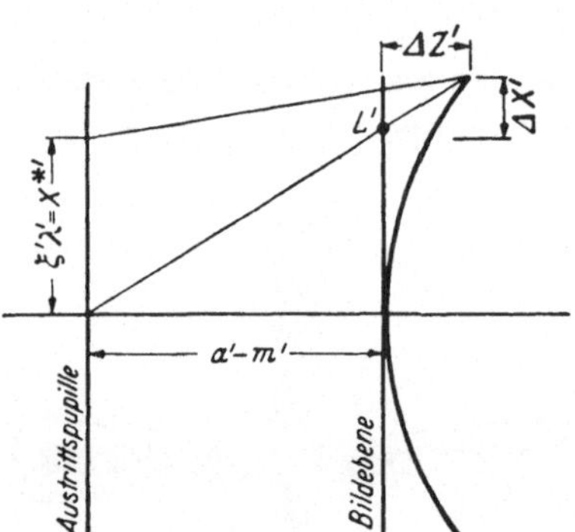

Abb. 211. Vereinigung des sagittalen Büschels auf einer gekrümmten Bildfläche.

Die Aberrationskurve ist eine Ellipse. Es entstehen also zwei gekrümmte Bildflächen für die beiden Büschel. Die Tatsache der Krümmung bezeichnet man als Bildfeldwölbung, das Auseinanderfallen der beiden Bildflächen als Astigmatismus.

Die vorgenommene Einteilung der Fehler ist auch aus folgendem Grunde sinnvoll. Um eine stigmatische Abbildung von Achsenpunkten durch weite Bündel zu erreichen, muß nach (75a) nur das Verschwinden von B, also die Behebung der sphärischen Aberration, verlangt werden. Soll auch die Nachbarschaft der Achse (kleine x und y) punktweise abgebildet werden, so muß in erster Linie die Koma ($F = 0$) beseitigt werden, an zweiter Stelle der Astigmatismus und die Bildfeldwölbung vermindert und erst zuletzt die Verzeichnung verringert werden. Unter Umständen können für achsennahe Punkte sogar die hier nicht berücksichtigten Fehler fünfter Ordnung größer werden als die weniger wirksamen Fehler dritter Ordnung. Man wird also vielleicht die sphärische Aberration zweiter Stufe noch vor der Koma und dem Astigmatismus und die Koma zweiter Stufe noch vor dem Astigmatismus und der Verzeichnung zu bekämpfen haben.

Soll dagegen eine korrekte Abbildung achsenferner Punkte bei engen Blenden vorgenommen werden, so ist die Verzeichnung der Hauptfehler. Sie beeinträchtigt zwar nicht die Schärfe des Bildes, aber sie verzerrt es. Nach ihr sind Astigmatismus und Bildwölbung, danach die Koma und erst zuletzt die Aberration störend.

*§ 10. Die ABBEsche Sinusbedingung.

Bezeichnungen: s. S. 540 und die Gl. (56, 70, 71, 72, 73, 73a).

Bei sehr vielen optischen Instrumenten kommt es hauptsächlich auf die stigmatische Abbildung von Achsenpunkten und achsennahen Punkten an. Neben der Aberration müssen wir also die Koma unterdrücken. Verschwindende Koma bedeutet $F = 0$. Dann verschwindet

$$\frac{\partial S_4}{\partial \varkappa} = 2C\varkappa + ER$$

für Achsenpunkte. Nach (63) verschwindet also auch

$$\xi' - \xi = \frac{\partial S_4}{\partial x} = \frac{\partial S_4}{\partial R}\, 2x + \xi' \frac{\partial S_4}{\partial \varkappa}$$

auf der Achse, wenn $F = 0$ ist. Ohne Koma gilt damit für Achsenpunkte

$$\xi' = \xi; \quad \eta' = \eta, \tag{80}$$

weil sich dieselbe Überlegung auch auf die y-Koordinate ausdehnen läßt. Hiervon gilt aber auch die Umkehrung. Ist $\xi = \xi'$, $\eta = \eta'$, so folgt

$$\frac{\partial S_4}{\partial \varkappa} = 2C\varkappa + ER + F\varrho = 0$$

für einen Achsenpunkt und hieraus wieder $F = 0$. Das Gelten von (80) ist also eine notwendige und hinreichende Bedingung für verschwindende Koma.

Aus der Bedingung (80) geht nach (56) für Achsenpunkte ($X = 0$, $X' = 0$)

$$1 = \frac{\xi'^2 + \eta'^2}{\xi^2 + \eta^2} = \frac{\lambda^2 (m' - a')^2 (\alpha'^2 + \beta'^2)}{\lambda'^2 (m - a)^2 (\alpha^2 + \beta^2)} = \frac{\lambda^2 (m' - a')^2 (1 - \gamma'^2)}{\lambda'^2 (m - a)^2 (1 - \gamma^2)}$$

hervor. Setzen wir $\gamma = \cos u$, so ist u der Winkel, den der Strahl mit der Achse bildet, und wir erhalten mit Rücksicht auf (70)

$$1 = \frac{\lambda (m' - a') \sin u'}{\lambda' (m - a) \sin u} = \frac{a' \sin u'}{a \sin u} = \frac{X' \sin u'}{X \sin u}. \tag{81}$$

Dies ist die ABBEsche Sinusbedingung. Sie garantiert das Verschwinden der Koma, nicht aber das der sphärischen Aberration. Diese muß auf andere Weise beseitigt werden.

§ 11. Die Abbildungsfehler einer dünnen Einzellinse ohne Blende.

Inhalt: Eine Einzellinse ohne Blende zeigt keine Verzeichnung. Astigmatismus und Bildfeldwölbung können nicht durch die Linsenform gemindert werden, die sphärische Aberration nur durch Abgehen von der Kugelform behoben werden. Die Koma läßt sich bei geeigneten Krümmungsradien beseitigen.

Bezeichnungen: r Krümmungsradius der Linsenflächen, δ Abweichung von der sphärischen Form, a und m Abstände von Gegenstand und Eintrtittspupille, a' und m' Abstand von Bild und Austrittspupille von der Linse, f Brennweite. Indizes 1 und 2 beziehen sich auf die Linsenflächen. Größen im Bildraum sind durch Apostroph markiert. Sonst s. S. 540 und die Gl. (56, 70, 71, 72, 73, 73a).

Als Beispiel für die Abbildungsfehler eines optischen Systems betrachten wir eine dünne Einzellinse ohne Blenden. Wir müssen dann das SEIDELsche Eikonal für die beiden brechenden Flächen aufstellen. Vernachlässigen wir die

Linsendicke, so liegt die ganze Linse bei $z = 0$, die Hauptebenen fallen ebenfalls an diese Stelle und sind mit der Eintritts- und Austrittspupille identisch. Hieraus folgt, daß die Faktoren $\lambda = 1$ gesetzt werden können.

Für die Abbildungen durch beide Linsenflächen gilt $m = m' = 0$, woraus $L = \infty$ folgt. Damit hieraus keine Schwierigkeiten entstehen, machen wir einen Grenzübergang $m \to 0$ und erhalten aus Gl. (70)

$$m' = m \frac{n'}{n}.$$

Hieraus ergibt sich nach (70) und (72)

$$h = -1; \quad H = \frac{m}{n}; \quad L = -\frac{n}{m}; \quad H L = -1$$

$$\frac{1}{n m} - \frac{1}{n' m'} = \frac{1}{n m}\left(1 - \frac{n^2}{n'^2}\right); \qquad \frac{a}{n m^2} - \frac{a'}{n' m'^2} = \frac{1}{n m^2}\left(a - a' \frac{n^3}{n'^3}\right).$$

Setzen wir dies in das SEIDELsche Eikonal (73) ein, so erhalten wir

$$\begin{aligned} S_4 = {} & \frac{R^2}{8}\left(\frac{a}{n^3} - \frac{a'}{n'^3}\right) + \frac{\varrho^2}{8}\left\{\frac{\delta}{r^3}(n - n') + K^2\left(\frac{1}{n a} - \frac{1}{n' a'}\right)\right\} \\ & + \frac{\varkappa^2}{2}\left(\frac{1}{n a} - \frac{1}{n' a'}\right) - \frac{R \varrho}{4} K\left(\frac{1}{n^2} - \frac{1}{n'^2}\right) \\ & + \frac{R \varkappa}{2}\left(\frac{1}{n^2} - \frac{1}{n'^2}\right) - \frac{\varrho \varkappa}{2} K\left(\frac{1}{n a} - \frac{1}{n' a'}\right). \end{aligned} \tag{82}$$

Dieser Ausdruck gilt noch für jede der beiden Abbildungen. Nun ist

$$R_2 = R_1; \quad \varrho_2 = \varrho_1; \quad \varkappa_2 = \varkappa_1$$
$$n_1' = n_2 = n; \quad n_1 = n_2' = 1; \quad a_1' = a_2,$$

und wir bekommen die Fehler der Linse

$$\begin{aligned} A &= \frac{1}{2}(a_1 - a_2') \\ B &= \frac{1}{2}\left\{(n-1)\left(\frac{\delta_2}{r_2^3} - \frac{\delta_1}{r_1^3}\right) + K_1^2\left(\frac{1}{a_1} - \frac{1}{n a_1'}\right) + K_2^2\left(\frac{1}{n a_1'} - \frac{1}{a_2'}\right)\right\} \\ C &= \frac{1}{2}\left(\frac{1}{a_1} - \frac{1}{a_2'}\right) \\ D &= \frac{K_2 - K_1}{2}\left(1 - \frac{1}{n^2}\right) \\ E &= 0 \\ F &= -\frac{K_1}{2}\left(\frac{1}{a_1} - \frac{1}{n a_1'}\right) - \frac{K_2}{2}\left(\frac{1}{n a_1'} - \frac{1}{a_2'}\right). \end{aligned} \tag{83}$$

Führen wir die Brennweite der ganzen Linse durch

$$\frac{1}{f} = (n-1)\left(\frac{1}{r_1} - \frac{1}{r_2}\right) \tag{84a}$$

ein, so gilt

$$\frac{1}{a_2'} - \frac{1}{a_1} = \frac{1}{f}$$

und

$$K_1 - K_2 = n\left(\frac{1}{r_1} - \frac{1}{r_2}\right) = \frac{n}{(n-1) f}. \tag{84b}$$

Für die Konstanten des Astigmatismus und der Bildfeldwölbung finden wir dann

$$C = -\frac{1}{2f}; \qquad D = -\frac{(n+1)}{2nf}. \tag{85}$$

Diese beiden Fehler der Einzellinse hängen nur von der Brennweite ab, und man kann sie deshalb nicht beseitigen. Um sie zu vermindern, muß man zu einem System von Linsen greifen und Blenden anwenden.

Die Verzeichnung (E) verschwindet dagegen bei einer Linse ohne Blende von selbst.

Wir wollen uns jetzt die Frage vorlegen, ob eine Linse gleichzeitig frei von Koma und Aberration sein kann, und dies zuerst für eine Linse mit rein sphärischen Flächen ($\delta_1 = \delta_2 = 0$) prüfen. Aus $B = 0$ und $F = 0$ ergeben sich die Forderungen

$$K_1^2\left(\frac{1}{a_1} - \frac{1}{n\,a_1'}\right) = -K_2^2\left(\frac{1}{n\,a_1'} - \frac{1}{a_2'}\right)$$

$$K_1\left(\frac{1}{a_1} - \frac{1}{n\,a_1'}\right) = -K_2\left(\frac{1}{n\,a_1'} - \frac{1}{a_2'}\right).$$

Abgesehen von $a_1 = a_1' = a_2 = a_2' = 0$ und dem trivialen Fall

$$K_1 = K_2; \quad r_1 = r_2; \quad a_1 = a_2'; \quad f = \infty$$

der identischen Abbildung können diese Bedingungen durch

$$a_1 = n\,a_1'; \quad K_2 = 0$$

oder

$$a_2' = n\,a_1'; \quad K_1 = 0$$

erfüllt werden. Im ersten Fall findet man mit (72)

$$a_2' = a_1' = r_2; \quad a_1 = n\,r_2; \quad r_1 = \frac{n}{n+1}\,r_2$$

$$f = \frac{n-1}{n\,r_2}.$$

Zwischenbild und Bild liegen im Krümmungsmittelpunkt der zweiten Fläche. Im zweiten Fall ist

$$a_1 = a_1' = r_1; \quad a_2' = n\,r_1; \quad r_2 = \frac{n}{n+1}\,r_1$$

$$f = -\frac{n-1}{n\,r_1}.$$

Gegenstand und Zwischenbild liegen im Krümmungsmittelpunkt der ersten Fläche.

Bei vorgegebener Brennweite und Objektabstand kann man r_1 und r_2 so wählen, daß die Koma verschwindet. Da die Ausrechnung ziemlich mühsam ist, verzeichnen wir nur das Resultat

$$\frac{1}{r_1} = \frac{n^2}{(n^2-1)\,f} + \frac{2n+1}{a_1(n+1)}$$

$$\frac{1}{r_2} = \frac{n^2-n-1}{(n^2-1)\,f} + \frac{2n+1}{a_1(n+1)}.$$

Hat man die Koma beseitigt, so kann man die sphärische Aberration bessern, indem man δ_1 und δ_2 geeignet wählt, d. h. die Linsenflächen nichtsphärisch schleift.

Wir wollen uns schließlich noch über den Betrag und das Vorzeichen der Aberration informieren und berechnen B für den Fall einer symmetrischen

Bikonvexlinse. Wir vereinfachen die Aufgabe noch weiter, indem wir den Gegenstand in gleicher Größe abbilden, dann ist

$$\delta_1 = \delta_2 = 0; \qquad r_1 = -r_2 = r; \qquad \frac{1}{a_1'} = 0; \qquad \frac{1}{a_1} = -\frac{1}{a_2'} = \frac{1-n}{r};$$

für die Konstante B ergibt sich dann

$$B = -\frac{n^2(n-1)}{r^3} = -\frac{n^2}{8(n-1)^2 f^3}.$$

Nun wollen wir noch ausrechnen, wie weit entfernt vom Bildpunkt die Strahlen die Bildebene durchsetzen. Nach (60) und (76) ist die Abweichung

$$\Delta X' = \frac{m'-a'}{n'\lambda'}(x'-x) = \frac{a'-m'}{n'\lambda'} B\,\xi'\varrho.$$

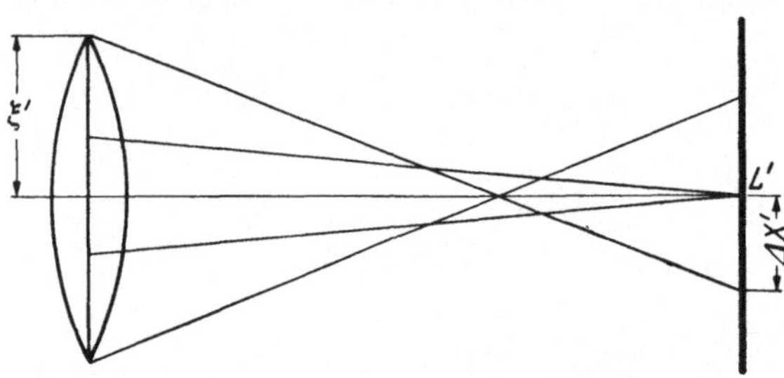

Abb. 212. Sphärische Aberration bei der Abbildung eines Punktes L im Punkt L'. Die Randstrahlen schneiden sich vor der Bildebene.

Für die Einzellinse ist $m' = 0$; $n' = 1$, $\lambda' = 1$, und ξ' bedeutet nach (58) die Entfernung von der Achse, in welcher der Strahl die Linse durchsetzt (s. Abb. 212). Wir erhalten dann unter Verzicht auf den Index 2

$$\Delta X' = a' B\,\xi'\varrho = -\frac{a' n^2}{8(n-1)^2 f^3}\,\xi'\varrho = -\frac{n^2}{4(n-1)^2 f^2}\,\xi'\varrho.$$

$\Delta X'$ hat das umgekehrte Vorzeichen wie ξ', und die Randstrahlen schneiden sich schon vor dem Bildpunkt.

III. Interferenz.

Bezeichnungen: $\mathfrak{E}$, $\mathfrak{H}$ elektrische und magnetische Feldstärke, $\mathfrak{r}$ Ortsvektor, $\mathfrak{s}^0$ Fortpflanzungsrichtung, ν Frequenz, λ Wellenlänge, $\mathcal{A}$, A Amplitude, δ Phasenkonstante der Lichtwelle, $\mathfrak{S}$ Poyntingscher Vektor, ε, μ relative Dielektrizitätskonstante und Permeabilität, ε_0, μ_0 diese Größen im Vakuum, I Intensität des Lichtes.

Wenn sich zwei oder mehrere Lichtwellen überlagern, beobachtet man Interferenzerscheinungen. Am einfachsten ist der Vorgang, wenn alle Einzelwellen die gleiche Frequenz und Fortpflanzungsrichtung besitzen und sich nur durch ihre Entstehung oder Vorgeschichte unterscheiden. Das Resultat der Zusammensetzung ist selbst wieder eine einfache Lichtwelle, deren elektrischer Vektor durch

$$\mathfrak{E} = \mathcal{A}\, e^{2\pi i\left(\frac{\mathfrak{r}\mathfrak{s}^0}{\lambda} - \nu t\right)} \tag{1}$$

ausgedrückt ist. Der zugehörige magnetische Vektor ist nach S. 466, Gl. (68),

$$\mathfrak{H} = \varepsilon\varepsilon_0 c\,[\mathfrak{s}^0 \mathcal{A}]\, e^{2\pi i\left(\frac{\mathfrak{r}\mathfrak{s}^0}{\lambda} - \nu t\right)}. \tag{2}$$

Wir erhalten dann das Zeitmittel des Poyntingschen Vektors [Gl. (70b), S. 466],

$$\overline{\mathfrak{S}} = \frac{\varepsilon\varepsilon_0 c}{2}\,\mathfrak{s}^0 \mathcal{A}\mathcal{A}^*. \tag{3}$$

Die Intensität ist der Betrag des Zeitmittelwertes des Strahlungsvektors, und es kommt uns deshalb ausschließlich auf das Produkt $\mathcal{A}\mathcal{A}^*$ an.

Jetzt denken wir uns $\mathfrak{A}$ seiner Herkunft nach in eine Reihe von Vektoren

$$\mathfrak{A} = \sum^{i} \mathfrak{A}_i$$

aufgespalten und zerlegen außerdem noch einmal jeden Einzelvektor in zwei zueinander und auf der Strahlrichtung senkrechte Anteile, die zu linear polarisierten Wellen gehören. Wir erhalten dann

$$\mathfrak{A} = \sum (\mathfrak{n}\, A_{ni}\, e^{i\delta_{ni}} + \mathfrak{m}\, A_{mi}\, e^{i\delta_{mi}}).$$

Die Koeffizienten A_{mi} und A_{ni} sind dann als reelle Größen zu betrachten, da alle Phasenunterschiede zwischen den verschiedenen Anteilen durch die δ_i ausgedrückt werden. Dann ist

$$\begin{aligned} \mathfrak{A}\mathfrak{A}^* &= \Big(\sum^{i} A_{ni}\, e^{i\delta_{ni}}\Big)\Big(\sum^{k} A_{nk}\, e^{-i\delta_{nk}}\Big) + \Big(\sum^{i} A_{mi}\, e^{i\delta_{mi}}\Big)\Big(\sum^{k} A_{mk}\, e^{-i\delta_{mk}}\Big) \\ &= \sum^{ik} A_{ni} A_{nk}\, e^{i(\delta_{ni}-\delta_{nk})} + \sum^{ik} A_{mi} A_{mk}\, e^{i(\delta_{mi}-\delta_{mk})}. \end{aligned} \tag{4}$$

Die Energieströme, welche zu senkrecht aufeinander polarisierten Komponenten gehören, überlagern sich additiv. Dies haben wir auch schon auf S. 460 festgestellt. Wir vereinfachen deswegen die Schreibweise, indem wir nur eine Komponente weiterverfolgen und die Indizes n und m wieder weglassen.

Die Intensität $I = |\overline{\mathfrak{S}}|$ der zusammengesetzten Welle können wir jetzt aus Gliedern

$$I = \sum^{ik} I_{ik} \tag{5}$$

zusammensetzen, wo

$$I_{kk} = \frac{\varepsilon\,\varepsilon_0\, c}{2} A_k^2 \tag{6}$$

und

$$\begin{aligned} I_{ik} + I_{ki} &= \frac{\varepsilon\,\varepsilon_0\, c}{2} A_i A_k \left(e^{i(\delta_i-\delta_k)} + e^{-i(\delta_i-\delta_k)}\right) \\ &= \varepsilon\,\varepsilon_0\, c\, A_i A_k \cos(\delta_i - \delta_k) = 2\sqrt{I_{ii} I_{kk}} \cos(\delta_i - \delta_k) \end{aligned} \tag{7}$$

bedeutet. Die Gesamtintensität setzt sich zusammen aus der Summe der Intensitäten I_{kk} der einzelnen Wellen und den sogenannten Interferenzanteilen $I_{ik} + I_{ki}$, die durch Wechselwirkung entstehen.

§ 1. Kohärenz.

Inhalt: Nur kohärentes Licht ist interferenzfähig. Licht verschiedener Lichtquellen ist inkohärent. Kohärenzlänge.

Zwei parallele Strahlenbündel, die von den Lichtquellen L_1 und L_2 ausgehen, können mit der Vorrichtung der Abb. 213 überlagert werden. Das von L_1 und L_2 kommende Licht wird zuerst durch zwei Linsen parallel gemacht und dann auf einen halbdurchlässigen Spiegel geworfen. Der reflektierte Anteil von L_1 und der durchgelassene von L_2 bilden dann ein gemeinsames Strahlenbündel. Trotzdem wird mit dieser Anordnung keine Interferenz beobachtet.

Hierfür kann man folgende zunächst primitive Erklärung geben. Ein Lichtbündel ist nicht einfach eine elektrische Welle, die so lange besteht, als Licht vorhanden ist, sondern setzt sich aus sehr vielen einzelnen Lichtwellenzügen zusammen. Die Welle bricht nach einer gewissen Zeit ab, um nach längerer oder kürzerer Unterbrechung aufs neue einzusetzen, womit ein neuer Wellenzug beginnt. Zwei Lichtbündel verschiedener Herkunft können nicht interferieren, wenn die von L_1 und L_2 ausgehenden Wellenzüge nicht gleichzeitig ankommen und infolgedessen auch keine Wechselwirkung hervorbringen können, weil die Pausen zu groß sind.

Natürlich ist nicht damit zu rechnen, daß die Wellenzüge in Wirklichkeit immer zeitlich getrennt sind, besonders nicht bei großer Lichtintensität. Wir müssen also den Vorgang noch genauer studieren. Die Zeit T vom Einsetzen

Abb. 213. Der halbdurchlässige Spiegel S überlagert die reflektierte Welle der Lichtquelle L_1 und die durchgelassene Welle der Lichtquelle L_2.

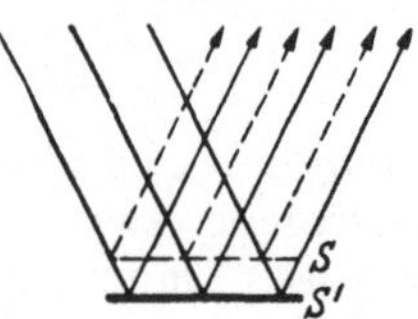

Abb. 214. Der halbdurchlässige Spiegel S teilt ein Bündel in einen reflektierten und einen durchgelassenen Anteil. Der Spiegel S' gibt dem durchgelassenen Bündel die Richtung des reflektierten und bringt beide Bündel zur Interferenz.

bis zum Abbrechen eines Wellenzuges einer Schwingung ist natürlich groß gegenüber der Schwingungsdauer. Die räumliche Erstreckung des Wellenzuges ist dann $c\,T = l$ und wird Kohärenzlänge genannt. Zwei Lichtwellenzüge werden im allgemeinen einen Phasenunterschied $\delta = \delta_1 - \delta_2$ aufweisen, und wir können den Interferenzanteil

$$I_{12} + I_{21} = 2\sqrt{I_{11} I_{22}}\cos\delta$$

der Intensität ausrechnen, der während der Zeit T beobachtet werden müßte. Nun ist T aber eine sehr kurze Zeit von der Größenordnung 10^{-8} sec. Was wirklich beobachtbar ist, ist also der Zeitmittelwert von $I_{12} + I_{21}$ über längere Zeiten. Mittelt man die Überlagerung von vielen Wellenzügen, so kommen alle Werte von δ zwischen 0 und 2π gleichmäßig vor, und wir erhalten

$$\overline{I_{12} + I_{21}} = 0.$$

Es gibt keine Interferenz, weil das Licht aus verschiedenen Lichtquellen Phasendifferenzen besitzt, die über das Intervall 0 bis 2π gleichmäßig verteilt sind.

Interferenz kann also nur eintreten, wenn die überlagerten Lichtbündel eine an sich beliebige, aber doch immer dieselbe Phasendifferenz aufweisen. Bündel mit dieser Eigenschaft nennt man kohärent. Bündel aus verschiedenen Lichtquellen sind inkohärent.

Kohärente Bündel erzeugt man, indem man Bündel teilt. Dies ist durch verschiedene optische Hilfsmittel möglich. Man kann z. B. das von einem Punkt ausgehende Licht an zwei verschiedenen (nicht zu weit voneinander entfernten) Spiegeln reflektieren und die entstehenden Teilbündel z. B. durch andere Spiegel wieder zur Vereinigung (zur Interferenz) bringen. Ein besonders einfaches Teilungsgerät ist der halbdurchlässige Spiegel, an dem man ein durchgelassenes und ein reflektiertes Bündel bekommt (Abb. 214). Diese Bündel haben zunächst noch verschiedene Richtung und müssen durch andere optische Einrichtungen wieder gleichgerichtet werden. Auch an jeder brechenden Grenzfläche zweier Medien findet eine Teilung des einfallenden Lichtes in einen reflektierten und einen gebrochenen Anteil statt. Diesen Vorgang kann man ebenfalls leicht zur Erzeugung kohärenter Bündel ausnutzen.

Bringt man zwei oder mehrere Bündel, die durch Teilung eines einzigen entstanden und infolgedessen kohärent sind, zur Vereinigung, so entstehen Interferenzerscheinungen. Die Bündel haben auf dem Weg von ihrer Teilung bis zu ihrer Zusammenfügung im allgemeinen verschiedenen Lichtwege zurückgelegt und zeigen einen Phasenunterschied, der zu einem Interferenzanteil der Intensität nach (7) Anlaß gibt.

Das hier skizzierte Verfahren zur Herstellung kohärenter Bündel hat allerdings Grenzen. Leitet man die geteilten Bündel über solche Wege, daß der Unterschied ihrer Lichtwege größer als die Kohärenzlänge wird, so kommen die Wellenzüge bei der Vereinigung nicht mehr gleichzeitig, sondern nacheinander an, und die Interferenzfähigkeit geht verloren.

§ 2. Interferenz an einer planparallelen Platte.

Inhalt: Interferenz bei der Reflexion eines parallelen Bündels an planparalleler Platte. Kurven gleicher Neigung.

Bezeichnungen: R Reflexionsvermögen, γ Einfallswinkel, γ'' Brechungswinkel, n Brechungsindex, λ und λ'' Wellenlänge in Luft und Plattenmaterial, d Dicke der Platte, A, B, C, D Amplituden nach Abb. 215, sonst wie S. 552.

Auf eine planparallele Platte von der Dicke d falle ein paralleles Strahlenbündel (ebene Welle) der Amplitude A unter einem Winkel γ ein. An der Grenzfläche teilt sich das Bündel. Der reflektierte Anteil hat die Amplitude

$$A_1 = \alpha A; \qquad \alpha_s = \frac{\sin(\gamma'' - \gamma)}{\sin(\gamma'' + \gamma)} \quad \text{bzw.} \quad \alpha_p = -\frac{\operatorname{tg}(\gamma'' - \gamma)}{\operatorname{tg}(\gamma'' + \gamma)},$$

wie man aus den FRESNELschen Formeln, S. 506, entnimmt. Die Faktoren α_s und α_p für parallel und senkrecht zur Einfallsebene polarisiertes Licht sind verschieden. Die Amplitude des gebrochenen Anteils ist

$$B_1 = \beta A; \qquad \beta_s = \frac{2\sin\gamma''\cos\gamma}{\sin(\gamma'' + \gamma)} \quad \text{bzw.} \quad \beta_p = \frac{2\sin\gamma''\cos\gamma}{\sin(\gamma'' + \gamma)\cos(\gamma'' - \gamma)}.$$

Dieses Strahlenbündel wird an der zweiten Grenzfläche noch einmal geteilt, wobei ein Anteil mit der Amplitude

$$C_1 = -\alpha B_1 = -\beta\alpha A$$

in die Platte zurückreflektiert wird, während ein Bündel

$$D_1 = \sigma B_1 = \sigma\beta A; \qquad \sigma_s = \frac{2\sin\gamma\cos\gamma''}{\sin(\gamma + \gamma'')}; \qquad \sigma_p = \frac{2\sin\gamma\cos\gamma''}{\sin(\gamma'' + \gamma)\cos(\gamma'' - \gamma)}$$

gebrochen wird und die Platte endgültig verläßt. Das Minuszeichen bei C_1 stellt einen Phasensprung π dar, der bei einer der beiden Reflexionen eintritt.

Der Vorgang wiederholt sich an dem Bündel C_1, welches an die obere Grenzfläche zurückkehrt und dort den Anteil

$$A_2 = \sigma C_1 = -\sigma\beta\alpha A$$

austreten läßt, der sich mit A_1 vereinigt. Außerdem fällt das Bündel mit der Amplitude

$$B_2 = -\alpha C_1 = \beta\alpha^2 A$$

in die Platte zurück. Dieses Spiel wiederholt sich immer wieder. Nach zweimaliger Reflexion multiplizieren sich alle Amplituden mit dem Faktor α^2.

Zwischen den vorläufig eingeführten Koeffizienten σ, α und β besteht der einfache Zusammenhang

$$\sigma\beta + \alpha^2 = 1,$$

wie sich durch Ausrechnen ergibt. α bedeutet nach S. 507 einfach die Wurzel des Reflexionsvermögens R für den betreffenden Einfallswinkel. Hiernach erhalten wir der Reihe nach für die reflektierten Bündel die Amplituden

$$A_1 = \sqrt{R}\,A; \quad A_2 = -(1-R)\sqrt{R}\,A; \quad A_3 = -(1-R)\,R^{\frac{3}{2}}A \quad \text{usw.} \tag{8}$$

und für die durchtretenden Bündel

$$D_1 = (1-R)A; \quad D_2 = (1-R)RA; \quad D_2 = (1-R)R^2A \quad \text{usw.} \tag{9}$$

Jetzt müssen wir die Phasenunterschiede zwischen den verschiedenen Bündeln, die durch einmalige, zweimalige usw. Reflexion entstehen, berechnen. Fällen wir in der Abb. 215 Lote vom Punkte Q auf die Strahlen A_1 und B_1

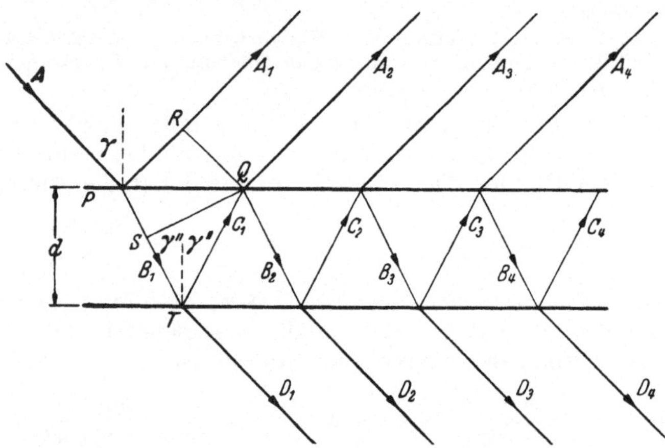

Abb. 215. Zerlegung des einfallenden Bündels A an einer planparallelen Platte.

(wir bezeichnen die Strahlen durch die Amplituden), so sind die Lichtwege von P nach R und von P nach S gleich groß. Der Phasenunterschied rührt also von dem Weg STQ her. Der Wegunterschied Δ der Bündel A_1 und A_2 (nicht Lichtwegunterschied) ist also

$$\Delta = ST + TQ$$

und bewirkt eine Phasendifferenz

$$\delta = \frac{2\pi}{\lambda''}(ST + TQ) = \frac{2\pi d}{\lambda'' \cos\gamma''}(1 + \cos 2\gamma'') \tag{10}$$

$$= \frac{4\pi d}{\lambda''}\cos\gamma'' = \frac{4\pi n d}{\lambda}\cos\gamma''.$$

λ ist die Wellenlänge außerhalb, λ'' die Wellenlänge in der Platte. Bei jeder weiteren Reflexion kommt noch einmal der Wegunterschied $2d\cos\gamma''$ und damit die Phasendifferenz δ hinzu.

Ist das Reflexionsvermögen klein, so gilt nahezu

$$A_2 = -A_1 = -\sqrt{R}\,A,$$

während die Amplituden der mehrfach reflektierten Bündel vernachlässigt werden können. Es kommen dann nur zwei Bündel (Strahlen) zur Interferenz. Die Intensität des zusammengesetzten reflektierten Bündels ist dann

$$I' = \frac{\varepsilon\varepsilon_0 c}{2}(A_1^2 + A_2^2 + 2A_1A_2\cos\delta)$$

$$= \varepsilon\varepsilon_0 c\,R\,A^2(1-\cos\delta) = 2I\,R(1-\cos\delta).$$

Wenn δ ein gerades Vielfaches von π ist, so löschen sich die beiden Bündel aus, ist δ ein ungerades Vielfaches von π, so verstärken sie sich maximal. In Wirklichkeit kommt es nicht zur völligen Auslöschung, da das Bündel A_2 etwas schwächer als A_1 ist. Die Maximalintensität ist

$$I'_{\max} = 4R\,I.$$

Ohne Interferenz würden die Bündel A_1 und A_2 zusammen die Intensität $2R\,I$ besitzen. Im Maximum wird durch die Interferenz die Intensität also gerade verdoppelt.

Auslöschung tritt für solche Winkel ein, bei denen

$$\delta = \frac{4\pi d}{\lambda''} \cos\gamma_k'' = 2\pi k \tag{11}$$

ist. Wenn wir den Einfallswinkel γ_k und die Wellenlänge λ außerhalb der Platte einführen, erhalten wir

$$\frac{2d}{\lambda} \sqrt{n^2 - \sin^2\gamma_k} = k. \tag{11a}$$

Verstärkung haben wir bei

$$\frac{2d}{\lambda} \sqrt{n^2 - \sin^2\gamma_k} = k + \frac{1}{2}. \tag{11b}$$

Die ganze Zahl k wird als Ordnung bezeichnet, und $k + 1/2$ liegt zwischen

$$\frac{2dn}{\lambda} \quad \text{und} \quad \frac{2d}{\lambda} \sqrt{n^2 - 1}.$$

Ist die Platte viele Wellenlängen dick, so gibt es deshalb nur höhere Ordnungen.

Hat die Platte überall dieselbe Dicke, so wird es von der Neigung der einfallenden Strahlen abhängen, ob Auslöschung oder Verstärkung eintritt. Lassen wir weißes Licht einfallen, so wird die Farbe, deren Wellenlänge (11a) erfüllt, ausgelöscht, die Farbe, die (11b) genügt, am stärksten reflektiert. Das Licht wird also gefärbt sein, und die Farbe wird von der Neigung des einfallenden Bündels abhängen.

Diese Erscheinung wird man allerdings nur beobachten können, wenn die Platte genau planparallel ist. Denn ist irgendwo die Dicke nur um $\lambda''/4\cos\gamma_k''$ geändert, so wird dort gerade die Farbe ausgelöscht, die sonst am besten reflektiert wird.

Als Lichtquelle benutzen wir jetzt eine ebene leuchtende Fläche. Das von ihr kommende Licht wird zunächst durch eine Linse parallel gemacht und fällt dann auf die völlig planparallele Platte. Nach der Reflexion wird von einer zweiten Linse ein Bild der Lichtquelle entworfen. Die Interferenz löscht alle Strahlen aus, welche die Bedingung (11a) erfüllen, und verstärkt maximal diejenigen, welche die Forderung (11b) befriedigen. Alle Strahlen durch den Linsenmittelpunkt, welche auf die Platte unter den Winkeln γ_k einfallen, bilden Kegel mit den Halböffnungswinkeln γ_k, deren Achse senkrecht auf der Platte steht. Sie schneiden die leuchtende Fläche in Kegelschnitten, die man als Kurven gleicher Neigung bezeichnet. Im Bild werden sie als helle oder dunkle Linien sichtbar. Ist die Lichtquelle nicht monochromatisch, sondern weiß, so sind die Kurven gleicher Neigung farbig. Ist die Bildebene parallel zur Platte, so erhält man eine Schar von konzentrischen Kreisen.

Die Kurven gleicher Neigung sind ein sehr empfindliches Kriterium dafür, daß ein Platte planparallel ist. In der Tat werden solche Platten durch diese Interferenzerscheinung geprüft.

§ 3. AIRYsche Formeln. PEROT-FABRY-Interferometer. LUMMER-GEHRCKE-Platte.

Inhalt: Berücksichtigung mehrfacher Reflexion. Intensitätsverlauf in den Interferenzstreifen. Haupt- und Nebenmaxima. AIRYsche Formeln. PEROT-FABRY-Interferometer, LUMMER-GEHRCKE-Platte, Auflösungsvermögen.

Bezeichnungen: Wie S. 552 u. 555.

Bei größerem Reflexionsvermögen, das bei schrägem Einfall oder an versilberten Oberflächen erzielt wird, muß die mehrfache Reflexion berücksichtigt werden, und wir erhalten für die Amplitude aller reflektierten Bündel zusammen

$$\sum_{1}^{p} A_m e^{i(m-1)\delta} = A\sqrt{R}\left\{1-(1-R)\,e^{i\delta}\sum_{0}^{p-2} R^m e^{im\delta}\right\}$$

$$= A\sqrt{R}\left\{1-(1-R)\,e^{i\delta}\frac{1-(R\,e^{i\delta})^{p-1}}{1-R\,e^{i\delta}}\right\},$$

wenn im Ganzen p-Reflexionen vorkommen. Bei genügend ausgedehnter Platte kann $p=\infty$ gesetzt werden. In diesem Fall vereinfacht sich die Amplitude auf

$$A\sqrt{R}\frac{1-e^{i\delta}}{1-R\,e^{i\delta}},$$

und hieraus ergibt sich die Intensität der Reflexion zu

$$I' = I R \frac{4\sin^2\frac{\delta}{2}}{(1-R)^2+4R\sin^2\frac{\delta}{2}}. \tag{12a}$$

Für das durchgelassene Licht finden wir die Gesamtamplitude

$$\sum_{1}^{\infty} D_m e^{i(m-1)\delta} = (1-R)\,A\sum_{0}^{\infty} R^m e^{im\delta} = \frac{(1-R)}{1-R\,e^{i\delta}}A$$

und die Intensität

$$I'' = I\frac{(1-R)^2}{(1-R)^2+4R\sin^2\frac{\delta}{2}}. \tag{12b}$$

Aus (12a) und (12b) erkennt man, daß

$$I' + I'' = I$$

ist. Das Interferenzbild des reflektierten und des durchgelassenen Lichtes ist komplementär.

Blendet man im reflektierten Licht das Bündel A_1 ab, so erhält man die reflektierte Intensität

$$I''' = I\frac{R(1-R)^2}{(1-R)^2+4R\sin^2\frac{\delta}{2}}. \tag{13}$$

Die Intensität ist dann für das reflektierte und das durchgelassene Licht dieselbe bis auf den Faktor R. Die Gl. (12a), (12b) und (13) sind die Formeln von AIRY.

Bei schwacher Reflexion erhält man keine so deutlichen Interferenzbilder wie bei starker Reflexion. Um dies zu verstehen, verfolgen wir jetzt etwas genauer den Intensitätsverlauf in den Interferenzstreifen des durchgelassenen Lichtes. Mit der Abkürzung

$$a = \frac{2\sqrt{R}}{1-R}$$

erhalten wir für seine Intensität einfach

$$I'' = I \frac{1}{1 + a^2 \sin^2 \frac{\delta}{2}}. \tag{14}$$

Für kleines Reflexionsvermögen geht dies näherungsweise in

$$I'' \approx I\left(1 - a^2 \sin^2 \frac{\delta}{2}\right) \tag{14a}$$

über. Bei kleinem R findet also eine Intensitätsschwankung um den Wert I statt. Der größte Intensitätsunterschied beträgt nur $a^2 I$. Mit dem Reflexionsvermögen wächst a rasch an, und die Intensität ist überall sehr nahe Null, außer wenn $\sin \delta/2$ nahezu verschwindet. Der Intensitätsverlauf in Abhängigkeit von $\delta/2$ ist in der Abbildung 216 für verschiedene R dargestellt. Je größer das Reflexionsvermögen ist, desto schmaler sind die hellen Interferenzstreifen, welche durch ausgedehnte Dunkelgebiete getrennt sind. Bei geringem Reflexionsvermögen hat man hellere und dunklere Streifen von gleicher Breite, und diese gehen allmählich ineinander über. Bei nahezu vollkommener Reflexion besteht das Interferenzbild aus sehr feinen hellen Linien, die sich von dem dunklen Grund gut abheben.

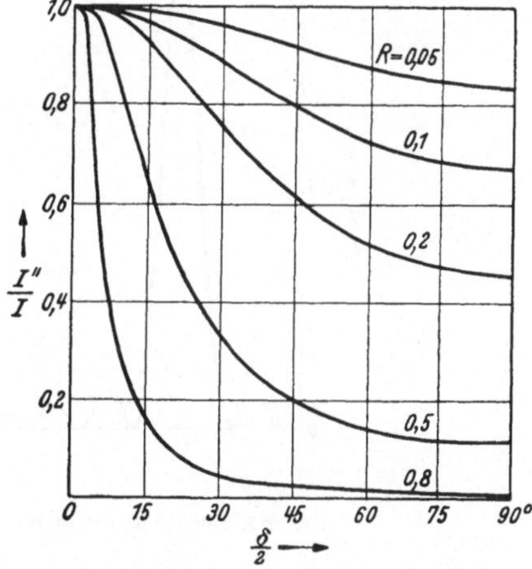

Abb. 216. Bruchteil I''/I des durchgelassenen Lichtes gegen Phasendifferenz $\delta/2$ und Reflexionsvermögen R aufgetragen.

Ist die Anzahl der Reflexionen und damit der interferierenden Bündel nur endlich, so hat man die Amplitude

$$\sum_1^p D_m e^{i(m-1)\delta} = (1 - R) A \frac{1 - R^p e^{ip\delta}}{1 - R e^{i\delta}}$$

des durchgelassenen Lichtes. Man gewinnt daraus die Intensität

$$I'' = (1 - R)^2 I \frac{(1 - R^p)^2 + 4R^p \sin^2 \frac{p\delta}{2}}{(1 - R)^2 + 4R \sin^2 \frac{\delta}{2}}. \tag{15}$$

Setzen wir

$$a = \frac{2\sqrt{R}}{1 - R}; \qquad b = \frac{2R^{\frac{p}{2}}}{1 - R^p},$$

so ist

$$I'' = (1 - R^p)^2 I \frac{1 + b^2 \sin^2 \frac{p\delta}{2}}{1 + a^2 \sin^2 \frac{\delta}{2}}. \tag{15a}$$

Der Nenner hat für $\delta/2 = k\pi$ den Wert 1, wird aber ziemlich groß, wenn $\delta/2$ merklich von diesen Werten abweicht. I'' hat an den Stellen $\delta/2 = k\pi$ jeweils Maxima vom Werte $(1 - R^p)^2 I$. Zwischen diesen Hauptmaxima gibt es aber noch Nebenmaxima, welche vom Zähler herrühren und die ungefähr bei

$$\frac{\delta}{2} = \frac{2\pi d}{\lambda} \sqrt{n^2 - \sin^2\gamma} = \pi\left(k + \frac{2m+1}{2p}\right) \tag{16}$$

liegen und mit $m = 1$ beginnen. Minima treten ein, wenn

$$\frac{\delta}{2} = \pi\left(k + \frac{m}{p}\right) \tag{16a}$$

ist. Die Abb. 217 zeigt den Verlauf von I'' nach (15a) für $R = 0{,}80$ und $p = 10$.

Nun wenden wir uns noch einem Umstand zu, aus welchem hervorgeht, daß die hier gegebene Theorie den Interferenzvorgang noch nicht ganz erschöpft.

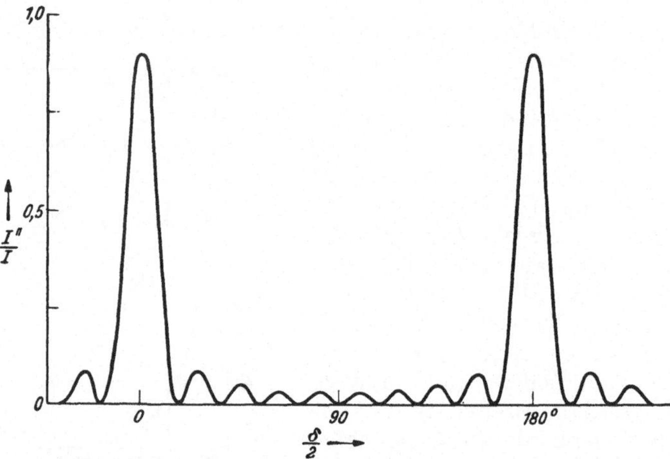

Abb. 217. Intensitätsverlauf im durchfallenden Licht bei $R = 0{,}80$ und $p = 10$.

Bisher haben wir uns vorgestellt, daß auf die Platte ein sehr breites paralleles Bündel einfalle, so daß die reflektierten und durchgelassenen Bündel A_1, A_2 usw. wie auch D_1, D_2 usw. sich alle wenigstens teilweise überlappen. Jetzt lassen wir auf die Platte nur ein sehr schmales Bündel auffallen, und das hat zur Folge, daß $A_1, A_2 \ldots$ und $D_1, D_2, \ldots$ sich nicht überdecken, sondern nebeneinander herlaufen (s. Abb. 218). Werden all diese Bündel später durch irgendeine geeignete optische Vorrichtung vereinigt, z. B. indem man sie mit einer Linse auffängt und ein Bild im Brennpunkt entwirft, so treten genau dieselben Interferenzerscheinungen ein, wie wenn sich die Bündel schon von Anfang an überlagern würden. Was uns aber noch fehlt, ist eine präzise Beschreibung des elektromagnetischen Vorganges zwischen Interferenzplatte und Linse, der besonders da verwickelt ist, wo die verschiedenen Bündel sich teilweise überdecken und Gangunterschiede von Bruchteilen einer Wellenlänge besitzen. Dieses Problem läßt sich nicht mit den Hilfsmitteln der Strahlenoptik erledigen, sondern ist seinem Wesen nach ein Beugungsproblem.

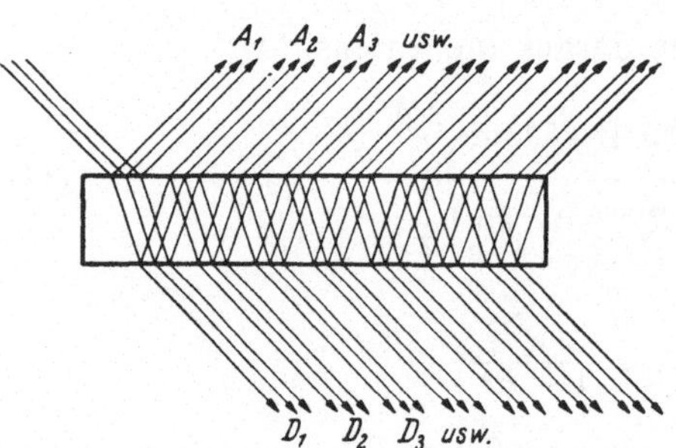

Abb. 218. Schmale Bündel, die erst bei Vereinigung durch eine Linse zur Interferenz kommen.

Eine praktische Anwendung findet die Interferenz zahlreicher Bündel in dem Interferometer von PEROT und FABRY und in der LUMMER-GEHRCKE-Platte. Das Interferometer besteht aus zwei einander gegenüberstehenden Quarz- oder Glasplatten, welche auf der sich zugekehrten Seite durchlässig versilbert werden. Die versilberten Flächen müssen sehr genau parallel justiert werden, so daß der Luftzwischenraum als planparallele Platte wirkt. Fällt ein schmales Strahlenbündel auf diese Einrichtung, so dringt es teilweise in den Luftspalt ein und erzeugt dort durch mehrfache Reflexion zahlreiche interferierende Bündel, die nach beiden Seiten austreten. Wir interessieren uns nur für die durchgelassenen Bündel. Licht einer gegebenen Wellenlänge wird nur durchgelassen, wenn der Einfallswinkel die Formel (11b) befriedigt. Läßt man von einer punktförmigen monochromatischen Lichtquelle Strahlen in allen möglichen Richtungen auf die Interferometerplatte fallen, so beobachtet man als Interferenzbild eine Reihe konzentrischer Kreise in der Brennebene einer Linse, welche die parallelen Bündel jeweils in einem Punkt vereinigt. Enthält die Lichtquelle mehrere Farben, so entsteht für jede Wellenlänge ein System von Kreisen. Die Kreise gleicher Farben gehören zu aufeinanderfolgenden Ordnungen.

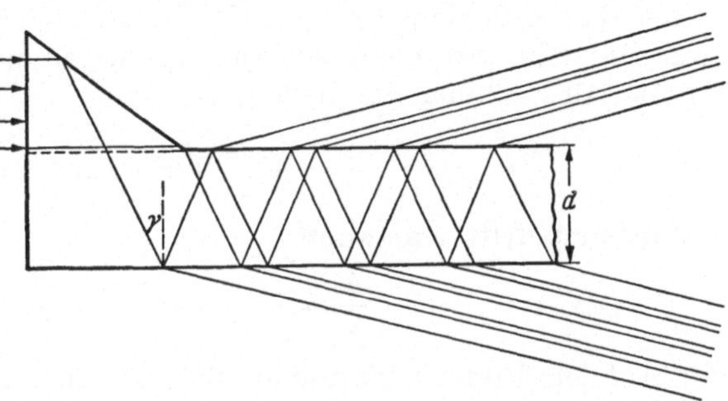

Abb. 219. Schema der LUMMER-GEHRCKE-Platte.

Nach ähnlichen Prinzipien funktioniert die LUMMER-GEHRCKE-Platte. Durch ein aufgesetztes rechtwinkliges Prisma läßt man in eine vollkommen planparallele Platte ein Strahlenbündel einfallen (s. Abb. 219). Bringt man durch Versilberung das Reflexionsvermögen nahe an Eins, so erhält man sehr scharfe Interferenzen. Ist das einfallende Bündel etwas divergent, wie es von einem Spalt geliefert wird, so tritt nur für ganz bestimmte, von der Wellenlänge abhängige Einfalls- und entsprechende Austrittsrichtungen Verstärkung des Lichtes ein, während man sonst Auslöschung hat. Jede Wellenlänge liefert ein System von feinen Linien, welche den aufeinanderfolgenden Ordnungen entsprechen. Wegen der Größe des Reflexionsvermögens und der großen Zahl der Reflexionen ist der Zwischenraum zwischen ihnen fast völlig dunkel.

Das PEROT-FABRY-Interferometer und die LUMMER-GEHRCKE-Platte werden in der Spektroskopie zur Trennung sehr nahe beisammen liegender Frequenzen benutzt. Sind λ und $\lambda + \Delta\lambda$ zwei benachbarte Wellenlängen, so wird es von der Breite der Interferenzstreifen abhängen, ob man die zu ihnen gehörigen Interferenzkurven noch getrennt sieht oder nicht. Fällt das Hauptmaximum von $\lambda + \Delta\lambda$ auf das erste Minimum von λ, so wird man bestimmt noch getrennte Streifen sehen, während dies bei noch größerer Annäherung fraglich wird. Die Bedingung hierfür ist wegen (16a)

$$\lambda\left(k + \frac{1}{p}\right) = (\lambda + \Delta\lambda)\, k,$$

woraus sich

$$\frac{\lambda}{\Delta\lambda} = k p$$

ergibt. Das Verhältnis der Wellenlänge zum eben noch erkennbaren Wellenlängenunterschied $\Delta\lambda$ wird als Auflösungsvermögen des Gerätes bezeichnet. Es ist der Ordnung k und der Zahl p der interferierenden Bündel proportional. Da die Ordnung mit der Dicke der Platte wächst und bei den Interferometern einige Millimeter dicke Platten benutzt werden. ist die Ordnung k sehr hoch. Die Zahl der interferierenden Bündel ist dagegen nur mäßig (bis etwa 40). Die Interferometer besitzen mit die höchste Auflösung, die man überhaupt erreicht hat.

§ 4. Kurven gleicher Neigung und gleicher Dicke.

An einer planparallelen Platte findet man sehr vielfältige Interferenzerscheinungen, je nachdem, wo sich die Lichtquelle befindet und wo man die Interferenz beobachtet. Ob die Lichtquelle punktförmig oder ausgedehnt ist, ist ebenfalls von Bedeutung. Liegt eine punktförmige Lichtquelle im Endlichen, so kann man in ihrer Bildebene Interferenzringe bekommen, wie sie beim PEROT-FABRY-Gerät beschrieben wurden. Andere Interferenzbilder erhält man in der Ebene, auf welche sich die Plattenoberfläche abbildet.

Ist das Reflexionsvermögen klein, so brauchen wir nur die Interferenz von zwei Bündeln (Strahlen) zu berücksichtigen und haben nach (11) und (11a) für die Auslöschung die Bedingung

$$\frac{\delta}{2} = \frac{2\pi d}{\lambda}\sqrt{n^2 - \sin^2\gamma_k} = \pi k.$$

Verstärkung tritt ein, wenn

$$\frac{\delta}{2} = \frac{2\pi d}{\lambda}\sqrt{n^2 - \sin^2\gamma_k} = \pi\left(k + \frac{1}{2}\right)$$

gilt. Auf dem Bild der Plattenoberfläche zeichnen sich also Kurven (Kegelschnitte) gleicher Neigung als helle und dunkle Linien ab. Verschieben wir die Platte, so bleiben diese Kurven fest, was allerdings zur Voraussetzung hat, daß die Platte völlig planparallel ist. Eine ausgedehnte Lichtquelle ist nicht nötig, wenn wir die Plattenoberfläche abbilden.

Nun ist eine Lichtquelle nie genau punktförmig. Von einem Nachbarpunkt P' geht ein Strahl aus, der die Platte im Punkt Q (s. Abb. 220a) trifft. Er fällt unter einem Winkel $\gamma' = \gamma + \varepsilon$ auf. Für ihn entsteht die Phasendifferenz

$$\frac{\delta'}{2} = \frac{2\pi d}{\lambda}\sqrt{n^2 - \sin^2\gamma'} = \frac{2\pi d}{\lambda}\sqrt{n^2 - \sin^2\gamma_k}\left(1 - \frac{\sin\gamma_k\cos\gamma_k}{n^2 - \sin^2\gamma_k}\,\varepsilon\right).$$

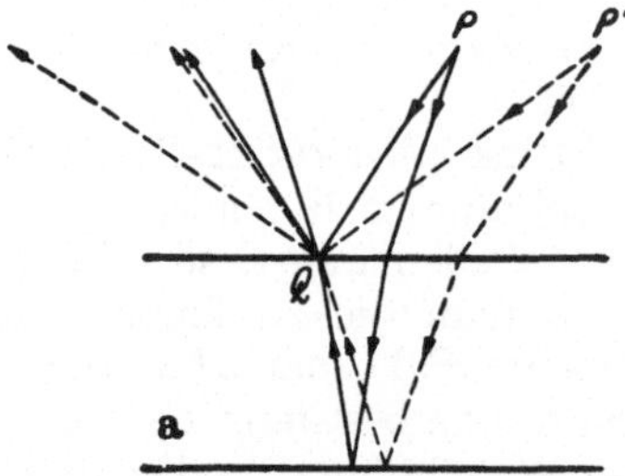

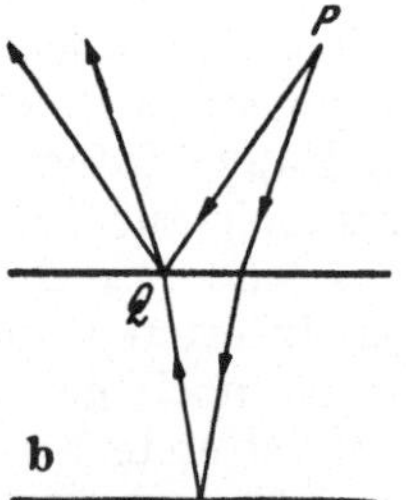

Abb. 220. Entstehung der Kurven gleicher Neigung.

a) Störung der Interferenzerscheinung bei ausgedehnter Lichtquelle. Die punktierten Strahlen, von P' herrührend, zeigen den Phasenunterschied $\delta' - \delta$ gegen die Strahlen von Punkt P.

b) Zwei Strahlen, die von P ausgehen, kommen zur Interferenz, wenn der Punkt Q abgebildet wird. Die Helligkeit richtet sich nach dem Phasenunterschied.

Die Helligkeitsunterschiede der Interferenzstreifen werden um so mehr ausgeglichen, je größer die Unterschiede

$$\frac{\delta - \delta'}{2} = \frac{2\pi\varepsilon d\sin\gamma_k\cos\gamma_k}{\lambda\sqrt{n^2 - \sin^2\gamma_k}}$$

zwischen den Phasendifferenzen $\delta/2$ und $\delta'/2$ sind. Ist

$$\frac{\delta - \delta'}{2} = \frac{\pi}{2},$$

so fallen gerade die Kurven größter Helligkeit des Punktes P' auf die Kurven völliger Auslöschung des Punktes P. Die Interferenzen werden also nur beobachtbar sein, wenn entweder die Lichtquelle sehr klein, die Linse stark abgeblendet, die Platte sehr dünn oder schließlich die Strahlen senkrecht einfallen.

Ist die Platte nicht überall gleich dick, so ändert δ sich hauptsächlich mit d. Wenn die Lichtquelle weit entfernt und das einfallende Bündel nahezu parallel ist, sind die hellen und dunklen Interferenzlinien geradezu Kurven gleicher Plattendicke. Wenn die Lichtquelle nicht punktförmig ist, erscheinen sie nur an dünnen Platten. Da ihre Lage durch d bestimmt ist, haften sie an der Platte und können mit ihr bewegt werden. Hierdurch unterscheiden sie sich in einfacher Weise von den Kurven gleicher Neigung.

Ein wohlbekanntes Beispiel von Kurven gleicher Dicke sind die NEWTONschen Ringe.

§ 5. Interferenz gekreuzter Bündel. FRESNELscher Spiegelversuch.

Zwei kohärente Lichtquellen P_1 und P_2 im Abstand $2a$ mögen Lichtbündel aussenden, welche sich durchkreuzen und dabei Interferenzerscheinungen ergeben. Wie solche Lichtquellen realisiert werden, erörtern wir weiter unten.

Legen wir die x-Achse eines Koordinatensystems durch P_1 und P_2, so ist der Gangunterschied der in einem Punkt xyz ankommenden Strahlen (Abb. 221)

$$\Delta = \sqrt{(x-a)^2 + y^2 + z^2} - \sqrt{(x+a)^2 + y^2 + z^2}$$

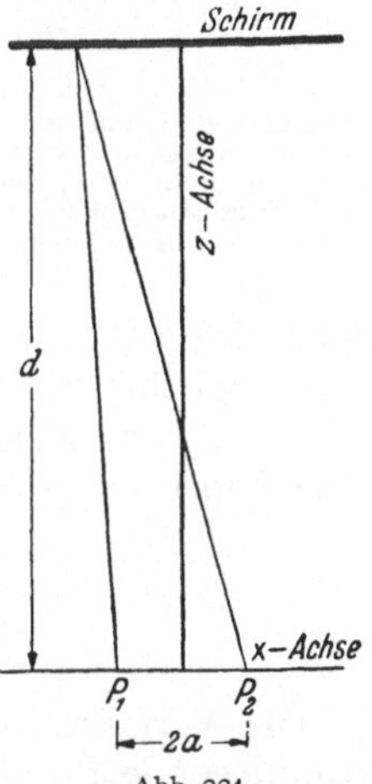

Abb. 221. Schema des FRESNELschen Spiegelversuchs.

und die Phasendifferenz

$$\delta = \frac{2\pi\Delta}{\lambda}.$$

Auf den Flächen

$$\pm\Delta = 0,\ \lambda,\ 2\lambda \quad \text{usw.}$$

tritt Verstärkung und auf den Flächen

$$\pm\Delta = \frac{\lambda}{2},\quad \frac{3\lambda}{2};\quad \frac{5\lambda}{2} \quad \text{usw.}$$

Auslöschung ein. Die Flächen $\Delta = \text{const}$ sind zweischalige Hyperboloide mit der x-Achse als Rotationsachse. Ein Schirm in einem großen Abstand $z = d$ von den Lichtquellen schneidet die Hyperboloide in einer Schar von Hyperbeln, die in der Umgebung der z-Achse durch

$$\Delta = -\frac{2ax}{d} + \frac{ax}{d^3}(x^2 + y^2 + a^2) + \cdots$$

approximiert werden können. Die maximale Helligkeit tritt ungefähr für

$$x = \pm\frac{m\lambda d}{2a}; \qquad m = 0, 1, 2\ldots,$$

die Auslöschung ungefähr an den Stellen

$$x = \pm\frac{\left(m + \frac{1}{2}\right)\lambda d}{2a}; \qquad m = 0, 1, 2\ldots.$$

ein. Man beobachtet also ein System heller und dunkler Interferenzstreifen mit den Abständen

$$\Delta x = \frac{\lambda d}{2a}$$

auf dem Schirm.

Beim FRESNELschen Spiegelversuch sind P_1 und P_2 (s. Abb. 222) die virtuellen Bilder einer wirklichen Lichtquelle P, die von zwei Spiegeln entworfen werden. Ist α der Neigungswinkel der Spiegel gegeneinander und r der Abstand

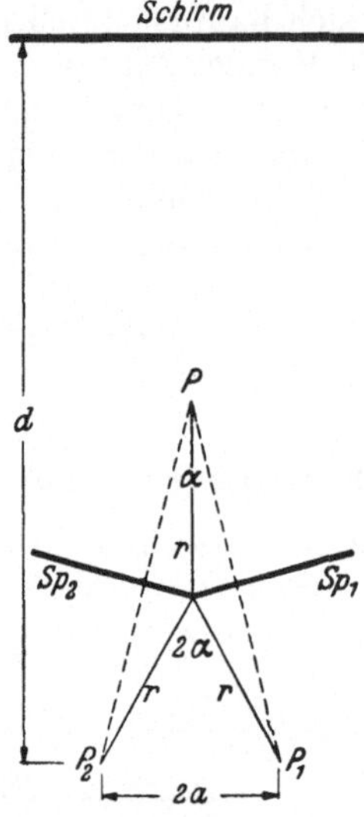

Abb. 222.
FRESNELscher Spiegelversuch. Die Spiegel Sp_1 und Sp_2, welche den kleinen Winkel α bilden, entwerfen die Bilder P_1 und P_2 von der Lichtquelle P im Abstand $2a = 2r \sin\alpha$. Das Interferenzbild wird auf dem Schirm beobachtet.

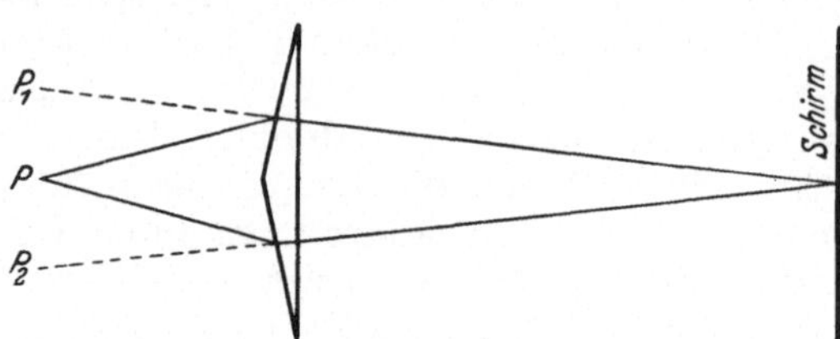

Abb. 223. Das FRESNELsche Biprisma entwirft zwei virtuelle Bilder P_1 und P_2 vor der Lichtquelle P und liefert ein entsprechendes Interferenzbild auf dem Schirm.

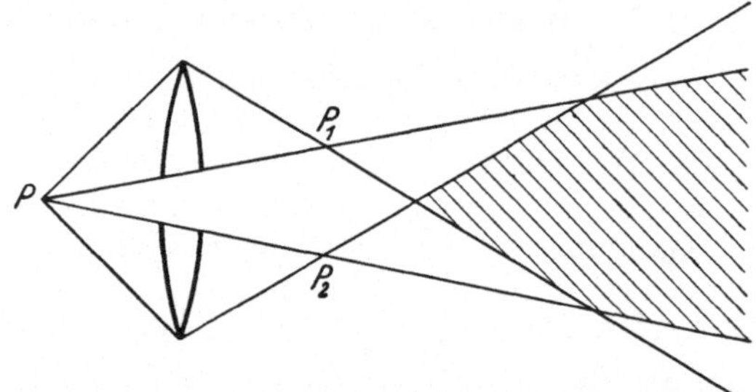

Abb. 224. Die BILLETschen Halblinsen entwerfen die Bilder P_1 und P_2 von der Lichtquelle P und liefern Interferenz im schraffierten Gebiet.

der Lichtquelle von ihrem Schnittpunkt, so ist der Abstand der Bilder $2a = 2r \sin\alpha$. Um möglichst großen Streifenabstand zu bekommen, muß man α klein machen.

Genau das gleiche wie durch die Spiegel erreicht man durch das FRESNELsche Biprisma (s. Abb. 223 u. 224) und die BILLETschen Halblinsen.

IV. Beugung.

Die Verfahren der geometrischen und der Interferenzoptik lassen folgendes grundlegende Problem unbehandelt: Ursprünglich wird das Licht als eine Kugelwelle ausgesandt, die von einem Dipol, Quadrupol usw. herrührt. Es breitet sich von der Strahlungsquelle nach allen Seiten aus. Den Emissionsvorgang selbst haben wir auf S. 484 u. 490 ausführlich beschrieben und aus den MAXWELLschen Gleichungen hergeleitet. Keine optische Vorrichtung verwertet aber die ganze Kugelwelle, sondern blendet einen Ausschnitt von ihr aus.

Nach den Anschauungen der geometrischen Optik entstehen durch Blenden, Spiegel und Linsen auf diese Weise divergente, parallele oder konvergente Lichtbündel, ja sogar Bündel, welche nicht mehr homozentrisch sind. Die geometrische Optik ist aber nur eine Näherung, welche allenfalls für die inneren Bezirke der ausgeblendeten Welle zutrifft, keinesfalls für den Rand (Schattengrenze), wie wir auf S. 520 festgestellt haben. Auch zeigen Versuche, daß im geometrischen Schatten noch komplizierte Lichterescheinungen auftreten, die man als Beugungseffekte bezeichnet. Wir haben also die Aufgabe vor uns, zu untersuchen, was beim Ausschneiden eines endlichen Bündels aus einer unendlich ausgedehnten Welle passiert. Dies ist das Hauptprobleme der Beugungstheorie.

Durch eine oder mehrere Lichtquellen möge ein Wellenfeld erzeugt werden, welches zunächst unendlich ausgedehnt ist. Seine elektrische Feldstärke gehorcht überall der Wellengleichung

$$\Delta \mathfrak{E} = \frac{1}{c^2} \frac{\partial^2 \mathfrak{E}}{\partial t^2} = 0. \tag{1}$$

Nur an der Erzeugungsstätte des Lichtes selbst versagt die Gleichung. Dort ist allerdings das Medium, genaugenommen, auch nicht homogen.

In dieses Wellenfeld stellen wir einen Schirm mit einer oder mehreren Öffnungen. Nach wie vor muß dann (1) noch im ganzen Raum richtig bleiben, es kommen aber Randbedingunen für die Oberfläche des Schirmes hinzu. Wie sie lauten, hängt natürlich davon ab, aus welchem Material der Schirm besteht. Wir treffen aber für praktische Zwecke das Wesentliche, wenn wir den Schirm als schwarz betrachten, so daß er alles auffallende Licht absorbiert. Mit KIRCHHOFF machen wir nun folgende naheliegende Annahme. 1. In den Öffnungen herrschen dieselben Verhältnisse, als ob der Schirm gar nicht vorhanden wäre. 2. An der Oberfläche des Schirmes, die von der Lichtquelle abgewandt ist, findet kein Vorgang statt. Wir vernachlässigen damit die Veränderungen des Wellenfeldes, welche in der Polarisation des Schirmmaterials ihre Ursache haben. Wenn der Schirm die Bezeichnung „schwarz“ verdient, können sie sich höchstens auf die unmittelbare Umgebung des Randes der Öffnungen erstrecken. Sind die Öffnungen groß gegen die Wellenlänge, so werden die KIRCHHOFFschen Annahmen sicher zutreffen. Schirme mit sehr kleinen Löchern oder sehr engen Spalten wird man dagegen nicht immer als schwarz behandeln dürfen.

Wir können nun den ganzen Raum immer in zwei Teile durch eine Fläche zerlegen, welche den Schirm enthält. Ein Schirm endlicher Größe wird auf diese Weise ins Unendliche ausgedehnt, indem man den nicht vorhandenen äußeren Teil als Öffnung betrachtet. Auch auf derjenigen Seite der Schirmfläche, welche von den Lichtquellen abgewandt ist, ist der Wellenvorgang nach der KIRCHHOFFschen Annahme bekannt. Wir werden jetzt zeigen, daß man die Welle in dem ganzen Teilraum berechnen kann, welcher die Lichtquellen nicht enthält, d. h. den Wellenvorgang in dem Raum hinter dem Schirm.

§ 1. KIRCHHOFFsche Theorie der Beugung.

Inhalt: Man kann die Lösung der Wellengleichung in einem gegebenen Volumen durch ein Integral über die Oberfläche angeben, wenn die Lösung auf der Oberfläche des Volumens bekannt ist. FRESNELsche Zonen.

Bezeichnungen: U Lösung der Wellengleichung, Vektorpotential der Lichtwelle, u ihre Amplitude, Lichterregung, u_P ihr Wert im Punkt P, ν Frequenz, λ Wellenlänge, c Lichtgeschwindigkeit, $\mathfrak{r}$ Vektor von P zum Flächenelement $d\mathfrak{f}$, $\mathfrak{r}^0$ seine Richtung, r sein Betrag, R_1 und R_2 Radien zweier Kugeln um die Lichtquelle.

Wir versuchen jetzt eine Lösung der Wellengleichung

$$\Delta U - \frac{1}{c^2} \frac{\partial^2 U}{\partial t^2} = 0 \tag{2}$$

in einem Volumen zu finden, wenn der Verlauf von U auf der Oberfläche des Volumens gegeben ist. Drei solche skalare Funktionen können wir in einen Vektor zusammenfassen, aus dem wir dann die elektrische Welle bilden werden.

Ist U eine periodische Funktion der Zeit, so setzen wir

$$U = u\, e^{-2\pi i \nu t} = u\, e^{-\frac{2\pi i c}{\lambda} t} \tag{3}$$

und erhalten für u die Gleichung

$$\Delta u + \frac{4\pi^2}{\lambda^2} u = 0. \tag{4}$$

Ist w eine im Volumen V definierte Funktion des Ortes, welche ebenfalls die Gleichung

$$\Delta w + \frac{4\pi^2}{\lambda^2} w = 0 \tag{5}$$

erfüllt, so gilt überall

$$u\,\Delta w - w\,\Delta u = 0. \tag{6}$$

Nun ist

$$w\,\Delta u = \operatorname{div}(w \operatorname{grad} u) - (\operatorname{grad} u \operatorname{grad} w),$$

und deshalb ist (6) gleichbedeutend mit

$$\operatorname{div}\{u \operatorname{grad} w - w \operatorname{grad} u\} = 0.$$

Integrieren wir über das Volumen V und wenden den GAUSSschen Satz an, so erhalten wir

$$0 = \int \operatorname{div}\{u \operatorname{grad} w - w \operatorname{grad} u\}\, dV = \oint (\{u \operatorname{grad} w - w \operatorname{grad} u\}\, d\mathfrak{f}), \tag{7}$$

wobei das Hüllenintegral $\oint$ über die Oberfläche von V zu erstrecken ist.

Jetzt sei P ein Punkt im Innern von V. Eine kleine Kugel vom Radius ϱ um diesen Punkt gehöre aber nicht zu V. Die Oberfläche von V besteht dann aus der äußeren Oberfläche F und dieser Kugel. Die positive Richtung der Oberflächenelemente zeigt auf F nach außen, auf der Kugel nach innen (s. Abb. 225).

Für w setzen wir willkürlich

$$w = \frac{1}{r} e^{\frac{2\pi i r}{\lambda}} \tag{8}$$

fest, wo r den Abstand vom Punkte P bedeutet. Dieser Ansatz genügt überall der Gl. (5), wovon man sich durch Einsetzen leicht überzeugen kann. Die Umgebung der Stelle $r = 0$, wo w unendlich wird, ist aus V ausgeschnitten, so daß keine Schwierigkeit entstehen kann. Wir berechnen zuerst den Wert des Integrals (7) auf der kleinen Kugel und lassen diese dann auf den Punkt P zusammenschrumpfen. u und $\operatorname{grad} u$ sind auf der Oberfläche nahezu konstant und haben dieselben Werte wie im Punkte P selbst. Ferner ist

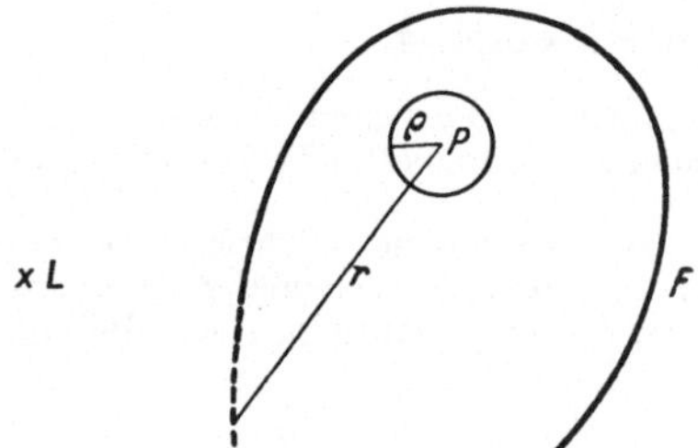

$$\operatorname{grad} w = \operatorname{grad}\left(\frac{1}{r} e^{\frac{2\pi i r}{\lambda}}\right) = e^{\frac{2\pi i \varrho}{\lambda}} \left(\frac{2\pi i}{\lambda \varrho} - \frac{1}{\varrho^2}\right) \operatorname{grad} r.$$

Abb. 225.
L Lichtquelle, punktiert Öffnung des Schirmes. Berechnung der Lichterregung im Punkt *P*.

Für genügend kleine ϱ nähert sich der Exponentialfaktor dem Wert 1, und wir erhalten das Integral über die Kugel

$$\oint = u_P \left(\frac{2\pi i}{\lambda \varrho} - \frac{1}{\varrho^2}\right) \oint (\operatorname{grad} r\, d\mathfrak{f}) - \left(\frac{\operatorname{grad} u}{\varrho} \oint d\mathfrak{f}\right);$$

$\operatorname{grad} r$ ist ein nach außen gerichteter Einheitsvektor, während $d\mathfrak{f}$ nach innen zeigt. Deshalb ist

$$(\operatorname{grad} r\, d\mathfrak{f}) = -df$$

der negative Betrag des Flächenelements, und wir haben

$$\oint (\operatorname{grad} r\, d\mathfrak{f}) = -4\pi\varrho^2 \quad \text{bzw.} \quad \oint d\mathfrak{f} = 0.$$

Wir erhalten also das Integral über die Kugel

$$\oint = 4\pi u_P \left(1 - \frac{2\pi i \varrho}{\lambda}\right),$$

und wenn wir die Kugel zusammenschrumpfen lassen

$$\oint = 4\pi u_P.$$

Die Gl. (7) geht damit in

$$u_P = \frac{1}{4\pi}\oint \frac{1}{r} e^{\frac{2\pi i r}{\lambda}} (\operatorname{grad} u\, d\mathfrak{f}) - \frac{1}{4\pi}\oint u\left(\operatorname{grad}\left\{\frac{1}{r} e^{\frac{2\pi i r}{\lambda}}\right\} d\mathfrak{f}\right) \tag{9}$$

über. Der Wert der Funktion u an einem beliebigen Punkt im Innern des Volumens V kann nach (9) errechnet werden, wenn wir u und $\operatorname{grad} u$ auf der Oberfläche von V kennen.

Wenn wir (9) noch mit dem Zeitfaktor $e^{-2\pi i \nu t}$ multiplizieren, so erhalten wir

$$U_P = \frac{1}{4\pi}\oint \frac{1}{r} e^{\frac{2\pi i r}{\lambda}} (\operatorname{grad} U\, d\mathfrak{f}) - \frac{1}{4\pi}\oint U\left(\operatorname{grad}\left\{\frac{1}{r} e^{\frac{2\pi i r}{\lambda}}\right\} d\mathfrak{f}\right). \tag{10}$$

Nach ihrer Herleitung gilt diese Formel für alle Lösungen der Wellengleichung, d. h. für jede der Komponenten der elektrischen und magnetischen Feldstärke, aber auch für das Vektorpotential $\mathfrak{A}$ und das skalare Potential V dieser Größen (s. S. 481).

Zuerst studieren wir die Formeln (9) und (10) an einer Kugelwelle, die im Koordinatenanfang emittiert werde. Ein Schirm sei überhaupt nicht vorhanden. Bezeichnen wir die Radialkoordinate mit R, so kann

$$U = u\, e^{-2\pi i \nu t} = \frac{B}{R} e^{2\pi i\left(\frac{R}{\lambda} - \nu t\right)}$$

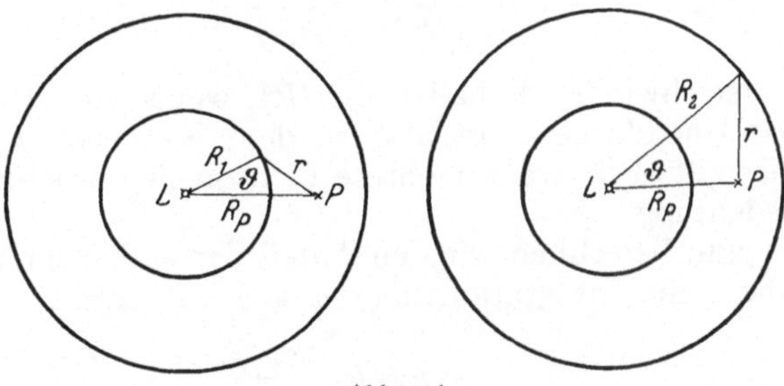

Abb. 226.

als Komponente des Vektorpotentials einer Lichtwelle angesehen werden, welche von einem Dipol ausgesandt wird. u wird gewöhnlich als Lichterregung bezeichnet. Um u an einer Stelle P zu berechnen, welche von der Lichtquelle die Entfernung R_P hat, schlagen wir zwei Kugeln mit den Radien R_1 und R_2 um die Lichtquelle, zwischen denen P liegt (s. Abb. 226). Dann ist

$$\operatorname{grad} u = B\, e^{\frac{2\pi i R}{\lambda}} \left(\frac{2\pi i}{\lambda R} - \frac{1}{R^2}\right) \mathfrak{R}^0$$

$$\operatorname{grad}\left(\frac{1}{r} e^{\frac{2\pi i r}{\lambda}}\right) = e^{\frac{2\pi i r}{\lambda}} \left(\frac{2\pi i}{\lambda r} - \frac{1}{r^2}\right) \mathfrak{r}^0.$$

Auf den Kugeln lauten die Flächenelemente

$$d\mathfrak{f}_1 = -\mathfrak{R}^0 R_1^2 \sin\vartheta\, d\vartheta\, d\varphi$$

und

$$d\mathfrak{f}_2 = \mathfrak{R}^0 R_2^2 \sin\vartheta\, d\vartheta\, d\varphi,$$

wenn $\mathfrak{R}^0$ ein radialer Einheitsvektor ist.

Wir können nun immer damit rechnen, daß die Wellenlänge λ klein ist gegen R_1 und R_2, wie auch gegen den Abstand r des Punktes P von Kugeln. Dann dürfen wir $1/R^2$ gegen $2\pi i/\lambda R$ und $1/r^2$ gegen $2\pi i/\lambda r$ vernachlässigen und erhalten

$$u_P = \frac{i B R_2}{2\lambda} e^{\frac{2\pi i R_2}{\lambda}} \oint \frac{1}{r} e^{\frac{2\pi i r}{\lambda}} (1 - \mathfrak{r}^0 \mathfrak{R}^0) \sin\vartheta\, d\vartheta\, d\varphi -$$

$$- \frac{i B R_1}{2\lambda} e^{\frac{2\pi i R_1}{\lambda}} \oint \frac{1}{r} e^{\frac{2\pi i r}{\lambda}} (1 - \mathfrak{r}^0 \mathfrak{R}^0) \sin\vartheta\, d\vartheta\, d\varphi.$$

Wir zeigen zuerst, daß das Integral

$$X = \oint \frac{1}{r} e^{\frac{2\pi i r}{\lambda}} (1 - \mathfrak{r}^0 \mathfrak{R}^0) \sin\vartheta\, d\vartheta\, d\varphi$$

über die äußere Kugel verschwindet, wenn wir ihren Radius R_2 wachsen lassen. Aus der Abb. 226 lesen wir die Beziehung

$$R_P^2 = r^2 + R_2^2 - 2 r R_2 (\mathfrak{r}^0 \mathfrak{R}^0)$$

ab; r und R_2 kommen sich aber näher, wenn R_2 wächst, und wir können schließlich

$$R_P^2 \approx 2 R_2^2 (1 - \mathfrak{r}^0 \mathfrak{R}^0)$$

setzen. Damit erhalten wir

$$X \approx \frac{R_P^2}{2 R_2^3} \oint e^{\frac{2\pi i r}{\lambda}} \sin\vartheta\, d\vartheta\, d\varphi.$$

Ersetzen wir $e^{\frac{2\pi i r}{\lambda}}$ durch seinen Betrag 1, so wird das Integral größer, und wir erhalten deshalb

$$X < \frac{R_P^2}{2 R_2^3} \oint \sin\vartheta\, d\vartheta\, d\varphi < \frac{2\pi R_P^2}{R_2^3};$$

X verschwindet deshalb wie $1/R_2^3$, wenn wir R_2 ins Unendliche wachsen lassen. Das Unendliche trägt also zu dem Wert von u_P nach Formel (9) nichts bei. Dies gilt auch, wenn mehrere Lichtquellen zusammenwirken, und ist von großer Bedeutung.

Nun berechnen wir den Anteil der endlichen Kugel mit dem Radius R_1 und führen die Integration über φ aus. Sie ergibt

$$u_P = -\frac{i\pi B R_1}{\lambda} e^{\frac{2\pi i R_1}{\lambda}} \int_0^\pi \frac{1}{r} e^{\frac{2\pi i r}{\lambda}} (1 - \mathfrak{r}^0 \mathfrak{R}^0) \sin\vartheta\, d\vartheta. \tag{11}$$

Wieder ist

$$R_P^2 = R_1^2 + r^2 - 2 r R_1 (\mathfrak{r}^0 \mathfrak{R}^0)$$

und

$$1 - \mathfrak{r}^0 \mathfrak{R}^0 = \frac{R_P^2 - R_1^2 - r^2 + 2 r R_1}{2 r R_1} = Q(r). \tag{12}$$

Ferner ist

$$r^2 = R_1^2 + R_P^2 - 2 R_1 R_P \cos\vartheta,$$

woraus

$$r\, dr = R_1 R_P \sin\vartheta\, d\vartheta$$

folgt. Führen wir r statt ϑ als Integrationsvariable ein, so erhalten wir

$$u_P = -\frac{i\pi B}{\lambda R_P} e^{\frac{2\pi i R_1}{\lambda}} \int\limits_{R_P - R_1}^{R_P + R_1} e^{\frac{2\pi i r}{\lambda}} Q(r)\, dr. \tag{13}$$

Durch partielle Integration erhalten wir

$$\int e^{\frac{2\pi i r}{\lambda}} Q(r)\, dr = \frac{\lambda}{2\pi i} e^{\frac{2\pi i r}{\lambda}} Q(r) - \frac{\lambda}{2\pi i} \int e^{\frac{2\pi i r}{\lambda}} \frac{dQ}{dr}\, dr.$$

Wir teilen die Kugel nun so in Zonen (FRESNELsche Zonen) ein, daß r in jeder Zone um den Betrag λ wächst. Setzen wir $r_0 = R_p - R_1$, so liegt die erste Zone zwischen r_0 und $r_1 = r_0 + \lambda$, die k-te Zone zwischen

$$r_{k-1} = r_0 + (k-1)\lambda \quad \text{und} \quad r_k = r_0 + k\lambda.$$

Setzen wir in der k-ten Zone

$$r = r_{k-1} + \varrho = r_0 + (k-1)\lambda + \varrho,$$

so ist

$$e^{\frac{2\pi i r}{\lambda}} = e^{\frac{2\pi i \varrho}{\lambda}} e^{\frac{2\pi i r_0}{\lambda}} = e^{\frac{2\pi i \varrho}{\lambda}} e^{\frac{2\pi i}{\lambda}(R_P - R_1)}.$$

Die Integration über die k-te Zone ergibt dann

$$\int\limits_{r_{k-1}}^{r_k} e^{\frac{2\pi i r}{\lambda}} Q\, dr = \frac{\lambda}{2\pi i}(Q_k - Q_{k-1})\, e^{\frac{2\pi i}{\lambda}(R_P - R_1)} - \frac{\lambda}{2\pi i} \int\limits_{r_{k-1}}^{r_k} e^{\frac{2\pi i r}{\lambda}} \frac{dQ}{dr}\, dr.$$

Der Exponentialfaktor ändert sich schnell und periodisch mit r, während Q nur ein langsam veränderliche Funktion von r ist. Wenn man in einer Zone dQ/dr als konstant betrachten könnte, hätte das Integral rechts den Wert Null. Wir wollen es deshalb fürs erste vernachlässigen. Der Beitrag der k-ten Zone zu (13) wäre dann

$$\frac{B}{2R_P}(Q_{k-1} - Q_k)\, e^{\frac{2\pi i R_P}{\lambda}}. \tag{14}$$

Summieren wir die Anteile aller Zonen auf, so erhalten wir tatsächlich den ursprünglichen Ansatz

$$u_P = \frac{B}{R_P} e^{\frac{2\pi i R_P}{\lambda}}$$

zurück.

Jetzt wäre allerdings noch zu beweisen, daß das Integral

$$-\frac{\lambda}{2\pi i} \int\limits_{r_{k-1}}^{r_k} e^{\frac{2\pi i r}{\lambda}} \frac{dQ}{dr}\, dr$$

nichts beiträgt. Führen wir nochmals eine partielle Integration aus, so geht es in

$$\frac{\lambda^2}{4\pi^2}\left\{\left(\frac{dQ}{dr}\right)_k - \left(\frac{dQ}{dr}\right)_{k-1}\right\} e^{\frac{2\pi i}{\lambda}(R_P - R_1)} + \frac{\lambda^2}{4\pi^2} \int\limits_{r_{k-1}}^{r_k} e^{\frac{2\pi i r}{\lambda}} \frac{d^2 Q}{dr^2}\, dr$$

über. Q_k und Q_{k-1} sind jetzt durch die Ableitungen ersetzt, aber es ist der kleine Faktor $\lambda/2\pi i$ hinzugetreten, so daß diese Glieder nichts Nennenswertes zu u_p beitragen.

Nach dieser Vorbereitung nehmen wir ein wirkliches Beugungsproblem in Angriff. Die Lichtquelle liege im Mittelpunkt einer schwarzen Kugel vom Radius R, in welcher sich eine kreisrunde Öffnung befindet (Abb. 227). Wir betrachten jetzt einen Punkt P außerhalb der Kugel auf der Geraden durch die Lichtquelle und den Mittelpunkt der Öffnung. U sei eine Komponente der Amplitude des Vektorpotentials $\mathfrak{A}$ der Lichtwelle.

Wir finden nach (9) den Wert der Lichterregung

$$u_P = \frac{1}{4\pi}\oint \frac{1}{r} e^{\frac{2\pi i r}{\lambda}} (\operatorname{grad} u\, d\mathfrak{f}) - \frac{1}{4\pi}\oint u \left(\operatorname{grad}\left\{\frac{1}{r} e^{\frac{2\pi i r}{\lambda}}\right\} d\mathfrak{f}\right)$$

im Punkte P, wenn wir über die Außenseite der Kugel, die Öffnung und das Unendliche integrieren. Auf der äußeren Kugelfläche verschwindet sowohl u wie $\operatorname{grad} u$, weil dort kein Vorgang stattfindet. Auf S. 568 haben wir gezeigt, daß die Integration über das Unendliche nichts beiträgt, wenn kein Schirm vorhanden ist. Der Beitrag des Unendlichen kann durch den Schirm, der nur Licht wegnimmt, schwerlich erhöht werden. Wir brauchen also nur über die Öffnung der Kugel zu integrieren, wo u und $\operatorname{grad} u$ denselben Wert haben sollen, wie wenn kein Schirm da ist.

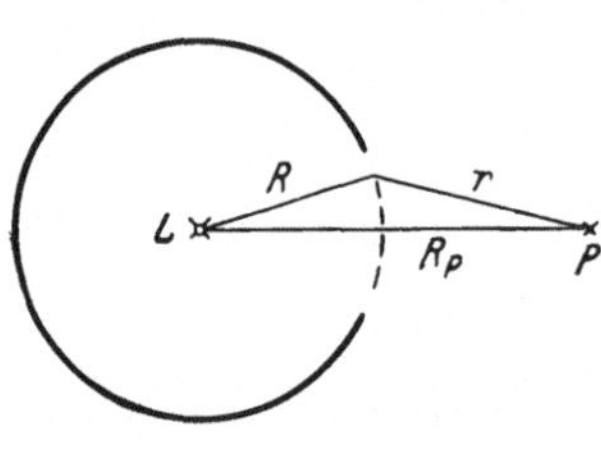

Abb. 227. Beugung an kreisförmiger Öffnung.

Der Lichtvorgang in P ist derselbe, wenn die Lichtquelle von der Kugel umgeben ist oder wenn der Schirm eine andere Gestalt hat, wenn nur die Öffnung die gleiche ist. Auch ein unendlich ausgedehnter ebener Schirm mit dieser Öffnung, welcher die Lichtquelle von P trennt, würde dieselben Dienste tun.

Indem wir bei der Berechnung genau wie auf S. 569 verfahren, erhalten wir

$$u_P = -\frac{i\pi B}{\lambda R_P} e^{\frac{2\pi i R}{\lambda}} \int_{R_P - R}^{r_z} e^{\frac{2\pi i r}{\lambda}} Q(r)\, dr. \tag{15}$$

r_z bedeutet den Abstand des Punktes P vom Rand der Öffnung.

Die Öffnung bestehe nun aus k vollständigen Zonen, während von der $(k+1)$-ten Zone nur ein Bruchteil vorhanden sei. Die vollständigen Zonen tragen zu u_P nach (14) den Anteil

$$\frac{B}{2B_P}(Q_0 - Q_k)\, e^{\frac{2\pi i R_P}{\lambda}} \tag{16}$$

bei, während die unvollständige Zone den Beitrag

$$\frac{B}{2R_P} e^{\frac{2\pi i R_P}{\lambda}} \left(Q_k - Q(r_z)\, e^{\frac{2\pi i (r_z - r_k)}{\lambda}}\right)$$

liefert. Wir können $Q(r_z) = Q_k$ setzen, weil Q sich nur langsam mit r verändert, und erhalten dann mit der Abkürzung

$$\begin{gathered} \Delta_z = \frac{2\pi(r_z - r_k)}{\lambda} \\ u_P = \frac{B}{2R_P} e^{\frac{2\pi i R_P}{\lambda}} \left(Q_0 - Q_k e^{i\Delta_z}\right). \end{gathered} \tag{17}$$

Wir betrachten zuerst kleine Öffnungen von nur wenigen Zonen. Dann können wir

$$Q_k = Q_0 = 2$$

setzen und erhalten

$$u_P = \frac{B}{R_P} e^{\frac{2\pi i R_P}{\lambda}} \left(1 - e^{i\Delta_z}\right). \tag{17a}$$

Die Lichtintensität ist proportional zu

$$\begin{aligned} u_P u_P^* &= \frac{B^2}{R_P^2}\left(1 - e^{i\Delta_z}\right)\left(1 - e^{-i\Delta_z}\right) \\ &= \frac{2B^2}{R_P^2}(1 - \cos\Delta_z). \end{aligned} \tag{18}$$

Hat die Öffnung die Größe einer halben Zone, so ist die Intensität viermal so groß wie ohne den Schirm. Erreicht die Öffnung gerade die Größe der ersten Zone, so verschwindet das Licht im Punkt P bis auf den kleinen Rest, der von dem Unterschied von Q_1 und Q_0 herrührt. Vergrößern wir die Öffnung weiter, so erzielen wir immer die größte Intensität, wenn gerade eine halbe Zone erreicht ist, und die kleinste bei vollen Zonen. Die Intensität ist bei größeren Öffnungen proportional zu

$$u_P u_P^* = \frac{B^2}{4 R_P^2}(Q_0^2 - 2 Q_0 Q_k \cos\Delta_z + Q_k^2), \tag{18a}$$

schwankt also zwischen den Werten

$$\frac{B^2}{4R_P^2}(Q_0 + Q_k)^2 \quad \text{und} \quad \frac{B^2}{4R_P^2}(Q_0 - Q_k)^2$$

hin und her. Mit wachsender Öffnung werden die Schwankungen kleiner, und man nähert sich allmählich der Intensität ohne Schirm.

Ersetzen wir die Öffnung durch einen Schirm von gleicher Größe, so ist von dem Integral

$$u_P = \frac{B}{R_P} e^{\frac{2\pi i R_P}{\lambda}}$$

über die ganze Kugel der Ausdruck (17) abzuziehen. Wir erhalten

$$u_P = \frac{B\,Q_k}{2R_P} e^{\frac{2\pi i R_P}{\lambda} + i\Delta_z}.$$

Die Intensität ist dann proportional

$$u_P u_P^* = \frac{B^2 Q_k^2}{4R_P^2}.$$

Solange der Schirm klein bleibt, ist Q_k nahezu 2, und der Schirm verursacht nur ein Phasenänderung. Mit wachsender Zonenzahl nimmt Q_k und damit auch die Intensität in der Mitte ab.

Alle diese Überlegungen beziehen sich nur auf den Punkt P auf der Linie Lichtquelle–Schirmmitte. In der Umgebung dieses Punktes beobachtet man abwechselnd helle und dunkle Kreise, die sich um so enger um den Punkt P drängen, je größer Schirm bzw. Öffnung sind.

Die Beobachtung bestätigt das Ergebnis der Rechnung, insbesondere auch, daß bei kleinem Schirm auf der Achse stets Licht hinterbleibt. Die Abb. 228 zeigt Reproduktionen der beobachteten Erscheinungen nach ARKADIEW.

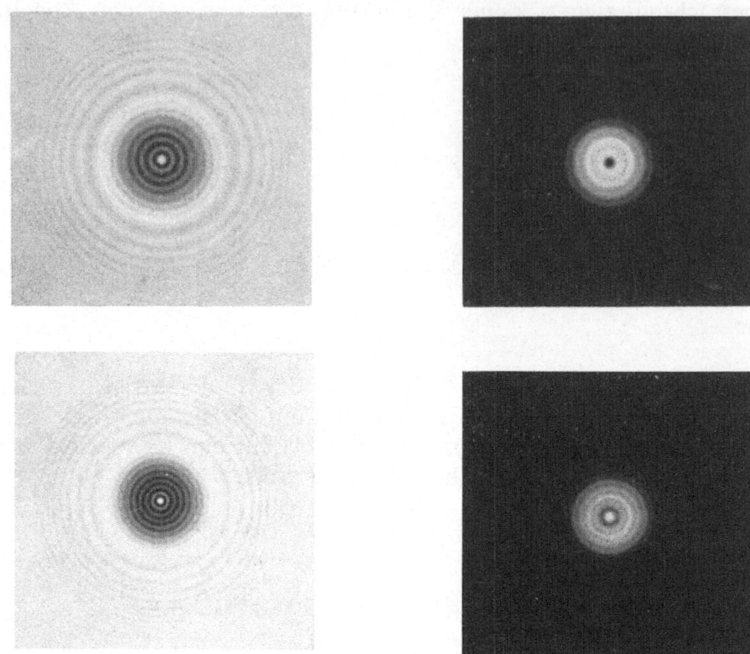

Abb. 228. Links Beugungsfigur einer Kreisscheibe, rechts Beugungsfigur einer gleich großen kreisförmigen Öffnung.

§ 2. Beugung an einer beliebigen Öffnung. Einteilung der Beugungserscheinungen.

Inhalt: Beugung an einer beliebigen Öffnung. Komplementäre Schirme. BABINETsches Prinzip. FRAUNHOFERsche und FRESNELsche Beugungserscheinungen. Kombination von Beugung und Brechung in optischen Systemen.

Bezeichnungen: $\mathfrak{R}$ Vektor von der Lichtquelle zum Schirm, $\mathfrak{r}$ vom Aufpunkt zum Schirm, R, r Beträge dieser Vektoren, $\mathfrak{R}^0$, $\mathfrak{r}^0$ ihre Richtungen, u Lichterregung (Lichtvektor), x, y, z Koordinaten des Aufpunktes, X, Y, Z Koordinaten der Lichtquelle, ξ, η Koordinaten auf dem Schirm, $\mathfrak{R}_0$ Vektor von der Lichtquelle zum Koordinatenanfang, $\mathfrak{r}_0$ vom Aufpunkt zum Koordinatenanfang, R_0 und r_0 Beträge dieser Vektoren.

Lichtquelle und Aufpunkt seien durch einen Schirm mit einer beliebigen Öffnung getrennt. In der Öffnung ist dann (s. Abb. 229)

$$u = \frac{B}{R}\, e^{\frac{2\pi i R}{\lambda}}\,; \qquad \operatorname{grad} u \approx \frac{2\pi i}{\lambda R}\, \mathfrak{R}^0 B\, e^{\frac{2\pi i R}{\lambda}}$$

$$\operatorname{grad}\left(\frac{1}{r}\, e^{\frac{2\pi i r}{\lambda}}\right) \approx \frac{2\pi i}{\lambda r}\, \mathfrak{r}^0\, e^{\frac{2\pi i r}{\lambda}}.$$

Auf der Rückseite des Schirmes ist überall

$$u = 0; \qquad \operatorname{grad} u = 0.$$

Durch Einsetzen in

$$u_P = \frac{1}{4\pi} \oint \frac{1}{r}\, e^{\frac{2\pi i r}{\lambda}} (\operatorname{grad} u\, d\mathfrak{f}) - \frac{1}{4\pi} \oint u \left(\operatorname{grad}\left\{\frac{1}{r}\, e^{\frac{2\pi i r}{\lambda}}\right\} d\mathfrak{f}\right)$$

erhalten wir

$$u_P = \frac{iB}{2\lambda}\oint \frac{1}{rR}\, e^{\frac{2\pi i(r+R)}{\lambda}} (\{\mathfrak{R}^0 - \mathfrak{r}^0\}\, d\mathfrak{f})$$

$$= \frac{iB}{2\lambda}\oint \frac{1}{rR}\, e^{\frac{2\pi i(r+R)}{\lambda}} (\mathfrak{n}^0\,\mathfrak{R}^0 - \mathfrak{n}^0\,\mathfrak{r}^0)\, df.$$

Die Integration ist über die Schirmöffnung zu erstrecken, und $\mathfrak{n}^0$ ist ein Einheitsvektor senkrecht zu ihren Flächenelementen.

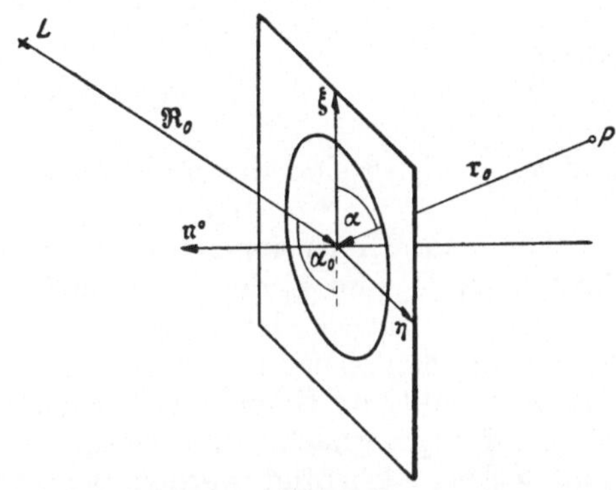

Abb. 229.
Beugung an einer ebenen Öffnung. Im Text bedeuten α und α_0 die Kosinus der in der Figur bezeichneten Winkel.

Dies wenden wir auf eine nicht zu große Öffnung in einem ebenen Schirm an. Die Schirmebene machen wir zur $\xi\eta$-Ebene eines Koordinatensystems und legen den Nullpunkt in einen geeigneten Punkt der Öffnung selbst. Der Exponentialfaktor ist eine schnell veränderliche Funktion von r und R, während $1/r\,R$ und $(\mathfrak{n}^0\,\mathfrak{R}^0 - \mathfrak{n}^0\,\mathfrak{r}^0)$ ihre Werte nur allmählich ändern. Wir werden sie deshalb als konstant ansehen und sie durch die Werte ersetzen, die sie im Koordinatenanfang annehmen. Sind X, Y, Z die Koordinaten der Lichtquelle, x, y, z die des Aufpunktes, so ist (s. Abb. 229)

$$\mathfrak{n}^0\,\mathfrak{R}^0 \approx \frac{Z}{R_0}; \qquad \mathfrak{n}^0\,\mathfrak{r}^0 \approx \frac{z}{r_0}, \tag{19}$$

wenn R_0 und r_0 die Abstände der Lichtquelle und des Aufpunktes vom Koordinatenursprung bedeuten. Hiermit erhalten wir

$$u_P = \frac{iB}{2\lambda r_0 R_0}\left(\frac{Z}{R_0} - \frac{z}{r_0}\right)\oint e^{\frac{2\pi i(r+R)}{\lambda}}\, df.$$

Bezeichnen wir die Punkte in der Öffnung durch die Koordinaten ξ, η, so ist

$$\begin{aligned} r &= \sqrt{(x-\xi)^2 + (y-\eta)^2 + z^2} \\ &= r_0 - \frac{x\xi + y\eta}{r_0} + \frac{\xi^2+\eta^2}{2r_0} - \frac{(\xi x + y\eta)^2}{2r_0^3} - \cdots \\ R &= \sqrt{(X-\xi)^2 + (Y-\eta)^2 + Z^2} \\ &= R_0 - \frac{X\xi + Y\eta}{R_0} + \frac{\xi^2+\eta^2}{2R_0} - \frac{(X\xi + Y\eta)^2}{2R_0^3} + \cdots \end{aligned} \tag{20}$$

und

$$u_P = \frac{iB}{2\lambda r_0 R_0}\left(\frac{Z}{R_0} - \frac{z}{r_0}\right) e^{\frac{2\pi i(r_0+R_0)}{\lambda}} \iint e^{\frac{2\pi i\Phi}{\lambda}}\, d\xi\, d\eta. \tag{21}$$

Φ ist eine Abkürzung für

$$\begin{aligned} \Phi &= \Phi_1 + \Phi_2 + \cdots \\ \Phi_1 &= -\frac{x\xi + y\eta}{r_0} - \frac{X\xi + Y\eta}{R_0} \\ \Phi_2 &= \frac{\xi^2+\eta^2}{2}\left(\frac{1}{r_0} + \frac{1}{R_0}\right) - \frac{(x\xi + y\eta)^2}{2r_0^3} - \frac{(X\xi + Y\eta)^2}{2R_0^3}. \end{aligned} \tag{22}$$

Setzen wir

$$\frac{X}{R_0} = -\alpha_0; \quad \frac{x}{r_0} = \alpha,$$
$$\frac{Y}{R_0} = -\beta_0; \quad \frac{y}{r_0} = \beta, \tag{23}$$
$$\frac{Z}{R_0} = -\gamma_0; \quad \frac{z}{r_0} = \gamma,$$

so ist

$$\Phi_1 = \xi(\alpha_0 - \alpha) + \eta(\beta_0 - \beta), \tag{24}$$

und α_0, α, β_0, β sind die Richtungskosinus von $\mathfrak{R}_0$ und $-\mathfrak{r}_0$ gegen die x- und y-Achse.

Wenn die Dimensionen der beugenden Öffnung klein sind gegenüber den Abständen R_0 und r_0 der Lichtquelle und des Aufpunktes von ihr, dann tritt Φ_2 gegen Φ_1 zurück. Ist Φ_2 klein gegen die Wellenlänge, so kann man sich auf Φ_1 beschränken. Dies ist unter anderem dann der Fall, wenn man Lichtquelle und Aufpunkt ins Unendliche rückt.

Kann Φ_2 vernachlässigt werden, so spricht man von FRAUNHOFERschen, muß Φ_2 berücksichtigt werden, von FRESNELschen Beugungserscheinungen.

Hier ist noch eine grundsätzliche Bemerkung zu machen. Wenn wir

$$\frac{1}{rR}(\mathfrak{n}^0 \mathfrak{R}^0 - \mathfrak{n}^0 \mathfrak{r}^0) = S$$

konstant setzen, hat das dieselben Folgen, wie wenn wir Q bei der Zonenkonstruktion auf einer Kugel um die Lichtquelle konstant setzen. Auch in einer beliebigen Öffnung können wir Zonen anlegen, in denen $r + R$ immer um λ wächst. Enthält die Öffnung nur wenige Zonen, so kann S konstant gesetzt werden, enthält sie aber viele Zonen, so entsteht ein Fehler, der sich mit der Zahl der Zonen immer mehr vergrößert. Gerade die vernachlässigten Anteile liefern bei großen Öffnungen das Wellenfeld der geometrischen Optik. Die Anteile, welche wir berücksichtigen, gleichen sich nämlich über eine volle Zone aus. Die Zonenkonstruktion hat jetzt allerdings wenig Nutzen, da sie nur für einen bestimmten Aufpunkt gilt. Trotzdem erkennen wir folgendes: Die Formel (21) ist das erste Glied eines Näherungsverfahrens und liefert die Beugungserscheinungen. Das nächste, hier vernachlässigte Glied würde die geometrische Optik ergeben. Aus (21) können wir die Lichtintensität nur finden, wenn S entweder zufällig wirklich konstant ist oder wenn die zweite Näherung (geometrische Optik) keinen wesentlichen Beitrag liefert. Das letztere trifft zu, wenn die Öffnung sehr klein ist und wenn der Aufpunkt außerhalb der Strahlenbündel liegt, die man in der Strahlenoptik konstruiert.

Zwei Beugungsschirme nennt man zueinander komplementär, wenn der eine gerade dort Öffnungen besitzt, wo der andere keine hat. Die Lichterregungen u_1 und u_2, welche zwei solche Schirme im Aufpunkt P ergeben, ergänzen sich gerade zu der Erregung u, die in P herrschen würde, wenn überhaupt kein Schirm vorhanden wäre. Ist P ein Punkt, an welchen nach den Gesetzen der Strahlenoptik kein Licht hinkommt, so ist $u = 0$ und $u_1 = -u_2$. Die von den komplementären Schirmen erzeugte Intensität ist dann dieselbe, da $u_1 u_1^* = u_2 u_2^*$ ist. Wird die Lichtquelle L durch ein optisches System auf einen Punkt L' abgebildet, so beobachtet man in allen Punkten, welche nicht in den abbildenden Bündeln liegen, dieselbe Beugung durch komplementäre Schirme. Dies gilt insbesondere für alle Punkte der Bildebene, den Bildpunkt selbst ausgenommen (BABINETsches Prinzip).

Die theoretische Behandlung der Beugungsphänomene wird komplizierter, wenn sie nicht für sich auftreten, sondern sich der Abbildung durch optische Systeme überlagern. Neben der Abbildung, die z. B. durch eine Linse vermittelt wird, muß man deshalb noch die Beugung untersuchen, welche durch den Rand der Linse hinzukommt. Bei einer dünnen Linse ist dies noch verhältnismäßig übersichtlich. Man kann die Linse als eine kreisförmige beugende Öffnung auffassen, welche in der Ebene ihrer zusammenfallenden Hauptebenen liegt und außerdem noch brechende Eigenschaften besitzt. Wir werden dieses Problem auf S. 590 durchrechnen. Liegt dagegen eine Blende im Strahlengang vor einer Linse, so muß man zunächst die Begung an ihr ermitteln. Danach muß man gewissermaßen die „Abbildung der Beugungserscheinung“ durch die Linse und die Beugung an der Linse selbst behandeln. Liegt eine Blende hinter der Linse, so muß man zuerst die Beugung an der Linse kontrollieren und dann noch die Beugung der von der Linse erzeugten Strahlenbündel an der Blende berücksichtigen. Handelt es sich um Beugung an kleinen Öffnungen (z. B. Spalten), so kann man die Beugung an Linsen oder anderen Elementen des optischen Gerätes vernachlässigen. Läßt man auf die beugende Öffnung parallele oder nahezu parallele Strahlenbündel auffallen und untersucht die Beugung in Aufpunkten, die von ihnen weit entfernt sind, so kann man mit der FRAUNHOFERschen Beugung auskommen. Außerdem hat man noch den Vorteil, daß dann

$$\mathfrak{n}^0\,\mathfrak{R}^0 - \mathfrak{n}^0\,\mathfrak{r}^0.$$

wirklich nahezu konstant wird.

Die praktische Ausführung einer Beugungsanordnung besteht meist darin, daß ein paralleles Lichtbündel durch eine Linse auf die beugende Öffnung geworfen wird, hinter der eine zweite Linse langer Brennweite steht. Die Beugungserscheinung beobachtet man in der Brennebene. Man berechnet nun das Beugungsbild, welches die Öffnung allein im Unendlichen erzeugt, und bildet es durch eine zweite Linse auf die Brennebene ab, ohne deren eigene Beugung zu berücksichtigen.

Eine solche Anordnung wird fast immer benutzt, wenn man an der Beugung selbst interessiert ist, diese also absichtlich erzeugt. Die beabsichtigten Beugungserscheinungen werden wir also fast immer auf den FRAUNHOFERschen Typ bringen können. Die unbeabsichtigten, aber unvermeidlichen Beugungsphänomene, die an Linsen und Blenden optischer Systeme auftreten, werden dagegen gewöhnlich vom FRESNELschen Typ sein.

§ 3. Die FRAUNHOFERsche Beugung an Rechteck, Spalt und Kreis.

Bezeichnungen: Rechteckige beugende Öffnung mit den Seiten $2a$ und $2b$ in der xy-Ebene. Koordinatenanfang in der Mitte, ξ, η kartesische, ϱ, φ Polarkoordinaten in der Öffnung, R_0, r_0 Abstände der Lichtquelle und des Aufpunktes vom Koordinatenursprung, α_0, β_0, γ_0 Richtungskosinus der Verbindungslinie Lichtquelle–Ursprung, α, β, γ Richtungskosinus Ursprung–Aufpunkt, X, Y, Z Koordinaten der Lichtquelle, x, y, z Koordinaten des Aufpunktes, x', y', z' Koordinaten seines Bildes, x_0', y_0', z_0' Koordinaten des Bildes der Lichtquelle, r_{00} Abstand eines Aufpunktes in der Linie Lichtquelle–Ursprung.

Die beugende Öffnung sei ein Rechteck von den Seitenlängen $2a$ und $2b$. Der Abstand der Lichtquelle von seinem Mittelpunkt sei R_0, der des Aufpunktes r_0. Beide Punkte seien sehr weit von der Öffnung entfernt. Nach den Ausführungen des vorigen Abschnittes können sich auf beiden Seiten der Öffnung Linsen befinden oder die Öffnung selbst kann eine dünne Linse sein, auf der eine Rechteckfläche ausgeblendet ist.

Wir beschränken uns auf Φ_1 und erhalten nach (21), (23) und (24)

$$u_P = \frac{-iB(\gamma_0+\gamma)}{2\lambda r_0 R_0} e^{\frac{2\pi i}{\lambda}(r_0+R_0)} \int_{-a}^{a} e^{\frac{2\pi i}{\lambda}(\alpha_0-\alpha)\xi} d\xi \int_{-b}^{b} e^{\frac{2\pi i}{\lambda}(\beta_0-\beta)\eta} d\eta$$

$$= \frac{-2iB(\gamma_0+\gamma)}{\lambda r_0 R_0} e^{\frac{2\pi i(r_0+R_0)}{\lambda}} \cdot \frac{\sin\left\{\frac{2\pi}{\lambda}(\alpha_0-\alpha)a\right\}}{\frac{2\pi(\alpha_0-\alpha)}{\lambda}} \cdot \frac{\sin\left\{\frac{2\pi}{\lambda}(\beta_0-\beta)b\right\}}{\frac{2\pi(\beta_0-\beta)}{\lambda}}. \tag{25}$$

Zuerst betrachten wir einen Aufpunkt, welcher auf der Verbindungslinie der Lichtquelle mit dem Mittelpunkt (Koordinatenanfang) des Rechtecks liegt. Sein Abstand vom Koordinatenursprung sei r_{00}. Dann ist

$$\gamma = \gamma_0; \quad \alpha = \alpha_0; \quad \beta = \beta_0,$$

und wir finden die Lichterregung

$$u_0 = -\frac{4iB\gamma_0}{\lambda r_{00} R_0} e^{\frac{2\pi i(r_{00}+R_0)}{\lambda}} ab.$$

Die Intensität I_0 in diesem Punkt ist proportional zu

$$u_0 u_0^* = \frac{16B^2\gamma_0^2}{\lambda^2 r_{00}^2 R_0^2} a^2 b^2.$$

In einem Nachbarpunkt P ist die Intensität I proportional zu

$$u_P u_P^* = \frac{4B^2(\gamma_0+\gamma)^2 a^2 b^2}{\lambda^2 r_0^2 R_0^2} \left\{ \frac{\sin\left[\frac{2\pi}{\lambda}(\alpha_0-\alpha)a\right]}{\frac{2\pi(\alpha_0-\alpha)}{\lambda}a} \cdot \frac{\sin\left[\frac{2\pi}{\lambda}(\beta_0-\beta)b\right]}{\frac{2\pi(\beta_0-\beta)}{\lambda}b} \right\}^2.$$

Setzen wir zur Abkürzung vorübergehend

$$v = \frac{2\pi}{\lambda}(\alpha_0-\alpha)a; \quad w = \frac{2\pi}{\lambda}(\beta_0-\beta)b, \tag{26}$$

so finden wir das Intensitätsverhältnis

$$\frac{I}{I_0} = \left\{ \frac{(\gamma_0+\gamma)r_{00}}{2\gamma_0 r_0} \cdot \frac{\sin v}{v} \cdot \frac{\sin w}{w} \right\}^2. \tag{27}$$

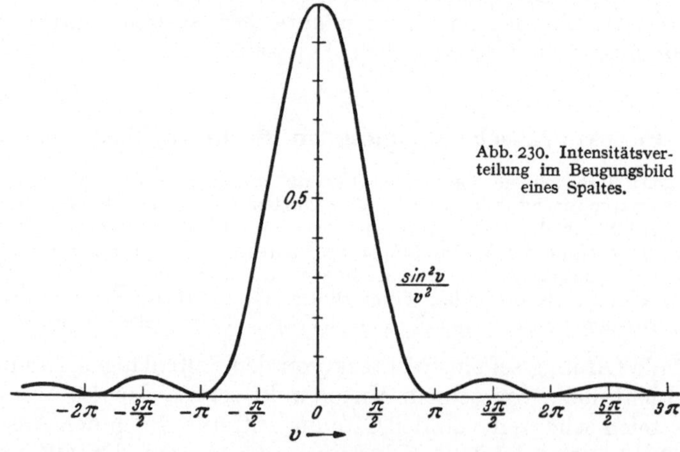

Abb. 230. Intensitätsverteilung im Beugungsbild eines Spaltes.

Das Intensitätsverhältnis hängt hauptsächlich von $\sin v/v$ und $\sin w/w$ ab. Die Funktion $\sin^2 v/v^2$ ist in Abb. 230 gegen v aufgetragen. Sie besitzt ein Hauptmaximum an der Stelle $v = 0$ und Nullstellen für die Werte $v = m\pi$. Die Intensität verschwindet also in Richtungen, für welche

$$\alpha_0 - \alpha = \frac{m\lambda}{2a}; \qquad \beta_0 - \beta = \frac{n\lambda}{2b} \tag{28}$$

gilt. Zwischen den Nullstellen liegen Nebenmaxima v_1, v_2 usw. Durch Differenzieren von $\sin v/v$ finden wir für sie die Bedingung

$$\operatorname{tg} v = v$$

und

$$v_1 = 1{,}430\pi; \quad v_2 = 2{,}459\pi; \quad v_3 = 3{,}470\pi; \quad v_4 = 4{,}479\pi.$$

Diese Maxima liegen nahe bei $\frac{3}{2}\pi$, $\frac{5}{2}\pi$ usw. und haben die Höhen

$$\left(\frac{\sin v}{v}\right)^2 = \frac{1}{1+v^2},$$

deren Zahlenwerte nachstehend verzeichnet sind

v	$1{,}430\pi$	$2{,}459\pi$	$3{,}470\pi$	$4{,}479\pi$	
$\left(\frac{\sin v}{v}\right)^2$	0,047	0,017	0,008	0,005	usw.

Wenn die Dimensionen a und b der beugenden Öffnung groß gegen die Wellenlänge sind und wenn man nicht allzu viele Nebenmaxima berücksichtigen will, was bei deren abnehmender Intensität nicht nötig ist, kann man

$$\gamma \approx \gamma_0$$

und $r_0 \approx r_{00}$ setzen, ohne einen großen Fehler zu machen. Dann erhält man einfach

$$\frac{I}{I_0} \approx \left(\frac{\sin v}{v} \cdot \frac{\sin w}{w}\right)^2. \tag{27a}$$

Jetzt setzen wir eine Linse dicht hinter die beugende Öffnung. Das Beugungsbild, welches bisher im Unendlichen lag und durch Richtungen beschrieben war, wird damit in die Brennebene der Linse abgebildet. Hat diese den Abstand z' von der Linse und bezeichnen wir die Koordinaten in ihr mit x' und y', die Koordinaten des Bildes L' der Lichtquelle mit x_0' und y_0', so ist (s. Abb. 231)

$$\frac{x'}{r_0'} = \alpha; \qquad \frac{x_0'}{r_{00}'} = \alpha_0; \qquad \frac{y'}{r_0'} = \beta; \qquad \frac{y_0'}{r_{00}'} = \beta_0.$$

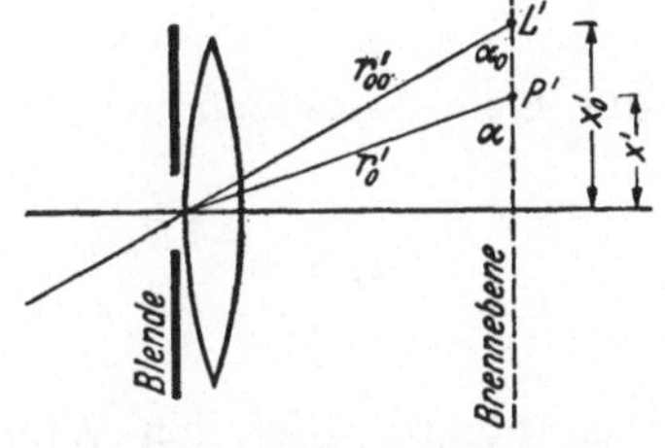

Abb. 231. Das Beugungsbild einer Blende wird aus dem Unendlichen in die Brennebene einer Linse verlegt.

Da sich α und α_0, β und β_0 wenig unterscheiden, sind auch r_0' und r_{00}' ähnlich, und wir können

$$\alpha_0 - \alpha = \frac{x_0' - x'}{r_{00}'}; \qquad \beta_0 - \beta = \frac{y_0' - y'}{r_{00}'} \tag{28a}$$

setzen, solange die Strahlen nicht zu stark gegen die optische Achse geneigt sind.

Das Beugungsbild der punktförmigen Lichtquelle zeigt ein Hauptintensitätsmaximum im geometrischen Bildpunkt. Kein Licht kommt nach (28) auf die Geraden

$$x_0' - x' = \frac{m\lambda r_{00}'}{2a}; \qquad y_0' - y' = \frac{n\lambda r_{00}'}{2b}.$$

Die Beugungsfigur wird also von zwei aufeinander senkrechten Scharen paralleler und äquidistanter dunkler Streifen durchzogen. Um das geometrische Bild der Lichtquelle gruppieren sich mit abnehmender Intensität eine Anzahl Beugungsbilder. Sie liegen um so weiter auseinander, je kleiner die beugende Öffnung ist. Bei einem gestreckten Rechteck folgen in der Längsrichtung die Beugungsbilder rasch aufeinander, während sie in der Querrichtung weiter getrennt sind (s. Abb. 232).

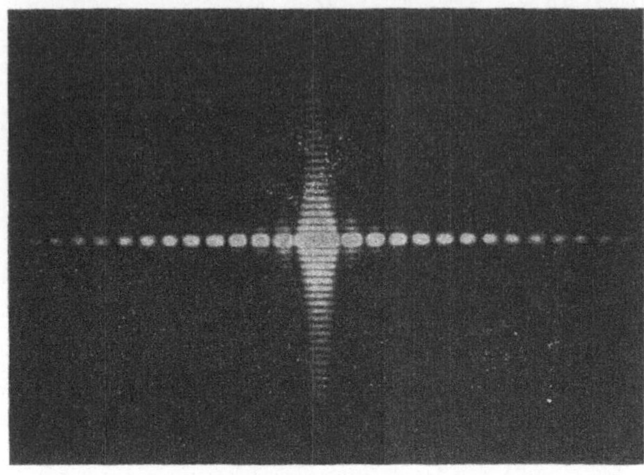

Abb. 232. Beugungsbild eines Rechtecks (aufrecht stehender Spalt).

Unter einem Spalt verstehen wir eine rechteckige Öffnung, deren eine Seite sehr klein (10^{-1} bis 10^{-3} cm) ist, während die andere Seite sehr viel größer ist. Von einer punktförmigen Lichtquelle entwirft der Spalt ein Beugungsbild, welches in der Richtung senkrecht zu ihm weit getrennte Beugungsmaxima zeigt, während in der Richtung parallel zum Spalt Maxima äußerst nahe an den Bildpunkt heranrücken und von ihm kaum unterschieden werden können. Da die Lichtquelle immer eine gewisse Ausdehnung besitzt, verwischen die Beugungsbilder parallel zum Spalt völlig, und es bleiben nur die Beugungsphänomene senkrecht zu ihm beobachtbar.

Um die Beugung an einer kreisförmigen Öffnung vom Radius a zu berechnen, setzen wir

$$\xi = \varrho \cos\varphi; \qquad \eta = \varrho \sin\varphi; \qquad \alpha_0 - \alpha = s\cos\vartheta; \qquad \beta_0 = \beta = s \sin\vartheta,$$

erhalten aus (24)

$$\Phi_1 = s\,\varrho \cos(\vartheta - \varphi)$$

und beim Einsetzen in (21) analog zu (25)

$$u_P = \frac{-i\,B(\gamma_0+\gamma)}{2\lambda r_0 R_0}\, e^{\frac{2\pi i}{\lambda}(r_0+R_0)} \int\limits_0^a \int\limits_0^{2\pi} e^{\frac{2\pi i}{\lambda}\varrho s \cos(\varphi-\vartheta)}\,\varrho\, d\varrho\, d\varphi. \qquad (29)$$

Das Integral über den Winkel φ kann auf die BESSELsche Funktion zurückgeführt werden. Es ist nämlich

$$\frac{1}{2\pi}\int\limits_0^{2\pi} e^{i x \cos\varphi}\, d\varphi = J_0(x),$$

und wir erhalten

$$\int\limits_0^{2\pi} e^{\frac{2\pi i}{\lambda}\varrho s \cos(\varphi-\vartheta)}\, d\varphi = \int\limits_0^{2\pi} e^{\frac{2\pi i}{\lambda}\varrho s \cos\varphi}\, d\varphi = 2\pi J_0\left(\frac{2\pi\varrho s}{\lambda}\right).$$

Auch die zweite Integration kann ausgeführt werden, wenn man

$$\int_0^x J_0(x)\, x\, dx = x\, J_1(x)$$

berücksichtigt. Wir erhalten dann

$$2\pi \int_0^a J_0\left(\frac{2\pi\varrho s}{\lambda}\right) \varrho\, d\varrho = \frac{a\lambda}{s} J_1\left(\frac{2\pi a s}{\lambda}\right).$$

Die Intensität I ist jetzt proportional

$$u_P u_P^* = \frac{B^2(\gamma+\gamma_0)^2 a^2}{4 r_0^2 R_0^2 s^2} \left\{J_1\left(\frac{2\pi a s}{\lambda}\right)\right\}^2.$$

In einem Punkte, der auf der Verbindungslinie der Lichtquelle mit dem Mittelpunkt der Öffnung liegt, ist die Intensität I_0 zu

$$\frac{B^2 \gamma_0^2 a^2}{r_{00}^2 R_0^2} \lim_{s=0} \left\{\frac{J_1\left(\frac{2\pi}{\lambda} a s\right)}{s}\right\}^2 = \frac{B^2 \gamma_0^2 a^4 \pi^2}{r_{00}^2 R_0^2 \lambda^2}$$

proportional. Für das Verhältnis I/I_0 ergibt dies

$$\frac{I}{I_0} = \left\{\frac{(\gamma+\gamma_0)\, r_{00}}{\gamma_0 r_0} \cdot \frac{J_1\left(\frac{2\pi a s}{\lambda}\right)}{\frac{2\pi a s}{\lambda}}\right\}^2. \tag{30}$$

Wir verlegen jetzt das Beugungsbild wieder in die Brennebene einer Linse und setzen wie auf S. 577

$$s \cos\vartheta = \alpha_0 - \alpha = \frac{x_0' - x'}{r_{00}'}$$

$$s \sin\vartheta = \beta_0 - \beta = \frac{y_0' - y'}{r_{00}'}.$$

Hieraus ergibt sich auch die Bedeutung der oben angeführten Größen s und ϑ. Zu einem bestimmten Wert s gehört ein Kreis mit dem Radius $s\, r_{00}'$ um den geometrischen Bildpunkt der Lichtquelle, wenn r_{00}' wieder den Abstand des Bildes von der Linse angibt. Die Intensität der Beugungsfigur hat natürlich ein Hauptmaximum im Bildpunkt und verschwindet an den Nullstellen der BESSELschen Funktion J_1, d. h. auf Kreisen um den Bildpunkt. Zwischen diesen Stellen liegen Nebenmaxima erster, zweiter, dritter usw. Ordnung, deren Lage und Werte in der nachstehenden Tabelle verzeichnet sind.

$$s_1 = 0{,}815\frac{\lambda}{a};\quad s_2 = 1{,}32\frac{\lambda}{a};\quad s_3 = 1{,}85\frac{\lambda}{a};\quad s_4 = 2{,}35\frac{\lambda}{a}$$

$$\frac{I_1}{I_0} = 0{,}0175;\quad \frac{I_2}{I_0} = 0{,}00415;\quad \frac{I_3}{I_0} = 0{,}0016;\quad \frac{I_4}{I_0} = 0{,}00078.$$

Das Beugungsbild besteht aus Ringen abnehmender Intensität, die das Bild der Lichtquelle umgeben. Ihr Abstand ist um so größer, je größer die Wellenlänge λ und der Abstand r_{00}' von der Linse und je kleiner der Radius a der beugenden Öffnung ist.

§ 4. Beugung am Gitter.

Inhalt: Ein Strichgitter liefert ein Beugungsbild in der Brennebene einer Linse, das aus schmalen Linien besteht, welche als nullte, erste, zweite usw. Ordnung bezeichnet werden. Jede Linie ist beiderseits von schwachen Nebenlinien umgeben, welche der Hauptlinie um so näher liegen, je größer die Strichzahl N und die Ordnung n ist. Der Abstand der Hauptlinien wächst mit der Wellenlänge und mit abnehmendem Strichabstand. Die Zahl der beobachtbaren Ordnungen ist beschränkt, und um so kleiner, je kleiner der Strichabstand und je größer die Wellenlänge ist. Spektrale Zerlegung durch das Gitter. Auflösungsvermögen. Einfluß der Furchenform.

Bezeichnungen: $\mathfrak{s}^0$ Richtung des einfallenden, $\mathfrak{s}$ Richtung des gebeugten Lichtes, $\alpha_0, \beta_0, \gamma_0, \alpha, \beta, \gamma$ zugehörige Richtungskosinus, $\mathfrak{R}$ Ortsvektor der einfallenden Lichtwelle, r Abstand des Aufpunktes von den Gitterpunkten, r_0 von der Gittermitte (Koordinatenanfang), ξ, η Koordinaten in der Gitterfläche, d Strichabstand, l Strichlänge, N Strichzahl, λ Wellenlänge, n Ordnung, A Auflösungsvermögen.

Als Beugungsgitter verwendet man ein Flächenstück, in welches in sehr engen regelmäßigen Abständen Striche (Furchen) eingeritzt sind. Die Zahl der Striche sei N. Die Fläche selbst kann durchsichtig oder reflektierend, eben oder sphärisch gekrümmt sein. Auf ein ebenes Gitter, auch Plangitter genannt, läßt man paralleles oder nahezu paralleles Licht auffallen, das durch eine Linse erzeugt wird, und verlegt mit einer zweiten Linse das im Unendlichen entstehende Beugungsbild in deren Brennebene. Ein gekrümmtes Gitter (Konkavgitter) bewirkt außer der Beugung auch noch eine Abbildung, und man kann eine Lichtquelle in großem, aber endlichem Abstand ohne jede Linse verwenden. Wir beschränken uns hier auf die Theorie eines durchsichtigen Plangitters und verweisen für die Behandlung der reflektierenden und der Konkavgitter auf das Handbuch der Spektroskopie von KAYSER und KONEN.

Die Wirkung der Striche oder Furchen auf der Gitterfläche besteht darin, daß die Durchlässigkeit bzw. das Reflexionsvermögen verändert wird. Innerhalb einer Furche sind diese Größen eine zunächst unbekannte Funktion des Ortes, die von der Form der Striche und der Art ihrer Herstellung stark abhängt. Legen wir die η-Richtung parallel zu den Strichen, die ξ-Richtung senkrecht zu ihnen, so dürfen wir annehmen, daß die Durchlässigkeit in jeder Furche nur von ξ abhängt und sich bei jeder neuen Furche wiederholt. Ein Gitter, das diese Bedingungen nicht erfüllt, ist unbrauchbar.

Lassen wir das Strahlenbündel der Richtung

$$\mathfrak{s}^0 = \mathfrak{i}\,\alpha_0 + \mathfrak{j}\,\beta_0 + \mathfrak{k}\,\gamma_0 \tag{31}$$

auf die Gitterfläche fallen, so ist dort die ankommende Lichterregung gleich

$$u_1 = C\, e^{\frac{2\pi i (\mathfrak{R}\mathfrak{s}^0)}{\lambda}}.$$

Die von der Gitterfläche durchgelassene Lichterregung ist hingegen

$$u = C\, f(\xi)\, e^{\frac{2\pi i (\mathfrak{R}\mathfrak{s}^0)}{\lambda}} = C\, f(\xi)\, e^{\frac{2\pi i}{\lambda}(\alpha_0 \xi + \beta_0 \eta)}, \tag{32}$$

wo $f(\xi)$ eine periodische Funktion von ξ mit der Periode des Gitterstrichabstandes d ist. Es gilt für sie

$$f(\xi + d) = f(\xi). \tag{33}$$

Von $\operatorname{grad} u$ brauchen wir nur die Komponente senkrecht zur Gitterfläche, um

$$(\operatorname{grad} u\, d\mathfrak{f}) = \frac{2\pi i}{\lambda}\, u\, (\mathfrak{s}^0\, d\mathfrak{f}) = -\frac{2\pi i}{\lambda}\, u\, \gamma_0\, d\xi\, d\eta$$

zu bilden, und damit in die Formel (9) von S. 567 der KIRCHHOFFschen Beugungstheorie einzugehen. Wie früher setzen wir für entfernte Aufpunkte

$$\left(\operatorname{grad}\left(\frac{1}{r}e^{\frac{2\pi i r}{\lambda}}\right)d\mathfrak{f}\right) = (-\mathfrak{s}\,d\mathfrak{j})\left(\frac{2\pi i}{\lambda r} - \frac{1}{r^2}\right)e^{\frac{2\pi i r}{\lambda}} \approx \frac{2\pi i}{\lambda r}e^{\frac{2\pi i r}{\lambda}}\gamma\, d\xi\, d\eta.$$

Die Richtung vom Gitter zum Aufpunkt ist dabei durch den Einheitsvektor

$$\mathfrak{s} = \mathfrak{i}\alpha + \mathfrak{j}\beta + \mathfrak{k}\gamma \tag{34}$$

angegeben. Es ergibt sich dann

$$u_P = \frac{-i}{2\lambda}\iint \frac{u}{r}e^{\frac{2\pi i r}{\lambda}}(\gamma + \gamma_0)\, d\xi\, d\eta.$$

Die Integration ist über die ganze Gitterfläche auszuführen. Wir können für genügend entfernte Aufpunkte $\gamma + \gamma_0$ und $1/r \approx 1/r_0$ vor das Integral ziehen, um

$$u_P = -\frac{i(\gamma+\gamma_0)}{2\lambda r_0}\iint u\, e^{\frac{2\pi i r}{\lambda}}\, d\xi\, d\eta$$

zu erhalten. Setzen wir jetzt für u seinen Wert (32) ein und verwenden für r die Näherungsformeln (20) von S. 573

$$r = r_0 - \frac{x\xi + y\eta}{r_0} = r_0 - \xi\alpha - \eta\beta,$$

so finden wir

$$u_P = -\frac{iC(\gamma+\gamma_0)}{2\lambda r_0}e^{\frac{2\pi i r_0}{\lambda}}\iint f(\xi)\, e^{\frac{2\pi i}{\lambda}\{\xi(\alpha_0-\alpha)+\eta(\beta_0-\beta)\}}\, d\xi\, d\eta. \tag{35}$$

Die Integration über η kann sofort ausgeführt werden. Ist $\beta \neq \beta_0$, so erhalten wir

$$\int_{-\frac{l}{2}}^{+\frac{l}{2}} e^{\frac{2\pi i}{\lambda}\eta(\beta_0-\beta)}\, d\eta = \frac{\lambda}{\pi(\beta_0-\beta)}\sin\frac{\pi l}{\lambda}(\beta_0-\beta),$$

während das Integral für $\beta = \beta_0$ die Länge der Gitterstriche l ergibt. Hieraus erkennen wir, daß eine nennenswerte Intensität nur erzielt wird, wenn $\beta = \beta_0$ ist, da ja die Wellenlänge sehr klein gegenüber der Länge der Gitterstriche ist.

Für $\beta = \beta_0$ haben wir

$$u_P = -\frac{iCl(\gamma+\gamma_0)}{2\lambda r_0}e^{\frac{2\pi i r_0}{\lambda}}\int f(\xi)\, e^{\frac{2\pi i}{\lambda}\xi(\alpha_0-\alpha)}\, d\xi.$$

Die Integration über ξ führen wir zunächst über die k-te Furche aus, indem wir

$$\xi = (k+\sigma)\, d; \qquad d\xi = d\sigma\, d$$

setzen, und erhalten als Beitrag dieser Furche

$$\begin{aligned} d\int_0^1 f(kd+\sigma d)\, e^{\frac{2\pi i}{\lambda}(kd+\sigma d)(\alpha_0-\alpha)}\, d\sigma &= d\, e^{\frac{2\pi i}{\lambda}kd(\alpha_0-\alpha)}\int_0^1 f(\sigma d)\, e^{\frac{2\pi i}{\lambda}\sigma d(\alpha_0-\alpha)}\, d\sigma \\ &= d\, e^{\frac{2\pi i}{\lambda}kd(\alpha_0-\alpha)}\, S(\alpha, \alpha_0). \end{aligned} \tag{35a}$$

S ist eine Größe, die für jede Furche denselben Wert hat und von der Furchenform $f(\xi)$ und von den Winkeln α und α_0 abhängt. Über sie kann also nichts weiter ausgesagt werden, ohne die Furchenform zu kennen. Für die Lichterregung im Punkte P erhalten wir endlich

$$u_P = -\frac{i\,C\,l(\gamma+\gamma_0)\,d}{2\lambda\,r_0}\,S(\alpha,\alpha_0)\,e^{\frac{2\pi i r_0}{\lambda}}\sum_{0}^{N-1}{}_k\, e^{\frac{2\pi i}{\lambda}k\,d(\alpha_0-\alpha)}. \tag{35b}$$

Für die ursprüngliche Strahlrichtung ($\alpha = \alpha_0$) folgt daraus

$$u_0 = -\frac{i\,C\,l\,\gamma_0\,d}{\lambda\,r_0}\,N\,S(\alpha_0,\alpha_0)\,e^{\frac{2\pi i r_0}{\lambda}} = -\frac{i\,C\,\gamma_0\,F}{\lambda\,r_0}\,S(\alpha_0,\alpha_0)\,e^{\frac{2\pi i r_0}{\lambda}},$$

wo $F = N\,l\,d$ die gesamte Gitterfläche ist. Die Intensität in dieser Richtung ist proportional zu

$$u_0\,u_0^* = \frac{C^2\,\gamma_0^2\,F^2}{\lambda^2\,r_0^2}\,|S|^2.$$

Für beliebige Punkte geht (35b) dann in

$$u_P = u_0\,\frac{(\gamma+\gamma_0)\,S(\alpha,\alpha_0)}{2\gamma_0\,S(\alpha_0,\alpha_0)\,N}\sum_{0}^{N-1}{}_k\, e^{\frac{2\pi i}{\lambda}k\,d(\alpha_0-\alpha)}$$

$$= u_0\,\frac{(\gamma+\gamma_0)\,S(\alpha,\alpha_0)}{2\gamma_0\,S(\alpha_0,\alpha_0)\,N}\cdot\frac{1-e^{\frac{2\pi i N d}{\lambda}(\alpha_0-\alpha)}}{1-e^{\frac{2\pi i d}{\lambda}(\alpha_0-\alpha)}}$$

über. Dies liefert das Intensitätsverhältnis

$$\frac{I}{I_0} = \frac{u_P\,u_P^*}{u_0\,u_0^*} = \left\{\frac{(\gamma+\gamma_0)\,|S(\alpha,\alpha_0)|}{2\gamma_0\,|S(\alpha_0,\alpha_0)|}\right\}^2 \frac{1-\cos\frac{2\pi N d}{\lambda}(\alpha_0-\alpha)}{N^2\left(1-\cos\frac{2\pi d}{\lambda}(\alpha_0-\alpha)\right)}$$

$$= \left\{\frac{(\gamma+\gamma_0)\,|S(\alpha,\alpha_0)|}{2\gamma_0\,|S(\alpha_0,\alpha_0)|}\right\}^2 \left\{\frac{\sin\frac{\pi N d}{\lambda}(\alpha_0-\alpha)}{N\sin\frac{\pi d}{\lambda}(\alpha_0-\alpha)}\right\}^2. \tag{36}$$

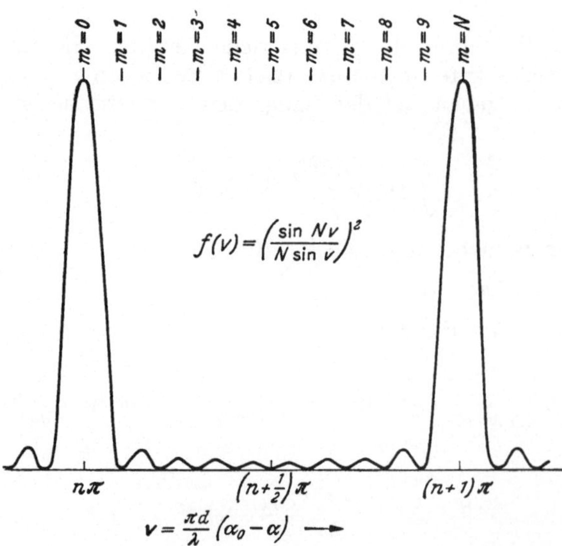

Abb. 233. Intensitätsverteilung bei der Beugung an einem Gitter mit zehn Strichen.

Setzen wir vorübergehend zur Abkürzung

$$\frac{\pi d}{\lambda}(\alpha_0-\alpha) = v$$

und sehen fürs erste davon ab, daß sich γ und S etwas mit α verändern, so erhalten wir

$$\frac{I}{I_0} = \left(\frac{\sin N v}{N\sin v}\right)^2. \tag{36a}$$

Den Verlauf der Funktion

$$f(v) = \left(\frac{\sin N v}{N\sin v}\right)^2$$

kann man leicht überblicken (s. Abb. 233). Der Nenner verschwindet, wenn v ein ganzes Vielfaches von π ist. An diesen Stellen wird aber auch der Zähler Null, und man kann sich leicht davon überzeugen, daß $f(v)$ den Wert 1 annimmt. Für wesentlich andere Werte von v wird der Nenner groß, und zwar um so größer, je größer die Zahl der Gitterstriche N auf der Gitterfläche ist. Da der Zähler den Wert 1 nicht überschreiten kann, hat also $f(v)$ nur in der Umgebung der Vielfachen von π von Null wesentlich verschiedene Werte. Diese Stellen sind die Hauptmaxima der Funktion $f(v)$. Zwischen je zwei Hauptmaxima fallen Nullstellen von f, wenn

$$v = \frac{\pi d}{\lambda}(\alpha_0 - \alpha) = \left(n + \frac{m}{N}\right)\pi \tag{37}$$

ist, wo m eine ganze Zahl zwischen 0 und N bedeutet, Zwischen den Nullstellen liegen niedrige Nebenmaxima, für die sich aus

$$\frac{df}{dv} = 0$$

die Bedingung

$$N \operatorname{tg} v = \operatorname{tg}(N v) \tag{38}$$

errechnet.

Vom Beugungsgitter geht nennenswerte Intensität nur in Richtungen aus, die dem Gesetz

$$\alpha_0 - \alpha = \pm \frac{n\lambda}{d} \tag{39}$$

folgen. n wird als die Ordnung des Beugungsbildes bezeichnet. Für $n = 0$ erhalten wir ein paralleles Bündel, welches das Gitter in der ursprünglichen Richtung durchsetzt, für $n = \pm 1$ zwei Bündel erster Ordnung zu beiden Seiten des Bündels nullter Ordnung. Hieran schließen sich nach beiden Seiten die Bündel höherer Ordnung an. Da $\alpha_0 - \alpha$ bei gegebenem α_0 den Wert $\alpha_0 + 1$ und bei beliebigem α_0 den Wert 2 nicht überschreiten kann, ist die Zahl der an einem Gitter erreichbaren Ordnungen durch die Beziehungen

$$n \leqq \frac{d}{\lambda}(\alpha_0 + 1) \tag{40}$$

bzw.

$$n \leqq \frac{2d}{\lambda} \tag{40a}$$

beschränkt. Läßt man das Licht senkrecht auf ein Gitter fallen, so ist $\alpha_0 = 0$, und um wenigstens noch die erste Ordnung zu bekommen, muß $d > \lambda$ sein. Wird $d < \lambda/2$, so kann man auch bei beliebigem Einfall kein Beugungsbild mehr erhalten.

Fällt paralleles Licht verschiedener Wellenlängen auf ein Gitter, so wird es spektral zerlegt. Von dem Gitter gehen parallele Bündel der einzelnen Wellenlängen in verschiedene Richtungen aus. Liegen zwei Wellenlängen λ und $\lambda' = \lambda + \Delta\lambda$ fast beisammen, so ist der Richtungsunterschied

$$\Delta\alpha = \frac{n}{d}\Delta\lambda$$

für die Hauptmaxima nur klein. Fällt das Hauptmaximum der einen Wellenlänge auf die erste Nullstelle der anderen, so können die Richtungen noch mit Sicherheit getrennt werden. Fallen die Hauptmaxima noch enger zusammen, so wird die Trennung fraglich. Die Trennfähigkeit des Gitters für benachbarte Wellenlängen, sein sogenanntes Auflösungsvermögen, ist hierdurch bestimmt. Für das Hauptmaximum n-ter Ordnung der Wellenlänge $\lambda + \Delta\lambda$ gilt

$$\alpha_0 - \alpha = \frac{n(\lambda + \Delta\lambda)}{d},$$

für die erste Nullstelle der Wellenlänge λ muß

$$\alpha_0 - \alpha = \frac{\lambda}{d}\left(n + \frac{1}{N}\right)$$

erfüllt sein. Soll das Hauptmaximum auf die Nullstelle fallen, so muß

$$A = \frac{\lambda}{\Delta\lambda} = n\,N \tag{41}$$

sein. A nennt man das Auflösungsvermögen des Gitters. Es ist proportional zur Ordnung und zur Zahl der auf dem Gitter befindlichen Striche, hängt aber nicht vom Gitterabstand d ab.

Nun studieren wir noch den Einfluß der Furchenfunktion $f(\xi)$, indem wir den Faktor $S(\alpha, \alpha_0)$ berechnen. Dabei beschränken wir uns auf die einfache Annahme, daß jede Furche aus einem durchsichtigen Streifen von der Breite $\sigma_0\, d$ bestehe, während der Rest von der Breite $(1 - \sigma_0)\, d$ undurchlässig sei. Dann ist

$$f(\sigma d) = 1 \quad \text{für} \quad 0 < \sigma < \sigma_0$$
$$f(\sigma d) = 0 \quad \text{für} \quad \sigma_0 < \sigma < 1,$$

und wir erhalten

$$S = \int\limits_0^{\sigma_0} e^{\frac{2\pi i}{\lambda}\sigma d(\alpha_0 - \alpha)}\, d\sigma = \frac{\lambda}{2\pi i\, d(\alpha_0 - \alpha)}\left(e^{\frac{2\pi i\,\sigma_0 d}{\lambda}(\alpha_0 - \alpha)} - 1\right).$$

Daraus ergibt sich

$$|S(\alpha, \alpha_0)|^2 = \frac{\lambda^2\left\{1 - \cos\frac{2\pi\,\sigma_0\, d}{\lambda}(\alpha_0 - \alpha)\right\}}{2\pi^2 d^2(\alpha_0 - \alpha)^2} = \frac{\lambda^2 \sin^2\frac{\pi\,\sigma_0\, d}{\lambda}(\alpha_0 - \alpha)}{\pi^2 d^2(\alpha_0 - \alpha)^2}.$$

Führen wir die Ordnung

$$n = \frac{d}{\lambda}(\alpha_0 - \alpha)$$

ein, so geht dies in

$$|S(\alpha, \alpha_0)|^2 = \left(\frac{\sin \pi\,\sigma_0\, n}{\pi\, n}\right)^2$$

über. Für die nullte Ordnung erhalten wir

$$|S(\alpha_0, \alpha_0)|^2 = \sigma_0^2$$

und daraus das Verhältnis

$$\left|\frac{S(\alpha, \alpha_0)}{S(\alpha_0, \alpha_0)}\right|^2 = \left(\frac{\sin \pi\,\sigma_0\, n}{\pi\,\sigma_0\, n}\right)^2. \tag{42}$$

Ist beispielsweise $\sigma_0 = \frac{1}{2}$, so fehlen die geraden Ordnungen im Spektrum, ist $\sigma_0 = \frac{1}{3}$, so fehlt jede dritte Ordnung. Durch geeignete Furchenform können bestimmte Ordnungen unterdrückt oder hervorgehoben werden. Bei der Herstellung von Gittern beherrscht man die Furchenform allerdings nicht genug, um Gitter mit vorgegebenen Eigenschaften ritzen zu können.

§ 5. Flächengitter, Kreuzgitter.

Bezeichnungen: In sinngemäßer Verallgemeinerung von S. 580.

Ein Flächengitter ist eine Fläche, deren Durchlässigkeit oder Reflexionsvermögen eine doppelt periodische Funktion des Ortes ist. Alle Überlegungen können ganz analog wie beim Strichgitter gemacht werden, nur muß die ganze Gitterfläche jetzt in Elementarparallelogramme eingeteilt werden, statt in

Furchen. Ein Elementarparallelogramm sei durch die Vektoren $\mathfrak{e}_1$ und $\mathfrak{e}_2$ gebildet.

An Stelle von (35) bekommen wir jetzt

$$u_P = -\frac{i\,C(\gamma+\gamma_0)}{2\lambda r_0}\, e^{\frac{2\pi i r_0}{\lambda}} \iint f(\xi,\eta)\, e^{\frac{2\pi i}{\lambda}\{\xi(\alpha_0-\alpha)+\eta(\beta_0-\beta)\}}\, d\xi\, d\eta, \tag{43}$$

wo $f(\xi,\eta)$ eine Funktion ist, die sich in jedem Elementargebiet wiederholt. Nun sind ξ und η die Koordinaten eines Punktes der Gitterfläche und können zu einem Vektor $\mathfrak{e}$ in der Gitterebene zusammengefaßt werden. Andererseits sind α_0, β_0, γ_0 und α, β, γ die Komponenten von Einheitsvektoren $\mathfrak{s}^0$ und $\mathfrak{s}$ in Richtung des einfallenden und der gebeugten Strahlenbündel. Hieraus entnehmen wir

$$\xi(\alpha_0-\alpha)+\eta(\beta_0-\beta) = \mathfrak{e}(\mathfrak{s}^0-\mathfrak{s}) \tag{44}$$

und setzen

$$\mathfrak{e} = (k_1+\sigma_1)\,\mathfrak{e}_1 + (k_2+\sigma_2)\,\mathfrak{e}_2. \tag{45}$$

Jetzt können wir die Integration über die Gitterfläche in eine Integration über ein einziges Elementargebiet und eine Summation über alle Gebiete zerlegen und erhalten

$$u_P = -\frac{i\,C(\gamma+\gamma_0)}{2\lambda r_0}\, e^{\frac{2\pi i r_0}{\lambda}} \sum_{0}^{N_1-1}{}_{k_1} \sum_{0}^{N_2-1}{}_{k_2} e^{\frac{2\pi i}{\lambda}\{k_1\mathfrak{e}_1(\mathfrak{s}^0-\mathfrak{s})+k_2\mathfrak{e}_2(\mathfrak{s}-\mathfrak{s}^0)\}} \times$$

$$\times \iint f(\xi,\eta)\, e^{\frac{2\pi i}{\lambda}\{\sigma_1\mathfrak{e}_1(\mathfrak{s}^0-\mathfrak{s})+\sigma_2\mathfrak{e}_2(\mathfrak{s}^0-\mathfrak{s})\}}\, d\xi\, d\eta.$$

Das Integral ist nur noch über ein Elementargebiet Δf der Gitterfläche zu erstrecken und liefert einen Wert

$$\iint = S(\alpha_0,\beta_0,\alpha,\beta)\,\Delta f,$$

der noch von den Einfall- und Beugungswinkeln abhängig sein kann und sich danach richtet, wodurch die periodischen Änderungen der Durchlässigkeit oder Reflexion zustande kommen.

Für das Bündel nullter Ordnung erhalten wir

$$u_0 = -\frac{i\,C\gamma_0}{\lambda r_0}\, e^{\frac{2\pi i r_0}{\lambda}}\, N_1 N_2 \Delta f\, S(\alpha_0,\beta_0,\alpha_0,\beta_0).$$

Auch für andere Richtungen kann man wie beim Strichgitter verfahren, wobei man

$$|u_P| = |u_0|\,\frac{(\gamma+\gamma_0)\,S(\alpha_0,\beta_0,\alpha,\beta)}{2\gamma_0\,S(\alpha_0,\beta_0,\alpha_0,\beta_0)}\;\frac{\sin\left\{\frac{\pi N_1}{\lambda}\,\mathfrak{e}_1(\mathfrak{s}^0-\mathfrak{s})\right\}}{N_1\sin\left\{\frac{\pi}{\lambda}\,\mathfrak{e}_1(\mathfrak{s}^0-\mathfrak{s})\right\}}\;\frac{\sin\left\{\frac{\pi N_2}{\lambda}\,\mathfrak{e}_2(\mathfrak{s}^0-\mathfrak{s})\right\}}{N_2\sin\left\{\frac{\pi}{\lambda}\,\mathfrak{e}_2(\mathfrak{s}^0-\mathfrak{s})\right\}} \tag{46}$$

findet. Setzen wir vorübergehend zur Abkürzung

$$v = \frac{\pi}{\lambda}\,\mathfrak{e}_1(\mathfrak{s}^0-\mathfrak{s}); \qquad w = \frac{\pi}{\lambda}\,\mathfrak{e}_2(\mathfrak{s}^0-\mathfrak{s}), \tag{47}$$

so erhalten wir das Intensitätsverhältnis

$$\frac{I_P}{I_0} = \left\{\frac{(\gamma+\gamma_0)\,S}{2\gamma_0 S_0}\right\}^2 \left\{\frac{\sin N_1 v}{N_1\sin v}\right\}^2 \left\{\frac{\sin N_2 w}{N_2\sin w}\right\}^2. \tag{48}$$

Hauptmaxima treten ein, wenn v und w ganzzahlige Vielfache von π sind (s. Abb. 233, S. 582). Sind die Elementargebiete Rechtecke von den Seitenlängen d_1 und d_2, so legen wir die ξ- und η-Achsen parallel zu e_1 und e_2 und erhalten die Bedingungen

$$n_1 \lambda = d_1(\alpha_0 - \alpha); \quad n_2 \lambda = d_2(\beta_0 - \beta) \tag{49}$$

für die Hauptmaxima.

In formal ähnlicher Weise kann man auch die Beugung an räumlichen Gittern behandeln. Hierzu muß die KIRCHHOFFsche Theorie etwas abgeändert werden, damit sie auf ein räumliches Problem übertragen werden kann. Die Beugung an räumlich ausgedehnten Gebilden wird besser als Streuung bezeichnet. Die Streuung an Raumgittern ist von besonders großer praktischer Wichtigkeit für die Streuung oder Beugung von Röntgenstrahlen an Kristallen. Physikalisch sind jedoch diese Erscheinungen trotz der formalen Ähnlichkeit von der Beugung an optischen Strich- und Kreuzgittern so verschieden, daß wir sie an anderer Stelle genauer besprechen werden.

§ 6. FRESNELsche Beugungserscheinungen.

Inhalt: FRESNELsche Beugungserscheinungen an beliebiger Öffnung, an der Kante eines Schirmes und an rechteckiger Öffnung. CORNUsche Spirale.

Bezeichnungen: Aus den Figuren, sonst wie S. 580.

Wenn die beugende Öffnung groß ist oder die Lichtquelle bzw. der Aufpunkt nahe an ihr liegt, genügt die FRAUNHOFERsche Näherung nicht mehr.

Eine punktförmige Lichtquelle befinde sich im Punkte $L(X, Y, Z)$. Wir suchen die Lichterregung in einem beliebigen Punkte $P(x, y, z)$ hinter einer beugenden Öffnung. Nach Gl. (21), S. 573, müssen wir dafür den Ausdruck

$$u_P = \frac{i B}{2\lambda r_0 R_0}\left(\frac{Z}{R^0} - \frac{z}{r_0}\right) e^{\frac{2\pi i (r_0 + R_0)}{\lambda}} \iint e^{\frac{2\pi i \Phi}{\lambda}} \, d\xi \, d\eta \tag{50}$$

bilden. Wir legen nun den Koordinatenanfang in die beugende Öffnung, und zwar auf die Verbindungslinie der Punkte P und L. Die ξ-Achse legen wir in die Einfallsebene, die durch PL und das Lot auf der Schirmebene bestimmt wird (s. Abb. 234). Durch die Wahl der Koordinaten wird

$$-\frac{Z}{R_0} = \frac{z}{r_0} = \gamma_0; \quad -\frac{Y}{R_0} = \frac{y}{r_0} = 0; \quad -\frac{X}{R_0} = \frac{x}{r_0} = \alpha_0 = \sqrt{1 - \gamma_0^2} \tag{51}$$

und der FRAUNHOFERsche Anteil Φ_1 von Φ verschwindet. Wir behalten also nur

$$\Phi = \Phi_2 = \frac{1}{2}\left(\frac{1}{r_0} + \frac{1}{R_0}\right)\{\xi^2(1 - \alpha_0^2) + \eta^2\} = \frac{1}{2}\left(\frac{1}{r_0} + \frac{1}{R_0}\right)\{\xi^2 \gamma_0^2 + \eta^2\}.$$

Wenn wir dies in (50) einbringen, erhalten wir

$$u_P = -\frac{i B \gamma_0}{\lambda r_0 R_0} e^{\frac{2\pi i (r_0 + R_0)}{\lambda}} \iint e^{\frac{i\pi}{\lambda}\left(\frac{1}{r_0} + \frac{1}{R_0}\right)\{\xi^2 \gamma_0^2 + \eta^2\}} \, d\xi \, d\eta.$$

Führen wir in der Öffnung statt ξ und η die Koordinaten

$$v = \gamma_0 \xi \sqrt{\frac{2}{\lambda}\left(\frac{1}{r_0} + \frac{1}{R_0}\right)} \tag{52a}$$

$$w = \eta \sqrt{\frac{2}{\lambda}\left(\frac{1}{r_0} + \frac{1}{R_0}\right)} \tag{52b}$$

ein, so erhalten wir

$$u_P = -\frac{i B}{2(r_0 + R_0)} e^{\frac{2\pi i}{\lambda}(r_0 + R_0)} \iint e^{\frac{i\pi}{2}(v^2 + w^2)} \, dv \, dw. \tag{53}$$

Das Integral läßt sich nur ausrechnen, wenn die Öffnung eine einfache geometrische Gestalt hat und wenn die Lichtquelle und der Aufpunkt günstig zu ihr liegen.

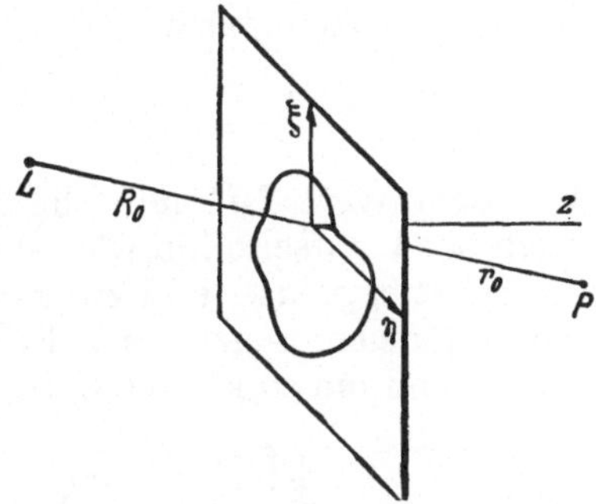

Abb. 234. L Lichtquelle, P Aufpunkt. FRESNELsche Beugung an einer Öffnung.

Zuerst betrachten wir ein stark idealisiertes Problem. Die Lichtquelle sei ein sehr langer Spalt, und der Beugungsschirm besitze eine zum Spalt parallele Kante, die wir zur η-Richtung machen, dehne sich sonst aber ins Unendliche aus. Den wirklichen Schirm können wir immer durch einen Schirm mit dieser Kante ersetzen, der auf der Verbindungslinie LP senkrecht steht (s. Abb. 235). Durch diese Annahmen wird die Aufgabe zu einem ebenen Problem, und wir erhalten

$$u_P \sim -\frac{iB}{2(r_0+R_0)}\, e^{\frac{2\pi i}{\lambda}(r_0+R_0)} \int\limits_{v_1}^{\infty} e^{\frac{i\pi}{2}v^2}\, dv. \tag{54}$$

v_1 hat die Bedeutung

$$v_1 = a\gamma_0 \sqrt{\frac{2}{\lambda}\left(\frac{1}{r_0}+\frac{1}{R_0}\right)},$$

wobei man a aus der Abb. 235 abliest. Ist $a > 0$, so liegt der Aufpunkt im geometrischen Schatten, ist $a < 0$, im geometrischen Lichtbündel. Führt man die FRESNELschen Integrale

$$\int\limits_0^x \cos\left(\frac{\pi}{2}v^2\right) dv = C(x) = -C(-x)$$

$$\int\limits_0^x \sin\left(\frac{\pi}{2}v^2\right) dv = S(x) = -S(-x)$$

ein, so erhält man

$$\begin{aligned}\int\limits_{v_1}^{\infty} e^{\frac{i\pi}{2}v^2}\, dv &= C(\infty) - C(v_1) + iS(\infty) - iS(v_1)\\ &= \frac{1}{2} + \frac{i}{2} - C(v_1) - iS(v_1).\end{aligned}$$

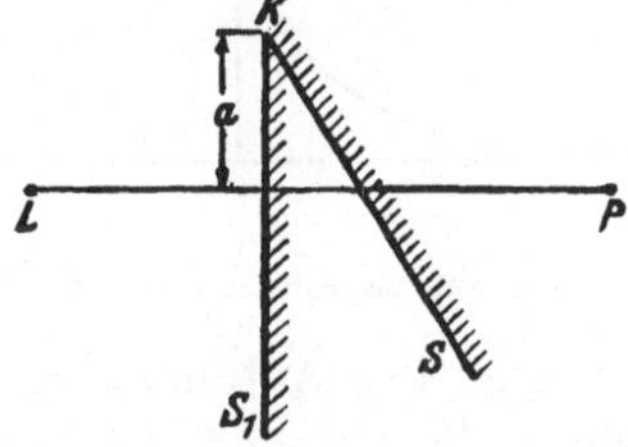

Abb. 235. FRESNELsche Beugung an einer Kante K. Der Schirm S_1 zeigt dieselbe Beugung wie der Schirm S mit der gleichen Kante.

Die Intensität ist proportional

$$u_P u_P^* \sim \frac{B^2}{4(r_0+R_0)^2}\left\{\left[\frac{1}{2} - C(v_1)\right]^2 + \left[\frac{1}{2} - S(v_1)\right]^2\right\}.$$

Liegt der Aufpunkt weit im Lichtkegel, so rückt v_1 gegen $-\infty$ und $C(v_1)$ und $S(v_1)$ beide gegen $-\frac{1}{2}$, und man erhält die Intensität

$$I_0 \sim \frac{B^2}{2(r_0+R_0)^2}.$$

An anderen Punkten wir die Intensität

$$I = \frac{I_0}{2}\left\{\left[\frac{1}{2} - C(v_1)\right]^2 + \left[\frac{1}{2} - S(v_1)\right]^2\right\}. \tag{55}$$

An der Schattengrenze $v_1 = 0$ findet man

$$I = \frac{I_0}{4}. \tag{55a}$$

Von dem Wert $I_0/4$ fällt die Intensität in den Schatten hinein monoton ab. Nach der Lichtseite hin wächst sie unter Schwankungen auf den Wert I_0 an. An der Schattengrenze, und zwar innerhalb des Lichtkegels findet man Intensitäts-, schwankungen, sogenannte Beugungsfransen, welche um so näher zusammenrücken und um so kleiner werden, je weiter man in den Lichtkegel hineinkommt. Den berechneten Intensitätsverlauf zeigt die Abbildung 236. Die Abb. 237, welche ein beobachtetes Beugungsbild an der Schattengrenze zeigt, bestätigt dies auch experimentell.

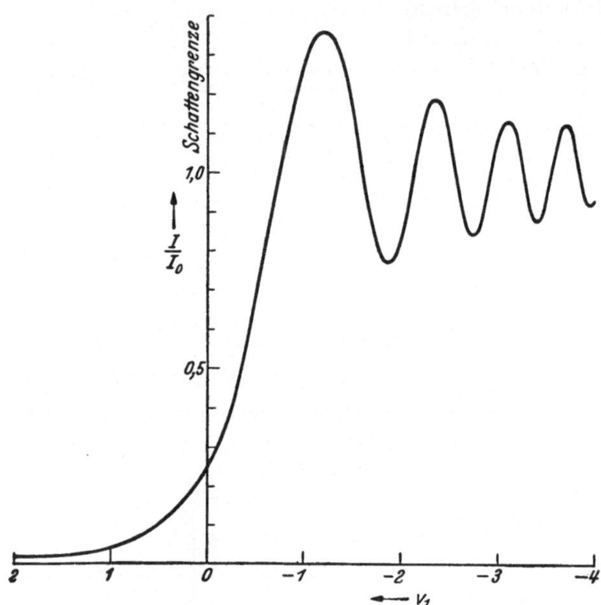

Abb. 236. Berechneter Intensitätsverlauf an der Schattengrenze.

Als nächstes betrachten wir eine rechteckige Öffnung mit den Seiten $2a$ und $2b$. Die Lichtquelle befinde sich vor ihrer Mitte im Abstande d. Wir untersuchen nur Aufpunkte in der Ebene senkrecht zu der längeren Rechtecksseite $2b$, welche durch den Mittelpunkt des Rechtecks geht (Abb. 238). Der Mittelpunkt liegt dann auf der ξ-Achse an der Stelle $\xi = c$. Ist

$$-a < c < a,$$

so liegt der Aufpunkt im geometrischen Lichtbündel, welches die Lichtquelle durch die Öffnung sendet. Ist

$$c < -a \quad \text{oder} \quad c > a,$$

so liegt der Aufpunkt im Schatten. Wegen der Symmetrie können wir c stets positiv annehmen.

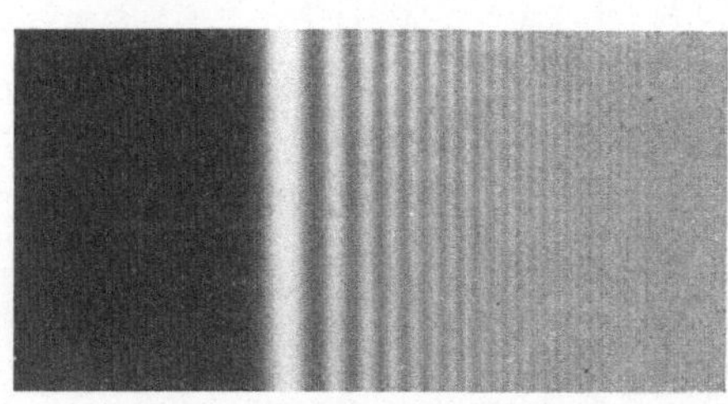

Abb. 237. Fresnelsche Beugung an einer Kante nach Arkadiew.

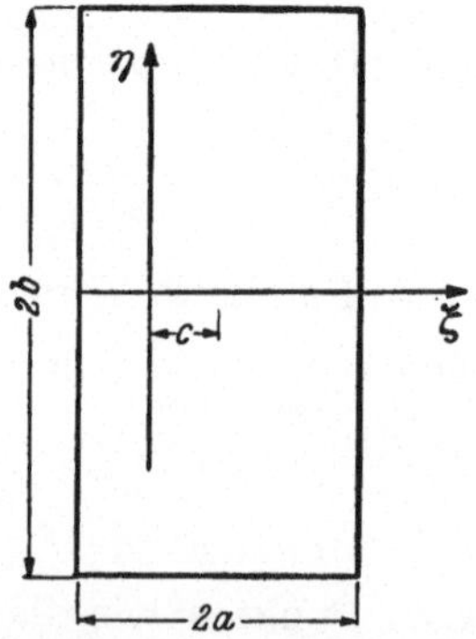

Abb. 238. Fresnelsche Beugung an einem rechteckigen Spalt. Die Verbindungslinie Lichtquelle–Aufpunkt geht durch den Koordinatenanfang. Mittelpunkt an der Stelle $\xi = c$.

Für R_0 ist $\sqrt{d^2 + c^2}$ einzusetzen. Im Aufpunkt erhalten wir dann die Lichterregung

$$u_P = -\frac{i B}{2(r_0 + R_0)} e^{\frac{2\pi i}{\lambda}(r_0 + R_0)} \int\limits_{v_2}^{v_1} e^{\frac{i\pi}{2} v^2} dv \int\limits_{-w_0}^{w_0} e^{\frac{i\pi}{2} w^2} dw$$

mit

$$v_1 = \gamma_0 (c - a) \sqrt{\frac{2(r_0 + R_0)}{\lambda r_0 R_0}}; \qquad v_2 = \gamma_0 (c + a) \sqrt{\frac{2(r_0 + R_0)}{\lambda r_0 R_0}}$$

$$w_0 = b \sqrt{\frac{2(r_0 + R_0)}{\lambda r_0 R_0}}.$$

Die Integrale lassen sich durch die FRESNELschen Integrale

$$C(x) = -C(-x) = \int\limits_0^x \cos\left(\frac{\pi}{2} v^2\right) dv; \qquad S(x) = -S(-x) = \int\limits_0^x \sin\frac{\pi}{2} v^2 dv$$

ausdrücken.

Ein Spalt ist ein Rechteck, dessen längere Seite b so groß ist, daß wir

$$\int\limits_{-w_0}^{w_0} e^{\frac{i\pi}{2} w^2} dw = \int\limits_{-\infty}^{+\infty} e^{\frac{i\pi}{2} w^2} dw = C(\infty) - C(-\infty) + i S(\infty) - i S(-\infty) = 1 + i$$

schreiben dürfen. Dann ist

$$u_P = \frac{(1 - i) B}{2(r_0 + R_0)} e^{\frac{2\pi i}{\lambda}(r_0 + R_0)} \int\limits_{v_2}^{v_1} e^{\frac{i\pi}{2} v^2} dv$$

$$= \frac{(1 - i) B}{2(r_0 + R_0)} e^{\frac{2\pi i}{\lambda}(r_0 + R_0)} \{C(v_1) - C(v_2) + i S(v_1) - i S(v_2)\}.$$

Die Intensität ist proportional

$$u_P u_P^* = \frac{B^2}{2(r_0 + R_0)^2} \{[C(v_1) - C(v_2)]^2 + [S(v_1) - S(v_2)]^2\}. \tag{56}$$

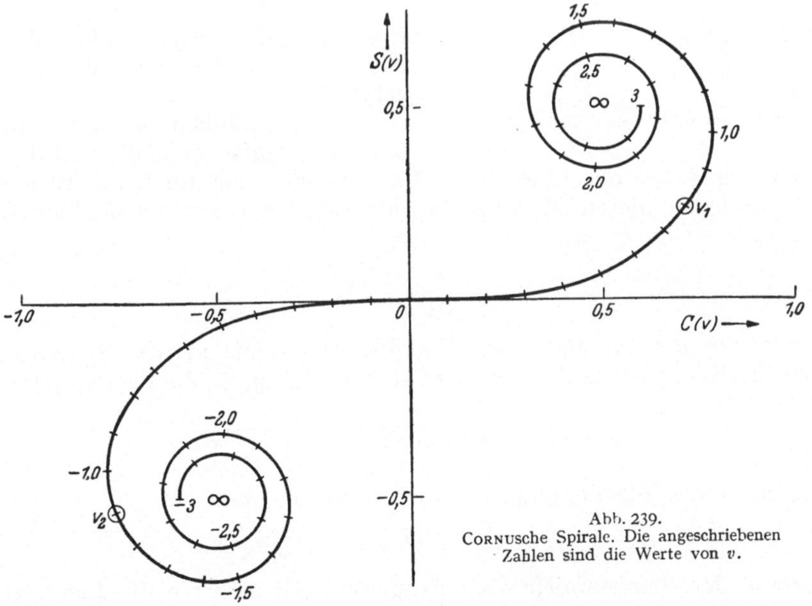

Abb. 239. CORNUsche Spirale. Die angeschriebenen Zahlen sind die Werte von v.

Den Intensitätsverlauf beurteilt man am besten, indem man als Ordinate $S(v)$ und als Abszisse $C(v)$ aufträgt, wobei man die CORNUsche Spirale der Abb. 239

erhält. Auf der Spirale selbst ist ein Maßstab für v aufgetragen. Entsprechen die beiden markierten Punkte den Werten v_1 und v_2, so gibt das Quadrat ihres Abstandes den Wert

$$[C(v_1) - C(v_2)]^2 + [S(v_1) - S(v_2)]^2$$

an.

Es ist nicht leicht zu überblicken, wie die Intensität von der Lage des Aufpunktes abhängt. Man erkennt aber, daß es nirgends eine Stelle gibt, wo gar kein Licht hinkommt, weil die CORNUsche Spirale keine Doppelpunkte besitzt. Hierin besteht ein anschaulicher Unterschied gegen die erste Näherung der FRAUNHOFERschen Beugung.

§ 7. Beugungstheorie der Abbildung. Auflösungsvermögen einer Linse.

Inhalt: Beugungsfigur in der Nähe eines Bildpunktes. Auflösung einer Linse, eines Fernrohrs und eines Mikroskopobjektivs.

Bezeichnungen: R_0 Bildweite, Koordinatenanfang im Bildpunkt, ξ, η, ζ kartesische, R_0, ϑ, φ Polarkoordinaten in der beugenden Öffnung, x, $y = 0$, z kartesische Koordinaten des Aufpunktes, ϱ Abstand Aufpunkt–Bildpunkt, Θ Winkel der Linie Aufpunkt–Bildpunkt gegen die optische Achse, I Intensität im Aufpunkt, I_0 im Bildpunkt, s. Abb. 240.

Eine Linse ist einerseits als eine beugende Öffnung zu betrachten, andererseits bewirkt sie eine Abbildung. Diese beiden Funktionen trennen wir gedanklich voneinander. Auch experimentell kann man diese Trennung bis zu einem gewissen Grade realisieren, indem man hinter einem großen Linsenkörper eine Blende anbringt, welche als Austrittspupille wirkt. Die Linse selbst erzeugt dann von jedem Punkt im Dingraum ein Bild im Bildraum. Im Bild konvergiert ein Strahlenbündel bzw. eine Kugelwelle

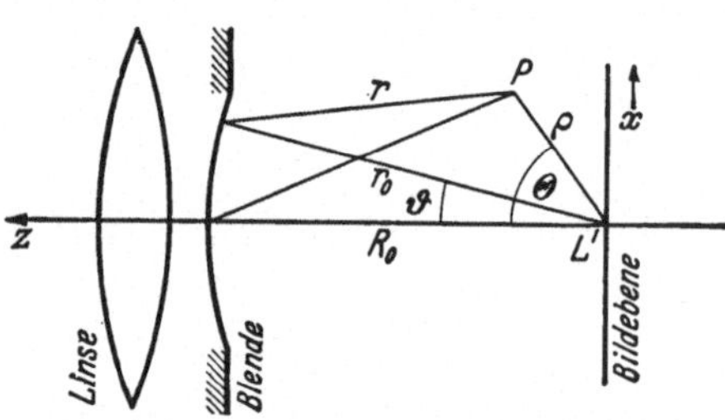

Abb. 240. Berechnung der Intensität in einem Aufpunkt P nahe dem Bild L' einer Lichtquelle L.

$$u = \frac{B}{R} e^{-\frac{2\pi i R}{\lambda}}. \tag{56}$$

R bedeutet den Abstand vom Bildpunkt. Diese Welle wird an der Austrittspupille gebeugt.

Wir beschränken uns jetzt auf den besonders einfachen Fall, daß der Bildpunkt auf der Achse der Linse liege. Dann können wir durch die Blende eine Kugelfläche legen, deren Mittelpunkt der Bildpunkt ist. Ist R_0 der Radius dieser Kugel, so haben wir auf ihr

$$u = \frac{B}{R_0} e^{-\frac{2\pi i R_0}{\lambda}}.$$

Legen wir nun den Anfang eines Koordinatensystems in den Bildpunkt, bezeichnen die Koordinaten der Blendenfläche mit ξ, η, ζ, die des Aufpunktes P mit x, y, z, so ist

$$r = \sqrt{(x-\xi)^2 + (y-\eta)^2 + (z-\zeta)^2}$$

der Abstand eines Blendenpunktes vom Aufpunkt und

$$r_0 = \sqrt{x^2 + y^2 + (z-R_0)^2}$$

der Abstand der Blendenmitte vom Aufpunkt. Wir erhalten die Lichterregung

$$u_P = -\frac{iB}{\lambda R_0^2} e^{-\frac{2\pi i R_0}{\lambda}} \int e^{\frac{2\pi i r}{\lambda}} df \tag{57}$$

im Punkt P, wenn wir nach der KIRCHHOFFschen Beugungstheorie (9) verfahren. Wir können dabei r durch R_0 ersetzen, nur in der schnell veränderlichen Exponentialfunktion muß r stehenbleiben.

Nun legen wir das Koordinatenkreuz so, daß der Punkt P in die x-, z-Ebene fällt, führen auf die Blendenfläche der Polarkoordinaten ϑ und φ ein und geben die Lage des Aufpunktes durch einen Abstand ϱ vom Bildpunkt und den Winkel Θ an (Abb. 240). Dann ist

$$\begin{aligned} \xi &= R_0 \sin\vartheta \cos\varphi & x &= \varrho \sin\Theta \\ \eta &= R_0 \sin\vartheta \sin\varphi & y &= 0 \\ \zeta &= R_0 \cos\vartheta & z &= \varrho\cos\Theta . \end{aligned} \tag{58}$$

Wir erhalten dann

$$r^2 = \varrho^2 + R_0^2 - 2\varrho R_0 (\sin\vartheta\cos\varphi\sin\Theta + \cos\vartheta\cos\Theta).$$

Wir beschränken uns nun auf die Umgebung des Bildpunktes, so daß wir $\varrho \ll R_0$ setzen können und näherungsweise

$$r = R_0 - \varrho(\sin\vartheta\cos\varphi\sin\Theta + \cos\vartheta\cos\Theta)$$

haben. Dann können wir das Integral in (57) auswerten und erhalten

$$\int e^{\frac{2\pi i r}{\lambda}} df = R_0^2 e^{\frac{2\pi i R_0}{\lambda}} \int\limits_0^{\vartheta}\int\limits_0^{2\pi} e^{-\frac{2\pi i \varrho}{\lambda}(\sin\vartheta\cos\varphi\sin\Theta + \cos\vartheta\cos\Theta)} \sin\vartheta\, d\vartheta\, d\varphi .$$

Die Integration über φ können wir wegen

$$2\pi J_0(x) = \int\limits_0^{2\pi} e^{\pm i x \cos\varphi} d\varphi$$

ausführen und finden

$$\int e^{\frac{2\pi i r}{\lambda}} df = 2\pi R_0^2 e^{\frac{2\pi i R_0}{\lambda}} \int\limits_0^{\vartheta} e^{-\frac{2\pi i \varrho}{\lambda}\cos\vartheta\cos\Theta} J_0\left(\frac{2\pi\varrho}{\lambda}\sin\Theta\sin\vartheta\right)\sin\vartheta\, d\vartheta .$$

Wir erhalten damit die Lichterregung

$$u_P = -\frac{2\pi i B}{\lambda}\int\limits_0^{\vartheta} e^{-\frac{2\pi i\varrho}{\lambda}\cos\vartheta\cos\Theta} J_0\left(\frac{2\pi\varrho}{\lambda}\sin\Theta\sin\vartheta\right)\sin\vartheta\, d\vartheta$$

im Aufpunkt.

Liegt der Bildpunkt nicht zu nahe an der Linse, so bleibt ϑ bei mäßigen Werten, und wir können $\sin\vartheta$ durch ϑ und $\cos\vartheta$ durch $1 - \vartheta^2/2$ ersetzen. Dies entspricht den FRAUNHOFERschen und FRESNELschen Beugungserscheinungen. Damit kommen wir zur Lichterregung

$$u_P = -\frac{2\pi i B}{\lambda} e^{-\frac{2\pi i\varrho}{\lambda}\cos\Theta}\int\limits_0^{\vartheta} e^{\frac{i\pi\varrho}{\lambda}\vartheta^2\cos\Theta} J_0\left(\frac{2\pi\varrho}{\lambda}\vartheta\sin\Theta\right)\vartheta\, d\vartheta .$$

Für Punkte der Bildebene ist $\Theta = \pi/2$ und $\cos\Theta = 0$; $\sin\Theta = 1$, und das Integral reduziert sich auf

$$\int\limits_0^{\vartheta} J_0\left(\frac{2\pi\varrho\vartheta}{\lambda}\right)\vartheta\, d\vartheta = \frac{\lambda\vartheta}{2\pi\varrho} J_1\left(\frac{2\pi\varrho}{\lambda}\vartheta\right).$$

In der Bildebene findet man die Lichterregung

$$u_P = -\frac{iB\vartheta}{\varrho} J_1\left(\frac{2\pi\varrho}{\lambda}\vartheta\right). \tag{59}$$

Die Intensität ist proportional

$$u_P u_P^* = \left\{B\vartheta \frac{J_1\left(\frac{2\pi\varrho}{\lambda}\vartheta\right)}{\varrho}\right\}^2.$$

Im Bildpunkt selbst ist die Intensität I_0 proportional zu

$$u_0 u_0^* = \frac{B^2\pi^2\vartheta^4}{\lambda^2},$$

und wir erhalten eine Beugungsfigur, in der zwischen der Intensität I eines beliebigen Punktes und der Intensität I_0 des Mittelpunktes das Verhältnis

$$\frac{I}{I_0} = \left(\frac{2J_1\left(\frac{2\pi\varrho}{\lambda}\vartheta\right)}{\frac{2\pi\varrho}{\lambda}\vartheta}\right)^2 \tag{60}$$

besteht.

Das Beugungsbild besteht aus einem Hauptmaximum im Bildpunkt und einer Anzahl von Beugungsringen, die durch Kreise voneinander getrennt sind, wo die Intensität Null herrscht. Die erste BESSELsche Funktion verschwindet erstmalig für

$$\frac{2\pi\varrho}{\lambda}\vartheta = 3{,}83,$$

und auf einem Kreis mit dem Radius

$$\varrho = 0{,}61\,\frac{\lambda}{\vartheta} \tag{61}$$

haben wir kein Licht. Weiter nach außen nimmt die Intensität entsprechend dem Verlauf von J_1 wieder zu, durchläuft ein Maximum und kehrt bei der zweiten Nullstelle von J_1 wieder auf Null zurück. Durch den Nenner von (60) werden die höheren Beugungsringe geschwächt. Bei Anwendung von weißem Licht entstehen farbige Kreise statt der hellen und dunklen Ringe.

Für Punkte auf der Achse ist $\Theta = 0$ und $\sin\Theta = 0$. Die BESSELsche Funktion hat den Wert 1. In diesem Fall erhält man das Integral

$$\int_0^\vartheta e^{\pm\frac{i\pi\varrho}{\lambda}\vartheta^2}\,\vartheta\,d\vartheta = \pm\frac{\lambda}{2\pi i\varrho}\left(e^{\pm\frac{\pi i\varrho\vartheta^2}{\lambda}} - 1\right).$$

Bei Achsenpunkten vor dem Bild gilt das obere, hinter dem Bild das untere Zeichen.

Für Punkte in der Nähe der Bildebene entwickelt man die Exponentialfunktion nach Potenzen von $\cos\Theta$, für achsennahe Punkte die BESSEL-Funktion nach Potenzen von $\sin\Theta$.

Zunächst stellen wir als fundamentales Resultat von größter praktischer Bedeutung fest: Das Beugungsbild ist genau dasselbe, welches in § 3, Gl. (30), S. 579, beschrieben wurde. Solange wir uns also im Rahmen der FRAUNHOFERschen und FRESNELschen Beugungserscheinungen halten, macht es keinen Unterschied, ob die beugende Öffnung vor, hinter oder in der Linse liegt. Bei unserer früheren Überlegung hatten wir nämlich angenommen, daß ein divergentes Bündel zuerst an der Öffnung gebeugt werde und daß das im Unendlichen entstandene Beugungsbild nachher durch eine Linse abgebildet wird. Jetzt hat die genau umgekehrte Annahme zu dem gleichen Resultat geführt.

Nunmehr drängt sich die Frage auf, wie scharf das Bild ist, das eine Linse zu zeichnen vermag. Wie nahe dürfen zwei Dingpunkte beieinander liegen, damit ihre Bilder noch getrennt erkennbar sind? Es ist außer Zweifel, daß man die beiden Bilder noch getrennt sieht, wenn das eine an der Stelle liegt, wo das andere das erste Beugungsminimum besitzt. Liegen die geometrischen Bildpunkte noch näher beisammen, so wird die Trennung fraglich. Der Abstand $\varDelta$ der Bilder muß nach (61) also

$$\varDelta = 0{,}61\,\frac{\lambda}{\vartheta} \tag{62}$$

sein. ϑ ist hierbei der bildseitige Halböffnungswinkel des Strahlenbündels.

Dient die Linse als Objektiv eines Fernrohrs, so ist die Bildweite gleich der Brennweite, und wir erhalten

$$\frac{\varDelta}{f} = \frac{0{,}61}{\vartheta f}\,\lambda = \frac{0{,}61}{a}\,\lambda. \tag{63}$$

a ist der Radius des Objektivs. Die linke Seite dieser Gleichung stellt den Sehwinkel dar, unter dem die zu den beiden Bildern gehörigen Objekte gesehen werden. Dieser Winkel wird als Auflösungsgrenze des Fernrohrs bezeichnet, für die dann (63) gilt. Sie ist der Wellenlänge direkt und dem Objektivdurchmesser indirekt proportional.

Um das Auflösungsvermögen eines Mikroskopobjektivs zu ermitteln, betrachten wir das konvergente Bündel, das sich im Zwischenbild vereinigt. Da dieses Bild ziemlich weit von der Objektivlinse entsteht, können wir uns mit der FRAUNHOFERschen Beugung begnügen. Auch hier gilt (62), und wenn wir ϑ durch $\sin\vartheta$ ersetzen, erhalten wir

$$\varDelta = \frac{0{,}61}{\sin\vartheta}\,\lambda. \tag{63a}$$

$\varDelta$ ist der Abstand zweier Bildpunkte, die noch getrennt erscheinen. Statt seiner möchten wir den Ausdruck $\varDelta_0$ der zugehörigen Objektpunkte wissen und gewinnen diesen aus der ABBEschen Sinusbedingung, die bei einem Mikroskopobjektiv immer erfüllt sein muß, da es natürlich keine Koma zeigen darf. Ist ϑ_0 der objektseitige Halböffnungswinkel des Objektivs, so muß

$$n_0 \sin\vartheta_0\,\varDelta_0 = n \sin\vartheta\,\varDelta$$

sein. n_0 und n sind die Brechungsindizes auf der Objekt- und Bildseite. Hieraus ergibt sich leicht

$$\varDelta_0 = \frac{0{,}61\,\lambda\,n}{n_0 \sin\vartheta_0}$$

oder, wenn wir $n = 1$ setzen.

$$\varDelta_0 = \frac{0{,}61\,\lambda}{n_0 \sin\vartheta_0}. \tag{63b}$$

$n_0 \sin\vartheta_0$ bezeichnet man als numerische Apertur, $\varDelta_0$ als Auflösungsgrenze. Das Mikroskop vermag um so feinere Einzelheiten aufzulösen, je kleiner die Wellenlänge und je größer die numerische Apertur ist. Letztere kann künstlich vergrößert werden, indem man den Raum zwischen Objekt und Objektiv mit einer Flüssigkeiten von hohem Brechungsindex ausfüllt (Immersionssystem).

§ 8. Das Auflösungsvermögen des Prismas.

Inhalt: Dispersion und Auflösungsvermögen des Prismas.
Bezeichnungen: Aus Abb. 241.

Zur spektralen Zerlegung des Lichtes für spektroskopische Zwecke gibt es drei Hauptarten von Geräten: Interferometer, Gitter und Prismen. Das Auflösungsvermögen der beiden ersten Geräte wurde schon auf S. 561 und 583 ermittelt. Wir wollen jetzt noch die Auflösung eines Prismas studieren.

Bei einem Spektralapparat benutzt man einen Spalt als sekundäre Lichtquelle. Das von ihm ausgehende Licht wird von einer Linse in ein paralleles Bündel verwandelt. Dieses Bündel wird durch ein Prisma gebrochen und nach Wellenlängen zerlegt. Eine zweite Linse vereinigt jedes Bündel einer Farbe in ein Spaltbild, eine sogenannte Linie.

Verwendet man die Bezeichnungen der Abb. 241, so ist

$$\gamma = \beta + \beta' \tag{64a}$$

$$\delta = \alpha - \beta + \alpha' - \beta' = \alpha + \alpha' - \gamma. \tag{64b}$$

Das Brechungsgesetz liefert außerdem

$$\sin\alpha = n \sin\beta; \quad \sin\alpha' = n \sin\beta' = n \sin(\gamma - \beta). \tag{65}$$

Der Ablenkungswinkel δ ändert sich mit der Wellenlänge λ, da n von λ abhängt. Aus (64b) findet man das Dispersionsvermögen des Prismas

$$\frac{\partial\delta}{\partial\lambda} = \frac{\partial\alpha'}{\partial\lambda}.$$

Durch Differenzieren von (65) nach λ finden wir

$$0 = \sin\beta \frac{dn}{d\lambda} + n\cos\beta \frac{\partial\beta}{\partial\lambda}$$

$$\cos\alpha' \frac{\partial\alpha'}{\partial\lambda} = \sin(\gamma - \beta)\frac{dn}{d\lambda} - n\cos(\gamma - \beta)\frac{\partial\beta}{\partial\lambda}.$$

Beim Eliminieren von $\partial\beta/\partial\lambda$ erhält man daraus

$$\cos\beta\cos\alpha' \frac{\partial\alpha'}{\partial\lambda} = \{\sin(\gamma-\beta)\cos\beta + \cos(\gamma-\beta)\sin\beta\}\frac{dn}{d\lambda} = \sin\gamma\frac{dn}{d\lambda}.$$

Für die Dispersion des Prismas erhalten wir also

$$\frac{\partial\delta}{\partial\lambda} = \frac{\sin\gamma}{\cos\beta\cos\alpha'}\frac{dn}{d\lambda}.$$

Wendet man den Sinussatz auf das Dreieck ABC an, so findet man

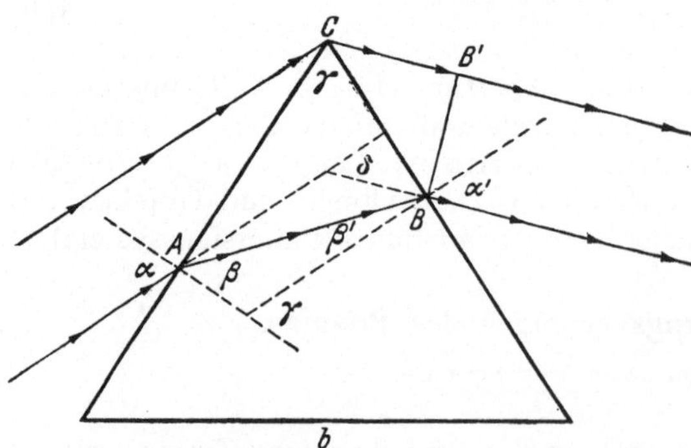

Abb. 241. Strahlengang durch ein Prisma.

$$\frac{\sin\gamma}{\cos\beta} = \frac{AB}{BC}$$

und aus dem Dreieck $BB'C$ liest man

$$\cos\alpha' = \frac{BB'}{BC}$$

ab. Hierdurch geht die Dispersion in

$$\frac{\partial\delta}{\partial\lambda} = \frac{AB}{BB'}\frac{dn}{d\lambda} \tag{66}$$

über.

Das Prisma wird in der Regel im Minimum der Ablenkung verwendet, d. h., man wählt den Einfallswinkel α so, daß sich die kleinste Ablenkung δ ergibt. Beim Differenzieren von (64a) und (64b) nach α entsteht

$$\frac{\partial\beta'}{\partial\alpha} = -\frac{\partial\beta}{\partial\alpha}; \qquad \frac{\partial\alpha'}{\partial\alpha} = -1,$$

wenn man $\partial\delta/\partial\alpha = 0$ setzt. Aus (65) bekommt man

$$\cos\alpha = n\cos\beta\frac{\partial\beta}{\partial\alpha}$$

$$\cos\alpha' = -n\cos\beta'\frac{\partial\beta'}{\partial\alpha} = n\cos\beta'\frac{\partial\beta}{\partial\alpha}.$$

Eliminiert man $\partial\beta/\partial\alpha$, so ergibt sich als Bedingung für das Minimum

$$\cos\alpha\cos\beta' = \cos\alpha'\cos\beta.$$

Wenn wir dies quadrieren und β und β' mit Hilfe des Brechungsgesetzes (65) durch α und α' ersetzen, finden wir die Beziehung

$$\frac{n^2 - \sin^2\alpha}{\cos^2\alpha} = \frac{n^2 - \sin^2\alpha'}{\cos^2\alpha'}$$

zwischen α und α'. Aus ihr folgt

$$\alpha = \alpha'; \qquad \beta = \beta' = \frac{\gamma}{2}.$$

Das Minimum der Ablenkung erhält man also, wenn die Strahlen das Prisma symmetrisch durchsetzen.

Wird das ganze Prisma ausgeleuchtet, so ist im Minimum der Ablenkung AB gleich der Basis b des Prismas. Nun können wir das Prisma als eine rechteckige Beugungsöffnung betrachten, deren zum Strahl senkrechte Seite BB' ist. Das erste Beugungsminimum erhalten wir nach Gl. (28), S. 577, in einer Richtung, bei welcher der Winkel α' um

$$\Delta\alpha' = \frac{\lambda}{BB'}$$

abgeändert wird, indem $\Delta\alpha'$ an die Stelle von $\alpha_0 - \alpha$ und BB' an die Stelle von $2a$ tritt.

Zwei Spektrallinien der Wellenlänge λ und $\lambda + \Delta\lambda$ wird man noch getrennt erkennen können, wenn das Hauptmaximum der einen in das erste Beugungsminimum der anderen fällt. Der Wellenlängenunterschied bewirkt nach (66) den Richtungsunterschied

$$\Delta\delta = \Delta\lambda\frac{AB}{BB'}\frac{dn}{d\lambda}.$$

Sollen $\Delta\alpha'$ und $\Delta\delta$ gleich werden, so folgt daraus die Bedingung

$$\frac{\lambda}{BB'} = \Delta\lambda\frac{AB}{BB'}\frac{dn}{d\lambda}$$

oder

$$A = \frac{\lambda}{\Delta\lambda} = AB\frac{dn}{d\lambda}. \tag{67}$$

Wie beim Interferometer und Gitter bezeichnet man A als Auflösungsvermögen. Bei symmetrischem Strahlengang und voller Ausleuchtung ist das Auflösungsvermögen der Länge der Basis proportional.

V. Kristalloptik.

Bezeichnungen: $\mathfrak{E}$ elektrische Feldstärke, $\mathfrak{D}$ dielektrische Erregung, $\mathfrak{H}$ magnetische Feldstärke, $\mathfrak{B}$ magnetische Induktion, $\mathfrak{S}$ POYNTINGscher Vektor, Strahlvektor, Σ Energiedichte, μ_0 Permeabilität des Vakuums, ε_0 Dielektrizitätskonstante des Vakuums, ε Tensor der relativen Dielektrizitätskonstante, ε_{xx}, ε_{xy} usw. seine Komponenten, ε_ξ, ε_η, ε_ζ seine Hauptwerte, ξ, η, ζ Hauptachsen, n Brechungsindex, ν Frequenz, $\mathfrak{r}$ Ortsvektor, $\mathfrak{z}$ Richtung der Wellennormalen, $\mathfrak{f}$ Richtung des Strahlvektors, c Lichtgeschwindigkeit im Vakuum, c_n Phasengeschwindigkeit, c_s Strahlgeschwindigkeit, s Strahlindex.

Alle Kristalle, außer den regulären, sind optisch anisotrop. Dies äußert sich darin, daß ihre relative Dielektrizitätskonstante ε keine skalare Größe ist, sondern ein Tensor. Die elektrische Erregung hängt mit der Feldstärke durch die Tensorgleichung

$$\mathfrak{D} = \varepsilon_0 \varepsilon \mathfrak{E} \tag{1}$$

zusammen, welche in Komponenten geschrieben

$$\begin{aligned} \mathfrak{D}_x &= \varepsilon_0(\varepsilon_{xx}\mathfrak{E}_x + \varepsilon_{xy}\mathfrak{E}_y + \varepsilon_{xz}\mathfrak{E}_z) \\ \mathfrak{D}_y &= \varepsilon_0(\varepsilon_{yx}\mathfrak{E}_x + \varepsilon_{yy}\mathfrak{E}_y + \varepsilon_{yz}\mathfrak{E}_z) \\ \mathfrak{D}_z &= \varepsilon_0(\varepsilon_{zx}\mathfrak{E}_x + \varepsilon_{zy}\mathfrak{E}_y + \varepsilon_{zz}\mathfrak{E}_z) \end{aligned} \tag{1a}$$

lautet. $\mathfrak{E}$ und $\mathfrak{D}$ sind im allgemeinen nicht gleichgerichtet, sondern schließen einen Winkel α ein.

Der Tensor ε ist symmetrisch, d. h. es gelten die Gleichungen

$$\varepsilon_{yx} = \varepsilon_{xy}; \quad \varepsilon_{zx} = \varepsilon_{xz}; \quad \varepsilon_{zy} = \varepsilon_{yz}. \tag{2}$$

Es ist also gleichgültig, ob man ε rechts oder links mit der Feldstärke multipliziert, in beiden Fällen entsteht

$$\varepsilon_0 \varepsilon \mathfrak{E} = \mathfrak{E} \varepsilon \varepsilon_0 = \mathfrak{D}. \tag{3}$$

Man kann immer ein Koordinatensystem ξ, η, ζ finden, in welchem ε die Hauptachsenform hat. ξ, η, ζ nennt man die dielektrischen Hauptachsen, ε_ξ, ε_η, ε_ζ die Hauptdielektrizitätskonstanten. Bezogen auf dieses System nehmen die Gl. (1a) die einfache Form

$$\mathfrak{D}_\xi = \varepsilon_0 \varepsilon_\xi \mathfrak{E}_\xi; \quad \mathfrak{D}_\eta = \varepsilon_0 \varepsilon_\eta \mathfrak{E}_\eta; \quad \mathfrak{D}_\zeta = \varepsilon_0 \varepsilon_\zeta \mathfrak{E}_\zeta \tag{4}$$

an.

Bei den Kristallen des tetragonalen, hexagonalen und rhomboedrischen Systems sind zwei der Hauptdielektrizitätskonstanten gleich groß. Nur die dritte Achse ist also ausgezeichnet. Man bezeichnet diese Kristalle deshalb zuweilen als einachsig.

Wie bei den isotropen Medien ist die Dielektrizitätskonstante mit der Frequenz veränderlich. Sämtliche ε_{ik} können von der Frequenz abhängen. Für verschiedene Frequenzen können sogar die Hauptachsen verschiedene Richtung haben. Man bezeichnet dies als Dispersion der Achsen. Bei einachsigen Kristallen kann aber keine Dispersion der Achsen vorkommen, da eine Hauptachse bereits durch die Symmetrie der Kristallstruktur ausgezeichnet ist und die beiden anderen aus dem gleichen Grunde gleichwertig sind.

Eine magnetische Anisotropie der durchsichtigen Kristalle brauchen wir nicht zu berücksichtigen, da die Permeabilität sowieso kaum von der des leeren

Raumes abweicht. Wir können daher immer $\mu = 1$ und $\mu_0 = 1/\varepsilon_0 c^2$ setzen. Damit erhalten wir

$$\mathfrak{B} = \mu_0 \mathfrak{H} = \frac{1}{\varepsilon_0 c^2} \mathfrak{H}. \tag{5}$$

Alle durchsichtigen Kristalle sind Isolatoren. Auch beim Durchgang von Licht entstehen keine wahren Ladungen, und wir brauchen weder Ladungen noch einen Leitungsstrom zu beachten. Für $\mathfrak{D}$ und $\mathfrak{H}$ gelten somit die Gleichungen

$$\operatorname{div} \mathfrak{D} = 0, \tag{6}$$

$$\operatorname{div} \mathfrak{H} = 0. \tag{7}$$

§ 1. Feldgleichungen, Energiedichte, Energiestrom.

Die völlige Beschreibung des elektromagnetischen Feldes im Kristall geschieht durch Angabe der elektrischen und magnetischen Feldstärke $\mathfrak{E}$ und $\mathfrak{H}$, der dielektrischen Erregung $\mathfrak{D}$, der elektromagnetischen Energiedichte Σ und des Vektors $\mathfrak{S}$ des Energiestromes.

Um das Feld zu beschreiben, müssen wir noch zu den Gl. (1), (5), (6) und (7) die beiden MAXWELLschen Gleichungen

$$\operatorname{rot} \mathfrak{E} = -\frac{1}{\varepsilon_0 c^2} \frac{\partial \mathfrak{H}}{\partial t}, \tag{8}$$

$$\operatorname{rot} \mathfrak{H} = \frac{\partial \mathfrak{D}}{\partial t} \tag{9}$$

hinzufügen. Die Dichte der elektromagnetischen Energie ist nach S. 452 wie im isotropen Medium

$$\Sigma = \frac{1}{2} \{(\mathfrak{E}\mathfrak{D}) + (\mathfrak{H}\mathfrak{B})\} = \frac{1}{2} \left\{(\mathfrak{E}\mathfrak{D}) + \frac{1}{\varepsilon_0 c^2} \mathfrak{H}^2\right\}. \tag{10}$$

Den Vektor $\mathfrak{S}$ des Energiestromes definieren wir durch die Gleichung

$$-\frac{\partial \Sigma}{\partial t} = \operatorname{div} \mathfrak{S}. \tag{11}$$

Sie besagt, daß jedes Volumen die Energie verliert, die aus ihm herausfließt. Durch Differenzieren von (10) nach der Zeit finden wir

$$\frac{\partial \Sigma}{\partial t} = \frac{1}{2} \left\{\mathfrak{E} \frac{\partial \mathfrak{D}}{\partial t} + \mathfrak{D} \frac{\partial \mathfrak{E}}{\partial t} + \frac{2}{\varepsilon_0 c^2} \mathfrak{H} \frac{\partial \mathfrak{H}}{\partial t}\right\}.$$

Nun ist aber wegen (3)

$$\mathfrak{D} \frac{\partial \mathfrak{E}}{\partial t} = \mathfrak{E} \varepsilon \varepsilon_0 \frac{\partial \mathfrak{E}}{\partial t} = \mathfrak{E} \frac{\partial \mathfrak{D}}{\partial t},$$

und wir erhalten mit (8) und (9)

$$\begin{aligned} \frac{\partial \Sigma}{\partial t} &= \left\{\mathfrak{E} \frac{\partial \mathfrak{D}}{\partial t} + \frac{1}{\varepsilon_0 c^2} \mathfrak{H} \frac{\partial \mathfrak{H}}{\partial t}\right\} = \{\mathfrak{E} \operatorname{rot} \mathfrak{H} - \mathfrak{H} \operatorname{rot} \mathfrak{E}\} \\ &= -\operatorname{div}[\mathfrak{E}\mathfrak{H}]. \end{aligned}$$

Wie im isotropen Medium wird der Energiestrom (Strahlvektor, POYNTINGscher Vektor) durch

$$\mathfrak{S} = [\mathfrak{E}\mathfrak{H}] \tag{12}$$

gebildet.

§ 2. Ebene Lichtwellen im Kristall.

Inhalt: Feldstärke und dielektrische Erregung bilden einen Winkel α, ebenso Wellennormale und Strahlrichtung. Die Wellennormale steht auf $\mathfrak{D}$, die Strahlrichtung auf $\mathfrak{E}$ senkrecht. Phasengeschwindigkeit und Strahlgeschwindigkeit. Brechungsindex und Strahlindex. FRESNELsche Normalgleichung. Zu jeder Wellennormalen gibt es zwei zueinander senkrechte Polarisationsrichtungen mit zwei verschiedenen Fortpflanzungsgeschwindigkeiten, Strahlrichtungen und Strahlgeschwindigkeiten; Strahlengleichung. Zu jeder Strahlrichtung gibt es zwei zueinander senkrechte Richtungen der Feldstärke mit verschiedenen Strahlgeschwindigkeiten, Wellennormalen und Phasengeschwindigkeiten.
Bezeichnungen: Wie S. 596.

Eine ebene Lichtwelle der Frequenz ν, die durch den Kristall läuft, ist ein Vorgang, bei welchem wir für die drei Feldvektoren $\mathfrak{E}$, $\mathfrak{D}$, $\mathfrak{H}$ die Ansätze

$$\begin{aligned} \mathfrak{E} &= \mathfrak{E}_0\, e^{2\pi i \nu\left(\frac{n\,\mathfrak{r}\,\mathfrak{s}}{c} - t\right)} \\ \mathfrak{D} &= \mathfrak{D}_0\, e^{2\pi i \nu\left(\frac{n\,\mathfrak{r}\,\mathfrak{s}}{c} - t\right)} \\ \mathfrak{H} &= \mathfrak{H}_0\, e^{2\pi i \nu\left(\frac{n\,\mathfrak{r}\,\mathfrak{s}}{c} - t\right)} \end{aligned} \tag{13}$$

machen können. $\mathfrak{s}$ bedeutet einen Einheitsvektor senkrecht zu den Wellenflächen, und die Geschwindigkeit der Fortpflanzung in dieser Richtung ist

$$c_n = \frac{c}{n}\,. \tag{14}$$

n wird als Brechungsindex bezeichnet. Im Gegensatz zum isotropen Material ist n aber keine skalare Materialkonstante, sondern hängt von der Polarisationsrichtung und infolgedessen von der Fortpflanzungsrichtung ab, wie sich sogleich erweisen wird.

Bezeichnet $\mathfrak{F}$ einen der drei Vektoren. $\mathfrak{E}$, $\mathfrak{D}$ und $\mathfrak{H}$, so gilt

$$\frac{\partial \mathfrak{F}}{\partial t} = -2\pi i \nu; \qquad \operatorname{rot}\mathfrak{F} = \frac{2\pi i \nu n}{c}[\mathfrak{s}\,\mathfrak{F}]; \qquad \operatorname{div}\mathfrak{F} = \frac{2\pi i \nu n}{c}(\mathfrak{s}\,\mathfrak{F})\,. \tag{15}$$

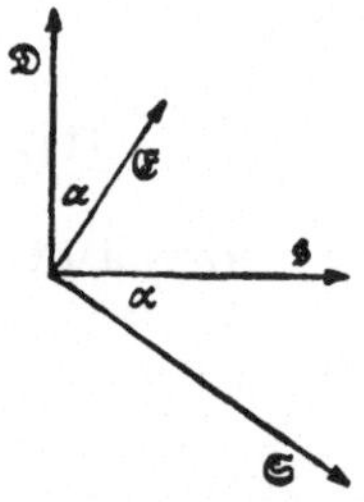

Hierdurch gehen die Gl. (6), (7), (8) und (9) in

$$(\mathfrak{s}\,\mathfrak{D}) = 0, \tag{16}$$

$$(\mathfrak{s}\,\mathfrak{H}) = 0, \tag{17}$$

$$\varepsilon_0\, n\, c[\mathfrak{s}\,\mathfrak{E}] = \mathfrak{H}, \tag{18}$$

$$\frac{n}{c}[\mathfrak{s}\,\mathfrak{H}] = -\mathfrak{D} \tag{19}$$

Abb. 242. Gegenseitige Lage der Vektoren $\mathfrak{D}$, $\mathfrak{E}$, $\mathfrak{s}$ und $\mathfrak{S}$ in der Ebene senkrecht zu $\mathfrak{H}$.

über. Zusammen mit (12) können wir aus ihnen leicht folgendes ablesen (s. Abb. 242). Die magnetische Feldstärke $\mathfrak{H}$ steht auf den Vektoren $\mathfrak{s}$, $\mathfrak{E}$, $\mathfrak{D}$ und $\mathfrak{S}$ senkrecht, welche infolgedessen in einer Ebene liegen. Bezeichnen wir noch die Richtung von $\mathfrak{S}$ durch einen Einheitsvektor $\mathfrak{f}$, so ist außerdem $\mathfrak{s}$ senkrecht zu $\mathfrak{D}$ und $\mathfrak{f}$ senkrecht zu $\mathfrak{E}$. $\mathfrak{s}$ und $\mathfrak{f}$ schließen denselben Winkel α ein wie $\mathfrak{D}$ und $\mathfrak{E}$. Die dielektrische Erregung ist transversal, nicht aber die Feldstärke.

Durch Eliminieren von $\mathfrak{H}$ aus (18) und (19) finden wir

$$\mathfrak{D} = -\varepsilon_0\, n^2\big[\mathfrak{s}[\mathfrak{s}\,\mathfrak{E}]\big] = \varepsilon_0\, n^2\{\mathfrak{E} - \mathfrak{s}(\mathfrak{s}\,\mathfrak{E})\}. \tag{20}$$

Aus (18) und (19) erhalten wir auch die absoluten Beträge

$$|\mathfrak{H}| = \varepsilon_0\, n\, c\, |\mathfrak{E}| \cos\alpha, \tag{21}$$

$$|\mathfrak{D}| = \frac{n}{c}|\mathfrak{H}| = \varepsilon_0\, n^2\, |\mathfrak{E}| \cos\alpha. \tag{22}$$

Die Energiedichte verteilt sich zu gleichen Teilen auf den elektrischen und magnetischen Anteil der Welle, denn es ist

$$(\mathfrak{E}\,\mathfrak{D}) = -\frac{n}{c}(\mathfrak{E}[\mathfrak{s}\,\mathfrak{H}]) = \frac{n}{c}([\mathfrak{s}\,\mathfrak{E}]\,\mathfrak{H}) = \frac{1}{\varepsilon_0 c^2}\mathfrak{H}^2. \tag{23}$$

Sie hat dann den Wert

$$\Sigma = \frac{1}{2}(\mathfrak{E}\,\mathfrak{D}) + \frac{1}{2\varepsilon_0 c^2}\mathfrak{H}^2 = (\mathfrak{E}\,\mathfrak{D}) = \frac{1}{\varepsilon_0 c^2}\mathfrak{H}^2 = \varepsilon_0 n^2 \mathfrak{E}^2 \cos\alpha. \tag{24}$$

Der Betrag des Energiestromes ist nach (12)

$$|\mathfrak{S}| = |\mathfrak{E}|\,|\mathfrak{H}| = \varepsilon_0 n\, c\, \mathfrak{E}^2 \cos\alpha. \tag{25}$$

Die Strahlgeschwindigkeit $\mathfrak{c}_s$ definieren wir durch die Gleichung

$$\mathfrak{S} = \mathfrak{c}_s \Sigma. \tag{26}$$

Sie ist diejenige Geschwindigkeit in der Richtung $\mathfrak{f}$, mit welcher die Energiedichte Σ sich bewegen muß, um den Energiestrom $\mathfrak{S}$ hervorzubringen. Für ihren Betrag c_s finden wir aus (25) und (26) sogleich

$$c_s \cos\alpha = \frac{c}{n} = c_n. \tag{27}$$

Die Wellengeschwindigkeit c_n, auch Normalengeschwindigkeit genannt, ist die Projektion der Strahlgeschwindigkeit auf der Wellennormale. Das Verhältnis

$$s = \frac{c}{c_s} \tag{28}$$

stellt man als Strahlindex s dem Brechungsindex n gegenüber. Zwischen beiden Indizes besteht die Beziehung

$$s = n \cos\alpha. \tag{29}$$

Durch einen der beiden Vektoren $\mathfrak{E}$ oder $\mathfrak{D}$ ist die ganze Lichtwelle bestimmt. Es sei z. B. $\mathfrak{E}$ durch seine Komponenten in den drei dielektrischen Hauptrichtungen gegeben. Wir gewinnen dann die Komponenten $\mathfrak{D}_\xi = \varepsilon_0\,\varepsilon_\xi\,\mathfrak{E}_\xi$; $\mathfrak{D}_\eta = \varepsilon_0\,\varepsilon_\eta\,\mathfrak{E}_\eta$; $\mathfrak{E}_\zeta = \varepsilon_0\,\varepsilon_\zeta\,\mathfrak{E}_\zeta$ von $\mathfrak{D}$. Der Winkel α zwischen $\mathfrak{E}$ und $\mathfrak{D}$ ergibt sich aus

$$\cos^2\alpha = \frac{(\mathfrak{E}\,\mathfrak{D})^2}{\mathfrak{E}^2\,\mathfrak{D}^2} \tag{30}$$

und der Brechungsindex wegen (22) und (24) aus

$$n^2 = \frac{\mathfrak{D}^2}{\varepsilon_0(\mathfrak{E}\,\mathfrak{D})}. \tag{31}$$

In der Ebene $\mathfrak{E}\,\mathfrak{D}$ steht $\mathfrak{s}$ senkrecht auf $\mathfrak{D}$ und $\mathfrak{f}$ senkrecht auf $\mathfrak{E}$. Das Magnetfeld steht auf der Ebene $\mathfrak{E}\,\mathfrak{D}$ senkrecht, und die Beträge von $\mathfrak{H}$ und $\mathfrak{S}$ findet man aus (21) und (25).

Nur wenn $\mathfrak{E}$ in die Richtung einer Hauptachse fällt und dann mit $\mathfrak{D}$ gleichgerichtet ist, fallen $\mathfrak{s}$ und $\mathfrak{f}$ zusammen in die Richtung einer anderen Hauptachse, und $\mathfrak{H}$ hat die Richtung der dritten.

Ist die Wellennormale $\mathfrak{s}$ gegeben, so gehen wir zur Berechnung der anderen Größen von (20) aus und bilden die Komponenten dieser Gleichung

$$\mathfrak{D}_\xi = \varepsilon_0 n^2 \{\mathfrak{E}_\xi - \mathfrak{s}_\xi(\mathfrak{s}\,\mathfrak{E})\}.$$

Indem wir $\mathfrak{E}_\xi$ durch $\mathfrak{D}_\xi/\varepsilon_0\,\varepsilon_\xi$ ersetzen, erhalten wir

$$\mathfrak{D}_\xi = \varepsilon_0\, n^2 \left\{\frac{\mathfrak{D}_\xi}{\varepsilon_0\,\varepsilon_\xi} - \mathfrak{s}_\xi(\mathfrak{s}\,\mathfrak{E})\right\}$$

oder

$$\mathfrak{D}_\xi = \varepsilon_0 \frac{\mathfrak{s}_\xi(\mathfrak{s}\,\mathfrak{E})}{\frac{1}{\varepsilon_\xi} - \frac{1}{n^2}}; \quad \mathfrak{D}_\eta = \varepsilon_0 \frac{\mathfrak{s}_\eta(\mathfrak{s}\,\mathfrak{E})}{\frac{1}{\varepsilon_\eta} - \frac{1}{n^2}}; \quad \mathfrak{D}_\zeta = \varepsilon_0 \frac{\mathfrak{s}_\zeta(\mathfrak{s}\,\mathfrak{E})}{\frac{1}{\varepsilon_\zeta} - \frac{1}{n^2}}. \tag{32}$$

Multiplizieren wir mit $\mathfrak{s}_\xi$, $\mathfrak{s}_\eta$ und $\mathfrak{s}_\zeta$ und addieren, so finden wir wegen $(\mathfrak{D}\,\mathfrak{s}) = 0$ die FRESNELsche Normalengleichung

$$0 = \frac{\mathfrak{s}_\xi^2}{\frac{1}{\varepsilon_\xi} - \frac{1}{n^2}} + \frac{\mathfrak{s}_\eta^2}{\frac{1}{\varepsilon_\eta} - \frac{1}{n^2}} + \frac{\mathfrak{s}_\zeta^2}{\frac{1}{\varepsilon_\zeta} - \frac{1}{n^2}}. \tag{33}$$

Dies ist eine quadratische Gleichung für n^2, aus der wir zwei Werte n_1 und n_2 erhalten. Die negativen Werte $-n_1$ und $-n_2$ haben physikalisch natürlich keine Bedeutung.

Definieren wir die drei Hauptgeschwindigkeiten

$$c_\xi = \frac{c}{\sqrt{\varepsilon_\xi}}; \quad c_\eta = \frac{c}{\sqrt{\varepsilon_\eta}}; \quad c_\zeta = \frac{c}{\sqrt{\varepsilon_\zeta}}, \tag{34}$$

so können wir der Normalengleichung auch die Form

$$0 = \frac{\mathfrak{s}_\xi^2}{c_n^2 - c_\xi^2} + \frac{\mathfrak{s}_\eta^2}{c_n^2 - c_\eta^2} + \frac{\mathfrak{s}_\zeta^2}{c_n^2 - c_\zeta^2} \tag{35}$$

geben. Aus (35) ergeben sich zu jeder Wellennormalen zwei voneinander im allgemeinen verschiedene Fortpflanzungsgeschwindigkeiten c_{n1} und c_{n2}.

Die Richtung von $\mathfrak{D}$ finden wir mit (32) durch

$$\mathfrak{D}_\xi : \mathfrak{D}_\eta : \mathfrak{D}_\zeta = \frac{\mathfrak{s}_\xi}{\frac{1}{\varepsilon_\xi} - \frac{1}{n^2}} : \frac{\mathfrak{s}_\eta}{\frac{1}{\varepsilon_\eta} - \frac{1}{n^2}} : \frac{\mathfrak{s}_\zeta}{\frac{1}{\varepsilon_\zeta} - \frac{1}{n^2}}. \tag{36}$$

Hieraus können wir für $\mathfrak{E}$ entsprechend

$$\mathfrak{E}_\xi : \mathfrak{E}_\eta : \mathfrak{E}_\zeta = \frac{\mathfrak{D}_\xi}{\varepsilon_\xi} : \frac{\mathfrak{D}_\eta}{\varepsilon_\eta} : \frac{\mathfrak{D}_\zeta}{\varepsilon_\zeta} = \frac{\mathfrak{s}_\xi}{n^2 - \varepsilon_\xi} : \frac{\mathfrak{s}_\eta}{n^2 - \varepsilon_\eta} : \frac{\mathfrak{s}_\zeta}{n^2 - \varepsilon_\zeta} \tag{37}$$

bilden. Für n_1 und n_2 erhält man zwei verschiedene Paare $\mathfrak{E}_1$, $\mathfrak{D}_1$ und $\mathfrak{E}_2$, $\mathfrak{D}_2$. Bildet man mit (32) das Skalarprodukt

$$(\mathfrak{D}_1\,\mathfrak{D}_2) = \varepsilon_0 (\mathfrak{s}\,\mathfrak{E}_1)(\mathfrak{s}\,\mathfrak{E}_2) \left\{ \frac{\mathfrak{s}_\xi^2}{\left(\frac{1}{\varepsilon_\xi} - \frac{1}{n_1^2}\right)\left(\frac{1}{\varepsilon_\xi} - \frac{1}{n_2^2}\right)} + \frac{\mathfrak{s}_\eta^2}{\left(\frac{1}{\varepsilon_\eta} - \frac{1}{n_1^2}\right)\left(\frac{1}{\varepsilon_\eta} - \frac{1}{n_2^2}\right)} + \frac{\mathfrak{s}_\zeta^2}{\left(\frac{1}{\varepsilon_\zeta} - \frac{1}{n_1^2}\right)\left(\frac{1}{\varepsilon_\zeta} - \frac{1}{n_2^2}\right)} \right\},$$

so verschwindet dieses wegen (33) und

$$\frac{1}{\frac{1}{\varepsilon_\xi} - \frac{1}{n_1^2}} - \frac{1}{\frac{1}{\varepsilon_\xi} - \frac{1}{n_2^2}} = \frac{\frac{1}{n_1^2} - \frac{1}{n_2^2}}{\left(\frac{1}{\varepsilon_\xi} - \frac{1}{n_1^2}\right)\left(\frac{1}{\varepsilon_\xi} - \frac{1}{n_2^2}\right)}.$$

$\mathfrak{D}_1$ und $\mathfrak{D}_2$ stehen aufeinander senkrecht, $\mathfrak{E}_1$ und $\mathfrak{E}_2$ dagegen nicht. Die beiden in gleicher Richtung mit verschiedener Geschwindigkeit fortschreitenden Wellen sind senkrecht zueinander polarisiert. Ihre Strahlrichtungen $\mathfrak{f}_1$ und $\mathfrak{f}_2$ sind natürlich ebenfalls verschieden.

Ganz ähnlich kann man verfahren, wenn die Strahlrichtung $\mathfrak{f}$ gegeben ist. Vertauscht man die in der folgenden Zeile stehenden Größen

$$\begin{matrix} \varepsilon_0 & \mathfrak{E} & \mathfrak{s} & c_n & n & \varepsilon_\xi & \varepsilon_\eta & \varepsilon_\zeta & c_\xi & c_\eta & c_\zeta \\ & \mathfrak{D} & \mathfrak{f} & \frac{1}{c_s} & \frac{1}{s} & \frac{1}{\varepsilon_\xi} & \frac{1}{\varepsilon_\eta} & \frac{1}{\varepsilon_\zeta} & \frac{1}{c_\xi} & \frac{1}{c_\eta} & \frac{1}{c_\zeta} \end{matrix} \tag{38}$$

mit den darunterstehenden Größen und umgekehrt, so geht aus jeder der Gleichungen von (16) an eine neue Gleichung hervor. Die Beziehungen (16) bis (19) gehen dabei in

$$(\mathfrak{f}\,\mathfrak{E}) = 0; \qquad (\mathfrak{f}\,\mathfrak{H}) = 0 \tag{39}$$

$$\frac{c}{s}[\mathfrak{f}\,\mathfrak{D}] = \mathfrak{H}; \qquad \frac{1}{s\,\varepsilon_0\,c}[\mathfrak{f}\,\mathfrak{H}] = -\mathfrak{E} \tag{40}$$

über, von deren Richtigkeit man sich leicht mit Hilfe von (21) und (22) überzeugen kann.

Aus (33) und (35) erhalten wir durch die Vertauschung die zwei Formeln der Strahlengleichung

$$0 = \frac{\mathfrak{f}_\xi^2}{s^2 - \varepsilon_\xi} + \frac{\mathfrak{f}_\eta^2}{s^2 - \varepsilon_\eta} + \frac{\mathfrak{f}_\zeta^2}{s^2 - \varepsilon_\zeta}, \tag{41}$$

$$0 = \frac{\mathfrak{f}_\xi^2}{\frac{1}{c_s^2} - \frac{1}{c_\xi^2}} + \frac{\mathfrak{f}_\eta^2}{\frac{1}{c_s^2} - \frac{1}{c_\eta^2}} + \frac{\mathfrak{f}_\zeta^2}{\frac{1}{c_s^2} - \frac{1}{c_\zeta^2}}. \tag{42}$$

Die Richtung der Feldstärke ergibt sich aus

$$\mathfrak{E}_\xi : \mathfrak{E}_\eta : \mathfrak{E}_\zeta = \frac{\mathfrak{f}_\xi}{s^2 - \varepsilon_\xi} : \frac{\mathfrak{f}_\eta}{s^2 - \varepsilon_\eta} : \frac{\mathfrak{f}_\zeta}{s^2 - \varepsilon_\zeta} \tag{43}$$

und die der dielektrischen Erregung aus

$$\mathfrak{D}_\xi : \mathfrak{D}_\eta : \mathfrak{D}_\zeta = \varepsilon_\xi\,\mathfrak{E}_\xi : \varepsilon_\eta\,\mathfrak{E}_\eta : \varepsilon_\zeta\,\mathfrak{E}_\zeta = \frac{\mathfrak{f}_\xi\,s_\xi}{s^2 - \varepsilon_\xi} : \frac{\mathfrak{f}_\eta\,\varepsilon_\eta}{s^2 - s_\eta} : \frac{\mathfrak{f}_\zeta\,\varepsilon_\zeta}{s^2 - \varepsilon_\zeta}. \tag{44}$$

Bildet man noch das Produkt $(\mathfrak{D}\,\mathfrak{s}) = 0$, so erhält man

$$0 = \frac{\mathfrak{f}_\xi\,\mathfrak{s}_\xi}{\frac{1}{\varepsilon_\xi} - \frac{1}{s^2}} + \frac{\mathfrak{f}_\eta\,\mathfrak{s}_\eta}{\frac{1}{\varepsilon_\eta} - \frac{1}{s^2}} + \frac{\mathfrak{f}_\zeta\,\mathfrak{s}_\zeta}{\frac{1}{\varepsilon_\zeta} - \frac{1}{s^2}}$$

oder

$$0 = \frac{\mathfrak{f}_\xi\,\mathfrak{s}_\xi}{c_\xi^2 - c_s^2} + \frac{\mathfrak{f}_\eta\,\mathfrak{s}_\eta}{c_\eta^2 - c_s^2} + \frac{\mathfrak{f}_\zeta\,\mathfrak{s}_\zeta}{c_\zeta^2 - c_s^2}. \tag{45}$$

Aus (42) erhält man zu jeder Strahlrichtung zwei Strahlgeschwindigkeiten c_s und aus (43) zwei zueinander senkrechte Feldstärken $\mathfrak{E}_1$ und $\mathfrak{E}_2$. Die ihnen zugeordneten $\mathfrak{D}_1$ und $\mathfrak{D}_2$ stehen dann allerdings nicht aufeinander senkrecht.

Wenn $\mathfrak{E}$ bzw. $\mathfrak{D}$ gedreht wird, ändert sich in einem dreiachsigen Kristall auch die Fortpflanzungsrichtung $\mathfrak{s}$ und die Strahlrichtung $\mathfrak{f}$ des Lichtes. In einem solchen Kristall kann es deshalb kein zirkular oder elliptisch polarisiertes Licht, sondern nur linear polarisiertes geben. In einem einachsigen Kristall kann hingegen elliptisch polarisiertes Licht in Richtung der ausgezeichneten Achse fortschreiten.

§ 3. Indexellipsoid, Fresnelsches Strahlenellipsoid, optische Achsen.

Inhalt: Den Brechungsindex zu jeder Richtung von $\mathfrak{D}$ kann man dem Indexellipsoid entnehmen. Die optischen Normalenachsen stehen senkrecht auf den beiden Ebenen durch den Mittelpunkt, welche das Ellipsoid in Kreisen schneiden. Konstruktion der Richtung von $\mathfrak{D}_1$ und $\mathfrak{D}_2$, wenn die optischen Achsen und die Fortpflanzungsrichtung gegeben sind. Analoge Betrachtung über Strahlenellipsoid, Strahlenachsen.
Bezeichnungen: $\mathfrak{n}_1$, $\mathfrak{n}_2$ optische Normalenachsen, $\mathfrak{N}_1$, $\mathfrak{N}_2$ optische Strahlenachsen.

Wir betrachten nun dielektrische Erregungen von allen Richtungen und solcher Größe, daß immer $(\mathfrak{E}\,\mathfrak{D}) = 1/\varepsilon_0$ wird. Von einem Punkte aus ziehen wir dann Radiusvektoren

$$\mathfrak{r} = \mathfrak{D}$$

und verbinden ihre Endpunkte zu einer Fläche. Für die Punkte ξ, η, ζ dieser Fläche gilt dann

$$\xi = \mathfrak{D}_\xi; \qquad \eta = \mathfrak{D}_\eta; \qquad \zeta = \mathfrak{D}_\zeta \tag{46}$$

oder

$$\frac{\xi}{\varepsilon_\xi} = \varepsilon_0\,\mathfrak{E}_\xi; \qquad \frac{\eta}{\varepsilon_\eta} = \varepsilon_0\,\mathfrak{E}_\eta; \qquad \frac{\zeta}{\varepsilon_\zeta} = \varepsilon_0\,\mathfrak{E}_\zeta$$

und ihre Gleichung lautet

$$\frac{\xi^2}{\varepsilon_\xi} + \frac{\eta^2}{\varepsilon_\eta} + \frac{\zeta^2}{\varepsilon_\zeta} = \varepsilon_0(\mathfrak{E}\,\mathfrak{D}) = 1\,. \tag{47}$$

Sie ist das Ellipsoid, dessen Hauptachsenabschnitte die relativen Hauptdielektrizitätskonstanten sind, und wird als Indexellipsoid oder Normalenellipsoid bezeichnet.

Wir ziehen nun vom Mittelpunkt einen Vektor $\mathfrak{r}$ zu einem Punkt des Ellipsoids und bilden nach (31)

$$n^2 = \frac{\mathfrak{D}^2}{\varepsilon_0(\mathfrak{E}\,\mathfrak{D})} = \xi^2 + \eta^2 + \zeta^2 = r^2. \tag{48}$$

Der Abstand r eines Ellipsoidpunktes vom Mittelpunkt ist der Brechungsindex der Welle, deren dielektrische Erregung die Richtung von $\mathfrak{r}$ hat. Das Indexellipsoid ordnet also jeder Richtung von $\mathfrak{D}$ einen Brechungsindex zu.

Nun fassen wir eine Fortpflanzungsrichtung $\mathfrak{s}$ ins Auge. Zu ihr gehören zwei Werte $\mathfrak{D}_1$ und $\mathfrak{D}_2$, welche in der Ebene

$$\xi\,\mathfrak{s}_\xi + \eta\,\mathfrak{s}_\eta + \zeta\,\mathfrak{s}_\zeta = 0 \tag{49}$$

senkrecht zu $\mathfrak{s}$ liegen. Die Ebene (49) schneidet das Ellipsoid (47) in einer Ellipse, deren Hauptachsen in die Richtungen von $\mathfrak{D}_1$ und $\mathfrak{D}_2$ fallen. Dies beweisen wir folgendermaßen: Wir finden die Hauptachsen durch die Forderung, daß

$$r^2 = \xi^2 + \eta^2 + \zeta^2$$

ein Maximum oder Minimum ist, wenn (47) und (49) als Nebenbedingungen berücksichtigt werden. Wir werden also verlangen, daß der Ausdruck

$$\xi^2 + \eta^2 + \zeta^2 - \lambda\left(\frac{\xi^2}{\varepsilon_\xi} + \frac{\eta^2}{\varepsilon_\eta} + \frac{\zeta^2}{\varepsilon_\zeta}\right) - \mu(\xi\,\mathfrak{s}_\xi + \eta\,\mathfrak{s}_\eta + \zeta\,\mathfrak{s}_\zeta)$$

unabhängig von der Änderung der ξ, η und ζ wird. Dies liefert uns die Bedingung

$$\xi = \frac{\mu}{2}\,\frac{\mathfrak{s}_\xi}{1 - \dfrac{\lambda}{\varepsilon_\xi}}; \qquad \eta = \frac{\mu}{2}\,\frac{\mathfrak{s}_\eta}{1 - \dfrac{\lambda}{\varepsilon_\eta}}; \qquad \zeta = \frac{\mu}{2}\,\frac{\mathfrak{s}_\zeta}{1 - \dfrac{\lambda}{\varepsilon_\zeta}}\,.$$

Setzen wir dies in (49) ein, so erhalten wir

$$\frac{\mathfrak{s}_\xi^2}{1-\frac{\lambda}{\varepsilon_\xi}}+\frac{\mathfrak{s}_\eta^2}{1-\frac{\lambda}{\varepsilon_\eta}}+\frac{\mathfrak{s}_\zeta^2}{1-\frac{\lambda}{\varepsilon_\zeta}}=0$$

und der Vergleich mit der FRESNELschen Normalengleichung (33) ergibt

$$\lambda = n^2.$$

Den Wert von μ, der aber nicht interessiert, können wir durch Einsetzen in die Gleichung des Ellipsoids finden. Mit diesem λ erhalten wir

$$\xi=\frac{\mu}{2n^2}\,\frac{\mathfrak{s}_\xi}{\frac{1}{n^2}-\frac{1}{\varepsilon_\xi}};\qquad \eta=\frac{\mu}{2n^2}\,\frac{\mathfrak{s}_\eta}{\frac{1}{n^2}-\frac{1}{\varepsilon_\eta}};\qquad \zeta=\frac{\mu}{2n^2}\,\frac{\mathfrak{s}_\zeta}{\frac{1}{n^2}-\frac{1}{\varepsilon_\zeta}}$$

für die Scheitelpunkte der Ellipse und

$$\xi:\eta:\zeta=\frac{\mathfrak{s}_\xi}{\frac{1}{\varepsilon_\xi}-\frac{1}{n^2}}:\frac{\mathfrak{s}_\eta}{\frac{1}{\varepsilon_\eta}-\frac{1}{n^2}}:\frac{\mathfrak{s}_\zeta}{\frac{1}{\varepsilon_\xi}-\frac{1}{n^2}}.$$

Der Vergleich mit (36) zeigt, daß die beiden Hauptachsenrichtungen tatsächlich mit den Richtungen von $\mathfrak{D}_1$ und $\mathfrak{D}_2$ übereinstimmen. Die beiden Hauptachsenabschnitte bedeuten die Brechungsindizes n_1 und n_2.

Es gibt zwei Ebenen, welche das Indexellipsoid in Kreisen schneiden. Ihre Schnittlinie ist die mittlere Hauptachse. Die Lote auf diesen Kreisebenen heißen die optischen Normalenachsen des Kristalls, und ihre Richtungen sollen mit $\mathfrak{n}_1$ und $\mathfrak{n}_2$ bezeichnet werden (s. Abb. 243). Die Ebene senkrecht zu einer beliebigen Fortpflanzungsrichtung $\mathfrak{s}$ schneidet das Ellipsoid in einer Ellipse, und diese schneidet ihrerseits diese beiden Kreise in Durchmessern $\mathfrak{r}_1$ und $\mathfrak{r}_2$ von gleicher Länge, welche aus diesem Grunde symmetrisch zu den Hauptachsen $\mathfrak{D}_1$ und $\mathfrak{D}_2$ der Ellipse liegen müssen (s. Abb. 244). $\mathfrak{r}_1$ steht senkrecht auf der Ebene $\mathfrak{s}\,\mathfrak{n}_1$ und $\mathfrak{r}_2$ senkrecht auf der Ebene $\mathfrak{s}\,\mathfrak{n}_2$. Diese beiden Ebenen liegen deshalb auch symmetrisch zu den Hauptachsen der Ellipse. Die Ebenen $\mathfrak{s}\,\mathfrak{D}_1$ und $\mathfrak{s}\,\mathfrak{D}_2$ müssen also die Winkel halbieren, welche von den Ebenen $\mathfrak{s}\,\mathfrak{n}_1$ und $\mathfrak{s}\,\mathfrak{n}_2$ gebildet werden. Sind die Normalenachsen $\mathfrak{n}_1$ und $\mathfrak{n}_2$ bekannt, so kann man also zu jeder Wellennormalen $\mathfrak{s}$ sehr leicht die Ebenen $\mathfrak{s}\,\mathfrak{D}_1$ und $\mathfrak{s}\,\mathfrak{D}_2$ bilden, welche die Winkel zwischen $\mathfrak{s}\,\mathfrak{n}_1$ und $\mathfrak{s}\,\mathfrak{n}_2$ halbieren, und in diesen Ebenen liegen $\mathfrak{D}_1$ und $\mathfrak{D}_2$ senkrecht zu $\mathfrak{s}$.

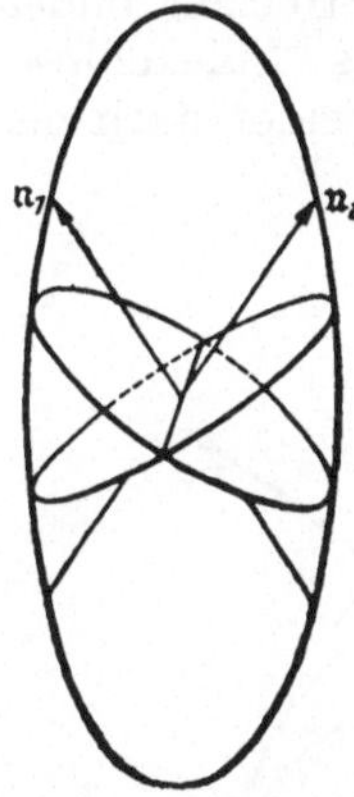

Abb. 243. Definition der optischen Normalenachsen mit Hilfe des Indexellipsoids. Die Ebenen senkrecht zu den Achsen schneiden das Ellipsoid in Kreisen.

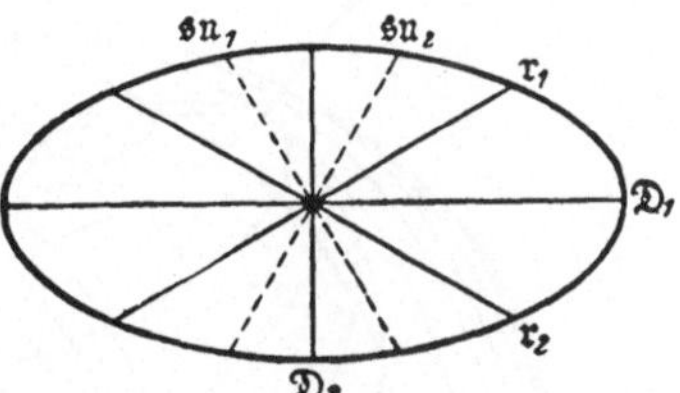

Abb. 244. Schnitt der Ebene senkrecht zur Fortpflanzungsrichtung $\mathfrak{s}$ durch das Indexellipsoid. $\mathfrak{r}_1$ und $\mathfrak{r}_2$ Schnitt mit den Ebenen senkrecht zu den optischen Achsen; punktiert Schnittlinien mit den Ebenen $\mathfrak{s}\,\mathfrak{n}_1$ und $\mathfrak{s}\,\mathfrak{n}_2$.

Eine ganz analoge Betrachtung kann man mit dem FRESNELschen Strahlenellipsoid

$$\varepsilon_\xi \xi^2 + \varepsilon_\eta \eta^2 + \varepsilon_\zeta \zeta^2 = 1 \tag{50}$$

durchführen, welches aus dem Normalenellipsoid durch die Übersetzung (38) entsteht. Ein Schnitt mit einer zur Strahlrichtung $\mathfrak{f}$ senkrechten Ebene ist eine Ellipse, deren Hauptachsen die Richtungen der elektrischen Feldstärke angeben. Die beiden Hauptachsenabschnitte sind gleich den beiden Strahlenindizes s_1 und s_2. Das Strahlenellipsoid wird von zwei Ebenen in Kreisen geschnitten, und die Lote dieser Ebenen bezeichnet man als die optischen Strahlenachsen $\mathfrak{N}_1$ und $\mathfrak{N}_2$. Ist die Richtung der Achsen bekannt, so findet man die beiden Feldstärkerichtungen eines Strahles $\mathfrak{f}$, wenn man in den zwei Ebenen, welche die Winkel der Ebenen $\mathfrak{f}\,\mathfrak{N}_1$ und $\mathfrak{f}\,\mathfrak{N}_2$ halbieren, die Lote zu $\mathfrak{f}$ zieht.

§ 4. Normalenfläche und Strahlenfläche.

Inhalt: Gleichung der Normalenfläche und Strahlenfläche. Die Strahlenfläche ist Wellenfläche.

Bezeichnungen: Wie S. 596 u. 602.

Wir tragen jetzt von einem Punkte aus Strecken von der Länge der beiden Normalengeschwindigkeiten

$$c_{n_1} = \frac{c}{n_1} \quad \text{und} \quad c_{n_2} = \frac{c}{n_2}$$

nach allen Richtungen $\mathfrak{s}$ ab. Die Endpunkte dieser Strecken bilden die sogenannte Normalenfläche, welche man mit Hilfe des Indexellipsoids konstruieren kann. Die Lotebene zu einer Richtung $\mathfrak{s}$ schneidet nach dem voran-

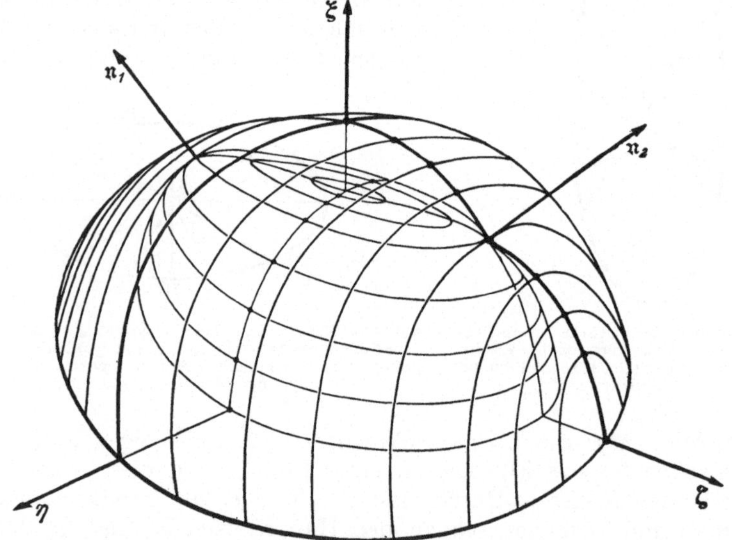

Abb. 245. Obere Hälfte der Normalenfläche. $\mathfrak{n}_1$ und $\mathfrak{n}_2$ Normalenachsen.

gehenden Abschnitt das Indexellipsoid in einer Ellipse, deren Hauptachsen die zu $\mathfrak{s}$ gehörenden Brechungsindizes n_1 und n_2 sind. Nur wenn $\mathfrak{s}$ mit einer der beiden optischen Normalenachsen $\mathfrak{n}_1$ oder $\mathfrak{n}_2$ zusammenfällt, gibt es nur einen Brechungsindex. Die Normalenfläche besteht deshalb aus einer inneren und einer äußeren geschlossenen Schale. Beide Schalen hängen nur in den vier Punkten miteinander zusammen, in welchen sie von den optischen Achsen durchstoßen werden (Abb. 245). Die Gleichung der Normalenfläche erhält man, wenn man

$$c_n^2 = \frac{c^2}{n^2} = \xi^2 + \eta^2 + \zeta^2 = r^2$$

und

$$\mathfrak{s}_\xi = \frac{\xi}{r}; \quad \mathfrak{s}_\eta = \frac{\eta}{r}; \quad \mathfrak{s}_\zeta = \frac{\zeta}{r}$$

in die FRESNELsche Normalengleichung (35) einträgt. Auf diese Weise ergibt sich die Normalenfläche

$$0 = \frac{\xi^2}{r^2 - c_\xi^2} + \frac{\eta^2}{r^2 - c_\eta^2} + \frac{\zeta^2}{r^2 - c_\zeta^2} \tag{51}$$

oder

$$0 = \xi^2 (r^2 - c_\eta^2)(r^2 - c_\zeta^2) + \eta^2 (r^2 - c_\zeta^2)(r^2 - c_\xi^2) + \zeta^2 (r^2 - c_\xi^2)(r^2 - c_\eta^2).$$

Ihre Schnittlinie mit einer Koordinatenebenen, z. B. $\eta = 0$, lautet

$$0 = (r^2 - c_\eta^2)\{\xi^2 (r^2 - c_\zeta^2) + \zeta^2 (r^2 - c_\xi^2)\}$$

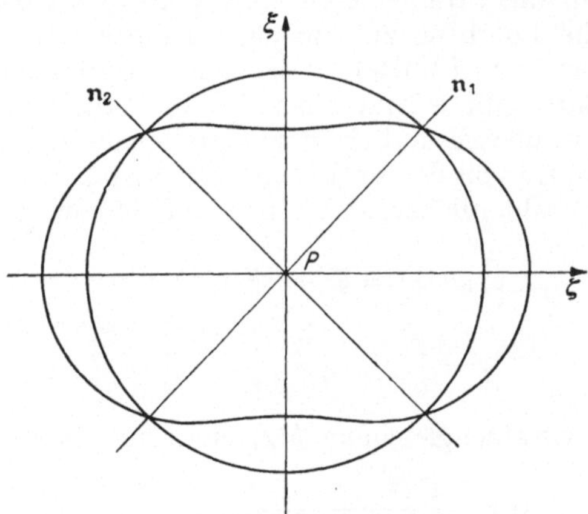

Abb. 246a. Schnitt der Normalenfläche mit der $\xi\zeta$-Ebene.

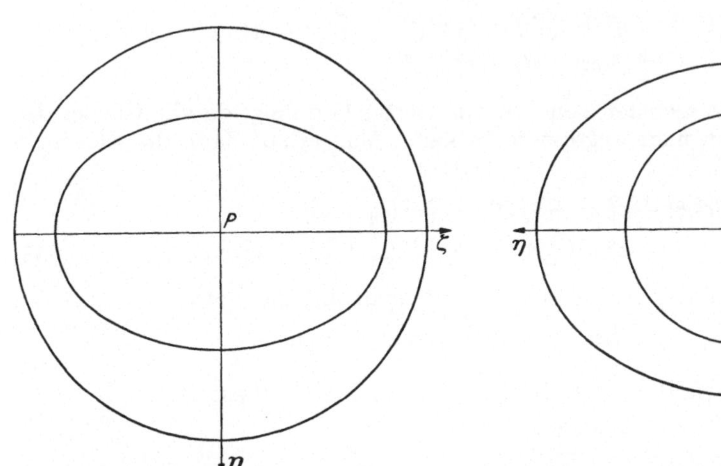

Abb. 246b. Schnitt der Normalenfläche mit der $\eta\zeta$-Ebene.

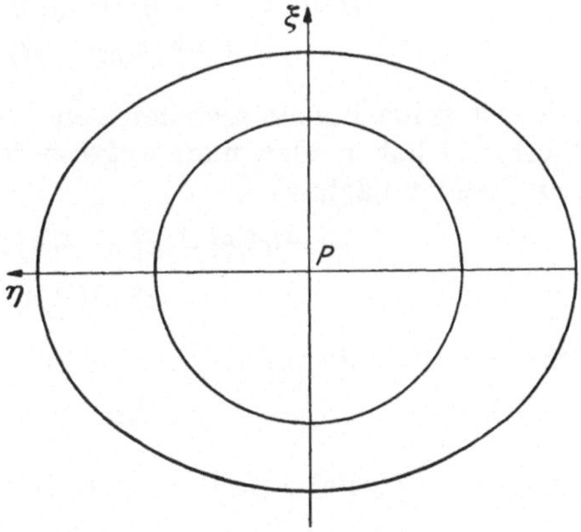

Abb. 246c. Schnitt der Normalenflächen mit der $\xi\,\eta$-Ebene.

und zerfällt in den Kreis $r = c_n$ und die Kurve vierter Ordnung (s. Abb. 246a)

$$0 = \xi^2 (r^2 - c_\zeta^2) + \zeta^2 (r^2 - c_\xi^2).$$

Mit den zwei anderen Koordinatenebenen erhält man entsprechende Schnitte (s. Abb. 246b und 246c). Die ξ-Achse wird in den Punkten $\xi = \pm c_\eta$ und $\xi = \pm c_\zeta$, die η-Achse in $\eta = \pm c_\xi$ und $\eta = \pm c_\zeta$, die ζ-Achse in $\zeta = \pm c_\xi$ und $\zeta = \pm c_\eta$ geschnitten. Ist $c_\xi > c_\eta > c_\zeta$, so schneidet nur der Kreis in der $\xi\zeta$-Ebene die Kurve vierter Ordnung, und die Schnittpunkte liegen auf den optischen Achsen (s. Abb. 246a). Errichtet man in allen Punkten der Normalenfläche Lotebenen auf den Verbindungslinien mit dem Punkte P, so erhält man die Wellenflächen aller ebenen Wellen, die eine Sekunde früher durch den Punkt P gelaufen sind.

In analoger Weise können wir die sogenannte Strahlenfläche konstruieren, indem wir von einem Punkt P aus nach allen Richtungen Strecken von der Länge der Strahlengeschwindigkeiten

$$c_{s_1} = \frac{c}{s_1} \quad \text{und} \quad c_{s_2} = \frac{c}{s_2}$$

auftragen. Man kann die Strahlenfläche mit Hilfe des Strahlenellipsoids konstruieren, welches die Lotebene zu $\mathfrak{f}$ in einer Ellipse mit den Hauptachsen s_1 und s_2 schneidet. Nur wenn $\mathfrak{f}$ mit einer der beiden optischen Strahlenachsen $\mathfrak{N}_1$ und $\mathfrak{N}_2$ zusammenfällt, gibt es nur einen Strahlenindex s. Die Strahlenfläche besteht also aus einer äußeren und einer inneren Schale, die an den vier Punkten zusammenhängen, wo sie von den optischen Strahlenachsen durchstoßen werden. Die Gleichung der Strahlenfläche stellt man auf, indem man

$$c_s^2 = \frac{c^2}{s^2} = \xi^2 + \eta^2 + \zeta^2 = r^2$$

und

$$\mathfrak{f}_\xi = \frac{\xi}{r}; \qquad \mathfrak{f}_\eta = \frac{\eta}{r}; \qquad \mathfrak{f}_\zeta = \frac{\zeta}{r}$$

in die FRESNELsche Strahlengleichung (42) einbringt. Man findet so

$$0 = \frac{\xi^2 c_\xi^2}{r^2 - c_\xi^2} + \frac{\eta^2 c_\eta^2}{r^2 - c_\eta^2} + \frac{\zeta^2 c_\zeta^2}{r^2 - c_\zeta^2} \tag{52}$$

oder

$$0 = r^2\{r^2(c_\xi^2\xi^2 + c_\eta^2\eta^2 + c_\zeta^2\zeta^2) - c_\xi^2\xi^2(c_\eta^2 + c_\zeta^2) - c_\eta^2\eta^2(c_\xi^2 + c_\zeta^2) - \\ - c_\zeta^2\zeta^2(c_\xi^2 + c_\eta^2) + c_\xi^2 c_\eta^2 c_\zeta^2\}.$$

Dies ist keine Fläche sechster, sondern nur vierter Ordnung, da alle Glieder den Faktor r^2 haben, den man wegdividieren kann. Man erhält dann die Gleichung der Strahlenfläche

$$0 = r^2(c_\xi^2\xi^2 + c_\eta^2\eta^2 + c_\zeta^2\zeta^2) - c_\xi^2\xi^2(c_\eta^2 + c_\zeta^2) - \\ - c_\eta^2\eta^2(c_\xi^2 + c_\zeta^2) - c_\zeta^2\zeta^2(c_\xi^2 + c_\eta^2) + c_\xi^2 c_\eta^2 c_\zeta^2. \tag{53}$$

Ihre Schnittlinie mit der Ebene $\eta = 0$ kann man auf die Form

$$0 = (r^2 - c_\eta^2)(c_\xi^2\xi^2 + c_\zeta^2\zeta^2 - c_\xi^2 c_\zeta^2)$$

bringen, d. h. sie zerfällt in den Kreis $r = c_\eta$ und die Ellipse

$$\frac{\xi^2}{c_\zeta^2} + \frac{\zeta^2}{c_\xi^2} = 1.$$

Auch die anderen Koordinatenebenen werden in einem Kreis und einer Ellipse geschnitten. Ist $c_\xi > c_\eta > c_\zeta$, so schneiden Kreis und Ellipse sich aber nur in der $\xi\zeta$-Ebene, und die Verbindungslinien der Schnittpunkte mit dem Punkt P sind die Strahlenachsen.

Wie die Normalenfläche, besteht die Strahlenfläche aus einem äußeren und einem inneren Mantel, die nur an den Durchstoßpunkten der Strahlenachsen miteinander zusammenhängen.

Die Strahlenfläche ist der Ort, an welchem sich alle Flächenelemente der Wellenflächen befinden, die eine Sekunde früher im Punkte P lagen. Die Wellenfläche einer Lichterregung, die im Punkt P ihren Ausgang nimmt, ist eine Sekunde später die Strahlenfläche. Dies gilt nicht nur, wenn in P eine wirkliche Lichtquelle ist, sondern auch, wenn von dort nur Elementarwellen im Sinne des HUYGENSschen Prinzips ausgehen.

Die Strahlenfläche wird aus diesem Grunde oft auch als Wellenfläche bezeichnet. Die Wellenfläche schreitet aber natürlich nicht in der Strahlrichtung fort, welche ja nicht senkrecht auf der Strahlenfläche steht. Das Lot zur Strahlenfläche im Punkt Q ist vielmehr zu dem Vektor parallel, den man von P aus zu dem entsprechenden Punkte der Normalenfläche zieht (s. Abb. 247). Da außerdem die Normalengeschwindigkeit die Projektion der Strahlengeschwindigkeit auf die Wellennormale ist, kann man die Normalenfläche aus der Strahlenfläche konstruieren. Die Fußpunkte F der Lote von P auf alle Tangentenebenen der Strahlenfläche liegen auf der Normalenfläche. Die Normalenfläche ist die sogenannte Fußpunktsfläche der Strahlenfläche. Umgekehrt kann man auch die Strahlenfläche leicht konstruieren, wenn man die Normalenfläche hat. Legt man auf jedem Punkt der Normalenfläche die Lotebene zu ihrer Verbindungslinie mit dem Mittelpunkt P, so umhüllen diese die Strahlenfläche.

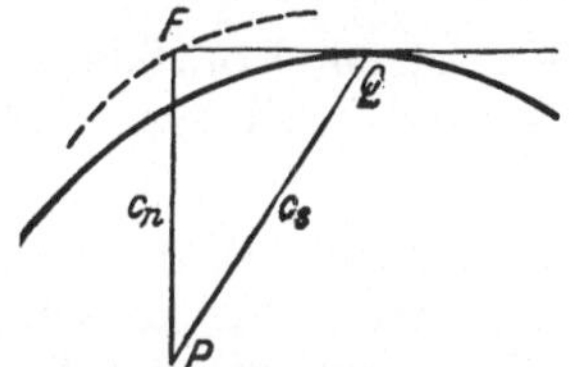

Abb. 247. Wellenfläche ausgezogen und Normalenfläche punktiert. Die Fußpunkte F der Lote von P auf die Tangentenebenen der Wellenfläche bilden die Normalenfläche.

§ 5. Optische Klassifikation der Kristalle.

Inhalt: Reguläre Kristalle sind isotrop, tetragonale, hexagonale und rhomboedrische Kristalle sind einachsig, rhombische Kristalle sind zweiachsig ohne Dispersion der Achsen, monokline und trikline Kristalle sind zweiachsig mit Dispersion der Achsen. Bei einachsigen Kristallen fallen die optischen Normalenachsen und Strahlenachsen mit der ausgezeichneten Kristallachse zusammen. Der ordentliche Strahl ist senkrecht, der außerordentliche parallel zum Hauptschnitt polarisiert.

Bezeichnungen: $\varepsilon_\xi = \varepsilon_\eta = \varepsilon_0$ und $\varepsilon_\zeta = \varepsilon_a$ Hauptdielektrizitätskonstanten, c_0, c_a Normalengeschwindigkeit der ordentlichen und außerordentlichen Welle.

Die regulären Kristalle sind isotrop. Die Dielektrizitätskonstante ist ein Skalar, die Lichtgeschwindigkeit ist für alle Richtungen der Fortpflanzung und Polarisation die gleiche. Zwischen Wellennormale und Strahlrichtung besteht kein Unterschied.

Die Kristalle des tetragonalen, hexagonalen und rhomboedrischen (trigonalen) Systems besitzen zwei gleich große Hauptdielektrizitätskonstanten und eine davon verschiedene, welche zu der mehrzähligen Kristallachse gehört. Indexellipsoid und Strahlenellipsoid sind Rotationskörper. Die beiden optischen Normalenachsen und die beiden optischen Strahlenachsen fallen zusammen und sind mit der ausgezeichneten Kristallachse identisch. Diese Kristalle bezeichnet man daher auch als optisch einachsig.

Die dielektrischen Hauptachsen der rhombischen Kristalle sind die drei Symmetrieachsen des Kristalls. Sie sind deshalb auch für alle Frequenzen dieselben, und diese Kristalle zeigen daher noch keine Dispersion der Achsen. Die Hauptdielektrizitätskonstanten sind alle verschieden, und die Kristalle sind daher optisch zweiachsig.

Die monoklinen Kristalle besitzen nur eine Symmetrieachse, und diese ist immer eine der dielektrischen Hauptachsen unabhängig von der Frequenz. Die beiden anderen dielektrischen Hauptrichtungen hängen von der Frequenz ab. Diese dielektrischen Hauptachsen zeigen also Achsendispersion. Die Kristalle sind natürlich optisch zweiachsig.

Bei den triklinen Kristallen hängen alle drei dielektrischen Hauptrichtungen von der Farbe ab. Optisch sind diese Kristalle natürlich ebenfalls zweiachsig.

Einachsige Kristalle. Bei den einachsigen Kristallen sind zwei Hauptdielektrizitätskonstanten

$$\varepsilon_\xi = \varepsilon_\eta = \varepsilon_0 \tag{54}$$

gleich. Das Indexellipsoid [s. Gl. (47), S. 602] hat die Gleichung

$$\frac{\xi^2 + \eta^2}{\varepsilon_0} + \frac{\zeta^2}{\varepsilon_a} = 1 \tag{55}$$

und ist ein Rotationsellipsoid. Das gleiche gilt für das FRESNELsche Strahlenellipsoid [s. Gl. (50), S. 604]

$$(\xi^2 + \eta^2)\,\varepsilon_0 + \zeta^2\,\varepsilon_a = 1\,. \tag{56}$$

Die ζ-Achse ist die ausgezeichnete Symmetrieachse des Kristalls und die ausgezeichnete dielektrische Hauptachse, die beiden anderen Hauptachsen können beliebig um die ζ-Achse gedreht werden.

Es gibt nur zwei Werte der Hauptlichtgeschwindigkeiten, die wir

$$c_\xi = c_\eta = c_0 \quad \text{und} \quad c_\zeta = c_a \tag{57}$$

nennen wollen.

Die Gleichung der Normalenfläche finden wir, indem wir (57) in (51) einsetzen, nämlich

$$0 = (r^2 - c_0^2)\,\{(\xi^2 + \eta^2)\,(r^2 - c_a^2) + \zeta^2 (r^2 - c_0^2)\}\,. \tag{58}$$

Die Fläche zerfällt in eine Kugel $r = c_0$ und ein Ovaloid vierter Ordnung

$$0 = (\xi^2 + \eta^2)\,(r^2 + c_a^2) + \zeta^2 (r^2 - c_0^2)\,. \tag{59}$$

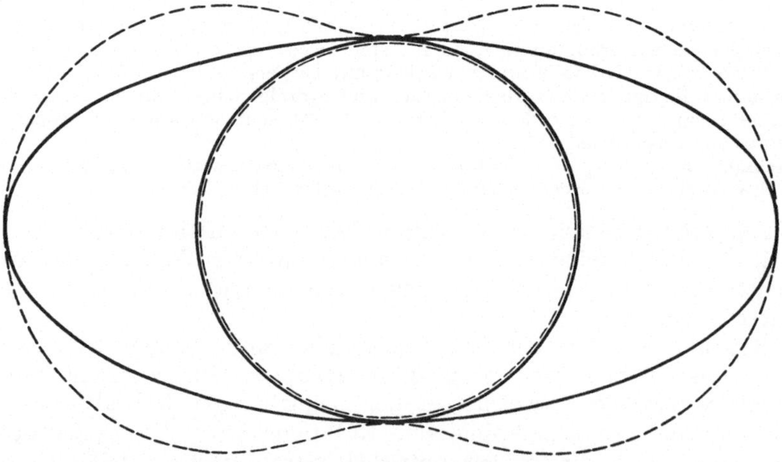

Abb. 248. Strahlenfläche und Normalenfläche (punktiert) eines einachsigen Kristalls.

Gemeinsame Punkte können die beiden Flächen nur haben, wenn $\xi = 0$ und $\eta = 0$ ist. Das Ovaloid berührt also die Kugel im Durchstoßpunkt der ζ-Achse. Die beiden optischen Normalenachsen fallen demnach zusammen und sind mit der ζ-Achse identisch (s. Abb. 248).

Die Strahlenfläche findet man aus (53) durch Einsetzen von (57), nämlich

$$0 = r^2\{c_0^2(\xi^2 + \eta^2) + c_a^2\,\zeta^2\} - c_0^2(\xi^2 + \eta^2)\,(c_a^2 + c_0^2) - 2\,c_a^2\,c_0^2\,\zeta^2 + c_0^4\,c_a^2.$$

Sie läßt sich auf die Form

$$0 = (r^2 - c_0^2)\{(\xi^2 + \eta^2)\, c_0^2 + (\zeta^2 - c_0^2)\, c_a^2\} \tag{60}$$

umrechnen und zerfällt in die Kugel

$$r = c_0$$

und das Rotationsellipsoid

$$\frac{\xi^2 + \eta^2}{c_a^2} + \frac{\zeta^2}{c_0^2} = 1\,. \tag{60a}$$

Beide Flächen haben nur den Punkt $\xi = 0$, $\eta = 0$, $\zeta = c_0$ gemeinsam. Die Kugel berührt also das Ellipsoid nur in den Durchstoßpunkten der ζ-Achse. Die beiden Strahlenachsen fallen zusammen und sind identisch mit der ζ-Achse. Zwischen Normalenachse und Strahlenachse besteht bei den einachsigen Kristallen kein Unterschied (s. Abb. 248).

Zu jeder Normalenrichtung $\mathfrak{s}$ gehören zwei Wellen, eine ordentliche und eine außerordentliche. Die Geschwindigkeit der ordentlichen Welle wird durch die Kugel $r = c_0$ dargestellt und ist unabhängig von dem Winkel, welchen $\mathfrak{s}$ mit der Achse bildet. Die Geschwindigkeit der außerordentlichen Welle wird durch das Ovaloid (59) dargestellt und hängt von diesem Winkel ab. Ist $c_0 > c_a$, so läuft der ordentliche Strahl schneller als der außerordentliche, und man nennt den Kristall positiv einachsig, ist $c_0 < c_a$, so läuft der außerordentliche Strahl schneller, und der Kristall heißt negativ einachsig.

Die Ebene, welche von der Fortpflanzungsrichtung $\mathfrak{s}$ mit der optischen Achse gebildet wird, nennt man den Hauptschnitt. Eine Lotebene zu $\mathfrak{s}$ schneidet das Indexellipsoid in einer Ellipse, deren eine Hauptachse senkrecht auf dem Hauptschnitt steht. Zu ihr gehört die Geschwindigkeit c_0. Die Polarisationsrichtung (Richtung von $\mathfrak{D}_0$) des ordentlichen Strahles steht also senkrecht zum Hauptschnitt. Die Polarisationsebene des ordentlichen Strahles ist der Hauptschnitt. Die Polarisationsrichtung des außerordentlichen Strahles liegt im Hauptschnitt, seine Polarisationsebene steht senkrecht auf dem Hauptschnitt (Abb. 249).

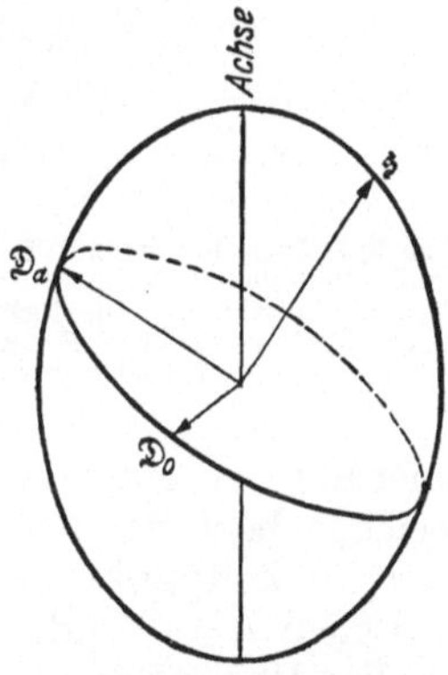

Abb. 249. $\mathfrak{D}_0$ steht senkrecht auf dem Hauptschnitt, $\mathfrak{D}_a$ liegt im Hauptschnitt. Hauptschnitt ist die Zeichenebene.

Nur wenn die Welle sich in der Richtung der optischen Achse fortpflanzt, fallen Fortpflanzungsrichtung und Strahlrichtung zusammen. In diesem Fall entfällt auch der Unterschied zwischen ordentlicher und außerordentlicher Welle. Die Polarisationsrichtung bleibt unbestimmt, d. h., in dieser Richtung können sich linear polarisierte Wellen aller Art, aber auch elliptisch und zirkular polarisierte Wellen fortpflanzen.

§ 6. Doppelbrechung an der Oberfläche anisotroper Körper.

Inhalt: An der Oberfläche eines Kristalls wird ein Lichtstrahl in zwei Strahlen zerlegt. Die Ebenen konstanter Phase erhält man als Umhüllende der Elementarwellen und kann sie aus der Strahlenfläche konstruieren. Normalenrichtung, Strahlrichtung, Fortpflanzungsgeschwindigkeit und Polarisationsrichtung sind für beide Strahlen verschieden. Bei senkrechtem Einfall bleibt die Fortpflanzungsrichtung dieselbe, die Strahlrichtung wird geändert. Beide Strahlen sind senkrecht zueinander polarisiert. Innere konische Refraktion.

Eine ebene Lichtwelle der Fortpflanzungsrichtung $\mathfrak{s}^0$ falle auf die ebene Oberfläche eines anisotropen Körpers. Das Lot zur Grenzfläche machen wir zur z-Achse eines Koordinatensystems und die Einfallsebene $\mathfrak{s}^0\, z$ zur xz-Ebene.

Jeder Punkt der Oberfläche sendet nach dem HUYGENSschen Prinzip eine Elementarwelle in den Kristall. Wir betrachten im Zeitpunkt $t = 1$ die Wellenfläche der Elementarwelle, welche zur Zeit $t = 0$ im Koordinatenanfang P ausgelöst wurde (s. Abb. 250). Sie hat gerade die Strahlenfläche um den Punkt P erreicht. Zur Zeit $t = 0$ wurden an allen Punkten der y-Achse Elementarwellen derselben Phase in Gang gesetzt und bilden zur Zeit $t = 1$ Strahlenflächen um die Punkte der y-Achse. Die Umhüllende all dieser Strahlenflächen ist der Zylinder parallel zur y-Achse, welcher sämtliche Strahlenflächen auf die Einfallsebene projiziert. Die Projektion besteht aus zwei Kurven K_1 und K_2, die den beiden Schalen der Strahlenflächen entsprechen. Von allen Geraden parallel zur y-Achse in der Kristalloberfläche werden solche Zylinder derselben Phase,

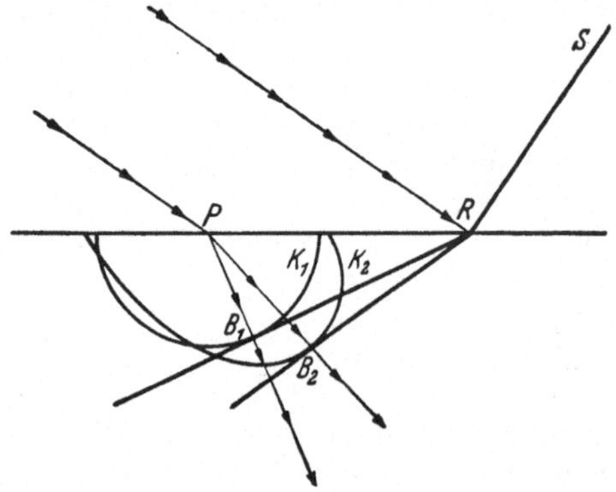

Abb. 250. Doppelbrechung. Die Wellenflächen im doppelbrechenden Medium sind die Tangentenebenen durch den Punkt R an die Zylinder K_1 und K_2. Die Lichtstrahlen sind parallel zur Verbindungslinie des Punktes P mit den Berührungspunkten B_1 und B_2 der Ebenen und Zylinder.

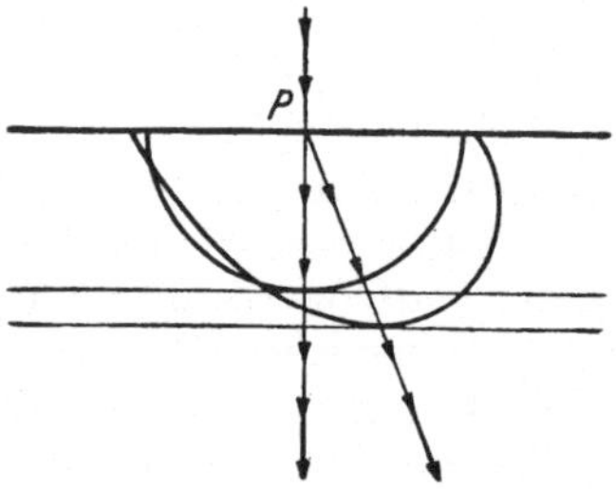

Abb. 251. Doppelbrechung bei senkrechtem Einfall.

allerdings zu einem anderen Zeitpunkt, abgelöst. Von der Geraden, die auf der Zeichenebene der Abb. 250 im Punkte R senkrecht steht, beginne die Ablösung erst im Zeitpunkt $t = 1$. Zwischen P und R beginnt die Ablösung zu Zeiten zwischen $t = 0$ und $t = 1$.

Die Wellenflächen der gebrochenen Wellen im Kristall sind die Umhüllenden sämtlicher Elementarwellenflächen, d.h. die Tangenentenebenen durch den Punkt R, die man an die oben beschriebenen Zylinder K_1 und K_2 legen kann. Sie sind die Flächen konstanter Phase im Kristall, welche sich in das isotrope Medium als Ebene RS der Abb. 250 fortsetzen. Die Wellenflächen im Kristall sind also zwei Ebenen senkrecht zur Einfallsebene, welche man konstruieren kann, indem man von R aus die Tangenten an die Kurven K_1 und K_2 zieht. Sind B_1 und B_2 die Berührungspunkte, so sind $P B_1$ und PB_2 die Strahlgeschwindigkeiten nach Größe und Richtung. Ist die Einfallsrichtung $\mathfrak{s}^0$ des Lichtes gegeben, so können den Kristall zwei Wellen mit den Strahlgeschwindigkeiten c_{s1} und c_{s2} in der Richtung $\mathfrak{f}_1$ und $\mathfrak{f}_2$ durchlaufen. Ihre Strahlungsindizes ergeben sich aus Gl..(28), während die Gl. (43) und (44) die Richtungen der zugehörigen Feldstärken $\mathfrak{E}_1$ und $\mathfrak{E}_2$ und die Polarisationsrichtungen $\mathfrak{D}_1$ und $\mathfrak{D}_2$ liefern.

An der Kristalloberfläche tritt also Doppelbrechung ein. Im Kristallinnern entstehen zwei Wellen von verschiedener Fortpflanzungsrichtung, Strahlrichtung und Polarisation. Auch ihre Fortpflanzungsgeschwindigkeiten in der Wellennormalen und ihre Strahlgeschwindigkeiten sind verschieden.

Fällt das Bündel senkrecht auf die Oberfläche ein (Abb. 251), so rückt der Punkt R der Abb. 250 ins Unendliche, und die Wellenfläche ist eine Tangentenebene parallel zur Oberfläche an die Strahlenfläche um den Koordinatenanfang. Die Normalenrichtung erleidet bei senkrechtem Einfall also keine Brechung, wohl aber die Strahlenrichtung. Da die Normalenrichtung beider Strahlen dieselbe ist, sind sie senkrecht zueinander polarisiert. An einem unendlich ausgedehnten Bündel ist die Doppelbrechung bei senkrechtem Einfall schwer zu bemerken, wohl aber bei einem seitlich begrenzten Bündel. Die Schattengrenze fällt in die Strahlenrichtung. Im Kristall trennt sich ein begrenztes Bündel in zwei senkrecht zueinander polarisierte Strahlenbündel, die in verschiedener Richtung auseinanderlaufen. Bei genügender Dicke der Platte trennen sie sich völlig. Läßt man nur einen feinen Strahl einfallen, so entstehen im Innern der Platte zwei Strahlen verschiedener Richtung. Beim Austritt aus einer planparallelen Platte stellt sich die ursprüngliche Strahlrichtung wieder her, aber man hat zwei getrennte und senkrecht zueinander polarisierte Strahlen.

Ist eine Kristallplatte senkrecht zu einer der optischen Normalenachsen geschnitten, so erhält man eine merkwürdige Erscheinung, wenn man in der Achsenrichtung einen feinen unpolarisierten Strahl auf sie fallen läßt. Im Kristall pflanzt sich das Licht parallel zur Achse fort, und in diesem Falle sind alle Polarisationsrichtungen möglich. Zu jeder Polarisationsrichtung gehört aber eine andere Strahlrichtung. Im Kristall erhält man also einen Kegel von Lichtstrahlen, die auf der Rückseite der Platte in einem Kreisring austreten. Bei der Beobachtung, bei der man ein Bündel von endlicher Öffnung nehmen muß, ist der Kreisring noch durch eine dunklere Linie unterteilt. Diese Erscheinung nennt man innere konische Refraktion.

*§ 7. Interferenzerscheinungen an Kristallplatten im polarisierten Licht.

Inhalt: Phasenunterschied der Wellen bei senkrechtem und schiefem Einfall. Kristallplatte zwischen zwei Nikols. Isogyren und Isochromaten.

Bezeichnungen: $\mathfrak{D}_0$ dielektrische Erregung der einfallenden Welle, $\mathfrak{D}_1$ und $\mathfrak{D}_2$ der Wellen im Kristall, λ Wellenlänge in Luft, λ_1, λ_2 im Kristall, n_1 und n_2 Brechungsindizes, c Lichtgeschwindigkeit im Vakuum, d Plattendicke, δ Phasenunterschied.

Lassen wir linear polarisiertes Licht in der Richtung $\mathfrak{s}^0$ auf eine Kristallplatte fallen, so können im Kristallinnern die beiden Wellen auftreten, die der Einfallsrichtung $\mathfrak{s}^0$ zugeordnet sind. Die Polarisationsrichtung des einfallenden Lichtes ist dafür maßgebend, wie sich die Intensität auf die beiden Wellen verteilt.

Wir untersuchen jetzt den senkrechten Einfall. Die Wellennormale ist dann auch im Kristallinnern senkrecht zur Oberfläche. Die Platte wird von zwei Wellen durchlaufen, die sich mit den Geschwindigkeiten c_1 und c_2 fortpflanzen. Ihre elektrischen Erregungen $\mathfrak{D}_1$ und $\mathfrak{D}_2$ stehen aufeinander senkrecht. Ihre Wellenlängen sind

$$\lambda_1 = \frac{\lambda\, c_1}{c} = \frac{\lambda}{n_1} \quad \text{und} \quad \lambda_2 = \frac{\lambda\, c_2}{c} = \frac{\lambda}{n_2}, \tag{61}$$

wenn λ die Wellenlänge außerhalb des Kristalls bezeichnet.

Erzeugt eine einfallende Lichtwelle in der Kristalloberfläche die Erregung $\mathfrak{D}_0$, welche mit $\mathfrak{D}_1$ den Winkel φ bildet, so ist

$$\mathfrak{D}_1 = \mathfrak{D}_0 \cos\varphi; \qquad \mathfrak{D}_2 = \mathfrak{D}_0 \sin\varphi.$$

Beim Durchgang durch die Kristallplatte der Dicke d entsteht zwischen beiden Wellen ein Phasenunterschied

$$\delta = 2\pi\, d \left(\frac{1}{\lambda_1} - \frac{1}{\lambda_2}\right) = \frac{2\pi\, d}{\lambda}(n_1 - n_2). \tag{62}$$

Nach dem Austritt aus der Platte setzen sich die beiden senkrecht zueinander polarisierten Wellen im allgemeinen zu einer elliptisch polarisierten Lichtwelle zusammen. Nur wenn δ ein ganzes Vielfaches von π ist, entsteht hinter der Platte wieder linear polarisiertes Licht. Ist δ ein ungerades Vielfaches von $\pi/2$ und außerdem $\varphi = 45°$, so erhält man zirkular polarisiertes Licht. Eine Platte aus doppelbrechendem Material ist also ein einfaches Hilfsmittel, um linear polarisiertes Licht in elliptisch oder zirkular polarisiertes zu verwandeln oder umgekehrt.

Liegt die Kristallplatte zwischen zwei Nikols, deren Durchlaßrichtungen den Winkel χ bilden, so läßt das zweite Nikol von der Amplitude $\mathfrak{D}_1$ nur die Komponente

$$\mathfrak{D}_1 \cos(\varphi - \chi) = \mathfrak{D}_0 \cos(\varphi - \chi) \cos\varphi$$

und von $\mathfrak{D}_2$ nur

$$\mathfrak{D}_2 \sin(\varphi - \chi) = \mathfrak{D}_0 \sin(\varphi - \chi) \sin\varphi$$

durch. Die durchgelassenen Komponenten kommen zur Interferenz. Zwei interferierende Wellen der Intensitäten I_1 und I_2 mit der Phasendifferenz δ erzeugen eine Intensität (s. S. 553)

$$I = I_1 + I_2 + 2\sqrt{I_1 I_2} \cos\delta,$$

für welche sich in unserem Fall

$$I = I_0 \{\cos^2(\varphi - \chi) \cos^2\varphi + \sin^2(\varphi - \chi) \sin^2\varphi + \\ + 2 \cos\delta \cos(\varphi - \chi) \sin(\varphi - \chi) \cos\varphi \sin\varphi\}$$

ergibt. Wegen $\cos\delta = 1 - 2\sin^2\frac{\delta}{2}$ geht dies in

$$I = I_0 \left\{\cos^2\chi - \sin^2\frac{\delta}{2} \sin 2\varphi \sin 2(\varphi - \chi)\right\} \tag{63}$$

über.

Stellt man beide Nikols parallel, so wird $\chi = 0$, und die Formel reduziert sich auf

$$I = I_0 \left(1 - \sin^2\frac{\delta}{2} \sin^2 2\varphi\right). \tag{63a}$$

Maxima der Intenssität erhält man, wenn

$$\varphi = 0, \quad \frac{\pi}{2}, \quad \pi, \quad \frac{3\pi}{2} \quad \text{usw.} \tag{64a}$$

ist, d. h., wenn die Polarisationsrichtung des Polarisators entweder mit $\mathfrak{D}_1$ oder $\mathfrak{D}_2$ übereinstimmt. Minima werden erzielt, wenn

$$\varphi = \frac{\pi}{4}, \quad \frac{3\pi}{4}, \quad \frac{5\pi}{4} \quad \text{usw.} \tag{64b}$$

ist, d. h. wenn $\mathfrak{D}_0$ den Winkel zwischen $\mathfrak{D}_1$ und $\mathfrak{D}_2$ halbiert. In dieser Stellung erzielt man völlige Dunkelheit, wenn δ ein ungerades Vielfaches von π, d. h. der Gangunterschied der beiden Wellen im Kristall ein halbzahliges Vielfaches einer Wellenlänge ist.

Bei gekreuzten Nikols ist $\chi = \pi/2$, und wir erhalten statt (63a)

$$I = I_0 \sin^2\frac{\delta}{2} \sin^2 2\varphi. \tag{63b}$$

Völlige Dunkelheit tritt ein, wenn

$$\delta = 0, \quad 2\pi, \quad 4\pi \quad \text{usw.}$$

oder wenn

$$\varphi = 0, \quad \frac{\pi}{2}, \quad \pi \quad \text{usw.}$$

ist. Bei Anwendung von weißem Licht fallen die Maxima oder Minima für die verschiedenen Farben nicht zusammen. Wird bei einer bestimmten Plattendicke eine Farbe gerade ausgelöscht, so beobachtet man nicht Dunkelheit, sondern die Komplementärfarbe.

Fällt das polarisierte Licht nicht senkrecht, sondern schief auf eine Kristallplatte der Dicke d, so werden die Verhältnisse ziemlich verwickelt. Die einfallende Welle spaltet in zwei Wellen auf, die in den Richtungen AB und AC mit der Geschwindigkeit c_1 und c_2 fortschreiten (s. Abb. 252). Ihre Phasendifferenz nach Durchqueren der Platte ist

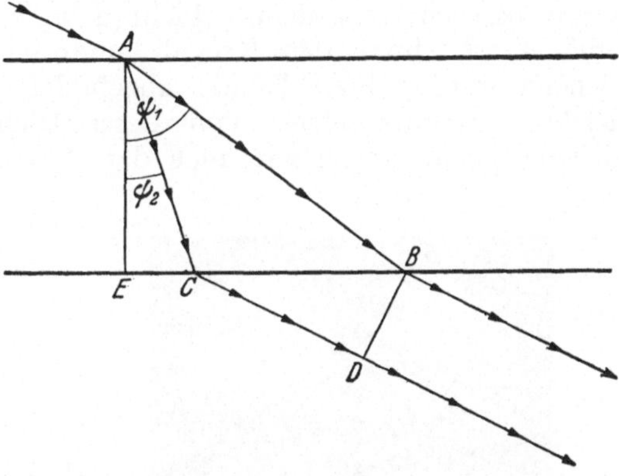

Abb. 252. Aufspaltung eines Strahles durch eine doppelbrechende Platte. Der Winkel CBD ist der im Text mit α bezeichnete Einfallswinkel.

$$\delta = 2\pi\left(\frac{AC}{\lambda_2} + \frac{CD}{\lambda} - \frac{AB}{\lambda_1}\right).$$

Nun ist

$$AC = \frac{d}{\cos\psi_2}; \quad AB = \frac{d}{\cos\psi_1}$$

$$CD = BC\sin\alpha = (EB - EC)\sin\alpha = d\sin\alpha(\operatorname{tg}\psi_1 - \operatorname{tg}\psi_2).$$

Man erhält also

$$\delta = 2\pi d\left\{\frac{1}{\cos\psi_2}\left(\frac{1}{\lambda_2} - \frac{\sin\alpha\sin\psi_2}{\lambda}\right) - \frac{1}{\cos\psi_1}\left(\frac{1}{\lambda_1} - \frac{\sin\alpha\sin\psi_1}{\lambda}\right)\right\}.$$

Wegen des Brechungsgesetzes für die Richtung der Wellennormalen gilt

$$\frac{\sin\alpha}{\lambda} = \frac{\sin\psi_2}{\lambda_2} = \frac{\sin\psi_1}{\lambda_1},$$

so daß die Phasendifferenz durch den ziemlich einfachen Ausdruck

$$\delta = 2\pi d\left\{\frac{\cos\psi_2}{\lambda_2} - \frac{\cos\psi_1}{\lambda_1}\right\} = \frac{2\pi d}{\lambda}(n_2\cos\psi_2 - n_1\cos\psi_1)$$

angegeben wird. Man kann ihn noch weiter vereinfachen, da die Doppelbrechung (Anisotropie) nicht groß ist. Wir setzen

$$n_2\cos\psi_2 - n_1\cos\psi_1 = \Delta(n\cos\psi) = \cos\psi\,\Delta n - n\sin\psi\,\Delta\psi.$$

Andererseits ist wegen des Brechungsgesetzes

$$0 = \Delta(n\sin\psi) = \sin\psi\,\Delta n + n\cos\psi\,\Delta\psi,$$

woraus man

$$\Delta\psi = -\frac{\Delta n}{n}\operatorname{tg}\psi$$

findet. Damit erhält man

$$n_2\cos\psi_2 - n_1\cos\psi_1 = \Delta n\cos\psi(1 + \operatorname{tg}^2\psi) = \frac{n_2 - n_1}{\cos\psi}.$$

ψ ist hier der Mittelwert der beiden Brechungswinkel im Kristall. Mit dieser Vereinfachung erhalten wir die Phasendifferenz

$$\delta = \frac{2\pi d(n_2 - n_1)}{\lambda \cos\psi}. \tag{65}$$

Jetzt wollen wir noch die Erscheinungen untersuchen, welche man beobachtet, wenn man eine ausgedehnte Lichtquelle, z. B. eine erleuchtete Mattscheibe mit einer Linse, durch den Kristall hindurch abbildet. Verschiedene Punkte der Scheibe werden durch Bündel abgebildet, welche den Kristall in verschiedenen Richtungen durchsetzen. Von diesen Richtungen werden sowohl die Phasendifferenzen abhängen wie auch der Winkel φ, den $\mathfrak{D}_1$ mit der Polarisations-

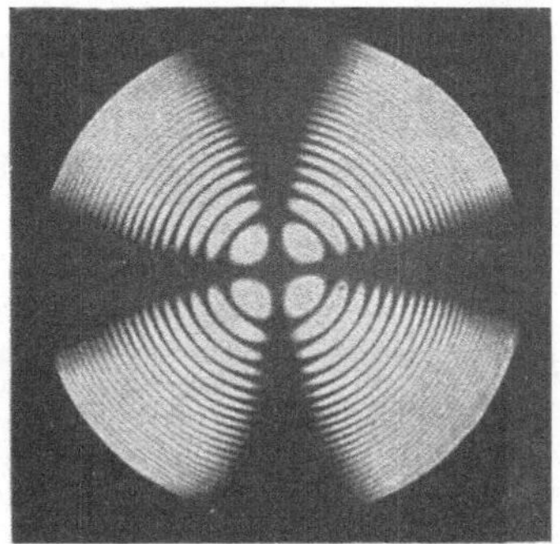

Abb. 253.
Isogyren und Isochromaten einer Kalkspatplatte.

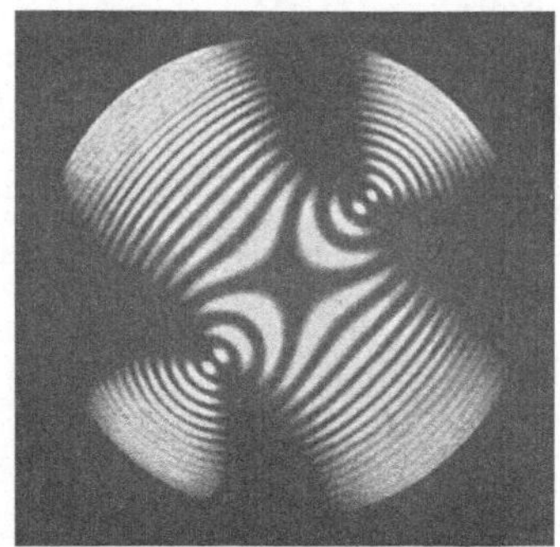

Abb. 254.
Isogyren und Isochromaten einer Aragonitplatte.

richtung bildet. Mit gekreuzten Nikols wird man Dunkelheit für solche Punkte der Mattscheibe erhalten, für die entweder

$$\varphi = 0, \quad \frac{\pi}{2}, \quad \pi, \quad \frac{3\pi}{2}\ldots$$

oder

$$\delta = 0, \quad 2\pi, \quad 4\pi$$

zutrifft. Die erste Bedingung wird von Punkten auf einer Schar von Kurven erfüllt, die man Isogyren nennt. Die zweite Bedingung liefert eine Schar von Kurven, welche Isochromaten heißen.

Die Gestalt beider Kurvenarten kann man sehr leicht bei einer einachsigen Platte beurteilen, welche senkrecht zur optischen Achse geschnitten ist. Die Einfallsebene ist dann immer gleichzeitig Hauptschnitt, $\mathfrak{D}_1$ ist senkrecht und $\mathfrak{D}_2$ parallel zu ihr. $\varphi = \pi/2$ bedeutet, daß die Einfallsebene parallel zur Polarisationsrichtung, $\varphi = 0$, daß sie senkrecht dazu ist. Diese beiden Lagen der Einfallsebene liefern im Bild der Mattscheibe das dunkle Kreuz der Isogyren, das sich mit den beiden Nikols dreht. Der Gangunterschied hängt nur von der Neigung der Strahlen gegen die optische Achse ab, d. h., die Isochromaten sind Kreise um die Bildmitte. Die Abb. 253 zeigt die Isogyren und Isochromaten, die mit einer Kalkspatplatte gewonnen wird.

Die viel komplizierteren Interferenzfiguren an zweiachsigen Kristallen können hier nicht besprochen werden, doch zeigt die Abb. 254 ein Bild, das man an einer Aragonitplatte erhält.

E. Elektrodynamik bewegter Körper. Relativitätstheorie.

Die materiellen Körper bilden zusammen mit dem elektromagnetischen Feld die physikalische Wirklichkeit. Mannigfaltige Beziehungen bestehen zwischen diesen beiden Trägern des physikalischen Geschehens. Die Körper erzeugen das Feld durch ihre Ladung und, wie wir sehen werden, den elektrischen Strom durch ihre Bewegung. Auch das elektromagnetische Strahlungsfeld wird von ihnen emittiert und absorbiert. Andererseits sind die Kräfte, welche auf die Körper wirken und sie in Bewegung setzen, meist elektromagnetischer Natur.

Die Kraft, welche ein Körper im elektromagnetischen Feld erfährt, hängt aber nicht nur von den Eigenschaften des Feldes ab, sondern auch von seiner eigenen Bewegung. Die Bewegung im Magnetfeld induziert bekanntlich eine elektrische Feldstärke. Dieser Vorgang ist sogar die Grundlage der technischen Elektrizitätserzeugung geworden. Durch Bewegung von Ladungen entstehen Magnetfelder, Lichtwellen werden an bewegten Spiegeln anders reflektiert als an ruhenden, von bewegten Linsen anders gebrochen als von ruhenden, und bewegte Körper werfen einen anderen Schatten als ruhende.

Die Untersuchung dieser Vorgänge führt zu der Frage nach dem Bezugssystem, auf welches man Ruhe und Bewegung bezieht. Da es sich experimentell als unmöglich erweist, ein solches Bezugssystem zu finden, gelangt man notwendig zu den Gedankengängen der speziellen Relativitätstheorie, deren konsequente Weiterentwicklung zur allgemeinen Relativitätstheorie führt.

I. Die Theorie des ruhenden elektromagnetischen Äthers.

Bezeichnungen: $\mathfrak{E}$, $\mathfrak{H}$ elektrische und magnetische Feldstärke, $\mathfrak{D}$, $\mathfrak{B}$ dielektrische Erregung und magnetische Kraftflußdichte, $\mathfrak{G}$ Stromdichte, $\varkappa$ Leitfähigkeit, ε_0, μ_0 Dielektrizitätskonstante und Permeabilität des Vakuums, ε, μ relative Dielektrizitätskonstante und Permeabilität, c Vakuumlichtgeschwindigkeit, η_+, η_- räumliche Dichte positiver und negativer Ladungen, η räumliche Dichte der Überschußladung, n_+, n_- Zahl der positiven und negativen Ladungsträger in der Volumeneinheit, $\mathfrak{v}_+$, $\mathfrak{v}_-$ ihre Geschwindigkeiten, $\mathfrak{P}$ dielektrische Polarisation, $\mathfrak{v}$ Geschwindigkeit eines bewegten Körpers, q Ladung eines Körpers, σ Flächenladung.

Den Momentanzustand einer elektromagnetischen Anordnung kann man beschreiben, indem man an jedem Punkt des Raumes die elektrische und magnetische Feldstärke $\mathfrak{E}$ und $\mathfrak{H}$, die elektrische Raumladung η und die elektrische Stromdichte $\mathfrak{G}$ angibt. Mit Hilfe der Dielektrizitätskonstanten ε und der magnetischen Permeabilität μ erhält man dann auch die dielektrische Erregung $\mathfrak{D}$ und die magnetische Induktion $\mathfrak{B}$ aus den Beziehungen

$$\mathfrak{D} = \varepsilon\,\varepsilon_0\,\mathfrak{E}; \qquad \mathfrak{B} = \mu\,\mu_0\,\mathfrak{H}. \tag{1a}$$

Findet ein elektromagnetischer Vorgang statt, so sind die sechs Größen $\mathfrak{E}$, $\mathfrak{H}$, η, $\mathfrak{G}$, $\mathfrak{D}$ und $\mathfrak{B}$ auch noch von der Zeit abhängig.

Enthält die Anordnung keine beweglichen materiellen Teile, so gelten zwischen den elektromagnetischen Größen außer (1a) noch die MAXWELLschen Gleichungen

$$\operatorname{rot}\mathfrak{H} = \frac{\partial\mathfrak{D}}{\partial t} + \mathfrak{G} \tag{1b}$$

$$\operatorname{rot}\mathfrak{E} = -\frac{\partial\mathfrak{B}}{\partial t} \tag{1c}$$

$$\operatorname{div}\mathfrak{B} = 0 \tag{1d}$$

$$\operatorname{div}\mathfrak{D} = \eta. \tag{1e}$$

Diese Gleichungen sind auf ein ruhendes Koordinatensystem bezogen, welches fest mit der felderzeugenden Anordnung verbunden ist. Unter η sind die sogenannten wahren Ladungen zu verstehen, d. h. nicht jene, welche sich durch Polarisation auf der Oberfläche eines Dielektrikums von selbst einfinden. Die Leitungsstromdichte $\mathfrak{G}$ hängt mit der elektrischen Feldstärke durch

$$\mathfrak{G} = \varkappa \mathfrak{E} \tag{1f}$$

über das elektrische Leitvermögen $\varkappa$ zusammen.

Wenn die ganze Anordnung ruht, so sind ε und μ unabhängig von der Zeit, können aber natürlich an verschiedenen Orten noch verschieden groß sein.

§ 1. Der Konvektionsstrom.

Inhalt: Bewegte Ladungen bedeuten einen Strom, der ein Magnetfeld erzeugt. Versuche von ROWLAND, RÖNTGEN und EICHWALD.

Bezeichnungen: Wie S. 615.

Das Gleichungssystem (1) umfaßt noch nicht alle elektromagnetischen Vorgänge. Die Spannung, welche in einem Leiter induziert wird, wenn er sich durch ein Magnetfeld bewegt, kann man daraus nicht ohne weiteres ableiten. Überhaupt sind alle diejenigen elektrischen und magnetischen Effekte, die von der Bewegung materieller Körper im Feld verursacht werden, in den Gl. (1) zunächst noch nicht enthalten.

Diese Auffassung führt aber sofort zu Schwierigkeiten, welche man analysieren muß. Wie man heute weiß, ist die elektrische Ladung an die Materie geknüpft. Die negative Ladung wird von Elektronen, die positive von Atomkernen getragen. Es ist nun sehr naheliegend, sich den elektrischen Strom als einen Transport dieser Ladungsträger vorzustellen. Dies wird auch durch die Kontinuitätsgleichung

$$\operatorname{div}\mathfrak{G} = -\frac{\partial \eta}{\partial t} \tag{2}$$

nahegelegt. Sie erhält dann die anschauliche Deutung, daß ein Volumen diejenige Ladung einbüßt, welche bilanzmäßig aus ihm herauswandert. Um diese Vorstellung zu formulieren, führt man die räumliche Dichte der negativen Ladung η_- und die der positiven η_+ ein. Bewegen sich diese Ladungen mit den Geschwindigkeiten $\mathfrak{v}_-$ und $\mathfrak{v}_+$, so gelten für die elektrische Raumladung (Überschußladung) und die Stromdichte die einfachen Bedingungen

$$\eta = \eta_+ - \eta_- \tag{3}$$

$$\mathfrak{G} = \eta_+ \mathfrak{v}_+ - \eta_- \mathfrak{v}_-. \tag{4}$$

Es sind viele Fälle bekannt, in denen der elektrische Strom sicher auf diese Weise zustande kommt. Bewegen sich n_e Elektronen der Ladung $-e$ mit der Geschwindigkeit $\mathfrak{v}_e$ in der Volumeneinheit, so haben wir

$$\eta_e = -e\, n_e; \qquad \mathfrak{G}_e = -e\, n_e\, \mathfrak{v}_e.$$

Bei gleichzeitiger Anwesenheit von n_i positiven Ionen der Ladung $+e$, welche sich mit der Geschwindigkeit $\mathfrak{v}_i$ bewegen, hat man

$$\eta = e(n_i - n_e) \tag{3a}$$

$$\mathfrak{G} = e(n_i\, \mathfrak{v}_i - n_e\, \mathfrak{v}_e). \tag{4a}$$

In diesem besonderen Fall also kann man das Gleichungssystem (1) anwenden, obwohl eine Bewegung von Ionen und Elektronen stattfindet. Auch der Strom in einem Elektrolyten wird von wandernden positiven und negativen

Ionen getragen. Da der Elektrolyt selbst neutral ist, muß $n_i = n_e$ sein, und für den Strom gilt die Formel (4a). Bei den metallischen Leitern liegen die Verhältnisse zwar nicht so durchsichtig, aber es besteht kein Hindernis, den Strom als Elektronentransport aufzufassen. In allen diesen Fällen also wendet man das Gleichungssystem (1) an, obwohl eine Bewegung materieller Teilchen stattfindet. Hierin liegt zweifellos eine gewisse Inkonsequenz.

Wir gehen noch einen Schritt weiter, indem wir die atomistische Struktur der Dielektrika berücksichtigen. Von der dielektrischen Erregung $\mathfrak{D} = \varepsilon_0 \mathfrak{E} + \mathfrak{P}$ spalten wir gemäß S. 343 die dielektrische Polarisation ab. Die Polarisation besteht aber gerade darin, daß positive und negative Ladungen sich im Dielektrikum verschieben, d. h. eine Bewegung ausführen. Führen wir die positive und negative Raumladung η_+ und η_- ein, so können wir

$$\frac{\partial \mathfrak{P}}{\partial t} = \eta_+ \mathfrak{v}_+ - \eta_- \mathfrak{v}_-$$

schreiben. Würde man die Bewegung der Ladungsträger im Dielektrikum als Strom berücksichtigen, so könnte man also statt (1b) auch einfach

$$\operatorname{rot} \mathfrak{H} = \varepsilon_0 \frac{\partial \mathfrak{E}}{\partial t} + (\eta_+ \mathfrak{v}_+ - \eta_- \mathfrak{v}_-) \tag{5a}$$

schreiben. Statt (1e) muß man dann allerdings

$$\varepsilon_0 \operatorname{div} \mathfrak{E} = \eta_+ - \eta_-$$

setzen, wobei η_+ und η_- nicht nur die sogenannten wahren, sondern auch die scheinbaren Ladungen enthalten, welche ebensogut wirkliche Ladungen sind wie die wahren.

Man kann aber noch weitergehen. Schon AMPÈRE hat die Magnetisierung der Stoffe durch Kreisströme innerhalb der Atome oder Moleküle zu erklären versucht. Im Sinne der Quantentheorie kann man tatsächlich die magnetischen Momente der Atome in manchen Fällen auf Kreisströme zurückzuführen. Würde man nun in dem Stromglied von (1b) auch die AMPÈREschen Molekularströme aufnehmen, so würde diese Gleichung falsch werden. Die Berücksichtigung dieser Ströme würde nicht die Rotation des magnetischen Feldes, sondern die der Induktion geben. Man müßte dann die Gl. (1b) bis (1e) durch

$$\operatorname{rot} \mathfrak{B} = \varepsilon_0 \mu_0 \frac{\partial \mathfrak{E}}{\partial t} + \mu_0 (\eta_+ \mathfrak{v}_+ - \eta_- \mathfrak{v}_-) \tag{5b}$$

zusammen mit

$$\operatorname{rot} \mathfrak{E} = -\frac{\partial \mathfrak{B}}{\partial t} \tag{5c}$$

$$\operatorname{div} \mathfrak{B} = 0 \tag{5d}$$

$$\varepsilon_0 \operatorname{div} \mathfrak{E} = \eta_+ - \eta_- \tag{5e}$$

ersetzen. Hierdurch ist ein sehr symmetrisches Gleichungssystem für die Größen $\mathfrak{E}$ und $\mathfrak{B}$ entstanden. Wenn man schon einmal beginnt, die Ströme durch die Bewegung atomarer Ladungsträger auszudrücken, so ist die Form (5) der elektrodynamischen Grundgleichungen zweifellos konsequent. Für Anwendungen entsteht allerdings der Nachteil, daß man über die Raumladungen gewöhnlich wenig weiß und über ihre Geschwindigkeit noch weniger.

Zwischen den Gleichungssystemen (1) und (5) besteht ein wesentlicher Unterschied. Wenn makroskopische Bewegungen von Körpern stattfinden, kann man die Beziehungen (1) überhaupt nicht benutzen. In den Gl. (5) kann man dagegen auch die Felder erfassen, welche durch Ladungsbewegungen entstehen. Als

Beispiel betrachten wir eine geladene Kreisscheibe, die um ihre Achse gedreht wird. Die räumliche Ladungsverteilung und das elektrische Feld werden von der Drehung nicht beeinflußt. Die Gl. (5 b) sagt aber aus, daß die Drehung der Ladung dieselbe magnetische Wirkung hervorbringt wie ein Kreisstrom. Das Experiment zeigt, daß dies richtig ist (ROWLANDscher Versuch). Der Ladungstransport bei makroskopischer Bewegung eines Körpers bedeutet also einen Konvektionsstrom, welcher magnetisch ebenso wie ein Leitungsstrom wirkt. Die Gl. (5) bleiben also in Fällen anwendbar, in denen die Gl. (1) versagen. Wir können natürlich auch die Gl. (1 b) verwendbar machen, wenn wir festsetzen, daß unter $\mathfrak{G}$ nicht nur Leitungsströme, sondern auch Konvektionsströme mitzurechnen sind.

Wir untersuchen ein zweites Beispiel. Zwischen die kreisförmigen Platten eines Kondensators bringen wir eine Scheibe aus dielektrischem Material und drehen sie um ihre Achse (s. Abb. 255). Die Drehung verändert weder die wahre noch die scheinbare Ladung. Die dielektrische Erregung bleibt also unverändert und insbesondere unabhängig von der Zeit. Würde man zu $\mathfrak{G}$ nur den Leitungsstrom und die Konvektion wahrer Ladungen rechnen, so würde die Gl. (1 b) keinen magnetischen Effekt erwarten lassen. Die Gl. (5 b) hingegen gibt an, daß die scheinbaren Ladungen, die auf der Oberfläche des Dielektrikums eine Kreisbewegung ausführen, ein magnetisches Feld erzeugen wie zwei parallele Flachspulen, die von Strömen entgegengesetzter Richtung durchflossen werden. RÖNTGEN und EICHENWALD konnten diesen magnetischen Effekt im Versuch beobachten. Die Gl. (5 b) ist also der Formulierung (1 b) überlegen. Setzt man aber fest, daß auch die Konvektion scheinbarer Ladungen zum Strom beiträgt, so kann man allerdings auch (1 b) weiterverwenden.

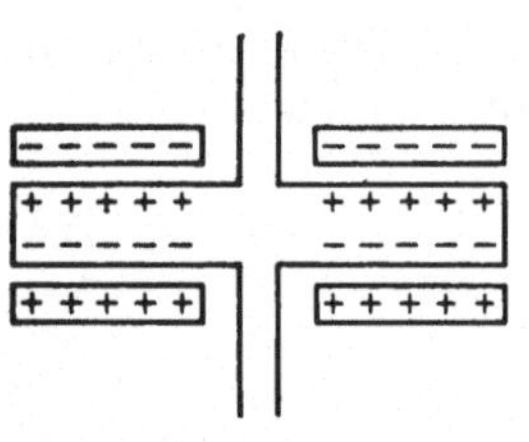

Abb. 255. Bei der Drehung des Dielektrikums zwischen den Kondensatorplatten entsteht ein Magnetfeld.

§ 2. Das Induktionsgesetz.

Inhalt: Kraft auf bewegte Ladung im Magnetfeld. Induktionsgesetz. Induktion bei Isolatoren und Atomen. Versuche von WILSON und WIEN.

Bezeichnungen: Wie S. 615.

Bei der Herleitung des Gleichungssystems (5) war stillschweigend ein ruhendes Koordinatensystem zugrunde gelegt. Deutet man die Ströme als bewegte Ladungen, so müssen alle Geschwindigkeiten auf ein ruhendes System bezogen werden. Die Felder $\mathfrak{E}$ und $\mathfrak{B}$ wirken dann auf Probeladungen und Magnetpole, die sich in Ruhe befinden, d. h., sie werden von einem ruhenden Beobachter gemessen.

Die Gl. (5) bestimmen das Feld, welches durch eine beliebige Anordnung von ruhenden oder bewegten Ladungen, ruhenden oder bewegten Leitern oder nichtleitenden Medien erzeugt wird. Wir erhalten aus ihnen aber keine Aussage über die Kraft, die das Feld auf bewegte Ladungen oder Magnetpole ausübt. An einer ruhenden Ladung q bringt das elektrische Feld eine Kraft $q\,\mathfrak{E}$, an einem Stromelement $(\mathfrak{G}\,dv)$ bringt das Magnetfeld die Kraft

$$[\mathfrak{G}\,\mathfrak{B}]\,dv$$

hervor. Drückt man den Strom als Ladungstransport aus, so müssen wir dem Magnetfeld eine Kraft

$$q[\mathfrak{v}\,\mathfrak{B}]$$

auf die bewegte Ladung q zuschreiben oder die Kraft

$$\eta[\mathfrak{v}\,\mathfrak{B}]\,dv$$

auf das bewegte Volumenelement. Im elektromagnetischen Feld wirkt also auf eine Ladung q, welche sich mit der Geschwindigkeit $\mathfrak{v}$ bewegt, die Gesamtkraft

$$\mathfrak{K} = q(\mathfrak{E} + [\mathfrak{v}\,\mathfrak{B}]). \tag{6}$$

Sie bewirkt die Beschleunigung, welche die Ladung erfährt.

Bezieht man auf ein Koordinatensystem, welches von der Ladung mitgeführt wird, so hat man auch in diesem die Kraft (6). Da in diesem System die Ladung aber ruht, scheint an ihr sich die Feldstärke

$$\mathfrak{E}' = \mathfrak{E} + [\mathfrak{v}\,\mathfrak{B}] \tag{7}$$

zu betätigen. Diese Erscheinung ist als Induktion bekannt und hat in der Technik eine ungeheure Bedeutung erlangt.

Bewegt sich irgendein materieller Körper in einem Magnetfeld, so erfahren also die elektrischen Ladungen, aus denen er aufgebaut ist, eine Kraft

$$\mathfrak{K} = q[\mathfrak{v}\,\mathfrak{B}],$$

gerade als ob eine Feldstärke

$$\mathfrak{E}' = [\mathfrak{v}\,\mathfrak{B}]$$

induziert worden wäre. Ist der Körper ein Leiter, so werden in ihm Ladungen influenziert. bis sie die induzierte Feldstärke gerade kompensieren. Ist der Körper ein Isolator, so erfährt er eine Polarisation, die der induzierten Feldstärke entspricht. Zwischen den Enden eines Stabes, welcher sich durch ein Magnetfeld bewegt, beobachten wir eine induzierte Spannung

$$U' = -\int \mathfrak{E}'\,d\mathfrak{s}.$$

Die Integration ist über die Länge des Stabes zu erstrecken. Ob der Stab leitet oder isoliert, ist dabei gleichgültig. Handelt es sich um einen Leiter, der ein Stück eines geschlossenen Stromkreises darstellt, so ist ein Induktionsstrom die Folge der induzierten Spannung. Seine Stärke richtet sich nach dem Widerstand im Stromkreise.

Daß in Isolatoren wirklich ein elektrisches Feld induziert wird, hat WILSON durch einen Versuch dargetan. Ein isolierender Hohlzylinder rotiert in einem zu seiner Achse parallelen Magnetfeld (s. Abb. 256). Seine beiden Oberflächen sind mit Metallfolie belegt. Ist ω die Winkelgeschwindigkeit der Rotation, r der Abstand eines Punktes von der Achse, so ist $|\mathfrak{v}| = \omega\, r$, und in den Metallbelegungen wie im Dielektrikum wird eine radiale Feldstärke

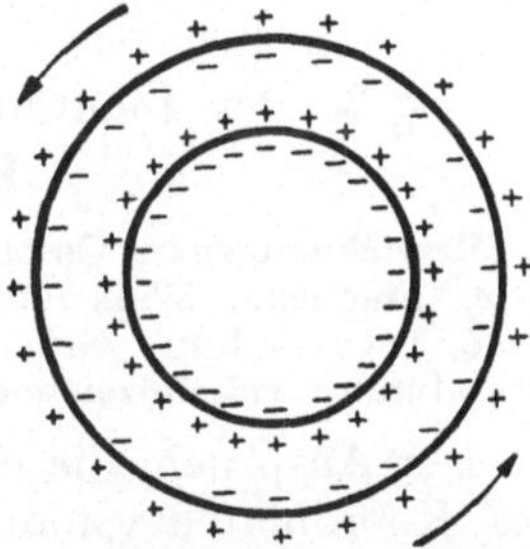

Abb. 256. Versuch von WILSON. Ein Zylinder mit zwei Metallbelegungen dreht sich in einem Magnetfeld parallel zu seiner Achse.

$$\mathfrak{E}_r' = \omega\, r\,|\mathfrak{B}|$$

induziert. Würden sich die Metallbelegungen allein drehen, so würde das in ihnen induzierte Feld durch die Oberflächenladungen

$$\pm\sigma = \varepsilon_0\,\omega\, r\,|\mathfrak{B}| \tag{8}$$

von entgegengesetzten Vorzeichen auf beiden Seiten der Folien kompensiert werden, so daß auf Ladungen im Innern des Metalls keine Kräfte wirken. Beim Abbremsen der Drehung würden sich die beiden Ladungen (8) wieder neutralisieren, und wir können von ihnen absehen. Im Dielektrikum bewirkt das induzierte Feld die Polarisation

$$\mathfrak{P}_r = (\varepsilon - 1)\,\varepsilon_0\,\omega\, r\,|\mathfrak{B}|,$$

d. h. auf der Innenseite die Oberflächenladung

$$\sigma_1 = -(\varepsilon - 1)\,\varepsilon_0\,\omega\,r_1\,|\mathfrak{B}|$$

und auf der Außenfläche die Ladung

$$\sigma_2 = (\varepsilon - 1)\,\varepsilon_0\,\omega\,r_2\,|\mathfrak{B}|.$$

Diese Ladungen influenzieren auf den Oberflächen der Metallfolien, welche dem Dielektrikum zugekehrt sind, wahre Ladungen $-\sigma_1$ bzw. $-\sigma_2$, welche dort festgehalten werden, während man die gleichnamigen Ladungen σ_1 und σ_2 zur Erde abfließen läßt. Löst man noch während der Drehung wieder die elektrische Verbindung mit der Erde und bremst dann die Drehung ab, so tragen die Metallbelegungen die Ladungen σ_1 und σ_2 mit umgekehrten Vorzeichen.

Daß sogar ein elektrisches Feld induziert wird, wenn sich Atome im Magnetfeld bewegen, hat WIEN beobachtet. Das induzierte Feld bewirkt z. B. an Wasserstoffatomen genau die Aufspaltung der Spektrallinien, welche am ruhenden Atom als Starkeffekt bekannt ist.

Bei allen Induktionswirkungen ist es völlig gleichgültig, ob die Körper bewegt werden, an denen die Induktion beobachtet wird, oder ob sich die Apparate in entgegengesetzter Richtung bewegen, mit welchem man das Magnetfeld erzeugt. Alle Induktionserscheinungen hängen also nur von der Relativbewegung der Teile einer elektromagnetischen Anordnung ab.

Ganz analog zur elektrischen Feldstärke (7) findet man die magnetische Kraftflußdichte

$$\mathfrak{B}' = -\frac{1}{c^2}[\mathfrak{v}\,\mathfrak{E}] + \mathfrak{B} \tag{9}$$

bei einer Bewegung im elektrischen Feld, wenn $\mathfrak{B}$ die Induktion für einen ruhenden Beobachter ist.

§ 3. Der Lichtäther als Träger des elektromagnetischen Feldes. Konsequenzen der Äthertheorie.

Bezeichnungen: $\mathfrak{u}$ Geschwindigkeit des bewegten Koordinatensystems, $\mathfrak{E}$, ν, λ, $\mathfrak{s}$ Amplitude, Frequenz, Wellenlänge und Fortpflanzungsrichtung (Wellennormale) einer Lichtwelle, $\mathfrak{r}$ Ortsvektor; Größen, welche auf das bewegte Koordinatensystem bezogen sind, sind durch ′ gekennzeichnet.

Der Anspruch, die elektrodynamischen Grundgleichungen (5) auf ein ruhendes Koordinatensystem zu beziehen, enthält eine naheliegende Schwierigkeit. Fast alle unsere Kenntnis über elektrische Vorgänge ist aus Versuchen gewonnen, welche in irdischen Laboratorien angestellt wurden. Die aus ihnen abgeleiteten Gesetze gelten also zunächst in einem Koordinatensystem, welches relativ zur Erde ruht, d. h. in einem bewegten Koordinatensystem. Spricht man überhaupt von einem ruhenden Koordinatensystem, so muß man sich vorstellen, daß dieses System relativ zu irgend etwas ruhe bzw. sich mit der gleichen Geschwindigkeit bewege wie dieses Etwas. Man gelangt also zu der Vorstellung, daß ein Substrat existiere, welches man Lichtäther genannt hat und welches der Träger des elektromagnetischen Feldes sein sollte. Die elektrische bzw. die magnetische Feldstärke muß man dann als irgendeine Veränderung des Äthers ansehen, wobei es allerdings nicht nötig ist, die Art dieser Veränderung genau anzugeben. Da es sich überdies später erweisen wird, daß man die Äthertheorie fallenlassen muß, erscheint es überflüssig, sich zu überlegen, welche Eigenschaften man dem Äther zuschreiben müßte, um die Entstehung des Feldes begreiflich zu machen.

Einstweilen wollen wir voraussetzen, daß die Theorie des ruhenden Äthers richtig sei. Wir müssen dann untersuchen, welche Folgerungen aus ihr gezogen werden können und ob diese mit der Beobachtung übereinstimmen. Es entstehen dann folgende drei Probleme.

1. Eine ruhende elektromagnetische Anordnung erzeugt ein Feld. Welche Erscheinungen werden mit einer gegen den Äther bewegten Meßvorrichtung (Beobachter) beobachtet?

2. Eine elektromagnetische Anordnung erregt ein Feld. Wie ändert sich dieses Feld für einen ruhenden Beobachter, wenn die Anordnung als Ganzes in Bewegung gesetzt wird?

3. Eine elektromagnetische Anordnung erzeugt ein Feld, welches von einem ruhenden Beobachter aus gemessen wird. Wie ändert sich das Beobachtungsergebnis, wenn sich die Anordnung samt dem Beobachter gegen den Äther bewegt?

Die Durchrechnung dieser Probleme nach der Theorie des ruhenden Äthers ist oft sehr mühsam. Wir werden deshalb zuweilen auf die Wiedergabe der Rechnung verzichten und nur das Resultat vermerken. Zu den Problemen der ersten Gruppe gehört auch die Induktion, die schon auf S. 618 behandelt ist.

Dopplereffekt bei bewegtem Beobachter. Im Äther verlaufe eine ebene Lichtwelle

$$\mathfrak{E} = \mathfrak{C} \sin 2\pi \left(\frac{\mathfrak{r}\,\mathfrak{s}}{\lambda} - \nu t\right)$$

mit der Frequenz ν und der Fortpflanzungsrichtung $\mathfrak{s}$. Ein Beobachter bewege sich mit der Geschwindigkeit $\mathfrak{u}$. Führt er ein Koordinatensystem mit sich, in welchem der Ortsvektor mit $\mathfrak{r}'$ bezeichnet wird, so ist

$$\mathfrak{r} = \mathfrak{r}' + \mathfrak{u}\,t,$$

und im bewegten Koordinatensystem lautet die Welle

$$\mathfrak{E} = \mathfrak{C} \sin 2\pi \left\{\frac{\mathfrak{r}'\mathfrak{s}}{\lambda} - \left(\nu - \frac{\mathfrak{u}\,\mathfrak{s}}{\lambda}\right) t\right\}.$$

Man beobachtet in ihm eine Frequenz

$$\nu' = \nu - \frac{\mathfrak{u}\,\mathfrak{s}}{\lambda} = \nu\left(1 - \frac{\mathfrak{u}\,\mathfrak{s}}{c}\right), \tag{10}$$

welche sich erniedrigt, wenn die Bewegung des Beobachters eine Komponente in Richtung der Lichtstrahlen hat, sich dagegen erhöht, wenn er dem Licht entgegenläuft. Eine Bewegung senkrecht zur Fortpflanzungsrichtung des Lichtes verändert die Frequenz nicht.

Schatten eines bewegten Schirmes. Auf einen ebenen Schirm falle ein paralleles Lichtbündel. Wenn wir von Beugungserscheinungen absehen, so bildet sich hinter dem Schirm ein Schatten aus, der eine scharfe Grenze gegen das vom Licht durchsetzte Gebiet zeigt. Ruht der Schirm, so ist die Schattengrenze durch den Lichtstrahl $AA'B$ gegeben, der den Rand des Schirmes streift (s. Abb. 257). Zur Zeit $t = 0$ soll dem Schirm plötzlich eine Geschwindigkeit $\mathfrak{u}$ erteilt werden, so daß der Punkt A im Laufe einer Sekunde zu dem Punkt A_1 vorrückt. Die Lichterregung, die zur Zeit $t = 0$ gerade den Punkt A passierte, hat bei der Zeit $t = 1$ den Punkt A' erreicht. Die Entfernung AA' ist zahlenmäßig gleich der Lichtgeschwindigkeit. Die Schattengrenze verläuft im Zeitpunkt $t = 1$ von A' in der Richtung nach B weiter. Andererseits liegt auch der Punkt A_1 am Rande des Schirmes auf der Schattengrenze, welche also von A_1

nach A' geht, dort einen Knick macht, um nach B weiterzulaufen. Die Wellenflächen des Lichtes bleiben dabei weiter senkrecht zu AB, stehen also nicht mehr senkrecht auf der Schattengrenze $A_1 A'$.

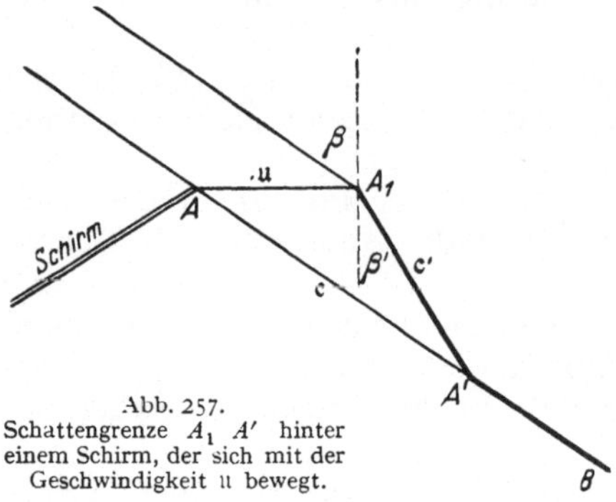

Abb. 257. Schattengrenze $A_1\,A'$ hinter einem Schirm, der sich mit der Geschwindigkeit $\mathfrak{u}$ bewegt.

Bezeichnen wir die Phasengeschwindigkeit auf der Schattengrenze $A_1 A'$ mit $\mathfrak{c}'$, so gilt

$$\mathfrak{u} + \mathfrak{c}' = \mathfrak{c}, \tag{11}$$

wie man leicht aus der Abb. 257 ablesen kann. Legen wir die x-Achse in die Richtung von $\mathfrak{u}$, die z-Achse senkrecht zu $\mathfrak{u}$ und $\mathfrak{c}$, so gelten für die Komponenten die Gleichungen

$$c'_x = c_x - u; \qquad c'_y = c_y.$$

Bildet die y-Achse mit den einfallenden Lichtstrahlen und der Schattengrenze die Winkel β und β', so kann man

$$c_x = c\sin\beta; \quad c_y = c\cos\beta; \quad c'_x = c'\sin\beta'; \quad c'_y = c'\cos\beta'$$

setzen und findet leicht die Beziehungen

$$\begin{aligned} c\sin\beta - u &= c'\sin\beta' \\ c\cos\beta &= c'\cos\beta', \end{aligned}$$

woraus sich sofort

$$c' = \sqrt{c^2 + u^2 - 2cu\sin\beta} \tag{12}$$

und

$$\operatorname{tg}\beta' = \operatorname{tg}\beta - \frac{u}{c\cos\beta} \tag{13}$$

ableitet. Die Schattengrenze hat also nicht die Richtung der einfallenden Strahlen, und die Phasengeschwindigkeit auf ihr ist von der Lichtgeschwindigkeit verschieden. Außerdem verschiebt sich die Schattengrenze auch noch als Ganzes mit der Geschwindigkeit $\mathfrak{u}$.

Hat die Bewegung des Schirmes schon längere Zeit angehalten, so rückt der Punkt A' in weite Entfernung und das Stück $A'B$ der Schattengrenze spielt keine Rolle mehr.

So stellt sich der Vorgang einem ruhenden Beobachter hinter dem Schirm dar. Für einen Beobachter, der sich mit dem Schirm bewegt, entfällt nun die gleichförmige Verschiebung der Schattengrenze, sie hat aber für ihn dieselbe Richtung wie für einen ruhenden Beobachter.

Relative Strahlen, Reflexion an bewegten Spiegeln. Brechung an bewegten Körpern. Ein Schirm mit einem verhältnismäßig kleinen Loch bewege sich mit der Geschwindigkeit $\mathfrak{u}$. Auf ihn mögen parallele Lichtstrahlen einfallen. In der Ebene, welche die Lichtstrahlen mit der Bewegungsrichtung $\mathfrak{u}$ bilden, ziehen wir das Lot auf $\mathfrak{u}$. Den Winkel, welchen es mit den einfallenden Lichtstrahlen bildet, bezeichnen wir mit β. Durch das Loch tritt ein Lichtbündel durch den Schirm, dessen Randstrahlen nicht die Richtung der ursprünglichen Lichtstrahlen haben, sondern durch die der Schattengrenze bestimmt sind. Ist die Öffnung klein genug, so kann man das Bündel selbst als Lichtstrahl bezeichnen.

Zwischen den Winkeln β und β', welche das Bündel vor und hinter dem Schirm mit dem Lot zu $\mathfrak{u}$ bildet, besteht die Beziehung (13). Als relativen Strahl in einem Koordinatensystem, welches sich mit dem Schirm bewegt, bezeichnet man die Richtung der Schattengrenze, d. h. die Richtung des Bündels hinter dem Schirm. Die Wellenflächen des Lichtes stehen nicht auf den relativen Strahlen senkrecht, sondern nach wie vor auf der Richtung der ursprünglichen Lichtstrahlen. Die Fortpflanzungsgeschwindigkeit der relativen Strahlen ist nicht die gewöhnliche Lichtgeschwindigkeit c, sondern errechnet sich nach der Formel (12). Man kann auch von der Richtung des relativen Strahles sprechen, schon bevor er den bewegten Schirm passiert hat.

Jede Eintrittspupille eines optischen Gerätes ist als ein Loch in einem Schirm anzusehen. Für den Weg, den die Strahlenbündel einschlagen, ist nicht die Richtung der Wellennormale, sondern die Richtung der Schattengrenze maßgebend. Für geometrisch optische Erwägungen bei bewegten optischen Geräten muß man deshalb mit den relativen Strahlen operieren. Bei Interferenzversuchen muß der Gangunterschied aus der Phasengeschwindigkeit auf den relativen Strahlen errechnet werden.

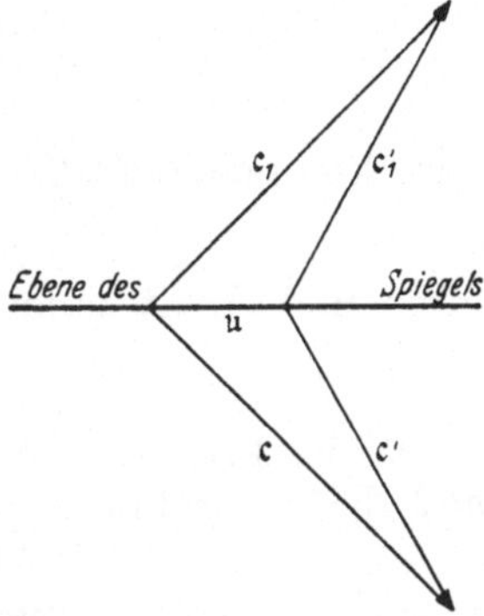

Abb. 258. $\mathfrak{c}$ Geschwindigkeit des einfallenden, $\mathfrak{c}_1$ des reflektierten Strahles, $\mathfrak{c}'$ und $\mathfrak{c}_1'$ der entsprechenden relativen Strahlen.

Wir untersuchen jetzt, wie das Licht an einem Spiegel reflektiert wird, der sich parallel zur Spiegelebene bewegt. In der Abb. 258 bedeuten $\mathfrak{c}$ und $\mathfrak{c}_1$ die Geschwindigkeiten des einfallenden und reflektierten Strahles. $\mathfrak{c}'$ und $\mathfrak{c}_1'$ sind die Geschwindigkeiten der relativen Strahlen. Die Spiegelfläche halbiert die Winkel von $\mathfrak{c}$ und $\mathfrak{c}_1$. Wegen der Symmetrie der Figur halbiert sie aber auch die Winkel, welche von $\mathfrak{c}'$ und $\mathfrak{c}_1'$ gebildet werden. Die relativen Strahlen werden also nach dem Gesetz der regulären Reflexion reflektiert. Leicht verständlich ist auch der Vorgang, wenn die Lichtstrahlen senkrecht auf einen Spiegel fallen, der sich parallel oder entgegen den Strahlen bewegt. Die absoluten und relativen Strahlen werden dann in sich reflektiert. Auf diese beiden einfachen Fälle müssen wir beim MICHELSON-Versuch auf S. 629 zurückgreifen, um die Theorie des ruhenden Äthers zu widerlegen.

Die Reflexion an beliebig bewegten Spiegeln ist ziemlich unübersichtlich. Für einen mit dem Spiegel bewegten Beobachter ändert sie die Frequenz nicht. In der Näherung u/c gilt für die relativen Strahlen die reguläre Reflexion. Es lohnt sich aber nicht, die Reflexion genauer nach der Theorie des ruhenden Äthers zu verfolgen, da wir diese Theorie sowieso verlassen werden.

Die Brechung der Lichtstrahlen an bewegten Körpern ist noch komplizierter als die Reflexion. Für uns genügt die Feststellung, daß die Richtung der relativen Strahlen durch eine planparallele Platte nicht geändert wird. Daraus ist zu schließen, daß ein relativer Strahl, der in der Achse einer Linse verläuft, die Linse ohne Richtungsänderung durchsetzt. Ein paralleles Bündel relativer Strahlen parallel zur optischen Achse der Linse vereinigt sich hinter der Linse im Brennpunkt. Man kann deshalb das Bild eines Punktes in der gewöhnlichen Weise mit den relativen Strahlen konstruieren.

Aberration des Lichtes. Die Lichtstrahlen, welche von einem Fixstern zur Erde gelangen, haben eine unveränderliche Richtung im Raum, wenn der Stern weit genug entfernt ist. Bei nahen Sternen wird die Strahlrichtung etwas durch die jährliche Bewegung der Erde verändert. Diese Erscheinung wird Parallaxe genannt, und man kann sie zur Messung der Entfernung des Sternes benutzen. Von ihr sehen wir aber im Augenblick ab, d. h. wir betrachten einen Stern, welcher sehr weit entfernt ist. Soll das Bild des Sternes auf der optischen Achse des Fernrohres oder Teleskops liegen, so müssen die relativen Strahlen parallel zur Achse sein.

Die Fernrohrachse bilde mit der Erdbahn den Winkel ω (s. Abb. 259). Mit dem Lot zur Erdbahn bilde der relative Strahl den Winkel β', der Strahl im ruhenden Äther den Winkel β. Die Differenz $\varepsilon = \beta - \beta'$ heißt Aberrationswinkel und wird von der Erdbewegung hervorgebracht. Nun gilt

$$\operatorname{tg}\varepsilon = \operatorname{tg}(\beta - \beta') = \frac{\operatorname{tg}\beta - \operatorname{tg}\beta'}{1 + \operatorname{tg}\beta \operatorname{tg}\beta'},$$

und wenn man den Wert (13) für $\operatorname{tg}\beta'$ einsetzt, erhält man

$$\operatorname{tg}\varepsilon = \frac{u \cos\beta}{c\left(1 - \frac{u \sin\beta}{c}\right)}.$$

Verzichtet man auf Glieder zweiter Ordnung in u/c, so kann man in dieser Formel

$$\cos\beta = \cos\beta' = \sin\omega$$

setzen und erhält einfach

$$\operatorname{tg}\varepsilon = \frac{u \sin\omega}{c}. \tag{14}$$

Da die Erdgeschwindigkeit im Laufe eines Jahres ihre Richtung wechselt, muß die Fernrohrachse einen Kegel mit dem Öffnungswinkel ε um die wirkliche Einfallsrichtung der Lichtstrahlen beschreiben, wenn man das Bild des Sternes auf der Achse halten will. Scheinbar beschreibt also der Stern eine Bahn, die sich auf die Himmelskugel als eine kleine Ellipse projiziert. Diese Erscheinung nennt man Aberration des Lichtes. Sie wurde schon im Jahr 1727 von BRADLEY entdeckt. Die Aberration kann sich nicht ändern, wenn man das Fernrohr mit Wasser füllt, da es ja nur auf die Bedingung ankommt, daß der relative Strahl parallel zur optischen Achse ist. AIRY hat auch mit wassergefüllten Fernrohren denselben Wert der Aberration gemessen wie mit einem gewöhnlichen Fernrohr.

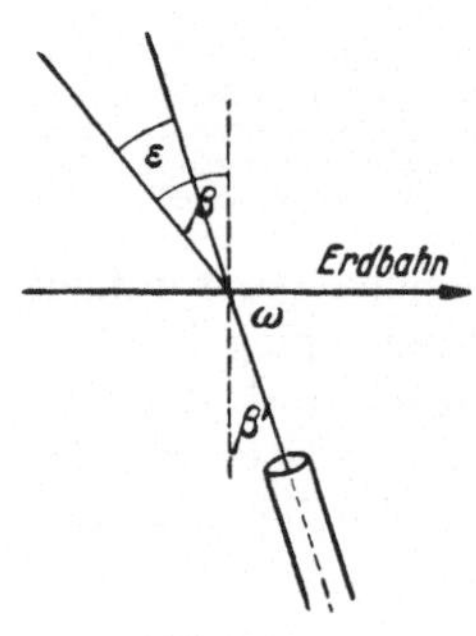

Abb. 259. Aberration des Lichtes.

Dopplereffekt bei bewegter Lichtquelle. Eine Lichtquelle, welche im Ruhezustand Licht der Frequenz ν aussenden würde, bewege sich mit der Geschwindigkeit $\mathfrak{u}$. Welche Lichtwelle entsteht bei diesem Vorgang im Äther bzw. was wird von einem ruhenden Beobachter gemessen?

Eine ruhende Lichtquelle der Frequenz ν kann als ein Dipol

$$\mathfrak{M} = \mathfrak{M}_0 e^{-2\pi i \nu t}$$

der Frequenz ν angesehen werden. Ist $\mathfrak{r}$ der Ort der Lichtquelle, so findet man das Vektorpotential [s. S. 485, Gl. (21) und (22d)]

$$\mathfrak{A} = \frac{1}{4\pi r} \frac{d}{dt} \mathfrak{M}\left(t - \frac{r}{c}\right) = -\frac{i\nu}{2r} \mathfrak{M}_0 e^{2\pi i \nu \left(\frac{r}{c} - t\right)} \tag{15}$$

des elektromagnetischen Feldes. r ist die Entfernung des Aufpunktes (in diesem Fall Koordinatenursprung) vom Dipol. Bewegt sich die Lichtquelle, so bleibt der Dipol derselbe, aber er wechselt seinen Ort, und wir müssen als Ortsvektor

$$\mathfrak{r} = \mathfrak{r}_0 + \mathfrak{u}\, t$$

einsetzen. Berücksichtigt man nur die in $1/r_0$ linearen Glieder, so ist

$$\frac{r}{c} = \frac{1}{c}\sqrt{(\mathfrak{r}_0 + \mathfrak{u}\, t)^2} = \frac{r_0}{c}\left(1 + \frac{(\mathfrak{r}_0 \mathfrak{u})}{r_0^2}\, t\right),$$

und wir erhalten für $\mathfrak{A}$ den Ausdruck

$$\mathfrak{A} = -\frac{i\nu}{2r}\,\mathfrak{M}_0\, e^{2\pi i\nu\left(\frac{r_0}{c} - t + \frac{(\mathfrak{r}_0\mathfrak{u})}{c r_0} t\right)}.$$

Bezeichnet man die Fortpflanzungsrichtung der Lichtwelle durch den Einheitsvektor $\mathfrak{s}$, so ist

$$\mathfrak{r}_0 = -r_0\,\mathfrak{s}$$

und

$$\mathfrak{A} = -\frac{i\nu}{2r}\,\mathfrak{M}_0\, e^{2\pi i\left\{\nu\frac{r_0}{c} - \nu\left(1 + \frac{\mathfrak{s}\mathfrak{u}}{c}\right)t\right\}}.$$

Statt der Frequenz ν entsteht eine Welle mit der Frequenz

$$\nu' = \nu\left(1 + \frac{\mathfrak{s}\,\mathfrak{u}}{c}\right). \tag{16}$$

Bewegt sich die Lichtquelle auf den Beobachter zu, so ist ihre Frequenz scheinbar erhöht, entfernt sie sich vom Beobachter, so scheint ihre Frequenz niedriger. Diese Erscheinung wird Dopplereffekt genannt und kann an Doppelsternen und Kanalstrahlen beobachtet werden. Das Beobachtungsergebnis stimmt mit der Theorie überein.

Die Bewegung des Beobachters gegen die Lichtquelle bringt eine Frequenzverschiebung hervor, welche wir auf S. 621 behandelt haben. Man erkennt beim Vergleich, daß die Frequenzänderung nur von der Relativgeschwindigkeit von Lichtquelle und Beobachter abhängt, wenn wir uns auf lineare Glieder in $\mathfrak{u}/c$ beschränken.

Fresnelscher Mitführungskoeffizient. Versuch von Fizeau. In einem Dielektrikum, welches sich mit der Geschwindigkeit u parallel zu einem Lichtstrahl bewegt, mißt ein ruhender Beobachter eine Lichtgeschwindigkeit

$$c' = \frac{c}{n} + \left(1 - \frac{1}{n^2}\right)u. \tag{16a}$$

Bewegt sich das Dielektrikum den Lichtstrahlen entgegen, so hat man die Geschwindigkeit

$$c' = \frac{c}{n} - \left(1 - \frac{1}{n^2}\right)u. \tag{16b}$$

n bedeutet den Brechungsindex und c die Lichtgeschwindigkeit im Vakuum. Versuche, die Geschwindigkeit c' zu messen, sind zuerst von Fizeau ausgeführt und später von anderer Seite wiederholt worden. Man läßt ein Lichtbündel auf eine halb versilberte Glasplatte A fallen, an der es in zwei kohärente Bündel geteilt wird (s. Abb. 260). Das eine Bündel nimmt seinen Weg über den Spiegel B durch ein wassergefülltes Rohr C zu einem rechtwinkligen Prisma D, durch ein zweites Wasserrohr E zu einem zweiten Spiegel F und gelangt durch die Glasplatte A in das Fernrohr G. Das andere Bündel wird von der Platte A und dem Spiegel F reflektiert und legt den umgekehrten Weg $AFEDCBAG$ zurück. Beide Bündel kommen im Fernrohr zur Interferenz. Läßt man das Wasser in den Rohren C und E in der Richtung der Pfeile strömen, so durcheilt das eine Bündel das Wasser in der Strömungsrichtung, das andere entgegengesetzt. Durch Umkehren der Strömungsrichtung des Wassers kehrt sich auch dieses Verhältnis um. Bei der Umkehr beobachtet man im Fernrohr eine Verschiebung der Interferenzstreifen, die dem Unterschied der beiden Geschwindigkeiten (16a) und (16b) entspricht.

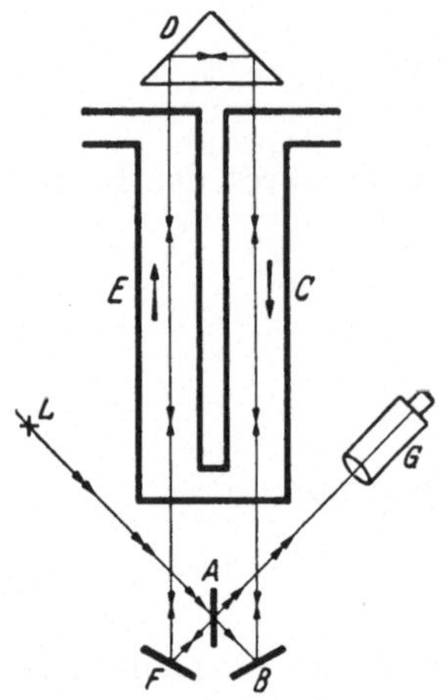

Abb. 260.
Versuch von FIZEAU. Die Strahlen auf den Wegen *LABCDEFAG* und *LAFEDCBAG* kommen im Fernrohr *G* zur Interferenz.

Die Formeln (16) vernachlässigen noch die Dispersion des Dielektrikums. Sie spielt eine Rolle, weil die Frequenz der Lichtquelle durch den Dopplereffekt etwas verändert wird. Dieser Zusatz ist aber gewöhnlich unbedeutend und interessiert uns hier nicht sehr.

FRESNEL hat die Formeln (16a) und (16b) als eine Mitführung des Äthers durch das Dielektrikum mit der Geschwindigkeit

$$\left(1 - \frac{1}{n^2}\right) u$$

gedeutet. Der Faktor $1 - 1/n^2$ wird deshalb heute noch der FRESNELsche Mitführungskoeffizient genannt. In Wirklichkeit handelt es sich aber nicht um eine Mitführung des Äthers, sondern um eine Änderung des Brechungsindex durch die Bewegung des Dielektrikums. LORENTZ konnte nämlich die Gl. (16) aus der Theorie des ruhenden Äthers ableiten.

Versuch von SAGNAC. Einen Bewegungseffekt konnte SAGNAC auch bei der Rotation einer optischen Anordnung beobachten. An einem halbdurchlässigen Spiegel S_1 wird ein Lichtstrahl in zwei kohärente Bündel geteilt (s. Abb. 261). Das eine von ihnen wird an S_1 reflektiert und umläuft eine Fläche F, indem es an drei weiteren Spiegeln S_4, S_3, S_2 und schließlich noch einmal an S_1 reflektiert wird, um dann in das Fernrohr G zu gelangen. Das andere Bündel tritt durch S_1 hindurch und umläuft die Fläche F im entgegengesetzten Sinn und kommt in G zur Interferenz mit dem ersten Bündel. Die ganze Anordnung ist auf einer drehbaren Scheibe montiert.

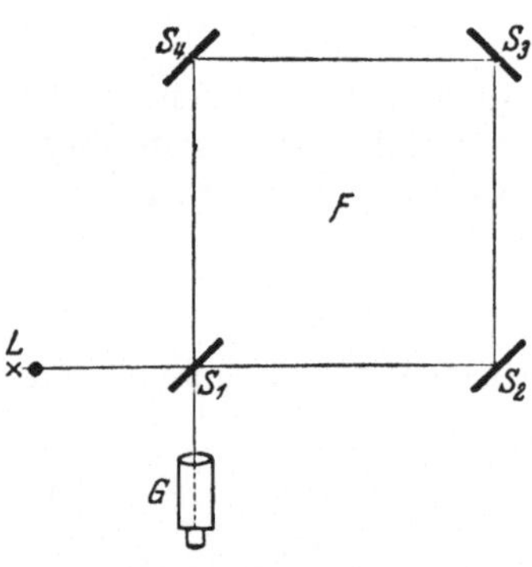

Abb. 261. Versuch von SAGNAC. Zwei Lichtstrahlen umlaufen die Fläche in entgegengesetztem Sinn und kommen im Fernrohr *G* zur Interferenz. Bei der Drehung der Anordnung beobachtet man eine Verschiebung der Interferenzstreifen.

Die Erklärung des Versuches nach der Theorie des ruhenden Äthers ist leicht. Wir bringen sie in etwas allgemeinere Form (s. Abb. 262). Durch irgendeine Vorrichtung werde ein Lichtstrahl auf einem Weg s um eine Fläche F geleitet. An einem beliebigen Punkte habe der relative Strahl die Richtung des Einheitsvektors $\mathfrak{s}$ und die Geschwindigkeit

$$\mathfrak{c}' = \mathfrak{c} - \mathfrak{u}.$$

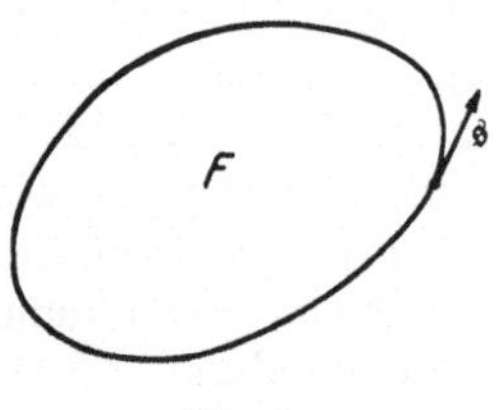

Abb. 262.

$\mathfrak{c}$ ist die Geschwindigkeit des absoluten Strahles und $\mathfrak{u}$ die der Bewegung. Begnügt man sich mit dem in $\mathfrak{u}$ linearen Glied, so ist der Betrag der Phasengeschwindigkeit auf dem relativen Strahl

$$c' = \sqrt{(\mathfrak{c} - \mathfrak{u})^2} = c\left(1 - \frac{\mathfrak{u}\,\mathfrak{c}}{c^2}\right).$$

Da in erster Näherung $\mathfrak{c}$ die Richtung $\mathfrak{s}$ hat, kann man auch

$$c' = c - (\mathfrak{u}\,\mathfrak{s})$$

schreiben. Um die Fläche der Abb. 262 im Sinne des Pfeiles zu umlaufen, ist die Zeit

$$t_1 = \int \frac{ds}{c - (\mathfrak{u}\,\mathfrak{s})} = \int \frac{ds}{c}\left(1 + \frac{\mathfrak{u}\,\mathfrak{s}}{c}\right) = \frac{s}{c} + \frac{1}{c^2}\int (\mathfrak{u}\,\mathfrak{s})\,ds$$

nötig. Wenn die Bewegung durch Drehung mit der Winkelgeschwindigkeit ω hervorgebracht wird, gilt

$$\mathfrak{u} = [\omega\,\mathfrak{r}]$$

und $d\mathfrak{s} = \mathfrak{s}\,ds$ ist das vektorielle Wegelement. Damit finden wir die Umlaufszeit

$$t_1 = \frac{s}{c} + \frac{1}{c^2}\int ([\omega\,\mathfrak{r}])\,d\mathfrak{s} = \frac{s}{c} + \left(\frac{\omega}{c^2}\int [\mathfrak{r}\,d\mathfrak{s}]\right).$$

Für den Umlauf im umgekehrten Sinn benötigt das Licht die Zeit

$$t_2 = \frac{s}{c} - \left(\frac{\omega}{c^2}\int [\mathfrak{r}\,d\mathfrak{s}]\right).$$

Nun ist aber

$$\mathfrak{F} = \frac{1}{2}\int [\mathfrak{r}\,d\mathfrak{s}]$$

die umlaufene Fläche als Vektor gesehen, und die Zeitdifferenz der beiden Strahlen wird

$$t_1 - t_2 = \frac{4(\mathfrak{F}\,\omega)}{c^2}\,. \tag{17}$$

Steht die Drehachse senkrecht auf der umlaufenden Fläche, so tritt eine Verschiebung der Interferenzstreifen ein, welche dem Zeitunterschied

$$\Delta t = \frac{4F\omega}{c^2} \tag{17a}$$

entspricht, wenn man die Drehung in Gang setzt. Das Versuchsergebnis stimmt mit der Theorie überein.

Michelson und Gale benutzten statt der Drehung einer Scheibe die Rotation der Erde. Wegen der geringen Drehgeschwindigkeit muß dabei eine große Fläche umlaufen werden. Das Ergebnis auch dieses Versuches stimmt mit der Erwartung überein, welche man aus der Theorie des ruhenden Äthers ableitet.

Der Versuch von Trouton und Noble. Ein geladener Kondensator wird durch die jährliche Bewegung der Erde mitgeführt, bewegt sich also gegen den Äther mit der Erdgeschwindigkeit $\mathfrak{u}$. Die Wirkung der Ätherdrift soll untersucht werden. Daß die Erde sich außerdem noch dreht, kann man vernachlässigen, da die Geschwindigkeit dieser Bewegung zu klein ist, um eine merkliche Wirkung hervorzurufen. Man montiert beim Versuch den Kondensator drehbar um eine Achse, die zu seinen Platten parallel und zur Erdbahn senkrecht steht. Der Winkel zwischen $\mathfrak{u}$ und Plattennormale sei mit α bezeichnet (s. Abb. 263a).

Nach dem Verfahren von S. 619 kann man die Kräfte berechnen, welche an den Ladungen angreifen, die auf den Kondensatorplatten sitzen. Diese Berechnung ist von v. Laue durchgeführt worden, aber zu umständlich, um hier wiedergegeben zu werden. Wir vereinfachen uns die Aufgabe, indem wir uns die Ladungen des Kondensators in zwei Punktladungen $\pm q$ vereinigt denken, die sich in der Mitte der Kondensatorplatten befinden (Abb. 263b). Dieses

Modell läßt sich ganz elementar durchrechnen, liefert jedoch nur die Hälfte des Effektes, den die Rechnung beim Kondensator liefert.

Jeder der beiden Ladungen bedeutet in einem ruhenden Koordinatensystem einen Strom $\pm q\,\mathfrak{u}$ und erzeugt ein Magnetfeld. Da die Ladungen sich mit der Geschwindigkeit $\mathfrak{u}$ bewegen, erfahren sie im Magnetfeld $\mathfrak{H}$ eine Kraft

$$\mathfrak{K}_{1,2} = \pm q[\mathfrak{u}\,\mathfrak{B}] = \pm \mu_0 q[\mathfrak{u}\,\mathfrak{H}]. \tag{18}$$

Am Ort jeder Ladung setzt sich das Magnetfeld $\mathfrak{H}$ aus zwei Anteilen zusammen: Der Anteil $\mathfrak{H}''$ wird von der Ladung selbst erzeugt, der Anteil $\mathfrak{H}'$ von der anderen Ladung. Die Anteile $\mathfrak{H}''$ sind an entsprechenden Punkten der Umgebung beider Ladungen gleich groß, aber entgegengerichtet, weil die erzeugenden Ladungen entgegengesetzt sind. Die Kraftanteile $\mathfrak{K}_1''$ und $\mathfrak{K}_2''$ sind daher gleich, weil nach (18) noch einmal die entgegengesetzten Ladungen hereinspielen. Sie bewirken höchstens eine Beschleunigung des ganzen Systems, die uns aber nicht interessiert. Die Magnetfeldanteile $\mathfrak{H}_1'$ und $\mathfrak{H}_2'$, welche jede Ladung am Ort der anderen verursacht, sind gleichgerichtet (in der Abb. 263b von oben nach unten senkrecht zur Zeichenebene) und vom Betrag

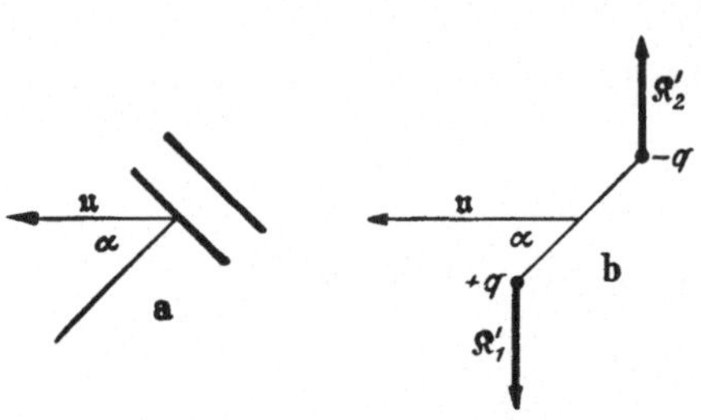

Abb. 263. TROUTON-NOBLE-Versuch. Die Erdgeschwindigkeit $\mathfrak{u}$ sollte an dem Kondensator ein Drehmoment bewirken.

$$|\mathfrak{H}_1'| = |\mathfrak{H}_2'| = \frac{q\,u \sin\alpha}{4\pi\, d^2}.$$

Sie bringen an den Ladungen die entgegengesetzten Kräfte vom Betrag

$$|\mathfrak{K}_1'| = |\mathfrak{K}_2'| = \frac{\mu_0 q^2 u^2 \sin\alpha}{4\pi\, d^2}$$

zuwege. $\mathfrak{K}_1'$ und $\mathfrak{K}_2'$ bilden ein Kräftepaar mit einem Drehmoment vom Betrag

$$Z = \frac{\mu_0 q^2 u^2 \sin\alpha \cos\alpha}{4\pi\, d} \tag{19}$$

um die Drehachse des Kondensators.

Führt man die elektrostatische Energie der Anordnung $W = q^2/4\pi\,\varepsilon_0\, d$ ein, so erhält man

$$Z = \varepsilon_0 \mu_0 W u^2 \sin\alpha \cos\alpha = \frac{W u^2 \sin 2\alpha}{2c^2}.$$

Führt man die Berechnung für die auf den Kondensatorplatten verteilten Ladungen richtig durch, so gelangt man zu einem doppelt so großen Drehmoment, nämlich

$$Z = \frac{W u^2}{c^2} \sin 2\alpha. \tag{18a}$$

Es ist am größten, wenn die Kondensatorplatten mit der Erdbahn einen Winkel von 45° einschließen.

Bei der Ausführung des TROUTON-NOBLE-Versuches erzielt man eine Genauigkeit, welche sehr gut ausreichen würde, um das erwartete Drehmoment zu beobachten. Auch bei den genauesten Messungen hat aber kein Drehmoment festgestellt werden können. Das Ergebnis des TROUTON-NOBLE-Versuches läßt sich also mit der Vorstellung des ruhenden Äthers nicht vereinbaren.

Der Versuch von MICHELSON. Ein anderer Versuch, welcher der Theorie des ruhenden Äthers widerspricht, wurde zuerst von MICHELSON angestellt. Er ist in der Folge mehrfach wiederholt worden. Das Licht einer Lichtquelle LQ fällt auf eine halb versilberte Glasplatte P_1, wo es in zwei kohärente Bündel zerlegt wird (s. Abb. 264). Das eine Bündel wird an dieser Platte reflektiert und von einem Spiegel S_1 zu ihr zurückgeworfen, durchdringt sie und fällt in das Fernrohr F. Das andere Bündel geht von P_1 zu einem Spiegel S_2, gelangt nach P_1 zurück, von wo es ins Fernrohr reflektiert wird. In diesen Lichtweg legt man eine zweite Platte P_2, die man nicht versilbert, damit jedes der beiden Bündel im ganzen dreimal eine Platte durchläuft. Die ganze Apparatur wird drehbar aufgestellt, so daß man einmal den Arm P_1S_1, das andere Mal den Arm P_1S_2 in die Richtung der Erdbahn bringen kann. Die Länge der beiden Arme sei L_1 und L_2. Ist L_1 senkrecht und L_2 parallel zur Translationsgeschwindigkeit $\mathfrak{u}$ der Erde, so gilt nach (11) für die Phasengeschwindigkeit $\mathfrak{c}'$ der relativen Strahlen (im mitbewegten Koordinatensystem)

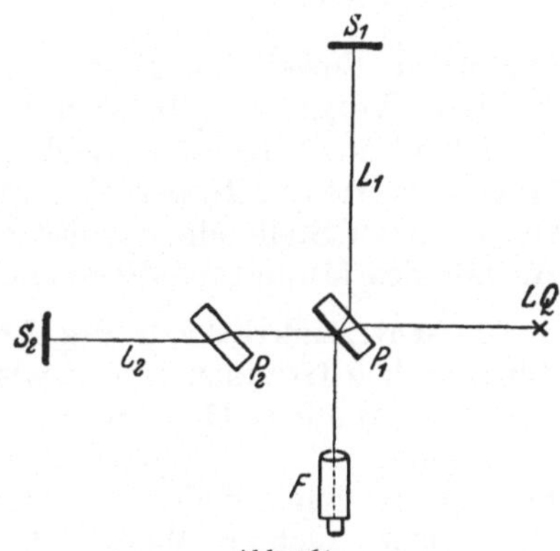

Abb. 264.
Schema des MICHELSON-Versuches.

$$\mathfrak{c}' = \mathfrak{c} - \mathfrak{u}.$$

Auf L_1, wo $\mathfrak{u} \perp \mathfrak{c}'$ ist, haben wir

$$c'^2 + u^2 = c^2,$$

und die Fortpflanzungsgeschwindigkeit in diesem Arm ist

$$c' = \sqrt{c^2 - u^2}.$$

Zur Zurücklegung des Weges $P_1S_1P_1$ braucht das Licht die Zeit

$$t_1 = \frac{2L_1}{\sqrt{c^2 - u^2}}.$$

Die Geschwindigkeit auf dem Weg P_1S_2 ist $c - u$, auf dem Weg S_2P_1 dagegen $c + u$. Für den Weg $P_1S_2P_1$ braucht das Licht die Zeit

$$t_2 = \frac{L_2}{c-u} + \frac{L_2}{c+u} = \frac{2c\,L_2}{c^2 - u^2}.$$

Der Zeitunterschied für beide Wege beträgt

$$\Delta t = t_1 - t_2 = \frac{2L_1}{\sqrt{c^2 - u^2}} - \frac{2c\,L_2}{c^2 - u^2},$$

und wenn man nur die Größenordnung u^2/c^2 berücksichtigt

$$\Delta t = \frac{2}{c}\left\{L_1\left(1 + \frac{u^2}{2c^2}\right) - L_2\left(1 + \frac{u^2}{c^2}\right)\right\}.$$

Dreht man die Anordnung um 90°, so wird

$$t_1' = \frac{2c\,L_1}{c^2 - u^2}; \qquad t_2' = \frac{2L_2}{\sqrt{c^2 - u^2}}; \qquad \Delta t' = \frac{2}{c}\left\{L_1\left(1 + \frac{u^2}{c^2}\right) - L_2\left(1 + \frac{u^2}{2c^2}\right)\right\}.$$

Die Drehung bringt also eine Verschiebung der Interferenzstreifen zuwege, welche der Zeitdifferenz

$$\Delta t' - \Delta t = \frac{(L_1 + L_2)\, u^2}{c^3}$$

entspricht. Soweit die Theorie des ruhenden Äthers.

Beim Versuch ergibt sich keine Verschiebung der Interferenzstreifen, obwohl bei den genauesten Beobachtungen noch 0,1% des von der Theorie verlangten Wertes hätte bemerkt werden müssen. Auch die Verwendung von Fixsternlicht an Stelle einer irdischen Lichtquelle ändert nichts an dem negativen Ausfall des MICHELSON-Versuches.

Massenveränderlichkeit des Elektrons. Eine Ladung e besitzt aus elektrodynamischen Gründen eine gewisse Trägheit gegen eine Veränderung ihres Bewegungszustandes. Dies kann man leicht auf folgende Weise einsehen. Solange die Ladung ruht, erzeugt sie nur ein elektrisches Feld, aber kein magnetisches. Bewegt sie sich mit der Geschwindigkeit $\mathfrak{v}$, so stellt sie ein Stromelement $e\,\mathfrak{v}$ dar, welches auch ein Magnetfeld hervorbringt. Hierdurch entsteht eine Energieströmung

$$\mathfrak{S} = [\mathfrak{E}\,\mathfrak{H}],$$

welche die Impulsdichte

$$\mathfrak{p} = \frac{1}{c^2}[\mathfrak{E}\,\mathfrak{H}]$$

bedeutet. Den Impuls $\mathfrak{P}$ der ganzen bewegten Ladung erhält man, wenn man $\mathfrak{p}$ über den ganzen Raum integriert. Wegen der Gleichwertigkeit aller räumlichen Richtungen muß $\mathfrak{P}$ in die Richtung von $\mathfrak{v}$ fallen und kann im übrigen vom Betrage der Geschwindigkeit $\mathfrak{v}$ und allenfalls noch von der räumlichen Verteilung der bewegten Ladung abhängen. Wir bekommen also für den Gesamtimpuls einen Ausdruck der Form

$$\mathfrak{P} = \mathfrak{v}\, f(v).$$

Die Funktion $f(v)$ kann man nach Potenzen von v entwickeln und erhält die Reihe

$$\mathfrak{P} = \mathfrak{v}(A + B\, v^2 + \cdots),$$

die wir mit dem quadratischen Glied abbrechen. Ungerade Potenzen fehlen wegen der räumlichen Symmetrie. Dieser Impuls kann nur geändert werden, wenn auf die Ladung eine Kraft $\mathfrak{K}$ wirkt. Wir finden sie durch Differenzieren nach der Zeit und erhalten

$$\mathfrak{K} = \frac{d\mathfrak{P}}{dt} = (A + B\, v^2)\frac{d\mathfrak{v}}{dt} + 2B\, v\, \mathfrak{v}\frac{dv}{dt}. \qquad (20)$$

Jetzt spalten wir die Beschleunigung $\mathfrak{b} = d\mathfrak{v}/dt$ in eine longitudinale Komponente $\mathfrak{b}_l = dv/dt$ in der Richtung von $\mathfrak{v}$ und eine transversale Komponente $\mathfrak{b}_{tr}$ senkrecht dazu auf. Aus (20) gehen dann die beiden Komponentengleichungen

$$\mathfrak{K}_l = (A + 3B\, v^2)\frac{dv}{dt} = m_l \frac{dv}{dt}$$

$$\mathfrak{K}_{tr} = (A + B\, v^2)\, \mathfrak{b}_{tr} = m_{tr}\, \mathfrak{b}_{tr}$$

hervor. $A + 3B\, v^2$ bzw. $A + B\, v^2$ spielen die Rolle zweier Massen. Zwei Umstände sind hierbei bemerkenswert: 1. die Masse hängt von der Geschwindigkeit ab; 2. die scheinbare Masse ist verschieden, je nachdem, ob die Beschleunigung in Richtung der schon vorhandenen Bewegung erfolgt oder senkrecht dazu.

HASENÖHRL und ABRAHAM haben diese Rechnung durchgeführt und finden

$$m_l = m_0\left(1 + \frac{6v^2}{5c^2}\right) \tag{21a}$$

$$m_{\mathrm{tr}} = m_0\left(1 + \frac{2v^2}{5c^2}\right), \tag{21b}$$

wobei m_0 die Ruhmasse bedeutet, welche für die Beschleunigung aus der Ruhe heraus maßgebend ist.

Die Veränderlichkeit der Masse eines Elektrons kann sehr genau bei der Ablenkung schneller Elektronenstrahlen beobachtet werden. Hierbei mißt man immer die transversale Masse. Man findet jedoch nicht die Abhängigkeit (21b) von der Geschwindigkeit nach HASENÖHRL und ABRAHAM, sondern statt ihrer das Gesetz von LORENTZ

$$m_{\mathrm{tr}} = \frac{m_0}{\sqrt{1 - \frac{v^2}{c^2}}} \approx m_0\left(1 + \frac{v^2}{2c^2}\right). \tag{22}$$

Das Ergebnis der Messungen steht also mit der Theorie des ruhenden Äthers in Widerspruch.

§ 4. Widerlegung der Theorie des ruhenden Äthers und Versuche zu einer Theorie der Äthermitführung.

Inhalt: Der Theorie des ruhenden Äthers widersprechen die Versuche von TROUTON-NOBLE, MICHELSON und die Veränderlichkeit der Elektronenmasse. Der Theorie der generellen Mitführung von HERTZ widersprechen die Versuche von FIZEAU, RÖNTGEN und EICHENWALD und WILSON, der Mitführung durch die Erde widerspricht der Versuch von MICHELSON und GALE und die Massenveränderlichkeit, der Mitführung nur bei der Translation die Massenveränderlichkeit.

Die meisten Versuche, die in den vorstehenden Abschnitten beschrieben wurden, liefern Ergebnisse, die genau den Erwartungen entsprechen, welche man aus der Theorie des ruhenden Äthers ableitet. Das Resultat der Versuche von TROUTON-NOBLE und MICHELSON, wie auch das Anwachsen der Elektronenmasse mit der Geschwindigkeit stehen in Widerspruch zur Theorie des ruhenden Äthers. Ist $\mathfrak{u}$ die Geschwindigkeit der Bewegung, so werden alle Effekte der Größenordnung $\mathfrak{u}/c$, also alle Effekte erster Ordnung, richtig gefunden, dagegen stimmt kein aus der Theorie erschlossener Effekt der Größenordnung u^2/c^2 mit der Beobachtung überein. Nur bei drei Versuchsanordnungen reicht allerdings die Genauigkeit aus, um Effekte zweiter Ordnung zu messen, aber in allen drei Fällen widerspricht der Versuch der Theorie.

Die Theorie des ruhenden Äthers ist also unrichtig. Man erhält aber aus ihr Resultate, die in der Näherung $\mathfrak{u}/c$ noch brauchbar sind.

Es liegt nahe, die Theorie den Experimenten dadurch anzupassen, daß man dem Äther eine Bewegung zuschreibt, welche von der Bewegung der materiellen Körper herrührt. Man kommt dann zu der Vorstellung, daß der Äther von der Materie „mitgeführt“ werde. Dies nötigt andererseits dazu, die Äthervorstellung viel genauer auszubauen, als es für die Theorie des ruhenden Äthers nötig war. Im ruhenden Äther konnte man einfach das Substrat sehen, dessen Veränderung in irgendeinem nicht näher bezeichneten Sinne als elektrische oder magnetische Feldstärke zu deuten ist. Es genügt sogar schon, den Äther als ein natürliches irgendwie ausgezeichnetes Bezugssystem zu benutzen, in welchem die elektrodynamischen Grundgleichungen gelten.

Stellt man sich vor, daß der Äther von der bewegten Materie mitgeführt wird, so muß man von seiner Strömung ein detailliertes Bild gewinnen, wenn man eine Theorie der elektromagnetischen Erscheinungen an bewegten Körpern aufstellen will. Ist es schon nicht ganz einfach, die Theorie des ruhenden Äthers bis zu ihren letzten Konsequenzen durchzuführen, so ist man kaum über die ersten Ansätze einer Theorie des mitgeführten Äthers hinausgekommen. Zum Teil liegt das allerdings auch daran, daß man schon die Ansätze einer solchen Theorie experimentell widerlegen kann.

Die Vorstellung, daß der Äther von aller Materie mitgeführt werde, führt zu einer von HERTZ entwickelten Theorie der elektrischen Erscheinungen. Sie scheitert aber sofort an dem Versuch von FIZEAU. Bei völliger Mitführung des Äthers müßte sich die Bewegung des Dielektrikums zur Lichtgeschwindigkeit addieren. Auch die Versuche von RÖNTGEN und EICHENWALD wie auch der Versuch von WILSON widersprechen der HERTZschen Theorie.

Eine zweite Möglichkeit besteht darin, daß nur große Körper, wie etwa die Erde, den Äther mitführen können, während ihn die Bewegung kleinerer Körper nicht beeinflußt. Von der Inkonsequenz dieses Gedankenganges sehen wir zunächst ab. Es ist klar, daß man mit einer solchen Äthermitführung den negativen Ausfall der Versuche von MICHELSON und TROUTON-NOBLE erklären kann. Jetzt wäre ja die Erde das bevorzugte Bezugssystem, und alle Erscheinungen müssen sich auf ihr abspielen, als ob sie ruhte. Nicht erklären kann man, daß die Masse eines Elektrons mit der Geschwindigkeit nach der Formel (22) von LORENTZ und nicht nach der Formel (21b) zunimmt. Da die Bewegung des Elektrons mit der Erde gar nichts zu tun hat, kann diese Schwierigkeit der Theorie des ruhenden Äthers überhaupt nicht durch Annahmen über die Mitführung des Äthers durch die Erde gebessert werden. Alle Erscheinungen, welche von einer Relativbewegung zweier Körper auf der Erde herrühren, kann man in gleicher Weise erklären, wenn der Äther von der Erde mitgeführt wird, wie wenn er ruht. Auch der Versuch von SAGNAC bietet kein Hindernis. Der entsprechende Versuch von MICHELSON und GALE müßte dagegen negativ ausfallen, wenn die Erdrotation den Äther mitnimmt. Eine Theorie der Aberration auf Grund der Mitführung konnte STOKES entwickeln, auch eine Theorie des Dopplereffektes an außerterrestrischen Lichtquellen erscheint möglich, doch sind hierzu Annahmen über die Strömung des Äthers nötig, die nicht ohne Schwierigkeiten sind. Da die Massenveränderlichkeit des Elektrons und der Versuch von MICHELSON und GALE der Mitführung sowieso widersprechen, erscheint es überflüssig, auf diese Theorie genauer einzugehen.

Schließlich könnte man noch behaupten, daß die Translation der Erde den Äther mitführt, nicht dagegen die Rotation. Diese Annahme ist natürlich ganz willkürlich und entsteht nur durch die Notwendigkeit, das positive Ergebnis des Versuches von MICHELSON und GALE erklärlich zu machen. Aber auch dann bleibt die Massenveränderlichkeit des Elektrons nach der LORENTZschen Formel als unübersteigliches Hindernis für eine solche Theorie bestehen.

Da sowohl die Theorie des ruhenden wie auch die des mitgeführten Äthers mit den Experimenten nicht in Einklang zu bringen ist, bleibt einstweilen nichts übrig, als ganz auf die Äthervorstellung zu verzichten. Damit verzichten wir darauf, für das Wesen des elektrischen und magnetischen Feldes eine auch nur scheinbare Erklärung zu geben. Statt dessen werden wir uns um eine genaue und in allen Fällen zutreffende Beschreibung der beobachteten Tatsachen bemühen.

II. Die Lorentz-Transformation.

Es ist sehr instruktiv, sich vom rein formalen Standpunkt aus klarzumachen, welche Schwierigkeiten der negative Ausfall der Ätherdriftversuche (Michelson, Trouton-Noble) mit sich bringt. Würde die Erde ruhen, so bestünde gar keine Schwierigkeit. Würden die elektrodynamischen Grundgleichungen nicht nur in einem ruhenden Bezugssystem, sondern auch in einem gleichförmig bewegten gelten, so bestünde ebenfalls keine Schwierigkeit. Die ganze Verlegenheit würde also verschwinden, wenn die elektrodynamischen Grundgleichungen bei der Transformation von einem ruhenden System in ein bewegtes, oder von einem bewegten zu einem anderen in sich übergehen würden, wenn sie also invariant gegen eine solche Transformation wären.

Es gibt offenbar vier Möglichkeiten zu begründen, daß die Maxwellschen Gleichungen in einem Bezugssystem gelten, welches mit der Erde fest verbunden ist.

1. Die Erde ruht, und die Sonne bewegt sich um sie.

2. Die Erde führt den Äther, d. h. das ausgezeichnete Koordinatensystem, mit sich.

3. In einem ruhenden System gelten elektrodynamische Grundgleichungen, die von den Maxwellschen abweichen. Erst bei der Transformation auf das bewegte System der Erde kommen zufällig die Maxwellschen Gleichungen heraus.

4. Die elektrodynamischen Grundgleichungen sind überhaupt invariant gegenüber dem Übergang auf ein bewegtes Koordinatensystem.

Auf den ersten Blick erscheinen alle vier Möglichkeiten absurd. Die erste Annahme ist aus astronomischen Gründen undiskutabel, die zweite wurde im vorigen Abschnitt im einzelnen widerlegt. Die dritte Möglichkeit setzt voraus, daß die Grundgleichungen im ruhenden System eine Geschwindigkeit enthalten, die ungefähr mit der der Erde übereinstimmt. Dies ist im höchsten Maße unwahrscheinlich, da eine solche Geschwindigkeit eine neue physikalische Fundamentalkonstante sein müßte. Daß die Maxwellschen Gleichungen nicht invariant gegen die gewöhnliche Transformation auf ein bewegtes Koordinatensystem sind, geht schon aus dem Versagen der Theorie des ruhenden Äthers hervor. Bestünde nämlich die Invarianz, so müßte man auch in der Äthertheorie den negativen Ausfall der Ätherdriftversuche herausbekommen.

Die einzige Möglichkeit, aus der Schwierigkeit herauszukommen, besteht darin, sich ganz auf die experimentellen Tatsachen zu stützen und aus ihnen eine widerspruchsfreie Beschreibung abzulesen, ohne eine theoretische Vorstellung zugrunde zu legen.

§ 1. Das Prinzip der konstanten Lichtgeschwindigkeit und die Ableitung der Lorentz-Transformation.

Inhalt: Nur die Lorentz-Transformation ist mit der Forderung verträglich, daß die Lichtgeschwindigkeit unabhängig vom Bewegungszustand des Koordinatensystems sei.

Bezeichnungen: $\mathfrak{r}$, t Ortsvektor und Zeit im ruhenden System, $\mathfrak{r}'$, t' im bewegten System, c Lichtgeschwindigkeit, x, y, z bzw. x', y', z' kartesische Koordinaten, $\mathfrak{u}$ Relativgeschwindigkeit der Koordinatensysteme, u ihr Betrag.

Von dem Michelson-Versuch lesen wir zunächst die Aussage ab, daß die Lichtgeschwindigkeit in allen Richtungen dieselbe ist, auch wenn man auf die Erde als Bezugssystem bezieht, und daß sie überall ebenso groß ist wie in einem ruhenden System. Dies nennt man das Prinzip der Konstanz der Lichtgeschwindigkeit, welches also fast direkt aus einem Versuch hervorgeht.

In einem ruhenden System sind die Wellenflächen Kugeln um die Lichtquelle, die wir in den Koordinatenanfang verlegen. Für die Geschwindigkeit eines Punktes auf einer Wellenfläche gilt

$$\left(\frac{d\mathfrak{r}}{dt}\right)^2 - c^2 = 0 \tag{1a}$$

oder in Komponenten

$$\left(\frac{dx}{dt}\right)^2 + \left(\frac{dy}{dt}\right)^2 + \left(\frac{dz}{dt}\right)^2 - c^2 = 0. \tag{1b}$$

Liegt die Lichtquelle im Ursprung eines bewegten Koordinatensystems x', y', z', so soll in diesem das Licht sich ebenfalls mit der Geschwindigkeit c unabhängig von der Richtung ausbreiten, d. h. es ist jetzt

$$\left(\frac{d\mathfrak{r}'}{dt'}\right)^2 - c^2 = 0 \tag{2a}$$

oder in Komponenten

$$\left(\frac{dx'}{dt'}\right) + \left(\frac{dy'}{dt'}\right)^2 + \left(\frac{dz'}{dt'}\right)^2 - c^2 = 0. \tag{2b}$$

Daß wir zwischen t und t' unterscheiden, ist zunächst nur eine Vorsichtsmaßnahme, die sich jedoch bald als notwendig erweisen wird.

Den Übergang vom Koordinatensystem $\mathfrak{r}$, t zum System $\mathfrak{r}'$, t' versuchen wir mit der sogenannten Galilei-Transformation

$$\mathfrak{r}' = \mathfrak{r} - \mathfrak{u}\,t; \quad t' = t \tag{3}$$

vorzunehmen, in welcher $\mathfrak{u}$ die Translationsgeschwindigkeit des bewegten Systems ist. Aus ihr ergibt sich

$$\frac{d\mathfrak{r}'}{dt} = \frac{d\mathfrak{r}}{dt} - \mathfrak{u}, \tag{4}$$

und wenn man dies in (2a) einsetzt

$$\left(\frac{d\mathfrak{r}}{dt}\right)^2 - 2\left(\mathfrak{u}\frac{d\mathfrak{r}}{dt}\right) + \mathfrak{u}^2 - c^2 = 0.$$

Dies ist mit (1a) nicht vereinbar. Die Forderung, daß die Lichtgeschwindigkeit in beiden Systemen unabhängig von der Richtung gleich c sein soll, steht also im Widerspruch zur Galilei-Transformation. Obwohl diese Transformation ganz selbstverständlich zu sein scheint, wollen wir doch untersuchen, was an ihre Stelle treten müßte, wenn wir das Prinzip der konstanten Lichtgeschwindigkeit beibehalten wollen.

Zweifellos müssen y', y', z' und t' mit y, y, z und t linear zusammenhängen, d. h. die Transformationsgleichungen müssen die Form

$$\left.\begin{aligned} x' &= a_{xx}\,x + a_{xy}\,y + a_{xz}\,z + a_{xt}\,t \\ y' &= a_{yx}\,x + a_{yy}\,y + a_{yz}\,z + a_{yt}\,t \\ z' &= a_{zx}\,x + a_{zy}\,y + a_{zz}\,z + a_{zt}\,t \\ t' &= a_{tx}\,x + a_{ty}\,y + a_{tz}\,z + a_{tt}\,t \end{aligned}\right\} \tag{5}$$

haben. Wollen wir alle unnötigen Komplikationen vermeiden, so werden wir die Achsen x', y', z' den Achsen x, y, z parallel machen. Dies bedeutet, daß

$$a_{xy} = a_{yx} = a_{xz} = a_{zx} = a_{yz} = a_{zy} = 0 \tag{6}$$

ist. Außerdem können wir die x-Achse in die Richtung der Bewegung des gestrichenen Systems legen, so daß sich y' und z' mit der Zeit nicht ändern. Dies liefert die Vereinfachung

$$a_{yt} = a_{zt} = 0. \tag{7}$$

Schließlich soll die Transformation keine Dehnung in der y- und z-Richtung enthalten, welche ja gegebenenfalls sowieso von der Zeit unabhängig wäre. Daraus folgt nach

$$a_{yy} = a_{zz} = 1. \tag{8}$$

Die Transformationsgleichungen vereinfachen sich durch diese Annahmen auf

$$\begin{aligned} x' &= a_{xx}\, x + a_{xt}\, t; \qquad y' = y; \qquad z' = z \\ t' &= a_{tx}\, x + a_{ty}\, y + a_{tz}\, z + a_{tt}\, t. \end{aligned} \tag{5a}$$

Zwischen den Differentialen gelten die Gleichungen

$$\begin{aligned} dx' &= a_{xx}\, dx + a_{xt}\, dt; \qquad dy' = dy; \qquad dz' = dz \\ dt' &= a_{tx}\, dx + a_{ty}\, dy + a_{tz}\, dz + a_{tt}\, dt. \end{aligned} \tag{5b}$$

Bilden wir jetzt den Ausdruck

$$dx'^2 + dy'^2 + dz'^2 - c^2\, dt'^2, \tag{9a}$$

so muß er mit

$$dx^2 + dy^2 + dz^2 - c^2\, dt^2 \tag{9b}$$

verschwinden, d. h. (9a) und (9b) können sich nur um einen Zahlfaktor A unterscheiden. Die Gleichung

$$\begin{aligned} &dx'^2 + dy'^2 + dz'^2 - c^2\, dt'^2 - A\,(dx^2 + dy^2 + dz^2 - c^2\, dt^2) \\ &\quad = (a_{xx}\, dx + a_{xt}\, dt)^2 + dy^2 + dz^2 - c^2 (a_{tx}\, dx + a_{ty}\, dy + a_{tz}\, dz + a_{tt}\, dt)^2 - \\ &\quad - A\, dx^2 - A\, dy^2 - A\, dz^2 + A\, c^2\, dt^2 = 0 \end{aligned}$$

muß also identisch in dx, dy, dz, dt erfüllt sein. Dies bedeutet, daß

$$\begin{gathered} a_{xx}^2 - c^2\, a_{tx}^2 = A; \qquad 1 - c^2\, a_{ty}^2 = A \\ 1 - c^2\, a_{tz}^2 = A; \qquad a_{xt}^2 - c^2\, a_{tt}^2 = -A\, c^2 \\ a_{xx}\, a_{xt} - c^2\, a_{tx}\, a_{tt} = 0 \\ a_{ty}\, a_{tt} = a_{tz}\, a_{tt} = a_{tx}\, a_{ty} = a_{tx}\, a_{tz} = a_{ty}\, a_{tz} = 0 \end{gathered} \tag{10}$$

gilt. Es ist klar, daß a_{xx} und a_{tt} nicht verschwinden können. Dann kann man aber (10) nur durch

$$\begin{gathered} a_{ty} = a_{tz} = 0 \qquad\qquad A = 1 \\ a_{tt} = a_{xx} = \sqrt{1 + a_{tx}^2 c^2}; \qquad a_{xt} = a_{tx} c^2 \end{gathered} \tag{10a}$$

erfüllen. Eine der Größen, z. B. a_{tx}, bleibt noch willkürlich, und die Transformation lautet

$$\begin{aligned} x' &= x\sqrt{1 + a_{tx}^2 c^2} + t\, c^2\, a_{tx}; \qquad y' = y; \qquad z' = z \\ t' &= x\, a_{tx} + t\sqrt{1 + a_{tx}^2 c^2}. \end{aligned} \tag{11}$$

Für den Koordinatenanfang $x' = 0$, $y' = 0$, $z' = 0$ erhalten wir

$$0 = x\sqrt{1 + a_{tx}^2 c^2} + t\, a_{tx}\, c^2.$$

Er bewegt sich also mit der Geschwindigkeit

$$\left(\frac{dx}{dt}\right)_{x'=0} = u = -\frac{a_{tx}\, c^2}{\sqrt{1 + a_{tx}^2 c^2}}$$

im ruhenden System. Wir finden daraus

$$a_{tx} = -\frac{u}{c^2\sqrt{1-\frac{u^2}{c^2}}}. \tag{12}$$

Wenn wir u statt a_{tx} in (11) einführen, so gelangen wir zu der sogenannten LORENTZ-Transformation

$$x' = \frac{x - u\,t}{\sqrt{1-\frac{u^2}{c^2}}}; \qquad t' = \frac{t - \frac{u}{c^2}x}{\sqrt{1-\frac{u^2}{c^2}}}. \tag{13}$$

Löst man nach den ungestrichenen Größen auf, so findet man

$$x = \frac{x' + u\,t'}{\sqrt{1-\frac{u^2}{c^2}}}; \qquad t = \frac{t' + \frac{u}{c^2}x'}{\sqrt{1-\frac{u^2}{c^2}}}. \tag{13a}$$

Verlangt man, daß die Lichtgeschwindigkeit im bewegten Koordinatensystem und im ruhenden dieselbe und vor allem unabhängig von der Richtung sei, so kann der Übergang zwischen den Koordinatensystemen nur durch die Lorentz-Transformation vollzogen werden. Die Transformation widerspricht zwar den gewohnten Vorstellungen von Raum und Zeit, da sie aber zwangsläufig aus dem MICHELSON-Versuch folgt, muß sie doch genau geprüft werden.

Sichtlich ist die LORENTZ-Transformation nur anwendbar, wenn $u \leqq c$ ist. Man kann also nicht auf ein Koordinatensystem beziehen, welches sich mit Überlichtgeschwindigkeit bewegt. Praktisch ist dies natürlich kaum eine Einschränkung, theoretisch aber von großer Bedeutung, wie sich im folgenden herausstellen wird.

§ 2. EINSTEINS Additionstheorem für Geschwindigkeiten.

Bezeichnungen: $\mathfrak{v}$ Geschwindigkeit eines Körpers, v_x, v_y, v_z ihre Komponenten, $\mathfrak{v}'$, v'_x, v'_y, v'_z dieselben Größen bezogen auf ein anderes Koordinatensystem. u Relativgeschwindigkeit beider Systeme in der x-Richtung liegend.

Ein Punkt bewege sich im ruhenden Koordinatensystem mit der Geschwindigkeit $\mathfrak{v}$. Wir wollen seine Geschwindigkeit im bewegten Koordinatensystem berechnen. Während der Zeitspanne dt legt er ein Wegstück $d\mathfrak{r} = \mathfrak{v}\,dt$ mit den Komponenten

$$dx = v_x\,dt; \quad dy = v_y\,dt; \quad dz = v_z\,dt$$

zurück. Im bewegten System gilt dann

$$dx' = \frac{v_x - u}{\sqrt{1-\frac{u^2}{c^2}}}dt; \quad dy' = v_y\,dt; \quad dz' = v_z\,dt.$$

Während im ruhenden System die Zeit dt verstreicht, durchläuft der Punkt im bewegten System das Zeitintervall

$$dt' = \frac{dt - \frac{u}{c^2}dx}{\sqrt{1-\frac{u^2}{c^2}}} = \frac{1 - \frac{u\,v_x}{c^2}}{\sqrt{1-\frac{u^2}{c^2}}}dt.$$

Seine Geschwindigkeitskomponenten im bewegten System sind demnach

$$v'_x = \frac{d\,x'}{d\,t'} = \frac{v_x - u}{1 - \frac{u\,v_x}{c^2}}; \qquad v'_y = \frac{v_y\sqrt{1 - \frac{u^2}{c^2}}}{1 - \frac{u\,v_x}{c^2}}; \qquad v'_z = \frac{v_z\sqrt{1 - \frac{u^2}{c^2}}}{1 - \frac{u\,v_x}{c^2}}. \tag{14}$$

Sind u und $\mathfrak{v}$ klein gegen die Lichtgeschwindigkeit, so erhält man unter Vernachlässigung von Gliedern zweiter Ordnung in u/c und $\mathfrak{v}/c$

$$v'_x = v_x - u; \qquad v'_y = v_x; \qquad v'_z = v_z.$$

Nähert sich dagegen $\mathfrak{v}$ der Lichtgeschwindigkeit, so gilt statt dessen

$$v_x = v_x - u\left(1 - \frac{v_x^2}{c^2}\right); \qquad v'_y = v_y + u\,\frac{v_x\,v_y}{c^2}; \qquad v'_z = v_z + u\,\frac{v_x\,v_z}{c^2}.$$

Ist endlich $\mathfrak{v}$ selbst vom Betrage c, so wird

$$v'^2 = v'^2_x + v'^2_y + v'^2_z = \frac{(v_x - u)^2 + (v_y^2 + v_z^2)\left(1 - \frac{u^2}{c^2}\right)}{\left(1 - \frac{u\,v_x}{c^2}\right)^2} = c^2. \tag{14a}$$

Ein Punkt, der sich im ruhenden System mit Lichtgeschwindigkeit bewegt, bewegt sich auch mit Lichtgeschwindigkeit im bewegten System.

Die Geschwindigkeit des Punktes und die des Koordinatensystems addieren sich angenähert vektoriell, wenn beide Geschwindigkeiten klein sind. Bei größeren Geschwindigkeiten vollzieht die Zusammensetzung nach dem EINSTEINschen Additionstheorem (14) für Geschwindigkeiten.

§ 3. Die Relativität der Zeitintervalle und Raumstrecken.

Inhalt: EINSTEINsche Zeitdilatation und LORENTZ-Kontraktion.

Bezeichnungen: u Relativgeschwindigkeit der Koordinatensysteme, c Lichtgeschwindigkeit. Die Indizes 1 und 2 bezeichnen zwei Ergebnisse, die Koordinatensysteme werden durch einen Apostroph unterschieden.

Im ruhenden Koordinatensystem mögen zwei Ereignisse gleichzeitig an den Orten x_1 und x_2 eintreten. t_1 ist also gleich t_2. Im bewegten System wird

$$t'_1 = \frac{t_1 - \frac{u\,x_1}{c^2}}{\sqrt{1 - \frac{u^2}{c^2}}}; \qquad t'_2 = \frac{t_1 - \frac{u\,x_2}{c^2}}{\sqrt{1 - \frac{u^2}{c^2}}}.$$

Die Ereignisse sind nicht mehr gleichzeitig, sondern zwischen ihnen liegt die Zeitspanne

$$\varDelta t' = t'_2 - t'_1 = \frac{u(x_1 - x_2)}{c^2\sqrt{1 - \frac{u^2}{c^2}}} = \frac{u}{c^2}(x'_1 - x'_2). \tag{15}$$

Zwei Ereignisse, die im ruhenden System am gleichen Ort zu den Zeiten t_1 und t_2 stattfinden, gehen im bewegten System zu den Zeiten

$$t'_1 = \frac{t_1 - \frac{u}{c^2}\,x}{\sqrt{1 - \frac{u^2}{c^2}}}; \qquad t'_2 = \frac{t_2 - \frac{u}{c^2}\,x}{\sqrt{1 - \frac{u^2}{c^2}}}$$

vor sich. Der Zeitspanne $\Delta t = t_2 - t_1$ im ruhenden System entspricht im bewegten System die Zeitspanne

$$\Delta t' = t_2' - t_1' = \frac{t_2 - t_1}{\sqrt{1 - \frac{u^2}{c^2}}}. \tag{16}$$

Gibt eine Uhr in einem der Systeme Zeitzeichen, welche von einem Beobachter aufgenommen werden, der die Relativgeschwindigkeit u gegen die Uhr hat, so erscheinen die Zeitintervalle gedehnt (EINSTEINsche Zeitdilatation).

LORENTZ-Kontraktion. Eine ruhende Strecke $\Delta x = x_2 - x_1$ soll von einem bewegten Koordinatensystem aus (durch einen bewegten Beobachter) gemessen werden. Dies geschieht, indem ein bewegter Maßstab an die Strecke angelegt wird. Die Messung besteht darin, daß man feststellt, mit welchen Punkten des Maßstabes die beiden Enden der Strecke zusammenfallen. Ruht der Maßstab relativ zur Strecke, so ist kein weiterer Zusatz nötig. Wenn er sich aber gegen die Strecke bewegt, so ist es notwendig, festzusetzen, daß die beiden Koinzidenzen gleichzeitig zu beobachten sind. Die Vorbeigänge des Endpunktes x_1 der Strecke an einem Punkte x_1' und des Endpunktes x_2 an dem Punkte x_2' des Maßstabes werden also gleichzeitig im bewegten System beobachtet. Nun ist

$$x_2' - x_1' = \frac{x_2 - x_1 - u(t_2 - t_1)}{\sqrt{1 - \frac{u^2}{c^2}}}.$$

Die Koinzidenzen sollen aber im bewegten System gleichzeitig sein, also ist

$$t_2' - t_1' = \frac{t_2 - t_1 - \frac{u}{c^2}(x_2 - x_1)}{\sqrt{1 - \frac{u^2}{c^2}}} = 0.$$

Eliminiert man aus beiden Beziehungen $t_2 - t_1$, so findet man zwischen $x_2 - x_1$ und $x_2' - x_1'$ den Zusammenhang

$$x_2' - x_1' = (x_2 - x_1)\sqrt{1 - \frac{u^2}{c^2}}. \tag{17}$$

Die Strecke erscheint dem bewegten Beobachter verkürzt. Diese Erscheinung wird als LORENTZ-Kontraktion bezeichnet. Eine ruhende Kugel würde dem bewegten Beobachter als Ellipsoid erscheinen, welches in der Bewegungsrichtung zusammengedrückt ist.

Daß Zeitintervalle für den bewegten Beobachter verlängert, Raumstrecken dagegen verkürzt erscheinen, liegt an der Verschiedenheit des Meßvorganges in diesen beiden Fällen. Würde man die Längenmessung vornehmen, indem man an den Enden der Strecke Signale gibt, die im ruhenden System gleichzeitig sind, und mit dem bewegten Maßstab den Ort dieser Signale feststellen, so wäre $t_1 = t_2$ und

$$x_2' - x_1' = \frac{x_2 - x_1}{\sqrt{1 - \frac{u^2}{c^2}}}.$$

Bei dieser Messung würde der bewegte Beobachter nicht eine Kontraktion, sondern eine Dilatation der Strecke feststellen. Der Unterschied gegen oben liegt darin, daß die beiden Meßwerte diesmal gleichzeitig im ruhenden System festgestellt werden, oben dagegen gleichzeitig im bewegten System.

Man kann, wenn auch etwas gekünstelt, eine solche Messung der Zeitintervalle konstruieren, daß für den bewegten Beobachter eine Verkürzung eintritt. Zu den Zeiten t_1 und t_2 finden zwei Ereignisse an allen Punkten einer Strecke statt, die parallel zur x-Achse liegt. Mit einer bewegten Uhr wird der zeitliche Abstand $t_1' - t_2'$ der Ereignisse vom bewegten Koordinatensystem gemessen. Dann ist

$$t_2' - t_1' = \frac{t_2 - t_1 - \frac{u}{c^2}(x_2 - x_1)}{\sqrt{1 - \frac{u^2}{c^2}}}.$$

Im bewegten System erfolgt die Messung immer an der gleichen Stelle, also ist

$$x_2' - x_1' = 0 = \frac{x_2 - x_1 - u(t_2 - t_1)}{\sqrt{1 - \frac{u^2}{c^2}}},$$

und wir erhalten durch Elimination von $x_2 - x_1$

$$t_2' - t_1' = (t_2 - t_1)\sqrt{1 - \frac{u^2}{c^2}}.$$

§ 4. Reihenfolge von Ereignissen. Vergangenheit, Gegenwart und Zukunft.

Inhalt: Die Reihenfolge kausal zusammenhängender Ereignisse ist unabhängig vom Bewegungszustand des Beobachters. Einteilung in Vergangenheit, Gegenwart und Zukunft.
Bezeichnungen: Wie S. 633, 636 u. 637.

Zwei Ereignisse, die im ruhenden System an den Orten x_1 und x_2 zu den Zeiten t_1 und t_2 stattfinden, spielen sich für den bewegten Beobachter zu den Zeiten

$$t_2' = \frac{t_2 - \frac{u}{c^2} x_2}{\sqrt{1 - \frac{u^2}{c^2}}}; \qquad t_1' = \frac{t_1 - \frac{u}{c^2} x_1}{\sqrt{1 - \frac{u^2}{c^2}}}$$

ab. Ist $t_2 > t_1$, so tritt im ruhenden System das zweite Ereignis nach dem ersten ein. Im bewegten System ist $\Delta t' = t_2' - t_1'$ positiv, wenn

$$c(t_2 - t_1) > \frac{u}{c}(x_2 - x_1)$$

ist. Links steht die Wegstrecke, welche eine elektromagnetische Welle zwischen den beiden Ereignissen zurücklegen kann. Die rechte Seite ist sicher kleiner als der räumliche Abstand der beiden Ereignisse, kann ihm aber bei großer Geschwindigkeit des Beobachters nahe kommen. Wenn eine vom Ereignis $x_1 t_1$ ausgelöste Lichtwelle vor dem Ereignis $x_2 t_2$ an der Stelle x_2 eintrifft, so wird $x_1 t_1$ für jeden Beobachter vor $x_2 t_2$ liegen. Nun ist die elektromagnetische Übertragung die schnellste Übertragung einer Wirkung, die wir kennen. Wenn also das Ereignis $x_2 t_2$ eine Wirkung des Ereignisses $x_1 t_1$ ist (oder sein könnte), so findet es für jeden Beobachter nach seiner Ursache statt. Die Reihenfolge von Ursache und Wirkung bleibt also für alle Beobachter erhalten. Ist im ruhenden System die Zeitspanne zwischen zwei Ereignissen $x_1 t_1$ und $x_2 t_2$ so klein, daß eine von $x_1 t_1$ ausgehende Lichtwelle erst nach dem Ereignis $x_2 t_2$ an der Stelle x_2

eintrifft, so können die beiden Ereignisse einem geeignet bewegten Beobachter gleichzeitig erscheinen, ja, die zeitliche Reihenfolge der Ereignisse kann sich sogar umkehren.

Die Reihenfolge kausal bedingter Ereignisse ist also unabhängig vom Bewegungszustand des Beobachters. Die Reihenfolge räumlich weit getrennter, zeitlich schnell aufeinanderfolgender Ereignisse kann sich umkehren. Durch diese Feststellungen werden die Begriffe „Vergangenheit", „Gegenwart" und „Zukunft" in eigentümlicher Weise modifiziert.

Für einen ruhenden Beobachter, den wir der Bequemlichkeit halber am Ort $x = 0$ annehmen, bilden im Zeitpunkt $t = 0$ alle diejenigen Ereignisse die Gegenwart, welche ebenfalls zur Zeit $t = 0$ ablaufen. Die Vergangenheit ist die Gesamtheit aller früheren Ereignisse ($t < 0$) und die Zukunft die Gesamtheit der späteren Ereignisse ($t > 0$). Diese Einteilung ist für einen ruhenden Beobachter unabhängig vom Ort. Sie ist natürlich sinnvoll, jedoch nur konventionell. Man kann eine andere Einteilung vornehmen, welche ebenso vernünftig ist.

Gleichzeitig mit dem Ereignis $x' = 0$, $t' = 0$ sind für einen bewegten Beobachter die Ereignisse

$$t' = 0 = \frac{t - \frac{x u}{c^2}}{\sqrt{1 - \frac{u^2}{c^2}}},$$

d. h. diejenigen, welche in einem ruhenden System durch

$$t = \frac{u x}{c^2}$$

angegeben werden. Jedes der Ereignisse

$$-\frac{x}{c} \leqq t \leqq \frac{x}{c}$$

kann für einen Beobachter, der sich mit einer passenden Geschwindigkeit zwischen $-c$ und c bewegt, gleichzeitig mit dem Ereignis $t' = 0$, $x' = 0$ sein. Alle Ereignisse zu einer Zeit

$$t < -\frac{x}{c}$$

gehören für jeden Beobachter, wie er sich auch bewegen mögen, der Vergangenheit an. Der Bereich

$$-\infty < t < -\frac{x}{c} \tag{18}$$

wäre also gewissermaßen die absolute Vergangenheit. In ähnlicher Weise gehören die Ereignisse zu einer Zeit

$$t > \frac{x}{c}$$

für alle Beobachter, wie auch immer sie sich bewegen, der Zukunft an. Der Bereich

$$\frac{x}{c} < t < \infty \tag{18a}$$

ist also die absolute Zukunft.

Die Ereignisse der absoluten Vergangenheit können auf das Ereignis $x = 0$, $t = 0$ eine Wirkung ausüben oder an diesem Punkt schon früher eine Wirkung ausgeübt haben. Auf die absolut zukünftigen Ereignisse kann das Ereignis $x = 0$, $t = 0$ selbst eine Wirkung ausüben. Die absolute Vergangenheit enthält also die Gesamtheit der Ursachen, die einen Einfluß auf das Ereignis $x = 0$, $t = 0$ nehmen können, während die absolute Zukunft alle diejenigen Ereignisse umfaßt, zu deren Ursachen das Ereignis $x = 0$, $t = 0$ gehört. Der Bereich

$$-\frac{x}{c} \leqq t \leqq \frac{x}{c} \tag{18b}$$

enthält dagegen diejenigen Ereignisse, die weder unmittelbare Ursachen noch Folgen des Ereignisses $x = 0$, $t = 0$ sind. Sie hängen mit $x = 0$, $t = 0$ nur insofern zusammen, als sie mit ihm gemeinsame Ursachen haben können bzw. mit $x = 0$, $t = 0$ zusammen künftige Ereignisse bestimmen. Dieser Bereich, welcher die von $x = 0$, $t = 0$ unabhängigen Ereignisse umfaßt, kann sinnvoll als Gegenwart bezeichnet werden.

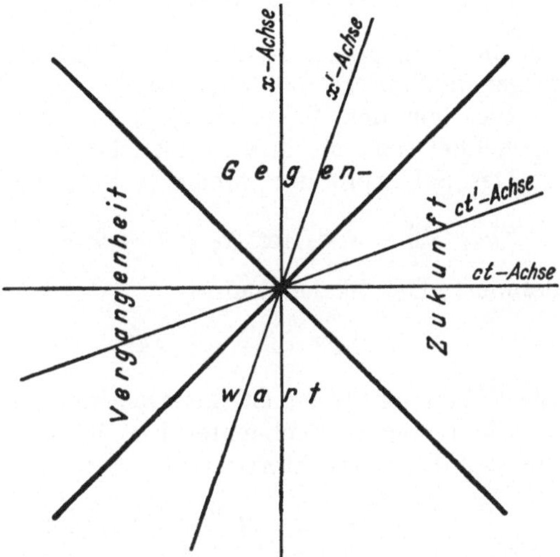

Abb. 265.
Einteilung der Ereignisse in Vergangenheit, Gegenwart und Zukunft. Die x'-Achse gibt die Ereignisse $t' = 0$, die $c\,t'$-Achse die Ereignisse $x' = 0$ für einen bewegten Beobachter an.

Diese Zusammenhänge lassen sich leicht graphisch darstellen. Trägt man den Ort x als Ordinate und $c\,t$ als Abszisse auf, so sind die Grenzen von absoluter Zukunft und absoluter Vergangenheit zwei Gerade, die gegen die Achsen unter $45°$ geneigt sind. In der Abb. 265 kann man leicht die x'- und $c\,t'$-Achse für einen bewegten Beobachter einzeichnen.

§ 5. Vierdimensionale Zusammenfassung von Raum und Zeit.

Inhalt: Raum und Zeit können in das vierdimensionale Kontinuum der MINKOWSKIschen Welt zusammengefaßt werden. Definition von Weltvektoren. Das Skalarprodukt zweier Weltvektoren ist eine Invariante der LORENTZ-Transformation. Vierdimensionaler Nabla-Operator.

Bezeichnungen: $\mathfrak{R}$ Weltvektor, $\mathfrak{r}$ räumliche, ϑ zeitliche Komponente, $\mathfrak{l}$ zeitlicher, $\mathfrak{i}$, $\mathfrak{j}$, $\mathfrak{k}$ räumliche Einheitsvektoren, c Lichtgeschwindigkeit, u Relativgeschwindigkeit der Bezugssysteme, $u/c = \beta = i\gamma$, ∇ räumlicher, $\Box$ vierdimensionaler Nabla-Operator.

Die Eigenschaften der LORENTZ-Transformation lassen sich sehr übersichtlich herausarbeiten, wenn man den drei Ortskoordinaten eine vierte räumliche Koordinate

$$\vartheta = i\,c\,t \tag{19}$$

hinzufügt, deren Betrag den vom Licht in der Zeit t zurückgelegten Weg angibt. Allerdings benutzen wir nur imaginäre Werte dieser Koordinate, da nur sie reellen Zeiten entsprechen. Ort und Zeitpunkt eines Ereignisses können wir dann durch den komplexen vierdimensionalen Vektor

$$\begin{aligned} \mathfrak{R} &= \mathfrak{i}\,x + \mathfrak{j}\,y + \mathfrak{k}\,z + \mathfrak{l}\,i\,c\,t \\ &= \mathfrak{i}\,x + \mathfrak{j}\,y + \mathfrak{k}\,z + \mathfrak{l}\,\vartheta \\ &= \mathfrak{r} + \mathfrak{l}\,\vartheta \end{aligned} \tag{20}$$

zusammenfassen. $\mathfrak{i}$, $\mathfrak{j}$ und $\mathfrak{k}$ sind die drei räumlichen Einheitsvektoren, $\mathfrak{l}$ ein Einheitsvektor der vierten Dimension. Für diese Vektoren gilt

$$\mathfrak{i}^2 = \mathfrak{j}^2 = \mathfrak{k}^2 = \mathfrak{l}^2 = 1, \tag{21}$$

was ihnen den Charakter von Einheitsvektoren gibt. Ferner gelten die Beziehungen

$$(\mathfrak{i}\,\mathfrak{j}) = (\mathfrak{i}\,\mathfrak{k}) = (\mathfrak{i}\,\mathfrak{l}) = (\mathfrak{j}\,\mathfrak{k}) = (\mathfrak{j}\,\mathfrak{l}) = (\mathfrak{k}\,\mathfrak{l}) = 0, \tag{21a}$$

die die Orthogonalität aller vier Vektoren bedeuten, was jedoch nur in übertragenem Sinn zu verstehen ist.

Das von den Vektoren $\mathfrak{i}$, $\mathfrak{j}$, $\mathfrak{k}$, $\mathfrak{l}$ aufgespannte raum-zeitliche Kontinuum bezeichnet man als MINKOWSKIsche Welt, den Vektor $\mathcal{R}$ als Weltvektor.

Das Saklarprodukt zweier Weltvektoren $\mathcal{R}_1$ und $\mathcal{R}_2$ ist durch

$$(\mathcal{R}_1\,\mathcal{R}_2) = x_1 x_2 + y_1 y_2 + z_1 z_2 + \vartheta_1 \vartheta_2 = x_1 x_2 + y_1 y_2 + z_1 z_2 - c^2 t_1 t_2 \tag{22}$$

definiert. Das Skalarquadrat

$$\mathcal{R}^2 = x^2 + y^2 + z^2 + \vartheta^2 = x^2 + y^2 + z^2 - c^2 t^2 \tag{22a}$$

eines Weltvektors $\mathcal{R}$ ist das Quadrat seines Betrages.

Ein bewegter Beobachter bezieht auf ein Koordinatensystem x', y', z', ϑ' mit den Einheitsvektoren $\mathfrak{j}'$, $\mathfrak{i}'$, $\mathfrak{k}'$, $\mathfrak{l}'$. Der Weltvektor $\mathcal{R}$ wird in ihm

$$\mathcal{R}' = \mathfrak{i}' x' + \mathfrak{j}' y' + \mathfrak{k}' z' + \mathfrak{l}' \vartheta' \tag{23}$$

geschrieben. Führen wir die Abkürzung

$$\frac{u}{c} = \beta = i\gamma \tag{24}$$

ein, so lautet die LORENTZ-Transformation

$$\left.\begin{aligned} x' &= \frac{x - u t}{\sqrt{1 - \frac{u^2}{c^2}}} = \frac{x - \gamma \vartheta}{\sqrt{1 + \gamma^2}}; \qquad y' = y; \qquad z' = z \\ \vartheta' &= \frac{i c t - \frac{u i}{c} x}{\sqrt{1 - \frac{u^2}{c^2}}} = \frac{\vartheta + \gamma x}{\sqrt{1 + \gamma^2}} \end{aligned}\right\} \tag{25}$$

bzw. nach den ungestrichenen Größen aufgelöst

$$\left.\begin{aligned} x &= \frac{x' + \gamma \vartheta'}{\sqrt{1 + \gamma^2}}; \qquad y = y' \qquad z = z' \\ \vartheta &= \frac{\vartheta' - \gamma x'}{\sqrt{1 + \gamma^2}}. \end{aligned}\right\} \tag{25a}$$

Bildet man das Produkt zweier Weltvektoren im gestrichenen System

$$(\mathcal{R}_1'\,\mathcal{R}_2') = x_1' x_2' + y_1' y_2' + z_1' z_2' + \vartheta_1' \vartheta_2'$$

und ersetzt die gestrichenen Größen mittels der LORENTZ-Transformation durch die ungestrichenen, so findet man

$$(\mathcal{R}_1'\,\mathcal{R}_2') = x_1 x_2 + y_1 y_2 + z_1 z_2 + \vartheta_1 \vartheta_2 = (\mathcal{R}_1\,\mathcal{R}_2). \tag{26}$$

Das Skalarprodukt zweier Weltvektoren ändert seinen Wert bei der Transformation nicht, ist also eine Invariante. Der Betrag eines Weltvektors ist ebenfalls eine Invariante der LORENTZ-Transformation. Diese Transformation nimmt also nur eine Drehung des vierdimensionalen Koordinatensystems vor.

Es ist deshalb unnötig, zwischen den Weltvektoren $\mathfrak{R}$ und $\mathfrak{R}'$ zu unterscheiden. Nur die Komponentendarstellung nimmt in den beiden Koordinatensystemen die verschiedenen Formen

$$\begin{aligned}\mathfrak{R} &= \mathfrak{i}\,x + \mathfrak{j}\,y + \mathfrak{k}\,z + \mathfrak{l}\,\vartheta \\ &= \mathfrak{i}'\,x' + \mathfrak{j}'\,y' + \mathfrak{k}'\,z' + \mathfrak{l}'\,\vartheta'\end{aligned}$$

an. Da die Einheitsvektoren $\mathfrak{i}$, $\mathfrak{j}$, $\mathfrak{k}$, $\mathfrak{l}$ ebenfalls Ortsvektoren im Raum-Zeit-Kontinuum bedeuten, gilt auch für ihre Komponenten die Transformation (25), und wir haben

$$\mathfrak{i}' = \frac{\mathfrak{i} - \gamma\,\mathfrak{l}}{\sqrt{1+\gamma^2}}; \qquad \mathfrak{j}' = \mathfrak{j}; \qquad \mathfrak{k}' = \mathfrak{k}; \qquad \mathfrak{l}' = \frac{\mathfrak{l} + \gamma\,\mathfrak{i}}{\sqrt{1+\gamma^2}}. \tag{27}$$

Umgekehrt ist

$$\mathfrak{i} = \frac{\mathfrak{i}' + \gamma\,\mathfrak{l}'}{\sqrt{1+\gamma^2}}; \qquad \mathfrak{j} = \mathfrak{j}'; \qquad \mathfrak{k} = \mathfrak{k}'; \qquad \mathfrak{l} = \frac{\mathfrak{l}' - \gamma\,\mathfrak{i}'}{\sqrt{1+\gamma^2}}. \tag{27a}$$

Hat man einen beliebigen anderen Weltvektor

$$\mathfrak{V} = \mathfrak{i}\,\mathfrak{B}_x + \mathfrak{j}\,\mathfrak{B}_y + \mathfrak{k}\,\mathfrak{B}_z + \mathfrak{l}\,\mathfrak{B}_\vartheta = \mathfrak{i}'\,\mathfrak{B}'_x + \mathfrak{j}'\,\mathfrak{B}'_y + \mathfrak{k}'\,\mathfrak{B}'_z + \mathfrak{l}'\,\mathfrak{B}'_\vartheta,$$

so findet man durch Einsetzen der $\mathfrak{i}'$, $\mathfrak{j}'$, $\mathfrak{k}'$, $\mathfrak{l}'$ in die zweite Form zwischen seinen Komponenten die Beziehungen

$$\begin{aligned}\mathfrak{B}'_x &= \frac{\mathfrak{B}_x - \gamma\,\mathfrak{B}_\vartheta}{\sqrt{1+\gamma^2}}; \quad \mathfrak{B}'_y = \mathfrak{B}_y; \quad \mathfrak{B}'_z = \mathfrak{B}_z; \quad \mathfrak{B}'_\vartheta = \frac{\mathfrak{B}_\vartheta + \gamma\,\mathfrak{B}_x}{\sqrt{1+\gamma^2}} \\ \mathfrak{B}_x &= \frac{\mathfrak{B}'_x + \gamma\,\mathfrak{B}'_\vartheta}{\sqrt{1+\gamma^2}}; \quad \mathfrak{B}_y = \mathfrak{B}'_y; \quad \mathfrak{B}_z = \mathfrak{B}'_z; \quad \mathfrak{B}_\vartheta = \frac{\mathfrak{B}'_\vartheta - \gamma\,\mathfrak{B}'_x}{\sqrt{1+\gamma^2}}.\end{aligned} \tag{28}$$

Alle Weltvektoren transformieren sich also bei der LORENTZ-Transformation in gleicher Weise.

Dies gilt auch für infinitesimale Vektoren, insbesondere für das Differential $d\mathfrak{R}$ des Weltvektors, zwischen dessen Komponenten die LORENTZ-Transformation

$$\begin{aligned}dx' &= \frac{dx - \gamma\,d\vartheta}{\sqrt{1+\gamma^2}}; \qquad dy' = dy; \qquad dz' = dz \\ d\vartheta' &= \frac{d\vartheta + \gamma\,dx}{\sqrt{1+\gamma^2}}\end{aligned} \tag{28a}$$

besteht. Das Volumenelement im Weltkontinuum

$$dx'\,dy'\,dz'\,d\vartheta' = dx\,dy\,dz\,d\vartheta \tag{29}$$

ist invariant, da die Funktionaldeterminante

$$\begin{vmatrix} \dfrac{\partial x'}{\partial x} & \dfrac{\partial x'}{\partial \vartheta} \\ \dfrac{\partial \vartheta'}{\partial x} & \dfrac{\partial \vartheta'}{\partial \vartheta} \end{vmatrix} = 1$$

ist.

Ebenso, wie wir im dreidimensionalen Raum durch Anwendung von Vektoren eine von den Richtungen der Koordinatenachsen unabhängige Beschreibung erreichen, wird dies im raum-zeitlichen Kontinuum durch die Weltvektoren erzielt. Der Weltvektor hat für jeden beliebigen Beobachter dieselbe Bedeutung, nur seine räumlichen und zeitlichen Komponenten ändern ihre Werte mit dem Koordinatensystem. Können wir ein physikalisches Gesetz als eine Beziehung zwischen Weltvektoren schreiben, so ist es gegenüber der LORENTZ-Transformation invariant formuliert.

Neben den Weltvektoren untersuchen wir nun noch die Differentialoperatoren

$$\frac{\partial}{\partial x}; \quad \frac{\partial}{\partial y}; \quad \frac{\partial}{\partial z}; \quad \frac{\partial}{\partial \vartheta}$$

bzw. die entsprechenden Größen im gestrichenen Koordinatensystem. Zwischen ihnen finden wir leicht die Beziehungen

$$\frac{\partial}{\partial x} = \frac{1}{\sqrt{1+\gamma^2}}\left(\frac{\partial}{\partial x'} + \gamma \frac{\partial}{\partial \vartheta'}\right); \quad \frac{\partial}{\partial y} = \frac{\partial}{\partial y'}; \quad \frac{\partial}{\partial z} = \frac{\partial}{\partial z'}$$

$$\frac{\partial}{\partial \vartheta} = \frac{1}{\sqrt{1+\gamma^2}}\left(\frac{\partial}{\partial \vartheta'} - \gamma \frac{\partial}{\partial x'}\right).$$

$\partial/\partial x$ und $\partial/\partial\vartheta$ hängen also mit $\partial/\partial x'$ und $\partial/\partial\vartheta'$ ebenso zusammen wie die x- und ϑ-Komponenten eines Weltvektors. Dies erlaubt uns einen Vektoroperator

$$\Box = \mathfrak{i}\frac{\partial}{\partial x} + \mathfrak{j}\frac{\partial}{\partial y} + \mathfrak{k}\frac{\partial}{\partial z} + \mathfrak{l}\frac{\partial}{\partial \vartheta} \tag{30}$$

zu definieren, der die vierdimensionale Verallgemeinerung des räumlichen ∇-Operators ist. Sein räumlicher Anteil ist ∇ selbst, so daß wir auch

$$\Box = \nabla + \mathfrak{l}\frac{\partial}{\partial \vartheta} \tag{30a}$$

schreiben können.

Durch zweimalige skalare Anwendung des $\Box$-Operators entsteht das vierdimensionale Analogon

$$\Box^2 = \frac{\partial^2}{\partial x^2} + \frac{\partial^2}{\partial y^2} + \frac{\partial^2}{\partial z^2} + \frac{\partial^2}{\partial \vartheta^2} = \Delta + \frac{\partial^2}{\partial \vartheta^2} \tag{31}$$

des LAPLACEschen Δ-Operators. Als skalares Quadrat ist dieser Operator gegenüber der LORENTZ-Transformation invariant, d. h. es gilt

$$\Box^2 = \Box'^2. \tag{32a}$$

Führt man wieder statt ϑ die Zeit ein, so ist

$$\Box^2 = \frac{\partial^2}{\partial x^2} + \frac{\partial^2}{\partial y^2} + \frac{\partial^2}{\partial z^2} - \frac{1}{c^2}\frac{\partial^2}{\partial t^2} = \frac{\partial^2}{\partial x'^2} + \frac{\partial^2}{\partial y'^2} + \frac{\partial^2}{\partial z'^2} - \frac{1}{c^2}\frac{\partial^2}{\partial t'^2}. \tag{32b}$$

§ 6. Vierergeschwindigkeit und Eigenzeit.

Inhalt: Die Geschwindigkeit eines Körpers kann nicht als räumliche Komponente eines Weltvektors aufgefaßt werden. Definition der Eigenzeit als Zeit in einem System, welches vom Körper mitgeführt wird. Die Vierergeschwindigkeit ist die Ableitung des Weltvektors nach der Eigenzeit und hat den Betrag c.

Bezeichnungen: $\mathfrak{v}$ Körpergeschwindigkeit, v_x, v_y, v_z ihre Komponenten, τ Eigenzeit, sonst wie S. 641.

Während wir leicht den Ort eines Punktes durch Hinzufügen einer zeitlichen Komponente zu dem Vierervektor

$$\mathfrak{R} = \mathfrak{r} + i\,\mathfrak{l}\,c\,t$$

ergänzen konnten, stoßen wir bei der Geschwindigkeit mit derselben Absicht auf Schwierigkeiten. Bewegt sich ein Punkt im ruhenden System mit der Geschwindigkeit $\mathfrak{v}$, so finden wir nach S. 637, Gl. (14), ihre Komponenten

$$v_x' = \frac{v_x - u}{1 - \frac{u\,v_x}{c^2}}; \quad v_y' = \frac{v_y\sqrt{1-\frac{u^2}{c^2}}}{1 - \frac{u\,v_x}{c^2}}; \quad v_z' = \frac{v_z\sqrt{1-\frac{u^2}{c^2}}}{1 - \frac{u\,v_x}{c^2}}$$

in einem Koordinatensystem, welches sich selbst mit der Geschwindigkeit u in der x-Richtung bewegt. Mit $i\gamma = u/c$ geht dies in

$$v'_x = \frac{v_x - i c \gamma}{1 - \frac{i\gamma v_x}{c}}; \quad v'_y = \frac{v_y \sqrt{1+\gamma^2}}{1 - \frac{i\gamma v_x}{c}}; \quad v'_z = \frac{v_z \sqrt{1+\gamma^2}}{1 - \frac{i\gamma v_x}{c}}$$

über.

Die Komponenten der Geschwindigkeit transformieren sich also nicht wie die räumlichen Komponenten eines Vierervektors. Der dreidimensionale Vektor der Geschwindigkeit kann deshalb auch nicht einfach zu einem Weltvektor erweitert werden, indem man eine vierte Komponente hinzufügt. Hieraus müssen wir folgern, daß alle Größen, die aus Geschwindigkeiten zusammengesetzt oder von ihnen abgeleitet sind (z. B. Beschleunigung), nicht einfach durch Ergänzen einer zeitlichen Komponente auf invariante Form gebracht werden können.

Um einen Weltvektor zu finden, welcher der Geschwindigkeit entspricht, bedarf es einer etwas größeren Anstrengung. Die Schwierigkeit besteht darin, daß man die infinitesimale Verrückung $d\mathfrak{R}$ des bewegten Punktes im raumzeitlichen Kontinuum — welche selbst ein Weltvektor ist — durch das Zeitdifferential dt dividieren will. Bei der LORENTZ-Transformation erleidet aber dt selbst eine Veränderung, so daß man $d\mathfrak{R}/dt$ nicht als einen Vierervektor ansehen kann. Könnte man durch ein Differential dividieren, welches zeitartig, aber doch eine Invariante der LORENTZ-Transformation ist, so würde ein geschwindigkeitsartiger Weltvektor entstehen.

Bilden wir nun

$$d\mathfrak{R}^2 = dx^2 + dy^2 + dz^2 + d\vartheta^2 = dx^2 + dy^2 + dz^2 - c^2 dt^2 = -c^2 d\tau^2,$$

so ist dieser Ausdruck und mit ihm auch $d\tau$ eine Invariante der LORENTZ-Transformation. Außerdem hat $d\tau$ die Dimension einer Zeit. Bei kleiner Geschwindigkeit des bewegten Punktes geht überdies

$$d\tau = \sqrt{dt^2 - \frac{dx^2 + dy^2 + dz^2}{c^2}} = dt\sqrt{1 - \frac{v^2}{c^2}} \tag{33}$$

in das Differential der Zeit über. Geben wir dem bewegten Punkt selbst ein Koordinatensystem mit, so daß er in diesem immer ruht, so ist τ die Zeit in diesem System. τ wird deshalb als Eigenzeit bezeichnet.

Jetzt können wir den Weltvektor

$$\frac{d\mathfrak{R}}{d\tau} = \mathfrak{i}\frac{dx}{d\tau} + \mathfrak{j}\frac{dy}{d\tau} + \mathfrak{k}\frac{dz}{d\tau} + \mathfrak{l}\, i c \frac{dt}{d\tau} = \frac{\mathfrak{v}}{\sqrt{1 - \frac{v^2}{c^2}}} + \frac{i c \mathfrak{l}}{\sqrt{1 - \frac{v^2}{c^2}}} \tag{34}$$

bilden, dessen skalares Quadrat in jedem Fall den Betrag $-c^2$ hat. Die drei räumlichen Komponenten dieses Vektors

$$\frac{dx}{d\tau} = \frac{1}{\sqrt{1 - \frac{v^2}{c^2}}}\frac{dx}{dt}; \quad \frac{dy}{d\tau} = \frac{1}{\sqrt{1 - \frac{v^2}{c^2}}}\frac{dy}{dt}; \quad \frac{dz}{d\tau} = \frac{1}{\sqrt{1 - \frac{v^2}{c^2}}}\frac{dz}{dt}$$

sind aber den Komponenten der Geschwindigkeit sehr ähnlich und unterscheiden sich nur von ihnen um Glieder zweiter Ordnung.

§ 7. Transformation von Volumen und räumlicher Dichte.

Wir betrachten nun ein räumliches Volumenelement, welches die Größe dV in einem Koordinatensystem hat, in welchem es selbst ruht. In einem System, welches sich mit der Geschwindigkeit u bewegt, nimmt das Volumenelement die Größe

$$dV' = dV\sqrt{1+\gamma^2} = dV\sqrt{1-\frac{u^2}{c^2}} \tag{35}$$

an, d. h. es erscheint gemäß der LORENTZ-Kontraktion komprimiert. Befindet sich in dem Volumenelement etwa die Elektrizitätsmenge dq, so herrscht dort die räumliche Ladungsdichte

$$\eta = \frac{dq}{dV},$$

bezogen auf ein System, in welchem die Ladung ruht. Bezieht man auf ein anderes System, so tritt dagegen die Ladungsdichte

$$\eta' = \frac{dq}{dV'} = \frac{\eta}{\sqrt{1+\gamma^2}} = \frac{\eta}{\sqrt{1-\frac{u^2}{c^2}}} \tag{36}$$

in Erscheinung. In gleicher Weise wird die räumliche Dichte aller Größen transformiert, welche selbst Invarianten der LORENTZ-Transformation sind.

III. LORENTZ-invariante Elektrodynamik.

Geht man mit der LORENTZ-Transformation statt mit der GALILEI-Transformation von einem Koordinatensystem zu einem anderen über, so sind die Aussagen der Elektrodynamik vom Koordinatensystem unabhängig. Damit verschwinden alle Schwierigkeiten in der Elektrodynamik und Optik bewegter Körper. Dies können wir auch in der Schreibweise zum Ausdruck bringen, wenn wir die Gesetze der Elektrodynamik als Gleichungen zwischen Weltvektoren formulieren.

§ 1. Vierdimensionale Formulierung der elektrodynamischen Grundgleichung.

Bezeichnungen: $\mathfrak{E}$ elektrische Feldstärke, $\mathfrak{B}$ magnetische Kraftflußdichte, η_+ und η_- Dichte der positiven und negativen Ladungen, $\mathfrak{v}_+$ und $\mathfrak{v}_-$ ihre Geschwindigkeiten, ε_0, μ_0 Dielektrizitätskonstante und Permeabilität des Vakuums, c Lichtgeschwindigkeit, $\mathfrak{A}$, Φ elektrodynamische Potentiale, $\Box$ vierdimensionaler Nabla-Operator, $\mho$ Viererpotential, $\mathfrak{l}$ zeitlicher Einheitsvektor, η_0 Ruhladungsdichte, $\mathfrak{G}_+$- und $\mathfrak{G}_-$-Viererstrom der positiven und negativen Ladung, u Translationsgeschwindigkeit des Koordinatensystems, $\gamma = -iu/c$.

Die elektrodynamischen Grundgleichungen (s. S. 617)

$$\operatorname{rot}\mathfrak{B} = \varepsilon_0\mu_0\frac{\partial\mathfrak{E}}{\partial t} + \mu_0(\eta_+\mathfrak{v}_+ - \eta_-\mathfrak{v}_-), \tag{1a}$$

$$\operatorname{rot}\mathfrak{E} = -\frac{\partial\mathfrak{B}}{\partial t}, \tag{1b}$$

$$\operatorname{div}\mathfrak{B} = 0, \tag{1c}$$

$$\varepsilon_0\operatorname{div}\mathfrak{E} = \eta_+ - \eta_- \tag{1d}$$

können wir auf drei Gleichungen reduzieren, indem wir die elektrodynamischen Potentiale $\mathfrak{A}$ und Φ mit

$$\mathfrak{B} = \mu_0\operatorname{rot}\mathfrak{A}, \tag{2}$$

$$\mathfrak{E} = -\mu_0\frac{\partial\mathfrak{A}}{\partial t} - \mu_0 c\operatorname{grad}\Phi \tag{3}$$

einführen. (1b) und (1c) sind dann automatisch erfüllt. Legt man $\mathfrak{A}$ und Φ noch die weitere Bedingung

$$\operatorname{div}\mathfrak{A} = -\frac{1}{c}\frac{\partial\Phi}{\partial t} \tag{4}$$

auf, so gehen die Gl. (1a) und (1d) in

$$\frac{1}{c^2}\frac{\partial^2\mathfrak{A}}{\partial t^2} - \Delta\mathfrak{A} = \eta_+\mathfrak{v}_+ - \eta_-\mathfrak{v}_- \tag{5a}$$

und

$$\frac{1}{c^2}\frac{\partial^2\Phi}{\partial t^2} - \Delta\Phi = (\eta_+ - \eta_-)\,c \tag{5b}$$

über.

Wir suchen nun nach einer Formulierung der Elektrodynamik, welche invariant gegenüber der Lorentz-Transformation ist. Dies wäre dann der Fall, wenn wir die Gl. (4) und (5) in eine oder mehrere Gleichungen zwischen Weltvektoren umformen können.

Führen wir ϑ statt der Zeit ein, so nehmen die Gl. (4) und (5) die Gestalt

$$\operatorname{div}\mathfrak{A} + i\frac{\partial\Phi}{\partial\vartheta} = 0 \tag{6}$$

bzw.

$$\Box^2\,\mathfrak{A} = -(\eta_+\mathfrak{v}_+ - \eta_-\mathfrak{v}_-), \tag{7a}$$

$$\Box^2\,\Phi = -(\eta_+ - \eta_-)\,c \tag{7b}$$

an. Bildet man aus $\mathfrak{A}$ und Φ einen Weltvektor

$$\mho = \mathfrak{A} + i\mathfrak{l}\Phi, \tag{8}$$

so lautet (6) einfach

$$(\Box\,\mho) = 0. \tag{9}$$

Dies ist bereits eine bezüglich der Lorentz-Transformation invariante Formulierung. Multiplizieren wir (7b) mit $i\mathfrak{l}$ und addieren dazu (7a), so ergibt sich

$$\Box^2\mho = -\{\eta_+(\mathfrak{v}_+ + i\mathfrak{l}c) - \eta_-(\mathfrak{v}_- + i\mathfrak{l}c)\}. \tag{10}$$

Die linke Seite hat schon die invariante Gestalt, die wir anstreben. Nun bedeute η_0 die Ladungsdichte in einem Koordinatensystem, welches von der Ladung mitgeführt wird. Den Vierervektor

$$\mathcal{G} = \eta_0\frac{d\mathfrak{R}}{d\tau} = \eta_0\left(\frac{d\mathfrak{r}}{d\tau} + i\mathfrak{l}c\frac{dt}{d\tau}\right) \tag{11}$$

wollen wir als Viererstromdichte bezeichnen. Sie ist ein vierdimensionaler Vektor, welcher das Produkt von Ruhladungsdichte und Vierergeschwindigkeit bedeutet. Ersetzen wir $d\tau$ durch $dt\sqrt{1 - v^2/c^2}$, so erhalten wir

$$\mathcal{G} = \frac{\eta_0}{\sqrt{1 - \frac{v^2}{c^2}}}(\mathfrak{v} + i\mathfrak{l}c) = \eta(\mathfrak{v} + ic\mathfrak{l}).$$

Damit erkennen wir auch die Invarianz der rechten Seite von (10) und können

$$\Box^2\mho = \mathcal{G}_- - \mathcal{G}_+ \tag{10a}$$

schreiben.

(9) und (10a) sind eine Form der elektrodynamischen Grundgleichungen, welche von der Translationsbewegung des Koordinatensystems unabhängig ist. Ihre Aussage ist für alle gleichförmig gegeneinander bewegten Koordinatensysteme dieselbe, wenn man den Übergang von einem System auf ein anderes durch die Lorentz-Transformation statt durch die Galilei-Transformation voll-

zieht. Alle gegeneinander gleichförmig bewegten Koordinatensysteme sind gleichwertig. In der Elektrodynamik gilt somit das sogenannte Relativitätsprinzip.

Jetzt handelt es sich noch darum, die Feldstärken $\mathfrak{E}$ und $\mathfrak{B}$ in das vierdimensionale Schema einzugliedern. Wir bilden zu diesem Zweck das dyadische Produkt

$$\Box)\,(\mathfrak{U}$$

des $\Box$-Operators mit dem Viererpotential $\mathfrak{U}$. Als Tensor geschrieben hat es die Form

$$\begin{vmatrix} \frac{\partial \mathfrak{B}_x}{\partial x} & \frac{\partial \mathfrak{B}_y}{\partial x} & \frac{\partial \mathfrak{B}_z}{\partial x} & \frac{\partial \mathfrak{B}_\vartheta}{\partial x} \\ \frac{\partial \mathfrak{B}_x}{\partial y} & \frac{\partial \mathfrak{B}_y}{\partial y} & \frac{\partial \mathfrak{B}_z}{\partial y} & \frac{\partial \mathfrak{B}_\vartheta}{\partial y} \\ \frac{\partial \mathfrak{B}_x}{\partial z} & \frac{\partial \mathfrak{B}_y}{\partial z} & \frac{\partial \mathfrak{B}_z}{\partial z} & \frac{\partial \mathfrak{B}_\vartheta}{\partial z} \\ \frac{\partial \mathfrak{B}_x}{\partial \vartheta} & \frac{\partial \mathfrak{B}_y}{\partial \vartheta} & \frac{\partial \mathfrak{B}_z}{\partial \vartheta} & \frac{\partial \mathfrak{B}_\vartheta}{\partial \vartheta} \end{vmatrix} = \begin{vmatrix} \frac{\partial \mathfrak{A}_x}{\partial x} & \frac{\partial \mathfrak{A}_y}{\partial x} & \frac{\partial \mathfrak{A}_z}{\partial x} & i\frac{\partial \Phi}{\partial x} \\ \frac{\partial \mathfrak{A}_x}{\partial y} & \frac{\partial \mathfrak{A}_y}{\partial y} & \frac{\partial \mathfrak{A}_z}{\partial y} & i\frac{\partial \Phi}{\partial y} \\ \frac{\partial \mathfrak{A}_x}{\partial z} & \frac{\partial \mathfrak{A}_y}{\partial z} & \frac{\partial \mathfrak{A}_z}{\partial z} & i\frac{\partial \Phi}{\partial z} \\ \frac{1}{ic}\frac{\partial \mathfrak{A}_x}{\partial t} & \frac{1}{ic}\frac{\partial \mathfrak{A}_y}{\partial t} & \frac{1}{ic}\frac{\partial \mathfrak{A}_z}{\partial t} & \frac{1}{c}\frac{\partial \Phi}{\partial t} \end{vmatrix} \tag{12}$$

Analog bilden wir auch das dyadische Produkt

$$\mathfrak{U})\,(\Box\,,$$

in welchem nur die Reihenfolge vertauscht ist, wobei allerdings $\Box$ auch den vor ihm stehenden Vektor $\mathfrak{U}$ differenziert. In Tensorform geschrieben lautet dieses Produkt

$$\begin{vmatrix} \frac{\partial \mathfrak{B}_x}{\partial x} & \frac{\partial \mathfrak{B}_x}{\partial y} & \frac{\partial \mathfrak{B}_x}{\partial z} & \frac{\partial \mathfrak{B}_x}{\partial \vartheta} \\ \frac{\partial \mathfrak{B}_y}{\partial x} & \frac{\partial \mathfrak{B}_y}{\partial y} & \frac{\partial \mathfrak{B}_y}{\partial z} & \frac{\partial \mathfrak{B}_y}{\partial \vartheta} \\ \frac{\partial \mathfrak{B}_z}{\partial x} & \frac{\partial \mathfrak{B}_z}{\partial y} & \frac{\partial \mathfrak{B}_z}{\partial z} & \frac{\partial \mathfrak{B}_z}{\partial \vartheta} \\ \frac{\partial \mathfrak{B}_\vartheta}{\partial x} & \frac{\partial \mathfrak{B}_\vartheta}{\partial y} & \frac{\partial \mathfrak{B}_\vartheta}{\partial z} & \frac{\partial \mathfrak{B}_\vartheta}{\partial \vartheta} \end{vmatrix} = \begin{vmatrix} \frac{\partial \mathfrak{A}_x}{\partial x} & \frac{\partial \mathfrak{A}_x}{\partial y} & \frac{\partial \mathfrak{A}_x}{\partial z} & \frac{1}{ic}\frac{\partial \mathfrak{A}_x}{\partial t} \\ \frac{\partial \mathfrak{A}_y}{\partial x} & \frac{\partial \mathfrak{A}_y}{\partial y} & \frac{\partial \mathfrak{A}_y}{\partial z} & \frac{1}{ic}\frac{\partial \mathfrak{A}_y}{\partial t} \\ \frac{\partial \mathfrak{A}_z}{\partial x} & \frac{\partial \mathfrak{A}_z}{\partial y} & \frac{\partial \mathfrak{A}_z}{\partial z} & \frac{1}{ic}\frac{\partial \mathfrak{A}_z}{\partial t} \\ i\frac{\partial \Phi}{\partial x} & i\frac{\partial \Phi}{\partial y} & i\frac{\partial \Phi}{\partial z} & \frac{1}{c}\frac{\partial \Phi}{\partial t} \end{vmatrix} \tag{12a}$$

Die Differenz der Ausdrücke (12) und (12a)

$$\Box)\,(\mathfrak{U} - \mathfrak{U})\,(\Box = [\Box\,\mathfrak{U}]$$

führen wir als vierdimensionale Verallgemeinerung von $\operatorname{rot}\mathfrak{U}$ ein, die ja auch im dreidimensionalen einen Tensor bedeutet. Wir erhalten dann

$$[\Box\,\mathfrak{U}] =$$

$$\begin{vmatrix} 0 & \frac{\partial \mathfrak{A}_y}{\partial x} - \frac{\partial \mathfrak{A}_x}{\partial y} & \frac{\partial \mathfrak{A}_z}{\partial x} - \frac{\partial \mathfrak{A}_x}{\partial z} & i\left(\frac{\partial \Phi}{\partial x} + \frac{1}{c}\frac{\partial \mathfrak{A}_x}{\partial t}\right) \\ \frac{\partial \mathfrak{A}_x}{\partial y} - \frac{\partial \mathfrak{A}_y}{\partial x} & 0 & \frac{\partial \mathfrak{A}_z}{\partial y} - \frac{\partial \mathfrak{A}_y}{\partial z} & i\left(\frac{\partial \Phi}{\partial y} + \frac{1}{c}\frac{\partial \mathfrak{A}_y}{\partial t}\right) \\ \frac{\partial \mathfrak{A}_x}{\partial z} - \frac{\partial \mathfrak{A}_z}{\partial x} & \frac{\partial \mathfrak{A}_y}{\partial z} - \frac{\partial \mathfrak{A}_z}{\partial y} & 0 & i\left(\frac{\partial \Phi}{\partial z} + \frac{1}{c}\frac{\partial \mathfrak{A}_z}{\partial t}\right) \\ -i\left(\frac{\partial \Phi}{\partial x} + \frac{1}{c}\frac{\partial \mathfrak{A}_x}{\partial t}\right) & -i\left(\frac{\partial \Phi}{\partial y} + \frac{1}{c}\frac{\partial \mathfrak{A}_y}{\partial t}\right) & -i\left(\frac{\partial \Phi}{\partial z} + \frac{1}{c}\frac{\partial \mathfrak{A}_z}{\partial t}\right) & 0 \end{vmatrix} \tag{13}$$

und

$$\mu_0[\square\,\mho] = \begin{vmatrix} 0 & \mathfrak{B}_z & -\mathfrak{B}_y & -\frac{i}{c}\mathfrak{E}_x \\ -\mathfrak{B}_z & 0 & \mathfrak{B}_x & -\frac{i}{c}\mathfrak{E}_y \\ \mathfrak{B}_y & -\mathfrak{B}_x & 0 & -\frac{i}{c}\mathfrak{E}_z \\ \frac{i}{c}\mathfrak{E}_x & \frac{i}{c}\mathfrak{E}_y & \frac{i}{c}\mathfrak{E}_z & 0 \end{vmatrix} \tag{13a}$$

Die Komponenten des elektrischen und magnetischen Feldes bilden also einen antimetrischen vierdimensionalen Tensor. Einzeln ist weder die elektrische noch die magnetische Feldstärke invariant gegen die LORENTZ-Transformation, der ganze Tensor hingegen hat eine invariante Bedeutung.

Nun kann man ohne Schwierigkeit die Tensorkomponenten in ein Koordinatensystem umrechnen, welches sich selbst mit einer Geschwindigkeit u in der x-Richtung bewegt. Wir haben

$$\mathfrak{B}'_x = \frac{\mathfrak{B}_x - \gamma\,\mathfrak{B}_\vartheta}{\sqrt{1+\gamma^2}}; \quad \mathfrak{B}'_\vartheta = \frac{\mathfrak{B}_\vartheta + \gamma\,\mathfrak{B}_x}{\sqrt{1+\gamma^2}}; \quad \mathfrak{B}'_y = \mathfrak{B}_y; \quad \mathfrak{B}'_z = \mathfrak{B}_z$$

$$\frac{\partial}{\partial x'} = \frac{1}{\sqrt{1+\gamma^2}}\left(\frac{\partial}{\partial x} - \gamma\frac{\partial}{\partial\vartheta}\right); \quad \frac{\partial}{\partial\vartheta'} = \frac{1}{\sqrt{1+\gamma^2}}\left(\frac{\partial}{\partial\vartheta} + \gamma\frac{\partial}{\partial x}\right);$$

$$\frac{\partial}{\partial y'} = \frac{\partial}{\partial y}; \quad \frac{\partial}{\partial z'} = \frac{\partial}{\partial z}$$

und finden

$$\mathfrak{E}'_x = i\,c\,\mu_0\left(\frac{\partial\mathfrak{B}'_\vartheta}{\partial x'} - \frac{\partial\mathfrak{B}'_x}{\partial\vartheta'}\right) = i\,c\,\mu_0\left(\frac{\partial\mathfrak{B}_\vartheta}{\partial x} - \frac{\partial\mathfrak{B}_x}{\partial\vartheta}\right) = \mathfrak{E}_x$$

$$\mathfrak{E}'_y = i\,c\,\mu_0\left(\frac{\partial\mathfrak{B}'_\vartheta}{\partial y'} - \frac{\partial\mathfrak{B}'_y}{\partial\vartheta'}\right) = \frac{i\,c\,\mu_0}{\sqrt{1+\gamma^2}}\left\{\frac{\partial\mathfrak{B}_\vartheta}{\partial y} - \frac{\partial\mathfrak{B}_y}{\partial\vartheta} + \gamma\left(\frac{\partial\mathfrak{B}_x}{\partial y} - \frac{\partial\mathfrak{B}_y}{\partial x}\right)\right\}$$

$$= \frac{1}{\sqrt{1+\gamma^2}}(\mathfrak{E}_y - i\,\gamma\,c\,\mathfrak{B}_z)$$

$$\mathfrak{E}'_z = i\,c\,\mu_0\left(\frac{\partial\mathfrak{B}'_\vartheta}{\partial z'} - \frac{\partial\mathfrak{B}'_z}{\partial\vartheta'}\right) = \frac{1}{\sqrt{1+\gamma^2}}(\mathfrak{E}_z + i\,\gamma\,c\,\mathfrak{B}_y)$$

$$\mathfrak{B}'_x = \mu_0\left(\frac{\partial\mathfrak{B}'_z}{\partial y'} - \frac{\partial\mathfrak{B}'_y}{\partial z'}\right) = \mathfrak{B}_x$$

$$\mathfrak{B}'_y = \mu_0\left(\frac{\partial\mathfrak{B}'_x}{\partial z'} - \frac{\partial\mathfrak{B}'_z}{\partial x'}\right) = \frac{1}{\sqrt{1+\gamma^2}}\left(\mathfrak{B}_y + \frac{i\gamma}{c}\mathfrak{E}_z\right)$$

$$\mathfrak{B}'_z = \mu_0\left(\frac{\partial\mathfrak{B}'_y}{\partial x'} - \frac{\partial\mathfrak{B}'_x}{\partial y'}\right) = \frac{1}{\sqrt{1+\gamma^2}}\left(\mathfrak{B}_z - \frac{i\gamma}{c}\mathfrak{E}_y\right).$$

Setzt man für γ den Wert

$$\gamma = -\frac{i\,u}{c}$$

ein, so findet man

$$\begin{aligned} &\mathfrak{E}'_x = \mathfrak{E}_x; \quad \mathfrak{E}'_y = \frac{\mathfrak{E}_y - u\,\mathfrak{B}_z}{\sqrt{1-\frac{u^2}{c^2}}}; \quad \mathfrak{E}'_z = \frac{\mathfrak{E}_z + u\,\mathfrak{B}_y}{\sqrt{1-\frac{u^2}{c^2}}} \\ &\mathfrak{B}'_x = \mathfrak{B}_x; \quad \mathfrak{B}'_y = \frac{\mathfrak{B}_y + \frac{u}{c^2}\mathfrak{E}_z}{\sqrt{1-\frac{u^2}{c^2}}}; \quad \mathfrak{B}'_z = \frac{\mathfrak{B}_z - \frac{u}{c^2}\mathfrak{E}_y}{\sqrt{1-\frac{u^2}{c^2}}}. \end{aligned} \tag{14}$$

Vernachlässigt man die Glieder zweiter Ordnung in u/c, so hat man

$$\begin{array}{lll} \mathfrak{E}'_x = \mathfrak{E}_x; & \mathfrak{E}'_y = \mathfrak{E}_y - u\,\mathfrak{B}_z; & \mathfrak{E}'_z = \mathfrak{E}_z + u\,\mathfrak{B}_y \\ \mathfrak{B}'_x = \mathfrak{B}_x; & \mathfrak{B}'_y = \mathfrak{B}_y + \frac{u}{c^2}\,\mathfrak{E}_z; & \mathfrak{B}'_z = \mathfrak{B}_z - \frac{u}{c^2}\,\mathfrak{E}_y. \end{array} \tag{14a}$$

Dies kann man in die Vektorgleichungen

$$\begin{aligned} \mathfrak{E}' &= \mathfrak{E} + [\mathfrak{u}\,\mathfrak{B}] \\ \mathfrak{B}' &= \mathfrak{B} - \frac{[u\,\mathfrak{E}]}{c^2} \end{aligned} \tag{15}$$

zusammenfassen. Berücksichtigt man auch die Glieder zweiter Ordnung in u/c, so gilt

$$\begin{aligned} \mathfrak{E}' &= \mathfrak{E} + [\mathfrak{u}\,\mathfrak{B}] - \frac{[\mathfrak{u}[\mathfrak{u}\,\mathfrak{E}]]}{2c^2} \\ \mathfrak{B}' &= \mathfrak{B} - \frac{[\mathfrak{u}\,\mathfrak{E}]}{c^2} - \frac{[\mathfrak{u}[\mathfrak{u}\,\mathfrak{B}]]}{2c^2}. \end{aligned} \tag{15a}$$

Wir bilden jetzt einen vierdimensionalen Vektor

$$\mathcal{F} = \mu_0([\Box\,\mho]\,\mathcal{G}) = \eta_0\,\mu_0\left([\Box\,\mho]\,\frac{\mathfrak{v} + i\,c\,\mathfrak{l}}{\sqrt{1-\frac{v^2}{c^2}}}\right), \tag{16}$$

indem wir den Feldstärketensor rechtsseitig mit dem Viererstrom $\mathfrak{G}$ multiplizieren. Seine x-Komponente ist

$$\mathfrak{F}_x = \frac{\eta_0}{\sqrt{1-\frac{v^2}{c^2}}}\,(v_y\,\mathfrak{B}_z - v_z\,\mathfrak{B}_y + \mathfrak{E}_x) = \frac{\eta_0}{\sqrt{1-\frac{v^2}{c^2}}}\,(\mathfrak{E}_x + [\mathfrak{v}\,\mathfrak{B}]_x).$$

Die ϑ-Komponente hat die Form

$$\mathfrak{F}_\vartheta = \frac{i\,\eta_0\,(v\,\mathfrak{E})}{c\sqrt{1-\frac{v^2}{c^2}}}.$$

Berücksichtigen wir noch, daß

$$\eta = \frac{\eta_0}{\sqrt{1-\frac{v^2}{c^2}}}$$

die räumliche Ladungsdichte ist, so erkennen wir, daß die räumliche Komponente

$$\mathfrak{F}_r = \frac{\eta_0}{\sqrt{1-\frac{v^2}{c^2}}}\,(\mathfrak{E} + [\mathfrak{v}\,\mathfrak{B}]) = \eta\,(\mathfrak{E} + [\mathfrak{v}\,\mathfrak{B}])$$

die Kraftdichte und daß die die vierte Komponente

$$\mathfrak{F}_\vartheta = \frac{i}{c}\,\eta\,(\mathfrak{v}\,\mathfrak{E})$$

den Quotienten von Stromleistung und Lichtgeschwindigkeit bedeutet.

Die Kraft auf eine Ladung q erhalten wir, indem wir η_0 durch q ersetzen. Sie ist die räumliche Komponente des Vierervektors

$$\mathcal{K} = \frac{q}{\sqrt{1-\frac{v^2}{c^2}}}\left\{\mathfrak{E} + [\mathfrak{v}\,\mathfrak{B}] + \frac{i\,\mathfrak{l}}{c}\,(\mathfrak{v}\,\mathfrak{E})\right\}. \tag{17}$$

§ 2. Gruppeneigenschaft der LORENTZ-Transformation.

Inhalt: Die Gesamtheit der LORENTZ-Transformationen bilden eine Transformationsgruppe. Alle gegeneinander gleichförmig bewegten Koordinatensysteme sind deshalb gleichwertig.

Führen wir zwei LORENTZ-Transformationen nacheinander aus, so kann das Ergebnis auch durch eine einzige LORENTZ-Transformation erreicht werden. Es sei

$$x' = \frac{x - u\,t}{\sqrt{1 - \frac{u^2}{c^2}}}; \qquad t' = \frac{t - \frac{u}{c^2}\,x}{\sqrt{1 - \frac{u^2}{c^2}}}$$

und

$$x'' = \frac{x' - v\,t'}{\sqrt{1 - \frac{v^2}{c^2}}}; \qquad t'' = \frac{t' - \frac{v}{c^2}\,x'}{\sqrt{1 - \frac{v^2}{c^2}}}.$$

Eliminiert man x' und t', so findet man zwischen x'', t'' und x, t den Zusammenhang

$$\begin{aligned} x'' &= \left(x - \frac{u+v}{1 + \frac{u\,v}{c^2}}\,t\right)\sqrt{\frac{\left(1 + \frac{u\,v}{c^2}\right)^2}{\left(1 - \frac{v^2}{c^2}\right)\left(1 - \frac{u^2}{c^2}\right)}} \\ t'' &= \left(t - \frac{\frac{u+v}{c^2}}{1 + \frac{u\,v}{c^2}}\,x\right)\sqrt{\frac{\left(1 + \frac{u\,v}{c^2}\right)^2}{\left(1 - \frac{v^2}{c^2}\right)\left(1 - \frac{u^2}{v^2}\right)}}. \end{aligned} \tag{18}$$

Nach dem EINSTEINschen Additionstheorem setzen sich die Geschwindigkeiten u und v zu der Geschwindigkeit

$$w = \frac{u+v}{1 + \frac{u\,v}{c^2}}$$

zusammen. Wie man leicht nachrechnen kann, ist außerdem

$$\frac{\left(1 - \frac{v^2}{c^2}\right)\left(1 - \frac{u^2}{c^2}\right)}{\left(1 + \frac{u\,v}{c^2}\right)^2} = 1 - \frac{(u+v)^2}{c^2\left(1 + \frac{u\,v}{c^2}\right)^2} = 1 - \frac{w^2}{c^2},$$

und wir können die Transformation (18) auch einfach

$$x'' = \frac{x - w\,t}{\sqrt{1 - \frac{w^2}{v^2}}}; \qquad t'' = \frac{t - \frac{w}{c^2}\,x}{\sqrt{1 - \frac{w^2}{c^2}}} \tag{19}$$

schreiben. Dies ist aber wieder eine LORENTZ-Transformation. Die Gesamtheit der LORENTZ-Transformationen bildet eine Transformationsgruppe.

Bisher haben wir immer von einem ruhenden und einem bewegten Koordinatensystem gesprochen. Wenn man von einem ruhenden System zu jedem bewegten durch eine LORENTZ-Transformation übergehen kann, so kann man also auch von jedem bewegten zu einem anderen durch eine LORENTZ-Transformation gelangen. Es ist nicht notwendig, die ruhenden Systeme besonders hervorzuheben, sondern alle Systeme sind einander gleichwertig, wenn sie sich gleichförmig gegeneinander bewegen. Naturgesetze, die eine gegen die LORENTZ-Transformation invariante Formulierung zulassen, sprechen sich in allen diesen Koordinatensystemen gleich aus. Das Postulat, das alle Naturgesetze diese Eigenschaft haben sollen, bezeichnet man als Relativitätsprinzip.

§ 3. Prüfung der LORENTZ-Transformation am Beobachtungsmaterial.

Wir haben die LORENTZ-Transformation an Stelle der GALILEI-Transformation eingeführt, um den negativen Ausfall des MICHELSON-Versuches erklären zu können. Die LORENTZ-Transformation wurde geradezu von dem MICHELSON-Versuch abgelesen. Jetzt muß man natürlich feststellen, ob die anderen Beobachtungen auf dem Gebiet der Elektrodynamik bewegter Körper, die auf S. 616 bis 631 besprochen wurden, mit der LORENTZ-Transformation verträglich sind.

Wenn die LORENTZ-Transformation richtig ist, können wir die elektrodynamischen Grundgleichungen in jedem Koordinatensystem anschreiben, ohne uns darum zu kümmern, ob das System ruht oder sich gleichförmig bewegt. Die Induktion, die Versuche von ROWLAND, RÖNTGEN und EICHENWALD, WILSON und der Versuch von WIEN sind also genauso zu diskutieren, wie dies früher geschehen ist.

Dopplereffekt und Aberration des Lichtes. Vom Standpunkt der LORENTZ-Transformation ist es unnötig, zwischen dem Dopplereffekt bei bewegter Lichtquelle und bei bewegtem Beobachter zu unterscheiden. Die beiden Fälle gehen ineinander über, wenn wir einmal das Bezugssystem in die Lichtquelle legen, das andere Mal mit dem Beobachter mitführen. Zunächst legen wir den Koordinatenursprung in die Lichtquelle. Sie sendet in diesem System eine Kugelwelle aus, welche wir in genügendem Abstand durch eine ebene Welle ersetzen können. Ihre Fortpflanzungsrichtung an der Stelle des Beobachters kennzeichnen wir durch den Einheitsvektor

$$\mathfrak{s} = \mathfrak{i}\cos\alpha + \mathfrak{j}\cos\beta + \mathfrak{k}\cos\gamma. \tag{20}$$

Für den elektrischen Vektor der Welle können wir dann den Ansatz

$$\mathfrak{E} = \mathfrak{A}\, e^{2\pi i\nu\left(\frac{\mathfrak{r}\mathfrak{s}}{c} - t\right)} = \mathfrak{A}\, e^{2\pi i\nu\left(\frac{x\cos\alpha + y\cos\beta + z\cos\gamma}{c} - t\right)} \tag{21}$$

machen. Er beschreibt den Vorgang, welcher sich im Koordinatensystem $xyzt$ abspielt, in welchem die Lichtquelle ruht. Ein Beobachter, der sich relativ zur Lichtquelle mit der Geschwindigkeit u in der x-Richtung bewegt, untersucht diesen Vorgang in einem Koordinatensystem $x'y'z't'$, welches mit $xyzt$ durch die LORENTZ-Transformation

$$x = \frac{x' + ut'}{\sqrt{1 - \frac{u^2}{c^2}}}; \qquad y = y'; \qquad z = z'; \qquad t = \frac{t' + \frac{u}{c^2}x'}{\sqrt{1 - \frac{u^2}{c^2}}}$$

zusammenhängt. Ersetzen wir nun die ungestrichenen Größen in (21) durch die gestrichenen, so erhalten wir

$$\mathfrak{E} = \mathfrak{A}\, e^{2\pi i\nu\left(\frac{x'\left(\cos\alpha - \frac{u}{c}\right)}{c\sqrt{1 - \frac{u^2}{c^2}}} + \frac{y'\cos\beta}{c} + \frac{z'\cos\gamma}{c} - t'\frac{1 - \frac{u}{c}\cos\alpha}{\sqrt{1 - \frac{u^2}{c^2}}}\right)}.$$

Dem bewegten Beobachter scheint der Vorgang mit der Frequenz

$$\nu' = \nu \frac{1 - \frac{u}{c}\cos\alpha}{\sqrt{1 - \frac{u^2}{c^2}}} \tag{22}$$

abzulaufen. Unter Vernachlässigung von Gliedern zweiter Ordnung können wir

$$\nu' = \nu\left(1 - \frac{u}{c}\cos\alpha\right) \tag{22a}$$

setzen, was genau mit der Formel (10), S. 621, übereinstimmt. Bewegt sich dei Beobachter senkrecht zu den Lichtstrahlen, so tindet in dieser Näherung kein Dopplereffekt statt. Berücksichtigt man auch Glieder zweiter Ordnung, so erhält man im Gegensatz zur Theorie des ruhenden Äthers den transversalen Dopplereffekt

$$\nu' = \frac{\nu}{\sqrt{1 - \frac{u^2}{c^2}}} \approx \nu\left(1 + \frac{u^2}{2c^2}\right), \tag{22b}$$

der in neuerer Zeit beobachtet werden konnte. An Kanalstrahlen konnte die Meßgenauigkeit bei longitudinaler Beobachtung bis zu den quadratischen Gliedern in u/c getrieben werden. Für $\cos\alpha = \pm 1$ erhält man aus (22) in quadratischer Näherung

$$\nu' = \nu\left(1 \pm \frac{u}{c}\right)\left(1 + \frac{u^2}{2c^2}\right)$$

in Übereinstimmung mit der Beobachtung.

Setzen wir

$$\cos\alpha' = \frac{\cos\alpha - \frac{u}{c}}{1 - \frac{u}{c}\cos\alpha}; \quad \cos\beta' = \frac{\cos\beta\sqrt{1 - \frac{u^2}{c^2}}}{1 - \frac{u}{c}\cos\alpha};$$
$$\cos\gamma' = \frac{\cos\gamma\sqrt{1 - \frac{u^2}{c^2}}}{1 - \frac{u}{c}\cos\alpha}, \tag{23}$$

so nimmt die Lichtwelle die Gestalt

$$\mathfrak{E} = \mathfrak{A}\, e^{2\pi i \nu'\left(\frac{x'\cos\alpha' + y'\cos\beta' + z'\cos\gamma'}{c} - t'\right)}$$

an, und $\cos\alpha'$, $\cos\beta'$ und $\cos\gamma'$ sind die Richtungskosinus der Lichtstrahlen im System des Beobachters. In der Tat ist

$$\cos^2\alpha' + \cos^2\beta' + \cos^2\gamma' = 1,$$

wie man leicht nachrechnet. Die Richtung der Lichtstrahlen ist in den beiden Systemen verschieden. Die Strahlrichtung im System des Beobachters ist die der relativen Strahlen in der Terminologie der Theorie des ruhenden Äthers. Legen wir die z-Achse senkrecht zu den Strahlen, so ist

$$\cos\gamma = \cos\gamma' = 0; \quad \sin\beta' = \cos\alpha'; \quad \sin\beta = \cos\alpha$$

und wir haben

$$\operatorname{tg}\beta' = \frac{\sin\beta - \frac{u}{c}}{\cos\beta\sqrt{1 - \frac{u^2}{c^2}}}.$$

Begnügt man sich mit der ersten Näherung, so geht dies in die Formel

$$\operatorname{tg}\beta' = \operatorname{tg}\beta - \frac{u}{c\cos\beta} \tag{24}$$

über, die wir auch schon auf S. 622 aus der Theorie des ruhenden Äthers abgeleitet haben. Ändert der Beobachter eines Sternes seine Geschwindigkeit mit der Erdbewegung, so kommen wir wie auf S. 624 zur Aberration des Fixsternlichts.

Brechung und Reflexion an bewegten Spiegeln und Oberflächen. Die Brechung und Reflexion an bewegten Oberflächen kann vom Standpunkt der LORENTZ-Transformation sehr einfach behandelt werden. Man wählt ein Bezugssystem, in welchem diese Flächen ruhen, und in diesem System erhält man dann das gewöhnliche Brechungs- und Reflexionsgesetz. In der Theorie des ruhenden Äthers gelten diese Gesetze für die relativen Strahlen in der Näherung u/c. Die Wellenflächen stehen nach der LORENTZ-Transformation allerdings im bewegten Bezugssystem ebenso senkrecht auf der Strahlrichtung wie im ruhenden System, während nach der Theorie des ruhenden Äthers die Wellennormale gleich der absoluten Strahlrichtung bleibt. *Dieser Unterschied* der beiden Theorie scheint aber experimentell bisher nicht nachprüfbar zu sein.

Der Versuch von FIZEAU. FRESNELscher Mitführungskoeffizient. Um die Mitführung der Lichtgeschwindigkeit in einer strömenden Flüssigkeit beim Versuch von FIZEAU zu erklären, benutzen wir ein Koordinatensystem, welches sich mit der Flüssigkeit bewegt. In ihm hat das Licht die Geschwindigkeit c/n, wenn n der Brechungsindex ist. Dabei ist allerdings zu beachten, daß die Frequenz im bewegten System durch Dopplereffekt abgeändert ist und daß man deshalb einen etwas abgeänderten Brechungsindex einsetzen muß. Transformieren wir jetzt auf ein „ruhendes" System, welches sich gegen die Flüssigkeit mit der Relativgeschwindigkeit $-u$ bewegt, so erhalten wir die Lichtgeschwindigkeit c' in ihm nach dem EINSTEINschen Additionstheorem

$$c' = \frac{\frac{c}{n} + u}{1 + \frac{u}{n\,c}}. \tag{25}$$

Beschränken wir uns auf die erste Näherung in u/c, so geht dies in

$$c' = \frac{c}{n} + u\left(1 - \frac{1}{n^2}\right) \tag{25a}$$

über. Dies entspricht genau dem experimentellen Befund. Der FRESNELsche Mitführungskoeffizient ergibt sich also ganz einfach aus der LORENTZ-Transformation.

Die Versuche von SAGNAC und MICHELSON und GALE. Um den Versuch von SAGNAC (s. S. 626) zu erklären, wählen wir ein Koordinatensystem, welches die Bewegung der Scheibe nicht mitmacht. Ruht die Scheibe, so brauche das Licht die Zeit dt_0, um das Wegelement $d\mathfrak{s} = d\mathfrak{r}$ zurückzulegen. Zwischen $d\mathfrak{r}$ und dt_0 gilt die Beziehung

$$d\mathfrak{r}^2 = c^2\,dt_0^2. \tag{26}$$

Dreht sich die Scheibe mit der Drehgeschwindigkeit ω, so benötigt das Licht eine andere Zeit dt, da sich ja der Endpunkt von $d\mathfrak{r}$ während dt selbst um

$$[\omega\,\mathfrak{r}]\,dt$$

weiterbewegt. Jetzt muß statt (26)

$$(d\mathfrak{r} + [\omega\,\mathfrak{r}]\,dt)^2 = c^2\,dt^2 \tag{26a}$$

gelten. Nun ist ω klein, und dt unterscheidet sich nur wenig von dt_0. Wir drücken dies durch den Ansatz

$$dt = dt_0 + \varDelta dt$$

aus. Berücksichtigen wir in (26a) nur die in ω und $\varDelta dt$ linearen Glieder, so finden wir

$$d\mathfrak{r}^2 + 2(d\mathfrak{r}[\omega\,\mathfrak{r}])\,dt_0 = c^2\,dt_0^2 + 2c^2\,dt_0\,\varDelta dt. \tag{26b}$$

Wegen (26) rediziert sich dies auf

$$\varDelta\,d\,t = \frac{(d\mathfrak{r}[\omega\,\mathfrak{r}])}{c^2} = \frac{(\omega[\mathfrak{r}\,d\mathfrak{r}])}{c^2}.$$

Wenn die Scheibe sich dreht, braucht das Licht die Zeit $\varDelta dt$ mehr, um das Wegstück $d\mathfrak{r}$ zurückzulegen, als wenn sie ruht. Bei einem Umlauf um die ganze Scheibe ist der Mehrverbrauch an Zeit

$$\varDelta t = \left(\frac{\omega}{c^2} \oint [\mathfrak{r}\,d\mathfrak{r}]\right) = 2\left(\frac{\omega}{c^2}\,\mathfrak{F}\right).$$

Das Integral stellt das Doppelte der umlaufenden Fläche dar. Bringt man zwei Lichtstrahlen zur Interferenz, die die Scheibe in entgegengesetztem Sinn umlaufen, so entsteht ein Zeitunterschied

$$2\varDelta t = \frac{4(\omega\,\mathfrak{F})}{c^2}.$$

Aus der LORENTZ-Transformation leitet man für das Ergebnis des Versuches von SAGNAC dieselbe Erwartung ab wie aus der Theorie des ruhenden Äthers. Es wurde schon auf S. 627 gesagt, daß dieses Ergebnis auch experimentell bestätigt wird.

Der Versuch von MICHELSON und GALE unterscheidet sich vom Standpunkt der LORENTZ-Transformation gar nicht von dem Versuch von SAGNAC. Statt einer Scheibe wird die Erdrotation ausgenutzt. Auch hier liefern die LORENTZ-Transformation und die Theorie des ruhenden Äthers dasselbe Resultat, welches auch durch Versuch bestätigt wird. Die Annahme einer Äthermitführung durch die Erde würde dagegen ein negatives Ergebnis erwarten lassen.

Die Versuche von MICHELSON und TROUTON-NOBLE vom Standpunkt der LORENTZ-Transformation. Bei den Versuchen von MICHELSON und TROUTON-NOBLE bedienen wir uns eines Koordinatensystems, welches von der Erde mitgeführt wird. In ihm sind alle räumlichen Richtungen gleichwertig, und es kann deshalb auch keine Verschiebung der Interferenzstreifen eintreten, wenn der Apparat von MICHELSON um 90° gedreht wird. Die LORENTZ-Transformation läßt den negativen Ausfall des MICHELSON-Versuches erwarten.

Beim TROUTON-NOBLE-Versuch hat man in dem mitgeführten Koordinatensystem einfach einen Kondensator, der sich in Ruhe befindet. Auf ihn wirkt so wenig ein Drehmoment wie auf einen Kondensator in einem ruhenden System. Der Versuch muß negativ verlaufen, wie dies ja auch in Wirklichkeit zutrifft.

Die LORENTZ-Transformation liefert dasselbe Ergebnis wie die Theorie des ruhenden Äthers in all den Fällen, wo die Äthertheorie mit der Beobachtung übereinstimmt. In der zweiten Ordnung, wo die Theorie des ruhenden Äthers versagt, macht die LORENTZ-Transformation aber genau die Vorhersagen, die sich durch die Experimente bestätigen. Es gibt keinen einzigen Widerspruch zwischen LORENTZ-Transformation und dem empirischen Befund. Was dagegen an der LORENTZ-Transformation fremdartig anmutet und auch noch einer näheren Analyse bedarf, ist die eigenartige Abhängigkeit des Ortes und der Zeit vom Bewegungszustand des Beobachters, die den gewohnten Vorstellungen von Raum und Zeit zuwiderläuft.

§ 4. Kritik der naiven Raum- und Zeitvorstellung.

Das Ergebnis des MICHELSON-Versuches führt zu der Feststellung, daß die Lichtgeschwindigkeit unabhängig vom Bewegungszustand des Bezugssystems ist. Das Prinzip der konstanten Lichtgeschwindigkeit nötigt dazu, mit der LORENTZ-Transformation von einem Koordinatensystem auf ein anderes überzugehen. Diese Transformation verträgt sich nicht mit der gewohnten Vorstellung von Raum und Zeit, ist aber mit allen Beobachtungen auf dem Gebiet der Elektrodynamik bewegter Körper in Einklang. Dieser Sachverhalt legt die Vermutung nahe, daß unser Bild von Raum und Zeit nicht genügend fundiert, sondern nur durch lange Gewöhnung fast selbstverständlich geworden ist. Diesem Gedanken müssen wir nun sorgfältig nachgehen.

Das Problem der Raum- und Zeitmessung lautet folgendermaßen: Wie kann man den Ereignissen, die irgendwann und irgendwo passieren, einen bestimmten Ort und eine bestimmte Zeit zuordnen? Wir zerlegen das Problem in eine Reihe von Teilfragen.

1. Gegeben sei ein Körper K, welcher mit allen denkbaren Meß- und Beobachtungsvorrichtungen ausgerüstet sei. Kann man ihm zu einem bestimmten Zeitpunkt einen bestimmten Ort zuweisen? Es ist trivial, daß dies unmöglich ist. Seinen Ort könnte man nur relativ zu einem Bezugssystem angeben, und solange man ein solches nicht hat, ist eine absolute Ortsbestimmung überhaupt unmöglich.

2. Kann man wenigstens feststellen, ob ein Körper K sich dauernd am gleichen Ort befindet, d. h. daß er ruht? Sichtlich gibt es keine Methode, eine gleichförmige Translation nachzuweisen, da sie weder mechanisch wirkende Kräfte auslöst noch mit einer auf dem Körper befindlichen elektromagnetischen Anordnung beobachtet werden kann. Eine Drehbewegung hingegen würde man an den Zentrifugalkräften erkennen, die für die einzelnen Teile des Körpers verschieden groß sind und somit durch eine mitgeführte Meßvorrichtung bemerkt werden können. Man kann also die Bewegung eines Körpers nur bis auf eine gleichförmige Translation bestimmen.

3. Kann man den Abstand zweier Körper K_1 und K_2 bestimmen? Den Abstand zweier Körper kann man messen, wenn man im Besitz von einer genügenden Anzahl gleicher, unveränderlicher und transportabler Maßstäbe ist, welche man zwischen ihnen auslegt. Die Voraussetzung, daß die Maßstäbe gleich sein müssen erscheint unbedenklich. Ihre Unveränderlichkeit erscheint ebenfalls nicht fraglich, wenn sie relativ zu den beiden Körpern in Ruhe sind, d. h. wenn die beiden Körper während einer gewissen Zeit ihren Abstand beibehalten. Daß die Verbindung auf einem geraden Wege geschieht, können wir dadurch sichern, daß wir auf jedem Nachbarwege mehr Maßstäbe brauchen würden. Den Abstand zweier Körper, welche relativ zueinander ruhen, kann man also messen.

4. Kann man die Richtung der Geraden feststellen, welche einen Körper mit einem anderen verbindet? Um die Richtung absolut festzulegen, wäre ein Bezugssystem nötig. Ob die Richtung sich ändert, läßt sich hingegen durch die Zentrifugalkräfte ermitteln, die an den beiden Körpern wirken.

5. Kann man ein Bezugskoordinatensystem aufspannen, welches sich relativ zu einem Körper K nicht bewegt? Dies ist offenbar möglich, denn man kann wenigstens grundsätzlich im Raum ein Gitter von relativ zueinander ruhenden Körpern abstecken, die als dreidimensionales Maßstabsystem gelten können. Dieses Koordinatensystem als Ganzes macht allerdings die unbekannte Translation des Körpers K mit, dreht sich aber weder um K noch mit K um einen anderen Punkt. Mit Hilfe dieses Koordinatensystems kann man den Ort aller Körper angeben, welche sich gegen K nicht bewegen.

6. Kann man für Ereignisse auf dem Körper K selbst eine Zeitskala konstruieren? Dies kann man durch einen periodischen Vorgang bewerkstelligen, welchen man auf K ablaufen läßt. Jeden periodischen Vorgang kann man als Uhr benutzen. Als sekundäre Uhren können natürlich auch nichtperiodische Vorgänge dienen, deren gesetzmäßiger Ablauf mit einer periodischen Uhr bereits ermittelt worden ist.

7. Kann man in jedem Punkt des mit K verbundenen Bezugssystems Uhren aufstellen, die den gleichen Gang zeigen, d. h. gleich große Zeitintervalle gleich groß angeben? Diese Frage ist zu bejahen, denn der gleiche Vorgang muß an allen Punkten in der gleichen Weise ablaufen. Stellt man an verschiedenen Punkten Uhren gleicher Konstruktion auf, so müssen sie dieselben Intervalle anzeigen.

8. Kann man alle Uhren des mit K verbundenen Bezugssystems synchronisieren, d. h. ihnen denselben Nullpunkt der Zeitzählung geben? Auf den ersten Blick erscheint dies selbstverständlich. Man könnte z. B. zwei Uhren an der Stelle K synchronisieren, was sicherlich möglich ist. Dann könnte man eine dieser Uhren nach einem anderen Ort transportieren und dort aufstellen. Hiergegen gibt es aber folgenden Einwand. Um von O an einen anderen Ort zu gelangen, müßte die Uhr in Bewegung gesetzt, also beschleunigt werden. Dies könnte ihren Gang verändern. Am Ziel angekommen, müßte sie wieder abgebremst werden, wodurch sie wieder die alte Gangart annehmen würde. Während der Bewegung würde dann ein Gangunterschied entstehen, und die Synchronisierung ginge verloren. Dieser Schwierigkeit kann man auch durch hinreichend langsamen Transport der Uhr nicht entgehen. Die Gangart wird zwar bei einer schwachen und kurz dauernden Beschleunigung nur wenig geändert, dafür dauert aber dann der Transport um so länger. Daß eine bewegte Uhr anders geht als eine ruhende, läßt sich tatsächlich in einigen Fällen kontrollieren. Die Frequenz des von einer Lichtquelle ausgestrahlten Lichtes zeigt den Dopplereffekt. Wenn natürlich genau bekannt ist, wie sich der Gang der Uhr mit ihrer Bewegung ändert, so kann man die beim Transport entstandene Zeitdifferenz korrigieren und die Synchronisierung doch erreichen. Den Dopplereffekt kennt man bis auf Glieder von der Größenordnung u^2/c^2. Braucht die Uhr zum Transport über die Strecke x die Zeit

$$t = \frac{x}{u},$$

so ist der unbekannte Fehler von der Größenordnung

$$\Delta t \approx \frac{u^2 t}{c^2} = \frac{u x}{c^2}.$$

Das ist genau die Größenordnung der Glieder, um welche sich die LORENTZ-Transformation von der GALILEI-Transformation unterscheidet. Wollte man die Uhren eines einzigen Bezugssystems durch Transport synchronisieren, so müßte man eine Unsicherheit der Zeitzählung zulassen, welche dem Unterschied von LORENTZ-Transformation und GALILEI-Transformation entspricht.

Der Uhrentransport ist also keine brauchbare Methode zur Errichtung einer Zeitzählung. Man kann sich aber anders helfen, wenn man das Prinzip von der Konstanz der Lichtgeschwindigkeit anerkennt. Hat man zwei Uhren an der Stelle $x = 0$ und an der Stelle $x = a$, so kann man sie durch einen Beobachter an der Stelle $x = a/2$ synchronisieren, welcher dann gleiche Zeigerstellung beobachten muß. Der Synchronisierungsvorschrift kann man auch folgende Fassung geben: Zu einer Zeit t werde von der Stelle $x = 0$ ein Lichtsignal gegeben. Eine Uhr in der Entfernung a ist bei Ankunft dieses Signals auf die Zeit $t + a/c$ zu stellen.

9. Jetzt betrachten wir neben dem Körper K einen zweiten Körper K', der sich mit einer Geschwindigkeit u gegen K in der x-Richtung bewegt. Wir wollen ein zweites raumzeitliches Koordinatensystem konstruieren, welches mit K' verbunden ist, sich also mit der Geschwindigkeit u gegen das erste verschiebt. Auch in diesem System kann für sich eine Raum- und Zeitmessung eingerichtet werden, wie in dem ersten. Wie können wir aber die beiden Koordinatensysteme und Zeitskalen aneinander anschließen? Zunächst ist es erforderlich, die Längeneinheit vom System K auf das System K' zu übertragen. Dies kann auf folgende Weise geschehen: Ein mit K' verbundener Stab bewegt sich im System K in der x-Richtung. An zwei Stellen im System K, welche um die Längeneinheit voneinander entfernt sind, bringt man Vorrichtungen an, mit denen man auf den bewegten Stab Striche ritzen kann. Diese Marken werden gleichzeitig (nach der Zeitskala im System K) angebracht. Ihr Abstand im System K' wird dort als Längeneinheit betrachtet und zur Anfertigung unveränderlicher, transportabler Maßstäbe benutzt. Damit kann man ein Ortskoordinatennetz im System K' konstruieren. Die Zeiteinheit der Uhren im System K' muß so festgesetzt werden, daß die Lichtgeschwindigkeit in ihm den Wert c erhält. Schließlich muß man noch den Nullpunkt der Zeitzählung festlegen. Hierzu gibt man einer bestimmten Uhr des Systems K' die Zeigerstellung der Uhr in K, an welcher sie gerade vorbeigeht. Alle anderen Uhren von K' werden dann durch ein Lichtsignal synchronisiert. Damit hat man auch für das bewegte System ein Orts- und Zeitkoordinatensystem gewonnen und dieses an das System K angeschlossen. Man kann jetzt die Koordinaten $x'y'z't'$ aus den Koordinaten $xyzt$ errechnen und umgekehrt.

Für die Lichtgeschwindigkeit ergibt sich natürlich in beiden Systemen der Wert c, weil ja die Uhren so synchronisiert wurden und weil die Synchronisierung auch nicht anders vollzogen werden kann. Damit kommen wir in Übereinstimmung mit dem MICHELSON-Versuch. Die Transformation aber, welche das System K' mit dem System K verknüpft, ist nicht die GALILEI-Transformation, sondern die LORENTZ-Transformation. Sie ist die einzige Transformation, welche in beiden Systemen die Lichtgeschwindigkeit liefert, wie auf S. 633 gezeigt wurde.

Analysiert man also die Möglichkeit, in zwei gegeneinander bewegten Systemen eine Ortsmessung und Zeitzählung einzurichten, so zeigt sich, daß der Übergang von einem System zum anderen durch eine LORENTZ-Transformation zu vollziehen ist.

IV. Spezielle Relativitätstheorie.

Solange man für den Übergang von einem Koordinatensystem zu einem anderen die GALILEI-Transformation

$$\mathfrak{r}' = \mathfrak{r} - \mathfrak{u}\,t; \quad t' = t$$

zugrunde legt, gilt für die Geschwindigkeit eines Punktes in den beiden Systemen

$$\frac{d\mathfrak{r}'}{dt'} = \frac{d\mathfrak{r}}{dt} - \mathfrak{u}$$

oder

$$\mathfrak{v}' = \mathfrak{v} - \mathfrak{u}.$$

Die Beschleunigungen sind in beiden Systemen aber dieselben, da

$$\frac{d\mathfrak{v}'}{dt'} = \frac{d\mathfrak{v}}{dt}$$

ist. Da in dem Grundgesetz der Mechanik nur die Beschleunigungen vorkommen, sind alle mechanischen Gesetzmäßigkeiten invariant bezüglich der GALILEI-Transformation. Es gilt also das Relativitätsprinzip, daß sich die Mechanik in allen zueinander gleichförmig bewegten Koordinatensystemen in gleicher Weise ausspricht.

Für die Elektrodynamik hatte man ursprünglich die Gültigkeit des Relativitätsprinzips nicht erwartet, sondern die Theorie des ruhenden Äthers entwickelt. Die Ätherdriftversuche zeigen aber experimentell, daß das Relativitätsprinzip offenbar doch gilt. Dies wieder nötigt dazu, statt der GALILEI-Transformation die LORENTZ-Transformation einzuführen.

Nun ist es aber unmöglich, für die Elektrodynamik die LORENTZ-Transformation und für die Mechanik die GALILEI-Transformation zu verwenden. Beim Übergang auf ein anderes Koordinatensystem müssen auch die Gesetze der Mechanik mit der LORENTZ-Transformation transformiert werden. Da wir aber in der Mechanik auch nicht auf das Relativitätsprinzip verzichten können, nachdem die Translation eines Körpers sich mechanisch nicht mit auf ihm befindlichen Apparaten feststellen läßt, müssen wir die Gesetze der Mechanik abändern, um sie invariant gegen die LORENTZ-Transformation zu machen. Dies geschieht am einfachsten, wenn wir sie als Beziehungen zwischen Vektoren oder Tensoren im vierdimensionalen Raumzeitkontinuum ausdrücken.

Die Forderung, daß das Relativitätsprinzip für Elektrodynamik und Mechanik gelte und die daraus hergeleiteten Konsequenzen, bezeichnet man als spezielle Relativitätstheorie.

§ 1. Das NEWTONsche Grundgesetz in vierdimensionaler Erweiterung.

Inhalt: Vierervektor des Impulses, Impulsmasse, träge Masse, Veränderlichkeit der Masse mit der Geschwindigkeit, longitudinale und transversale Masse.

Bezeichnungen: $\mathcal{R}$ Weltvektor, $\mathfrak{r}$ Ortsvektor, $\vartheta = i\,c\,t$ zeitliche Komponente, x, y, z Ortskoordinaten, τ Eigenzeit, $\mathfrak{v}$ Geschwindigkeit, v ihr Betrag, c Lichtgeschwindigkeit, m_0 Ruhmasse, $\boldsymbol{p}$ Vierervektor des Impulses, $\mathfrak{p}$ sein Raumanteil, p_ϑ sein Zeitanteil, q elektrische Ladung, $\mathcal{K}$ Viererkraft, $\mathfrak{K}$ ihr Raumanteil, K_ϑ ihr Zeitanteil, E Gesamtenergie, $\mathfrak{B}$ magnetische Induktion, $\mathfrak{E}$ elektrische Feldstärke, m Impulsmasse, transversale Masse, Energiemasse, m_l longitudinale Masse.

Die dreidimensionale Geschwindigkeit eines Punktes haben wir schon auf S. 644 durch einen Vierervektor ersetzt, indem wir den Weltvektor

$$\mathcal{R} = \mathfrak{i}\,x + \mathfrak{j}\,y + \mathfrak{k}\,z + \mathfrak{l}\,\vartheta = \mathfrak{r} + \mathfrak{l}\,\vartheta \tag{1}$$

statt des Ortsvektors

$$\mathfrak{r} = \mathfrak{i}\,x + \mathfrak{j}\,y + \mathfrak{k}\,z \tag{2}$$

einführten und ihn nach der Eigenzeit τ differenzierten, deren Differential mit dem der Zeit durch

$$d\tau = d\,t\sqrt{1 - \frac{v^2}{c^2}} \tag{3}$$

zusammenhängt. So entsteht der Vierervektor

$$\frac{d\mathcal{R}}{d\tau} = \mathfrak{i}\frac{dx}{d\tau} + \mathfrak{j}\frac{dy}{d\tau} + \mathfrak{k}\frac{dz}{d\tau} + \mathfrak{l}\frac{d\vartheta}{d\tau} = \frac{\mathfrak{v} + i\mathfrak{l}c}{\sqrt{1 - \frac{v^2}{c^2}}}, \tag{4}$$

dessen räumlicher Anteil fast identisch mit der Geschwindigkeit der klassischen Mechanik ist.

Bezeichnen wir mit m_0 eine unveränderliche Größe, die die Quantität eines Körpers angibt und die wir „Ruhmasse" nennen wollen, so können wir den Vierervektor

$$p = m_0 \frac{d\mathcal{R}}{d\tau} = m_0 \frac{\mathfrak{v} + i\mathfrak{l}c}{\sqrt{1 - \frac{v^2}{c^2}}} \tag{5}$$

konstruieren, welcher dem klassischen Impuls entspricht. Leitet man ihn nochmals nach der Eigenzeit ab, so entsteht

$$\frac{dp}{d\tau} = m_0 \frac{d^2\mathcal{R}}{d\tau^2} = \frac{1}{\sqrt{1 - \frac{v^2}{c^2}}} \left(\frac{d}{dt} \frac{m_0 \mathfrak{v}}{\sqrt{1 - \frac{v^2}{c_2}}} + i\mathfrak{l}c \frac{d}{dt} \frac{m_0}{\sqrt{1 - \frac{v^2}{c^2}}} \right). \tag{6}$$

Andererseits haben wir schon auf S. 650, Gl. (17), gesehen, daß die Kraft eines elektromagnetischen Feldes auf eine Ladung q sich zu einem Vierervektor

$$\mathcal{K} = q \frac{\mathfrak{E} + [\mathfrak{v}\,\mathfrak{B}]}{\sqrt{1 - \frac{v^2}{c^2}}} + i\mathfrak{l} q \frac{(\mathfrak{v}\,\mathfrak{E})}{c\sqrt{1 - \frac{v^2}{c^2}}} \tag{7}$$

ergänzen läßt. Abgesehen von dem zeitlichen Anteil ist der klassische Ansatz

$$\mathfrak{K} = q\{\mathfrak{E} + [\mathfrak{v}\,\mathfrak{B}]\} \tag{8}$$

auch noch durch $\sqrt{1 - \frac{v^2}{c^2}}$ dividiert. Sind die Kräfte elektromagnetischer Herkunft, so hat man also die klassische Kraft mit $\sqrt{1 - \frac{v^2}{c^2}}$ zu dividieren, um die Raumkomponente der Viererkraft zu erhalten. Es ist naheliegend, daß dies auch bei allen anderen Kräften geschehen muß. An Stelle des NEWTONschen Gesetzes kommen wir dann zu der Formulierung

$$\mathcal{K} = \frac{dp}{d\tau}. \tag{9}$$

Die Viererkraft ist die Ableitung des Viererimpulses nach der Eigenzeit. Die Raumkomponente dieser Gleichung liefert

$$\frac{\mathfrak{K}}{\sqrt{1 - \frac{v^2}{c^2}}} = \frac{d}{d\tau} m_0 \frac{d\mathfrak{r}}{d\tau}. \tag{10}$$

Führen wir wieder die Zeit statt der Eigenzeit ein, so geht dies in

$$\mathfrak{K} = \frac{d}{dt}\left(\frac{m_0}{\sqrt{1 - \frac{v^2}{c^2}}} \frac{d\mathfrak{r}}{dt} \right) = \frac{d}{dt} \frac{m_0 \mathfrak{v}}{\sqrt{1 - \frac{v^2}{c^2}}} \tag{11}$$

über. An die Stelle der Masse der nichtrelativistischen klassischen Mechanik tritt jetzt

$$m = \frac{m_0}{\sqrt{1 - \frac{v^2}{c^2}}}. \tag{12}$$

m ist die Größe, mit der man die klassische Geschwindigkeit multiplizieren muß, um die Raumkomponente des Impulses zu finden, und wird demgemäß „Impulsmasse" genannt. Sie wächst mit der Geschwindigkeit und würde unendlich groß werden, wenn man einen Körper auf Lichtgeschwindigkeit bringen würde. Daraus geht hervor, daß man niemals einem Gebilde von endlicher Ruhmasse die Lichtgeschwindigkeit verleihen kann.

Spaltet man die Geschwindigkeit in den Einheitsvektor $\mathfrak{t}$ und ihren Betrag v, so schreibt sich (11)

$$\mathfrak{K} = \mathfrak{t}\,\frac{d}{dt}(m\,v) + m\,v\,\frac{d\mathfrak{t}}{dt}. \tag{11a}$$

Der zweite Anteil rechts bedeutet die Kraftkomponente senkrecht zur Bewegungsrichtung. Man sieht daraus, daß die Impulsmasse (12) identisch mit der Trägheitskonstante bei transversaler Beschleunigung ist. Sie wird deshalb auch als transversale Masse bezeichnet. Das Gesetz (12) ist durch Messungen bei der Ablenkung von Elektronenstrahlen experimentell genau bestätigt worden (s. S. 631). Mit der Relativitätstheorie ist also auch die dritte empirische Tatsache in Einklang, welche mit der Theorie des ruhenden Äthers in Widerspruch war. Die tangentiale Komponente der Kraft ist

$$\mathfrak{K}_{\mathfrak{t}} = \frac{d}{dt}(m\,v) = \frac{m_0}{\left(1 - \frac{v^2}{c^2}\right)^{3/2}}\,\frac{dv}{dt}. \tag{11b}$$

Der Beschleunigung in Richtung der schon bestehenden Geschwindigkeit widersetzt sich die sogenannte longitudinale Masse

$$m_{\mathfrak{l}} = \frac{m_0}{\left(1 - \frac{v^2}{c^2}\right)^{3/2}}. \tag{12a}$$

Während man in der klassischen Mechanik von der Masse schlechthin spricht, muß man in der Relativitätstheorie ihre einzelnen Funktionen unterscheiden. Zunächst haben wir die Ruhmasse m_0, welche von der Geschwindigkeit des Körpers unabhängig ist. Den Zusammenhang zwischen Geschwindigkeit und Impuls stellt die Impulsmasse her, und schließlich haben wir die transversale und longitudinale Masse m und $m_{\mathfrak{l}}$, welche die Trägheitsfaktoren zwischen den Komponenten der Kraft und der Beschleunigung sind. Die träge Masse ist eigentlich ein Tensor, dessen beide Hauptwerte die longitudinale und transversale Masse sind.

Endlich wollen wir auch die zeitliche Komponente der Gl. (9) ansehen. Bei elektromagnetischen Kräften hat die vierte Kraftkomponente die Bedeutung einer Leistung, und wir haben

$$K_\vartheta = \frac{i\,q(\mathfrak{v}\,\mathfrak{E})}{c\sqrt{1 - \frac{v^2}{c^2}}} = \frac{d}{d\tau}\,\frac{i\,m_0\,c}{\sqrt{1 - \frac{v^2}{c^2}}} = i\,\frac{d}{d\tau}(m\,c) \tag{13}$$

oder

$$q(\mathfrak{v}\,\mathfrak{E}) = \frac{d}{dt}(m\,c^2). \tag{13a}$$

Die Zunahme des Produktes $m\,c^2$ ist gleich der Arbeit, welche die elektromagnetischen Kräfte an dem Körper leisten. Sinngemäß muß

$$(\mathfrak{K}\,\mathfrak{v}) = \frac{d}{dt}\,m\,c^2. \tag{13b}$$

auch gelten, wenn die Kraft $\mathfrak{K}$ nicht elektrischer Natur ist.

§ 2. Impuls und Energie.

Inhalt: Das Quadrat des Viererimpulses ist konstant. In der Ruhmasse ist der Energiebetrag $m_0 c^2$ enthalten.

Bezeichnungen: Wie S. 659.

Da das Quadrat der Vierergeschwindigkeit

$$\left(\frac{d\mathfrak{R}}{d\tau}\right)^2 = -c^2 \tag{14}$$

stets den Wert $-c^2$ hat, ist auch das Quadrat des Viererimpulses (5)

$$p^2 = m_0^2 \frac{v^2 - c^2}{1 - \frac{v^2}{c^2}} = -m_0^2 c^2 \tag{14a}$$

konstant.

Multipliziert man die Grundgleichung

$$\mathfrak{K} = \frac{dp}{d\tau} = m_0 \frac{d^2\mathfrak{R}}{d\tau^2}$$

skalar mit der Vierergeschwindigkeit, so erhält man

$$\left(\mathfrak{K}\frac{d\mathfrak{R}}{d\tau}\right) = m_0\left(\frac{d\mathfrak{R}}{d\tau}\,\frac{d^2\mathfrak{R}}{d\tau^2}\right) = \frac{m_0}{2}\,\frac{d}{d\tau}\left(\frac{d\mathfrak{R}}{d\tau}\right)^2. \tag{14b}$$

Wegen (14) verschwindet die rechte Seite, so daß wir nur

$$\left(\mathfrak{K}\frac{d\mathfrak{R}}{d\tau}\right) = 0 \tag{15}$$

behalten. Schreibt man die räumlichen und zeitlichen Anteile getrennt an und kehrt zu t statt τ zurück, so erhält man mit (4) und (13)

$$\frac{1}{1 - \frac{v^2}{c^2}}\left\{\mathfrak{K}\frac{d\mathfrak{r}}{dt} - \frac{d}{dt}(m c^2)\right\} = 0. \tag{15a}$$

Nun ist

$$\mathfrak{K}\, d\mathfrak{r} = dA$$

die Arbeit, welche die Kraft an dem Körper leistet, und wir erhalten die Beziehung

$$dA = d(m c^2), \tag{16}$$

welche wir schon aus (13a) abgelesen hatten. Besitzt die Kraft ein Potential U, so gilt

$$dA = -dU,$$

und wir können (16) integrieren und erhalten

$$U + m c^2 = \text{const} = E. \tag{17}$$

Entwickelt man

$$m = m_0 + \frac{m_0 v^2}{2c^2} + \frac{3 m_0 v^4}{8 c^4} + \cdots$$

nach Potenzen von v, so findet man

$$U + m_0 c^2 + \frac{m_0}{2} v^2 + \frac{3 m_0 v^4}{8 c^2} + \cdots = E. \tag{17a}$$

E setzt sich aus der potentiellen Energie U und der kinetischen Energie zusammen, zu der wir außer $\frac{1}{2} m_0 v^2$ auch noch die höheren Glieder in v hinzunehmen. Daneben haben wir auch noch $m_0 c^2$, welches dem Betrage nach den

Hauptteil darstellt. Von diesem Glied abgesehen ist E das, was man in der klassischen Mechanik die Gesamtenergie des Körpers nennt. Wir stellen uns jetzt vor, daß durch irgendeinen mechanischen oder elektrischen Vorgang, für den ja die Gesetze der Relativitätstheorie gelten müssen, die Ruhmasse des Körpers geändert werde. Dann muß sich hierbei kinetische oder potentielle Energie vom Betrage

$$\Delta E = c^2 \Delta m_0 \tag{18}$$

bilden. Das Glied $m_0 c^2$ wirkt also wie ein Speicher von Energie. Bei Abnahme der Ruhmasse entsteht eine entsprechende Menge bekannter Energieformen. Man muß deshalb $m_0 c^2$ ebenfalls unter die Energiearten einreihen und dann E weiterhin als Gesamtenergie bezeichnen. Eine Massenänderung wäre dann nur eine Umwandlung der unsichtbaren und unmerklichen Massenenergie in andere Energieformen.

In der Physik der Atomkerne sind nun tatsächlich viele Vorgänge bekannt geworden, bei denen die Gesamtmasse der beteiligten Teilchen verändert wird. Überall, wo man die Verhältnisse völlig durchleuchten kann, hat sich gezeigt, daß ein Massendefekt Δm_0 mit einem Energiegewinn $\Delta E = c^2 \Delta m_0$ einhergeht.

§ 3. Bewegungsgleichungen in generalisierten Koordinaten.

Inhalt: Formulierung der LAGRANGEschen Gleichungen II. Art, der kanonischen Gleichungen und der HAMILTONschen partiellen Differentialgleichung für einen Körper in relativistischer Verallgemeinerung.

Bezeichnungen: $\mathfrak{K}$ Kraft, $\mathfrak{v}$ Geschwindigkeit, U skalares, $\mathfrak{C}$ Vektorpotential, m_0 Ruhmasse, m Masse, L LAGRANGE-Funktion, $\mathfrak{p}$ Impuls, H HAMILTON-Funktion, W Wirkungsfunktion, p_k, q_k generalisierte Impulse und Koordinaten.

Für die Bewegung eines einzigen Massenpunktes lassen sich auch in der speziellen Relativitätstheorie leicht Bewegungsgleichungen vom kanonischen oder LAGRANGEschen Typ aufstellen. Für die Kräfte machen wir einen ziemlich allgemeinen Ansatz, der besonders auf die Bewegung geladener Teilchen in einem elektromagnetischen Felde zugeschnitten ist. Ein Teil der Kraft möge sich aus einem skalaren Potential U herleiten. Ein zweiter Teil sei das Vektorprodukt der Körpergeschwindigkeit $\mathfrak{v}$ und eines Vektors $\mathfrak{B}$, der mit dem Magnetfeld zusammenhängt. $\mathfrak{B}$ möge sich durch

$$\mathfrak{B} = \operatorname{rot}\mathfrak{C} \tag{19}$$

aus dem Vektorpotential $\mathfrak{C}$ gewinnen lassen. Ein dritter Teil sei die zeitliche Änderung von $\mathfrak{C}$. Dann lautet die Kraft

$$\mathfrak{K} = -\operatorname{grad} U + [\mathfrak{v} \operatorname{rot}\mathfrak{C}] - \frac{\partial \mathfrak{C}}{\partial t} \tag{20}$$

und wir haben die Bewegungsgleichung

$$-\operatorname{grad} U + [\mathfrak{v} \operatorname{rot}\mathfrak{C}] - \frac{\partial \mathfrak{C}}{\partial t} = \frac{d}{dt} \frac{m_0 \mathfrak{v}}{\sqrt{1 - \frac{v^2}{c^2}}}. \tag{21}$$

Diese Gleichung kann man aus der LAGRANGE-Funktion

$$L = -m_0 c^2 \sqrt{1 - \frac{v^2}{c^2}} - U + (\mathfrak{v}\,\mathfrak{C}) \tag{22}$$

ableiten. Bezeichnen wir mit $\operatorname{gr\mathring{a}d}$ den Operator

$$\operatorname{gr\mathring{a}d} = \mathfrak{i}\frac{\partial}{\partial v_x} + \mathfrak{j}\frac{\partial}{\partial v_y} + \mathfrak{k}\frac{\partial}{\partial v_z}, \tag{23}$$

so lauten die LAGRANGEschen Gleichungen zweiter Art

$$\frac{d}{dt}\,\mathrm{gr\dot{a}d}\,L = \mathrm{grad}\,L. \tag{24}$$

Nun ist

$$\mathrm{grad}\,L = -\mathrm{grad}\,U + \mathrm{grad}(\mathfrak{v}\,\mathfrak{C}) = -\mathrm{grad}\,U + [\mathfrak{v}\,\mathrm{rot}\,\mathfrak{C}] + (\mathfrak{v}\,\mathrm{grad})\,\mathfrak{C}$$

$$\mathrm{gr\dot{a}d}\,L = \frac{m_0\,\mathfrak{v}}{\sqrt{1-\frac{\mathfrak{v}^2}{c^2}}} + \mathfrak{C} = \mathfrak{p}. \tag{23a}$$

Ist $\mathfrak{C}$ ein zeitlich veränderliches Vektorfeld, so gilt

$$\frac{d\mathfrak{C}}{dt} = (\mathfrak{v}\,\mathrm{grad})\,\mathfrak{C} + \frac{\partial\mathfrak{C}}{\partial t}$$

und (24) ist mit (21) identsich. $\mathfrak{p}$ ist definitionsgemäß der Impuls des Körpers im Sinne der HAMILTON-JAKOBIschen Theorie.

Führt man jetzt generalisierte Koordinaten q_k ein, so gelten die generalisierten LAGRANGEschen Gleichungen zweiter Art

$$\frac{d}{dt}\frac{\partial L}{\partial \dot{q}_k} = \frac{\partial L}{\partial q_k}. \tag{25}$$

Auch eine HAMILTON-Funktion

$$H = \mathfrak{p}\,\mathfrak{v} - L = \frac{m_0\,c^2}{\sqrt{1-\frac{\mathfrak{v}^2}{c^2}}} + U = m\,c^2 + U \tag{26}$$

kann man aufstellen. Wie in der klassischen Mechanik hat sie die Bedeutung der Gesamtenergie. Um aus ihr kanonische Gleichungen zu gewinnen, muß man die Geschwindigkeit zuerst durch den Impuls $\mathfrak{p}$ ersetzen. Aus (23a) ergibt sich leicht

$$\left(\frac{\mathfrak{p}-\mathfrak{C}}{m_0\,c}\right)^2 = \frac{\frac{v^2}{c^2}}{1-\frac{v^2}{c^2}}$$

und

$$\frac{1}{\sqrt{1-\frac{\mathfrak{v}^2}{c^2}}} = \sqrt{1+\left(\frac{\mathfrak{p}-\mathfrak{C}}{m_0\,c}\right)^2}.$$

Damit entsteht die HAMILTON-Funktion

$$H = c\sqrt{m_0^2\,c^2 + (\mathfrak{p}-\mathfrak{C})^2} + U. \tag{27}$$

Führt man generalisierte Koordinaten p_k, q_k ein und drückt die Vektoren $\mathfrak{p}$ und $\mathfrak{C}$ durch sie aus, so gelangt man in der gewohnten Weise zu den kanonischen Gleichungen

$$\frac{dp_k}{dt} = -\frac{\partial H}{\partial q_k}; \qquad \frac{dq_k}{dt} = \frac{\partial H}{\partial p_k}. \tag{28}$$

Ist eine generalisierte Koordinate in der klassischen Mechanik zyklisch, so behält sie diese Eigenschaft auch in der relativistischen Behandlung bei.

Setzt man

$$\mathfrak{p} = \mathrm{grad}\,W, \tag{29}$$

so findet man die relativistische Verallgemeinerung der HAMILTONschen partiellen Differentialgleichung

$$c\sqrt{m_0^2\,c^2 + (\mathrm{grad}\,W - \mathfrak{C})^2} + U + \frac{\partial W}{\partial t} = 0. \tag{30}$$

Wenn U und $\mathfrak{C}$ zeitlich unveränderliche Vektorfelder sind, so kann man einen ersten Schritt zur Integration mit

$$W = -E\,t + S \tag{31}$$

vollziehen. Es hinterbleibt dann für S die Gleichung

$$c\sqrt{m_0^2 c^2 + (\operatorname{grad} S - \mathfrak{C})^2} + U = E. \tag{32}$$

Ist W gefunden, d. h. eine Funktion mit drei Integrationskonstanten $\alpha_1, \alpha_2, \alpha_3$, welche der Gl. (32) genügt, so lauten die integrierten Bewegungsgleichungen

$$\beta_i = \frac{\partial W}{\partial \alpha_i}, \tag{33}$$

wie in der klassischen Mechanik.

*§ 4. Mehrkörpersysteme.

Inhalt: In einem Mehrkörpersystem mit nur inneren Kräften ist der Gesamtimpuls und die Gesamtenergie konstant. Schwierigkeiten des Begriffes der potentiellen Energie und Unmöglichkeit der Fernkräfte.

Bezeichnungen: Indizes i und k zur Unterscheidung der Körper, U potentielle Energie, sonst wie S. 659.

Die relativistische Bewegungsgleichung

$$K = \frac{dp}{d\tau} \tag{34}$$

vertritt für jeden Körper die beiden Gleichungen

$$\mathfrak{K} = \frac{d\mathfrak{p}}{dt}, \tag{34a}$$

$$(\mathfrak{K}\,\mathfrak{v}) = \frac{d}{dt}\,m\,c^2 \tag{34b}$$

und kann auch aus ihnen wiedergewonnen werden. In einem System mehrerer Körper, die wir durch den Index i unterscheiden, gelten für jeden Körper die Gleichungen

$$\mathfrak{K}_i = \frac{d\mathfrak{p}_i}{dt}; \qquad (\mathfrak{K}_i\,\mathfrak{v}_i) = \frac{d}{dt}\,m_i c^2. \tag{35}$$

Wirken zwischen den Körpern nur innere Kräfte, so daß

$$\mathfrak{K}_i = \sum\nolimits^k \mathfrak{K}_{ik}, \tag{36}$$

$$\mathfrak{K}_{ik} = -\mathfrak{K}_{ki} \tag{37}$$

gilt, so erhalten wir beim Summieren über alle Körper wegen

$$\sum\nolimits^{ik} \mathfrak{K}_{ik} = 0 \tag{38}$$

den Impulssatz

$$\frac{d}{dt}\sum\nolimits^i \mathfrak{p}_i = 0 \tag{39}$$

wie in der nichtrelativistischen Mechanik.

Besitzen die Kräfte

$$\mathfrak{K}_i = -\operatorname{grad}_i U \tag{40}$$

ein Potential U, so findet man außerdem

$$\begin{aligned} c^2 \frac{d}{dt}\sum\nolimits^i m_i &= -\sum\nolimits^i (\mathfrak{v}_i \operatorname{grad}_i U) \\ &= -\frac{dU}{dt}. \end{aligned} \tag{41}$$

Die Gesamtenergie
$$E = c^2 \sum^i m_i + U \tag{42}$$
ist also konstant.

Ein System von mehreren Körpern, zwischen denen nur innere Kräfte wirken, hat einen konstanten Impuls und eine konstante Gesamtenergie.

Auch den Drehimpulssatz der nichtrelativistischen Mechanik kann man relativistisch fassen. Der vierdimensionale Drehimpuls ist ein antisymmetrischer Tensor, der bei einem System mit nur inneren Kräften konstant ist. Die Konstanz der räumlichen Komponenten spricht den nichtrelativistischen Drehimpulssatz aus. Die Konstanz der gemischten raum-zeitlichen Komponenten wiederholt die Konstanz des gesamten Impulses, d. h. die gleichförmige Bewegung des Schwerpunktes. Es ergibt sich also nichts Neues aus der vierdimensionalen Erweiterung des Drehimpulssatzes.

Der Begriff der Kraft, genauer der potentiellen Energie, enthält noch eine eigenartige Schwierigkeit. Beim Einkörperproblem S. 662, Gl. (17), setzt sich die Gesamtenergie E aus der potentiellen Energie U und der Massenenergie $m c^2$ zusammen. Die Massenenergie enthält die kinetische Energie schon mit. Die Äquivalenz von Masse und Energie ist besonders gut beim Zerfall von Atomkernen prüfbar. Die Masse eines Kernes ist genau gleich der Summe der Massen seiner Zerfallsprodukte einschließlich deren kinetischer Energie. In der Masse des Mutterkernes ist aber auch die potentielle Energie seiner Bausteine enthalten. Sie ist also ebenso wie die kinetische Energie ein Teil der Massenenergie. Grundsätzlich muß man also auch die potentielle Energie in die Masse einbeziehen und wenn dies geschieht, lautet die Gl. (42) für die Gesamtenergie eines Systems mit nur inneren Kräften
$$E = M c^2 = c^2 \sum^i m_i. \tag{42a}$$
Hierbei bleibt noch offen, wie der Massenanteil der potentiellen Energie auf die Massen der einzelnen Körper aufzuteilen ist. Das Problem der Trägheitseigenschaften von Körpern, welche Kräften ausgesetzt sind, ist also noch nicht völlig gelöst.

Wie interpretieren wir nun die Gl. (17) für die Bewegung eines Einzelkörpers in einem äußeren Kraftfeld? Die Masse der potentiellen Energie ist in der Trägheit des bewegten Körpers nicht mitberücksichtigt. Sie ist also den Körpern zugeschrieben, die das Feld erzeugen, d. h. eigentlich dem Felde selbst. Die Gl. (17) kann also bestenfalls als eine Näherung betrachtet werden, wenn nämlich die gemeinsame potentielle Energie zur Masse des bewegten Körpers nur wenig beiträgt.

Wir untersuchen die aufgetauchte Schwierigkeit noch von einer anderen Seite, weil sie für die Gedankengänge der speziellen Relativitätstheorie recht charakteristisch ist. Wir denken uns ein System von Körpern, die sich gegenseitig nach dem Gravitationsgesetz anziehen. Jeder Körper trägt einerseits etwas zum Gravitationsfeld bei und erfährt andererseits in diesem Feld eine Kraft. Behält man den NEWTONschen Ansatz für die Gravitation bei, so kann man ihr Feld durch das Gravitationspotential U darstellen. Die Kraft auf einen Körper der Masse m_i ist dann
$$\mathfrak{K}_i = -m_i \operatorname{grad}_i U. \tag{43}$$
Andererseits gewinnt man U aus
$$U = \gamma \sum^i \frac{m_k}{r_k}. \tag{44}$$
γ ist die universelle Gravitationskonstante r_k der Abstand der Masse m_k vom Aufpunkt. Das Gravitationspotential ist also ausschließlich von der Lage der

Körper abhängig. Bewegt sich ein Körper, so ändert sich U an einem beliebig entfernten Ort momentan mit dieser Bewegung. Die NEWTONsche Gravitation ist eine sogenannte Fernkraft, welche in beliebige Entfernung übertragen wird, ohne daß hierfür Zeit notwendig wäre.

Die Vorstellung der zeitlosen Übertragung hat etwas Unwahrscheinliches an sich und führt in der speziellen Relativitätstheorie zu Konsequenzen, welche zwar nicht gerade unmöglich, aber doch sehr sonderbar sind. Man wird deshalb daran denken, daß die Gravitationswirkung sich ähnlich wie eine elektromagnetische Wirkung mit endlicher Geschwindigkeit ausbreitet. Dann verlangt aber die spezielle Relativitätstheorie, daß diese Geschwindigkeit die Lichtgeschwindigkeit nicht überschreite, und es liegt sehr nahe, sie ebenfalls gleich c zu setzen. Das Gravitationspotential muß dann ganz ähnlich wie die elektrodynamische Potentiale aus der Differentialgleichung

$$\Delta U - \frac{1}{c^2}\frac{\partial^2 U}{\partial t^2} = 4\pi\gamma s \tag{45}$$

bestimmt werden, in welcher s die räumliche Massendichte bedeutet. Das Potential ist nun nicht mehr eine Funktion der jeweiligen Dichteverteilung, sondern hängt auch von der Vorgeschichte dieser Verteilung ab. Sind die zwischen den Körpern wirkenden Kräfte elektromagnetischer Natur, so steht man von vornherein vor einer ähnlichen Situation.

Nur die Bewegung von Körpern, deren eigene Beiträge zum Feld unmerklich sind, ist eine einfache mechanische Aufgabe. Muß man dagegen die Mitwirkung der bewegten Körper an der Erzeugung des Feldes berücksichtigen, so müssen Feld und Bewegung gleichzeitig berechnet werden. Diese Aufgabe kann nicht mehr mit den Methoden der Mechanik bewältigt werden. Man muß sie mit einer Feldtheorie nach dem Muster der Theorie des elektromagnetischen Feldes in Angriff nehmen.

§ 5. Zerfallsprozesse und Stoßprozesse.

Inhalt: Zerfall eines Körpers in zwei Spaltstücke. Elastischer Stoß zweier Körper.

Bezeichnungen: m Masse, m_0 Ruhmasse, $\mathfrak{v}$ Geschwindigkeit, v ihr Betrag, $\mathfrak{p}$ räumlicher Impuls, p sein Betrag, E Energie, im Schwerpunktsystem werden große Buchstaben verwendet. Gestrichene Größen beziehen sich auf den Zustand nach dem Zerfall bzw. Stoß.

Wirken auf einen Körper keine Kräfte, so sind die räumlichen und zeitlichen Anteile des Viererimpulses

$$\mathfrak{p} = m\mathfrak{v} = \frac{m_0\mathfrak{v}}{\sqrt{1-\frac{v^2}{c^2}}}; \qquad p_\vartheta = i\,m\,c = \frac{i\,m_0\,c}{\sqrt{1-\frac{v^2}{c^2}}} \tag{46}$$

einzeln konstant. Damit sind auch Masse, Geschwindigkeit und Energie

$$E = m\,c^2 \tag{47}$$

konstant. Das Quadrat des Viererimpulses

$$\mathfrak{p}^2 + p_\vartheta^2 = -m_0^2\,c^2 \tag{48}$$

ist durch die Ruhmasse m_0 festgelegt. Das Quadrat des räumlichen Anteils

$$\mathfrak{p}^2 = (m^2 - m_0^2)\,c^2 = m^2\,v^2 \tag{49}$$

ist durch Masse und Ruhmasse ausdrückbar. Zwischen der Energie und den Impulsanteilen bestehen die Beziehungen

$$\mathfrak{p} = \mathfrak{v}\frac{E}{c^2}; \qquad p_\vartheta = i\frac{E}{c}. \tag{50}$$

Nun betrachten wir einen Körper, der sich mit dem Impuls

$$\mathfrak{p} = m\,\mathfrak{v}; \quad p_\vartheta = i\,m\,c \tag{51}$$

kräftefrei bewegt und in irgendeinem Zeitpunkt in zwei Körper mit den Impulsen

$$\begin{aligned} \mathfrak{p}_1 &= m_1'\,\mathfrak{v}_1'; \quad p_{1\vartheta} = i\,m_1'\,c \\ \mathfrak{p}_2 &= m_2'\,\mathfrak{v}_2'; \quad p_{2\vartheta} = i\,m_2'\,c \end{aligned} \tag{52}$$

zerfällt. Den ursprünglichen Körper sehen wir schon als ein System der beiden Spaltstücke an. In seiner Masse m ist auch die potentielle Energie vor der Spaltung enthalten. Nach der Spaltung besteht keine potentielle Energie mehr, und es gilt deshalb

$$m = m_1' + m_2' \tag{53}$$

als zeitliche und

$$\mathfrak{p} = m\,\mathfrak{v} = \mathfrak{p}_1 + \mathfrak{p}_2 = m_1'\,\mathfrak{v}_1' + m_2'\,\mathfrak{v}_2' \tag{54}$$

als räumliche Komponente des Impulssatzes.

Zuerst untersuchen wir den Vorgang der Spaltung im Schwerpunktsystem, das sich gegen das Laborsystem mit der Geschwindigkeit $\mathfrak{v}$ bewegt. Im Schwerpunktsystem benutzen wir große Buchstaben für alle Größen, natürlich außer den Ruhmassen. Es gilt dann

$$\mathfrak{P} = 0; \quad P_\vartheta = i\,m_0\,c \tag{55}$$

vor der Spaltung, wenn m_0 die Ruhmasse des Mutterkörpers ist. Nach der Spaltung gilt

$$\mathfrak{P}_1' = -\,\mathfrak{P}_2' \tag{56}$$

und nach (49)

$$M_1'^2 - m_{10}^2 = M_2'^2 - m_{20}^2. \tag{57}$$

m_{10} und m_{20} sind die Ruhmassen der Spaltstücke. Aus (53) folgt

$$m_0 = M_1' + M_2'. \tag{58}$$

Aus den beiden letzten Gleichungen errechnet man leicht

$$M_1' = \frac{m_0^2 + m_{10}^2 - m_{20}^2}{2m_0}, \tag{59a}$$

$$M_2' = \frac{m_0^2 - m_{10}^2 + m_{20}^2}{2m_0}. \tag{59b}$$

Durch die Ruhmasse m_0 des Mutterkörpers und die Ruhmassen m_{10} und m_{20} der Spaltstücke sind die bewegten Massen im Schwerpunktsystem bereits festgelegt.

Wir legen jetzt die x-Achsen der Koordinatensysteme in die Richtung der Schwerpunktsgeschwindigkeit $\mathfrak{v}$, die z-Achsen senkrecht zu $\mathfrak{v}_1'$ und $\mathfrak{v}_2'$. Die Winkel der Geschwindigkeiten $\mathfrak{v}_1'$ bzw. $\mathfrak{v}_2'$ gegen die x-Achse nennen wir φ_1' und φ_2' die entsprechenden Winkel zwischen $\mathfrak{B}_1'$ und $\mathfrak{B}_2'$ gegen die x-Achse im Schwerpunktsystem bezeichnen wir mit Φ_1' und Φ_2'.

Sind

$$P_1' = P_2' = c\sqrt{M_1'^2 - m_{10}^2} = c\sqrt{M_2'^2 - m_{20}^2} \tag{60}$$

die Beträge der Impulse im Schwerpunktsystem, so folgt aus (56)

$$\Phi_2' = \Phi_1' + \pi. \tag{61}$$

Unter Wahrung dieser Bedingung können die Winkel aller Werte von 0 bis 2π mit gleicher Wahrscheinlichkeit annehmen.

Mit der Transformation

$$
\begin{aligned}
p'_{kx} &= p'_k \cos\varphi'_k = \frac{P'_k \cos\Phi'_k - \frac{i v}{c} P'_{k\vartheta}}{\sqrt{1-\frac{v^2}{c^2}}} \\
p'_{ky} &= p'_k \sin\varphi'_k = P'_{ky} = P'_k \sin\Phi'_k \\
p'_{k\vartheta} &= \frac{P'_{k\vartheta} + \frac{i v}{c} P'_k \cos\Phi'_k}{\sqrt{1-\frac{v^2}{c^2}}}
\end{aligned}
\tag{62}
$$

kehren wir aus dem Schwerpunktsystem ins Laborsystem zurück. Der Index k kann jeden der beiden Indizes 1 oder 2 bedeuten. Führen wir statt der Impulse die Massen ein, so nehmen die Transformationsgleichungen die Form

$$\sqrt{m_k'^2 - m_{k0}^2}\cos\varphi'_k = \frac{\cos\Phi'_k \sqrt{M_k'^2 - m_{k0}^2} + \frac{v}{c} M'_k}{\sqrt{1-\frac{v^2}{c^2}}}, \tag{63a}$$

$$\sqrt{m_k'^2 - m_{k0}^2}\sin\varphi'_k = \sqrt{M_k'^2 - m_{k0}^2}\sin\Phi'_k, \tag{63b}$$

$$m'_k = \frac{M'_k + \frac{v}{c}\cos\Phi'_k \sqrt{M_k'^2 - m_{k0}^2}}{\sqrt{1-\frac{v^2}{c^2}}} \tag{63c}$$

an. Wenn Φ'_k den Bereich von 0 bis 2π durchläuft, bestreicht m'_k den Bereich

$$\frac{M'_k + \frac{v}{c}\sqrt{M_k'^2 - m_{k0}^2}}{\sqrt{1-\frac{v^2}{c^2}}} > m'_k > \frac{M'_k - \frac{v}{c}\sqrt{M_k'^2 - m_{k0}^2}}{\sqrt{1-\frac{v^2}{c^2}}}. \tag{64}$$

Kehrt man die Transformation (63c) um so entsteht

$$M'_k = \frac{m'_k - \frac{v}{c}\cos\varphi'_k \sqrt{m_k'^2 - m_{k0}^2}}{\sqrt{1-\frac{v^2}{c^2}}}. \tag{65}$$

Dasselbe erhält man auch durch Eliminieren von Φ'_k aus (63a) und (63c). Die Beziehung (65) ist eine quadratische Gleichung

$$A\, m_k'^2 - 2B\, m'_k + C = 0 \tag{66}$$

für m'_k. Wenn man noch mit

$$M'_k = \frac{m_{k0}}{\sqrt{1-\frac{V_k'^2}{c^2}}} \tag{67}$$

die Geschwindigkeit V'_k im Schwerpunktsystem einführt, erhalten die Koeffizienten die Form

$$
\begin{aligned}
A &= 1 - \frac{v^2}{c^2}\cos\varphi'_k, \\
B &= M'_k \sqrt{1-\frac{v^2}{c^2}} = m_{k0}\sqrt{\frac{c^2 - v^2}{c^2 - V_k'^2}}, \\
C &= m_{k0}^2 \left(\frac{c^2 - v^2}{c^2 - V_k'^2} + \frac{v^2}{c^2}\cos^2\varphi'_k\right).
\end{aligned}
\tag{68}
$$

A und C sind stets positiv. Die beiden Wurzeln

$$m'_k = \frac{B \pm \sqrt{B^2 - A\,C}}{A} \tag{69}$$

der Gl. (66) sind also reell und positiv, wenn

$$B^2 - A\,C = \frac{v^4}{c^4}\, m_{k0}^2 \cos^2 \varphi'_k \left\{ \frac{V_k'^2 (c^2 - v^2)}{v^2 (c^2 - V_k'^2)} - \sin^2 \varphi'_k \right\} \tag{70}$$

positiv ist. Im anderen Fall sind die Wurzeln konjugiert komplex und haben keine physikalische Bedeutung.

Ist $V'_k > v$, so kann φ'_k alle Werte von 0 bis 2π durchlaufen. Ist dagegen $V'_k < v$, so bleibt φ'_k unter einem Maximalwert $\varphi'_{k\,\max}$, der sich aus

$$\sin \varphi'_{k\,\max} = \frac{V'_k}{v} \sqrt{\frac{c^2 - v^2}{c^2 - V_k'^2}} \tag{71}$$

errechnet.

Im Schwerpunktsystem sind alle Winkel Φ'_k im Intervall 0 bis 2π gleich wahrscheinlich. Die Wahrscheinlichkeit, daß das Spaltstück k in den ringförmigen räumlichen Winkelbereich

$$d\Omega'_k = 2\pi \sin \Phi'_k \, d\Phi'_k = -2\pi\, d(\cos \Phi'_k) \tag{72}$$

fällt, ist deshalb

$$dW_k = \frac{1}{4\pi} |d\Omega'_k| = \frac{1}{2}\, d(\cos \Phi'_k). \tag{73}$$

Aus (63c) findet man

$$d m'_k = \frac{v}{c} \sqrt{\frac{M_k'^2 - m_{k0}^2}{1 - \frac{v^2}{c^2}}}\, d(\cos \Phi'_k). \tag{74}$$

Die Zerfallswahrscheinlichkeit

$$dW_k = \frac{1}{2v} \sqrt{\frac{c^2 - v^2}{M_k'^2 - m_{k0}^2}}\, d m'_k, \tag{75}$$

verteilt sich also gleichmäßig auf das Intervall (64) der Massenwerte.

Wir untersuchen noch den elastischen Zusammenstoß zweier Körper. Elastisch nennt man die Wechselwirkung (Zusammenstoß) zweier Körper, wenn ihre innere Struktur bei diesem Vorgang unverändert bleibt. Da nur innere Kräfte im System der beiden Körper wirken, bleibt der gesamte Viererimpuls erhalten. Wir betrachten den Vorgang zuerst im Schwerpunktsystem, in welchem der räumliche Gesamtimpuls den Wert 0 hat. Vor dem Stoß ist

$$\mathfrak{P}_1 = -\mathfrak{P}_2; \quad P_{1\vartheta} = i\, M_1\, c; \quad P_{2\vartheta} = i\, M_2\, c \tag{76a}$$

nach dem Stoß

$$\mathfrak{P}'_1 = -\mathfrak{P}'_2; \quad P'_{2\vartheta} = i\, M'_1\, c; \quad P'_{2\vartheta} = i\, M'_2\, c. \tag{76b}$$

Es gelten außerdem die Beziehungen

$$M_1 + M_2 = M'_1 + M'_2 \tag{77}$$

und

$$\begin{aligned} \mathfrak{P}_1^2 &= M_1^2\, V_1^2 = (M_1^2 - m_{10}^2)\, c^2 = \mathfrak{P}_2^2 \\ &= M_2^2\, V_2^2 = (M_2^2 - m_{20}^2)\, c^2 \end{aligned} \tag{78a}$$

$$\begin{aligned} \mathfrak{P}_1'^2 &= M_1'^2\, V_1'^2 = (M_1'^2 - m_{10}^2)\, c^2 = \mathfrak{P}_2'^2 \\ &= M_2'^2\, V_2'^2 = (M_2'^2 - m_{20}^2)\, c^2. \end{aligned} \tag{78b}$$

Wir finden daraus

$$M_1^2 - M_2^2 = m_{10}^2 - m_{20}^2 = M_1'^2 - M_2'^2 \tag{79}$$

und zusammen mit (77)

$$M_1 = M_1'; \quad M_2 = M_2' \tag{80}$$

und

$$V_1 = V_1'; \quad V_2 = V_2'. \tag{81}$$

Der Stoß ändert die Massen und die Beträge der Geschwindigkeiten im Schwerpunktsystem nicht. Es tritt nur eine Drehung der Impulse um einen Winkel Θ ein, dessen Größe sich nach den Vorgängen während des Stoßes selbst richtet.

Jetzt legen wir die x-Achse des Koordinatensystems in die Richtung von $\mathfrak{P}_1$ (entgegen $\mathfrak{P}_2$), die z-Achse senkrecht zu $\mathfrak{P}_1$ und $\mathfrak{P}_1'$. Dann ist

$$\begin{aligned} P_{1x} &= M_1 V_1 = M_2 V_2 = -P_{2x}, \\ P_{1\vartheta} &= i M_1 c; \quad P_{2\vartheta} = i M_2 c. \end{aligned} \tag{82}$$

Nach dem Stoß gilt

$$\begin{aligned} P'_{1x} &= M_1 V_1 \cos\Theta = M_2 V_2 \cos\Theta = -P'_{2x} \\ P'_{1y} &= M_1 V_1 \sin\Theta = M_2 V_2 \sin\Theta = -P'_{2y} \\ P'_{1\vartheta} &= i M_1 c = P_{1\vartheta} \\ P'_{2\vartheta} &= i M_2 c = P_{2\vartheta}. \end{aligned} \tag{83}$$

Nun transformieren wir den Vorgang in ein Koordinatensystem (Laborsystem), in welchem der Körper 2 ruht. Das Schwerpunktsystem bewegt sich gegen das Laborsystem mit der Geschwindigkeit V_2. Im Laborsystem benutzen wir für die Impulse, Geschwindigkeiten und Massen kleine Buchstaben. Vor dem Stoß haben die Impulse im Laborsystem die Komponenten

$$\begin{aligned} p_{1x} &= m_1 v_1; \quad p_{2x} = 0 \\ p_{1\vartheta} &= i m_1 c; \quad p_{2\vartheta} = i m_{20} c. \end{aligned} \tag{84}$$

Transformieren wir den räumlichen Gesamtimpuls ins Schwerpunktsystem zurück, wo er den Wert 0 hat, so finden wir für die x-Komponente die Gleichung

$$0 = m_1 v_1 - V_2 (m_1 + m_{20}). \tag{85}$$

Eliminieren wir noch v_1 mit

$$v_1 = c \sqrt{1 - \frac{m_{10}^2}{m_1^2}} \tag{86}$$

so ergibt sich

$$V_2 = c \frac{\sqrt{m_1^2 - m_{10}^2}}{m_1 + m_{20}}. \tag{87}$$

Um die Impulskomponenten nach dem Stoß im Laborsystem zu erhalten, transformieren wir sie aus dem Schwerpunktsystem zurück und finden für den Körper 2

$$p'_{2x} = m'_2 v'_2 \cos\vartheta'_2 = M_2 V_2 \frac{1 - \cos\Theta}{\sqrt{1 - \frac{V_2^2}{c^2}}} = m_{20} V_2 \frac{1 - \cos\Theta}{1 - \frac{V_2^2}{c^2}}, \tag{88a}$$

$$p'_{2y} = m'_2 v'_2 \sin\vartheta'_2 = -M_2 V_2 \sin\Theta, \tag{88b}$$

$$p'_{2\vartheta} = i m'_2 c = i M_2 c \frac{1 - \frac{V_2^2}{c^2}\cos\Theta}{\sqrt{1 - \frac{V_2^2}{c^2}}} = i m_{20} c \frac{1 - \frac{V_2^2}{c^2}\cos\Theta}{1 - \frac{V_2^2}{c^2}}. \tag{88c}$$

Aus der dritten dieser Gleichungen lesen wir

$$m_2' = m_{20} + m_{20} V_2^2 \frac{1-\cos\Theta}{c^2 - V_2^2} = m_{20} + m_{20} \frac{(m_1^2 - m_{10}^2)(1-\cos\Theta)}{m_{10}^2 + m_{20}^2 + 2m_1 m_{20}} \tag{89}$$

ab, wobei wir noch V_2 mit (87) eliminieren. Im Laborsystem gewinnt der Körper 2 beim Stoß die Masse

$$m_2' - m_{20} = m_{20} \frac{(m_1^2 - m_{10}^2)(1-\cos\Theta)}{m_{10}^2 + m_{20}^2 + 2m_1 m_{20}}. \tag{90}$$

Dieselbe Masse verliert der Körper 1, was durch die Beziehung

$$m_1' + m_2' = m_1 + m_{20} \tag{91}$$

ausgedrückt ist.

Eliminieren wir Θ aus (88a) und (88c) so finden wir für den Streuwinkel ϑ_2' des Körpers 2 im Laborsystem

$$\cos\vartheta_2' = \frac{(m_2' - m_{20})\,c^2}{m_2' V_2 v_2'}. \tag{92}$$

Ersetzt man V_2 mit (87) und v_2' analog zu (86), so erhält man

$$\cos\vartheta_2' = \frac{(m_2' - m_{20})(m_1 + m_{20})}{\sqrt{(m_1^2 - m_{10}^2)(m_2'^2 - m_{20}^2)}}. \tag{93}$$

Um den Streuwinkel ϑ_1' für den Körper 1 zu finden, kann man ebenso verfahren. Besser geht man von

$$p_{2y}' = m_2' v_2' \sin\vartheta_2' = -m_1' v_1' \sin\vartheta_1' = p_{1y}' \tag{94}$$

aus. Durch diese Gleichung wird die Impulserhaltung in der y-Richtung des Laborsystems ausgesprochen. Man findet daraus zunächst

$$\cos^2\vartheta_1' = 1 - \frac{m_2'^2 v_2'^2}{m_1'^2 v_1'^2} \sin^2\vartheta_2'. \tag{95}$$

Drückt man die Geschwindigkeiten analog zu (86) mit Hilfe der Massen aus und verwendet (91) und (93), so erhält man schließlich

$$\cos\vartheta_1' = \frac{m_1'(m_1 + m_{20}) - m_1 m_{20} - m_{10}^2}{\sqrt{(m_1^2 - m_{10}^2)(m_1'^2 - m_{10}^2)}}. \tag{96}$$

Wenn die Ruhmassen der beiden Körper bekannt sind, so lassen sich die Massen m_1, m_1' und m_2' aus den Gl. (91), (93) und (96) durch die Streuwinkel ausdrücken. Aus (86) findet man dann v_1, auf analoge Weise v_2, v_1' und v_2'. Im Schwerpunktsystem ergibt sich V_2 aus (87). Aus den Gl. (78) findet man endlich auch M_2, M_1 und V_1.

Schließlich betrachten wir noch etwas genauer die Übertragung der Energie vom bewegten Körper 1 auf den ruhenden Körper 2 im Laborsystem. Wenn $\cos\Theta = -1$ ist, nimmt der Körper 2 die Maximalenergie

$$\Delta E_{\max} = 2m_{20} c^2 \frac{m_1^2 - m_{10}^2}{m_{10}^2 + m_{20}^2 + 2m_1 m_{20}} \tag{97}$$

auf. Der Körper 1 kann höchstens die Energie $(m_1 - m_{10})\,c^2$ abgeben, wenn er ganz zur Ruhe gebracht wird. Maximal wird also der Bruchteil

$$\frac{\Delta E_{\max}}{(m_1 - m_{10})\,c^2} = \frac{2m_{20}(m_1 + m_{10})}{m_{10}^2 + m_{20}^2 + 2m_1 m_{20}} \tag{98}$$

der Energie beim Stoß übertragen, die überhaupt zur Verfügung steht.

Bei kleiner Geschwindigkeit v_1 des bewegten Körpers im Laborsystem ist $m_1 \approx m_{10}$ und man erhält die nichtrelativistische Näherung

$$\frac{\Delta E_{\max}}{(m_1 - m_{10})\, c^2} \approx \frac{4 m_{20} m_{10}}{(m_{10} + m_{20})^2}. \tag{98a}$$

Ist $m_{10} \ll m_{20}$, d. h. der bewegte Körper wesentlich leichter als der ruhende, so erhält man die Näherung

$$\frac{\Delta E_{\max}}{(m_1 - m_{10})\, c^2} \approx \frac{2 m_1 \left(1 + \frac{m_{10}}{m_1}\right)}{2 m_1 + m_{20}}. \tag{98b}$$

Solange die bewegte Masse m_1 noch klein gegen die Ruhmasse m_{20} des ruhenden Körpers bleibt, wird beim Stoß noch wenig Energie übertragen. Im Gegensatz zur nichtrelativistischen Näherung kommt jedoch die rechte Seite nahe an 1 heran, wenn m_1 groß gegen m_{20} ist. Unter diesen Bedingungen weicht also die relativistische Rechnung völlig von dem Ergebnis der nichtrelativistischen Näherung ab.

Ist umgekehrt $m_{10} \gg m_{20}$, so erhält man

$$\frac{\Delta E_{\max}}{(m_1 - m_{10})\, c^2} \approx \frac{2 m_{20} (m_1 + m_{10})}{m_{10}^2 + 2 m_1 m_{20}}. \tag{98c}$$

Ist m_1 nur wenig größer als m_{10}, so wird nur wenig Energie beim Stoß übertragen, d. h. es gilt die nichtrelativistische Näherung. Ist dagegen $m_1 \gg m_{10}$, d. h. der bewegte Körper erreicht fast die Lichtgeschwindigkeit, so kann fast die ganze verfügbare Energie ausgetauscht werden. Auch in diesem Fall ist das Ergebnis der relativistischen Rechnung völlig verschieden von der nichtrelativistischen Näherung.

*§ 6. Mechanik der Kontinua.

Inhalt: Unmöglichkeit starrer Körper. Relativistische Elastizitätstheorie und Hydrodynamik.

In der klassischen Mechanik konstruiert man das Modell des starren Körpers, wenn man von der Deformation wirklicher Körper absehen will und nur ihre fortschreitende oder drehende Bewegung untersuchen möchte. Diese Idealisierung ist in der klassischen Mechanik zulässig und vernünftig, steht aber mit der speziellen Relativitätstheorie in Widerspruch. In dem Maße, als relativistische Kräfte sich geltend machen, verlangen auch die Deformationen der Körper Beachtung. Bei relativistischen Überlegungen darf man das Modell des starren Körpers nicht benutzen, weil es dort gelegentlich zu Widersprüchen führt.

Daß die Existenz eines starren Körpers der speziellen Relativitätstheorie tatsächlich widerspricht, kann man leicht einsehen. Lassen wir an einem bestimmten Punkte eines Körpers zur Zeit $t = 0$ eine Kraft $\mathfrak{K}$ angreifen, so wird diese zunächst die Nachbarschaft des Ansatzpunktes beschleunigen. Bei einem starren Körper müßte diese Kraft momentan auf entfernte Punkte übertragen werden, so daß diese gleichzeitig in Bewegung geraten. Die Starrheit setzt also eine unendlich schnelle Kraftübertragung voraus, während die spezielle Relativitätstheorie hierfür die Höchstgeschwindigkeit c vorschreibt. Denkt man an den elektrischen Aufbau der festen Körper, so ist auch schon seinetwegen klar, daß die Kraftübertragung letzten Endes auf elektromagnetischem Wege erfolgt und sich daher nicht schneller als mit der Geschwindigkeit c fortpflanzen kann. Die Unmöglichkeit starrer Körper ergibt sich also nicht nur aus der Relativitätstheorie, sondern auch aus der Struktur der Körper selbst.

Die Mechanik der Kontinua (Elastizitätstheorie, Hydrodynamik) kann relativistisch ausgebaut werden. Man gelangt auf diesen Gebieten zu einer vierdimensionalen Formulierung der Gesetze, welche invariant zur LORENTZ-Transformation ist. Die Theorie erlangt hierdurch eine elegantere und geschlossenere Form. Die relativistische Mechanik kontinuierlicher Medien hat deshalb grundsätzliches Interesse, obwohl ihr keine praktische Bedeutung zukommt. Die Geschwindigkeiten, die man bei elastischen Schwingungen, Flüssigkeits- oder Gasströmungen erreicht, sind nämlich immer viel zu klein, um relativistische Effekte merklich werden zu lassen. Die relativistische Quantentheorie der Kontinua gewinnt aber seit einigen Jahren schnell an Bedeutung.

V. Probleme der allgemeinen Relativitätstheorie.

Nachdem die spezielle Relativitätstheorie Mechanik und Elektrodynamik unter einheitliche Gesichtspunkte gebracht hat, bleiben nur noch wenige Anhaltspunkte für die Fortentwicklung der Theorie übrig. Selbstverständlich bietet die atomistische Struktur der Materie noch eine Fülle von Fragen, die weder mit der klassischen noch mit der relativistischen Mechanik allein, sondern nur mit den Methoden der Quantentheorie erfolgreich angegangen werden können. Außerdem bieten die Phänomene der Trägheit und der Gravitation einige Anregung zu fruchtbaren Spekulationen. Im Rahmen dieses Buches können sie nur kurz angedeutet werden.

*§ 1. Trägheit, MACHsches Prinzip.

Die Translation eines einzelnen Körpers kann durch keine auf ihm befindliche Apparatur wahrgenommen werden, ohne daß irgendwelche Einwirkungen von anderen Körpern zu Hilfe genommen werden. Eine beschleunigte Bewegung verrät sich hingegen durch Trägheitskräfte, eine Drehbewegung z. B. durch Zentrifugalkraft und Corioliskräfte. In diesem Umstand liegt nun noch eine gewisse begriffliche Schwierigkeit. Wenn man sich den Raum mit dem Äther erfüllt denkt und von einer Drift gegen ihn physikalische Wirkungen erwartet, so ist diese Vorstellung konsequent, wenn sie auch der experimentellen Prüfung nicht standhält. Läßt man aber den Äther fallen, so hat man auch kein Medium mehr, gegen welches die Beschleunigung erfolgt, und die Trägheitswirkung durch Beschleunigung ist ebensowenig verständlich wie irgendwelche Effekte durch Translation. Würde es nur einen einzigen Körper im Raume geben, so wäre es überhaupt sinnlos, von einer Beschleunigung zu sprechen, und dieser einzige Körper könnte keine Trägheit besitzen. Die Trägheit kann also nur darin ihre Ursachen haben, daß ein Körper gegen andere Massen beschleunigt wird. Sie muß auf irgendeiner Wechselwirkung zwischen den Massen untereinander beruhen. Dieser Gedanke wurde zuerst von MACH ausgesprochen und wird als MACHsches Prinzip bezeichnet. Von einer vollkommenen Theorie aller Bewegungserscheinungen muß man verlangen, daß sie das MACHsche Prinzip enthält.

*§ 2. Die Gravitation.

Auf einen Körper wirkt im Gravitationsfeld eine Kraft, welche seiner trägen Masse proportional ist. Dieses Gesetz konnte experimentell sehr genau kontrolliert werden. Will man das NEWTONsche Gesetz von der Gleichheit Kraft und Gegenkraft nicht aufgeben, so muß das Gravitationsfeld auch der erzeugenden trägen Masse genau proportional sein. Da diese genaue Übereinstimmung kein Zufall sein kann, muß ihm irgendein Naturgesetz zugrunde liegen. Trägheit und Gravitation müssen in einem Zusammenhang stehen, der bisher in der Physik zwar empirisch fixiert, theoretisch aber nicht durchleuchtet ist.

Ob die Gravitation nur mit der Ruhmasse zusammenhängt oder ob auch die Masse der kinetischen oder anderer Energien schwer sind und Schwere erzeugen, ist durch Experimente noch nicht genügend geklärt. Es erscheint aber konsequent, allen Arten träger Masse auch Schwere zuzuschreiben, und auch die empirischen Befunde sprechen mehr dafür. In der Gleichung

$$\Delta U - \frac{1}{c^2}\frac{\partial^2 U}{\partial t^2} = \Box^2 U = 4\pi\gamma m \tag{1}$$

bedeutet dann also m nicht die Ruhmasse, sondern die Impulsmasse. Dies bringt aber eine neue Schwierigkeit mit sich. Die Gleichung

$$\Box^2 U = 4\pi\gamma m_0 \tag{1a}$$

wäre invariant gegen eine LORENTZ-Transformation gewesen, die Gl. (1) ist dies nicht. Eine endgültige Theorie aller Bewegungserscheinungen muß die Gleichheit von träger und schwerer Masse erklären und die Invarianz der Gl. (1) sichern.

*§ 3. Das Äquivalenzprinzip.

Nach der speziellen Relativitätstheorie kann kein Unterschied zwischen Ruhe und gleichförmiger Bewegung gemacht werden. Alle gleichförmig bewegten Bezugssysteme sind einander gleichwertig. Vor beschleunigten Bezugssystemen zeichnen sie sich dadurch aus, daß in ihnen keine Trägheitskräfte auftreten. Man nennt sie deshalb Intertialsysteme. In beschleunigten Systemen macht sich dagegen die Trägheit durch Scheinkräfte bemerkbar, in rotierenden Systemen beispielsweise durch Zentrifugalkraft und Corioliskräfte.

Ein homogenes Gravitationsfeld ist andererseits einem gleichförmig beschleunigten Bezugssystem äquivalent. Ein Beobachter, der in einem Kasten eingeschlossen und damit von der Außenwelt isoliert ist, könnte mit seinen im Kasten befindlichen Meßvorrichtungen nicht unterscheiden, ob er sich in einem Gravitationsfeld befindet oder ob der ganze Kasten gleichförmig beschleunigt wird. Das Fallen der Körper mit der Beschleunigung g kann er ebensowohl als Schwerkraft wie als Beschleunigung seines Kastens mit allen übrigen darin befindlichen Körpern nach oben deuten. Würde der Kasten dagegen im Erdfeld selbst die Fallbewegung mitmachen, so könnte man in seinem Innern kein Schwerefeld mehr bemerken.

EINSTEIN hat nun das Postulat aufgestellt, daß ein jedes Gravitationsfeld einem Beschleunigungsfeld äquivalent sei, und diese Forderung muß wahrscheinlich an jede vollständige mechanische Theorie gestellt werden.

Eine Theorie der mechanischen und elektromagnetischen Erscheinungen, welche auch Trägheit und Gravitation einbegreift, muß eine Formulierung erhalten, welche unabhängig vom Bewegungszustand des Bezugssystems ist. Beim Übergang auf ein anderes System können nur Kräfte, welche vorher als Trägheitskräfte anzusehen wären, jetzt als Gravitationskräfte erscheinen und umgekehrt. Auch diese allgemeine Invarianzforderung muß eine endgültige mechanische Theorie erfüllen.

**§ 4. Kräftefreie Bewegung als geodätische Linie im Weltkontinuum.

Inhalt: Krummlinige Koordinaten und Linienelemente im Weltkontinuum. Gleichung einer geodätischen Linie in krummlinigen Koordinaten. Kräftefreie Bewegung. Trägheitskräfte als Scheinkräfte.

Bezeichnungen: x, y, z, t Inertialsystem, $\xi_1, \xi_2, \xi_3, \xi_4$ krummlinige Koordinaten, ds Linienelement, g_{ik} Fundamentaltensor, Γ^l_{ik} Dreiindizessymbole.

An Stelle eines Inertialsystems xyz wollen wir jetzt andere beschleunigte Bezugssysteme verwenden. Dies bedeutet, daß wir von den kartesischen Koordinaten x, y, z, ϑ zu allgemeinen krummlinigen Koordinaten $\xi_1, \xi_2, \xi_3, \xi_4$ im Weltkontinuum übergehen. In der Tat können wir

$$\begin{aligned} \xi_1 &= \xi_1(x, y, z, \vartheta) \\ \xi_2 &= \xi_2(x, y, z, \vartheta) \\ \xi_3 &= \xi_3(x, y, z, \vartheta) \\ \xi_4 &= \xi_4(x, y, z, \vartheta) \end{aligned} \tag{2}$$

als ein krummliniges beschleunigtes Koordinatensystem ansehen, wenn die ξ geeignete Funktionen von x, y, z, ϑ sind. Während das Intervall zweier benachbarter Ereignisse sich im kartesischen System durch

$$d\mathcal{R}^2 = ds^2 = dx^2 + dy^2 + dz^2 + d\vartheta^2$$

ausdrückt, nimmt es in den allgemeinen Koordinaten die Gestalt

$$ds^2 = \sum^{ik} g_{ik}\, d\xi_i\, d\xi_k \tag{3}$$

an. Die g_{ik} können durch

$$g_{ik} = \frac{\partial x}{\partial \xi_i}\frac{\partial x}{\partial \xi_k} + \frac{\partial y}{\partial \xi_i}\frac{\partial y}{\partial \xi_k} + \frac{\partial z}{\partial \xi_i}\frac{\partial z}{\partial \xi_k} + \frac{\partial \vartheta}{\partial \xi_i}\frac{\partial \vartheta}{\partial \xi_k} \tag{4}$$

ausgedrückt werden und sind im allgemeinen noch Funktionen der ξ. Sie bilden die kovarianten Komponenten eines symmetrischen Tensors g, den man als Fundamentaltensor bezeichnet. Die $d\xi_i$ bilden die Komponenten des Weltlinienelementes $d\mathcal{R}$ zwischen Nachbarereignissen. In (3) läßt man gewöhnlich das Summenzeichen weg und ersetzt es durch die Vorschrift, daß über doppelt vorkommende Indizes zu summieren ist. Man schreibt also einfach

$$ds^2 = g_{ik}\, d\xi_i\, d\xi_k. \tag{3a}$$

Jeder Vorgang stellt sich nun im Weltkontinuum als ein Kurvenstück dar. Die Länge dieses Kurvenstückes

$$\int ds = \int \sqrt{dx^2 + dy^2 + dz^2 + d\vartheta^2} = \int \sqrt{g_{ik}\, d\xi_i\, d\xi_k} \tag{5}$$

ist unabhängig davon, ob ein Inertialsystem oder ein krummliniges Bezugssystem verwendet wird.

Wir werden jetzt diejenigen Vorgänge untersuchen, welche durch geodätische Linien im Weltkontinuum dargestellt werden. Bei ihnen ist die Kurvenlänge (5) des wirklichen Vorganges kleiner als bei jedem Nachbarvorgang. Verwenden wir ein Inertialsystem, so wird sich zeigen, daß den geodätischen Linien kräftefreie Bewegungen entsprechen, während bezogen auf beschleunigte Bezugssysteme Scheinkräfte auftreten.

Um diesen Gedanken durchzuführen, verlangen wir also

$$\delta \int \sqrt{g_{ik}\, d\xi_i\, d\xi_k} = \delta \int \sqrt{g_{ik} \frac{d\xi_i}{ds}\frac{d\xi_k}{ds}}\, ds = 0. \tag{5a}$$

Durch Ausführen der Variation ergeben sich die EULERschen Gleichungen

$$\frac{d}{ds}\frac{g_{ir}\frac{d\xi_i}{ds}}{\sqrt{g_{ik}\frac{d\xi_i}{ds}\frac{d\xi_k}{ds}}}=\frac{1}{2}\frac{\frac{d\xi_i}{ds}\frac{d\xi_k}{ds}\frac{\partial g_{ik}}{\partial\xi_r}}{\sqrt{g_{ik}\frac{d\xi_i}{ds}\frac{d\xi_k}{ds}}}. \tag{6}$$

Nun haben aber die Wurzeln wegen (3a) den Wert 1, und unsere Bedingung vereinfacht sich auf

$$\frac{d}{ds}g_{ir}\frac{d\xi_i}{ds}=\frac{1}{2}\frac{d\xi_i}{ds}\frac{d\xi_k}{ds}\frac{\partial g_{ik}}{\partial\xi_r}. \tag{6a}$$

Differenziert man noch die linke Seite aus, so erhält man

$$g_{ir}\frac{d^2\xi_i}{ds^2}+\frac{d\xi_i}{ds}\frac{dg_{ir}}{ds}=\frac{1}{2}\frac{d\xi_i}{ds}\frac{d\xi_k}{ds}\frac{\partial g_{ik}}{\partial\xi_r}. \tag{6b}$$

Nun ist aber

$$\frac{dg_{ir}}{ds}=\frac{\partial g_{ir}}{\partial\xi_k}\frac{d\xi_k}{ds}$$

und

$$\frac{d\xi_i}{ds}\frac{dg_{ir}}{ds}=\frac{\partial g_{ir}}{\partial\xi_k}\frac{d\xi_k}{ds}\frac{d\xi_i}{ds}=\frac{\partial g_{kr}}{\partial\xi_i}\frac{d\xi_k}{dz}\frac{d\xi_i}{ds}=\frac{1}{2}\frac{d\xi_k}{ds}\frac{d\xi_i}{ds}\left(\frac{\partial g_{ir}}{\partial\xi_k}+\frac{\partial g_{kr}}{\partial\xi_i}\right).$$

Wir können also der Gl. (6b) der geodätischen Linie auch die Form

$$g_{ir}\frac{d^2\xi_i}{ds^2}=\frac{1}{2}\frac{d\xi_i}{ds}\frac{d\xi_k}{ds}\left(\frac{\partial g_{ik}}{\partial\xi_r}-\frac{\partial g_{ir}}{\partial\xi_k}-\frac{\partial g_{kr}}{\partial\xi_i}\right) \tag{7}$$

geben. Jetzt können wir noch den Faktor g_{ir} wegschaffen, indem wir mit dem zu g_{ik} reziproken Tensor g^{rl} durchmultiplizieren, und erhalten schließlich

$$\frac{d^2\xi_l}{ds^2}=-\frac{1}{2}g^{rl}\frac{d\xi_i}{ds}\frac{d\xi_k}{ds}\left(\frac{\partial g_{ir}}{\partial\xi_k}+\frac{\partial g_{kr}}{\partial\xi_i}-\frac{\partial g_{ik}}{\partial\xi_r}\right). \tag{8}$$

Führt man zur Abkürzung das sogenannte Dreiindizessymbol

$$\Gamma^l_{ik}=\frac{1}{2}g^{rl}\left(\frac{\partial g_{ir}}{\partial\xi_k}+\frac{\partial g_{kr}}{\partial\xi_i}-\frac{\partial g_{ik}}{\partial\xi_r}\right) \tag{9}$$

ein, so hat die Gleichung der geodätischen Linie die Form

$$\frac{d^2\xi_l}{ds^2}=-\Gamma^l_{ik}\frac{d\xi_i}{ds}\frac{d\xi_k}{ds}. \tag{10}$$

Führen wir noch mittels

$$ds=i\,c\,d\tau$$

statt ds die Eigenzeit τ ein, so erhalten wir für die Bewegung auf der geodätischen Linie die Gleichung

$$\frac{d^2\xi_l}{d\tau^2}=-\Gamma^l_{ik}\frac{d\xi_i}{d\tau}\frac{d\xi_k}{d\tau}. \tag{11}$$

Auf der linken Seite steht die Beschleunigung der Komponente ξ_l. Rechts muß also die entsprechende Kraftkomponente durch die Masse dividiert stehen.

Bleiben wir bei einem Inertialsystem, d. h. bei den kartesischen Koordinaten x, y, z, t, so sind alle g_{ik} konstant, und wir erhalten

$$\frac{d^2\xi_l}{d\tau^2}=0;\qquad\frac{d\xi_l}{d\tau}=\text{const.} \tag{12}$$

Die drei räumlichen Komponenten dieser Gleichungen kann man in die Vektorgleichung

$$\frac{\mathfrak{v}}{\sqrt{1-\frac{\mathfrak{v}^2}{c^2}}} = \text{const}$$

zusammenfassen. Es handelt sich also um eine kräftefreie Bewegung mit konstanter Geschwindigkeit. Die kräftefreie Bewegung stellt sich im Weltkontinuum als eine geodätische Linie dar.

Bezieht man auf ein beschleunigtes Koordinatensystem, welches in vier Dimensionen krummlinig ist, so treten bei der gleichförmigen Bewegung die Scheinbeschleunigungen (10) auf. Mit der Ruhmasse multipliziert liefern sie die Scheinkräfte, die in diesem Koordinatensystem als Trägheitskräfte beobachtet werden.

**§ 5. Das Gravitationsfeld einer Einzelmasse im leeren Raum.

Inhalt: Euklidisches und nichteuklidisches Weltkontinuum. EINSTEINscher Ansatz für den leeren Raum. Planetenbewegung nach SCHWARZSCHILD. EINSTEINsche Feldgleichungen.

Bezeichnungen: ds Weltlinienelement, g_{ik} Fundamentaltensor, $R^r_{iık}$ RIEMANNscher Krümmungstensor, Γ^r_{ik} Dreiindizessymbole, r Radialkoordinate, Θ, φ sphärische Polarkoordinaten, t Zeit, τ Eigenzeit, c Lichtgeschwindigkeit, M Sonnenmasse, γ Gravitationskonstante.

Wenn wir dem Äquivalenzprinzip wirklich zur Geltung verhelfen wollen, müssen wir die Gravitationskräfte als Scheinkräfte ansehen, welche wir durch Wahl eines geeigneten Koordinatensystems zum Verschwinden bringen können. Damit stellen wir uns auf den Standpunkt, daß das Koordinatensystem x, y, z, t ein beschleunigtes und deshalb krummliniges Koordinatensystem $\xi_1, \xi_2, \xi_3, \xi_4$ sei und daß die Gravitationskräfte von eben dieser Krummlinigkeit herrühren. Wir können uns dann die Aufgabe setzen, eine neues Koordinatensystem zu finden, in welchem keine Gravitationskräfte erscheinen. Zu diesem Zweck müssen wir zunächst einen Tensor g_{ik} suchen, der noch von Ort und Zeit abhängen darf und so beschaffen ist, daß die Gravitationskräfte als Scheinkräfte bei einer Bewegung auf einer geodätischen Linie herauskommen. Es kann nun tatsächlich immer ein Tensor g_{ik} gefunden werden, welcher dies leistet. Aber es entsteht eine andere Schwierigkeit. Wenn man im Besitze des gesuchten Fundamentaltensors g_{ik} als Funktion von

$$\xi_1 = x; \quad \xi_2 = y; \quad \xi_3 = z; \quad \xi_4 = i c t$$

ist, kann man das Linienelement

$$ds^2 = g_{ik}\, d\xi_i\, d\xi_k$$

aufstellen. In einem kleinen Bereiche der Koordinaten läßt es sich auch auf die Hauptachsenform, d. h. in die Gestalt

$$ds^2 = d\xi_1'^2 + d\xi_2'^2 + d\xi_3'^2 + d\xi_4'^2 \tag{13}$$

überführen. Es ist aber nicht immer möglich, ein System von Funktionen

$$\begin{aligned} \xi_1' &= \xi_1'(\xi_1, \xi_2, \xi_3, \xi_4); \quad & \xi_2' &= \xi_2'(\xi_1, \xi_2, \xi_3, \xi_4) \\ \xi_3' &= \xi_3'(\xi_1, \xi_2, \xi_3, \xi_4); \quad & \xi_4' &= \xi_4'(\xi_1, \xi_2, \xi_3, \xi_4) \end{aligned} \tag{14}$$

zu finden, welche man als neue Koordinaten einführen könnte mit der Wirkung, daß das Linienelement im ganzen Weltkontinuum auf die Gestalt (13) käme.

Das krummlinige System der ξ_1, ξ_2, ξ_3, ξ_4, welches dem gewöhnlichen Raum entspricht, läßt sich also nicht immer durch ein kartesisches Koordinatensystem ersetzen. Damit dies möglich wäre, müßte der aus dem Fundamentaltensor g_{ik} gebildete RIEMANN-CHRISTOFFELsche Krümmungstensor

$$R^r_{isk} = \frac{\partial \Gamma^r_{ik}}{\partial \xi_s} - \frac{\partial \Gamma^r_{is}}{\partial \xi_k} + \Gamma^r_{ts}\Gamma^t_{ik} - \Gamma^r_{tk}\Gamma^t_{is} \tag{15}$$

verschwinden. Dies ist aber nicht der Fall, wenn die g_{ik} so bestimmt wurden, daß die Gravitation als Scheinkraft anzusehen ist. Das Verschwinden des RIEMANNschen Krümmungstensors vierter Stufe ist andererseits die Bedingung dafür, daß das Raum-Zeit-Kontinuum euklidisch ist. Hält man also daran fest, daß Gravitationskräfte und Trägheitskräfte äquivalent sein sollen, so muß man die euklidische Struktur der Welt aufgeben.

Aus dem RIEMANN-CHRISTOFFELschen Tensor kann man durch Verjüngung den RIEMANNschen Krümmungstensor

$$R_{ik} = \frac{\partial}{\partial \xi_r}\Gamma^r_{ik} - \frac{\partial}{\partial \xi_k}\Gamma^r_{ir} + \Gamma^r_{tr}\Gamma^t_{ik} - \Gamma^r_{tk}\Gamma^t_{ir} \tag{16}$$

bilden. Für das Gravitationsfeld, welches im leeren Raum von einer einzelnen Masse in ihrer Umgebung erzeugt wird, verlangt EINSTEIN, daß

$$R_{ik} = 0 \tag{17}$$

sei.

Diese Forderung wird z. B. von dem SCHWARZSCHILDschen Linienelement

$$ds^2 = \frac{1}{K}dr^2 + r^2 d\Theta^2 + r^2\sin^2\Theta\, d\varphi^2 - K c^2 dt^2 \tag{18}$$

befriedigt. Befindet sich im Koordinatenanfang die Masse M, welche das Gravitationsfeld verursacht, so ist

$$K = 1 - \frac{2\gamma M}{r c^2}, \tag{19}$$

wenn γ die Gravitationskonstante bedeutet.

Für die geodätischen Linien erhält man die Gleichungen

$$\begin{aligned}\frac{d^2 r}{ds^2} = \frac{1}{2K}\frac{dK}{dr}\left(\frac{dr}{ds}\right)^2 + rK\left(\frac{d\Theta}{ds}\right)^2 + rK\sin^2\Theta\left(\frac{d\varphi}{ds}\right)^2\\ - \frac{Kc^2}{2}\frac{dK}{dr}\left(\frac{dt}{ds}\right)^2,\end{aligned} \tag{20a}$$

$$\frac{d^2\Theta}{ds^2} = -\frac{2}{r}\frac{dr}{ds}\frac{d\Theta}{ds} + 2\sin\Theta\cos\Theta\left(\frac{d\varphi}{ds}\right)^2, \tag{20b}$$

$$\frac{d^2\varphi}{ds^2} = -\frac{2}{r}\frac{dr}{ds}\frac{d\varphi}{ds} - 2\cot\Theta\frac{d\Theta}{ds}\frac{d\varphi}{ds}, \tag{20c}$$

$$\frac{d^2 t}{ds^2} = -\frac{1}{K}\frac{dK}{dr}\frac{dr}{ds}\frac{dt}{ds}. \tag{20d}$$

Außerdem ergibt sich aus (18) die Beziehung

$$1 = \frac{1}{K}\left(\frac{dr}{ds}\right)^2 + r^2\left(\frac{d\Theta}{ds}\right)^2 + r^2\sin^2\Theta\left(\frac{d\varphi}{ds}\right)^2 - Kc^2\left(\frac{dt}{ds}\right)^2, \tag{21}$$

welche man an Stelle von (20a) verwenden kann.

Die Gl. (20b) läßt die partikuläre Lösung $\Theta = \frac{\pi}{2}$ zu, welche wir allein weiterverfolgen wollen. Sie bedeutet, daß die Bewegung in dieser Ebene vor sich geht. Führen wir mit

$$ds = i c\, d\tau \tag{22}$$

die Eigenzeit ein, so erhalten wir aus (20c), (20d) und (21) die drei Gleichungen

$$\frac{d^2\varphi}{d\tau^2} = -\frac{2}{r}\frac{dr}{d\tau}\frac{d\varphi}{d\tau}, \tag{23}$$

$$\frac{d^2t}{d\tau^2} = -\frac{1}{K}\frac{dK}{dr}\frac{dr}{d\tau}\frac{dt}{d\tau}, \tag{24}$$

$$-c^2 = \frac{1}{K}\left(\frac{dr}{d\tau}\right)^2 + r^2\left(\frac{d\varphi}{d\tau}\right)^2 - Kc^2\left(\frac{dt}{d\tau}\right)^2. \tag{25}$$

Aus (23) und (24) erhält man leicht die beiden Integrale

$$r^2\frac{d\varphi}{d\tau} = j \tag{26}$$

und

$$\frac{dt}{d\tau} = \frac{C}{K}. \tag{27}$$

Die letzte Gleichung erhält das interessante Resultat, daß die Zeitintervalle dt um so größer werden, je kleiner K ist. Im Gravitationsfeld tritt also eine Verlangsamung der Uhren (Rotverschiebung der Spektrallinien) ein.

Mit (26) und (27) kann man τ und t aus (25) eliminieren und erhält die Gleichung

$$\frac{dr}{d\varphi} = \frac{r^2}{j}\sqrt{(C^2 - K)\,c^2 - \frac{j^2}{r^2}K} \tag{28}$$

der Bahn. Führt man die Rechnung weiter, so gelangt man in erster Näherung zu den klassischen Planetenbahnen. Bei genauerer Rechnung ergibt sich eine Periheldrehung des Planeten.

In klassischer Näherung bedeutet j den Drehimpuls pro Masseneinheit, während die Energie pro Masseneinheit durch

$$\frac{E}{m} = \frac{c^2}{2}(C^2 - 1)$$

ausgedrückt ist.

**§ 6. Feldgleichungen. Modelle der geschlossenen und offenen Welt.

Inhalt: Feldgleichungen im materieerfüllten Raum, Modelle des expandierenden Universums. Rotverschiebung der Spektrallinien ferner Objekte.

Bezeichnungen: R_{ik}, R_k^i Komponenten des Riemannschen Krümmungstensors, T_k^i Komponenten des Energieimpulstensors, γ Gravitationskonstante, τ Zeit, Eigenzeit, ν Frequenz, ε Energiedichte, sonst wie S. 678.

Das Linienelement Gl. (18) läßt sich für Probleme verallgemeinern, bei denen das Gravitationsfeld von ruhenden punktförmigen Massen erzeugt wird, in deren Feld sich Körper kleiner Masse bewegen, deren eigenes Gravitationsfeld man nicht zu berücksichtigen braucht. In K müssen dann alle felderzeugenden Massen angesetzt werden. Grundsätzlich bringt dies nichts Neues.

Wo sich Materie befindet (oder auch elektromagnetisches Feld) verschwindet der Krümmungstensor R_{ik} nicht.

Wenn die Materie kontinuierlich verteilt ist, kann man ihren Energieimpulstensor mit den Komponenten T_k^i bilden. Seine räumlichen Komponenten sind die Komponenten des mechanischen Spannungstensors. Das elektromagnetische Feld steuert als räumlichen Anteil den MAXWELLschen Spannungstensor bei. Die Komponenten T_4^i sind die mit c dividierten Komponenten der Energiestromdichte, T_4^4 ist die negative Energiedichte $-\varepsilon$.

Der Energieimpulstensor bewirkt, daß der RIEMANNsche Krümmungstensor nicht mehr verschwindet. Wir bilden zunächst seine „gemischten" Komponenten

$$R_k^i = g^{il} R_{lk},$$

und durch Verjüngung die skalare Krümmung

$$R = g^{ik} R_{ik}. \tag{29}$$

Nach EINSTEIN besteht zwischen Krümmungstensor und dem Energieimpulstensor der einfache Zusammenhang

$$R_k^i = \frac{8\pi\gamma}{c^4} T_k^i \quad \text{für} \quad i \neq k, \tag{30a}$$

$$R_k^k - \frac{1}{2} R = \frac{8\pi\gamma}{c^4} T_k^k. \tag{30b}$$

γ ist Gravitationskonstante. Aus diesen Feldgleichungen der allgemeinen Relativitätstheorie müssen die g_{ik} bzw. das Linienelement ermittelt werden.

Wir untersuchen nun ein spezielles Modell für das Universum im Ganzen. Die Weltkörper denken wir uns gleichmäßig wie die interstellare Materie verteilt. Die Dichte der Materie ist dann sehr gering, die Welt ist fast leer und die räumlichen Komponenten des Energieimpulstensors kann man vernachlässigen. Dieses Modell beschreibt natürlich nicht die unmittelbare Umgebung der Weltkörper und schon gar nicht deren Inneres. Dagegen ist das Modell eine brauchbare Näherung für die Welt im Großen. Wir vernachlässigen auch die Bewegung der Materie und den damit verbundenen Energiestrom, so daß von dem Energieimpulstensor nur die einzige Komponente

$$T_4^4 = -\varepsilon \tag{31}$$

übrigbleibt. Die Feldgleichungen lauten dann

$$R_k^i = 0; \qquad R_k^k = \frac{1}{2} R \tag{32a}$$

$$R_4^4 - \frac{1}{2} R = -\frac{8\pi\gamma}{c^4}\varepsilon. \tag{32b}$$

Diese Gleichungen können durch das Linienelement

$$ds^2 = a^2(x^4)\{d\chi^2 + \sin^2\chi(d\vartheta^2 + \sin^2\vartheta\, d\varphi^2) - (dx^4)^2\} \tag{33}$$

befriedigt werden. Mit ihm erhalten wir das Modell der sog. geschlossenen Welt. Die g_{ik} verschwinden sämtlich, außer den Diagonalelementen

$$g_{\chi\chi} = a^2; \quad g_{\vartheta\vartheta} = a^2\sin^2\chi; \quad g_{\varphi\varphi} = a^2\sin^2\chi\sin^2\vartheta \tag{34}$$
$$g_{44} = -a^2.$$

Alle R_k^i verschwinden außer den Diagonalelementen. Mit der Abkürzung

$$\dot a = \frac{da}{dx^4} \tag{35}$$

ergeben sich die räumlichen Diagonalelemente

$$R_i^i = \frac{1}{a^4}(2a^2 + \dot a^2 + a\ddot a) \tag{36}$$

für $i = \chi, \vartheta, \varphi$ und das zeitliche Diagonalelement

$$R_4^4 = \frac{3}{a^4}(a\ddot a - \dot a^2). \tag{37}$$

Man findet daraus die skalare Krümmung

$$R = \frac{6}{a^4}(a^2 + a\ddot a). \tag{38}$$

(32a) verlangt die Gleichung

$$\dot{a}^2 = a^2 + 2a\ddot{a}, \tag{39}$$

und (32b) die Gleichung

$$\frac{3}{a^4}(\dot{a}^2 + a^2) = \frac{8\pi\gamma}{c^4}\varepsilon. \tag{40}$$

Die Lösung von (39) ist

$$a = a_0(1 - \cos x^4). \tag{41}$$

Zu x^4 kann noch eine triviale additive Konstante hinzugefügt werden. Aus (40) folgt mit (41) jetzt

$$\frac{8\pi\gamma}{c^4}\varepsilon = \frac{6a_0}{a^3} = R. \tag{42}$$

Das räumliche Volumenelement der geschlossenen Welt ist

$$dV = a^3 \sin^2\chi \sin\vartheta\, d\vartheta\, d\varphi\, d\chi. \tag{43}$$

Durch Integration ergibt sich ein endliches Weltvolumen

$$V = a^3 \int_0^\pi \int_0^\pi \int_0^{2\pi} \sin^2\chi \sin\vartheta\, d\chi\, d\vartheta\, d\varphi \tag{44}$$

$$= 2\pi^2 a^3 = 2\pi^2 a_0^3 (1 - \cos x^4)^3.$$

Die Gesamtenergie der Welt

$$E = \varepsilon V = \frac{3\pi c^4}{2\gamma} a_0 \tag{45}$$

ist konstant. Durch ihren Wert wird a_0 festgelegt. Nach (44) variiert das Weltvolumen zwischen Null und dem Maximalwert

$$V_m = 16\pi^2 a_0^3. \tag{46}$$

Da bei der Berechnung jedoch geringe Dichte der Materie vorausgesetzt wurde, ist die Formel (44) nur bei großen Volumen eine brauchbare Näherung.

Statt x^4 kann man mit

$$c\,d\tau = a\,dx^4 = a_0(1 - \cos x^4)\,dx^4 \tag{47}$$

die Zeit τ einführen, die bei ruhender Materie zugleich Eigenzeit ist. Durch Integration ergibt sich

$$\tau = \frac{a_0}{c}(x^4 - \sin x^4). \tag{48}$$

Ein anderes Modell, die sog. ‚offene Welt' erhält man mit dem Linienelement

$$ds^2 = a^2(x^4)\{d\chi^2 + \mathfrak{Sin}^2\chi\,(d\vartheta^2 + \sin^2\vartheta\, d\varphi^2) - (dx^4)^2\}. \tag{49}$$

Statt (36), (37) und (38) findet man jetzt

$$R_i^i = \frac{1}{a^4}(-2a^2 + \dot{a}^2 + a\ddot{a}) \tag{50}$$

und

$$R_4^4 = \frac{3}{a^4}(a\ddot{a} - \dot{a}^2), \tag{51}$$

$$R = \frac{6}{a^4}(a\ddot{a} - a^2). \tag{52}$$

Statt (41) ergibt sich mit (50)

$$a = a_0(\mathfrak{Cof}\, x^4 - 1). \tag{53}$$

Die Zeit τ (Eigenzeit) hängt mit x^4 durch

$$\tau = \frac{a_0}{c}(\mathfrak{Sin}\, x^4 - x^4) \tag{54}$$

zusammen.
Das Volumenelement

$$dV = a^3\, \mathfrak{Sin}^2\chi \sin\vartheta\, d\chi\, d\vartheta\, d\varphi \tag{55}$$

der offenen Welt erlaubt keine Integration. Volumen und Energie sind nicht begrenzt.

An einem Weltpunkt χ_1, x_1^4 ($\varphi = 0$, $\vartheta = 0$) mögen

$$dn = \nu_1 d\tau_1 = \frac{a_1 \nu_1}{c} dx^4 \tag{56}$$

Lichtwellen der Frequenz ν_1 emittiert werden (Index 1). Sie mögen an der Stelle $\chi_2 = 0$; $\vartheta = 0$, $\varphi = 0$ in einem Zeitintervall $d\tau_2$ beobachtet werden. Dann gilt

$$dn = \nu_1 d\tau_1 = \nu_2 d\tau_2. \tag{57}$$

Das Verhältnis der beobachteten zur emittierten Frequenz ist

$$\frac{\nu_2}{\nu_1} = \frac{d\tau_1}{d\tau_2} = \frac{a_1}{a_2}. \tag{58}$$

Auf dem Lichtweg ist dauernd $ds = 0$ und deshalb

$$x_1^4 = x_2^4 - \chi.$$

Wir finden damit

$$\frac{\nu_2}{\nu_1} = \frac{a(x_1^4 - \chi)}{a(x_1^4)} \approx 1 - \chi \frac{\dot a}{a}. \tag{59}$$

Es tritt eine Rotverschiebung ein. Die vom Licht zurückgelegte Entfernung ist

$$l = a\chi \tag{60}$$

und man erhält

$$\frac{\nu_2 - \nu_1}{\nu_1} = -l\frac{\dot a}{a} = -\frac{l}{c}h. \tag{61}$$

Die Rotverschiebung ist der Entfernung proportional, die das Licht seit seiner Emission zurückgelegt hat. Die Proportionalitätskonstante

$$h = c\frac{\dot a}{a^2} = \frac{c}{a_0}\frac{\sin x^4}{(1-\cos x^4)^2} \quad \text{bzw.} \quad \frac{c}{a_0}\frac{\mathfrak{Sin}\, x^4}{(\mathfrak{Cof}\, x^4 - 1)^2}$$

heißt HUBBLEsche Konstante. Sie hat den Wert

$$h = 0{,}25 \cdot 10^{-17}\,\text{sec}^{-1}.$$

Die Rotverschiebung des Lichtes ferner Objekte errechnet sich sowohl für die geschlossene wie für die offene Welt.

F. Thermodynamik.

Die Thermodynamik untersucht, welche Energien man den Körpern zuführen oder entziehen muß, um Veränderungen an ihnen hervorzubringen, und ob diese Energien als Wärme oder als Arbeit umgesetzt werden müssen. Die Thermodynamik formuliert die Gesetze solcher Energieumsetzungen, gibt ihnen ein mathematisches Gewand und arbeitet Methoden für ihre Anwendung auf spezielle Probleme aus. Sie untersucht nicht die Ursache dieser Gesetze und sucht sie nicht zu erklären. Sie vermittelt uns eine gewisse Beherrschung der

Gesetze von Wärme und mechanischer Arbeit, sie kann uns aber kein Verständnis für sie im eigentlichen Sinn des Wortes verschaffen.

Zu wirklichem Verständnis des Wesens der Wärme kann man nur gelangen, wenn man auf die vielerlei molekularen Vorgänge zurückgreift, deren makroskopische Auswirkung wir als Wärme bezeichnen. Hierzu ist einerseits eine gewisse Kenntnis der atomaren Struktur der Stoffe erforderlich, andererseits muß die Kenntnis der Einzelergebnisse am Atom oder Molekül durch eine statistische Betrachtung ausgewertet werden. Die Thermodynamik befaßt sich mit dieser Aufgabe nicht. Sie formuliert nur in wenigen Sätzen gewisse, sehr allgemeingültige Erfahrungstatsachen.

I. Zustandsgrößen und Zustandsgleichung.

§ 1. Grundbegriffe.

Die theoretische Thermodynamik bedient sich einiger Begriffe, die zunächst geklärt werden müssen.

Unter einem *System* versteht man einen Körper, einen Apparat, eine Versuchsanordnung, eine Fabrikanlage, schließlich jedes Objekt, auf das eine thermodynamische Betrachtung angewendet werden soll und welches bei dieser Betrachtung als ein einheitliches Ganzes anzusehen ist.

Ein System wird ein *thermodynamisches* genannt, wenn seine Wechselwirkungen mit der Umwelt nur in Aufnahme oder Abgabe von Wärme oder Arbeit bestehen. Als Arbeit wird oft auch der Umsatz elektrischer Energie angesehen. Vielfach wird behauptet, daß es ohne Zweifel thermodynamische Systeme in der Wirklichkeit gäbe. Diese Behauptung führt aber in Schwierigkeiten. Ein Dampfkessel verhält sich z. B. meist im wesentlichen wie ein thermodynamisches System, nämlich wenn man sich, wie gewöhnlich, für seine Arbeitsleistung und seinen Wärmeverbrauch interessiert. Interessiert man sich dagegen für Störungen, die er auf einen Kompaß ausübt, so würde man gerade diejenigen Eigenschaften des Dampfkessels, auf die es ankommt, nicht erfassen, wenn man ihn als thermodynamisches System behandeln wollte. Das thermodynamische System ist nichts Wirkliches, sondern ein Modell, welches zum Zweck thermodynamischer Untersuchungen konstruiert wird. Auf den gleichen wirklichen Gegenstand angewandt kann es einmal sehr zweckmäßig, das andere Mal völlig abwegig sein.

Der *Zustand* eines Systems ist die Gesamtheit aller seiner Eigenschaften unter den gerade herrschenden Bedingungen, also gerade das, was man auch im täglichen Leben unter Zustand versteht. Um allerdings vom Zustand eines Systems sprechen zu können, ist es erforderlich, daß dauernd angebbare Eigenschaften vorhanden sind, d. h., daß diese Eigenschaften sich nicht mit der Zeit ändern. Bei veränderlichen Eigenschaften würde sich das System nicht in einem Zustand befinden, sondern einen Prozeß durchlaufen. Von dem Zustand eines Systems (im eigentlichen Sinn) sprechen wir also nur, wenn wir einen *Gleichgewichtszustand* meinen. Allerdings werden wir auch von Gleichgewicht sprechen, wenn die zeitlichen Veränderungen so langsam sind, daß wir sie als unwesentlich ansehen, d. h. wir werden von wirklichen Dingen, die sich nicht im Gleichgewicht befinden, zuweilen ein Gleichgewichtsmodell machen.

In jedem Körper steckt die kinetische und potentielle Energie seiner Molekularbewegung, welche man seine *innere Energie* nennt. Sie als *Wärme* zu bezeichnen ist inkorrekt. Die innere Energie wächst mit der Temperatur. An der Berührungsfläche zweier Körper von verschiedener Temperatur stoßen die schnellen Moleküle des heißen Körpers auf die langsamen der kalten und geben ihnen etwas von ihrer Energie ab. Es fließt dann Wärme vom warmen Körper zum kalten. Die Wärme ist also nicht eine Energieform, welche ein Körper besitzt, sondern eine Energiemenge, welche von einem Körper auf einen anderen übergeht. Ein Körper enthält keine Wärme, sondern innere Energie, er kann aber Energie in Form von Wärme aufnehmen oder abgeben. Bekommt ein Körper Energie durch Vermittlung der Molekularbewegung, so nimmt er Wärme auf, verliert er Energie durch Vermittlung der Molekularbewegung, so gibt er Wärme ab. Man kann aber einem Körper auch Energie durch Kräfte zuführen, welche an ihm *Arbeit* leisten, z. B. bei elastischer Verformung fester Körper oder bei der Kompression der Gase. Auch die Arbeit ist nicht eine Energie, welche ein Körper besitzt, sondern eine von der Wärme verschiedene Energieübertragung von einem Körper auf einen anderen.

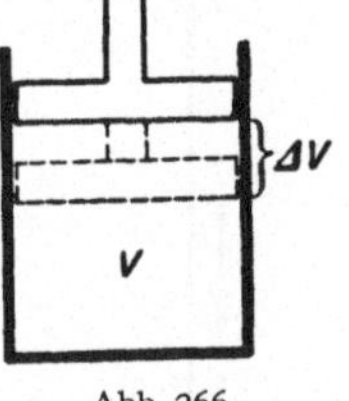

Abb. 266. Bei Volumenabnahme leistet der äußere Druck p die Arbeit $\Delta A = -p\,\Delta V$.

Wärme und Arbeit sind also selbst keine Zustandseigenschaften eines thermodynamischen Systems. Wir interessieren uns aber hauptsächlich für solche Eigenschaften, welche mit der Zufuhr von Wärme oder Arbeit zusammenhängen, also besonders für die *Temperatur*, den *Druck*, das *Volumen*, spezifische Wärme, innere Energie usw.

Verringert man das Volumen eines Systems, so leistet der äußere Druck p an ihm die Arbeit

$$\Delta A = -p\,\Delta V,$$

wie man aus Abb. 266 abliest. Bei negativer Volumenänderung ΔV hat sie einen positiven Wert. Bei einer infinitesimalen Volumenabnahme wird dem System die infinitesimale Arbeit

$$dA = -p\,dV \tag{1}$$

zugeführt. Wir treffen das Übereinkommen, das Vorzeichen so zu wählen, daß positive Arbeit dem System zugeführt wird.

Wegen ihrer besonderen Wichtigkeit in der Thermodynamik werden die Eigenschaften des Druckes, des Volumens und der Temperatur als Zustandseigenschaften des Systems schlechthin oder als *Zustandsgrößen* bezeichnet.

§ 2. Die Zustandsgleichung.

Betrachtet man ein bestimmtes System, z. B. 2 kg Wasser und 1 kg Alkohol, so hängen seine verschiedenen Eigenschaften (Temperatur, Volumen, Druck, Zähigkeit, Leitvermögen, spezifisches Gewicht) miteinander zusammen. Wenn z. B. dieses System in ein Gefäß von 6 Liter eingesperrt und auf eine Temperatur von 200° C gebracht wird, so wird sich ein ganz bestimmter Druck einstellen, es wird eine Flüssigkeitsphase und eine Dampfphase von ganz bestimmter Konzentration entstehen. Auch die anderen Eigenschaften von Flüssigkeit und Dampf werden ganz bestimmte Werte besitzen. Indem also Volumen und Temperatur des Systems festgelegt wurden, sind alle anderen Eigenschaften mitbestimmt. Sie können deshalb als Funktion der Temperatur t und des Volumens V dargestellt werden. Bezeichnet x eine dieser Eigenschaften, so ist

$$x = f(V, t).$$

Insbesondere interessiert uns der funktionale Zusammenhang von Druck p, Volumen V und Temperatur t, der als Zustandsgleichung des Systems bezeichnet wird. Es ist also $p = p(V, t)$ oder $V = V(p, t)$ oder $t = t(p, V)$.

Die Zustandsgleichung kann natürlich sehr verschieden aussehen, je nach der Art des Systems, für das sie gilt. Als Beispiel nehmen wir ein besonders einfaches System, etwa 1 kg Wasser. Dann ist $V = 1/s$, wenn s die Dichte des Wassers ist, welche man leicht aus Tabellen entnehmen kann. Diese Tabellen repräsentieren die empirische Zustandsfunktion von 1 kg Wasser. In einem drei dimensionalen Raum mit p, V und t als Koordinaten ist die Zustandsgleichung eine Fläche, die in der Abb. 267 durch Schnitte parallel zur V, t-Ebene schematisch skizziert ist.

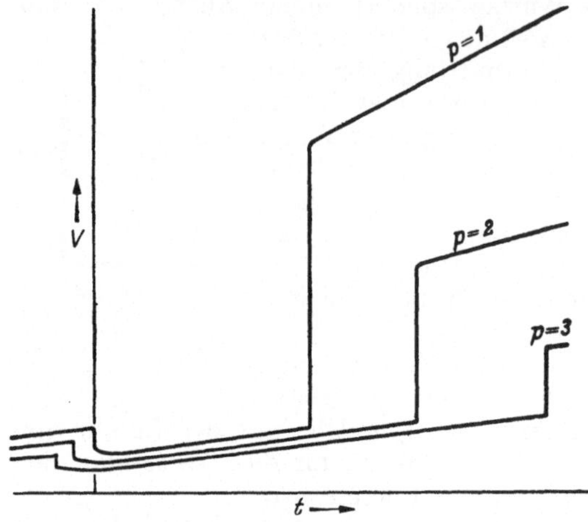

Abb. 267. Empirische Zustandsgleichung des Wassers in schematischer Darstellung. Die Volumenabnahme beim Schmelzen ist überhöht, die Volumenzunahme beim Verdampfen verkleinert.

In der V, t-Ebene sind die Kurven konstanten Druckes, die sogenannten Isobaren, eingezeichnet. Man könnte natürlich die Zustandsfläche ebensogut durch Kurven gleicher Temperatur (Isothermen) in der p, V-Ebene oder auch durch Kurven gleichen Volumens (Isochoren) in der p, t-Ebene graphisch darstellen.

Als Ausdehnungskoeffizienten bei konstantem Druck (isobarer Ausdehnungskoeffizient) bezeichnen wir die Größe

$$\alpha = \frac{1}{V}\left(\frac{\partial V}{\partial t}\right)_{p=\text{const}} = \frac{1}{V}\left(\frac{\partial V}{\partial t}\right)_p. \tag{2}$$

Der partielle Differentialkoeffizient ist so zu verstehen, daß V als Funktion von p und t aufzufassen ist und daß p konstant gehalten wird. Der Ausdruck

$$\beta = \frac{1}{p}\left(\frac{\partial p}{\partial t}\right)_{V=\text{const}} = \frac{1}{p}\left(\frac{\partial p}{\partial t}\right)_V \tag{3}$$

heißt Spannungskoeffizient bei konstantem Volumen (isochorer Spannungskoeffizient), und schließlich bezeichnet man

$$\gamma = -\frac{1}{V}\left(\frac{\partial V}{\partial p}\right)_{t=\text{const}} = -\frac{1}{V}\left(\frac{\partial V}{\partial p}\right)_t \tag{4}$$

als Kompressibilität bei konstanter Temperatur (isotherme Kompressibilität).

Bildet man nun aus

$$V = V(p, t)$$

das Differential, so findet man

$$dV = \left(\frac{\partial V}{\partial p}\right)_t dp + \left(\frac{\partial V}{\partial t}\right)_p dt = -\gamma V\, dp + \alpha V\, dt.$$

Setzt man $dV = 0$, so ergibt sich

$$0 = -\gamma V\left(\frac{\partial p}{\partial t}\right)_V + \alpha V = (\alpha - \gamma\beta p)\, V.$$

Zwischen dem Ausdehnungskoeffizient, dem Spannungskoeffizient und der Kompressibilität besteht in jedem Fall die Beziehung

$$\alpha = \gamma\beta p. \tag{5}$$

§ 3. Das Modell des idealen Gases.

Die empirische Zustandsfläche soll nun theoretisch verarbeitet werden. Durch Weglassen von Unwesentlichem soll sie vereinfacht werden, so daß sie mathematisch leicht ausgedrückt werden kann. Die wirkliche Zustandsfläche wird dabei durch eine Modellfläche ersetzt und das wirkliche System durch ein Modell vertreten.

Wir betrachten zuerst nur den Teil der Zustandsfläche als wesentlich, der zu hohen Temperaturen und niedrigen Drucken gehört, der also den überhitzten Dampf darstellt. Wir konstruieren dann das Modell eines idealen Wasserdampfes, dessen Zustandsfläche mathematisch einfach und im Gebiet des überhitzten Dampfes der des wirklichen Wasserdampfes ähnlich ist, und stellen für ihn die Zustandsgleichung

$$V p = r(t + k) \tag{6}$$

fest.

Bei anderen Substanzen (Quecksilber, Helium, Wasserstoff, Luft) erhält man dasselbe Gesetz, und die Konstante k hat nahezu denselben Wert. Sie beträgt etwa 273°. r ist der Zahl der Mole des angewandten Stoffes proportional. Ersetzt man r durch $n R$, wobei n die Zahl der Mole bedeutet, so hat R denselben Wert für alle Stoffe, und man erhält die allgemeine Zustandsgleichung

$$p V = n R (t + 273{,}16°)$$

für ideale Gase. Führt man die absolute Temperatur

$$T = t + 273{,}16° \tag{7}$$

ein, so vereinfacht sich das Gesetz auf

$$p V = n R T. \tag{8}$$

Die Zustandsgleichung der idealen Gase gilt im Gebiet hoher Temperaturen und niedriger Drucke. Es hängt aber von der betreffenden Substanz ab, wie hoch die Temperatur und wie niedrig der Druck sein muß. Für flüssige Körper und Gase nahe der Verflüssigung ist das Modell des idealen Gases unbrauchbar.

§ 4. Die VAN DER WAALSsche Zustandsgleichung.

Inhalt: VAN DER WAALSsche Gleichung, unstabile Zustände und Kondensation, kritischer Punkt, korrespondierende Zustände.

Bezeichnungen: p Druck, V Volumen, v Volumen eines Mols, n Molzahl, T absolute Temperatur, R Gaskonstante, a und b VAN DER WAALSsche Konstanten, p_0 Dampfdruck, p_k, v_k, T_k kritische Daten.

Soll auch der flüssige Zustand und der Zustand komprimierter Gase theoretisch erfaßt werden, so braucht man ein Modell, das komplizierter ist, sich aber bei hoher Temperatur und niederem Druck zum idealen Gas vereinfacht. Die Zustandsgleichung des idealen Gases muß durch Zusätze ergänzt werden, welche einleuchtend sind, d. h. einen physikalisch anschaulichen Sinn haben. Wir wollen den Zusatz machen, daß nicht das ganze Gasvolumen durch Druck komprimiert werden kann, sondern daß pro Mol ein unkomprimierbarer Teil b vorhanden ist. Dies liefert uns die Zustandsgleichung

$$p(V/n - b) = R T.$$

In dieser Formel steht eine Stoffkonstante b zur Verfügung, die auf die empirischen Daten verpaßt werden kann, um den Gültigkeitsbereich zu erweitern.

Bei großem Volumen kommt b gegen V/n nicht zur Wirkung, so daß dann das ideale Gasgesetz eine gute Näherung ist. Trotzdem genügt die neue Formel noch nicht, sondern die wirklich gemessenen Volumina sind kleiner, als die Gleichung angibt. Der Druck wird durch eine Wirkung unterstützt, die im Gase selbst ihre Ursache hat, nämlich die wechselseitige Anziehung der Moleküle, die das Volumen verkleinert. Sie wirkt wie ein Zusatzdruck, der bei kleinem Volumen pro Mol erheblich, bei großem Molvolumen dagegen unbedeutend ist, so daß dort wieder das ideale Gasgesetz reproduziert wird. Der Zusatzdruck ist also durch Ausdrücke wie

$$\frac{a\,n}{V}\,; \qquad \frac{a\,n^2}{V^2}\,; \qquad \frac{a\,n^3}{V^3} \qquad \text{usw.}$$

zu beschreiben. Mit den empirischen Daten ist $\frac{a\,n^2}{V^2}$ am besten im Einklang, und man erhält die sogenannte VAN DER WAALSsche Zustandsgleichung

$$\left(p + \frac{a\,n^2}{V^2}\right)\left(\frac{V}{n} - b\right) = R\,T. \tag{9}$$

Diese Gleichung enthält zwei individuelle Stoffkonstanten a und b. Ein System, dessen Zstandsgleichung exakt die VAN DER WAALSsche ist, soll ein VAN DER WAALSsches Gas heißen. Die VAN DER WAALSsche Zustandsgleichung gibt zwar die experimentellen Daten nicht genau wieder, sie beschreibt aber qualitativ das Verhalten der Stoffe im gasförmigen *und* im flüssigen Zustand. Auch quantitativ kann sie die empirischen Daten in einem gewissen Bereich darstellen, wenn a und b auf eben diesen Bereich verpaßt werden.

Die Bedeutung der VAN DER WAALSschen Zustandsgleichung liegt erstens darin, daß sie die empirischen Daten in einem größeren Bereich und besser darstellt, als eine beliebige Formel mit zwei verpaßten Konstanten erwarten läßt, und zweitens darin, daß ihre Konstanten einen anschaulich-physikalischen Sinn haben. b bedeutet das molare inkompressible Eigenvolumen der Substanz, a die Konstante der oben erwähnten Molekularattraktion.

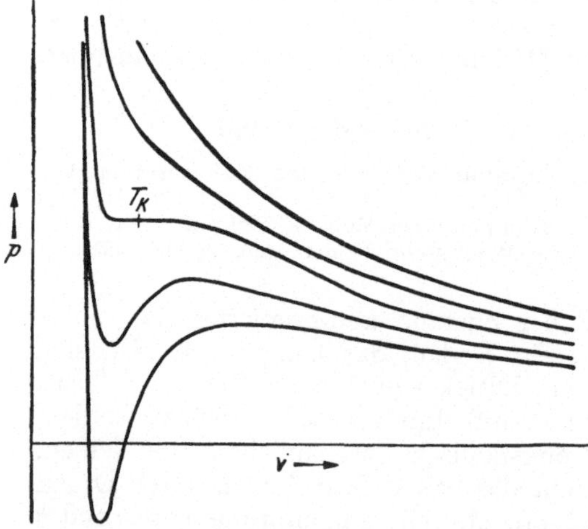

Abb. 268. Zustandsfläche nach dem VAN DER WAALSschen Modell. Der kritische Punkt ist durch T_k bezeichnet.

Die Eigenschaften der VAN DER WAALSschen Gleichung werden zweckmäßig an einem Mol eines VAN DER WAALSschen Gases erörtert. Wir setzen also $n = 1$ und $V = v$, wo v das molare Volumen bedeutet. Die Zustandsgleichung

$$\left(p + \frac{a}{v^2}\right)(v - b) = R\,T$$

oder

$$p\,v^3 - (p\,b + RT)\,v^2 + a\,v - a\,b = 0 \tag{10}$$

ist eine Gleichung dritten Grades in v. Eine graphische Darstellung der Zustandsfläche gibt die Abb. 268. Sie zeigt, wie der Druck mit dem Volumen zusammenhängt, wenn man die Temperatur festhält. Jede der gezeichneten Kurven gehört zu einem bestimmten Wert der Temperatur.

Geht man bei konstanter Temperatur von niedrigen Drucken aus und komprimiert das Gas auf dem Wege $\infty - A - B$ der Abb. 268a, so passiert nichts Auffälliges. Im Punkte B jedoch, wo die p, v-Kurve ein Maximum hat, wird das Volumen bei Druckerhöhung imaginär. Dasselbe gilt im Minimum C bei Druckerniedrigung. Hieraus sieht man, daß die VAN DER WAALSsche Gleichung im Gebiet der Punkte B und C unmöglich das wirkliche Verhalten darstellen kann. Niemand kann uns nämlich daran hindern, den Druck zu erhöhen oder zu erniedrigen. Ein imaginäres Volumen aber gibt es nicht. Zwischen B und C reagiert das VAN DER WAALSsche Gas auf Drucksteigerung mit Volumenzunahme. Auch dies ist unmöglich. Auf dem Wege $C-D-E$ tritt jedoch nichts Unerwartetes auf. Der Kurventeil von ∞ bis A entspricht dem Gas bzw. Dampf, das Stück $A-B$ dem übersättigten Dampf. Das Stück $C-D$ bedeutet die überhitzte Flüssigkeit, und $D-E$ repräsentiert den flüssigen Zustand selbst. Das Zwischenstück von B bis C hat in der Wirklichkeit kein Gegenstück. Die Stücke $A-B$ und $C-D$ können zwar teilweise beobachtet werden, das System ist aber dort nicht stabil. Sehen wir einstweilen von der Möglichkeit ab, Dampf zu übersättigen und Flüssigkeiten zu überhitzen, so erscheint es notwendig, das Kurvenstück von A bis D abzuändern, um den Übergang von Dampf zu Flüssigkeit, die Kondensation, richtig zu beschreiben.

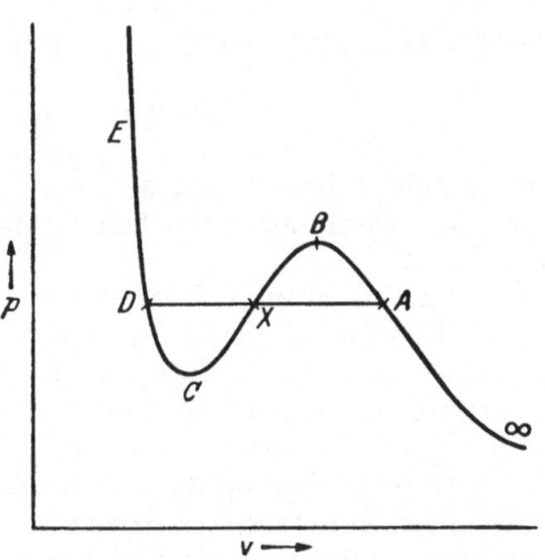

Abb. 268a. Das unstabile Stück $ABCD$ wird durch die horizontale Strecke AXD ersetzt.

Bei der Kondensation wird das Volumen ohne Druckänderung verkleinert, das Maximum und Minimum der VAN DER WAALSschen p, v-Kurven wird also durch eine gerade Strecke $A-D$ herausgeschnitten. Damit haben wir ein neues Modell, dessen Zustandsgleichung von ∞ bis A und von D bis E die VAN DER WAALSsche ist, das aber zwischen A und D einfach durch $p = \text{const}$ beschrieben wird (s. Abb. 268a).

Nicht alle Isothermen der Abb. 268 weisen jedoch Maxima und Minima auf. Bei genügend hohen Temperaturen fallen die Kurven monoton ab, und dann erfordert natürlich das VAN DER WAALSsche Modell keinen Zusatz. Zwischen diesen Kurven und den Kurven mit Maxima und Minima liegt eine Kurve mit einem horizontalen Wendepunkt, welche zu einer Temperatur T_k gehört. Für diese Temperatur, die kritische Temperatur, hat sich das horizontale Stück im verbesserten Modell auf einen Punkt zusammengezogen, den man als den kritischen Punkt bezeichnet. Man kann ihn aus den VAN DER WAALSschen Konstanten a und b in folgender Weise berechnen.

Für feste Werte von T und p hat die VAN DER WAALSsche Gleichung im allgemeinen drei verschiedene Lösungen für das Volumen: v_A, v_X und v_D. Ist T gleich T_k und p gleich dem kritischen Druck p_k, so fallen diese drei Lösungen zusammen. Die VAN DER WAALSsche Gleichung

$$v^3 - \left(b + \frac{R T_k}{p_k}\right) v^2 + \frac{a}{p_k} v - \frac{a b}{p_k} = 0$$

muß also mit

$$(v - v_k)^3 = v^3 - 3 v_k v^2 + 3 v_k^2 v - v_k^3 = 0 \tag{11}$$

identisch sein, woraus sich

$$3v_k = b + \frac{RT_k}{p_k},$$

$$3v_k^2 = \frac{a}{p_k},$$

$$v_k^3 = \frac{ab}{p_k}$$

ergibt. Löst man nach v_k, p_k und T_k auf, so erhält man

$$v_k = 3b; \quad p_k = \frac{a}{27b^2}; \quad T_k = \frac{8a}{27Rb}. \tag{12}$$

Aus a und b lassen sich also die kritischen Daten ermitteln. Umgekehrt kann man aus zwei der kritischen Größen die dritte und die Konstanten a und b berechnen.

Inwieweit stimmt jetzt die verbesserte VAN DER WAALSsche Gleichung mit der Erfahrung überein? Die Übereinstimmung ist qualitativ befriedigend, insbesondere kommt die Existenz des flüssigen und gasförmigen Zustandes heraus. Allerdings ist in der Gleichung vom festen Zustand nichts zu sehen. Quantitativ läßt sich das Verhalten der Stoffe in großem Bereich nicht durch die VAN DER WAALSsche Gleichung darstellen. Man hat versucht, andere Zustandsgleichungen mit mehr Konstanten aufzustellen, um eine bessere quantitative Übereinstimmung zu erzielen. Hier sind die Gleichungen von WOHL

$$p = \frac{RT}{v-b} - \frac{a}{Tv(v-b)} + \frac{c}{T^2 v^3}$$

und die Gleichung von CLAUSIUS und SARRAUT zu nennen. Diese Zustandsgleichungen sind zwar als Interpolationsformeln zu rechnerischen Zwecken nützlich, besitzen jedoch keine theoretisch-physikalische Bedeutung, da ihren Konstanten die physikalische Deutbarkeit fehlt, in welcher gerade der theoretische Wert der VAN DER WAALSschen Zustandsgleichung liegt.

Man kann der VAN DER WAALSschen Zustandsgleichung eine scheinbar besonders einfache Gestalt verleihen, indem man Temperatur, Druck und Volumen in Einheiten mißt, die für die verschiedenen Stoffe verschieden sind. Es ist klar, daß die beiden Stoffkonstanten a und b durch solche individuellen Maßstäbe ersetzt werden können. Setzt man nämlich

$$T = \vartheta T_k; \quad p = \pi p_k; \quad v = \varphi v_k,$$

so nimmt die VAN DER WAALSsche Gleichung die Form

$$\left(\pi + \frac{3}{\varphi^2}\right)(3\varphi - 1) = 8\vartheta \tag{13}$$

an. Diese Gleichung gilt nun universell für alle Stoffe, nur daß man die wirklichen Drucke p, die Volumina v und Temperaturen T durch die sogenannten korrespondierenden Drucke π, Volumina φ und Temperaturen ϑ zu ersetzen hat.

II. Die Hauptsätze der Thermodynamik.

Findet an einem System ein Prozeß statt, so wird es im allgemeinen verändert. Führen wir einem Körper Wärme zu, so steigt im allgemeinen seine Temperatur; rühren wir in einer Flüssigkeit, so leisten wir Arbeit, und wenn wieder Ruhe eingetreten ist, ist die Temperatur höher als zuvor. Oft wird gesagt, daß beim Rühren Arbeit durch Reibung in Wärme verwandelt werde. Dies ist aber ungenau und nicht richtig. Beim Rühren entsteht durch die Arbeit zunächst kinetische Energie einer Flüssigkeitsströmung, welche sich dann durch Reibung allmählich in Energie der Molekularbewegung verzettelt. Hierbei erhöht sich die innere Energie der Molekularbewegung, und dies äußert sich in höherer Temperatur. Kühlt man nun die Flüssigkeit wieder auf ihre ursprüngliche Temperatur ab, so ist ihr Zustand wieder derselbe wie zuvor. Sie hat einen sogenannten Kreisprozeß durchlaufen. Die einzige Veränderung, welche dieser Prozeß hinterläßt, besteht darin, daß Arbeit aufgewandt und Wärme abgegeben wurde. Gewöhnlich sagt man, daß Arbeit in Wärme verwandelt worden sei.

Wir untersuchen jetzt die Vorgänge systematisch, welche mit Arbeits- und Wärmeumsätzen verbunden sind.

§ 1. Die Temperatur.

Gibt ein Körper A Wärme an einen Körper B ab, wenn sich beide Körper berühren, so hat A eine höhere Temperatur als B. Zwei Körper besitzen gleiche Temperatur, wenn sie keine Wärme aneinander abgeben, also im thermischen Gleichgewicht stehen.

Sind zwei Körper B und C mit einem Körper A in thermischem Gleichgewicht, so sind sie auch unter sich im Gleichgewicht und besitzen dieselbe Temperatur.

Es ist offenbar sehr einfach festzustellen, welcher von zwei Körpern die höhere Temperatur hat, es ist aber ziemlich schwierig, eine Temperaturskala zu definieren, d. h. die Temperatur zahlenmäßig zu definieren. Vorläufig definieren wir die (absolute) Temperatur T mit der Zustandsgleichung eines idealen Gases

$$T = \frac{p V}{n R}. \tag{1}$$

§ 2. Der Kreisprozeß.

Ein Prozeß welcher den Zustand eines thermodynamischen Systems nicht verändert, wird Kreisprozeß genannt. Erwärmen wir einen Körper und kühlen ihn dann wieder ab, so bilden Erwärmung und Abkühlung zusammen einen Kreisprozeß. Die meisten Kreisprozesse verändern zwar den Zustand eines Systems während ihres Ablaufs, bringen es aber zum Schluß wieder in den Ausgangszustand zurück. Es gibt aber auch Kreisprozesse, bei welchen das System dauernd im gleichen Zustand verharrt. Wir denken dabei z. B. an eine Metallstange, der am einen Ende dauernd Wärme zugeführt und am anderen entzogen wird. Die Temperaturverteilung in der Stange und damit ihr Zustand bleibt immer derselbe, während die Wärme durch sie hindurchfließt. Es handelt sich dabei also um einen Kreisprozeß.

§ 3. Der erste Hauptsatz.

Alle experimentellen Beobachtungen sind mit folgender Behauptung im Einklang: „Wenn ein thermodynamisches System Arbeit aufnimmt, ohne sich dabei selbst zu verändern, so gibt es Wärme ab und umgekehrt. Die aufgenommenen bzw. abgegebenen Wärmemengen ΔQ stehen zu den abgegebenen oder aufgenommenen Arbeiten ΔA in einem Verhältnis, welches nur davon abhängt, in welchen Maßstäben man Wärme und Arbeit mißt." Die Wärmemenge 1 cal wird unter allen Umständen gegen 0,427 mkp ausgetauscht. Man kann deshalb Wärmemengen auch in mechanischen Einheiten und Arbeiten in Kalorien messen. Treffen wir die Übereinkunft, daß Wärmemengen und Arbeiten im gleichen Maßstab zu messen sind und daß Wärmen und Arbeiten das positive Vorzeichen bekommen sollen, wenn sie dem System zugeführt werden sollen, so erhalten wir die Formulierung

$$\Delta A = -\Delta Q \tag{2}$$

für Kreisprozesse. Bei einem Kreisprozeß ist die abgegebene Wärmemenge gleich der zugeführten Arbeit und umgekehrt. Arbeit und Wärme werden ohne Rest ineinander verwandelt. Dies gilt allerdings nur für Kreisprozesse, weil dabei das System, welches die Umsetzung bewerkstelligt, selbst unverändert bleibt. Wir können Gl. (2) auch folgendermaßen aussprechen. Bei einem Kreisprozeß ist die Summe von zugeführter Arbeit und zugeführter Wärme gleich Null. In Formeln heißt dies

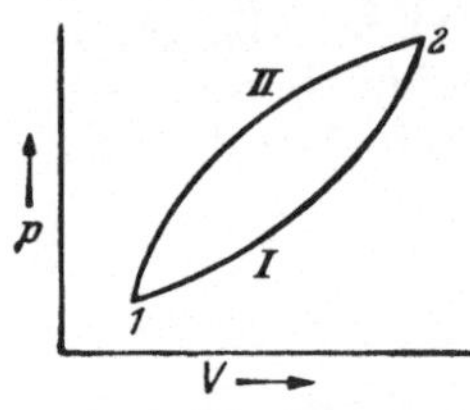

Abb. 269. Der Zuwachs der inneren Energie ist unabhängig vom Weg.

$$\Delta A + \Delta Q = 0. \tag{2a}$$

Zu etwas allgemeinerer Formulierung kommen wir durch folgende Überlegung: Ein beliebiges System möge von einem Zustand 1 in einen Zustand 2 übergeführt werden und dann auf dem gleichen oder einem anderen Wege wieder in den Zustand 1 zurückkehren (s. Abb. 296).

Bei diesem Kreisprozeß wird dem System die Arbeit

$$\Delta A = -\mathrm{I}\int_1^2 p\,dV - \mathrm{II}\int_2^1 p\,dV$$

und die Wärmemenge

$$\Delta Q = \mathrm{I}\int_1^2 dQ + \mathrm{II}\int_2^1 dQ$$

zugeführt. Aus (2a) folgt

$$\mathrm{I}\int_1^2 (dA + dQ) + \mathrm{II}\int_2^1 (dA + dQ) = 0. \tag{3}$$

Gehen wir vom Zustand 1 auf dem Wege II nach dem Zustand 2 und auf dem gleichen Weg wieder zurück, so gilt

$$\mathrm{II}\int_1^2 (dA + dQ) + \mathrm{II}\int_2^1 (dA + dQ) = 0. \tag{3a}$$

Subtrahieren wir nun (3a) von (3), so gelangen wir zu

$$\mathrm{I}\int_1^2 (dA + dQ) = \mathrm{II}\int_1^2 (dA + dQ). \tag{4}$$

In Worten heißt dies: Bringt man ein System von einem Zustand 1 in einen Zustand 2, so ist die Summe von Arbeitsaufwand und Wärmeaufwand immer dieselbe, gleichgültig, über welche Zwischenzustände der Prozeß läuft. Um das System vom Zustand 1 in den Zustand 2 zu bringen, muß ihm in jedem Fall der Energiebetrag

$$\Delta U = \int_1^2 (dA + dQ) \tag{4a}$$

zugeführt werden. Das Integral ist vom Wege unabhängig; wie sich diese Energie in Arbeit und Wärme aufteilt, hängt dagegen vom Wege ab.

Den Energiebeitrag ΔU gewinnt man zurück, wenn man das System auf irgendeinem Weg wieder in den Zustand 1 zurückführt. Die aufgewandte Energie ΔU ist der Unterschied der inneren Energie des Systems in den Zuständen 2 und 1. Dies wird durch die Formel

$$\int_1^2 (dA + dQ) = U_2 - U_1 \tag{5}$$

oder

$$U_2 = U_1 + \int_1^2 (dA + dQ) \tag{5a}$$

ausgedrückt. Die innere Energie U ist also eine Zustandseigenschaft und kann demgemäß als eine Funktion von Volumen und Temperatur betrachtet werden.

Dieser Zusammenhang ist der erste Hauptsatz der Thermodynamik: „Die Summe von Arbeit und Wärmezufuhr ist gleich dem Zuwachs der inneren Energie des Systems. Die innere Energie ist eine Zustandseigenschaft."

Findet nur eine geringfügige (infinitesimale) Zustandsänderung statt, so können wir Gl. (5) die differentielle Form

$$dU = dQ + dA \tag{5b}$$

geben.

Die gegenseitige Umwandlung von Arbeit und Wärme wird durch den ersten Hauptsatz noch nicht erschöpfend geklärt. Wenn eine solche Umwandlung erfolgt, so geschieht sie ohne Energieverlust. Jeder aufgewandte Wärmebetrag kommt also entweder als Arbeit zum Vorschein oder bleibt als innere Energie in dem System gespeichert, welches die Umwandlung vornimmt. Ob aber im Einzelfalle eine Umwandlung überhaupt erfolgt oder unter welchen Bedingungen ein Prozeß möglich ist, der Wärme in Arbeit verwandelt, läßt der erste Hauptsatz gänzlich unerörtert.

§ 4. Der CARNOTsche Kreisprozeß am idealen Gas.

Inhalt: CARNOTscher Kreisprozeß aus zwei adiabatischen und zwei isothermen Prozessen am idealen Gas.

Bezeichnungen: A Arbeit, Q Wärme, T_2 tiefere, T_1 höhere Temperatur, V Volumen, U innere Energie, p Druck, R Gaskonstante, n Molzahl.

Das Problem der Verwandlung von mechanischer Arbeit in Wärme wird durch den ersten Hauptsatz nur teilweise gelöst. Der erste Hauptsatz besagt, daß solche Umsätze immer so stattfinden, daß die innere Energie um die zugeführte mechanische Arbeit und Wärme zunimmt. Wann aber ein Umsatz stattfindet, muß noch genauer untersucht werden.

Am Modell des idealen Gases läßt sich die gegenseitige Umwandlung von Arbeit und Wärme leicht verfolgen. Allerdings müssen wir die Zustandsgleichung der idealen Gase, welche die innere Energie U nicht enthält, noch durch das sogenannte zweite GAY-LUSSACsche Gesetz ergänzen. Dieses Gesetz nehmen wir jetzt als experimentelle Tatsache hin, später allerdings wird es sich wieder rückwärts aus der Thermodynamik ergeben. Das Gesetz lautet: Die innere Energie eines idealen Gases ist vom Volumen unabhängig, d. h. eine Funktion der Temperatur allein. In Formeln:

$$\frac{\partial U}{\partial V} = 0; \qquad U = U(T). \tag{6}$$

Mit dem idealen Gas führen wir einen Kreisprozeß aus, der sich aus vier Teilprozessen zusammensetzt. Das Gas besitze ursprünglich eine Temperatur T_2 und ein Volumen V. Es möge nun adiabatisch, d. h. ohne Zu- oder Abfuhr von Wärme, so lange komprimiert werden, bis seine Temperatur auf T_1 gestiegen ist. Hierbei steigt seine innere Energie von $U_2 = U(T_2)$ auf $U_1 = U(T_1)$, und es muß die Arbeit $U_1 - U_2$ aufgewandt werden, weil Wärme weder zu- noch abfließt. In der Abb. 270 entspricht dieser Vorgang dem Wege IV. Das Volumen nach der adiabatischen Kompression sei mit V' bezeichnet. Im zweiten Teilprozeß (I) dehnen wir das Gas auf ein Volumen V'' aus, halten aber die Temperatur dabei dauernd auf T_1. Bei dieser isothermen Ausdehnung bleibt die innere Energie konstant auf dem Wert U_1. Der Arbeitsaufwand ist

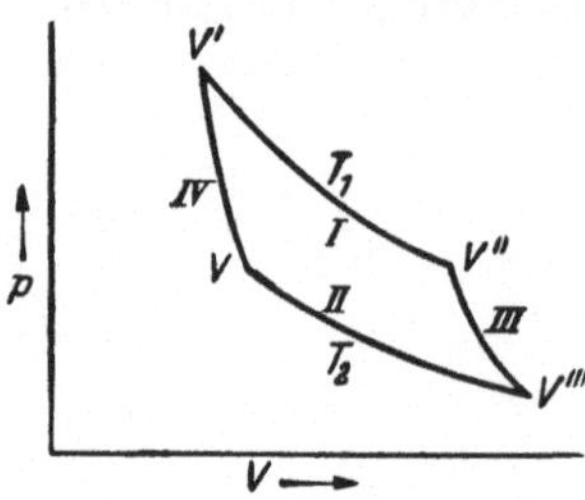

Abb. 270. CARNOTscher Kreisprozeß.

$$\Delta A_{\mathrm{I}} = -\int_{V'}^{V''} p\, dV = -n R T_1 \int_{V'}^{V''} \frac{dV}{V} = -n R T_1 \ln \frac{V''}{V'}.$$

Diese Arbeit wird also abgegeben, und eine ebenso große Wärmemenge muß aufgenommen werden. Nun nehmen wir noch eine adiabatische Ausdehnung vor, bis das Gas die ursprüngliche Temperatur T_2 wieder angenommen hat. Hierbei wird keine Wärme zu- oder abgeführt. Die innere Energie sinkt von U_1 auf U_2, und die Arbeit $U_1 - U_2$ wird abgegeben. Das durch diesen Prozeß (Weg III in der Abb. 270) erzielte Volumen sei V'''. Endlich komprimieren wir das Gas isotherm bei der Temperatur T_2, bis das Ursprungsvolumen V wieder erreicht ist. Die innere Energie bleibt dabei unverändert gleich U_2, während eine Arbeit

$$\Delta A_{\mathrm{II}} = -\int_{V'''}^{V} p\, dV = n R T_2 \ln \frac{V'''}{V}$$

zugeführt und die entgegengesetzt gleiche Wärmemenge abgegeben wird. Für den ganzen Kreisprozeß, der als CARNOTscher Kreisprozeß bezeichnet wird, ergibt sich folgende Arbeits- und Wärmebilanz. Das positive Zeichen bedeutet stets Energie, die dem System zugeführt wird.

Weg	Temperatur	Zugeführte Arbeit	Zugeführte Wärme
IV	$T_2 \to T_1$	$U_1 - U_2$	0
I	T_1	$-n R T_1 \ln \frac{V''}{V'}$	$n R T_1 \ln \frac{V''}{V'}$
III	$T_1 \to T_2$	$U_2 - U_1$	0
II	T_2	$n R T_2 \ln \frac{V'''}{V}$	$-n R T_2 \ln \frac{V'''}{V}$
Ⓒ		$-n R T_1 \ln \frac{V''}{V'} + n R T_2 \ln \frac{V'''}{V}$	$n R T_1 \ln \frac{V''}{V} - n R T_2 \ln \frac{V'''}{V}$

Ⓒ ist ein abkürzendes Symbol für den durchlaufenen CARNOTschen Kreisprozeß, die umgekehrte Durchlaufung wäre Ⓒ. Zwischen den vier Volumina V, V', V'', V''' besteht noch ein Zusammenhang. Wir finden ihn auf, wenn wir die beiden adiabatischen Prozesse genauer verfolgen. Bei ihnen ist

$$dU = -p\,dV = -\frac{nRT}{V}\,dV.$$

Da U nur von T, nicht aber von V abhängt, können wir integrieren, und wir erhalten

$$\int_2^1 \frac{dU}{T} = nR\ln\frac{V}{V'},$$

$$\int_1^2 \frac{dU}{T} = nR\ln\frac{V''}{V'''}.$$

Die Integrale links sind entgegengesetzt gleich, und durch Addieren kommen wir zu

$$nR\ln\frac{V\,V''}{V'\,V'''} = 0$$

oder

$$\frac{V''}{V'} = \frac{V'''}{V}.$$

Wenn wir dies in die Bilanz einsetzen, erhalten wir die Arbeit

$$\Delta A = -nR(T_1 - T_2)\ln\frac{V''}{V'}, \tag{7}$$

welche dem System bei dem CARNOTschen Kreisprozeß Ⓒ zugeführt wird. Bei der Temperatur T_1 wird die Wärmemenge

$$Q_{\mathrm{I}} = Q_1 = nRT_1\ln\frac{V''}{V'}, \tag{7a}$$

bei der Temperatur T_2 die Wärmemenge

$$Q_{\mathrm{II}} = Q_2 = -nRT_2\ln\frac{V''}{V'} \tag{7b}$$

zugeführt. Da V'' größer als V' ist, ist ΔA negativ, d. h. wir gewinnen Arbeit aus dem Kreisprozeß. Bei der höheren Temperatur T_1 wird die Wärmemenge Q_1 aufgenommen, während bei der niedrigeren Temperatur T_2 Wärme abgegeben wird, weil Q_2 negativ ist. (Bei den Wärmen verwenden wir von jetzt an die arabischen Indizes, welche die Temperaturen bedeuten, statt der römischen, welche die Wege angeben.)

Eliminiert man aus Gl. (7) die Volumina, so erhält man die Beziehungen

$$\Delta A = \frac{T_2 - T_1}{T_1}Q_1 = \frac{T_1 - T_2}{T_2}Q_2, \tag{8}$$

$$\frac{Q_2}{T_2} = -\frac{Q_1}{T_1} \quad \text{oder} \quad \frac{Q_1}{T_1} + \frac{Q_2}{T_2} = 0. \tag{9}$$

Der CARNOTsche Kreisprozeß Ⓒ liefert Arbeit auf Kosten der Wärme Q_1, welche dem System bei der hohen Temperatur T_1 zugeführt wird. Diese Wärmemenge wird aber nur zu dem Bruchteil

$$\Delta A = -\frac{T_1 - T_2}{T_1}Q_1$$

in Arbeit verwandelt, während der Rest Q_2 vom Gas bei tieferer Temperatur T_2 wieder abgegeben wird.

Wir hätten auch alle Teilprozesse in der umgekehrten Richtung durchführen können und dann einen CARNOTschen Kreisprozeß Ⓒ erhalten. Der CARNOTsche Prozeß ist reversibel, d. h., er kann sich in zwei entgegengesetzten Richtungen abwickeln. Bei dem umgekehrten Prozeß hätten wir Arbeit aufwenden müssen, welche in Wärme verwandelt worden wäre. Gleichzeitig hätten wir aber noch eine weitere Wärmemenge Q_2 bei tiefer Temperatur aufnehmen können, um sie bei höherer Temperatur T_1 mitsamt der umgewandelten Arbeit wieder abzugeben.

§ 5. Der zweite Hauptsatz.

Im CARNOTschen Kreisprozeß am idealen Gas können wir die Umwandlung von Arbeit in Wärme und umgekehrt im einzelnen verfolgen. Wir versuchen jetzt, dieses Resultat auf beliebige Vorgänge und Systeme zu erweitern. Hierbei werden wir dem ersten Hauptsatz einen zweiten, nicht minder wichtigen Satz an die Seite stellen. Dieser Satz ist keineswegs mit Hilfe des CARNOTschen Kreisprozesses beweisbar, sondern muß als neue experiementelle Tatsache aufgefaßt werden oder als ein Grundprinzip, welches auch, abgesehen von experimentellen Belegen, eine gewisse Überzeugungskraft hat.

Wir fassen jetzt einen Kreisprozeß ins Auge, der mit einer beliebigen Substanz ausgeführt wird und der aus zwei adiabatischen und zwei isothermen Stücken zwischen zwei festen Temperaturen T_1 und T_2 besteht. Dieser Prozeß braucht nicht reversibel zu sein, sondern muß nur in der Richtung verlaufen können, bei der Wärme in Arbeit übergeführt wird. Wir wollen ihn einen X-Prozeß nennen und durch das Zeichen Ⓧ bezeichnen.

Unser thermodynamisches System bestehe jetzt aus der obigen Substanz, mit der der Ⓧ-Prozeß ausgeführt wird, in Verbindung mit einem idealen Gas, mit dem CARNOTsche Kreisprozesse vorgenommen werden können. Die CARNOTschen Prozesse bezeichnen wir mit Ⓒ, wenn Arbeit gewonnen wird, mit Ⓒ, wenn Arbeit aufgewandt wird.

Wir machen jetzt probeweise die Annahme daß der Ⓧ-Prozeß mehr Arbeit

$$-|\Delta A| - \alpha$$

liefere als der CARNOTsche Kreisprozeß am idealen Gas, wenn die gleiche Wärmemenge beim oberen Temperaturniveau zugeführt wird. Durch eine Bilanz untersuchen wir die Konsequenz dieser Annahme.

Prozeß	Arbeitszufuhr	Wärmezufuhr bei T_2	Wärmezufuhr bei T_1
Ⓧ	$-\|\Delta A\| - \alpha$	$-Q_1 + \|\Delta A\| + \alpha$	Q_1
Ⓒ	$\|\Delta A\|$	$Q_1 - \|\Delta A\|$	$-Q_1$
	$-\alpha$	α	

Durch nacheinander Ausführen des Prozesses Ⓧ und des Prozesses Ⓒ wäre es also möglich, dem System bei der Temperatur T_2 eine Wärmemenge α zuzuführen und diese in eine äquivalente Arbeitsmenge zu verwandeln, ohne daß das System eine Änderung erleidet und ohne daß sich außerdem Wärme von höherer auf niedrigere Temperatur begibt. Führt man nun noch weiter einen CARNOTschen Kreisprozeß aus, indem man den Arbeitsgewinn $-\alpha$ aus den beiden vorigen Prozessen dazu verwendet, um Wärme von der tieferen

Temperatur T_2 nach der höheren Temperatur T_1 überzuführen, so kommt zu obiger Bilanz noch der Nachtrag

Prozeß	Arbeitszufuhr	Wärmezufuhr bei T_2	Wärmezufuhr bei T_1
Übertrag	$-\alpha$	α	
Ⓒ	α	$\frac{T_2}{T_1 - T_2}\alpha$	$-\frac{T_1}{T_1 - T_2}\alpha$
		$\frac{T_1}{T_1 - T_2}\alpha$	$-\frac{T_1}{T_1 - T_2}\alpha$

Jetzt ergibt unsere Bilanz, daß es möglich sein müßte, einen gewissen Wärmebetrag von der tieferen Temperatur T_2 auf die höhere Temperatur T_1 zu bringen, *ohne daß das System nachher in einem anderen Zustand ist als vorher, ohne daß von außen Arbeit aufgewandt wird und ohne daß außer dem genannten ein anderer Wärmetransport stattfindet.* Eine solche Kombination von Ⓧ-Prozessen und CARNOTschen Kreisprozessen wäre also eine Anordnung, mit der man Wärme aus einem Wärmebehälter entnehmen und in Arbeit überführen kann oder mit dem man Wärme veranlassen kann, dem Temperaturgefälle entgegenzufließen. Die Möglichkeit eines Ⓧ-Prozesses würde die Möglichkeit der Konstruktion eines Perpetuum mobile (zweiter Art) bedeuten. Die Konsequenzen, die ein solcher Ⓧ-Prozeß nach sich ziehen würde, konnten trotz vieler Versuche nicht beobachtet werden und haben zu der Überzeugung geführt, daß es unmöglich ist, Wärme eines einzigen Wärmebehälters in Arbeit zu verwandeln oder Wärme von tieferer Temperatur auf höhere Temperaturen *ohne gleichzeitige andere Veränderungen* (der kursiv gedruckte Zusatz ist entscheidend wichtig) zu bringen. Diese Feststellung stellt den zweiten Hauptsatz der Thermodynamik dar, der allerdings noch nicht mathematisch formuliert ist. In unserer symbolischen Ausdrucksweise lautet er kurz: „Ⓧ-Prozesse kommen nicht vor."

Analog den Ⓧ-Prozessen können wir jetzt einen Ⓨ-Prozeß definieren, der wieder nicht reversibel zu sein braucht und der die gleiche Wärmemenge von tieferem Niveau nach höherem Niveau transportiert wie der CARNOTsche Kreisprozeß, aber einen geringeren Arbeitsaufwand als dieser erfordert. Wie beim Ⓧ-Prozeß stellen wir die Bilanz auf:

Prozeß	Arbeitszufuhr	Wärmezufuhr bei T_2	Wärmezufuhr bei T_1
Ⓨ	$\lvert\Delta A\rvert - \alpha$	Q_2	$-Q_2 - \lvert\Delta A\rvert + \alpha$
Ⓒ	$-\lvert\Delta A\rvert$	$-Q_2$	$Q_2 + \lvert\Delta A\rvert$
	$-\alpha$		α

Die Konsequenz eines Ⓨ-Prozesses ist die Überführung von Wärme in Arbeit ohne sonstige Nebenprozesse, was nach der obigen Formulierung des zweiten Hauptsatzes nicht vorkommt. Wir erhalten also die Aussage: „Es gibt keine Ⓨ-Prozesse."

Jetzt betrachten wir einen beliebigen, *reversiblen* Kreisprozeß Ⓚ, der aus adiabatischen und isothermen Stücken zwischen zwei Temperaturen T_1 und T_2 vor sich geht. Gäbe dieser Prozeß eine günstigere Arbeitsausbeute als der CARNOTsche Kreisprozeß, so wäre der Prozeß Ⓚ ein Ⓧ-Prozeß, was nicht möglich ist. Wäre dagegen die Arbeitsausbeute kleiner als im CARNOTschen Kreisprozeß, so wäre der umgekehrte Prozeß Ⓚ ein Ⓨ-Prozeß, was ebenfalls nicht möglich ist. Hieraus ergibt sich, daß jeder *reversible* Kreisprozeß, der „*isotherm-adiabatisch*" zwischen zwei Temperaturen T_1 und T_2 abläuft, genau die gleiche Arbeits- und Wärmebilanz wie der CARNOTsche Kreisprozeß hat. In Formeln gilt also:

$$\Delta A = \frac{T_2 - T_1}{T_1} Q_1 = \frac{T_1 - T_2}{T_2} Q_2 .$$

Wir haben den zweiten Hauptsatz als Erfahrungssatz eingeführt. Die Erfahrungen, aus denen wir den zweiten Hauptsatz schöpfen, sind hauptsächlich die zahlreichen vergeblichen Versuche zur Konstruktion eines Perpetuum mobile. Außerdem machen wir die Beobachtung, daß alle aus dem Hauptsatz abgeleiteten Folgerungen mit Experimenten im Einklang stehen und wichtige Einzelgesetze darstellen, welche experimentell prüfbar sind. Trotzdem ist die direkte Prüfung dieses grundlegenden Satzes nicht befriedigend, und es ist auch nicht abzusehen, wie eine wirklich scharfe Prüfung ausgeführt werden kann. Die Schwierigkeit der Prüfung liegt darin, daß ein negativer Behauptungsinhalt geprüft werden soll, nämlich daß kein Kreisprozeß eine größere Arbeit liefere als der CARNOTsche am idealen Gas. Selbst wenn man experimentell niemals einen größeren Arbeitsgewinn erzielt, ist es doch schwer, sicherzustellen, wieviel Arbeit durch Reibung und andere Verluste verlorengegangen ist. Schließlich mag man für noch so viele Prozesse die Richtigkeit des Satzes erwiesen haben, so wird sich doch niemals experimentell beweisen lassen, daß es nicht noch andere Systeme und andere Prozesse gibt, die dem zweiten Hauptsatz nicht entsprechen. Durch diese Erörterung soll klargestellt werden, daß der Überzeugungswert des zweiten Hauptsatzes nicht nur von seinen experimentellen Bestätigungen herrührt. Vielmehr entspricht der zweite Hauptsatz unseren Denkprinzipien. Man möchte ihn geradezu eine direkte Anwendung des allgemeinen Kausalitätsprinzips nennen. Da wir beobachten, daß Wärme sich freiwillig von höherer Temperatur nach tieferer begibt, ohne daß schließlich sonst irgendeine Veränderung entsteht, scheint es uns glaubhaft, daß es unmöglich ist, mit Hilfe eines Mechanismus das umgekehrte Resultat zu erzielen, ohne daß in dem Mechanismus oder sonstwo eine Veränderung hinterbleibt. Dies ist nichts anderes als die Formulierung des Kausalitätsgesetzes, welches verlangt, daß ein Vorgang immer denselben Ablauf haben müsse oder daß eine wesentliche Ursache oder Nebenwirkung vorhanden sei.

§ 6. Reversible und irreversible Prozesse.

Der CARNOTsche Kreisprozeß am idealen Gas ist ein reversibler Vorgang, der ebensogut im einen wie auch im umgekehrten Sinn verlaufen kann. Diese Fähigkeit des Vorganges, in zwei verschiedenen Richtungen verlaufen zu können, erweckt Mißtrauen. Es soll daher untersucht werden, ob der CARNOTsche Kreisprozeß ein *wirklich möglicher* Prozeß ist. Der CARNOTsche Prozeß setzt sich aus Teilprozessen zusammen, welche als Wege auf der Zustandsfläche beschreibbar sind. Bei solchen „Prozessen" verläßt das System die Zustandsfläche nicht, d. h. es befindet sich dauernd im Gleichgewicht, und das bedeutet, daß dauernd nichts passiert. Dies heißt natürlich, daß ein solcher „Prozeß" gar nicht stattfinden kann. Prozesse, die sich ganz in der Zustandsfläche abspielen, sind gar keine wirklichen Vorgänge, sondern nur virtuelle Prozesse, Variationen des Zustandes, die man sich in Gedanken vorstellt. Häufig pflegt man diesen Sachverhalt in recht unexakter Weise so auszudrücken, daß diese virtuellen Prozesse unendlich langsam verlaufen müßten. Richtiger ist es, die virtuellen Veränderungen in gar keinen künstlichen Zusammenhang mit der Zeit zu bringen. Sie sind nur Gedankenversuche.

Im Gegensatz zu gedachten Veränderungen in der Zustandsfläche, die keinen natürlichen Ablaufsinn haben und demgemäß reversibel sind, sind wirkliche Prozesse stets irreversibel. Eine Erwärmung eines Systems, auch wenn sie noch so langsam vor sich geht, bedarf stets eines Temperaturgefälles, um die Wärme zum Fließen zu bringen, und wenn man den Vorgang noch so sehr in die Länge zieht, wird man nie erreichen, daß die Wärme dem Temperaturgefälle entgegenfließt. Die wirkliche Wärmezufuhr zu einem System enthält also immer wenigstens den irreversiblen Anteil der Wärmeleitung, und dieser ist notwendig, um den Prozeß der Wärmezufuhr überhaupt in Gang zu bringen. Ja, gerade der irreversible Anteil ist es, der den ganzen Prozeß veranlaßt.

Die Ausdehnung eines Gases kann nur durch eine Strömung vonstatten gehen, die ein Druckgefälle zur Voraussetzung hat. Diese Strömung ist ebenso wie die Wärmeleitung ein einsinniger, irreversibler Prozeß, bei dem mechanische Arbeit durch Reibung irreversibel in Wärme übergeführt wird. Jede wirkliche Ausdehnung eines Gases enthält einen solchen irreversiblen Strömungsprozeß, und wir können wieder sagen, daß es gerade der irreversible Anteil ist, der den wirklichen Prozeß veranlaßt.

Welche Bedeutung hat nun der reversible Prozeß? Der reversible Prozeß ist eine *gewisse Idealisierung* wirklicher Prozesse, bei der die irreversiblen Anteile nicht berücksichtigt sind. Wenn auch wirkliche Prozesse prinzipiell immer irreversibel sind, so kann durch geeignete Maßnahmen (langsamer Verlauf) die Irreversibilität herabgedrückt werden. So stellt der reversible Prozeß einen Grenzwert dar, dem man wirkliche Prozesse annähern kann, allerdings ohne ihn je zu erreichen. Der Unterschied zwischen dem wirklichen und dem reversiblen Prozeß drückt sich auch in der Arbeitsbilanz aus. Haben beide Prozesse gleichen Anfangs- und Endzustand, so muß beim irreversiblen Prozeß stets mehr Arbeit aufgewandt werden als beim reversiblen. Der Mehraufwand an Arbeit (demzufolge Minderaufwand an Wärme) ist der Arbeitsverschleiß wegen der Irreversibilität des Vorganges. Leistet der Vorgang selbst Arbeit, so ist die Arbeitsleistung beim irreversiblen Prozeß geringer (die Wärmeproduktion größer) als beim reversiblen. Die Minderleistung an Arbeit rührt vom Arbeitsverschleiß durch Irreversibilität her.

Hierzu betrachten wir noch folgendes Beispiel: Bei der isothermen Ausdehnung eines Gases geht die ganze zugeführte Wärme in Arbeit über, wenn der Prozeß reversibel ist, da die innere Energie nicht vom Volumen abhängt. Diese Wärmemenge ist

$$Q = n R T \ln \frac{V_2}{V_1}.$$

Ist der Prozeß vollkommen irreversibel, d. h., läßt man das Gas ins Vakuum einströmen, so wird weder die Arbeit geleistet noch Wärme aufgenommen.

Die Bedeutung der reversiblen Prozesse für die wirklichen Prozesse läßt sich am besten folgendermaßen präzisieren: Ist ein reversibler Prozeß denkbar, der das System aus dem Zustand 1 in den Zustand 2 überführt, und wird dabei Arbeit frei, so gibt es einen irreversiblen Prozeß, der diese Überführung wirklich vornimmt, indem er die reversible Arbeit ganz oder teilweise verschleißt. Ein System ist im Gleichgewicht, wenn es keine infinitesimalen virtuellen Veränderungen (infinitesimale reversible Prozesse) gibt, bei denen das System Arbeit abgibt. Dann ist nämlich kein irreversibler Prozeß möglich, weil keine Arbeit zum Verschleiß zur Verfügung steht. Diese Formulierung ist identisch, mit dem

D'ALEMBERTschen Prinzip für Gleichgewicht in der Mechanik, was auch zu erwarten ist, da die Thermodynamik ja auch die rein mechanischen Prozesse mitenthalten muß.

§ 7. Die thermodynamische Definition der Temperatur.

Den zweiten Hauptsatz kann man dazu benutzen, die Temperatur zu definieren. Man verfährt dazu folgendermaßen: Als $T_2 = 273{,}16^\circ$ wird die Temperatur eines Systems festgelegt, das mit schmelzendem Eis im Gleichgewicht ist. Jetzt soll etwa die Temperatur T_1 des siedenden Wassers definiert werden. Hierzu bedienen wir uns eines reversiblen Kreisprozesses, der aus zwei adiabatischen und aus zwei isothermen Vorgängen zusammengesetzt ist, die bei den Temperaturen T_1 und T_2 ablaufen. Er möge aus dem siedenden Wasser die Wärmemenge Q_1 aufnehmen und an das schmelzende Eis die Wärmemenge $-Q_2$ abgeben, die Differenz aber in Arbeit verwandeln. Die Temperatur T_1 des siedenden Wassers definieren wir dann durch

$$T_1 = -T_2 \frac{Q_1}{Q_2}.$$

Nach dem zweiten Hauptsatz ist das Verhältnis Q_1/Q_2 dasselbe, wenn wir mit einem anderen System einen reversiblen Kreisprozeß ausführen, der auch aus zwei adiabatischen und zwei isothermen Vorgängen bei den Temperaturen T_1 und T_2 besteht. Die Definition der Temperatur ist also eindeutig.

Obwohl diese Definition an Exaktheit nichts zu wünschen übrigläßt, läßt sich auf sie kein brauchbares Meßverfahren gründen. Die Messung von Wärmemengen, die bei Kreisprozessen umgesetzt werden, ist praktisch schwierig und nicht sehr genau. Außerdem muß man statt der reversiblen Prozesse irreversible benutzen, bei denen die Wärmemengen durch Arbeitsverschleiß verändert, die Temperaturen also gefälscht werden. In der Praxis gründet man die Temperaturmessung auf das Gasthermometer, was auch prinzipiell sinnvoll ist, weil auch die thermodynamische Temperaturdefinition letzten Endes auf die Gastemperaturen zurückgeht.

§ 8. Die Entropie.

Der erste Hauptsatz machte es möglich, die Zustandsgröße der inneren Energie zu bilden. Die Existenz dieser Zustandsgröße ist der Aussage des ersten Hauptsatzes äquivalent. Wir versuchen jetzt auch den zweiten Hauptsatz zu formulieren, indem wir eine neue Zustandsgröße einführen. Hierdurch gelangen wir auch zu einer mathematischen Niederschrift dieses Satzes.

Wird einem System bei einem reversiblen, infinitesimalen Prozeß die Wärmemenge dQ zugeführt, so nennen wir dQ/T die zugeführte reduzierte Wärmemenge.

Soll ein System aus dem Zustand 1 in den Zustand 2 übergeführt werden, so gibt es zwei besonders einfache Wege (s. Abb. 271), welche beide aus einem isothermen und einem adiabatischen Stück bestehen. Die reduzierten Wärmemengen

$$\frac{Q_1}{T_1} = \frac{Q_2}{T_2},$$

welche auf diesen Wegen zugeführt werden müssen, sind einander gleich. Man erkennt dies sofort, wenn man einen Kreisprozeß bildet, bei dem man den einen Weg hin- und den anderen zurückgeht.

Dieselbe reduzierte Wärmemenge

$$\sum \frac{Q_i}{T_i} = \frac{Q_1}{T_1}$$

muß man aber auch aufwenden, wenn man auf einem Treppenwege vom Zustand 1 zum Zustand 2 geht, der sich abwechselnd aus adiabatischen und isothermen Stücken zusammensetzt (Abb. 272). Man erkennt dies am schnellsten, wenn man die in der Abbildung punktierten Adiabaten einzeichnet.

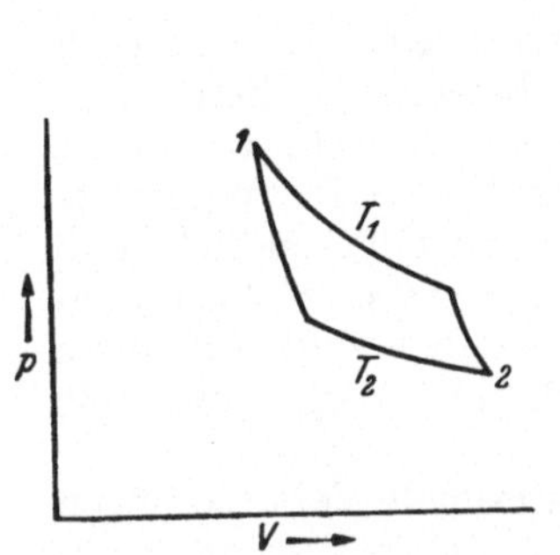

Abb. 271. Um das System vom Zustand 1 in den Zustand 2 zu verbringen, muß die reduzierte Wärmemenge $Q_1/T_1 = Q_2/T_2$ zugeführt werden.

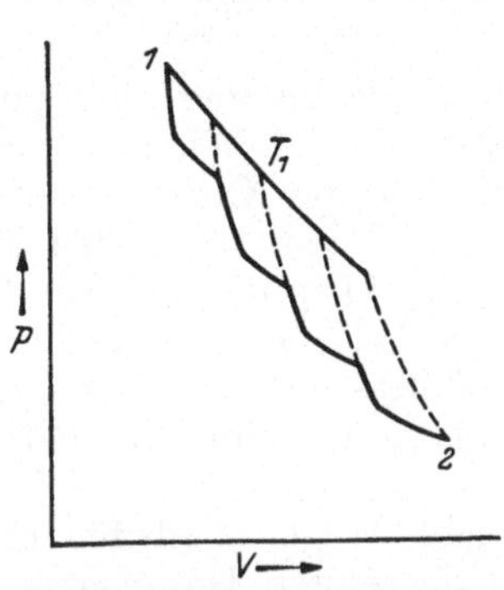

Abb. 272. Auf dem Treppenweg von Zustand 1 nach Zustand 2 ist die reduzierte Wärmemenge Q_1/T_2 erforderlich.

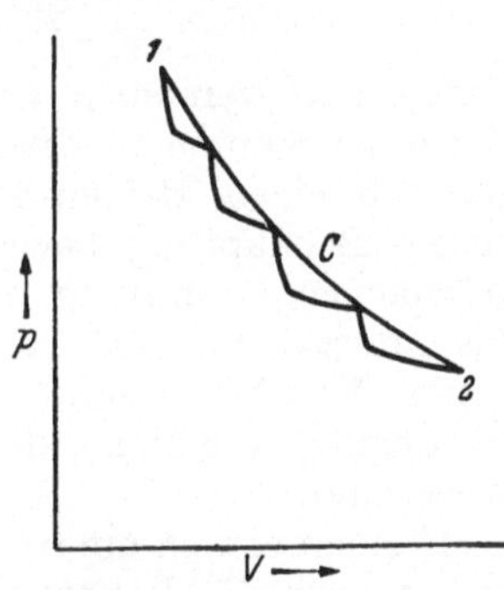

Abb. 273. Auf dem Wege C vom Zustand 1 zum Zustand 2 ist dieselbe reduzierte Wärmemenge wie auf dem Treppenweg erforderlich.

Auf einem beliebigen reversiblen Wege C, der von 1 nach 2 führt (Abb. 273), muß man die reduzierte Wärmemenge

$$\int_1^2 \frac{dQ}{T}$$

aufbringen. Wir wollen beweisen, daß sie gleich der reduzierten Wärmemenge auf dem Treppenweg, also gleich $Q_1/T_1 = Q_2/T_2$ ist. Die Differenz auf dem Wege C und dem Treppenweg wäre

$$\oint \frac{dQ}{T},$$

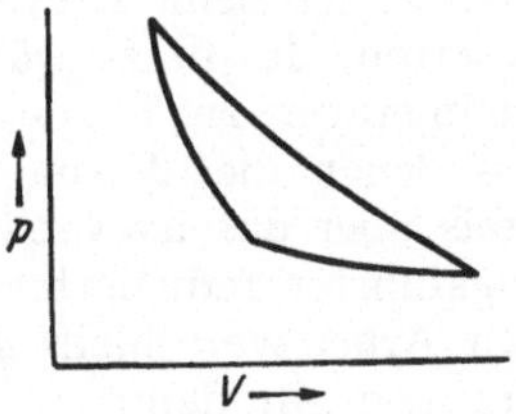

wobei $\oint$ die Integration über den Kreisprozeß bedeutet, bei dem der Hinweg über die Treppe, der Rückweg über C geht. Dieser Kreisprozeß ist aus lauter infinitesimalen Dreieckprozessen zusammengesetzt, wie sie in Abb. 274 angedeutet sind. Wir erhalten für jedes Dreieck

Abb. 274.

$$\oint_{\triangle} \frac{dQ}{T} = \oint_{\triangle} \frac{dU}{T} + \oint_{\triangle} \frac{p\,dV}{T}.$$

Ist $T_{\min}$ die niedrigste Temperatur während des Dreiecksprozesses, so ist

$$\left| \oint_{\triangle} \frac{p\,dV}{T} \right| \leq \frac{1}{T_{\min}} \left| \oint_{\triangle} p\,dV \right| = \frac{\triangle f}{T_{\min}},$$

wo $\triangle f$ die Dreiecksfläche in der Abb. 274 bedeutet. Bei großer Zahl der Treppenstufen ist $\triangle f$ eine kleine Größe zweiter Ordnung. Beim Summieren über alle

Dreiecke entsteht eine kleine Größe erster Ordnung, welche bei genügend großer Anzahl der Treppenstufen gegen Null konvergiert. Bei dem Integral

$$\oint \frac{dU}{T}$$

fassen wir die Anteile zusammen, bei denen $dU > 0$ ist, und diejenigen, bei denen $dU < 0$ ist. Dann gilt

$$\left|\oint \frac{dU}{T}\right| \leqq \frac{\triangle U}{T_{\min}} - \frac{\triangle U}{T_{\max}} \approx \frac{\triangle U \, \triangle T}{T^2}.$$

Unter $\triangle U$ verstehen wir hier die Summe aller positiven dU, die natürlich gleich der Summe aller negativen dU ist. Wie man sieht, liefert auch dieses Integral nur einen kleinen Betrag zweiter Ordnung über ein Dreieck. Damit ist unsere Behauptung bewiesen, daß man über den Weg C dieselbe reduzierte Wärmemenge zuführen muß wie über die Treppe. Hieraus folgt endlich, daß das Integral über die reduzierte Wärmemenge auf jedem beliebigen Wege denselben Wert hat, wenn die Anfangs- und Endzustände dieselben sind. Alle diese Überlegungen gelten allerdings nur, wenn die betrachteten Wege reversible Wege sind.

Handelt es sich um irreversible Wege, so gilt für infinitesimale Veränderungen immer noch die Behauptung des ersten Hauptsatzes

$$dU = dQ_{\text{irr}} + dA_{\text{irr}} \tag{10a}$$

genau wie

$$dU = dQ_{\text{rev}} + dA_{\text{rev}}. \tag{10b}$$

Auf einem irreversiblen Wege, welcher vom Zustand 1 zum Zustand 2 führt, muß die gleiche Gesamtenergie aufgebracht werden wie auf jedem reversiblen Weg. Der Arbeitsanteil ist aber auf dem irreversiblen Weg größer als auf dem reversiblen und der Wärmeanteil dafür kleiner. Bringt man also ein System auf irreversiblen Wege von einem Zustand 1 in einen Zustand 2, so ist das Integral der *zugeführten* reduzierten Wärme auf dem irreversiblen Wege kleiner, als das entsprechende Integral auf einem reversiblen Wege wäre. (Als Temperatur ist beim irreversiblen Prozeß nicht die Temperatur des Systems einzusetzen, da dieses während des irreversiblen Vorganges gar keine bestimmte Temperatur zu haben braucht, sondern die Temperatur der Wärmebehälter aus denen die Wärme zugeführt wird.) Den Überschuß des reversiblen Integrals über das irreversible nennen wir das Irreversibilitätsmaß. Der Defekt an zugeführter reduzierter Wärme auf jedem irreversiblen Wegstück wird durch den Arbeitsverschleiß dq gedeckt, der beim irreversiblen Vorgang eintritt. In Formeln gilt demnach

$$\triangle S = \int_1^2 \frac{dQ_{\text{rev}}}{T} = \int_1^2 \frac{dQ_{\text{irr}}}{T} + \int_1^2 \frac{dq}{T}.$$

Die Gesamtmenge $\triangle S$ an reduzierter Wärme, die ein System *erhält*, wird Entropiezuwachs genannt und ist bei allen Prozessen, ob reversibel oder irreversibel, dieselbe. Er ist bei irreversiblen Prozessen aber größer als die reduzierte Wärme, die man dem System *zuführt*, weil während des Prozesses Wärme durch Arbeitsverschleiß entsteht. Der Entropiezuwachs hängt also nur vom Angangs- und Endpunkt des Prozesses ab, nicht aber von der Art des Prozesses, der sich zwischen diesem Anfangs- und Endzustand abspielt.

Nunmehr kann man die Entropie S als eine Zustandsgröße definieren. Legt man einem Zustand 1 einen willkürlichen Entropiewert S_1 bei, so kann man die

Entropie in einem beliebigen Zustand 2 berechnen, indem man für einen reversiblen Prozeß

$$S_2 = S_1 + \int_1^2 \frac{dQ}{T} \tag{11}$$

bildet. Das Integral hat wegen des zweiten Hauptsatzes für alle Wege den gleichen Wert. Ob der reversible Prozeß wirklich vorkommt oder nicht, ist dabei völlig gleichgültig, da er ja nur zur Berechnung der Entropie dient. Würde man einen irreversiblen Prozeß betrachten, so müßte man in

$$S_2 = S_1 + \int_1^2 \frac{dQ_{\text{irr}}}{T} + \int_1^2 \frac{dq}{T} \tag{11a}$$

auch den Arbeitsverschleiß dq berücksichtigen und käme dann auch zum Wert (11).

Bei reversiblen Vorgängen ist der Entropiezuwachs des Systems gleich der Entropieabnahme der Wärmespeicher, aus denen dem System Wärme zugeführt wird. Bei irreversiblen Prozessen ist der Entropiezuwachs des Systems größer als der Entropieverlust der Speicher. Im ganzen (System und Speicher zusammen) ändert sich die Entropie bei reversiblen Prozessen nicht und nimmt bei irreversiblen Prozessen zu.

Für infinitesimale reversible Änderungen gelten zwischen dS, dQ, dU und dA folgende wichtige Beziehungen

$$dS = \frac{dQ}{T} = \frac{dU}{T} - \frac{dA}{T}, \tag{12}$$

$$dQ = T\,dS, \tag{13a}$$

$$dA = dU - T\,dS. \tag{13b}$$

III. Die thermodynamischen Funktionen und die thermodynamischen Differentialgleichungen.

In den beiden Hauptsätzen ist fast die ganze Thermodynamik enthalten. Es handelt sich nur noch darum, Verfahren zu entwickeln, nach welchen diese Sätze auf spezielle Probleme angewandt werden können. Wir verwerten dabei die Hauptsätze in der Formulierung, daß es die zwei Zustandseigenschaften der inneren Energie U und der Entropie S gibt, deren Änderungen bei reversiblen Prozessen mit den zugeführten Arbeiten dA und Wärmen dQ durch

$$dU = dQ + dA \tag{1}$$

und

$$dS = \frac{dQ}{T} \tag{2}$$

zusammenhängen.

§ 1. Wahre und gehemmte Gleichgewichte.

Befindet sich ein thermodynamisches System im Gleichgewicht, so ist sein Zustand durch seine stoffliche Zusammensetzung und zwei seiner Zustandseigenschaften völlig bestimmt. Neben der Zusammensetzung können wir z. B. Temperatur und Druck willkürlich vorgeben. Hierdurch ist dann das Volumen mitbestimmt, welches das System einnimmt, und ebenso alle anderen Eigenschaften.

Diese Feststellung trifft für echte Gleichgewichte immer zu, ist aber trotzdem für viele Anwendungen der Thermodynamik ohne Nutzen. Das kommt daher, daß es viele Systeme gibt, welche sich gar nicht in einem echten Gleichgewicht befinden, obwohl man an ihnen keine Veränderungen messen kann. Wir müssen deshalb den Begriff des Gleichgewichtes genauer analysieren.

Das System, welches wir jetzt betrachten, bestehe aus 9 g Wasser. Unter gewöhnlichen Drucken und Temperaturen befindet sich es im Gleichgewicht. Daneben betrachten wir ein System von 1 g Wasserstoff und 8 g Sauerstoff. Dieses System befindet sich zweifellos nicht im Gleichgewicht, denn das Gemisch der beiden Gase kann ja durch eine chemische Reaktion in 9 g Wasser übergehen. Wenn diese Reaktion auch bei niederen Temperaturen praktisch nicht stattfindet, so kann man doch der Behauptung nicht widersprechen, daß sie nur so langsam erfolge, daß sie sich der Beobachtung entzieht.

Es wäre nun sehr unzweckmäßig, wenn man alle Systeme von der thermodynamischen Behandlung ausschließen wollte, welche sich wie Knallgas nicht im wahren Gleichgewicht befinden, sich aber praktisch verhalten, als ob sie im Gleichgewicht wären. Um auch solche Systeme zu erfassen, konstruieren wir das Modell der gehemmten Vorgänge. Die Reaktion zwischen Wasserstoff und Sauerstoff

$$2\,H_2 + O_2 \rightarrow 2\,H_2O$$

ist bei Zimmertemperatur praktisch gehemmt, und wir wenden die Thermodynamik auf das Knallgas an, indem wir diesen Vorgang als völlig gehemmt ansehen.

Wasserstoff und Sauerstoff, die sich bei Zimmertemperatur im allgemeinen nicht beeinflussen, beginnen bei höherer Temperatur miteinander zu reagieren. Bei etwa 600° wird die Reaktion sogar explosionsartig. Auch bei Zimmertemperatur kann sie durch einen Katalysator (Platin) in Gang gebracht werden. Wir sehen also, daß eine bestimmte chemische Reaktion, die wir unter gewissen Bedingungen als gehemmt ansehen, unter anderen Bedingungen (höhere Temperatur oder Katalysator) schnell verlaufen kann und dann als ungehemmt bezeichnet werden muß. In den beiden Grenzfällen der vollkommen gehemmten und der vollkommen ungehemmten Reaktion (Momentanreaktion) befindet sich das System praktisch immer im Gleichgewicht. Dazwischen liegt das Gebiet der langsamen chemischen Reaktionen, während deren die Systeme nicht im Gleichgewicht sind.

Unter resistenten Gruppen verstehen wir wolche Bestandteile eines Systems, welche unbeeinflußt von Bestandteilen anderer Art ihre Eigenexistenz führen. Bei Zimmertemperatur und ohne Katalysator sind also H_2-Moleküle, O_2-Moleküle und H_2O-Moleküle drei verschiedene resistente Gruppen. Die stoffliche Zusammensetzung eines Systems ist vollständig beschrieben, wenn die Menge angegeben wird, die von jeder einzelnen resistenten Gruppe vorhanden ist. Bei Zimmertemperatur muß man also wissen, aus wieviel Wasserstoff, Sauerstoff und Wasser das System besteht. Bei hoher Temperatur sind nicht H_2-Moleküle, O_2-Moleküle und Wassermoleküle resistente Gruppen, sondern Wasserstoff- und Sauerstoffatome. Dann genügt es, zu wissen, wie groß die Gesamtmenge Wasserstoff und Sauerstoff im System ist. Wie sich diese Mengen auf die Molekülarten H_2, O_2, H_2O, O_2H_2, OH und O_3 verteilen, ergibt sich aus chemischen Daten dieser Stoffe und den thermodynamischen Gesetzen. In heißen Sternen schließlich sind selbst die Atome keine resistenten Gruppen mehr, sondern man muß mit Ionisation rechnen. Dann sind nur Atomkerne und Elektronen resistente Gruppen. Zuweilen muß man aber sogar Umwandlungen von Atomkernen in Betracht ziehen.

Welche Gruppen resistent sind, d. h., welche Reaktionen stattfinden und wie schnell, kann aus der Thermodynamik nicht erschlossen werden. Dies ist ausschließlich Gegenstand der Chemie. Erst wenn die Kenntnis der resistenten Gruppen aus chemischen Untersuchungen vorliegt, eröffnet sich der Thermodynamik das Feld für energetische Betrachtungen.

§ 2. Apparative Hemmungen. Semipermeable Wände.

Bisher haben wir nur chemische Vorgänge als Beispiele von gehemmten oder hemmbaren Vorgängen betrachtet. Es ist trivial, daß Hemmungen von Vorgängen aber auch durch willkürliche äußere Eingriffe eintreten können. Flüssiges Wasser und flüssiger Alkohol sind unbegrenzt mischbar, aber nur, sofern man sie ineinandergießt. Bewahrt man sie in zwei Flaschen auf, so ist der Vorgang der Mischung gehemmt. Solange diese Flaschen geschlossen sind, ist die Hemmung vollkommen. Sowie man die Flaschen öffnet, ist die Hemmung nicht mehr vollkommen, wenn auch noch sehr beträchtlich. Es findet dann nämlich eine langsame Mischung durch Destillieren statt. Ob man diese langsame Destillation berücksichtigt oder nicht, ob man also den Vorgang der Mischung als gehemmt oder ungehemmt betrachtet, hängt von den Zwecken ab, die man verfolgt.

Die Möglichkeit, durch mehr oder minder triviale Maßnahmen apparativer Natur, gewisse Vorgänge zu beschleunigen (Katalyse), ist praktisch von ungeheurer Bedeutung. Für die Thermodynamik reicht es aber aus, alle derartigen Maßnahmen durch die Vorstellung zu idealisieren, daß man eben Vorgänge hemmen oder in Gang setzen kann. Für die formale Beschreibung macht es keinen Unterschied, welcher Art die Maßnahmen sind, die zur Hemmung oder Beschleunigung angewandt werden.

In vielen Fällen ist es bequem, sich anschaulich vorstellen zu können, wodurch die Hemmung zustande kommt. Soll ein Stoff daran gehindert werden, in ein gewisses räumliches Teilgebiet des ganzen Systems einzudringen, so denkt man sich dieses Teilgebiet durch eine semipermeable Wand abgeschlossen. Eine solche Wand soll die Eigenschaft haben, gerade diesen Stoff nicht durchzulassen, für andere Stoffe hingegen durchlässig zu sein. Man kann auch ein Teilgebiet durch eine semipermeable Wand abgrenzen, die für einen bestimmten Stoff durchlässig, für andere Stoffe undurchlässig ist. Systeme, die solche semipermeable Wände enthalten, können im Gleichgewicht sein, auch wenn der Druck in ihren verschiedenen Teilen verschieden ist. Bei gasförmigen Systemen muß zu beiden Seiten der Wand der Teildruck derjenigen Gasart derselbe sein, für die die Wand durchlässig ist. Die Teildrucke der Gase, die die Wand nicht durchläßt, können zu beiden Seiten verschiedene Werte haben.

Die semipermeable Wand ist im wesentlichen nur ein Hilfsmittel, um sich den etwas abstrakten Begriff der Hemmung anschaulich zu machen. Es ist aber von Interesse, daß semipermeable Wände, wenn auch unvollkommen, tatsächlich hergestellt werden können. Tierische Membranen oder ein Niederschlag von Ferrocyankupfer in porösen Substanzen lassen Wasser durch, nicht aber die darin gelösten Salze. Manche Metalle, besonders Palladium, lassen bei hoher Temperatur Wasserstoff ziemlich ungehindert durch, nicht dagegen andere Gase. Glühendes Eisen ist für Kohlenoxyd ziemlich durchlässig.

Es muß aber betont werden, daß die tatsächliche Existenz von semipermeablen Wänden für uns nicht von Bedeutung ist. Wir führen sie nur zu dem Zweck ein, gehemmte Vorgänge zu veranschaulichen und gewisse reversible Vorgänge zu konstruieren, mit deren Hilfe die Werte von thermodynamischen Größen berechnet werden können.

§ 3. Allgemeine Zustandsvariablen. Reaktionslaufzahlen.

Inhalt: Echte Gleichgewichtszustände können durch zwei unabhängige Variablen beschrieben werden, hemmbare oder gehemmte Vorgänge erfordern zusätzliche unabhängige Variablen. Der Ablauf hemmbarer chemischer Reaktionen wird durch die Reaktionslaufzahl beschrieben.

Während zwei Zustandsvariablen, z. B. Temperatur und Volumen, zur Beschreibung eines Systems genügen, wenn es sich im echten Gleichgewicht befindet, kann die Zahl der unabhängigen Variablen größer sein, wenn gehemmte Prozesse Berücksichtigung finden.

Ein Gemisch zweier Gase A und B fülle einen Zylinder, der von einer semipermeablen Wand in zwei Räume getrennt werde. Die Wand lasse das Gas A durch, sei aber für B undurchlässig. Die Größe beider Teilräume werde durch zwei Kolben bestimmt (s. Abb. 275). Offenbar kann man die beiden Teilvolumina und die Temperatur willkürlich festlegen; der Teildruck des Gases A in den beiden Teilen des Zylinders ist dann gleich, während das Gas B verschiedene Teildrucke besitzen kann. Wesentlich ist für uns die Feststellung, daß wegen der semipermeablen Wand jetzt drei Variablen den Zustand des Systems festlegen, während ohne die Wand dazu schon zwei ausreichend wären.

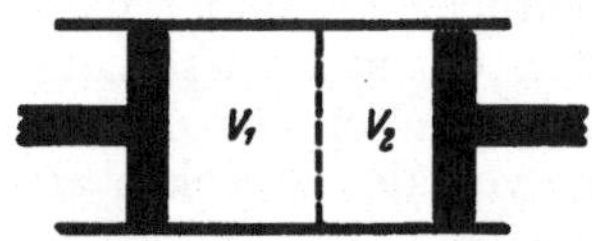

Abb. 275. Vermehrung der unabhängigen Variablen durch eine semipermeable Wand.

Ein System bestehe aus bestimmten resistenten Gruppen in bestimmter Menge. Um dieses System zu beschreiben, sind zwei unabhängige Variablen erforderlich, etwa Volumen und Temperatur. Nun sei zwischen den Bestandteilen eines Systems eine chemische Reaktion möglich, welche aber gehemmt sei. Heben wir die Hemmung vorübergehend auf, indem wir einen Katalysator einführen, so läuft die Reaktion ein Stück weit ab, bis wir den Katalysator wieder entfernen. Wieweit die Reaktion fortgeschritten ist, muß durch eine neue unabhängige Variable angegeben werden. Die Reaktion verlaufe nach der Formel

$$\beta_1 B_1 + \beta_2 B_2 + \cdots \rightleftarrows \gamma_1 C_1 + \gamma_2 C_2 + \cdots .$$

Dies bedeutet, daß aus β_1 Molen des Stoffes B_1 und β_2 Molen des Stoffes B_2 usw., γ_1 Mole des Stoffes C_1 und γ_2 des Stoffes C_2 usw. entstehen. Statt dieser Formel wollen wir abweichend vom Gebrauch der Chemie

$$\Sigma \nu_i A_i = 0 \tag{3}$$

schreiben. Hiernach besteht die Reaktion darin, daß durch ihren Ablauf ν_i Mole des Stoffes A_i gebildet werden. Bei denjenigen Stoffen A_i, welche bei der Reaktion verbraucht werden, sind die ν_i negativ. Läuft die Reaktion gerade so lange, bis ν_i Mole des Stoffes A_i entstanden sind, so sagen wir, sie sei einmal abgelaufen. Sind $\lambda \nu_i$ Mole A_i entstanden, so ist die Reaktion λ mal abgelaufen. Auf diese Weise führen wir die Reaktionslaufzahl λ ein, welche uns angibt, wie groß der Stoffumsatz bei der Reaktion ist. Werden nur infinitesimale Stoffmengen umgesetzt, so findet die infinitesimale Reaktion $d\lambda$ statt. Die Molzahlen der beteiligten Stoffe nehmen durch sie um

$$dn_i = \nu_i \, d\lambda \tag{4}$$

zu.

Chemische Reaktionen, welche man willkürlich hemmen und in Gang setzen kann, erfordern eine eigene unabhängige Variable λ, wenn man ihren Ablauf verfolgen will. Will man auch Gleichgewichte der Thermodynamik zugänglich machen, die durch Hemmung chemischer oder anderer Vorgänge zustande kommen, so benötigt man also die Reaktionslaufzahlen als unabhängige Variablen.

Sehr oft wird man die Temperatur als unabhängige Variable benutzen. In sehr vielen Fällen wird man entweder Volumen oder Druck als zweite Variable einführen. Je nach der Natur des Systems können aber noch weitere Variablen notwendig sein. Um allen Möglichkeiten gerecht zu werden, werden wir noch beliebig viele weitere unabhängige Variable einführen, welche wir mit den Buchstaben x, y, z usw. bezeichnen wollen.

§ 4. Die freie Energie.

Inhalt: Arbeitskoeffizienten, Wärmekoeffizienten, Arbeitskoordinaten. Aus der freien Energie können die Entropie, die Arbeits- und Wärmekoeffizienten durch Differenzieren gewonnen werden. Das Volumen als Arbeitskoordinate, der Druck als Arbeitskoeffizient. Die thermodynamischen Differentialgleichungen als mathematische Formulierung der Hauptsätze.

Bezeichnungen: T Temperatur, dA Arbeitsaufwand, dQ Wärmeaufwand, U innere Energie, S Entropie, x, y, z Arbeitskoordinaten, K Arbeitskoeffizienten, L^x, L^y, L^T Wärmekoeffizienten (bei konstantem Volumen), F freie Energie, V Volumen, p Druck, G Gibbssches Potential, l^x, l^y, l^T Wärmekoeffizienten bei konstantem Druck, l^p Entspannungswärme, H Enthalpie.

Zur Beschreibung des Zustandes eines thermodynamischen Systems führen wir außer der Temperatur T die Variablen $x, y, z \ldots$ ein. Innere Energie U und Entropie S sind dann Funktionen dieser Variablen.

Jede Abänderung des Zustandes kann durch die Gesamtheit der Differentiale

$$dx,\ dy,\ dz,\ \ldots,\ dT$$

beschrieben werden. Wird sie durch einen infinitesimalen reversiblen Prozeß ausgeführt, so erfordert dieser einen Arbeitsaufwand

$$dA = K^x dx + K^y dy + \cdots + K^T dT \tag{5}$$

und eine Wärmezufuhr

$$dQ = L^x dx + L^y dy + \cdots + L^T dT. \tag{6}$$

Die K^x, $K^y \ldots$ werden Arbeitskoeffizienten, die L^x, $L^y \ldots$ Wärmekoeffizienten genannt.

Dividiert man (6) durch die Temperatur, so erhält man den Entropiezuwachs

$$\begin{aligned} dS = \frac{dQ}{T} &= \frac{L^x}{T} dx + \frac{L^y}{T} dy + \cdots \frac{L^T}{T} dT \\ &= \frac{\partial S}{\partial x} dx + \frac{\partial S}{\partial y} dy + \cdots \frac{\partial S}{\partial T} dT. \end{aligned} \tag{7}$$

Hieraus entnimmt man, daß

$$L^x = T \frac{\partial S}{\partial x}; \quad L^y = T \frac{\partial S}{\partial y}; \quad L^T = T \frac{\partial S}{\partial T} \tag{8}$$

ist. Dies besagt unter anderem, daß die L als Funktionen der $x, y, z, \ldots, T$ anzusehen, d. h. selbst Zustandseigenschaften sind.

Nun addieren wir die Gl. (5) und (6), um den Zuwachs der inneren Energie

$$\begin{aligned} dU = dA + dQ &= (K^x + L^x)\,dx + (K^y + L^y)\,dy + \cdots (K^T + L^T)\,dT \\ &= \frac{\partial U}{\partial x}dx + \frac{\partial U}{\partial y}dy + \cdots \frac{\partial U}{\partial T}dT \end{aligned} \tag{9}$$

zu erhalten. Hieraus geht hervor, daß

$$K^x = \frac{\partial U}{\partial x} - L^x;\quad K^y = \frac{\partial U}{\partial y} - L^y;\quad K^T = \frac{\partial U}{\partial T} - L^T$$

ist. Unter anderem bedeutet dies, daß die Arbeitskoeffizienten Funktionen von $x, y, z, \ldots, T$, also selbst Zustandseigenschaften sind.

Besonders zweckmäßig ist es, die Variablen $x, y, z \ldots$ so zu wählen, daß $K^T = 0$ wird. Man kann dann die Arbeit bei einer reversiblen infinitesimalen Zustandsänderung angeben, ohne auf die Temperaturänderung achtzugeben. Solche Variablen $x, y, z \ldots$ werden ein vollständiges System von Arbeitskoordinaten genannt. Im folgenden verwenden wir ein solches vollständiges System von Arbeitskoordinaten.

Hat man z. B. überhaupt nur zwei unabhängige Variable, so ist das Volumen V eine Arbeitskoordinate, denn die Arbeit ist dann

$$dA = -p\,dV.$$

Der Druck ist dagegen keine Arbeitskoordinate. Man erkennt dies leicht, wenn das System ein ideales Gas ist. Dann ist nämlich

$$V = \frac{nRT}{p};\quad dV = nR\frac{dT}{p} - \frac{nRT\,dp}{p^2},$$

und wir erhalten

$$dA = +\frac{nRT}{p}dp - nR\,dT = +V\,dp - nR\,dT.$$

Hat man ein System von Arbeitskoordinaten eingeführt, so ist

$$dA = K^x\,dx + K^y\,dy + \cdots, \tag{5a}$$

$$dQ = L^x\,dx + L^y\,dy + \cdots L^T\,dT. \tag{6a}$$

Als freie Energie des Systems bezeichnen wir nun die Zustandsfunktion

$$F = U - TS. \tag{10}$$

Bei einem infinitesimalen Prozeß erfährt sie die Veränderung

$$\begin{aligned} dF &= dU - T\,dS - S\,dT \\ &= dU - dQ - S\,dT \\ &= dA - S\,dT. \end{aligned} \tag{11}$$

Schreiben wir dies ausführlich, so erhalten wir unter Verwendung von (5a)

$$\begin{aligned} dF &= \frac{\partial F}{\partial x}dx + \frac{\partial F}{\partial y}dy + \cdots \frac{\partial F}{\partial T}dT \\ &= K^x\,dx + K^y\,dy + \cdots - S\,dT. \end{aligned} \tag{12}$$

Hieraus entnehmen wir

$$K^x = \frac{\partial F}{\partial x};\quad K^y = \frac{\partial F}{\partial y};\quad S = -\frac{\partial F}{\partial T}. \tag{13}$$

Die Arbeitskoeffizienten K und die Entropie S kann man aus der freien Energie durch Differenzieren nach den unabhängigen Variablen gewinnen. Wegen Gl. (8)

kann man auch die Wärmekoeffizienten aus der freien Energie ableiten. Man erhält

$$L^x = T\frac{\partial S}{\partial x} = -T\frac{\partial^2 F}{\partial x\,\partial T}, \tag{14a}$$

$$L^y = T\frac{\partial S}{\partial y} = -T\frac{\partial^2 F}{\partial y\,\partial T}, \tag{14b}$$

$$L^T = T\frac{\partial S}{\partial T} = -T\frac{\partial^2 F}{\partial T^2}. \tag{14c}$$

Wegen

$$\frac{\partial^2 F}{\partial x\,\partial T} = \frac{\partial^2 F}{\partial T\,\partial x} \quad \text{usw.}$$

bestehen nach Gl. (13) und (14) zwischen den Arbeits- und Wärmekoeffizienten die Beziehungen

$$\frac{\partial K^x}{\partial y} = \frac{\partial K^y}{\partial x}, \tag{15a}$$

$$L^x = -T\frac{\partial K^x}{\partial T}, \tag{15b}$$

$$L^y = -T\frac{\partial K^y}{\partial T}. \tag{15c}$$

Ferner erhält man

$$\frac{\partial L^T}{\partial x} = -T\frac{\partial^2 K^x}{\partial T^2}, \tag{15d}$$

wenn man Gl. (14c) nach x differenziert.

Zwischen den Zustandsgrößen bestehen die Gl. (7) bis (15d) unabhängig davon, ob die Zustandsänderungen reversibel oder irreversibel vor sich gehen. Nur die Aufteilung von dU in dA und dQ ist für reversible und irreversible Zustandsänderungen verschieden. Im irreversiblen Vorgang wird weniger Wärme und deshalb weniger Entropie zugeführt, als beim reversiblen Vorgang. Der Fehlbetrag wird jedoch durch Arbeitsverschleiß gedeckt, so daß die Entropiezunahme in beiden Fällen dieselbe ist.

Die Gl. (15a), (15b), (15c) und (15d) sind Folgerungen aus den beiden Hauptsätzen, da diese ja die Existenz der beiden Zustandsfunktionen U und S bedeuten. Man kann aber auch leicht zeigen, daß die Gl. (15a), (15b), (15c) und (15d) alle Aussagen enthalten, welche in den Hauptsätzen stecken. Die Größen

$$dU = dQ + dA = (K^x + L^x)\,dx + (K^y + L^y)\,dy + \cdots L^T\,dT \tag{16a}$$

und

$$dS = \frac{L^x}{T}dx + \frac{L^y}{T}dy + \cdots \frac{L^T}{T}dT \tag{16b}$$

sind nämlich vollständige Differentiale, wenn die Gl. (15a), (15b), (15c) und (15d) gelten, und U und S sind deshalb Zustandsfunktionen. Wir können also die Hauptsätze aus den Gl. (15a), (15b), (15c) und (15d) zurückgewinnen. Diese Gleichungen sind deshalb mit den Hauptsätzen äquivalent und stellen deren mathematische Formulierung dar.

Bedeutet x das Volumen, so ist

$$dA = -p\,dV + K^y\,dy + \cdots \tag{17}$$

und

$$K^v = -p. \tag{18}$$

L^v bedeutet die Wärme, die benötigt wird, um das System bei konstanter Temperatur um die Volumeneinheit auszudehnen. Sie kann als Expansionswärme bezeichnet werden. Für sie liefert Gl. (15b) die Beziehung

$$L^v = T\frac{\partial p}{\partial T}. \tag{19}$$

§ 5. Das Gibbssche thermodynamische Potential.

Inhalt: Verwendung des Arbeitskoeffizienten K^x statt der Arbeitskoordinate x, des Druckes statt des Volumens als unabhängiger Variable. Ableitung der Zustandsgrößen aus dem Gibbsschen Potential.

Bezeichnungen: Wie S. 707.

Nicht selten möchte man neben der Temperatur den Druck als unabhängige Variable verwenden und nicht das Volumen. Allgemeiner gesprochen möchten wir K^x als unabhängige und x als abhängige Variable betrachten.

Eine infinitesimale Zustandsänderung ist dann durch die Differentiale

$$dK^x,\ dy,\ \ldots,\ dT$$

beschrieben. Ist sie reversibel, so erfordert sie die Arbeit

$$dA = K^x\,dx + K^y\,dy + \cdots. \tag{20}$$

Nun ist aber

$$K^x\,dx = d(x\,K^x) - x\,dK^x,$$

und wir erhalten

$$dA = d(x\,K^x) - x\,dK^x + K^y\,dy + \cdots. \tag{21a}$$

Die Zustandsänderung (20) erfordert die Wärmezufuhr

$$dQ = l^x\,dK^x + l^y\,dy + \cdots l^T\,dT. \tag{21b}$$

Die Koeffizienten l sind natürlich verschieden von den Koeffizienten L des vorigen Paragraphen. Die Größe l^T bedeutet den Wärmeaufwand pro Grad bei konstantem K^x (Druck), während L^T den Wärmeaufwand bei konstantem x (Volumen) bedeutet.

An die Stelle der inneren Energie tritt jetzt die Enthalpie

$$H = U - x\,K^x \tag{22}$$

und statt der freien Energie

$$F = U - TS$$

führen wir das Gibbssche thermodynamische Potential (auch freie Enthalpie genannt)

$$G = F - x\,K^x = U - TS - x\,K^x \tag{23}$$

ein, welches als Funktion der Variablen $K^x, y, \ldots, T$ anzusehen ist. Bei einer Zustandsänderung erfährt es den Zuwachs

$$\begin{aligned} dG &= dF - d(x\,K^x) = dA - S\,dT - d(x\,K^x) \\ &= -x\,dK^x + K^y\,dy \cdots - S\,dT. \end{aligned} \tag{24}$$

Wir entnehmen daraus

$$x = -\frac{\partial G}{\partial K^x}; \quad K^y = \frac{\partial G}{\partial y}; \quad S = -\frac{\partial G}{\partial T}. \tag{25}$$

Aus Gl. (21b) geht andererseits

$$dS = \frac{l^x}{T}\,dK^x + \frac{l^y}{T}\,dy + \cdots \frac{l^T}{T}\,dT$$

hervor. Wir können daher

$$\begin{aligned} l^x &= T\,\frac{\partial S}{\partial K^x} = -T\,\frac{\partial^2 G}{\partial K^x\,\partial T} \\ l^y &= T\,\frac{\partial S}{\partial y} = -T\,\frac{\partial^2 G}{\partial y\,\partial T} \\ l^T &= T\,\frac{\partial S}{\partial T} = -T\,\frac{\partial^2 G}{\partial T^2} \end{aligned} \tag{26}$$

bilden. Aus dem GIBBSschen Potential kann man x, K^y, S und die Wärmekoeffizienten l durch Differenzieren ableiten. Wir finden außerdem die Differentialgleichungen

$$\frac{\partial x}{\partial y} = -\frac{\partial K^y}{\partial K^x}, \tag{27}$$

$$l^x = T\frac{\partial x}{\partial T}, \tag{27a}$$

$$l^y = -T\frac{\partial K^y}{\partial T}, \tag{27b}$$

$$\frac{\partial l^T}{\partial K^x} = T\frac{\partial^2 x}{\partial T^2}, \tag{27c}$$

welche zu den Gl. (15) des vorigen Paragraphen völlig analog sind.

Bedeutet x das Volumen, so ist $K^x = -p$, und das GIBBSsche Potential nimmt die Form

$$G = F + pV = U - TS + pV$$

an. Wir erhalten dann

$$dA = V\,dp - d(pV) + K^y\,dy$$

$$dQ = -l^p\,dp + l^y\,dy + \cdots l^T\,dT.$$

l^p ist die Entspannungswärme, welche man zuführen muß, um die Temperatur aufrechtzuerhalten, wenn man den Druck um eine Einheit erniedrigt. l^T ist die Wärmekapazität bei konstantem Druck und konstantem y usw. Aus Gl. (25), (26) und (27a) geht dann

$$V = \frac{\partial G}{\partial p}; \qquad l^p = -T\frac{\partial S}{\partial p} = T\frac{\partial^2 G}{\partial p\,\partial T}$$

und

$$l^x = l^p = T\frac{\partial V}{\partial T} \tag{28}$$

hervor.

§ 6. Die Entropie und innere Energie als unabhängige Variable.

Inhalt: Verwendet man statt der Temperatur die Entropie als unabhängige Variable, so treten innere Energie bzw. Enthalpie an die Stelle von freier Energie und GIBBSschem Potential.

Bezeichnungen: Wie S. 707.

Ist die freie Energie

$$F = U - TS$$

als Funktion vom Volumen x, von anderen Arbeitskoordinaten y und der Temperatur T bekannt, so kann man alle Zustandsgrößen als Funktion der gleichen Variablen auffinden. Nach Gl. (13) erhält man die Arbeitskoeffizienten $K^x = -p$, K^y und die Entropie S als partielle Ableitungen von F. Man hat dann die Zustandsgleichung und gewinnt die innere Energie

$$U = F - T\frac{\partial F}{\partial T}. \tag{29}$$

Ebenso verfährt man, wenn das GIBBSsche Potential

$$G = U - TS - x K^x = U - TS + pV$$

als Funktion von $K^x = -p$, y und T gegeben ist. Die Größen $x = V$, K^y und S erhält man als partielle Ableitungen und findet die innere Energie

$$U = G - T\frac{\partial G}{\partial T} - K^x\frac{\partial G}{\partial K^x} = G - T\frac{\partial G}{\partial T} - p\frac{\partial G}{\partial p}. \tag{30}$$

Ist dagegen die innere Energie als Funktion der Temperatur und der Variablen $x, y, \ldots$ oder K^x, y gegeben, so findet man keinen einfachen Weg zu den übrigen Größen. Daß freie Energie und GIBBSsches Potential gegenüber der inneren Energie und der Enthalpie ausgezeichnet erscheinen, liegt jedoch nur an den unabhängigen Variablen, die wir gewählt haben.

Mit

$$dA = K^x dx + K^y dy + \cdots \tag{31a}$$

$$dQ = T dS \tag{31b}$$

finden wir die Differentiale

$$dU = \quad K^x dx + K^y dy + \cdots + T dS \tag{32a}$$

$$dH = -x dK^x + K^y dy + \cdots + T dS \tag{32b}$$

der inneren Energie und Enthalpie, die wir noch [s. Gl. (12) und (24)] durch die Differentiale

$$dF = \quad K^x dx + K^y dy + \cdots - S dT \tag{32c}$$

$$dG = -x dK^x + K^y dy + \cdots - S dT \tag{32d}$$

der freien Energie und des GIBBSschen Potentials ergänzen können.

Kennen wir U als Funktion von x, y und S, so finden wir

$$\left(\frac{\partial U}{\partial x}\right)_{y,S} = K^x; \quad \left(\frac{\partial U}{\partial y}\right)_{x,S} = K^y; \quad \left(\frac{\partial U}{\partial S}\right)_{x,y} = T. \tag{33}$$

Umgekehrt gewinnt man aus S als Funktion von x, y und U

$$\left(\frac{\partial S}{\partial U}\right)_{x,y} = \frac{1}{T}; \quad \left(\frac{\partial S}{\partial x}\right)_{U,y} = -\frac{K^x}{T}; \quad \left(\frac{\partial S}{\partial y}\right)_{U,x} = -\frac{K^y}{T}. \tag{34}$$

In gleicher Weise entnimmt man aus (32b)

$$\left(\frac{\partial H}{\partial K^x}\right)_{y,S} = -x; \quad \left(\frac{\partial H}{\partial y}\right)_{K^x,S} = K^y; \quad \left(\frac{\partial H}{\partial S}\right)_{K^x,y} = T \tag{35}$$

bzw.

$$\left(\frac{\partial S}{\partial H}\right)_{K^x,y} = \frac{1}{T}; \quad \left(\frac{\partial S}{\partial K^x}\right)_{H,y} = \frac{x}{T}; \quad \left(\frac{\partial S}{\partial y}\right)_{K^x,H} = -\frac{K^y}{T}. \tag{36}$$

Aus den Gl. (32) kann man noch weitere ähnliche Beziehungen herleiten. Ist z. B. $K^x = -p$ als Funktion von y, der Enthalpie H und der Entropie S bekannt, so findet man

$$\left(\frac{\partial K^x}{\partial H}\right)_{y,S} = -\frac{1}{x}; \quad \left(\frac{\partial K^x}{\partial y}\right)_{H,S} = \frac{K^y}{x}; \quad \left(\frac{\partial K^x}{\partial S}\right)_{H,y} = \frac{T}{x}. \tag{37}$$

Durch Bildung der gemischten zweiten Differentialquotienten gelangt man dann zu zahlreichen Beziehungen, die den Gl. (15) bzw. (27) entsprechen und gelegentlich von Nutzen sind.

§ 7. Allgemeine Gleichgewichtsbedingungen.

Inhalt: Bedingungen für Gleichgewicht sind: Maximum der Entropie bei gegebener Energie und Volumen, Minimum der freien Energie bei fester Temperatur und Volumen, Minimum des GIBBSschen Potentials bei vorgeschriebener Temperatur und Druck.

Bezeichnungen: T Temperatur, V Volumen, p Druck, S Entropie, U innere Energie, F freie Energie, G GIBBSsches Potential, y andere Zustandsvariablen.

Ein thermodynamisches System besitze die Temperatur T, die Energie U, nehme das Volumen V ein und stehe unter dem Druck p. Befindet sich das System im echten Gleichgewicht, so genügen bereits zwei Zustandsgrößen, um den Zustand zu bestimmen. Wollen wir aber hemmbare oder gehemmte Prozesse, z. B. eine chemische Reaktion, in die Beschreibung einbeziehen, so brauchen wir wenigstens noch eine weitere Variable y. Eine beliebige Veränderung kann dann durch die Differentiale dV, dT, dp, dU, dy usw. ausgedrückt werden. Verläuft sie reversibel, so vermag sie die Arbeit

$$-dA = p\,dV - K^y\,dy$$

herzugeben. Die Arbeit $p\,dV$ muß nun tatsächlich bei der Volumenzunahme dV nach außen abgeführt werden, so daß zum Verschleiß durch einen irreversiblen Prozeß nur der Anteil $-K^y\,dy$ zur Verfügung steht. Echtes Gleichgewicht besteht, wenn kein irreversibler Prozeß möglich ist, wenn also $-K^y\,dy$ nicht positiv ist, d. h. wenn

$$K^y\,dy \geqq 0 \tag{38}$$

für alle möglichen Prozesse ist. Ist y also z. B. die Reaktionslaufzahl einer Reaktion, so ist (38) die Bedingung dafür, daß auch diese Reaktion sich im Gleichgewicht befindet, d. h. bei Enthemmung nicht weiter fortschreitet. Jetzt bilden wir das Differential der Entropie

$$dS = \frac{dU + p\,dV - K^y\,dy}{T}.$$

Die Bedingung (38) für das Gleichgewicht verlangt dann, daß bei allen denkbaren Veränderungen

$$-\frac{K^y\,dy}{T} = dS - \frac{dU + p\,dV}{T} \leqq 0 \tag{39}$$

wäre.

Betrachten wir jetzt ein abgeschlossenes System, d. i. ein System, dem von außen weder Wärme noch Arbeit zugeführt wird, so hat seine innere Energie einen unveränderlichen Wert. Halten wir außerdem sein Volumen konstant, so lautet die Gleichgewichtsbedingung:

$$dS \leqq 0. \tag{40a}$$

Bei jeder denkbaren Veränderung soll die Entropie sich verkleinern. Wir können die Gleichgewichtsbedingung auch folgendermaßen aussprechen: *Ein abgeschlossenes System mit festem Volumen ist im Gleichgewicht, wenn seine Entropie den größten Wert besitzt, der bei gegebenem Volumen und bei gegebener Energie möglich ist.*

Schließen wir z. B. eine gewisse Menge flüssiges Wasser und eine andere Menge Wasserdampf von gleicher Temperatur und einem ganz bestimmten Druck in ein Gefäß ein, so hat die Entropie den größten Wert, wenn der Druck des Wasserdampfes gerade gleich dem Dampfdruck des flüssigen Wassers bei der herrschenden Temperatur ist. Ist der Dampf übersättigt oder die Flüssigkeit überhitzt, so hat die Entropie einen kleineren Wert.

Wir suchen jetzt nach einer Gleichgewichtsbedingung für ein System, das in ein vorgegebenes Volumen gesperrt ist und dessen Temperatur festliegt, weil sich das System z. B. in einem Thermostaten befindet. Wegen

$$dF = -p\,dV + K^y\,dy - S\,dT$$

gilt bei festem Volumen und fester Temperatur

$$dF = K^y\,dy.$$

Nach (38) besteht Gleichgewicht, wenn

$$dF \geqq 0 \tag{40b}$$

für jede Veränderung ist, welche man sich bei gegebenem Volumen und gegebener Temperatur denken kann. *Ein System, dem ein gegebenes Volumen zur Verfügung steht und das auf einer gegebenen Temperatur gehalten wird, ist im Gleichgewicht, wenn die freie Energie den kleinsten Wert hat, der bei diesem Volumen und dieser Temperatur möglich ist.*

Da schließlich

$$dG = V\,dp + K^y\,dy - S\,dT$$

ist, muß

$$dG \geqq 0 \tag{40c}$$

sein, wenn das System auf einer bestimmten Temperatur und unter einem bestimmten Druck gehalten wird. *Ein System ist bei vorgegebenem Druck und festgehaltener Temperatur im Gleichgewicht, wenn das* Gibbs*sche Potential den kleinsten Wert hat, der unter diesen Umständen möglich ist.*

Die Gleichgewichtsbedingungen lassen sich noch etwas verschärfen, wenn man sie für reversible Veränderungen des Systems ausspricht. Bei gegebener innerer Energie und Volumen besteht Gleichgewicht, wenn für alle möglichen reversiblen Prozesse

$$dS = 0 \tag{51a}$$

ist. Bei gegebener Temperatur und Volumen muß bei jedem reversiblen Prozeß

$$dF = 0 \tag{51b}$$

sein, wenn Gleichgewicht bestehen soll. Die Gleichgewichtsbedingung bei fester Temperatur und festem Druck lautet

$$dG = 0 \tag{51c}$$

für alle reversiblen Prozesse. Diese Bedingungen sind notwendig und hinreichend für das Gleichgewicht.

§ 8. Thermodynamik offener Systeme.

Inhalt: Molare Volumina, innere Energie, Entropie usw. Die Molzahl wird als selbständige unabhängige Variable benutzt. Molenbrüche zur Beschreibung der Zusammensetzung der Gemische. Chemisches Potential.

Bezeichnungen: n Gesamtzahl der Mole, n_s Molzahlen der Bestandteile, x_s Molenbrüche, V Volumen, U innere Energie, S Entropie, F freie Energie, H Enthalpie, G Gibbssches Potential, kleine Buchstaben bezeichnen die molaren Größen, μ_s chemisches Potential des s-ten Bestandteiles, p Druck, T Temperatur.

Bisher haben wir immer Systeme betrachtet, die aus ganz bestimmten Gegenständen bestanden. Wenn an diesen Systemen durch chemische Prozesse Veränderungen stattfanden, so blieben doch die Molzahlen ihrer resistenten Gruppen erhalten. Wenn das System etwa ein ideales Gas war, so meinten wir damit eine bestimmte Anzahl Mole dieses Gases. Die Anzahl n definierte unser System, war aber keine Variable, die einen Zustand beschrieb.

Wir wollen jetzt unseren bisherigen Standpunkt etwas erweitern und versuchen, auch die Mengenangaben, welche ein System beschreiben, als Variablen zu behandeln. Dies bedeutet, daß wir das Hinzufügen von Stoffen nicht als eine Veränderung des Systems, sondern als Veränderung des Zustandes ansehen wollen. Wir dürfen dies tun, wenn wir das System als einen Teil eines erweiterten Systems ansehen, zu dem außer ihm selbst noch eine Reihe von Stoffbehältern gehören. Die Zustandsänderung betrifft dann nicht das engere, sondern das erweiterte System. Solche Systeme, deren Gesamtmenge durch Stoffzufuhr oder -abfuhr veränderlich ist, nennen wir offene Systeme, im Gegensatz zu den geschlossenen Systemen, die wir bisher betrachtet haben.

Die Zustandsgrößen, welche ein System beschreiben, sind zum Teil der Substanzmenge proportional, zum Teil von ihr unabhängig. Unabhängig von der vorhandenen Menge ist die Temperatur. Unabhängig ist auch der Druck, den man von außen her ausübt. Diese beiden Größen benutzen wir jetzt als unabhängige Variable. Eine dritte unabhängige Variable soll die Menge der Substanz (angegeben etwa durch die Zahl der Mole n) sein. Das Volumen

$$V = n v \tag{52a}$$

ist dann bei konstantem Druck und konstanter Temperatur der Molzahl proportional. Nehmen wir irgendeine Veränderung von Druck und Temperatur vor, so müssen wir Wärmemengen und Arbeiten aufwenden, welche der Substanzmenge proportional sind. Daraus folgt, daß auch innere Energie, Enthalpie und Entropie der Molzahl proportional sind. Wir schreiben deshalb

$$U = n u, \quad H = n h, \quad S = n s. \tag{52b}$$

Das gleiche gilt für die freie Energie

$$F = U - TS = n(u - T s) = n f \tag{52c}$$

und das GIBBSsche Potential

$$G = n g. \tag{52d}$$

Die Größen

$$v,\ u,\ h,\ s,\ f,\ g$$

bedeuten dann das molare Volumen, die molare innere Energie, Enthalpie, Entropie, freie Energie usw. Alle Größen, welche der Molzahl proportional sind, bezeichnen wir als extensive Größen. Ihnen stehen die intensiven Größen gegenüber, welche von der Molzahl nicht abhängen. Die molaren Größen selbst sind intensive Größen.

Diese einfachen Gedankengänge beziehen sich auf chemisch reine Substanzen. Wir können sie aber sogleich auf Gemische von N verschiedenen Substanzen ausdehnen. Die Gesamtzahl der Mole sei n. Von der s-ten Substanz mögen n_s Mole vorliegen, so daß

$$n = \Sigma n_s \tag{53}$$

wird. Den Bruchteil

$$x_s = \frac{n_s}{n} = \frac{n_s}{\Sigma n_s} \tag{54}$$

nennen wir den Molenbruch der s-ten Substanz. Die Summe aller Molenbrüche

$$\Sigma x_s = \frac{\Sigma n_s}{\Sigma n_s} = 1 \tag{55}$$

muß gleich 1 sein, und es genügt deshalb, $N - 1$ Molenbrüche anzugeben, um die Zusammensetzung des Gemisches festzulegen.

Statt molare Größen einzuführen, kann man auch alle Größen auf die Masseneinheit beziehen. Ist m_s die molare Masse des s-ten Bestandteils, so ist

$$M_s = m_s n_s = n m_s x_s \tag{56}$$

die Gesamtmasse dieses Bestandteils. Die Gesamtmasse des ganzen Systems ist

$$M = \sum^s M_s = \sum^s m_s n_s = n \sum^s x_s m_s. \tag{57}$$

Als mittlere molare Masse des Gemisches erhält man

$$m = \frac{M}{n} = \sum^s x_s m_s. \tag{58}$$

Ist nun Z eine beliebige extensive Zustandsgröße, so gilt

$$Z = n z = M \frac{z}{m} = M z'. \tag{59}$$

z' ist dann die betreffende Zustandsgröße pro Masseneinheit. Besonders in der Gasdynamik ist es bequem, mit thermodynamischen Größen zu rechnen, die auf die Masseneinheit bezogen sind.

Die Größen V, U, S, F und G sind der Gesamtzahl n der Mole proportional und hängen von den Molenbrüchen in einer Weise ab, die von Gemisch zu Gemisch verschieden ist. Bei der Mischung zweier Substanzen kann nämlich Kontraktion eintreten (Wasser–Schwefelsäure), die vom Mischungsverhältnis verwickelt abhängt, und es können unübersichtliche Wärmeeffekte entstehen. Wir haben also auch hier

$$V = n \cdot v, \quad S = n \cdot s, \quad U = n \cdot u, \quad F = n \cdot f, \quad G = n \cdot g, \tag{60}$$

wobei die v, s, u, f und g sich auf solche Mengen des Gemisches beziehen, daß alle Substanzen zusammengerechnet ein Mol ergeben. Diese molaren Größen hängen nur von den $N - 1$ Molenbrüchen ab.

Fügt man nun von dem s-ten Bestandteil $d n_s$ Mole hinzu, ohne Druck und Temperatur zu ändern, so wächst das GIBBSsche Potential um

$$\frac{\partial}{\partial n_s} (n g)\, d n_s = \mu_s\, d n_s.$$

Die Größe

$$\mu_s = \frac{\partial}{\partial n_s} (n g) \tag{61}$$

nennt man chemisches Potential des s-ten Stoffes im Gemisch. Nun ist

$$n = \Sigma n_s,$$

und g ist eine Funktion der Molenbrüche. Wir erhalten also

$$\mu_s = g + n \frac{\partial g}{\partial n_s} = g + n \sum_i \frac{\partial g}{\partial x_i} \frac{\partial x_i}{\partial n_s}.$$

Nun ist ferner

$$x_i = \frac{n_i}{\Sigma n_s}; \qquad x_s = \frac{n_s}{\Sigma n_s}$$

und deshalb

$$\frac{\partial x_i}{\partial n_s} = -\frac{n_i}{n^2} = -\frac{x_i}{n}; \qquad \frac{\partial x_s}{\partial n_s} = \frac{1}{n} - \frac{x_s}{n}.$$

Es ergibt sich daher

$$\mu_s = g + \frac{\partial g}{\partial x_s} - \sum_i x_i \frac{\partial g}{\partial x_i}. \tag{62}$$

Bei einem reinen Stoff ist das chemische Potential

$$\mu = g \tag{62a}$$

mit dem molaren GIBBSschen Potential identisch.

Werden bei einem System Druck, Temperatur und Molzahlen der Bestandteile geändert, so erfährt das GIBBSsche Potential den Zuwachs

$$dG = V\, dp - S\, dT + \sum_s \mu_s\, d n_s. \tag{63}$$

Gegen Gl. (24) sind die Anteile des chemischen Potentials hinzugekommen. Andererseits folgt aus

$$G = U + p V - T S$$

die Gleichung

$$dG = dU + p\,dV + V\,dp - S\,dT - T\,dS. \tag{63a}$$

Der Vergleich der Ausdrücke (63) und (63a) liefert die sogenannte GIBBSsche Fundamentalgleichung

$$T\,dS = dU + p\,dV - \sum_s \mu_s\,dn_s. \tag{64}$$

Analog zum chemischen Potential können die „partiellen" molaren Größen

$$s_s = \frac{\partial S}{\partial n_s} = -\frac{\partial^2 G}{\partial T\,\partial n_s} = -\frac{\partial \mu_s}{\partial T}, \tag{65a}$$

$$v_s = \frac{\partial V}{\partial n_s} = \frac{\partial^2 G}{\partial p\,\partial n_s} = \frac{\partial \mu_s}{\partial p}, \tag{65b}$$

$$h_s = \frac{\partial H}{\partial n_s} = \frac{\partial (G + T\,S)}{\partial n_s} = \mu_s - T\frac{\partial \mu_s}{\partial T}, \tag{65c}$$

$$u_s = \frac{\partial U}{\partial n_s} = \frac{\partial (H - p\,V)}{\partial n_s} = \mu_s - T\frac{\partial \mu_s}{\partial T} - p\frac{\partial \mu_s}{\partial p} \tag{65d}$$

bilden. Diese Größen hängen mit dem chemischen Potential des betreffenden Bestandteils ebenso zusammen wie die entsprechende Zustandsgröße mit dem GIBBSschen Potential.

Zwischen den partiellen und den molaren Größen bestehen die einfachen Beziehungen

$$g = \sum_s x_s\,\mu_s, \tag{66}$$

$$s = \sum_s x_s\,s_s, \tag{66a}$$

$$v = \sum_s x_s\,v_s, \tag{66b}$$

$$h = \sum_s x_s\,h_s, \tag{66c}$$

$$u = \sum_s x_s\,u_s, \tag{66d}$$

wie man leicht unter Verwendung von Gl. (62) nachrechnen kann.

Wir müssen jetzt noch untersuchen, wie die Veränderung der Zustandsgrößen eines offenen Systems mit der Zufuhr von Arbeit und Wärme zusammenhängt. Man muß einen Unterschied zwischen den offenen und den geschlossenen Systemen erwarten, weil bei den offenen Systemen noch die Veränderungen durch stoffliche Zusammensetzung hinzukommen.

Wenn wir die in einem System enthaltene Stoffmenge verdoppeln, ohne dabei Druck, Temperatur und Zusammensetzung zu ändern, wird bei der Materialzufuhr natürlich auch das Volumen verdoppelt. Arbeit braucht hierbei aber nicht aufgewandt zu werden. Die Vergrößerung des Systems kann ja z. B. einfach erfolgen, indem eine Trennwand zwischen dem ursprünglichen System und einem Materialbehälter entfernt wird. Für offene Systeme gilt also nicht mehr, daß die Volumenänderung dV einen Anteil

$$dA = -p\,dV$$

zur Arbeit beisteuert.

Besteht das System aus n Molen, so wird an jedem Mol die Kompressionsarbeit $-p\,dv$ geleistet, wenn eine Veränderung des molaren Volumens eintritt. Das ganze System nimmt also die Kompressionsarbeit

$$\begin{aligned} dA &= -n\,p\,dv = -p\,d(n\,v) + p\,v\,dn \\ &= -p\,dV + p\,v\,dn \end{aligned} \tag{67}$$

auf.

Auf ein Mol entfällt jeweils der Anteil dQ/n der dem ganzen System zugeführten Wärme dQ. Die Summe der pro Mol zugeführten Wärme und Arbeit ergibt den Zuwachs der molaren inneren Energie

$$du = \frac{dQ}{n} - p\,dv. \tag{68}$$

Hieraus erhalten wir

$$\begin{aligned} dU &= d(n\,u) = n\,du + u\,dn \\ &= dQ + dA + u\,dn \\ &= dQ - p\,dV + (u + p\,v)\,dn \\ &= dQ - p\,dV + h\,dn. \end{aligned} \tag{68a}$$

Hiermit ist der erste Hauptsatz für offene Systeme formuliert. Bei einem geschlossenen System fehlt das Glied $h\,dn$.

§ 9. Systeme im Gleichgewicht.

Inhalt: Ungehemmte bzw. vollkommen gehemmte Systeme, Volumen als Arbeitskoordinate, Druck als Arbeitskoeffizient. Dichte als Variable, Formeln für C_p und C_v.

Bezeichnungen: V Volumen, ϱ Dichte, p Druck, α Ausdehnungskoeffizient, β Spannungskoeffizient, γ isotherme Kompressibilität, C_p, C_v Wärmekapazität, spez. Wärme bei konstantem Druck bzw. Volumen. Sonst wie § 4, S. 707.

Ein System möge sich in allen betrachteten Zuständen im vollkommenen Gleichgewicht befinden. Es sollen also keine hemmbaren Prozesse in Betracht kommen. Hemmungen sollen entweder nicht vorhanden oder vollständig sein. Der Zustand des Systems ist dann durch zwei Zustandsgrößen völlig festgelegt.

Die Variable y der §§ 4 bis 7 wird unter diesen Umständen nicht benötigt und wir setzen

$$x = V; \qquad K^x = -p; \qquad H = U + pV; \qquad G = F + pV. \tag{69}$$

Aus der Zustandsgleichung (s. S. 686) entnehmen wir den Ausdehnungskoeffizienten α, den Spannungskoeffizienten β und die isotherme Kompressiblität γ vermittels

$$\left(\frac{\partial V}{\partial T}\right)_p = \alpha V; \qquad \left(\frac{\partial p}{\partial T}\right)_V = \beta p; \qquad \left(\frac{\partial V}{\partial p}\right)_T = -\gamma V. \tag{70}$$

Die Wärmekoeffizienten

$$L^T = C_v \quad \text{bzw.} \quad l^T = C_p \tag{71}$$

bedeuten die Wärmekapazitäten bei konstantem Volumen bzw. konstantem Druck. Die beiden anderen Koeffizienten

$$\begin{aligned} L^x &= L^v = T\left(\frac{\partial p}{\partial T}\right)_V = p\,\beta\,T \\ l^x &= l^p = T\left(\frac{\partial V}{\partial T}\right)_x = \alpha\,V\,T \end{aligned} \tag{72}$$

finden wir aus (15b) und (28) von S. 709 und 711. Aus (15d) und (27c) geht

$$\frac{\partial C_v}{\partial V} = T\,\frac{\partial^2 p}{\partial T^2}; \qquad \frac{\partial C_p}{\partial p} = -T\,\frac{\partial^2 V}{\partial T^2} \tag{73}$$

hervor.

Für reversible Zustandsänderungen muß die Arbeit und Wärme

$$dA = -p\,dV \tag{74}$$

$$\begin{aligned} dQ &= T\,dS \\ &= p\,\beta\,T\,dV + C_v\,dT \\ &= -\alpha\,V\,T\,dp + C_p\,dT \end{aligned} \tag{75}$$

zugeführt werden.

Unabhängig davon ob sich der Zustand reversibel oder irreversibel ändert, erhalten wir die Beziehungen

$$\begin{aligned} dS &= p\,\beta\,dV + \frac{C_v}{T}\,dT \\ &= -\alpha\,V\,dp + \frac{C_p}{T}\,dT \end{aligned} \tag{76}$$

für die Entropie,

$$\begin{aligned} dU &= -p(1-\beta\,T)\,dV + C_v\,dT \\ &= -p\,dV + T\,dS \end{aligned} \tag{77}$$

für die innere Energie,

$$\begin{aligned} dH &= V(1-\alpha\,T)\,dp + C_p\,dT \\ &= V\,dp + T\,dS \end{aligned} \tag{78}$$

für die Enthalpie und

$$dF = -p\,dV - S\,dT \tag{79}$$

$$dG = V\,dp - S\,dT \tag{80}$$

für die freie Enrgie bzw. das Gibbssche Potential.

Führt man statt des Volumens die Dichte

$$\varrho = \frac{M}{V}; \quad d\varrho = -\frac{M}{V^2}\,dV \tag{81}$$

ein, so erhält man

$$dA = \frac{p\,M}{\varrho^2}\,d\varrho \tag{82}$$

$$dS = -\frac{p\,\beta\,M}{\varrho^2}\,d\varrho + \frac{C_v}{T}\,dT \tag{83}$$

$$dU = \frac{p\,M}{\varrho^2}\,d\varrho + T\,dS \tag{84}$$

$$dH = \frac{M}{\varrho}\,dp + T\,dS \tag{85}$$

$$dF = \frac{p\,M}{\varrho^2}\,d\varrho - S\,dT \tag{86}$$

$$dG = \frac{M}{\varrho}\,dp - S\,dT. \tag{87}$$

Die Formeln geben sofort einen Überblick darüber, wie sich die verschiedenen Zustandsgrößen ändern, wenn isotherme Vorgänge ($dT = 0$), isobare Vorgänge ($dp = 0$) oder isochore Vorgänge ($dV = 0$) stattfinden. Besonders wichtig sind isentrope Vorgänge, bei denen zwischen Volumen und Temperatur bzw. Druck und Temperatur die Beziehungen

$$\left(\frac{\partial V}{\partial T}\right)_S = -\frac{C_v}{p\,\beta\,T}; \quad \left(\frac{\partial p}{\partial T}\right)_S = \frac{C_p}{\alpha\,V\,T} \tag{88}$$

gelten, die wir aus (76) finden. Mit (4) und (5) von S. 686 findet man daraus

$$\frac{C_p}{C_v} = \left(\frac{\partial p}{\partial T}\right)_S \left(\frac{\partial V}{\partial T}\right)_S^{-1} \left(\frac{\partial V}{\partial p}\right)_T \tag{89}$$

Ist die isentrope Zustandsänderung reversibel, so wird keine Wärme zugeführt. Sie ist dann zugleich adiabatisch.

Setzt man in (76)

$$\begin{aligned} dV &= \left(\frac{\partial V}{\partial p}\right)_T dp + \left(\frac{\partial V}{\partial T}\right)_p dT \\ &= -\gamma V dp + \alpha V dT \end{aligned} \tag{90}$$

ein, so fallen die Glieder mit dp heraus und es bleibt einfach

$$p\beta\alpha V dT + \frac{C_v}{T} dT = \frac{C_p}{T} dT$$

übrig, woraus sich als Differenz der Wärmekapazitäten

$$C_p - C_v = p\beta\alpha V T \tag{91}$$

ergibt.

Alle Formeln sind auf Systeme beliebiger Masse anwendbar. Ist M die molare Masse oder Einheitsmasse, so sind alle extensiven Größen (auch C_p und C_v) auf ein Mol bzw. die Masseneinheit zu beziehen.

IV. Einfache Anwendungen.

Da die Hauptsätze der Thermodynamik für alle Systeme gleichermaßen gültig sind, können sie nur einen allgemeinen Rahmen für das Verhalten der verschiedenartigen Systeme abgeben. Die individuellen Eigenschaften eines bestimmten Systems ergeben sich, wenn man eine der Zustandsgrößen als Funktion von zwei geeigneten anderen Zustandsgrößen kennt.

Hat man z. B. die freie Energie als Funktion von Volumen und Temperatur, so findet man sofort aus (79) von S. 719

$$p = -\frac{\partial F}{\partial V}; \qquad S = -\frac{\partial F}{\partial T} \tag{1}$$

d. h. Druck und Entropie als Funktion von V und T. Die erste dieser Gleichungen ist die Zustandsgleichung. Man kann dann weiter die innere Energie

$$U = F + TS = F - T\frac{\partial F}{\partial T} \tag{2}$$

und die Enthalpie

$$H = F + TS + pV = F - T\frac{\partial F}{\partial T} - V\frac{\partial F}{\partial V} \tag{3}$$

bilden. Aus (2) erhält man

$$C_v = \left(\frac{\partial U}{\partial T}\right)_V = -T\frac{\partial^2 F}{\partial T^2}. \tag{4}$$

Den Spannungskoeffizient β

$$\beta p = \left(\frac{\partial p}{\partial T}\right)_V = -\frac{\partial^2 F}{\partial T\,\partial V} \tag{5}$$

und die isotherme Kompressibilität γ

$$\frac{1}{\gamma V} = -\left(\frac{\partial p}{\partial V}\right)_T = \frac{\partial^2 F}{\partial V^2} \tag{6}$$

liefern die zweiten Ableitungen der freien Energie. Den Ausdehnungskoeffizienten

$$\alpha = p\beta\gamma \tag{7}$$

erhält man dann nach S. 686 und C_p mit (91).

In gleicher Weise kann man alle Zustandseigenschaften durch Differenzieren des GIBBSschen Potentials G ermitteln, wenn man es als Funktion von Druck und Temperatur kennt. Auch die Entropie als Funktion von innerer Energie und Volumen liefert in analoger Weise die übrigen Zustandsgrößen.

Die freie Energie, das GIBBSsche Potential und die Entropie lassen sich jedoch nicht direkt, sondern nur auf Umwegen ausmessen. Leicht zu messen ist dagegen die Zustandsgleichung, d. h. der Druck als Funktion von Volumen und Temperatur. Die Zustandsgleichung legt jedoch die Eigenschaften des Systems noch nicht vollständig fest. Dies ist nicht unerwartet, da ja alle idealen Gase, z. B. die gleiche Zustandsgleichung besitzen.

Wir werden im folgenden die Zustandseigenschaften einiger einfacher Systeme untersuchen.

§ 1. Ideale Gase von einheitlicher Zusammensetzung.

Inhalt: Expansionswärme, spez. Wärme, innere Energie, Entropie, freie Energie und GIBBSsches Potential eines reinen idealen Gases. Innere Energie und spez. Wärmen hängen nur von der Temperatur ab. Adiabatischer Prozeß.

Bezeichnungen: p Druck, T Temperatur, R Gaskonstante, v molares Volumen, A Arbeit, Q Wärmemenge, L^v molare Expansionswärme, c_v und c_p molare spez. Wärmen bei konstantem Volumen und Druck, u molare innere Energie, s molare Entropie, f molare freie Energie, g molares GIBBSsches Potential, i chemische Konstante.

Wir betrachten nun ein ideales Gas, welches aus einem chemisch einheitlichen Stoff bestehe. Wir beschränken die Allgemeinheit nicht, wenn wir uns auf ein Mol beziehen. Bei anderen Mengen wären Volumen, innere Energie, Entropie, freie Energie und GIBBSsches Potential noch mit der Molzahl n zu multiplizieren.

Die Zustandsgleichung für ein Mol eines idealen Gases lautet

$$p\,v = R\,T. \tag{8}$$

v bedeutet das molare Volumen. Wir finden sofort nach (70) von S. 718

$$\alpha = \frac{1}{v}\left(\frac{\partial v}{\partial T}\right)_p = \frac{1}{T} \tag{9}$$

$$\beta = \frac{1}{p}\left(\frac{\partial p}{\partial T}\right)_v = \frac{1}{T} \tag{10}$$

$$\gamma = -\frac{1}{v}\left(\frac{\partial v}{\partial p}\right)_T = \frac{1}{p}, \tag{11}$$

aus (72) von S. 718 ergibt sich

$$L^v = p; \qquad l^p = v, \tag{12}$$

und aus (73) und (91)

$$\frac{\partial c_v}{\partial v} = 0; \qquad \frac{\partial c_p}{\partial p} = 0 \tag{13}$$

$$c_p - c_v = R. \tag{14}$$

Hier bedeuten c_p und c_v die molaren spezifischen Wärmen. Beide spezifischen Wärmen hängen nur von der Temperatur ab. Die Art der Abhängigkeit wird durch Zustandsgleichung und Thermodynamik nicht bestimmt. Sie kann von

Gas zu Gas noch verschieden sein. Praktisch sind allerdings die spezifischen Wärmen der Gase bei höheren Temperaturen ziemlich konstant, nämlich solange sie keine chemische Zersetzung oder Ionisation erleiden.

Man erhält nach (76) bis (78) von S. 719 die Differentiale der molaren Entropie s, inneren Energie u und Enthalpie h

$$\begin{aligned} ds &= \frac{R}{v}\,dv + \frac{c_v}{T}\,dT \\ &= -\frac{R}{p}\,dp + \frac{c_p}{T}\,dT \end{aligned} \tag{15}$$

$$du = c_v\,dT \tag{16}$$

$$dh = c_p\,dT. \tag{17}$$

Innere Energie und Enthalpie sind Funktionen der Temperatur allein. Gehören zur Temperatur T_1 die Wertes u_1 bzw. h_1, so erhält man

$$u(T) = u_1 + \int\limits_{T_1}^{T} c_v\,dT \approx u_1 + c_v(T - T_1) \tag{18}$$

$$h(T) = h_1 + \int\limits_{T_1}^{T} c_p\,dT \approx h_1 + c_p(T - T_1)\,. \tag{19}$$

In vielen Fällen sind $u(T)$ und $h(T)$ nahezu lineare Funktionen der Temperatur.

Durch Integration von (15) gelangt man zur molaren Entropie

$$\begin{aligned} s &= s_1 + R\ln\frac{v}{v_1} + \int\limits_{T_1}^{T}\frac{c_v}{T}\,dT \\ &= s_1 - R\ln\frac{p}{p_1} + \int\limits_{T_1}^{T}\frac{c_p}{T}\,dT\,. \end{aligned} \tag{20}$$

Sind c_v und c_p konstant, so gilt

$$\begin{aligned} s &= s_1 + R\ln\frac{v}{v_1} + c_v\ln\frac{T}{T_1} \\ &= s_1 - R\ln\frac{p}{p_1} + c_p\ln\frac{T}{T_1}\,. \end{aligned} \tag{20a}$$

Setzt man zur Abkürzung

$$a = s_1 + R\ln p_1 - c_p\ln T_1 \tag{21}$$

und führt die sogenannte chemische Konstante

$$i = \frac{a - c_p}{R} \tag{22}$$

ein, so erhält man die Entropie

$$\begin{aligned} s &= a + c_p\ln T - R\ln p \\ &= R\,i + c_p + c_p\ln T - R\ln p \end{aligned} \tag{20b}$$

pro Mol eines idealen Gases.

Ähnlich kann man auch die molare innere Energie

$$u(T) = u_0 + c_v\,T = u_0 + (c_p - R)\,T \tag{23}$$

berechnen, wo man u_0 als die extrapolierte innere Energie beim absoluten Nullpunkt ansieht, ohne damit physikalischen Sinn verbinden zu wollen.

Die individuellen Eigenschaften der Gase sind in der Entropiekonstante a bzw. der chemischen Konstante i, dem Wert u_0 und in den Werten und der Temperaturabhängigkeit der spezifischen Wärme enthalten.

Jetzt können wir auch die molare freie Energie

$$f = u - T s = u_0 - R T (i + 1) + R T \ln p - c_p T \ln T \tag{24}$$

und das molare GIBBSsche Potential

$$g = f + p v = f + R T = u_0 - i R T + R T \ln p - c_p T \ln T \tag{25}$$

angeben.

Wenn c_p nicht konstant ist, sondern von der Temperatur abhängt, ist noch eine formale Schwierigkeit zu überwinden. Wir setzen dann

$$c_p = c_{pc} + c_{pT}, \tag{26}$$

wobei c_{pc} in dem betrachteten Temperaturbereich konstant und c_{pT} von der Temperatur abhängig sein möge. Dann ist nach (20)

$$s = s_1 - R \ln \frac{p}{p_1} + c_{pc} \ln \frac{T}{T_1} + \int_{T_1}^{T} \frac{c_{pT}\, dT}{T}.$$

c_{pT}, welches den Schwingungsanteil und allenfalls auch den Rotationsanteil der spezifischen Wärme enthält, konvergiert in der Nähe des absoluten Nullpunktes gegen Null, so daß man

$$\int_{T_1}^{T} \frac{c_{pT}\, dT}{T} = \int_0^T \frac{c_{pT}}{T}\, dT - \int_0^{T_1} \frac{c_{pT}}{T}\, dT$$

schreiben und die Abkürzung

$$a = s_1 + R \ln p_1 - c_{pc} \ln T_1 - \int_0^{T_1} \frac{c_{pT}}{T}\, dT \tag{21a}$$

einführen kann. Indem man sich wieder der chemischen Konstanten

$$i = \frac{a - c_{pc}}{R} \tag{22a}$$

bedient, gelangt man zu der Entropie

$$s = R i + c_{pc} - R \ln p + c_{pc} \ln T + \int_0^T \frac{c_{pT}}{T}\, dT \tag{20c}$$

und der freien Energie

$$f = u_0 - R T (i + 1) + R T \ln p - c_{pc} T \ln T + \int_0^T c_{pT}\, dT - T \int_0^T \frac{c_{pT}}{T}\, dT \tag{24a}$$

sowie dem thermodynamischen Potential

$$g = u_0 - i R T + R T \ln p - c_{pc} T \ln T + \int_0^T c_{pT}\, dT - T \int_0^T \frac{c_{pT}}{T}\, dT. \tag{25a}$$

Besonders einfach sind die Prozesse, bei denen entweder Temperatur, Druck oder Volumen konstant bleiben. Der isotherme Prozeß ist durch

$$dT = 0; \quad du = 0; \quad v\, dp + p\, dv = 0,$$

$$dA = -p\, dv = v\, dp; \quad dQ = p\, dv,$$

$$ds = \frac{p}{T}\, dv = \frac{R}{v}\, dv$$

gekennzeichnet. Bleibt das Volumen konstant, so gilt

$$dv = 0; \quad dp = \frac{R}{v} dT; \quad dA = 0; \quad du = dQ = T ds = c_v dT.$$

Ist der Druck konstant, so gilt

$$dp = 0; \quad dv = \frac{R}{p} dT; \quad dA = -R dT$$

$$dQ = T ds = c_p dT \qquad du = c_v dT.$$

Als adiabatisch bezeichnet man einen Prozeß, bei dem keine Wärme zugeführt wird. Ist er reversibel, so ist er auch isentrop, d. h. die Entropie bleibt dieselbe. Es gilt wegen (15)

$$T ds = dQ = \frac{RT}{v} dv + c_v dT = 0,$$

$$du = -p\, dv = c_v dT.$$

Durch Integration ergibt sich der Zusammenhang

$$R \ln \frac{v}{v_1} + c_v \ln \frac{T}{T_1} = 0$$

oder

$$\frac{T}{T_1} = \left(\frac{v_1}{v}\right)^{\frac{R}{c_v}} = \left(\frac{v_1}{v}\right)^{\frac{c_p}{c_v} - 1} \tag{27a}$$

Da

$$\frac{T}{T_1} = \frac{p v}{p_1 v_1}$$

ist, kann man dafür auch

$$\frac{p}{p_1} = \left(\frac{v_1}{v}\right)^{\frac{c_p}{c_v}}; \quad \frac{T}{T_1} = \left(\frac{p}{p_1}\right)^{\frac{R}{c_p}} \tag{27b}$$

schreiben. Dieses Ergebnis gewinnt man auch aus (88) von S. 719.

§ 2. Gasgemische.

Inhalt: Die Entropie eines Gasgemisches ist ebenso groß wie die der getrennten Bestandteile, wenn jeder von ihnen das ganze Volumen einnähme. Berechnung von innerer Energie, Entropie, freier Energie und Gibbsschem Potential der Gasgemische.

Bezeichnungen: Index s gibt den Bestandteil an, kleine Buchstaben beziehen sich auf molare Größen, große Buchstaben auf das ganze System, n_s Zahl der Mole des s-ten Bestandteiles, n Gesamtmolzahl, sonst wie S. 721.

Wenn man von einem idealen Gas spricht, pflegt man gewöhnlich keinen Unterschied zwischen den Gasen einheitlicher Zusammensetzung und den Gasgemischen zu machen. Die Zustandsgleichung ist stets

$$pV = nRT, \tag{28}$$

wenn n die Zahl der Mole aller Komponenten bedeutet. Sind n_s die Molzahlen der einzelnen Bestandteile, so ist

$$n = \sum_s n_s. \tag{29}$$

Bei der Mischung idealer Gase tritt kein Volumeneffekt ein. Das Gesamtvolumen der Mischung ist die Summe der Volumina, welche die Bestandteile beim gleichen Druck einzeln einnehmen würden. Da beim Mischen idealer Gase auch kein Wärmeeffekt beobachtet wird, erhält man die innere Energie eines

Gasgemisches, indem man die inneren Energien addiert, welche die Bestandteile getrennt bei gleicher Temperatur besitzen. Da die innere Energie nur von der Temperatur abhängt, erübrigt sich hierbei eine Angabe für den Druck. Wir betrachten die spezifischen Wärmen der Einfachheit halber als konstant und erhalten

$$\begin{aligned} U &= \Sigma n_s u_s = \Sigma n_s u_{os} + T \Sigma n_s c_{vs} \\ &= \Sigma n_s u_{os} + T \Sigma n_s c_{ps} - R T \Sigma n_s . \end{aligned} \tag{30}$$

c_{vs} ist die molare spezifische Wärme des s-ten Gases bei konstantem Volumen, u_{os} seine extrapolierte molare innere Energie beim absoluten Nullpunkt.

Die Entropie eines Gasgemisches ist ebenso groß wie die Summe der Entropien der einzelnen Gase, wenn jedes von ihnen einzeln das Volumen des Gemisches einnähme. Dies sieht man folgendermaßen ein. Ein Zylinder sei mit einer semipermeablen Wand A abgeschlossen, die nur das Gas *1* durchläßt (s. Abb. 276). In diesem Zylinder bewegen sich zwei starr miteinander verbundene Kolben B und C, von denen C nur das Gas *2* durchläßt. B ist ganz undurchlässig. Sind die Kolben ganz in den Zylinder gedrückt, so hat man die Gasmischung vor sich, zieht man die Kolben heraus, bis C an A anliegt, so sind die beiden Gase getrennt. Bei der Bewegung der Kolben wird keine Arbeit geleistet, da auf B und C gleich große Kräfte in entgegengesetzter Richtung wirken. Auf den Kolben B wirkt der Partialdruck p_1, auf den Kolben C der Druck $p_1 + p_2$ von der rechten und p_2 von der linken Seite. Da die innere Energie der getrennten Gase dieselbe ist wie die des Gemisches und keine Arbeit bei der Trennung umgesetzt wird, ist auch keine Wärme zuzuführen. Die Trennung ändert deshalb die Entropie nicht.

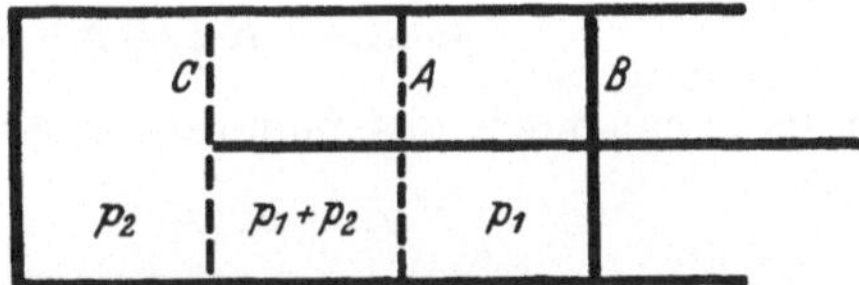

Abb. 276. Bei der Trennung der Gase ist weder Arbeit zu leisten, noch Wärme zuzuführen. Die Entropie des Gemisches ist die Summe der Entropien der getrennten Gase, die unter ihrem Partialdruck stehen.

Die molare Entropie des s-ten Gases bei der Temperatur T und dem Druck p_s ist

$$s_s = c_{ps} \ln T - R \ln p_s + a_s$$

oder

$$s_s = c_{ps} \ln T - R \ln p_s + R i_s + c_{ps},$$

wenn man die chemischen Konstanten i_s verwendet. Die Entropie des Gemisches ist dann

$$S = \Sigma n_s s_s = \ln T \Sigma n_s c_{ps} - R \Sigma n_s \ln p_s + R \Sigma n_s i_s + \Sigma n_s c_{ps}. \tag{31}$$

Die freie Energie erhält die Gestalt

$$\begin{aligned} F &= U - T S \\ &= \Sigma n_s u_{os} - R T \Sigma n_s + R T \Sigma n_s \ln p_s - T \ln T \Sigma n_s c_{ps} - R T \Sigma n_s i_s . \end{aligned} \tag{31a}$$

Schließlich bekommen wir noch das Gibbssche Potential

$$\begin{aligned} G &= F + p V = F + n R T \\ &= \Sigma n_s u_{os} + R T \Sigma n_s \ln p_s - T \ln T \Sigma n_s c_{ps} - R T \Sigma n_s i_s . \end{aligned} \tag{31b}$$

Drückt man n_s und die Partialdrucke p_s durch die Molenbrüche x_s und Gesamtmolzahl n aus, so ist

$$n_s = n x_s ; \quad p_s = p x_s ,$$

$$\Sigma n_s \ln p_s = n \Sigma x_s \ln x_s p = n \Sigma x_s \ln x_s + n \ln p ,$$

und man erhält

$$S = n\{\ln T\,\Sigma\, x_s c_{ps} - R \ln p - R\,\Sigma\, x_s \ln x_s + R\,\Sigma\, x_s i_s + \Sigma\, x_s c_{ps}\}. \tag{32}$$

$$F = n\{\Sigma\, x_s u_{os} - R\,T + R\,T \ln p + R\,T\,\Sigma\, x_s \ln x_s - - T \ln T\,\Sigma\, x_s c_{ps} - R\,T\,\Sigma\, x_s i_s\}. \tag{32a}$$

$$G = n\{\Sigma\, x_s u_{os} + R\,T \ln p + R\,T\,\Sigma\, x_s \ln x_s - - T \ln T\,\Sigma\, x_s c_{ps} - R\,T\,\Sigma\, x_s i_s\}. \tag{32b}$$

Die molaren Größen s, f, g sind durch die geschweiften Klammern gegeben. Jetzt kann man leicht das chemische Potential einer Gasart im Gemisch bilden. Nach S. 716, Gl. (62), erhält man

$$\begin{aligned}\mu_s &= g + \frac{\partial g}{\partial x_s} - \Sigma\, x_i \frac{\partial g}{\partial x_i} \\ &= u_{os} + R T \ln p - c_{ps}\, T \ln T - i_s R T + R\,T \ln x_s.\end{aligned} \tag{33}$$

Führt man noch das molare GIBBSsche Potential

$$g_s = u_{os} + R\,T \ln p - c_{ps}\, T \ln T - i_s R\,T \tag{33a}$$

ein, welches das reine Gas beim Druck p und der Temperatur T besitzt, so ist

$$\mu_s = g_s + R\,T \ln x_s. \tag{33b}$$

Definiert man für das Gemisch die molaren Mittelwerte

$$u_0 = \Sigma\, x_s u_{os}; \qquad c_p = \Sigma\, x_s c_{ps}; \qquad i = \Sigma\, x_s (i_s - \ln x_s)$$

für innere Energie, spezifische Wärme und chemische Konstante, so kann man

$$S = n\{c_p \ln T - R \ln p + i\,R + c_p\}, \tag{34a}$$

$$F = n\{u_0 - R\,T + R\,T \ln p - c_p\, T \ln T - i\,R\,T\}, \tag{34b}$$

$$G = n\{u_0 + R\,T \ln p - c_p\, T \ln T - i\,R\,T\} \tag{34c}$$

schreiben. Damit haben diese Ausdrücke dieselbe Form wie für reine Gase.

Ist die spezifische Wärme temperaturabhängig, so kommen noch die entsprechenden Glieder hinzu wie auf S. 723.

§ 3. Das VAN DER WAALSsche Gas.

Bezeichnungen: a und b VAN DER WAALSsche Konstanten, sonst wie S. 721.

Wir betrachten nun ein Mol eines Gases, welches der VAN DER WAALSschen Gleichung

$$\left(p + \frac{a}{v^2}\right)(v - b) = R\,T \tag{35}$$

gehorcht. Daraus folgt sofort

$$\left(\frac{\partial p}{\partial T}\right)_v = p\,\beta = \frac{R}{v-b}; \qquad \left(\frac{\partial^2 p}{\partial T^2}\right)_v = 0, \tag{36}$$

nach (72) und (73) von S. 718 erhalten wir hieraus

$$L^v = \frac{R\,T}{v-b} = p + \frac{a}{v^2}; \qquad \frac{\partial c_v}{\partial v} = 0. \tag{37}$$

c_v ist also nur von der Temperatur abhängig. Aus (76) und (77) von S. 719 geht

$$ds = \frac{R}{v-b}\,dv + \frac{c_v}{T}\,dT$$

$$du = \left(\frac{RT}{v-b} - p\right)dv + c_v\,dT$$

$$= \frac{a}{v^2}\,dv + c_v\,dT$$

hervor. Durch Integrieren finden wir die molare Entropie

$$s = s_1 + R\ln\frac{v-b}{v_1-b} + \int_{T_1}^{T}\frac{c_v\,dT}{T} \tag{38}$$

und die molare innere Energie

$$u = u_1 + \frac{a}{v_1} - \frac{a}{v} + \int_{T_1}^{T} c_v\,dT\,. \tag{39}$$

Die molare Enthalpie

$$h = u_1 + \frac{a}{v_1} - \frac{2a}{v} + \frac{RTv}{v-b} + \int_{T_1}^{T} c_v\,dT \tag{40}$$

läßt sich leicht durch v und T ausdrücken. Das Volumen mit (35) hieraus zu eliminieren ist dagegen unbequem.

Aus (35) errechnet man

$$\alpha v = \left(\frac{\partial v}{\partial T}\right)_p = \frac{R}{p - \frac{a}{v^2} + \frac{2ab}{v^3}} \tag{41}$$

nach (72) von S. 718

$$l^p = \frac{RT}{p - \frac{a}{v^2} + \frac{2ab}{v^3}}\,. \tag{41a}$$

Setzen wir (36) und (41) in (91) von S. 720 ein, so entsteht

$$c_p - c_v = \frac{R^2 T}{(v-b)\left(p - \frac{a}{v^2} + \frac{2ab}{v^3}\right)} = \frac{R}{1 - \frac{2a(v-b)^2}{RTv^3}}\,. \tag{42}$$

Näherungsweise geht dies in

$$c_p - c_v = R + \frac{2a}{vT} \tag{42a}$$

über, wenn man nur lineare Glieder in a und b berücksichtigt.

§ 4. Strömung durch eine Drossel. JOULE-THOMSON-Effekt.

Inhalt: Ein ideales Gas strömt ohne Temperatureffekt durch eine Drossel; wegen der Abweichungen vom idealen Zustand kühlen sich wirkliche Gase ab, wenn die Temperatur schon tief genug ist. Bei hoher Temperatur erwärmen sie sich beim Entspannen. Inversionstemperatur.

Bezeichnungen: Wie S. 721.

Läßt man ein Gas aus einem Behälter durch ein enges Loch oder eine Düse in einen anderen Raum einströmen, so ist der Strömungsvorgang ein nahezu adiabatischer Prozeß, aber selbstverständlich irreversibel. Auf der einen Seite der Düse (Drossel) herrsche der Druck p_1, auf der anderen Seite der Druck p_2 (s. Abb. 277). Läßt man ein Mol durch die Düse hindurchtreten, so vergrößert sich dessen Volumen von v_1 auf v_2. Um das Gas durch die Drossel zu pressen, muß auf der einen Seite die Arbeit $p_1 v_1$ aufgewandt werden, während auf der anderen Seite die Arbeit $p_2 v_2$ von der strömenden Substanz an den Kolben abgegeben wird. Insgesamt wird dem Gas also die Arbeit

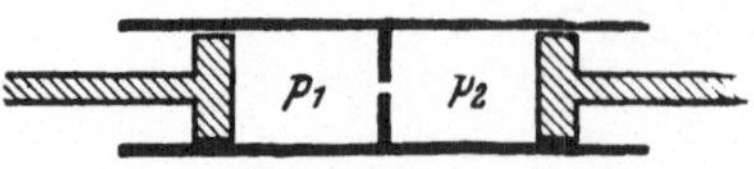

Abb. 277.
Druckdifferenz $p_1 - p_2$ über einer Drossel.

$$A = p_1 v_1 - p_2 v_2$$

zugeführt. Betrachten wir den Vorgang als adiabatisch, so wächst um diesen Betrag auch die innere Energie. Es gilt also

$$u_2 = u_1 + p_1 v_1 - p_2 v_2.$$

Hieraus folgt, daß der Wärmeinhalt (Enthalpie)

$$h = u + p v \tag{43}$$

des Gases nach dem Durchströmen einer Düse derselbe ist wie vorher, wenn das Gas wieder zur Ruhe gekommen ist.

Tritt ein ideales Gas durch die Düse, so hängt die Enthalpie wie die innere Energie nur von der Temperatur ab. Hinter der Düse ist die Enthalpie dieselbe wie davor und bei einem idealen Gas deshalb auch die Temperatur. (Wegen der Vorgänge während der Strömung in der Düse s. S. 302.)

Für wirkliche Gase stimmt dies nicht genau. Verwenden wir die VAN DER WAALSsche Zustandsgleichung, so müssen wir in (40) vor der Düse $v = v_1$ und nach der Düse $v = v_2$ einsetzen und erhalten die Beziehung

$$-\frac{2a}{v_1} + \frac{R T_1 v_1}{v_1 - b} = -\frac{2a}{v_2} + \frac{R T_2 v_2}{v_2 - b} + \int_{T_1}^{T_2} c_v \, dT$$

zwischen den Temperaturen und Molvolumina vor und nach der Strömung.

Wird der Druck in der Drossel nur um den infinitesimalen Betrag dp (der natürlich immer negativ ist) verändert, so ist nach (78) von S. 719

$$dh = v(1 - \alpha T)\, dp + c_p \, dT = 0. \tag{43a}$$

Die Folge der Entspannung des Druckes um dp ist die Temperaturänderung

$$dT = \frac{\alpha v T - v}{c_p} dp. \tag{44}$$

Bei einem idealen Gas hat natürlich die Druckentlastung keine Temperaturänderung zur Folge. Entnehmen wir aber αv aus Gl. (41), so erhalten wir

$$dT = \frac{dp}{c_p} \left\{ \frac{R T}{p - \frac{a}{v^2} + \frac{2ab}{v^3}} - v \right\}. \tag{45}$$

Berücksichtigt man nur lineare Glieder in a und b und eliminiert p mit (35), so geht dies in

$$dT = -\frac{dp}{c_p} \left(b - \frac{2a}{R T} \right) \tag{46}$$

über. Bei hohen Temperaturen bewirkt die Entspannung $(-dp)$ eine Temperaturerhöhung, weil $b > 2a/RT$ ist, bei niederen Temperaturen verursacht sie hingegen eine Abkühlung (JOULE-THOMSON-Effekt). Die Temperatur T_i, bei der die Entspannung gar keinen Temperatureffekt hervorbringt, nennt man Inversionstemperatur. Näherungsweise erhält man für sie

$$T_i = \frac{2a}{Rb}. \tag{47}$$

Aus Gl. (45) kann man aber leicht den genaueren Wert

$$T_i = \frac{2a}{Rb}\left(1 - \frac{b}{v}\right)^2$$

erhalten.

Die Abkühlung durch Entspannung unidealer, komprimierter Gase hat große technische Bedeutung in der LINDEschen Kältemaschine erlangt. Bei Luft als Betriebsgas tritt schon Abkühlung ein, wenn man bei Zimmertemperatur entlastet (Kaltluftmaschine). Man kann aber noch zu tieferen Temperaturen gelangen, wenn man die komprimierte Luft nach dem Gegenstromprinzip durch bereits entspannte Luft vorkühlt. Auf diese Weise erreicht man so niedrige Temperaturen, daß die Luft flüssig wird. Bei Wasserstoff erzielt man bei Zimmertemperatur noch keine Abkühlung, sondern eine Erwärmung. Um ihn zu verflüssigen, muß man ihn vor der Entspannung unter die Inversionstemperatur vorkühlen. Dasselbe ist auch nötig, wenn man Helium verflüssigen will.

§ 5. Phasen. GIBBSsche Phasenregel.

Inhalt: Homogene Phasen sind Teilgebiete von gleicher Zusammensetzung und gleichen physikalischen Eigenschaften. Zahl der Phasen und Zahl der Freiheitsgrade. Phasenregel. Anwendung auf Einstoffsysteme und Zweistoffsysteme.

Bezeichnungen: Index i zur Unterscheidung der Phasen, Index s zur Unterscheidung der Bestandteile, n_{si} Zahl der Mole des s-ten Bestandteiles in der i-ten Phase, n_i Gesamtzahl der Mole in der i-ten Phase, n_s Gesamtzahl der Mole des s-ten Bestandteiles in allen Phasen, g_i molares GIBBSsches Potential der i-ten Phase, G GIBBSsches Potential des ganzen Systems, N Zahl der Bestandteile, P Zahl der Phasen, f Zahl der Freiheitsgrade, x_{si} Molenbruch, μ_{si} chemisches Potential des s-ten Bestandteiles in der i-ten Phase.

Erfahrungsgemäß zerfällt ein System in gewisse Teile, die stofflich einheitlich zusammengesetzt sind. Das System kann z. B. aus einem festen, einem flüssigen und einem gasförmigen Teilgebiet bestehen. Solche homogenen Teilgebiete nennt man Phasen. Nur bei sehr genauer Betrachtung erweist sich eine Phase als nicht völlig homogen. Eine Salzlösung z. B. hat in ihrem Innern überall dieselbe Zusammensetzung, die Oberfläche jedoch kann eine anormal niedrige oder anormal hohe Salzkonzentration aufweisen. Von dieser Eigentümlichkeit, auf die man zwar auch die Thermodynamik anwenden kann, wenn man die Gesetze der Oberflächenspannung zu Hilfe nimmt, sehen wir jetzt ab. Wir sprechen also von homogenen Phasen, indem wir die Oberflächenspannungen vernachlässigen.

Mehrere räumlich getrennte Teilgebiete sieht man als eine einzige Phase an, wenn sie gleiche Zusammensetzung und gleiche physikalische und chemische Eigenschaften besitzen. So sind z. B. mehrere Stücke Eis zusammen nur eine Phase, während das Wasser, auf dem sie schwimmen, eine andere Phase ist. Bei einem Gemisch von Schwefelpulver und Quarzsand stellen die Schwefelkörnchen alle zusammen eine Phase dar, der gesamte Quarzsand eine andere.

Innerhalb einer Phase muß Gleichgewicht bestehen. Deshalb bilden verschiedene Gase stets nur eine einzige Phase. Das Gleichgewicht ist nämlich nicht eher erreicht, als bis durch Diffusion völlige Homogenität erzielt ist. Es kann hingegen mehrere flüssige Phasen geben. Quecksilber, Wasser und Paraffinöl bilden z. B. drei Phasen, welche nebeneinander bestehen können.

Phasen, welche nebeneinander bestehen, also miteinander im Gleichgewicht sind, nennt man koexistent.

Mit Hilfe von semipermeablen Wänden ist es möglich, eine Art künstlicher Phasen zu schaffen. Zu beiden Seiten einer solchen Wand können z. B. zwei Gasphasen bestehen, die sich in ihrer Zusammensetzung unterscheiden.

Ein System bestehe nun aus N resistenten Gruppen (Bestandteilen) und zerfalle in P Phasen. In der i-ten Phase seien n_{si} Mole des s-ten Bestandteils enthalten. Insgesamt enthält die i-te Phase

$$n_i = \sum^s n_{si} \tag{48}$$

Mole, während in allen Phasen zusammen

$$n_s = \sum^i n_{si} \tag{49}$$

Mole des s-ten Bestandteiles vorhanden sind.

Gleichgewicht besteht, wenn das GIBBSsche Potential

$$G = \sum^i n_i g_i \tag{50}$$

ein Minimum ist, d. h. sich nicht verkleinern läßt, indem die n_{si} ihre Werte verändern. g_i ist das molare GIBBSsche Potential in der i-ten Phase. Allerdings sind nur solche Veränderungen möglich, bei denen die n_s unverändert bleiben. Wir suchen also ein Minimum von G mit den Gl. (49) als Nebenbedingungen und verlangen deshalb

$$\delta\left(G - \sum^s \lambda_s \sum^i n_{si}\right) = \sum^i \delta\left\{n_i g_i - \sum^s \lambda_s n_{si}\right\} = 0,$$

woraus sofort

$$\delta\left\{n_i g_i - \sum^s \lambda_s n_{si}\right\} = \sum^s \left\{\frac{\partial}{\partial n_{si}}(n_i g_i) - \lambda_s\right\} \delta n_{si} = 0$$

folgt. Nun ist nach S. 716, Gl. (61),

$$\mu_{si} = \frac{\partial}{\partial n_{si}}(n_i g_i)$$

das chemische Potential des s-ten Stoffes in der i-ten Phase, und wir erhalten als Gleichgewichtsbedingungen

$$\mu_{si} = \lambda_s. \tag{51}$$

Das chemische Potential eines jeden Bestandteiles muß in allen Phasen dasselbe sein, wenn Gleichgewicht bestehen soll.

Die Zahl der Gleichungen (51) beträgt $N P$. In ihnen kommen aber nicht die n_{si} selbst, sondern die Molenbrüche

$$x_{si} = \frac{n_{si}}{\sum^s n_{si}} = \frac{n_{si}}{n_i}$$

vor. Von ihnen gibt es $N - 1$ in jeder Phase, weil der letzte sich nach der Gleichung

$$\sum^s x_{si} = 1$$

durch die übrigen ausdrücken läßt. Es gibt also $(N - 1) P$ unabhängige Molenbrüche. Das Gleichungssystem (51) legt den Werten der x_{si}, ferner den N Werten der λ_s und schließlich dem Druck und der Temperatur Bedingungen auf. Die Zahl dieser Größen ist

$$(N - 1) P + N + 2$$

und muß natürlich größer oder höchstens gleich der Zahl der Gleichungen (51) sein. Daraus folgt

$$(N-1)\,P+N+2\geqq N\,P$$

oder

$$N+2\geqq P. \tag{52}$$

Die Zahl der Phasen kann höchstens um 2 größer sein als die Zahl der Bestandteile (resistenten Gruppen). Diese Aussage heißt die „GIBBSsche Phasenregel“. Die Größe

$$f=N+2-P \tag{53}$$

gibt an, wie viele von den Bestimmungsstücken (Molenbrüche, p, T) noch willkürlich bleiben. f wird Zahl der Freiheitsgrade genannt.

Ist $N=1$, wie dies bei jedem reinen Stoff der Fall ist, so haben wir mindestens eine, höchstens drei Phasen. Bei nur einer Phase kann p und T willkürlich gewählt werden. Sollen zwei Phasen vorhanden sein (z. B. Wasser und Dampf oder Wasser und Eis oder Eis und Dampf), so ergibt sich der Druck aus der Temperatur und umgekehrt (Dampfdruckkurve, Schmelzdruckkurve, Sublimationskurve). Drei Phasen, z. B. Eis, Wasser und Dampf, können nur bei einem ganz bestimmten Druck und bei einer ganz bestimmten Temperatur gleichzeitig existieren. Trägt man die Dampfdruckkurve, Schmelzdruckkurve und Sublimationskurve in ein p, T-Diagramm ein, so schneiden sich alle drei in diesem Punkt, dem Tripelpunkt (s. Abb. 278).

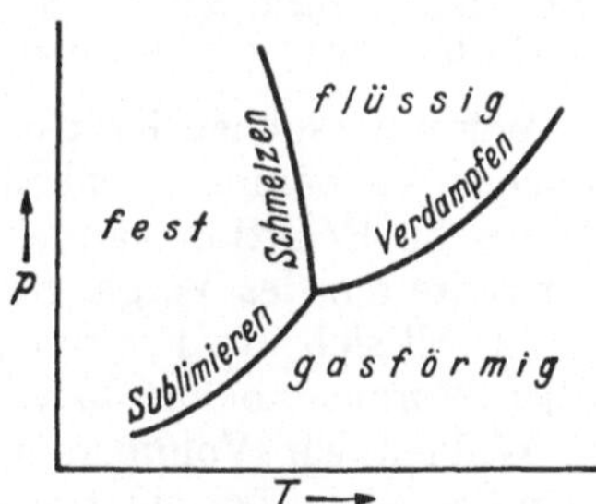

Abb. 278. Phasengleichgewichte und Tripelpunkt bei einer reinen Substanz (Wasser).

Ein Gemisch von Benzol und Naphthalin ist ein Zweistoffsystem. Haben wir nur eine Phase, z. B. nur Dampf, so kann man die Temperatur und die Dampfdichten beider Stoffe willkürlich wählen. Der Gesamtdruck ergibt sich hieraus. Hat man nur Flüssigkeit, so kann man z. B. Druck und Temperatur beliebig festsetzen, und es bleibt dann noch der Naphthalingehalt der Lösung willkürlich. Sollen zwei Phasen vorhanden sein, etwa Dampf und Lösung, so kann man etwa die Temperatur und die Naphthalinkonzentration der Lösung willkürlich bestimmen. Hieraus ergibt sich aber dann der Gesamtdruck des Dampfes wie auch die Teildrucke von Benzol und Naphthalin. Soll eine feste Phase, etwa Naphthalin, neben der Lösung vorhanden sein, so kann man etwa Temperatur und Druck beliebig nehmen. Daraus ergibt sich dann die Konzentration der Lösung. Soll festes Naphthalin, Lösung und Dampf vorhanden sein, so kann man noch die Temperatur beliebig festsetzen. Hieraus ergibt sich die Konzentration der Lösung wie auch der Druck, der ihrem Dampfdruck gleich sein muß. Es können aber auch vier Phasen vorhanden sein, z. B. Dampf, Lösung, festes Naphthalin und festes Benzol. Dies ist dann nur bei einer ganz bestimmten Temperatur und einem ganz bestimmten Druck möglich. Erhöht man nämlich die Temperatur, so schmilzt das Benzol, erniedrigt man die Temperatur oder erhöht den Druck, so kondensiert der Dampf.

Zu den Freiheitsgraden zählen wir nur die Molenbrüche, den Druck und die Temperatur. Dies sind Größen, welche den physikalischen und chemischen Zustand der Phasen beschreiben. Die gesamte Menge, welche von einer Phase vorhanden ist, wird nicht als Freiheitsgrad mitgezählt. Freiheitsgrade dürfen also nicht mit den unabhängigen Variablen verwechselt werden, welche den Zustand des Systems beschreiben. Betrachten wir das Verdampfungsgleichgewicht eines reinen Stoffes, so haben wir einen Freiheitsgrad, z. B. die Temperatur. Von ihr hängt der Druck ab. Daneben ist aber das Gesamtvolumen noch eine unabhängige Variable. Es hat keinen Einfluß auf die Eigenschaften der flüssigen und gasförmigen Phase; vom Volumen hängt es aber ab, wie sich die Gesamtmenge des Stoffes auf fest und flüssig verteilt.

Besonders wichtig ist die Phasenregel, um Übersicht über das mögliche Verhalten von Gemischen mehrerer Bestandteile zu gewinnen. Sie spielt vor allem in der Metallographie eine sehr große Rolle.

§ 6. Chemische Prozesse.

Inhalt: Arbeitsaufwand und Wärmebedarf einer chemischen Reaktion. Wärmetönung und Affinität. HELMHOLTZsche Gleichungen. Gleichgewicht bezüglich einer Reaktion.

Bezeichnungen: A zugeführte Arbeit, Q zugeführte Wärme, T Temperatur, p Druck, λ Reaktionslaufzahl, V Volumen, L^v Expansionswärme, l^p Entspannungswärme, $\mathfrak{L}$, $\mathfrak{l}$ Wärmeverbrauch der Reaktion bei konstantem Volumen bzw. Druck, $\mathfrak{A} = -\mathfrak{K} = -K^\lambda$ Affinität, S Entropie, $\mathfrak{S}$ Entropiezuwachs durch die Reaktion bei konstantem Volumen, $\mathfrak{s}$ bei konstantem Druck, $\mathfrak{U}$ Reaktionsenergie bei konstantem Volumen, $\mathfrak{h}$ Reaktionsenthalpie bei konstantem Druck, $\mathfrak{W} = -\mathfrak{U}$, $\mathfrak{w} = -\mathfrak{h}$ Wärmetönungen bei konstantem Volumen bzw. Druck, G GIBBSsches Potential, μ_s chemisches Potential des s-ten Stoffes.

Wir untersuchen jetzt ein System, an dem sich ein Vorgang abspielen kann, welchen wir hemmen und in Gang setzen können. Es kann sich hierbei um eine chemische Reaktion handeln, aber auch um eine Phasenumwandlung. Um das Fortschreiten des Vorganges zu beschreiben, führen wir die Reaktionslaufzahl λ ein. λ soll sich um 1 vergrößern, wenn der Vorgang einmal im Sinne der chemischen Formel abläuft bzw. ein Mol umsetzt.

Wählen wir Volumen und Temperatur neben λ als unabhängige Variable, so müssen wir bei einer reversiblen Zustandsänderung die Arbeit

$$dA = -p\,dV + K^\lambda\,d\lambda = -p\,dV + \mathfrak{K}\,d\lambda \tag{54}$$

und die Wärme

$$dQ = L^v\,dV + L^\lambda\,d\lambda + L^T\,dT = L^V\,dV + \mathfrak{L}\,d\lambda + L^T\,dT \tag{55}$$

aufwenden. Die Größe

$$\mathfrak{K} = K^\lambda \tag{56}$$

bedeutet den Arbeitsaufwand, wenn die Reaktion bei konstantem Volumen einmal reversibel abläuft. Bei einer irreversiblen Reaktion muß also mindestens der Arbeitsbetrag $\mathfrak{K}$ zugeführt werden.

$$\mathfrak{A} = -\mathfrak{K} = -K^\lambda \tag{57}$$

ist die Arbeit, welche man günstigstenfalls aus dem Reaktionsablauf $\lambda = 1$ gewinnen kann, und heißt Affinität. L^v ist die Expansionswärme, wenn keine Reaktion abläuft, während

$$\mathfrak{L} = L^\lambda \tag{58}$$

den Wärmeverbrauch bei der Reaktion bedeutet, wenn Volumen und Temperatur konstant bleiben.

Wir erhalten nun den Entropiezuwachs

$$dS = \frac{L^v}{T}\,dV + \frac{\mathfrak{L}}{T}\,d\lambda + \frac{L^T}{T}\,dT$$

und bezeichnen mit

$$\left(\frac{\partial S}{\partial \lambda}\right)_{V,T} = \mathfrak{S} = \frac{\mathfrak{L}}{T} \tag{59}$$

den Entropiezuwachs, wenn die Reaktion einmal bei konstantem Volumen und konstanter Temperatur abläuft. Entsprechend ist

$$\left(\frac{\partial U}{\partial \lambda}\right)_{V,T} = \mathfrak{U} = \mathfrak{L} + \mathfrak{K} \tag{60}$$

die Zunahme der inneren Energie bei diesem Prozeß.

$$\mathfrak{W} = -\mathfrak{U} \tag{61}$$

ist die molare Wärmetönung bei konstantem Volumen. Bestimmt man nämlich die Wärmetönung im Kalorimeter, so leitet man den Vorgang irreversibel, und es wird bei konstantem Volumen keine Arbeit abgegeben. Die ganze Änderung der inneren Energie kommt dann also als Wärme zur Messung.

Wendet man die Differentialgleichung (15c) von S. 709 an, so findet man

$$\mathfrak{L} = -T\left(\frac{\partial \mathfrak{K}}{\partial T}\right)_V.$$

Drückt man $\mathfrak{L}$ durch $\mathfrak{U}$ und $\mathfrak{K}$ aus, so erhält man die sogenannte HELMHOLTZsche Gleichung

$$\mathfrak{U} = \mathfrak{K} - T\left(\frac{\partial \mathfrak{K}}{\partial T}\right)_V \tag{62}$$

für konstantes Volumen. Führen wir Wärmetönung und Affinität ein, so erhalten wir die in der Chemie übliche Form

$$\mathfrak{W} = \mathfrak{A} - T\left(\frac{\partial \mathfrak{A}}{\partial T}\right)_V. \tag{62a}$$

Selbst wenn der Prozeß reversibel geleitet wird, setzt sich die Wärmetönung der Reaktion nicht einfach in Arbeit um. Ist $\mathfrak{A} < \mathfrak{W}$, so nimmt $\mathfrak{A}$ mit steigender Temperatur ab. Bei der Reaktion wird nicht die ganze Wärmetönung als Arbeit abgegeben, sondern muß zum Teil als Wärme abgeleitet werden. Geschieht dies nicht, so erwärmt sich das System. Ist umgekehrt $\mathfrak{A} > \mathfrak{W}$, so nimmt $\mathfrak{A}$ mit der Temperatur zu. Die Wärmetönung reicht nicht aus, um die abgegebene Arbeit zu decken, und man muß Wärme zuführen. Geschieht dies nicht, so kühlt sich das System ab. Nur wenn $\partial\mathfrak{A}/\partial T = 0$ ist, was nur zufällig bei einer bestimmten Temperatur eintreten kann, sind Wärmetönung und Affinität gleich.

Gleichgewicht besteht, wenn die Reaktion weder in der einen noch in der entgegengesetzten Richtung reversible Arbeit leisten kann, welche durch einen irreversiblen Prozeß verschleißbar wäre. Die Gleichgewichtsbedingung lautet also bei konstantem Volumen und Temperatur

$$\mathfrak{K} = 0. \tag{63}$$

Dieselben Überlegungen lassen sich auch durchführen, wenn man Druck und Temperatur als Variable nimmt. Eine reversible Zustandsänderung erfordert dann die Arbeit

$$dA = -d(pV) + V\,dp + \mathfrak{K}\,d\lambda$$

und die Wärme

$$dQ = -\mathfrak{l}^p\,dp + \mathfrak{l}\,d\lambda + \mathfrak{l}^T\,dT.$$

$\mathfrak{K}$ bedeutet den Arbeitsbedarf der Reaktion bei konstantem Volumen und konstanter Temperatur, ist aber als Funktion von p, λ und T anzusetzen. Der Wärmebedarf $\mathfrak{l}$ bei konstanter Temperatur und konstantem Druck ist natürlich verschieden vom Wärmebedarf bei konstantem Druck und konstanter Temperatur. Der Ablauf der Reaktion bei konstantem Druck und Temperatur ist mit dem Zuwachs

$$\left(\frac{\partial \mathfrak{H}}{\partial \lambda}\right)_{p,T} = \left(\frac{d(U + pV)}{d\lambda}\right)_{p,T} = \mathfrak{h} = \mathfrak{l} + \mathfrak{K} \tag{64}$$

der Enthalpie und dem Zuwachs

$$\left(\frac{\partial S}{\partial \lambda}\right)_{p,T} = \mathfrak{s} = \frac{\mathfrak{l}}{T} \tag{65}$$

der Entropie verbunden. Das Differential des GIBBSschen Potentials ist

$$dG = V\,dp + \mathfrak{K}\,d\lambda - S\,dT,$$

so daß

$$\mathfrak{K} = \frac{\partial G}{\partial \lambda} \tag{66}$$

wird. Als Wärmetönung $\mathfrak{w}$ bei konstantem Druck führen wir

$$\mathfrak{w} = -\mathfrak{h} \tag{67}$$

ein und erhalten mit Gl. (27b) von S. 711 die HELMHOLTZsche Gleichung

$$\mathfrak{h} = \mathfrak{K} - T\left(\frac{\partial \mathfrak{K}}{\partial T}\right)_p \tag{68}$$

bzw.

$$\mathfrak{w} = \mathfrak{A} - T\left(\frac{\partial \mathfrak{A}}{\partial T}\right)_p \tag{69}$$

bei konstantem Druck, wobei aber $\mathfrak{K}$ immer noch den Arbeitsaufwand der Reaktion bei konstanter Temperatur und konstantem Volumen bedeutet.

Gleichgewicht bezüglich der Reaktion besteht, wenn

$$\mathfrak{K} = 0 \tag{70}$$

ist. Läuft die Reaktion nach dem Schema

$$\sum \nu_s A_s = 0$$

ab, d. h. erzeugt sie ν_s Mole der Stoffart A_s, so entstehen

$$dn_s = \nu_s\,d\lambda$$

Mole der Stoffart A_s, wenn die Reaktion um $d\lambda$ fortschreitet. An $d\lambda$ knüpft sich also der Zuwachs des GIBBSschen Potentials

$$dG = d\lambda \sum^{s} \nu_s \frac{\partial G}{\partial n_s} = d\lambda \sum \nu_s \mu_s \tag{71}$$

wenn μ_s das chemische Potential der s-ten Substanz bedeutet. Wir erhalten daher auch

$$\mathfrak{K} = \frac{\partial G}{\partial \lambda} = \sum \nu_s \mu_s = 0 \tag{71a}$$

als Gleichgewichtsbedingung.

§ 7. Phasenänderung, Verdampfung.

Inhalt: Gleichungen von CLAUSIUS, CLAPEYRON und VAN T'HOFF für die Dampfdruckkurve. Andere Phasenumwandlungen. Verdampfung als chemische Reaktion.

Bezeichnungen: v_D, v_{fl} Molarvolumen des Dampfes und der Flüssigkeit, $\mathfrak{l}$ Verdampfungswärme, μ chemisches Potential, g molares GIBBSsches Potential, i chemische Konstante, c_{pc} und c_{pT} konstanter und temperaturabhängiger Bestandteil der spezifischen Wärme bei konstantem Druck, u molare innere Energie, u_0 bei absolutem Nullpunkt; die Größen des Dampfes sind durch ', die der Flüssigkeit durch '' gekennzeichnet. Sonst wie S. 732.

Als Beispiel einer Phasenumwandlung studieren wir die Verdampfung.

Wir betrachten sie zuerst als Zustandsänderung und nehmen Volumen und Temperatur als Variable. Dann ist

$$dA = -p\,dV$$

der Arbeitsaufwand und

$$dQ = L^v\,dV + L^T\,dT$$

der Wärmebedarf, wenn wir das Volumen um dV und die Temperatur um dT verändern. p bedeutet den Dampfdruck der Flüssigkeit. Verdampft man ein Mol, so muß die Wärmemenge $\mathfrak{l}$ zugeführt werden, die man als Verdampfungswärme bezeichnet. Ist v_D das molare Volumen des Dampfes und v_{fl} das der Flüssigkeit, so nimmt das Volumen bei der Verdampfung eines Mols um $v_D - v_{fl}$ zu. Pro Volumeneinheit ist also die Verdampfungswärme

$$L^v = \frac{\mathfrak{l}}{v_D - v_{fl}} \tag{72}$$

nötig. Wenden wir jetzt die Gleichung

$$L^v = T\frac{\partial p}{\partial T}$$

von S. 718 an, so erhalten wir die Beziehung

$$\frac{dp}{dT} = \frac{\mathfrak{l}}{T(v_D - v_{fl})} \tag{73}$$

von CLAUSIUS.

Betrachten wir $\mathfrak{l}$ und die Volumina als Funktionen von Druck und Temperatur, so ist dies eine Gleichung zwischen dem Dampfdruck und der Temperatur.

Im allgemeinen ist das molare Volumen des Dampfes viel größer als das der Flüssigkeit, und man kann v_{fl} gegen v_D vernachlässigen. Gewöhnlich kann man den Dampf sogar als ideales Gas betrachten und dann

$$v_D = \frac{RT}{p}$$

setzen, wodurch Gl. (73) in die CLAUSIUS-CLAPEYRONsche Gleichung

$$\frac{1}{p}\frac{dp}{dT} = \frac{\mathfrak{l}}{RT^2} \tag{73a}$$

oder

$$\frac{d}{dT}\ln p = \frac{\mathfrak{l}}{RT^2}$$

übergeht. In einem kleineren Temperaturbereich darf man $\mathfrak{l}$ als konstant betrachten und kann dann integrieren, wobei man die VAN T'HOFFsche Gleichung

$$p = p_0 e^{\frac{\mathfrak{l}}{R}\left(\frac{1}{T_0} - \frac{1}{T}\right)} \tag{73b}$$

erhält.

Wie die Verdampfung kann man auch das Schmelzen oder eine beliebige andere Umwandlung behandeln. Es gilt wie oben die CLAUSIUSsche Gleichung

$$\frac{dp}{dT} = \frac{\mathfrak{l}}{T(v_2 - v_1)}. \tag{74}$$

$\mathfrak{l}$ bedeutet die Wärme, welche man bei konstantem Druck zuführen muß, um ein Mol vom Zustand 1 in den Zustand 2 überzuführen. Beim Schmelzprozeß ist $\mathfrak{l}$ die Schmelzwärme, v_2 das molare Flüssigkeitsvolumen und v_1 das molare Volumen der festen Phase. Ist $v_2 > v_1$, so ist dp/dT positiv. Die Schmelztemperatur steigt mit dem Druck. Ist $v_2 < v_1$ wie bei Wasser, so sinkt der Schmelzpunkt, wenn man den Druck erhöht. Da die Volumenunterschiede im flüssigen und festen Zustand gering sind, muß man große Drucke anwenden, um den Schmelzpunkt geringfügig zu verschieben.

Man kann die Phasenveränderung auch als chemischen Prozeß ansehen. Für das Phasengleichgewicht gilt dann nach (71a)

$$\mathfrak{K} = \mu' - \mu'' = 0. \tag{75}$$

μ' und μ'' bedeuten die chemischen Potentiale in den beiden Phasen. Wenn es sich um reine Stoffe handelt, sind die chemischen Potentiale gleich den GIBBSschen Potentialen für ein Mol, und die Gleichgewichtsbestimmung lautet

$$g' = g''. \tag{76}$$

Wir verfolgen die Verdampfung etwas mehr in die Einzelheiten. Nach S. 723 ist

$$g' = u_0' + \int_0^T c_{pT}' \, dT + RT \ln p - c_{pc}' T \ln T - T \int_0^T \frac{c_{pT}'}{T} dT - i' RT$$

das molare GIBBSsche Potential des idealen Dampfes.

Hier bedeuten u_0' die extrapolierte, molare innere Energie des Dampfes beim absoluten Nullpunkt, i' seine chemische Konstante, c_{pc}' den konstanten und c_{pT}' den temperaturabhängigen Anteil der spezifischen Wärme bei konstantem Druck.

Bei der Flüssigkeit vernachlässigen wir die Kompressibilität, so daß alle Größen nur von der Temperatur abhängen, und erhalten

$$g'' = u'' - T s'' + p v'' = u'' - T \int_0^T \frac{c''}{T} dT + p v''.$$

c'' bedeutet die spezifische Wärme, u'' die molare innere Energie. Die Gleichgewichtsbedingung lautet

$$\begin{aligned} RT \ln p = u'' - u_0' - \int_0^T c_{pT}' \, dT + T \int_0^T \frac{c_{pT}' - c''}{T} dT + \\ + c_{pc}' T \ln T + p v'' + i' RT. \end{aligned} \tag{77}$$

Die Verdampfungswärme ist die Differenz der inneren Energie des Gases

$$u_0' + \int_0^T c_v' \, dT = u_0' + (c_{pc}' - R) T + \int_0^T c_{pT}' \, dT$$

und der inneren Energie der Flüssigkeit u'', zuzüglich der bei der Verdampfung eines Mols geleistete Arbeit

$$p(v' - v'') = R\,T - p\,v'',$$

so daß wir für sie

$$\mathfrak{l} = u_0' + \int_0^T c_{pT}'\,dT - u'' + c_{pe}'T - p\,v''$$

erhalten. Setzen wir dies in (77) ein, so ergibt sich

$$\ln p = -\frac{\mathfrak{l}}{RT} + \int_0^T \frac{c_{pT}' - c''}{RT}\,dT + \frac{c_{pe}'}{R}\ln T + i' + \frac{c_{pe}'}{R}. \tag{77a}$$

Dies ist das Integral der CLAUSIUS-CLAPEYRONschen Gl. (73a) von S. 735. Manchmal, z. B. bei einatomigen Dämpfen, ist $c_{pT}' = 0$, da Rotation und Schwingung zur spezifischen Wärme nichts beitragen können. Man kann nun auch c'' konstant setzen und die Anteile der Integrale über Temperaturbereiche, wo sich c'' ändert, in der chemischen Konstanten unterbringen. Dann erhält man

$$p = T^{\frac{c_{pe}' - c''}{R}}\,e^{-\frac{\mathfrak{l}}{RT} + i' + \frac{c_{pe}'}{R}}. \tag{78}$$

Wenn diese Gleichung auch nicht sehr genau ist, läßt sie doch den steilen Anstieg der Dampfdruckkurve mit der Temperatur gemäß dem Faktor

$$e^{-\frac{\mathfrak{l}}{RT}}$$

erkennen. Sie ist etwas genauer als die VAN T'HOFFsche Gleichung.

§ 8. Die Elektrolyse.

Inhalt: Anwendung der HELMHOLTZschen Gleichungen auf Elektrolyse und galvanische Ketten.

Bezeichnungen: $F = 96450$ Coulomb, E Zersetzungsspannung, sonst wie S. 732 und 735.

Bei der Elektrolyse kann der chemische Vorgang durch Schließen und Öffnen des Stromes in Gang gesetzt oder gehemmt werden.

Die Elektrolyse findet normalerweise bei konstantem Druck statt. Wir nehmen deshalb T und p als unabhängige Variable. Wenn keine gasförmigen Reaktionspartner bei der Elektrolyse auftreten, so macht es übrigens kaum einen Unterschied, ob der Vorgang bei konstantem Druck oder bei konstantem Volumen abläuft.

Die chemische Reaktion ist einmal abgelaufen, wenn der Stoffumsatz ein chemisches Äquivalent beträgt. Hierbei fließt die Ladung $F = 96450$ Coulomb durch die Zelle. Bei der Reaktion $d\lambda$ wird die elektrische Arbeit

$$dA = E\,F\,d\lambda = \mathfrak{K}\,d\lambda$$

zugeführt, wenn E die Zersetzungsspannung ist. Die HELMHOLTZsche Gl. (68) sagt dann

$$\mathfrak{h} = EF - F\,T\frac{\partial E}{\partial T}. \tag{79}$$

Wächst die Zersetzungsspannung mit der Temperatur ($\partial E/\partial T > 0$), so ist $\mathfrak{h} < E\,F$, d. h. die zugeführte Arbeit wird nicht völlig verbraucht, um die Zersetzung vorzunehmen. Der Überschuß muß als Wärme abgeführt und der

Elektrolyt gekühlt werden, wenn die Temperatur konstant bleiben soll. Die erzeugte Wärme ist selbstverständlich nicht die JOULEsche Wärme, welche infolge des inneren Widerstandes der Zelle entsteht. Die JOULEsche Wärme kommt außerdem noch hinzu und stellt den Arbeitsverschleiß durch Irreversibilität dar.

Nimmt die Zersetzungsspannung mit höherer Temperatur ab, so ist $\mathfrak{h} > E\,F$. Die elektrische Arbeit deckt den Energiebedarf bei der Zersetzung nicht. Es muß also Wärme zugeführt werden, wenn der Elektrolyt sich nicht abkühlen soll. In Wirklichkeit kommen beide Fälle vor.

Das galvanische Element ist die Umkehrung der elektrolytischen Zelle. Bezeichnen wir ihre elektromotorische Kraft mit $E' = -E$ und verwenden die Wärmetönung $\mathfrak{w} = -\mathfrak{h}$ des chemischen Vorganges, so gilt

$$\mathfrak{w} = E'F - F\,T\frac{\partial E'}{\partial T}. \tag{80}$$

Steigt die elektromotorische Kraft mit der Temperatur, so ist $\mathfrak{w} < E'\,F$. Die chemische Energie deckt die geleistete elektrische Arbeit nicht. Wenn man keine Wärme zuführt, kühlt sich das Element ab (DANIELL-Element). Sinkt die elektromotorische Kraft mit der Temperatur, so liefert die chemische Energie außer der elektrischen Arbeit noch Wärme. Das Element erwärmt sich, wenn man es nicht kühlt. In jedem Fall verändert sich ein Element so, daß seine elektromotorische Kraft abnimmt, wenn man es sich selbst überläßt.

V. Die absoluten Zahlwerte der thermodynamischen Funktionen. NERNSTsches Theorem.

Nach dem Ergebnis der vorangegangenen Paragraphen muß es unserer Bestreben sein, die Funktionen des GIBBSschen Potentials oder der freien Energie bei allen Drucken und allen Temperaturen für alle Stoffe zu ermitteln. Entweder muß man diese Funktionen durch eine Formel darstellen oder sie wenigstens in Tabellen oder Diagrammen niederlegen. Natürlich müßte man auch Gemische, insbesondere Lösungen, berücksichtigen, bei denen dann G und F nicht nur von p und T, sondern auch von der Zusammensetzung abhängig sind. Wir beschränken unser Interesse zunächst auf reine Substanzen.

§ 1. Die innere Energie.

Inhalt: Die molare innere Energie kann man durch Messungen als Funktion von Druck und Temperatur ermitteln.

Bezeichnungen: p Druck, V Volumen, v molares Volumen, T Temperatur, A Arbeit, Q Wärme, c_p spez. Wärme bei konstantem Druck, c_v spez. Wärme bei konstantem Volumen, u molare innere Energie, u_0 Bildungsenergie einer Verbindung beim absoluten Nullpunkt, S Entropie, s molare Entropie, λ Reaktionslaufzahl, $\mathfrak{s}$ Entropiezuwachs beim Ablauf einer Reaktion, $\mathfrak{w}$ Wärmetönung, $\mathfrak{A}$ Affinität einer Reaktion.

Der erste Schritt zur Lösung der soeben skizzierten Aufgabe besteht darin, uns die Kenntnis der inneren Energie einer Substanz bei allen Drucken und allen Temperaturen zu verschaffen.

Die innere Energie der chemischen Elemente beim absoluten Nullpunkt und einem bestimmten Druck kann man willkürlich festsetzen, wenn man Umwandlungen im Atomkern nicht in den Kreis thermodynamischer Betrachtungen zieht. Allen Elementen möge also bei $T = 0$ und dem Druck von 1 Atmosphäre (p_0) die innere Energie Null zugeschrieben werden. Die molare innere Energie u_0 einer Verbindung bei der Temperatur $T = 0$ und dem Druck p_0 ist dann die Energie, welche man den Elementen zuführen muß, um ein Mol der Verbindung zu bilden. Sie wird Bildungsenergie genannt und ist bei den meisten bekannten Verbindungen negativ.

Nun ist nach S. 711

$$dA = -d(pV) + V\,dp$$

$$dQ = -l^p\,dp + l^T\,dT.$$

Beziehen wir alles auf ein Mol und bezeichnen die molare spezifische Wärme mit c_p, so ist $l^T = c_p$. Dann haben wir

$$dA = -d(p\,v) + v\,dp$$

$$dQ = -l^p\,dp + c_p\,dT$$

und wegen (28), S. 711,

$$dQ = -T\frac{\partial v}{\partial T}\,dp + c_p\,dT.$$

Hieraus ergibt sich

$$du = -d(p\,v) + \left(v - T\frac{\partial v}{\partial T}\right)dp + c_p\,dT.$$

Durch Integration erhält man die molare innere Energie

$$u = p_0\{v(p_0, 0) - v(p_0, T)\} + \int_0^T c_{p_0}\,dT$$

beim Druck p_0 und einer beliebigen Temperatur T für die Elemente. Ihre molare innere Energie bei beliebiger Temperatur T und beliebigem Druck p ist analog

$$u = p_0 v(p_0, 0) - p\,v(p, T) + \int_0^T c_{p_0}\,dT + \int_{p_0}^{p}\left(v - T\frac{\partial v}{\partial T}\right)dp. \tag{1}$$

Wenn man also die Zustandsgleichung

$$v = v(p, T)$$

und den Temperaturverlauf der spezifischen Wärme wenigstens für einen Wert des Druckes kennt, so kann man u ausrechnen. Die Zustandsgleichung und c_p sind aber der Messung leicht zugänglich.

Bei der inneren Energie der Verbindungen muß man noch u_0 zufügen und erhält

$$u = u_0 + p_0 v(p_0, 0) - p\,v(p, T) + \int_0^T c_{p_0}\,dT + \int_{p_0}^{p}\left(v - T\frac{\partial v}{\partial T}\right)dp. \tag{1a}$$

Hat man die innere Energie der Verbindung in irgendeinem Zustand, so kann man sie aus dieser Formel für alle Drucke und alle Temperaturen finden.

Wichtig ist, daß es grundsätzlich keine Schwierigkeit macht, die in Formel (1a) vorkommenden Größen zu messen, so daß wir die molare innere Energie u als eine bekannte oder meßbare Funktion von Druck und Temperatur betrachten können.

§ 2. Absoluter Wert der Entropie.

Die Definition der Entropie durch die Beziehung

$$dS = \frac{dQ}{T}$$

für reversible Prozesse läßt noch eine willkürliche Konstante offen. Hätten wir z. B. den Wert der Entropie eines reinen Stoffes beim absoluten Nullpunkt, so könnten wir seine molare Entropie für alle Zustände ähnlich wie die innere Energie aufbauen.

Hier hilft uns nun die Quantentheorie weiter. Sie zeigt, daß die Entropie reiner Stoffe beim absoluten Nullpunkt immer den Wert Null hat. Spielt sich eine chemische Reaktion beim absoluten Nullpunkt ab, so entsteht bei ihr keine Entropie. Bezeichnet λ den Reaktionsablauf einer Reaktion (s. S. 706 und 732), so beschreiben wir dies durch die Formel

$$\frac{\partial S}{\partial \lambda} = \mathfrak{S} = 0 \quad \text{für} \quad T = 0. \tag{2}$$

Diese wichtige Gesetzmäßigkeit wurde von NERNST schon vor der Entwicklung der Quantentheorie erkannt und wird als NERNSTsches Theorem oder dritter Hauptsatz der Thermodynamik bezeichnet. Manche Modelle, deren Entropie bei $T = 0$ nicht verschwindet, wie das Modell der idealen Gase, beschreiben bei niederen Temperaturen die wirklichen Stoffe nicht mehr ausreichend. Hiermit hängt auch zusammen, daß die idealen Gase dem NERNSTschen Theorem Schwierigkeiten machen. Die wirklichen Gase entfernen sich bei tiefen Temperaturen grundlegend von dem Modell des idealen Gases, sie entarten. Diese merkwürdige Erscheinung hat NERNST vorausgesagt, und sie hat sich später bestätigt.

Die Gewißheit, daß die Stoffe bei tiefen Temperaturen dem NERNSTschen Theorem folgen, können wir aus Beobachtungen gewinnen. Das Beobachtungsmaterial ist aber weder sehr genau noch sehr ausgedehnt. Die Gewähr für die Richtigkeit dieses universellen Satzes liegt nicht in seiner direkten experimentellen Prüfung, sondern darin, daß dieses Theorem sich als eine Folge der Quantentheorie erweist. Damit erscheint der dritte Hauptsatz der Thermodynamik an das gesicherte theoretische System der Quantentheorie angeschlossen.

§ 3. Verhalten der Stoffe bei tiefen Temperaturen.

Inhalt: Bei tiefen Temperaturen konvergieren Ausdehnungskoeffizient, Spannungskoeffizient und spez. Wärme gegen Null. Aufbau der Entropiefunktion.
Bezeichnungen: Wie S. 738.

Für die Entropie liefert der dritte Hauptsatz die Festsetzung

$$\lim_{T \to 0} S = 0 \tag{3}$$

bzw. auf ein Mol bezogen

$$\lim_{T \to 0} s = 0. \tag{3a}$$

Da dies für alle Drucke und alle Volumina gilt, folgt daraus

$$\lim \frac{\partial S}{\partial V} = 0; \qquad \lim \frac{\partial s}{\partial v} = 0 \tag{4}$$

und

$$\lim \frac{\partial S}{\partial p} = 0; \qquad \lim \frac{\partial s}{\partial p} = 0. \tag{5}$$

Um das Verhalten der Stoffe bei sehr tiefen Temperaturen zu beurteilen, betrachten wir die freie Energie $F(V, T)$ und das GIBBSsche Potential $G(p, T)$, je nachdem, ob das Volumen oder der Druck unabhängige Variable ist. Die Aussage des NERNSTschen Theorems lautet dann

$$\lim \frac{\partial F}{\partial T} = -\lim S = 0 \tag{6}$$

bzw.

$$\lim \frac{\partial G}{\partial T} = -\lim S = 0. \tag{7}$$

Differenziert man nach V bzw. p, so erhält man

$$\lim \frac{\partial p}{\partial T} = \lim \frac{\partial S}{\partial V} = 0 \tag{8}$$

und

$$\lim \frac{\partial V}{\partial T} = -\lim \frac{\partial S}{\partial p} = 0, \tag{9}$$

wegen

$$\frac{\partial F}{\partial V} = -p; \qquad \frac{\partial G}{\partial p} = V.$$

Spannungskoeffizient und Ausdehnungskoeffizient aller Stoffe verschwinden bei Annäherung an den absoluten Nullpunkt. (In der Gittertheorie der festen Körper zeigt sich, daß die thermische Ausdehnung von der Anharmonizität der Gitterschwingungen herrührt und infolgedessen bei tiefen Temperaturen verschwinden muß.) Die Zustandsgleichung wird bei tiefen Temperaturen von der Temperatur unabhängig und ist dann nur noch eine Beziehung zwischen V und p allein.

Ähnliches ergibt sich für die „kalorische" Zustandsgleichung. Da

$$\left(\frac{\partial s}{\partial T}\right)_v = \frac{c_v}{T}; \qquad \left(\frac{\partial s}{\partial T}\right)_p = \frac{c_p}{T}$$

endlich bleiben müssen, gilt

$$\lim c_v = \lim \frac{\partial u}{\partial T} = 0; \qquad \lim c_p = 0. \tag{10}$$

Die innere Energie wird bei tiefen Temperaturen von der Temperatur unabhängig und ist eine Funktion vom Druck bzw. dem Volumen allein. Die spezifischen Wärmen fallen auf Null ab. In der statistischen Theorie wird sich dies als Quanteneffekt erweisen.

Jetzt ist es auch leicht, die Entropiefunktion aufzubauen. Da sie bei $T = 0$ für alle Drucke verschwindet, wird

$$s = \int_0^T \frac{c_p}{T}\, dT. \tag{11}$$

Wegen (10) bleibt das Integral an der unteren Grenze definiert. Kennt man die Temperaturabhängigkeit der spezifischen Wärme nicht beim Druck p, sondern bei einem anderen Druck p_0, so kann man auch

$$s = \int_0^T \frac{c_{p_0}}{T}\, dT + \int_{p_0}^{p} \left(\frac{\partial s}{\partial p}\right)_T dp = \int_0^T \frac{c_{p_0}}{T}\, dT - \int_{p_0}^{p} \frac{\partial v}{\partial T}\, dp \tag{11a}$$

schreiben, wo v als Funktion von p und T anzusehen ist. Es genügt also die Kenntnis der Zustandsgleichung und der Temperaturverlauf von c_p bei einem einzigen Druck. Bei festen und flüssigen Körpern kann man das Integral

$$\int_{p_0}^{p} \frac{\partial v}{\partial T} dp$$

fast immer vernachlässigen. Nimmt man Volumen und Temperatur als Variable, so gilt ganz ähnlich

$$s = \int_0^T \frac{c_{v_0}}{T} dT + \int_{v_0}^{v} \frac{\partial p}{\partial T} dv. \tag{11b}$$

Bei festen und flüssigen Körpern kann man wieder das zweite Integral vernachlässigen und braucht gewöhnlich keinen Unterschied zwischen c_p und c_v zu machen. Man kann dann einfach Entropie und spezifische Wärme als Funktionen von T allein ansehen und

$$s = \int_0^T \frac{c}{T} dT$$

schreiben.

In Gl. (11a) und (11b) sind Änderungen des Aggregatzustandes noch nicht berücksichtigt. Tritt bei den Temperaturen T_1, T_2 usw. Schmelzen, Verdampfen oder eine allotrope Umwandlung ein, wobei die Wärmemengen L_1, L_2 usw. aufgenommen werden, so sind die Glieder L_1/T_1, L_2/T_2 usw. hinzuzufügen.

Ist die Entropie gewonnen, so besteht keine Schwierigkeit, auch die freie Energie und das Gibbssche Potential zu bilden.

§ 4. Die Unerreichbarkeit des absoluten Nullpunktes.

Jetzt können wir auch die Frage beantworten, ob man den absoluten Nullpunkt erreichen kann. Dies müßte, wenn überhaupt, durch einen adiabatischen Prozeß geschehen. Sollte nämlich einem System auf eine andere Weise Wärme entzogen werden, so müßte man dazu schon ein anderes System besitzen, das sich auf tieferer Temperatur befände.

Bei einem adiabatischen Prozeß findet keine Entropieänderung statt, d. h. es ist

$$\frac{\partial S}{\partial V} dV + \frac{\partial S}{\partial T} dT = 0$$

und

$$dT = -\frac{\frac{\partial S}{\partial V}}{\frac{\partial S}{\partial T}} dV.$$

Da nun $\lim \partial S/\partial V = 0$ ist, erzielt man mit einer adiabatischen Volumenänderung keine Temperaturabnahme in der Nähe des absoluten Nullpunktes mehr. Die Arbeit, die zu einer endlichen Temperatursenkung nötig wäre, wäre unendlich groß.

Der absolute Nullpunkt kann also nicht erreicht werden. Diese Feststellung enthält den ganzen Inhalt des Nernstschen Theorems. Alle seine Folgerungen können aus ihm wiedergewonnen werden.

§ 5. Integration der HELMHOLTZschen Gleichung.

Inhalt: Die Affinität einer Reaktion wird aus der Wärmetönung berechnet.
Bezeichnungen: wie S. 738.

Die HELMHOLTZsche Gleichung [(69), S. 734]

$$\mathfrak{w} = \mathfrak{A} - T\frac{\partial \mathfrak{A}}{\partial T} \tag{12}$$

zwischen Wärmetönung $\mathfrak{w}$ und Affinität $\mathfrak{A}$ eines chemischen Prozesses läßt sich leicht integrieren, indem man für $\mathfrak{w}$ und $\mathfrak{A}$ die Reihenentwicklungen

$$\mathfrak{w} = \mathfrak{w}_0 + b_1 T + b_2 T^2 + b_3 T^3 + \cdots \tag{13}$$

$$\mathfrak{A} = \mathfrak{A}_0 + a_1 T + a_2 T^2 + a_3 T^3 + \cdots \tag{14}$$

ansetzt. Zwischen den Koeffizienten a und b verlangt die Gl. (12) den Zusammenhang

$$\mathfrak{w}_0 = \mathfrak{A}_0; \quad b_1 = 0; \quad a_2 = -b_2; \quad a_3 = -\frac{b_3}{2} \quad \text{usw.} \tag{15}$$

allgemein

$$a_n = -\frac{b_n}{n-1}. \tag{15a}$$

Schon ohne NERNSTsches Theorem muß also

$$\lim_{T\to 0} \mathfrak{w} = \lim_{T\to 0} \mathfrak{A} \tag{16}$$

und

$$\lim \frac{\partial \mathfrak{w}}{\partial T} = 0 \tag{17}$$

gelten. Der Koeffizient a_1 ist eine Integrationskonstante der Gl. (12) und bleibt willkürlich.

Aus dem NERNSTschen Theorem folgt aber

$$\mathfrak{s} = \frac{\partial S}{\partial \lambda} = -\frac{\partial \mathfrak{F}}{\partial T} = \frac{\partial \mathfrak{A}}{\partial T} = 0 \tag{18}$$

für $T = 0$ und deshalb $a_1 = 0$. Man erhält also

$$\mathfrak{A} = \mathfrak{w}_0 - b_2 T^2 - \frac{b_3}{2} T^3 - \cdots. \tag{19}$$

Trägt man $\mathfrak{w}$ und $\mathfrak{A}$ als Funktionen der Temperatur in ein Diagramm ein, so berühren sich beide Kurven bei $T = 0$ mit horizontaler Tangente. Bei höheren Temperaturen trennen sie sich und streben auseinander. Da es zu jeder Reaktion immer eine Gegenreaktion gibt, kann man $\mathfrak{w}$ immer positiv annehmen. Als positiver Reaktionssinn gilt dann der Ablauf, bei der die Reaktion exotherm ist.

Nun kommt noch eine weitere Gesetzmäßigkeit hinzu, welche allgemein zu gelten scheint. Die Wärmetönung einer exothermen Reaktion nimmt in der Umgebung des absoluten Nullpunktes mit der Temperatur zu. Für eine Umwandlungsreaktion, welche einen Stoff A in einen Stoff B verwandelt, ist dies leicht zu begründen. Die molaren Gitterbindungsenergien beider Stoffe seien $-u_A$ und $-u_B$ und sind stets negativ. Wenn die Wärmetönung

$$\mathfrak{w}_0 = u_B - u_A$$

positiv ist, muß $u_B > u_A$ sein. Wenn das Gitter B fester gebunden ist, so liegt auch die charakteristische Temperatur seiner Gitterschwingungen höher als bei A, und die innere Energie von B wächst langsamer als die von A mit der Temperatur. Dies führt dazu, daß $\mathfrak{w}$ fürs erste ansteigt. Umgekehrt nimmt die Affinität mit der Temperatur ab. Man erhält das Bild der Abb. 279. Bei einer bestimmten Temperatur wird $\mathfrak{A} = 0$, d. h. die beiden Stoffe sind miteinander im Gleichgewicht.

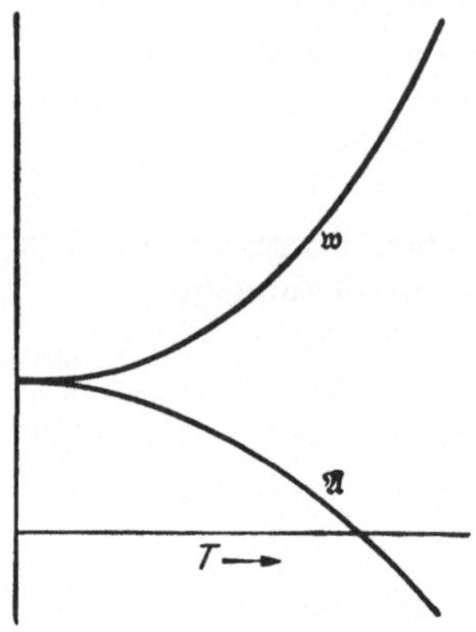

Abb. 279. Wärmetönung und Affinität als Funktion der Temperatur durch Integration der HELMHOLTZschen Gleichung.

Da eine Reaktion nur dann ablaufen kann, wenn sie bei reversiblem Verlauf Arbeit zu leisten vermag, d. h. wenn $\mathfrak{A}$ positiv ist, sind beim absoluten Nullpunkt nur Reaktionen mit positivem $\mathfrak{A}$, also positiver Wärmetönung, möglich. Solche Reaktionen nennt man exotherm. Da $\mathfrak{A}$ das Vorzeichen nur allmählich ändert, kann bei niedrigen Temperaturen eine starke exotherme Reaktion immer ablaufen, nicht aber eine endotherme Reaktion. Die Zimmertemperatur ist noch nicht sehr weit vom absoluten Nullpunkt entfernt, und deshalb gilt im großen und ganzen die BERTHELOTsche Regel, daß stark exotherme Reaktionen von selbst verlaufen, endotherme dagegen nicht. Endotherme Verbindungen müssen also auf indirektem Wege gewonnen werden. Bei hohen Temperaturen treten hingegen gerade die endothermen Reaktionen in den Vordergrund.

VI. Grenzgebiete der Thermodynamik.

Die Thermodynamik greift fast in alle Gebiete der Physik und Chemie ein, sie beherrscht die chemischen Gleichgewichte, wirkt bei zahlreichen elektrischen und elektrochemischen Erscheinungen mit und hängt sogar mit mechanischen Vorgängen zusammen.

Zur erschöpfenden Behandlung dieser Grenzgebiete reicht die Thermodynamik allein zwar nicht aus, aber sie spannt einen allgemeinen Rahmen, in welchem sich die Vorgänge abspielen. Zur Illustration dieses Sachverhaltes untersuchen wir einige besonders wichtige Beispiele.

§ 1. Chemisches Gleichgewicht in Gasen.

Inhalt: Das Gleichgewicht einer chemischen Reaktion in Gasen wird durch das Massenwirkungsgesetz bestimmt. Abhängigkeit der Gleichstromkonstante von Temperatur und Druck. Anwendung auf einige Reaktionen.

Bezeichnungen: λ Reaktionslaufzahl, n_s Molzahl des s-ten Gases, μ_s chemisches Potential, g_s molares GIBBSsches Potential, u_s molare innere Energie, u_{0s} Energie beim absoluten Nullpunkt, c_{ps} molare spez. Wärme bei konstantem Druck, i_s chemische Konstante, s_s molare Entropie, v_s molares Volumen, x_s Molenbruch des s-ten Gases, p Druck, T Temperatur, R Gaskonstante, $\mathfrak{w}$ Wärmetönung der Reaktion.

Zwischen den Bestandteilen eines Gasgemisches sei eine chemische Reaktion

$$\Sigma \nu_s A_s = 0$$

möglich. Bei ihrem Ablauf entstehen ν_s Mole des Stoffes A_s. Schreitet sie um $d\lambda$ fort, so entstehen

$$dn_s = \nu_s \, d\lambda \tag{1}$$

Mole der s-ten Stoffart.

Unter welchen Bedingungen ist Gleichgewicht möglich und welche Zusammensetzung hat das Gas im Gleichgewichtszustand?

Gleichgewicht besteht, wenn der chemische Prozeß das GIBBSsche Potential nicht zu erniedrigen vermag, also wenn

$$\frac{\partial G}{\partial \lambda} = \mathfrak{K} = \Sigma \nu_s \mu_s = 0 \tag{2}$$

ist, wie von Gl. (71a), S. 734, gefordert wird. Bezeichnet [s. Gl. (33a), S. 726]

$$g_s = u_{os} + R\,T \ln p - c_{ps}\,T \ln T - i_s\,R\,T \tag{3}$$

das molare GIBBSsche Potential des ungemischten s-ten Gases beim Druck p und der Temperatur T, so ist nach Gl. (33b), S. 726,

$$\mu_s = g_s + R\,T \ln x_s, \tag{4}$$

wenn x_s der Molenbruch der s-ten Gasart im Gemisch ist. Die Gleichgewichtsbedingung lautet deshalb

$$\Sigma \nu_s g_s + R\,T\,\Sigma \nu_s \ln x_s = 0.$$

Mit der Abkürzung

$$K_x = x_1^{\nu_1} x_2^{\nu_2} x_3^{\nu_3} \cdots \tag{5}$$

erhalten wir die verhältnismäßig einfache Bedingung

$$K_x = x_1^{\nu_1} x_2^{\nu_2} \cdots = e^{-\frac{\Sigma \nu_s g_s}{R\,T}}. \tag{6}$$

K_x bezeichnet man als Gleichgewichtskonstante. Sie bestimmt die Zusammensetzung des Gases, hängt aber noch von p und T ab, weil die g_s diese beiden Größen enthalten. Setzt man (3) ein, so erhält man

$$K_x = p^{-\Sigma \nu_s}\, T^{\frac{\Sigma \nu_s c_{ps}}{R}}\, e^{\Sigma \nu_s i_s - \frac{\Sigma \nu_s u_{os}}{R\,T}}. \tag{6a}$$

Damit ist die Druckabhängigkeit von K_x explizit sichtbar gemacht. Der Zusammenhang (6) wird als Massenwirkungsgesetz von GULDBERG und WAAGE bezeichnet.

Statt für die Molenbrüche können wir auch eine Gleichung für die Partialdrucke finden, wenn wir (6) mit

$$p^{\Sigma \nu_s}$$

multiplizieren, weil $p_s = x_s\, p$ ist. Wir erhalten dann

$$K_p = p_1^{\nu_1} p_2^{\nu_2} \ldots = p^{\Sigma \nu_s} e^{-\frac{\Sigma \nu_s g_s}{R\,T}} = T^{\frac{\Sigma \nu_s c_{ps}}{R}}\, e^{\Sigma \nu_s i_s - \frac{\Sigma \nu_s u_{os}}{R\,T}}. \tag{7}$$

Wenn wir die Gl. (6) logarithmieren und nach der Temperatur differenzieren, erhalten wir

$$\frac{\partial}{\partial T} \ln K_x = \Sigma \nu_s \left(\frac{g_s}{R\,T^2} - \frac{1}{R\,T} \frac{\partial g_s}{\partial T} \right) = \frac{1}{R\,T^2} \Sigma \nu_s (g_s + T\,s_s).$$

Nun ist

$$g_s + T\,s_s = u_s + p\,v_s.$$

$\Sigma \nu_s u_s$ ist der Zuwachs an innerer Energie, und $\Sigma \nu_s v_s$ ist der Volumenzuwachs, $p\,\Sigma \nu_s v_s$ die äußere Volumenarbeit bei der Reaktion. Die Wärmetönung ist demnach

$$\mathfrak{w} = -\Sigma \nu_s u_s - p\,\Sigma \nu_s v_s$$

und wir erhalten die Gleichung

$$\frac{\partial}{\partial T} \ln K_x = -\frac{\mathfrak{w}}{R\,T^2}.$$

Als Beispiel bestrachten wir zuerst die Reaktion

$$O_2 + N_2 \rightleftarrows 2NO$$

oder

$$2NO - O_2 - N_2 = 0.$$

Hier gehört $\nu_1 = 2$ zu NO und $\nu_2 = \nu_3 = -1$ zu O_2 und N_2. Für diese Reaktion gilt $\Sigma \nu_s = 0$, und die Konstante K_x ist unabhängig vom Druck. Zwischen K_x und K_p besteht kein Unterschied, so daß wir den Index weglassen. Dann gilt

$$x_1^2 = x_2 x_3 K.$$

Ein Maximum an Stickoxyd findet man bei dem Mischungsverhältnis

$$x_2 = x_3 = \frac{1}{2 + \sqrt{K}}; \qquad x_1 = \frac{\sqrt{K}}{2 + \sqrt{K}},$$

d. h. wenn im ganzen gleichviel Stickstoff und Sauerstoff anwesend ist.

Wenn ein Molekül in zwei Bestandteile dissoziiert wie bei der Reaktion

$$N_2O_4 \rightleftarrows 2NO_2 \quad \text{oder} \quad N_2O_4 - 2NO_2 = 0,$$

so ist $\nu_1 = 1$; $\nu_2 = -2$ und $\Sigma \nu_s = -1$. Dann ist K_x proportional p, und es gilt

$$\frac{x_1}{x_2^2} = \frac{x_1}{(1 - x_1)^2} = K_x \sim p.$$

Durch hohen Druck wird N_2O_4 begünstigt.

Bei der Ammoniaksynthese nach der Gleichung

$$2NH_3 \rightleftarrows 3H_2 + N_2 \quad \text{oder} \quad 2NH_3 - 3H_2 - N_2 = 0$$

ist $\nu_1 = 2$; $\nu_2 = -3$; $\nu_3 = -1$ und $\Sigma \nu_s = -2$. Es gilt deshalb

$$\frac{x_1^2}{x_2^3 x_3} = K_x \sim p^2.$$

§ 2. Lösungen.

Inhalt: Allgemeine thermodynamische Gesichtspunkte für die gegenseitige Löslichkeit der Stoffe.

Was unter einer Lösung eines Stoffes 1 in einem Stoff 2 zu verstehen ist, bedarf in den meisten Fällen kaum einer Erläuterung. Eine Lösung ist ein homogenes Gemenge zweier Stoffe, bei dem das Mengenverhältnis in gewissen Grenzen willkürlich variiert werden kann.

Gase, die aus mehreren Molekülarten bestehen, können immer als eine Lösung bezeichnet werden, obwohl man gerade bei ihnen gewöhnlich von Gemischen spricht. Für den Gaszustand ist es nämlich charakteristisch, daß sich alle Molekülarten in beliebigen Verhältnissen vermischen, soweit sie nicht chemisch reagieren. Gase sind also ineinander beliebig löslich.

In flüssigen Lösungsmitteln können feste, flüssige und gasförmige Körper gelöst werden und dann eine flüssige Lösung bilden. Der Sprachgebrauch versteht unter einer Lösung oft eine flüssige Lösung schlechthin.

Es gibt aber auch feste Lösungen, sogenannte Mischkristalle. Bei ihnen ist entscheidend, daß das Mischungsverhältnis der beiden Stoffe innerhalb gewisser Grenzen verändert werden kann, ohne daß die Eigenschaften des Gemisches hierbei völlig andere werden.

Wir wollen zuerst die grundsätzliche Frage aufwerfen, welche Stoffe überhaupt ineinander löslich sind. Wenn wir sie auch nicht erschöpfend beantworten können, so werden wir doch einige Gesichtspunkte gewinnen, welche von Bedeutung sind.

Bei gegebenem Druck und Temperatur kann man einen Stoff in einem anderen auflösen, wenn das thermodynamische Potential der Lösung kleiner als die Summe der Potentiale der einzelnen Stoffe ist. Werden die Stoffe durch die Indizes 1 und 2, die Lösungen durch den Index 3 bezeichnet, so muß

$$G_3 < G_1 + G_2$$

oder ausführlich

$$U_3 - T S_3 + p V_3 < U_1 + U_2 + p(V_1 + V_2) - T(S_1 + S_2) \tag{8}$$

sein. U und S bedeuten hier innere Energie und Entropie, V das Volumen. Sind die Drucke nicht sehr hoch oder die Volumenänderungen bei der Auflösung nicht bedeutend, was oft beides zutrifft, so kommt es häufig darauf an, daß

$$T(S_1 + S_2 - S_3) < U_1 + U_2 - U_3$$

ist. Bei genügend tiefen Temperaturen reduziert sich die Bedingung auf

$$U_3 < U_1 + U_2,$$

während bei höheren Temperaturen natürlich auch die Entropien mitwirken.

Zunächst kann man feststellen, daß für die Bildung fester Lösungen tiefe Temperaturen nicht günstig sind. Das Kristallgitter wird durch den Einbau gitterfremder Bestandteile aufgelockert, d. h., das Gitter der Lösung hat eine verhältnismäßig große innere Energie. In der Nähe des absoluten Nullpunktes wird man also im Gleichgewicht keine festen Mischkristalle erwarten, sondern die einzelnen Bestandteile werden in getrennten Phasen vorliegen. Auf der anderen Seite vergrößert das Mischen stets die Entropie. In der Regel wird also $S_3 > S_1 + S_2$ sein, und bei höheren Temperaturen kann es zu festen Lösungen kommen.

Wir betrachten jetzt die Auflösung eines festen Körpers (Index 1) in einer Flüssigkeit (Index 2). Das Lösen geht so vor sich, daß die Bausteine des Gitters getrennt werden und sich in das Lösungsmittel einbetten. Würden diese beiden Schritte nicht gleichzeitig, sondern nacheinander vollzogen, so würde das Gitter zuerst verdampft und dann das Gas in der Flüssigkeit gelöst werden. Die Verdampfungsenergie können wir mit $-U_1$ und die Einbettungsenergie mit $U_2 = U_3$ identifizieren. Eine Lösung werden wir erwarten, wenn die Einbettungsenergie größer oder wenigstens nicht viel kleiner als die Verdampfungsenergie ist. Lösungen werden also nur dann möglich sein, wenn die Verdampfungsenergie klein oder die Einbettungsenergie groß ist. Leider kann die Größe der Einbettungsenergie nicht immer leicht beurteilt werden. Wir müssen deshalb einige charakteristische Beispiele etwas genauer studieren.

Häufig ist das Lösungsmittel eine Flüssigkeit, deren Moleküle im wesentlichen durch VAN DER WAALSsche Kräfte zusammengehalten werden. Alle leichtflüchtigen Stoffe (Wasser, Tetrachlorkohlenstoff, organische Lösungsmittel) gehören zu dieser Klasse. Ein solches Lösungsmittel kann andere Moleküle, mit denen es nicht chemisch reagiert, nur durch VAN DER WAALSsche Kräfte binden, und demgemäß kann die Einbettungsenergie nicht sehr groß sein. In diesen Lösungsmitteln können sich nur Stoffe mit kleiner Verdampfungswärme lösen. Hydratation und elektrolytische Dissoziation betrachten wir hier als Reaktionen mit dem Lösungsmittel, welche eine gesonderte Betrachtung nötig machen. In der Tat sind schwerflüchtige Stoffe, wie Metalle, Kohle, Oxyde, Sulfide, Silikate und die meisten Salze, in leichtflüchtigen Lösungsmitteln praktisch unlöslich, wenn man von der Löslichkeit mancher Salze im Wasser einstweilen absieht.

Die Atome flüssiger Metalle werden durch die nichtlokalisierte Metallbindung zusammengehalten. Gelöste Stoffe können im Metall als Lösungsmittel entweder durch VAN DER WAALSsche Kräfte mit geringer Einbettungsenergie oder ebenfalls durch Metallbindung mit eventuell großer Einbettungsenergie festgehalten werden. Metalle werden sich also vorzugsweise in anderen Metallen lösen, da dann die Einbettungsenergie groß genug ist, um mit der Verdampfungsenergie konkurrieren zu können.

Sehr aufschlußreich ist die Löslichkeit vieler Salze im Wasser, wobei das Salz elektrolytisch dissoziiert wird. Wir denken uns das Salz zuerst verdampft, wobei die bedeutende Verdampfungswärme aufzubringen ist. Dann müssen die Moleküle in Ionen gespalten werden, wozu noch einmal Energie nötig ist. Bei der Einbettung der Ionen in Wasser wird jedoch sehr viel Energie gewonnen. Hierfür ist die große Dielektrizitätskonstante des Wassers verantwortlich zu machen. Schreiben wir einem Ion die Ladung e und den Radius r zu und bringen es in ein Medium mit der relativen Dielektrizitätskonstanten ε, so entsteht auf seiner Oberfläche die scheinbare Ladung

$$-e\left(1-\frac{1}{\varepsilon}\right)$$

durch Polarisation. Hierbei wird die Energie

$$\frac{e^2}{8\pi\varepsilon_0 r}\left(1-\frac{1}{\varepsilon}\right)$$

gewonnen. Bei der Einbettung eines negativen Ions, welches wir gleich groß annehmen, wird nochmals der gleiche Energiebetrag frei. Die gesamte Einbettungsenergie ist also

$$\frac{e^2}{4\pi\varepsilon_0 r}\left(1-\frac{1}{\varepsilon}\right).$$

ε_0 bedeutet die Dielektrizitätskonstante des Vakuums und hat im internationalen elektrischen Maßsystem den Wert $8{,}8494 \cdot 10^{-12}$ Farad/Meter. Wenn die beiden Ionen sich andererseits im Vakuum auf einen Abstand $2r$ nähern, so könnten wir das als Molekülbildung betrachten. Dabei würde nur die Energie

$$\frac{e^2}{8\pi\varepsilon_0 r}$$

frei werden. Die Bildung eines Steinsalzgitters aus den Ionen würde den Energiebetrag

$$\frac{1{,}74\,e^2}{8\pi\varepsilon_0 r}$$

pro Ionenpaar frei machen (s. Bd. II: Die Gitterenergie des unverzerrten Gitters). Diesen Betrag würde also gerade das Verdampfen und Ionisieren pro Ionenpaar erfordern. Der Energiegewinn bei der Einbettung in Wasser übersteigt also den Aufwand bei der Zerlegung des Gitters in die Ionen.

Mit diesen allgemeinen Gesichtspunkten dringt man natürlich nicht sehr tief in den Mechanismus der Lösungen ein. Es bleibt z. B. offen, warum man nicht beliebig konzentrierte Lösungen herstellen kann, d. h. wodurch die Sättigung eintritt. Auch warum manche Salze sich in das Wasser leicht, andere kaum lösen, kann man noch nicht verstehen.

§ 3. Verdünnte Lösungen.

Inhalt: Definition der verdünnten Lösung. Volumina und innere Energien verdünnter Lösungen sind additiv und eine lineare Funktion der Molzahlen. Entropie und GIBBSsches Potential von Lösungen. Chemisches Potential eines Bestandteiles in einer verdünnten Lösung.

Bezeichnungen: n_0 Molzahl des Lösungsmittels, n_s Molzahl eines gelösten Stoffes, v_0 bzw. v_s Molvolumen, u_0, u_s molare Energie von Lösungsmittel bzw. reinem Stoff, v_s' Molvolumen der gelösten Stoffe in der Lösung, u_s' molare Energie gelöster Stoffe in der Lösung. V Gesamtvolumen, U gesamte innere Energie, T Temperatur, R Gaskonstante, c_{ps} spez. Wärme bei konstantem Druck, i_s chemische Konstante, G GIBBSsches Potential, μ_s chemisches Potential.

Außer an Gasen beobachtet man einfache Gesetzmäßigkeit an verdünnten Lösungen. Verdünnt nennt man Lösungen, bei denen ein Bestandteil die Hauptmenge ausmacht, so daß er als Lösungsmittel fungiert. Die anderen Bestandteile, welche nur in geringer Menge vorhanden sind, werden dann als „gelöste Stoffe" oder Lösungsgut bezeichnet.

In diesem Zusammenhang ist es nützlich, sich Klarheit über die molekularen Vorgänge bei der Auflösung zu verschaffen. Die Moleküle der gelösten Stoffe werden zwischen die des Lösungsmittels eingebettet. Wenn jedes gelöste Molekül von so viel Lösungsmittel umgeben ist, daß es keine Einwirkung mehr von anderen Molekülen erfährt, ist die Lösung verdünnt. Jedes eingebettete Molekül erfordert ein bestimmtes Volumen, und bei seiner Einbettung wird eine ganz bestimmte Energie frei. Raumbedarf und Einbettungsenergie sind deshalb bei verdünnten Lösungen unabhängig von der Anwesenheit anderer gelöster Moleküle.

Eine Lösung bestehe nun aus n_s Molen der s-ten Stoffart. Vom Lösungsmittel seien n_0 Mole vorhanden. Mit v_s bzw. v_0 bezeichnen wir das molare Volumen des s-ten Stoffes bzw. des Lösungsmittels im reinen Zustand, mit v_s' den scheinbaren molaren Raumbedarf des gelösten Stoffes in der Lösung. Das Volumen der Lösung

$$V = n_0 v_0 + n_1 v_1' + n_2 v_2' + \cdots \tag{9}$$

ist dann eine lineare Funktion der Molzahlen.

Ähnlich verfahren wir mit der inneren Energie. Die molare innere Energie des Lösungsmittels sei u_0. Die gelösten Stoffe mögen in der Lösung die molare innere Energie u_s' und im reinen Zustand die innere Energie u_s besitzen. Beim Auflösen eines Mols wird die molare Einbettungsenergie

$$u_s - u_s'$$

frei. Die innere Energie einer verdünnten Lösung

$$U = n_0 u_0 + n_1 u_1' + n_2 u_2' + \cdots \tag{10}$$

ist dann eine lineare Funktion der Molzahlen.

Aus den Gl. (9) und (10) liest man folgendes Kriterium für die „Verdünntheit" einer Lösung ab. Beim Mischen oder weiteren Verdünnen schon verdünnter Lösungen treten weder Volumeneffekte noch Erwärmung oder Abkühlung ein.

Die Eigenschaften fester und flüssiger Stoffe werden vom Druck wenig beeinflußt, wir können deshalb die Druckabhängigkeit meist vernachlässigen. Das Volumen der verdünnten Lösungen ist nahezu dem Volumen des Lösungsmittels gleich. Wir machen keinen großen Fehler und erleichtern die Überlegungen beträchtlich, wenn wir einfach

$$V = n_0 v_0 \tag{9a}$$

setzen.

Daß die Mischung und Weiterverdünnung schon verdünnter Lösungen ohne kalorischen Effekt vor sich geht, darf nicht zu der Annahme verführen, daß auch die Entropie sich ähnlich wie Volumen und Energie behandeln lasse. Vermischen und Verdünnen von Lösungen sind nämlich keine reversiblen Prozesse. Nur bei solchen aber könnte man aus dem Fehlen eines Wärmeeffekts schließen, daß die Entropie dieselbe bleibt. Würde man die Mischung reversibel vornehmen, d. h. alle aus dem Mischvorgang gewinnbare Arbeit wirklich entnehmen, so müßte man Wärme zuführen, um die Temperatur aufrechtzuerhalten.

Um einen Ausdruck für die Entropie einer verdünnten Lösung zu finden, beschreiten wir einen Umweg. Das Volumen V, das von der Lösung eingenommen wird, sei zunächst von einem Gas erfüllt, welches nur aus den gelösten Stoffen bestehe. Die Entropie dieses Gases ist nach S. 725, Gl. (31),

$$S_{\text{gas}} = \Sigma n_s \{c_{ps} \ln T - R \ln p_s + R i_s + c_{ps}\}. \tag{11}$$

c_{ps} ist die spezifische Wärme bei konstantem Druck, i_s die chemische Konstante und p_s der Partialdruck des s-ten Bestandteiles. Nun können wir p_s durch

$$p_s = \frac{n_s R T}{V} = \frac{n_s R T}{n_0 v_0}$$

ersetzen und erhalten

$$S_{\text{gas}} = \Sigma n_s \left\{c_{ps} \ln T + R i_s + c_{ps} - R \ln \frac{R T}{v_0} - R \ln \frac{n_s}{n_0}\right\}. \tag{11a}$$

Die Entropie des reinen Lösungsmittels ist $n_0 s_0$. Betten wir nun das Gas durch einen reversiblen Prozeß ins Lösungsmittel ein, so muß pro Mol der s-ten Gasart eine Wärmemenge q_s zugeführt werden. q_s hängt von Temperatur, Gasart und Lösungsmittel (auch etwas vom Druck) ab, nicht aber davon, ob auch andere Gase aufgelöst werden, solange die Lösung verdünnt bleibt. Beim Auflösen des Gases entsteht ein Entropiezuwachs

$$\Sigma \frac{n_s q_s}{T}.$$

Mit der Abkürzung

$$s_s' = c_{ps} \ln T + R i_s + c_{ps} + \frac{q_s}{T} - R \ln \frac{R T}{v_0} \tag{12}$$

erhalten wir also die Entropie der Lösung

$$S = n_0 s_0 + n_1 s_1' + n_2 s_2' + \cdots - R \Sigma n_s \ln \frac{n_s}{n_0}. \tag{13}$$

Jetzt bilden wir das Gibbssche Potential

$$\begin{aligned} G &= U - T S + p V \\ &= n_0 (u_0 - T s_0 + p v_0) + \Sigma n_s (u_s' - T s_s' + p v_s') + R T \Sigma n_s \ln \frac{n_s}{n_0}. \end{aligned}$$

Bezeichnen wir mit

$$g_s' = u_s' - T s_s' + p v_s' \tag{14}$$

die molaren Gibbsschen Potentiale der einzelnen Bestandteile in der Lösung, welche nicht von den Molzahlen, sondern nur von der Temperatur (kaum vom Druck) abhängen, so ist

$$G = n_0 g_0 + \Sigma n_s \left(g_s' + R T \ln \frac{n_s}{n_0}\right). \tag{14a}$$

Das chemische Potential des s-ten Stoffes in der Lösung ist dann

$$\mu_s' = \frac{\partial G}{\partial n_s} = g_s' + R T \ln \frac{n_s}{n_0} + R T. \tag{15}$$

Bei verdünnten Lösungen ist

$$\frac{n_s}{n_0} \approx \frac{n_s}{n_0 + \Sigma n_s} = x_s \tag{16}$$

nahezu gleich dem Molenbruch x_s des s-ten Bestandteiles, so daß wir

$$\mu_s' = g_s' + R\,T \ln x_s + R\,T \tag{15a}$$

erhalten. Der Unterschied gegen das chemische Potential

$$\mu_s = g_s + R\,T \ln x_s$$

im Gasgemisch liegt nur in dem Glied RT, welches daher kommt, daß das Lösungsmittel eine andere Rolle spielt als die übrigen Bestandteile.

Das chemische Potential des Lösungsmittels in der Lösung ist

$$\mu_0' = \frac{\partial G}{\partial n_0} = g_0 - \frac{R\,T}{n_0} \Sigma n_s. \tag{17}$$

Alle hier angestellten Überlegungen haben zur Voraussetzung, daß die gelösten Stoffe bei den betreffenden Temperaturen gasförmig sind. Um die Entropie bei tieferen Temperaturen zu finden, denken wir uns die Lösung reversibel abgekühlt. Jedes gelöste Molekül und seine Umgebung vom Lösungsmittel gibt dabei eine Wärmemenge frei, welche nur durch die Temperaturdifferenz bestimmt ist. Dasselbe gilt für das Lösungsmittel, wo es keine aufgelösten Moleküle enthält. Die Wärmeabgabe wird also eine lineare Funktion der Molzahlen sein, und auch bei der tieferen Temperatur wird deshalb die Entropie noch die Gestalt (13) haben. Diese Formel gilt also immer, wenn es überhaupt möglich ist, die gelösten Stoffe bei irgendeiner Temperatur gasförmig zu haben. Wir dürfen sogar annehmen, daß sie überhaupt immer gilt, weil die Eigenschaften der Lösungen durchaus dieselben sind, ob die gelösten Stoffe verdampfbar sind oder nicht.

Kann zwischen den gelösten Bestandteilen eine chemische Reaktion

$$\Sigma \nu_s A_s = 0$$

ablaufen, an der das Lösungsmittel nicht teilnimmt, so besteht Gleichgewicht, wenn

$$\Sigma \nu_s \mu_s' = \Sigma \nu_s g_s' + R\,T \Sigma \nu_s + R\,T \Sigma \nu_s \ln x_s = 0$$

ist. Wir erhalten daraus die Gleichgewichtskonstante

$$x_1^{\nu_1} x_2^{\nu_2} \cdots = K_x = e^{-\Sigma \nu_s - \frac{\Sigma \nu_s g_s'}{RT}} \tag{18}$$

in Analogie zu Gl. (6).

§ 4. Dampfdruckerniedrigung, Siedepunktserhöhung.

Inhalt: Die relative Dampfdruckerniedrigung ist gleich der molaren Konzentration des Lösungsgutes. Siedepunktserhöhung. Die molare Konzentration gelöster Gase ist dem Druck proportional. HENRYsches Gesetz.

Bezeichnungen: n_0 Molzahl des Lösungsmittels, n_s, n_1 Molzahl des Lösungsgutes, g_0 molares GIBBSsches Potential des Lösungsmittels, u_0, i_0, c_{p0} molare innere Energie, chemische Konstante und spez. Wärme des Lösungsmitteldampfes, p' Dampfdruck der Lösung, p Dampfdruck des Lösungsmittels, $\mathfrak{l}$ Verdampfungswärme, R Gaskonstante, g_1' molares GIBBSsches Potential des Lösungsgutes in der Lösung, u_1, i_1, c_{p1} molare innere Energie, chemische Konstante und spez. Wärme des dampfförmigen Lösungsgutes.

In einem flüchtigen Lösungsmittel seien nichtflüchtige Stoffe gelöst. Gleichgewicht zwischen Dampf und Lösung besteht, wenn das chemische Potential des Lösungsmittels in beiden Phasen dasselbe ist. In der Lösung ist das chemische Potential des Lösungsmittels nach (17)

$$\mu_0' = g_0 - \frac{RT}{n_0} \Sigma n_s .$$

Beim Dampfdruck p' ist das chemische Potential im Dampf

$$u_0 + RT \ln p' - RT i_0 - c_{p0} T \ln T .$$

Dies liefert für den Dampfdruck p' die Gleichung

$$g_0 - \frac{RT}{n_0} \Sigma n_s = u_0 + RT \ln p' - RT i_0 - c_{p0} T \ln T .$$

Hat das reine Lösungsmittel den Dampfdruck p, so gilt für das Verdampfungsgleichgewicht des reinen Lösungsmittels entsprechend

$$g_0 = u_0 + RT \ln p - RT i_0 - c_{p0} T \ln T$$

und durch Subtrahieren findet man

$$\ln \frac{p'}{p} = - \frac{\Sigma n_s}{n_0} \qquad (19)$$

oder

$$p' = p \, e^{-\frac{\Sigma n_s}{n_0}} .$$

Da $\Sigma n_s \ll n_0$ sein muß, wenn die Lösung verdünnt ist, so gilt näherungsweise

$$p' = p \left(1 - \frac{\Sigma n_s}{n_0}\right) . \qquad (19a)$$

Die relative Dampfdruckerniedrigung

$$\frac{p - p'}{p} = \frac{\Sigma n_s}{n_0} \qquad (20)$$

ist gleich dem Verhältnis der gelösten Stoffmenge zur Menge des Lösungsmittels in Molen gerechnet.

Die Dampfdruckerniedrigung zieht eine Erhöhung des Siedepunkts nach sich. Aus der Clausius-Clapeyronschen Gleichung

$$\frac{d}{dT} \ln p' = \frac{\mathfrak{l}}{RT^2}$$

gewinnen wir durch Integration über einen kleinen Bereich

$$\ln \frac{p'}{p} = \frac{\mathfrak{l}}{R} \left(\frac{1}{T'} - \frac{1}{T} \right) \approx \frac{\mathfrak{l}(T - T')}{RT^2} ,$$

wo $\mathfrak{l}$ die Verdampfungswärme und T' die Temperatur bedeutet, bei der die Lösung wieder den Dampfdruck p hat. Der Vergleich mit (19) liefert die Siedepunktserhöhung

$$T' - T = \frac{RT^2 \Sigma n_s}{\mathfrak{l} n_0} . \qquad (21)$$

Die Siedepunktserhöhung ist der molaren Konzentration des Lösungsgutes direkt und der Verdampfungswärme des Lösungsmittels umgekehrt proportional.

Ist das Lösungsmittel (Index 0) nicht flüchtig, das Lösungsgut (Index 1) aber verdampfbar, so hat es in der Lösung das chemische Potential

$$\mu_1' = g_1' + RT + RT \ln \frac{n_1}{n_0} ,$$

im Dampf hingegen

$$\mu_1 = u_1 + R\,T \ln p - R\,T\,i_1 - c_{p1}\,T \ln T.$$

Das Gleichgewicht verlangt

$$\mu_1' = \mu_1,$$

und man erhält daraus

$$\ln \frac{n_1}{n_0\,p} = \frac{u_1 - R\,T\,i_1 - c_{p1}\,T \ln T - g_1' - R\,T}{R\,T}.$$

An der rechten Seite dieser Gleichung interessiert uns nur, daß sie eine Funktion $F(T)$ der Temperatur allein ist. Wir finden also

$$\frac{n_0}{n_1} = p\,e^{F(T)}, \tag{22}$$

d. h. die molare Konzentration des gelösten Stoffes ist dem Druck proportional (HENRYsches Gesetz). Die Proportionalitätskonstante hängt von der Temperatur ab.

§ 5. NERNSTscher Verteilungssatz.

Bezeichnungen: u_1', g_1', μ_1' Molzahl, molares GIBBSsches Potential und chemisches Potential des Lösungsgutes in einem Lösungsmittel, n_1'', g_1'', μ_1'' im anderen Lösungsmittel. n_0' und n_0'' Molzahlen der beiden Lösungsmittel.

Stehen zwei Lösungen desselben Stoffes in zwei verschiedenen Lösungsmitteln miteinander im Gleichgewicht, so sind seine chemischen Potentiale in den beiden Lösungsmitteln

$$\mu_1' = g_1' + R\,T \ln \frac{n_1'}{n_0'} + R\,T$$

$$\mu_1'' = g_1'' + R\,T \ln \frac{n_1''}{n_0''} + R\,T$$

gleich. Die Gleichgewichtsbestimmung $\mu_1' = \mu_1''$ verlangt

$$-\frac{g_1' - g_1''}{R\,T} = \ln \frac{n_1'\,n_0''}{n_0'\,n_1''}$$

oder

$$\frac{n_1'}{n_0'} : \frac{n_1''}{n_0''} = e^{-\frac{g_1' - g_1''}{R\,T}}. \tag{23}$$

Das Verhältnis (23) der molaren Konzentration in beiden Lösungsmitteln wird Verteilungskoeffizient genannt und hängt nur von der Temperatur, nicht aber von den aufgelösten Mengen ab.

§ 6. Osmotischer Druck.

Bezeichnungen: n_0 und n_s Molzahlen von Lösungsmittel und gelösten Stoffen, g_0, μ_0 GIBBSsches und chemisches Potential des reinen Lösungsmittels, g_0', μ_0' des Lösungsmittels in der Lösung, v_0 Molvolumen, u_0 molare innere Energie, s_0 molare Entropie des Lösungsmittels, p' und p Druck in Lösung und Lösungsmittel.

Eine Lösung von n_s Molen irgendwelcher Stoffe in n_0 Molen Lösungsmittel sei durch eine Membran von dem reinen Lösungsmittel getrennt. Die Membran möge für das Lösungsmittel durchlässig sein, die gelösten Stoffe aber zurückhalten. Das chemische Potential des reinen Lösungsmittels ist

$$\mu_0 = g_0 = u_0 - T\,s_0 + p\,v_0.$$

Herrscht in der Lösung ein Druck p' und im reinen Lösungsmittel der Druck p, so ist

$$g_0' = u_0 - T s_0 + p' V_0 = g_0 + (p' - p) v_0$$

das molare GIBBSsche Potential und

$$\mu_0' = g_0 + (p' - p) v_0 - R T \Sigma \frac{n_s}{n_0}$$

das chemische Potential des Lösungsmittels in der Lösung. Gleichgewicht tritt ein, wenn

$$\frac{R T}{n_0} \Sigma n_s = (p' - p) v_0$$

ist. Der Überdruck $p_{\text{osm}} = p' - p$ in der Lösung gegen das Lösungsmittel wird osmotischer Druck genannt. Sind Druck und Temperatur auf beiden Seiten der Membran gleich, so kann kein Gleichgewicht bestehen. Setzt man $n = \Sigma n_s$ und $V = n_0 v_0$, so kommt man zu der Gleichung

$$p_{\text{osm}} V = n R T. \tag{24}$$

Diese Formel stimmt mit der Zustandsgleichung der idealen Gase überein. Die gelösten Stoffe verursachen einen osmotischen Druck, der zahlenmäßig dem Gasdruck entspricht, den sie im Dampfzustand ausüben würden.

§ 7. Elektrolytische Lösungen.

Inhalt: Dissoziationsgleichgewicht schwacher Elektrolyte. Dissoziationsgrad. Zurückdrängung der Ionisation durch Zusatz gleichartiger Ionen. Gegenseitige Einwirkung der Ionen bei starken Elektrolyten. Berechnung des Mikrofeldes und der Korrektur des chemischen Potentials. Korrektion der Dampfdruckerniedrigung wegen der elektrischen Kräfte.

Bezeichnungen: n_0 Molzahl, v_0 Molvolumen des Lösungsmittels, n_1, n_2 Molzahl der Ionen, n_3 Molzahl des undissoziierten Lösungsgutes, n Molzahl des eingebrachten Lösungsgutes, x_1, x_2, x_3 zugehörige Molenbrüche, K Gleichgewichtskonstante, α Dissoziationsgrad, Ze Ladung der Ionen, $N_- = N_+ = N$ Zahl der Ionen pro Volumeneinheit, k BOLTZMANNsche Konstante, ψ Potential des Mikrofeldes, ε relative Dielektrizitätskonstante, ε_0 Dielektrizitätskonstante des Vakuums, U innere Energie, S Entropie, G GIBBSsches Potential, L LOSCHMIDTsche Zahl.

Elektrolyte dissoziieren in wäßriger Lösung in Ionen. Es stellt sich dabei ein Gleichgewicht zwischen Ionen und nicht dissoziierten Molekülen ein. Wir betrachten als Beispiel eine schwache Säure wie die Essigsäure. Die Reaktion lautet in diesem Fall

$$H^+ + CH_3COO^- - CH_3COOH = 0.$$

Bedeutet n_1 die Zahl der H^+-Mole, n_2 die Zahl der Azetationmole und n_3 die Zahl der undissoziierten Essigsäuremole, so ist $\nu_1 = 1$; $\nu_2 = 1$, $\nu_3 = -1$, und die Gleichgewichtsbedingung (18) lautet

$$\frac{x_1 x_2}{x_3} = \frac{n_1 n_2}{n_3 n_0} = K(T). \tag{25}$$

Sind im ganzen n Mole Essigsäure gelöst worden, so ist

$$n_1 + n_3 = n_2 + n_3 = n.$$

Führen wir den Dissoziationsgrad

$$\alpha = \frac{n_1}{n} = \frac{n_2}{n} \tag{26}$$

ein, so geht (25) in

$$\frac{\alpha^2 n}{(1-\alpha)\, n_0} = K \tag{27}$$

über. Bei geringer Dissoziation gilt angenähert

$$\alpha = \sqrt{\frac{K n_0}{n}}. \tag{27a}$$

Der Dissoziationsgrad ist der Wurzel aus der Menge der gelösten Substanz umgekehrt und der Wurzel aus der Menge des Lösungsmittels direkt proportional. Die Ionenkonzentration

$$c_1 = \frac{n_1}{V} = \frac{n\,\alpha}{n_0 v_0} = \frac{1}{v_0}\sqrt{\frac{K n}{n_0}} \tag{28}$$

ist der Wurzel der Gesamtkonzentration proportional.

Nun mögen außer n Molen Essigsäure noch m Mole Natriumazetat gelöst sein, welche praktisch vollständig dissoziieren. Dann ist

$$n_1 + n_3 = n; \qquad n_2 + n_3 = m + n; \qquad \alpha = \frac{n_1}{n},$$

und jetzt ergibt (25) statt (27) die Beziehung

$$\frac{\alpha(m + \alpha n)}{(1-\alpha)\, n_0} = K. \tag{29}$$

Ist α klein und $m \gg n\alpha$, d. h., sind die Mengen von freier Säure und Salz vergleichbar, so gilt genähert

$$\alpha = K \frac{n_0}{m}. \tag{29a}$$

Der Dissoziationsgrad ist umgekehrt proportional der Menge des zugesetzten Natriumazetats und unabhängig von der Menge der Essigsäure. Durch den Zusatz des Salzes drückt man die Konzentration der H^+-Ionen stark zurück.

Wenn die Gleichgewichtskonstante K klein ist, spricht man von einem schwachen Elektrolyten. Die Ionenkonzentration bleibt gering, weil die Dissoziation bei mittlerer Verdünnung gering ist und erst bei großen Verdünnungen einigermaßen vollständig wird. Bei den schwachen Elektrolyten kann man daher die Kräfte vernachlässigen, welche die Ionen aufeinander ausüben. Unter Berücksichtigung der Dissoziation kann man den Dampfdruck solcher Lösungen nach § 4 richtig berechnen.

* Die starken Elektrolyte dissoziieren auch in konzentrierten Lösungen noch weitgehend. Man erhält daher bei ihnen leicht höhere Ionenkonzentrationen und man muß die Kräfte zwischen den Ionen berücksichtigen.

Von der Struktur der Lösungen starker Elektrolyte brauchen wir etwas genauere Vorstellungen. Mit dem eigentlichen Ion ist eine gewisse Menge Lösungsmittel mehr oder weniger fest verbunden, welche an ihm durch elektrische Polarisation festgehalten wird. Das Volumen des Ions ist hierdurch scheinbar stark vergrößert, und das Eindringen anderer Ionen, auch entgegengesetzt geladener, in seine unmittelbare Umgebung wird verhindert. Diese Umhüllung der Ionen durch das Lösungsmittel verursacht gerade die Dissoziation. Formal können wir diesem Umstand Rechnung tragen, indem wir den wirksamen Ionenradius etwas größer festsetzen.

Die Ionen sind in der Lösung makroskopisch gleichmäßig verteilt. Dies bedeutet, daß in einem Volumen, welches viele Ionen enthält, sich gleichviel negative und positive befinden. Die Lösung ist also neutral, und die Ionen erzeugen in ihr im ganzen kein elektrisches Feld. Dieses einfache Bild ändert sich aber wesentlich, wenn wir kleinere räumliche Bezirke genauer untersuchen. In der Umgebung eines jeden Ions besteht ein Mikrofeld, durch welches gleichnamige Ionen abgestoßen und ungleichnamige angezogen werden. Um ein positives Ion sammelt sich daher eine Wolke negativer Ionen, um ein negatives Ion eine Wolke positiver Ionen. Die Wolke selbst beteiligt sich ihrerseits an der Erzeugung des Mikrofeldes. Dieses Mikrofeld müssen wir zuerst ermitteln, wenn wir die Kräfte zwischen den Ionen erfassen wollen. Sein Potential möge mit ψ bezeichnet werden.

Zu dem Mikropotential ψ in der Umgebung eines positiven Ions trägt dieses Ion selbst den Anteil

$$\frac{Z e}{4\pi \varepsilon \varepsilon_0 r} \tag{30}$$

bei, wenn ε die relative Dielektrizitätskonstante des Lösungsmittels und $Z e$ die Ionenladung ist. Der Beitrag der negativen Ionen wird natürlich zeitlichen Schwankungen unterworfen sein, so daß wir nur einen Zeitmittelwert berechnen können. Die positiven Ionen mögen alle die Ladung $Z e$, die negativen die Ladung $-Z e$ tragen. Ein positives Ion besitzt an einer Stelle mit dem Potential ψ die potentielle Energie $Z e \psi$, ein negatives die Energie $-Z e \psi$. In einem Volumenelement dV befinden sich dann im statistischen Mittel (s. Bd. II)

$$d N_+ = C_+ e^{-\frac{Z e \psi}{k T}} dV$$

positive und

$$d N_- = C_- e^{+\frac{Z e \psi}{k T}} dV$$

negative Ionen. Hierbei scheidet allerdings die unmittelbare Umgebung der Ionen aus, da sich dort das Lösungsmittel nicht verdrängen läßt. In den übrigen Gebieten ist ψ so klein, daß wir in genügender Näherung

$$\begin{aligned} d N_+ &= C_+ \left(1 - \frac{Z e \psi}{k T}\right) dV \\ d N_- &= C_- \left(1 + \frac{Z e \psi}{k T}\right) dV \end{aligned} \tag{31}$$

setzen können.

Integriert man über die Volumeneinheit, so erhält man

$$N_+ = C_+ \left(1 - \frac{Z e}{k T} \int \psi \, dV\right), \tag{31a}$$

$$N_- = C_- \left(1 + \frac{Z e}{k T} \int \psi \, dV\right). \tag{31b}$$

Da positive und negative Werte von ψ gleich häufig vorkommen, fallen die Integrale weg, und weil im Mittel gleichviel positive und negative Ionen vorhanden sind, erhalten wir

$$C_+ = C_- = N_+ = N_- = N. \tag{32}$$

Aus (31) finden wir durch Subtraktion die elektrische Raumladung im Mikrofeld

$$\eta = Z e \left(\frac{d N_+}{dV} - \frac{d N_-}{dV}\right) = -2 N \frac{Z^2 e^2 \psi}{k T},$$

die mit dem Potential durch die Poissonsche Gleichung

$$\Delta \psi = -\frac{\eta}{\varepsilon \varepsilon_0} = \frac{2 N Z^2 e^2 \psi}{\varepsilon \varepsilon_0 k T} \tag{33}$$

zusammenhängt. Aus dieser Gleichung müssen wir ψ berechnen.

In der Umgebung eines positiven Ions ist ψ im Zeitmittel bzw. im statistischen Mittel zweifellos kugelsymmetrisch und ist nur mit dem Abstand r vom Zentralion veränderlich. Führen wir die Abkürzung

$$a = \frac{1}{Z e} \sqrt{\frac{\varepsilon \varepsilon_0 k T}{2N}} \tag{34}$$

ein, so haben wir die Gleichung

$$\frac{1}{r^2} \frac{d}{dr} r^2 \frac{d\psi}{dr} = \frac{\psi}{a^2}$$

zu lösen, welche beim Einführen sphärischer Polarkoordinaten aus (33) entsteht. Ihre allgemeine Lösung lautet

$$\psi = \frac{1}{r}\left(A e^{-\frac{r}{a}} + B e^{\frac{r}{a}}\right),$$

wie man durch Einsetzen leicht nachrechnen kann. Da aber ψ für große Abstände nicht beliebig anwachsen kann, muß B verschwinden. Für $r = 0$ muß ψ wie der Potentialanteil (30) unendlich werden, der von dem Zentralion selbst herkommt. Hieraus ergibt sich $A = Ze/4\pi\varepsilon\varepsilon_0$. Damit gewinnen wir das Mikropotential

$$\psi = \frac{Z e}{4\pi \varepsilon \varepsilon_0 r} e^{-\frac{r}{a}} \approx \frac{Z e}{4\pi \varepsilon \varepsilon_0 r} - \frac{Z e}{4\pi \varepsilon \varepsilon_0 a} + \frac{Z e r}{8\pi \varepsilon \varepsilon_0 a^2} \tag{35}$$

in der Umgebung eines positiven Ions. Am Orte des betrachteten Ions selbst wird durch die Wolke negativer Ionen zu (30) das Zusatzpotential

$$\psi_0 = -\frac{Z e}{4\pi \varepsilon \varepsilon_0 a} = -\frac{Z^2 e^2 \sqrt{2N}}{4\pi \varepsilon \varepsilon_0 \sqrt{\varepsilon \varepsilon_0 k T}} \tag{36}$$

hervorgebracht. a ist offenbar die Entfernung, in welcher sich ein negatives Ion befinden müßte, wenn es am Orte des positiven Ions dasselbe Feld wie die negative Wolke erzeugen sollte.

Zur inneren Energie eines jeden Ions trägt das Mikrofeld den Betrag

$$Z e \psi_0 = -\frac{Z^3 e^3 \sqrt{2N}}{4\pi \varepsilon \varepsilon_0 \sqrt{\varepsilon \varepsilon_0 k T}} \tag{37}$$

bei. Dies gilt auch für die negativen Ionen, denn bei ihnen wechselt nicht nur die Ladung, sondern auch ψ_0 das Vorzeichen, da sie ja von positiver Raumladung umgeben sind.

Jetzt können wir den Beitrag der elektrischen Kräfte zur inneren Energie einer Lösung ermitteln, die aus n_0 Molen Lösungsmittel und je n_i Molen beider Ionenarten besteht. Ist v_0 das molare Volumen des Lösungsmittels, so ist $N = n_i L/n_0 v_0$, und die Zahl der Ionen ist $2n_i L$, wenn L die LOSCHMIDTsche Zahl bedeutet. Die innere elektrische Energie ist dann

$$U_{\text{el}} = \frac{1}{2} 2 n_i L Z e \psi_0 = -\frac{n_i^{3/2} L^{3/2} Z^3 e^3}{4\pi \varepsilon^{3/2} \varepsilon_0^{3/2}} \sqrt{\frac{2}{n_0 v_0 k T}}. \tag{38}$$

Der Faktor 1/2 rührt daher, daß bei der Berechnung jedes Ion doppelt gezählt wird.

Jetzt bilden wir das GIBBSsche Potential der Lösung

$$G = U - TS + pV.$$

Da man das Volumen praktisch als fest betrachten kann, hängt es bei gegebener Konzentration nur noch von der Temperatur ab. Wegen

$$S = -\frac{\partial G}{\partial T}$$

ergibt sich für G die Differentialgleichung

$$G = U + T\frac{\partial G}{\partial T} + pV.$$

Die innere Energie setzt sich nun aus einem Anteil U_n, der auch bei gelösten Neutralteilchen vorhanden wäre, und dem Anteil U_{el} zusammen, der von den elektrischen Kräften herrührt und in (38) berechnet ist. Die gleiche Zerlegung kann auch für G durchgeführt werden, und wir können G_{el} aus der Gleichung

$$G_{\mathrm{el}} = U_{\mathrm{el}} + T\frac{\partial G_{\mathrm{el}}}{\partial T}$$

berechnen. Ihre allgemeine Lösung ist

$$G_{\mathrm{el}} = \mathrm{const}\cdot T - \frac{n_i^{3/2} L^{3/2} Z^3 e^3}{6\pi\,\varepsilon^{3/2}\,\varepsilon_0^{3/2}}\sqrt{\frac{2}{n_0 v_0 k T}}. \tag{39}$$

Das zu T proportionale Glied entfällt mit Rücksicht auf das NERNSTsche Theorem, das zweite Glied ist wegen der in (31) gemachten Näherung nur für nicht zu niedere Temperaturen richtig. Zu dem chemischen Potential jeder Ionenart kommt der Zusatz

$$\mu_{\mathrm{el}} = -\frac{Z^3 e^3 L^{3/2}}{4\pi\,\varepsilon^{3/2}\,\varepsilon_0^{3/2}}\sqrt{\frac{2n_i}{n_0 v_0 k T}} \tag{40}$$

und zu dem des Lösungsmittels

$$\mu_{0\,\mathrm{el}} = \frac{1}{12\pi}\left(\frac{n_i Z^2 e^2 L}{\varepsilon\,\varepsilon_0\,n_0}\right)^{3/2}\sqrt{\frac{2}{v_0 k T}} \tag{41}$$

hinzu.

Wenn wir jetzt die relative Dampfdruckerniedrigung berechnen, so erhalten wir

$$\frac{p-p'}{p} = \frac{2n_i}{n_0} - \frac{L^2}{12\pi}\left(\frac{n_i Z^2 e^2}{n_0\,\varepsilon\,\varepsilon_0 R T}\right)^{3/2}\sqrt{\frac{2}{v_0}}. \tag{42}$$

Die elektrischen Kräfte vermindern die Dampfdruckerniedrigung der Lösung. Das Verhältnis der elektrischen Verminderung zu der Dampfdruckerniedrigung ohne elektrische Kräfte ist

$$\frac{\Delta p_{\mathrm{el}}}{\Delta p} = -\frac{L^2}{12\pi}\left(\frac{Z^2 e^2}{\varepsilon\,\varepsilon_0 R T}\right)^{3/2}\left(\frac{n_i}{2n_0 v_0}\right)^{1/2}.$$

Die Abweichungen sind der Wurzel aus der molaren Konzentration $n_i/V = n_i/n_0 v_0$ und der dritten Potenz der Ionenwertigkeit Z direkt, der $3/2$ Potenz der Temperatur und der Dielektrizitätskonstanten des Lösungsmittels indirekt proportional. Dieses Ergebnis steht in guter Übereinstimmung mit experimentellen Beobachtungen.

§ 8. Dampfdruckerhöhung durch Fremddruck und Oberflächenspannung.

Inhalt: Der Dampfdruck einer Flüssigkeit wird durch den Druck fremder Gase und durch die Oberflächenspannung erhöht. Kleine Tropfen haben größeren Dampfdruck als große.

Bezeichnungen: p normaler Dampfdruck, p' erhöhter Dampfdruck, P Fremddruck, u_0, s_0, v_0 molare innere Energie, Entropie und Volumen der Flüssigkeit, u_g, i, c_p, v_g molare innere Energie, chemische Konstante spez. Wärme bei konstantem Druck und Molvolumen ihres Dampfes, R Gaskonstante, T Temperatur, γ Kapillarkonstante, r Tropfenradius.

Steht eine Flüssigkeit nicht nur unter dem Druck p' ihres eigenen Dampfes, sondern auch unter dem Druck P anderer Gase, so ist ihr chemisches Potential

$$\mu_{\text{fl}} = u_0 - T s_0 + (P + p') v_0 .$$

Im Gleichgewicht mit der Gasphase, in welcher wir

$$\mu_g = u_g + R T \ln p' - R T i - c_p T \ln T$$

haben, gilt

$$u_0 - T s_0 + (P + p') v_0 = u_g + R T \ln p' - R T i - c_p T \ln T .$$

Ohne Fremddruck wäre der Dampfdruck gleich p, und wir hätten die Gleichung

$$u_0 - T s_0 + p v_0 = u_g + R T \ln p - R T i - c_p T \ln T .$$

Durch Subtraktion erhalten wir die Beziehung

$$(P + p' - p) v_0 = R T \ln \frac{p'}{p} \approx R T \frac{p' - p}{p} . \tag{43}$$

Nun ist

$$v_g = \frac{R T}{p}$$

das molare Verhalten des Dampfes, und wir erhalten die Dampfdruckerhöhung durch Pressung

$$p' - p = \frac{P v_0}{v_g - v_0} \approx \frac{P v_0}{v_g} . \tag{43a}$$

Die Pressung durch Fremddruck erhöht den Dampfdruck der Flüssigkeit. Die Erhöhung steht zum Fremddruck im gleichen Verhältnis wie das molare Flüssigkeitsvolumen zum molaren Gasvolumen.

Bei einem kugelförmigen Flüssigkeitstropfen übt die Oberflächenspannung nach S. 275 den Druck

$$P = \frac{2\gamma}{r}$$

auf das Innere der Flüssigkeit aus, wenn γ die Kapillaritätskonstante und r der Tropfenradius ist. Hierdurch entsteht eine Dampfdruckerhöhung

$$p' - p = \frac{2 \gamma v_0}{r v_g} ,$$

die dem Radius indirekt proportional ist. Kleinere Flüssigkeitströpfchen zeigen höheren Dampfdruck als größere. In einem Gemisch von kleinen und großen Tropfen werden deshalb die kleineren von den größeren aufgezehrt.

§ 9. Chemisches Potential von Ladungsträgern im elektrischen Feld.

Inhalt: Das chemische Potential von Ladungsträgern hängt vom elektrischen Potential ab. Kontaktpotentiale. Die Spannung zwischen einem Metall und einer Salzlösung geht mit dem Logarithmus der Ionenkonzentration.

Bezeichnungen: e Elementarladung, Z Wertigkeit eines Ions, L Loschmidtsche Zahl, $F = 96479$ Cb, n_i Molzahl der Ladungsträger, V elektrisches Potential, μ chemisches Potential ohne Feld, μ' mit Feld, U Spannung, g_i' Gibbssches Potential pro Mol Ionen in Lösung.

Nehmen an einem Vorgang geladene Teilchen, z. B. Ionen oder auch Elektronen, teil, welche Z Elementarladungen e tragen, so besitzt ein Mol von ihnen die Ladung $e\,Z\,L = Z\,F$. Dabei ist L die LOSCHMIDTsche Zahl, und F hat den Wert von 96479 Cb. Um ein Mol solcher Teilchen auf das elektrische Potential V zu bringen, muß der Arbeitsbetrag $Z\,F\,V$ aufgebracht werden. Fügt man zum thermodynamischen Potential für diese Teilchen das Glied

$$n_i\,Z F V$$

und zum chemischen Potential den Anteil

$$\Delta\mu = Z F V \tag{44}$$

hinzu, so hat man dieser Mehrarbeit Rechnung getragen. Teilchen, die Z positive Elementarladungen tragen und in einer ungeladenen Phase das chemische Potential μ besitzen, haben das chemische Potential $\mu + Z\,F\,V$, wenn diese Phase auf das Potential V aufgeladen wird.

In zwei Metallen mögen die Elektronen die chemischen Potential μ_1 und μ_2 besitzen, wenn sie sich auf gleichem Potential befinden. Gleichgewicht besteht, wenn die Metalle solche Potentiale V_1 und V_2 haben, so daß

$$\mu_1 - \mu_2 = F(V_1 - V_2)$$

gilt. Die beiden Metalle zeigen gegeneinander die sogenannte Kontaktspannung

$$U = V_1 - V_2 = \frac{\mu_1 - \mu_2}{F}\,. \tag{45}$$

Ein Metall tauche in eine Lösung ein, die seine Z-wertigen Ionen enthalte. Wir betrachten nun einen Vorgang, der die Ionen aus der Lösung in das feste Metall überführt und dort entlädt. Das chemische Potential der Ionen in der Lösung ist nach (15) von S. 750

$$g_1' + RT + RT\ln\frac{n_1}{n_0} + F\,Z\,V_1,$$

wo n_1/n_0 ihre molare Konzentration ist. Im Metall haben die Ionen das chemische Potential

$$\mu_0 + F\,Z\,V_0,$$

und für das Gleichgewicht erhalten wir die Bedingung

$$g_1' + RT + RT\ln\frac{n_1}{n_0} + F\,Z(V_1 - V_0) - \mu_0 = 0\,.$$

Hier sind g_1' und μ_0 zunächst unbekannte Funktionen der Temperatur. Die Spannung zwischen Metall und Flüssigkeit hängt von der Konzentration der Lösung gemäß der Gleichung

$$V_1 - V_0 = f(T) - \frac{RT}{FZ}\ln\frac{n_1}{n_0} \tag{46}$$

ab. Je kleiner die Ionenkonzentration ist, desto positiver wird die Flüssigkeit gegen das Metall.

VII. Wärmestrahlung.

Heiße Körper strahlen elektromagnetische Wellen aus. Bei mäßiger Temperatur werden Wärmestrahlen, bei höherer Temperatur wird auch Licht emittiert. Der Unterschied zwischen Licht- und Wärmestrahlen liegt nur in der Frequenz. Langwelliges ultrarotes Licht und Wärmestrahlen sind dasselbe.

Die Emission elektromagnetischer Wellen ist ein Prozeß, der im einzelnen nur mit den Methoden der Quantentheorie verfolgt werden kann. Für thermisches Gleichgewicht kann man die Strahlungsgesetze aber auch aus der Thermodynamik berechnen.

§ 1. Das Strahlungsfeld.

Inhalt: Definition von Lichtstrom, Beleuchtungsstärke, Strahldichte, Flächenhelle. Spektrale Zerlegung der Strahldichte.

Bezeichnungen: $\mathfrak{E}$ elektrische Feldstärke, $\mathfrak{s}$ Fortpflanzungsrichtung, ν Frequenz, $\mathfrak{a}$ und $\mathfrak{b}$ Polarisationsrichtung, A, B Amplitude, φ Phasenkonstante, I Intensität einer Lichtwelle, $\mathfrak{K}$, K Strahldichte.

In einem kleinen räumlichen Bezirk kann man jede elektromagnetische Welle als eben ansehen. Ihre Eigenschaften sind bekannt, wenn man Frequenz, Fortpflanzungsrichtung, Amplitude, Polarisation und Phase kennt. Die elektrische Feldstärke einer ebenen Welle kann durch den Realteil von

$$\mathfrak{E} = \left(A\,\mathfrak{a}\,e^{i\varphi_{\mathfrak{a}}} + B\,\mathfrak{b}\,e^{i\varphi_{\mathfrak{b}}}\right) e^{\frac{2\pi i}{\lambda}(\mathfrak{s}\mathfrak{r} - ct)}$$

dargestellt werden. ν bedeutet die Frequenz, $\mathfrak{s}$ den Einheitsvektor in der Fortpflanzungsrichtung, $\mathfrak{a}$ und $\mathfrak{b}$ sind zwei Einheitsvektoren, welche unter sich und auf $\mathfrak{s}$ senkrecht stehen. Die Welle erscheint in zwei zueinander senkrecht polarisierte Teilwellen mit den Amplituden A und B, den Polarisationsrichtungen $\mathfrak{a}$ und $\mathfrak{b}$ und den Phasen $\varphi_{\mathfrak{a}}$ und $\varphi_{\mathfrak{b}}$ zerlegt, bzw. daraus zusammengesetzt.

Überlagern sich mehrere Wellen verschiedener Frequenz und Fortpflanzungsrichtung, so setzt sich das elektromagnetische Feld aus den Feldern der Einzelwellen vektoriell zusammen.

Jede Einzelwelle erzeugt im Zeitmittel eine Energiestromdichte

$$\overline{\mathfrak{S}} = \frac{\varepsilon\,\varepsilon_0\,c}{2}(A^2 + B^2)\,\mathfrak{s} = I\,\mathfrak{s} \tag{1}$$

und eine räumliche Energiedichte

$$\overline{\Sigma} = \frac{\varepsilon\,\varepsilon_0}{2}(A^2 + B^2). \tag{2}$$

Der Betrag des Energiestromes wird auch als Intensität der Welle bezeichnet.

Bei Überlagerung nicht kohärenter Wellen addieren sich die Energiedichten und Energieströme, letztere natürlich vektoriell. Die Amplituden A und B können bei verschiedenen Frequenzen und Fortpflanzungsrichtungen verschieden groß sein und I und Σ sind dann noch Funktionen von ν bzw. $\mathfrak{s}$.

Trifft eine ebene Welle auf ein Flächenelement $d\mathfrak{f}$, mit dessen Normale die Fortpflanzungsrichtung $\mathfrak{s}$ den Winkel ϑ bildet, so führt sie ihm einen Energiestrom (Lichtstrom)

$$(\overline{\mathfrak{S}}\,d\mathfrak{f}) = I\cos\vartheta\,df \tag{3}$$

zu. $I\cos\vartheta$ heißt Beleuchtungsstärke oder kurz Beleuchtung dieser Fläche. Inkohärente Wellen verschiedener Fortpflanzung (Einfallsrichtung) tragen additiv zu der Beleuchtung einer Fläche bei.

Ein Strahlungsfeld entstehe dadurch, daß einzelne Lichtquellen aufgestellt werden. Wir betrachten ein Volumenelement dV in diesem Feld. Alle Lichtquellen besitzen in Wirklichkeit eine gewisse Ausdehnung, wenn wir auch häufig der Einfachheit halber von Punktlichtquellen sprechen. Die Lichtquellen können wir als leuchtende Flächenstücke F idealisieren. Von ihren Punkten gehen Kugelwellen aus, welche wir aber in dV als eben betrachten können. Jedes Stück dF einer Lichtquelle F sendet deshalb durch dV ebene Wellen, deren Fortpflanzungsrichtungen den räumlichen Winkel $d\omega$ erfüllen, unter welchem dF von dV aus gesehen wird (s. Abb. 280). Es ist deshalb ungenau,

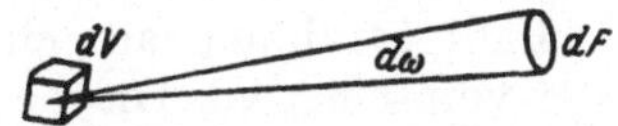

Abb. 280. Definition der Strahldichte am Ort des Volumenelements dV.

von dem Lichtstrom (3) einer bestimmten Fortpflanzungsrichtung zu sprechen, sondern es gibt nur einen (linear polarisierten) Lichtstrom

$$(\mathfrak{K}\, d\mathfrak{f})\, d\omega = K\, df \cos\vartheta\, d\omega, \tag{4}$$

der zu den Fortpflanzungsrichtungen eines räumlichen Intervalls $d\omega$ gehört. In der Formel (4) wird also der Lichtstrom (3) über das Intervall $d\omega$ ausgebreitet.

$\mathfrak{K}$ hängt noch von der Strahlrichtung ab, und an jedem Ort im Strahlungsfeld kann diese Abhängigkeit verschieden sein. Den Betrag K von $\mathfrak{K}$ nennt man die Strahldichte an dem betrachteten Punkt des Strahlungsfeldes.

Keine Lichtquelle sendet eine scharf definierte Frequenz aus. Selbst die schärfsten Spektrallinien haben noch immer eine endliche Breite. Wir können also niemals für eine bestimmte Frequenz, sondern nur in einem endlichen Frequenzintervall $d\nu$ einen endlichen linear polarisierten Lichtstrom

$$(\mathfrak{K}_\nu\, d\mathfrak{f})\, d\omega\, d\nu = K_\nu\, df \cos\vartheta\, d\omega\, d\nu \tag{5}$$

haben. Die Strahldichte K erscheint in (5) durch

$$K = \int K_\nu\, d\nu \tag{5a}$$

spektral zerlegt.

Ähnlich wie mit dem Lichtstrom muß man sinngemäß mit der Energiedichte verfahren. Auch $\bar{\Sigma}$ spaltet sich in Anteilteile

$$\frac{K\, d\omega}{c} \tag{2a}$$

auf, die zu einem Raumwinkel $d\omega$ gehören, und jeder solche Anteil kann noch in Bestandteile

$$\frac{K_\nu\, d\omega\, d\nu}{c} \tag{2b}$$

nach der Frequenz zerlegt werden.

Da man in jedem Punkte des Strahlungsfeldes jeder Strahlrichtung $\mathfrak{z}$ eine Strahldichte $\mathfrak{K}$ zuordnen kann, welche in die Frequenzanteile $\mathfrak{K}_\nu\, d\nu$ zerlegbar ist, kann dies auch für Punkte auf der Oberfläche der Lichtquelle geschehen. Die Formel

$$(\mathfrak{K}_\nu\, d\mathfrak{F})\, d\omega'\, d\nu = K_\nu\, dF \cos\vartheta'\, d\omega'\, d\nu \tag{5b}$$

drückt jetzt aus, daß durch das Flächenelement dF der Lichtquelle der Energiebetrag (5b) in das räumliche Intervall $d\omega'$ hineinfließt. Auf die Oberfläche einer Lichtquelle bezogen bezeichnet man K_ν auch als spektrale Flächenhelle und K als Flächenhelle schlechthin.

§ 2. Reguläre und diffuse Reflexion. Weiße Oberflächen und schwarze Körper.

Fällt Strahlung auf einen Körper, so kann sie in sein Inneres eindringen oder von seiner Oberfläche reflektiert werden. Die Reflexion heißt regulär, wenn der einfallende und reflektierte Strahl mit dem Lot auf die Oberfläche gleiche Winkel einschließen und mit ihm in einer Ebene liegen. Werden die Strahlen zum Teil auch in andere Richtungen reflektiert, so hat man dagegen diffuse Reflexion. Ist der reflektierte Anteil für alle Richtungen gleich groß, unabhängig von der Einfallsrichtung und Farbe des Lichtes, so nennt man die reflektierende Fläche grau. Wird alles auffallende Licht ohne Verlust in dieser Weise reflektiert, so heißt die Fläche weiß. Ein weißes Flächenelement df reflektiert in den Raumkegel $d\omega$, welcher mit dem Lot zu df den Winkel ϑ bildet, den Lichtstrom

$$K_\nu \cos\vartheta \, df \, d\omega \, d\nu .$$

Seine Strahldichte K_ν ist für alle Richtungen dieselbe. Der Lichtstrom ist dem Cosinus des Winkels ϑ proportional, den die Reflexionsrichtung mit dem Flächenlot bildet (LAMBERTsches Cosinusgesetz). Beleuchtet man eine graue oder weiße Fläche beliebiger Gestalt aus beliebiger Richtung, so reflektiert sie nach allen Richtungen mit der gleichen scheinbaren Strahldichte. Die von jedem Flächenstück df reflektierte Lichtmenge ist nämlich der Projektion $df\cos\vartheta$ auf eine Ebene senkrecht zur Reflexionsrichtung proportional. Eine weiße oder graue Fläche erscheint deshalb aus allen Richtungen gesehen gleich hell, aber verschieden groß.

Die Strahlung, welche nicht an der Oberfläche eines Körpers reflektiert wird, dringt in ihn ein. Sie kann entweder durch ihn hindurchgehen oder in ihm absorbiert werden. Ein Körper, der die auffallende Strahlung absorbiert, ohne etwa durchzulassen oder zu reflektieren, heißt schwarz.

§ 3. Hohlraumstrahlung.

Wir betrachten jetzt das Strahlungsfeld, das sich im Innern eines Hohlraumes ausbildet, dessen Wände von vollkommen schwarzen Körpern gebildet werden, welche alle die Temperatur T haben. Würden die schwarzen Wände selbst nichts ausstrahlen, so könnte auch im Inneren des Hohlraumes keine Strahlung existieren, da sie ja alsbald absorbiert werden würde. Daß bei hoher Temperatur schwarze Körper Licht ausstrahlen, ist aber eine experimentelle Tatsache. Ohne genauere Kenntnis der Emission schwarzer Körper können wir aus ihrer Existenz allein schon viele Schlüsse ziehen.

1. Nach kurzer Zeit wird die Strahlung im Hohlraum sich mit der Emission und Absorption der Wände in ein thermisches Gleichgewicht gesetzt haben. Ist dieses erreicht, so wird das Strahlungsfeld im Lauf der Zeit nicht mehr verändert.

2. An jeder Stelle des Hohlraumes ist K_ν von der Strahlrichtung unabhängig. Das Strahlungsfeld ist isotrop und hängt weder von der Form des Hohlraumes noch vom Material seiner Wände ab. Bringen wir nämlich einen schwarzen Körper, der die Temperatur der Wände und die Form einer kleinen Scheibe hat, in den Hohlraum, so müßte er sich erhitzen, wenn die Scheibenebene senkrecht zu der Richtung steht, in welcher K_ν am größten ist. Dies widerspräche aber dem zweiten Hauptsatz der Thermodynamik.

3. Das Strahlungsfeld hat an allen Punkten des Hohlraumes die gleichen Eigenschaften. K_ν ist unabhängig vom Ort. Wäre dies nicht der Fall, so könnte man an zwei verschiedene Punkte Kohlestäubchen bringen, die sich auf der Temperatur der Wand befinden. Wo das Strahlungsfeld stärker ist, müßte das Stäubchen mehr Strahlung absorbieren, als wo das Feld schwächer ist. In der Hohlraumstrahlung müßten die beiden Stäubchen auf verschiedene Temperaturen gelangen. Dies ist nach dem zweiten Hauptsatz unmöglich.

4. Die Hohlraumstrahlung fällt mit der Strahldichte K_ν auf alle Flächenelemente der Wand. Die Oberfläche muß genausoviel Strahlung emittieren, als sie absorbiert. Die Emission aller schwarzen Körper gleicher Temperatur ist deshalb dieselbe und hängt nur von der Temperatur ab. Ihre Strahldichte ist von der Richtung unabhängig. In einem Kegel mit der Öffnung $d\omega$, dessen

Achse mit dem Lot eines schwarzen Flächenelements df den Winkel ϑ bildet, wird der unpolarisierte Lichtstrom

$$2K_\nu \cos\vartheta \, d\nu \, df \, d\omega$$

gesandt. Der Faktor 2 rührt von den beiden Polarisationsmöglichkeiten jedes Strahles her. K_ν hängt von der Temperatur und Frequenz ab. Für die Emission schwarzer Körper gilt das LAMBERTsche Cosinusgesetz wie für die Reflexion weißer Flächen. Ein glühender schwarzer Körper erscheint gleichmäßig hell, und zwar von allen Richtungen aus gesehen gleich hell.

5. In einem Hohlraum, der von strahlungsundurchlässigen Wänden eingeschlossen ist, herrscht dieselbe Strahlung wie in einem Hohlraum mit schwarzen Wänden. Bringt man nämlich ein Kohlestäubchen hinein, so muß es sich mit den Wänden und der Strahlung im thermischen Gleichgewicht befinden, was nur der Fall sein kann, wenn die Strahlung dieselbe ist wie bei schwarzen Wänden.

Die in einem Hohlraum mit undurchlässigen oder schwarzen Wänden eingeschlossene Strahlung nennt man auch schwarze Strahlung.

6. Eine einzelne elektromagnetische Welle erzeugt eine mittlere Energiedichte $\overline{\Sigma}$, die mit dem Strom $|\mathfrak{S}|$ durch

$$\overline{\Sigma} = \frac{|\mathfrak{S}|}{c}$$

zusammenhängt. Die linear polarisierte Strahlung, deren Frequenzen in das Intervall $d\nu$ und deren Fortpflanzungsrichtungen in den Raumwinkel $d\omega$ fallen, liefert zur Energiedichte den Anteil

$$\frac{K_\nu \, d\nu \, d\omega}{c},$$

und wenn wir beide Polarisationseinrichtungen zusammenzählen, das Doppelte. Integriert man über $d\omega$, so erhält man die Energiedichte der Gesamtstrahlung

$$\varrho_\nu \, d\nu = \frac{8\pi}{c} K_\nu \, d\nu \tag{6}$$

im Intervall $d\nu$, da bei der Hohlraumstrahlung K_ν von der Richtung nicht abhängt.

§ 4. Absorptionsvermögen, Emissionsvermögen. KIRCHHOFFsches Gesetz.

Inhalt: Im thermischen Gleichgewicht ist die Strahldichte dem Verhältnis von Emissionskoeffizient und Absorptionskoeffizient an einer Wand dem Verhältnis von Emissionsvermögen und Absorptionsvermögen gleich.

Bezeichnungen: K_ν Strahldichte im Frequenzintervall $d\nu$, α Absorptionskoeffizient, ε Emissionskoeffizient, A Absorptionsvermögen, E Emissionsvermögen, R Reflexionsvermögen.

Die Strahlung, welche ein Körper absorbiert, verwandelt er gewöhnlich in Wärme. Dies geschieht nicht an seiner Oberfläche, sondern in seinem Innern. Selbst in sehr stark absorbierende Stoffe wie Kohle dringt das Licht ein wenig ein und wird dabei allmählich geschwächt.

Wir betrachten jetzt ein Lichtbündel, welches die Richtungen eines kleinen Kegels $d\omega$ enthält. Er durchsetze senkrecht eine absorbierende Platte der Dicke dx. Führt das Bündel beim Eintritt durch das Flächenelement df der Platte den Lichtstrom

$$K_\nu \, d\nu \, df \, d\omega$$

im Frequenzintervall $d\nu$ zu, so wird beim Durchgang ein Bruchteil

$$\alpha K_\nu \, d\nu \, df \, d\omega \, dx = \alpha K_\nu \, d\nu \, d\omega \, dV$$

absorbiert. Die Strahldichte wird nach Verlassen der Platte die Abnahme

$$-dK_\nu = \alpha K_\nu \, dx$$

erfahren haben. Der Absorptionskoeffizient α hängt gewöhnlich von der Frequenz, bei doppeltbrechenden Kristallen auch von Strahlrichtung und Polarisationsrichtung ab (Dichroismus).

Andererseits emittiert jedes Medium selbst Strahlung. Ein Volumenelement $dV = df \, dx$ wird in den Raumwinkel $d\omega$ sekundlich eine Energie

$$\varepsilon \, d\nu \, d\omega \, dV$$

als linear polarisierte Strahlung der Frequenzen $d\nu$ aussenden. Der Emissionskoeffizient ε ist gewöhnlich eine Funktion der Frequenz und der Temperatur und kann bei nicht isotropen Medien auch von der Strahlrichtung und der Polarisationsrichtung abhängen.

Jetzt denken wir uns einen Körper im Gleichgewicht mit der Strahlung. Dies erreichen wir am einfachsten, wenn wir ihn in einen Hohlraum bringen, dessen schwarze Wände auf der gleichen Temperatur sind wie er selbst. Im thermischen Gleichgewicht kann die Anwesenheit dieses Körpers die Hohlraumstrahlung nicht verändern, d. h., er muß von der Strahlung jeder Richtung, Frequenz und Polarisationsart genausoviel absorbieren wie emittieren. Diese Bilanz stellen wir für ein Parallelepiped

$$dV = df \, dx$$

auf, dessen Stirnfläche df senkrecht auf der Fortpflanzungsrichtung der betrachteten Strahlung steht. Von der eintretenden Strahlung

$$K_\nu \, d\nu \, d\omega \, df$$

wird der Anteil

$$\alpha K_\nu \, d\nu \, d\omega \, dV$$

absorbiert, während der Betrag

$$\varepsilon \, d\nu \, d\omega \, dV$$

emittiert wird. Im thermischen Gleichgewicht muß demnach

$$\frac{\varepsilon}{\alpha} = K_\nu \tag{7}$$

sein. Das Verhältnis von Emissions- und Absorptionskoeffizient ist im thermischen Gleichgewicht für jeden Spektralbereich gleich der Strahldichte. Von der Strahlrichtung und Polarisationsrichtung hängen Emissions- und Absorptionskoeffizient in gleicher Weise ab, da K_ν im Gleichgewicht hiervon unabhängig ist.

Eine ähnliche Überlegung kann man auch für ein Flächenelement df der Wand durchführen. Auf df trifft aus einem Raumkegel $d\omega$, der mit der Flächennormale den Winkel ϑ bildet, der polarisierte Energiestrom

$$K_\nu \cos\vartheta \, d\nu \, d\omega \, df$$

im Frequenzintervall $d\nu$ auf. Ist die Wand nicht schwarz, so wird davon der Bruchteil A_ν absorbiert und der Bruchteil $1 - A_\nu$ reflektiert. A_ν bezeichnet man als das Absorptionsvermögen der Wand.

Im Gleichgewicht muß der absorbierte Anteil

$$A_\nu K_\nu \cos\vartheta \, d\nu \, d\omega \, df$$

durch die Emission

$$E_\nu \cos\vartheta \, d\nu \, d\omega \, df$$

ersetzt werden. E_ν wird das Emissionsvermögen genannt. Jetzt ergibt sich das KIRCHHOFFsche Gesetz

$$E_\nu = A_\nu K_\nu. \tag{8}$$

Das Verhältnis von Emissions- und Absorptionsvermögen ist gleich der Strahldichte im thermischen Gleichgewicht (KIRCHHOFFsches Gesetz). Ein Körper vermag gerade diejenigen Frequenzen selbst auszusenden, die er bei gleicher Temperatur auch absorbiert. Ein schwarzer Körper besitzt von allen Körpern das größte Emissionsvermögen, weil bei ihm A_ν für alle Frequenzen den Wert 1 hat. Für ihn gilt

$$E_\nu = K_\nu. \tag{8a}$$

Die Annahme, daß an der Oberfläche alle Strahlung reflektiert oder absorbiert wird, können wir fallenlassen und unsere Überlegung auch auf Körper ausdehnen, welche von einem Teil der Strahlung durchsetzt werden. In einem Hohlraum, der von strahlungsundurchlässigen Wänden umschlossen ist, befinde sich eine Zwischenwand. An ihrer Oberfläche werde die Strahlung zum Teil reflektiert, zum Teil dringe sie ein und werde in ihr absorbiert, zum Teil trete sie auf der anderen Seite wieder aus. Außer Reflexion und Absorption haben wir auch Transmission. Im thermischen Gleichgewicht kompensiert sich die durchgehende Strahlung in zueinander entgegengesetzten Richtungen, und wir behalten deshalb auch für teilweise transparente (diathermane) Körper in jedem Spektralgebiet das KIRCHHOFFsche Gesetz

$$K_\nu = \frac{E_\nu}{A_\nu}. \tag{8b}$$

Der Absorptionskoeffizient α und der Emissionskoeffizient ε sind Materialkonstanten, d. h. für die Stoffe charakteristische Größen, welche nicht von der äußeren Gestalt der Körper abhängen. Für das Absorptionsvermögen A_ν und das Emissionsvermögen E_ν hingegen spielt auch die äußere Körperform eine Rolle. Bei einer ebenen Platte der Dicke d gilt z. B.

$$A_\nu = (1 - R_\nu)\left(1 - e^{-\frac{\alpha_\nu d}{\cos\vartheta}}\right),$$

wenn R_ν das Reflexionsvermögen bedeutet. Das Absorptionsvermögen nimmt also mit der Schichtdicke zu. Für das Emissionsvermögen gilt das gleiche. Dicke Schichten schwach absorbierender Gase können daher das Absorptionsvermögen 1 fast erreichen, also nahezu schwarz sein.

Will man einen schwarzen Körper haben, so muß vor allen Dingen die Reflexion vermieden werden. Der Brechungsindex darf sich deshalb nur wenig von dem der Umgebung unterscheiden. Die Transmission läßt sich dann immer durch Vergrößern der Schichtdicke unterdrücken. Da Wasser einen ziemlich kleinen Brechungsindex besitzt, sehen z. B. nasse Kohlen dunkler aus als trockene.

Macht man in ein allseitig geschlossenes, strahlungsundurchlässiges Gefäß ein kleines Loch, so wirkt dieses praktisch wie eine schwarze Oberfläche. Reflexion findet an der Öffnung nicht statt, denn von der einmal in das Innere des Hohlraumes eingedrungenen Strahlung wird nur ein winziger Bruchteil wieder nach außen geworfen. Wenn das Loch klein genug ist, herrscht im Innern die schwarze Hohlraumstrahlung im Gleichgewicht mit der Temperatur. Durch das Loch dringt sie auch nach außen. Auf diese Weise kann man experimentell einen ideal schwarzen Körper gut annähern.

§ 5. Das PLANCKsche Strahlungsgesetz.

Inhalt: Ableitung der spektralen Verteilung der schwarzen Strahlung. PLANCKsches Gesetz.

Bezeichnungen: ϱ_ν spektrale Energiedichte, K_ν spektrale Strahldichte, e Elementarladung, h PLANCKsches Wirkungsquantum, c Lichtgeschwindigkeit, ν Frequenz, λ Wellenlänge, n Quantenzahl des Oszillators, ε_ν Energie des Oszillators, E_n, E_m Quantenenergien von Atomen oder Molekülen.

Das wichtigste Problem der Strahlungstheorie besteht darin, die Strahldichte oder Energiedichte der schwarzen Strahlung zu ermitteln. ϱ_ν oder K_ν sollen also für alle Temperaturen als Funktion der Frequenz ν ausgedrückt werden. Um dieses Ziel zu erreichen, kann man verschiedene Methoden anwenden, die sich aber alle in irgendeiner Form der Quantentheorie bedienen.

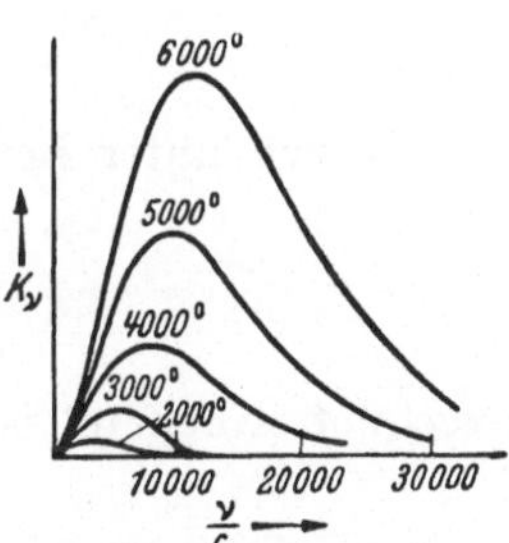

Abb. 281. Strahldichte K_ν für verschiedene Temperaturen gegen die Wellenzahl ν/c aufgetragen.

Man kann davon ausgehen, daß die Strahlung von Atomen oder Molekülen, allgemein von irgendwelchen atomaren Systemen, ausgesandt wird, und kann die Absorptions- und Emissionskoeffizienten mit der Quantentheorie berechnen. Kann ein atomares System die Energiewerte E_n und E_m besitzen, so kann es Strahlung der Frequenz

$$\nu = \frac{1}{h}\,|E_n - E_m| \tag{9}$$

absorbieren und emittieren. Im thermischen Gleichgewicht befinden sich in der Volumeneinheit

$$N_n = \frac{N}{\sigma}\,e^{-\frac{E_n}{kT}} \tag{10}$$

Atome im Zustand n und

$$N_m = \frac{N}{\sigma}\,e^{\frac{E_m}{kT}} \tag{10a}$$

Atome im Zustand m, wenn N die Zahl der Atome in der Volumeneinheit und σ die noch von der Temperatur abhängige Zustandssumme

$$\sigma = \sum_n e^{-\frac{E_n}{kT}}$$

(s. Bd. II: Statistik) ist. E_m sei die kleinere der beiden Energien. Das Strahlungsfeld bewirkt Übergänge zwischen beiden Zuständen, bei welchen Licht absorbiert bzw. emittiert wird. Die Zahl der Übergänge ist der Energiedichte ϱ_ν, der Zahl der Atome im Ausgangszustand und der sogenannten Übergangswahrscheinlichkeit proportional. Letztere wird in der Quantentheorie durch $8\pi^3 e^2 |q_{nm}|^2/3h^2$ ausgedrückt. q_{mn} ist eine Eigenschaft des atomaren Systems, die man im Einzelfall auch berechnen kann (s. Bd. II: Quantentheorie). Das Strahlungsfeld veranlaßt also

$$N_m\,\varrho_\nu\,\frac{8\pi^3 e^2}{3h^3}\,|q_{nm}|^2 \tag{11}$$

Absorptionen und

$$N_n \varrho_\nu \frac{8\pi^3 e^2}{3h^2} |q_{nm}|^2$$

Emissionen. Emissionsprozesse werden aber nicht nur durch die schon vorhandene Strahlung herbeigeführt, sondern gehen auch von selbst (spontan) vor sich. Die Zahl der spontanen Emissionen ist der Zahl N_n der Atome im Ausgangszustand der Emission proportional, und man leitet für sie in der Quantentheorie den Ausdruck

$$N_n \frac{64\pi^4 e^2 \nu^3}{3hc^3} |q_{nm}|^2 \tag{12}$$

ab. Im Gleichgewicht müssen gleichviel Emissionen wie Absorptionen stattfinden, und wir erhalten die Beziehung

$$N_n \left(\frac{8\pi \nu^3 h}{c^3} + \varrho_\nu\right) = N_m \varrho_\nu,$$

woraus sich unter Benutzung von (9), (10) und (10a)

$$\varrho_\nu = \frac{8\pi \nu^3 h}{c^3\left(e^{\frac{h\nu}{kT}} - 1\right)} \tag{13}$$

errechnet. Nach (6) ist dann

$$K_\nu = \frac{h\nu^3}{c^2\left(e^{\frac{h\nu}{kT}} - 1\right)}. \tag{14}$$

Trägt man K_ν als Funktion von ν auf, so erhält man das Spektrum der schwarzen Strahlung. Es ist in der Abb. 281 für verschiedene Temperaturen gezeichnet. Bei kleineren Frequenzen kann man

$$e^{\frac{h\nu}{kT}} \approx 1 + \frac{h\nu}{kT}$$

setzen und erhält in erster Näherung

$$K_\nu \approx kT\frac{\nu^2}{c^2} = \frac{kT}{\lambda^2}. \tag{15}$$

Der langwellige Teil des Spektrums ($\lambda = c/\nu$ ist die Wellenlänge) gewinnt nur proportional zur Temperatur an Intensität. Für große Frequenzen ist näherungsweise

$$e^{\frac{h\nu}{kT}} \gg 1,$$

und man findet

$$K_\nu \approx \frac{h\nu^3}{c^2} e^{-\frac{h\nu}{kT}}. \tag{16}$$

Die Strahldichte fällt im kurzwelligen Teil des Spektrums mit der Frequenz exponentiell ab, gewinnt aber mit steigender Temperatur schnell an Intensität.

Trägt man das Spektrum gegen die Wellenlänge statt gegen die Frequenz auf, so setzt man

$$d\nu = -\frac{c\,d\lambda}{\lambda^2}$$

und

$$-K_\lambda\,d\lambda = K_\nu\,d\nu.$$

Dann erhält man

$$K_\lambda = \frac{c\,K_\nu}{\lambda^2} = \frac{h\,c^2}{\lambda^5\left(e^{\frac{hc}{\lambda k T}} - 1\right)}. \tag{14a}$$

Statt der Wellenlänge oder Frequenz kann man auch die Variable

$$x = \frac{h\,\nu}{k\,T} = \frac{h\,c}{k\,T\,\lambda} \tag{17}$$

und das Intervall

$$d\,x = \frac{h}{k\,T}\,d\,\nu = -\frac{h\,c}{\lambda^2\,k\,T}\,d\,\lambda$$

einführen, was zu

$$K_x\,d\,x = -K_\lambda\,d\,\lambda = K_\nu\,d\,\nu = \frac{k^4\,T^4}{h^3\,c^2}\cdot\frac{x^3\,d\,x}{e^x - 1} \tag{14b}$$

führt.

Das Gesetz (13) und (14) wurde von PLANCK im Jahre 1900 gefunden und deckt sich sehr genau mit dem Ergebnis experimenteller Messungen. Es erscheint in diesem Zusammenhang als eine Folge der Quantengesetze für die Emission und Absorption der Atome. Man kann es aber auch ableiten, indem man die Quantentheorie direkt auf das Strahlungsfeld in einem Hohlraum anwendet, was wir angesichts der Wichtigkeit des Gegenstandes ebenfalls durchführen wollen.

*Nach der Quantentheorie (s. Bd. II) kann die Strahlung als ein System von Oszillatoren aufgefaßt werden, von denen jeder einem bestimmten Ausbreitungsvektor einer Welle entspricht. Jeder Oszillator gehört also zu einer Frequenz ν und einer bestimmten Fortpflanzungsrichtung der Welle. Der Oszillator kann sich in Quantenzuständen befinden, welche durch eine Quantenzahl n unterschieden werden und zu denen die Energien

$$\varepsilon_n = h\,\nu\left(n + \frac{1}{2}\right) \tag{18}$$

gehören. Physikalisch bedeutet n die Zahl der Lichtquanten der Frequenz ν der betreffenden Fortpflanzungsrichtung und Polarisationsart.

Die Wahrscheinlichkeit, daß ein Oszillator der Frequenz ν die Energie ε_n besitzt, ist dann

$$\frac{1}{\sigma}\,e^{-\frac{\varepsilon_n}{k\,T}} = \frac{1}{\sigma}\,e^{-\frac{h\,\nu}{k\,T}\left(n + \frac{1}{2}\right)}.$$

σ bedeutet dabei die Zustandssumme

$$\sigma = \sum_0^\infty{}_n\, e^{-\frac{h\,\nu}{k\,T}\left(n + \frac{1}{2}\right)} = \frac{e^{\frac{h\,\nu}{2\,k\,T}}}{e^{\frac{h\,\nu}{k\,T}} - 1}. \tag{19}$$

Für die mittlere Energie eines Oszillators ergibt dann die statistische Berechnung den Wert

$$\bar{\varepsilon}_\nu = \frac{h\,\nu}{2} + \frac{h\,\nu}{e^{\frac{h\,\nu}{k\,T}} - 1}. \tag{20}$$

Die Zahl der Oszillatoren in der Volumeneinheit, welche in das Intervall $d\,\nu$ fallen und zu Fortpflanzungsrichtungen im Winkel $d\,\omega$ gehören, ist

$$\frac{2\,\nu^2\,d\,\omega\,d\,\nu}{c^3}.$$

Der Faktor 2 rührt von der Polarisation her. Die Energiedichte der Strahlung im Frequenzintervall $d\nu$ und dem Richtungskegel $d\omega$ ist also

$$\frac{h\nu^3}{c^3}\,d\omega\,d\nu + \frac{2h\nu^3\,d\omega\,d\nu}{c^3\left(e^{\frac{h\nu}{kT}}-1\right)}.$$

Durch Integration über $d\omega$ finden wir die Energiedichte

$$\varrho_\nu = \frac{4\pi h\nu^3}{c^3} + \frac{8\pi h\nu^3}{c^3\left(e^{\frac{h\nu}{kT}}-1\right)} \tag{21}$$

der Frequenz ν und daraus

$$K_\nu = \frac{h\nu^3}{2c^2} + \frac{h\nu^3}{c^2\left(e^{\frac{h\nu}{kT}}-1\right)}. \tag{22}$$

Gegenüber dem Gesetz (14) ist hier noch die sogenannte Nullpunktsenergie

$$\frac{h\nu^3}{2c^2}$$

hinzugekommen. Sie ist von der Temperatur unabhängig und deshalb im Hohlraum immer in der gleichen Menge vorhanden, sogar schon beim absoluten Nullpunkt. Da man sie nicht entfernen oder in andere Energiearten umwandeln kann, entzieht sie sich der Beobachtung grundsätzlich. Man kann sie deshalb in den Formeln (21) und (22) auch weglassen und zu den einfacheren Ausdrücken (13) und (14) zurückkehren.

Trotz der experimentellen Bedeutungslosigkeit birgt die Nullpunktsenergie ungelöste Probleme. Summiert man über alle Frequenzen, so erweist sie sich als unendlich groß.

Um zum PLANCKschen Gesetz zu kommen, kann man die Hohlraumstrahlung auch wie ein System von Teilchen behandeln, welche der BOSE-Statistik gehorchen und die man Lichtquanten nennt. Als Impuls des Lichtquants ist

$$\frac{h\nu}{c}$$

einzusetzen. Die statistische Rechnung, die wir in Bd. II, Statistik, durchführen, führt wieder zu dem PLANCKschen Gesetz*.

§ 6. WIENsches Verschiebungsgesetz. STEFAN-BOLTZMANNsches Gesetz.

Inhalt: Die Wellenlänge des Maximums der spektralen Strahldichte verschiebt sich umgekehrt proportional zur Temperatur, die Frequenz des Maximums proportional zur Temperatur. Die Gesamtabstrahlung einer schwarzen Oberfläche ist der vierten Potenz der Temperatur proportional.

Bezeichnungen: Wie S. 767.

Das Maximum von K_ν bzw. K_λ findet man am bequemsten, wenn man

$$\frac{\partial}{\partial\lambda}\ln K_\lambda = 0 \quad \text{bzw.} \quad \frac{\partial}{\partial\nu}\ln K_\nu = 0$$

verlangt. Dies führt auf die Gleichungen

$$0 = 5 - \frac{hc\,e^{\frac{hc}{\lambda kT}}}{kT\lambda\left(e^{\frac{hc}{\lambda kT}}-1\right)}$$

bzw.

$$0 = 3 - \frac{h\nu\,e^{\frac{h\nu}{kT}}}{kT\left(e^{\frac{h\nu}{kT}}-1\right)}.$$

Führt man in sie die Variable x ein, so gelangt man zu den Bedingungen

$$\frac{x\,e^x}{e^x-1}=5$$

bzw.

$$\frac{x\,e^x}{e^x-1}=3,$$

welche für x die Lösungen $x=4{,}965$ bzw. $x=2{,}82$ liefern. Das Maximum von K_λ tritt also bei der Wellenlänge

$$\lambda_{\max}=\frac{h\,c}{4{,}965\,k\,T}=\frac{2{,}88\cdot 10^{-3}}{T}\,\text{Meter}=\frac{2{,}88\cdot 10^{7}}{T}\,\text{ÅE}. \tag{23}$$

ein. Das Maximum von K_ν liegt bei der Frequenz

$$\nu_{\max}=\frac{2{,}82\,k\,T}{h}=5{,}9\cdot 10^{10}\,T\,\sec^{-1}. \tag{23a}$$

Die Maxima von K_ν und K_λ liegen in verschiedenen Spektralgebieten. Mit steigender Temperatur verschieben sich beide zu höheren Frequenzen. Das Produkt $\lambda_{\max}T$ bzw. das Verhältnis $\nu_{\max}/T$ ist konstant. Diese Gesetzmäßigkeit wurde von WIEN unabhängig von dem PLANCKschen Gesetz aufgefunden.

Integriert man K_ν über alle Frequenzen, so erhält man die gesamte Strahldichte

$$K=\int K_\nu\,d\nu=\int K_x\,dx=\frac{k^4T^4}{h^3c^2}\int\limits_0^\infty\frac{x^3\,dx}{e^x-1}.$$

Das Integral kann ausgewertet werden, wenn man die Reihenentwicklung

$$\frac{1}{e^x-1}=\frac{e^{-x}}{1-e^{-x}}=\sum_1^\infty{}_n\,e^{-n\,x}$$

vornimmt. Indem man $y=n\,x$ als Integrationsvariable einführt, findet man durch gliedweise Integration

$$\int\limits_0^\infty\frac{x^3\,dx}{e^x-1}=\sum_1^\infty{}_n\int\limits_0^\infty x^3\,e^{-n\,x}\,dx=\int\limits_0^\infty y^3\,e^{-y}\,dy\cdot\sum_1^\infty\frac{1}{n^4}=(3!)\sum_1^\infty\frac{1}{n^4}=\frac{\pi^4}{15}.$$

Das ergibt die Gesamtdichte

$$K=\frac{k^4\pi^4}{15\,h^3c^2}\,T^4=a'\,T^4, \tag{24}$$

welche der vierten Potenz der Temperatur proportional ist. Dies ist das STEFAN-BOLTZMANNsche Gesetz, welches schon vor dem PLANCKschen Gesetz bekannt war.

Integriert man über den Raumwinkel 2π, so erhält man die gesamte Abstrahlung pro Flächeneinheit (Quadratmeter) einer schwarzen Oberfläche, nämlich

$$2\pi\,K=\frac{2\,k^4\pi^5}{15\,h^3c^2}\,T^4=a\,T^4. \tag{24a}$$

Die STEFAN-BOLTZMANNsche Konstante hat den Wert

$$a=5{,}77\cdot 10^{-8}\,\frac{\text{Watt}}{\text{Meter}^2\,\text{Grad}^4}=577\cdot 10^{-5}\,\frac{\text{Erg}}{\text{cm}^2\,\text{sec}\,\text{Grad}^4}. \tag{25}$$

Um das Emissionsvermögen E_ν einer nicht schwarzen Oberfläche zu erhalten, muß man K_ν noch mit dem Absorptionsvermögen multiplizieren. Für eine nicht reflektierende ebene Platte mit dem Absorptionskoeffizient α findet man

$$A_\nu = 1 - e^{-\frac{\alpha_\nu d}{\cos\vartheta}}$$

$$E_\nu = \left(1 - e^{-\frac{\alpha_\nu d}{\cos\vartheta}}\right) K_\nu$$

für einen Zylinder vom Durchmesser d

$$A_\nu = 1 - e^{-\alpha_\nu d \cos\vartheta}$$

$$E_\nu = \left(1 - e^{-\alpha_\nu d \cos\vartheta}\right) K_\nu ,$$

wenn ϑ der Winkel ist, den die Strahlrichtung mit der Oberfläche bildet.

Optischer Wirkungsgrad. Leuchtdichte. Für den visuellen Helligkeitseindruck, den die Strahlung hervorruft, ist neben der objektiven Strahldichte auch noch die Empfindlichkeit des menschlichen Auges maßgebend. Am empfindlichsten ist das Auge für gelb-grünes Licht der Wellenlänge 5550 ÅE. Ein Watt dieser Wellenlänge gibt einen Lichtstrom von 694 internationalen Lumen (das sind $6{,}94 \cdot 10^{-5}$ Lumen pro Erg). Die relative Empfindlichkeit des Auges für verschiedene Farben kann man durch eine Funktion

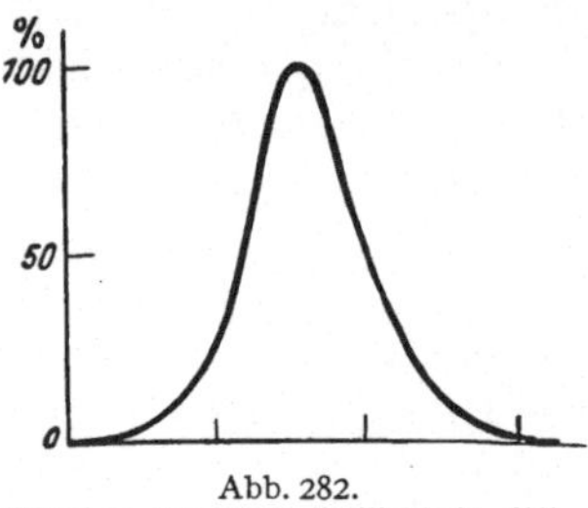

Abb. 282. Relative Augenempfindlichkeit $f(\lambda)$ gegen die Wellenlänge aufgetragen.

$$f(\lambda) = F(\nu) \tag{26}$$

ausdrücken, welche im Gelb-Grün den Wert 1 erreicht, im Rot und Grün schnell abfällt und außerhalb des sichtbaren Spektralgebietes den Wert Null hat. Die Abb. 282 gibt diese Funktion wieder. Das Produkt von Strahldichte K_ν und absoluter Augenempfindlichkeit $694 F(\nu)$ wird als Leuchtdichte bezeichnet und in der Einheit Stilb gemessen. Im Intervall $d\nu$ hat man demzufolge den Leuchtdichteanteil

$$694 K_\nu F(\nu)\, d\nu$$

und die Gesamtleuchtdichte ist

$$694 \int_0^\infty K_\nu F(\nu)\, d\nu = 694 \int_0^\infty K_\lambda f(\lambda)\, d\lambda .$$

Ein schwarzer Strahler weist die Leuchtdichte

$$694 \frac{h}{c^2} \int_0^\infty \frac{\nu^3 F(\nu)\, d\nu}{e^{\frac{h\nu}{kT}} - 1}$$

auf. Sie steigt mit der Temperatur monoton an. Bei sehr hohen Temperaturen wird sie der Temperatur ziemlich proportional, bei niedereren Temperaturen (unter 1000°) ist ihr Anstieg durch den Faktor

$$e^{\frac{5200^\circ}{T}}$$

gekennzeichnet. 5200° ist die Temperatur, bei der das Maximum der Strahldichte mit dem der Augenempfindlichkeit zusammenfällt.

VIII. Thermodynamik irreversibler Prozesse.

Obwohl in der klassischen Thermodynamik reversible und irreversible Prozesse unterschieden werden, beziehen sich doch alle Aussagen auf Gleichgewichtszustände und nicht auf den Ablauf der Prozesse selbst. Die reversiblen Prozesse sind überhaupt keine wirklichen Vorgänge, sondern eigentlich virtuelle Veränderungen des Zustandes, welche nur „gedacht“ werden, um die Zustandseigenschaften zu berechnen. Aber selbst wenn die klassische Thermodynamik irreversible Prozesse untersucht, wie etwa die Strömung durch eine Drossel (s. S. 727) so wird doch nur über die beiden Zustände etwas ausgesagt, welche durch den Prozeß verbunden sind, nicht aber über den Ablauf des Prozesses selbst. Eine Aussage über den Prozeß selbst ist schon deswegen nicht möglich, weil die klassische Thermodynamik die Zeit nicht verwendet.

Wir stellen uns nun die Frage, ob nicht doch mit thermodynamischen Methoden Gesetzmäßigkeiten über den Ablauf von Vorgängen gewinnbar sind. Wirkliche Vorgänge können aber natürlich nur irreversible Prozesse sein, da reversible Vorgänge in der Thermodynamik nur den Charakter von Gedankenversuchen haben.

Aussagen über Vorgänge zu machen ist nur möglich, wenn sich die Begriffe, welche die Thermodynamik für das Gleichgewicht gebildet hat, auch auf Nichtgleichgewichtszustände übertragen lassen. Man kann also mit thermodynamischen Methoden nur bei solchen Prozessen etwas ausrichten, bei denen sich die Zustandsgrößen, Druck, Volumen, Temperatur, innere Energie, Entropie usw., noch definieren lassen, obwohl kein Gleichgewicht besteht. Daß das System auch außerhalb des Gleichgewichts ein bestimmtes Volumen einnimmt und eine gewisse innere Energie besitzt, ist kaum zweifelhaft. Druck und Temperatur lassen sich zwar nicht in allen, jedoch in sehr vielen Fällen definieren. Auf diese Fälle sind demgemäß alle thermodynamischen Überlegungen beschränkt.

Die Entropie kann in der klassischen Thermodynamik nur für Gleichgewichtszustände berechnet werden. Es wäre aber recht unverständlich, wenn dieser Begriff sozusagen unstetig seine Bedeutung einbüßen würde, sobald das Gleichgewicht auch nur geringfügig verlassen wird. Wir werden deshalb erwarten, daß man einem System noch eine bestimmte Entropie zuschreiben kann, wenn es sich zwar nicht mehr im Gleichgewicht befindet, weil Prozesse in oder an ihm stattfinden, wenn es sich aber vom Gleichgewicht nicht sehr weit entfernt hat, weil diese Prozesse nicht allzu heftig sind. Da außerdem die Statistik die Entropie auch für „gleichgewichtsnahe“ Nichtgleichgewichte definieren kann, werden wir den Entropiebegriff verwenden dürfen, wenn sich das System in „Gleichgewichtsnähe“ befindet. Ob dies der Fall ist oder nicht, müßte natürlich in jedem Einzelfall begründet werden. Hier verzichten wir darauf.

Mit der Entropie behalten auch alle von ihr abgeleiteten Größen ihren Sinn und können weiterverwendet werden. In ausreichender Gleichgewichtsnähe muß deshalb auch die Gibbssche Fundamentalgleichung [S. 717, Gl. (64)]

$$T\,dS = dU + p\,dV - \sum_s \mu_s\,dn_s \tag{1}$$

den Zusammenhang zwischen den Änderungen der Entropie, der inneren Energie, des Volumens und der Molzahlen herstellen.

Die Möglichkeit, die Zustandsgrößen auf Nichtgleichgewichte zu übertragen, bedeutet für sich allein noch nicht, daß man thermodynamische Erwägungen mit Nutzen auf den Ablauf von Prozessen anwenden kann. Dazu muß noch kommen, daß die Thermodynamik eine allgemeine Aussage über Prozesse zu machen vermag, die man für bestimmte Vorgänge zu Einzelgesetzen spezialisieren kann.

In der Tat wird eine solche Aussage in der Thermodynamik gemacht. *Jeder irreversible Prozeß ist mit Arbeitsverschleiß und Entropievermerhung verbunden.* Die klassische Thermodynamik zieht daraus folgenden Schluß: Gibt es einen reversiblen Prozeß, bei dem das System Arbeit abgibt, so kann ein irreversibler Prozeß eintreten, der diese Arbeit verschleißt. Dies enthält aber nur die Feststellung, ob irreversible Prozesse möglich sind oder nicht, d. h. ob Gleichgewicht besteht. Über den Ablauf der möglichen irreversiblen Prozesse sagt die klassische Thermodynamik nichts.

Die Tatsache, daß bei irreversiblen Prozessen stets eine Entropievermehrung, niemals eine Entropieverminderung eintritt, ist durch die Gleichgewichtsbedingungen der klassischen Thermodynamik noch nicht völlig ausgeschöpft. Wir werden zeigen, daß sich aus dieser scheinbar recht unpräzisen Feststellung doch manche Gesetzmäßigkeiten für den Ablauf vieler Prozesse ableiten lassen.

§ 1. Irreversible Prozesse an Phasengrenzflächen und Trennwänden.

Inhalt: Stoffaustausch, Wärmestrom und elektrischer Strom als Beispiele irreversibler Prozesse zwischen zwei Phasen. Stoffbilanz, Energiebilanz und Entropiebilanz der irreversiblen Prozesse. Die Entropieentstehung.

Bezeichnungen: n Molzahl, U innere Energie, V Volumen, p Druck, H Enthalpie, S Entropie, μ chemisches Potential, φ elektrisches Potential, F molare Ladung einwertiger Ionen, z Wertigkeit der Ionen, j_0 Wärmestrom, j_s Strom des s-ten Stoffes, I elektrischer Strom, Q Wärmemenge, Θ sekundliche Entropievermehrung, t Zeit. Die Indizes 1 und 2 beziehen sich auf die Phasen, der Index s unterscheidet die Stoffe.

Wir untersuchen zunächst ein verhältnismäßig einfaches System, das aus zwei Phasen bestehen möge. Es kann sich dabei um zwei natürliche Phasen handeln oder auch um künstliche Phasen, die durch eine halbdurchlässige Membran oder eine andere Absperrvorrichtung voneinander getrennt sind. Innerhalb jeder Phase soll Gleichgewicht bestehen, was durch Rühren oder sonstige Durchmischungsmaßnahmen wenigstens näherungsweise erzielt werden kann. Innerhalb einer jeden Phase möge also kein Gefälle von Druck, Temperatur und Konzentration bestehen.

Dagegen dürfen die beiden Phasen voneinander verschiedene stoffliche Zusammensetzung und verschiedene Temperaturen T_1 und T_2 besitzen. Wenn sie künstlich durch eine Scheidewand getrennt sind, können in ihnen auch verschiedene Drucke p_1 und p_2 herrschen. Außerdem wollen wir zulassen, daß die Phasen sich auf verschiedenen elektrischen Potentialen φ_1 und φ_2 befinden, so daß an der Grenzfläche elektrische Kräfte auf geladene Bestandteile wirken. Von chemischen Reaktionen, die innerhalb der Phasen oder an ihrer Grenzfläche stattfinden könnten, wollen wir der Einfachheit halber absehen. Es bietet jedoch keine unüberwindlichen Schwierigkeiten, auch Reaktionen in unsere Überlegungen einzubeziehen.

Bezeichnen wir die verschiedenen Stoffarten durch einen Index s, die Phasen durch die Indizes 1 und 2, so mögen in der Phase 1 jeweils n_{s1}, in der Phase 2 jedoch n_{s2} Mole des s-ten Stoffes vorhanden sein.

Ein irreversibler Prozeß kann nun z. B. darin bestehen, daß die Stoffe durch die Grenzfläche wandern. In der Zeit dt erfahren dabei die Molzahlen die Veränderungen dn_{s1} und dn_{s2}. Für diese Veränderungen muß

$$dn_{s1} + dn_{s2} = 0 \tag{2}$$

gelten, wenn keine chemischen Umsetzungen mitwirken. Sind

$$n_1 = \sum^s n_{s1}; \qquad n_2 = \sum^s n_{s2} \tag{3}$$

die in den Phasen insgesamt vorhandenen Mole, so gilt

$$d n_1 = \sum^s d n_{s1}; \qquad d n_2 = \sum^s d n_{s2} \tag{4}$$

und wegen (2)

$$d n_1 = -d n_2. \tag{5}$$

Den Prozeß des Stoffaustausches zwischen den Phasen beschreiben wir durch die molaren „Ströme"

$$\dot{j}_s = \frac{d n_{s1}}{dt} = -\frac{d n_{s2}}{dt}. \tag{6}$$

Ein weiterer irreversibler Prozeß kann in dem Wärmeaustausch zwischen den Phasen und in der Wärmeaufnahme aus der Umgebung bestehen. Ist dQ_1' die Wärmemenge, welche die Phase 1 aus ihrer Umgebung, dQ_1'' die Wärmemenge, die sie von der Phase 2 aufnimmt, und sind dQ_2' und dQ_2'' die entsprechenden Wärmezuflüsse zur Phase 2, so empfangen die beiden Phasen die Wärmemengen

$$dQ_1 = dQ_1' + dQ_1'' \tag{7a}$$

$$dQ_2 = dQ_2' + dQ_2''. \tag{7b}$$

Wegen der Irreversibilität des Wärmetransportes und der Verknüpfung mit dem Stoffaustausch ist im allgemeinen

$$dQ_1'' \neq -dQ_2''.$$

Zwischen dem Wärmezufluß und dem Zuwachs der inneren Energie besteht nach S. 718, Gl. (68a), der Zusammenhang

$$dQ_1' + dQ_1'' = dU_1 + p_1 dV_1 - h_1 dn_1 \tag{8a}$$

$$dQ_2' + dQ_2'' = dU_2 + p_2 dV_2 - h_2 dn_2, \tag{8b}$$

da die Phasen einzeln offene Systeme sind. h_1 und h_2 bedeuten die molaren Enthalpien der Phasen. Beide Phasen zusammen stellen hingegen ein geschlossenes System dar. Der Zuwachs seiner inneren Energie

$$dU = dU_1 + dU_2 \tag{9}$$

wird aufgebracht durch die von der Umgebung zugeflossenen Wärmemengen

$$dQ_1' + dQ_2',$$

die Kompressionsarbeit

$$-p_1 dV_1 - p_2 dV_2$$

und die Arbeit, welche beim Materialtransport von den elektrischen Kräften geleistet wird. Ist $z_s F$ die molare Ladung des s-ten Stoffes, wobei F die molare Ladung eines einwertigen Ions bedeutet, so finden wir die elektrische Arbeit

$$\sum^s z_s F(\varphi_1 - \varphi_2)\, d n_{s2} = \sum^s z_s F(\varphi_2 - \varphi_1)\, d n_{s1}. \tag{10}$$

Damit gelangen wir zu der Energiebilanz

$$dU = dQ_1' + dQ_2' - p_1 dV_1 - p_2 dV_2 + \sum^s z_s F(\varphi_2 - \varphi_1)\, d n_{s1} \tag{11}$$

für das Gesamtsystem. Addiert man (8a), (8b) und (11), so erhält man zwischen dQ_1'' und dQ_2'' die Beziehung

$$dQ_1'' = -dQ_2'' + (h_2 - h_1)\, dn_1 + \sum^s z_s F(\varphi_2 - \varphi_1)\, d n_{s1}. \tag{12}$$

Den Wärmetransport von der Phase 2 zur Phase 1 beschreiben wir durch den Wärmestrom

$$j_0 = \frac{dQ_1''}{dt} = -\frac{dQ_2''}{dt} + \sum^s \{h_2 - h_1 + z_s F(\varphi_2 - \varphi_1)\} j_s. \tag{13}$$

Führen wir den elektrischen Strom

$$I = \sum^s z_s F j_s \tag{14}$$

ein, so läßt sich der Wärmestrom auch durch

$$j_0 = -\frac{dQ_2''}{dt} + \sum^s (h_2 - h_1) j_s + I(\varphi_2 - \varphi_1) \tag{15}$$

ausdrücken.

Jetzt können wir auch den Entropiezuwachs der einzelnen Phasen

$$dS_1 = \frac{1}{T_1}\left\{dU_1 + p_1 dV_1 - \sum^s \mu_{s1} dn_{s1}\right\} \tag{16a}$$

und

$$dS_2 = \frac{1}{T_2}\left\{dU_2 + p_2 dV_2 - \sum^s \mu_{s2} dn_{s2}\right\} \tag{16b}$$

mit Hilfe der Gibbsschen Fundamentalgleichung S. 717, Gl. (64), bilden und erhalten wir daraus die Zunahme

$$\begin{aligned} dS &= dS_1 + dS_2 \\ &= \frac{dQ_1'}{T_1} + \frac{dQ_2'}{T_2} + \frac{dQ_1''}{T_1} + \frac{dQ_2''}{T_2} + \sum^s \left\{\frac{h_1 - \mu_{s1}}{T_1} - \frac{h_2 - \mu_{s2}}{T_2}\right\} dn_{s1} \end{aligned} \tag{17}$$

der Entropie des Gesamtsystems.

Nun drücken wir die sekundliche Zunahme der Entropie durch die Ströme aus und erhalten

$$\begin{aligned} \frac{dS}{dt} &= \frac{1}{T_1}\frac{dQ_1'}{dt} + \frac{1}{T_2}\frac{dQ_2'}{dt} + \\ &+ j_0\left(\frac{1}{T_1} - \frac{1}{T_2}\right) + \sum^s j_s\left\{h_1\left(\frac{1}{T_1} - \frac{1}{T_2}\right) + \frac{\mu_{s2}}{T_2} - \frac{\mu_{s1}}{T_1}\right\} + \frac{I(\varphi_2 - \varphi_1)}{T_2}. \end{aligned} \tag{18}$$

Die Glieder in der ersten Zeile stellen den Zustrom der Entropie aus der Umgebung dar, während

$$\Theta = j_0\left(\frac{1}{T_1} - \frac{1}{T_2}\right) + \sum^s j_s\left\{h_1\left(\frac{1}{T_1} - \frac{1}{T_2}\right) + \frac{\mu_{s2}}{T_2} - \frac{\mu_{s1}}{T_1}\right\} + \frac{I(\varphi_2 - \varphi_1)}{T_2} \tag{19}$$

die sekundliche Entropieentstehung infolge der irreversiblen Prozesse wiedergibt.

§ 2. Dissipationsfunktion.

Inhalt: Der sekundliche Arbeitsverschleiß wird durch die Dissipationsfunktion ausgedrückt. Sie ist eine bilineare Funktion der Ströme und der sie antreibenden generalisierten Kräfte. Die Ströme sind näherungsweise lineare Funktionen der Kräfte.

Bezeichnungen: Θ sekundliche Entropieerzeugung, Φ Dissipationsfunktion, j Ströme, A generalisierte Kräfte, der Index 0 bezieht sich auf Wärmestrom und zugehörige Kraft, die Indizes 1 und 2 unterscheiden die Phasen, Index s bzw. I und II die Stoffe. a_{mn} Koeffizienten zwischen Strömen und Kräften.

Im Gleichgewicht verschwinden die Ströme und mit ihnen auch die Entropieproduktion Θ. Besteht auch während der Prozesse noch nahezu Gleichgewicht, so dürfen die Temperaturen, Drucke und elektrischen Potentiale der Phasen sich nur um wenig unterscheiden. Wir setzen daher

$$\begin{aligned} T = T_2; \quad \varphi = \varphi_2; \quad p = p_2 \\ T_2 - T_1 = \Delta T; \quad \varphi_2 - \varphi_1 = \Delta\varphi; \quad p_2 - p_1 = \Delta p \end{aligned} \tag{20}$$

und berücksichtigen nur lineare Glieder in den Differenzen. Dann erhalten wir

$$\frac{\mu_{s2}}{T_2} - \frac{\mu_{s1}}{T_1} = \Delta \frac{\mu_s}{T} = -\mu_s \frac{\Delta T}{T^2} + \frac{\Delta \mu_s}{T}. \tag{21}$$

Die chemischen Potentiale μ_s selbst hängen von der Temperatur, dem Druck und der Zusammensetzung ab. Die Temperaturabhängigkeit bringen wir explizit zum Vorschein, schreiben also

$$\Delta \mu_s = \Delta_T \mu_s + \frac{\partial \mu_s}{\partial T} \Delta T. \tag{22}$$

$\Delta_T \mu_s$ bedeutet den Unterschied der chemischen Potentiale, wenn der Temperaturunterschied nicht berücksichtigt wird. Wegen Gl. (65c), S. 717, finden wir

$$\frac{\mu_{s2}}{T_2} - \frac{\mu_{s1}}{T_1} = \frac{\Delta_T \mu_s}{T} - \frac{h_s}{T^2} \Delta T: \tag{23}$$

Nun bilden wir den sekundlichen Arbeitsverschleiß

$$\begin{aligned} \Phi = T\Theta = \left\{j_0 + \sum^s j_s(h - h_s)\right\} \frac{\Delta T}{T} + \\ + \sum^s j_s \{\Delta_T \mu_s + z_s F \Delta \varphi\}, \end{aligned} \tag{24}$$

den wir als Dissipationsfunktion bezeichnen.

Die Dissipationsfunktion ist eine lineare Funktion des Wärmestromes j_0 und der Materieströme j_s. Wenn wir den sogenannten reduzierten Wärmestrom

$$j_{\text{red}} = j_0 + \sum^s j_s(h - h_s) \tag{25}$$

einführen, ist

$$\Phi = j_{\text{red}} \frac{\Delta T}{T} + \sum^s j_s(\Delta_T \mu_s + z_s F \Delta \varphi) \tag{24a}$$

nach den Differenzen ΔT, $\Delta_T \mu_s$ und $\Delta \varphi$ geordnet, welche die Ströme in Gang setzen. Verschwinden diese Differenzen, so ist

$$T_2 = T_1; \quad \varphi_2 = \varphi_1; \quad \mu_{s2} = \mu_{s1}; \quad p_2 = p_1 \tag{26}$$

und es besteht Gleichgewicht. Irreversible Prozesse finden dann nicht statt, alle Ströme sind Null und die Dissipationsfunktion verschwindet.

Die Ströme, welche die irreversiblen Prozesse beschreiben, müssen also Funktionen dieser Differenzen ΔT, $\Delta \varphi$ usw. sein bzw. der „generalisierten" Kräfte

$$A_0 = \frac{\Delta T}{T} \tag{27a}$$

$$A_s = \Delta_T \mu_s + z_s F \Delta \varphi. \tag{27b}$$

Verlaufen die Prozesse mild, d. h. sind die Kräfte und Ströme schwach, so kann man die Ströme nach Potenzen der Kräfte entwickeln und sich mit dem linearen Ansatz

$$\begin{aligned} j_m &= \sum^n c_{mn} A_n \\ &= c_{m0} A_0 + \sum^s c_{ms} A_s \end{aligned} \tag{28}$$

begnügen. Für die Dissipationsfunktion erhält man mit diesem Ansatz die quadratische Form

$$\Phi = T\Theta = \sum^m j_m A_m = \sum^{mn} c_{mn} A_m A_n \tag{29}$$

in den Kräften.

§ 3. Die Onsagerschen Reziprozitätsbeziehungen.

Inhalt: Der lineare Zusammenhang zwischen Strömen und Kräften wird durch den symmetrischen Tensor (a_{mn}) vermittelt.
Bezeichnungen: Wie S. 774 u. 776.

Die Koeffizienten c_{mn} in den Gl. (28) sind noch Funktionen der Zustandsvariablen (z. B. ihrer Mittelwerte beider Phasen), enthalten aber weder die Differenzen ΔT, Δp, $\Delta\varphi$ usw. noch die Ströme. Sie bilden einen reellen Tensor (c_{mn}), den man mit

$$(c_{mn}) = (a_{mn}) + (b_{mn}) \tag{30}$$

in einem symmetrischen Teil (a_{mn}) mit

$$a_{mn} = a_{nm} \tag{31}$$

und einem antimetrischen Teil (b_{mn}) mit

$$b_{mn} = -b_{nm}; \quad b_{mm} = 0 \tag{32}$$

zerlegen kann.

Onsager konnte durch statistische Überlegungen zeigen, daß die irreversiblen Prozesse keinen antimetrischen Anteil enthalten, daß also

$$c_{mn} = a_{mn} \tag{33}$$

ist. Diese Feststellungen werden als Onsagersche Reziprozitätsbeziehungen bezeichnet.

Wir wollen jetzt plausibel machen, daß die Onsagerschen Relationen gerade diejenigen Aussagen enthalten, welche die Thermodynamik zu irreversiblen Vorgängen machen kann. Wir setzen also (31) nicht voraus und zerlegen die Ströme nach dem Schema

$$j_m = \sum^n c_{mn} A_n = \sum^n a_{mn} A_n + \sum^n b_{mn} A_n = j'_m + j''_m \tag{34}$$

in zwei Anteile j'_m und j''_m. Gehen wir damit in die Dissipationsfunktion ein, so finden wir

$$\Phi = \sum^{mn} a_{mn} A_m A_n + \sum^{mn} b_{mn} A_m A_n = \sum^{mn} a_{mn} A_m A_n = \sum^m j'_m A_m, \tag{35}$$

weil

$$\sum^{mn} b_{mn} A_m A_n$$

wegen $b_{mn} = -b_{nm}$ verschwindet. Zum Arbeitsverschleiß tragen also nur die Ströme j'_m bei. Die Ströme j''_m sind also gar keine Bestandteile irreversibler Prozesse und treten deshalb nicht wirklich auf. Sie sind nur denkbare virtuelle, reversible Verrückungen.

Statt (28) bzw. (34) werden wir also einfach

$$j_m = \sum^n a_{mn} A_n = a_{m0} A_0 + \sum^s a_{ms} A_s \tag{36}$$

verwenden können.

Außerdem müssen die Eigenwerte des symmetrischen Tensors a_{mn} positiv sein, damit Φ eine positiv definite Form wird, weil Entropie nur entstehen, aber nicht vernichtet werden kann. Mit dieser Festsetzung und den ONSAGERschen Beziehungen scheinen nun aber alle Möglichkeiten thermodynamischer Aussagen erschöpft.

§ 4. Einfache Anwendungen.

Inhalt: Elektrokinetische und thermomechanische Effekte als Beispiele für Überlagerungseffekte irreversibler Prozesse.
Indizes I und II zur Unterscheidung der Substanzen.
Bezeichnungen: Wie S. 774 u. 776.

Wir betrachten nun zwei binäre Phasen, die nur zwei Bestandteile enthalten und die durch ein Diaphragma getrennt sind. Durch die Trennfläche können Materieströme, Wärmeströme und elektrische Ströme hindurchgehen, welche durch die Temperaturdifferenz, Potentialdifferenz, Druckdifferenz und Konzentrationsdifferenz angetrieben werden. Ein Wärmestrom wird jedoch nicht nur von einer Temperaturdifferenz hervorgerufen werden, sondern auch durch die anderen Differenzen, so daß sich Wärmeeffekte, elektrische Effekte und Materialtransporteffekte überlagern. Gerade über diese Überlagerungsvorgänge machen die ONSAGERschen Relationen Aussagen.

Elektrokinetische Effekte. Zwei durch eine Membran getrennte Phasen mögen dauernd auf gleicher Temperatur und gleicher Zusammensetzung gehalten werden. Es bestehe jedoch eine Druckdifferenz und eine elektrische Potentialdifferenz. In diesem Fall ist einfach

$$\Delta_T \mu_s = \frac{\partial \mu_s}{\partial p} \Delta p = \frac{\partial^2 G}{\partial p\, \partial n_s} \Delta p = \frac{\partial V}{\partial n_s} \Delta p = v_s \Delta p. \tag{37}$$

Wir erhalten damit aus (27a) und (27b)

$$A_0 = 0; \quad A_s = v_s \Delta p + z_s F \Delta \varphi. \tag{38}$$

Unterscheiden wir die Stoffe durch die Indizes I und II, so ist

$$\Phi = j_{\mathrm{I}}(v_{\mathrm{I}} \Delta p + z_{\mathrm{I}} F \Delta \varphi) + j_{\mathrm{II}}(v_{\mathrm{II}} \Delta p + z_{\mathrm{II}} F \Delta \varphi). \tag{39}$$

Nun führen wir zweckmäßig statt j_{I} und j_{II} den gesamten Volumenstrom

$$J = j_{\mathrm{I}} v_{\mathrm{I}} + j_{\mathrm{II}} v_{\mathrm{II}} \tag{40}$$

und den elektrischen Strom

$$I = F(j_{\mathrm{I}} z_{\mathrm{I}} + j_{\mathrm{II}} z_{\mathrm{II}}) \tag{41}$$

ein und erhalten

$$\Phi = J \Delta p + I \Delta \varphi. \tag{42}$$

Für die neuen Ströme machen wir nach (36) den Ansatz

$$J = a_{pp} \Delta p + a_{p\varphi} \Delta \varphi, \tag{43a}$$

$$I = a_{p\varphi} \Delta p + a_{\varphi\varphi} \Delta \varphi. \tag{43b}$$

Der Koeffizient

$$a_{\varphi\varphi} = \left(\frac{I}{\Delta \varphi}\right)_{\Delta p = 0} \tag{44a}$$

ist der elektrische Leitwert, während

$$a_{pp} = \left(\frac{J}{\Delta p}\right)_{\Delta \varphi = 0} \tag{44b}$$

die mechanische Durchlässigkeit bedeutet. Der Koeffizient $a_{p\varphi}$ beschreibt die elektrokinetischen Effekte. Beobachtbar sind erstens das elektrische Strömungspotential

$$(\Delta\varphi)_{I=0} = -\frac{a_{p\varphi}}{a_{\varphi\varphi}}(\Delta p)_{I=0} = \frac{a_{p\varphi}}{a_{p\varphi}^2 - a_{pp}\,a_{\varphi\varphi}} J_{I=0}, \tag{44c}$$

welches sich ohne elektrischen Strom bei Materietransport einstellt, zweitens der elektroosmotische Druck

$$(\Delta p)_{J=0} = -\frac{a_{p\varphi}}{a_{pp}}(\Delta\varphi)_{J=0} = \frac{a_{p\varphi}}{a_{p\varphi}^2 - a_{pp}\,a_{\varphi\varphi}} I_{J=0}, \tag{44d}$$

der bestehen muß, um den Materietransport bei elektrischem Strom zu unterbinden, drittens die elektroosmotische Strömung

$$J_{\Delta p=0} = \frac{a_{p\varphi}}{a_{\varphi\varphi}} I_{\Delta p=0} = a_{p\varphi}(\Delta\varphi)_{\Delta p=0}, \tag{44e}$$

welche bei Druckgleichgewicht vom elektrischen Strom bzw. von der Spannung verursacht wird, und viertens der ohne Spannung durch den Materietransport bewirkte elektrische Strom

$$I_{\Delta\varphi=0} = \frac{a_{p\varphi}}{a_{pp}} J_{\Delta\varphi=0} = a_{p\varphi}(\Delta p)_{\Delta\varphi=0}. \tag{44f}$$

Die ganzen elektrokinetischen Effekte erfordern neben dem elektrischen Leitwert $a_{\varphi\varphi}$ und der mechanischen Durchlässigkeit a_{pp} nur einen einzigen unabhängigen Koeffizienten $a_{p\varphi}$ zu ihrer Beschreibung.

Damit die Dissipationsfunktion stets positiv ist, müssen die Koeffizienten den Bedingungen

$$a_{pp} > 0; \qquad a_{\varphi\varphi} > 0; \qquad a_{pp}\,a_{\varphi\varphi} > a_{p\varphi}^2 \tag{45}$$

genügen.

Thermomechanische Effekte. Eine flüssige oder gasförmige Substanz einheitlicher Zusammensetzung sei durch ein Ventil, eine Membran oder Drossel in zwei künstliche Phasen getrennt, die sich auf verschiedenem Druck und verschiedener Temperatur halten. Eine elektrische Potentialdifferenz bestehe nicht. Dann ist wie oben

$$\Delta_T\mu = v\,\Delta p, \tag{46}$$

und wir erhalten aus (27a) und (27b)

$$A_0 = \frac{\Delta T}{T}; \qquad A_1 = v\,\Delta p. \tag{47}$$

Der reduzierte Wärmestrom (25) fällt mit dem absoluten Wärmestrom zusammen. Wir erhalten aus (24) die Dissipationsfunktion

$$\begin{aligned} \Phi &= j_0\frac{\Delta T}{T} + j_1 v\,\Delta p \\ &= j_0 A_0 + j_1 A_1. \end{aligned} \tag{48}$$

Wir machen jetzt den Ansatz

$$\begin{aligned} j_0 &= \frac{a_{00}}{T}\Delta T + a_{01} v\,\Delta p, \\ j_1 &= \frac{a_{01}}{T}\Delta T + a_{11} v\,\Delta p. \end{aligned} \tag{49}$$

Jetzt bedeuten $a_{11}\,v$ die mechanische Durchlässigkeit ohne Temperatursprung, a_{00}/T das Wärmeleitvermögen ohne Druckdifferenz. Der Koeffizient a_{01} verursacht den thermomechanischen Effekt

$$(j_1)_{\Delta p=0} = \frac{a_{01}}{T}\Delta T, \tag{50}$$

der darin besteht, daß auch ohne Druckdifferenz eine Strömung von der Temperaturspanne ΔT in Gang gesetzt wird. An Membranen wird dieser Effekt als Thermoosmose bezeichnet, bei der Strömung verdünnter Gase durch Kapillaren und Poren ist er als „KNUDSEN-Effekt" bekannt und bei der Strömung von He II als „Fontäne-Effekt". Der zweite Effekt

$$(j_0)_{\Delta T=0} = a_{01} v \Delta p \tag{51}$$

heißt mechanokalorischer Effekt und besteht in dem Wärmetransport durch die von der Druckdifferenz bewirkte Strömung.

*§ 5. Irreversible Prozesse in kontinuierlichen Medien.

Inhalt: Strömung, Diffusion, Wärmeleitung und chemische Vorgänge als irreversible Prozesse in einer Phase mit Druck-, Temperatur- und Konzentrationsgefälle.

Bezeichnungen: Index s bezieht sich auf verschiedene Stoffe, Index r auf verschiedene chemische Reaktionen, n Molzahl, m, u, s, c, h, v molare Masse, innere Energie, Entropie, Konzentration, Enthalpie, Volumen, j molarer Strom, $\mathfrak{v}$ Strömungsgeschwindigkeit, $\mathfrak{v}_s$ Transportgeschwindigkeit des s-ten Stoffes, ϱ Dichte, p Druck, T Temperatur, λ Reaktionslaufzahl, η Reaktionslaufzahl pro Volumeneinheit, ν_{sr} Zahl der Mole, mit der der s-te Stoff an der r-ten Reaktion teilnimmt, ε gesamte Energiedichte, $\mathfrak{S}$ Spannungstensor, μ_s chemisches Potential, Φ Dissipationsfunktion, A_r Affinität, A_0, A_s generalisierte Kräfte, $\mathfrak{R}$ Reibungstensor, $\mathfrak{K}_s$ molare äußere Kraft auf den s-ten Stoff.

Viele wichtige irreversible Prozesse spielen sich nicht an Phasengrenzen, sondern im Innern einer Phase ab, in welcher Druck, Temperatur und Zusammensetzung von Ort und Zeit abhängen.

Um den augenblicklichen Zustand eines solchen Systems festzulegen, muß man zunächst Druck und Temperatur als Funktion des Ortes kennen. Um die momentane stoffliche Zusammensetzung zu beschreiben, muß man angeben, daß im Volumenelement δV

$$\delta n_s = c_s \, \delta V \tag{52}$$

Mole des s-ten Stoffes enthalten sind. c_s nennt man die momentane Konzentration dieses Stoffes. Sie kann natürlich von Ort und Zeit abhängen. Sind m_s die molaren Massen, so ergibt sich die Dichte

$$\varrho = \sum^s m_s c_s. \tag{53}$$

Nun müssen wir die irreversiblen Prozesse ins Auge fassen, welche im Gange sein können. Es kann zunächst eine Bewegung der Stoffe stattfinden. Wandert der s-te Stoff am Ort von δV mit der Geschwindigkeit $\mathfrak{v}_s$, so treten durch ein Flächenelement $d\mathfrak{f}$ sekundlich

$$(\mathfrak{j}_s' \, d\mathfrak{f}) = c_s (\mathfrak{v}_s \, d\mathfrak{f})$$

Mole dieses Stoffes hindurch. Wir bezeichnen

$$\mathfrak{j}_s' = c_s \, \mathfrak{v}_s \tag{54}$$

als die molare Stromdichte des s-ten Stoffes. Die Stromdichte $\mathfrak{j}_s'$ trägt zur Bewegungsgröße des Volumenelements den Betrag

$$m_s \, \mathfrak{j}_s' \, \delta V = m_s \, c_s \, \mathfrak{v}_s \, \delta V \tag{55a}$$

bei. Die gesamte Bewegungsgröße ist

$$\delta V \sum^s m_s \mathfrak{j}_s' = \delta V \sum^s m_s c_s \mathfrak{v}_s. \tag{55b}$$

Sind die Geschwindigkeiten aller Stoffe gleich, so handelt es sich einfach um eine Strömung, andernfalls findet außer der Strömung auch Diffusion statt. Als Strömungsgeschwindigkeit $\mathfrak{v}$ bezeichnen wir die Geschwindigkeit, mit der sich der Schwerpunkt von δV bewegt. Die gesamte Bewegungsgröße des Volumenelements δV läßt sich dann auch

$$\varrho\,\mathfrak{v}\,\delta V$$

schreiben, und mit (55b) finden wir $\mathfrak{v}$ aus der Gleichung

$$\varrho\,\mathfrak{v} = \mathfrak{v}\sum^{s} m_s c_s = \sum^{s} m_s c_s \mathfrak{v}_s. \tag{56}$$

Wir können jetzt die Geschwindigkeit $\mathfrak{v}_s$ in die Strömungsgeschwindigkeit $\mathfrak{v}$ und die Diffusionsgeschwindigkeit $\mathfrak{v}_s - \mathfrak{v}$ zerlegen. Entsprechend zerlegen wir auch den molaren Strom

$$\mathfrak{j}_s' = c_s\,\mathfrak{v} + \mathfrak{j}_s \tag{57}$$

in den Konvektionsanteil $c_s\,\mathfrak{v}$ und den Diffusionsanteil

$$\mathfrak{j}_s = c_s(\mathfrak{v}_s - \mathfrak{v}). \tag{58}$$

Eine andere Art irreversibler Prozesse sind die chemischen Reaktionen. Sind mehrere Reaktionen möglich, so unterscheiden wir sie durch einen Index r. Statt der Reaktionslaufzahlen λ_r (s. S. 706) müssen wir jetzt Reaktionslaufzahlen

$$\eta_r = \frac{\delta\lambda_r}{\delta V} \tag{59}$$

pro Volumeneinheit einführen. Eine Zunahme von η_r um $d\eta_r$ bewirkt im Volumenelement δV die Entstehung von

$$d\,\delta n_s = \nu_{sr}\,d\eta_r\,\delta V \tag{60}$$

Molen der s-ten Substanz, d. h. eine Erhöhung

$$d c_s = \nu_{sr}\,d\eta_r \tag{61}$$

der Konzentration. ν_{sr} ist dabei die Zahl der Mole, mit der die s-te Substanz an der r-ten Reaktion beteiligt ist. Erfolgt die Zunahme $d\eta_r$ in der Zeit dt, so nennen wir

$$w_r = \frac{d\eta_r}{dt} \tag{62}$$

die Reaktionsgeschwindigkeit pro Volumeneinheit. Sie bewirkt den Anteil

$$\left(\frac{\partial c_s}{\partial t}\right)_r = \nu_{sr}\frac{d\eta_r}{dt} = \nu_{sr}\,w_r \tag{63}$$

der Zunahme der Konzentration c_s.

Außer Strömung, Diffusion und chemischen Reaktionen, welche die stoffliche Zusammensetzung verändern, kann noch ein Energietransport ohne gleichzeitigen Materialtransport stattfinden. Hierzu trägt die Wärmeleitung als irreversibler Vorgang bei.

*§ 6. Die Bilanzgleichungen irreversibler Prozesse.

Inhalt: Massenbilanz, Stoffbilanz, Impulsbilanz, Energiebilanz und Entropiebilanz irreversibler Prozesse. Die lokale Entropieerzeugung.

Bezeichnungen: Wie S. 781.

Zwischen dem gesamten Massenstrom $\varrho\,\mathfrak{v}$ und der Dichte besteht wie in der Hydrodynamik die Kontinuitätsgleichung (s. S. 217)

$$\frac{\partial\varrho}{\partial t} = -\operatorname{div}\varrho\,\mathfrak{v}, \tag{64}$$

welche die Erhaltung der Masse ausspricht. Wegen

$$\frac{d}{dt} = \frac{\partial}{\partial t} + (\mathfrak{v}\operatorname{grad}) \tag{65}$$

kann sie auch in die Form

$$\frac{d\varrho}{dt} = -\varrho \operatorname{div} \mathfrak{v} \tag{64a}$$

gebracht werden.

Nun versuchen wir eine Bilanz für die Molzahlen n_s bzw. die Konzentrationen c_s zu ermitteln. Durch Konvektion und Diffusion wandern aus einem endlichen Volumen V

$$\oint c_s(\mathfrak{v}_s\, d\mathfrak{f}) = \oint (\mathfrak{j}_s'\, d\mathfrak{f}) \tag{66a}$$

Mole der s-ten Substanz in der Sekunde aus. Das Integral ist über die Oberfläche des Volumens zu erstrecken. Durch chemische Reaktionen entstehen andererseits

$$\int\limits_V \Big(\sum^r \nu_{sr}\, w_r\Big)\, \delta V \tag{66b}$$

Mole. Die sekundliche Zunahme der in V befindlichen Mole

$$\frac{\partial}{\partial t}\int\limits_V c_s\, \delta V = \int\limits_V \Big(\sum^r \nu_{sr}\, w_r\Big)\, \delta V - \oint c_s(\mathfrak{v}_s\, d\mathfrak{f})$$

ist die Differenz von (66a) und (66b). Lassen wir das Volumen V zusammenschrumpfen, so entsteht die Bilanz

$$\frac{\partial c_s}{\partial t} = \sum^r \nu_{sr}\, w_r - \operatorname{div} c_s\, \mathfrak{v}_s. \tag{67}$$

Nach den Materialbilanzen wollen wir eine Impulsbilanz aufstellen. Die x-Komponente des im Volumen V enthaltenen Impulses ist

$$\int\limits_V \varrho\, \mathfrak{v}_x\, \delta V. \tag{68a}$$

Durch ein Oberflächenelement $d\mathfrak{f}$ wandert der Anteil

$$\varrho\, \mathfrak{v}_x(\mathfrak{v}\, d\mathfrak{f})$$

heraus, so daß das Volumen durch Konvektion den Betrag

$$\oint \varrho\, \mathfrak{v}_x(\mathfrak{v}\, d\mathfrak{f}) \tag{68b}$$

verliert. Wirken auf die Stoffe Kräfte, z. B. Spannungskräfte, die Schwere oder elektrische Kräfte, so erzeugen sie Impuls. In der Volumeneinheit möge sekundlich die Komponente $\Delta\, \mathfrak{p}_x$ entstehen. Wir erhalten damit die Impulsbilanz

$$\frac{\partial}{\partial t}\int\limits_V \varrho\, \mathfrak{v}_x\, \delta V = -\oint \varrho\, \mathfrak{v}_x(\mathfrak{v}\, d\mathfrak{f}) + \int\limits_V \Delta\, \mathfrak{p}_x\, \delta V.$$

Lassen wir V zusammenschrumpfen, so entsteht daraus

$$\frac{\partial}{\partial t}\varrho\, \mathfrak{v}_x = -\operatorname{div}(\varrho\, \mathfrak{v}_x\, \mathfrak{v}) + \Delta\, \mathfrak{p}_x. \tag{69}$$

Für den Impulsvektor selbst erhalten wir die Bilanz

$$\frac{\partial}{\partial t}\varrho\, \mathfrak{v} = -(\nabla \varrho\, \mathfrak{v})\, \mathfrak{v} + \Delta\, \mathfrak{p}. \tag{70}$$

Auf dieselbe Weise kann man die Energiebilanz auffinden. Ist ε die Gesamtenergie pro Volumeneinheit, so gilt

$$\frac{\partial \varepsilon}{\partial t} = -\operatorname{div} \varepsilon\, \mathfrak{v} - \operatorname{div} \mathfrak{Q} + \Delta\, \varepsilon. \tag{71}$$

Hier ist $\operatorname{div} \varepsilon \mathfrak{v}$ die Energie, welche der Volumeneinheit durch die Strömung verlorengeht. Dieser konvektive Anteil ist völlig analog zum Glied $\operatorname{div}(\varrho \mathfrak{v}_x \mathfrak{v})$ in Gl. (69). Nun wird aber auch Energie durch Wärmeleitung oder Diffusion transportiert. Bezeichnen wir diesen nichtkonvektiven Teil der Energiestromdichte mit $\mathfrak{Q}$, so verliert die Volumeneinheit durch diese Vorgänge die Energie $\operatorname{div} \mathfrak{Q}$.

Um $\Delta \mathfrak{p}$ bzw. $\Delta \varepsilon$ zu ermitteln, müssen wir Bewegungsgleichungen aufstellen. Äußere Felder mögen auf ein Mol der s-ten Substanz mit der Kraft $\mathfrak{K}_s$ einwirken. Außerdem sei $\mathfrak{T}$ der ortsabhängige Spannungstensor in unserem System. Die Bewegungsgleichungen für ein Volumenelement lauten dann

$$\varrho \frac{d\mathfrak{v}}{dt} = \operatorname{div} \mathfrak{T} + \sum^s c_s \mathfrak{K}_s. \tag{72}$$

Nun gilt wegen (64) und (65)

$$\begin{aligned} \frac{\partial}{\partial t} \varrho \mathfrak{v} &= \varrho \frac{\partial \mathfrak{v}}{\partial t} + \mathfrak{v} \frac{\partial \varrho}{\partial t} \\ &= \varrho \frac{d\mathfrak{v}}{dt} - (\varrho \mathfrak{v} \operatorname{grad}) \mathfrak{v} - \mathfrak{v} \operatorname{div} \varrho \mathfrak{v} \\ &= \varrho \frac{d\mathfrak{v}}{dt} - (\nabla \varrho \mathfrak{v}) \mathfrak{v}, \end{aligned} \tag{73}$$

und wir erkennen aus (70) und (72), daß

$$\Delta \mathfrak{p} = \varrho \frac{d\mathfrak{v}}{dt} = \operatorname{div} \mathfrak{T} + \sum^s c_s \mathfrak{K}_s \tag{74}$$

ist. Die Impulsbilanz (70) nimmt also die Form

$$\frac{\partial}{\partial t} \varrho \mathfrak{v} = -(\nabla \varrho \mathfrak{v}) \mathfrak{v} + \operatorname{div} \mathfrak{T} + \sum^s c_s \mathfrak{K}_s \tag{75}$$

an.

Die sekundliche Energieproduktion $\Delta \varepsilon$ finden wir aus der Leistung der Kräfte. Die äußeren Kräfte leisten pro Sekunde und Volumeneinheit die Arbeit

$$\sum^s c_s (\mathfrak{K}_s \mathfrak{v}_s).$$

Der Spannungstensor bringt an einem Flächenelement $d\mathfrak{f}$ die Kraft $(\mathfrak{T} d\mathfrak{f})$ hervor. Bewegt sich das Flächenelement mit der Geschwindigkeit $\mathfrak{v}$, so leistet die Spannung sekundlich die Arbeit $(\mathfrak{v} \mathfrak{T} d\mathfrak{f})$. An der Oberfläche des Volumens V ergibt das

$$\oint (\mathfrak{v} \mathfrak{T} d\mathfrak{f})$$

und pro Volumeneinheit die sekundliche Arbeit

$$\lim \frac{1}{V} \int (\mathfrak{v} \mathfrak{T} d\mathfrak{f}) = \operatorname{div}(\mathfrak{T} \mathfrak{v}).$$

Wir erhalten also

$$\Delta \varepsilon = \sum^s c_s (\mathfrak{K}_s \mathfrak{v}_s) + \operatorname{div}(\mathfrak{T} \mathfrak{v}) \tag{76}$$

und damit die Energiebilanz

$$\frac{\partial \varepsilon}{\partial t} = -\operatorname{div} \varepsilon \mathfrak{v} - \operatorname{div} \mathfrak{Q} + \sum^s c_s (\mathfrak{K}_s \mathfrak{v}_s) + \operatorname{div}(\mathfrak{T} \mathfrak{v}). \tag{77}$$

Die gesamte Energiedichte ε setzt sich aus der kinetischen Energie $\varrho \mathfrak{v}^2/2$ der Strömung und der Dichte der inneren Energie zusammen. Ist

$$c = \sum^s c_s \tag{78}$$

die molare Gesamtkonzentration und u die molare innere Energie des Stoffgemisches, so gilt

$$\varepsilon = \frac{\varrho}{2}\mathfrak{v}^2 + c\,u. \tag{79}$$

Wir bilden nun mit Hilfe von (64) und (65)

$$\begin{aligned} &\frac{\partial}{\partial t}(\varrho\,\mathfrak{v}^2) + \operatorname{div}(\varrho\,\mathfrak{v}^2\,\mathfrak{v}) \\ &\quad = \mathfrak{v}^2\left\{\frac{\partial\varrho}{\partial t} + \operatorname{div}\varrho\,\mathfrak{v}\right\} + \varrho\left\{\frac{\partial\mathfrak{v}^2}{\partial t} + (\mathfrak{v}\operatorname{grad})\,\mathfrak{v}^2\right\} \\ &\quad = \varrho\frac{d\mathfrak{v}^2}{dt}. \end{aligned} \tag{80}$$

Multiplizieren wir andererseits (72) mit $\mathfrak{v}$, so entsteht

$$\frac{\varrho}{2}\frac{d\mathfrak{v}^2}{dt} = (\mathfrak{v}\operatorname{div}\mathfrak{S}) + \sum_s c_s(\mathfrak{K}_s\,\mathfrak{v}). \tag{81}$$

Jetzt erhält man aus (77), (79), (80) und (81) die Bilanz

$$\frac{\partial}{\partial t}(u\,c) + \operatorname{div}(u\,c\,\mathfrak{v} + \mathfrak{Q}) = \sum_s c_s(\mathfrak{K}_s\{\mathfrak{v}_s - \mathfrak{v}\}) + \operatorname{div}(\mathfrak{S}\,\mathfrak{v}) - (\mathfrak{v}\operatorname{div}\mathfrak{S}) \tag{82}$$

der inneren Energie. Auf der rechten Seite steht die lokale Erzeugung innerer Energie, welche ihre Zunahme $\partial u\,c/\partial t$, den konvektiven Abwanderungsverlust $\operatorname{div}(u\,c\,\mathfrak{v})$ und die nichtkonvektive Abwanderung $\operatorname{div}\mathfrak{Q}$ deckt.

Als letztes stellen wir die Entropiebilanz für ein Volumenelement δV auf, das mit der Strömung mitgeführt wird, und stets die gleiche Masse enthalten soll. Ohne Diffusion könnte man δV als geschlossenes thermodynamisches System betrachten. Wegen der Diffusion steht δV im Stoffaustausch mit der Nachbarschaft und ist deshalb ein offenes System. In die GIBBSsche Fundamentalgleichung

$$T\,dS - dU - p\,dV + \sum_s \mu_s\,d n_s = 0 \tag{83}$$

setzen wir jetzt

$$V = \delta V; \quad n_s = c_s\,\delta V; \quad U = c\,u\,\delta V; \quad S = c\,s\,\delta V \tag{84}$$

ein, wodurch (83) nach Division mit dt und δV in

$$\begin{aligned} &T\frac{d}{dt}(c\,s) - \frac{d}{dt}(c\,u) + \sum_s \mu_s\frac{dc_s}{dt} \\ &\qquad + \frac{1}{\delta V}\frac{d\,\delta V}{dt}\Big(T\,c\,s - c\,u - p + \sum_s c_s\,\mu_s\Big) = 0 \end{aligned} \tag{85}$$

übergeht. Da δV immer die gleiche Masse enthält, ist

$$\frac{d}{dt}(\varrho\,\delta V) = 0$$

und

$$\frac{1}{\delta V}\frac{d\,\delta V}{dt} = -\frac{1}{\varrho}\frac{d\varrho}{dt} = \operatorname{div}\mathfrak{v}. \tag{86}$$

Damit erhalten wir aus (85)

$$T\frac{d}{dt}(c\,s) - \frac{d}{dt}(c\,u) + \sum_s \mu_s\frac{dc_s}{dt} + \Big(T\,c\,s - c\,u - p + \sum_s c_s\,\mu_s\Big)\operatorname{div}\mathfrak{v} = 0. \tag{87}$$

Verwenden wir (65), (67) und (82), so gelangen wir zu der Entropiebilanz der Volumeneinheit

$$T\frac{\partial}{\partial t}c\,s + T\,\mathrm{div}(c\,s\,\mathfrak{v}) = \sum^{s} c_s(\mathfrak{K}_s\{\mathfrak{v}_s - \mathfrak{v}\}) - \mathrm{div}\,\mathfrak{Q} + \mathrm{div}(\mathfrak{S}\,\mathfrak{v}) - \\ - (\mathfrak{v}\,\mathrm{div}\,\mathfrak{S}) + p\,\mathrm{div}\,\mathfrak{v} + \sum^{s}\mu_s\,\mathrm{div}\{c_s(\mathfrak{v}_s - \mathfrak{v})\} - \sum^{sr}\mu_s\,\nu_{sr}\,w_r. \tag{88}$$

Wir befassen uns zuerst mit dem Spannungstensor $\mathfrak{S}$. Es wäre sinngemäß, die ganze Energie der elastischen Deformation ebensowenig zur inneren Energie zu rechnen, wie die kinetische Energie der Strömung, weil die elastischen Bewegungen nicht irreversibel sind. Dann würden sich aus der Energiebilanz und Entropiebilanz die elastischen Anteile des Spannungstensors herausheben. Es liegt eine gewisse Inkonsequenz darin, daß man die Energie einer isotropen elastischen Kompression zur inneren Energie rechnet, nicht aber die Energie anisotroper Verformungen. Die Folge davon ist, daß vom elastischen Anteil des Spannungstensors nur der skalare isotrope Anteil $-p$ in die Energie- und Entropiebilanz eingeht. Der Grund für das Mitführen des isotropen elastischen Druckes liegt darin, daß es auch isotrope Druckspannungen nichtelastischer Herkunft gibt.

Außer den elastischen und nichtelastischen Druckspannungen kommen noch Reibungsspannungen in Betracht, die zum Unterschied von elastischen und Druckspannungen von der Geschwindigkeit abhängen. Wir fassen sie in einem Reibungstensor zusammen und setzen

$$\mathfrak{S} = -p + R. \tag{89}$$

Wegen der Symmetrie des Spannungstensors erhalten wir damit

$$\begin{aligned} &\mathrm{div}(\mathfrak{S}\,\mathfrak{v}) - (\mathfrak{v}\,\mathrm{div}\,\mathfrak{S}) + p\,\mathrm{div}\,\mathfrak{v} \\ &= \big((\mathfrak{S}\,\nabla)\,\mathfrak{v}\big) + p\,\mathrm{div}\,\mathfrak{v} \\ &= \big((R\,\nabla)\,\mathfrak{v}\big) = \frac{1}{2}\sum^{ik} R_{ik}\left(\frac{\partial \mathfrak{v}_i}{\partial x_k} + \frac{\partial \mathfrak{v}_k}{\partial x_i}\right). \end{aligned} \tag{90}$$

Wenn wir dies und die molaren Diffusionsströme

$$j_s = c_s(\mathfrak{v}_s - \mathfrak{v}) \tag{91}$$

in die Bilanz (88) einführen, so erhalten wir nach Division mit der Temperatur

$$\begin{aligned} \frac{\partial}{\partial t}(c\,s) = &- \mathrm{div}(c\,s\,\mathfrak{v}) + \\ &+ \frac{1}{T}\Big\{\sum^{s}(\mathfrak{K}_s\,j_s) - \mathrm{div}\,\mathfrak{Q} + \big((R\,\nabla)\,\mathfrak{v}\big) \\ &+ \sum^{s}\mu_s\,\mathrm{div}\,j_s - \sum^{rs}\mu_s\,\nu_{sr}\,w_r\Big\}. \end{aligned} \tag{92}$$

Auf der linken Seite steht die örtliche Zunahme der Entropie pro Volumeneinheit. $c\,s\,\mathfrak{v}$ ist der konvektive Entropiestrom. $\mathrm{div}(c\,s\,\mathfrak{v})$ ist die Entropie, die von der Strömung aus der Volumeneinheit abtransportiert wird. Mit

$$\begin{aligned} &-\frac{1}{T}\,\mathrm{div}\,\mathfrak{Q} + \frac{1}{T}\sum^{s}\mu_s\,\mathrm{div}\,j_s \\ &= -\mathrm{div}\left(\frac{\mathfrak{Q} - \sum^{s}\mu_s\,j_s}{T}\right) - \frac{\mathfrak{Q}}{T^2}\,\mathrm{grad}\,T - \sum^{s}\left(j_s\,\mathrm{grad}\,\frac{\mu_s}{T}\right) \end{aligned} \tag{93}$$

spalten wir auf der rechten Seite ein weiteres Divergenzglied ab und erhalten die Bilanz

$$\frac{\partial}{\partial t}(c\,s) = -\operatorname{div}(c\,s\,\mathfrak{v}) - \operatorname{div}\frac{\mathfrak{Q} - \sum^{s} \mu_s\, j_s}{T} + \Delta(c\,s), \tag{94}$$

wo $\Delta(c\,s)$ den Ausdruck

$$\Delta(c\,s) = -\frac{\mathfrak{Q}}{T^2}\operatorname{grad} T + \sum^{s}\left(j_s\left\{\frac{\mathfrak{K}_s}{T} - \operatorname{grad}\frac{\mu_s}{T}\right\}\right) - \frac{1}{T}\left\{\sum^{rs}\mu_s\, \nu_{sr}\, w_r - ((R\,\nabla)\,\mathfrak{v})\right\} \tag{95}$$

bedeutet.

Sind keine chemischen Reaktionen im Gang, sind weder äußere Kräfte noch Reibung wirksam, und bestehen auch keine Unterschiede der Temperatur und der chemischen Potentiale, so laufen keine irreversiblen Prozesse ab. Unter diesen Umständen verschwindet $\Delta(c\,s)$. Für die Entropie gilt dann ein Erhaltungssatz, der in der Gleichung (94) ausgesprochen wird. Die Zunahme der Entropie pro Volumeneinheit ist gleich dem Zustrom von Entropie. Wir erkennen daraus, daß

$$c\,s\,\mathfrak{v} + \frac{1}{T}\left(\mathfrak{Q} - \sum^{s}\mu_s\, j_s\right) \tag{96}$$

der gesamte Entropiestrom ist. $c\,s\,\mathfrak{v}$ ist sein konvektiver Anteil

$$\frac{1}{T}\left\{\mathfrak{Q} - \sum^{s}\mu_s\, j_s\right\} \tag{96a}$$

ist der nichtkonvektive Entropiestrom, der mit dem Energiestrom und den Materieströmen mitgeführt wird. Andererseits ist $\Delta(c\,s)$ die Entropie, die durch irreversible Prozesse in der Volumeneinheit sekundlich entsteht.

*§ 7. Dissipationsfunktion, Ströme und Kräfte. ONSAGERsche Relationen.

Inhalt: Als Ströme werden der Wärmestrom, die Materieströme, die Reaktionsgeschwindigkeiten und die Impulsströme des Reibungstensors eingeführt. Die Dissipationsfunktion ist in Strömen und Kräften linear. Die irreversiblen Prozesse zerfallen in Gruppen die sich gegenseitig nicht beeinflussen, ONSAGERsche Relationen.

Bezeichnungen: $\mathfrak{A}$, A generalisierte Kräfte, sonst wie S. 781.

Wir bilden jetzt den sekundlichen Arbeitsverschleiß pro Volumeneinheit

$$\Phi = T\,\Delta(c\,s) = -\frac{\mathfrak{Q}}{T}\operatorname{grad} T + \sum^{s}\left(\mathrm{j}_s\left\{\mathfrak{K}_s - T\operatorname{grad}\frac{\mu_s}{T}\right\}\right) - \sum^{rs}\mu_s\, \nu_{sr}\, w_r + ((R\,\nabla)\,\mathfrak{v}) \tag{97}$$

welchen wir wie auf S. 777 als Dissipationsfunktion bezeichnen. Der Temperaturgradient kommt nicht nur im ersten Glied, sondern auch im zweiten vor, und es ist zweckmäßig, dies deutlich sichtbar zu machen. Da die Temperatur in die chemischen Potentiale eingeht, schreiben wir [s. S. 777, Gl. (23)]

$$\begin{aligned} T\operatorname{grad}\frac{\mu_s}{T} &= -\frac{\mu_s}{T}\operatorname{grad} T + \operatorname{grad}\mu_s = \left(\frac{\partial\mu_s}{\partial T} - \frac{\mu_s}{T}\right)\operatorname{grad} T + \operatorname{grad}_T \mu_s \\ &= -\frac{h_s}{T}\operatorname{grad} T + \operatorname{grad}_T \mu_s . \end{aligned} \tag{98}$$

In $\text{grad}_T \mu_s$ soll die Ortsabhängigkeit der Temperatur nicht mehr berücksichtigt werden. Führen wir außerdem statt $\mathfrak{Q}$ den reduzierten Wärmestrom

$$\mathfrak{j}_{\text{red}} = \mathfrak{Q} - \sum^{s} \mathfrak{j}_s h_s \tag{99}$$

ein, so geht (97) in

$$\begin{aligned} \Phi = -\mathfrak{j}_{\text{red}} \frac{\text{grad}\, T}{T} + \sum^{s} \mathfrak{j}_s \{\mathfrak{K}_s - \text{grad}_T \mu_s\} - \\ - \sum^{rs} \mu_s \nu_{sr} w_r + ((R\,\nabla)\,\mathfrak{v}) \end{aligned} \tag{97a}$$

über. Diese Form hat den Vorteil, daß grad T nur im ersten Glied erscheint.

Die beiden ersten Glieder der Dissipationsfunktion enthalten den Wärmestrom und die Diffusionsströme. Wir bezeichnen nun auch die Reaktionsgeschwindigkeiten w_r als „generalisierte" Ströme, weil sie einen „Strom" der Ausgangsstoffe der Reaktion in ihre Endprodukte bewirken. Die Spannungskomponenten R_{ik} bedeuten eine Kraft pro Flächeneinheit und somit einen Impulsstrom, der durch eben diese Fläche übertragen wird. In diesem Sinn reihen wir auch die R_{ik} unter die generalisierten Ströme ein.

Nun ist die Dissipationsfunktion wie auf S. 777 wieder eine lineare Funktion der Ströme

$$\mathfrak{j}_{\text{red}}; \quad \mathfrak{j}_s, \quad w_r, \quad R_{ik}$$

und der zugehörigen Kräfte. Zum Wärmestrom gehört die „Kraft"

$$\mathfrak{A}_0 = -\frac{\text{grad}\, T}{T}, \tag{100a}$$

zu den Diffusionsströmen die Kräfte

$$\mathfrak{A}_s = \mathfrak{K}_s - \text{grad}_T \mu_s. \tag{100b}$$

Zu den Reaktionsgeschwindigkeiten passen als Kräfte die Affinitäten

$$A_r = -\sum^{s} \mu_s \nu_{sr} \tag{100c}$$

und zu den Impulsströmen R_{ik} sie generalisierten Kräfte

$$A_{ik} = \frac{1}{2}\left(\frac{\partial \mathfrak{v}_i}{\partial x_k} + \frac{\partial \mathfrak{v}_k}{\partial x_i}\right). \tag{100d}$$

Die Dissipationsfunktion nimmt damit die Gestalt

$$\Phi = \mathfrak{j}_{\text{red}} \mathfrak{A}_0 + \sum^{s} \mathfrak{j}_s \mathfrak{A}_s + \sum^{r} A_r w_r + \sum^{ik} R_{ik} A_{ik} \tag{101}$$

an.

Im Gleichgewicht verschwinden Ströme und Kräfte. Bei gleichgewichtsnahen Vorgängen wird man in erster Näherung wie auf S. 777 die Ströme

$$\mathfrak{j}_m = \sum^{n} a_{mn} \mathfrak{A}_n \tag{102}$$

als lineare Funktionen der Kräfte ansetzen.

Wenn das System isotrop ist, tritt eine bedeutende Vereinfachung ein. Wir denken uns eine Drehung des räumlichen Koordinatensystems vorgenommen, auf das die Komponenten der Vektoren und Tensoren bezogen sind. Der reduzierte Wärmestrom $\mathfrak{j}_{\text{red}}$, und die Diffusionsströme $\mathfrak{j}_s$ sind Vektoren im Raum und können deshalb nur lineare Funktionen von den vektoriellen Kräften $\mathfrak{A}_0$

und $\mathfrak{A}_s$ sein, die sich bei einer Drehung des Koordinatensystems wie Vektoren transformieren. Dies führt statt (102) zu

$$\begin{aligned} \mathfrak{j}_{\text{red}} &= a_{00}\,\mathfrak{A}_0 + \sum^m a_{0m}\,\mathfrak{A}_m, \\ \mathfrak{j}_s &= a_{s0}\,\mathfrak{A}_0 + \sum^m a_{sm}\,\mathfrak{A}_m, \end{aligned} \tag{103}$$

wobei m nur über alle Stoffe summiert wird.

Die Reaktionsgeschwindigkeiten w_r sind skalare Größen und können deshalb keine linearen Funktionen der Vektoren $\mathfrak{A}_0$ und $\mathfrak{A}_s$ sein. Der Tensor A_{ik} enthält aber noch den skalaren Anteil

$$(A_{xx} + A_{yy} + A_{zz}) = \frac{\partial \mathfrak{v}_x}{\partial x} + \frac{\partial \mathfrak{v}_y}{\partial y} + \frac{\partial \mathfrak{v}_z}{\partial z} = \operatorname{div}\mathfrak{v}. \tag{104}$$

Für die Reaktionsgeschwindigkeit können wir also

$$j_r = w_r = \sum^i a_{ri} A_i + a_{r\mathfrak{v}} \operatorname{div}\mathfrak{v} \tag{105}$$

ansetzen, wobei über die Reaktionen summiert wird.

Von dem tensoriellen Strom R_{ik} ist zunächst der skalare Anteil

$$R_{xx} + R_{yy} + R_{zz}$$

abzutrennen, der durch $\operatorname{div}\mathfrak{v}$ und die Affinitäten ausdrückbar ist. Es bleiben dann noch die restlichen Komponenten R_{ik} des eigentlichen Reibungstensors übrig, die mit den übrigen A_{ik} zusammenhängen.

Ströme und Kräfte zerfallen also in drei getrennte Gruppen, welche man einzeln behandeln kann. Die Matrix a_{mn} ist eine Stufenmatrix, deren Stufen diesen drei Gruppen entsprechen.

Die Aussage der Thermodynamik zu den irreversiblen Vorgängen besteht wie auf S. 778 in den ONSAGERschen Reziprozitätsrelationen

$$a_{mn} = a_{nm} \tag{106}$$

und der Forderung, daß die Matrix a_{mn} nur positive Eigenwerte hat. Die Dissipationsfunktion ist dann eine positiv definite (semidefinite) Form.

*§ 8. Anwendungen.

Inhalt: Binäres System ohne Reaktionen und Reibung. Überlagerung von Wärmeleitung und Materietransport. Überführungswärme, Thermodiffusion und zugehörige Effekte.
Bezeichnungen: j_0 absoluter Wärmestrom. Sonst wie S. 781.

Wir sehen nun von Reibung und chemischen Reaktionen ab und behalten für reduzierten Wärmestrom und Materieströme die Gleichungen

$$\mathfrak{j}_{\text{red}} = a_{00}\,\mathfrak{A}_0 + \sum^m a_{0m}\,\mathfrak{A}_m, \tag{107a}$$

$$\mathfrak{j}_s = a_{s0}\,\mathfrak{A}_0 + \sum^m a_{sm}\,\mathfrak{A}_m. \tag{107b}$$

Für die $\mathfrak{j}_s$ besteht außerdem noch die Bedingung

$$\sum^s m_s\,\mathfrak{j}_s = 0, \tag{108}$$

was den a_{mn} die Bedingungen

$$\sum^s m_s\, a_{sm} = 0 \tag{109}$$

auferlegt.

Der Einfachheit halber untersuchen wir ein binäres System, welches nur aus zwei Stoffen besteht. (107a) und (107b) liefern dann

$$\mathfrak{j}_{\text{red}} = a_{00}\,\mathfrak{A}_0 + a_{01}\,\mathfrak{A}_1 + a_{02}\,\mathfrak{A}_2, \tag{110a}$$

$$\mathfrak{j}_1 = a_{10}\,\mathfrak{A}_0 + a_{11}\,\mathfrak{A}_1 + a_{12}\,\mathfrak{A}_2, \tag{110b}$$

$$\mathfrak{j}_2 = a_{20}\,\mathfrak{A}_0 + a_{21}\,\mathfrak{A}_1 + a_{22}\,\mathfrak{A}_2. \tag{110c}$$

Für die neun Koeffizienten a_{mn} folgen aus (109) die drei Gleichungen

$$a_{2m} = -\frac{m_1}{m_2}\,a_{1m}, \tag{111}$$

so daß man zusammen mit den ONSAGERschen Relationen alle Koeffizienten durch a_{00}, a_{11} und a_{10} ausdrücken kann. Man erhält

$$\begin{aligned} &a_{01} = a_{10}; \qquad a_{02} = a_{20} = -\frac{m_1}{m_2}\,a_{10}, \\ &a_{12} = a_{21} = -\frac{m_1}{m_2}\,a_{11}; \qquad a_{22} = -\frac{m_1}{m_2}\,a_{12} = \frac{m_1^2}{m_2^2}\,a_{11}. \end{aligned} \tag{112}$$

Beim Einsetzen in (110) entsteht

$$\mathfrak{j}_{\text{red}} = a_{00}\,\mathfrak{A}_0 + a_{10}\left(\mathfrak{A}_1 - \frac{m_1}{m_2}\,\mathfrak{A}_2\right), \tag{113a}$$

$$\mathfrak{j}_1 = a_{10}\,\mathfrak{A}_0 + a_{11}\left(\mathfrak{A}_1 - \frac{m_1}{m_2}\,\mathfrak{A}_2\right). \tag{113b}$$

Jetzt fassen wir den Ausdruck

$$\mathfrak{A}_1 - \frac{m_1}{m_2}\,\mathfrak{A}_2$$

ins Auge. Gravitationskräfte, welche den Massen proportional sind, heben sich heraus. Tragen die Stoffe die molaren Ladungen $z_1 F$ und $z_2 F$, so wirken auf diese im elektrischen Feld mit dem Potential φ die Kräfte

$$\mathfrak{K}_1 - \frac{m_1}{m_2}\,\mathfrak{K}_2 = -F\left(z_1 - \frac{m_1}{m_2}\,z_2\right)\operatorname{grad}\varphi.$$

Das chemische Potential hängt außer von der Temperatur noch vom Druck und der Zusammensetzung ab. Beschreiben wir diese durch den Molenbruch

$$x = \frac{c_1}{c_1 + c_2},$$

so ist

$$\operatorname{grad}_T \mu_1 = \frac{\partial \mu_1}{\partial p}\operatorname{grad} p + \frac{\partial \mu_1}{\partial x}\operatorname{grad} x = v_1 \operatorname{grad} p + \frac{\partial \mu_1}{\partial x}\operatorname{grad} x.$$

Damit erhalten wir

$$\begin{aligned} \mathfrak{A}_1 - \frac{m_1}{m_2}\,\mathfrak{A}_2 = &-F\left(z_1 - \frac{m_1}{m_2}\,z_2\right)\operatorname{grad}\varphi - \left(v_1 - \frac{m_1}{m_2}\,v_2\right)\operatorname{grad} p \\ &-\left(\frac{\partial \mu_1}{\partial x} - \frac{m_1}{m_2}\,\frac{\partial \mu_2}{\partial x}\right)\operatorname{grad} x. \end{aligned} \tag{114}$$

Der absolute Wärmestrom $\mathfrak{j}_0$ ist definitionsgemäß das Produkt des nicht konvektiven Entropiestromes (96a) und der Temperatur. Man findet also allgemein

$$\begin{aligned} \mathfrak{j}_0 &= \mathfrak{Q} - \sum^{s} \mu_s\,\mathfrak{j}_s = \mathfrak{j}_{\text{red}} + \sum^{s} \mathfrak{j}_s\,(h_s - \mu_s) \\ &= \mathfrak{j}_{\text{red}} - T \sum^{s} \mathfrak{j}_s \frac{\partial \mu_s}{\partial T} = \mathfrak{j}_{\text{red}} + T \sum^{s} s_s\,\mathfrak{j}_s \end{aligned} \tag{115}$$

und für ein binäres System mit (108)

$$\mathfrak{j}_0 = a_{00}\mathfrak{A}_0 + a_{10}\left(\mathfrak{A}_1 - \frac{m_1}{m_2}\mathfrak{A}_2\right) + T\,\mathfrak{j}_1\left(s_1 - \frac{m_1}{m_2}s_2\right). \tag{115a}$$

Aus den Gl. (113a) und (113b) kann man entweder $\mathfrak{A}_0$ oder $\left(\mathfrak{A}_1 - \frac{m_1}{m_2}\mathfrak{A}_2\right)$ eliminieren und erhält

$$\mathfrak{j}_{\text{red}} = \frac{a_{00}a_{11} - a_{10}^2}{a_{11}}\mathfrak{A}_0 + \frac{a_{10}}{a_{11}}\mathfrak{j}_1, \tag{113c}$$

$$\mathfrak{j}_{\text{red}} = \frac{a_{00}}{a_{10}}\mathfrak{j}_1 + \left(\frac{a_{10}^2 - a_{00}a_{11}}{a_{10}}\right)\left(\mathfrak{A}_1 - \frac{m_1}{m_2}\mathfrak{A}_2\right). \tag{113d}$$

Nach dieser Vorarbeit übersieht man sofort folgende einfache Grenzfälle:

1. Isotherme Diffusion. $\mathfrak{A}_0 = 0$. Es besteht kein Temperaturgefälle. Die Kräfte bewirken den Materiestrom

$$\begin{aligned}\mathfrak{j}_1 &= a_{11}\left(\mathfrak{A}_1 - \frac{m_1}{m_2}\mathfrak{A}_2\right)\\ &= -a_{11}F\left(z_1 - \frac{m_1}{m_2}z_2\right)\operatorname{grad}\varphi\\ &\quad - a_{11}\left(v_1 - \frac{m_1}{m_2}v_2\right)\operatorname{grad}p\\ &\quad - a_{10}\left(\frac{\partial\mu_1}{\partial x} - \frac{m_1}{m_2}\frac{\partial\mu_2}{\partial x}\right)\operatorname{grad}x.\end{aligned} \tag{116}$$

Der Materiestrom setzt sich aus drei Anteilen zusammen. Der erste ist die Wanderung im Feld der Kräfte, der zweite die sogenannte Druckdiffusion, welche durch das Druckgefälle verursacht wird, während der dritte vom Konzentrationsgefälle herrührt und die gewöhnliche Diffusion darstellt. Alle drei Effekte kann man als isotherme Diffusion zusammenfassen.

Auch ohne Temperaturgefälle fließt der reduzierte Wärmestrom

$$\begin{aligned}\mathfrak{j}_{\text{red}} &= a_{10}\left(\mathfrak{A}_1 - \frac{m_1}{m_2}\mathfrak{A}_2\right)\\ &= -a_{10}F\left(z_1 - \frac{m_1}{m_2}z_2\right)\operatorname{grad}\varphi -\\ &\quad - a_{10}\left(v_1 - \frac{m_1}{m_2}v_2\right)\operatorname{grad}p\\ &\quad - a_{10}\left(\frac{\partial\mu_1}{\partial x} - \frac{m_1}{m_2}\frac{\partial\mu_2}{\partial x}\right)\operatorname{grad}x\end{aligned} \tag{117}$$

der sich ebenfalls in einen Feldeffekt, den Druckthermoeffekt und einen Konzentrationseffekt (DUFOUR-Effekt) aufteilt. Aus Gl. (113c) erhält man

$$\mathfrak{j}_{\text{red}} = \frac{a_{10}}{a_{11}}\mathfrak{j}_1 = Q^*\mathfrak{j}_1, \tag{118}$$

wobei

$$Q^* = \frac{a_{10}}{a_{11}} \tag{119}$$

als Überführungswärme bezeichnet wird.

2. Reine Wärmeleitung im homogenen Medium. Sind Druck, Konzentration und Potential überall gleich, so ist

$$\mathfrak{A}_1 - \frac{m_1}{m_2}\mathfrak{A}_2 = 0, \tag{120}$$

und wir erhalten

$$\mathfrak{j}_{\text{red}} = a_{00}\,\mathfrak{A}_0 = -\frac{a_{00}}{T}\,\text{grad}\,T, \tag{121a}$$

$$\mathfrak{j}_1 = a_{10}\,\mathfrak{A}_0 = -\frac{a_{10}}{T}\,\text{grad}\,T. \tag{121b}$$

Die reduzierte Wärmeleitfähigkeit ist

$$\varkappa_{\text{red}} = \frac{a_{00}}{T}. \tag{122}$$

Mit der Wärmeleitung verbindet sich ein Materialtransport $\mathfrak{j}_1$, der als Thermodiffusion (LUDWIG-SORET-Effekt) bekannt ist.

3. Der stationäre Zustand ist durch das Fehlen des Materiestromes gekennzeichnet. $\mathfrak{j}_1 = 0$. Zwischen den Kräften besteht die Beziehung

$$\mathfrak{A}_1 - \frac{m_1}{m_2}\,\mathfrak{A}_2 = -\frac{a_{10}}{a_{11}}\,\mathfrak{A}_0 = -Q^*\,\frac{\text{grad}\,T}{T}. \tag{123}$$

Den reduzierten Wärmestrom

$$\mathfrak{j}_{\text{red}} = \frac{a_{00}\,a_{11} - a_{10}^2}{a_{11}}\,\mathfrak{A}_0 = -\left(\varkappa_{\text{red}} - \frac{Q^{*2}\,a_{11}}{T}\right)\text{grad}\,T \tag{124}$$

findet man aus (113c). Aus (123) geht hervor, daß ein Temperaturgefälle ein Potentialgefälle, Druckgefälle oder Konzentrationsgefälle nach sich ziehen kann, wenn der Vorgang stationär geworden ist.

Liegt keiner dieser einfachen Fälle vor, so überlagern sich die Effekte. Sie werden aber auch dann durch die Gl. (113a), (113b), (113c) und (113d) mit Hilfe der drei Konstanten a_{00}, a_{10} und a_{11} beschrieben. Daß man mit drei Konstanten auskommt, ist der Beitrag der Thermodynamik zu dem ganzen Komplex von Erscheinungen, und durch diese Tatsache entstehen auch die Verknüpfungen zwischen den verschiedenen Effekten.

*§ 9. Thermoelektrizität.

Inhalt: Die homogenen, thermoelektrischen Erscheinungen. THOMSON-Effekt, PELTIER-Effekt, SEEBECK-Effekt, erste und zweite THOMSONsche Beziehung.

Bezeichnungen: $\mathfrak{J}$ elektrische Stromdichte, F molare Ladung, π, Π PELTIER-Koeffizient, α_{11} Leitfähigkeit, $\varkappa$ Wärmeleitfähigkeit, $\mathfrak{j}_0$ absolute Wärmestromdichte, $\mathfrak{j}_1$ Teilchenstromdichte der Elektronen, μ chemisches Potential der Elektronen, σ THOMSONscher Koeffizient.

Die Metalle betrachten wir als binäre Systeme von Ionen und Elektronen, von denen aber nur die Elektronen beweglich sind. Dem tragen wir Rechnung, indem wir die Masse der Ionen unendlich groß ansetzen.

Im Metall bestehe ein Temperaturgefälle, aber kein Druckgefälle. Auch die Zusammensetzung des Metalls sei überall dieselbe. Der Ausdruck (114) für die Kraft reduziert sich damit auf

$$\mathfrak{A}_1 - \frac{m_1}{m_2}\,\mathfrak{A}_2 = F\,\text{grad}\,\varphi, \tag{125}$$

wir erhalten damit den reduzierenden Wärmestrom

$$\mathfrak{j}_{\text{red}} = -\frac{a_{00}}{T}\,\text{grad}\,T + a_{10}\,F\,\text{grad}\,\varphi \tag{126a}$$

und den Teilchenstrom der Elektronen

$$\mathfrak{j}_1 = -\frac{a_{10}}{T}\,\text{grad}\,T + a_{11}\,F\,\text{grad}\,\varphi. \tag{126b}$$

Für den absoluten Wärmestrom finden wir

$$\mathfrak{j}_0 = \mathfrak{j}_{\text{red}} - T\,\mathfrak{j}_1 \frac{\partial \mu}{\partial T}, \tag{127}$$

wo μ das chemische Potential der Elektronen bedeutet.

Statt des reduzierten Wärmestromes wollen wir jetzt den absoluten und statt des Teilchenstromes der Elektronen den elektrischen Strom

$$\mathfrak{J} = -F\,\mathfrak{j}_1 \tag{128}$$

einführen. Zu diesem Zweck bilden wir zuerst die Dissipationsfunktion

$$\Phi = -\mathfrak{j}_{\text{red}} \frac{\operatorname{grad} T}{T} + \mathfrak{j}_1 F \operatorname{grad}\varphi,$$

in die wir $\mathfrak{j}_0$ und $\mathfrak{J}$ einsetzen. Damit erhalten wir

$$\begin{aligned} \Phi &= -\mathfrak{j}_0 \frac{\operatorname{grad} T}{T} - \mathfrak{J}\left(\operatorname{grad}\varphi - \frac{1}{F}\frac{\partial\mu}{\partial T}\operatorname{grad} T\right) \\ &= -\mathfrak{j}_0 \frac{\operatorname{grad} T}{T} - \mathfrak{J}\operatorname{grad}\left(\varphi - \frac{\mu}{F}\right). \end{aligned} \tag{129}$$

Jetzt machen wir den linearen Ansatz

$$\mathfrak{j}_0 = -\alpha_{00} \frac{\operatorname{grad} T}{T} - \alpha_{10} \operatorname{grad}\left(\varphi - \frac{\mu}{F}\right), \tag{130a}$$

$$\mathfrak{J} = -\alpha_{10} \frac{\operatorname{grad} T}{T} - \alpha_{11} \operatorname{grad}\left(\varphi - \frac{\mu}{F}\right). \tag{130b}$$

Durch Elimination von φ geht daraus

$$\mathfrak{j}_0 = -\frac{\alpha_{00}\alpha_{11} - \alpha_{10}^2}{\alpha_{11} T} \operatorname{grad} T + \frac{\alpha_{10}}{\alpha_{11}} \mathfrak{J} \tag{131}$$

hervor.

Besteht kein Temperaturgefälle, so ist auch μ konstant, und wir erhalten

$$\mathfrak{J}_{T=\text{const}} = -\alpha_{11} \operatorname{grad}\varphi. \tag{132}$$

In α_{11} erkennen wir also die elektrische Leitfähigkeit. Ebenso lesen wir aus (131) ab, daß

$$\varkappa = \frac{\alpha_{00}\alpha_{11} - \alpha_{10}^2}{\alpha_{11} T} \tag{133}$$

die Wärmeleitfähigkeit im stromlosen Zustand ist. Die Größe

$$\pi = \frac{\alpha_{10}}{\alpha_{11}} \tag{134}$$

ist die „Überführungswärme" des Stromes. Schließlich finden wir noch im stromlosen Zustand wegen

$$\operatorname{grad}\mu = \frac{\partial\mu}{\partial T} \operatorname{grad} T$$

den thermoelektrischen Effekt

$$-\left(\frac{\operatorname{grad}\varphi}{\operatorname{grad} T}\right)_{\mathfrak{J}=0} = -\left(\frac{d\varphi}{dT}\right)_{\mathfrak{J}=0} = \frac{\alpha_{10}}{\alpha_{11} T} - \frac{1}{F}\frac{\partial\mu}{\partial T} = \frac{\pi}{T} - \frac{1}{F}\frac{\partial\mu}{\partial T}. \tag{135}$$

Mit $\varkappa$ und π geht (131) in

$$\mathfrak{j}_0 = -\varkappa \operatorname{grad} T + \pi\,\mathfrak{J} \tag{136a}$$

und (130b) in

$$\mathfrak{J} = -\frac{\pi\,\alpha_{11}}{T} \operatorname{grad} T - \alpha_{11} \operatorname{grad}\left(\varphi - \frac{\mu}{F}\right) \tag{136b}$$

über.

Nun wenden wir uns der Energiebilanz (82) zu. Wenn wir die Ionenmasse als unendlich betrachten, ist $\mathfrak{v} = 0$. Wir erhalten damit

$$\frac{\partial}{\partial t}(u\,c) = -\operatorname{div}\mathfrak{Q} + \mathfrak{j}_1 F \operatorname{grad}\varphi = -\operatorname{div}\mathfrak{Q} - \mathfrak{J}\operatorname{grad}\varphi. \tag{137}$$

Setzen wir

$$\mathfrak{Q} = \mathfrak{j}_0 + \mu\,\mathfrak{j}_1 = \mathfrak{j}_0 - \frac{\mu\,\mathfrak{J}}{F} \tag{138}$$

ein und berücksichtigen

$$\operatorname{div}\mathfrak{J} = 0,$$

so geht (137) in

$$\frac{\partial}{\partial t}(u\,c) = -\operatorname{div}\mathfrak{j}_0 - \mathfrak{J}\operatorname{grad}\left(\varphi - \frac{\mu}{F}\right) \tag{139}$$

über. Ersetzen wir $\operatorname{grad}\varphi$ und $\mathfrak{j}_0$ mit (130b) und (131) durch $\operatorname{grad} T$ und $\mathfrak{J}$, so gelangen wir zu

$$\frac{\partial}{\partial t}(u\,c) = \operatorname{div}\varkappa\operatorname{grad}T + \frac{\mathfrak{J}^2}{\alpha_{11}} - \sigma(\mathfrak{J}\operatorname{grad}T), \tag{140}$$

wenn wir zur Abkürzung

$$\sigma = \frac{d\pi}{dT} - \frac{\pi}{T} \tag{141}$$

setzen. Das erste Glied auf der rechten Seite ist die Wärmezufuhr durch Wärmeleitung, das zweite Glied die JOULEsche Wärme. Das dritte Glied stellt den THOMSON-Effekt dar. Die Gl. (141) wird „erste THOMSONsche" Beziehung genannt.

Jetzt betrachten wir noch ein Thermoelement, welches aus zwei Metallen A und B gemäß Abb. 283 zusammengesetzt ist. Das Metall A links befindet sich vollständig auf der Temperatur T_1, das Metall B an der linken Lötstelle auf der Temperatur T_1, an der rechten Lötstelle auf der Temperatur T_2, während auf der rechten Seite im Metall A die Temperatur von T_2 auf T_1 absinkt.

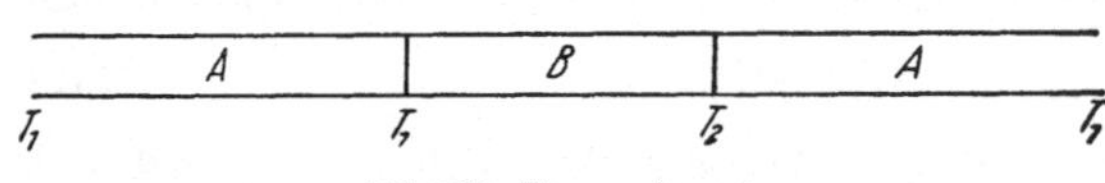

Abb. 283. Thermoelement.

Zuerst wollen wir uns darüber klarwerden, was an den Lötstellen vor sich geht. Hierzu müßten wir eigentlich auf die Dissipationsfunktion (24) von S. 777 zurückgreifen. Da die Temperatur auf beiden Seiten der Lötstelle die gleiche ist, reduziert sie sich auf

$$\Phi = \mathfrak{j}_1(\Delta\mu - F\,\Delta\varphi) = -\mathfrak{J}\left(\Delta\varphi - \frac{\Delta\mu}{F}\right).$$

Wir gewinnen daraus

$$\mathfrak{J} = a_{11}\left(\Delta\varphi - \frac{\Delta\mu}{F}\right).$$

Da aber die Grenzfläche kaum einen elektrischen Widerstand bietet, ist a_{11} sehr groß, und deshalb muß unabhängig von der Größe des Stromes nahezu

$$\Delta\varphi - \frac{\Delta\mu}{F} = 0 \tag{142}$$

gelten. Zu der Lötstelle fließt in jedem der beiden Metalle der Wärmestrom (136a). Wir untersuchen nun allein den Teil des Wärmestromes, der vom elektrischen Strom herrührt, indem wir uns vorstellen, daß in der unmittelbaren Umgebung der Lötstelle selbst kein Temperaturgefälle besteht. Dann ist

$$\operatorname{Div}\mathfrak{j}_0 = \mathfrak{J}(\pi_B - \pi_A) = \mathfrak{J}\,\Delta\pi, \tag{143}$$

weil der elektrische Strom die Lötstelle stetig durchsetzt. Die Wärmemenge $\mathfrak{J}\,\Delta\pi$ wird je nach dem Vorzeichen von $\Delta\pi$ an der Lötstelle aufgenommen oder abgegeben. Diese Erscheinung ist als PELTIER-Effekt bekannt.

Die an den Enden des Thermoelements liegende Spannung (SEEBECK-Effekt) finden wir, wenn wir (135) in die Form

$$\frac{d}{dT}\left(\varphi - \frac{\mu}{F}\right) = -\frac{\pi}{T}$$

bringen und entlang des ganzen Thermoelements integrieren. Die Lötstellen selbst liefern wegen (142) keinen Beitrag. Da andererseits μ nur von der Temperatur und Metallart abhängt und beide an den Enden des Thermoelements gleich sind, erhalten wir die Spannung

$$\varphi_2 - \varphi_1 = -\int_{T_1}^{T_2} \frac{\pi_B}{T}\,dT - \int_{T_2}^{T_1} \frac{\pi_A}{T}\,dT = \int_{T_1}^{T_2} \frac{\pi_A - \pi_B}{T}\,dT \approx \frac{\pi_A - \pi_B}{T}\,(T_2 - T_1).$$

Definiert man

$$\frac{\varphi_2 - \varphi_1}{T_2 - T_1} = \varepsilon \tag{144}$$

als Koeffizient der Thermospannung, so erhält man

$$\varepsilon = \frac{\pi_A}{T} - \frac{\pi_B}{T} = -\frac{\Delta\pi}{T} = -\frac{\Pi}{T}. \tag{145}$$

Der Koeffizient der Thermospannung ist die Differenz zweier Anteile, die für die Metalle einzeln charakteristisch sind. (145) ist die „zweite THOMSONsche Beziehung" zwischen Thermospannung und PELTIER-Koeffizient.

IX. Die Wärmeleitung.

Besteht in einem Körper unveränderlicher Zusammensetzung ein Temperaturgefälle, so wird Wärme von den Stellen hoher Temperatur zu denen niederer Temperatur transportiert. Ist der Körper isotrop, so fließt die Wärme in Richtung des stärksten Temperaturabfalls. Durch ein Flächenelement $d\mathfrak{f}$ tritt sekundlich die Wärmemenge

$$-(\varkappa \operatorname{grad} T\, d\mathfrak{f})$$

hindurch. Das Minuszeichen deutet an, daß die Wärme von der wärmeren Seite zur kälteren Seite des Flächenelements fließt. Die Größe $\varkappa$ ist das Wärmeleitvermögen. Der Vektor

$$\mathfrak{j} = -\varkappa \operatorname{grad} T \tag{1}$$

hat die Richtung des Wärmetransports und wird Wärmestrom (Wärmestromdichte) genannt. In anisotropen Medien ist $\varkappa$ als Tensor anzusehen, und $\mathfrak{j}$ kann eine andere Richtung als das Temperaturgefälle haben.

§ 1. Die Differentialgleichung der Wärmeleitung.

Inhalt: Aus der Energiebilanz eines Volumenelements ergibt sich die Differentialgleichung für die Wärmeleitung.

Bezeichnungen: T Temperatur, $\varkappa$ Wärmeleitvermögen, $\mathfrak{j}$ Wärmestromdichte, V Volumen, ϱ Dichte, c spez. Wärme bezogen auf die Masseneinheit, t Zeit, f Wärmeproduktion pro Volumeneinheit.

Die Wärmeleitung bringt Wärme von Orten hoher Temperatur an Orte niederer Temperatur. Als Folge dieses Vorgangs vollzieht sich ein Temperaturausgleich, und nach einiger Zeit stellt sich Temperaturgleichgewicht ein. Nur wenn an manchen Stellen immer neue Wärme zugeführt und an anderen dauernd abgeführt wird, kann ein stationärer Zustand eintreten, der vom Gleichgewicht verschieden ist.

Die beste Übersicht erhält man, wenn man eine Wärmebilanz aufstellt. Aus einem endlichen Volumen führt die Wärmeleitung den Wärmefluß

$$\oint (\mathfrak{j}\, d\, \mathfrak{f})$$

durch die Oberfläche fort. Er kann nach dem GAUSSschen Satz auch durch das Volumenintegral

$$\oint (\mathfrak{j}\, d\, \mathfrak{f}) = \int \operatorname{div} \mathfrak{j}\, dV$$

ausgedrückt werden. Einem Volumenelement dV selbst entzieht die Wärmeleitung die Energie

$$\operatorname{div} \mathfrak{j}\, dV = -\operatorname{div}(\varkappa \operatorname{grad} T)\, dV.$$

Andererseits kann Wärme in dem Volumenelement dV durch verschiedene Prozesse entstehen oder verbraucht werden. Chemische Vorgänge können Wärme entwickeln oder verzehren. Strahlung kann emittiert oder absorbiert werden, elektrische Ströme können JOULEsche Wärme liefern. In der Sekunde entstehe in der Volumeneinheit um den Betrag f mehr Wärme, als dort verbraucht wird. Im ganzen gewinnt dann das Volumenelement sekundlich

$$(f - \operatorname{div} \mathfrak{j})\, dV \tag{2}$$

Wärmeeinheiten, die zu einer Erwärmung führen müssen. Zu einem Temperaturanstieg $\partial T/\partial t$ wird bei einer Dichte ϱ und spezifischen Wärme c eine sekundliche Wärmezufuhr

$$c \varrho \frac{\partial T}{\partial t} dV$$

benötigt, die durch (2) bestritten werden muß. Wir erhalten also die Gleichung

$$f - \operatorname{div} \mathfrak{j} = c \varrho \frac{\partial T}{\partial t}, \tag{3}$$

welche alle Arten von Wärmeleitungsvorgängen beherrscht. Ersetzt man $\mathfrak{j}$ durch (1), so nimmt sie die Form

$$f + \operatorname{div}(\varkappa \operatorname{grad} T) = c \varrho \frac{\partial T}{\partial t} \tag{4}$$

an.

Diese Differentialgleichung beschreibt das Verhalten im Innern der Körper. Gewöhnlich kommen noch Randbedingungen für die Oberfläche hinzu. Sie können darin bestehen, daß bestimmte Teile der Oberfläche auf gewissen Temperaturen gehalten werden oder daß ihnen bestimmte Wärmeströme zugeführt oder entzogen werden. Durch die Gl. (4) und die Randbedingungen ist das Problem mathematisch völlig bestimmt.

§ 2. Stationäre Vorgänge ohne Wärmeerzeugung.

Inhalt: Wärmestrom durch eine ebene Platte, durch einen zylindrischen Stab, radialer Wärmetransport durch einen Zylinder und eine Kugelschale, Ausbreitung der Wärme von einer kreisförmigen Zuführung in einen ausgedehnten Körper.

Bezeichnungen: x, y, z kartesische, r, z, φ Zylinderkoordinaten, r, φ, ϑ sphärische Polarkoordinaten, μ, ν, φ elliptische Koordinaten, sonst wie S. 795.

Ein Körper werde von einem stationären Wärmestrom durchflossen, ohne daß seine Temperatur sich an irgendeiner Stelle im Laufe der Zeit ändert. Die

Gl. (4) reduziert sich dann auf

$$f + \operatorname{div}(\varkappa \operatorname{grad} T) = 0. \tag{5}$$

Wird außerdem im Innern weder Wärme erzeugt noch verbraucht, so verschwindet auch f, und bei konstantem Wärmeleitvermögen gelangen wir zu der einfachen Bedingung

$$\operatorname{div}(\varkappa \operatorname{grad} T) = \varkappa \Delta T = 0. \tag{6}$$

Man kann sie über das ganze Volumen des Körpers integrieren und findet dann mit Hilfe des GAUSSschen Satzes

$$0 = -\int \operatorname{div}(\varkappa \operatorname{grad} T)\, d\tau = \oint \operatorname{div} \mathfrak{j}\, dV = \oint (\mathfrak{j}\, d\mathfrak{f}).$$

Wenn im Innern des Körpers keine Wärme entsteht, kann auch keine Wärme nach außen abfließen. Die Wärmemenge, die an einer Stelle zufließt, muß den Körper an anderen Stellen wieder verlassen.

In einfachen Fällen kann man das Temperaturfeld berechnen, das mit dem Wärmestrom verbunden ist. Die eine Seite einer unendlich ausgedehnten ebenen Platte werde auf der Temperatur T_1, die andere auf der Temperatur T_2 gehalten. Legt man die x-Achse eines Koordinatensystems senkrecht zur Platte, so hängt die Temperatur von y und z nicht ab, und die Gl. (6) reduziert sich auf

$$\frac{d^2 T}{d x^2} = 0.$$

Ihre allgemeine Lösung ist

$$T = A + B x.$$

Hat die Platte die Dicke d, so muß

$$A = T_1; \qquad B = \frac{T_2 - T_1}{d}$$

sein. Wir erhalten die Temperaturverteilung

$$T = T_1 + \frac{T_2 - T_1}{d} x$$

und den Wärmestrom

$$\mathfrak{j}_x = -\varkappa \frac{dT}{dx} = -\frac{\varkappa (T_2 - T_1)}{d}.$$

Die Platte wird von einem homogenen Wärmestrom durchsetzt. Er dringt auf der heißen Seite ein und kommt auf der kalten Seite wieder heraus.

In Zylinderkoordinaten lautet die Gl. (6)

$$\frac{1}{r} \frac{\partial}{\partial r} r \frac{\partial T}{\partial r} + \frac{1}{r^2} \frac{\partial^2 T}{\partial \varphi^2} + \frac{\partial^2 T}{\partial z^2} = 0.$$

Einfach sind diejenigen Fälle, bei denen die Temperatur nur von einer der drei Koordinaten abhängt. Wir erhalten dann die Lösungen

$$T = A + B z, \tag{7a}$$

$$T = A' + B' \varphi, \tag{7b}$$

$$T = A'' + B'' \ln r. \tag{7c}$$

Die erste Lösung ist anwendbar auf Zylinder von beliebigem Querschnitt, deren Stirnflächen $z = 0$ und $z = l$ auf den Temperaturen $T_0 = A$ und $T_1 = A + B l$ gehalten werden. Parallel zur Mantellinie haben wir im ganzen Körper die homogene Wärmestromdichte $\mathfrak{j}_z = -\varkappa B$. Physikalisch ist damit die Wärmeleitung durch einen Stab von beliebigem Querschnitt beschrieben.

Der zweite Fall (7b) hat kaum Interesse, der dritte Fall ist dagegen von Bedeutung. Befindet sich die Innenseite eines Hohlzylinders auf der Temperatur T_1, die Außenseite auf der Temperatur T_2, so haben wir

$$T_1 = A'' + B'' \ln r_1; \quad T_2 = A'' + B'' \ln r_2$$

zur Bestimmung von A'' und B''. In radialer Richtung fließt der Wärmestrom

$$\mathfrak{j}_r = -\frac{\varkappa B''}{r}.$$

Der Wärmefluß

$$2\pi r l \mathfrak{j}_r = -2\pi \varkappa l B''$$

durch eine Zylinderfläche vom Radius r und der Länge l hängt von r nicht ab. Es wird also auf der Innenfläche des Zylinders dieselbe Wärmemenge zugeführt, die auf der Außenfläche abgeleitet wird.

Setzt man die Gl. (6) in sphärischen Polarkoordinaten an, so nimmt sie die Gestalt

$$\frac{1}{r^2}\frac{\partial}{\partial r} r^2 \frac{\partial T}{\partial r} + \frac{1}{r^2}\left\{\frac{1}{\sin\vartheta}\frac{\partial}{\partial\vartheta}\sin\vartheta\frac{\partial T}{\partial\vartheta} + \frac{1}{\sin^2\vartheta}\frac{\partial^2 T}{\partial\varphi^2}\right\} = 0$$

an. Von Interesse ist nur der Fall, daß T nur von r abhängt. Man erhält dann die einfache Gleichung

$$\frac{d}{dr} r^2 \frac{dT}{dr} = 0$$

mit der allgemeinen Lösung

$$T = \frac{A}{r} + B.$$

Wird die Innenfläche einer Hohlkugel auf der Temperatur T_1, die Außenfläche auf der Temperatur T_2 gehalten, so findet man A und B aus

$$T_1 = \frac{A}{r_1} + B; \quad T_2 = \frac{A}{r_2} + B.$$

Die Wärmestromdichte ist

$$\mathfrak{j}_r = -\varkappa \frac{\partial T}{\partial r} = \frac{\varkappa A}{r^2}.$$

Der gesamte Wärmefluß ist $4\pi r^2 \varkappa A$. Er tritt auf der einen Seite der Kugel ein und auf der anderen wieder aus.

* Auch die Lösung der Gl. (6) in elliptischen Koordinaten hat Interesse. Führt man μ, ν, φ durch

$$x = a\sqrt{\mu^2+1}\sqrt{1-\nu^2}\cos\varphi,$$
$$y = a\sqrt{\mu^2+1}\sqrt{1-\nu^2}\sin\varphi,$$
$$z = a\mu\nu$$

ein, so geht (6) in

$$\frac{\partial}{\partial\mu}(\mu^2+1)\frac{\partial T}{\partial\mu} + \frac{\partial}{\partial\nu}(1-\nu^2)\frac{\partial T}{\partial\nu} + \frac{\mu^2+\nu^2}{(\mu^2+1)(1-\nu)^2}\frac{\partial^2 T}{\partial\varphi^2} = 0$$

über. Hängt T nicht von ν und φ ab, so hat man konstante Temperaturen auf den Flächen $\mu = \text{const}$. Diese sind die Rotationsellipsoide

$$\frac{x^2+y^2}{a^2(\mu^2+1)} + \frac{z^2}{a^2\mu^2} = 1, \tag{8}$$

zu welchen auch die Kreisfläche gehört, die man für $\mu = 0$ bekommt. Die Temperatur bestimmt sich aus der Gleichung

$$\frac{d}{d\mu}(\mu^2 + 1)\frac{dT}{d\mu} = 0$$

mit der allgemeinen Lösung

$$T = T_0 + C \operatorname{arc\,tg} \mu .$$

Damit ist die Temperaturverteilung gefunden. Der Wärmestrom hat nur die μ-Komponente

$$\mathfrak{j}_\mu = -\varkappa \operatorname{grad}_\mu T = -\frac{\varkappa}{a}\sqrt{\frac{\mu^2+1}{\mu^2+\nu^2}}\frac{dT}{d\mu} = -\varkappa \frac{C}{a\sqrt{(\mu^2+\nu^2)(\mu^2+1)}}$$

und steht senkrecht auf den Ellipsoiden (8). Auf der Kreisfläche $\mu = 0$ haben wir die Wärmestromdichte

$$\mathfrak{j}_{\mu=0} = -\frac{\varkappa C}{a\nu} .$$

Gehen wir zu kartesischen Koordinaten xyz oder zu Zylinderkoordinaten r, z, φ über, so gilt für $\mu = 0$

$$\mathfrak{j}_z = -\frac{\varkappa C}{\sqrt{a^2 - x^2 - y^2}} = -\frac{\varkappa C}{\sqrt{a^2 - r^2}} . \tag{9}$$

In der Mitte des Kreises fließt eine Stromdichte $\mathfrak{j}_z = -\frac{\varkappa C}{a}$, an seinem Rande wird die Stromdichte unendlich.

Diesen Vorgang können wir physikalisch leicht approximieren. Ein sehr ausgedehnter Körper besitze ein ebenes Oberflächenstück. Auf diesem werde eine Kreisfläche vom Radius a auf eine Temperatur T_0 gebracht und auf dieser gehalten, während die übrige Oberfläche dauernd auf einer Temperatur T_∞ bleibt. Die Kreisscheibe kann man mit der Fläche $\mu = 0$, die übrige Oberfläche mit $\mu = \infty$ identifizieren. Wir erhalten dann zur Bestimmung der Konstanten C die Bedingung

$$T_\infty = T_0 + \frac{C\pi}{2} .$$

Auf der erhitzten Fläche haben wir nach (9) senkrecht zur Oberfläche den Wärmestrom

$$\mathfrak{j}_z = \frac{2\varkappa(T_0 - T_\infty)}{\pi\sqrt{a^2 - r^2}}$$

und die gesamte Wärmezufuhr

$$\int (\mathfrak{j}\, d\mathfrak{f}) = 2\pi\int_0^a \mathfrak{j}_z r\, dr = 4\varkappa(T_0 - T_\infty)\int_0^a \frac{r\, dr}{\sqrt{a^2 - r^2}} = 4\varkappa a(T_0 - T_\infty) .$$

Bei einem Körper von geringem Wärmeleitvermögen kann man ein Stück der Oberfläche auf die Temperatur T_0 bringen, indem man ihn dort mit einem Körper von großem Wärmeleitvermögen berührt, der sich auf dieser Temperatur befindet. Auch kann man diese Fläche durch eine siedende Flüssigkeit oder durch schmelzendes Eis auf einer festen Temperatur halten.

Ein anderes Wärmeleitproblem hat man vor sich, wenn durch eine Kreisfläche ein Wärmestrom von überall gleicher Dichte zugeführt wird. Dies kann z. B. durch Absorption von Licht, durch Vorbeistreichen heißer Gase oder ähnliche Maßnahmen ausgeführt werden. Die Durchrechnung dieses Problems ist aber weit schwieriger.

§ 3. Stationäre Wärmeströmung mit Wärmeerzeugung.

Inhalt: Abführung der JOULEschen Wärme aus einem stromdurchflossenen Draht.

Bezeichnungen: σ elektrisches Leitvermögen, $\mathfrak{E}$ elektrische Feldstärke, $\varkappa$ Wärmeleitvermögen, R Drahtradius, sonst wie S. 795.

Wird in einem Volumenelement dauernd Wärme erzeugt oder verbraucht, so stellt sich nach einiger Zeit ein dynamisches Gleichgewicht ein, bei dem die erzeugte Wärme durch eine stationäre Wärmeströmung fortgeschafft wird und durch die Oberfläche des Körpers abfließt, ohne daß sich die Temperaturverteilung im Innern noch weiter ändert. Der Vorgang wird beherrscht durch die Gleichung

$$f + \operatorname{div}(\varkappa \operatorname{grad} T) = 0. \tag{10}$$

Als Beispiel für solche Probleme behandeln wir einen kreiszylindrischen Draht, der von elektrischem Strom durchflossen wird. Ist σ das elektrische Leitvermögen, $\mathfrak{E}$ die Feldstärke, so ist

$$f = \sigma \mathfrak{E}^2$$

im ganzen Draht konstant, wenn wir die Temperaturabhängigkeit des spezifischen Widerstandes vernachlässigen. Setzen wir auch $\varkappa$ konstant, so behalten wir in Zylinderkoordinaten die Gleichung

$$\frac{1}{r}\frac{\partial}{\partial r} r \frac{\partial T}{\partial r} + \frac{\partial^2 T}{\partial z^2} + \frac{1}{r^2}\frac{\partial^2 T}{\partial \varphi^2} = -\frac{f}{\varkappa}.$$

Aus Symmetriegründen hängt T nur von r ab, und wir erhalten die einfache Gleichung

$$\frac{1}{r}\frac{d}{dr} r \frac{dT}{dr} = -\frac{f}{\varkappa}.$$

Ihre allgemeine Lösung ist

$$T = T_0 - \frac{f}{4\varkappa} r^2 + A \ln r.$$

Da in der Drahtachse die Temperatur endlich bleibt, ist $A = 0$. Wird die Drahtoberfläche ($r = R$) auf der Temperatur T_1 gehalten, so findet man die Achsentemperatur T_0 aus

$$T_1 = T_0 - \frac{f R^2}{4\varkappa}.$$

§ 4. Nichtstationäre Vorgänge.

Inhalt: Abkühlung einer Platte und einer Kugel. Eindringen periodischer Temperaturschwankungen ins Erdinnere.

Bezeichnungen: Wie S. 795.

Ein nichtstationärer Wärmeleitungsprozeß gehorcht der Gleichung

$$f + \operatorname{div}(\varkappa \operatorname{grad} T) = \varrho c \frac{\partial T}{\partial t}. \tag{11}$$

Besonders einfach sind Abkühlungs- oder Erwärmungsvorgänge, bei denen keine Wärme im Innern der untersuchten Körper entsteht, sondern nur Wärme von außen durch die Oberfläche aufgenommen wird oder durch sie abfließt. Solche Prozesse gehorchen der Gleichung

$$\operatorname{div}(\varkappa \operatorname{grad} T) = \varrho c \frac{\partial T}{\partial t} \tag{12}$$

bzw.

$$\Delta T = \frac{\varrho c}{\varkappa}\frac{\partial T}{\partial t}, \tag{12a}$$

wenn das Wärmeleitvermögen konstant ist. Zu jeder Lösung der Gl. (12a) kann man offenbar eine zeitunabhängige Lösung von

$$\Delta T = 0$$

hinzufügen, d. h., dem Abkühlungs- oder Erwärmungsprozeß kann sich ein stationärer Prozeß überlagern.

Ein Körper befinde sich auf einer gleichmäßigen Temperatur T_0. Zur Zeit $t = 0$ wird ein Stück seiner Oberfläche auf die Temperatur T_1 gebracht und auf dieser Temperatur gehalten. Man kann dies erreichen, indem man das Flächenstück mit einer siedenden Flüssigkeit oder einer Schmelze in Berührung bringt.

Um die Rechnung so einfach wie möglich zu halten, betrachten wir einen Körper, der den ganzen Halbraum $x > 0$ ausfüllt. Die ganze Ebene $x = 0$ werde auf die Temperatur T_1 gebracht. Unter solchen Bedingungen hängt T nur von x und der Zeit ab, und die Wärmeleitungsgleichung lautet einfach

$$\frac{\partial^2 T}{\partial x^2} = \frac{\varrho c}{\varkappa} \frac{\partial T}{\partial t}. \tag{13}$$

Man kann sie noch auf die Form

$$\frac{\partial^2 T}{\partial x^2} = \frac{\partial T}{\partial \tau} \tag{13a}$$

vereinfachen, wenn man

$$\tau = \frac{\varkappa t}{\varrho c} \tag{14}$$

setzt. Zu einer partikulären Lösung dieser Gleichung gelangen wir, wenn wir die Temperatur als Funktion $\psi(z)$ eines Argumentes

$$z = \frac{x}{2\sqrt{\tau}} \tag{15}$$

ansetzen. Dann ist

$$\frac{\partial T}{\partial \tau} = -\frac{x}{4\tau\sqrt{\tau}} \frac{d\psi}{dz}$$

und

$$\frac{\partial^2 T}{\partial x^2} = \frac{1}{4\tau} \frac{d^2\psi}{dz^2}.$$

Setzt man in (13a) ein, so erhält man

$$\frac{d^2\psi}{dz^2} = -2z \frac{d\psi}{dz}$$

zur Bestimmung von ψ. Durch

$$\frac{d\psi}{dz} = u$$

gelangt man zu der einfachen Differentialgleichung

$$\frac{du}{dz} = -2uz$$

mit der Lösung

$$u = \text{const}\, e^{-z^2}.$$

Die Funktion ψ lautet also

$$\psi = \text{const} \int_0^z e^{-z^2} dz + B$$

und kann unter Benutzung der GAUSSschen Fehlerfunktion

$$\Phi(z) = \frac{2}{\sqrt{\pi}} \int_0^z e^{-z^2} dz \tag{16}$$

die Temperaturverteilung

$$T = A\,\Phi\left(\frac{x}{2}\sqrt{\frac{\varrho c}{\varkappa t}}\right) + B \tag{17}$$

liefern.

Diese Temperaturverteilung gilt nur im Körper, d. h. für $x > 0$, und auch dort nur von der Zeit $t = 0$ an. Für den Zeitpunkt $t = 0$ selbst wird das Argument der Fehlerfunktion an allen Stellen unendlich, und die Funktion selbst bekommt den Wert 1. Zur Zeit $t = 0$ hat also der ganze Körper die Temperatur

$$T_0 = A + B. \tag{18}$$

An der Stelle $x = 0$ verschwindet zu allen anderen Zeiten die Fehlerfunktion, und wir haben dort zu allen positiven Zeiten

$$T_1 = B.$$

Die Randbedingungen sind also erfüllt, wenn wir

$$B = T_1; \quad A = T_0 - T_1$$

festsetzen. Die Temperaturverteilung im ganzen Raum ist folgende:

$$\begin{aligned} &T = T_1; && \text{für alle Zeiten und } x \leqq 0 \\ &T = T_0; && \text{für } t \leqq 0 \text{ und } x > 0 \\ &T = (T_0 - T_1)\,\Phi\left(\frac{x}{2}\sqrt{\frac{\varrho c}{\varkappa t}}\right) + T_1; && \text{für } t > 0 \text{ und } x > 0. \end{aligned} \tag{19}$$

Ein bestimmter Temperaturwert zwischen T_0 und T_1 dringt von der Stelle $x = 0$ aus in den Körper ein. Die Geschwindigkeit des Eindringens $\mathfrak{v} = \frac{x}{2t}$ nimmt mit der Eindringtiefe ab.

Das Problem kann auch für eine Kugel vom Radius R gelöst werden, die auf der Temperatur T_1 gehalten wird und in ein Medium der Temperatur T_0 eingetaucht wird. An Stelle der Gl. (13a) tritt in sphärischen Polarkoordinaten

$$\frac{1}{r^2}\frac{\partial}{\partial r} r^2 \frac{\partial T}{\partial r} = \frac{\partial T}{\partial \tau},$$

was durch

$$T = \frac{\vartheta}{r}$$

in

$$\frac{\partial^2 \vartheta}{\partial r^2} = \frac{\partial \vartheta}{\partial \tau}$$

übergeht. In Anlehnung an die eben ausgeführte Rechnung finden wir für T offenbar die Lösung

$$T = \frac{A}{r}\,\Phi\left(\frac{r-R}{2}\sqrt{\frac{\varrho c}{\varkappa t}}\right),$$

zu der noch die allgemeine Lösung der Gleichung

$$\frac{1}{r^2}\frac{d}{dr} r^2 \frac{dT}{dr} = 0,$$

nämlich

$$T = \frac{B}{r} + C$$

hinzugefügt werden kann. Damit ergibt sich die Temperaturverteilung

$$T = C + \frac{1}{r}\left\{B + A\,\Phi\left(\frac{r-R}{2}\sqrt{\frac{\varrho c}{\varkappa t}}\right)\right\}.$$

Für $t = 0$ erhalten wir

$$T_0 = \frac{A+B}{r} + C.$$

Soll der ganze Raum außerhalb der Kugel zu dieser Zeit die Temperatur T_0 besitzen, so muß

$$A = -B; \quad C = T_0$$

sein. Für $r = R$ soll für $t > 0$ die Temperatur $T = T_1$ herrschen. Dies liefert die weitere Bedingung

$$T_1 = \frac{B}{R} + C.$$

Drückt man A, B und C durch T_1 und T_0 aus, so kommt man zu der Temperaturverteilung

$$T = T_0 + \frac{R(T_1 - T_0)}{r}\left\{1 - \Phi\left(\frac{r-R}{2}\sqrt{\frac{\varrho c}{\varkappa t}}\right)\right\}$$

für den Raum außerhalb der Kugel und positive Zeiten.

Wir beschäftigen uns nun noch mit den periodischen Lösungen der Gleichung

$$\varDelta T = \frac{\varrho c}{\varkappa}\frac{\partial T}{\partial t}$$

(12a) von S. 800. Der Ansatz

$$T = \psi(x\,y\,z)\,e^{2\pi i \nu t} \tag{20}$$

liefert für ψ die Differentialgleichung

$$\varkappa\,\varDelta\psi = 2\pi\,i\,\nu\,\varrho\,c\,\psi. \tag{21}$$

Wir spezialisieren uns nun auf den einfachen Fall, daß ψ nur von der Koordinate z abhängt. Mit der Abkürzung

$$a = \sqrt{\frac{2\pi\,i\,\nu\,\varrho\,c}{\varkappa}} = (1+i)\sqrt{\frac{\pi\,\nu\,\varrho\,c}{\varkappa}} \tag{22}$$

geht (21) dann in

$$\frac{d^2\psi}{dz^2} = a^2\psi$$

über und liefert die allgemeine Lösung

$$\psi = A\,e^{az+i\alpha} + B\,e^{-az+i\beta}.$$

Hier sind

$$A\,e^{i\alpha} \quad \text{und} \quad B\,e^{i\beta}$$

die Integrationskonstanten. Damit erhalten wir die periodische Temperaturverteilung

$$T = A\,e^{az+i\alpha+2\pi i\nu t} + B\,e^{-az+i\beta+2\pi i\nu t}.$$

Ihr kann noch die stationäre Verteilung

$$T = C + D\,z \tag{23}$$

überlagert werden.

Wir betrachten jetzt die Erdoberfläche als eben und identifizieren sie mit der Ebene $z = 0$. Durch Sonneneinstrahlung werde sie tags erwärmt und nachts durch Ausstrahlung abgekühlt. Ihre Oberflächentemperatur schwanke daher um einen Mittelwert T_0 nach dem Ansatz

$$T = T_0 + k \cos 2\pi \nu t. \tag{24}$$

Tief im Innern herrsche dauernd die Temperatur T_0. Da die Temperatur für $z = \infty$ endlich bleiben soll, folgt $A = 0$ und $D = 0$. Nehmen wir dann nur den Realteil von (22) als reelle Lösung, so haben wir

$$T = C + B e^{-z\sqrt{\frac{\pi \nu \varrho c}{\varkappa}}} \cos\left(\beta + 2\pi \nu t - z\sqrt{\frac{\pi \nu \varrho c}{\varkappa}}\right).$$

Die Gegenüberstellung mit (24) liefert für $z = 0$

$$C = T_0; \quad B = k; \quad \beta = 0$$

und damit die Temperaturverteilung in der Erde

$$T = T_0 + k e^{-z\sqrt{\frac{\pi \nu \varrho c}{\varkappa}}} \cos\left(2\pi \nu t - z\sqrt{\frac{\pi \nu \varrho c}{\varkappa}}\right).$$

Wir haben also einen periodischen Vorgang, den wir als eine Temperaturwelle beschreiben können. Sie dringt von der Oberfläche der Erde her ein. Ihre Amplitude nimmt exponentiell mit der Eindringtiefe ab. Die Wellenlänge ist

$$\lambda = 2\sqrt{\frac{\pi \varkappa}{\nu \varrho c}}$$

und die Fortpflanzungsgeschwindigkeit

$$u = \nu \lambda = 2\sqrt{\frac{\pi \varkappa \nu}{\varrho c}}.$$

Die gleiche Betrachtung läßt sich auch auf das Eindringen der jahreszeitlichen Temperaturschwankungen ins Erdinnere anwenden.

Ähnlich wie das ebene Problem kann man auch ein entsprechendes Problem in Zylinder- und Polarkoordinaten lösen.

Namen- und Sachverzeichnis.

721/27/63 — III/18/203